曾德超院士文集

中国农业大学工学院　编

中国农业大学出版社
·北京·

内 容 简 介

曾德超先生是中国农业机械和农业工程学科的奠基人，中国农业机械化和农业工程教育的开拓者，我国著名农业机械学家、农业工程学家、教育家，中国工程院院士。本书精选了曾德超院士自20世纪50年代至21世纪初期发表的学术论文以及学术报告130余篇，内容主要包括农业工程学科的发展与教育、机械土壤动力学基础理论的建立与发展、农业水土工程理论与技术、车辆与内燃机技术、生物质能源工程等多领域的研究成果，较系统地反映了曾德超院士的学术思想与科研成就，可供农业工程学科及相关领域的学者、工程技术人员参考。

图书在版编目(CIP)数据

曾德超院士文集/中国农业大学工学院编. —北京：中国农业大学出版社，2014.12
ISBN 978-7-5655-1139-4

Ⅰ.①曾…　Ⅱ.①中…　Ⅲ.①农业科学-文集　Ⅳ.①S-53

中国版本图书馆CIP数据核字(2014)第285317号

书　　名　曾德超院士文集
作　　者　中国农业大学工学院　编

责任编辑　梁爱荣　　**封面设计**　郑　川
出版发行　中国农业大学出版社
社　　址　北京市海淀区圆明园西路2号　　**邮政编码**　100193
电　　话　发行部 010-62818525，8625　　**读者服务部** 010-62732336
　　　　　　编辑部 010-62732617，2618　　**出　版　部** 010-62733440
网　　址　http://www.cau.edu.cn/caup　　**E-mail**　cbsszs@cau.edu.cn
经　　销　新华书店
印　　刷　涿州市星河印刷有限公司
版　　次　2015年5月第1版　　2015年5月第1次印刷
规　　格　889×1 194　16开本　54印张　1 560千字　插页4
定　　价　268.00元

曾德超简历

1918 年 12 月 20 日	出生于海南省琼山县桂林洋农场迈进村
1935 年	广州私立培正中学初中毕业
1938 年	广东省立广雅中学高中毕业
1942 年	国立重庆中央大学机械工程系毕业
1942—1943 年	重庆 50 兵工制炮厂总工程师室技术员
1944 年	中央工业试验所机械试验工厂助理工程师
1945—1948 年	考取教育部奖学金留美，在美国明尼苏达大学农业工程系学习，参加万国农具公司农机制造厂实习和培训班，获农业工程硕士学位
1948—1949 年	湖南邵阳乡村工业示范处工程师兼机械厂厂长和实验小型水泥厂厂长
1949—1950 年	农村复兴委员会西北办事处（兰州）总工程师
1950—1952 年	中央农业部器械局工程师兼技术室代主任，国营农场管理局工程师兼机务处副处长
1952—1986 年	北京农业机械化学院教授，先后任农业机械化系主任、农业机械设计制造系主任、北京农业机械化学院副院长，为国家第一批博士研究生指导教师，国务院学位委员会机械制造学科评议组第一、二届成员。中国农业科学院学术委员会委员，农牧渔业部科学技术委员会第一届委员，国家科委农业机械学科组成员及农业工程学科组成员，中国农业机械学会筹备小组学术委员及农业机械学报第一任主编，中国农业机械学会第一、二届副理事长，中国农业工程学会第一、二届副理事长，中国科协第二、三届全国委员会委员
1986—1995 年	北京农业工程大学顾问兼学术委员会主任、学位委员会主任，土壤－机器－植物关系实验室主任。中国农业工程学会第三届副理事长、第四届名誉理事长。《中国大百科全书·农业卷·农业机械化分支》副主编，《中国农业百科全书·农业机械化卷》副主编
1995—2001 年	1995 年当选中国工程院院士。任中国农业大学学术委员会副主任，土壤－机器－植物关系实验室主任
2001—2012 年	中国农业大学土壤－机器－植物关系实验室主任，中国农业机械学会第七、八、九届名誉理事长
2012 年 6 月 23 日	病逝

培养一大批具有强烈事业心的农村工程師，对鄉村文化幼小是最大的支援，對教师本人是最高的奖賞！

向老师们祝贺教师节

曾德超题

一九八六年九月

吸取基础工程学科及信息技术的有关进展，结合现代农林水利生物技术学科，发展现代农业工程科技，为世界的可持续发展做贡献！

曾德超　中国农大教授
中国工程院资深院士

2000年11月20日

Keep up-dated with Relevant Advances in the Basic Engineering Disciplines and the Information Technology, Collaborate with the Agricultural, Forestry, Hydrological and Biotechnological Disciplines in the Development of a Modern Agricultural Engineering Science & Technology, for the sustainable Development in the World!

Dechao Zeng　Professor CAU
Senior Member, CAE

November 20, 2000

熟练掌握学科核心概念、
公式方法、技能技巧以立基；
捕捉前瞻、边缘、交叉综合
領域重大技术体系以創新

曾德超 二〇〇三年九月

序

曾德超先生是中国农业机械和农业工程学科的奠基人，我国著名农业机械学家、农业工程学家、教育家，中国工程院院士。

曾德超先生生于1919年贫困的旧中国，亲眼目睹了中国农民贫困苦难的生活状况，从青年时代起就立志用科学技术强国富民。他1942年毕业于国立重庆中央大学机械工程系，1945—1948年考取庚子赔款留美奖学金留学美国，远赴美国明尼苏达大学农业工程系学习并获硕士学位，1948年学成回国即忘我地投身祖国的建设事业。他一生全部的热情、真诚、智慧和努力都是为了改变中国农业、农村、农民的落后状况，为了实现这一理想，他孜孜不倦地工作，即使个人处境非常困难的条件下也不曾中辍，将毕生精力献给了祖国的教育和科研事业。

曾德超先生蜚声科教事业70余载，深受业界敬仰，享有崇高威望。他直接领导和参与建立了中国农业机械(化)、农业工程高等教育和学科体系以及农业机械化生产技术体系。他是国务院学位委员会机械制造学科评议组第一、二届成员，中国农业机械学会第一、二、三届副理事长和第四、七、八、九届名誉理事长，中国农业工程学会第一、二、三届副理事长和第四届名誉理事长，中国科协第二、三届全国委员会委员，北京市第二、三、四届人大代表。先后担任北京农业机械化学院农业机械化系主任、农业机械设计制造系主任，北京农业机械化学院副院长，北京农业工程大学顾问兼学术、学位委员会主任，中国农业大学学术委员会副主任，机器-土壤-植物关系实验室主任等。还曾担任农牧渔业部科学技术委员会委员、国家科委农业机械学科组成员及农业工程学科组成员、中国农业科学院学术委员会委员、联合国工业发展组织全球农业机械协商会大会技术顾问、国家科委发明评选委员会特邀委员、《农业机械学报》主编、《中国大百科全书·农业卷·农业机械化分支》副主编、《中国农业百科全书·农业机械化卷》副主编、国家机械委高等工业学校农业机械专业教材编审委员会委员、指导委员会顾问等。曾获国家教委基础理论奖、国家有突出贡献专家奖以及享受国务院政府特殊津贴专家、北京市优秀教师、美国明尼苏达大学杰出贡献校友等荣誉称号。

曾德超先生学术一生，为我国农业机械、农业工程的创新研究做出了杰出贡献，是我国农业机械、农业工程学科基础研究领域的开创者、开拓者和践行者。20世纪50～60年代，他在国际上率先提出了既满足牵引平衡稳定条件又减少耕作阻力的犁体设计新思想，建立了基于翻土曲线变化规律的滚垡犁曲面几何绘图设计新方法和基于土迹线构成的犁体曲面优化设计新方法。长期从事农耕研究的实践积累，使他逐步认识到研究植物、机器与土壤关系和互作规律的重要性。20世纪60年代中期开始，他从土壤本质、基本属性及其性态行为的机理入手，在国际上率先将机械对土壤加工过程的分析计算纳入动力学研究领域，建立了包括土壤动态抗剪强度方程、动黏摩阻方程在内切土动力学模型，编撰出版了我国第一部机械土壤动力学专著，为机械土壤动力学体系在我国的建立做出了开创性贡献。在深入揭示土壤-机器-植物之间的复杂关系的研究过程中，20世纪80年代，他又开创性地将传统的土壤-机器力能关系研究拓宽到农田尺度下土壤耕作水、热、盐、气的定量效应、动态模拟、工程优化调控以及与生态资源环境协调的"复合管理耕作"领域，发表了系列重要学术论文并创新提出"集雨蓄水耕作"，农场生产经营与资源、生态、环境综合管理，节水、变量、保护、培育等技术复合农耕制的中国型可持续农业工程技术解决方案，并通过国际合作开发了华北条件下果树三高与防污生产的"调亏灌溉"技术和含大田在内的田间实时监测、短期预报、收支平衡的科学灌溉制度和实施技术，为我国节水农业提供了一条定量化实现的可推广技术途径。曾德超先生始终把农业活动与自然环境的相互关系作为一个整体来思考农业工程学科的研究方向，极大地拓展了学科研究领域。随着技术进步和农业生产环境的变化，他总是能敏锐地捕捉到学科领域中具有决定性作用的课题，并展开研究，保持了研究的前瞻性。他在学术研究中的整体性、关联性、把握关键环节等重要思想，对于农业工程学科的发展以及后辈学者的影响是非常深远的。

作为我国首批博士生导师之一，曾德超先生一生忠于党的教育事业，德高望重，是为典范。从 20 世纪 50 年代北京农业机械化学院成立之初，他就从零开始，规划学校教学设施建设、制定教学大纲、组织编写教材、调配教师队伍结构，为农业机械化系和整个学院的教学建设做了大量的基础工作。第一届新生入学，他就走上课堂，讲授“农业机械学”和“农业机械运用”等课程，内容丰富且富有感染力的课程给同学们留下了深刻的印象。步入耄耋之年，仍然老骥伏枥，笔耕不辍、教诲不止，对青年后辈的舐犊情深，无不令人感动难忘。他始终坚持理论联系实际，启发、鼓励同学们用“敢于走钢丝”的精神，在科研领域大胆创新，为后人留下了巨大的精神财富。在他的教育生涯中，桃李满天下，从 1956 年北京农业机械化学院第一批毕业生迈着青春的脚步跨出校门，迄今已有数万计的农业工程师遍布祖国大地，在国内外科研、教学和生产多个领域已成为行业骨干和学术带头人。

我国农业工程事业能有今天的辉煌，我们不能忘记开创事业的前辈。本文集的付梓出版，倾注了后生的无限怀念。

谨以此文集告慰九泉之下敬爱的曾德超先生！

中国农业大学工学院
2014 年 9 月

目　　录

第一部分　农业工程学科发展与教育

第二部分 机械土壤动力学基础理论的建立与发展

第三部分　农业水土工程理论与技术

第四部分　车辆与内燃机技术

第五部分　生物质能源工程及其他

第一部分

农业工程学科发展与教育

我国农业机械化科学技术研究的任务*

曾德超

我国农业机械化的科学技术研究既要紧密配合生产和建设的需要，又须迎头赶上世界先进水平。农业生产的机械化不仅可以节省劳力、扩大耕地面积、改进耕作质量、提高单位面积产量，而且是在农业生产中采用科学成就和先进技术的基础。只有将农业生产建筑在大规模机械化生产的基础上才能永远摆脱农村的落后和贫困。因此，农业机械化是祖国社会主义建设的主要内容之一。随着全国农业合作化高潮的到来，组织起来的农民普遍要求使用拖拉机耕作：例如，由于北京郊区各农业生产合作社的需要，北京拖拉机站今年的机耕任务就从去年的十万亩增加到三十多万亩，一年间增长三倍。为了满足五亿农民的要求和开垦荒地，以大量生产粮食，如果要在三个五年计划期间达到全国可机耕地面积的大部分用拖拉机耕作，估计需要拖拉机约七十五万标准台（每台十五匹牵引马力），谷物康拜因二十多万台，主要农业机械二百万台以上。这些机器将构成二千多万制动马力的动力，五百万吨以上的钢铁量，每年消耗油料估计要达三百五十万吨，这样的规模和速度将是极其宏大的。这些机器的创造、设计、大量制造和在农业生产中运用，将发生一系列的技术问题。毫无疑问，我们必须大力展开研究工作，在各个发展阶段解决一些关键性问题和提高技术，才能保证任务的完成和完成得既好又省。

需要研究的首先是适合不同地区的农业机械（包括新式畜力农具）、拖拉机、农用原动机的选型和改造，或者是针对着我国的特殊情况进行研究创造完全新的机器，在这个基础上进而建立起我国自己的完整的机器系统。否则工业部门就无从着手大量制造，或者引起制造业和农业生产的极度混乱和造成惊人的浪费。我国的农业生产在长期封建社会生产关系的束缚下，根本没有农业机器。要在短期间内获得适用的机器，最简便的办法是广泛引进世界各国特别是苏联的机器，在实验室和全国各地区的生产条件下进行试验，必要时加以改造使之合乎我国农业要求，然后选定型号，进行制造。根据几年来国营机械化农场的生产经验，在平地旱作地区，一般看来，苏联的拖拉机和农业机械基本上是适用于我国情况的：双轮双铧犁、五铧犁、德特 54 拖拉机就是例子。但是由于我国农业条件的不同，对许多机械都有必要进行不同程度的改造，几年来各个场站都是这样做的。例如，C-6 谷物康拜因在东北各农场的黑钙土田地上经常发生陷车，阻力大、效率低，遇到雨天更是长时间下不了地。1952 年东北各机械化农场由于康拜因下不了地造成的损失就达谷物产量的 30%，丰产不丰收。C-6 谷物康拜因适用于低产量和矮茎秆的作物，每亩产量在二百七十斤以上、茎秆高达一米以上时脱粒清选就发生困难。这样一来，在大量制造康拜因供应这个地区以前，就不能不加以深入研究和改进。同样，二十四行播种机、四十八行播种机虽然基本上适用于谷物条播，如要兼用来条播大豆、玉米（我国许多场站是这样要求的），就会发生播种不均匀；如要用来直播旱水稻，就嫌每行的播幅过窄，都需要研究改进。四行棉花播种机行距为七十厘米，不能调整，我国各地棉花要求行距为四十五、五十、六十厘米不等，我国农具制造厂已把它改为五十厘米，但仍不能满足各地要求；起落机构、复土机构也还要根据农业要求改造。五铧犁在一般旱地上用得很好，但是在生荒地上、在一些水稻旱直播农场、在一些土壤黏重而低湿的农场，德特 54 拖拉机只能牵引由五铧犁改成的三铧犁；这时由于牵引线的不合理，经常影响耕作质量，增大阻力，问题也需要研究解决。至于适应我国特殊耕作制度和情况的机器，如水田机械，为提高复种指

* 本文出处：人民日报，1956 年 10 月 11 日

数、实行间作、套作所需的机械等等，则完全有待我们自己研究创造出来。水田机械之所以困难，不仅是由于机器的下陷，划成深沟、增大阻力，也由于打滑而引起的动作失调和拖拉机的效率过低，耗油率过高，耕作不经济。最近报载拖拉机下水田犁地和畜力插秧机试验的成功是这方面工作的良好开端，但要保证耕作的质量好、效能高，仍有需要继续从多方面、从各种可能的方案研究试验、比较改进。非液体燃料拖拉机和原动机的研究创造也很重要，因为农业每年耗用的巨量石油，将使我国石油工业负担过重，在农业上尽可能使用固体和气体燃料是必要的，也是可能的。所有这些直接引进、经过改造或是自己创造的各种机器，不论是拖拉机、原动机、犁或是播种机，还需要进一步研究，建立起最适当的系统（犁的系统、播种机的系统、拖拉机的系统等等），以求做到每种机器型号少，同时又能保证在全国不同地区各种特殊条件下，满足质量要求，并能在一年中最适宜的农业期限内以最少而最均匀的劳动时间来完成作业。

在大量制造这些定型的机器以供应农业需要的过程中，也将发生一系列技术问题，需要研究解决。我国拖拉机制造业和农业机械制造业的发展速度以及钢铁的生产量，远不能满足农业的需要。如何进行简化机构、节省钢材、省略制造工序的拖拉机、农业机械设计，仍是研究工作者的重大课题之一。农业机器与其他机器不同，它是有地域性和季节性的。制造厂的部署、规模大小、是专门制造一两样供应全国还是随着季节多制造几样供应附近地区，这些有关制造业的全面规划问题，具有重大的意义，需要研究安排。至于产品的系列化，机器、部件、工作机构等的通用化，质量、技术过程等的标准化，生产设备、加工方法与工艺等的合理化等，对农业机器来说，不论从使用维护修理的观点或是从制造观点看，都具有重大的经济意义，需要深入研究和妥善处理。总的说来，农业机器所用材料、制造工艺和生产组织与一般机器制造没有太大的差别，然而也不是没有特殊的地方。这些农业机器特用材料、特种制造工艺和特殊的生产组织都需要大力研究。直到目前，世界各国的拖拉机和农业机器，在制造质量上还不是完全没有缺点的。例如 C-80 拖拉机的减速齿轮易坏、曲轴磨损快，德特 54 拖拉机的喷油嘴寿命不够长、调速器易因磨损而工作不准确，五铧犁地轮轴易生变形等等。况且我国条件特殊，机器在水田中工作磨损将更要增加；例如，拖拉机在盐碱地上耕作，链轨板销子的寿命，根据国营盘山农场的资料，就从正常的四千到六千小时降到二千到三千小时。因此，我们大量制造出来的机器，其工作的可靠性、零件的耐磨性，在一定程度上将取决于这方面研究工作的成效。

农业耕作同工业中金属加工比起来可说是粗放的：耕地深度的精确度只要求达到一厘米，播种深度的精确度只要求达到零点五到零点七厘米；而金属加工精确度的要求往往是百分之几或千分之几毫米。但是这只能说明两者问题所在各不相同而已。农业耕作的特点是需要消耗大量的能量和加工对象的复杂而多变。要在全国十多亿亩的广大面积上以最少的劳动力，最低的燃料材料消耗，在规定农业期限里完成合乎质量要求的各种作业，为国家生产大量农产品并且避免浪费，就需要解决一系列的技术问题。首先是国营机械化农场、拖拉机站和修理工厂的部署、规模和系统规划，以及各种场、站、厂内部的技术装备和规划问题，需要研究安排。根据国营友谊农场的例子，一个四十万亩的小麦农场就可能配备达一万四千多马力的动力设备（包括拖拉机、汽车、康拜因上的发动机和固定动力厂等）和八百多台各式主要机器。虽然一般场站不一定全部具有国营友谊农场的同等规模，但是每个场站所装备大量动力和作业机器的生产组织、生产工艺和定额管理需要研究提高，作业过程中装卸运输及辅助工作的机械化、操作调整的自动化也要逐步研究，以求将农业生产提高到工业水平，只有这样才能提高劳动生产率。农业机器在田中移动，震动大、工作条件差，经常同灰尘、泥土、水分和植物酸接触，容易发生调整的变动、联结和零件的破坏、故障和磨损。因此，农业机器维护和修理上的问题特别多，影响生产也特别大。在这方面需要研究的不仅是维护修理的组织和工艺，操作规程和定额，排除故障的方法和特种修理加工工艺的方法，同样重要的是积极性的计划预防制度和减少零件磨损的研究。

畜牧业繁重劳动过程机械化电气化和电能在农业生产过程中的应用，目前虽然没有农业生产过程机械化那么迫切急需，但由于我国水力发电的资源丰富、居民点集中、石油产品不足，电能在农业中的应用，具有提早发展的可能性，因此在十二年中仍然有必要根据生产的发展逐步展开这方面的研究工作，其中有些项目尚且有必要尽早着手开始。

为了能很好地完成研究任务，迅速地提高技术，赶上世界水平，在每一项的研究中，不仅需要深入分析和结合我国的具体情况，而且需要采用和研究世界先进科学技术的新成就。战后世界各国在农业机械化方面的科学技术都有显著的发展，尤其是苏联。在拖拉机发动机方面，各国已把柴油机的耗油率从每马力小时二百二十克降至一百八十克甚至一百七十五克，西德已成功地大量采用空气冷却于中马力发动机，启动机构亦已大为简化，重量减轻。从使用观点看，多级或无限级传动(使能在各种负荷下充分利用发动机功率)、独立动力输出(改善所牵引农业机器的机构传动)、四轮主动(改善牵引性能)、悬挂农具的拖拉机(减少农具重量，提高效率)及能悬挂多种农具的自动车架等等，都是值得注意的发展方向，世界各国在这方面已经有了不少的成就。在农用原动机方面和农业机械设计、制造、运用、修理方面，也都有了巨大的成就。所有这些成就都值得在我们的研究工作中学习和考虑，其中有许多项目，还有先于生产一步、提前研究的必要。

在研究解决各方面问题的同时，又必须加强理论的研究。这里只举几个例子来说明农业机械理论研究的作用：在资本主义国家，犁壁曲面是用多次反复试验的方法发展出来的。苏联舒契金教授在高列契金院士的犁的一般理论基础上发展出平行原线扭柱型犁壁画法后，把犁曲面的设计置之于科学的基础上，犁壁曲面的设计就不再是困难费时而是通常的设计业务了。瓦西连科院士利用概率分析藁秆筛的工作而提出了提高谷物康拜因生产率的理论，为今后康拜因的改进设计打下了科学基础。保勤斯基院士对拖拉机和农业机器所构成的机组在田间工作中所受阻力的不稳定性进行了理论分析，打下了使用中合理编配机组的理论基础。斯维舍夫斯基院士在农业机器运用方面的全面理论工作，在具有世界最高水平的苏联运用技术和生产组织的发展上起了重大的作用。农业机械化方面的理论工作是多端的，主要应包括对加工对象性质的了解，加工后应得产品的详细而具体的要求，加工工艺过程本身的实质的了解，等等。农业机器的加工对象是生物体及其环境，加工过程的种类又很多，要了解各个地区各个季节中多样性的农业物质和各种加工过程，就需要找出研究的方法和仪器，尽可能找出模型规律和各种相似规律，才能事半功倍，才能真正反映物性和过程的本质。为了把各过程特质的描述建筑在科学基础上，往往又需要找出其数学力学关系式，这时就要借助于数学解析、统计数学、运用学、结构力学、土力学、水力学等基础科学；为了解决具体技术问题，又须引进其他科学技术部门的新成就，如示踪原子、电火花加工，等等。基本理论研究的成果将有助于具体应用性质的研究，而具体应用性质的研究将促进生产和建设的发展。

农业机械化方面的研究问题是这样的繁多，我们的研究力量又是这样的单薄，只有分清轻重缓急，把问题排个队，才能收效。我们既要全面发展又要重点使用力量，既要解决当前问题又要为迎头赶上布下一着棋。目前，从生产需要上来看，计划预防修理制和修理厂的设计与工作组织，机耕作业过程的组织和定额，机具选型和改进是急待解决的问题。在这方面各农场、拖拉机站和工厂已在生产实践中摸索到一些经验，但限于技术和科学水平，问题的解决受到一定的限制，有待研究机构(在筹备中的农业机械化电气化研究所和农业机械制造研究所)总结这些经验，把工作放在较为严密的科学基础上，有步骤地解决各项问题。从目前的情况来看，高等学校是一支比较大的研究力量，根据高等学校工作的特点，可以进行生产问题的研究，也可以进行理论问题的研究，但是我们的意见是：多偏重些理论研究更能符合长远的利益。

不论是研究机关、高等学校或是生产部门的研究工作，都有必要创造条件尽可能遵循苏联的、由高列契金院士所创的农业机械学派的道路：把研究工作建筑在理论—实验的基础上。忽视理论偏重试验的道路是比较容易的，但是效果也是受到限制的。加强有关部门间的联系将会促进研究的进展。团结全国的农业机械工作者，使设计、制造、运用、修理工作者之间经常发生联系，对工作会有很大的好处。在这方面中国农业机械学会将起其应有的作用。

大力收集世界各国农业机械样品和资料文献，大力购置和制造试验用仪器、工具、设备，大力培养新生研究力量和配备辅助人员以便充分发挥现有研究力量，也将是推进农业机械化方面研究工作的有效措施。

我国农业机械化事业是解放后才开始的，农业机械化方面的科学技术也是解放后才萌芽的，比起其他技术科学部门来是甚为年轻的。虽然任务极其繁重艰巨，但是，在党和政府的正确领导下，我们完全有信心完成党和人民交给我们的这个光荣的任务。

在中国农业机械学会理事扩大会议和农机科研工作会议上的发言

曾德超

各位理事、各位代表：

我受常务理事会的委托，就学会前几年的工作情况向各位作一个简单的汇报。并将中国科协主席团扩大会议的精神向大家作一传达。最后就学会在今后一段时间内要做的几项工作提几点意见。请各位理事、各位代表审议。

中国农业机械学会于1957年成立筹备会，1963年3月正式成立以来，在毛主席革命路线的指引下，在中国科协、原农业部、八机部和一机部、农林部的领导和支持下，在各位理事、会员及广大农机科技工作者的共同努力下，排除林彪，特别是“四人帮”的干扰和破坏，学会工作紧紧围绕着为1980年基本上实现农业机械化，为早日实现我国农业、工业、国防和科学技术的现代化，为多出成果，多出人才，坚持为农业生产服务的根本方针；正确掌握政治与业务，理论与实际相结合，普及与提高相结合的原则，做了一些工作，取得了一些成绩，为我国的农业机械化事业做出了一定的贡献。

(1)自1963年学会正式成立以来，根据会章的规定和工作需要，建立了工作机构，在理事会下设立了编辑委员会和普及工作委员会。同时，为推动本学科各专业进行学术交流，先后筹建了拖拉机及农田动力专业委员会；农田作业机械专业委员会；农机运用修理专业委员会；农田排灌专业委员会；农机制造工艺专业委员会；以及农业机械教育专业委员会等六个专业委员会。

各专业委员会在1966年以前基本上都开展了相应的活动，编辑出版了农机刊物，普及了农机科技知识，活跃了学术空气，交流了经验，展开了争鸣，提高了学术水平。这些活动对促进农业机械化事业和培养农业机械专业人才等方面都起到了积极的作用。

(2)学会在1963年、1965年两年举行了二次年会。全国学会和各专业委员会先后召开了垄作机械化学术会议；平原旱作农业区农业机械化学术会议；拖拉机和农田动力专业学术会议；农业机械运用修理学术会议；农田排灌机械学术会议；农业机械制造工艺学术会议；农业机械力学会议等。同时，各省、市、自治区农机学会也召开了不少专业性、地区性的学术会议，每次学术会议都收到了大量的学术论文，其中有不少在会上宣读。历次学术会议和专业会议，对于提高科技水平，都起到了积极的促进作用。

(3)学会组织编辑出版的学术性刊物《农业机械学报》于1957年创刊，到1966年8月停刊，先由季刊后改为双月刊共出了九卷。学会与农机院合办的普及性刊物《农业机械》1968年12月以前正常出版，当时最高发行量为八万册。但由于林彪、“四人帮”的干扰破坏，被迫于1969年1月停刊。后于1970年经国务院批准复刊，同年7月又奉命停刊，到1971年由当时的农机所复刊。从1978年第三期起又改由学会与农机院合办，现发行量已达16万册。

(4)关于普及工作：学会曾组织有关科技人员编写了机务管理、联合收割机、拖拉机等普及读物。还分别与北京市农机学会、黑龙江省农机学会于1964年8月和1964年12月组织了由工人师傅、技术人员、教师组成的华北地区和东北地区农业机械技术普及服务队。通过讲课，现场示范表演，编印资料，普及了基本知识，提高了机务人员的技术水平，解决了一些实际问题，受到了欢迎。

(5)与国外相同学科的学术团体进行了友好交往，如互访、交换学术资料等。这种交往在“文化大革命”以前是频繁的。

1976年8月，中国农机学会应美中学术交流委员会的邀请，派出了以项南副理事长为首的赴美农业机械考察组，走访了美国十个州和一个特区。考察组在美国先后参观了农场、牧场、农机制造厂、大学、研究中心等五十多个单位。综合考察了美国种植业、畜牧业的机械化和农机制造工业。回国以后，作了“美国农业机械化情况”的考察报告，编印了《美国农业机械化十例》小册子。同时，还拍摄了美国农业机械化的电影，在内部广为放映。

1977年9月，学会又派出了考察团赴加拿大考察。同年学会还接待了英国和日本农机代表团，并进行了学术交流。今年以来，学会已接待了意大利、日本、法国等国的农机学术团体。

学会通过以上的活动，在推动农业机械化事业的发展，解决农机科研，生产的一些实际问题，加速知识分子的思想改造，培养科技人才，促进出成果等方面都取得了一定的成绩，也受到了广泛的欢迎。

但是，由于林彪反党集团，特别是“四人帮”出于反党夺权的罪恶目的，疯狂反对毛主席的革命路线，破坏党的科学技术事业，学会工作也是他们打击的目标之一，从而迫使学会对内停止了活动，对外活动也中断了很长时间。对此，广大农机科技工作者和工农群众极为愤恨。

以华国锋主席为首的党中央一举粉碎了“四人帮”，在一年多的时间里，各方面都取得了巨大的成绩，农业机械化事业也得到了突飞猛进的发展。在第三次全国农业机械化会议精神的鼓舞下，在五届人大和全国科学大会召开的前夕，中国科协于2月4日至5日在京举行了主席团扩大会议，总结了全国各专门学会1977年的工作，讨论了1978年工作方针和任务。总的精神就是要求自然科学各专门学会，在党的领导下，紧紧围绕着科学技术发展规划，为了多出成果、多出人才，尽快地、积极地开展活动。为促进科学技术工作的大发展和提高整个中华民族的科学文化水平，学会要做出它应有的贡献。

出席中国科协主席团扩大会议的有中国科协代主席、副主席、书记处书记。在京的各全国专门学会的理事长或副理事长，秘书长等45个单位140多人。我们农机学会由王万钧副理事长等三同志出席。

会议由中国科协副主席茅以升主持，科协代主席周培源作了总结报告，科协副主席裴丽生同志作了会议总结，国家科委副主任于光远同志在会上作了重要讲话。会上有中国机械工程学会、中华医学会、中国农学会等十个全国专门学会介绍了他们开展活动的经验和计划。现将在这次会议上领导同志的讲话精神归纳传达如下。

一、肯定了学会的作用

中国科协和各专门学会成立以来，在毛主席的革命路线指引下，在业务部门的领导和支持下，对开展学术交流和科学普及，促进科技战线出成果，出人才，发展我国的科技事业，团结、教育、改造知识分子等方面都起到了重要的作用。但由于林彪、“四人帮”的破坏，使科技战线遭到了严重的摧残，迫使学术团体在一段时间里停止了活动。打倒了“四人帮”，科协和学会大解放。在抓纲治国初见成效的1977年，各全国性的专门学会陆续恢复了活动，有的取得了良好的成绩。

二、提出了学会的任务

学会是在党领导下的科学工作者的群众性学术团体。它是根据本学科同行的共同要求，为增进同行之间的接触和了解而建立的。它除了有少数专门工作人员外，主要是靠广大会员和科学工作者的积极性和创造性来开展工作。

实现四个现代化，首先是科学技术的现代化。搞科学技术就是要充分发扬民主。而学会正是发扬科学民主和进行百家争鸣的一个极好的组织形式和场所。学会可以把科学工作者组织起来，充分发挥科学工作者的社会主义积极性。因此，成立学会既是科学工作者本身的要求，又是科学工作体系中不可缺少的一个组成部分。而作为党联系科学技术界的科学群众团体，一个重要的任务就是发动广大科技工作者，为加速发展我国的科学事业提出有科学根据的建议，为普遍提高工农群众的科学技术水平，为早日实现四个现代化学会要做出它应有的贡献。

三、对学会活动的要求

现在全国许多学会都活动起来了，还没有开展活动的学会要加快活动的速度。例如，我们今天召开这样的主席团扩大会议，就标志着我们学会的活动就大张旗鼓地开始了。

恢复学会的活动，也不是照搬“文化大革命”以前的。但凡是过去做的，而且是做得对的，就应当坚决地这样做。凡是做得不对的就要改，并努力去做好，使之更加适应于社会主义建设事业和科学技术大发展的需要。

学会要拟定出自己的活动计划。要围绕着全国科学技术发展规划纲要的要求，积极地、有计划地开展活动，充分发挥学会的作用。

随着科学技术的不断发展，现代科学越分越细，所以，要解决科研、生产等技术问题，没有各方面的配合是不可能完成的。因此，学会要多作跨学科的活动，这也是今后学会活动的特点之一。

学会要加强同国外相应的学术团体建立友好往来的联系。积极主动地开展国际学术交流活动，要同国外科学团体互派人员访问、讲学、交流学术资料等。

要重视和加强科学普及工作，学会要建立普及组织。搞普及工作也要拟定个计划，对工人、农民的技术训练和要求，也要像对一个解放军战士一样，有个具体的目标。学会要考虑一下 3～5 年内哪些科技知识要做到家喻户晓，哪些是工农群众必须得掌握。

华国锋同志指出：“一定要极大地提高整个中华民族的科学文化水平。”科学普及工作是提高全民族科学文化水平这一战略任务的一个极其重要的环节。这项工作涉及城乡各个部门，涉及广大工农兵和广大干部、群众，需要各科学技术工作者和广大科学普及工作者参加这项工作。科协和各学会在科学普及工作中具有重要的作用。要运用一切手段，密切结合工农业生产实际，积极开展科普工作。

四、提出要注意发现人才，积极向国家有关部门推荐

要做到多出成果，首先要多出人才。我们要有世界上第一流的科学家，也要有广大的群众科技工作者。人才是有的，要善于去发现和培养。如 13 岁的中学生宁铂被录取上中国科技大学，中央音乐学院录取了一批十岁上下的水平很高的孩子，所以要求大家注意发现人才。学会可以通过学术交流等活动注意人才的发现和培养。

为了发动广大科技工作者提意见和建议，于光远同志在会上指示中国农学会每年编印一本“中国农业科学家对农业的倡议”。每年要检查执行情况，对未实现的要继续做下去，新的安排补充进去。

五、明确了有关学会活动的几个问题

(1)学会前一段时间由于受“四人帮”的破坏停止了活动，但绝不是说学会被取消了。谁也没有取消过学会。所以学会要尽快地恢复活动。恢复学会活动不需要办什么手续。

(2)关于学会的章程问题：中国科协已经草拟了一个“自然科学专门学会试行通则(草案)”，这次也提请各位理事和代表讨论，各地也可参照制订新的章程(草案)。

(3)关于学会活动经费问题：全国性的专门学会上报中国科协的活动计划和科普项目，凡是得到科协批准的，由科协负担经费。未列入科协计划内的活动经费由各学会挂靠单位解决。

(4)学会的专职干部问题：科协对此正在研究，在未得到统一规定以前，学会的专职干部由各学会挂靠单位解决，并抓紧开展工作。

(5)关于学会活动的时间问题：开展学术交流活动，时间也算是六分之五以内的。但全国性的学术大会活动也不要太多，分学科的专业会可进行多次。

(6)关于调整、充实学会领导机构问题：首先对各级学会组织要恢复起来，开展活动，对学会原有领

导机构成员和理事要妥善安排和处理，充分调动大家的积极性。要边开展活动边调整充实学会领导机构，要尽快做出成绩来。

当前，全国形势一派大好，自从第三次全国农机化会议和全国科学大会以来，我们农业机械行业的形势也更为喜人。各级领导对我们学会工作十分重视，十分关心。中国科协的领导同志多次来学会指导工作。战斗在农机战线上的广大科技工作者，为1980年基本上实现农业机械化而群情振奋，干劲倍增。在这样的大好形势下，我们各级学会要加强组织领导工作，要举办各种类型的报告会、座谈会和学术交流会等，把学会工作全面地开展起来。

我们要充分发扬学术民主，展开百家争鸣，善于团结和调动广大农机科技人员的积极性，信任他们，尊重他们的辛勤劳动和所取得的成绩。

为贯彻全国科学大会和中国科协主席团扩大会议的精神，为1980年基本上实现农业机械化和更好地为农业现代化服务，我们打算在近1～2年内要做以下几件事：

一、开好几个会议

(1)开好中国农机学会理事扩大会议，也就是我们今天正在开的这个会。在这个会议上，我们除传达中国科协会议精神外，还要调整、充实学会的领导机构和各专业委员会，研究讨论学会的活动计划，并进行学术交流。

(2)拟在今年第四季度召开"农机三化学术讨论会"，主要是贯彻三化精神，开展重大产品系列型谱的学术讨论，提出意见和建议。为提高产品的三化程度，合理发展产品品种，组织专业化协作生产和高速发展农业机械化事业创造条件。

(3)拟在明年下半年召开学术年会，改选理事会，进行学术交流。各专业委员会也都要单独或与地方学会结合召开一次专业学术讨论会。

二、关于普及工作

(1)拟在今年3～4季度，和北京市农机学会联合召开"农机普及工作会议"，邀请各省、直辖市、自治区农机学会代表参加。交流农机科技普及活动经验，编制科普规划，促进群众性农机具改革运动，提高使用农机具的技术水平，推动农机科普工作的开展。

(2)拟定1979—1985年农机科学普及工作规划和计划。组织编写农机普及读物(如基础知识，设计制造，使用修理及工具书等)；组织编绘农机挂图、图册等；组织摄制农机电影、电视；组织农机技术服务队及技术训练班等；积极配合科学出版社《农业机械化丛书》规划小组，对200余种农业机械丛书进行落实和审查工作。

三、办好刊物

(1)与农机院合办的《农业机械》杂志，要进一步提高质量，扩大发行量，使之成为广大农机工作者所喜爱的一种普及读物。到1985年发行量要求达到30万册以上。

(2)积极恢复学会学术性刊物《农业机械学报》。今年力争出刊1～2期，并逐步使之定期出刊。希望各位理事、代表和广大农机工作者给予大力支持，踊跃投稿。

(3)根据不同读者需要，今后要在农机院《农机情报资料》的基础上，合办成为一种中级农机刊物。

四、关于国际学术交流

(1)美国和加拿大农机代表团对我国的回访现正在办理中。今年下半年学会还准备派学术代表团去日本进行参观、学习、考察和学术交流。

(2)配合有关部门共同组织好今年10月在北京举办的十二国农机展览会期间的学术交流活动。

(3)拟定1979—1980年学会派出国去参观、考察、学术团体来华访问和学术交流的计划。

以上这些活动的规划和计划,中国农机学会做,各地方学会结合自己的情况也要做。学会工作是依靠大家的积极性来做的。请各地农机学会除负责完成全国学会交给的任务外,积极做好本地区的学会工作。共同努力来完成党和人民交给我们学会的光荣任务。

同志们,科学技术性群众团体要做的工作很多,我们一定不辜负党中央的期望,多做工作,做好工作,为促进科学技术战线多出成果,多出人才,为1980年基本上实现农业机械化,为早日实现四个现代化,做出更大的贡献。

在联合国工业发展组织召开的世界农机工业协商会议上的发言

曾德超

主席先生：

联合国工业发展组织召开全球性农机工业协商会议，邀请各国政府各大生产农机企业和用户代表参加，共同商讨发展中国家加速发展农机工业的途径，探求具体解决问题的办法，这在工发组织成立以来，还是第一次。

我们对这次会议的宗旨表示赞赏，对与会代表和参加会议工作的先生们和女士们表示敬意！工发组织为筹备召开这次协商会议，做了大量的、很有成效的工作，对此我们给予积极的评价，并致以祝贺！同时，我们对会议的东道国为会议提供的各种方便表示感谢！我们相信，在各国与会代表和会议工作人员的共同努力下，会议一定能够达到预期目的，取得完满成功！

为和与会代表先生们交流经验，我愿借此机会简要介绍一下中国农机工业和农业机械化的情况。

我国在解放前，由于长期受封建主义、帝国主义和官僚资本主义的压迫、侵略和剥削，人民处于水深火热之中，生活极端贫困。农民使用原始的工具和畜力农具从事耕作，根本谈不上什么机械化。全国解放以后，我国农民在中国共产党和人民政府的领带下，进行了土地改革，并逐步实现了农业集体化。这种社会经济制度的根本变革，为发展生产力，进行大规模的农业技术改革，开辟了广阔的道路。

建国三十年来，一个原本根本没有农机工业的中国，已经建起了初具规模的、比较完整的工业体系。目前，全国已有一千九百多个农业机械制造厂，二千七百多个为农机修理服务的县农机修造厂。这些工厂的兴建，大大地增强了工业支援农业的力量。到目前为止，全国已拥有大中型拖拉机五十六万台，手扶拖拉机一百四十万台，排灌机械六千五百万马力，农田灌溉面积比解放初期增加近两倍，百分之八十的公社和百分之五十的生产队用上了电，年产化肥(按百分之百有效成分计算)近八百七十万吨，年产农药五十多万吨。

我们的实践证明，农业机械化的发展，对提高农业劳动生产率，改善农民劳动条件，保证增产增收，巩固和发展人民公社集体经济，起着越来越显著的作用。

中国是一个公有经济占支配地位的社会主义国家，同第三世界国家比较起来，有很多相同的地方。从自然条件和经济条件来说，中国是一个人口多、耕地少、底子薄、幅员广的国家。这是我国实现农业机械化的特点和出发点，也是我们制定农业机械化方针、政策的依据。我国根据这一特点，在实行农业机械化过程中所采取的主要做法是：

一、因地制宜，各具特点

由于我国幅员广阔，自然、经济条件差异很大，有寒带、温带、亚热带，有山区、平原、丘陵，有旱地和水田，各地的土壤、气候条件和耕作制度又各不相同。这些情况要求我们，在发展农业机械化方面必须坚持因地制宜，各具特点这一原则，不能千篇一律地用一个模式去搞农业机械化。例如，在我国北方地区，一般春季干旱，影响作物生长，所以在这些地区发展提水灌溉机械就成了首要的任务；在华北产麦区和南方水田地区，一年两至三熟，作物交替季节性很强，能否将前熟作物及时收获，及时整出土地，适时播上或插上下熟作物就是关键，这就必须发展收获机械和播种、插秧机械，在我国东北、西北的人少地多的地区，要着重发展高效率的大型农业机械；在西南丘陵山区、半山区，就要着重发展小型轻便的农业机械等。同样，在牧区发展割草、剪毛、挤奶机械，在水利资源充沛的南方发展小型水力发电站；在北方牧区发展风力发电、提水机械。现在，我国农业机械化水平还是不高的，我们在大力发展以拖拉机、内燃机、电力为动力的农业机械的同时，还十分重视人力操作的改良农具和畜力农具的发展。

二、实行中央和地方相结合，以地方为主的方针发展农机工业

我国有三十个省、市、自治区，有二千多个县，很多事情专靠中央一级的部门来办，是办不了的，要靠中央和地区，包括省、地、县都动手，才能办好。因此，我国实行中央和地方相结合，以地方为主的方针发展农业机械工业。这个方针大大地调动了各省、市、自治区发展农业机械的积极性。例如，广西壮族自治区，过去在中国是一个经济比较落后的少数民族地区，根本没有农机工业，在中央人民政府帮助下，它迅速发展建立了具有本地区特点的农机工业。现在这个自治区生产的拖拉机，不但可以满足自己的需要，还远销到北方的河北等省。为了充分发挥中央和地方两个积极性，中央主管部门和地方在农业机械制造方面做了分工。大型复杂、精度要求高的农业机械，如大中型拖拉机、大功率柴油机、大型联合收割机等，以中央为主规划和组织生产，小型拖拉机、小功率内燃机及其他中小型农业机具等，由地方为主规划和组织生产。此外，中央对一些条件差、基础弱的地方，给予重点帮助和扶持。

为了加速实现四个现代化的步伐，在自力更生的基础上，我国将尽可能地引进外国的先进技术，学习外国的先进经验，在经济、技术和科学方面扩大同各友好国家的合作。

三、以人民公社集体经济的力量为主发展农业机械化

在我国，农业机械制造出来以后，由农村人民公社集体经济购买。他们的资金，主要是靠发展农业生产，因地制宜地开展农、林、牧、副、渔多种经营，举办农副产品的加工等积累起来的。对条件困难的地区，由国家财政给予无偿支援，或者由国家银行给予低息贷款。同时，有计划地降低农机产品的销售价格，减轻农民的负担。建国以来，农机产品幅度较大降价已降过十次；还对农业用的燃料、电力实行优待价格。

四、组织好一个农业机械的使用、管理、维修和科研的网点

随着农业机械的大量增加，管好、用好、修好的问题，变得非常重要。我国从中央到省、地、县以及人民公社都设置了农业机械管理机构。我国两千多个县，百分之九十六都建立了农业机械修造厂，为农民修理拖拉机和农业机械。我国农业机械维修零配件的供应，主要是由国家农业机械管理部门经营的，每个县都有它的经销点。此外，全国还办起了高等和中等农机院校，在农村中学都普遍设有农机技术课或农机班。各省、市、自治区都有自己的农业机械化研究所，甚至在许多地区、许多县，也都建立了农业机械化的科研机构。这些措施对提高农机的使用、管理水平，发挥现有农业机械的效用，迅速发展农业机械起着重要作用。

我国的农业机械化事业所取得的成就是有目共睹的。但也不是一帆风顺的。特别是由于林彪、“四人帮”长达十年的干扰、破坏，大大地延缓了我国农业机械化事业的进程，这是值得我们永远记取的教训。另一方面，由于我们的经验不足，也出现了一些新的情况和新的问题，主要是：农机产品型号繁多，零部件互不通用，给制造、使用、维修带来很大困难；不少工厂“大而全”、“小而全”，从零部件到整机什么都自己搞，批量小、质量差、成本高；大量农机下乡，农机使用操作人员的培训和农机修理、管理工作跟不上，影响了农业机械作用的发挥。这些情况说明，我国农业机械化已发展到了一个新的阶段，目前迫切需要根据新的情况，对农业机械化工作进行调整。通过调整、改革、使农机工业尽快地转到现代化大生产的轨道上来，使农业机械化的管理工作提高到一个新的水平。因此，我国目前所实行的调整的方针，

是一个积极的方针，通过调整将使农业机械化事业得到更积极稳步的发展。

中国是个发展中的社会主义国家，与各发展中国家一样存在着如何有效而迅速地发展农机工业和实现农业机械化的课题。我们十分愿意与发展中国家交流经验，开展双边或多边合作；我们也乐意与发达国家政府及企业代表就有关发展农机工业和农机化方面的问题交换意见，学习他们的先进经验，并随时准备探讨在平等互利的基础上进行各种形式的合作的可能性。

谢谢主席先生，谢谢诸位。

试论农业现代化进程的技术经济模型*

曾德超

摘要 本文试图总结工业先进国家实现农业现代化在技术发展上和经济发展上的根本经验，拟定国家目标，对比基本条件和在劳力、资金、能源、技术、时间方面的不同约束，提出我国农业现代化机械化的途径商榷以及技术经济模型特征，抛砖引玉。

一、前言

近来学术界对农业现代化的概念、目的、含义、标志、内容、途径、措施以及增产增收和资金积累等一些问题进行了讨论。讨论中提出了很多重要的意见，这些意见无疑有助于更好地贯彻中央《关于加快农业发展若干问题的决定》。

在推进我国农业现代化的进程中所采取的各项重大措施都不是孤立的，而必须是综合地构成一条既能大量地获取各种农产品，又能同时加快资金积累、迅速发展经济，并能把当前利益和长远利益很好地结合起来的途径。否则路就走不通，成为钱少办不了多少事的局面：农业生产发展不快，农业现代化进展不大。研究实现这样一条途径时要综合地搞哪些事、怎样搞法，亦即研究我国农业现代化进程途径的最佳方案这类问题时，一个可取的办法是向已实现了农业现代化的工业先进国家找借鉴，摸清他们实现农业现代化时的基本条件，所取途径，结果所达到的目标，基本经验和所反映的客观技术发展规律和经济发展规律；用来同我国基本条件和经验教训比较，按我国的特点来安排我国的目标和途径。一个国家实现农业现代化所从之出发的最基本条件，在进程中所存在的约束。在一定时期所能达到的目标和达到目标的最佳途径与措施，基本上是一种客观存在：整个可以看作为一个很大的系统，由许多有层次的子系统组成，完成特定的功能，有独立的工作环境，有完成特定功能的不同途径。对基本条件、目标、约束、技术发展规律和经济发展规律，可供选择的最佳方案进行客观抽象（即挖掘到最本质、最根本，因而不再是随个人看法而不同的东西）而形成在技术经济方面的模型，可能是将工作放在科学基础上的一种做法。本文旨在抛砖引玉。

二、农业现代化的国家目标

一个国家实现农业现代化不是为了给农业披上现代化的外衣，也不是为了农业的机械化而机械化，而是要达到国家在农业方面的目标。目标的正确制定，是科学管理（一般是借助于运筹研究或系统分析的概念和技术）的首项任务。目标不同，达到目标的最优方案或最经济的途径当然就不同。目标定错了，差之毫厘，失之千里，可能造成巨大浪费，甚至事业的整个失败。战争年代关于战争的目的究竟是消灭敌人抑或保存自己的讨论，建国初期中央农业部对养猪究竟是为了积肥抑或为了吃肉的讨论，当前对于社会主义生产的目的究竟是增产人民需要的最终产品抑或是其他别的东西的讨论，都是属于定准目标的问题，目标是本过程终极的“的”，不能是“准”终极性的或是手段性的。这是一条原则。如果把农业机械化、水利化、化学化、园林化等等看作农业现代化的“的”，就会造成为机械化而机械化这一类的浪费的局面。从而又会造成为建立一个农业机械工业而建立农业机械工业的浪费局面。

---

* 本文出处：农业机械学报，1980 年 9 月，第 31 期

我国农业现代化进程的目标的制定，既要拿工业先进国家的农业结构、内容与成就来同我国农业现状比，又要拿现代工业、现代科学技术和社会主义制度为发展农业所提供的广阔可能性来同我国农业现状比。我们认为我国农业现代化的国家目标应由下列四个方面来规定：

(1)按人口平均占有的各种主要农产品的产量要达到在食物的数量和构成上，不论是从热量、蛋白质、维生素、油脂等的数量计算，或是从蔬菜水果肉蛋乳粮糖等的数量计算，足以保证人民体力、脑力劳动的正常需要，青少年儿童的健康发育成长，民族体格素质水平的得到改善，以及在纤维、木材等工业原料和内贸、外贸等商品的供应上，足以保证国家的最低需要。至于各种主要农产品到2000年时应该达到的具体产量指标，不论从上述最低的需要，或是从根据过去记录预测的可能达到的农业增长率着手，都可以具体计算制订，例如：到2000年时，将人口限在12亿，人均占粮从现在的636斤达1000斤，集体农民平均收入从现在的84元达400元，森林覆盖面积从现在的12.7%达20%，畜牧产值比重从现在的13.3%达30%等，这样的一些指标，可能是比较客观的。

(2)农业劳动文明程度和农村生活文明程度要达到一个最低限度的要求：一肩挑、三弯腰这类繁重的体力劳动，以及在振动、灰尘、噪声、高热环境下长时间劳动的那种苦作，必须解除；穿盖暖和清洁，住的卫生，供水排水以及粪便废物处理得当，避免蚊虫时疫，生活卫生整洁文明。

(3)在向土地夺取大量农产品的同时，实现合理的有利的生态平衡和生物循环系统，防止水土流失和沙化，防止农业环境污染，防止不可再生的农业能源与资源的过度消耗，提高抗灾能力，提高和保持土壤肥力水平，实现农村地貌和环境的林草绿化和园田化。

(4)农业劳动生产率要达到能满足整个国家所面临的向大农业广处深处进军以及在国防、工业、交通运输、各种建设、商业、服务业、科技文化等方面发展在人力上的需要。美国目前农业劳动力只占3%，工交制造业前不久还占50%以上，现亦只占30%～40%，而50%以上的劳力则在服务行业上(包括商业、普查、统计、数据处理、消息输送、秘书工作等等)。世界上许多国家已实现每周40小时，甚至35小时工作制，而我国80%以上劳动力仍在农业上。我国从大农业上看，开垦荒地、进行农田基本建设、建设农林牧场和水面养殖场、进行水土保持、土壤改良、植林种草、发展畜牧、发展渔业、发展粮油果菜及经济作物，发展农产品的加工贮运，食物的加工以及农村副业和农村工业、商业等等，都有大量的工作要做，需要人力去做。从全国范围上看，工业、商业、服务业、国防、科教、文化及其他战线也需要大大发展，需要人去做。必须相应地提高农业劳动生产率和其他各种部门的劳动生产率，否则国家就不可能有大发展，就不能实现四个现代化。

三、工业先进国家实现农业现代化的一些主要经验和我国的经验教训

1.典型工业先进国家实现农业现代化的主要措施

美国在上列四项目标上所达到的水平是很高的，美国联邦农业部通常将二十世纪三十年代以前的农业称为旧农业，其后的美国农业称为现代农业。在三十年代，美国几种主要作物的亩产量：小麦130斤，水稻230斤，玉米300斤，到七十年代分别为270斤、530斤、710斤，提高2.3倍，农业劳动生产率更是成10倍地增长，三十年代以后美国在农业和农村建设上采取了一系列效果显著的措施。

二十世纪初福特创造零件互换、流线装配的大量生产方法，廉价制造汽车，为三十年代以后的农业廉价提供通用型拖拉机创造了条件，他们用拖拉机牵引到十九世纪末已发展成熟的一整套大型的畜力农机具，从而以机力全部代替畜力实现全盘机械化。化肥的概念，在1840年就已由李比希提出，当时虽然也已施用智利硝和开始制造过磷酸钙，但真正在农业上大量廉价使用化肥，是在二十世纪三十年代哈泼等用化学方法固定空气中氮素成功之后，尤其是石油化工迅速发展的结果。杀虫剂和除莠剂也类似这样，杀虫剂在减少产量损失上起有很大的作用；除莠剂则为免耕、少耕的耕作法变革提供主要条件。

在三十年代以前，美国农业良种主要采用“筛选”的方法。三十年代玉米杂交成功以后，农牧业和利

用微生物的酿造业、加工业都普遍发展和利用良种和杂种优势，使产量的提高达30%、50%以上。在杂交良种的保证供应体制之外，他们还进行了大量的植保工作，建立了严密的农产品检疫制度。

值得指出的是，由于北欧移民的农业传统，美国一直是种植业和畜牧业，特别是乳牛业同时发展的。三十年代以后，他们在轮作中普遍放入两年以上的豆科牧草和青饲玉米。这样1970年时，美国畜牧业与种植业产值比是60%∶40%。森林覆盖率也达33.2%，他们实行农、林、草、牧并举。

收获后农产品的损失，往往是十分严重的。一般估计达农产品总量的四分之一。三十年以后，美国农业不仅重视收获之前的工作，产品收获后的加工贮存、运输以及食物工程也十分重视。譬如，通过培养特种的毒菌品种，将玉米发酵成非结晶糖，把玉米价值提高几倍。预计1980年美国用糖的四分之一将由玉米做成。1975年美国的初级农产品总值约为1000亿美元，经贮存、包装、运输、加工、批发、零售过程，价值达2000亿美元，即将农产品产值翻了一番；其人工和能量的消耗也差不多与全部田间作业相当。

在三十年代发生黑风暴以后，他们进行了大量的水土保持、灌溉排水、土壤改良和农林牧场的基建工作，进行了大量的农业建筑与环境控制、农村住宅、交通、运输和通讯建设工作。美国农户还普遍建有深井供水和自备化粪池来处理污水。环境卫生已做到摆脱蚊蝇和时疫，路面直通每家农户门口，庭院地面不是铺设水泥就是铺种草皮。

三十年代以后，以罗斯福新政兴建田纳河谷水电枢纽群为开端的农村电气化工作，现已实现了农村和农户的全部电气化，达到每人每年用电12650度（苏为610度，我为36度）。

美国各州自1890年起就设立赠地大学，负责本州农业的研究试验和技术推广。每县设有由州立大学指导的农牧技术、经营管理、家政和农业工程等方面专职推广员，负责对本县农民和农户主妇进行指导和服务。美国从二十年代起，在各州大学普遍设立农业工程系，除了农用动力和农业机械之外，还设有农村电气化（实现农村电气化以后，改为电力与加工），农业建筑与环境以及农田水土工程等方面专业。在农田水土工程方面进行了大量试验研究和设计工作，保证了田间经济灌溉和经济排水的工程的实现，防止了再生盐碱化，保证了水土保持等工程的经济有效进行。美国每个农户可从州立大学农业工程系或建筑承包公司获取畜舍、青饲塔、饲料加工车间、粮仓、风车等生产性建筑和各种住宅性建筑乃至化粪池的标准设计图纸以及各种技术咨询和技术服务。

七十年代的美国农业又比六十年代更专业化和社会化。因为这样生产单位农产品所投入的机具设备、能量和人力更少，经营更有利。最有利的农场规模和拖拉机的动力都增大。经营上由于主要生产资料的投资额变得高昂，普遍走上利用信贷和租用土地、机器以及几乎所有的大项生产资料；亦即农户逐渐发展成为不自己拥有主要生产资料的生产劳动承包者，同工商界工人地位类似。

人多地少的日本（人口平均耕地0.72亩），在五十年代农业还是落后的，农村也很贫困。从六十年代开始，也只用了十多年的时间，就实现了农业现代化。虽然日本按人口平均粮食数量不高（1975年为376斤），但肉和鱼达238斤，而且大米生产过剩。现在发展将水田改为旱田，因为旱田生产单位农产品消耗能量少。日本农业人口占20%，但其中很大一部分同时兼有农外工作。农民居住条件好，生活水平高。他们在具有发达的先进的工商业背景下，在发展支农工业的同时实现了农业机械化（首先是加工、固定、植保作业的机械化，利用手扶拖拉机旋耕，进而发展轮式拖拉机，现平均每亩土地拥有达三分之二马力的农业机械，为世界最高），电气化、化学化、良种化，一开始就重视农田水利，（80%的农田有灌溉、铺有暗渠排水）用客土改良土壤，造林植树，大搞塑料薄膜农业、海面养殖和淡水养殖等等。日本农户普遍有温室和塑料大棚，平均占耕地的十分之一。最近进行的水气栽培试验一株西红柿可结100～120斤，一株黄瓜可结3300个，一株白兰瓜可结34个（普通种法一株结一个），每个平均3.2斤。一亩塑料大棚的产量可达常规种法的二倍，温室可达三倍，全气候实验室可达七、八倍，这样，一亩田可当三亩田来用，则一亩温室就可能当十亩田来用。

可见，工业先进国家，不论地多地少，其实现农业现代化，都是在发展工商业的背景下，发展先进的支农工业，及时改革和调整农业生产的经营体制和管理方法，发展适合本地区条件的先进的农业生产结构和耕种制度，同时，经过地区实验，研究、发展和普及经济高效的农业生产技术和农业工程技术。

2.工业先进国家实现农业现代化的基本经验

要避免因重复机械地照抄外国经验所造成的浪费，需要抓住外国经验的本质。

农业生产过程的实质在于利用叶绿素植物这一有机体，人为地给它提供良好的生长条件，让它利用太阳能和空气中的二氧化碳将营养物质和水分转化为人或畜禽所能消化的生物化学能和代谢物质——粮食，任何规模农产品的从田地中长出和获取是以相应规模的水分和养料向田间的供应和输入，以及相应规模的生长条件的改变和良好环境的提供为前提的，种质的改良和生物学措施（如作物固氮、生物防治微生物过程的利用，生理过程的利用等）的发展无疑是极其重要的，种质的改良和生物学措施能改进利用太阳能将养料和水分转换为农产品的过程的效率，改变养料的来源或其构成，或是改变对生长环境的要求及要求的程度，往往增产显著，减少能量需要，减少工序。但是却不能代替养料和水分的输入，也不能代替对生长条件的提供，正如不能因用了良种就可以不种地除草施肥收割了。事实上有时往往相反：许多优良品种正是由于能耐水耐肥，从而是通过增高了对单位面积输入水肥的数量而获得高产的，因此，农业生物科学技术的改进，水肥、农药等养料物料的供应与输入，以及良好生长条件的提供三者都是必不可少的，是相互联系和相互配合的；是农业生产过程的固有组成部分。亦即农业生物科学技术，农业工程技术以及支农工业产品的供应，三者是不能偏废的。这是因为任何有规模的向农业输入物质以及生长条件的有效改变，都要涉及工程手段，而所谓农业工程技术，正是直接应用于农业初级产品的生产及其收获后的加工处理的各种工程技术，如农业机械化电气化自动化，田间水土工程，建筑与环境工程，产品加工贮运和食物工程等等。

绿色作物组织的成分，若笼统地取为：水分—75%，碳—11%，氧—10%，氢—2%，灰分—2%；而作物的稻谷比取为(1.5～2)∶1，则要从一亩地里获取千斤粮，及其相应的秸秆，不计算根系在内，净水就有2250斤，净灰分就有60斤。由于水的地面蒸发，作物蒸腾和流失，以及活跃土壤微生物活动、补充土壤肥力、改善土壤结构，保持适当土温等也需要各种养料、微量元素、有机质和能量，作物生长所需水分和养料几倍、几十倍于此数。按照质量守恒和能量守恒的自然规律来看，大量农产品的从田地中长出和获取，是以相应数量的水分和养料向田间的供应和输入，以及相应规模的生长条件的改变和良好环境的提供为前提的。水分和养料的向田间输入，总是既要有水有肥，也要做功；生长条件和环境的改善不仅要做功，也要有材料物料工具，因此，从田地中获取的农产品越多，需要输入的功和物质越多。工业先进国家，不论人少地多抑或人多地少，通过农业现代化，都能提供为旧农业所不能比拟的，极其丰富的农产品，达到很高的生产水平、建设水平和生活水平，这是由于他们能向农业和农村输入为旧农业所不能比拟的大量功和物质。他们能输入大量的功和大量的物质，不是他们比旧农民力气大，或更勤快，而是他们通过发展科学技术，并通过逐步发展经济力量，实现了经济高效地用机器全盘代替了人力畜力为动力，以及实现了经济高效地用商品能源将原料加工成为大量廉价的化肥、机器、燃料、水泥、钢材、塑料薄膜，炸药等物质。通过这些物质的形式，向农业和农村输入大量商品能量，以能量换取农产品。

从理论角度看，一个劳动力如要在一天的劳动中干出最多的活，他所发出的功率一般不过$\frac{1}{10}\sim\frac{1}{8}$马力。我国的耕畜一般也达不到1马力，这样一人驾驶一台75马力东方红拖拉机，从牵引效率为50%计算，即可相当于320～380人的劳动，而且力气大，速度高，既能赶农时，又能干人畜力所干不了的活，不论是向农业的广处抑或深处进军，都等于插上了翅膀，达到前所未有的境界。当农村人口拥有平均譬如说3、4马力的机械动力，并能充分利用来干各种活时，就相当于有二、三十个机械奴隶给每个人干活，那时农民的生活就会好得多，农业机械化为发展农业和提高农村生活提供物质基础，无疑是实现农业现代化目标的一个必不可少的因素。

化肥、农药、水泥、钢铁、机器等支农产品，都是用能量对原料加工而成的；而原料又是通过借助于机械设备，用能量开采和运输而来的，从理论上都可看成是用能量换取来的(制造 1 公斤机械约需投入 1.4 公斤燃油的能量，生产 1 公斤氮化肥约需 1.6 公斤燃油，磷肥约需 0.28 公斤，钾肥约需 0.2 公斤，高质良种 0.3～0.6 公斤，农药约 2 公斤)。美国在 1970 年每天消耗相当于 4630 万桶原油，其中用于粮食部门的占 12%～15%(其中农业生产 18%，食品加工 33%，运输 3%，批发与零售业 16%，家庭烹饪等 30%)，用于农业动力消耗的约占 0.5%，可以说美国的整个物质生活水平，实质上是用能源特别是石油能源换来的。在旧农业中对作物的能量输入，除了太阳能之外，主要有农民和耕畜耕作的机械能，以及以肥料形式回田的有机物。这些能量主要是非商品的，是可再生的，数量也很少；据估计旧农业种一亩玉米输入能量约 6.3×10^{8} 焦耳。而在现代化农业中，按 1973 年的资料，美国种一亩玉米，输入的不可再生的商品能量达 2000×10^{6} 焦耳，为旧农业的 320 倍；其中 41%用于机械和油料，37%用于化肥，其余用于种子、灌溉、农药、干燥、电和运输。种一亩水稻旧农业输入能量 12×10^{8} 焦耳，现代化农业输入 4326×10^{6} 焦耳，为旧农业的 360 倍；其中 20%用于机械和油料，18%用于化肥，42%用于灌溉，7%用于干燥，其余用于种子、农药、电和运输。现代化农业以一斤石油换取 7.2 斤玉米，3.9 斤水稻。美国农业的最高效率已达到用 1 卡商品能量生产含 1 卡热量的食物，一桶石油(约 190 斤)就可生产够 3 个人一年吃用的粮食。在六十年代末，一桶石油值 1.5 美元的时候，1 美元石油的能量就相当于 475 个工所消耗的能量。显然，不论哪个国家，如要较大幅度地发展农业，提高农民生活，谁也不能停留在能量交换规模微小的旧农业，而必须无例外地走上输入大量的商品能量的现代化农业的道路。问题只在于要使整个交换过程的效率高和利润率高。可以说，高效率高利润率地输入大量商品能量来获取大量农产品是农业现代化进程中技术发展的根本规律。

以玉米为例，美国年产玉米近 3600 亿斤。为国际市场提供大量的以单位营养价值计算成本最低的谷物。一些发展中国家为收入水平低的阶层提供商品粮时，进口或制造机器、化肥、农药、除草剂、塑料薄膜来自己种植作物，也不如直接购买美国玉米便宜。这是因为石油这一商品能源能为各个国家大量而廉价供应，但工业化国家更能有效地以少能量输入生产支农工业产品。美国在玉米带通过专业化、社会化、劳务承包等有利形式，能高效率地利用这些支农工业产品来提高产量，大量地生产杂交玉米。能够高效而低廉地生产的另一因素是这些国家的道路交通、通信、供应(包括农机零件供应在内)技术服务等基础结构(infrastructure)的效率高。发展中国家相比之下，往往支农产品价格高，基础结构不灵，地瘠灾多。产量提高对商品能量输入的比率较低。可见，无论是实现以机械动力来代替人畜力的农业机械化或是实现以能换粮的现代化农业，为了完成旧农业向现代化农业的过渡，都需要在发展工业和提高支农工业的同时，根据本地区的农业自然条件和社会条件，研究解决一系列农业生物科学技术问题，研究解决相应的一系列农业机械化、农业工程技术问题和支农工业中的一系列技术问题以及研究解决一系列生产组织、生产结构和经济管理上的技术问题。目标在于发展一整套能高效率、高利润率地输入大量商品能量来获得大量农产品的“农业”技术。

在工业先进国家实现农业现代化的经验中，除了上述技术上的根本规律外，还贯穿着一条经济上的根本规律，即：资金积累是经济发展的基础。

一个社会，不论是整个生产总值或是农业生产总值，其不断增长，需要有物质基础。要生产大量的产品，就必须输入大量的材料物料和能量，需要有大量装备，需要有人力和掌握有关的技术(尤其是技术上的应知应会)；这需要投入大量的资金。在商品经济的社会里，在一般正常的情况下而不是像战时或交通隔绝的地区，材料、装备和技术，都可以在国内外市场上购买到。在这种情况下，资金总是最根本的指标。生产材料、物料、装备和能源的装备以及培养人才、发展技术的设施等生产资料，都是需要有一个不断扩大再生产的积累壮大过程。资金(包括固定财产)也需要有一个通过不断扩大再生产来积累壮大的过程。工业先进国家是怎样做到迅速而有效地积累资金、扩大再生产的呢？原来资本家一般都是将已有的资金投放到赚钱最快、利润率最高的项目去，所谓资本的无孔不入，指的就是不论是往生产的深处广处、或是往新的生产领域发展，只要有理想的市场销路就投资经营(资本主义经济用语中，社会上有需要并不就是有市场销路，对于像农机、化肥这样的生产资料，还须有使农户用后能补偿自身成本且导致获利的，这样才算是有市场销路)。他们投资后对每个企业进行有效的管理，精心的经营，降低成本，保证质量，做好服务，保持信誉，扩大市场，长期牟取巨利。每个企业进行精打细算的经济核算，将固定资产的折旧算在产品成本之内，从而保证了生产设备在几年之内得到更新。同时从利润中提成，进行投资扩大再生产。这样一个厂很快就变成两个厂、二变为四，滚雪球地发展。在一些上了轨道的工业先进国家里，基本上一个企业就是一个健全的细胞。企业里每个职工的工作都由于采取了岗位责任制，向用户、向工作负责和迅速作出反应的现代化管理方针和由于基本上是计件工资而富有成效。在这些国家里，生产力、年生产总值的发展本来是可以指数曲线 $A=\alpha(2)^{bx}$（x 为年数）增长的。只是不可避免地受到资本主义制度固有矛盾的限制，特别是受到生产过剩的周期性经济危机和生产无政府状态的限制，同时，这一过程自然是以无产阶级的相对贫困化和对落后国家的剥削为基础的。

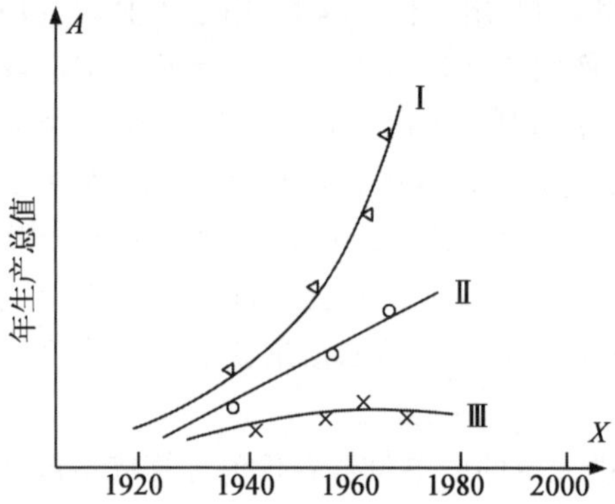

经济发展曲线

A:年生产总值;X:年份

Ⅰ. $A=\alpha(2)^{bx}$　Ⅱ. $A=\alpha x$　Ⅲ. $A=\alpha$

总括起来说，工业先进国家不论是人少地多抑或人多地少，有的经历资本主义发展的漫长期间，有的则从战败国民穷财尽的境地在不太长，或在比较短的时间内达到很高的农业生产、建设和生活水平，是由于它们在发达的工商业的背景下，建立了高效能的支农工业，在农业现代化的进程中，人人都不得不严格地按照经济规律办事，以发展能量交换过程经济而高效的现代化农业生物科学技术为中心，相应地发展各种经济高效的农业工程科学技术和支农工业科学技术以及经济管理科学技术，遵循资金积累是经济发展的基础这一根本规律，在不同的时期采用不同的能赢利的技术和不同的能赢利的经营方式。开始时是种植业和畜牧业并重，收获前与收获后并重，农、林、草、牧、渔、温室、食物加工并重，后来是专业化、社会化、劳务承包。他们是怎样利润高就怎样干，哪里有利就往哪里钻。拖拉机动力越来越大；最有利的农场规模也越来越大；终于将依靠人畜力和产量很少的自给自足能源的旧农业转变为机械化的，输入大量商品能量以换取少量农产品的现代化农业。

3.我国的经验教训和存在问题

建国三十年来我国粮食产量增长了1.7倍，农村建设也有了很大的发展。“文化大革命”中由于“四人帮”的空前的破坏，生产遭到了摧残，正常生产秩序破坏了，思想也弄乱了。又由于人口的增长过快，结果目前我国按人口平均的农业产品的产量还是很低的。不论从人民生活需要上看，从国家到2000年所要求达到的农业目标看，或是与国外一些国家的进展比，相差都是很远的。当前的农业生产和建设问题很多。这些问题与整个国民经济生活中所存在的问题是分不开的。譬如：生产(包括销售与分配)尚没有真正走上高效率的轨道；对应该发展商品经济没有足够的认识，没有按商品经济的规律办事，没有发挥商品经济的社会功能(如不保障社队和企业的经济自主权，不重视经济核算，不按价值法则办事等等)；没有发挥应有的市场调节的作用，使计划调节与市场调节恰当地结合起来，活跃整个经济；社会生产的目的性不明确，积累与消费的比例没有定准，农轻重的次序没有很好贯彻，按劳分配的原则没有得到妥善地贯彻等。具体表现在农业生产建设上有下列几个主要问题：①农业生产产量不高，增长不快，商品率低，粮食问题没有过关；而且五业失调，品种不全。②农民收入少，科学文化水平低，社队积累少。③农业生产建设和支农工业发展速度慢，效率低，不配套，不讲实效，基础结构不健全。一面是劳力过剩，一面是许多工作没有人做；一面是产品缺乏，一面是劳动纪律松弛。④农业机械化除了个别地区，普遍不增产增收。⑤有的计划不当，严重破坏生态平衡，招致自然的影响深远的惩罚。

我国国民经济是有计划按比例发展的，但是仍然是从事商品生产的社会主义经济，计划商品经济要比无政府状态的资本主义的市场商品经济更合理，具有能为一个经济落后的国家像中国在发达的资本主义、帝国主义包围之中，提供迅速发展经济的可能性。但是，有一个前提：计划商品经济必须首先遵循商品经济的规律，注意充分发挥市场调节的巨大作用，在发展商品生产的基础上做好计划调节：由国家按比例，按国家目标，朝有利的方向，通过计划的形式作“必要”的调整。否则，你先扼杀了商品生产本身，自然谈不上计划经济或是社会主义了。长期来，我们一直没有考虑批判地学习和吸收资本主义市场经济对我们有用的经验，特别是有关商品经济的部分。而社会主义是一种新的社会制度，发展社会主义经济学要有一个过程，要经过实践，因而又没有能迅速的发展自己的社会主义计划商品经济学来代替。盲目实践的结果，是普遍的违反商品经济规律办事，而个别部门的计划恰恰又不是往更合理的方向调节，而是朝坏的方向调节。由于“四人帮”的破坏，我国农业经济发展速率比不南斯拉夫、罗马尼亚这些计划商品经济国家。

自“文化大革命”以来，有些企业和部门，包括农业和支农工业单位在内，不重视经济核算，只算政治账，不同时也算经济账。不考虑经济效果，无视经济发展规律；只对上级负责，不同时也对用户负责；部门不配套，机构不齐全，有事无人管，有钱无人赚，浪费大，效率差，成本高，产量少，货不对路。例如，只有拖拉机无配套机具，只造主机，不造配件，只管产品出厂，不管使用情况，许多农机产品不能增产增收，农民根本不要买，用分配或搭配的办法推下去，将经济负款转嫁给农业。又如搞水利，有的地方如河套只愿意搞大工程，不愿意搞田间配套工程，不管有无实效，结果大面积次生盐碱化，既造成危害，大工程没有收益，也陷死资金。在一般气候条件下，从生理上看，小麦一造只需约 60 厘米的水分，玉米一造只需约 90 厘米的水分，而不少地方往往灌几倍于此的水量，不仅费钱、费力、费水，亦易反碱。这样不算经济账的农业现代化，当然不能做到增产增收。“大跃进”时盛行的边研究边生产边推广的做法，至今不断造成极大的浪费。这也是不算经济账，经济上无人负责的做法。所有这些，表面上看来似乎只是重视经济不够，实质上属于不实行社会主义计划商品经济。只有保证生产队和企业的经济自主权，加强经济核算，自负盈亏。选择坚持社会主义道路而又精通业务，善于经营和组织能力强的干部，在党委的领导下，分管业务领导，并给予从利润中抽出一定的扩大再生产资金的权限，让其驾轻就熟，以便迅速扩大和发展企业。同时，充分发挥市场的调节作用。并把计划调节和市场调节结合起来，既避免商业上、手工业上、服务业上统死，又通过市场调节来调动许多不可能由国家来组织的创造使用价值的活动，以满足人民需要，增加就业，活跃市场，繁荣经济。目前，世界上有的计划商品经济国家比如南斯拉夫、罗马尼亚，经过一段期间的摸索，采用了自主企业和计划调节与市场调节结合的经济体制，获得了成效。

不当的围湖造田、毁林开荒、翻耕草地等等破坏生态平衡的事例是计划不往合理的方向调节商品经济的典型例子，表面上看这是各级计划部门批准计划时对生态平衡的规律不熟悉，实质上说明社会主义的计划工作是事关重大的，一方面对自主企业与生产队不宜作不必要的干预，不能干预过多。一方面必须将计划决定前的参谋工作从科员手里转移给专门的经济研究机构，将计划工作放在科学管理的基础上避免领导部门的盲目拍板。

明确生产目的，制订适当的消费与积累比例以及认真贯彻投资的农轻重次序，也是非常重要的。社队和企业的利润如果是除最低工资外，全部进行投资扩大再生产，则人民购买力有限，不仅直接影响人民的最低生活，时间长了就会影响社会主义积极性，而且市场萎缩，国家的轻工业和商业也不会有很大发展，国家的资金积累最终也会受到影响。只有在适当的消费和积累比例下，总的经济发展速度才是快的。

总之，只有在经济生活大局合理运转的前提下，才能谈到农业现代化进程的最佳方案和措施。

上面已经述及，根据一百多年来的历史经历，人类社会能够达成极其大量而丰富地生产农产品唯一曾经成功的做法是在先进的农业生物科学指导下，在进程中遵照积累资金发展经济力量的规律，实现农业向机械化，商品能量化的过渡。实现农业机械化，能量化就要大规模地投入许多固定设备和进行基本建设，这就需要巨额资金。有人估计，一个五六十万人口的中等规模的县，要实现农业现代化，需要投资4亿元左右，全国两千多个县需八九千亿，1978年全国农村人民公社总收入才1100多亿元，能用于扩大再生产的资金只有6.7%，这样就要100年。当然也可考虑从国家的工商业收入中挪拨一部分作农业投资，这不失为加快农业发展措施之一，各国也都是在这样做的。我国也决定将农业投资从过去的约11%，提至18%，这样虽然比苏联的25%低，但是也不能太过高，太过高就会影响工业及其他建设的速度。另一种为农业现代化筹备资金的办法是大力发展社队企业和加工工业。那样，除了一部分本来就不适宜由国家集中搞，而可以由社队发挥潜力和积极性，往广处和深处发展的副业，加工业和企业之外，这实质上是将一部分企业和加工工业不由国有经济来经营而由集体经济来经营。这样也不失为国家用自己的力量支援和加快农业发展的又一措施。但是，如果农业本身却不能通过每一现代化措施获利，保证投入资金的高利润率，则农业现代化进程仍然是缓慢的。何况，社队企业本身也需要资金来扩大再生产，或是本可作为社员分红的。因此，较全面的途径是在增加国家农业投资和信贷、调整剪刀差、发展社队企业、整顿支农工业等等的同时，采取各种措施，创造适宜条件和环境，降低机械化、能量化成本，提高农业企业利润率，依靠社队和企业自己扩大再生产，并将总是有限的资金投放到收效快、获利最大的地方和项目，力争增产增收。

四、农业现代化进程的技术经济模型

为了达到国家农业目标，从基本条件出发，遵照技术发展规律和经济发展规律，确认进程中所存在的客观约束，探讨最佳途径，并抽象之为农业现代化、机械化进程的技术经济模型，还可能有助于揭露降低农业生产的机械化能量化成本和资金有利投放的条件。

1.农业现代化所从之出发的基本条件

我国和一些发展中国家一样，与工业先进国家进行农业现代化时的条件有许许多多的不同。最基本的条件和特点只能从与农业现代化进程中技术发展根本规律和经济发展根本规律最密切的方面来找。最主要的有下列几点：

(1)工业先进国家是市场调节的商品经济，我是市场调节结合计划调节的商品经济。

资本家无孔不入，到处寻找赚钱机会，自发地向生产广处和深处钻营。又为了所经营企业能获最大利润，在各发展阶段采取最有利的各种不同经营方式(如专业化、社会化、劳动承包等等)和最新的最能赚钱的技术。我国为社会主义，具有按照客观规律迅速发展经济的最大可能性。我们完全可以充分发挥这个可能性，资本家能做到的我们也能做到，而且能在充分发挥生产队和企业的自主权积极性创造性的基础上，按照比例、合理规划，为生产队和农业企业在向生产的广处和深处进军中，采取适当的经营方式和适当的技术，以提高利润率、增产增收，提供更好条件。

(2)工业先进国家，工商业发达，开始农业现代化时，农业劳动力缺乏；我国工商业尚处在发展初期，农村劳动过剩。

工业先进国家由于工业发达，当其开始农业现代化时50%劳动力已转入工业和城市[①]，农业劳动力

---

① 注：世界各地区城市人口比例：

发达地区

1950年	53.6%	北美57.3%	欧洲55.4%	苏联13.7%
1957年	69.8%	69.8%	68.5%	60.8%

发展中地区

1950年	拉美42.3%	东亚16.6%	非洲13.7%
1957年	62.8%	30.6%	24.2%

缺乏，农产品价格高，工业品相对价低，迫切需要机械化和条件有利于机械化。因为用机器对农业经营有利，在此种情况下，农业机械化技术主要表现为用廉价的通用型拖拉机作为动力，配上在畜力时代已经发展起来和技术已相当成熟的配套农具：钢犁、圆盘耙、播种机、中耕机、收割机、脱谷机以及喷雾、粉碎、碾米磨粉、离心水泵等等。化肥、农药、建筑材料等支农工业品也由于工业发达、科技和经营管理的先进而价钱便宜、有利于农业的现代化。在工业先进国家里，正是由于工业化，农业的现代化机械化，相对来说容易得多。在我国或一般发展中国家，从之出发的基本条件就完全不一样了，正是由于工业发展还处在初期阶段，人口的80%以上为农业人口，城市里的工商业、服务业以及各种建设所需要的劳动力由城市人口增长所提供而有余，发展农业现代化，机械化所代替下来的劳动力，只能在农业中，通过向农业的广度、深度进军，在农村中通过发展小城镇、发展农村工业、商业、服务业以及各种交通运输通讯文教事业来吸收。否则形成失业或变相失业的半出工，那样不仅会造成社会问题，而且由于劳动力过剩而工分值低，农业的现代化机械化变成花钱买自在的事业，得不到实质性的发展，终归实现不了。

(3)工业先进国家的支农工业品价格低，农产品价格高，支农工业有助于农业获取利润；而我国则反之：支农工业转嫁负担于农业。

例如，日本的农民可用所生产的1斤稻谷购买8.5斤硫酸铵，而我国农民只能买到2/3斤，日本农民能用560斤稻谷买1马力的四轮拖拉机，而我国则需用3200斤，塑料薄膜、水泥、木料和钢材的价格也相差几倍。同时，工业先进国家的工业品质量高，寿命长，使用消耗低，而发展中国家的工业品则反之，例如：我国农机的液压件漏油，多少年来解决不了；精密件寿命一般只达3000小时，而国外达5000小时以上。另外，发展中国家由于处在工业发展初期，不论在体制上，基础机构的配套上，组织工作和经营管理或技术上，都存有或多或少的缺陷，运转不灵，效率不高，不仅故障多、事故也多。所有这些都转嫁到农业身上，增加了现代化、机械化的成本，增产不增收，成为降低农业企业利润率的事业。这种情况通过对支农工业的整顿，按价值调整工农产品价格的剪刀差等等，都会对农业的发展起有良好作用；但是，发展中国家农业现代化发生这种基本情况在短期内是难以完全免除的；是一种客观存在。至于提高国家对农业的投资，改善农业信贷条件，采取各种保护政策，也都会对农业现代化起促进作用，但同等重要的和根本性措施之一，是承认这些条件与约束的客观性，采取战略性措施，创造条件，与上述其他措施在一起，促使农业能通过现代化机械化的推进而经营有利、增产增收，利润率高，积累资金快，从而得到迅速发展。

(4)我国人口多，人均资源、能源不多，生态破坏，地瘠灾多，一穷二白。

2.农业现代化进程的主要约束

确认进程中所遇的主要约束，是在定准目标，认准基本条件和技术发展经济规律之外的另一重要步骤。与工业先进国家比较，我国在劳力的出路、成本的降低和资金的积累、能源的供应、技术的发展和转让、时间上与人口增长的竞赛等主要因素上的约束有所不同：我国农业现代化机械化所替代出来的劳动力主要部分只能在农村找出路，农业现代化机械化所需巨额资金主要部分须由农业和农村自己积累，农业现代化机械化成本的降低和利润率的提高以及投资的节约主要的须通过农业措施本身实现；需要制定适当的能源政策和发展能源事业，需要制订适当的技术政策和发展适当技术；在时间上要求加快步伐，以免落后挨打。

3.我国农业现代化途径的商榷

承认基本条件、技术发展规律和经济发展规律以及约束的客观性，为达到国家农业现代化的目标，在整个国家经济生活和生产逐步走上轨道、发展和活跃商品经济、实现市场调节与计划调节相结合的前提下，在整个社会逐步树立起一个工业化社会所必须具有的那种办事讲效率，组织严密，协作默契，管理科学的社会风尚的前提下以及整个国家严格控制人口增长的前提下所采取的基本途径我们认为主要的包含如下几点：

(1)发展农工商联合企业，向农工商副业、服务业和农村及小城镇建设的深处与广处进军。工业先进国家农业现代化机械化所替代的劳动力是向大城市转移，而我国所替代的劳动力只能在农工商联合企业的形式下，通过往生产建设的广处和深处发展来吸收。资本主义发展大城市是有原因的。因为这是投资少、收效大、回收快的途径。在城市或其郊区附近建工厂，可以充分利用城市已有的交通运输通信水电设施，减少基本建设投资。对城市来说，其投资建设的港口，机场，车站，马路、电线、管道、电话等，就能更充分地得到利用。工厂亦可在大城市与其他企业搞横的与纵的协作，有利于发展专业化社会化生产，部署在广大农村的农工商联合企业基地，从这点上看，不是没有不利因素的，这就要求根据原料及产品的就地集散的有利程度，对联合企业基地、中小城市镇和社队居民点，根据系统分析原理，进行统筹规划，作出最佳部署和规模大小的方案设计。

(2)以粮为纲，农林牧副渔全面发展，因地制宜，适当集中；既着眼于15亿亩耕地，特别是广大盐碱旱涝和红黄壤等低产地区的改良，同时放眼于12亿亩的宜林荒山(特别是亚热带的经济林)，13.2亿亩较好的牧区草原，7亿亩农区草坡，2亿亩的宜垦荒地以及水面和浅海滩涂[1]；既着眼于粮棉油糖果菜丝茶等12个字的种植业，同时与畜牧业、养殖业并举，收获前与收获后的冷藏、贮运、加工和食物工程并举，大田与园田、塑料薄膜、温室并举、开荒植林种草养殖并举；既着眼于国内需要，同时也着眼于国际市场的大力开发。

在农业资源调查和区划的基础上，按自然地带设立综合性农业现代化对比实验场，综合采取生物措施、工程措施和经营管理措施，通过对比试验，挑选出较能充分利用本地区农业资源，又能保持合理的生态平衡，有效地将输入商品能量转化为高价农产品而投资少收效快利润高的作物，有利的农牧林薄膜农业加工业等的农业生产结构，耕作制度，机械化项目，栽培措施，农业工程措施和经营管理措施，作为资金投放的指导，达到增产增收的大面积普及推广。

(3)大力研究和发展适合我国各地区条件，因地因时(不同发展阶段)制宜的能导致增产增收的“适当技术”①，包括农业生物技术，农业工程，农业能源技术和经营管理技术。除了小部分有条件的力量从事基础理论研究之外，大部分的力量应放在上述研究方向的讲究实效的实际问题的研究解决上。

譬如在生物技术方面，木本作物由于根深叶茂，其吸收水分养料的范围和承受阳光的面积，要比一般传统作物大得多。生产单位产品所消耗商品能量往往较少，单产高，有的经济价值很高，而且水土流失少，较易达到既增产又增收。因而有人主张扩大木本作物的栽培。国际上就有人主张在湿热带发展面包果(*Artocarpus altilis*)的大面积种植来帮助解决第三世界的粮食饲料问题[2]，木薯是一种低能量消耗的作物，只要有一定的水分，一些种白薯的地区可代以木薯，而产量高得多，既可供给人畜需用的淀粉，又可酿造非结晶糖和酒精，作为农业能源的补充。南美在这方面已有相当规模的发展。经济作物、四碳作物、蛋白质含量高的作物和品种，草食粗食畜禽和一些霉菌细菌的利用以及单细胞生物(藻类、菌类)的养殖也存在有许多机会和宽广领域。免耕、各种不同程度的少耕以及轮作、间作混种(在埃及等一些国家，间作混种是为了利用不同作物之间的互利，从而大大减少施肥量而不是为了充分利用土地)等不同的土壤耕作栽培制度和各种栽培措施，在能量消耗、单产和成本上是有很大的差别的。需要具体研究解决。

譬如在农业能源方面，沼气和太阳能的利用来解决一大部分的烧柴问题，不仅会保证秸秆中有机物的还田，提高土壤的腐殖质含量水平，有助于保护造林和绿化，而且可以与柴油混合(达80%～85%)来抽水、发电。在农业机械方面，除了配合上述这类生物措施，解决所需机具之外，为北方旱作地区和南方水田地区各研制一种我国自己的、运输耕作兼用型、对土壤压实少，牵引效率高的中型拖拉机可能是帮

① “适当技术”(Appropriate Technology)一词近来国际上用以专指不同于最新、最先进、最高精尖的技术而是更适合于当地条件以最经济有利为原则的技术。

助解决机械化增产增收问题的重要环节之一。在农业工程方面，经济合理的灌排田间工程不仅减少工程投资、减少用水、减少生产成本并可避免目前大面积发生的次生盐碱化，适当的封闭式饲养工厂、塑料薄膜覆盖、塑料大棚、食品加工和食物工程等都有助于增产增收，需要具体研究解决。

又如在经营管理方面，喷灌设备每亩投资约需 100 元，如用于海南岛茶园种国际市场上受欢迎的红茶，则有喷灌就能 8～10 天采收一次，全年不断，一年可采收 40 多次、亩产可达千多元。如无喷灌设备则冬季不生长、平时产量亦低，这 100 元的投资一年即可回收。只需数额不大的资金扶持，海南岛种红茶的事业就可以自己滚雪球，很快的较大规模地发展起来，为国家牟取巨额外汇，如此笔资金用在其他地区或项目，可能长期间不能回收和增长。研究资金投放的最有利方向、地区和项目，研究经济管理技术对增产增收都会有重要的作用。

我国，不论是在生物措施、工程技术或是在经营管理技术领域，直接对社队和农业企业的生产起作用的以增产增收为目标的“适当技术”方面的研究、实验、推广都是很薄弱的。目前农业生产的恢复和进展主要是靠政策而不是靠科学技术，“适当技术”能否成为学技界的自觉的研究方向，是对农业现代化事关重大的事情。

(4)按农业现代化各发展阶段的实际需要来整顿和发展各种支农工业，特别是除草剂、化肥、农药、塑料薄膜和农机，降低成本，提高性能，保证质量。就农机工业而言，过去三十年来，成绩是主要的，也由于缺乏经验，一些农机工厂的建立和规模的确定，不是以市场销路为根据，更不是以能偿还所使用农机的投资本身这样的市场销路为根据，而只是按一般有此需要的感觉来确定，在没有稳定市场的情况下实施计划调节，结果造成农机工厂普遍吃不饱的现象，增加了农机成本。专业化程度低，批量小，材料供应不及时而价格高、质量低和一些关键工艺长期不过关，质量不稳定，以及劳动管理质量控制不善等等，也是导致成本高质量低的因素。农机工业的整顿宜从产品入手。农机工厂应该既可以制造农机具，也可以制造农工商联合企业所需的运输装卸加工机具以及农村建筑和民用的设备和材料，只取决于有无市场，不取决于人为的划界线。研究发展适用于农工商联合企业和农村农用的各种机具设备、用具和材料，也宜是农机工业的任务。

农业现代化进程的技术经济模型

项目＼国别	工业先进国家	我国及一些发展中国家
从之出发的基本条件	1.市场调节的商品经济；2.工商业发达；3.在农业现代化、农业劳动力缺乏机械化开始时 50%劳力已在城市；4.支农工业产品性能好、价格低	1.市场调节结合计划调节的商品经济；2.工商业发展处在初期阶段；3.80%人口在农村；4.支农工业产品性能差，价格高，使用成本高，基础结构与体制不完备；5.人口多，人均资源不多，生态破坏，地瘠灾多，基本上仍是一穷二白
农业现代化的技术发展和经济发展的基本规律	1.高效率高利润地向农业输入大量商品能量，换取大量农产品是现代化农业的基础；2.资金的迅速累进积累是经济发展的基础。资本无孔不入，主动向生产广处与深处渗透，寻觅赢利领域并采用各种方式与措施赢利	1.高效率高利润地向农业输入大量商品能量，换取大量农产品是现代化农业的基础；2.资金的迅速累进积累是经济发展的基础。在生产(包括销售与分配)上轨道，大力发展商品经济，市场调节与计划调节有机地结合的基础上，国家对社队及基层企业的计划只作必要的干预，使更能符合大局的利益，更能有助于社队与企业往生产深处、广处发展，有助于提高利润率
劳力资金能源技术时间等方面的约束	1.农业劳力不足；2.能源价格飞涨，但又必须保持高利润率；3.技术越来越复杂，农业生产资源如土地、机器、建筑等投资越来越大	1.农业现代化、机械化所代替劳力只能在农村找出路；2.能源不足；3.农业现代化、机械化所需的巨额资金主要部分须由农业和农村自己积累；4.农业现代化、机械化成本高，增产不增收，成本的降低和利润率的提高，投资的节约，主要须通过农业措施本身来实现；5.在时间上要求加快步伐，与人口增长竞赛以免落后挨打；6.科学技术文化落后

续表

国别 项目	工业先进国家	我国及一些发展中国家
为达到国家目标而采取的最佳发展途径	1.发展大城市，大支农工业，大农产品加工工业，大农场；2.在发展先进的农业生物技术基础上协调地发展支农工业技术，农业工程技术和经济与科学管理技术，使得综合措施的结果，效率高，利润大，见效快；3.采用最先进技术	1.发展合理布局的农工商联合企业，向农工商副服务行业和农村建设的深处广处进军；2.既着眼于低产田的改良和产量的提高，亦放眼于宜林荒山、宜牧草原、宜垦荒地和水面的开发利用，既着眼于国内需要，同时着眼于国际市场的大力开发。综合利用生物措施，工程措施和经营管理措施，达到最经济有效地输入能量夺取大量农产品；3.研究反战能导致增产增收的“适当经济”（因地因时和因不同发展阶段而制宜）把主要力量发在讲究实效的实际问题的研究解决上，诸如：充分合理利用资源而保持合理生态平衡能量消耗少的农业生产结构，耕作制度和各种农业能源，农业机械，农业工程技术，经营管理技术。将资金向收效快利益大的地方与项目投放，种植价值最高的作物；经营收效最快的副业和农村工业；4.发展整顿与健全支农工业，尽快降低成本，提高质量。对农机工业，专业化与综合化适当配合，兼造农村加工工业等设备
技术经济的模型特征	能量化，重型拖拉机化、专业化，社会化	“适当技术”的能量化、机械化（选择性机械化意义包含在内）——以农工商联合企业为背景的“适当技术”的专业化社会

重视改进和健全基础结构的各个环节（道路、交通运输、通信、供应、检验服务，研究发展、技术训练等等），也是提高各种支农工业的重要环节。

4.农业现代化、机械化的技术经济模型

按照高利润率能量化的技术发展规律和资金积累的经济发展规律来考察，工业先进国家的农业现代化机械化的技术经济模型，是以工业化来带动发达的工、商服务文教行业，造成农业劳动力的缺乏，而以高度能量化、拖拉机化重型拖拉机化和高度专业化社会化为特征。我国人口众多，只能在迅速发展工业化、大力发展工商服务文教行业、农村建设和支农工业的同时，通过农工商联合企业的形式来创造就业机会，根据自己的各地区的具体自然条件，研究发展增产增收的适当技术，在不同的发展阶段实现不同程度的能量化、机械化、专业化、社会化。

五、结束语

通过对不同国家农业现代化技术经济模型的分析，我们得出如下几个论点：

（1）工业先进国家的实现农业现代化，是在发达的工商业基础上，在支农工业的支持下，综合采用生物措施，工程措施和经营管理措施，通过合理的农业生产结构，耕作栽培制度以及良种化，机械化，化学化，水利化，专业化，社会化等形式，实现一条经济高效地向农业输入大量商品能量以获取大量农产品的技术路线；在此同时，实现一条能够积累资金发展壮大事业的经济发展路线。

（2）我国国家的农业目标，只有在大力发展高效率的工商业和支农工业的前提下根据我国的条件，采取能够实现经济高效地输入商品能以获取大量农产品这一技术路线和能够迅速积累资金，以壮大事业这一经济发展路线的途径，才能达到。为此，必须：①在恢复社队和扩大国营企业经济的自主权、生产走上轨道、发展商品经济、市场调节与计划调节合理地结合的前提下，发展农工商联合企

业，向生产建设的广处和深处进军。②既着眼于现有耕地中低产田的改良和产量的提高，亦放眼于宜林荒山、宜牧草原、宜垦荒地和水面的开发利用，既着眼于国内需要，同时着眼于国际市场的大力开发。综合采取生物措施、工程措施和经营管理措施，将资金优先投放于收效最快的地方和项目，通过种植业与畜牧业并举、收获前与收获后的加工处理和食品工程并举，大田园田和塑料薄膜农业并举、开荒植林种草和水面养殖并举等等，以最少投资，成倍地增加农业总产量和总产值；通过种植价值最高的作物，建立有利的农业生产结构、耕作栽培制度、利用良种、改良低产田、高效地增施化肥、利用机械等措施以最低成本提高单产。③研究发展和采用农业生产措施、工程措施和经营管理措施等方面的能导致增产增收的"适当技术"，以求投资少，利润高，回收快。④整顿和发展支农工业，降低成本，改进性能，提高质量。

(3)人多地少的发展中国家，在农业现代化机械化过程中所代替的劳动力，主要通过向大农业的深处和广处进军，通过发展农工商联合企业，发展中小城镇和农村建设来安排。发展农工商联合企业，既发展生产，提供就业机会，提高生活，亦为农业现代化积累资金。

(4)发展中国家所需的大量而丰富的农产品，主要通过往大农业的深度和广处发展而获取。根据工业先进国家的经验和现代科学技术所提供的可能性，获取途径如下：①提高单产，对已有耕地(或草原、森林)在原有措施基础上进一步采取一些增产措施，往往是最经济而易于见效的，在我国和一些发展中国家的农业中，不少现代农业科学技术已经证明有效而尚待推广普及的增产措施，如充分利用农业自然资源，选种最适宜和经济价值最高的作物，利用良种和杂种优势，提高有机肥和化肥的施用水平，扩大排灌和改土面积。利用机械化赶农时和实现一年多熟以及病虫害防治等等。②扩大耕地，进行草地更新，扩大森林和水面养殖面积。③扩大生产领域：农牧并举；收获前与收获后的贮运加工并重；发展园田温室，塑料大棚，塑料薄膜农业等。

(5)农业现代化建设所需的巨额资金，除了通过发展农工商联合企业发展社队企业来积累之外，主要的一部分是来自提高农业本身的投资利润率。为此，必须在保证社队和企业的经济自主权和加强成本核算和经营管理的前提下，将资金优先投放于收效最快的地方与项目，种植价值最高的作物，同时坚持采用导致增产增收的"适当技术"。

国家除了提高农业投资比例，调整剪刀差，加强农业信贷，采取种种保护农业的政策之外，还需进行农业资源调查，按照自然条件进行农业区划，逐步发展农业生产的区域化，专业化，社会化，及时调整生产结构和经营规模，为农业现代化、机械化的投资少、收获大提供条件。

(6)须根据原料及产品的就地集散的有利程度，对农工商联合企业基地、中小城镇和社队居民点的布局和建设，用现代科学管理的概念，选择最佳方案，进行统筹合理规划。

(7)扩大农机工业产品范围至既生产农机具亦生产联合企业所需的加工机具和农村运输建筑民用设备。根据市场销路，结合合理的计划调节、调整农机工业产品，逐步过渡到综合性全能厂和大批量专业厂的有机配合，以及具有合理的工厂规模的工业布局。进口关键技术，加强三化，加强质量管理，以缩短处在创办初期的质量低、性能差、成本高的问题。

(8)须加强农业经营管理、农业生物技术和农业工程技术之间的联系研究，将科研的主要方向转到研究发展和推广适合我国各地区自然和社会条件，因地因不同发展时期而制宜，体现沿最经济途径实现增产增收的"适当技术"。诸如高效的农业生产结构和耕作栽培制度，经济的良种、施肥、植保技术，投资少的排灌和低产田改良技术，农业建筑和塑料薄膜技术，农产品加工贮运技术，增产增收的机器系统和机械化技术(选择性机械化是其表现之一)等等。大力奖励各种技术改革和各种配套机具、加工贮运和商用民用机具和用具的创造发明。

参考文献

[1] 何康. 为加速实现我国农业现代化努力奋斗.
[2] R. D. Bowers. Development of breadfruit(*Artocarpus altilis*)as a major carbon-hydrate source for human and animal consumption and for industrial purposes.
[3] 余友泰,等. 试论黑龙江省农业现代化问题.
[4] 项南. 从当前农业机械化问题的争论谈起.
[5] FAO. Energy and agriculture (From the state of food and agriculture 1976).
[6] 吴相淦. 我国能源结构分析与农业现代化.
[7] 中国农科院. 关于加速我国农业现代化建设设想的研究提纲.
[8] 中国农科院科技情报研究所. 农业现代化概念.

On the Technical-Economic Model of Agricultural Modernization/Mechanization

Zeng Dechao

Abstract In this paper, attempts were made to highlight some of the basic experiences in both technical as well as economic progresses in their courses of agricultural modernization in the advanced industrialized countries and to put forth the national targets for agricultural modernization in the PRC. Rudimental situations and constraints in labor force, capital, energy source, technological level and time requirement between the advanced industrialized countries and the PRC were compared and the possible orientation and some technical and economic policies for the Chinese agricultural modernization/mechanization in the PRC were formulated for further discussion and reference. In the meantime, characteristics of various models of agricultural modernization/mechanization were tabulated and their differences stressed.

中国农业机械学会第二届全国代表大会及1980年学术年会闭幕词

曾德超

各位代表：

中国农业机械学会第二次代表大会及1980年学术年会在中国科学技术协会和农业机械部领导的重视和关怀下，经与会全体同志的共同努力，顺利地完成了会议的各项预定议程，今天就要闭幕了。

这次会议筹备工作，得到各省、市、自治区农机学会、农机部直属院、校、所有及农、林、牧、副、渔业战线上的农机工作者的大力支持，特别是得到北京市农机学会的大力支持和紧密配合。我代表中国农机学会向为这次会议付出了辛勤劳动的所有同志表示感谢。

在这次会议上，中国农机学会理事长郭栋才致了开幕词，副理事长兼秘书长王万钧作了题为《献计献策，为农业机械化贡献力量》的工作报告。他总结了农机学会十七年来，特别是复会以来的工作，提出了今后的任务。副理事长曾德超传达了科协二大的主要精神。中国科协学会部副部长邓柏木、农机部顾问阳早、寒春出席了会议。农机部杨立功部长、项南副部长到会讲了话。薄一波副总理于15日接见了与会的外国专家和夫人及学会的部分领导成员。

会议期间，代表们认真讨论了学会工作报告和学会章程，提出了许多值得重视的意见和建议；在充分酝酿和讨论的基础上，选举出新的理事会；进行了学术交流，讨论了我国农机化问题。年会共收到国内论文229篇，国外学者论文19篇。有34位中、外专家、学者和科技工作者在大会上宣读了论文。

参加这次会议的有农机、农业、林业、水利、水产、农垦、农经机械、化工等各方面的专家、学者和科技人员340人，其中正式代表220人，部分论文作者、新闻、出版、学会干部和工作人员100余人。同时，还有澳大利亚、奥地利、加拿大、丹麦、法国、德意志联邦共和国、意大利、日本、荷兰、南斯拉夫等十个国家和国际农业工程学会、联合国工发组织、国际水稻研究所等三个国际组织的14名国外的专家和学者应邀参加了我们的年会。

一、这次代表大会的一个重要任务，是选举新的理事会。在代表们充分酝酿和讨论的基础上，10月9日以不等额、无记名投票方式，选举出中国农机学会第二届理事130名；11日晚召开了第二届全体理事会议，酝酿了常务理事的名额和人选；13日晚以不等额、无记名投票方式，选举产生了第二届常务理事30名；14日下午召开了第二届常务理事会议，推选郭栋才同志为中国农机学会理事长，副理事长（以姓氏笔画为序）王万钧、水新元、史绍熙、华国柱、余友泰、项南、唐有章、陶鼎来、曾德超。常务理事会还研究了专业委员会的问题，拟建立编辑工作委员会、普及工作委员会、教育工作委员会、农业机械化专业委员会、农用动力及能源专业委员会、畜牧机械专业委员会、工艺材料与工业管理专业委员会、耕作机械专业委员会、收获加工机械专业委员会、排灌机械专业委员会、基础技术专业委员会、农机管理与维修技术专业委员会及农业机械化技术经济研究会等十三个组织。第二届理事会和常务理事会的产生，是我们学会组织建设的一件大事。这次新选的130名理事，来自全国各地不同专业，有少数民族4名，女同志3名，比上届有较强的代表性。其中既有在农机战线奋战几十年，为我国农机事业做出了贡献的老一辈科学技术专家，又有新涌现出来的年富力强的后起之秀。在这届理事会中，新理事共82名，占63%；常务理事中新常务理事13名，占43%。新的常务理事的产生，增加了实际参加领导工作的同志，有利于抓好各项工作委员会和专业委员会的工作。我们相信，学会的工作，在新的理事会和常务理事会的领导下，在广大会员的共同努力下，一定会出现一个新的局面。

二、这次年会的一个主要内容是进行国内外学术交流和讨论农业机械化问题。

这次年会共收到229篇论文，其中农业机械化69篇，农业动力55篇，作业机械61篇，农机材料、工艺和测试技术27篇，畜牧业、渔业、林业机械17篇。这些论文涉及问题广泛，内容丰富，总结了多年来我国农机科研工作的成果，反映了我国农机科技水平。此外，还收到国外学者论文19篇，其中有对各国农业机械化发展情况、农业航空的介绍，有各种农业机械、如收获机械、插秧机械、种子加工机械、饲料加工和甜菜机械的试验研究等。这些论文反映了当前国际上农业机械化一些方面的现状和发展；对我们有一定的启发，可供参考和借鉴。

会议期间，共有34篇中外学者的论文在大会上进行了交流。此外，还专门组织了山区农业机械化、拖拉机、教育工作专题座谈会和农机学报编委扩大会议。

总的来说，这次年会论文反映了近几年来我国农机科研工作的一些特点：

(1)农业机械化有关问题引起了普遍重视。近年来我国农业机械化面临着新的形势和任务，也存在着许多有待解决的问题。对农业机械化问题的研究，引起了普遍重视。这次年会的有关论文，反映了近年来这方面的研究情况和成果。关于农业机械化问题，会议专门安排了两天交流，宣读了13篇论文，有关单位领导同志在会上介绍了农机化方面情况，两天分组讨论，并在大会上汇报交流了各组讨论情况。代表们解放思想，畅所欲言，各抒己见，探讨了我国农业机械化目标、方法、步骤、经济效果等问题。对农业机械化区划和规划，农业能源、山区农业机械化、水田机械化、畜牧及林渔业机械化问题，以及农机科研、农业教育等问题提出了一批有价值的论文和建议。

(2)从实际出发，结合产品研制，加强部件的试验研究工作。多年来，我国农机科研、设计、生产、使用部门和院校，结合农业生产实际需要，因地制宜发展新产品，在柴油机、拖拉机、作业机械、排灌机械以及牧业、林业、渔业机械方面作了不少工作。不少产品在批量投产后，在农业生产中发挥了作用。发展产品中，除了结构设计，对一些关键技术问题和部件，进行了一定的室内外试验，取得了不少数据，对某些技术问题，作了较深入的探索和分析。这次不少论文，就是在这个基础上写成的。如机耕船这种具有我国特色的新型水田动力机械，对深泥脚水田有较好的适应性，在国际上也引起有的国家的注意，年会有五篇论文，对机耕船的技术理论进行论述。在双燃料发动机和降低柴油机有害排放，插秧机和拔秧机，手扶禾器立式割台、水稻割前脱粒和轴流式滚筒，排种器、风轮式超低量喷头和水泵水力模型等方面的论文，为选择合理参数，提高产品水平，提供依据。

(3)理论联系实际，在农机技术理论研究方面取得了一定进展。近几年，在农机研究工作中一些技术理论问题的研究得到了重视，在燃烧理论、浮式半浮式工作原理、土壤—农机系统力学、犁体曲面理论、磨粒磨损理论等方面取得了一定进展。农机技术理论的研究，表明我国农机科研向更深的领域进军。

(4)加强了农机材料工艺和基础件的研究。长期以来，我国在农机材料工艺方面的研究是比较薄弱的。而农机产品的质量问题，在很大程度上决定材料与工艺。在这次年会中，农机材料工艺方面的论文有近二十篇。这是十分可喜的现象。其中液压摆线泵齿廓成批精量加工方法，低淬性钢的应用，低碳马氏体犁壁和耙片，收割机刀片，羊毛剪刀片，轧花机和制造机具片，铸造自磨刃犁铧，犁铧等离子堆焊等的研究成果，对于提高零部件寿命，降低制造成本，具有很好的实际价值。

(5)新技术、新理论和现代化测试手段在农机科研工作得到推广和发展。这次年会提供了一批论文涉及新技术、新理论和测试手段在农机科研中的应用，如随机振动、有限元法计算、优化设计、光弹应力分析、遥测技术、电子计算机应用，以及强化快速试验、数据快速处理等。这些论文总结了近年来农机科研工作中应用新技术取得的成果；同时表明，在农机科研手段现代化方面，也取得了一定的进展。这对于从微观、从总体、从动态过程更精密研究有关农机技术问题提供了手段，对于缩短研究周期，提高研究水平，具有重要意义。

这次会议由于时间短、内容多，有些专业性论文没有宣读，讨论得也不够深入，日程安排较紧张，未安排中、外专家座谈讨论等。这些缺点主要是我们组织工作没有做好，请同志们谅解。

三、对于今后农机学会工作的意见和希望。

中国农机学会的工作，虽然取得了一定的成绩，但离四化事业的需要和广大会员的要求还有很大距离。我们第二届理事会有决心、有信心，再接再厉，发扬成绩，克服缺点，搞好学会的各项工作。

(1)继续抓好学会的组织建设。要把各专业委员会迅速建立健全起来，制订计划，开展活动，促进各专业学术水平的不断提高。各省、市、自治区学会尚未建立的，要积极筹备，于年底前建立起来。已经建立起来的，要健全机构，加强领导，开展活动，并搞好新会员的发展工作。

(2)积极开展学术交流活动，在科技方面当好农机化的参谋。学会要组织农机科技工作者，在总结以往经验教训的基础上，从我国实际出发，研究探索我国农业机械化的目标、方法、步骤和一些带规律性的问题，在科学技术上当好农机化的参谋，发挥咨询作用。要开展广泛的学术活动，为繁荣、发展农机科技事业做出贡献。

(3)发扬学术民主，为农机化事业发现和培养人才。学会要形成一种浓厚的学术空气，鼓励百家争鸣。要善于发现、培养和推荐人才。学会要一手抓普及，一手抓提高。并及时将学术活动中涌现出来的优秀人才推荐给有关部门。

(4)努力把学会办成科技工作者之家。学会是在党的领导下的群众性学术团体。经过十年浩劫，对内活动中断多年，现在恢复不久，困难还是很多的。我们要努力克服困难，把学会工作更好地开展起来。希望在广大会员的热情支持下，同心同德，献计献策，共同把学会办成科技工作者之家，成为团结广大科技者的纽带和桥梁。

同志们！我们的大会就要闭幕了。希望大家回去后，把大会的精神传达贯彻下去。希望大家成为农机学会的积极分子和骨干力量。最后，祝同志们在工作中和学术上取得更大的成就，为我国农机化和农业现代化做出新的贡献！

农业现代化技术途径与评价尺度*

曾德超　黄志明　宋声鹗

摘要　本文在统计分析的基础上指出，即使今后二十年我国经济能以世界最高纪录的增长率发展，人口按最大的可能性得到控制，若按日本的经济增长结构，到2000年农业人口仍会占全国总人口的76%以上。因此，我国的农业现代化和机械化必须走一条由正确的农业政策、精明的投资策略和适当的技术途径所构成的自己的道路。在政策上，应直接在农村发展第一、二、三产业，建立大小和布局合理的加工集散中心与小市镇，鼓励广大农村发展成为适度的社会主义消费社会，充分开发农村此一最大国内市场。在投资策略上，应以加快农村资金积累为目标，将有限的资金投放于投资少、回收快和收益大的项目；首先挖潜，在现有企业的基础上外延扩展。在技术途径上，优先发展生物技术措施，用人力精耕细作，同时发展有利的农业机械化和农业工程项目，并将经济效益与创造就业机会、提高经济增长率与满足人民生活基本需要、产量增长率与生态环境和资源再生结合起来。

文章还提出我国农业机械化的重点应是那些人畜力所达不到，赶不及或不合算以及能扩充生产部门、创造新的就业条件的项目。我国农业机械化科学研究的方向和中心任务应是发展一整套能增产增收而投资少、效益大的机具及其能得到合理使用的有利环境与条件。

一、充分利用人力资源的农村经济发展道路

我国在党的领导下坚定不移地要实现社会主义四个现代化，这是符合全体人民的根本利益的。国家的经济建设目标，形象地来说，是使经济发展到本世纪末达到小康的社会。为达到目标，对难以克服的、代价过大的限制采取迂回对策是为战略。我们的一个任务是探索实现这个目标的富有可行性的途径。

世界工业化国家，农业资源多、每人平均耕地多的如加、美、澳；农业资源少、每人平均耕地和我国差不多或比我国少的如日、意、英、德、荷、比、法，是实现了农业现代化的为数不多的一些国家。这些国家在农业机械化开始时，劳动力50%以上已转移到城市(表1)，而引起农业劳动力缺乏，结果一般十来年、几十年就实现了农业机械化。日本1955年工业和非农业就业人数2600万，占总就业人数的61%，1971年为4430万，占总就业人数的85%。二十二年内增加了1830万，其中一半是从农村移入城市。可见他们是通过工业化和发展城市工商业来带动农业现代化的；城市工商业大发展以后，农业机械化、现代化好像就并不困难了。

表1　世界各地区城市人口占总人口的百分率(世界经济统计资料)

	工业化地区	北美	欧洲	苏联	拉美	东亚	非洲	中国
1950年	53.6	57.3	55.4	43.9	42.3	16.6	13.7	17.4(1949年)
1957年	69.8	69.9	68.5	60.0	62.8	30.6	24.2	16.4

我国人口多、农业人口比重大，而城市工业底子薄，即使到2000年我们能够成功地把总人口控制在

* 本文出处：北京农业机械化学院学报，1981年第1期。

最大可能的10.5亿(即实行一胎化,到1986年实现[7]),即使今后二十年我国经济以日本在1955—1962年平均的10.35%,此一世界纪录的增长率发展(我国实际增长率为1979年8.5%,1980年8.4%,1981年计划4%,1985年以后可能高一点),若和日本的经济增长结构一样,即此10.35%中的1.06%或约1/10的增长归之于劳动力增加(其余2.78%由于资本的增长,6.5%由于技术进步),则到2000年经济增长为1980年的$(1+10.35\%)^{20}\approx 6$倍,可容纳的劳动力增加60%。目前城市人口为1.57亿,到2000年时自然增长0.12亿,即城市自己可提供7.5%,其余的52.5%从农业转移来,那样,农业人口仍占76%。也就是说,如果我们按以日本为代表的工业先进国家的经济模式发展,到本世纪末,我国农业人口仍会占全国总人口的76%以上。

比重这样大的农业人口长期存在的趋势,说明了我国的农业现代化、机械化完全不能走世界工业发达国家的道路,完全不能采取现成的模式,而要探索一条新的道路。农业人口如此大的比重长期存在这一特点,对我国经济建设战略的拟定具有重大意义。

(1)在这种情况下,所谓小康的社会,即每人年收入1000美元左右,是包括广大农业人口在内的全国平均数的水平。对于任何社会,发救济金或任何形式的窝工、待业,在经济上带来的损失和对社会的腐蚀作用都要比创造工作位置及真正解决就业问题所花的代价大得多。因此,农村劳动力的出路和就业机会是整个经济建设中的重大问题之一,是达到国家目标的重大约束或限制。我国经济建设成绩的评价尺度,就必须是经济增长率与劳动力出路并重。

(2)农村劳动力就业门路能否扩充,与是否执行党和国家的农村政策,市场与销路的扩充或缩小,生产资料、资金和技术的多少,文化科学水平的高低等有关。同样,经济增长率与政策、资金投放的成效,管理水平和技术水平等等有关。因此,农村政策、投资策略以及技术途径可说是农村经济发展道路的基本构成元素。

国家农村政策所考虑的因素当然要复杂和全面得多,但是,其评价尺度,至少须包含在达到目标途中解除那些约束因素或限制因素的成功程度。党的十一届三中全会以后,在总结三十年来经验教训的基础上,逐步纠正"左"的错误,贯彻"调整、改革、整顿、提高"的方针,明确了在社会主义公有制占绝对优势、多种经济成分同时存在、多层次的所有制结构,在农村试办农工商联合经营,在国家计划指导下,实行计划调节与市场调节相结合,以工业为主导、以农业为基础的农轻重顺序,增加农业投资,减轻与稳定农业征购与税收,调整工农业产品价格剪刀差,明确企业和生产队的自主权和生产责任制,实行物质利益原则和社会主义的按劳分配的原则等等。所有这些,实践证明方向是对头的,成效是显著的。今后必须继续贯彻执行三中全会精神,在实际工作中,在解除约束因素的功用上,还需要不断地完善与改进。

(3)农业的完整概念,不仅包括农(包含农林牧副渔)产品的生产、加工、贮运和销售,而且也包括农业资源、能源的开发利用和保护,农业生态的建设、环境保护和绿化。农业现代化的内容既包括上列农业直接生产部门的现代化,也应包括有关的基础结构①的现代化(否则农业不可能发展)和农村社会的综合发展。农业现代化,从技术角度看,既包括生产条件的现代化,生产技术的现代化,也包括生产结构、组织、经营、管理的现代化。所采取的技术途径可以是生物措施、工程和机械措施或组织管理措施。所有这些事情都需要做,但是,先后、规模、速度、比例、途径、措施如何定?只根据需要来行事是国力所不允许的,经验教训已太多了。只有在全局规划的指导下,对每项计划和措施按评价分数来定优先次序。而评价尺度,按我国特点,如上所述,既应首先包括经济效益,也要包括创造劳动力就业机会的多少;既要包括经济增长率,也要包括人民、特别是广大农村人民生活基本需要的满足程度;既要考虑产量的增长率,也要考虑生态环境和资源再生。这样,当前农村经济即能导转进入良性循环。

---

① 近来常把经济分为基础结构(infrastructure)和直接商品生产两大部分。前者指社会上所有为商品生产部门提供基本服务的经济结构,如运输、动力、供水、电讯、教育、科研、卫生等。

二、资金投放的评价尺度

经济的增长与直接生产部门和基础结构的生产能力有关。生产能力在产业革命以来，以机械动力为标志的近代工业化生产，其能力的增长，主要取决于机械装备等固定资产的积累和壮大。一个国家建立起来的固定生产资料的能力，原则上决定了这个国家的经济生产能力(表 2)。

表 2　各国固定资本投资额与国民生产总值(按美元折算)　　亿美元

年份	项目	美国	日本	苏联	西德	英国	法国
1950	固定资产投资额	538.0	31.0 •	144.0	43.0	48.0	45.0
	国民生产总值	2882.9	109.6	—	233.1	373.1	286.7
1960	固定资产投资额	859.0	140.0	478.0	168.0	115.0	124.0
	国民生产总值	5113.6	431.0	2325.0	720.9	723.6	614.9
1970	固定资产投资额	1605.0	715.0	911.0	485.0	213.0	381.0
	国民生产总值	9739.0	1976.2	5760.0 ••	1877.0	1193.0	1474.9

• 1951 年的数字

•• 1971 年的数字

由表 2 可见，一个建立在机械化、自动化和计算机信息处理基础上的国家的经济力，绝不是依靠人畜力来进行生产的发展中国家所能比拟的。不仅工业部门如此，任何其他部门，包括农业部门也是如此。因此，不论是我国或任何发展中国家，都终归要根据自己的资源特点，建立起自己的现代化工业和现代化农业，这是毫无疑义的。那种因世界能源危机而主张发展中国家回到用牛的境地或是由于人多而强调单纯依靠生物措施，忽视工程和机械措施的主张是把战略与战术搞混了。

固定生产资料的积累壮大，需要大量资金；正是由于国家缺乏大量资金而无法加快发展生产能力的步伐。即使是农村中劳动力出路的困难问题，也是由于缺乏技术，缺乏必要的设备，最终表现为缺乏资金，以致不能将本地资源转变为商品或对本地人民有用的、有使用价值的服务项目。因此，除了外国贷款、与外资合资经营等利用外资的措施外，如何贯彻以自力更生为主的方针，迅速积累资金，不论对城市或乡村来说，都是带关键性的问题。

加快资金积累，不能通过随意加大国民经济的积累相对于消费的比例来达到，因为这会直接损害劳动者的利益，而且导致市场萎缩和限制国营企业、生产队以及劳动者的主动性积极性，结果是欲速则不达。加速资金积累，首先要发挥现有企业、现有设备的积累作用，同时大力开发和寻觅有利的市场，并将有限的资金用于投资少、回收快、效益大的投资项目。

要想投资的经济效益高，首先要有市场。市场与人们的需要是两个不同的概念。对于生活资料商品来说，光有需要而无购买力，构不成市场。对于生产资料商品来说，光有需要，有钱能买而不能用之赚钱，亦即没有偿付能力的需要，那样，产品仍然不会有销路，投资就会损失，也构不成市场。没有市场就不可能发展商品生产，也不可能扩大积累，发展经济。

在一个物资匮乏、百废待兴的发展中国家，需要是大量的，但相对地说，市场却是较小的。如何开辟、扩展和占领市场仍然是社会主义商品经济的重要课题之一。沟通和满足本已存在或潜在的国内市场此其一。发展外贸市场此其二。还有重要的一环是提倡和鼓励人民为改善其基本物质和文化生活素质而适度地逐步提高消费标准，通过诚实的和提高效率、讲究效果的劳动来偿付。在这里分期付款、统筹、合伙等作为商品经济的有用措施也可以考虑借镜。一般说来，在社会生产过程中，生产居于支配地位，起着决定的主要作用，因而生产决定消费；同时，消费也有反作用，它反过来也影响生产，促进或延缓生产的发展。消费不仅使生产得以最后完成，同时它还为生产创造出新的更多的需要。消费品和服务业需要的增加与购买力的提高，将促进新产品、新服务项目的发展，进而促进新生产资料部门、新基础结构部门以及新的国家建设项目，进而推动整个经济的繁荣。契机在于每个劳动者和每个企业单位，这样才会持久地自觉讲求劳动效率和实质性成果。生产和消费之间是一种对立统一的辩证关系。在社会主义制度下，生产的目的是满足整个社会和人民不断增长的需要，而提高广大劳动人民的消费，也为推动整个社会生产的发展提供强大的动力。与资本主义商品的浪费式消费、贫富极端分化和无政府式生产和消费不同，我们是在国家计划指导下的生产和消费，在计划调节下的市场调节。总之，我国社会主义市场最大的潜在阵地是具有八亿人口的农村。通过利用生产和消费的辩证关系来推动，只要全面、妥当地安排和处理，这一市场是可以发展扩大的。在工业和城市主导下，农村终将逐步繁荣起来的。

面对一定的市场前景，始终存在着如何能将有限的资金用于投资少、回收快、效益大的项目的问题。这需要逐项具体分析比较选优。一般笼统地说，优先顺序如下：

(1)现有企业的加强管理、合理化调整，挖掘潜力，以便提高效率、降低消耗、提高质量、达到或有所超过设计产量水平。这是基本上不必投资或少投资而收效大的办法；

(2)现有企业的某些薄弱部门的技术革新或增添部分设备，提高产量和质量、降低消耗；

(3)在现有企业的基础上扩充同一产品的生产能力或同类新产品的生产能力；

(4)新企业的投资建设。这类投资中不同项目的差别很大，应选择那些投资少、回收快、收效大的项目优先上马。

上述的内涵型扩大再生产优先于外延型的扩大再生产，对外延型也要优先考虑现有企业的扩展与外伸这样的优先次序，我们认为，对于农业生产建设，这也基本上是适用的。一个公社或农场的生产队，投资少收效快的抉择首先是发挥社员的积极性，加强精耕细作和管理，充分利用已有的劳动力，加强畜牧饲养业、果蔬、加工业、副业的经营，以及一些以劳力为主体的农业基本建设和生活设施，以增产增收和提高社员生活水平。其次是投资于增加生产资料或增添生产队的一些设备，达到扩大生产的目的。开垦荒地或扩大造林治沙，由当地居民往外逐步扩展，一般地说，比整个移民垦荒投资要少，收效更快。新垦区的投资建设总是有必要的；同样，需要经过对比选优，才能达到有效地利用和积累资金。

对于农业机械装备和农田水利、农业建筑等设施，如粮库、禽舍、炉灶，投资少的，一般地说，也将是现有工具和仓库的改进与重建。总有一些现代化机具和设施的功能是人畜力所达不到的，也是为了发展生产所必需投资建设的，这时也需要在真正能起增产增收和增加就业作用的项目中，按投资效益的大小，比较选优上马。

不论是创业投资还是扩充投资、增产投资、改良投资、更新投资和政策投资，都需要进行投资计划的经济性分析，即对资本循环过程的成果进行预测，用资金的投入产出表示，对不同投资方案的投入产出效果进行比较，择优选用。

在进行投资计划的经济性分析时，要注意资金的流程，以便充分利用资金。在资本主义国家，一般有了20％～30％的资金，就可以进行100％的投资计划，即一块钱资金当三块钱用。另外，还要充分计算物价的变动对资金时间价值的影响。任何新投资，总有一定的风险，须按概率原理来进行决定。

三、技术途径的评价尺度

我们要发展什么样的技术，取决于采取什么样的技术途径。这些技术途径须用既发展经济又发展就业，既发展生产又要适当满足当前人民基本需要，既要进行建设又要保护环境与生态平衡的评价尺度来衡量。

在农业生产本身中，采取生物技术措施，如改良种质、防治病虫害、合理施肥和饲养规格化等等，往往增产显著而投资不大，用工也多，在我国条件下需要优先研究发展。但生物技术措施并不一定直接包含多用人工少用设备，而所需人工数量更多地取决于所用的设备。工业化国家的农业，也很重视生物技术措施，但所用的人工并不多，因为他们采用了省人工的机械化装备，如杂交良种的生产和种籽的机械化处理、飞机喷雾撒药、自动化制备和配合饲料等等。

另一种技术途径是用人工精耕细作、精细管理，这是投资少、能增产、用工多的途径。在我国现状下，这是重要的途径。但是也要注意到边际效益的客观规律；还须严格按照投入产出效果的尺度来选择适当的限度。精耕细作相对于管理粗放来说是会增产的，但无限度地拨弄，必然得不偿失，不如将劳动力用于新的生产部门。同样，一个农业企业，单纯追求单产的绝对值，由于边际效益的作用往往导致严重的浪费。“大跃进”和“学大寨”平山头的后果之一是浪费，其数字估计十分巨大。明智的选择应是按农业科学技术所达到的水平办事，追求经济的单产，而不是绝对的单产。

在向农业的深度和广度进军中，必定有一些作业是人畜力所达不到、赶不及或是并不合算而非用机械不可的。比如，机械排灌、长距离运输、农畜产品加工、深耕深松、抢农时的赶播赶收、大面积的土壤改良、水土保持、植林、工程施工等等。用机械或其他工程措施来进行单靠人畜力所不能胜任的屯垦或开辟新的生产部门也能扩充就业门路。例如，北大荒开垦，不用机械并配以人工而单纯用人畜力是办不到的。办机械化屯垦农场比移民垦荒总的投资少、收效也快。又如冷藏装备的有无，对乳牛业和水产加工业的能否发展，机械喷雾对果树的大面积发展等等，都是关键条件。机械化在通常场合下是与人工有矛盾的，在能开辟新部门场合下，却是与劳力出路相辅相成的。在我国情况下，就不宜笼统提机械化必然与劳力出路有矛盾，而需深入一层，分为两类，一类是能节省劳力的，一类是能扩充生产部门从而增加就业的。我们要开发后者。农业机械，相对于人畜力农具来说，投资要大得多，使用成本也高，这就要研制符合农业土壤学、生物学原理，机械学原理和经济学原理的能扩大生产门路、能增产增收、投资效益高的农业机械系统。我国农业机械化科学研究的任务就在于研制和创造能扩大生产门路、能增产增收而且投资效益高的农业机具以及机械化生产条件。这也是我们不能照抄外国一套农业机械包括拖拉机在内的原因。也是所谓中国农业机械化道路的主要标志和内容。

利用人力资源于发展农村经济的又一技术途径是开发信息生产此一领域。发达国家已从农业生产、工业生产进入信息生产的时代。通过电子计算机处理大量经面上调查和长期记录的数据，使得一些极其复杂的社会、经济、自然、资源、市场、管理等等现象得以掌握，在不同层次、不同范围中进行合理化，从而大大提高生产率、减少浪费、降低消耗、提高效率、增加物质财富和提高科学文化水平。发达国家的就业，已从主要在农业生产部门、经工业生产部门，转移到以信息生产为主要内容的服务部门。在我们这样大的国度里，发展肯定是不平衡的。农业中的人、畜、机和计算机同时并用，交通业中飞机、汽车、人力车和背扛肩挑同时并存，社会上工农业生产中传统的方法与信息生产并存，可能是一种正常现象。为了迅速发展农业，普查农业资源，进行区域化、专业化和社会化生产，改革农业结构，改善农业企业和生产队的经营管理，加强农业建设项目和农业科研项目的科学性和经济性，所有这些“软件”的发展，都有利于充分利用人力资源，达到增加经济效益，迅速发展经济的目的。在这方面，我们还是薄弱环节，有待大力开发。

增加农村就业，发展农村的经济，除了向大农业的深度和广度进军外，扩大农村副业、工业、商业、服务业以及农业和农村的各项建设，也是一条重要的途径（表3）。

表3　1977年劳动就业结构　　%

国别	第一产业	第二产业	第三产业
中国	63	24	13
印度	73	11	16
日本	14	37	46
美国	3	33	64
西德	5	48	47

有些农村副业、工商业、服务业以及建设事业与国营企业矛盾不大；有些则要与城市国营工商业严重争原材料、争能源、争资金和利润。因此，一方面我们要研究开发那些利用本地原料，不适宜于过于集中的副业和农村工业的市场、技术和装备。这类副业和农村工业的机具的研究应该作为农业机械化科学技术的一项任务。在这领域里，国际上流行的所谓中间技术或适用技术，作为技术途径的概念可以参考借鉴。另一方面需要研究规定一些工业的，特别是农产品加工业的城市集中和农村分散程度的评定尺度，并进而作为一定形式的经济政策和技术政策规定下来，以避免城市与农村，国营、集体和个人经营之间的争夺。

机械化自动化程度高的现代大工业，每个厂的投资大、所用职工少、管理和技术要求高，但往往比中小工业效率高、消耗低、利润大。我国"大跃进"中"小土群"的不经济在这方面已经做了结论。这也是一些工业先进国家集中搞大工业的原因。但是，任何一个国家，总有一些适宜于中小型规模经营的企业存在。美国这样的国家中小型企业的生产总值竟达52%，占全国就业位置的半数以上。对于农村，情况更是如此。一些以农产品为原料的工业，原料从广阔地区收集之后，经过加工，又分销回到原来的广阔地区，依运输条件，总有一个适当大小的集中程度。一些加工后排出大量废品，需要回到田地上去的，也不能过于集中。正是由于原料和产品集散的特点，确定了一些农村工业的中小型分散和劳力密集的合理性，问题在于需要进行逐项的具体的经济分析。

大城市和中小城镇的发展也是如此。为了能共同利用一些基础结构设施，如水、电、热、气、电讯、电话、道路、港口、码头等等，工厂集中在一起，经济上有许多优点，因为这些公共设施的费用，可由各个企业来分担，且便于互相间组织协作交易。我国在山沟里孤单地建立工厂，经济上极不合算的经验教训也说明了这个问题。大城市是由于有其经济上合算的一面而在资本主义社会发展起来的。社会主义社会也不能否定城市。我国广大人口在农村，一些原料和产品面对农村集散的加工工业不能过于集中，为农民所需要的服务业也不能过于集中。因此，除了大工业城市之外，根据地理条件运用统筹技术，规划发展一些大小适合和位置布局合理的集散中心、小城镇和中等城市，也是建设现代化国家的一项需要考虑的内容。

在贯彻党和国家的农村各项政策，充分调动农民积极性之后，进一步发展农村生产、建设和就业的限制，往往表现在缺乏技术。一些当地资源或低品位资源之不能转变为产品或服务项目，正是由于缺乏技术和装备。为此必须大力加强科学研究和技术开发工作。在正确的政策到陆续落实的情况下，科学技术就变得更加突出。我国所应考虑的技术途径，上面已经述及了。至于科学研究工作本身，也有个经济效益评价问题。花费少、收效快的做法，优先次序应是如下：

(1)现有行之有效的技术的大力推广和普及；

(2)国外有关技术和情报的引进、吸收和改进；

(3)现行技术的改革；

(4)适合我国需要的新技术的开发。

关键的是必须在各项生产建设和科研工作中，在各个层次上，按投资少、收效快、收益大、就业门路多的尺度，进行经济评价，讲究经济效益。

四、农业现代化的几点战略措施

限制农业现代化快步推进的主要拦路虎，一是本已富余还在不断增长的劳动力必须在农村安排；二是所需巨额资金必须主要在农村积累解决。为了解除限制条件，在社会、经济和技术上的战略措施，本文得出如下几点结论：

(1)根据生产与消费的辩证关系，在广大农村，在发展生产的同时，开章明义地确认消费的合理性，建立一种禁止剥削、自力更生的消费社会。即鼓励农民通过有效劳动，来提高自己的物质和文化生活水平，发扬自己动手、丰衣足食和文明生活的精神，通过高效率的本位生产和消费品及服务业市场的扩大来促进农村农工商业和基础结构的发展以及整个国家农轻重的发展。

(2)确认充分利用农村人力资源和本地资源来发展“农村经济”的道路。使农村从只生产原料的束缚下走出来,不拘囿于只发展“农业”经济或“大农业”经济,而是按照原料和产品的合理集散程度,在国家的统筹规划和合理布局下,在发展第一产业的同时,组织发展第二和第三产业。同样,根据集散程度和合理布局,建立加工中心和小中城镇网,形成农村综合发展的经济阵地。

(3)积极发展社会、经济和科学技术各个方面的信息生产,为农村人力、资源、能源、设备、市场、消费、生产、建设等的有效地组织和管理提供基础条件,避免巨额浪费,达到具体项目的增产增收,扩大就业和加速资金积累。

(4)实现农业现代化的技术途径既包括生物技术措施,也包括经济管理措施和工程技术措施。在大力加强经济管理和加强对增产增收的农业生物技术的引进、研究和推广普及的同时,还须大力发展能增产增收,能开辟生产部门、扩大就业门路,投资效益高的各种农业机械化、农业工程事业。明确我国农业机械化科学研究的任务和方向在于研制和创造能扩大生产门路、能增产增收而且投资效益高的农业作业机具、副业加工和农村工业装备以及相应的机械化生产条件和技术。

参考文献

[1] 薛暮桥.中国社会主义经济问题研究.
[2] 中国农业科学院.关于加速我国农业现代化的设想(初稿).
[3] 曾德超.论农业现代化的技术经济模型.农业机械学报,1980年第3期.
[4] 千住镇雄,伏见多美雄.设备投资计划法.
[5] UNIDO. Appropriate industrial technology for agriculture machinery and implements.
[6] A. S. Bhalla. Towards global action for appropriate technology.
[7] 薛葆鼎.现代化的整体论.工业经济管理丛刊,1981年第1期.

Evaluation of Sociological, Economic and Technology Strategies for Modernization of Agriculture in the PRC

Zeng Dechao　Huang Zhiming　Song Sheng'e

Abstract Investigation on basic statistic data shows that, if the pattern of labour transfer during the process of economic growth in developed countries is to be followed, even with the highest possible rate in national economic growth and with the best possible result in birth control, the majority of the population will still be on the farm beyond the end of this century. Rural employment and low investment return are the major constraints to projects in modernization and mechanization of agriculture. The sociological strategies should then be to develop directly in the rural areas not only the Ⅰ, but also the Ⅱ and Ⅲ industries and to encourage the development of a righteous and appropriate consumptive society in the rural community so as to develop to the utmost this biggest domestic market of the country. The investment strategies should be aiming at the acceleration of capital accumulation with priority in quick investment return. Technology should be appropriate not only in the sense of rendering benefits-unit yield, income to individual farmer, job creation and ranking in investment return, but also in the sense of meeting the basic needs of the people, not only in the sense of high production rate, but also in the sense of maintaining ecological equilibrium. National intensive integrated R &D & Diffusion programs in technology, management and sociology are indispensible and of top priority.

在中国条件下为发展农村经济对农村工副业适用技术的评价尺度*

曾德超

中国人口多、农业人口比重大。到本世纪末，即使能从 1986 年起严格地实现一胎化，最小可能的人口亦将达 10.5 亿。毕竟严格的一胎化较难实现，一个较易被接受的预测是到本世纪末中国人口约达 12.7 亿。另外，即使今后二十年我国经济以日本在 1955—1962 年平均的 10.35%此一世界纪录增长率发展(我国实际增长率为:1979 年 8.5%;1980 年 8.4%;由于经济调整，1981 年估计要低一些，1985 年以后可能高一些)，如按照日本经济增长的结构一样(日本经济每年的 10.35%增长率中，1.06%即约 1/10 的增长由于劳动力增加，2.78%由于资本的增长，6.5%由于技术进步)则到 2000 年时经济增长成为 1980 年的[$(1+10.35\%)^{20}\approx$]6 倍。可容纳的劳动力以增长 60%算，目前城市人口为 1.57 亿，到 2000 年，自然增长在一胎化条件下为 0.12 亿，即城市自己可提供 7.5%，其余的 52.5%从农业转移来，那样，农业人口仍占 76%。也就是说，如按照以日本为代表的工业先进国家的经济增长结构模式发展，到本世纪末，中国农业人口在最大可能的控制下，仍会占全国总人口的 76%以上。

中国经济建设的一个拟议目标，是使经济发展到本世纪末达到小康的社会，人均年收入从 1980 年的 213.5 美元，增至 2000 年的 1000 美元左右。这是指包括广大农业人口在内的全国平均水平。这样，农村经济的迅速发展是达到此一目标的关键:因为这样大比重的农业人口，其生活水平的提高，主要还得依靠各个地区农村本身的比较普遍的经济繁荣。另外，中国农业发展所需的巨额资金，除了一部分国家投资外，主要还得依靠农村来积累。这就规定了整个国家必须同时重视农村这一头，要求千方百计地充分利用农村充足的劳动力以及本地区的可资利用的资源和能源，来既发展农业，又发展地区工业、商业、基础结构，发展多种经营。正是由于农村经济发展在总的经济发展战略中所具有的特别重要位置，所以国家的方针是，以工业为主导，按农轻重秩序，在发展城市工商业及其基础结构的同时，调整农村政策，确认公有制占绝对优势下的多种所有制结构的存在，计划调节与市场调节相结合，推行农村中的农工商联合经营，发展社会主义商品经济，以图迅速发展农村的农工商及其基础结构，迅速改善广大农村人民的物质文化生活。

为繁荣农村经济而可资利用的农村资源中，首先是农业资源。中国在农业发展上仍有许多潜力和机会:经改良产量即可成倍增长的低产盐碱地计上亿亩，低产淋溶红壤计 1 亿多亩，沼泽及低洼易涝地计 4 亿多亩;畜牧业只占农业总产值 13.2%，而一些地区的经验表明，用粉碎饲料养猪，用配合饲料育肥架子牛等等，省粮快产成倍;可利用的草原达 33 亿亩;宜种各种果树、木本粮油的丘陵山区达几亿亩;内陆水面计 4 亿亩;而森林覆盖平均只有 12.7%，宜林地达 8 亿亩;多种经营亦有着很大的潜力。

为繁荣农村经济而可资利用的另一农村资源，是对原料和产品须在广大地区上集散的那部分农畜林果等产品的适度分散地加工和食品的制备，地区性较次品位原料的加工。一些不适宜于过度集中的支农工业和供应农村的工业，如农业和民用机具制造业，塑料制品业、农药、肥料、建筑材料等等。在这方面，在中国农村，食品工业和一些农产品加工业尚很薄弱或空白，具有良好的发展机会。

城市部分工业产品亦可以有选择地将一些工艺较简单，需要人工较多的零部件，扩散给农村由社队企业来经营，这样既有利于城市工业向高级发展，有利于改善工业的城镇布局，又可促进农村经济的繁荣。

---

* 本文出处:支农工业现代化国际学术讨论会议论文提要，1981 年 11 月

为繁荣农村经济而可资利用的又一农业资源和机会是地方性能源(小水电、沼气、太阳能、生物能、风能等)的开发。以及农村交通、运输、通信等基础结构的建设。

由于农村政策的调整,在广大的中国农村,为商业、服务业的发展也开辟了良好的发展前景。

总之,我国农村经济发展的潜力和机会是巨大的。但是从资金有限的现状出发,要使得投资效率高、回收快、稳步而迅速地促使农村经济起飞,则需要进行巨大的社会性组织工作:

(1)在社会建设方面,在按劳取酬的社会主义分配原则基础上,提倡和鼓励人民为改善其基本物质和文化生活素质而适度地逐步提高消费标准,通过诚实的和提高效率、讲究实效的劳动来偿付。消费品和服务业需要的增加和购买力的提高,将促使新产品、新服务项目的发展,进而促进新生产资料部门、新基础结构部门的发展,亦即促使国内这一最大市场的最终得到发展扩大。

(2)在经济管理方面,需要具体分析本地区的市场,制定精明的投资策略,将有限的资金投放于投资少、收效大、回收快的项目,并有效地根据市场、资源、劳力、动力、基础结构的现状以及技术等条件,有效地组织生产,建立起稳定市场的服务机构,保证用户对产品的有效利用,立信誉,创牌子。

(3)引进或开发适用技术。各个地区条件不同时适用技术亦不会相同。评价尺度是须能满足本地区市场的需要,符合资源、劳力、能源、基础结构状况等条件,有利于中小企业的技术改造和专业化,并且生产上可行,经济上合算,从而既发展经济又发展就业,既发展生产又适当满足当前人民基本需要,既进行建设又要保护环境和生态平衡。其中最主要的是能促进经济增长。

一些农副产品及当地资源或低品位资源不能转变为产品或服务项目,往往正是由于缺乏技术和装备。因此,进行国际间适用技术情报的交流,引进、改进和创造适应本地区条件的技术与装备对发展农村工副业和农村经济具有重大作用。

从湖南和中国其他地区来看,下述方面的适用技术属于急需之列:

(1)农畜产品的加工、贮运和食品制备技术;

(2)小型水利资源开发及水利技术;

(3)半干旱区、草原、果林地带、盐碱红壤地区的耕种、植保技术及装备;

(4)农业能源开发利用技术;

(5)农村建筑材料;

(6)农村简易路面的建造与运输工具;

(7)农村生活供水及粪便处理技术。

正是由于约束众多,在中国各地区,亦与许多发展中国家一样,对农村经济发展起骨干作用的农村工副业的发展,显得进度较慢,难度较大。为此,需要建立专门的地区性研究中心,一面研究市场和经营管理技术,一面广泛搜集技术情报,引进和研究所需的适用技术。

一些工业发达国家,在其经济起飞前后,这方面也曾积累了许多经验,有许多已经超过期限的专利和现已过时的技术,还有大量正在经营的中小企业掌握有先进的中小型技术。例如,美国州立大学的推广部就通过发行推广小册子的形式,向本州农民推广过大量的各种技术和工艺。这些技术对湖南和中国一些地区无疑是很有参考价值的。由于一些发展中国家对适用技术的研究和推广也有所关注,有关的国际机构,可以考虑通过多种形式,集中支持湖南和中国其他地区的一些有关的研究机构,譬如湖南农业机械化研究所和北京农业机械化学院,在农村工副业技术情报搜集以及适用技术和经营管理技术方面所进行的研究工作。

农业机械化工作如何适应农业新局面的问题*

曾德超

同志们：

我作为农机战线上的一个老兵，首先向战斗在农机生产、科研、推广、鉴定、教育及行政管理岗位上的同志们致敬。同志们在第一线奋战，工作很辛苦，生活很艰苦，特别是中青年同志。所以首先要向你们学习，向你们致敬。

关于农业机械化的问题，看来相当难。大家是不是也有这么个体会？当然其他学科、其他行业也有它自己的难点，各有各的难点，各有各的重点。但我们搞农业机械化和8亿农民打交道，问题就比较复杂一些。譬如劳动力出路问题，他把劳力闲着，你的机器很好，效率高，成本也低，但他还得拿钱买，他就不干。所以机器和劳动出路要配合好。他用了你的机器，要能增产，还要能增收。所以，要同他的耕作措施配合，同整个农业要求、经济发展水平、社会工业发展水平、自然条件都要呼应，都要适合。

开始，我们对这个问题看得比较简单。比如说，从马克思主义的理论看，生产工具是生产力发展最活跃的因素。因此，在农业上改进生产工具自然就会发展生产。进一步看，农业上改革工具指什么呢？就是机械化。这样，农业的根本出路就在于机械化了。农业和其他生产一样当然要改革工具，农业要发展当然就要实现机械化。但简单地理解成在各项农业作业中，耕、耙、播、收，都使用机器，这样就算实现农业机械化了，这就是改革了工具，农业也就自然发展起来了，这样就把问题简单化了。实践证明，事情并不完全如此。在1980年以前，一直到1978年、1979年，我们还在为着基本实现农业机械化而奋斗。结果农机固定资产总值发展到400多亿元，技术队伍800多万人，县以上农机工业1800多个，加上修造厂2416个。为了给农业提供机具，建立了这样庞大的农机工业，固定资产投资达83亿元。到1980年底，每万亩地拖拉机动力达360马力，相对于美国四十年代的水平。当然，有人说美国的动力配备计算和我们的不一样。尽管如此，还是可以概略地相比嘛。全国机耕面积达可机耕面积的63.6%机电灌溉面积达灌溉面积的56.4%，场上作业、产品初加工和近一半的农业运输用了机械。这样一来，是不是农业的出路解决了呢？生产发展了，生活富裕了呢？看来并不是如此。1978年时我们除用了和美国四十年代数量差不多的拖拉机外，加上5088万头牲口，2亿9千多万个劳动力，结果1978年我国生产粮食6095亿斤，美国6561亿斤；我国生产棉花4400万担，美国4700万担；油料我们生产了544万吨，美国351万吨。举这些数字，意思说我们为着改革生产工具，为着实现农业机械化，用了那么多拖拉机加上那么多役畜、劳动力（美国役畜很少，基本上不用，农业劳力三百几十万，等于我们的零数），结果，我们生产的东西并不太多。

这样，我们感觉到光这样理解看来是不够的。所以1982年中央一号文件不再提基本机械化，而提出了选择性的机械化。有许多部门和单位在研究农业发展时甚至基本上不提农业机械化或者避免提机械化问题。前面我们热闹了一阵，结果效果不怎么样，因此要调整方针。当然最近“六五”计划中还有农业机械化的内容。不管是提选择性的机械化，还是现在的提法，即要设计一些轻、小、简、廉、牢的机械化半机械化工具，还是像赵紫阳总理在“六五”计划中提的要同时提供发展农、林、牧、副、渔所需的机械产品，不论怎样提，通过搞这么大的事业之后，我们有一个体会，就是说我们从生产工具的角度来看，要改进生产工具，看来到现在为止并不错，这个原则从原理上还是对的。当然不一定就是农业的根本出路，

* 1982年12月22日于银川。

但是农业必须要有机械化，这些也都可以肯定，走选择性机械化也还是对的，要在“六五”计划期间为农、林、牧、副、渔提供必需的机具，当然也是对的，要制造和供应一些轻、小、简、廉、牢的小型机具也是对的。问题是在总的大的原则方针之外，究竟我们能不能把机器研究设计制造得真正符合工具改革要求、符合农业机械化后农民得到增产增收。那还得看搞农机的科技人员具体是否办到了。如果不深入进去，真正解决具体问题，而只是停留在口头上，结果到头来要为农、林、牧、副、渔提供所需机具，要提供轻、小、简、廉、牢的小型机具，可能还是会落空的。

打个比喻来说，大家都知道牛顿三大定律没有错，譬如第二定律，说的是如果一个物体在运动，它的状态不会变，除非加一个外力进去。到现在为止，三四百年了，没有错，就等于马克思主义原理说，我们要改革工具，要实现机械化，不实现机械化农业生产就上不去，这也没错。但是，飞机也好，汽车也好，上月球也好，搞洲际导弹也好，如果单纯躺在牛顿三大定律上，就搞不出来的，必须在牛顿力学基础上，深入进行大量应用力学研究，解决许多具体的如空气动力学、内燃机燃烧过程等等问题，把三大定律具体化，才能把飞机、导弹等搞出来。农业机械化也一样。我们搞农机科学技术工作的人必须把大前提、原理、原则具体化。具体到什么程度呢？具体到你的设计、制造、管理能体现出生产工具是改革了，是先进了，是发展生产了，对农民是增收了，对农业经济起促进发展作用了。否则光是一般大原则，我看这问题还是解决不了。不论你是提全面实现农业机械化，基本实现机械化，选择性机械化还是“六五”期间提供农林牧副渔所要的小型机具，提是要提的，而且总原则还要提得对，提得好，但并不是等于说我们农机化战线搞科技工作的人就到此为止了，而是具体的问题有待我们去解决。不然，就会像前一阵那样，简单地把农机化当作用机器耕地，用播种机播种，自然而然就算机械化了，农业生产就算发展了，这种思想在科学方法上是不对的，是形而上学的。因为没有把机械化要起增产、增收，起发展经济这样的内在本质、内在规律体现在机械化的形式之中，这是不符合唯物辩证法的思想方法工作方法的。同志们，前一段工作是不是存在有这么个问题？

1978 年，我收到一位毕业生的来信，他是在辽宁一个偏僻县里搞农机局工作的。上级规定他们在一些公社 80％的土地实现机播，否则就算完不成任务。但是，那里是山区，用机械播种根本不起作用，他该怎么办呢？他提了这个问题。所以，为什么说生产工具是生产力发展最活跃的因素，机械化是很重要的发展生产的手段，它们所起的作用究竟是在哪一方面、哪些地方起了和如何起了发展农业生产的作用。这些问题我们要深入研究。要吸收科学方法上的教训，来考虑问题。

在科学史上有这类例子。有一些先民，在科学发展之前，他搞不懂下雨是什么原因，不知道是空气上的水分受冷空气作用凝结成水而形成雨，他们只观察到下雨之后青蛙叫，从而只在形式上领悟到下雨和青蛙叫是有联系的。旱灾来了，他们请很多巫师穿着画有青蛙皮的衣服乱跳，学青蛙叫，认为这样天上就会下雨了。青蛙叫和下雨是有联系的，但是把因果关系倒置了。没有必要和充分的条件，雨是下不下来的。同样，如果对农业机械化也是只从形式上理解，而不是从所起的本质性内在作用来理解，从而用拖拉机去推平山头，一年三百六十五天都在推，不认真追究究竟庄稼多长了多少，经济利益多得了多少，而认为这就是机械化了，结果生产也是发展不起来的。所以，我们必须讲究科学方法。大的方针原则定了以后能不能具体实现和发展生产，还要我们科技工作者做许多实质性的工作。

在经历了这个曲折之后，在整个农村实行生产责任制后出现的新局面面前，我们农机科技工作者怎样在全面总结经验教训的基础上，在新的党的方针指导下，如何把我们的农机化工作、农机科技工作做好，亦即农业机械化工作如何适应农业新局面的问题，这是大家所共同关心的。对全国第一线的情况，特别对宁夏的第一线情况，大家比较熟悉，究竟怎样把握深一层本质性的工作，然后把科技工作做好，恐怕同志们体会更深些。这里我只是提一些粗浅看法和同志们交换意见。

农机科技工作如何适应新形势，一方面除了总结前一阶段，特别是在总结 80 年基本上实现农业机械化的做法之后，在这基础上看看国际上实现机械化的一些国家，有哪些基本的经验，基本规律。所谓基本经验应该是在这个国家也好，在别个国家也好，还是基本的适用的改变不了的，像改革工具是发展生产的重要途径，哪一个国家都是这样的。然后看看我们农村的新形势，农业生产的新局面对农业机械化的要求，在此前提下进一步深入考虑我们农机科技工作者深一层本质性的问题，看今后工作大家大体应如何做。是不是这样的一个思路？这样，先来看国际上有哪些基本经验。

第一条，国际上农业算是过了关的，实现了农业机械化的总共也就是那么几个国家。除了东欧国家之外，人少地多的有加拿大、美国、澳大利亚、新西兰；人多地少的有日本、意大利、法国、英国、西德、瑞典、丹麦、比利时、荷兰，就是这么几个国。这些国家，到目前为止实现了农业机械化，农业现代化。我们看，世界上只有实现机械化的国家，农业生产才是发达的，农业才是现代化的，农民的生活才是富裕的。还没有看到一个国家，没有实现机械化、现代化而他的农村是发达的。当然，同志们也可以说，这些国家是因为工业发达了，整个经济发达了，农村自然也发展了，农民生活好了。不管怎么样，到目前为止农村问题真正解决了的也还是只有这些实现了农业机械化的国家。能不能总结这样一条？这一点看大家同意不同意。当然，什么叫农业问题解决了，究竟农业机械化和农业现代化标准是什么，怎样才能算我们的农业机械化、现代化搞好了，实现了。关于农业现代化的目的、标志、内容、含义标准、道路途经等等，近来中国农学会组织了广泛的讨论。我们认为，真正实现农业机械化、现代化之后，必须一是农产品要大量丰富；另外，人民生活文明程度、劳动文明程度要比较高，比温饱水平要高；第三条劳动生产率要高，生产率不高，人抽不出来搞精神文明、文化、科学技术和其他行业建设；第四条很重要的必须保护好生态环境、农业资源和土地肥力。因为目标的确定是科学管理的第一个步骤。首先要进行目标分析、目标规划。目标规划对了，整个工作容易实现，目标定不准，差之毫厘，误之千里，出入就很大的。我们前一段就是机械化目标没有定准，为机械化而机械化，而不是为大量发展生产、提高农民生活、提高文明程度、保护好资源。这方面的目的性不明确。陷入为机械化而机械化，把机械化的形式作为目标，把多少机器在动、在耕当作机械化，而不是把大量发展生产提高人民生活，保护好生态、资源作为目标而造成的失误。因此，从科学管理的角度看，前面我们搞了那么大的机械化工作，就是我们的目标没订好，规划没订好，科学管理第一步没搞好。当然，这个经验教训是经过巨大损失得到的。实现农业机械化的目的是个大问题。假如说，我们改革了大量工具，结果人民生活水平还是很低；如果我们搞农业机械化，用了大量的机器，结果生产没有发展，产品没有增加；如果一般人民的健康、儿童少年的健康成长、民族健康发展所需的条件都达不到，那就不能说完成了农业机械化目标；如果实现农业机械化、现代化之后，生态失去平衡，土地肥力还在不断降低，腐殖质像你们固原那样只有百分之零点几，那样说是农业现代化了，看来不大可能。我们必须把农业机械化和农业现代化挂起钩来，具体实效应该反映在生产上，反映在经济增长上，反映在人民生活的文明程度上，反映在劳动文明程度上，反映在劳动生产率的提高以及整个生态环境、肥力的保持和发展上。如果不是这样，农业机械化和现代化就没有达到。搞设计的，这个目标一定要把握住，否则浪费大量资金、人力，结果没达到所需目标。关于这个目标必须把握住，这目标作为科技工作者要作为头一步全力研究的问题。在国际上也经常讨论这个问题。发达国家有些人专门研究第三世界国家的农业机械化怎么搞，所谓吃第三世界这碗饭的。如法国有个研究所专门研究热带非洲的农业机械化，做非洲生意的，意大利、西德、比利时也面对非洲的农业机械化研究非洲，关于这方面是一个活跃的领域。有各种不同提法，有的说你这个第三世界，农业现代化的目标就是一个，就是满足人民最低限度最基本的需要，所有的工作要从基本需要出发，至于高一级的水平谈不到，就是吃饱穿暖健康成长等等。由于定的目标不一样，采取的措施也不一样。欧洲发达国家粮农组织、工发组织、国际劳动总局某些国际农机化专家都这样提倡，第三世界就搞这个，你的目标是有限的，他们得出的主张是你们不要用油，不要用拖拉机，你们就用牛吧！有些人也怀疑美国这样的国家，大家都忙得要死，紧张得要命，勾心斗角，究竟为什么？一个社会是不是非得走路咚咚咚，开车要呼呼呼，究竟为什么？那儿的薪金很高，可大部分都交税了，医疗费用又高，这儿剥削一点那儿剥削一点，忙了一阵还不是一个样！究竟什么是幸福的社会，幸福的农村？怎样才算真正实现机械化，农村又比较合理、全面发展？这涉及社会学等很多方面的问题。这个问题我们是否暂时这么说：实现机械化后，农村要吃饱穿暖，人民的健康，包括少年儿童健康成长，民族的发展等起码要有保证。如果从这个有限的目标出发，再来衡量一下国外一些国家实现农机化、农业现代化的主要标志。我们发现世界上真正是农民生活好的，城乡差别比较小的，农民的劳动文明、生活文明情况比较好的，也就是刚才讲的那几个实现农业机械化的国家，工业发达的国家。因为他们的工作都用了机器。

第二条，这些国家实现了机械化，农业现代化，农村的生活、生产、生态条件都比较好。第一条他采取石油农业。通过利用叶绿素吸收太阳能进行光合作用是基本的，但他们同时投入大量商品能给农业。这样为农业的植物生长、动物生长、微生物利用等创造了很好的环境，给它提供很多的养料，产生出大量农产品，包括植物产品、动物产品及用微生物技术生产的东西。我们，还没有发现一个国家不是走这条路的。即通过向农业投入商品能，提供水、化肥、机器等，创造良好的生产条件让植物、动物生长。除这条道路外，还没有其他成功的经验。别听他们说你们不要搞石油农业，实际上是你们别搞他还在搞。我们用的是通过植物叶绿素吸收太阳能光合作用把光能转变成人类，动物需要、消耗的生物能，但如何生产更多的生物能呢？还是要输入大量商品能。我们整个工作归根到底一个是能源供应问题，一个是资金，一个是技术。解决这三方面的问题，农业可以大量发展，工业、矿业、建设都可以大量发展。从科技发展史看，瓦特1778年发明蒸汽机至今二百年，那时的生活、劳动条件比我们现在差得远着呢，但二百年里世界大变，蒸汽机可使轮船航海，现在又有火车，有飞机。内燃机出现，这个秘密就是把能源往里输。如一台机器的生产和运转实际上就是利用能源，转换能的形式也就是能源问题。一般讲1公斤机器需1.4公斤石油。通过技术、组织，生产像封神榜里那样一变，1.4公斤石油变成了1公斤机器，1.6公斤石油变成了1公斤氮肥。生产1公斤农药一般要2公斤石油，培育1公斤良种要0.3～0.4公斤石油。整个物质文明起作用的是能源，秘诀就是能量转换，就在于创造一套技术，有效地把能源变成各种能的形式，如粮食、高速运输等等。美国和其他西欧国家一样，他发展了一套上层建筑加上技术，非常有效地把石油变成所需的各种不同形式的能态，变成粮食、水、布、水泥、机器等。他的效率已经达到投入一卡能量的石油，就能生产一卡能量的粮食，我们投几十卡恐怕还是不成。他已达到用最高效率来转变，现他们一桶石油190公斤，可转换成三人吃一年的东西，石油便宜时一桶油1.5美元，现在价格高了，也只十来美元，他用一桶油转变成动力可以相当于475个人做的工的能量，他用最便宜的手段来把能量转变成各种产品。所以石油一提价他就叫什么你们别用油，第三世界用油划不来，赔不起，你们用牛吧！实际上他还在用油，他一边叫一边继续用，就是这个奥秘。我们怎样走呢？有些人说：那么我们回去用牛吧！发展国家的某些大学者，在第三世界发展农业的会议上都是这种论调。我们看到，在瓦特发明蒸汽机带来了产业革命，最主要的就是机械动力的运用。开始时蒸汽机，1890年狄赛尔发明内燃机，到1910年福特采用大量流水线装配方式廉价生产机械，我们还没有看到一个国家不用把大量能源投进去，能够把一个社会搞得很繁华，把农业搞得很好的。这个看法对不对大家可以辩论。我们说这条路肯定要走。我们石油不多，用煤行不行！我的意思是说，用商品能，其他的能变成机器、变成化肥、变成农药、变成许多水，提供植物营养，改变植物生长的条件。我们还看不出有另外的道路。我们石油不多，可以用煤，我们搞农业机械化的还可以考虑农业的可再生能源。算起来整个一棵作物植株含有的能量，种子占40%～50%，根茎10%～15%，茎秆起码有40%～45%，用这部分生物能源来提供机械化的能源是否可能呢？现在世界上农业工程方面正研究再生能源的利用问题，是国际上的热门，也是我们搞农机的热门。因此，大家不要听他们在叫，我们也同意有些同志提出我们不要搞石油密集的农业，但是，我们要积极解决能源问题。不是不用能源，回到瓦特以前、产业革命以前、汉朝以前去！而是说，石油不多，用得少些，要节约，找出第二条道路来。不是回到周口店去，要那样就更省了，不是那么个方向。国家在山西搞能源基地，你们宁夏也在搞能源，一条根本的经验，瓦特以后的二百年的文明就是走了这条道路，你不走那你创造第二个文明道路吧。意思是要解决能源的来源，用煤行不行，用煤气行不行。现在国际上，不论法国、非洲、印度、甚至美国一些大学的农业工程系的实验室，现在正大量研究煤气发生炉，采取新的方法来研究，采取最新的科学手段来研究。

第三条，世界上搞农机化、农业现代化是怎样搞成的呢？一个是资金，一个是技术，一个是能源。他的机械化，每一生产工具的改革，每一个工程，每个工艺必须本身是赚钱的，必须不断地大量地积累资金。没有大量资金，就不会想上天就上天，老板白天在东部工作，晚上就到了西部过周末。他们千方百计积累资本跟疯了一样，这样一个资金积累的过程，也就是经济力量的发展过程，是他们实现农机化，实现农业现代化，实现整个社会高度物质文明，高度生活文明、劳动文明的根本的一个因素。他办一个工厂，十年就必然收回来，不能把赚来的钱都分红分掉了，否则十年后机器也快坏了，这个厂没有了。像狗熊搬棒子那样，搞一个厂，十年后丢了，再搞一个厂再丢了。每个厂必须是个健康的细胞，本身提供有效劳动给社会，通过折旧费保持它本身外，到一定时候要扩大再生产，变成两个厂、四个厂、八个厂、十六个厂，这条曲线不管是生产总值还是固定资产积累，都是随着年限成指数曲线上升，否则资产积累不起来。他的化肥厂大了还要大，炼钢厂大了还要大，他们以前一个人耕一千二百亩地，后来三、四千亩，现在甚至一个人带着老婆孩子耕一万多亩地，原来他用 30 马力拖拉机耕一千多亩地，现在用一百多、二百多马力甚至更大的拖拉机，他就必须有资金。他们的社会决定这个生产单位必须是健康的细胞，这个单位本身必须扩大再生产，不管是卖口香糖、可口可乐，还是造播种机的，否则经理大概就要失业。因此他投资搞农业机械化，造拖拉机或农场买拖拉机来耕地或收获，都必须是赚钱的，这样下一年公司就可以扩大。所以每项作业，每个单位必须是健康的，赚钱的，讲究经济效益的和不断发展的。要求每工作单位的每个人都讲究经济效益，一年花三万美元请你工作，必须是划得来的。他的资金是指数曲线发展的，积累的固定资产要越来越多。美国现在积累的固定资产很大。生产总值很大。别看我们人多，我们现在还赶不上他，我们每年才生产七千多亿，他现在是几万亿，因为他是用机器生产的，人多也赶不上。要生产力大，产值大，这些固定资产必须是有效地起作用的，不是放在库房里的拖拉机，这样才能不断积累，不断扩大。如果不是这样，就不可能真正实现机械化，实现农业现代化，人民的劳动文明、生活文明不可能搞上去，这条是必需的。现在国际上经常在讨论这样的问题，究竟第三世界国家能不能组织经济起飞？什么叫经济起飞呢！我的理解就是你每人，每个生产单位必须是一个有机的健康的“细胞”。如果管理企业的是个败家子，投资 10 亿元下去，10 年后变化成 5 亿元，慢慢的资金没有了，经济怎么起飞呢？再投一次，过几年是又没了，这种情况是不能起飞的，只有按指数曲线增长才能起飞。每个工厂、农场，本身必须讲究经济效益，每个都必须是健康的。要让经济起飞必须落实到每个企业，每个人身上，我们是这样体会的。

第四条，这些国家无例外地在开始实现机械化的时候，起码 50% 的劳力已经转移到城市里去了。农村里缺劳力要干活，就要机器。到目前为止还没有发现有哪个国家不是这样由于农村劳力往城里转移而实现农业机械化的。这是最省劲的。当然我们人多，我们要走出一条路来，我们要解决这个问题。国际上提出第三世界不可能仿效工业发达国家的西方机械化模式，第三世界必须走出第二条路。当然还有许多具体的国外经验，要根据我们的具体情况来吸收人家的好经验，解决我们的问题。

现在，我国农村出现了新的形势，我们搞我们自己的农业机械化、农业现代化，必须同我们国家的实际情况密切结合，走我们自己的路。特别是我国农村发展战略是什么，农村的发展方针是什么，具体的策略是什么？我们搞农机化的必须同整个生产建设、社会建设紧密联系起来，我们的工作必须同整个发展战略联系上。现在中央有了农村发展战略研究小组，里边有一个农机化发展战略小组，基地在我们学院，要开始准备配合中央小组活动。这个劳动力转移问题很重要，关系到怎样创造条件来实现机械化。他们西方是通过 50% 的劳力都到城里去，我们那么多人怎么做？所以农村发展战略和整个农业采取的方针同我们的工作有密切联系。我们在杭州开会，世界银行有一个专家叫塞斯华德的，年纪不太大，才 30 多岁，发表过很多有见解的东西，独立工作能力很强。他说，你们怎么不让劳动力进城市呀？我提这个不是唱反调。他的意思是说，哪个地区农业条件好，你就让他移民去，哪个地区资源条件好，你就让他集中去搞。因为农业受自然条件制约很大。你说：我的自然条件虽然不好，我就是要输入大量能量进去，非把他搞好，把山头削平不可。这样不讲效益那当然可以搞成。其实我们祖宗发源在黄河，据说历史考证就在黄河南边你们与陕西交界的地方，是黄帝的发源地，以后很多人口慢慢的往南走了，那儿条件好，特别是长江三角洲。我们的固原我去看了一下，有几个公社、大队，地的坡度很大，老乡叫“有地方挂老爷，没地方摆馒头”，意思是卦神像可以挂起来，供馒头就滚下去，水又是苦的，山沟沟里要搞个车路进去，用二百多人花二个月搞了一条路，水从几十里外向里运。是不是可以到灌区来，到平地来安家落户，然后派个派遣队，建立工作站去种树、养羊。这样说并不是说我就这么主张。我问了老乡为什么不迁呢？说不行呀，我们去了就变成客户。我们广东人把外面搬来的叫客家，客家与本家总是不调协。他说：我老是当客户，儿子也是客户，还不如回到我老窝去。其实他的老窝，爷爷的爷爷之前不一定就在这儿。我们黄帝原来也不一定住在这里，我们老祖宗在周口店，还不在这儿呢！我意思是说，关于发展战略问题与整个大局有关系，有一些东西我们可以适当调整。到底怎么样，大家可以探讨。作为政策，我也不一定赞成世界银行那位专家的主张，只是介绍一些不同的思路问题。根本问题是经济增长的问题，经济不断积累，投资一元钱下去，必须收回二元钱，如果从这个意义上看，我们在自然条件好的地方，投资一元钱就容易收回二元钱，自然条件差的地方甚至投资二元下去，一元钱也收不回来。同样，西方为什么要发展城市呢？因为在搞城市时，他投资搞一条街道，在旁边设厂，一条街道各厂大家都用，用的厂多久回收快。同样，城市要有铁路、港口、搞煤气，要搞各种相互配合的工业，这样才能把工业搞起来。如果你不集中在一个地方，把大量基础设施的投资投下去，回收率就很低。所以西方产业革命后他就是要在城市集中，这是经济规律。所以是不是可以这样设想，根据投资、工业和自然区划全国搞上几千个几万个几十万人口的加工点、集镇、大小城市，在其周围搞农业。总之，一个根本点是经济效益，这是个底子，你把底子弄丢了，经济怎么发展，怎么起飞呢？不讲经济效益、经济起飞，不讲固定资产的发展，不讲资金积累，那就搞不起来，机械化也搞不起来，农业现代化也搞不起来，是不是这样？所以关系到整个发展战略。在目前必须在坚持多种经营的同时，绝对不能放松粮食，这个是我们大局。不然十亿人口吃饭问题怎么办？我们也可以进口，但港口就容纳不下。当然可以采取把水稻卖出去把小麦买进来，因为水稻价钱高，小麦价钱便宜干嘛不买！做生意互通有无，对我们有利，干吗不搞！像这类大的发展战略要考虑。当前发展战略的最大事件是农业生产责任制，联产承包后出现的农村新形势，我们搞农业机械化的除了看到人家国际上带根本性的基本规律和经验之外，要从自己的情况条件出发，搞自己的农村发展战略。农村实行生产责任制后，一个是分工分业，专业化、社会化，一个是发展商品生产。所以分工分业同商品生产的发展是农村经济发展新局面的一个基本特征。它标志着我国农村从自给性、半自给性的生产转向社会化生产的具有历史意思的一个开端。农业的专业化同社会化以及商品生产发展这样一个进程，将向我们展示科学化、现代化的广阔前景。开始的时候是专业户，以户为单位，有些人养鸡，有些人养羊，有些人养鱼或搞运输。开始时专业户不离开土地，因为离开土地，他口粮没有办法，所以还要承包一部分土地又兼搞其他。慢慢地时间长了，他相信不搞口粮地，别人承包土地，到时候可以买到粮食，不会饿到，慢慢就把承包的土地放下。专门搞养鸡或搞运输，搞真正专业化了。那时候从不离土到离土，但是离土不离乡，还在这地方住着，不离开这个地方。这些专业户在经营上也要赚钱，要过好生活，要积累资金，要发展经济，慢慢地户与户联合起来变成合作社形式。这里面当然会提出雇工问题，学徒问题。我们理解基本上还是合作社形式，互相对等，不是人身隶属，不搞剥削，我搞经营，你是参加的助手，工资该多少就是多少，这样联合起来就可以买拖拉机。开始专业户不一定用很大设备，发现几个户联合起来力量大，经营好，结果可能就要用大型机器。还有一种联合，不仅搞农业还要搞商业、搞运输、搞加工、搞农工商联合。专业户和专门搞运输跑码头的联合起来，我的产品这儿卖不出去，通过挂钩，广西的产品可以卖给上海人。这样一来把渠道打通。大家可以看到，对我们人口众多的这么一个国家，这样的办法是不是一条解决我们上面讲的非把50%以上的劳动力拉出去才能解决机械化问题的康庄大道，这个与西欧迥异的模式，给我们很大的启发。这条道路是不是可以解决许多东欧国家所没有解决的问题，这是不是在现在共产主义运动中一个很重要的又历史意义的一件事？我们要充分体会、理解，掌握它的发展。通过这样联合，离土不离乡，集中在一起逐步地形成新的乡级市镇，农产品也集中加工，然后分散。这个集散网点怎么规划，离开多远，可应用系统分析方法和规划技术。这样整个社会就可以合理安排，通过这样的形式就可动员农村现有劳力，现有资金，现有技术和资源潜力，在国家计划指导下全面发展农村的农、林、牧、副、渔，促进经济发展，来实现我们的起飞。开始时我们没有西方那么大的资本，只能用农民现有的劳力、资金和生产资料。这些小规模的生产必须是有效益的，你提供的机具，农民用了后必须有收益。慢慢地就可以买高级一些的机器。这是中国的特色，是我们解决我国社会主义农村发展的途径。

在农村的新形势下，农民所需要的小型、省油、耐用、轻便的农业机械和农产品加工机具估计会大幅度增加。过去工厂造什么农民用什么，以后是农民愿意用什么工厂就造什么，所有的行政部门今后的工作亦要同以前不一样了，不是按统一计划往下灌，而是行政部分要为生产第一线服务，要为流通渠道服务，要为科学技术服务。很大部分需要依靠农民积累资金来举办必要的农业基本建设和农业机械化，国家主要是在那些农民力量办不到的生产建设项目上来进行投资。国营农场条件不一样，所用的机器估计和农村专业户不一样，可能要用大、中型的机器才经济。今后的农业机械，一类是为农村专业户、联合体提供增产增收的帮助他发展经济的小型机具；一类是国营农场和国家进行大工程建设项目所需要的大、中型机器。将来展望就是这两类。小型的是初期的，联合后是不是也还会由于规模大而需要效率高的大些的机具，这是可能的，大体上是这样的情况。到底需要什么样的机器呢？要看具体情况，很重要的一条是结合农业的具体建设和本地区农业发展方向，农业工程措施的方向来考虑发展机具型号的问题，开发我们的新产品。譬如黄灌区是我们宁夏的宝珠，塞外江南，是最主要的农业生产基地。这个基地将来如何发展对我们农业机械化很有关系。听到一些科学界的讨论，我们宁夏这地区要搞林、牧、农。但是具体的灌溉区林、牧、农究竟怎么结合，就会决定机械化怎样发展。目前宁夏农区主要搞农业、畜牧业水平很低。一体畜牧业，一般都是考虑草场、放牧。固原一带是在山坡上放羊。许多国家的农业现代化，真正畜牧业不是在草原而是在农区，主要通过农区圈养，美国采取将草原的架子牛冬前运到农区喂肥，然后出卖，这样农民的经济收入大大增加，因为农区农民单搞种植业，从冬天到春天有四、五个月时间闲着，劳动力只用了半年，西欧、北欧农民都有同时经营乳牛业的传统，这种传统经移民传到北美。农舍的高高圆圆的青饲料塔成了北美、北欧农村风景的特色。他们的畜牧业收入很大，美国的农业60%是畜牧业收入，40%是农业收入。而我们灌区除了农业收入，大概畜牧业收入还不到10%，所以灌区还有翻一番的潜力，这就是把草原的架子牛，羊等入冬前赶到农区舍养。这样行不行？是不是影响粮食生产？他们的农业搞分区轮作，五区中最少有两区种苜蓿，苜蓿是豆科，最好的畜牧饲料，西欧、北美他们对苜蓿的制备有很高的技术，是很讲究的，什么时候割、压、压得多密，不透气，然后发酵，有酸味再喂牛、养分足够，牛喜欢吃。特别是奶牛业是很经济的，是技术很密集的畜牧业。牛奶是世界上公认的营养最全的一种食品，他们经常吃，是保证他们民族体格健壮很重要的因素。他们种苜蓿还种青饲玉米。我们能不能也逐步扩大轮种些豆科青饲？当然养牛还可用秸秆。不管怎样，意思是说农区除农业外，畜牧业能不能插进去，把产值翻一番。这样一来，就要考虑饲料加工机械。现在我们国家提出很响亮的一项就是饲料工业，当然饲料工业包括深度的加工，不光是简单地把玉米打碎搅拌喂牲口的初步加工，也包括通过化学处理、生化处理、酶的作用把纤维素分子链打断变成单细胞蛋白用来喂牛，对牛来说，原来吃草，现在吃的是肉、蛋白。我们不提那么高，可以把饲料玉米、小麦粉碎配以各种微量元素，骨粉、鱼粉，配成复合饲料，可以减少饲料喂量30%～50%。原来三斤饲料产一斤肉，现在二斤或一斤半就行，这是世界上成功的经验，我们也要实现。我们农机行业就可以提供搅拌机、粉碎机、小型复合饲料机械支持发展奶牛业、肉牛业，养羊、猪、鸡、鸭、鹅。你们灌区搞了一半农业，这潜力还没挖出来。就是说如果我们结合农区发展考虑畜牧业发展，我们农机行业还是有许多事要做的，那你就要搞畜产业加工，搞消毒、冷冻设备。现在不要说农民吃不上冰淇淋，银川也没有几个人一年能吃上几次冰淇淋。奶牛业还没开展，就说牛奶已经多了，销不出去了，这不是矛盾吗？反正农区还有很大的发展潜力，这里只是一般的提一提，可能和你们实际情况差得远。关于粮食问题我们不能放松。我们浇的水有很大的浪费，据说黄羊滩农场一熟小麦浇十几次水，这样大的能量输进去是否恰当？人家考虑的是必须讲究经济，美国的灌溉农业只占10%，其他利用雨水，这样经济。日本人已向将水田改为旱田的方向发展，为的是减少能量输入。我们种麦、稻为的是保证粮食供给，那么土豆也是粮食，而用水少些，是否可以发展一部分土豆，每熟用水少了，就可扩大灌溉到四百多万亩，行不行？我这是刚来，看得少，不知道对不对？外国都把土豆作主食，食法基本上已经标准化了，一种是炸土豆片、土豆条，另一种是土豆泥。我们的食品构成是否也可以适当调整。意思是说，农区本身也可以考虑怎样用水少一些，不能反正有水，没头没脑地灌。也要从水的角度考虑，种什么，浇几次，什么时候浇经济效益最高，要讲究这个。灌水产生盐碱，要采取措施。有灌必有排，要灌先有排，田间可搞暗沟排水，农机可搞鼠洞暗沟机，也可挖沟埋管，黄河水位高，排不出去就抽扬出去，究竟是不用水泵抽排而让土地盐碱化省事好呢，还是抽排经济呢？这儿该化的要化，那儿不该化的浇十几次水该省的要省，这里潜力还是有。比如林业问题应该怎么发展？我们用水浇荒漠，世界上也有先例。美国的加利福尼亚州原来是荒漠，后来解决水源浇地种柑果、蔬菜、水稻长得很好，广柑长年来占据世界市场。例如，黄羊滩、西干渠浇地种小麦浇十几次，把大量能源输入，但没有注意到浪费太大。是不是可以种葡萄、苹果、可以搞葡萄酿酒，这样用水少，多扩大灌溉面积。果树接受太阳光面积大，树根扎得深，长大后用水少，是所用能量最小的，同样多的水可浇很大面积。联合国热带作物研究所有个专家在国际会议上经常宣传，认为非洲的面包树是解决第三世界粮食荒，是绿色革命的另一条途径。用面包树得到的淀粉来加工成食品。美国的用糖有一半已不是甘蔗、甜菜做的，是玉米加工的。从一角多钱一斤的玉米变成果糖，一斤玉米就不是原来的价值，而是更多了。林业也一样。究竟搞什么企业，渠道怎么打开，不是种一棵两棵就卖不出去了，这是农业现代化的概念。美国有一个干果公司，要买山西的全部核桃，和他们订合同，他们加工后投入国际市场。他们派人到山西，核桃在哪里呀？一看是在这个山沟里几棵，沿马路边种几棵，房前屋后几棵，这就麻烦了，牲口也啃，要是有个灾年，那我的企业怎么办？他以为是核桃林，他是大的机械化的概念。我们的概念，比如黄羊滩搞那么一点啤酒花卖不出去了，我们搞啤酒厂行不行呀？我的意思是说，反正不是现在搞的架势，不是这个局势，要打通渠道。是不是黄羊滩非种小麦不可，可不可以搞大面积林木、果树，然后搞机械加工、储藏。宁夏南部有个烧柴问题，挖草枝烧，植被破坏了。宁夏有煤，可以用煤。太阳能很好，农机行业就可以搞。我不太同意搞太阳灶，在太阳底下烧饭，是做饭还是晒人呢？但是太阳能可以通过盐浴或者通过热气管把室内弄热行不行？或者通过炕底下。夜里，刮风天再烧点煤，这样起码可以少用点煤吧。三中全会，特别是十二大以后，给我们农村创立了一个新局面，给我们的农业机械化工作者有很大发展余地。我们到固原沿路看到你们沿途用汽车、手扶拖拉机、拖拉机运草，络绎不绝，路上撒的不少，还有翻车的。估计一下，一个拖拉机拖车载重四吨，一立方草大概是60～70公斤，这样拖拉机运草是不满载荷的。你们有人说，是不是可以在装车前就压成方草捆，连压带装，一次可多装三分之一，除给你压捆交费后，他多装了还赚钱，你们是不是可以搞个压捆机，听说你们一位工程师还搞了个用绳子的压捆机，这是很好的嘛！你们服务公司可设门市部，意思是说门道要自己搞，路要我们自己闯，大家都做了许多工作，把它串起来就会起作用。那天看了你们从西德引进的设备，我国别的地方还没有，很有特点。耕翻完后直接就用弹簧齿，后跟两列镇压滚，地就滚得很平碎，一次作业就等于两次圆盘耙耙地。像这类问题随手可以拿过来就可以总结推广。不像东北那样土很黏重，非用圆盘耙不可，而我们这里土地沙得多，也要用圆盘耙，现在这样就省多了。费恩特拖拉机发动机里的液力耦合器，那不太容易学，这个容易学，只要试验后琢磨一下，完全可以自己设计出来的。同志们在免耕、少耕上也有大量工作好做。清淤排水问题，沟里的泥用清淤机搞行不行？整个灌区组织一个专业公司或退休驾驶员去组织专业户或合作社搞行不行？另外民用工业，像青铜峡修造厂搞的炉子，炉面挺宽，那么大那么圆，我们北京的炉子还没这么神气，还可以烤东西，挺卖得出去。还有钢床，搞个手压水泵提水等等。具体意思是在这大好形势下，不论农、林、牧、副、渔、加工，交通运输，能源设备甚至工商业和生活用机具，都在我们搞的范围之内，是有用武之地的，都可以使农民提高经济效益，增产增收。

农业机械化的目的是要提高农民生活，农业发展农村建设都大有前途，配合农业发展和农村建设，农机就大有用武之地，关键在于设计的机器要经济，要结合农业开发新技术、搞新的设计，开发新的机器。另一个问题是现有的企业，现有的产品如何进一步搞好，产品要先进，要讲竞争，要赚钱，要搞好服务。美国的约翰迪尔、万国公司在本国都是各自有地盘的，这些地盘都是竞争得来的。推销商服务搞得好，在这个地区的销路才能稳定，生产才能稳定。同样，我们一个公司、一个研究所、要搞出新机器、新的设计，要站稳地盘，都从每个单位，每个科技工作者做起，讲求企业生产效益，讲求个人的工作效率。当然一个具体厂、具体个人由于种种原因，过去受“四人帮”的影响，方向任务不明确。现有“十二”大后，党和政府下了很大决心，要在2000年全国工农业的年总产值翻两番，要使我们民族真正振兴，必须从我做起从本单位做起。如果一个工作人员，一个技术人员，一天八小时不知道自己干了点什么，那怎么起飞？你这个单位，你这个企业，你这个人都不是起飞的样子嘛！所以，必须从自己做起，看到前途，团结一致，在党的领导下，真正把本单位的工作，本厂子产品，把农村的生产和农民的生活搞好，为振兴中华做好一件件事情。

我们看西德的机器，每一点每一处部件都下了功夫，是搞得很仔细的。如土豆播种出芽后，还要用机器第二次盖土，产量才能提高。我国是文明古国，我们的民族在世界历史上贡献很大，我们的数学，工艺都很早；我们的工匠技艺很高，如山西大同的木塔，全世界没有人能搞得了；我们的工艺品都很精细，外国人比不上。但我们有些机械却很粗，特别是农业机械是很粗的。你这国家是文明的，那么为什么蒸汽机在英国发明而不在我国呢？指南针是我们搞的，不然郑和到不了非洲。化学方面，最早是我国的炼金术，后来传到阿拉伯，传到希腊后，在文艺复兴时期发展起来的。他们炼金炼出来了，而我们把炼金引上了炼“长生不老仙丹”去了，炼“仙丹”是自然规律达不到的，传到皇宫中围绕皇帝的梦想去转了。

我们知道我们民族的优点长处，有我们的文化传统，但我们也看到人家制造的机器液压件不漏油，我们的就是老漏，这不是我们无能，问题是思想，是你搞不搞。因此，必须从我，从本单位做起，这样，我们是大有前途的。

我们经常到国外去跑，我有一个体会，一个民族要振兴，必须要有振作的精神。比如非洲，东南亚也一样，老是那样子，是搞不起来的，也许我说的武断些。他们有这么个特点，青年人干了三天活赚了三元钱，就非花掉不可，不然就像有一个虫子在心里，花完了再找工作。我们广东、福建到南洋去的人穷到当当响，他们本地土人不存钱，我们去了做工，一块钱一块钱地积累起来，先做些小本生意，然后做大些的，所以现在南洋华侨的经济势力很大。我们搞现代化，这点民族振作精神如果没有是不行的。我们作为科技界的中坚分子要有这种振作精神，思想境界要高些，力求把我们的工作做好。

我是向同志们学习来的，说这么多耽误大家的时间，对不起，谢谢。

贺新年　看发展　稳步前进

曾德超

当此新的一年来临时，我们农业工程科技工作者同全国人民一道，对我国农业和广大农村出现的前所未有的好形势，对农村欣欣向荣的生动局面，对农业发展的壮观前景，莫不感到欢欣鼓舞。

我们农业工程学会在过去一年中，围绕我国农业当前迫切需要解决的工程问题，组织了学术讨论会，举办了各种学习班、培训班，开展了普及工作，出版了刊物，还组织编写了有关书籍等，为我国这一门新兴学科的建立和发展，做了不少工作，取得了一定成绩。在新的一年里，根据农业生产和农村现代化建设，以及农业工程事业发展的需要，经学会扩大理事会研究建议，要开展技术咨询工作、要加强对农产品加工、贮运、保鲜等薄弱领域的技术介绍、开发和研究，还要逐步着手进行农业工程领域的标准化，特别是名词术语的标准化工作。此外，还要成立一些专业委员会，加强国际学术交流等。

由于过去部门和行业划分的历史原因，造成我国农业工程领域一直存在一些薄弱环节和空白点，反映在高等和中等教育的专业设置上，也存在一些缺门。对此需要积极、稳妥地研究解决。为了稳步而健康地发展，对农业工程的薄弱或缺门领域，如：土地整治，农业能源，农产品贮运加工、保鲜，农业建筑与环境以及农户供水与污水处理，城镇规划与农村运输、道路等，宜逐步先开展学科介绍，技术研究开发和推广，办训练班，开选修课，招研究生，俟条件成熟后才设立专业。

近年来，农业科学的一个成功的经验是组织多学科配合协作的综合性试验，即试验是统一的，各学科自己取自己的数据，而共同配合解决技术难关，获得直接的生产效果。农业工程的研究试验亦宜注意和紧跟此一重要趋向。

农业机械化专业和农机运用与管理学*

曾德超

1984 年 8 月 24 日下午，曾德超教授就全国高校农机运用与管理学科经验交流会问题约见了运用教研室陈济勤、韩梅二同志。曾教授首先表示支持这个会，说“交流是很好的”。他因故不能参加会议，表示抱歉，托我们向与会同志问好，并预祝大会成功。

就农业机械化专业和农机运用与管理学问题曾教授谈了他的一些看法，现摘要如下，仅供参考。

这里主要谈两个问题：首先是农业机械化专业是否站得住脚；其次是农机运用与管理这门课在组成农业机械化专业的整个知识结构中能否找到其固有的、不可代替的位置。不解决这两个问题，就不足以使人自信，就谈不上学科的发展和办好专业。

农业机械化专业与农机运用管理学是相互依存的。若没有农业机械化专业，运用学就很难办；但是如果有农业机械化专业，而运用学本身没有找到其固定的位置，也不好办。作为一门课总是有它的固有对象和内容的。所提供的知识是别的学科或课程代替不了的。否则就要摇摆，找不到自己的位置，不能教好，不能发展。

过去我们这个专业一直以机械技术为主，培养农业生产方面的机械工程师嘛，往往被认为可以用其他机械类专业覆盖和代替。有一种观点认为：农机化专业的硬件部分可由汽车拖拉机专业、农机专业与内燃机专业的一部分功能代替，软件部分由管理工程专业代替；再不然，就只需办中专就行了。所以农机化专业可以取消。

我们认为，要建设有中国特色的社会主义农村，农机化专业是不可覆盖与代替的。以乡镇为重心、以周围土地为基础、离土不离乡、农林牧副渔、运输、能源、多种经营、农工商联合发展的新型农村，在其现代化生产建设中需要有一批懂得农村，懂得农业，将来长期从事基层工作的机械化技术骨干。没有这样的人才，新型农村的发展就要受限制。他们将在整个乡镇的大农业的现代化生产、产品加工、农业运输、能源及资源的开发利用、管理和规划设计上起到不可替代的作用。这样的人才既要懂硬件，又要懂一些软件；既要以解决一般的机械技术问题为主（必要时还可创造、设计一些新机具的模型与装置），也要懂得一些电气电子技术和一般农业工程技术；既要有农业生物学方面的知识，也要有农村社会学、经济学和管理科学方面的知识。这样的技术人才在乡镇、农村基层农业生产及经济建设中实际上担负起具体工程的规划设计、生产组织、使用管理的具体技术工作。我国农村工作的特点决定了农业机械化专业存在的必要性，也决定了农机化专业以农村为对象、知识面广、综合性强的特点。这个专业需要结合我国目前形势办成以硬为主、软硬兼备、知识面广、综合性强的专业。现代化农业与农村所需要的这种技术人才不可能只靠中专来培养，也不是汽车拖拉机专业、农机专业、内燃机专业或管理工程专业所能代替的。事实上，由于了解和同意了这种看法，经过部教育司的争取，全国高等学校工科本科专业名称对照表中已改变了初稿中由别的专业覆盖和代替农业机械化专业的提法，并同意今后在工科本科专业目录中增设一组农业工程类专业，其中将包括专业机械化专业。部教育司亦已表示，即将制定的农科本科专业目录将同时列出包括农机化专业在内的农业工程类专业。长期以来的摇摆即将结束。

至于农机运用与管理学作为农机化专业的主要课程是否不可代替，关键在于这门课本身的固有内容是否不可代替，否则拖拉机学和农业机械学或管理工程学“伸伸腿”就将之代替了。

---

* 本文出处：北京农业机械化学院，1984 年 8 月

这门课的固有内容，我们认为应以大农业（含舍养、保护地生产、农畜产品加工车间、保鲜贮运包装上市、农田基建工程、运输体系、能源系统等等）的现代化生产工艺过程为研究对象，即包括能源供应与机组动力学、生产工艺过程组织（工艺路线、劳力、材料、质量、安全、机具技术状态等等）、机群选型配套、系统规划、成本核算以及引进信息、市场概念，大力开发解决各项具体技术问题的计算机程序设计等等。

我们认为这样一种类比于工业生产工程的现代化农业生产工程性学科的研究对象与内容是独特的。具体内容开始时可能比较庞杂，这时可用讲义多编些、堂上少讲些的办法来解决。以后逐步地把基本原理与方法加以提炼，待课程体系发展完整之后，就可逐步建立起具有我国特点的学科。

至于课程名称，我们认为目前先叫做“农机运用与管理学”是可以的。

The Development of Agricultural Mechanization and Agricultural Machinery Industry in the People's Republic of China, Present Status and Future Trends*

Zeng Dechao

The Past Development(1949—1978)

Before 1949, small individual farms, with an average farm size around 0.2 ha and an average field size not more than 0.2 ha, predominated the Chinese agriculture of a self-contained or some self-contained economy. The peasants, a large percentage of them were tenants with a rent rate as high as 50% or more, had to cultivate the land with almost the some traditional hand fools and draft implements as their forefathers more than one thousand years: plow, wooden drill, hoes, sickle, manual wooden rectangular pallet chain pump, stone roller, wooden fan winnower, stone grain roller mill etc, produced by the traditional iron-wood workshops and repaired by the peddling blacksmith.

The first trial to import and to employ power machinery in Chinese agriculture can be traced back as far as the year of 1905, and some experimental mechanized farm appeared even before the Second World War, at the Great Bend of the Yellow River, Ding County of Hopei Province, Nada County in Hainan Island etc. With the aid from UNRRA some mechanized reclamation projects, some powered irrigation and drainage stations, some pilot plants of rural industry and a medium size small engine factory were set up in the post war period. The manufacture of 3～5 H.P, low speed heavy fuel engine for agricultural use, spare parts for petiol engine, spraying and dusting equipment, however, appeared during the World War Ⅱ while that of produce gas engine, steam engine for uses other than agriculture and spare parts for automobile appeared still earlier. Mechanized farms could not hold ground in old China because the cost of tractor fuel alone was higher than the gross production value of the landperse. According to incomplete statistic, at the end of the year 1949, there were about 300～400 imported tractors in agriculture and an agricultural machinery industry of around 36 factories with a labor force of 4000 strong and some 500 units of machine tools.

From 1949—1952, the period of national economical rehabilitation, each farmer got his own land in the land reform and secured state loan to purchase indispensible farm tools as well as draft animal and seeds. Shortage in farm tools was estimated to be about 30% at that time. State loans were hence also rendered to the traditional iron and wood workshops to restore production and ensure supply of farm tools in the market. In the mean while, improved implements, with evidence of economical benefit in both raising crop yield and bringing more cash income to the individual farms, handy in operation, low in investment, were produced in mass by state invested implement factories employing modern manufacturing technology. Large scale mechanized state farms and tractor stations was established as

---

* 本文出处:2nd International Conference on the Development of Agricultural Machinery Industry in Developing Countries, Jan. 1984

pilot project to acquire experiences, technical centers and research institutes for agricultural mechanizations at various levels were also well underway.

From 1953—1957, the first five year of planned economical construction, individual farmers started off with voluntary mutual labor exchange and finally emerged in agricultural producers' cooperatives to enlarge the scale of their production and to promote their capacity in scoping with famine. To meet the needs of the cooperative agriculture many more agricultural machinery factories were set up and large amount of improved implements diffused. More mechanized state farms and state owned tractor stations were also established in this period:

Quantity of some major implements sold in 1953—1957:

Brick lined well	220000 units
Animal powered water bucket chain pumps	2061000 sets
Manual operated sprayers	1000000 pcs
Improved horse drawn plows	4449200 pcs
Pedal rice threshers	1000000 pcs

Quantity of some major implements manufactured in 1953—1957:

Improved implements	11100000 pcs
Tractor drawn Implements	30000 pcs
Spraying Machined	1777 units
Agricultural Centrifugal pumps	80000 units
Internal Combustion Engines for Agricultural Uses	2000000 H.P.
Engine powered Generator Sets for rural Uses	84700000 kW
Irrigation and drainage equipments	560000 H.P.
area irrigated	1200000 ha
Number of Implement factories (including animal draft implements, parts for engines and tractors and repairing shops)	276
Number of mechanized state farms	141
Area of land	505333 ha
Number of tractor stations	710
Area of land served	1833000 ha

Quantity of machinery imported in 1950—1957:

Combine harvesters	150 units
Threshing machines	2164 units

Starting from 1958, agricultural production cooperatives in the whole country emerged to communes: several tens of individual farmers pooled their land, draft animals, implements and other capital goods together to form a production team——the basic management unit of the collective agriculture. Small plots of field were then put into large ones. Member farmers of a production team worked collectively and earned according to number of work day done in a year. The expansion in production scale called for bigger tools and more advanced technique. All small machinery, processing mills, pumping stations, two wheel tractors, draft animals etc were owned by the production team while the production brigade(supervising several teams) ran the tractor stations doing contract work for the production teams and some bigger sized pumping station, processing mills etc. The commune (supervising several brigades) ran still bigger interprises. The state policy for agriculture was then to take grain production as the chief link, to take mechanization as the major approach. The strategy for mechanization and agricultural machinery (except those used in large scale mechanized sate farms and big construction projects); to be purchased and owned primarily by production teams, brigades or communes; to be manufactured in factories distributed in various provinces and prefectures. The national goal was, until 1978, to realize the mechanization of crop production of the whole country.

Status of agricultural mechanization in 1980

Irrigation and drainage machinery used in agriculture	
Power	76610000 H.P.
Quantity of pumps	4520000 sets
Area irrigated by pumping	25333000 ha
Area of sprinkling irrigation(1981)	638000 ha
Area of drip irrigation	6000 ha
Processing machinery	69090000 H.P.
Tractor used in Agriculture Power	54300000 H.P.
Area plowed with tractors	42000000 ha
Tractor horse power per ha	0.54
Total agricultural machinery power per ha	1.95

Status of agricultural machinery industry in 1980

Total number of factories	2327
Total number of overhaul repairing and parts manufacturing shops	2386
Number of engine plants for agricultural uses	172
Annual output	31600000 H.P.
Tractor plants, large and medium size	40
Annual output	138500 units
Two wheel & small four wheel (<20 H.P.)	62
Annual output	350000 units
Agricultural pumps plant	171
Major machinery in production	
track type tractors	70100160 H.P.
wheel type tractors	40,50,60 H.P.
Two wheel tractors	12 H.P.
Small 4-wheel type tractor	12,15,20 H.P.
Boat type tractor	12 H.P.
Marine diesel	10000 H.P.
Engine powered generator	500 kW
Combine harvester	
Rice combines	
Tractor drawn implements	167 models

From the development in the last 30 years some characteristic features of the Chinese agricultural mechanization could be drawn as follows:

1)In China, where famines menaced almost yearly for the last centuries and the multiple cropping system aggravated the timelines in farm operations, agricultural mechanization proved to be one of the major factors in the growth of the gross grain production from 113.18 million T in 1949 to 353.43 million T in 1982.

2)Due to the policy of keeping the labour forces on the land and on growing grains, labour force and draft animal increased in the same time with mechanical power employed on the farms as follow:

	1952	1973
Total labour force in agriculture	173170000	294260000
Total draft animal in agriculture	51420000	50230000
Total mechanical power used in agriculture	(54710000 in 1981)	
	250000 H.P.	159750000 H.P.

Consequently grain productivity per agricultural labour was still very low (1081 kg, in 1978) and annual income per capita in agriculture was also very low (133.7 yuan in 1978) as compared to the huge investment in agricultural mechanization (worth of machinery in agriculture 34.37 billion yuan). The problem of the employment of the displaced labour during the process of the agricultural mechanization obviously can not be overemphasized even in the case of China.

3)Compared to the family farm, the production team was too big a management unit to run: the individual farm labour could not link directly their work with their immediate benefits and everyone shared almost equally in spite of great discrepancy in contributions; measures could not be taken timely according to the land or the field condition per se; planning for a big agricultural production unit with many families required a high level of scientific management, and mistakes occurred frequently.

4)Even in the most densely populated areas of the country, irrigation and drainage pumping, plant spraying, deep tillage, appropriate threshing, product processing, feed grinding, rural transportation were indispensible in raise of yield and increase in rural income.

The Adjustment in Agricultural Mechanization Strategy and Current Trends

Conclusions were drawn from the practice in the last 30 years and starting from 1978, an adjustment in policy and strategy has been carried out vigorously with the following main points:

1) While still upholding emphasis upon the nation′s grain production, diverse enterprising activities in forestry, animal husbandry, fishery and aqua-culture, side-line occupation, rural industry, commerce, rural transportation etc are also encouraged. Some will specialize in crop production while the rest may make use of the hill side, the water surface, any indigenous resources or engage in industry or commerce in the county town. Farm labour can leave the land but remain in their county to develop new occupations.

2) Land, hill side, forest, water surface, live stocks, machines, facilities were contracted to specialized individual farmers who can run them by themselves, sell their own products, buy their own tractors and machines.

For those big facilities which can not split up but has to be operated as a whole, such as irrigation system, threshing ground, big machines etc, the individual farmers can affiliate them together and own them cooperatively and contract them to some specialized farmers.

After paying taxes and paying expenses quote for the affiliated cooperative facilities; the individual farmer get all be makes, the more he makes, the more he earns.

Through the practice of this so called production responsibility system, in the last 4 years the rural economy has been unprecedentedly brisk rural production increased and farmers' income doubled:

	1978	1982
National gross grain production	304466 Tons	353430 Tons
Average not income per capita in agriculture	133.57 yuan	270.11 yuan

3) Agricultural machinery is no longer treated as a conventional capital goods, but rather as a category of commodity, and can be sold or bought by the family farms. Every factory in the agricultural machinery industry has got to learn how to predict the market and make what they can sell according to the need of the farmers.

The new trend in the agricultural mechanization and agricultural machinery industry are as follows:

1) The use of and the call for small machines are increasing, such as: small 4-wheel tractor (12～15 H.P.) with small trailer (500 kg); mini-pump (180～750 W); small thresher (1000 kg/hr); small grain winnower (500 kg/hr); small feed grinder (1000 kg/hr) etc.

2) The use and call for various machines, implements and facilities for diversified enterprises, such as: Irish and sweet potato processing; small scale poultry facilities, oxygen supplying machine for fish culture, cold storage installation etc.

3) The use and call for new model of machines to apply successful new technic, such as land covering plastic film applying machines; mechanical precision drills, low temperature drying installation; machine for deep dressing of tertilyer, stalk pulverizer various testing and monitoring instruments for agricultural uses etc.

4) The use and call for machinery and equipment utilizing renewable energy, such as: mini-hydro-electro station; various size of wind mills; gas producer, solar cooker, brick making machine etc.

5) Big sized 4 wheel tractor (130～160 H.P.) with matched implement; combine harvester (feed rate 5-6 kg/sec); construction machinery etc. are also needed in state farms and agricultural construction projects etc.

Opportunities, Constraints and Challenges

Encouraged with the new economic system and policy, which were made known to be lasting for years the agricultural people tried to get employments for their labour to increase the family income, not only on land, but also on the hillside and the water surface, in rural industry and commerce, making use of any agricultural and indigenous resources, energy, capital and technology available to them.

The opportunities are ample indeed: two third of the cultivated land is of low yield and is potential to raise even though the total reclaimable land is estimated to be limited to around 60 to 70 millions hectares; livestock breeding is only 15.5% (1982) of the gross agricultural production while forestry 4.1%, fishery 1.7%, side line production and rural industry 16%, all are subjected to be doubled or redoubled; about 2.7 million hecture of productive fresh water surface has not been utilized; the feed industry has only consumed 11.1% of potential resource; the level of development in storage, marketing and processing of fruits, vegetable, animal product, aquatic product, food industry renewably energy utilization, rural building material industry, rural communication and transportation etc are low or even blank, and have great potentiality in being doubled.

The constraints of course are multitudinous, but now the chief ones would be capital, technology and energy. The agricultural labourers can then only start with what they already have (labour force and meager fund) and what they can get from the market, right there the agricultural machinery industry can play an important role to help: supplying various workable, appropriate diversified equipments of low cost. The task is not an easy one, however, on account of the fact that agricultural resources and energy are wide spreading with low density, while local indigenous resources are unmistakingly of low grade.

The challenges to the Chinese agricultural machinery industry are as follows:

1) Developing a large variety of diversified equipments to meet the needs of the agricultural labourers both on the land and leaving the land, ranging from: mini pumps to large low head big volume pumps; mini generator set and micro-sprinkler to huge sprinkler; large size drainage pipe laying machine for land melioration to processing equipments of all kind; equipments for feed industry to equipments for food industry; product storage, dropping and refrigerating equipments to renewable energy utilizing equipments; equipment for crop production to rural transportation; equipments for rural industry to agricultural instrument of all kind etc.

2) Improving the quality of all machine products, such as doubling the number of working hour between overhauls; cutting down specific fuel consumption some 10 grams per horse power hour; in the improving the milling efficiency of rice mills 3%～4%, oil press 3%～5%, water pump 2%～6% etc; improving the reliability in operation and the simplicity in maintenance.

3) Improving the management effectiveness and the manufacture efficiency, further cutting down the cost of agricultural machinery products. The retail price of the two wheel tractor was about 9000 kg of wheat, i. e. 750 kg of wheat or 1000 kg of rice per H. P. while that for the track tractor Dongfang hong-75 was 36442 kg of wheat or 526 kg of wheat per H. P. (1979), 56228 kg of rice or 750 kg of rice per H. P.. The output to input (of investment) ratio of different plants differed widely, ranging from 2.5% to 33%; the productivity of worker ranging from 13.324 to 32.936 yuan per man-year; the tare consumption of iron and steel and the reject rate of parts in the manufacturing process were high.

To achieve the goal, the Chinese agricultural machinery industry has been undergoing in the last couple of year a series of reorganization and readjustment. The targets were: 1) to push along further the specialization, socialization and standardization in manufacture; 2) to switch production facilities from making products surplus in the market to products most needed; 3) to renovate manufacturing technology and facilities; 4) to improve the management; 5) to establish comprehensive and efficient infrastructure in service to customers.

Infiltration of international investment, transfer of technology and management experience from the industrialized countries will no doubt be much beneficial.

The Prospects of International Cooperation

Opportunities of cooperation between the industrialized countries and the people's republic of China in the sector of agricultural mechanization and agricultural machinery industry are:

Making use of the low wage system in China, some sorts of joint venture are feasible in the manufacture of implements or parts for expect;

Purchase of Chinese implements or parts of reasonable coat for the international market;

Transfer of technology to the Chinese manufacturers in technical know-how, production technology, special materials and patents;

Joint project in R&D to meet the Chinese need or for the developing countries;

Joint project in technical & management training for China or for the developing countries;

Opportunities of cooperation between the developing countries and the people's republic of China are:

Transfer of Chinese technology and experience which are more appropriate to the d.c. rather than the more advanced technology from the industrialized countries, including implements, parts, materials, manufacture technology and facilities;

Joint Project in R & D to develop improved implements and tools for the d.c.

Joint Project in technical training for the d.c.

新形势下农业机械化与农机工业发展战略的探讨*

曾德超

摘要　本文从近代产业革命的历程，我国农业机械化的过去发展和当前国内外技术革命形势，提出一个供商榷的发展战略的10点结构模式：①确认大农业的机械化和广义的农机工业处在发展中国家推进农村产业革命、发展农村经济的战略突破口地位；②农业机械化以发展农业、农村经济为其战略目标；③选择性机械化的选择标准是投资回收率的优越程度；④使用农业机械的经济效益只按直接的经济收益，并按农产品应有价值和价格来计算；国家应逐步废除工农产品的价格剪刀差，在此之前，对农民用户因剪刀差所受损失应以某种形式补偿；⑤建立农机工厂就其产品对农民用户直接全面负责和服务的制度，完善农机服务体系，发展农村各种基础设施；⑥建立由农经、农学、农业工程、农业机械(电)等学科协作作战的科研体制来加速适合我国各地区高效农机的创制，包括处于核心地位的种植业机械及其牵引动力，以及代燃油、各种能源、运输、贮藏保鲜、加工销售、建筑建材、副业等机具；⑦改造农机工业的结构布局，提高企业的专业化、社会化，采取与乡镇企业联合的路线，避免企业的全能、过大、过于集中；提高企业的三化和计算机化程度；⑧在技术上采取积极的尽快全面引进和采用最经济的先进技术的政策；⑨建立专门机构立即开展农机国际市场、特别是第三世界市场的研究工作；⑩在农业机械化和农机工业全面领域中开展电子计算机在信息情报、经营管理、试验研究、设计制造、库存、控制与市场等各方面的全面应用的研究与推广。

用动力工具进行生产建设，同时用可互换零部件流水装配制造法为社会广泛提供大量廉价机器，以及伴随而建立起来的一套基础设施(交通、电信、电力和石油、煤炭、水的供应，科教培训等)和商品流通体系等，构成近代产业革命的实质。蒸汽动力出现以来的二百年，以机械化技术革命为核心的那次产业革命给人类社会带来的发展，在工业化国家中得到证明，其中农业和农村也不例外。

在物质生产有待大大发展的我国，和一些发展中国家一样，机器的廉价大量制造、供应和普遍应用尚待实现，基础设施薄弱，商品经济不发达；亦即上一次产业革命所带来的强大生产力尚未实现。而在目前，世界又已开始一次以信息革命为核心的新的产业革命。在这种情况下，农业机械作为生产碳水有机化合物这种既是人畜食物，能大量贮存太阳能，又是人类唯一廉价大量可再生碳氢物料资源的生产工具，具有直接联系着农业和工业，城市和农村，脑力劳动和体力劳动，人口与就业，当前与未来这种战略性交界面的特点。因此，农业机械化与农机工业在发展中国家推进产业革命，发展国民经济中居有带战略性的地位。一些国际性研究机构和学者对农机工业与农业机械化也往往加以特别的关注[1-4]。需要指明的是，此处我们所指的农业机械广义地包括各种生物物料在生产中——包括产前、产后进行管理、加工、贮藏保鲜、上市处理、能源、运输等所需要的机、电、电子工具和控制、辅助设备与装置。

我们认为，在研究探讨农业机械化和农机工业的发展战略中，应重视战略目标的拟定，国家和地区基本条件、优势、挑战和约束条件的归纳，基本发展规律和国内外基本经验的总结，从而制定技术途径和政策等[5]。我们就此得出以下几点看法。

(1)农业机械化应以促进农村经济高速发展为其战略目标；农业机械的经济效益应按直接的经济收

* 本文出处：农业机械学报，1984年12月，第4期

益作数量计算;选择性机械化的选择标准应以投资回收率的优越程度为评价尺度[6]。

农业机械在农业生产中究竟能起什么作用,国内外学者的看法也不尽相同[7,8]。我们认为,一项成熟的农业机械,与人畜力农具比,具有提高劳动生产率和作业质量,从而缩短作业时间,抢农时,赢得较多的光照、积温、复种和较优越的作物生长条件,进而提高土地生产率、总产量、商品率和产品质量的作用;具有替代劳畜力,减轻农业劳动强度,从而改进农民生产和生活的文明程度;妥善处理时还能良性地影响环境与生态以及为开辟新的生产门路提供条件等作用。农业机械对农村的生产建设具有重要意义,这是无疑的。主要问题在经济上。农业机械化需要建立一个农机工业和一整套的基础设施(包括农村交通运输,零部件、材料、油料以及水电的供应,技术维修与服务,培训与管理,信息情报与通信等等);即在农业和农村补近代产业革命这一课。因而需要大量的资金、能源、原材料、技术、信息、现代化经济管理,还要解决劳动力出路安排等问题。

核心问题是资金。因为在对内搞活经济、对外开放的正常和平环境下,随着商品经济的发展,有了资金,其他如技术、情报、原材料、能源、运输等等,就可以通过贸易流通,从外地或国外获得。而资金问题的解决今后将主要依靠农村自己积累。资金的积累以及生产设施的建立和生产的壮大只能从无到有从小到大,通过"滚雪球"式的增长,逐步走上经济"起飞"的过程。农业机械化只是农业与农村经济大系统中的一个子系统。子系统的功能必须为大系统的功能服务。农业机械化也只有以发展农村经济为主题。

这样,问题就首先集中在农业机械化的经济效益上。使用农业机械的经济效益,一般涉及直接和间接的经济效益;单项的与综合的经济效益;个体的与社会的经济效益;当前的与长远的经济效益;局部的与整体的经济效益等等。不同的问题应采取不同的分析处理[9-11]。当考察在发展农村经济上的作用、进行经营计划技术方案及机具设计的计算时,使用农业机械的经济效益,在总的符合生态环境、社会发展大方向前提下,虽属多目标规划的问题,但只能计入直接经济收益,因为其他的收益并不直接有助于经营单位本身的资金收入和积累。如机械化造林,出售木材等所得就是直接经济收益;有了木材可设加工厂增加收益可称为间接效益;树林每天可释放大量氧气对社会是大好事,属社会效益。一些间接效益不应计算在内;社会效益既无法收费,经营上也就不算作收益。

同样,从发展经济着眼,选择性机械化的选择标准,对一个使用农业机械的经营单位来说,就不仅仅只与原来的人畜力作业方式比较其直接经济收益,还要看在各种机械化项目之中,在各种生物措施、工程措施等可能的投资项目之中,谁所花的投资少,利润大,资金回收快。对一个乡镇地区或整个国家来讲,应是在投资回收率优越的基础上适当考虑全面平衡和配套发展;对于农机研究开发工作者来讲,是在投资回收率的基础上照顾总产量的提高,社会就业机会的开辟,生态环境的保持[12-14]。总之,经济发展速率可归结为资金积累速率。拖农村经济发展后腿的农业机械化事业不可能长久。

(2)必须建立农业机械化技术和产品开发方面的,由农经、农学、农业工程、农业机械等多学科协作作战的科研体制;建立和发展我国农业工程学科[15,16]。

我国广大农村已从以种植为主的经营,迅速进入多种经营、农工商综合发展的时代,迫切需要各种各样的技术和机电、电子设备的及时支援,从农村交通运输,建筑与材料,多种能源供应,排灌与生活供水,污水与粪便处理,农畜渔产品的保鲜、冷藏、干燥、贮运、加工、上市,饲料工业、食品工业,以及作物、园艺、保护地,树、草的耕种管理与收获,乃至适用于大型国家工程的土地开发、低洼及盐碱地区改良的技术和设备等等。但是,在我国发展农业机械化的突出约束与挑战是劳力资源丰富、资金短缺、基础设施单薄、流通不畅、能源不足、技术水平低、空白多、并面临当代信息革命的冲击。因此,客观条件规定了农艺过程、工艺流程、工程措施以及机电设备,在技术上要十分地贴切本地区要求,在经济上要满足投资少、利润高、周期短、资金回收快等极其苛刻的要求。要在短期间内尽快满足农村发展的急迫需要,必须在大力搜集国内外技术情报,广泛引进国外、区外技术,在其基础上,从过去以仿制进口机型为主的做法，进入紧密结合地区农情，加以改造、发展或创新。在技术方案和机械设备的改造、发展、创新中，农艺过程、工艺流程、工程措施以及机电设备本是紧密联系在一起的。机械上的难点有时可通过工艺过程的调整来解决，反之亦然。子系统各自发展起来的最经济、最优方案，在大系统中不一定是最经济、最优的；需要综合统筹考虑。过去号召农机与农艺的结合是对的，但是只停留在相互了解技术要求的水平上是不够的。需要从体制上保证真正的多学科协作，统一拟定和技术开发方案。具体的一个办法是在各类农业研究所中（同样，在林业、牧、渔业、食品工业、饲料工业、乡镇工业和各种加工厂的研究所中）设立农业机械化技术研究室，根据实际需要配备农经、农学、农业工程、农业机电研究人员，组成统一的课题组；其农业机电人员编制在农机工业口，其余编制在农学研究所，由两个部共同领导，经费由农口出。通过其他形式的将多学科人员组成学群作为课题单位的办法，虽然不彻底，但与当前状况比仍不失为改进的一步。

种植业在一个长时期内，仍将是农业的核心问题。当前农业机械化、农业机械领域需要优先研究的技术关键之一，仍然是发展出真正适合于我国各地区农情，真正经济高效的农业机械化技术方案，包括机具、拖拉机、动力的代燃料以及各种多种经营、交、运、加工、能源机具。

此外，我们认为，农业工程是一门与机械、土建、水利、化工、电气等传统工程学科并列的学科，其主要研究对象是农业生物及其环境因素与工程手段、物理手段之间在生态、环境、生理生化方面，在组织、器官、系统、个体、群体不同水平上的相互关系，借助于查明这些关系，以发展影响生物生长、生物物质转化及其环境因素的有效方法，以及发展对包括自然力、资源、能源、生物措施、化学措施和经济因素在内的整个系统来说属于经济、高效的工程措施和统筹规划及综合整治措施[15,16]。这样，尽管农业机械在结构工艺材料方面，纯属传统机械工程范畴，在性能方面却属农业工程范畴。农业机械化技术和农业机械的研究开发工作不仅要与农经、农学、农业工程组成多学科作战体制，农机工业部门还要在大力组织结构工艺材料方面研究发展工作的同时，支持有关的作为农业机械化技术和新型农业机械提供基础前提的农业工程学科的发展研究：诸如土壤机器生物关系（含地面机器系统、土方机器系统），农业物料物理力学性质，可再生能源工程，有关的系统工程和计算机模拟等等。我们主张高等工科专业目录中，应列上农业工程作为一类专业。农业机械专业可同时并列在机械工程类和农业工程类名下。同时，在农科专业目录中亦应列上农业工程一类专业，即这类专业同时并列在工科与农科专业目录之中。国家的工科和农科学位中亦应包含农业工程学位。工科院校的农业机械专业的教学计划中应设有农业工程方面的基础课程。

(3)通过利改税、企业自主、超额奖励工资制、面向买方市场等来改革企业的经营管理。

在革新企业的落后工装以及加强结构工艺材料方面的研究和技术工作的同时，需要在农机工业结构布局方面进一步提高企业建设上的专业化、社会化和生产上的标准化、计算机化程度，建立农机销售、配件供应和技术服务网，为较大幅度地降低农机造价、改进产品质量、保证对用户的技术服务提供基础条件。农机厂可将通用件、普通件尽量委托集体经营的乡镇企业承造。总装厂小型化并适当地分散于各地区，采取内涵型发展路线，以充分利用农村乡镇工业的积极性、资金、人力物力来改组和发展农机工业，满足农村生产建设的日益增长的需要。

农机已明确作为一般商品资料对待。农机工厂对其产品。要从研究开发试验设计制造直至销售、配件供应、维修、技术服务乃至必要的产品技术培训，全面负责。应建立起保用保修制度，就本厂产品对用户承担有经济法上的责任。农业机械化技术开发、试验、示范、推广的机构以与农业试验站、推广站结合为宜。

应该采取一个积极的、尽快进口和采用最经济的先进技术的政策。一些长期过不了关和落后的技术，在生产使用中所造成的在农时、能量、功能、工料方面的浪费和损失，往往远远超出采用新技术、进口技术的成本。随着农村经济建设和农机工厂本身的生产日益走上正轨，这种情况将更加明显。

东南亚和非洲、拉美的广大农业，为农机工业提供有广大的潜在市场。欧洲一些老殖民国家以及日本对之予以极大关注。我国农机工业对此亦应提到日程上来。我们认为在中国农机院或一个高等农机院校设立专门研究室，着手系统收集和研究亚非拉农机市场资料及其农机技术，已不失之为时过早。

(4)当前影响真实地反映使用一项农业机械化直接收益的因素是工农产品价格的剪刀差。农产品和农机产品的价格本应只受价值(产品消耗的平均社会劳动量)和市场供求状况(往往反映流通状况)左右。长期以来硬性规定价格上的剪刀差和农机产品较一般机械产品售价低，都不利于价值规律发挥作用，从而影响农业和农村的发展，阻碍产业革命在农村中的推进，反过来影响整个国民经济的发展。在一个真正发展农村经济的社会主义国家中，不可能长期存在对农产品价格的剪刀差限制。但在具备条件能给予消除之前，可在使用农业机械的经济效益计算中，按农产品应有的价值与价格来计算，并由国家通过减税、补助或信贷等方式，对购买农机的农民，补偿因农产品价格上的剪刀差所遭受的那部分损失。

(5)能源与农村交通运输和通讯仍然是农业机械化、农村经济发展的限制因素。应加强可再生能源机械设备，特别是可移动动力的代燃料问题以及农村交通运输和道路建筑等机械设备的研究开发工作。

(6)上次产业革命是以机械力代替人畜体力，并使人类可控制的力能亿万倍增长为特征，进而改变整个社会的结构与伦理和人们的生活和意识。当前这次产业革命是以电算机代替人的重复繁重的脑力，使人类所控制的运算速度亿万倍增长。我国农村的生产建设面临上次产业革命的补课和这次产业革命的冲击。因此，在我国农业机械化和农机工业的发展战略中，无疑必须包含电算机在信息情报、试验设计制造、管理、控制等各个领域的全面应用。目前，农机化和农机工业的高校、科研、制造、销售、服务和行政管理部门在这方面的工作都很薄弱，需要设立专门的研究室和研究所，认真研究开发有效应用的途径，把电子控制技术和电算机的应用技术向前大步推进。

参考文献

[1] G・唐奈尔逊(世界银行).农业机械化在发展中的作用.阿姆斯特丹第二届发展中国家农机工业国际会议论文 1984 年 1 月.

[2] 工业研究国际中心.世界农业机械工业研究.联合国工发组织文件.1979 年 6 月.

[3] 联合国粮农组织文件 COAG/79/8.发展中国家农业机械化与生产、就业和收入分配的关系.1979 年.

[4] 逸见谦三(日本东京大学).机械化是农业和乡村发展的主要战略措施.小规模农业机械化杭州国际讨论会议文集，1982 年 6 月.

[5] 曾德超.试论农业现代化进程的技术经济模型.农业机械学报，1980 年第 3 期.

[6] 曾德超，黄志明，宋声鹗.农业现代化技术途径与评价尺度.北京农业机械化学院学报，1981 年第 1 期.

[7] 胡南强.中国农业机械化的发展.发展中国家农机制造与推广经济技术合作讨论会议论文，1984 年 5 月.

[8] H・P・宾斯温格(世界银行).农业机械化——回顾历史、展望未来.小规模农业机械化杭州国际讨论会议文集，1982 年 6 月

[9] 刘天福.农业技术经济的研究和运用.农业出版社，1982 年 2 月.

[10] 朱馨远.价值工程讲义.北京农业机械化学院讲义，1984 年 1 月.

[11] 白人朴.粮食和经济作物发展与农业机械化.农林问题论坛，1983 年 5 月.

[12] 朱道华. 对我国农业发展战略的若干看法和建议. 农业发展战略研究通讯,1984 年,第 1 期.
[13] 姚监复. 有选择地稳步发展农业机械化. 全国农业区划委员会办公室. 农业发展战略研究参考资料 1982 年 8 月.
[14] 余友泰. 农业现代化概述. 黑龙江人民出版社,1983 年.
[15] 张季高. 农业工程学概论. 农业领导干部学习研究班教材,1980 年 11 月.
[16] 曾德超. 我国农业工程学科优先发展的领域、内容和技术关键的商榷. 北京农业机械化学院学报,1983 年第 2 期.
[17] 夏振坤. 试论农业机械化的经济分析. 中国农业机械学会 1980 年年会论文,1980 年 8 月.
[18] 陈厚基. 美国未来农业发展的若干探索领域. 国外农业发展战略研究专题文选(续). 中国农科院科技情报所,1983 年 10 月.

On The Development Strategy of Agricultural Mechanization and Agricultural Machinery Industry Under the Current Responsibility System in China

Zeng Dechao
(Beijing Institute of Agricultural Mechanization)

Abstract The national target is to realize rapid rural economic growth through coordinate development of a nationwide network of small industrial towns with their surrounding farming areas, so as to facilitate all kinds of labor intensive agro-related industries and labor transfer from the land. Strategical proposals were stipulated in this paper, to reorganize the R&D forces and the agricultural machinery industry for the timely development and manufacture of equipments of high value, low investment and bumper profit to meet the coming market, covering a wide spectrum ranging from equipments for cultivation, land and water management, feed industry, food industry, rural transportation, renewable energy to equipments for rural road pavement, rural building, construction materials and other rural industries as well.

中国农业机械学会第三届全国代表大会及1984年学术年会闭幕词

曾德超

同志们：

中国农机学会第三届全国代表大会及1984年学术年会，在中国科协、机械工业部、农牧渔业部领导同志的关怀下，在全体到会同志的共同努力下，经过六天来的工作，已经胜利完成了会议的各项议程，大会就要结束了。在会议期间，中国科协副主席杨显东、农牧渔业部部长何康、机械工业部副部长何光远和总工程师陶亨咸，出席了建会二十周年纪念大会并讲了话，杨立功、李济寰、张逢时、冯寅等同志均亲临大会祝贺。中国科协学会工作部副部长沈志牛自始至终参加会议指导。中国水利学会、内燃机学会、辽宁省科技情报研究所及一些省市地方农机学会分别来函、来电，对大会表示祝贺。国务院农村发展研究中心杜润生主任作了重要讲话，中国科协现代化管理知识讲师团杨沛霆同志给我们作了关于新技术革命的报告。参加大会的还有日本大阪府立大学农业部教授梅田重夫、联邦德国霍恩海姆大学农业工程系教授斯特罗姆、机械工业部顾问、我们的美国老朋友阳早先生、寒春女士，他们光临大会并进行了学术交流，增加了大会气氛，使我们很有收益。我代表中国农机学会向他们表示衷心感谢。

同志们！这次大会是在全国人民为实现党十二大提出的战略目标，为全面振兴经济的历史条件下，在面临新技术革命挑战的重要时刻召开的，意义非常深远。这次大会采取了庆祝会与学术交流相结合的形式，不仅内容丰富，而且生动活泼，开得很有朝气，富有成效。

一、大会热烈地庆祝了学会成立二十周年

农机界的老前辈和中青年骨干欢聚一堂，回顾历史，肯定了成绩，总结了经验；展望未来，更加明确了前进的方向，决心为振兴农村经济，为促进农村“两个转化”，适应“两个集中”，为实现党的十二大提出的目标做出更大的贡献。何康、杨显东、陶亨咸同志的讲话和对学会工作的建议，使我们很受启发和鼓舞。他们介绍了农业和农机工业的新形势对学会提出了更高的要求，寄予了很大的希望。归纳起来，有以下几点：

(1)学会工作要围绕改革、开放，献计献策。要人心思改，人心思革，为实现总目标多做贡献。要适应农村变革的新情况，特别是适应乡镇企业、专业户、重点户大发展，商品生产大发展的形势要求，多做贡献。

(2)学会工作要促进科学研究和学术交流，要团结广大科技工作者努力填补我国农机产品空白，不仅要搞农业生产机具，还要搞加工、运输、贮藏、保鲜、能源机具。既要发展生产资源，亦要发展生活资料。

(3)要大力宣传和强调注意农机化的经济效益。

(4)要充分利用学会跨部门跨行业多学科的特点开展工作，组织技术咨询服务，多为用户着想，制订标准规范并努力参与和促进智力开发工作，促进技术人员的继续教育工作。

大会认为要把领导同志的希望溶化到我们全面开创学会工作的新局面中去，学会工作和广大科技工作者要面向四化建设，奋发图强，开拓前进。

二、大会进行了学术交流活动

这次学术年会，共征集论文75篇。由于会议议程很多，大会交流时间有限，在大会上交流的只有6

篇，有60余篇论文摘要，已经正式铅印，汇编成册。这次论文的内容，总的看来，绝大多数是针对了当前农村迅速发展的形势，紧紧地围绕着党的十二大提出的战略目标，为实现工农业产值翻番，发展农村经济，探讨我国农业机械化和农机工业道路与战略等方面。从这次论文来看，我国农机化学术研究，也已随着新形势的发展进入了新的发展阶段：即已注意把农业机械化发展与整个农村经济发展联系，从而使得农业机械化的规划，成为多目标规划，而以经济效益为主要指标。农机化项目的经济分析，从概念逐步进入指标体系。选择机械化的选择准则，从一般概念进入数量上的逐步规定，进入建立数学模型的数据库。农业机械化的预测方法，也逐渐地进入按照客观条件的可能性和可行性进行分析。这次论文中有关于2000年全面的农业机械化方面的预测，有农村运输机械化方面的预测，畜牧业机械化，农村能源自给系统及植物能源，中小型拖拉机，国营农场机械化，排灌机械，等等，并对农机管理体系进行了探讨。论文反映了农机工业发展，已逐步转入在国家总的发展规划与计划指导下的市场调节的轨道。农业机械作为商品，作为买方市场，面向国际市场。为此，要大力搞好“三上一提高”，提高质量，增加品种，需要保证维修服务的质量。

在研究与提高方面，对如何进一步与农艺结合，与农业工程结合，组织多学科协作研究，也提出了较多的具体途径。我们认为这些研究探索方向是对的，应向纵深发展。

这次学术交流的缺点是时间短，讨论不够集中，不够深入解决问题，提出建议等成果较少。

三、认真讨论修改并通过了学会章程，选举产生了第三届理事会，对学会工作进行了讨论

大会根据农村形势发展的需要，为适应开创学会工作新局面的要求，以中国科协发出的“中国科学技术协会自然科学专门学会组织通则(讨论稿)”为依据，大家对学会章程总则、工作任务、会员及组织机构等几个部分进行了认真的讨论和修改。大会原则上通过了会章，为会员能有机会多参加各种学术活动创造了条件。这些，无疑为更好地发挥全国学会、专业委员会(研究会)和地方学会的积极性是有益的。大会在会章的原则指导下，以无记名投票方式选举产生了第三届理事会。

新选出的理事98名，比上届理事减少了32名，在新当选的理事中工程技术人员93人，占理事总人数的95.9%，行政领导5人，占4.1%，少数民族3人(壮、蒙、维各1人)，女工程技术人员2人。新的理事会组成有比较广泛的代表性，具有两个特点：

(1)年轻化。据统计，新理事平均年龄为54.6岁，较上届理事年轻6.1岁。在新理事会中60岁以上的19人，占19.4%，50～59岁53人，占54%；45～49岁23人，占23.4%；45岁以下3人，占3.2%。上届理事中进入新理事会有38人，他们仍然是学会领导的中坚力量。因为年事已高，未能继续在理事会中承担任务的老同志，许多是我国农机事业的开拓者，是农机学会的创始人，他们建立的功绩值得我们学习。同时，令人可喜的是，一批年富力强的中年科技骨干充实到理事会中来，这是我们农机事业兴旺发达的一个标志。

(2)新当选的中年理事，在学术上都有一定成就，是当前实行改革的积极分子。新任的60名中年理事，他们在各自的岗位上为我国农机化事业勤勤恳恳，做了大量工作，在科学研究领域和农机化实际工作中有一定的影响，新一代的成长是很可喜的。

总的看来，在新的理事会中，中年知识分子比例较大，约占60%，从他们的经历看，几乎都是今天在座的老一辈专家、教授、学者的影响和培养下，成长起来的一代人才，他们既具有老一辈严谨治学的学风，又有致力于改革的热忱，这是我们学会开创新局面的重要力量。新的理事会中，仍保留了一些老专家，历届理事，这些老同志，人数虽少，但有丰富的经验和渊博的学识。我们相信新的理事会一定能够团结和率领广大科技工作者，适应农村新形势的要求，做出更大的贡献。

经过第三届理事会第一次全体理事会的酝酿，选举产生了二十名常务理事。

经常务理事会讨论，推选何光远为理事长，华国柱为第一副理事长，曾德超、鹿中民、王万钧为副理

事长，王万钧兼秘书长。

新的理事会和常务理事会，对专业委员会的调整和组建，如何开创学会工作新局面，以及聘请顾问等重大问题，进行了认真的讨论研究，做出如下决议：

(一)关于专业委员会的调整和组建问题

(1)新的委员会重新组建需要一个过程。在未建立起来前，原有的十四个委员会、研究会，仍应按照计划继续开展工作；

(2)工艺材料与工业管理专业委员会，改为农机材料与制造技术专业委员会；

(3)农机管理与修理专业委员会，改为农机维修专业委员会，将管理方面的学术内容并入农业机械化委员会；

(4)将农机化技术经济研究会，改为农机化技术经济与市场学研究会；

(5)关于工业企业管理学、情报学，我国已经有专门的学会，建议纳入有关学会去，更有利于这些学科的发展，更好地为农机化事业服务；

(6)鼓励有关农机新学科的探索和建设，如果认为有必要成立专业委员会，则应按学会章程第 13 条的有关规定，经过申请论证，报学会正式审批；

(7)各委员会、研究会调整事宜，应在 8 月底前完成，为做好调整建设工作，指定以下同志负责协商、组建：

①编辑委员会　胡中

②普及工作委员会　弋瑞堂

③教育工作委员会　谢毓琦

④农业机械化委员会　白人朴

⑤农用动力及能源专业委员会　孔德朋

⑥耕作机械专业委员会　沈克闰

⑦收获加工机械专业委员会　杨建伟

⑧排灌机械专业委员会　高良润　金树德

⑨畜牧机械专业委员会　特木尔

⑩农机材料与制造技术专业委员会　李郁华　王鸿

⑪基础技术专业委员会　冯炳元

⑫农机维修专业委员会　杨秋荪

⑬农业机械化技术经济与市场学研究会　石宇文

⑭地面机器系统研究会　余群

(二)关于聘请学会顾问问题

一些长期担任学会领导工作，对学会创建和建设做过贡献的老同志，现在虽然退出了学会领导工作第一线，但对学会工作仍然很关心，这些同志应当受到我们的尊重。为了更好地发挥这些老同志在今后学会建设中的重要作用，根据学会章程第十二条规定，常务理事会已经推荐了第一批顾问名单，经理事会研究，认为在进一步做好一些协商工作，征求本人意见后，正式聘请。各省、市、区农机学会可参考此精神聘请省、市学会顾问。

(三)关于如何开创学会工作新局面问题

这次大会，同志们提出了许多很好的建议，有些意见很尖锐，很中肯，对新的理事会寄予很大的希望，这些意见粗略概括为以下几点：

(1)学会应根据“三个面向”的指示精神,积极组织开展好各种学术活动。特别是对中国式的农机化道路怎么走?农机管理体制应该如何定?不同地区应当实行什么样的机械化方案等重大问题,要积极组织好学术讨论,向党和政府有关部门提出建议,当好助手和参谋。

(2)要进一步调动全国学会,专业委员会,研究会,地方学会和广大会员的积极性,把学会办成农机科技工作者之家,使学会会员感到学会活动的温暖,有收获,对学会活动和工作关心、支持、有责任感。这是搞好学会工作的强大基础。在学会活动中,今后应注意更多地吸收一些年轻同志参加,使他们逐渐熟悉学会工作,使学会工作永远充满活力,后继有人。

(3)学术活动的内容要深入到农、林、牧、副、渔各个方面,要深入到国营农场、农机服务站、队、服务公司、农机户等各个领域,与有关学会和部门协作,加强综合性、边缘学科的研究和建设工作。

(4)加强咨询服务、情报信息、普及教育和人才开发方面的工作,为领导当好参谋,也直接为千家万户服务。一些地方学会组织咨询服务公司的经验,引起代表们的兴趣和重视,这些经验值得认真总结,各地可借鉴参考。

(5)学会活动的管理,要搞活一些,注意调动全国学会,专业委员会,地方学会三个方面的积极性,注意提高质量和效果。学会是群众性的学术团体,不能用行政管理办法办会。学会活动既要加强计划性,又要与灵活性相结合,使学会工作得到广泛的支持,这样做也有利于较好地解决学会活动的资金、人力、物力等问题,把学会工作搞得更活、更好。

(6)关于学会活动经费的使用和分配问题,同志们很关心,如何用有限的资金办更多的事,要求常务理事会进行审议,学会办公室今年将经费收支预决算情况向常务理事会或理事会汇报。

同志们,我们的会议是农机科技界的一次空前盛会,不仅规模大,而且内容多,代表们各抒己见,畅所欲言,大家以主人翁精神献计献策,为开拓学会工作和农机化事业新局面提出了许多有益建议。会议完成了全部议程,开得圆满成功。希望代表们回到各地后,要积极宣传大会精神,动员和组织广大会员积极行动起来,为促进农机科技事业的繁荣发展,为农业现代化的实现贡献最大力量!

在山西省蓄水聚肥改土耕作法试验总结座谈会上的发言*

曾德超

同志们：

首先让我向常年奋战在农业生产第一线，为我国农村现代化建设辛勤工作的同志们致以崇高的敬意！另外，对这次会议的主持单位邀请我来参加会议，给我一个极好的学习机会表示感谢！对吕梁地区的领导和大会领导对我的热情接待表示感谢！

我想讲一讲我个人的一点看法。本来不想讲，这倒不是客气，也不是偷懒，因为我是来学习的。黄土高原地区的沟深坡陡，生活条件很差。山西水保所的同志们常年奋战在第一线，卓有成效地为人民而工作，使我感到钦佩。我想讲两点：一是对丰产沟的看法；二是有关农机具问题。

对丰产沟这种蓄水、聚肥、改土的耕作法，我的发言权不多。这个东西涉及水土保持、土壤学、农学、土地规划和推广政策等问题，当然也涉及农业机械的问题。长期从事这项工作的同志们才有真正的发言权。我们北京农业机械化学院搞土壤改良的许国华同志有发言权。像这样一个土壤耕作法，涉及综合性的问题，因此就要求许多部门、许多学科共同来研究。这个课题是一个综合课题，需要多学科的同志们来协同作战。过去我们搞农业机械的、农业工程的习惯于根据农业技术的某项要求来工作。譬如：要求深耕，我们就搞深耕机械；要求实现机械化，我们就要计划生产多少台拖拉机、播种机等，这是不合适的。对土壤耕作这个综合性的技术问题来讲，并不是哪一个部门，哪一个学科能解决的，需要跨部门、多学科的科研人员协作攻关。山西水保所的同志们经过长期的试验研究，得出的结果，付出了很大的代价，是很不容易的。下一步的工作，是要农口各部门紧密配合，使它更加完善，大面积推广，在农业生产中发挥作用。这点对不对，请同志们考虑。

“蓄水聚肥改土耕作法”，我个人认为应该肯定。这个通过我们亲眼看到的可以得出结论。尽管试验的对比分析存在着这样或那样的问题，但还是有效果的，因为事实摆在眼前。对治理黄土高原的坡耕地，目前还没有好的办法，国外用推土机沿等高线修梯田，但我们的机器又上不了那么陡的山坡。对我们这个地区来说是不现实的。即使能用，把生土推出来了，第一年就要减产，老百姓也不大情愿。国外头一年修梯田后，多施些肥料，投资大些，第二年以后就可见效。我们的经济条件差，不能和人家相比。搞一亩丰产沟，需要十几个工，既能保持水土，又能当年增产，是一个好办法。只要讲清利弊，群众还是能接受的。我国在五十年代开始，农业部门就提到草田轮作的问题。谁都知道土地种上几年苜蓿之后，地就肥了。然后种上粮食作物，产量就提高了。所产的牧草富含蛋白质等多种营养，可以大力发展畜牧。谁都知道这个好，但在我们的国家就是推不开。因为头几年不种庄稼，粮食就收得少了。所以在我们的丘陵山区使用一些措施，如果头一年减产，群众就不愿意干。丰产沟是根据黄土高原地区的地形特点和经济条件搞出来的，切实可行，看来确实是一个好办法。在半干旱地区，要想种庄稼，提高单产，就必须保持水土。没有水，庄稼怎么也长不好。怎样才能把半干旱地区三百到五百毫米的降水拦蓄在土壤中，促进作物生长呢？国外有采取适当休闲，两年雨水一年用。美国西部地区多采用这种方法。他们认为这种方法最省工，投资最小，比较经济。国外应用沟垄耕作，采用深松少耕，也很省工，又有效，应用很普遍。再加上秸秆覆盖等措施，既可增加土壤有机质，又可保持水土。

---

* 本文出处：山西省蓄水聚肥改土耕作法试验总结座谈会资料选编，1984年12月

到目前为止,是不是丰产沟这种办法本身就已经完善了呢?昨天很多同志的发言讲过,还有很多问题需要研究,需要继续完善。这个工作一定要做。对推广来说,是不是各种地形都要推广?沟垄各一尺的规格是不是适用于各类作物?阳坡和阴坡哪儿应用好?地肥和地瘦哪个效果最佳?山药蛋的特点是根不下扎,耕作过深意义不大。国外采用垄作,都种在垄上,我们种在丰产沟内是不是有些问题?因此,我说还有许多工作要做。丰产沟保水保土效果好。在保持水土过程中,除地形条件以外,与土壤有机质含量的多少也是密切相关的。这种方法怎样与提高土壤有机质的含量相联系呢?再一个是耕作一次第三年以后怎么办?介绍说三年以后生土可以熟化。生土熟化后,熟土层很厚,再进行丰产沟耕作,那生土垄就变成了熟土垄了。要把生土挖起来培垄,就得挖地三尺,你叫搞机具的怎么搞。丰产沟何时做?材料上说,秋季最好。从蓄水的角度来讲,最好是雨季之前做,做了之后这降水就蓄住了。秋季土壤水分较充足,但耕作总是要跑墒的。北京附近在干旱年份,耕多深干多深。耕翻、镇压,怎么渡过冬春干旱,这个环节是非常重要的。我们应该想一个办法防止跑墒。当然可以通过覆盖,秸秆覆盖既能防止水分蒸发,又能增加土壤有机质,是最好的。也可以搞沙田,也可以用塑料薄膜。但如何在土壤耕作上做文章,就地镇压耙耱是值得重视的问题。雨水每年四、五百毫米,就是那么多。每毫米雨水一般产量就是一斤左右这个水平。你要亩产达到一千多斤,水不够,肥也不够,那不太现实。我讲的总的意思是不要过分强调某一个环节,要提高综合栽培技术水平。在搞丰产沟的同时,把种草种树也搞起来。这个方法只有结合我们国家的实际情况,就能有生命力。

第二个,关于丰产沟耕作机具问题。这个我只讲一点。这里面有许多的具体设计。农业的许多增产措施也好,农村现代化建设也好,都是综合性的。光是把解决用工的问题摆在首位,单只考虑这个因素,如何如何重要是不够的。要实现机械化,你不考虑农业工程因素和农业发展战略因素,到时候恐怕很难实现。就是刚才我说过的,三年以后再挖丰产田,就要挖地三尺。挖得越深,阻力就越大。耕作深度和耕作阻力并不是成反比的,这是客观规律,任何人是改变不了的。再者,你要挖那么多的土,就必须要花那么多的能。如果要少投入一些能,想提高百分之十,百分之二十的挖土效率是根本不可能的。国外棉花实现机械化生产、就要培育适合机械化收获的品种。有人说,可以使用机器人,这从机械角度来说,是可以的。机械人的动作和脑力要比一般人灵活准确些,但是我们也要同时投入大量的能进去。这里还有一个经济效益的问题。要有建立工业,成批量生产这么一个过程。因此,研究农业综合发展措施的时候,应该把这些问题都考虑进去。我们这儿地块一般都比较小,坡又很陡,首先拖拉机上山就是个问题。就是搞出一个机具来,成本很高,老百姓在经济上还没有那么多钱去购置。拿不出钱去购买,怎么使用。因此建议,省地研究所的同志们,还是搞畜力机具配套,把用工多这个问题合理地解决。但是,不是大家所想的一头牛牵引机具一次就能把几道工序都完成,这个也是不现实的。从力学角度来讲,一头牛是承受不了几百公斤力量的。因此,要分成几道工序来完成这种土壤耕作,这个是最现实的。所以,在进行综合性研究的时候,把农机部门也拉上进行一道工作。若是这个办法在半干旱地区的平川、丘陵、山地都适宜,可以建议机械工业部组织人力搞机械,进行成批量生产。要是这样的话,我想,机械工业部是会同意的,也会支持的。

就谈这些。我来学到了很多东西。谢谢大家。

Education and Utilization of Agricultural Engineering Graduates in the Development of China*

Zeng Dechao

Abstract The general set up of ag engineering degree systen, its contribution and opportunity brought about by the rural economic structure reform in China was presented. Reluctance in recognizing the Ag engineering profession by the engineering community in China suggests intensified research effort to develop the Ag engineering discipline comparable to the applied biology and the general engineering. The promising while unique objective area of study might be the interrelations among the organisms, their environmental factors and the engineering means and the optimization of systems concerned in proper levels.

The General Setup of the Agricultural Engineering Degree System

In China, training in higher education for the profession of agricultural engineering is organized in four independent while consecutive levels:

1. Training for technicians or assistants to engineer, in a more specific and narrower professional area, with a profession orientated 2～3 year program after 12 years elementary and secondary schooling, no degree conferred.

2. Training for engineers, a 4 or 5 year program after the 12 year elementary and secondary schooling, to procure a engineer's basic training, degree conferred—bachelor of engineering or bachelor of agriculture.

3. Training for university faculty candidates and R & D workers, a 2.5～3 year program after holding a B. Eng/Ag, with requirements in courses as well as in dissertation, degree conferred-master of engineering/agriculture.

4. A 2～3 year program after holding a master degree or a 4～5 year program after holding a bachelor degree and if qualified, with emphasis on original contribution in dissertation; degree conferred-doctor of engineering/agriculture.

Specialties in Areas of Agricultural Engineering

In China, training in higher education is also under central planning and closely related to the pace of development in various sectors of economy. It is the ministry in charge of the development of that sector of the national economy who sees to the setting up of institutions of high learning to train technical personnel in a planned number with assigned specification and qualification as needed. Consequently, many technical universities, institutes or colleges, most of them with a limited number of disciplines, are under supervision of a specific ministry, financed by her, including scholarship enjoyed

* 本文出处:1985 Summer Meeting American Society of Agricultural Engineers, 1985 年 1 月

by every student admitted and placement of every graduate, requirement of university workers, research fund for faculty member, fund for extension service and so forth. While agriculture, forestry, water conservancy, food and feed industries, rural electrification, rural industry, rural building, and machinery industry are in the charge of different ministries, different agricultural engineering degree programs applying then, in various universities under various departments with different specifications as specialties. Table 1 provides a general view of specialties in areas of agricultural engineering, in China. It can be seen that there is no one specialty or department bearing the title of agricultural engineering. It is only this year, Nanjing Agricultural University decided resume her agricultural engineering department and expanding into an agricultural engineering college with departments of mechanization, product processing, building and environments. The only independent and comparatively comprehensive agricultural engineering university is the Beijing College (or Institute) of Agricultural Mechanization.

Table 1. Specialties in Areas of Ag Engineering in China (1983)

Category of Specialty	No of Dept Offering	No of University Offering	Supervising Ministry
Design & Manufacture of Ag Machinery	22	6 Institutes of Techn. 16 Colleges of Ag	Ministry of Machine Building
Ag Mechanization	29	29 Colleges of Ag	Ministry of Ag, A. H. & Fishery (MAAF)
Soil & Water Engineering*	9	7 Colleges of Ag 2 Colleges of Forestry	MAAF Ministry of Forestry
Ministry of Forestry (Water Management Eng)	(26)	(26 Institutes of Techn. Or Inst. of Water Management & E. Generation)	Ministry of Water Management & E. Generation
Farm Building & Environment	3	3 Colleges of Ag	MAAF
Ag Product	8	8 Colleges of Ag	MAAF
Processing(Food Engineering)	(34)	Institutes of Light Industry	Ministry of Light Industry
Forest Engineering	5	5 Colleges of Forestry	Ministry of Forestry
(Timber Mechanical Processing)	(7)	(7 Colleges of Forestry)	(as above)
Aquaculture Eng	13	5 Colleges of Fishery	MAAF
(Aqua Product Processing)	(9)	(as above)	(MAAF)
Rural Electrification & Ag Automation	5	5 Colleges of Ag	Ministry of Water Management & Electr. Power Generation
Management Eng for Rural Industry & Ag Eng Projects	1	1 Colleges of Ag	MAAFBH
Ag Eng Education			

* Including specialties of Soil Conservation, Land Utilization & Planning, Soil Melioration, Irrigation & Drainage, Underground Water Engineering.

Professional engineering societies are organized more or less about the same way, under the sponsorship of a certain institution, but operate more loosely between ministries. Discussions have been going on recently in favor of stressing on the mass nature of a professional society and putting into full swing its inherent function. Table 2 gives a general view on the professional societies in areas of agricultural engineering.

Table 2. Professional Societies in Areas of Ag Engineering in China

Category of Specialties	Society Affiliated to
Design & Manufacture of Ag Machinery	Chinese Society of Ag Machinery
Ag Mechanization	Chinese Society of Ag Machinery
	Chinese Society of Ag Engineering
Soil & Water Engineering	Chinese Society of Ag Engineering
	Chinese Society of Water Conservancy
(Water Management Eng)	Chinese Soc. of Water Conservancy
Farm Building & Environment	Chinese Soc. of Ag Engineering
	Chinese Soc. of Architecture & Bld.
Ag Product Processing	Chinese Soc. of Ag Engineering
(Food Engineering)	(Chinese Soc. of Light Industry)
Forest Engineering	Chinese Soc. of Forestry
Aquaculture Engineering	Chinese Soc. of Aquaculture
Rural Electrification & Ag Automation	Chinese Soc. of Ag Engineering
	Chinese Sco. of Electrical Eng
Management Engineering for Rural Industry & Ag Engineering Projects	Chinese Soc. of Ag Engineering
Ag Eng Education	

Post Secondary Accreditation

In 1981, the State Council set up a Commission on Academic Degree System. Post secondary accreditation on various disciplines has been organized ever since. Those departments and universities with qualified faculty, well organized programs, outstanding contributions in research, development and extension works and backing facilities are entrusted with right to confer the bachelor's, master's or doctor's degree. In areas of Agricultural Engineering number of accredited universities and programs is listed in Table 3.

Table 3. Number of Accredited Departments in Areas of Ag Eng (1984, incomplete)

Category of Specialty	No of Departments Accredited in		
	B. Eng/Ag	M. Eng/Ag	D. Eng/Ag
Design & Manufacture of Ag Machinery	22	7	4
Ag Mechanization	29	7	3
Soil & Water Engineering	9	6	1
Farm Building & Environ.	4		
Ag Product Processing	8	6	2
Forest Engineering	5		
Aquaculture Engineering	13	4	
Rural Electrification & Ag Automation	5	1	
Management Engineering for Rural Ind. & Ag Eng Projects			
Ag Eng Education			

Undergraduate Programs

All through China, one school year is invariably divided into two semesters, with about 20 weeks each, and a winter vacation of 4 weeks and a summer vacation of 6 weeks. Universities work 6 days a week and class can be arranged not more than 8 hours a day and the evening is seldom used for regular class or lab. Typical curricula for some specialties in areas of agricultural engineering are listed below in Table 4-8 to provide some idea on the major features.

Taking a typical curriculum of the specialty of agricultural mechanization as example, when compared to the degree requirements of the area of farm power and machinery, Department of Agricultural Engineering, Michigan State University (1975—1977), the following facts can be observed: (1) the Chinese Ag machinery design and manufacture specialty is much more M. E. orientated with its comparatively heavy courses on metal forming, processing and equipments, while the U.S. Ag mechanization specialty is somewhat comparable to the farm power and machinery area instead of the Ag mechanization or the Ag engineering technology program offered in some U. S. universities, and, the Chinese management engineering of rural industries and Ag engineering projects specialty is more close to the U.S. Ag engineering technology program. (2) The Chinese curriculum offers more professional and technical courses, more practices and more course projects together with a diploma project, while the MSU program offers broader training on basic sciences, engineering sciences and engineering designs, if not in mathematics. The underlying cause might be attributed to an unsatisfactory and inadequate training in mechanics, skilled workers and technicians for rural uses. Ag engineering graduates have been being forced to perform duty with insufficient and unqualified skilled workers. Often time, rural engineering with a better skill training and practical experiences are of unsurpassed value in a developing country.

The same situations exist in curricula of specialties in other areas of agricultural engineering.

One of the Chinese academic tradition in undergraduate training which might be worthwhile to be pointed out is the prominency given to the role of professor's lecturing rather than the student's initiative throughout the training: lectures well prepared, stuffed with deep reaching materials supposedly to be digested with some hours after class instead of right in class; text books usually aforehand written, printed or published; and lectures well presented and at the risk of professor's prestige if otherwise. Criticism crops up in recent years blaming such a pedagogy as at the expenses of curbing the students' development in initiative, originality and aptitude, taxing too much of the professors' time and braking their efforts in exploring, research and developing disciplines which are indispensible for a faculty to keep abreast with the international development in their fields. The argument might be settled, to the author's opinion, in a compromise that for basic sciences and engineering sciences courses, the faculty should given more emphasis on lecturing while for engineering design or professional courses, the faculty might give more time in developing disciplines and technology.

Table 4. Typical Curriculum for Specialty of Ag Mechanization

Class Work	130 weeks
Diploma Project	10 weeks
Course Project	4 weeks(Mechanism Layout & Machine Design)
Practices	18 weeks(in Machine Shop, on A Farm, Farm Machine Operation, in Repair Shop, Management)

Course Requirements as Compared to That of Farm Power & Machinery Area, MSU(1975—1977)

	Ea. Quarter CrHr	MSU(1975—1977) CrHr
1. Humanity & Social Sciences	36～40	33
2. Mathematics	20	25(Incl. An. Geom)
3. Basic Sciences	16	23
4. Engineering Sciences	53	45～46
Foundamentals of Agronomy	2	
Physical Principle of Biological Process		3
Foundamentals of Animal Husbandry	5	
Physical Principle of Plant Environments		3
Electric Power and Control	9	4
Metal Processing Engineering	8	
Food Processing Engineering		3
5. Engineering Design	20	13
Engineering Drawing	8	3
Technical Measurement	3	
Foundamentals of Design		3
Machine Elements	6	
Principle of Interchangeability	3	
Study on Design Layout		3
Implementation of Design Layout		2
6. Ag Eng Design & Professional Courses	29	13～15
Ag Power & Tractor	10	
Tractor & Power Transmission		4
Ag Machinery & Livestock Equipments	6	
Hydraulics & Hydraulic Machinery	3	
Repairing Technology	4	
Principle of Structure & Machine		3
Design of Ag Building		3
Processing of Biological Products		3
System Engineering or Operational Research	4	4
7. Management	9	4
8. Selective Courses	2	23～27
	Total 175～179	180

Table 5. Typical Curriculum for Specialty of Ag Building and Environment

Class Work	130 weeks
Diploma Project	10 weeks
Course Projects	6 weeks(Building Design, Environments Design, Shop Flat Design)
Practices	12 weeks (Field Survey, Livestock Farm, Green House, Civil Building Design Office, Construction Work)

Typical Courses:

Descriptive Geometry & Construction Drawing, Structure Mechanics, Soil Mechanics & Foundation, Construction Materials, Concrete Structure, Steel Structure, Land Survey, Engineering Thermodynamics, Heat Transmission, Hydraulics, Pumps & Pneumatic Machinery, E.E. & Electronics, Technical Measurement & Control, Farm Building Design, Ag Environment Engineering Design, Rural Township Planning, Internal Facilities, Construction Work, System Analysis on Biological Environments, Solar Energy & Biomass Energy, Biological Environment Control, Engineering Economics for Construction, etc.

Table 6. Typical Curriculum for Specialty of Soil and Water Engineering

Class Work	130 weeks
Diploma Project	10 weeks
Course Projects	8～9 weeks(Pump Station Design, Eng Structure Design, Soil & Water Construction Design, Irrigation & Drainage Design, Eng Hydrology Project)
Practices	12～13 weeks(Field Practice on Geology, Hydrology, Land Survey, Construction Work)

Typical Courses:

Agronomy & Soil Science, Descriptive Geometry & Construction Drawing, Sturcture Mechanics, Hydraulics, Hydrology, Eng Geology & Hydrological Geology, Construction Materials, Soil Mechanics, E. E. & Electronics, Land Ecology, Land Survey, Irrigation & Drainage, Pumping Station, Structure Design, System Analysis of Water Resources, Underground Water Resource, Water Management & Economy, Land Economy, Soil Conservation, Land Utilization & Planning, Construction Work, Rural Hydro-electric Station, etc.

Table 7. Typical Curriculum for Specialty of Ag Product Preservation & Processing Engineering

Class Work	130 weeks
Diploma Project	10 weeks
Course Projects	5 weeks(Ag Products Quality Analysis, Food Engineering)
Practices	12～13 weeks(in Ag Products Storage & Processing Plants)

Typical Courses:

Inorganic, Organic, Analytic & Physical Chemistry, Biological Chemistry, Microbiology, Mechanical Engineering Foundamentals, E. E. & Electronics, Technical Measurement, Control & Automation, Food Engineering Foundamentals, Fermentation Process, Ag Product & Food Quality Analysis, Processing Technology, Processing Plant Layout, Processing Equipments, Storage of Fruit & Vegetable, Freezing Technology & Steaming Control, Food Nutrition & Hygiene, Food Packing, Eng Economics, etc.

Table 8. Typical Curriculum for Specialty of Ag Management Engineering of Rural Industries & Ag Eng Projects

Class Work	135 weeks
Diploma Project	14～15weeks
Course Projects	-(Enterprise Production Management, Enterprise Bussiness Management)
Practices	13 weeks(in Agri-bussiness, Social Survey etc)

Typical Courses:

Foundamentals of Agronomy & Animal Husbandry, Foundamentals of Mechanical Engineering(Mechanical Drawing, Mechanics, Materials, Elements of Machine Design), E. E. & Electronics, Cybernetics, Industrial Statistics, Engineering Economics, Management Information System, Economical Law, Marketing, Quality Control, Industrial Accounting, Bussiness Management, Production Management, Resources Utilization Economics, Rural Economics, Value Engineering, Reliability Engineering, Management Psychology, etc.

Advanced Engineering Sciences	3 CrHr
Advance Courses in Field of Concentration	3 CrHr
Second Foreign Language	10 CrHr

Teaching Practice: as Teaching Assistant or research assistant

Research and Dissertation work: for at least 2 years.

Contributions of Ag Engineering Graduates in the Development of Agriculture

Number of Ag Engineering Graduates Trained

In the last thirty some years since 1949, different number in various specialties in areas of agricultural engineering have been trained in response to the social needs. Table 9 gives out incomplete data to furnish idea.

Table 9. Number of Graduate Trained in Areas of Ag Eng (incomplete)

Category of Specialty	Annual B. Eng (1983)	Graduated M. Eng (1984)	Total B. Eng (Up to 1984)	Graduated D. Eng (Up to 1985)	Total Demand Estimated(1990)	
					B. Eng	D. Eng
Design & Manuf. of Ag Mach.	1050	24	12000	2	15000	80
Ag Mech.	1500	31	30000		32000	120
Soil & Water Eng	420	9	3700		4000	35
(Water Management Eng	1100		35000			
Farm Bldg & Environment	75		230		5000	35
Ag Product Processing	280	5	500		2000	40
(Food Eng)	990					
Forest Eng	720	4	4800		5000	20
Aqua. Eng	220	3	1200		2500	20
Rural El. & Ag Automation	160	4			5000	60
Manag. Eng					10000	40
Ag Eng Ed.					10000	
		Total	52430		90500	470

Post Graduate Programs

The purpose of advanced degree programs might be put as to train university faculty candidates, R & D workers and engineers in charge of technology intensive projects. The general requirements for a master's degree in engineering, according to the draft of the State Ordinance for academic degree system of PRC, is to procure a solid foundation in engineering sciences and systemized professional knowledge in field of concentration, and an experience in independent research work with definite results. The general requirements for a doctor's degree in engineering is to procure a solid and yet broad foundation in engineering sciences, a systemized and far reaching professional knowledge in field of concentration, and an experience in independent research work with original findings.

The structure of a master's degree program in agricultural engineering is, for instance, as the follows:

Course Work — 32～40 Credit Hours (20 weeks semester) of high level courses. Taking an orientation in Ag power and machinery for example, courses required might be

Philosophy, History of Science & Technology Development, or Methodology of R & D	5 CrHr
High Level Engineering Mathematics	14 CrHr
Biological Courses	3 CrHr
Advanced Mechanics or Dynamics	5 CrHr
Technical Measurement, Instrumentation, Data Processing, Experiment Design, or Information System	3 CrHr
Professional Courses in Field of Concentration	5 CrHr
Foreign Language	10 CrHr
Other Selective Courses	
Teaching Practice, taking part in Undergraduate Courses Instruction or tutoring in Diploma Project, serving as Research Assistant	8 CrHr
Research and Dissertation Work for at least 1 year	

The structure of a doctor's degree program in agricultural engineering, is for instance as the follows:

Courses Work — 16～24 CrHr (20 weeks semester) of high level courses. Taking an orientation in Ag power and machinery for example, course repaired might be

Philosophy, History or methodology of R & D	2 CrHr
High Level Engineering Mathematics	3 CrHr

Major engineering projects carried out in 1949—1979

Flood Control & Irrigation

Length of dike built for flood protection, electricity generation, irrigation & drainage	165000 km
Ponds & reservoirs built	86000 units

Irrigated field larger than 670 ha	5200 units
Powered wells	2200000 units
Total effective irrigated area	45000000 ha
	Composing 45.2% of total arable
Flood area harnessed	17000000 ha
Alkaline soil meliorated	4000000 ha
Laterite soil meliorated	2000000 ha
Mechanization	
Total mechanical power in agriculture (including tractors, engine driven pumps & processing machinery)	128103000 kW
	av. 1.28 km/ha
walking & small 4 wheeled tractors	1671000 units
tractors bigger than 20 hp	667000 units
Total trucks in agricultural uses	97000 units
Total motored boats	95000 units
Rural Electrification	
Annual electricity consumption in rural area	2827000000 kWh
	av. 283.5 kWh/ha
Chemical Fertilizer	
Annual application	52476000 tons
	av. 676.5 kg/ha
Agricultural Machinery Industry(1980)	
Total No. of ag machinery factories	2327
among which, No. of engine plants for ag uses	172
annual output	31600000 hp
tractor plants for bigger tractors	40
annual output	138500 units
plants for tractor smaller than 20 hp	62
annual output	350000 units
Total No. of county overhauling & parts manufacturing shops	2383
Total Ag pumps plants	171

The total investment of the agricultural machinery industry was more than 10 billion yuan, employees more than 1 million, annual production 8 billion yuan, and total worth of machinery holding in agriculture 34 billion.

Rural Building Construction	
Total floor area built	app. 6000000000 sq. m
Growth of rural average net income per capita	2.02 times

Placement of Agricultural Engineering Graduates

In China, practically every graduate from agricultural engineering, just like graduates from any other fields, got a job. Take graduates from the specialty of Ag mechanization as example, positions available for them are:

Assistant engineer (to start with)

in State farms

in Ag machinery stations, provincial, prefectural, county or township

in Ag machinery or tractor factories

in county repair factories

in Ag machinery (including tractor) testing stations

in agricultural mechanization or agricultural machinery research institutes, national, provincial, or prefectural

in county agricultural mechanization extension service

in governmental offices, national, provincial or county, or state farm administration bureau,

Ag mechanization(some as above),

livestock production (some as above),

rural energy(some as above),

rural industry(some as above), etc

in various publicly, cooperatively or privately owned corporations or service and trade companies

Teacher in technical or vocational schools

Teaching and research assistant at university.

Placements for other specialties are also about the same. For instance, graduates from specialty of Ag product processing or food engineering can get jobs in integrated complex of agriculture, industry and trade, processing plant, food factory, feed industry, research institutes, technician training center, or administration offices of rural industry, light industry, state farm system, etc.

Development in Agriculture and Rural Areas

According to statistics, comparing the year 1979 to 1949, growth in Chinese agricultural production and development in the rural areas can be put as impressive:

Agricultural production growth (1949—1979)	
grain production	2.9 times
cotton production	5 times
vegetable oil crops production	2.5 times
sugar crops	8.7 times
draft animals	1.58 times
hog production	5.5 times
sheep production	4.4 times
forest products	18 times
Fishery products	9.6 times
small industries & side line production	14.1 times

Role of Mechanization in Crop Production Growth

The growth in agricultural production is of course a result of multitudinous factors, including better variety, more fertiliser, more insecticide, better management etc. In the last five years since the practicing of the responsibility system, that is, after switching the management of farming from the commune brigade and working team to individual farmers, grain production went up substantially to the record of over 400 million tons. The role of agricultural mechanization is however, can not be overemphasized.

In China's situations, the role of mechanization in boosting up the crop production is assessed as follows:

1) With power plowing, harrowing, planting and harvesting, for most regions, a 150～200 hours of day light and a corresponding amount of heat accumulation can be gained, which will raise yield at a rate of 375 kg/ha. This gain in day light and soil temperature rise is important for Chinese agriculture on account of the fact that, in southern China, day light is surplus for two while insufficient for three crops a year, is surplus for one but insufficient for two crops in the northern China Plain, and is insufficient for one crop in the north eastern provinces due to the early frost and the late thawing. A practical guide goes as planting in a day earlier will gain a 75 kg/ha increase in yield.

2) In time drainage and irrigation enlighten the flood and drought damage. Statistics in the last 30 years shows a co-relation factor of 0.92 between the total irrigation and drainage power and the total grain production and a co-relation factor of 0.57 between the total drainage and irrigation power and the total drainage and irrigation areas respectively.

Power pumping and spraying help even up the fluctuation in manual grain production in the last 30 years to a 5.6%, while before 1949, the rate of fluctuation was more than 30%.

3) More than one half of rural transportation has been shifted to mechanical vehicles, and about 100 million farmers have switched to rural industries or to cities.

4) Product processing machinery which amounted to 4.5 million units helped in raising the rate of commodity of rural production to 51.9%.

All these agricultural engineering projects, agri-bussiness growth and agricultural development would not be possible without the agricultural engineering graduates trained from the universities. The role of education is basic, there is no controversy. The charm of the art is to organize far-sightedly and effectively. The growth in agricultural enterprises and the increase in total number of agricultural engineering graduates are shown in Figure 1.

The Challenge and Opportunity for the Agricultural Engineering Profession

The Rural Economic Structure Reform

The rural economic structure reform which was inaugurated five years ago has been bringing opportunities and also enormous tasks for the agricultural engineering profession in China. The blue print for a rural development of the Chinese style has been put forth before the people, the main features of which may be put as the follows.

1) The management of farming has been turned over to the individual farmers from the commune production teams.

2) A farmer can sell his farm products in the market and own his tractor, truck or implements.

3) A farmer can now leave the land but not the township by contracting somebody else who can do a better farming to farm his quota of land and he can work in some other occupation.

4) The site of the township is the center of industry, service trade, commerce, culture and

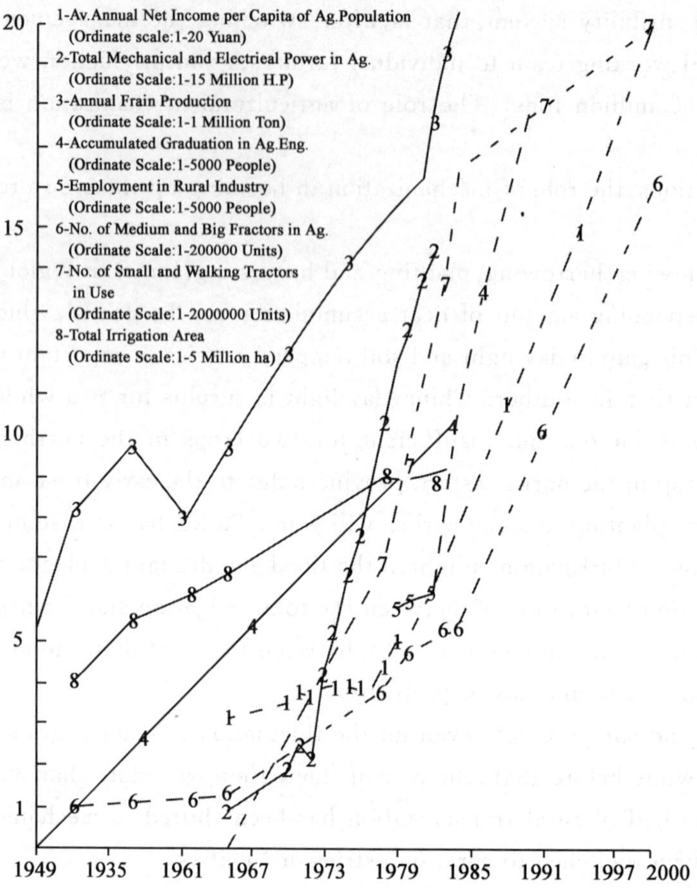

Figure 1.

entertainment etc with bussiness owned either privately, cooperatively or publicly. It is up to the township government to coordinate the overall planning, construction and development of the whole township including all the territory.

5) A township can set up bussiness agency and firms in big cities.

So farm products will be processed before shipping to the cities and the residues returned to the farm. Food industry and feed industry will be set up to supply the vicinity community. Big factories will contract some of the parts to the township industries to make use of cheap labour, to cut down the capital building investment and to avoid some overpopulating in big cities.

All these will lead to a good demand on technical personnel and managers for the rural areas.

Potentials of Chinese Agriculture Development

The potential future development of Chinese agriculture can be fastenly put as:

Promising reclaimable land 7000000 ha

2/3 of the total cultivated land has low acreage yield and has potential to raise

Promising grass land to be rejuvenated 40000000 ha

Fresh water surface promising for aquiculture 2700000 ha

Live stock production 15.5% of total ag production (1982)

20% expected in 2000

Forest coverage 12.7%, expected to be 20% in 2000

Only 10% of feed consumed is processed

Only 32% of food consumed is properly made up

Total value of ag products at farm/ total value of ag products after processed 1 : 0.8

1 : 2 (U.S)

1 : 2.25(West Germany)

1 : 2.3 (Japan)

Quality of ag products, feed, food, environments, soil conservation, ecology to be substantially improved

Rural industry 16% of agriculture total(1982)

50% of agriculture expected(2000)

Rural transportation, communication, construction, household, water supply and sewage disposal etc to be substantially improved.

Rural energy: average shortage in fuel for cooking and heating 2-3 months annually;

3/10 of total population in need of electricity supply.

Guide Lines and Recommendations for More Effective Training and Utilization of Ag Engineering Graduates

In review of the existing situations of the agricultural engineering education in China, the following recommendations can be advanced in the tailoring to fit more closely, if to be more effectively, the demand of the economic structure reform and the coming development of agriculture:

1) To readjust the specifications of various specialties covering the whole area of agricultural engineering and their respective size of enrollment. Enrollment in the areas of processing and food engineering, farm building and environments, management engineering, agricultural engineering education and rural electrification and Ag automation are among the ones to be significantly multiplied.

2) To build up a more balanced training system including more and better trainings for skilled workers, technicians and advanced degree graduates to alleviate the heavy qualification requirements imposed on the college graduates.

Substantially more D. Eng degree programs are also should be encouraged to supply university faculty candidates.

3) One of the existing problem faced in China, just as in any other developing countries, is hard to keep engineers in institutions lower than county or township level. Effective steps have to be taken to offer admission priority to university applicants from rural high school graduates or young people working in agriculture and rural areas and financially supported by the township or rural cooperative enterprises.

4) One of the short comings in the existing Ag engineering education is that there is no chance for a young student to reselect his specialty or point of interest once he chose one at the entrance examination to the universities. A strong recommendation is to divide the 4 years if university training into two stages. Students at the junior stage will take only general science and engineering science courses and will major in a certain specialty, area or option in the senior stage after he become more familiar.

5)Still another problem quite common in the higher education in China is the low economical efficiency, usually due to providing accomodations to all students and university workers in the campus, making logistics and administration quite complicated and inefficient, with a result of high ratio of number of faculty member and university employee to the total enrollment. Recommendation has been put forth to socialize the logistics and to revise the work load system as well as the department and institution assessment system.

6)Among the most important, if not the last problem, is to keep the faculty level abreast to development in science and technology in the profession and comparable to international standard. A crucial recommendation is to establish some standing foundations of basic and applied research fund for university faculty to develop disciplines, science and technology in areas of agricultural engineering.

Concluding Remarks

1)China might not be the only country to show some general reluctance in recognizing agricultural engineering as an independent profession by the general engineering community.

A tendency toward giving up ground by the agricultural engineering profession to the general engineering professions as the rural area becomes more developed can also be observed in some industrialized countries.

For the agricultural engineering profession is to keep her ground, the discipline of agricultural engineering is to be established on a more solid foundation and to be developed more effectively. An unique while promising objective area of study of agricultural engineering might be:

The interactions between agricultural biological systems (may include organism in groups, as individuals or inside organs and tissues, produce materials as well as environmental substances) and the engineering means (physico-chemical-biological), with the purpose of producing informations helpful in devising effective way (to promote, measure or control biological growth, materials transformation, quality change, energy transition and the key environmental factors) and useful in optimizing operational plans, melioration schemes or engineering project designs taking into consideration of the proper system (which might include also natural forces, natural energy supplied, natural resources, biological technics applied, chemical applications, economical interests and social impacts etc(Fig.2).

For Chinese conditions, areas worthwhile to explore and subdisciplines to be developed might be:

(1) Dynamic interrelations in the system of soil-organism-meteoric factors and human interference—the ecological engineering.

(2)Dynamic interrelations in the system of organism (live stock, plant, microorganism, post harvesting materials, ag produce) and environment—the ag environment engineering.

(3)Dynamic interrelations in the physiological process of organism (animal, plant, microorganism) with human interference—physiological engineering, ergonomics, bionics.

(4)Dynamic interrelations in the system of soil-water-plant-machine (or structure)-soil dynamics for irrigation-drainage-melioration, tillage, earth work, land locomotion, conservation.

(5)Renewable energy engineering.

(6)Renewable material resource engineering.

(7)Agricultural technical measurement, data processing, computer application and automation—agricultural information and automation engineering.

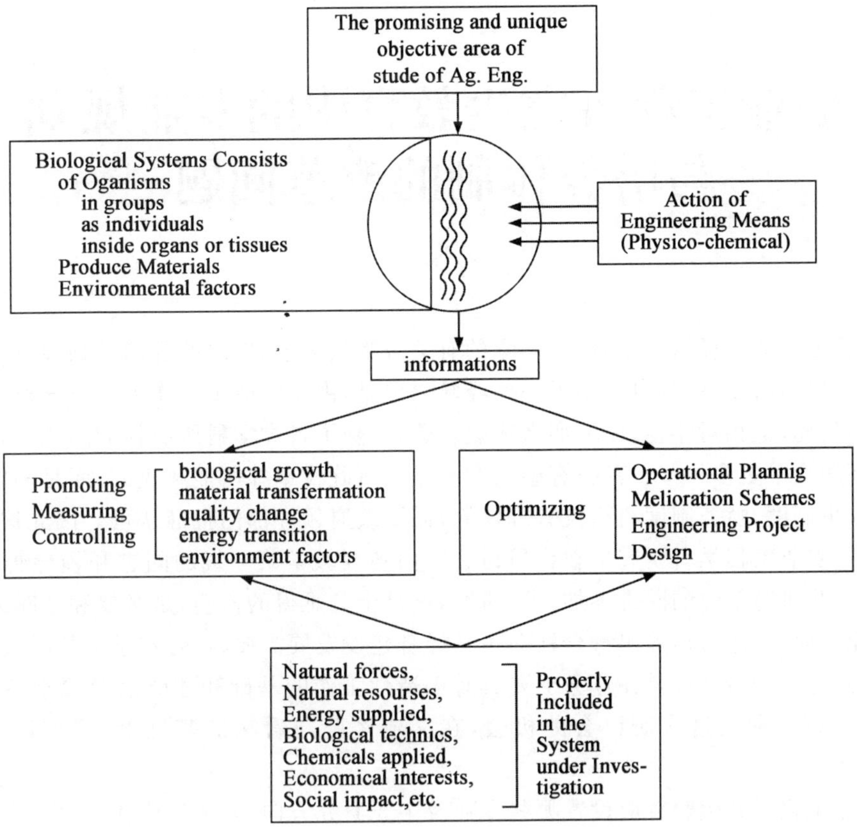

Figure 2.

(8) Agricultural system engineering and management eng.

2) According to Chinese experiences, the pattern of agricultural engineering education is stipulated by the pattern of Ag mechanization as well as the pattern of Ag engineering development. The pattern of agricultural mechanization actually covers an appropriate combination of technology in a whole range from field machinery, water pumping, transportation to food and feed processing machinery while the pattern of agricultural engineering development actually covers an appropriate combination of technology in a whole range from mechanization, building construction, water management, rural electrification to various rural industries.

3) International cooperation whether in basic research, in discipline development, in advanced degree especially the D. Eng degree program development or various exchanges among agricultural engineering college will undoubtly bring benefits to all parties concerned and will be welcome from the side of my Chinese college.

Literature Cited

China Statistics Year Book, 1983, Published by the State Statistics Bureau

农业工程研究生教育中的专业规划与培养体制的改革问题*

曾德超

近几年来，我国农业工程研究生教育，在党的有关政策鼓舞下，在政府部门的领导下，经过各校的努力，有了较快的发展，各校也都各自积累了一些经验。但是，由于农业工程作为一门学科，与农业生物学科或传统工程学科比，都相对年轻，还不那么成熟。这样，除了各类学科所面临的问题外，农业工程学科研究生教育的问题似乎更多一些。其中有些问题不是一所院校单独所能解决的，而是需要协同配合；有些问题则涉及人事制度、财务制度与高校管理体制，需要政府领导部门批准认可。因此这次农牧渔业部教育司主持召开"农业工程学科研究生教育研讨会"，由各校教学第一线的同志和领导管理部门的同志一起，并特邀了一些研究单位的同志参加共同研究，这是十分难得的机会，是必要和适时的。

首先在专业方向上，能否培养出符合社会主义经济建设发展需要、符合本学科科学技术发展的人才是研究生教育的首要问题；其次是在业务上要具有创造性工作的基础和才能以及探索精神、品格、毅力和组织能力等。因此，利用这次研讨会的机会，在交流经验与看法的基础上，着重讨论两方面的问题。即：

(1)我国农业工程研究生教育应设置哪些专业及主要研究方向，才能适应我国(大)农业现代化和农村经济发展需要；应如何规划、部署和搞好学科建设。

(2)研究生教育体制应如何改革，才能有利于培养创造型人才。

这两方面问题涉及的因素都很复杂，不是一蹴而就的；估计有些问题可能看法一致的，可以大体上定下来；有些问题，一时看不清，亦可为进一步探讨奠定基础；总之对今后工作的进展都是有利的。

一、农业工程研究生专业的研究方向与学科建设

专业及研究方向的开拓以及学科的建设需要一个较长的时间。缺乏远见、对社会需求不敏感等，都会给社会主义建设带来无形的，然而都是巨大的影响。过去这方面的教训是不少的。譬如：在长期的农业机械化技术发展中，只重视了田间作业的机械化，忽略了收获后的作物、水果、蔬菜、动物产品的品质保持、减少损失、提高产品价值、物理特性的测定与评定、副产品的利用等重要环节；在大力推行农业机械化的同时，即在农业和农村中推行一次以机电动力为标志的产业革命的同时，却忽视了农业和农村交通运输技术及一整套基础设施的发展，忽视了农村工商业、服务业的相应发展；在大力进行水利工程建设的同时，却忽视了在我国自然条件下水土、植物关系的研究和田间排水技术的开发及水资源系统在水量和水质上的优化规划与经营管理等等。经济上的损失是巨大的，时间上的损失是影响深远的。另一方面，当前国际上农业工程科技界，已广泛开始在各种大农业生产过程中，在农场与农业工业(饲料、食品等)中，以及在农学和生物学的测试中，开发计算机程序控制技术，进行了农业机器人及人工智能的探索；开始了为配合和迎接生物技术发展并转化为生产力的生物工程领域的探索，面向农业资源尚待开发的人口众多的第三世界的农业工程适用技术的开发和贸易市场的研究等等。对国际上这些新动向，我们如何对待？也是必须考虑，无法回避的。不言而喻，发展学科，窥测研究方向，是每位科学技术工作者都会关心的。发展一门学科，其内涵往往是较为广泛的，但是，通过发展研究生专业及研究方向，是一个

---

* 本文出处：高等农业教育增刊，1985 年 9 月

国家发展一类学科的最重要途径之一。因为一个研究方向的发展，包含了对该领域研究的现状与趋势的较充分了解与归纳、有关基础学科与技术的掌握、实验室的建立、资料文献与情报的积累，研究与技术力量的结集与形成、研究经验的初步积累等等。为了发展某一分支学科或研究方向，在人力、物力、财力上支持高等院校、科研单位或有条件的科研小组的研究生培养教育工作，是比较明智的作法。

近几年来，各院校都发展了一些新的研究方向，但总的来看，存在着长线的越长，短线或空白的仍属短线或空白的现象。这种现象继续下去，不利于社会的技术和经济发展。这是由于过去专业的过于集中和基础过窄；以及教育体制一些环节僵化，不利于人才的流动、不利于学科间的合作研究、不利于多学科研究的开展等原因所致。如北京农业机械化学院迄今为止，研究生的研究方向主要集中在农机与农业机械化及电气化专业。全国其他学校也多是这样。这种长线越来越长，短线越来越短的现象应尽快加以改变。

为了便于比较，我将北京农机学院现设的研究生方向与 1984 年度美国密执安州立大学的农业工程系的比较归纳如附表，同时提出了我国规划的一个初步设想（见附表），主要目的是抛砖引玉，便于讨论。讨论的结果将产生集体创作的规划设想，供今后工作参考。

二、研究生教育体制的改革问题

研究生管理体制的各环节应有利于学科发展，尤其是有利于薄弱、空白学科的发展；有利于学科之间的协调和多学科综合研究的开展；有利于力量的机动组合和教学，科研、试制、试验、推广、资料、论文的发表、出版等工作的顺利开展；有利于从全国挑选最优秀的学生来进行培养，以及挑选专长最合适的教师进行指导或辅导；有利于培养开创型人才和全面发展的人才等等。但目前的情况却不是这样的。拿北京农机学院来说，有的教研室，知识结构上青黄不接，辅助人员不配套，教研室之间各自的业务范围互不侵犯，教学科研后勤薄弱，许多工作组织不起来，结果个人很忙（工作或学习），集体却出活不多。投入多、产出少，效率极低。如要彻底改进，我认为有几个问题需要考虑。

（1）能否利用老学科分支的指导力量上马培养新学科分支的研究生？可能的办法是：

①招收相近专业的学生来培养。

②到外校或外系选学必要基础课，在老教师指导下进行边缘课题研究。

③在老学科分支毕业，而派到新学科分支任教和开展研究，然后再进一步争取新学科分支学位授予权。

（2）究竟是沿传统的做法，即采取留大学本科毕业生当助教，然后牺牲当前的工作，让他们准备考研究生或自学进修研究生课程，把希望寄托在等候这些同志将来学出来后再抓工作，这种当前流行的作法，抑是采用国际上的教学组织方式，允许研究生承担部分（1/4、1/2、3/4）助教职务，而延长修业期限，或正式规定脱产研究生每人必须完成一定的教学科研辅助工作份额，将之作为学位要求的一部分，或招收在职研究生并根据担负的教学工作情况来安排年限。教研室或系里可组织共同的试验、试制、采购小组及仪器室，为各教师服务。教研室教授、副教授可以独自或自愿在室内外、系内外、院内外联合承担课程、研究课题或承担技术推广及咨询任务，并可根据所承担课题经费情况，在系，室里原有人员中出资聘请所需要或退回已不需要的技术工作人员。

（3）改进完善招生制度，以求能从各院校招到真正比较有才华、有培养前途的优秀大学毕业生，以供挑选；扩大能报考的专业面，即邻近专业的毕业生亦可报考，入学后补修必要的课程；考试课目，可按考生原学专业来考虑。录取不光凭入学考试成绩，还需考察平时学习、实习、毕业设计的成绩及原学校的推荐情况。在满足学位要求的前提下，学生可以在适当范围内自由选课；对学习、能力明显较差的，采取淘汰制，至少不保证每人毕业过关。对博士生的挑选，可以采取具体了解硕士阶段的表现，经指导教师推荐，在校内外的硕士生中遴选，经考试（笔试和口试）后录取；博士论文通过与否，与其有无创造性工作的成果有关。

(4)改进学位要求的规定,使学位课程能体现打下专业理论和实验技术的基础,包括研究方向的专业理论课和学科发展现状与趋向课;并要求扩大知识面,鼓励参加系里、校里、校外的活动,以扩展见识,培养能力。

(5)应该重视博士生指导委员会的人选。美国密执安州立大学规定要有非本专业教师和非工科的教师参加指导委员会。博士生课程修完后的综合考试,由指导委员会每位成员出题,口试亦要由每位教师签字。应具体规定指导教师每年对学生的学习作出评价,包括:学习成绩、专题或论文的进展、分析能力、选题能力、对所选课题主动进行分析的能力,执行研究计划的能力、口头表达能力与写作能力等等。

附表　农业工程类研究生专业与研究方向的规划意见

专业	研究方向
北京农业机械化学院　1985年9月	
农机工程	土壤—植物—机器动力学　播种、施肥、植保精密作业及其机械　谷物收获及加工、清选机械　耕作机械　拖拉机快速诊断技术　挤奶机械　水泵、水轮机　喷灌机械　拖拉机及农用车辆　地面机器系统力学　人体工程　中小型柴油机　强度、疲劳与振动　机械工程材料与加工工艺　齿轮传动　计算机辅助设计　工程图学　液压控制
农业机械化	系统工程在农机、农业上的应用　农业生产结构合理规划　农业机组配套与合理使用　人力与人力机械关系　畜牧机械化　农业生物环境工程　农业能源　机械维修工程基础研究
农建与环境工程	灌溉水质与灌溉水资源
农产品加工	面粉及饲料加工机械
电子与电力系统	计算机应用　电子自动化技术　农业电力工程　电气安全技术　电能在农畜业中的应用　微处理机应用　数据库技术　激光检测技术
数学	应用数学
美国密执安州立大学　1985年9月	
动力与机具	动力与机具　农业化学品的施用　收获　人体工程　农业物料物理特性　液压控制与液力传动　有限元　相似理论　新产品计划
机械化(农业工程技术)	水果机械化、水果系统　蔬菜机械化、蔬菜系统　作物生产过程的建模　收获与机械化　农业系统的适用技术　饲料收获系统　国际计划　应用气象和气候学　农业安全　系统工程
水土工程	水力学、水文　植物与水的关系　水土流失控制　国际水管理、水管理、灌溉网络分析　灌溉、排水、农业水资源、土与水资料系统　滴灌　灌溉计算程序　土壤耕作　遥感
建筑与环境	养禽设备与环境　环境系统工程　禽养建筑　农业废物管理与搬运系统　建筑中的能源利用　建造成本、建房规划　环境规划与管理　建筑材料、建筑管理　住宅与商业建筑计划　农业污染控制
食品工程	热力学与传热　食品工程　农产品、非牛顿流体中的热传递　结晶、沉淀、溶液化学　物理化学动力学　食品功能(functionel)与品质改变　蛋白与淀粉的压挤　农产品加工、贮存、干燥与搬运的流变性质　流体与固体中的传质　食品工程中数学模型和模拟　聚合动力学、聚合物的挥发　食品工程与发酵
农业电气化、自动化与计算机应用	电子学　微处理机应用　人工智能　电力与系统　农业机器人　计算机在农业中的应用　计算机制图、CAD　传感器　农业研究中的仪器与仪表　电工技术　游离电压技术
农业能源与生物工程	农业能源　生物工程
房屋建筑管理	建筑管理　建房规划　建造成本　房产的财务与投资
农业工程教育	农业工程教育　职业与道德　计划与组织　农业机工训练

续附表

专业	研究方向
规划意见	
农业机械设计与制造	农用动力与节能及代用燃料　拖拉机与农用车辆　土机关系与土工、耕种机械及地面驱动　收获与初步加工及干燥机械　牲畜舍养及水产养殖机械与设备　饲料加工与食品机械　农业物料物理特性　可再生能源机械与冷藏设备　农机强度、人体工程　机械材料与加工工艺　液压控制与传动　计算机辅助设计
农业机械化	栽培机械系统　草原生产工程　果树生产工程、园艺生产工程　畜禽生产工程　植林工程　水产养殖工程　农业运输　修理技术与管理　机器管理与运用　农村适用技术　发展中国家农业机械化战略　农机化技术经济与发展战略　农业机工训练　生产系统的建模、模拟与优化
水土工程	国土规划与利用　土地改良　水土保持　灌溉、喷滴灌与排水　水资源管理与水质　遥感与土地测量　水土建筑　土壤、水分与植物关系　灌溉系统的计算机程序控制
建筑与环境	乡镇规划　乡镇房屋与轻型工商业房屋与农业生产性建筑　塑料大棚与温室　植物环境控制　动物环境控制　建筑材料　农村给水与污水处理　农业污染控制　农业废物处理　畜禽舍建筑　建筑中的能源利用　农村给水、供暖与污水处理　农业废弃物管理与搬运
食品工程	水果、蔬菜的保鲜与上市系统　饲料工业生产技术　粮、油、食品技术与开发　乳制品技术与开发　农产品的传热、传质　流变学及其应用　发酵过程　食品质量、卫生与包装　食堂现代化　成本财务与投资
农业电气化、自动化与计算机应用	农村电力系统、小水电、小电站　农业及生物学研究中的仪器与仪表　计算机应用　计算机制图　农电保安技术　微处理机应用　传感技术开发　农业机器人　数据库与信息系统
农业能源与生物工程	沼气　生物质能　太阳能利用　风能利用　热能利用　农村能源系统　生物物理量测量技术　生物工程　仿生学
乡镇农工企业管理工程	农业工程管理　房屋建筑管理　土地管理　水资源管理　大型农业、农村工程项目管理　农业系统工程　农电系统管理
农业工程教育	中技教育学　农村技工教育学　计算机技术普及问题　职业道德　电工、电子技工训练　机工、管工、木工、泥水工的训练

我国农业工程学科优先发展的领域、内容和技术关键的商榷*

曾德超

提要 本文阐明：农业工程作为一门与机械、土木、水利、化工、电气等传统工程学科并列的学科，其主要研究对象是农业生物及其环境因素与工程手段，物理手段之间在生态、环境以及在细胞、组织、器官、系统、个体、群里的生理生化等不同水平上的相互关系。借助于查明这些关系，以发展影响测量和控制生物生长，生物质的品质转化及其环境因素的有效方法，以及发展对包括自然力、资源、能源、生物措施、化学措施和经济因素在内的整个系统来说属于经济、高效的工程措施和统筹规划及综合整治措施。本文根据我国农业的基本条件和基本工作，提出应该优先研究、发展的农业工程的学科分支和关键技术。

一、我国农业的基本条件和基本工作

我国地广，人多、山地多，人均耕地少；生物品种资源丰富；水资源数量大，人均数量少，地区季节间变化大；土、热、水条件的配合不够协调，有利有弊；低代价即可利用的农业资源人均较少；且交通不发达，基础设施薄弱。

在这样的条件下，由于生活的迫切需要和认识的不足，我国农业资源的利用，多年来在不同程度上采取了掠夺性的经营方式：盲目毁林弃牧，盲目围湖围海开垦，林业过量采伐，草原超载过牧，渔业酷渔滥捕。从而严重破坏了生态平衡，促使资源衰退，形成了农业上的恶性循环。全国水土流失严重；土地沙漠化增加；草场退化；耕地土质恶化，肥力衰退；地面水利用率低，水质变劣，地下水利用中布井过密，开采过量，水质污染。此外，就全国而言，主要是搞种植业，其他如养殖、林果、蔬菜和农副水产品粗，深加工等比例都很小。

多年来由于这种经营，致使我国目前农业劳动生产率和商品率都比较低；抗御自然灾害的能力薄弱，水旱灾害频繁；建国以来的三十年中，平均每年受灾面积达 4.2 亿亩，占耕地面积的 28%。

粮食生产在较长时间内仍将是我国农业的核心问题。人多耕地少仍将是我国农业一个基本状况。这就规定了我国种植业的集约经营、精耕细作和重视全面提高单产的途径。今后，我国农业的生产建设，根据农业主管部门的说法，需要在坚决控制人口增加的基础上，抓紧如下几项基本工作：

(1)保护和合理利用各种农业资源：生物品种资源，耕地，林牧，草地，养殖水面，水资源(水源和水质)等。

(2)生态建设，保护环境：改变掠夺性经营，变农业生产的恶性循环为良性循环。

(3)进行农业基本建设，改善农业生产条件：种树种草，兴修水利，防止水土流失，防止土质恶化，提高土壤肥力。

(4)合理安排农业生产布局和生产结构，提高农业生产的专业化，社会化，商品化程度，充分利用品种资源，提高支农工业产品的投入量，改革生产工具。

(5)实行科学种田。

---

* 本文出处：农业工程学报，1985 年 3 月，第 1 期

(6)发展农林牧副渔大农业，重视畜牧、养殖、林果、蔬菜以及农村交通运输，能源、副业的发展，建立饲料工业、食品工业，开发农产品、副产品、废弃物的深度加工与综合利用。

(7)协调农村的全面建设，推进农业的工业化、农村的城镇化，健全相应的基础设施，开辟新的生产部门，建立新产业。

完成这些工作要靠政策，靠科学，要靠精明的投资和经营策略以及科学管理。既要采取先进的生物措施，经济管理措施，也要采取工程措施。而在农业生产建设的每个环节中，工程措施都是必不可少的支柱之一。

二、过去农业中工程措施经济效益不高的一个原因是农业工程科技工作薄弱

过去农业工程措施的经济效益低，原因是多方面的。除了“大锅饭”、官办，不走大力发展商品经济的道路等这些共同因素之外，我国按专业管理，“部门所有”的经济建设体制，由于环节的不完善，业务部门往往重视大工程，忽视分散的，规模较小的，甚至是面广量大的那些直接为农业服务的工程，这也是一个原因。比如农机部门重视主机，忽视配套农具及小型农具；水利部门重视大型排灌枢纽工程，忽视田间配套工程；建筑部门重视大城市、大建筑，忽视农业生产性及农村民用建筑；电力部门重视大电网，忽视负荷密度低，距离远，高度分散的农村电网；农业部门也只重视生物措施，农村的交通运输、能源、通讯、服务以及农产品的保鲜、加工等工程措施，也提不到日程上来。结果农业工程措施这个领域是谁都管，但谁都不真管；这样必然影响农业工程措施本身的工程质量和效益，也影响有关大工程的配套与最终受益。此外，农业中工程措施往往比只处理非生物体的传统工程问题更为复杂，而农业又比较穷，对经济消息的要求高。这些特点通常又为传统工程的技术人员及经营管理人员所忽视；农业工程学科本身普遍得不得应有的重视与支持，因而我国农业工程科技工作十分薄弱。

在农业工程措施中，有的是将机械、土木、水利、化工、电气等传统学科的现代工程技术直接应用于农业，如水泵、内燃机、电机等；有的是由农学家提出农业技术要求与经济要求，由传统工程学科的技术人员应用传统工程学科的技术来解决，如农用汽车的车槽设计，农田水工建筑的设计以及风车、省煤灶的研制等等。有很大一部分农业工程措施，若要解决好，则需要探明当农业生物体及其环境因素受到工程手段作用时所发生的响应，以及二者之间的相互关系。在这种场合下，简单地向农学家了解农业技术要求，随即利用传统工程学科的设计方法来处理，往往不仅是远远不够的，而且还会造成失误。这类工程措施需要通过发展专门的农业工程科学技术来处理，才能达到增产，保护资源和经济效益高的目的。例如，必须研究在植被影响下的田间水分的运动规律，才能设计出最经济又合用的排水暗沟(包括它最优的大小、深度和间距等)；研究作物不同缺水强度对产量的影响，才能设计出经济、高效的灌溉设施；研究热量从作物果实外部向内和水分从里向外传输的规律，才能制定出保证产品质量的最经济的干燥工艺；研究不同风速和风向对土壤的风蚀量，不同透风度的屏障对田地表面以及风速的影响规律，降水强度和地表径流对土壤侵蚀量以及太阳辐射能、土温、水分等对土壤和植物的影响规律，才能定量地设计最经济的生态平衡综合措施体系；研究和测定土壤的应变特性，才有助于设计性能良好的在田地和公路上，甚至在月球表面及海底行走的车辆的行走装置等等。

人们一般笼统地把农业生产中的各种工程措施称为农业工程，并按工程的不同性质，分类为农业动力和机械，农田水利和水土保持，农业建筑，农业电气化，农产品加工等工程。然而，农业工程作为一门与一些传统工程学科如机械工程、土木工程、水利工程、化学工程、电气工程相并列的工程学科，虽然以这些传统工程学科为基础，与之具有许多共同的基础理论和技术手段。但是它的主要研究对象却是与传统工程学科迥然不同的。一般传统工程学科所研究的主要对象多半是机器、装置或结构，而这些机器、装置或结构的加工与服务对象主要是无生命的物质，这些物质的环境因素亦比较简单。而农业工程研究的对象则在于有生命的物质及其环境因素与工程手段、物理手段之间在生态、环境，以及在细胞组

织器官系统个体群体的生理生化等不同水平上的相互关系;只有查明这些关系,才能发展影响、测量和控制生物生长、生物物质与品质转化及其环境因素的有效方法,以及发展对包括自然力、资源、能源、生物措施、化学措施和经济因素在内的整个系统来说属于经济、高效的工程措施和统筹规划与综合整治措施。由于生物本身这个系统,不论是在结构上还是在控制、调节、动作上的系统,都非常巧妙与复杂,其环境因素一般也比较复杂。所以农业工程学科有其独特的领域,并且有边缘性、综合性和统筹性的特点。虽然现代生物学科已越来越多地利用数学、物理、化学以及工程与经济手段于其本身的研究与开发,但农业生物学科与农业工程学科所包括的范围毕竟是不同的。农业工程往往涉及大规模的作业,以及应用机电动力和各种能源来经济、高效地完成这些作业。

过去,正是由于对农业工程学科的边缘性、综合性与统筹性这样一些性质认识不清,作为一门一级工程学科的地位没有得到承认和重视,在这个边缘领域里的研究与开发工作十分薄弱,因而它的重要作用没有得到发挥。许多本来涉及农业工程的问题,往往不是粗暴地以传统工程学科的手段来代替,就是简单地以单纯生物措施去顶换。三十年来水利工程中重视大工程而忽视田间配套工程,造成次生盐渍化;一整套拖拉机和农机具长期停留在照抄,引进样机阶段,造成巨大的浪费;农产品保鲜、贮运与加工和饲料加工的技术落后,导致"第二农业"未能充分开发,以及农业可再生能源、可再生资源未能得到充分开发利用,无形中给经济带来了巨大的损失。这些都是明显的例证。

三、我国农业基本工作所规定的农业工程学科优先开发的领域,内容和技术关键

完成由我国农业基本条件所规定的前述各项基本工作,要靠政策,靠科学,靠精明的投资与经营策略和科学管理。

从学科角度看,前面述及的农业基本工作所涉及的主要科学技术问题可归纳为:

(1)生物品种资源,杂种优势,遗传工程以及各种生物技术的开发利用。

(2)对生物的生理、生化过程及其环境因素以及生态结构施加影响,干预和控制,涉及营养成分的供应,病害的防治,生态的平衡,环境的保护,农业基本建设的发展,排灌方法与耕作、栽培、饲养、养殖方法的改良等。

(3)农产品及其副产品和废弃物等农业物料的收获、包装、保鲜、贮运、加工、深度转化处理和综合利用,品质的测定与控制以及可再生农业资源的开发。

(4)节能和农业可再生能源的开发,以供应由于农业发展而日益增长的能量消耗。

(5)自然和土地资源、社会、经济(资金、市场等)信息的调查、测定与搜集,统筹规划和设计的优化。

这些科学技术问题都在不同程度上综合地涉及生物科学、工程科学以及经济管理科学。所涉及的工程科学中,有相当一部分属于传统工程科学技术的直接应用,而关键部分却属于农业工程学科范畴。如果说上述第一项主要属于生物科学问题,第五项的社会和经济及其信息部分主要属于经济与管理科学问题,则第二、三、四项与第五项的一部分主要属于在农艺和经济要求指导下的农业工程科技问题。这些问题可概括为:

(1)土壤—植物—大气候系统的动态规律与工程措施之间的关系。以土壤、植物、气候条件中的水分、养分、温度、日照、风力等与水土保持、生态环境、土壤肥力等之间,以及它们与典型工程工艺要素之间的定量关系为主要内容。技术关键在于定量地解决(借助于简化模型与计算机实验等手段)中小流域的水土保持,生态建设,环境和资源保护、国土开发以及土地改良与利用等的生物、工程综合治理的统筹规划和优化设计。

(2)土壤—作物—小气候系统的动态规律与工程措施之间的关系。以少耕免耕,水土保持耕法、保省耕法,地膜覆盖、土壤改良剂以及灌溉排水等工程手段与小气候因素之间的定量关系为主要内容。需要解决的技术关键在于发展大幅度地增加产量的经济、简便的工程措施、综合措施、统筹规划与优化

设计。

(3)土壤—机器相互作用的规律,以田间作业和土方工程施工机械的工作部件及行走机构的形式和参数与土壤的变形、破坏和阻力间的定性、定量的关系为主要内容,主要解决适应地区条件和经济高效的行走、驱动、运输、耕种和排灌的方法及其成套农田动力和机械的改进与创制。

(4)舍养动物、工厂化(保护地、保护水面)养殖、栽植和在容器中饲养微生物,其生理发育过程与饲养和环境因素之间的动态关系,发展与生物措施相配合的经济,简便并能增产的工程措施。

(5)可再生农业能源的基础研究。查明通过叶绿体将太阳能转换成生物能,进而将植物体中的生物能转换为机械能,以作为农业再生产中的能源、尤其是作为动力能源而投入,以这样一个能源循环过程中各环节的研究为主要的内容。技术关键在于找出一个地区的既可行又经济的循环结构,以及解决该循环关键环节的与生物措施相配合的工程技术。

(6)农副产品和废弃物等农业物料的保鲜、贮运、加工、转化和品质的测量与控制以通过生物化学,农业化学以及各种物理、化学、生物的手段,将废弃的或低级的碳水化合物转化成动、植、微生物所需要的能量、初级蛋白质、高价值食品或工业原料等的"可再生农业资源工程"为主要内容。技术关键在于解决经济、高效的转化技术和流程,开发新的生产门路,开发新产业。

(7)农业生物工程领域的探索和有关技术的开发研究,包括成规模的生物防治和工程措施,动、植、微生物在组织、系统、器官、个体、群体水平上,在生理生化方面的工程干预等。

(8)电能、电子技术和电子计算机在农业、农业工业化、农村城镇化的生产、建设、控制、管理和实验测试,应用中的开拓研究。

(9)系统工程和管理科学在农业和农村全面建设和生产管理中的应用与研究。范围涉及国土的规划、改良、利用、管理,一个地区的农业生产最优化的作物布局、生产结构和全面建设规划,农业机械化、农业电气化自动化、水资源的利用和管理,农业工业化和农村城镇化的规划与管理等。技术关键在于开发出适用于典型地区、典型企业的自然、社会、经济和管理、国内外市场等信息的测定和搜集方法,数据库的建立及统筹规划方法以及经营策略和管理方针。

四、农业机械化、农业机械科技工作问题

农业工程措施与生产工具和动力的应用和改革密切相关。农村实行联产承包责任制以后,今后我国农业主要依靠农民通过资金积累来发展生产。这样,农业机械的应用必须直接带来较高的经济效益。除了农机工业改进产品质量,降低销售价格、完善技术服务,采取研究、设计、制造、销售、备件供应、维修、培训七事一贯制等之外,农业机械化和农机工业的科研部门必须研制和设计各种性能良好的包括农、林、牧、渔、副、加工、运输、能源、农业基本建设等多种经营的农机具以供应农业发展的需要。由于农业中生物措施、经济要求、工程措施和机具的研制开发紧密相关,各自最优的方案,组合起来不一定是全系统的最优化。因此,最好将农业机械化的研究、试验、推广机构和人员与农学、农业工程、农业经济等机构和人员并在一起,或坚持以多学科组成的学群为课题单位,协调成为一个地区的农业技术发展中心。

当前农业机械化,农业机械领域需要优先研究的技术关键是:研究发展出真正适用于我国各地区农情的农业机械化技术方案,包括新型机具、拖拉机、动力和代用燃料以及各种多种经营机具。

参考文献

[1]张季高.农业工程学概论.农业领导干部学习研究班教学资料,1980.
[2]高齐恩.浅谈我国农业机械化的现状和发展方向,《农业机械化研究通讯》1982 年 5 期.
[3]黄国彦.农业工程系统设计.东北农学院农机系、农业部科技局编译,1980.
[4]曾德超,黄志明,宋声鹗.农业现代化技术途径与评价尺度.北京农业机械化学院学报,1980(1).

Priority Areas, Contents and Key Problems of the Agricultural Engineering Discipline in China

Zeng Dechao

Abstract Agricultural Engineering discipline, just as any of the general engineering disciplines like mechanical engineering, civil engineering, electrical engineering, chemical engineering, management engineering etc, has its own specific and unique object area of study, namely, the interrelations between agricultural organism, produce materials, or environmental materials and the physical means as applied at engineering scale, either taking the group or an individual organism, its tissues, organs, systems of organs as target of investigation. Information from the exploration of these interrelationships will help in devising effective ways to promote, measure and control biological growth, material transformation, quality change and environmental factors. Operational planning, melioration scheme and engineering project design can then be optimized taking into consideration simultaneously the natural forces, natural resources, energy supplies, biological techniques applied, chemicals applications, economical interests and social impacts. Starting from the basic conditions of Chinese agriculture and its pressing tasks, the priority areas key problems, and subdisciplines to be established and developed are stipulated to invite discussions in this paper.

提高农业机械化经济效益的途径探讨*

曾德超

摘要 提高农业机械化项目的经济效益仍然是当前农业机械化工作中的一个中心环节。本文对此提出如下的见解:将农业机械化项目所起的政治效益、社会效益和生态效益中所不能直接作为经济收入部分,由政府补贴于明处。然后实行真实的经济核算,将农产品价格的剪刀差以及劳动力因机械化而能够转移到企业所增加的工资收入等计算在内,由政府和企业如数补贴于明处。在此基础上,发挥地方资源优势,贯彻经营责任制,精心研究将一项农业资源转变为商品在上市前后的生产过程工艺,(包括匹配的机械化半机械化工艺及工具)在经营上和技术上支援和指导农机专业户和农业各业的有机户,逐步提高其经济效益;扩大农业机械化的企业经营范围;精减行政机构,提高农业机械化政府管理和事业部门的工作效率。

一、农业机械化是农业和农村现代化不可缺少的环节;一个核心问题是如何千方百计地提高农业机械化的经济效益

在农村贯彻生产责任制、实行以农户和家庭农场为农业经营基本单位、大力发展商品经济的总形势下,由于农业生产结构、技术结构和生产规模的重新调整,农业和机械化工作也面临全面调整的局面:即具体到某一特定地区、特定作物、特定农场或农户,究竟生物措施、化肥、水利或农机各占什么位置,投资份额各如何分配,都提出了全面的重新衡量与考虑,一变过去农业机械化是农业的根本出路的认识、把1980年基本实现农业机械化定为全党全国硬性任务的做法。农业机械化已不再具有先前最优先的地位;国家拨款减少了,各级政府的农机化管理局或合并、或改为二级局;由国家拨款来办一个农业机械化转为由国家、集体、个人共同来办农业机械化等等。这个不仅对农业和农村发展十分有利,其实也由于端正了发展轨道从而也大大有利于农业机械化事业本身的大转弯,很自然地引起了农机化队伍内部、也引起了各级政府与农业、农村工作有关的某些管理计划人员的思想混乱:农业机械化这种投资大、成本高、技术难的事业,在我国,在发展中国家,还要不要搞,搞到什么程度,如何搞法?

当我们以历史透视的眼光,对近代科学技术发展史和发达国家在工业革命以来成功地发展现代化农业和农村的事例,以及我国本身的经验教训加以考察时,就不难看到,同发展商品经济一样,机械动力及能源的投入,对农业、农村现代化发展是关键的,必不可少的,也是不可替代的。近几年来,特别是前两年世界石油危机期间,国际社会上出现一些专家,这些专家主张发展中国家回去依靠人畜力,认为这才是发展中国家唯一的可能出路。我国也有要搞有机农业不要搞石油农业的主张。如果这个主张指的是必须充分利用生物措施以及必须施用适当数量的有机肥和化肥,则这个主张是不错的。如果指的是不要把机械动力和商品能源作为农业和农村各业在生产建设中的投入,那是错误的。自1778年瓦特发明蒸汽机以来的二百年间,机械动力的广泛应用对产业革命和现代高度物质文明发展的作用,毕竟是有目共睹的了。对具有广大乡土和农业人口的我国,农业和农村的现代化发展没有大量的机械动力与商品能源的投入,是绝对不可能的。

正是由于农业、农村的机械化,实质上意味着要在广大农村补行实现一次迟到的类似于欧美在十

---

* 本文出处:农业机械化发展战略学术讨论会论文,1986年10月

九、二十世纪所实现的产业革命，涉及资金的巨额积累和自然经济的逐步转变为商品经济，事实上涉及农村社会各个方面，包括交通、运输、通讯、文化、教育、培训、供应、维修、试验、推广等一整套基础设施，从而使得过程十分复杂和繁难。然而，这些内容恰恰正是农业和农村之所以堪称现代化所需要实现的、必不可少的实质性内容。

生物技术和信息技术等的迅速发展并将成为下一世代科技的突出因素和特点的此一发展趋势，只能说明今后的农业机械化工作，是与生物技术和信息技术以及其他一些新技术尽可能结合的一种农业机械化技术，而不能解释为可以避开机械化和动力能源的投入，跳越机械化阶段而进入一个没有大量动力能源投入的生物技术时代，这是非科学的，也是反唯物主义的。

我们的任务只能是在全面发展商品经济的总体局势下，计划调节与市场调节相结合，在经营管理上和技术上，千方百计地研究提高农业机械化的经济效益。

二、农业机械化经济效益的计算方法

农业机械化可以带来经济效益，也可以具有政治效益、社会效益或生态效益。例如：苏联以拖拉机站作为巩固集体农庄的杠杆，我国的机械化边防军垦，都曾在一定成分上以政治效果作为经济投入的目的，即所谓政治账。近年来，在一些乡镇工业发达地区，农业机械化作为所需劳力能够转移的因素，发挥有良好的社会效益。至于借机械化手段来实现大面积的种树种草，(如飞机播种、喷药)在水土保持、防障风沙、美化山河环境等方面发挥有生态效益。事实上，除了直接经济效益，农业机械化往往都在不同程度上同时含有一定的政治、社会或生态效益。但是这些政治、社会、生态效益，往往难以确立与经济效益之间的当量换算标准，因而农业机械化的总的效益，是很难于以货币为单位的形式来数量化的。结果只有直接的经济效益才是能直接收回的，其余是不能或近期不能直接收回的。农业机械化于是往往是笔糊涂不清的账。后果之一是形成这样的印象：农业机械化事业投资大，成本高，经济效益低。后果之二，政府对农业机械化的投资，分不清多少是属于公益、救济、慈善类型而并不希望回收的开支，多少是属于必须以最高利润，最高资金周转率回收的经济投资。

至于经济效益本身的计算，由于农业机械化所参与生产的农产品，目前是在政府硬性规定的工农产品剪刀差的价格下出售的，不是按消耗的平均社会劳动量定价值，也不是按粮食这种特殊商品对市场供求情况极其敏感的价格下出售的，用这样的售价计算农产品生产以及农业机械化的投入产出，只能提供一个受到歪曲的、不公正的图像。日本农民买一马力的拖拉机只需付出五、六百斤稻谷，而我国农民则须付出二千五百斤至三千斤，这足以说明一些问题。

农业、农村发展是一个资金不断得到积累，生产不断得到再扩大的过程，这样就要求每个企业、每个农场、农户，每个农业机械化项目也不例外，都尽可能做到投资少、利润大、回收快，使得整个农村经济处在启动与腾飞的状态，才可能达到振兴经济的目的。这也就要求每个企业，每个农场、农户，每个农业机械化项目，进行精细的经济核算，按照经济规律来进行经营和行动。然而当前农场、农户和农业机械化项目的经营在经济核算上是含混不清的。这样，不论是个人、集体或国家的农业、农业机械化经营者或是各级政府的农业机械化部门，在工作中都会带来盲目性，使得提高经济效益，提高各级政府管理部门的工作效率缺乏基础。因此，有必要正确处理、解决、和统一农业和农业机械化的经济核算方法。为此，提出如下意见供商榷：

(1)在农业机械化项目的经济核算中，将不能直接形成经济收入的那部分政治、社会、生态效益不予计算在内；对含有政治、社会、生态效益的项目，由政府作为事业费、公益费、或救济费，加予补助于明处。

能直接形成经济效益的收入，应按实际价值来核算。譬如，由于农业机械化后腾出劳力支持乡办企业，使得乡办企业由于获得廉价劳动力而创高利润，然后任意拿出一笔钱“以工补农”，这对农业机械化本身的经济核算就很难核算清楚。应该将由于农业机械化所腾出的劳力在乡镇企业中、理论上应得的工资如实计算在农业机械化项目的成本核算之内，并加予支付。如此等等。

(2)将政府因农产品价格的剪刀差而实行的粮食等农产品的价格补贴，应以适当的形式直接补偿到农业和农业机械化生产和经营基层单位，如补贴、免减税金、各种优惠与优先、信贷等等。然后按照实际价格进行农业机械化项目的成本核算。

三、提高农业机械化项目经济效益的一些经营管理上和技术上的途径

我们认为在进行真实的经济成本核算的基础上，把账算在明处，才有可能创造性地寻求提高经济效益、改进行政效率和工作效率的途径。我们也认为在现阶段也只有在发展商品经济的全局里，在实行真正的生产责任制、经营责任制的前提下，按照经营规律发展经济，才有可能在全社会范围内提高经济效益和行政效益、工作效益。由于农业机械化的工作项目一部分是与其他措施在一起，如化肥，良种等等，共同参与农产品及其加工产品的生产，才能生产出提供出售的产品的；而另一部分则可以以服务的形式作为"商品"出售，如农机专业户的代耕收费或运输按吨公里收费等。因此，可以考虑从如下一些方面来提高农业机械化的经济效益：

(1)将技术开发工作、市场开发工作以及资金投放集中于从本地区资源优势上来看是有前途的几个拳头农产品或这些农产品的加工产品，精心研究这些商品在上市前上市后的生产和销售的过程工艺，包括机械化工艺。只有规模适当、工艺流程匹配合理、机械化半机械化程度适宜的生产和销售过程工艺，才有可能创造利润，建立可靠市场。

从这个意义上看，过去在高等学校农业机械化专业开设的农机运用学课程，应从侧重研究田间工艺扩展到同时研究机械化半机械化在大农业的各业生产中以及产品加工与流通中的工艺通性原则。这与当前国际上出现的"农业生产工艺工程"(Agricultural Production Engineering)思想有所吻合。

(2)在经营管理方法上和技术上扶持农机专业户和有机农户，协助他们解决耕地联片，扩展作业项目，提高机具利用率等问题。

(3)支持和组织本地区旱地农业(含种草种树)、节水灌溉农业以及沼泽地区开发利用的机械化土壤耕作方法的试验研究；结合本地区情况加强代燃油和再生能源的试验研究。

(4)扩大农业机械化事业中的企业经营成分，办好农业机械化的事业单位，精简农业机械化的行政机构，提高行政效率、工作效率。

参加第11届国际农业工程学术大会及国际农业工程学会(CIGR)管理委员会情况*

曾德超

经中国农业机械、农业工程学会联合会研究决定，由我代表刘江同志前往都柏林参加第11届国际农业工程学术大会。这是我国第一次作为国际农业工程学会(CIGR)的国家会员参加会议。本届会议计划包括两方面内容：一是对农业工程的全面领域进行科技进展的检阅、学术交流、业务探讨；一是举行管理委员会会议和大会，修改会章、选举和讨论通过有关会务事项。大会于9月4日至8日举行，我于9月2日离京前往，准时到达。大会从4日上午开始，至7日下午结束，8日组织技术参观一天。会后，受英国西尔索农业工程学院邀请，在英国进行了学术访问一周；随后受西德农业科研中心技术研究所的邀请，又在西德进行学术访问一周，9月24日离开法兰克福返回北京。

现将参加CIGR会议情况汇报如下。

一、关于CIGR的会务情况

(一)情况

四天的会议基本上分两条线进行：学术讨论和会务讨论。学术讨论从开幕式开始，包括大会学术报告和分组论文宣读，录像放演(与会者报告研究结果的一种形式)，专题讨论会，技术参观等。会务讨论包括CIGR管理委员会会议，理事会会议，专业组理事会会议，以及会务大会讨论和以会务为主的闭幕式等。由于五个专业组的理事会差不多是同一时间召开的(每组最多1.5小时)，而且新的专业组理事会的新人选是在最后闭幕式上才正式通过和宣布的，各专业组的新理事会实质上没有时间开会，大多相约以后找时间召开。这样，我原打算每个专业组的理事会开会时出席旁听以便了解情况的打算，基本上没有实现。在会务方面我主要参加了两次每次1.5小时的管理委员会，参加了共2.5小时的大会会务讨论和闭幕式，以及在会外与CIGR新上任主席、秘书长、个别专业组长接触与交谈。

这次(第38次)管理委员会的主要议题是审议提交大会通过的会章修改草案以及换届选举的候选人名单，包括主席、第一副主席、秘书长、各专业组的组长、副组长及秘书等。这次参加管理委员会的应有27个国家的联合会代表和6个国家的个人代表，但有的没有参加，有人列席(如荷兰老资格的Moen教授等)，其中中、日是第一次参加。美国参加的是接替Butt的专任常务副会长Roger Castenson。除了中、日、美、以色列、新西兰之外，其他都是东、西、北欧和非洲的国家。加拿大、澳大利亚只有个人会员参加。跨学会的团体会员这次没有听说有参加的。主席、第一副主席、秘书长及专业组理事会成员(主席，第一、第二副主席，秘书，及理事5人)的候选名单，国家会员、个人会员、专业组理事会和跨学会的个人或团体会员都可以提出书面意见，由CIGR理事会汇总，向管理委员会提出，通过对个别提名或成批提名进行投票，作出抉择，然后向大会提出最后候选名单。而各会员国的票数是按参加活动的会员数目、亦即交纳会费数目而定的。我国4票，美国以前最多，这次发现，他们也只留下6票。

这届大会时值上一任主席、第一副主席任期已满，按照会章，不得连任。同时按照CIGR过去的习

* 本文出处：农业工程学报，1989年，第5卷第4期

惯，由管理委员会提出上一任第一副主席都柏林学院农业和食品工程系系主任 P. Mcnutty 教授作为主席候选人，并经 38 次管理委员会的酝酿，提出上届第五专业组的理事会成员、意大利米兰大学农业工程研究所所长、M. G. Pettizzi 教授作为第一副主席候选人。这个候选人名单获得了这次管理委员会的投票通过。

秘书长的职位是实质性的职位，秘书长的工作地点即为 CIGR 总部的地址。这次秘书长之职的竞选比较热烈。候选人最后有两位，一是比利时农业工程研究所副所长、比利时促进计算机在农业园艺中应用协会主席 Jan Daetemans 博士，一是法国农业（与环境）工程研究所（CEMAGKEF）所长、顾问 R. Dougtas Jean 博士。每个人的个人履历及声明谋求秘书长职位的信，事先印发给各国，并在这次管理会上登台亮相，说明当选后的施政方针以及所在单位如何保证用作 CIGR 总部所需的办公室与有关通讯设备。经过质疑，投票结果选定比利时的 Dr. Daetemans 作为候选人，提交大会通过。CIGR 的秘书处多年来设在法国，CIGR 多少有受法国把持之嫌，这次在下面就有人串通主张将秘书处从法国迁出。还有人主张以后秘书长由各国轮流当，不要连任。结果比利时当选为候选人。其胜利的另一个因素是 Daetemans 会荷、法、英、德四国语言，而 Dongtas Jean 只会法、英，而会上有人用英语同他交谈时他比较勉强。在这次管理委员会上没有分发有关新当选主席、第一副主席和各专业组理事长副理事长秘书和理事的有关材料，显然事前已经过多次酝酿。在通过专业组理事成员候选名单时，苏联的 Marchenko（苏农机化所的系主任，全苏农业工程委员会秘书长，副博士。苏农业工程委员会一相当于学会在 CIGR 管理委员会的代表是 Runov 教授，全苏农业科学院通讯院士。Marchenko 能讲英语，其他苏联人则很少讲）提出了异议：候选名单中第三专业组的主席为瑞典的 Nitsson，Marchenko 为第一副主席。专业组讨论提名主席时，Nitsson 和 Marchenko 两个都有人提，他现在提出是谁作出决定、根据什么理由把他列为第一副主席。专业组的秘书企图解释，但这类事显然难以说清抉择的依据。冷了一会场，当主席的 Lechoczky 只好问 Marchenko 这样的安排能不能接受，当然 Marchenko 只好认可。

在管理委员会上候选人名单花的时间最长，其次是修改的会章草案。会章原规定 CIGR 的主席和第一副主席和修改会章等一些重大事情须在学术大会上选举通过，这可能是表示隆重的意思。CIGR 过去习惯是每 5 年召开一次全国性学术大会，而秘书长任期都规定为 4 年，各专业组理事会成员的任期亦是 4 年，而每 2 年须改选 50%，这样显然时间上就不顺。在管理委员会的讨论中，美国的 Gastenson 提出主席第一副主席不必在全球性学术大会上选举通过，亦有人提议将大会改为每 4～6 年举行一次，以便同秘书长和专业组改选同步。由于时间有限，在大会上大家同意对修改的会章基本上通过，而涉及会上所提出的各项细节，责成 CIGR 理事会会后进行定稿。有人建议 CIGR 除了原来的 5 个专业组（第一组水土利用，第二组农业建筑，第三组农业机械化，第四组电与能源，第五组管理与人机关系）之外，另增设一食品工程专业组，这个建议获得一致的通过。

管理委员会还根据 CIGR 理事会的建议，订于 1990 年 2 月 12～13 日在比利时召开第 39 次管理委员会以便及时处理换届后的许多新情况。同时同意第四专业组 1990 年 4 月在匈牙利召开专业组会议等。

在闭幕式上，由 CIGR 上任秘书长 Cartier 作上届任期工作报告，授予 Lechoczky 和 Carter 名誉会长证书，授予几个卸任专业组组长名誉副会长证书。然后通过中国和日本入会，选举通过下任主席、第一副主席、秘书长及理事会名单，各专业组理事会组成，原则上通过修改的会章，通过成立第六专业组食品工程组。最后由新当选主席爱尔兰的 Mcnulty 和第一副主席意大利的 Pettizzi 作施政报告。Pettizzi 讲话主要是表态较短，Mcnulty 则提出下任的工作纲要：①改进 CIGR 的消息通讯（News letter），②加强与农学学会的合作，③促进区域性工作会议，比如欧洲共同体的农业工程工作讨论，90 年代的农业工程教学计划的讨论等等，④促进发展中国家区域性资源开发科技的发展，⑤组织有机农业的机械化讨论会,⑥从现有的32～33个会员国扩大CIGR的会员组成,⑦定于1990年9月12～13日开下届管理委员会,⑧接受第一副主席所在国——意大利于1994年在米兰召开第12届世界农业工程学术大会的申请并组织好下届大会。1994以后的再下一届(即1999年)的大会,挪威和摩洛哥已提出申请,还要进一步酝酿。最后对新成立的食品工程专业组表示祝贺,对前任主席、秘书长表示感谢,对全体出席人员表示感谢,对自己的当选作了尽力于职守的表态。

在这次大会原东道主、组织委员会主席、都柏林农业和食品工程系的Carvitl教授简要讲话后,Lechoczky宣布闭幕。

(二)建议

为了充分利用CIGR,有助于我国农业工程科技发展,建议学会联合会考虑抓如下工作:

(1)对Mcnulty要办好CIGR通讯(News letter)给予支持,可考虑将我国及各省学会召开有关农业工程的学术会议、讨论会的名称时间地址及时给他们提供,声明欢迎各国有关同行个人或团体前来参加。写信建议CIGR《通讯》编辑部收集各国召开的国内及国际有关农业工程的学术会议的消息,并在我国会讯上转登,让我国同行知道。如有可能,进一步发展我国通过CIGR与各专业组及各国农业工程学会交换各种学术会议的论文集(我可供给他们中文本)。

(2)通知各专业通讯员,考虑提出在我国召开的专题讨论会、研究会的建议。

附:新当选各专业组理事会成员名单(英文)

二、关于CIGR学术会议情况

CIGR学术大会以爱尔兰农业与粮食部长M. O'kennedy的开幕词为开端,每天开始有一个45～50分钟的大会报告,然后分四个组进行。分组报告每人讲及答问共10分钟,每晚上有1.5小时的录像汇报,每人计划放演10分钟,任何人均可参加放演,也可以自由参加观看,用录像的方式交流工作成果。亦有讨论会,讨论会有事前组织好的,也有临时组织的。这次事前组织的讨论会有:农村建筑的木结构,农村建筑中能的利用和气候控制,欧洲共同体农业工程本科教学计划的讨论等等。

O'kennedy的报告,主要介绍了爱尔兰的农业情况,爱尔兰的农业人口占20%,农产品占出口的25%,农业占有国民经济的重要份额。对CIGR学术会议在爱尔兰召开认为是合适的,并表示欢迎。开幕词后,由Lehoczky赠发给受奖者以Armond Blanc(CIGR初创者之一)奖金和由法国大使到会赠发农业功勋奖章。欧洲共同体农业与农村发展内阁部长助理T. O'dwyer博士作了以《一个饥饿世界中的粮食供应》为题的大会学术报告。认为全世界每年有5亿人口在饥饿线上,要在发达国家种粮食运去救济发展中国家是不现实的。欧洲共同体国家应援助发展中国家自己改进生产条件,从良种,复种,化肥,灌排,病虫杂草防治到产品特别是肉乳蛋产品的冷冻贮藏,以发展农业生产;援助应起催化作用,达到能自给,而发达国家应从发展中国家免税进口农产品等。爱尔兰农业与粮食开发局局长P. Ryan博士作了以《农粮研究开发的新水平线》为题的大会学术报告,认为爱尔兰农产品出口的80%为畜产品,而爱尔兰的畜牧业主要依靠草地,因而具有1500人员的爱尔兰农科院既重视草地的保护,又围绕提高再生产效率和减少氮肥的损失与污染。途径是利用近代讯息技术建立农业信息中心,开展农村综合发展的研究与技术开发,比如青饲料制备系统的不同青饲塔而用塑料法,减少田间机器车轴载重的系统等等,认为这是农业工程研究开发的当前方向。Masstock国际农粮与加工企业集团董事长A. Mcguckian博士作了《Masstock集团在农业企业中所起的作用》为题的大会报告,阐述了按照农牧业生产产前产中产后的产品保鲜、加工上市一条龙以及良种供应、建筑设施、机器设备等成套技术的开发和供应的思想,建立起企业集团,这样可显著的提高农业生产的效率,减少土地人工能源的投入,是为农业工程当代的主要阵地。这些报告所带来的讯息值得参考。

List of Members of the Sections' Boards Established by the Cigr Board

in its meeting of september 3,1989

Section 1

Chairman:Mr.L.DE/BACKER(Belgium)

1st Vice-Chairman:Mr.SZALAI(Hungary)

2nd Vice-Chairman:Mr.FLURY(Switzerland)

Secretary:Mr.MOULINIER(France)

Members:Messrs.X...(Spain),BAZZA(Morocco),VANLIER(Netherlands)

Section 2

Chairman:Mr.JONGEBREUR Helturland

1st Vice-Chairman:Mr.BARTALI(Morocco)

2nd Vice-Chairman:

Secretary:M.SOUTY(France)

Members:Messrs.ANDERSEN(Denmark),MENELLA(Italy),MOROZOV(U.S.S.R),

NISSON(Sweden),VAN DENWEGHE(Fed.Rep.Germany),MUEHLING(USA)

Section 3

Chairman:Mr.NILSSON(Sweden)

1st Vice-Chairman:Mr.MARCHENKO(U.S.S.R)

2nd Vice-Chairman:Mr.ORTIZ CANAVATE(Spain)

Secretary:Mr.VITLOX(Belgium)

Members:Messrs.JESZENSKY(Hungary),SEVILA(France),VELEBIL(Czechoslovakia)

ZOLI(Italy),HARMS(Fed.Rep.of Germany,RIDER(USA)

Section 4

Chairman:Dr.SIBALSZKY(Hungary)

1st Vice-Chairman:Dr.M.DEBRUYCKERE(Belgium)

2nd Vice-Chairman:Dr.Mr.H.FETTER(the Netherlands)

Secretary:Dr.A.WELLINGER(Switzerland)

Members:Messrs.T.JUNGBLUTH(Fed.Rep.of Germany,COL(France),RIVA(Italy),

NYBRANT(Sweden),McFATE(USA)

Section 5

Chairman:Mr.OKSABEN(Finland)

1st Vice-Chairman:Mr.LUDER(Switzerland)

2nd Vice-Chairman:Mr.ENESE(Hungary)

Secretary:Mr.WEIERSHAUSER(Fed.Rep.of Germany)

Members:Messrs.OVING(Netherlands),JAINAGA(Spain),PETRIK(Czechoslovakia)

PICCAROLO(Italy)

Members by right:messrs.MATON,BEAUVOIS and the president of CIOSTA

Section 6

Chairman:Mr.DE BAERDEMAKER(Belgium)

1st Vice-Chairman:M.LUCAS(France)

2nd Vice-chairman:Mr. NGODDY(Nigeria)

Secretary:Dr.SCHMEKEL(Sweden)

Members:Messrs.AMIRANTE(Italy),GROCHOVICZ(Poland),McKENNA(Ireland),

THORN(United-Kingdom),SINGH(USA)

学术分组报告，分为如下一些主题：

1.泥炭土地资源的利用

论文相当地集中于泥炭地的排水和泥炭资源干燥破碎利用的生产系统分析。会议组织的三个技术参观中（每人只能参加其一）就有一个是参观泥炭发电。泥炭土地和资源的利用，在爱尔兰、英格兰、荷兰、芬兰、波兰、美国的北卡等都受到重视。我国农业工程界对我国泥炭资源似亦应加以考虑。

2.农村运输与交通

论文涉及农业运输（一般为低速）对乡村公路车辆流通量的影响与安全；农村道路的建造、用材、翻修；林区、排水系统机械施工现场、青饲料收获等通道和行走路线的规划。

3.土壤水的环境问题

论文涉及诸如灌溉水、地面流失水、粪水、厩肥、堆肥等碳氢化合物、硝酸盐、农药、养分、细菌、盐分等的运移对环境的污染及其监测与消除方法，农业水污染控制的新技术——生物技术，粪水喷洒新技术，黏重严重压实土壤施用粪水的改良，厩肥土窖的生物方法防漏，厩肥对空气和地下水的污染、厩肥的堆肥、农业废弃物的利用问题等等。

4.水土工程

论文涉及面较广而分散：从土壤水力特性参量现场测定，小盆地地形的水流失测定新方法，水库对周围地下水位影响的模拟，至灌溉用水管理系统的优化，地面灌溉的时间自动控制系统，土壤热通量、水势和棉花生长对滴灌系统要求的影响，自动化滴灌的农渠建模，植被与地文学参数对水土流失影响的模型等等。

5.畜禽舍建筑现代与未来设计

养猪的分组建舍问题，计算机喂料的孕猪猪舍设计，从猪的健康与行为引起猪舍设计的新概念，热带猪舍的新设计，青贮放开供应的新型乳牛场，畜禽舍的CAD，牲畜福利与现代牛舍，小反刍动物的挤乳技术开发，乳牛挤乳特性的可携式自动测量电子仪、蛋鸡排线（铁线）地板（TWH）鸡舍与笼养的效率比较。

6.农舍建筑的设计要求

如农舍设计与风景的关系，挡风问题，屋顶积雪问题，颜色问题，控制气候的温度设计，低价农舍设计的经济战略。

7.畜舍的环境控制

如畜舍的温度控制，冷寒地区畜禽舍通风系统的最新发展，利用热浮力的自然通风，畜舍蒸气凝聚的快速防止法，火鸡舍的热产生模型，猪舍的推-拉型通风系统，牛舍自然通风的功能分析，猪舍气候控制与自动显示用以行为为基础的热传感器的设计，畜舍用不同途径的气候控制的专家系统，气候形式与氨分布的关系，闭式畜舍的灰尘和气候对工人的影响等等。

8.土壤耕作与种床整备

如精密播种及其评价技术，种子丸化系统，自行供秧播秧机，水平贯入仪，控制行走道及减少土壤压实，研究作物对土壤压实响应的农业工程方法，用高分子化合物改进土壤结构以提高土壤肥力及沟灌效率等。

9.农产品的收获与处理

利用机器人自动采橙桔，水稻收后条放的环境，咖啡收获机械的开发，梳籽式谷物康拜因的开发，牧草田间干燥的压扁成席状的技术等。

10.养分与农药施撒的分布控制

控制杂草的热技术，用植株NPK含量作为棉花施肥标准的诊断。

11.农业中用能的过程

如畜禽生产中的过程控制，玉米低温干燥，热贮存的单板机控制，谷物干燥模型，玉米冷处理的初始降温，芋头、红萝卜、蔬菜等的贮存寿命模型。

12. 生物质能

农村废弃物的用于供热，林业生物质的贮存与干燥，生物质的燃料特性。

13. 工业用农产品的加工

大米的有效导热系数，农粮产品的结冻温度，嫌氧过程的建模和机辅评价，稻壳在冷热压缩下的密实特性，生物材料的三维光扩散模型。

14. 拖拉机及其燃油

如电池驱动的装载机，拖拉机的计算机控制，农业车辆的机辅操向与性能显示，廉价拖拉机的开发。

15. 管理与决策方法

如机群组成优化的专家系统，灌溉网络设计中的专家系统，地下水位对草地生产管理的影响，牧草制备系统的模拟，美国玉米带中部的垄作，乳牛企业微机管理信息系统的开发，农场作业系统模拟的开发，机械化过程的工时和成本分析，拖拉机的折旧与修理，机务管理的自动计算，田块特性及作物产量地图。

16. 农业中人机工程的标准

如噪音计，振动诱发的人体疲劳，座位的乘坐模拟，驾驶室的通风与空调，农民在工作位置上的劳动强度，有关规定和安全措施，研究断乳、保养和下仔的日期关系以减少周末特别是星期日的人工，妇女用农事工具的设计标准和人机工程原理。

17. 农业教育、研究和开发的新体系

如农业教育、研究、推广体制的改革，21 世纪的北美农业工程，教育工程师以适应北美农业和粮食的变更，印度的农业工程教育、科研与推广，拖拉机田间性能测量仪器系统，振动测定系统，植物生理研究用生长箱——铅垂微量温降式，用电子影像分析确定秸秆覆盖度，用土壤有机含量传感器以确定化肥施用量，农业技术中的仿生学，树木整枝用机器人等。

这次的分组报告除了每专题有 20 分钟的主题论文之外，结束时(或开始时)没有像一些学术讨论会常做的那样，指定报告人(Rapporteur)进行学术性总结，而且每人报告时间很短(连提问在内十分钟)，内容过于广泛，而且欧洲色彩浓厚。有人(比如加拿大 Guelph 大学农工系主任 Oglavie 教授)就另起炉灶，另组国际农业工程学术会议，每两年一届。然而毕竟没有 CIGR 来得名正言顺。

学术报告结束后，在 9 月 8 日组织了技术参观。分三路，一为农田作业机械化，作物及加工。一为动物生产，建筑与园艺。一为泥炭资源与发电。我参加了第一路。上午参观了位于 Carlow 的甜菜制糖厂及其附属甜菜农场的机械化收获。下午到爱尔兰的农业机械试验站，参观了不割茎秆而用耐磨塑料做成夹子、将站立在田里的谷物植株的籽粒梳捋下来送入滚筒的新型“梳籽式康拜因(Strippcr Cambine)”，收后茎秆原封不动的站立在田里，不受倒伏影响、籽粒损失率很少，表演非常成功。显然将成为新一代谷物联合收割机的基本机型，令人印象深刻，我国研究者也有改革传统康拜因尝试，并已获得很好进展。另外还参观了将豆科牧草园捆在田间用黑色塑膜包裹以利于保存养分和品质的包裹机，参观了各式各样的减少拖拉机田间通过次数、减少压实、少用除草剂的各种复式组合的土壤耕整机组。还在试验站看到了能源试验林场(种各种速长薪炭树种作为可用再生能源)和测定不同处理下田面上空气体和地下水的氨、氮、农药含量及其变化的试验场地。

通过这次参加第 11 届国际农业工程学术大会，得到几点比较深刻的印象：

(1)研究开发并不拘泥于传统领域。农业工程各分支学科之间以及与其他学科之间的交叉领域很多。在重视传统领域重要问题的继续探索的同时(如梳籽式康拜因、牧草包裹、复式整地机组等)，注意边缘问题的探索，将带来许多新的概念与发展。

(2)勇于探索新概念，新途径，新技术的精神甚为突出。

(3)一项课题的研究都以真正能获得可算得为一项具体的成果作为课题完成、或告一阶段的标准。这与我们往往尚未能利用就中止的准则，有很大的并且是极其重要的差别。

校学术委员会主任曾德超教授的贺信*

学报编辑委员会和编辑部：

喜闻我校学报荣获1988年度北京高等学校自然科学学报优秀编辑质量一等奖，这是你们精心编辑、辛勤工作的结果，也是同广大论文作者和印刷厂密切合作的结果。谨表示热烈的祝贺。希望你们总结经验，再接再厉，向兄弟学报学习，为进一步提高我校学报的学术水平和编辑出版质量，为促进学术交流和扩大学报的社会影响作出更好的成绩。

敬礼！

曾德超

1989年2月25日

* 本文出处：北京农业工程大学学报，1989年第一期

我国农业工程学科发展现状及展望*

曾德超

摘要 鉴于本世纪以来国际上对农业工程学科所作的两种不同处理而产生的不同结果，以及我国农业长期遭受旱、涝、碱、洪、风、沙、高寒等自然逆情所困扰的基本农情，提出我国应重视发展农业工程科学技术的见解；根据农业中应用工程技术的不同层次（或发展的不同阶段）评议我国农业工程学科现状；并根据国际农业工程日益向农业生物工程和农业资源、环境、生态工程方向发展的趋势，以及我国基本农情的迫切需要，提出在我国势将发展积极提高水、土、气象、生物等自然资源利用效率，保护资源、生态、环境，抗逆增产的持续农业工程科学技术的预测。

关键词 农业工程，农业工程学科，低投入持续农业，抗逆增产持续农业

一、前言

中国农业机械学会在前理事长刘仙洲教授的关怀下，曾于1964年在青岛召开过一次农业机械力学学术会议，那次我们组织以力学为主题的学术讨论会，起因有二：第一，在农业机械的理论教学和科研的理论分析中，普遍首先遇到的，除了农业技术要求，就是工作部件和机构在农业作业条件下的运动学、动力学、物料强度、田间试验的大量数据测定和处理等问题。第二，苏联B·П·郭辽契金首先将数学力学应用于农业机械的作用分析，并通过设立农机实验站，广泛试验测定和系统搜集数据而与其学派一起，建立了苏联近代农业机械科学。他毕业于莫斯科大学数学物理系后又毕业于莫斯科工学院的机械工程系，被选为全苏科学院院士；1985年在美奥本大学召开的国际土壤动力学学术会议上与美国的M·L·尼柯斯一起，被确认为土壤动力学的先驱者。而苏联农业机械学派当时对我国的影响是巨大而深远的，为了提高农业机械科技工作者运用数学力学工具的水平，青岛会议上曾鼓励在广度、深度和特点上编写针对农业机械科技工作者需要的工具书性质的农业机械应用数学和农业机械应用力学。这次农业工程力学会议与上次青岛会议的时代背景，已有很大的改变。除了内容在宽度上不限于农业机械而覆盖农业工程的各有关分支。深度上亦由于自青岛会议以来数字计算机的普遍应用和全国科学大会明确提出应在我国发展农业工程学科以及我国研究生教育的迅速发展所带来的冲击和深化。而突出的特点则是这次会议是由力学和农业工程两个学会联合召开的。反映了一些基础学科的学会在中国科协的鼓励下加强对应用学科的支持和渗透，从而丰富和充实基础性学科本身的内容又共同为我国农业的发展做出贡献。为了便于将我们农业工程学科发展的状况给力学及其他学科的工作者做个简要介绍和评论，本文对农业工程学科的定义、对象、范围、性质及其对解决我国农业问题的潜在作用先行进行商榷。

在这里，我们还认为提出如下一点看法来商榷是重要的：在计算机普及之前，苏联农业机械科技工作者应用数学力学进行分析在国际上达到最高的水平，然而苏联农业机械学派对苏联农业的贡献却并没有美国同行那样突出。我们认为这是由于美国学派更多的是从农业的观点出发，将农业机械作为农业工程这一边缘学科的一个分支来处理，而不是视作机械工作学科的一个分支：既重视农机的力能方面，同时亦重视农机的农业性能方面。力学对于农业工程，正如力学对于其他工程科学一样，是非常重

* 1991年12月在农业机械力学研讨会上发言。

要的基础之一;对于农业工程的理论分析,力学的应用是必要的条件,但不是充分的条件。

二、农业工程的定义,学科性质、对象和领域的商榷

农业工程,作为一个普通名词,可从字面上理解为在农业生产建设中所进行的各种工程项目、所采取的工程措施或工程科学技术的应用;作为一个专业名词,则有其定义和范围。小规模传统农业的生产建设虽然包含有各种工程科学技术的因素,但工程科学技术的作用并不显著。随着近代大规模现代化农业生产建设的出现,工程科学技术的作用就变得越来越显著了。发展农业一靠政策,二靠科教,三要增加投入;而科教既包括生物科学技术,亦包括工程科学技术和经济管理科学技术。这是我国农业界多年实践所达到的共识。然而现代化大农业(农林牧渔副)的生产建设,特别是有关水、土、物种、气象等自然资源以及生态环境的保护和有效利用等问题越来越受到重视的今天,所涉及的工程科学技术门类也就越来越多,诸如机械、水利、土木建筑、环境、能源、生物化工、电力电子和控制、管理和系统等等。不一而足,况且,各行各业以及各门类的科学技术也都要支援农业和农村的生产建设。这样就产生了哪些才算是农业工程,哪些其实不过是传统通用工程的推广应用的问题。在教学、科研和事业管理体制上,也就客观地出现了有关农业工程与通用工程各门类之间的定义、衔接等需要妥当处理的问题。否则不是重复而造成浪费,就是留有空白或薄弱环节,对国家的农业和科技发展产生不利的影响。

随着近代大规模现代化农业的出现,对农业工程与各种同样工程学科之间关系的处理,国际上出现有两种做法。一是以美国为代表,自 1907 年起就成立了农业工程师学会。在各州立大学既设立机械、土木、化工、电力电子等工程系,亦设立农业工程系,以培养一种站在“土木”工程与农业科学之间的,其工作领域与其他工程既无竞争,又不重复,需要特殊训练的农业工程师。而在农业工程系下设农用动力与机具、农业建筑与环境,水土关系、电力与加工等方向。同时,认为“农业工程是一门应用物理科学和生物科学来研究农业生产的特殊的工程科学”(美国农业工程师学会 1963 年定义)。除了私人公司之外,美国在农业部设立有主管农业工程的部门和各种有关农业工程的专业研究所,据美国学者自己的估计,农业工程学科的建立不仅对美国近代农业的巨大成功做出贡献,对美国在 20 世纪的七、八十年中整个面貌的改变亦起了重大作用[4]。近代世界上许多发达和发展中国家,包括联合国粮农组织,采用了这种处理方法。另一种做法是以苏联为代表,自 1922 年建立苏维埃联盟国家以后,设立了农业机械化、电气化、水利与土壤改良,农业机械设计制造,农业建筑,饲料工业,肉、乳品加工等专业学院或专业和专业研究所。这些学院及专业研究机构以及事业和经费分属不同的政府部委管理,但却没有正式建立农业工程作为一门学科,也没有突出强调这些学科专业具有农业工程这一处于物理学科和生物学科之间的特殊的边缘学科的属性。结果这些专业的研究、训练、管理和投资的方向自然就往往向传统通用工程学科倾斜,至少是处在一种自流的状态。本世纪几十年来苏联和东欧国家农业发展的状况不能认为与对农业工程学科这种不同的处理无关。我国建国以后采用的是苏联式管理体制。1978 年全国科学大会在总结我国经验的基础上,为进一步发挥我国农业机械化、农田水利化、农业化学化等事业的效益,提高水、土、物种、气象等自然资源的利用效率,更好地发挥工程科学技术在我国农业发展中的作用,做出在我国发展农业工程学科的建议。国家教委和国务院学位委员会亦于 1986 年、1987 年在制定的普通高校本科专业及研究生学科专业目录修订草案中正式设立农业工程学科门类。然而,在我国现行体制下,由于与农业工程有关的各种专业教育、研究机构和事业行政与经费,是分由不同的部委管理的,而人们对于有无必要提出农业工程至今仍然有不同的看法,对什么属于农业工程,不同部门和单位在不同场合往往也就有不同的应景解释。亦有一些正站在与农业工程直接有关的工作岗位上的科技工作者,分不清农业工程与传统通用工程之间的区别,或是重视传统通用工程而对农业工程的发展工作不感兴趣。因此,为了在现行管理体制和历史背景下争取有关管理部门、有关兄弟学科以及本学科工作者的加以认同、支持、配合和协调,有必要根据我国的情况对农业工程的定义、对象和范围,在中国农业工程学会历次讨论结果、特别是 1991 年全国农业工程学科建设发展学术研讨会所作结论和建议的基础上,提出如

下论点和定义以供商榷。

在农业生产建设中所进行的各种工程项目、所应用的工程技术或所采用的工程措施，具有不同的层次和侧面，亦即属于不同的发展阶段：第一层次或阶段，成熟的通用工程技术的直接应用，或只需按农业提出的规格要求稍微修改设计既能应用的，如载重汽车、民用建筑、水坝水渠、电机与仪表、农用飞机等等。这类工程技术一般属于通用工程，不能认为属于农业工程。第二层次或阶段，需要较长的时间去了解和熟悉农业的技术要求、应用条件、农艺和工艺过程，才能应用通用工程理论和经验改进已有的、设计专用的、或开发新的技术，如水田拖拉机、联合收割机、田间灌溉排水需水系统、温室小气候调控等等、这个层次中还存在一个受到国际社会重视的侧面，即农村“适用技术”(Appropriate Technology)的开发。这是针对发展中国家的农村经济、技术、文化水平低，地区分散，交通运输通信不便等特点，普通常需要结构和操作简单、成本低廉而工效或效益较为明显的工具、装备或技术，如手扶拖拉机 kk 拖拉机组的运输，省柴灶、小水电、太阳灶、塑料大棚等等。这类技术看来简单，实则不总是容易的，很需要有专业素养。这类工程技术属于一般农业工程领域，不属于传统通用工程。这类工程技术既依赖传统通用工程理论和经验的应用，也需要农业工程专业理论和经验的积累。从学科上，根据两者分量的比重，某些具体的农业工程技术如一定要作为通用工程或农业工程来处理，那也很难认为绝对不可。第三层次或阶段，通过深入研究和揭示农业生物在生长发育和产品转换过程中生物体及环境因素和有关物料与工程手段之间在不同生理生态水平上的相互关系、规律和有关系统的优化，借以发展技术，为农业的发展或关键课题的解决提供新的科技投入。随着生物技术和生态环境科学的进展，这方面的机会变得更为具有吸引力。例如，保持(水土)、定轨、少免耕法，调控植株亏水度的灌溉方法，豆科牧草的调制技术，玉米的挤压工艺，生物反应器的工程调控，光合过程的调节，胚胎工程，小剂量药剂(生长激素等)的施用，人工生长箱，宇宙生物封闭持续自给系统等等。这类工程技术属于农业工程的核心领域。这样，农业工程可定义为在农业生产建设中所发展的各种专用的、适用的以及综合治理措施中所包括的工程技术，而农业工程学科是介于农业生物学科和工程学科之间的一门边缘学科，在研究农业生物、环境因素及有关物料在生物生长发育和产品初级转换过程中与工程手段在不同生理和生态水平上的相互关系，揭示水、热、盐、气、光等物质能量运移效应的信息、现象、规律，发展有效的调节方法、技术装备和综合治理措施，以便抗缓逆情和有效利用自然资源，达到提高产量和品质以及保护生态资源环境的目的。简而言之，农业工程学科研究农业生物生长发育和初级产品转化过程及环境的工程调节和综合措施的优化，为发展生产而同时保护生态资源环境服务。

农业工程学科的分支领域，事业的管理部门或人才培养的专业，在不同国度的不同发展阶段常从不同的角度根据需要进行划分，譬如美国早期分为农用动力与机具，水土关系，农业建筑，电力与加工等。近年有提出增加农业生物工程，农业资源工程，农业生态环境工程等。在我国现阶段情况下，如按对象、环境和所需要工程基础的不同来划分，农业工程有如下 8 个领域：

大气条件下农业生产(农、林、草、牧、渔)的工程调节；

设施农业(植物、畜禽、生物反应器)的工程调节；

农业初级产品、副产品及废弃物的加工转化与利用；

农业生物工程；

农业自然资源、环境、生态的保护与利用；

农业能源工程；

农业生物系统信息处理与控制自动化；

农业抗缓逆情综合治理工程措施及其优化。

我国与农业工程有关的分支事业，由 6 个部委的 9 个专业司局管理。一般都在部委所属的研究院所和高校设有相应的专业研究所和专业。如农业部的农业机械化司，畜牧局，水产局；机械委的工程农机司；水电部的农村水利和水土保持局，农电管理局；建委的农村建筑局；能源部的农村能源局；轻工部的食品工业局等。

在国家教委和国务院学位委员会1986年、1987颁布的普通高校本科和研究生学科专业目录草案中，农业工程正式开始与机械，水利、土木、电工、化工以及植物生产、动物生产等，被并列为工学或农学学科门类中的一类学科，设置有农业机械化，农机设计制造，农业建筑与环境，农业水土资源利用，农业电气化自动化以及农业能源等6个专业和农产品加工工程，农业系统工程，水土保持，林业机械等有关的专业。

三、农业工程科学技术在解决我国农业问题中的潜在作用

一个国家的农业发展需要优先研究开发或解决哪些工程技术问题，取决于该国发展农业所定的目标和采取的技术途径。例如，发达国家的农业是农产品供应过剩的农业。英国在战后曾为了促进农产品自给而立法保证农产品价格，由国家赔偿农场主因市场价格低落而损失的部分。自1981年起因农产品过剩，就采取由政府赔偿一部分农场主暂停生产的做法。美国下一步发展农业的目标，据了解，定为提高农业效率，开拓农副产品的工业原料市场，同时保护人类赖以生存的自然资源和生态环境，发展减少依赖石油化工产品的“低投入持续农业”。我国农业经几十年的努力，已初步解决了温饱问题。但作为总体，基本上仍属于农产品供应不足的国家，地区之间的不平衡甚为突出。几十年来我国在水利化、机械化、化肥农药方面的投入不算少，但据估计，我国的中低产田仍约占耕地的2/3。而低产的原因主要出自旱涝碱洪的灾害频繁，水资源日趋短缺，土地质量退化(由于占用耕地，水土流失，沙化，红壤化，潜育化，次生盐碱化、有机质减少，养分亏缺等等)，肥力不高，基础设施薄弱。要达到国家经济和社会发展十年规划和八五计划所要求的那样，保证粮棉稳定增长，粮食登上两个台阶，促进农业生产全面发展的目标，我国的农业就需要采取积极抗衡灾害的措施、提高水土等资源的利用效率、保护自然资源、发展林草业、改善生态环境的途径，建立一种积极的抗逆增产的持续农业。在建立这样一种积极地提高水土资源利用效率、抗逆增产的持续农业中，工程技术，尤其是农业工程科学技术将发挥关键的作用。例如干旱半干旱地区的农业，从经济管理的角度可以提出调整生产结构，合理规划农林草以及种植区域等有效的措施，或者如一位世界银行的经济学家在1982年杭州国际小规模农业机械化学术讨论会上向我们所建议的那样，将自然资源条件恶劣的西北地区的人口往东南迁移等各种方案。农业生物学家亦可能通过培育抗旱品种，甚至有朝一日成功地将CAM(景天酸代谢)植物(如菠萝)的遗传基因移植于C4(如玉米)、C3代谢(如小麦、棉花)作物而大大减少光合成单位干物质所需的蒸腾量。在此同时，通过工程措施来提高田面雨水入渗量和集中量，减少田面蒸发量等亦是潜在可行的。

又以黄淮海平原为例，在这个地区几十年来已经进行了不少的水利建设，全国220多万眼机井的大部分就在此地区，然而仍然普遍存在春旱、夏涝、盐碱、泛洪、机井地下水位不断下降的威胁，增产受到制约。这主要由于在广大耕地面积上植物生长发育所依赖的物质能量，尤其是作为物质能量载体的水、其运移过程及四水(土壤水、植物水、大气水、地下水)的合理调节和广大受雨面积上的地上水、地下水转换工作，在部门之间有脱节，管理不善。结果辛辛苦苦地花了大力气，将水送到了地头，而只做了事情的一半，今年百年不遇的洪情再次说明了防洪的治本，除了高筑堤深浚河之外，还需注意从树根、草根做起，从在广大受雨面积和广大耕地上研究蓄雨耕法，开发地上水、地下水转换的工程技术着手。在这些方面的综合措施中，农业工程可以做出贡献，类似的问题也表现在其他形式的物质和能量运移与转换的工程调节上。显然，物质能量工程调节的课题既表现在植物生产过程中，亦表现在动物生产、生物化工的各种反应器、产品保鲜加工，生物可再生资源的利用等过程中。

因此，我们认为植物生产，不论是大田、园林或设施农业，都以植物体在适宜与生长的土壤和大气环境下物资能量得到适时适量的供应，方能得以生长发育和高产为特征。在自然条件下，环境和物质能量的供应往往总是与植物体需要有较大的差距，从而减产；而长期过大的差距则形成灾害，避免灾害、提高水土资源的利用效率，获至增产，就需要对环境和物质能量的供应及其运移、转换过程加以调节。这时

往往既涉及生物过程，亦涉及工程措施。为此，需要深入研究农业生物体及环境因素和有关物料与工程手段之间的相互作用，查明对物质能量运移过程所产生的效应，从而发展显示、测量、调控生物生长发育和环境的有效方法、技术装备和方案优化的综合措施。这就构成了农业工程学科的典型课题。而农业工程学科正是由于在不同生理和生态环境水平上研究工程措施对环境及生物体物质能量运移过程的效应而在发展农业中发挥应有的作用，成为不可替代的学科。

四、农业工程科学技术问题的特点

(1)农业工程所处理对象的材料或介质，不论是生物体本身物料或是环境物料，都与传统通用工程的对象有很大不同，这些材料或介质通常属于多孔松散介质；其物理力学性质、应力应变关系、屈服和强度、变形和流动在加工过程中往往在时域和空域上发生大幅度的变化。这样，当我们试图应用黏弹性、塑性、流变理论、塑性动力学、介质动力学的基础知识进行处理时，就遇到许多困难。譬如在处理微元的体力和面力的动力学效应时，体力还可通过惯性项，面力就不好办。为此，我们只好将多孔松散连续介质在加工中的变形、屈服、破坏、流动过程视为非牛顿流体颗粒的流过势垒，应用物理化学领域中根据统计力学概念已坚实地确立了的速率过程方程，结合我们自己设计的实验，建立了含有速度对数项的土壤动态强度方程和动态黏附摩擦阻力方程，以便在动力学问题中代替摩尔库伦土(静)强度方程，来处理广大领域的机械对土壤加工问题。

(2)农业工程的许多科学技术问题涉及通过多孔介质、多孔膜的物质和能量传输过程。譬如，在一项与澳大利亚合作研究的课题“华北水果生产中水的有效利用”中，当我们企图稍微科学地按植物在不同生长发育阶段的植株生理水势来调控供水时，就遇到水的湿润峰在多孔介质土壤中的运移，水在根区环境的渗透，水溶液在植株体中通过细胞膜细胞壁的运动等问题。又如在我们所承担的一项有关生物质热解气化机制及应用的自然科学基金课题中，我们对所用玉米芯这种纤维质膨松物料在物质随加热而降解的过程中热量从外向里传导、水分从里向外传输所需要时间的预测和传热系数、导水系数的测定和应用等，就遇到许多困难。虽然我们根据试验结果初步认为玉米芯的热解过程亦与煤的燃烧过程相似，基本上符合 Arrhenius 方程，但玉米芯物料的传热系数、水分扩散系数的测定及其在设计中的应用，没有很好的解决。气体交换是植物光合和呼吸、动物的呼吸和代谢、环境污染和温室效应的基础。这些过程及其调控也涉及气体在多孔介质、多孔膜中的传输。譬如氧气必须从大气中传输到植物的根系以便维持必要的呼吸；而细胞呼吸所释放的能则使得离子能通过根系细胞膜并保持渗透能力。国外如澳大利亚国家科学工业研究组织(CSIRO)的 J. M. Kirby 就对土壤变形如何影响空气的渗透性进行了研究，国内尚未见到有这方面的研究报道。总之，水热盐气在多孔介质、多孔膜中的传输过程在农业工程所需要处理的问题中是相当普遍的现象。

(3)农业生物的生长发育是在大气自然环境或人工小气候环境下进行的过程。这些过程的调节与干预涉及各种自然力，这些自然力效应的计入或利用是农业工程科技的另一特点。比如不同防风林结构下风对橡胶树、果树的破坏，干旱热风对中国华北小麦的减产危害，作物冠层小气候中气流的流速和方向以及水汽饱和欠缺度对叶面温度、叶面蒸腾和光合强度的影响，对不同植被下田面蒸发的影响等等，都涉及气体湍流的法则和测定问题。又如不同田面植被或田面状况下地表径流对水土流失的冲刷效应就涉及微量水力学。农业工程所感兴趣的常是流体动力学的一些特殊领域。

(4)农业工程以生物生长发育和生物物料品质转化过程及其环境的工程调节为主要任务，而这些过程往往是物质能量及有关参数在较大的时域和空域上不断发生变化的过程，往往需要进行长期间大量的田间试验和大规模的数值模拟和计算试验。例如，在不同耕作和灌排措施对土壤经过结冻化冻过程越冬后种床水分、温度和积盐状况进行预测时，每计算一天的积盐量就需 3～4 小时机时。以符合农业生物生长发育及其环境动态过程规律为基础的农业工程信息的识别、测试处理、控制技术和模型模拟等电子及计算机技术的应用，具有许多特点。

(5)随着农业工程对农业生物系统的研究和处理,一方面不断向微观发展,从个体、群体而及组织器官、细胞水平,一方面不断地向宏观发展,从个体群体而及生态环境,所涉及的农业生物和环境系统,具有层次多、信息量大、参数多、规模大,动态性和开放性显著等特点。

(6)农业工程是介于传统通用工程和农业生物之间的学科,其工作既依靠传统通用工程的基础,亦依靠农业生物学的基础。通过农业工程这一边缘交叉领域的科学研究和技术开发,不仅对农业的发展提供新鲜的途径,对农业科学本身亦由于测试手段、数据处理、数值模拟、计算试验预测等在农业工程中的广泛应用,对传统农业田间实验技术的进展亦有裨益。对传统通用工程学科本身,亦可由于促进对仿生问题的注意和研究带来新的信息。譬如,小麦植株的高度为直径的200～300倍,这是人类工程所远未能达到的水平。壁虎的能爬直墙,鼓虫在水面借表面张力而浮游的高效率推进,都是山地/水田拖拉机性能所瞠乎其后的。至于电鳗的生物电,萤火虫的生物光,动物神经系统的信息传递与控制机械等的研究,亦会由于农业工程学科的深入发展而有所促进。

五、我国农业工程发展状况的评议

1978年全国科学会议之前,虽然在我国没有专管农业工程的事业管理部门和学科,各有关事业管理部门、研究所和高等学校有关的专业事实上已经进行了大量的农业工程工作;譬如农业机械化,电气化,水利化,农村建筑,农产品的贮运、保鲜和加工,畜牧、水产、森工的机械化等等。在1978年全国科学会议以后,特别是我国建立学位制度以及国家教委和国务院学位委员会在普通高校本科及研究生学科专业目录中确立农业工程作为独立学科类(与传统工程学科如机械、土木、水利、电子电力、化工等并列,同时可属工科门类,亦可属农科门类)后,我国农业工程性质的科学技术,有了显著的发展,对我国农业、农村的发展起了很大的作用。这一时期的发展可认为具有以下标志:

(1)在全国的科学技术百花园里增添了新的学科分支或方向。例如,动植物环境工程,农业遥感,农业系统,农村能源,设施园艺,饲料和食品工程,土地利用工程,水土保持,农业宏观发展战略,农业环境保护,农垦经济发展战略,电气、电子技术在农业中的应用等等。这些新学科分支或新方向得到发展与农业生产责任制和开放政策有关,与农业工程学科的确立有关。

(2)各分支,不论是老分支或学科确定以后发展起来的新分支,在这一时期进行了大量的、内容广泛的农业、农村、生态环境方面的适用技术工作;对乡镇企业,农、林、牧、渔、加工业,农村建设和经济发展,起了巨大作用。如手扶拖拉机及小四轮挂车运输机组,塑料大棚,地膜覆盖,鱼塘增氧机,秸秆氨化装置,省柴灶,户用生物质气化装置,各种饲料、饲养及食品加工工艺与设备等等。

(3)各分支,不论是老分支或学科研究以后发展起来的新分支,在科学研究的深度和水平以及技术开发的开拓性和实用性方面,都有了显著的进展。诸如计算机,电子技术,遥感技术,系统分析技术,生物技术,模型模拟、数值方法和有限元、计算物理技术等等的应用;土机关系,水土关系,土壤—植物—大气圈水分、物质、能量、气体循环,动植物、微生物环境,生物产品和物质的保鲜、加工转化等理论的建立和开拓;旱作深耕保墒增产技术,免耕播种和间隔深松技术,化肥深施技术,竖式割台,脱前收割,水田拖拉机,节水灌溉技术,排水和洗盐技术,调节植株生理水亏缺度的灌溉技术,覆盖技术,设施农业技术,饲料和产品加工技术等等,不一而足。

然而,总起来看,我国农业工程学科发展进程的主体,仍处在本文第二节中所述的第一、第二层次或阶段;各学科分支受传统工程学科影响大,发展农业工程的意识少,学科基础薄弱,而事业规模大;因而效率差,经济效益低,一些成果推广普及艰难。而我国农业的问题又很复杂。在这种情况下,要为我国农业发展目标做出应有的贡献,我国农业工程学科除了针对大中小城市、工矿区、沿海、边疆经济特区副食品及出口创汇农产品、加工品的市场需要,继续研究开发推广有关的工程技术以及广大农村经济发展需要的各种适用技术和能源、贮运、加工技术等之外,需着重为广大中低产地区的抗逆增产和持续发展的需要,研究解决有关的技术措施和综合治理措施。为此,需要扎实开展第二、第三层次或阶段的研究与开发；同时开展有关的应用基础研究，发展学科理论，大力发展我国的农业工程学科。

六、几点建议

(1)各部委增加农业工程性质的研究的经费份额；在这些部委所属有关研究单位的编制中聘任一定量的农学、农业生物学、农业工程专业人员参加研究开发工作。

(2)在各种与农业有关的攻关课题、重点课题及一般课题的研究力量组织中，注意由农业工程专业单位或人员来承担有关工程措施及综合治理方面内容的课题或子课题的任务。

(3)国家自然科学基金增加对农业工程性质的应用基础研究和旨在发展农业工程学科基础理论的研究方面的倾斜。

(4)各基础学科加强对农业工程学科发展的支持和协作。

参考文献

[1] 全国农业区划委员会中国综合农业区划编写组．中国综合农业区划．北京：农业出版社，1981.

[2] 孙颔．我国人口、资源与食物问题．见：中国科协编．中国科协第四次全国代表大会文件．北京：人民出版社，1991.108.

[3] 何康．依靠科学技术，实现农业上新台阶．//中国科协．中国科协第四次代表大会，1991.87.

[4] Stewar RR. 改变了美国的七个十年—美国农业工程师学会的历史 1907—1979．陶鼎来，译．美国农业工程学会出版．1979.

[5] 全国农业工程学科建设发展学术研讨会(1991)．对农业工程学科建设的若干建议．中国农业工程学会会讯，1991.(3).

[6] 张季高．农业工程学概论．农业领导干部学习研究班教材，1980.

[7] 曾德超．我国农业工程学科优先发展领域、内容和技术关键的商榷．农业工程学报，1983,(1).

农业工程学科的对象、领域、发展现状及趋向*

曾德超

摘要 对农业工程定义、学科对象及其研究领域范畴讨论进行了回顾，对农业工程的发展阶段（或农业中应用工程科学技术的深入层次）进行了分析，对农业工程为我国农业上台阶应做的贡献作了论述，对我国农业工程学科的现状和趋向进行了评议。

关键词 农业工程，农业工程学科，低投入持续农业，抗逆增产农业，抗逆增产持续农业工程

一、关于农业工程定义、学科性质、对象与领域的讨论

1. 问题的提出

农业工程，作为一个普通名词，可从字面上理解为在农业生产建设中所进行的各种工程项目、所采取的工程措施或工程科学技术的应用，作为一个专业名词，则有其定义和范围。小规模传统农业的生产建设虽然亦包含有各种工程科学技术的因素，但工程科学技术的作用并不显著。随着近代大规模现代化农业生产建设的出现，工程科学技术的作用就变得越来越显著了。发展农业一靠政策，二靠科教，三要增加投入；而科教既包括生物科学技术，亦包括工程科学技术和经济管理科学技术。这是我国农业界多年实践所达到的共识。然而现代化大农业（农林牧渔副）的生产建设，特别是有关水、土等自然资源以及生态环境的保护和有效利用等问题越来越受到重视的今天，所涉及的工程科学技术门类也就越来越多；诸如机械、水利、土木建筑、环境、能源、生物化工、电力电子和控制、管理与系统等等，不一而足。况且，各行各业以及各门类的科学技术也都要支援农业和农村的生产建设。这样就发生了有无必要建立和发展农业工程学科，哪些才算是农业工程，哪些其实不过是传统通用工程的推广应用。在教学、科研和事业管理体制上，也就客观地出现了有关农业工程与通用工程各门类之间的定义、衔接等需要妥当处理的问题。否则不是重复造成浪费，就是留有空白或薄弱环节，对国家的农业和科技发展产生不利影响。

究竟我国需不需要建立和发展农业工程，什么才算是农业工程，其学科对象和领域是什么？这一问题在我国曾经过多次讨论（如当农业工程学 1978—1985 年科技发展规划的拟订，1978 年国家科委农业工程学科组的成立，1979 年中国农业工程学会的筹备和成立，1984 年我国高等学校农科本科专业目录修订的沈阳论证会议、1986 年的南京审定会议，1985 年农业工程研究生教育研讨会，1986 国务院学位委员会农学学科评议组重庆会议，1986 年中国农业工程学会教育与科普工作委员会第二届第二次学术讨论会，1991 年全国农业工程学科建设发展学术研讨会等等）。特别是 1986 年、1987 年普通高校本科和研究生学科专业目录修订以来，虽然各人所给出的定义不全一样，宽度深度范围或侧重点也不一致，但农业工程作为介乎农业生物学科和传统通用工程学科之间的一门边缘的、特殊的工程学科，既不能由传统通用工程学科代替、亦不能由农业生物学科所替代，其性质、对象及范围，在农业工程工作者中，大家基本上是明确的。然而，时至今日，不可否认，在不同的场合，特别是在与行政管理部门或其他学科工作者的工作讨论中，由于有关农业工程的各分支事业是由多个政府部门分工管理，如要避免不同管理部

* 本文出处：农业工程学报，1992 年 3 月，第 8 卷第 1 期

门业务范围之间出现的矛盾，对农业工程的领域就往往作出不同的解释和处理。在从事农业工程专业教育或研究的工作者中，亦有些同志，或由于出身传统工程专业，或由于对传统工程的熟悉、兴趣和偏爱，或由于对农业工程学科性质不够熟悉，就把农业工程作为传统通用工程对待。1991年末中国农业工程学会第四届代表大会上，中国科协何康副主席又一次中肯地问你们农业工程是否有个(规范的)定义？因此，我们认为仍然有必要对历次的讨论进行回顾，在1978年国家科委农业工程学科组所作定义和1991年6月全国农业工程学科建设发展学术研讨会所作“对农业工程学科建设的若干建议”的基础上进一步商榷。以求在农业工程同行中获取共识，在农学界、工程学界及社会上争取获得理解和支持。

2.对历史经验教训的探讨

随着近代大规模现代化农业的出现，对农业工程与各种通用工程学科之间关系的处理，国际上有两种做法。一是以美国为代表，自1907年起就成立了农业工程师学会；在各州立大学既设立机械、土木、化工、电力电子等工程系，又设立农业工程系，以培养一种“站在土木工程与农业科学之间的，其工作领域与其他工程既无竞争，又不重复，需要特殊训练的农业工程师”；而在农业工程系下设有农用动力与机具、农业建筑与环境，水土关系、电力与加工等专业。同时，认为“农业工程是一门应用物理科学和生物科学来研究农业生产的特殊的工程科学”(美国农业工程师学会1963年定义)。除了私人公司之外，美国在农业部设立有主管农业工程的部门和各种有关农业工程的专业研究所。据美国学者自己估计，农业工程学科的建立不仅对美国近代农业的巨大成功有贡献，对美国在20世纪的七八十年代中整个面貌的改变亦起了重大作用[4]。近代世界上许多发达和发展中国家，包括联合国粮农组织，采用了这种处理方法。另一种做法是以苏联为代表，自1922年建立苏维埃联盟国家以后，设立了农业机械化、电气化，水利与土壤改良，农业机械设计制造，农业建筑，饲料工业，肉、乳品加工等等专业学院或专业和专业研究所。这些学院及专业、研究机构以及事业和经费分属不同的政府部门管理；但却没有正式建立农业工程学科，也没有突出强调这些学科专业具有农业工程——处于物理学科和生物学科之间的特殊的边缘学科的属性。结果这些专业的研究、训练、管理和投资方向自然就向传统通用工程学科倾斜，至少是处在一种自流的状态。譬如苏联B·Π·郭辽契金首先是通过广泛、深入，也可说是才能横溢地将数学力学应用于农业机械的作业分析，并通过设立农机实验站，广泛试验测定和系统搜集数据而与其学派一起，建立了苏联近代农业机械科学。他毕业于莫斯科大学数学物理系后又毕业于莫斯科工学院的机械工程系，被选为全苏科学院院士；1985年在美奥本大学召开的国际土壤动力学学术会议上，他与美国的M·L·尼柯斯一起，被确认为土壤动力学先驱者。苏联农业机械学派虽然在应用数学力学进行分析方面达到了国际最高水平，然而对农业的贡献却没有美国同行那样突出。我们认为这是由于美国学派更多的是从农业的观点出发，将农业机械作为农业工程——这一边缘学科的一个分支来处理，而不是视作机械工程学科的一个分支；即既重视农机的力能方面，同时亦重视农机的农业性能方面。本世纪几十年来苏联和东欧国家农业发展的状况不能不认为与对农业工程学科这种不同的处理有关。苏联农业机械学派对我国的影响是巨大而深远的。我国建国后由于采用苏联式管理体制。结果农业机械化、水利化和化学化事业的效率很低，农业机械化的增产增收效益不显著，灌溉用水大量浪费，还造成肥料的大量流失和下游水源的污染。1978年全国科学大会在总结我国历史经验教训的基础上，为进一步发挥我国农业机械化、水利化、化学化等事业的效益，提高水、土、生物、气象等自然资源的利用效率，更好地发挥工程科学技术在我国农业发展中的作用，做出在我国发展农业工程学科的建议。国家教委和国务院学位委员会亦于1986年、1987年在所制订的普通高校本科专业及研究生学科专业目录修订草案中正式设立农业工程学科门类。这是正确的；至少是起好作用的。

3.农业中应用工程科学技术层次的分析

在农业生产建设中所进行的各种工程项目、所应用的工程技术或所采用的工程措施，具有不同的层次和侧面，亦即属于不同的发展阶段：第一层次或阶段，是成熟的通用工程技术的直接应用，或只需按农业提出的规格要求稍微修改设计即能应用的：如载重汽车、民用建筑、水坝水渠、电机与仪表、农用飞机等等，这类工程技术一般属于通用工程，不能认为属于农业工程。第二层次或阶段，是需较长的时间去了解和熟悉农业的技术要求、应用条件、农艺和工艺过程，才能应用通用工程理论和经验，改进已有的、设计专用的、或开发新的技术，如水田拖拉机、联合收割机、田间灌溉排水蓄水系统、温室小气候调控等等，这个层次中还存在一个受到国际社会重视的侧面，即农村“适用技术”(Appropriate Technology)的开发，这是针对发展中国家的农村经济、技术、文化水平低，地区分散，交通运输通信不便等特点，普遍需要结构和操作简单，成本低廉而工效或效益较为明显的工具、装备或技术，如手扶拖拉机拖车机组的运输、省柴灶、小水电、太阳灶、塑料大棚等等，这类技术看来简单，实则有的并不容易，很需要有专业素养。这类工程技术属于一般农业工程领域，不属于传统通用工程，但它又依赖传统通用工程理论和经验的应用，也需要农业工程专业理论和经验的积累，从学科上，根据两者分量的比重，某些具体的农用工程技术如一定要作为通用工程或一定要作为农业工程来处理，那也是很难认为绝对不可的。第三层次或阶段，是通过深入研究和揭示农业生物在生长发育和产品转化过程中，生物体及环境因素和有关物质与工程手段之间在不同生理生态水平上的相互关系、规律和有关系统的优化，借以发展技术，为农业的发展或关键课题的解决，提供新的科技投入，随着生物技术和生态环境科学的进展，这方面的机会变得越为具有吸引力，例如保持(水土)、定轨、少免耕法，调控植株亏水度的灌溉方法，豆科牧草的调制技术，玉米的挤压工艺，生物反应器的工程调控，光合过程的调节，胚胎工程，小剂量药剂（生长激素等)的施用，人工生长箱，宇宙生物封闭持续自给系统等等，这类工程技术属农业工程的核心领域。显然，我国农业的生产建设对所有三种层次的工程科学技术都有需要。但是只有明确建立和发展农业工程学科的情况下，才有可能更好地发展第二、第三层次的工程科学技术，对我国农业提供其迫切需要的支持。

4.对过去历次有关农业工程学科定义、对象和领域讨论的分析

针对社会上和同行中出于管理体制等诸原因而普遍存在农业工程学科与传统通用工程学科有所混淆的现实，我们认为有必要根据历史经验教训和学科已发展到深入阶段，对学科定义进一步商榷。一个独立的学科，须有其固有的研究对象。这样，诸如“农业工程是把工程学应用在动植物的初级生产”、或“是在农业生产中应用工程科学技术”这类的提法，没有起到分辨农业工程与普通通用工程的功用。从这个角度出发，农业工程可考虑定义为在农业生产建设中所发展的各种专用的，“适用”的以及综合措施中所包括的工程技术。

对于农业工程学科的性质，有中间学科、特殊学科、综合性学科、边缘学科等提法；而以“介于农业生物学科与工程学科之间的一门边缘学科”较为有助于阐明学科的位置。对学科的功能，有开发利用农业自然资源，发展生产，实现农业现代化等提法。鉴于如何在农林牧副渔领域中保护人类赖以生存的资源、生态、环境的问题亦已日益得到科学界重视的今天，而在这方面工程科学技术更能发挥作用，因此，我们认为农业工程在保护资源生态环境方面的功能，有必要明确标出。对学科研究对象，过去的提法着重于对生物生长环境的改造，有“农业工程研究动植物生长发育和环境因素相互作用的规律”,“改造控制农业生产条件”等提法。事实上，现代农业已覆盖动植物、微生物及初级产品、副产品、废弃物的加工转化利用，所采用的工程措施已不局限于改造宏观的环境、生态因素、控制生产条件，而已发展深入到涉及不同生理水平上的干预。这样，我们认为农业工程学科是介于农业生物学科和工程学科之间的一门边缘学科，它研究农业生物、环境因素及有关物料在生物生长发育和产品初级转化过程中与工程手段在不同生理和生态水平上的相互关系，揭示所起力能以及水、热、盐、气、光等物质能量运移效应的信息、现象、规律，发展有效的调节方法、技术装备和综合治理措施，以便抗缓逆情和有效利用水土气象生物等自然资源，达到提高产量和品质以及保护资源、生态、环境的目的。简言之，农业工程学科研究农业生物生长发育和初级产品转化过程及其环境的工程调节和综合措施的优化，为发展生产而同时保护资源、生

态、环境服务。

农业工程学科的分支领域，事业的管理部门或人才培养的专业，在不同国度的不同发展阶段常从不同的角度根据需要进行划分。譬如美国早期分为农用动力与机具，水土关系，农业建筑，电力与加工等。近来有提出增加农业生物工程，农业资源工程，农业生态环境工程等。在我国现阶段情况下，如按对象、环境和所需要工程基础的不同来划分，农业工程有如下8个领域：

大气条件下农业生产（农、林、草、牧、渔）的工程调节；

设施农业（植物、畜禽、生物反应器）的工程调节；

农业初级产品、副产品及废弃物的加工转化与利用；

农业生物工程；

农业自然资源、环境、生态的保护与利用；

农业能源工程；

农业生物系统信息处理与控制自动化；

农业抗缓逆情综合治理工程措施及其优化。

我国与农业工程有关的分支事业，由6个部委的10个专业司局管理。一般都在部委所属的研究院所和高校设有相应的专业研究所和专业，如农业部的农业机械化司、畜牧司、水产司、环保能源司、机械委的工程农机司，水电部的农村水利和水土保持局、农电管理局、建委的农村建筑局，能源部的农村能源局，轻工部的食品工业局等。

在国家教委和国务院学位委员会1986年、1987年颁布的普通高校本科和研究生学科专业目录草案中，农业工程正式开始与机械、水利土木、电工、化工以及植物生产、动物生产等，被并列为工学或农学学科门类中的一类学科，设置有农业机械化、农机设计制造、农业建筑与环境、农业水土资源利用、农业电气化自动化以及农业能源等6个专业和农产品加工工程、农业系统工程、水土保持、林业机械等有关的专业。其中农业水土资源利用、农田水利、农田水利工程等其实可办成一个专业，不必细分。

二、农业工程科学技术在解决我国农业问题中的潜在作用

一个国家的农业发展需要优先研究开发或解决哪些工程技术问题，取决于该国发展农业所定的目标和采取的技术途径。例如，发达国家的农业是农产品供应过剩的农业。英国在战后曾为了促进农产品自给而立法保证农产品价格，即由国家赔偿农场主因市场价格低落而损失的部分，自1981年起因农产品过剩，就采取由政府赔偿一部分农场主暂停生产的做法。美国下一步发展农业的目标，据了解，定为提高农业效率，开拓农副产品的工业原料市场，同时保护人类赖以生存的自然资源和生态环境，发展减少依赖石油化工产品的"低投入持续农业"。我国农业经几十年的努力，已初步解决了温饱问题，但作为总体，基本上仍属于农产品供应不足的国家，地区之间的不平衡甚为突出。几十年来我国在水利化、机械化、化肥农药方面的投入不算少，但据估计我国的中低产田仍约占耕地的2/3。而低产的原因主要出自旱涝碱洪的灾害频繁，水资源日趋短缺，田地质量退化（由于水土流失、沙化、红壤化、潜育化、次生盐碱化、有机质减少、养分亏缺等等），肥力不高，基础设施薄弱。要达到国家经济和社会发展十年规划和八五计划所要求那样（保证粮棉稳定增长，粮食登上两个台阶，促进农业生产全面发展的目标），我国的农业就需要采取积极抗衡灾害的减产威胁、提高水土等资源的利用效率、保护自然资源、发展林草业、改善生态环境这样的途径，建立一种积极的抗逆增产的持续农业。在建立这样一种积极地提高水土资源利用效率、抗逆增产的持续农业中，工程技术，尤其是农业工程科学技术将发挥关键的作用。例如干旱半干旱地区的农业，从经济管理的角度可以提出调整生产结构，合理规划农林草以及种植区域等有效的措施，或者甚至如一位世界银行的经济学家在1982年杭州国际小规模农业机械化学术讨论会上向我们所建议那样，将自然资源条件恶劣的西北地区的人口往东南迁移等各种方案。农业生物学家亦可能通过培育抗旱品种，或者甚至有朝一日成功地将CAM（景天酸代谢）植物（如菠萝）的遗传基因移

植于C4(如玉米)、C3代谢(如小麦、棉花)作物而大大减少光合成单位干物质所需的蒸腾量。在此同时,通过工程措施来提高田面雨水入渗量和集中量,减少田面蒸发量等亦是潜在可行的。

又以黄淮海平原为例,在这个地区几十年来已经进行了不少的水利建设,全国220多万眼机井的大部分就在此地区。然而仍然普遍存在春旱、夏涝、盐碱、泛洪、机井地下水位不断下降的威胁,增产受到制约。这主要由于在广大耕地面积上植物生长发育所依赖的物质能量,尤其是作为物质能量载体的水、其运移过程及四水(土壤水、植物水、大气水、地下水)的合理调节和广大受雨面积上的地上水、地下水转换工作,在部门之间有脱节和管理不善。结果辛辛苦苦地花了大力气,将水送到了地头,而只做了事情的一半。去年百年不遇的洪情再次说明了防洪的治本,除了高筑堤深浚河之外,还需注意从树根、草根做起,从在广大受雨面积和广大耕地上研究蓄雨耕法,开发地上水、地下水转换的工程技术着手。在这些方面的综合措施中,农业工程可以做出贡献。类似的问题也表现在其他形式的物质和能量运移与转换的工程调节上。显然,物质能量工程调节的课题既表现在植物生产过程中,亦表现在动物生产、生物化工的各种反应器、产品保鲜加工、生物可再生资源的利用等过程中。

因此,我们认为植物生产,不论是大田、园林或设施农业,都以植物体在适宜于生长的土壤和大气环境下物资能量得到适时适量的供应,方能得以生长发育和达到高产的目的。在自然条件下,环境和物质能量的供应往往总是与植物体需要有较大差距的,从而减产;而长期过大的差距则形成灾害。避免灾害,提高水土等资源的利用效率,获得增产,就需要对环境和物质能量的供应及其运移、转换过程给予调节。这时往往既涉及生物过程,亦涉及工程措施。为此,需要深入研究农业生物体及环境因素和有关物料与工程手段之间的相互作用,查明对物质能量运移过程所产生的效应,从而制定显示、测量、调控生物生长发育及其环境的有效方法、技术装备和方案优化的综合措施。这就构成了农业工程学科的典型课题。而农业工程学科亦正是由于在不同生理和生态环境水平上,研究工程措施对环境及生物体物质能量运移过程的效应而在发展农业中发挥应有的作用,成为不可替代的学科。

三、我国农业工程发展状况的评议

1978年全国科学会议之前,虽然在我国没有农业工程的事业管理部门和学科,各有关事业管理部门、研究所和高等学校有关的专业事实上已经进行了大量的农业工程工作。譬如农业机械化、电气化、水利化、农村建筑,农产品的贮运、保鲜和加工,畜牧、水产、森工的机械化等等。然而,在1978年全国科学会议以后,特别是我国建立学位制度以及国家教委和国务院学位委员会在普通高校本科及研究生学科专业目录中确立农业工程作为独立学科类,自此以来,我国农业工程性质的科学技术,有了显著的发展。对我国农业、农村的发展起了很大的作用。这一时期的发展可认为具有以下标志:

(1)在全国的科学技术百花园里增添了新的学科分支或方向。例如动植物环境工程,农业遥感,农业系统,农村能源,设施园艺,饲料和食品工程,土地利用工程,水土保持,农业宏观发展战略,农业环境保护,农垦经济发展战略,电气、电子技术在农业中的应用等等。这些新学科分支或新方向的得以发展与农业生产责任制和开放政策有关,亦与农业工程学科的确立密切相关。

(2)各分支,不论是老分支或学科确定以后发展起来的新分支,在这一时期进行了大量的、内容广泛的农业、农村、生态环境方面的适用技术工作,对乡镇企业、农、林、牧、渔业、农村建设和经济发展,起了巨大作用。如手扶拖拉机及小四轮挂车运输机组,塑料大棚,地膜覆盖,鱼塘增氧机,秸秆氨化装置,省柴灶,户用生物质气化装置,沼气池,各种饲料、饲养及食品加工工艺与设备等等。

(3)各分支,在科学研究的深度和水平以及技术开发的开拓性和实用性方面,都有了显著的进展。诸如计算机、电子技术、遥感技术、系统分析技术、生物技术、模型模拟、数值方法和有限元、计算物理技术等等的应用,土机关系、水土关系、土壤一植物一大气圈水分、物质、能量、气体循环,动植物、微生物环境,生物产品和物质的保鲜、加工转化等理论的建立和开拓;旱作深耕保墒增产技术,免耕播种和间隔深松技术，化肥深施技术，竖式割台，脱前收割，水田拖拉机，节水灌溉技术，排水和洗盐技术，调节植株生理水亏缺度的灌溉技术，覆盖技术，设施农业技术，饲料和产品加工技术，鸡粪等废弃物的处理和作为肥料饲料利用等等不一而足。

然而总体来看，我国农业工程学科发展进程的主体，仍处在本文第二节中所述的第一、第二层次或阶段：各学科分支受传统工程学科影响大，发展农业工程的意识少、学科基础薄弱，而且事业规模大，因而效率差、经济效益低，一些成果推广普及艰难。而我国农业的问题又很复杂，在这种情况下，要为我国农业发展目标做出应有的贡献，我国农业工程学科除了针对大中小城市、工矿区、沿海、边疆经济特区副食品及出口创汇农产品、加工品的市场需要，继续研究开发推广有关的工程技术以及广大农村经济发展需要的各种适用技术和能源、贮运、加工技术等之外，需着重为广大中低产地区的抗逆增产和持续发展的需要，研究解决有关的技术措施和综合治理措施。为此，需要扎实开展第二、第三层次或阶段的研究与开发，同时开展有关的应用基础研究，发展学科理论，大力发展我国的农业工程学科。

四、几点建议

(1)各有关部委增加农业工程性质的研究的经费份额，在这些部委所属有关研究单位的编制中聘任一定量的农学、农业生物学、农业工程专业人员参加研究开发工作。

(2)在各种与农业有关的攻关课题、重点课题及一般课题的研究力量组织中，注意由农业工程专业的单位或人员来承担有关工程措施及综合治理方面内容的课题或子课题的任务。

(3)国家自然科学基金会增加对农业工程性质的应用基础研究和向旨在发展农业工程学科基础理论研究方面的倾斜。

(4)各基础学科加强对农业工程学科发展的支持和协作。

附录

(1)1956 年出版的美农业工程手册有关农业工程的定义：农业工程是工程学中的一个领域，它独特地应用物理和生物科学研究粮食、饲料和天然纤维的生产、加工和贮运。

(2)1963 年美国农业工程师学会讨论结果：农业工程是一门应用物理科学和生物科学来研究农业生产的特殊的工程科学。

(3)国家科委农业工程学科组的定义(1978)：农业工程是现代农业生物学与现代工程学之间的一门边缘性的技术学科，它研究农业有机体与工程手段相互作用的关系和规律，用以合理的开发利用农业资源，改善农业生产全过程的环境因素，最后促进农业的现代化。

参考文献

[1] 全国农业区划委员会中国综合农业区划编写组. 中国综合农业区划，农业出版社，1981.
[2] 孙颔. 我国人口、资源与食物问题. 中国科协第四次全国代表大会会议材料，1991.
[3] 何康. 依靠科学技术，实现农业上新台阶. 中国科协第四次代表大会会议材料，1991.
[4] R. E. Stewart. 改变了美国的七个十年——美国农业工程师学会的历史(1907—1979). 陶鼎来，译. 美国农业工程学会出版，1979.
[5] 全国农业工程学科建设发展学会研讨会，对农业工程学科建设的若干建议. 中国农业工程学会会讯，1991(3).
[6] 张季高. 农业工程学概论. 农业领导干部学习研究班教材，1980.
[7] 曾德超. 我国农业工程学科有限发展的领域、内容和技术关键的商榷. 北京：农业工程学报，1985(1).

The Object, Field, Current Status and Trend of Agricultural Engineering Discipline in China

Zeng Dechao

Abstract In this paper, the author reviewed the definition, object and fields of agricultural engineering and its existing problems in China, analyzed the different stages of agricultural engineering, which in another saying, the deep stage of applied engineering science and technology in agriculture; the writer also put forward some new ideas about the contribution made by agricultural engineering science and technology to the achievement of national agricultural goals and appraised the current status and trend of the development of agricultural engineering discipline.

Key words Agricultural engineering, Agricultural engineering discipline, Sustained agriculture anti-resistant sustained agriculture, Anti-resistant sustained agriculture engineering

我国农业技术对策中工程技术出路的探索*

——就地集雨贮水补充灌溉的田区微流域综合治理和动态调控种水肥热风药、实现减灾高产持续的现代精密农业工程技术体系的开发与研究

曾德超

摘要 作为缓解我国广大地区发展灌溉的水源短缺、整治水土、抗逆减灾、支持粮食等产量登上台阶、实现农业资源生态环境持续的共同技术对策基础，提出开发以田区微（小）流域为对象和规划经营单元，以水土就地拦截、全面集雨贮水补充灌溉、量水种植、动态调控种水肥热风药等墒情为技术要领，根据地区典型和田区微（小）流域基本条件，优化配合所涉及技术环节的现代精密农业工程技术体系。为此，需要同时开发完善所包括的如下技术元素：①在种植面积上、种植区外集雨面积上及沟道上高效产生和集汇雨水径流技术；②低蒸渗损失的窖窑沟洫坑塘建造技术；③精密灌溉技术；④高效保墒培肥、秸秆还田、保温灭草的深少免轮耕和覆盖技术；⑤作物生长模型技术及按作物各生育期的需求定量调控水肥热药等的精密工程技术；⑥不同的作物、防风林、绿篱、草带种植结构组合对通过田区的台、热、寒风强度及效应数值预测技术等。讨论了技术上的可行性；提出通过微（小）流域有利于实现四水转化精密调控，通过治理工程的小型化有利于离散技术难度的见解。讨论了投入产出比上的可行性；提出这种将治理与生产相结合，将工程小型化、群众化的技术途径有利于资金投入强度分散的见解。讨论了生态环境上的可行性；指出长期减少一个地区的深层下渗量对生态环境所起影响，有待研究和观察。

关键词 集雨补灌耕作，田区四水转化调控技术，量水种植，实用精密调控水肥技术，集雨补灌，精密耕作，精密农业，现代精密沟洫农业，农业生产工程

一、我国农业技术对策所面临的挑战

从现在起至21世纪初叶，对我国这个时期的农业所提出的各种农业技术对策中，无法忽视如下4个方面的挑战：

（1）粮食的全国需求量将随着人口的增长至峰值而连续登上几个台阶。我国人口在1949年为5.4亿，粮食总产是1.1亿吨，人均粮209 kg；1995年人口12亿，产量4.65亿吨，人均粮383 kg；在45年内登上了7个5000万吨的台阶；成绩辉煌，举世瞩目。以在2040年左右达峰值人口16亿计，如人均粮基本保持在现有水平，即400 kg，则总粮需求量为6.5亿吨，即在另一个45年内再上3.5个5000万吨台阶；若人均粮稍有增加至500 kg，则总粮食需求量达8亿吨，即在下个45年内，须将建国以来45年中所增达的产量再翻一番。不论何种算法，以粮食为代表的农业增产任务，对农业科技的压力都是极其巨大的：过去45年的3.5亿吨粮食增长是通过多增了4.8亿亩灌溉和水利，2000多万吨化肥年施量，70多万台大中型、上800万台小型拖拉机及配套机具，全国主要作物良种更换了4～5次，一些重大粮棉病虫害得到初步控制或减轻为害等技术条件下获得的。今后的45年，要获得半量或同量的增长，难度要大得多。这有待发挥总体科技的潜力，有待农业科技所有各个分支的贡献，需要农业技术对策的多渠道和多途径。

---

* 本文出处：中国工程院第三次院士大会农业轻纺环境工程学部学术讨论会书面发言稿，1996年6月

(2)与此同时,必须为旱涝多灾地区和扶贫地区的改进基本生产条件提供实用技术。我国在1949—1993年间,每年平均水旱受灾面积达3.454亿亩,经济损失达315亿元,粮食损失80亿～120亿kg,相当于“九五”计划粮食年增长量的130%。可见只要减灾保产一项,就可完成登台阶任务。而我国的旱涝灾情是自古至今的:在206BC—1949AD的2155年中,就发生了涝灾1092次,旱灾993次。至于旱涝之外的台风、热风、风雹和低温冻害,根据统计,对农业产量和社会经济所造成的损失约为旱涝灾的20%～40%。可见防治水旱等灾害既是我国发展农业、发展国民经济、安定社会的重要任务,也是粮食上台阶的途径。

对于扶贫工作,协助其发展农业生产自救是根本。主要分布在山区的全国18片贫困地区需要改进生产条件,首先是水土资源条件;也就需要有改进生产条件的技术和农业技术的投入。

(3)在提高产量的同时,还必须谋求物种水土等自然资源和生态环境的保持持续。农田农区水土的流失,本身就造就低产条件。我国耕地的1/3发生水土流失,严重的地区有1500万亩,40多年来因水土流失而减少的耕地累计达400多万亩,造成经济损失100亿以上,国土水土流失的面积有增加的趋势,还由于泥沙沉积、河床提高、湖泊纳洪能力的损失,调节河川径流有效库容严重不足,每年水灾威胁,形成国家心腹之患。“抗洪救灾始于草皮树根”,林业、农业科技也责无旁贷。

全国风蚀面积达2.1亿km^2,表层土壤的风蚀流失,连同地下水超采、地下水位的下降,导致沙漠化进程;据说这是古国楼兰消失的原因。据水利部门统计,我国干旱半干旱地区已有1/4深层地下水被超采而无法恢复;其中很主要的是农业灌溉的超采。至于极为普遍的过量灌溉所引起地下水的污染,据测定,北京市有些地区实已超国家规定的卫生标准。

(4)提高作物的水利用效率,扩大灌溉面积,或减少灌溉用水所占国家用水分配份额,以适应农村、乡镇生活和工业用水日益增长的需求,并为缓和国家或地区水资源短缺问题做贡献。据水利部门报导,我国可利用的水资源每年约7000亿方,1980年全国用水5160亿方,农业占了88%,即4540亿方。为适应工业和建设的发展,预计2000年全国水需求量达6500亿～7000亿方,等于我国全年可利用水资源的全部。而计划农业用水分配份额为4500亿～4800亿方,即基本上停留在1980年农业用水水平上,可见如要扩大灌溉,水源是个大问题。2000年以后,随着人口的向极峰增长,水资源的短缺如同能源、粮食等一样,都是国家的重大问题。

农业产量的连续登上台阶与减灾扶贫、解决农业水资源短缺和资源生态环境的保持持续是相互牵连、互为因果的;统筹考虑不仅是明智的,往往还是必需的。

二、对我国农业产量上台阶、减灾扶贫、水资源短缺和生态环境持续形成制约的共性因素

作为农业的基础的种植业,联同造林、混农林业、种植草皮和改良草场等,其生产过程的实质是将经选择和培育的作物种类和品种,在当地所能获得的条件相对较好的土地和土壤上,在给定气候条件下,在作物各生育期间,根据生理需求,借助科学技术手段,为植株创造作物能顺利生长的环境,适时适量地提供适当的水、热、肥、气等生长要素,以便能高效地夺取优质高产。

然而我国在地质年代造地运动中所形成的多山地形地貌,位处东南海洋和西北大陆季风环流地带,从而夏秋雨季高度集中,冬春干旱、寒风肆虐,以及作为农业古国而原始植被破坏殆尽,水土流失严重,洪涝渍旱、台风热风、低温冷害等灾害频繁,耕地跑水跑土跑肥和瘠薄,盐碱风沙为害面积大,高原陡坡黄土红黄壤岩溶潜育化瘠薄地面积大。尽管灌溉面积已发展到耕地的49%,农业的水利化、化学化、机械化、良种化、病虫草害防治等等已有了很大的发展,但中低产田仍达10.07亿亩(如总耕地面积以20亿亩计,恐尚不止此数)。这就是我国的基本农情。这样的自然基本条件在为我国提供世界三大平原之一,水热同步的华北平原、松辽平原、江南鱼米之乡等等有利一面的同时,也形成我国农业的一些限制因

素。起主导作用的是：

(1)降水在空域和时域上的分配与作物各生育期的需求往往很不同步；西北干旱，华北东北春寒春旱，西南冬春旱夏涝，长江中下游夏旱夏涝，华南春旱秋旱夏涝等等。

(2)坡耕地多，跑水跑土跑肥。

(3)原始植被破坏而基本上未得到重建；有助于减弱台风热风冷寒、田面蒸发、水土流失等的农区和农田防风林、混农林、绿篱、草带、草皮等的建植，未充分开展。

(4)地质年代造壤过程所发生的瘠薄、保水性差、易侵蚀等不利土质和地貌如黄土、红黄壤、沙姜土、盐碱土、岩溶、荒原、高原、丘陵等地貌广泛。

水是农业的命脉，是抗御旱涝，改良土壤，提高土地肥力，防止次生盐碱化、潜育化、沙化，防止侵蚀，减弱风害、低温冷害，植树种草，重建植被，防治水土流失的主要手段；也是各种改良品种、合理种植、科学施肥、病虫害防治等生产措施和生态环境治理措施能否发挥作用的前提。另外，水环境、地面水、地下水位、水污染等是一个地区生态环境的主要因素。这样，我国自然条件和基本农情的种种特点规定了农田的水土整治是我国高产减灾持续农业的前提条件。

自然条件所施加的影响是长期的，任何治理措施必然涉及长程行为，需要花大力气。我国农田水土整治自古即已开始，延续至今；建国以来也已进行了大量有成效的建设；今后长期内还将继续。这里所提出的是，需要更加关注国内外现代科技的进展，及时开辟蹊径。

三、我国农业灌溉水源短缺和农田水土整治的水文路线对策

作为农业整治水土流失、减灾增产、资源生态环境持续的主导因素，水通常是通过土壤对植株起作用的。对解决农田水源及土壤水情的优化调理问题，古今中外，首先是依靠本田的雨降。一部中国农业史就是以“辟土殖谷”为开端，实行深耕、均种、疾扰、细耙细耱、盖地滚压等保墒耕作，利用土壤水库作用的。在我国降雨在地域上和时域上都极其集中的自然条件下，随着原始植被的不断破坏，先民很快就发现光靠耕作和土壤水库是难于达到高产稳产的。随即发展了在本田及其周边和在农区中蓄存雨水，根据土壤墒情起灌排作用的技术：六七千年前在江南就已发展了积水稻田，其主要作用，与其说是由于满足稻性好水，不如说亦出于贮水防旱；公元前约 2000 年在黄河流域，在井田各田块的周边上发展了起引输配灌排作用的沟洫，使井田制农业成为沟洫农业；在西周时出现了人工蓄水陂池等。随着社会经济和农业的发展，不久就发现筑渠引江河客水进行灌溉比农田农区就地蓄雨集水能提供充分得多的水源，使作物生长显著改观，为稳产高产提供基础：如战国初魏的漳水 12 渠等。灌溉农业在世界农业中占有重要位置，在我国的自然条件和基本农情下更是如此。建国以来建立了大量灌区，机井，水库水塘，在多水丰水带发展了旱时能灌，涝时纳泄的陂塘圩垸基围和长藤结瓜体系等等。我国过去 40 多年的农业增长速度与灌溉面积增长速度同步，因而呈现了一种雨养农业难于解决我国的粮食问题，依靠发展灌溉来解决我国农业问题的基本格局。但是，农田、农区的就地集雨、拦蓄山洪、贮存利用与借江河客水渠引灌溉相比较，在水文路线上很大不同，对生态环境的影响上也有本质性区别：前者水土不外流，基本上可以做到避免农田和农区水、土、肥的流失，可以大量减少汛期农区对江河的泄水和泥沙排量，有助于减弱洪峰烈度，减少旱涝灾害；而后者的雨水往往通过田面径流，带走土肥，然后经历沟溪、江河和灌溉渠，作为灌溉用水，重返他处农田，因而带来淤积河道、增加灾情、水环境污染、增加输水工程和能耗等等。

固然这并不是发展引水灌溉本身所形成的结果，而是让雨水自本田、农区流出，带走土肥，开始长途流程的结果。先民从就地集流的农田水利形式转入依靠利用河川径流引渠灌溉的农田水利形式，亦即从就地集流利用的水文路线转入雨水径流长途运移的水文路线，看来主要是在当时的科学技术水平下，干旱半干旱半湿润地区就地集雨贮水效率不高，尤其是种植面积内田表集雨时径流量不大；种植面积外地表及冲蚀沟道和道路等集雨汇流容量不敷，而且贮蓄中渗漏蒸发损失大，往往形成田里干旱需水时，坑塘沟洫也已干涸；另外传统的灌溉技术效率低，水浪费大，每亩需求的贮水容量太大。

当今，随着国内外有关科学技术的迅速发展，技术形势有了很大的改变。我们认为在我国的特定农情下，已是回过头来认真考虑在发展引水灌溉和节水灌溉农业的同时走雨水就地集贮利用于补充灌溉的水文路线，大力开发有关技术的时候了。

田面微水文学、微流域工程学、径流耕作、雨水“收获”技术等的发展可为高效地表集雨汇流，治理农田水土流失，农田的改土、建植和工程建设等技术发展提供支持；近代水工建筑和材料技术的进展可为中小型水窖、窑、沟洫、坑、塘的防渗漏、防蒸发、泥沙沉积与处理和建造等技术提供手段；耕作土层中土壤水肥热盐运移耦合模型模拟预测监测调控技术，农田田面和微流域的四水转换科技，以及各种主要作物生长模型等的最新进展，为精密灌溉、覆盖、控制降雨入渗与产生径流份额，精密调控作物各生育期的水肥盐热等提供基础。深少免耕的保持耕作、秸秆还田、休闲蓄墒和覆盖技术等的进展，有利于大量减少集雨贮水，补充灌溉的水容量需求，使整个方案成为可能，使就地集雨补充灌溉的作用能向常规引水灌溉接近。在耕种作业中进行动态测土配方施肥施药等精密耕作技术的发展，有助于进一步提高产量和水利用效率。

四、提出就地集雨贮水补充灌溉的现代精密农业工程技术体系，为农业产量上台阶和减灾持续提供基础条件

为了控制集雨贮水工程规模和发挥容量有限的所集贮雨水的作用，在分别开发如下几项主要环节技术的同时，还须按全国各典型地区的自然条件、基本农情和实际情况，以田区微流域为对象和规划、经营单元，对这些技术环节进行取舍和连接，通过试点，优化配合，组装成套，以夺取高产和生态、社会效益的现代精密农业工程技术体系：①在种植面积上、种植区外集雨面积上及冲蚀沟道上，就地拦截水土，高效产生和集汇雨水径流的技术，低蒸渗损失的小型窖窑沟洫坑塘建造技术和精密补充灌溉和精密灌溉技术；②进行量水轮种和防风林、混农林业、绿篱笆、保土草带等建植规划技术及土壤改良、等高耕作和农田建设技术；③保墒培肥、秸秆还田、提温灭草的深、少免轮耕和覆盖技术；④按作物各生育期的需求（作物生长模型）调控水肥热药等的精密农业生产工程技术。

经按地区需求调整和试验的这种现代精密农业生产工程技术体系可供广大地区作为农耕制基础，有助于解决如下问题：

(1)显著地提高旱作农业地区、灌溉水不足的灌溉农业地区和南方多水丰水坡耕地、高原、荒山荒坡等的雨水利用效率，做到秋水春用、雨季水旱季用，缓解农业水源短缺问题；

(2)基本上解决农区和水土流失严重地区的水土流失问题，缓解下游泥沙淤积和洪涝灾害烈度；

(3)避免地下水超采（特别是干旱半干旱地区浅层地下水）和防止次生盐碱化；

(4)为缓解台风、热风以及低温冷冻等灾害提供技术途径；

(5)为各种先进生物技术、土壤改良技术、施肥、植保、栽培技术和各种农业理论（如生态农业、有机农业、立体农业、大农业、集约农业、三元农业工程等）的实现提供条件和技术支持；

(6)为农业产量上台阶、减灾、持续提供条件。

五、技术路线和技术体系的可行性讨论

(1)技术上的可行性：这样一个技术体系所涉及各门学科交叉的关键技术问题，一方面由于在国内外各门相关学科大都已有一定的研究基础，一方面由于这样一条技术路线着眼于小型化，使得技术难度有所离散，可行性大为提高。比如，为要充分利用一个地区的降雨资源，将较大的非种植面积上的降雨汇集供较小的种植面积用，和要做到同一农田的秋水春用，多雨时段的水无雨时段用，则需要开发高效率的地面（田面）集雨产流汇流技术，防渗漏防蒸发损失、预防和易于处理泥沙沉积的田间小型窖窑沟洫坑塘等高效贮水技术，以及能按作物需水规律灌救命水、保产促产等关键水的精密灌溉技术。这样一种小型体系实质上可称为现代沟洫农业，比几十年来所建造的大量大中型平原水库问题要少。又由于以

农田微流域为对象，由这个技术体系各环节所实现的四水转化的“精密”调控要比通过大工程难度小。另外，通过这样的技术路线和技术体系，更容易发展使耕作栽培精密化的适用技术，整个体现一种类似于工业生产工程技术的精密的农业生产工程技术。

(2)投入产出比上的可行性：这样一条技术路线，其实质是实现农业生产的现代化、工程化，标志着对农业在硬件软件方面大量的投入，涉及大量资金、物力、人力与技术。但由于采取的是小型化、“适用化”、群众性工程化技术，将有助于降低国家集中投资份额，而所获得的不论在增产方面，还是在减灾、保护自然资源、保护生态环境等方面的直接经济效应、社会效益、生态效益都是巨大的。仅涉及减少每年动员抗灾人力物力数量，以及受灾在产量、经济上的损失，就会是可观的。

(3)社会效益、生态效益上的可行性：由于这是一条着眼于将水土保持、抗逆减灾扶贫与改善生产条件直接联结起来的技术路线，其优点尤其突出的反映在社会效益和资源生态环境效益上。至于长期减少一个田区的向深层渗漏量，会不会引起不良的生态环境后果等则有待研究和观察。

六、结语

农业生产过程与工业生产过程有很大的不同，许多生产因素随机性很大，规范性差。千百年来人们总是祈望能风调雨顺；这需要打破靠天吃饭。在科技迅速发展的今天，农业生产过程的现代化、工程化、规范化将有助于愿望的实现。由于涉及的学科和技术门类多，配套综合的程度大，问题有方方面面，因而需要各学科的关注、参与和贡献。增加有关学科之间的协作，在典型地区设立综合性试验示范点，进行开发研究，可能是必要的。

参考文献

[1] 中科院中国自然地理编委会. 中国自然地理总论. 北京：科学出版社，1985.
[2] 中华人民共和国农业部. 中国粮食发展战略对策. 北京：中国农业出版社，1989.
[3] 国家自然科学基金委员会. 水利科学. 北京：科学出版社，1994.
[4] 中国农业年鉴编委会. 中国农业年鉴. 北京：中国农业出版社，1989，1992，1993，1994.

我国面向21世纪的农业技术对策及其工程技术

——发展一种中国式现代“适用型”精密高效减灾持续农耕制的根据

曾德超

摘要 进入21世纪,我国农业面临粮食产量需要连续大幅度登上新台阶,为旱涝多灾地区和贫困地区的改进生产基本条件提供实用技术,节约用水,保持水土自然资源和生态环境的持续等多方位艰巨任务,有待于科技的多方面新贡献。农业(种植业)生产过程的中心是为作物在各生长发育时期提供不同的适量的土、种、水、肥、药、气等生长要素,以夺取经济高效和优质高产,并保持持续,而我国广大地区的自然基本条件对此往往形成长期严酷限制:降雨高度集中,台、热、寒风频刮,植被破坏、水土流失,坡耕地、黄土、红黄壤、岩溶、盐碱、渍涝、贫瘠、高寒等中低产田面积广大等等。对此,根据我国农业传统、群众经验以及国内外农业、农业工程、系统分析技术等科技进展与发展趋向,提出对农业生产过程采取对主导生产要素监测,过程模拟及按定性经验和启发推理制定决策支持专家系统,按点测土配方播种、施肥、施水、施药、覆盖等。同时为扩展土壤作为“工厂”与“仓库”的功能和农田基本建设在改变自然条件限制方面的作用,提出将作物的生长过程、土壤耕作、土壤改良、水土流失治理以及农田基本建设统一考虑成一种现代化定量优化的精密高效减灾持续农耕制,作为我国农业技术对策之一。根据所归纳的一套旨在挖掘科技潜力的指导原则,提出这种农耕制的工程技术体系组成及其实施的技术途径。

关键词 中国式精密农耕制,精密农耕工程技术,精密农耕制,精密农业,精密耕作,适用型精密农耕制,适用型精密耕作

农业是国民经济的基础,种植业是基础的基础。种植业的这种地位预计在一个较长的时期内,比如在21世纪的前半叶,不会出现根本性改变。这样,在我国面向21世纪农业对策中,在倡导发展我国现代化大粮食、大农业、有机农业、三元农业、创汇农业等等重要理论,充分发挥与农业有关各学科的优势与潜力的同时,恰当地规定我国农业(种植业)技术对策的任务,从我国农业自然基本条件和基本农情出发,选择适当的有关全局性理论、原理、原则作为准则,根据国内外有关科技进展状况与发展趋势,研究农业种植业技术对策方案,开拓有效途径,具有现实意义。

一、进入21世纪,我国农业(种植业)技术对策需要解决的几项主要任务

(1)随着人口的向约16亿峰值增长以及广大城乡人民对生活提高的普遍要求,粮食产量需要连续大幅度地登上新台阶;从递增率尺度看,任务艰巨。

我国的粮食产量从1949年的1132亿公斤(人均209公斤),至1995年的4650亿公斤(人均385公斤),在45年内增长了3550亿公斤。以在2040年左右达峰值人口16亿计,如人均粮食拥有量基本保持现有水平的400公斤,则在下一个45年内,需产粮6400亿公斤,即在现已达到的水平上再增长1750亿公斤,为过去45年增长量递增50%。如人均粮食拥有量有所提高至500公斤,则须增长3450亿公斤,递增率达100%。考虑到我国过去的45年的粮产增长是在长期战乱后经过恢复生产,以及开垦荒地(1.8亿亩),盐碱地治理(3000万亩),改良土壤(红黄壤等1亿亩),推广优良品种(主要作物换种4~5遍),大规模兴修农田水利(灌溉面积增加4.8亿亩),发展农业机械化(总动力3.18亿千瓦),化学化(化肥年施量已达3000多万吨),一些重大粮棉病虫害已得到初步控制或减轻为害等技术条件下获得的[1]。今后的45年,要获得50%~100%的递增率,难度要大得多。鉴于尽管大粮食、大农业、适量进

口等等无疑将解决很大问题，但是粮食增产仍将是问题的核心；发展种植业也就仍然是我国发展农业的主要任务之一。这既有待于进一步建立起良好的农业生产关系，加大对农业的投入，也须依靠科技：既要发挥总体科技和农业科技各个学科分支的潜力，亦要农业技术对策的对路与有效。

(2)与此同时，必须为旱涝多灾地区和扶贫地区的改进基本生产条件提供实用技术，我国在1949—1993年间，每年平均水旱受灾面积达3.454亿亩，经济损失315亿元，粮食损失130亿kg。另外，我国的旱涝灾情是从古至今的，在206BC—1949AC的2155年中，就发生了涝灾1092次，旱灾993次。可见防治水旱灾害是我国发展农业、发展国民经济、安定社会的重要任务；在大中型水利工程外，我国现代化农业技术对策对此理应也做出贡献。至于旱涝之外的台风、热风，冰雹和低温冻害，根据统计[1]，对农业产量和社会经济所造成的损失往往高达旱涝灾的50%；这方面的减灾技术至今则相对地比较薄弱。

对于我国尚有6500万人口的扶贫工作，扶助其发展农业生产自救是根本。主要分布在山区的全国18片贫困地区需要改进生产条件，首先是水土资源条件，也就需要有改进生产条件的技术和农业技术的投入。

(3)在提高产量的同时，还必须谋求物种、水、土等自然资源和生态环境的保持持续。我国耕地的1/3发生水土流失，国土水土流失的面积有增加的趋势。土壤流失每年达50亿吨，造成经济损失100亿以上。还由于泥沙沉积、河床提高，湖泊纳洪能力的损失，调节河川径流有效库容严重不足，每年水灾威胁，形成国家心腹之患。这种情况的缓解主要依靠水利部门和水利科技，但在径流、泥沙在田区的“就地存蓄利用”，“抗洪始于草根”方面，林业、农业科技也责无旁贷。全国风蚀面积达2.1亿平方公里，表层土壤的风蚀流失，连同地下水超采、地下水位的下降，导致沙漠化进程。据水利部门统计[2]，我国干旱半干旱地区已有1/4浅层地下水被超采而无法恢复。其中很主要的是农业灌溉的超采，至于极为普遍的过量灌溉所引起地下水的污染，据测定，北京市有些地区实已超过国家规定的卫生标准。

(4)提高作物的水利用率，扩大灌溉面积，同时减少灌溉用水和农业用水所占国家用水的配额，以适应农村乡镇生活和工业用水日益增长的需要，并为缓和国家或地区水资源短缺问题做贡献。

二、对我国农业产量的登台阶、减灾脱贫、水土资源和生态环境的持续形成制约的共性因素

作为农业的基础的种植业，其生产过程的实质是将经选择和培育的作物种类和品种，在当地所能获得的条件相对较好的土地和土壤上，在给定气候条件下，在作物各生育期间，根据生理需要，借助科学手段，为植株创造作物能顺利生长的环境，适时适量地提供适当的水、热、肥、气等生长要素，以便能高效地(土地生产率、水利用率、经济效益)夺取优质高产而保持资源生态环境的持续。

然而我国在地质年代造地运动中所形成的三大阶梯多山地形，广阔的黄土、红岩、岩溶、荒漠、丘陵、盆地、湖泊、平原等地貌，位处东南海洋和西北大陆季风环流地带，从而夏秋雨季高度集中，冬春干旱、寒风肆虐[3]，以及作为农业古国而原始植被严重破坏，水土流失严重，洪涝渍旱、台风热风、低温冻害等灾害频繁，耕地跑水跑土跑肥和瘠薄，盐碱风沙危害面积大，高原陡坡、黄土红黄壤岩溶潜育化瘠薄地面积大。尽管灌溉面积已发展达耕地面积的49%，农业的水利化、化学化、机械化、良种化、病虫害防治等已有很大的发展，但中低产田仍达10.07亿亩。这就是我国的基本国情[4]。自然基本条件在为我国提供世界三大平原之一，水热同步的华北平原、松辽平原、江南鱼米之乡等等有利一面的同时，也形成我国农业的一些制约因素。起主导作用的是：

(1)降雨在空域和时域上的分配与作物各生育期的需求往往不同步；西北干旱，华北东北春寒春旱，西南冬春旱夏涝，长江中下游夏旱夏涝，华南春旱秋旱夏涝等等。

(2)坡耕地多，跑水跑土跑肥。

(3)原始植被破坏而基本上未得到重建；有助于减弱台风热风冷寒、田面蒸发、水土流失等的农区和农田防风林、混农林、绿篱、草带、草皮等的建植，未充分发展。

(4)高海拔高纬度的高寒地区以及地质年代造壤过程所发生的瘠薄、保水性差、易侵蚀等不利土质和地貌如黄土、红黄壤、沙姜土、盐碱土、岩溶荒原、高原、丘陵等甚为广阔。

水是农业的命脉，是抗御旱涝，改良土壤，提高土地肥力，防止次生盐碱化、潜育化、沙化，防止侵蚀，减弱风害、低温冻害，植树种草，重建植被，防止水土流失的主要手段，也是各种土壤耕作、改良品种、合理种植、科学施肥、病虫害防治等生产措施和生态环境治理措施能发挥作用的前提。另外，水环境、地面水、地下水位、水污染等是一个地区生态环境的主要因素。这样，我国自然条件和基本农情的种种特点规定了农田的水土整治是我国高产减灾持续农业的前提条件。

自然条件所施加的影响是长期的，任何治理措施必然涉及长程行为，需要花大力气。我国农田水利的兴修自古即已开始，延续至今；建国以来也已进行了大量有效的建设；今后长期内还将继续。这里要提出的是，需要更加关注国内外有关农田水土整治现代科技和实用技术的进展，及时吸收利用。

三、作物栽培、耕作、土壤改良与农田基建技术措施综合优化中，旨在挖掘科技潜力的一些指导性原理、原则、经验与途径

在农业生产建设中，无论所采取的手段是生物技术的、农业化学的或是物理工程的，所需投入的农田基本建设或是农业物资，与无偿的自然资源比，无论对于一个农户或是对于一个现代化经营的农业企业，总是额外的负担；从而存在着一个严格的投入产出比问题：即须查清作物在不同的关键生育阶段究竟需要什么，需要多少，目前有多少，如何精量地补充多少——一种定量的精密农业生产技术体系。同样情况也存在于通过农田基本建设以求改变自然条件对农业生产带来的限制之中；这里同样有一个严格的投入产出比问题。亦即同样有个定量精密优化问题。因此，可以断定，定量精密的农业技术是我国或任何其他国家农业技术对策的主流；尽管具体进程和侧重点有所不同。

在目前，定量精密农业随着地理信息系统、地理定位、遥感、参数监测、数据处理、过程模拟、系统综合优化等技术的发展，近几年来，在西欧北美兴起研究热潮。但所涉及土壤植物大气系统极其复杂的生物过程，许多定量关系式尚待确立。因而基本上采取开发一点就应用和利用一点的策略。在我国情况下，我们认为也必须走上定量精密农业技术这一技术途径，以之作为农业技术基本对策之一，而在一些重要过程特别是因素偶合效应的定量关系尚未弄清之前，建议采取定性定量交叉结合的做法，筛选一些经实践证明有效的原理、原则、经验和途径，作为定性指导原则。

鉴于农业发展还涉及经营管理、技术推广和信息的普及等问题，亦即统起来可以说成主要涉及地、土、耕、种、密、光、热、气(风)、水、肥、保(持)、技(术)、药、劳(力)、资(金)、经(营)等16个字。对我国进入21世纪农业生产建设经营管理和技术推广普及等工作的优化指导性原则、原理、经验和途径，我们汇集并推荐如下几条：

1.有关作物生长过程中作物生长因素优化调剂方面

(1)限制因素原理："作物产量水平不能高于主要的作物生长因素中受到最大限制的那个因素所允许的水平(Brady)。"[5]

限制因素原理有些类似威廉斯在农业原理中[6]所引述的植物生长因素的相等重要性原理，以及广为人们所知的边际效应递减原理，但具有大得多的可操作性。

(2)根据不同田块不同部位在地形、土质、肥力、杂草、前茬产量等上的不同，在生长因素调剂上，按监测数据采取差量处理，比一律平均同量处理可以提高产量，减少物耗，降低成本，提高效益。

(3)根据作物在不同生长发育阶段对生长因素的需求量各有不同，利用作物此生理特性，定量地分别处理，可以为增产低耗带来机遇。

(4)建立在基础科学原理上并经实验验证的作物生长模型是在定量上逐步学会把握复杂的作物生长因素与产量之间关系的一种科学方法。利用作物模型和以定性经验为基础的决策支持专家系统，可

为作物生长因素的综合调剂和综合栽培管理措施的优化提供手段，为增产低耗高效提供新机遇。

2.关于提高自然资源的有效利用、缓解逆境、防止水土向外流失、调节下游洪涝、增产增效方面

(5)雨水径流及山洪在农田、农区、农村、小流域等的就地拦蓄，高效贮蓄(防渗漏防蒸发)，秋水春用、雨季水旱季用，是缓解旱象，减灾保产的有效技术途径。如在现代工程科技基础上加以大力开发，提高效率，规范建造工艺，扩大规模，改用精密灌溉和补灌技术，这将为我国广大雨养农业、林业、草业地区的生产带来新的机遇。

同时，通过雨水径流、山洪和泥沙的就地拦蓄，改变雨水径流自古以来的水文路线，既减少水土流失，还将大量减少汛期对下游河川的泄水和泥沙量，有助于减弱洪峰烈度，减少洪涝灾害，减少河道水库水坝河口等的泥沙淤积。

(6)进一步发展覆盖技术和移栽技术，扩大其应用范围和规模，改善土壤和作物水热状况，提高土地复种指数，延长作物生长期，以提高产量和质量，扩大作物适种区域(我国农业传统)。

(7)利用农田防风林及混农林业减缓台风热风等为害烈度，缓减灾情和产量损失(新西兰澳大利亚等经验)。

3.关于正确利用土壤的“仓库”和“工厂”功能方面

(8)活动根区土层土壤是作物生长因素水、肥、热、气的储存库，对逆境可起有一定程度的缓冲功用，对产量有一定的影响。采取正确的耕作法，恢复土壤腐殖质(有机质)含量水平和土壤结构，以及避免压实，以保持孔隙度等，有助于抗旱涝，减少水土流失，保产增产。

(9)为根区土壤提供适当的水、热、气、腐殖质、酸碱度和结构等条件，避免过度压实，为土壤微生物活动提供良好的环境是广大瘠薄土壤改良利用的前提条件之一。

4.关于经营管理方面

(10)适度规模的农场经营是发挥现代设备和技术作用的必需条件。

(11)小流域治理结合农场生产的综合规划经营，是一种能提高水土、劳力、资金等资源利用率，合理配套保持措施，落实保持任务等的机遇的组合[7]。

(12)发展新型的、规范化的农业物资供应、产品销售、技术推广、信息普及及资金筹集等经营管理体制，将有效地促进技术与生产的发展(美国经验)。

四、中国式现代“适用”型精密高效持续农耕制的工程技术体系

根据我国农业进入21世纪所面临的任务以及我国各个地区多灾低产的农业自然基本条件和基本农情，在概括过去经验体会的基础上，根据现代系统分析技术带来的新机遇，提出发展各个不同地区的现代化适用型精密高效持续农耕制，作为我国进入21世纪农业技术对策的支撑构架，有机地纳入各有关学科的实用技术，形成生产力。这里，现代精密是指建立在现代科技上的定量优化，与传统精耕细作的多耕多耙细耕细耙不同；高效指通过定量优化而实现的在土地生产率上，(单位产量)在投入产出，因而也必然在产品质量上实现高效率，在水、肥、药、膜等物资投入上实现高利用效率等。减灾是因为在一个相当长的时期内自然灾害将是我国一些地区农业生产中的特点内容，因而与资源生态环境的持续并举。这样一种农耕制以以下工程技术元素所构成的体系为框架：

(1)采取适度规模经营，将小流域或微聚雨区与基本农田统一考虑，水土保持、土地改良利用、农田基建与农业生产综合规划，利用地理信息系统，遥感技术，地理定位系统等有关技术，开发“适用”的土地资源、地形地貌、土壤特性等有关基本参数的监测、数据处理，以及综合措施优化决策专家系统等软件和

硬件。

(2)在参数监测以及过程预测和调控下,以调墒、调温、培育提高腐殖质水平和维持适当的松紧度为主要指标的少耕耕作法。在一些有机质水平低,而土壤温度、水分、含氮量等不利于秸秆还田沤烂和厩肥不足地区,开发参数可调控的沤肥装置以提高秸秆还田和厩肥还田。

(3)在广阔的红黄壤、过沙、过黏、岩溶、盐碱、潜育化等土壤瘠薄地区,结合先进耕作法,以腐殖质、水、热、结构调控等为先导措施的土壤逐步改良技术。

(4)雨水就地或就近高效(防渗漏防蒸发损失)集流贮蓄技术;秋雨春用,雨季水旱季用,(在广大高温湿润地区的坡耕地上,瘦瘠的土壤往往二三周无雨即已呈旱象)。

(5)调控作物不同生育期的水分亏缺度(水分胁迫度)达到节水增产的灌溉技术或利用雨水进行补灌的技术。

(6)适用于各种作物在各种地区的精细的覆盖技术(塑膜、秸秆覆盖、活覆盖等)和移栽技术,通过有效地延长或调整作物的生长期以达到增产优质。

(7)按点测土配方播种施肥施药施水的技术,仪器设备和软件。

(8)整套制种工程技术。

(9)各种作物生长模型及综合措施优化决策系统的软件硬件。

(10)由农户参加入股、带合作性质的集资经营。从事物资种子供应,产品销售,技术推广与承包,信息普及等业务的技术服务公司,作为新型的农业技术推广体制。

五、研究开发示范推广现代“适用”型精密高效减灾持续农耕制的技术途径

(1)在典型地区建立试验示范点和试办技术服务公司试点,通过试验示范点的研究试验示范和总结,对一些行之有效的单项技术、单套技术或整套技术,通过培训辐射推广。

(2)在有关的省农科学研究院所或大专院校设现代精密农耕技术中心,聘请国内外专家参加实际工作;技术中心成立技术指导委员会,聘请国内外有关专家名士参加。

(3)研究试验示范工作采取“适用技术”的技术路线,(Appropriate Technology)即在遵循原技术先进的原理方案方法的基础上,根据地区农情特点、资源财力和技术水平等条件,适当采用中低技术和设备,利用当地资源和人力,以降低开始时往往过于昂贵或难于获得的资金设备的投入。

(4)有关现代精密农耕技术的研究实验示范,重点是放在框架技术上,对于许多生产上需要配套的农业技术、生物技术、经营管理技术和其他有关的工程技术,采取拿来主义,即从省内外国内外,择优采用。

参考文献

[1] 中国农业年鉴编委会.中国农业年鉴 1989、1992、1993、1994.北京:中国农业出版社.

[2] 国家自然科学基金委员会.水利科学.北京:科学出版社,1994.

[3] 中科院中国自然地理编委会.中国自然地理总论.北京:科学出版社,1985.

[4] 中华人民共和国农业部.中国粮食发展战略对策.北京:中国农业出版社,1989.

[5] Nyle c. Brady. The nature and properties of soils. 8th Edition. Macmellan Publishing Co.

[6] 威廉斯.农业原理.奚元龄译.新农出版社,1951.

[7] 包忠谟.区域治理与侵蚀环境调控.土壤侵蚀环境调控与农业持续发展.中科院水利部西北水保所及黄土高原土壤侵蚀与旱地农业国家重点实验室.西安:陕西人民出版社,1995.

在市场经济中一个学会是怎样发挥作用的

——美农业工程师学会 1996 年会见闻

曾德超

一、引言

我个人在 40 年代曾是美农业工程学会(ASAE)的学生会员。改革开放以来曾作为中国农业工程学会代表之一,几次与其历届领导人洽谈交流与合作;也曾几次参加他们学术年会。看到,尽管在过去半个多世纪中,美国的农业在其国民经济中所占份额逐渐变小,但他们的工程师学会遵循社会的需求和科技的进展,能够不断拓宽领域、开辟蹊径,办得仍然相当红火,对本国、对国际、对发展中国家都继续发挥着良好影响。这次,一方面是由于他们在今年年会的主题"把握当今技术"中,突出精密耕作和农业信息技术,我个人认为,这是利用现代的信息工程原理和技术改造传统农业工程技术的集中表达:是从农业的以生产为中心,发展良种化、化学化、水利化、机械化的"传统工程技术"阶段,进入到农业的以生产与资源、环境、生态的可持续为中心,发展和应用农业信息技术,提高机械化、水利化、化学化、良种化效能的崭新的"信息化工程技术"阶段。这个动向与我实验室自 80 年代以来所作有关耕作工程措施的水热盐气效应模拟和调控方面的摸索,以及从现代科技改造并发扬我国精耕细作优良传统的方向是相符的;对我国的大力开发与推广新科技,以完成粮食上台阶,扶贫、减灾和实现持续的任务,具有现实的参考意义,非常值得了解。另一方面,他们从今年起,把以前每年开夏冬两次年会改为以后每年只开一次,并开成 ASAE 的国际年会,欢迎外国 ASAE 会员或非会员同行参加。我国农业工程学会原拟派一代表团前去参加,后因故不能成行,便委托我个人作为代表,前去参加。趁此对其学会活力源泉,再一次审视;并对会议情况,作个简要汇报。

二、完全市场经济中一个学会的作用和工作的组织

美农业工程学会(现全名为农业、食品与生物系统工程学会,简名仍沿用美农业工程学会—ASAE)可说是一帮从事与农业工程科技有关的职业,而以工程师为主体的人员,从最初发起成立学会起,就是自发组织起来的职业性专业团体。当今会员每人每年缴纳会费 55～85 美元(依中青老年会员而不同),每次参加学术年会,路费、住宿费自理,注册费自理,注册费高达 260～330 美元(依注册提前与否),带家属每人外加 35～55 美元,学生会员注册费 50～80 美元(地区性学会活动注册费少一些),会议所订旅馆一般都是当地一流的,旅馆费每人每天 80～100 美元,参加技术参观要另外交钱,参加会议的早餐、中餐或晚餐也都是另外交钱;买学报、杂志、论文、书籍(ASAE 出版)等虽然会员有优待,但也花费不少。尽管如此美国一些企业、公司、研究部门的农业工程技术人员,大学教学科研推广人员、研究生,甚至高年级大学生,也都乐于参加学会以及学会所组织的各种学术和技术交流活动,把参加学会学术活动视为职业的必需;而企业、研究所、大学、科研基金会等单位,也都以支持和资助专业人员参加学会活动,视为工作的必需与常规。学会在其发展中之所以逐步形成这样的凝聚力和威信,看来是由于学会具有不可替代的地位和作用,并且善于把握和充分发挥这种地位和作用:当今完全市场经济社会中,作为学会的一名会员本身就是一种职业资格和专业地位的社会承认;会员在参加学会的专业会议、技术活动、发表论文,获得学会的各种奖励、荣誉和称号,标志着同行专家的承认。这种同行专家的承认,受到政府业务主管部门和业务单位(大学、研究所、企业)所重视,并明智地将所之作为单位评绩的重要补充。至于学会

作为地区、国内、国际同行之间交流、辩论、审议、争鸣等的场所和环境，则是任何单位或部门所不具备或不完备的。而学术争鸣环境和气氛的创造和培养却是科技发展繁荣的生命线之一。与此同时，为了能在社会上树立威信和形象，学会本身也必须办得有精神；在自身组织上既订有一些自律的成为条例，也要建立起一些经多期积累、培植起来的成文不成文传统、规矩和做法，其中尤其重要，而应被视为学会生命线的是始终维持严肃的学风和端正的作风。

美农业工程学会各种学术活动的骨干是它的几个分会，下设近300个专题委员会。它的学术活动除了地区性专业性参观展示讨论评比等外，每年增加新论文书刊达1800篇。美农业工程师学会参加全美工程师学会联合会、全美农业科技协会，大学与研究生教育、评估中的工程师联合学会(Engineering Accredition Commission—EAC)，还参加国际农业工程学会(CIGR)。由于国际农业工程学会历史上是在西欧发起，主要活动在西欧的北非，多年来由西欧特别是法国人主持(把持)，会务悬架在任一国家的学会之上，每4年开一次全球学术会议，其专业委员会最多2年一次，不论全球会议或专业委员会会议，参加人数不会太多，学术交流的效果远不及美德的学会，因而活动很难达到任一国家学会的规模。ASAE和CIGR之间多年来一直有离心倾向，认为每年向CIGR缴纳大量会费不值得，因而一直酝酿退出，并把ASAE的年会开成并挂上ASAE国际学术年会的招牌；同时把过去每年开夏冬两季会改为今后每年一次。最近可能是觉得不管CIGR办得怎样，脱离CIGR可能总是不明智的；转而运动提名德克萨斯农工大学的Bill Stout竞选CIGR1997—2000年任期的主席。Stout目前同时在筹划编撰出版国际农业工程手册。

ASAE本身的管理也设有相应的机构。首先是学会董事会，学会基金董事会，财务委员会，会章与章程委员会，高级会员委员会，管理问题与社会问题研究处理委员会，学术会议指导委员会，(各种)提名委员会，会员会籍委员会，奖励和特别奖协调委员会，各种奖励委员会(如青年研究人员奖，青年教育家奖，青年推广工作者奖，学生奖，Case金牌奖，Massey—Ferguson金牌奖，岸田义典国际工作奖，ASAE年度学生工程师选择、学生设计竞赛、学生论文评比等)，ASAE论文评比委员会，历史纪念委员会等等。ASAE在80年代初期曾设有中国委员会，后来取消，并改设国际部(International Commission)，下设行政管理、指导，国际活动，国际联络，国际会议等专题委员会。这次选了日本的岸田义典任国际部的主席。在ASAE的行政管理机构中还设有职业(发展)部，下设指导委员会，本科和研究生教学委员会，工程技术评议会(ABET)的监察委员会，工程技术与管理教育委员会，农业技术课程与管理课程计划审议委员会，以及学生的组织与辅导，教学计划管理，后续教育，工程咨询，出版审稿，科教书编写等诸多委员会。另有只吸取农业工程方面最优秀学生参加的AE社团(Alpha—Epsilon Society)。

在专业方面，ASAE设有技术业务分会，新出现领域分会，以及传统的食品与加工工程，信息与电技术，动力与机械，土壤与水，建筑与环境等分会，这些分会除了普遍都设有行政、指导、提名、标准、教学计划、论文审查等专题委员会外，所设主要的专题委员会如下：

技术业务分会——标准、环境质量协调、能源、国际标准、质量可靠性与测试、人体工程、安全与健康、政策与超前规划、技术交换、标准批准、标准开发等委员会。

新出现领域分会——提名委员会，出版总结与论文奖励委员会，与水养工程学会联系委员会，以及林业工程，植物生物工程等委员会。

工程师职业委员会——(职业工程师——P. E)证书与注册，咨询，职业道德等专题委员会。

食品与加工工程分会——市场与工业焦点，农副产品的物理性质，谷物与饲料加工贮存，食品加工生物质作为能源与工业原料利用，传热传质，包装，水果与蔬菜收获后加工等委员会。

信息与电技术分会——主要设有地理信息系统，有限元与数值分析，自动化与控制的智能系统，机器图像技术，柔性自动化及机器人，辐射，仪器与控制，计算机，移动设备的通信设备，电与能应用，ASAE-IES联合的农村照明，农用风扇能耗效率与试验标准，农业电发电，挤乳设备，农舍电与电子控制装置，电栅栏控制装置等委员会。

动力与机具分会——主要设有一些常规机械的委员会(农场物料搬运,农业装载设备,封闭式车厢环境,施肥与喷药,流体物料的喷洒,干物料的施撒,耕作机具,机具运营等),林产收获与利用,水果与蔬菜生产工程,棉花工程,拖拉机与机具液压件,草地与园林机具系统,谷物收获,精密农业,农业机具自动化,苗圃与温室植物生产系统,农源工业器材供应,土壤动力学研究,土壤分类与测量,土壤——植物动力学等委员会。

土壤与水分会——主要设有土壤与水资源法律,水文学,水文系统,土壤侵蚀控制,排水,湿润地区地下水位管理,灌溉地的排水,灌溉(地面灌溉、喷灌),灌溉水供给与输运,微灌,灌溉运营,草地与园林灌溉,水资源结构,乡村工程,废地利用,农村供水,蒸散与灌制学术会议,土壤与水分会命名现代化等委员会。

结构与环境等分会——主要设有结构,雪与风载荷,农药与肥料处理,木结构工程,木柱包薄铁式结构设计,夹板式立柱设计,大容积固体贮存系统,水平饲料塔载荷,环境生理学,禽畜建筑环境,植物建筑环境,产品贮存环境,空气环境质量,肉牛设备,乳牛房舍,猪舍,鸡舍,农业废物运营,太阳能,国际禽畜环境会议等委员会。

三、美1996学术年会(对外称ASAE1996国际学术年会)的特点

(1)为会员提供高质量的后续教育和业务进修性讲座:在三天的会议中,同专业分会的正式论文报告一样,各种讲座的时间基本排满。这次的题目有:GIS系统;农业与生物工程的计算;人体生理响应的生物工程分析;植物修补(phyto-remendiation);用WINDOWS运作的GRA-NARY程序;未来的谷物贮藏系统;工程师技术讲演技术;写作如何有力;职业工程师执照考试解说;欧盟对农机技术的法律要求规定等。在会议期间还组织招工单位与谋职人员的洽谈,方便会员找职业。

(2)对学生会员的安排十分活跃:包括相互会见晚会;举行全国学生会员团体选举;举行学生设计竞赛评奖(全国预选3个候选人,到会进行报告并评奖);学生论文竞赛评奖,进行学生辅导(学生与专家组对会见),专家带着学生挑选参加各组有关报告;举行青年职业培训报告(如如何填写求职履历,如何寻找职业,职业道德的意义等),组织学生与计划招聘人员的企业交谈;举行小型拖拉机模型的拉力竞赛(作为ASAE学会的一种传统);举行全国学生会(农业工程方面)的选举;举行全国各高校农业工程专业优秀学生才能参加的社团会议等。

(3)学术年会尽可能与其他交叉学科的学术会议联袂同时召开。这次同时召开的有如下学会:

①农业计算公司协会(AACC-Association of Ag. Computing Companies)。该协会是在当今信息技术大型进入并改造各行各业,包括农业和技术运营的时刻,看到农业生产、加工以及资源环境等广大领域所提供的巨大市场潜势,争相成立起来的以软件为主的一些公司的协会。这类公司大多从一般的经营、财务、库存、清单、档案等软件的营销培训和服务开始,逐步进入农业领域的运营决策支持专家系统及各种技术程序等。该协会会员(有些本来就是ASAE会员)在ASAE学术年会上可以了解全面技术进展动向,又可组织与农业计算有关的交流。这次会上AACC组织了“精密耕作中有什么新东西?”、“通过国际联网(internet)进行销售的新进展”等报告。就ASAE而言,这种联合是扩展行业和学会业务的极好的方式。

②生物工程学会(IBE)。该会部分会员与ASAE会员是交叉的。这次该学会与ASAE在同一地点通过同一注册,与ASAE会议日程重叠并前后相差一天。这样,本会的会员既可听取ASAE各专业委员会的有关学术报告,本会会员又组织本身的报告,也供ASAE会员出席听取。IBE这次学术会议的中心是:听取企业、大学与政府见解并全面探讨有关生物工程的应用,存在问题和实践等意见,提供工程师、科学家、技术人员进行合作的机会。讨论位在工程科学与生物科学中间交界面的生物工程的脱颖出现及其计算方法,厘定IBE的新机遇和新领域等。

③国际学术年会。ASAE从现在起,把每年学术年会从每年2次改为一次,并开成国际学术年会,

这样要比CIGR每4年一次、脱离任何国家的农业工程学会会议，单独开一届学术年会的做法，不论对发展中国家农业工程工作者，还是发达国家的农业工程工作者，都来得及时和实惠。国际人员参加ASAE国际学术年会，有些是作为ASAE的国际会员参加，有的则因系国际会议而前来参加。国际人员一方面可以根据本人专业参加任何小组报告，会议也专门组织一些有关第三世界农业工程研究发展方面的论文报告，总名为可持续农业的适用技术。这次会议上的有关第三世界农业工程方面的报告有阿曼、印度、巴西、斯里兰卡、孟加拉国等几篇。

还要带上一笔的是，一些高校的农工系往往利用ASAE的开会，举行校友会——举行集体一起进早餐如普渡、衣阿华、伊利诺、TEXAS A&M等等。

四、这次会议学术报告中反映了哪些新研究动向

ASAE历来将每年所开的学术年会和出版论文书刊看作是满足会员职业活动需求的重要工作来抓，其设在密执安St. Joseph的总部就雇用有专职人员一年到头负责各项会务，其中有人专门负责开会、编印论文书刊等。在其总部还装备有小型自动化印刷设备。ASAE的各分会都设有学术会议委员会。有关学术会议的工作可说周年连轴转：每个分会筛选几个专题后，推选在该方面研究最有进展的会员参加组稿和主持分组讨论会，会员得以主持分组学术会议是一种业绩、声誉和成就的表示，这次会议中突出的新前沿有：

机器图像（实时机器图像）应用的开发：苹果分级，蘑菇、燕麦干燥过程控制与分级，苜蓿自动化收获系统，西红柿收摘，机器人系统，移栽系统，霉菌损害大豆程度鉴定，牲畜形体评价系统，田面与土壤参数监测等，以及模糊逻辑与神经网络在机器图像中的应用。

农业与生物工程中的数值方法的应用：大孔隙介质中耦合流动与耦合动力控制传输问题中的FEM应用；土机作用中的2DFEM分析；材料随机性场质热耦合传输的FEM分析；避免缓慢发展的食品贮存危机预警系统的Fuzzy Logic系统等等。

近红内线（NIR）技术应用的开发：近红内线反射对小麦单颗粒蛋白含量的反射（米味的测定、化学特性测定与口感）；利用NIR测定耕层土壤理化参数等技术的开发；用NIR色谱仪测定土壤水分、在行进中地表定位施氮的调控与监测；径流区监测调控仪器系统获取数据的实施等。

农业系统中游离电压（Stray Voltage）的影响：GIS用于水环境的管理、草场水文受微气候变化影响的预测、美主要河流的泥沙与养分载量的估测。

精密耕作的技术开发及经营与经济：田间土壤化学成分变化、物理性质变化的建模；土壤参数与产量的关系模型；高分辨率飞机遥感应用于精密耕作的可能性；精密耕作所应用玉米大豆模型的验证；半干燥草场决策支持系统的开发；DGPS（Differential Geographic Positioning System）在精密耕作中的应用；精密耕作中大面积网络的DGPS系统的开发，成本与环境质量耦合评价的决策支持模型；地面灌溉径流中农药与NO_3^-的控制，描述温度变化模型的建立；层状种床中耦合传热传质模拟；用机器图像技术估计小麦的氮素水平，不同耕作制度下NO_3^-运移的显示与建模等等。

定点测土配方的水肥调控：地面微起伏的变量及随机粗糙度定值的快速方法；用CT扫描与“可溶替代试验”（Miscible Displacement Experiment）估测土层大孔隙技术的技术；用TDR小探针测土层有效容积及入渗速率；显示农田地下水位仪器的开发；灌溉系统选择的决策支持系统；几种土壤侵蚀模型的实验的比较；微流域大小的选取对径流和沙量模拟的影响；气象预报利用于农田各点土水估计；不同耕作法下NO_3^-运移的建模与监测；应用模糊逻辑于蒸散量预报等。

环境控制下的植物生长：植物对环境的响应，如何调控植物的环境——用机器图像测定植物水应力、树冠温度；测量植物响应的传感器等。

土壤侵蚀模型模拟等。

五、结束语

总的来说，在市场经济社会中，一个学会的作用或宗旨，首先是通过地区内外、国家内外同行对研究工作的成果、经验、信息的定期交流、对比、竞争和启发，达到相互提高会员个人的业务能力，促进个人抓进度、出成果，巩固和提高个人的职业地位，同时及时调整专业口径以适应社会发展的需求；共同促进学会作为专业社团在社会进步中的作用，提高社团从而联及个人在社会上、国际上的地位，并保护自身应有的权益。相比之下，中国农业工程学会乃至整个农业工程科技界，学术交流讨论争鸣乃是个最薄弱环节；不能说没有，但不经常化、制度化、密集化；办得没有精神，形式化，不够严肃，没有理解和充分利用与发挥学术讨论这一环在科技进步中无法代替的作用。我认为这是个严重的问题。包括我们所了解的全国农业工程院系统和研究所在内，差不多也都如此。寄望于学会各专业委员会能创造经济条件，在学会的领导下，带头办好这件事，功德无量！

对新设立的国家节水农业技术培训中心工作纲要方面的几点建议*

曾德超

一、本技术推广培训中心的定位

根据统计，我国全国径流及地下水资源约为28000亿方，人均拥有2670方，为世界平均量的1/4。每年实际利用的水量为4658亿方，其中88%用于农业；在中等干旱年情，缺水估计358亿方，农业缺水300亿方（以上为1956—1979年数据）开放改革以后，尤以90年代以来，我国工业，城乡建设，人民生活，以及全面经济的以8.9%这样速度发展非农业用水占用百分率急剧上升，农业用水受挤；表现为有些地区河流，井泉干涸，地下水超采，影响农业生产，如黄河，汾河，淮河，海河等。这种形势随着我国人口的向16亿计划升限增长，工业的向中后期发展，排放的加剧，城乡建设，人民生活全面提高等，势将更加严重，中国水资源短缺及其对粮食安全的影响问题，已引起国内外的注目和议论，国际上有的单位估计我国到2030年将缺水2000亿方，从而需要从国际市场进口2亿吨粮食。我国现在农业用水约4000亿方，灌溉农业生产了国家粮食的70%，但灌溉水的利用率据有关方面估计只达40%（发达国家达80%），水利用效率估计在0.85公斤/方（发达国家为2公斤/方）。这样，如能在现有水平上提高灌溉水的利用率20%，即缩短与发达国家差距的一半，即有很大的潜势，缓解我国水资源及粮食上台阶，亦即粮食安全问题的压力。

本节水农业技术推广技术培训中心，就是在这样挑战和机遇形势下建立的。这样，其定位就宜与已经建立获有很大成就的原有全国研究院所，大专院校，灌区，节水增产重点县，节水灌溉工程示范区，市，县，区水利队等配合而有别，即集中在：利用国内外已有成功经验与实际应用而具有实效的技术，经过筛选，必要调整，优化组合，试验和示范，在一些重点地区经技术培训，严格执行技术规范，有成效地在大面积上推广，力求能做到在大面积提高灌溉水利用率达60%，对整个国家的水粮形势做出贡献。

二、主要技术途径

在中心建设合同获得者澳大利亚技术代表团的支持下，以引进澳方技术、经验、设备、仪器软件等为主，但宜兼及美、以等国技术经验和设备，特别是设备，同时结合我国不同地区特点，经过试验示范，就地培训和辐射推广，整个过程强调技术规范和科学的工作作风。

关键技术主要涉及三个方面：

(1)以适度规模地区为单位，建立该地区主要作物的科学灌溉制度，制定程序和成套技术，以及指挥全区执行科学灌制的信息网络系统。

包括按大气，土壤，作物水分环流质能守恒定律，科学地预测参考作物蒸散量，通过调控作物不同生育期最优的水分胁迫程度等来确定灌水量和灌水时间，并与农业施肥制度相配合，制定灌溉制度的执行表格；同时开发和改善各种本区当前正在大量使用的灌溉系统（如地面灌，喷灌等）、方便使用的量水技术，以保证灌水较准确地按量按时。

(2)选用、改进和委托开发适合本地区生产和经济条件的节水灌溉方法和设备系统，譬如渠道衬砌、

* 1999年7月

管道输水、隔行沟灌、波涌灌、小畦灌、小白龙、中小型喷灌、低耗能精量施水系统（LEPA）、微滴灌、地下渗灌等。

(3)根据实际情况，以整条或可分河流流域为单元，或以适当大小地区为单元，对本流域本地区内水资源的分配使用和贮蓄调度，进行优化，并提出建议。

三、推广培训对象范围和试点

按用水大户、问题突出地区和便利示范等条件优化选点进行。范围可包括：

果树园艺	河套灌区
大棚温室	山东黄灌地区
蔬菜与花卉园艺	华北平原井灌区
大田作物灌水洗碱地区	山西汾河流域
生态环境建设中的林，草种植	

本技术推广培训中心应是以中澳为主的多国技术的集汇点和吸收站；参加工作或参加咨询的应有农学家、农业生产成本分析家及施肥制度方面的专家。

我国减灾缓逆、高产高效、可持续农业的发展途径*

曾德超

摘要 跨入21世纪我国农业迎来人口高峰，工业化进入中后期，基础设施扩展，市场经济发育，社会生活、人民消费方式的改变等对粮食农产品的需求，水土资源的大量消耗、排放急剧增大，劳力、物资、技术、资金组合格局变化等所带来的严峻的挑战与机遇。从当前农业基本形式出发，在对基本性制约因素源泉与特性分析的基础上，提出我国所迫切需要发展的是一种抗缓逆境、高产高效的可持续农业。由于农场是农业的基本单位，作为对策，提出通过研究开发试验示范推广建立一种新型的，以雨水就地控制转换集贮补灌、结合整治的适度规模经营、信息化测土按点配方精耕以及专业经营物资信息供销服务统筹的新型技术推广体制为特征环节的生态农业精密农耕体制。对这些环节的技术关键加予阐明并论证。

关键词 降雨就地集贮补灌，经营结合整治农场，测土按点配方耕作，统筹型技术推广体制，生态型精密农耕制

一、导言

我国农业在建国以来的近半个世纪中，经过全国很大的努力，获得了举世瞩目的成就，基础也有了很大的发展。然而，我国农业当今的基本形式，仍然是：①旱涝风低温病虫草等灾害和逆境频繁而普遍；尤其是我国的旱涝逆境是属于普遍性和历史性的：公元前206至公元1949年的2155年中，曾发生涝灾1092次，旱灾993次；1949—1993年间，每年平均水旱受灾面积达3.454亿亩，为耕地的23%；许多地区往往不旱即涝、又旱又涝；西北干旱，华北、东北春寒春旱，西南冬春旱夏涝，长江中下游夏旱夏涝，华南春旱秋旱夏涝的气候格局，基本依然。②作为农业古国，原始自然植被遭受破坏殆尽，而植被重建是十分艰巨的；掠夺性经营和人为破坏的结果，虽然全国40余年的努力已获得森林覆盖率达到13.92%的巨大成绩，然而生态仍然十分脆弱，水土流失虽然累计治理7.9亿亩，仍达国土的13%，耕地的1/3；森林、草地、湿地退缩，生物多样化丧失，耕地有机质含量和肥力下降；广大贫瘠土地—坡耕地，黄土，红黄壤，岩溶，盐碱，沙土，潜育化等有待改良。③灌溉面积虽已达7.5亿亩，全国中低产田仍占耕地的很大比例(2/3，10.07亿亩)。④人均粮食拥有量不够高(1995为385公斤，1997年约410公斤)。贫困地区(6500万人口)的自然基本生产条件有待切实改进。

跨入21世纪，在2020—2040年，我国将同时迎来人口向高峰增长，工业化进程达中后期，市场经济的迅速而全面发育，农村社区、城镇、城市及交通运输等基础设施、基本建设不可避免的膨胀等等。这样，粮食需求量的连续登上台阶，水、土等资源消耗及排放的急剧增大，劳力、物资、技术、资金组合的格局变化等，势将给农业带来巨大压力和前所未有的机遇。那时，我国农业将处于一个特殊的、历史上前所未曾遇到的瓶颈时期。

在为我国农业问题研究对策中，分析基本性制约因素的源泉与特性是必要的。我国农业的自然基本条件是：在地质年代造地运动中所形成的三大阶梯多山地形和广袤的黄土、红岩、岩溶、荒漠、丘陵、荒

---

* 本文出处：世界科技研究与发展，1998年2期。

山地貌，位处东南海洋和西北大陆季风环流地带，从而夏秋雨季高度集中，冬春干旱、寒风肆虐，坡耕地多，贫瘠土地广，高寒耕区大等等。出于自然地理和气候条件所带来的制约，其作用是长期的、普遍的；一般难于大规模变更或直接控制。基本性制约因素的另一类起因，是在自然基本条件的基础上，出于人类掠夺性经营、过度垦殖、不当耕作、“竭泽而渔”等所造成对自然资源、生态、环境的破坏；以及排放过量所引起全球性负面效应如热流、水资源变化等等。物种的衍生，土壤的发生，肥力的形成，环境的培育，其过程是漫长的，毁坏往往却是起于一旦。资源生态环境修补重建的生态型系统工程一般都不是一蹴而就，而且规模耗资都很大。因此，对资源环境类限制因素的对策，首先是防止进一步的破坏或恶化，即保护和保持；至于重建，为了确实扎根生效，则宜集中营造，着眼于恶性循环首先于局部地区的转轨，良性循环的启动，然后扩大，有所为有所不为。这样，我国农业基本形势及发展的制约特性表明，在跨进21世纪之际，我国所迫切需要发展的是一种抗逆减灾、缓解逆境，高产优质高效（土地、水、人力、物资、科技、资金等的利用效率），资源生态环境保护、培育，选择性重点重建型可持续农业—简称缓逆高效可持续农业。

一个国家的农业主体部分是由具有一定规模和范围的经营单位“农场”组成的。农场为了对其种植业（作物、农区的林业果业、草业草皮业）及时适量地提供作物生长所需种、土、水、肥、光、热等要素，而年复一年地进行农田基建、耕作、栽培、管理、经营，形成某种相对稳定而又不断革新的农耕技术体系。研究开发示范推广建立能较好地处理各个地区农业发展主要制约因素、体现先进理论、构成国内外有关新进适用技术载体框架的新型农耕制，应该是我国农业发展对策中一个重要组成部分。在我国粮食、农业发展问题寻求对策中，理论界提出了一些深刻的概念、原理和方略，农业技术研究界提供了一批优秀成果，行政管理部门也不断地启动了各种富有成效的工程项目。新型农耕制势将成为体现这些理论、方略、对策和应用这些研究成果的主要，如果不是唯一阵地；同时成为丰富各种群众性项目的科技含量和提高技术水平的工具。这样一种农耕制，根据我国农业所面临的形势，作为一种方案，应该包括如下特征环节：①以雨水就地就近控制四水的转换，高效集贮，用以精量补充灌溉关键水。②以中小流域为边界，结合整治的适当业务范围和适度规模经营。③信息化测土按点综合优化配方精密耕作。④专业经营物资信息供销服务统筹的新型技术推广体制。这是一种生态型农业精密农耕制。下面对这些特征环节予以简要的说明和论证。

二、大力开发推广雨水就地控制转换高效集贮精量补充灌溉技术作为缓解我国农田水情困扰新的出路

农田水情失调是我国农业自古至今最突出的困扰。由于农田的适时适量供水是缓解逆境、发挥土壤潜力以及品种优势、肥药效用等的前提，也是防止侵蚀、改良土壤、重建植被的必需条件。治理农田水情，也就是为粮食上台阶、增产高效、可持续发展带来关键性机遇。我国现行农田水情调节的几种主要途径中，耕作和覆盖在一定限度内是有效的，是种植的基础作业，但在旱涝延续而深重情况下，效果有其限度。水平梯田对稻田来说，十分有效，有力地支持了我国的水稻生产；但旱作梯田的作用则很有限。引坑塘存水灌溉，有水时效果是明显的，但存水也往往受制于旱象：田里干，坑塘里也干。引河川水库客水灌溉，效果十分显著，灌溉农业是我国农业的重要支柱。然而我国河川径流水资源有限，进一步大量发展引客水灌溉覆盖各个主要农区的可能性已不大；即使跨流域调水，给农业解决的也只能是针对特定区域。而现有的灌区中旱季供水不足的屡见不鲜。利用地下水源的井灌区亦出现了一定的超采现象。这样，总括起来，我国各地区迫切需要的实质上是一种不依赖于实时气候，需要时能随时用得上的灌溉水源和一种能知作物需求、精量施水的精量补灌技术。

实现这种灌溉水源和补灌技术的途径设想如下：雨水就地在本田或在就近经灭草、压实或铺膜处理的非耕地上，在监测土壤水情并控制入渗与径流分量情况下，防止超过要求深度的入渗，高效地集汇径

流；并在窑窖或沟洫、坑塘的贮蓄中防止渗漏和蒸发损失。广大不经处理非耕地的径流则加以集汇并防渗贮蓄。然后在对本田土壤与植株水情参数监测情况下，作为关键水，于适当时刻进行管道或膜上输水，进行精量补灌。这样做可以带来如下几个极限的突破：

(1)实现雨季的水旱季用，秋季水春季用，大大延伸了保墒耕作所能达到的极限。

(2)客“田”雨本田用，淡化了干旱地区与湿润地区界线。

(3)相当于为本地区开辟了新的灌溉水源。

从江河和灌渠引客水灌溉的水文路径来看：雨水从耕地和非耕地的地面往外径流，带走土肥，经历沟溪、江河和灌渠，作为灌溉用水，重返他处农田，除了淤积河道、污染环境、增加输水工程和能耗外，由于长途跋涉而无效蒸发、渗漏，损失很大，其以雨水资源为基数的水利用率很低。就地就近集贮补灌可避免客水引灌技术中雨水径流向河川汇集以及由河川经灌渠向农田输送所经历漫长途径所遭遇的数量上相当可观的蒸发和渗漏损失。

根据国内外在土壤水热运移、四水转换、作物水生理调控，节水和精量灌溉等理论和技术，大地测量和信息技术，以及水工技术和材料仪器设备等方面的进展，研究开发雨水就地调控转换、高效集贮、精量补灌的经济适用型技术(Appropriate Technology)，降低成本与投资，经过试验与示范然后逐步推广，从技术上看是可行的。

一个必须回答的问题是：在中上游地区就地将降水调控转换产流、高效集贮、精量补灌的成规模进行是否会明显减少下游河川径流量，甚至造成断流，严重影响下游工农业以及社会的持续发展，像黄河当今所发生的那样？回答是，按科学的技术规范办不会：在经处理的地面上集雨蓄水补灌与直接拦截利用沟溪江河径流是不相同的。前者只是回收和利用了后者通过渗透蒸发而大量损失的那部分水源，从而开辟了雨水资源高效利用的新途径。总起来说：解决我国农田水情失调的途径，是根据各个地区雨水与沟溪径流资源的形势及国家对河川径流配给规划，在每个流域的上中下游以适度规模农场为单位，普遍发展：一、精细培肥调墒耕作的雨养农业；二、就地高效调控集蓄雨水的精量补灌农业；三、根据径流利用配给份额，进行的节水精量灌溉农业。亦即，我国需要各个地区根据自然条件，发展这种用水“三精”农业。

三、建立适当业务范围、适度规模的经营治理相结合农场，开发有关的现代测量规划技术、优化水土资源利用结构，向可持续发展转轨

以中小尺度流域(聚雨区)边界为框框，建立适当业务范围、适度经营规模(含适当田块大小)、股份合作型产业化农场单位，以便有利于水土资源保持和利用结构的运筹优化，为缓解逆境，大田、饲草、果蔬、园艺等的高产稳产，造林、植草(皮)的成活，四荒(荒山、荒坡、荒沟、荒滩)的利用，水土的保持，土壤的改良，集雨场地面积的保证，以及农场基建，农村居民点现代化建设和道路交通等的用地用水，提供保证的运筹空间。

实现缓逆高效并向可持续发展转轨的技术途径是：在水土保持和土地利用规划中，将分数至倍数于本田(或植树种草面积)的非耕地或荒山、荒坡，经地表的加工处理，改造成耐久的、土壤不发生剥蚀、雨水不下渗的高效产流集雨区，并将之在防渗、防蒸条件下高效蓄贮，用作补充灌溉水源。广大不经处理非耕地的径流则加予集汇并防渗贮蓄补灌。在降雨集中、农田往往产生过渡下渗(主根区达田间持水量)或径流损失的情况下，亦可在本田行间设可移动式集雨面积(如塑膜)，高效集贮，并在贮蓄期间实现防止渗蒸损失，以便实现雨季水旱季用；这样既节省客水灌溉需要量，又可提高产品质量。集雨补灌不仅在半干旱半湿润地区十分需要，在湿润地区坡耕地、山顶长年浸水梯田等等情况下，也会起作用。另外，不论是补灌或客水灌溉，全国都需要开发和推行节水、科学灌水、精量灌水技术。

为了保证农场水资源的周年供应而又不致集雨工程过大，必须使种植计划、土壤改良计划、资源生态环境保持和重建规划等与水资源规划相匹配。为了保证这些计划的成功，比如种树植草的成活率，宜采用集中使用水资源、建立“绿洲”的方式，种一块成一块，往后才继续创造条件扩大。对流经境内的沟溪川渠径流都须设有统一的防止径流渗漏散失的维护措施，避免总水资源浪费。为了实现这样一条“精密型”水资源开发管理路线，需要开发和利用有关的现代化精密快速地面、地形、土壤、作物水特性参数等的测量技术，土壤水蚀模型，作物生长模型，综合规划优化决策支持专家系统，以及有关的地理信息、差分地理定位技术等等。

四、开发经济适用型信息化测土按点综合优化配方精施耕作技术，为作物生长、植被重建、水土治理提供高效的现代手段

植物生产过程的核心，是能为植株提供适量的种、土、光、热、水、肥、气、药等生长要素。植物对这些生长要素的需求量，不同品种不同生育期在不同环境下往往是不同的；而不同年景，在不同地区，同一地区的不同地块，同一地块的不同部位所能提供的并能满足需求的程度，也是很不相同的。研究文献表明，根据实测，在一块 350 亩大小的田块上，在按平均量供应的情况下，不同部位的产量可相差达 100%，土壤的水导率相差可达 5 倍，低洼地点如积水 3 天，在较积水为大的面积上减产可达 75%，等等。这样，真正的科学办法是，根据田块各不同部位在地形、土质、肥力、杂草、前作产量等实测参数上的变化，在对作物生长要素进行调剂时，按各点的实测数据采取差别处理。经实践证明，这样做要比传统的按平均值处理的办法，即整个田块、整个地区同样每亩播同一品种、同额的播种量，施播同量的肥、水、药等，可以提高产量、减少物资消耗、降低成本、提高效益，减少对环境的污染，有利于资源生态环境的保持。具体做法是，在收获机具上安装传感器，在行进中监测瞬时产率变化全过程，在拖拉机上安装土样采样器，盐碱度监测器等，以及按实际需要选装地形、地面粗糙度、杂草、植被等各种监测传感器，利用地理差分定位系统（DGPS）进行连续位置上的测定和记录。同时，利用将当地自然条件、气象记录、种植历史、产量情况等所建立的数据库和数据处理软件，通过作物生长模型的建立，多（生长）因素效应的系统分析优化技术和决策支持专家系统等的开发，对下造作物在田块上各个部位的品种、播量、施肥量、施药量、灌排水量、耕作法等作出不同处方；改装现有机具，以实现按点系统优化的配方来作业，实现精量管理。这种技术模式可称为精密耕作或精确耕作、精细耕作（国际上也有称为卫星耕作、处方耕作等。），相应的农业称为精密（精确、精细）农业。

这种技术模式集中体现了 80 年代以来通过模型模拟来定量研究耕作栽培的成果，反映了 60 年代以来通过土壤—植物—大气环来考察植物生长与环境基本关系，作物生长、水土流失等基础过程，以及 90 年代以来快速发展的有关的传感、遥感、地理信息、数据库等技术成果；是科学技术发展为植物生产所提供的高产高效可持续发展良好机遇。我国农业面临瓶颈形势，更应加以利用。这样，在结合我国农情，从各个地区农业自然条件和基本制约因素出发，坚持精密耕作技术的基本原理和路线，开发我国经济“适用型”精密耕作技术，并结合各个地区的实际需要，开发有关的集雨蓄水补灌技术，农场经营结合治理综合规划技术，水土保持和植被重建技术等，总起来构成一种适用型精密农耕技术。

五、专业经营、物资信息供销服务统筹的新型技术推广体制的建立

面临瓶颈，为加快发展我国缓逆高效可持续农业的步伐，既要在发展社会主义市场经济的总进程中，依靠正确的农村政策，推进农业产业化等的同时，很关键的一环是依靠科技：将针对各地区自然基本条件、经研究开发试验示范的各项成熟的适用技术，切实推广落实到生产第一线。这样，将技术推广作为新型农耕制的一环，是十分必要的。具体做法可考虑在经营整治结合的规模农场的场一级，组织成股

份合作公司，农民除了联产承包、使用权转让等外，优先入股，而农场公司除了村乡各级集体资本的投资，亦可从外融资，并承包国家省地县各级有关的水土保持、水利建设、造林绿化等项目任务，以及建立各种加工基地等。与此同时，设立专业经营的技术服务子公司，与地区高校及研究所的推广和技术服务部门直接联系，对物资的对路、优劣、及时供应（如种子、肥料、农药、塑膜、建材、仪器、机具、特种器材、电算软硬件等），信息的服务，特别是技术的推广（含承担试验示范、技术培训、推广）等进行专业经营，切实保证。技术物资的供应，信息的服务，技术培训之所以日益重要，是由于现代化信息化精密型农业技术，越来越依赖于土壤植物大气系统有关监测数据库的建立，信息资源的共享，地理信息遥感站、差分定位系统基准站等等的联系，软件的应用，以及大型机具、高精仪器设备的共用等等。

六、结束语

对我国农业所面临挑战的严峻性以及发展可持续农业的必要性已有一定的共识，实际可行的对策则涉及方方面面。本文提出如下几点见解：①大力开发降水就地控制转换，高效集贮，补充精灌作为缓解我国农业水情困扰的一个技术途径。②建立结合整治的适度规模经营农场作为农业的基本单位，有利于水土资源的优化利用，可持续农业的发展，先进理论先进方略的贯彻，先进技术和优良研究成果的推广。③通过集中较大面积降雨于较小面积使用，建立一种绿洲式现代"窑窖沟洫塘库"农田制，将有利于植被的重建、土壤的改良、生态环境的改善。④通过开发适用于各地区的，汇集现代农业科技、工程科技、信息科技的"适用"型定量"精密耕作"技术，必将是我国21世纪农业耕作的主导形式。⑤建立专业经营、统筹物质供应和信息服务的新型技术推广体制以适应即将来临的农耕技术高科技化信息化新形势。⑥由上列几项主要技术环节组成的生态农业精密农耕制的逐步开发示范推广与建立，是我国农业缓逆高效可持续发展的重要的如果不是最主要的途径。

整个方案及其主要组成技术环节的总论与个论的可行性及其对地区生态环境冲击的正面负面程序有待深入论证，其技术细节及技术环节之间的优化组合、成龙配套，有待进一步研究开发与细调。在不同典型地区通过建立试验点，进行研究开发与试验，将各项研究开发试验的结果通过示范点组装，进一步细调，坚持将研究开发试验示范推广普及按部就班地扎实地进行，是十分必要的。

An Approach to the Development of a NDR, High Uses Efficiency and Sustainable Agriculture in China

Zeng Dechao

Abstract Meeting the most historically critical challenges in Chinese agriculture, in the incoming first period of the new century, induced by the population growth up to the climax, the industrialization into the advanced stage and the reconstruction of a socialistic market economy with all the accompanied infrastructure and living consumption style etc, a countermeasure strategy taking a radical reform in the existing farming system as the core, is put forth in this paper with the following key components, namely:

1. Establishment of an efficient rain water harvest and storage system on the farm with control against seepage and evaporation losses for supplement irrigation as a countermeasure to the irrigation water shortage constraints.

2. Enlargement of the standard farm size (and field size) by taking small to medium sized watershed as farm management unit, and forming a co-op plus type commercial form, so as to

incorporate erosion control, agroforestation etc with cropping in one farm, thus providing more leeway in planning for water, land resources uses etc.

3. Development and popularization of the locally appropriate technology for site-specific precision farming.

4. Reformation of the existing extension system by forming commercial technical service type company as an subunit to the farm, and closely collaborate with the district/provincial agricultural colleges and local research institutes, while rendering farm supplies, informations and technical services etc at the same time.

The contents and criteria of these key components of the technology and justifications for same are elaborated in the paper.

进入21世纪农业工程科学技术快速而健康地发展的契机探讨*

曾德超

进入21世纪，我国要摆脱贫困，实现小康，进入中等发达国家行列，这是国家和全民的志愿，为此，有关农业、农林、农民各项事业的健康发展是基础。而“三农”事业的发展，既涉及政策和经营管理科技、生物科技，亦涉及工程科技。我国农业工程科技与农业生物科技相比，历史相对比较浅，所具备的基础设施有待完善，效益和功能有时还不易辨清，这样，探讨促进我国农业工程科技的健康快速发展及发挥其更大的应有作用的契机所在，具有理论与实际意义。

一、逐步建立健全市场经济体系下的农业工程科学知识创新、技术创新以及技术推广和普及新体系，充分利用和发挥市场机制来推动农业工程科技发展

在市场经济条件下，具体技术的发展，往往表现为受市场需求及利润期望值所左右。从宏观上，以及在较深层次上把握重大技术的发展，实质上，既受到社会重大需求（亦即巨大的潜在市场）所驱动，同时为学科突破性进展或新学科的出现所催产。善于利用市场激励，有助于战略目标及其关键技术环节的实施。

同时，现代化农业是一个庞大的产业，由众多的农牧场作为基层企业单位，以及一整套的社会化服务企业体系：物资供应体系，技术推广普及、信息服务体系，产品采后处理、贮运加工销售、市场开发体系，以及投资、信贷、保险、贸易金融体系，国家对农业政策支持与保护体系等等。一个运行上和发展上具有高效率的农业，不仅要求每个企业的高效率，更要求整体配置的齐全和协调运作上的高效率。这些效率必须来自农民，所有工作者和投资者的积极性和自律性。亦即必须充分发挥社会主义市场经济的利润率和可兑换的社会效益的巨大推动作用。

知识经济从以资源依附型向现代智能依附型发达产业转变，市场趋向全球化发展等为标志。知识产权、专利保护、有酬咨询等在利润分红中份额权重显著，从而激励风险投资，高新技术的开发，科技成果的生产力转化，也促进了科研工作的质量与产出率。研究者更加重视所发表文献的质量，实现过硬发表。一个现代化的实验室往往不仅要有优秀的学科带头人，还需要有高水平专长搭配的研究集体，高效率的实验技术人员，人员流动的人事制度，而整体的研究效率，还需要依靠高效率的社会化服务支撑。不失时机的建立健全新体构机制与文化，是一个地区提高在国内、国际市场竞争能力的先决条件，也是实现农业现代化发展的先决条件。

发达国家的经验已经说明，科学与技术这对孪生兄弟是相辅相成的，而且为促进科学研究、技术开发、信息传播、技术推广的匹配发展，建立健全了各种知识产权、有酬咨询等制度，实质上形成了一种知识经济的社会结构，使得科学研究、技术开发、技术生产应用有效地进行。我国政府已宣告以科技兴国为国策，中科院亦向中央提出“迎接知识经济时代，建设国家知识创新体系”的建议，提出知识创新、技术创新、知识传播、知识应用等系统的建立等等。具体到农业工程科技，也需要配合传统农业向市场农业，

---

* 本文出处：面向21世纪农业工程科技发展新机遇学术议论会发言稿，1998年6月

个体经营农业向产业化经营农业转变的过程。发展有关的农业工程产业，除了加强和健全自然科学基金对农业工程科学研究的资助与管理外，还需建立企业的技术开发基金，建立研究开发基金，鼓励风险投资技术开发公司等等；同时，进一步规范和提高科学研究，技术开发的推广普及工作，加强高素质技术人力资源的培训等等。

二、正面迎接时代对农业发展的挑战，满足社会的重大需求，发展抗灾缓逆、高产优质高效、资源生态环境可持续的农业工程技术体系

进入 21 世纪，我国将同时迎来人口高峰，工业化进程达中后期，市场经济全面发展，农村社区、城镇交通运输等基础设施建设高涨，消费方式的改变等，这样，粮食需要量连续登上台阶，水土资源的大量消耗，污染排放剧增，劳力、物资、技术、资金分配格局的变化等，势必将给农业带来巨大的压力和前所未有的机遇，即时我国农业将处于一个特殊的、历史上前所未曾遇到的瓶颈时期。

我国粮食产量从 1949 年的 1132 亿公斤至 1995 年的 4650 亿公斤，在过去 46 年中增长了 3518 亿公斤，人均 385 公斤。投入方面：灌溉增加 4.8 亿亩，化肥每年增施 2000 多万吨，农机具增加了大中型拖拉机 70 多万台，小型机及运输车各几千万辆，主要作物良种更换了 4～5 次，重大粮食病虫害得到初步控制。在此基础上，未来 45 年中，如果以人均粮食 500 公斤计算，需要增长粮食 3100 亿公斤，即在原有耕地面积上产量翻一翻，任务显然是十分艰巨的。

我国奉行的是可持续发展战略，按照世界环境与发展委员会（WCED 1987）的定义，所谓可持续发展，是指“既满足当代人的需要，又对后代满足其需要的能力，不构成危害”。我国当前满足人民需要的能力就十分脆弱：人均粮食水平低，贫困人口 6000 多万，中低产田占 2/3，水土资源短缺，水土流失、风蚀严重，自然灾害和逆境严重等等。根据我国的自然基本条件，要粮食总产翻一番，就需要发展高效的抗灾缓逆（水、风、高寒、低温、坡耕、土壤贫瘠），高产优质高效农业（提高土地、水、劳力、种子、物资、资金、科技的利用效率），保护、保持未遭破坏的资源生态环境，植被已遭破坏的重点重建、保育。这就需要解决大量的农业工程科技问题，社会的重大需要和挑战，正是科技发展的重大机遇。

三、在研究、开发、推广、培训中认真吸收利用国内外有关学科的科学进展与成果，注意开展边缘领域的研究和多学科的合作研究开发

所谓粮食产量上台阶问题，实际上涉及各种食物、各种农副产品的生产、加工、供应，涉及农、林、牧、副、渔，涉及露天农业、工厂化农业、设施农业以及农副产品的废弃物增值加工成制品等等。许多问题往往涉及不同学科，甚至同时需要几种不同的工程学科提供设施。高效的学科之间的协作，往往不能简单的停留在“你提出要求，我来想办法”、“农机作业只要符合农技要求”的老模式，而是要互相渗透、互相熟悉、共同合作解决。这就是为什么农业工程师的专业工作不能由一位机械工程师、一位水利工程师或一位化学工程师与一位农学家一起工作来代替。农业工程专业基础要宽，教学计划应具有双学位的性质：而工程基础也往往是机、电或土木、水利或化工兼而有之。美国的农业工程专业教育和研究开发，一个世纪以来证明是有效的。我们认为开展农业工程与农学等不同学科的合作研究和建立我国真正“双学位”型农业工程专业教育，将为我国农业工程科技的发展带来新的机遇。

此外，一些新兴的学科、技术，或一些老学科的新发展，引进应用到农业、农业工程科技工作中来，也必将为农业工程科技的发展带来重大的机遇，例如：众所周知的信息技术、系统工程的概念与方法、细胞生物学、生物化工技术、多孔介质传输过程、微水文学等等，至于从各个学科中引借一部分概念方法与技术，则机遇更为众多而广泛，贵在自觉加以利用。

参考文献

[1] 迎接知识经济时代,建设国家创新体系——中科院向中央的建议.中国科学报,1998-02-11.
[2] 姜春云.关于陕北地区治理水土流失、建设生态农业的调查报告.科技日报,1997-06-26.
[3] 陆大道.走符合国情的可持续发展道路.中国科学报,1996-05-22.
[4] 曾德超.我国减灾缓逆、高产高效、可持续农业的发展途径.世界科技,第20期2卷.
[5] 汪玉凯.推进机构改革亟待解决三个理论问题.光明日报,1998-04-19.

加快现代化农业发展的对策思考*

曾德超

一、2030 年代，我国农业将迎来历史性瓶颈与历史性机遇

半个世纪以来，我国农业已取得了举世瞩目的成就。然而，当前我国农业的基本实力仍然是相当脆弱的。主要标志有：自然灾害和逆境，尤其是旱涝风低温病虫草等逆境既普遍，又具有历史性；全国中低产田仍达 2/3；人均粮食拥有量偏低(历史最高的 1997 年为 408 公斤)等等。

21 世纪的 30 年代，我国将同时迎来人口高峰，工业化进程达中后期，市场经济全面发育，农村社区城镇交通运输通信信息等基础设施建设高涨，消费方式的改变等。这样，粮食需求量将连续登上台阶，水土资源加大消耗，污染排放加剧，资源、资金、物资、劳力与科技分配格局的变化等，势必将给我国农业的粮食供应与持续发展，带来巨大的压力。那时，我国农业势将处于一个空前的瓶颈时期。

与此同时，由于信息科技和生物科技等的革命性进展，及其向第一、二、三产业、社会生活和其他科技领域的渗透交融，21 世纪将迎来新一次农业技术革命和全球知识经济时代。这样，就为我国现代农业发展所面临的严峻挑战，从科技上和从经济体制上，带来历史性的机遇。

如何抓准制约我国农业能力发展诸因素的本质，抓住时代的机遇，研究对策，是个当前大家普遍关心的中心课题。

二、我国现代化农业当前发展的战略目标与技术途径

制约我国农业快速发展的一个重要因素是我国农业的自然基本条件：地质年代造地运动中所形成的三大阶梯多山地形和广袤的黄土、红壤、岩溶、丘陵、荒山地貌，位处东南海洋和西北大陆季风环流地带，从而雨季高度集中，冬春干旱、寒风台风肆虐，坡耕地多，贫瘠土地广，高寒耕区大等等。同时，作为农业古国，原始植被已经被毁坏殆尽，长期的掠夺性经营、过度垦殖、不当耕作、“竭泽而渔”等进一步造成对自然生态环境的破坏：森林草地湿地退缩、水土流失、自然肥力下降，环境尤其是水环境的污染和水源的涵养，物种的消亡以及排放过量所引起全球性负面效应如热流、水资源变化等等。物种的衍生，土壤的发生，肥力的形成，环境的培育，其过程是漫长的，毁坏往往却是起于一旦。资源生态环境修补重建的生态型系统工程一般都不是一蹴而就，而且规模耗资都很大。因此，对资源环境类限制因素的对策，首先是防止进一步的破坏或恶化，即保护、保持和保育。至于重建，为了确实扎根生效，一面既要启动各种战略性大规模林带造林、流域水土保持工程、大型水利工程等，而结合全国农(林、牧)场、农村、市镇、自然保护区等，发展混农林草业，实施水土保持，土地改良整治，对农业与农村乡镇环境将直接更快速奏效。

制约我国农业快速发展的另外重要因素是管理水平低、投入不足、总体工作效率低，以及现代科技含量不高，总体技术水平低等。这样，我国当前所迫切需要发展的是一种抗灾害、缓逆境，高产优质高效(土地、水、人力、物资、科技、资金等投入的利用率)，资源生态环境可持续的、以提高现代科技含量为特征的农业。

一个国家或一个地区的农业，也可以看成为分两条腿走路。一条腿是突出创汇、创利的农业。如绿

---

* 本文出处：内蒙古自治区领导干部院士科技报告会报告稿，1998 年 9 月 2 日

色农产品、食品,反季农产品,出口农产品、城市供应,特种养殖,名贵特药产品,各种设施农业等等。另一条腿则是广大粮食、农牧产品生产的主体农业。一个国家的农业主体部分是由具有一定规模和范围的经营单位——“农、牧场”组成的。农、牧场为了对其种植业(作物,农区的林业果业、草业)及时适量地提供作物生长所需种、土、水、肥、光、热等要素,而年复一年地进行农田基建、耕作、栽培、管理、经营,形成某种相对稳定而又不断改进的农耕技术体系。研究开发示范推广建立能较好地处理各个地区农业发展主要制约因素,体现先进农业现代化理论并构成国内外有关先进管理体制与适用农业技术载体框架的新型农耕制,以求更好地实现我国农业的发展目标,应该是我国农业发展对策中一个重要组成部分。在为我国粮食、农业发展问题寻求对策中,理论界提出了一些深刻的概念、对策和战略,农业技术研究界提供了一批优秀成果,行政管理部门也不断地启动了各种富有成效的工程项目,新型农耕制势将成为体现这些研究成果的重要阵地,成为各种群众技术创造和高科技推广的载体。

这样一种有利于实现我国缓逆高效可持续发展的高科技农业农耕制,根据我国农业所面临的形势以及基本制约因素的起因与特性,应该包括如下主要特征环节:

(1)在长期稳定以家庭联产承包制的基础上,发展统分结合的双层体制成为某种股份经营的、具有适当范围、适度规模、经营治理相结合型农牧场企业。

(2)开发现代化水土资源优化利用技术,水土保持技术及生态环境逐步重建技术。

(3)以雨水就地控制转换、高效集贮、精量补灌以及径流外排内调的系统优化管理技术,以缓解农田与农区水情困扰。

(4)培育引进示范推广适合本地区的优良品种和先进农业科技。

(5)开发推广经济适用型信息化“按空域时域点综合优化配方精施”的高效精耕技术(Site-specific farming)或按点配方精细耕种技术。

(6)建立企业经营,与物资供销、信息服务、技术服务统筹的新型技术推广体系。

这样,总起来实质上构成一种高科技可持续农业精密农耕制。不同地区的新农耕制需要通过研究开发、试验示范和辐射推广。

要在一个不长的时期内迎头赶上,建立起这样一个现代化农业,需要以高成效率进行大量的研究开发、引进消化、试验示范推广工作以及大量生产建设工作。为此需要极大限度地调动行政管理、经营投资、科技人员以及全体农业从业人员的极大积极性,需要研究如何利用社会主义市场经济和知识经济的“利润”,“可兑换的社会效益、生态效益”及知识产权等的激励作用建立健全的体制与运行机制,健康的工作作风、学风与道德文化。

三、利用社会主义市场经济“利润”和“可兑换社会效益”的巨大发展推动力,抓准战略目标,落实技术环节,同时建立健全现代化农业的体制与运行机制,全面提高整体效率,转变农业经济增长方式

在市场经济条件下,具体技术的发展,往往受市场需求、市场规模及利润期望值所左右。社会重大需求本身,昭示着巨大潜势市场所在。善于利用市场激励,有助于战略目标及关键技术环节的实施。

另外,现代化农业是一个庞大的产业,由众多的农牧场作为基层企业单位,以及一整套的社会化服务企业体系所构成:物资供应体系,技术推广普及、信息服务体系,产品采后处理、贮运加工销售、市场开发体系,投资、信贷、保险、贸易、金融体系,国家对农业的政策支持与保护体系等等。一个运行上与发展上具有高效率的农业,不仅要求每个企业有高效率,更要求整体配置的齐全和协调运作上的高效率。这些效率必须来自农民、所有从业者、行政管理经营者和投资者的积极性和自律性。亦即必须充分发挥社会主义市场经济的利润和可兑换的社会效益的巨大推动作用。

四、借知识经济的东风，建立、健全知识创新、技术创新的新体构、机制与文化。端正学风与管理工作作风，全面提高农业科技工作成果率与转换率，促进农业科技的跨越发展

一个国家、地区发展抗灾缓逆、高效可持续现代科技农业或任何其他内涵现代化农业，都需要根据本地区具体条件，研究开发示范推广大量切实起作用的新技术。这样就需要极大地调动各级科技人员和科技行政管理人员的积极性，提高团队整体的创新能力、工作效率；需要建立体构、健全机制、树立风气。

知识经济以资源依附型向现代智能依附型发达产业转变，市场向全球化发展等为标志。知识产权、专利保护、有酬咨询等在利润分红中份额权重显著，从而激励风险投资，高新技术的开发，科技成果的生产力转化；也促进了科研工作的质量与产出率。研究者更加重视所发表文献的质量、实验的过硬和发表的先后。一个现代化的实验室往往不仅要有优秀的学科带头人，还要有高水平的、专业专长搭配的研究集体，高效率的实验技术人员，人员流动的人事制度。而整体的研究产出效率，还需依靠高效率的社会化服务支撑。不失时机地建立健全新体构机制与文化，是一个地区提高在国内、国际市场竞争能力的先决条件，也是实现农业现代化发展的重要条件。

五、认真吸收利用国内外有关学科的进展与成果，重视边缘领域的研究和多学科的合作研究与开发；规范化各级农业院校培养目标，加大投入，办好各级农科教育；切实提高农业从业者素质

农业，尤其是大农业，涉及农林草、牧副渔、种养加。不论大田农业或设施农业，都涉及土壤植物大气极其复杂的往往属于开放性大中套小的系统。一些重要问题处于学科交叉、边缘领域。在发展边缘学科，开展多学科合作研究中，得到不同业务部门在行政管理上提供宽松环境与支持是必要的。

各级专业人才的培养质量是科技发展的重要基础。研究性农业大学与技术性农业大学、大专、中专的培养目标，各有分工要求。都需很好地完成。这并不意味着一位有研究潜力的中专生注定不能进入研究性大学；也不意味着一位造诣深的技术性大学教师注定不能主持国家重点课题。但从主体上说，应该各有侧重，各有所长。

艰巨的任务在于提高农业从业者素质。随着现代科技农业的发展，必要的培训势在必行。在这方面发达国家的经验可以借鉴。

Lessons Drawn on Soil and Water Conservation From an Agriculture with Ancient History*

Zeng Dechao

The status of sustainability in Chinese agricultural and social development as featured with evidences such as the historical records of major flood and drought disasters occurrence in the country almost once every two years ever since 206AC, the drying out of the Yellow River in occasional failing to make outlet to the sea since 1994, together with the unexceeding floods in the summer of 1998 of the Yangtze River and other two of the largest rivers in the country etc. alarmed the whole nation especially governmental officials and the scientific, technological and cultural circles. The major causes as attributed to are in three categories, namely: the abuses of land, soil, water, vegetation, wetland and relevant natural resources as well as the environment and ecology; the three levels of plateau type mountainous topography of the territory, the monsoon climate, the formation of extensive soil materials such as loess, laterite, costic, desert etc. during land formation movement of the earth in the geological age; and, may be to certain extent, the negative effect of global warm up and the unusual weather patterns EI Nino, La Nina. In the meanwhile, in the coming century, with an expected peak population around 1.6 billion in the decade of 2030, a bottle neck type pressure in food security and environment protection are inevitable on account of the further industrial, infrastructural and social developments. Consequently, in negotiating issues of such a magnitude, a much more positive and constructive strategy is indispensable.

The strategy, major programs and key technological components in water and soil conservation and reforestation in the last half century in PRC are reviewed, justification on major adjustments for more target orientated and system optimized as well as basic researches and key development works needed are put forth.

As there is only one world and experiences in one agriculture might be beneficial to others. Discussions and collaborations in research, development and enterprise are cordially invited.

---

* 本文出处:10th ISCO, 1999

On the Agenda of Agricultural Engineering in China in the 21st Century*

Zeng Dechao

Abstract Different predictions on food as well as on water safety in the bottle neck period (2000—2030) of China's history were reviewed, the specific fuction of a Chinese modern agriculture capable of negotiating with the issues were advanced, and high priority agricultural engineering technology development work in support of the modernization of Chinese agriculture and the implementation of the state eco-environment rehabilitation program (2000—2050) are listed.

International collaboration and joint venture in the development of appropriate technology for specific local conditions in the high priority areas named are recommended for its potentially highest market share in the future.

Key words Sustainable agriculture, Eco-environment rehabilitation, Water harvesting, Site-specific technology, Appropriate technology, Agro-forest, Integrated Natural Resource & Agriculture Management (INRAM)

The Bottle Neck Period in China's History(2000—2030)

It took thousands of years for the Chinese population to grow up to 0.4 billion at the beginning of the 20th century, and then took about half a century to grow up to the 0.54 billion at the inauguration of the People's Republic in 1949. In 1995, the population was 1.2 billion, an increase of 1.2 times in half a century. It is predicted that in 2030—2040, the population will increase up to 1.6 billion, (an UN prediction is 1.5 billion in 2025) and then hopefully stay at this ceiling magnitude with practically zero increase or even slightly decrease henceforth, to provide the opportunity for long term adjustment for the country.

In the meanwhile, in this coming period, the nation's industrialization will proceed from the current medium stage up to highly developed stage with all its demands in food, water, energy, land and exhaust, effluents, global warm up, etc. The national poverty alleviation program should be completed by this time; and the national ecological and environment, rehabilitation program (2000—2050) which targets at reforestation, natural disaster reduction, conservation, environmental protection and making the motherland a nice place to live will be well underway. The development of urban and rural communities and the changes in consumption style and social life will be in great magnitude. The general target is to catch up to the standard of a medium developed country. All these will sum up to the development of a modern Chinese agriculture with the following specific features:

· Natural disaster reduction, especially drought and flood.

· Adverse cropping condition alleviation, e. g. drought, logging, gleying, salinity, low organic

* 本文出处:Proceedings of 99 International Conference on Agricultural Engineering, 1999 年 12 月

matter content, compaction, etc.

· High use efficiency-in land use (yield rate, produce quality), in water use, in supplies consumption (premium seeds, fertilizer, insecticide, herbicide, plastic film, etc.), in labor, in investment.

· Sustainability-in natural resources, ecological systems, environment, society, economics.

· Integrated with ecological and environmental rehabilitation programs.

All these in the above, will tax heavily on the nation, especially the supply of food and water. Chinese domestic institutions as well as international institutions are keenly concerned with the future demand and supply of grain as well as water in P.R. China in the coming two to three decades of 21st century. The World Watch Institute, Washington D. C. predicted in 1994 a shortage in grain of magnitude as high as 200 million t in 2025, and reconfirmed the prediction in 1998 with a study conclusion in a water shortage of 200 billion m^3 in agriculture which inevitably will result in a grain shortage amounting also to 200 million t[1]. The key statement is that, the purchase of this huge amount of grain from the international grain market will shake the food security of the whole world. Liu & He, hydrologists from CAS predicted, through studies, a total water demand of 700 billion m^3 in China in 2030, a shortage in the magnitude of 200 billion m^3[2]. As it is difficult for agriculture to compete with industry for water, most of the shortage will go to agriculture. Liu and He recommend water saving technology in agriculture and some others recommend transport of river water from the south to the north. As the average grain consumption per capita can go rather low in China in history (209 kg in 1949, and some other year in 1960), on account of the wide spectrum in food sources, and the habit of vegetarian diet of the nation etc, many people do not think it would finally need to purchase such a huge amount from the international grain market, and thus cause food security problem to the international community. Meanwhile, in the last two years (1997, 1998) and may be this year 1999 also, the total grain production per capita grows up to about 400 to 420 kg. Farmers find it difficult to sell their surplus grain; the domestic market price is lower than that in the international market; and the total granary storage in the country has also been growing. While this is a good indication that grain conversion technology and relevant enterprises are far behind the need, and the infra- and super-structures of market economy in the agricultural sector have yet to be well developed.

This of course does not necessarily indicate a slackening of any stresses in the development of a modern agriculture in China.

Constraints and Opportunities

Some of the most significant basic natural constraints in the development of agriculture in China can be elaborated as in the follows:

· Feasibly reclaimable land is limited (around 7 Mhm^2), while good land lost to construction was some 1/3 m hm^2 per year.

· Arable land per capita is limited and getting less as the population grows. (0.06 hm^2 in 2030).

· High percentage of cultivated land (some 1/3 of the total) is in hilly or rolling countries-farming on the slope.

· Farming on high altitude, (in hilly areas and in the high plateau regions) and farming on poor soils of unfavorable geological origins such as laterite, karst, loess, semi-desert, salinity, etc.

· Natural vegetative cover of the territory mostly destroyed, (forestry coverage less than 13.92% in total, less than 1% in the vast Northwest) serious water erosion, (1/3 of cultivated land) and wind erosion (0.63 million hm^2 of cultivated land, 2.35 million hm^2 of grass land, 0.105 billion hm^2 of degraded grass land etc), sedimentation and desertification prevail.

· Spatial and temporal irregularities in precipitation occur in almost all agricultural regions in the country.

In the last half of the century, from 1949 to 1999, an increase in total grain yield in the magnitude of 377 million t is the result of compound effort in an increase in cultivated land of 12 million hm^2 by new reclamation, an amelioration of 87 million hm^2 of saline and poor soil, an increase in irrigation of 3.2 million hm^2, better varieties for main crops renovated for 4～5 times, chemical fertilizer application more than 30 million t each year, and principle disease and insects basically harnessed, etc. In the next coming half century, it is on this basis, and with no obvious prospect of significant increase in cultivated land or irrigation water in the future, the task of an increase in a scale of total yield some 50% and up, or at least 175 million t in magnitude, and in the meanwhile to realize sustainability and eco-environment rehabilitation, is a real challenge indeed. The basic approaches resorted to can only be the development and application of modern sciences and technology which are the most potentially meeting the needs in the specific features of the modern Chinese agriculture elaborated above, promoting modern enterprises, making use of the incentive offered by the social market economy, and substantial increase in capital input.

Some of the specific technological opportunities can be listed as the follows:

· Breeding of new varieties of good performance in yield, quality and resistant to adverse environment conditions, by developing the conventional breeding method and especially the more powerful and efficient biological technology method;

· Developing post harvest physiology science and technology, bio-chemical technology and bio-reactor technology for post harvest processing, food processing, value-added processing of agricultural materials or by-products, promoting conversion of primary agricultural product and fully develop agro-enterprises and agri-business;

· Enlarging field size and farm management by taking appropriate catchment as unit, integrating cropping with farm conservation practice, agroforest, grass strip, wetland etc and developing INRAM (Integrated Natural Resource and Agricultural Management) technology for the best management practice;

· Applying the Principle of the Most Limited Factor in crop production;

· Making use and developing information technology in agriculture, ranging from transducers, monitors, modeling and simulation, data base, expert systems for decision making especially in integrated prescription; applying GIS, GPS, RS technology, computers, telecommunications, and computer networks in different agricultural administration levels, whenever it applies;

· Make use of the Method of Real Time Monitoring (in Transient Processes such an Plant growth) and short term prediction in prescription in SPAC systems;

· Make use of the site-specific technology;

· Make use of the proposition that, in remote hilly areas, the most cost effective way in obtaining the water for the crops in dry spell and cutting down erosion and sedimentation load is to harvest the rain or/and run-off as close to the field as applicable;

· Make use of the experimental results and well established practices in conservation tillage with manure application and plastic mulch (plastic shed and shelter etc) to improve soil quality, soil temperature, etc;

· Exploiting the incentives offered by the market economy and the knowledge economy as well as the land use right and individual ownership of rehabilitation plot, etc.

Approaches and High Priority Areas in Agricultural Engineering Development

Some key approaches and high priority areas in agricultural engineering technology development in China in 21st century for the modernization of agriculture and the implementation of the State Eco-environment Rehabilitation Program can then be listed as follows.

· Taking appropriately optimized catchment in size as farm management unit, and with enlarged field size, integrating cropping with conservation practice, forage, agro-forest, grass trips, ditch system, wetland etc and develop the INRAM technology;

· Develop water harvesting, efficient storage system and water saving agricultural technology;

· Develop conservation and soil quality promoting tillage systems;

· Develop and publicize plastic mulch technology for crops, plastic shed and appropriate green house technology;

· Develop and publicize site-specific appropriate technology and real time monitoring and short term prediction technology, apply various information technology wherever applicable;

· Establish reliable and efficient premium seeds (and animal breeds) production and supply system;

· Develop appropriate hillside operation technology, equipment and structures;

· Develop new water saving paddy field culture practice and equipment with water controls;

· Develop farm supply, marketing, technical consulting, training and information service center;

· Develop appropriate protected agriculture technology;

· Develop processing and food industry;

· Develop agro-enterprises and agri-business.

Conclusions Remarks

The agricultural engineering profession, including bio-system engineering, bio-chemical engineering, food engineering, turf engineering, etc., will be expanding in the 21st century in China as well as in some other developing countries for good, on account of demand in social development.

International collaboration in research, development and education as well as joint venture in business among scientists, engineers, institutions, commercial firms, etc. are expected to bloom in the 21st century in China and some other developing countries to mutual benefit in both sides by gaining an extra edge from mother nature with more efficient technology.

However, selling or purchasing the most sophisticated technology directly with a smaller potential market in the developing countries might not be so competitive as to develop an appropriate version of the technology through joint venture in the development as well as in the business stage.

References

[1] Brown L R, Halwell B. 1998. China's water shortage could shake world food security. World Watch vol, 11, no 4.

[2] Liu Cangming, He Xiwu. Problem and strategy on China's water issue in the 21st century. The Science Press (in Chinese), 1997.

Soil-Plant-Atmosphere System Mass and Energy Transfer Regulation Technology, Status and Research Needs for a Sustainable Integrated Plant Industry in China*

Zeng Dechao

Abstract Optimum regulation on relevant mass and energy transport processes in the major Spac systems in the plant industry is taken as the core of engineering technology for a Sustainable Integrated Natural resource and agricultural management type plant industry. The three major Spac systems are given as the plant Growth, the soil tilth environment and the Farm environment in this paper. Status in these areas in China briefly reviewed and research needs put forth.

Key words Spac Transfer Regulation Technology, Site Specific Technology, Real Time Monitoring and Short Term Prediction, Crop Model, Tilth Tillage, Integrated National Resource & Agricultural Management (INRAM)

1. Foreword with Premises

1) The primitive broke away from the fate of being one natural link of the wild food cycle and inaugurated the human civilization through mastering the art of plant cultivation for more reliable food source. For the foreseeable future, plant industry shall remain the primary industry of human society.

2) At the very beginning, the primitive tribes must have started by residing close to the water sources and rather flat areas such as along spring, river valley or plateau plains. In China's case, it is on account of a long history of development, growth in population, being prosecuted by invaders, taking refuge from famine and so forth that reclamation extended onto the hilly steep lands, and the original vegetative cover destroyed extensively. In the modern time, it is due to industrialization and township industry development, urbanization etc. Once the native natural vegetative cover torn down and the wetland destroyed extensively, natural landslide, erosion, waterway sedimentation, adverse microclimate etc prevail.

The territory of China with her back as the word ridge, lies in the terrestrial monsoon with typhoon from both the South Pacific Ocean and the northern Siberian Artic land alternatively each year, with mountains, plateaus, laterite, Karst, desert Gobi, grassland in large area. One overall consequence is disasters in flood, drought, dustbowl, hot and cold wind, pest and disease have haunted the territory ever since the historical time, since e.g. the Emperor Dayu led the people to harness the flood in mass scale, some 4000 years ago. The second other overall consequence is the development of an "organic agriculture" in its primitive form, when compared to the modern technology nowadays.

Conclusively a sustainable plant industry in China, or a sustainable agriculture as well, should bear

* 本文出处:中国工程院第8次学术报告,2000

much different tasks from that in some industrialized and well-developed countries, the governments of which have even adopted policy to repay part of the farmers from sowing the land. On the other hand, the Chinese farmers, farms, local Agricultural Bureaus, and the State Agriculture Department should support or participate in state programs such as natural disaster (flood, drought etc) reduction program, big scaled ecological environmental rehabilitation program, etc[1]. As all these programs involve interdisciplinary activities to a great extent, maybe it is appropriate, for academic work, to put for the tasks of a sustainable plant industry, (or agriculture) for modern China as Natural Disaster Reduction (NDR); Natural adversity alleviation (NAA); high in produce quality and high in efficiencies (in land use as unit yield, in water use as WUE, in labor use as productivity, in farm supplies uses as use efficiency, in capital use as return interest for investment.); and natural resource, ecological and environmental rehabilitation[2][33]. It is a conventional sustainable agriculture plus rehabilitation, or a sustainable integrated agriculture.

3) In a plant industry unit in China, (a private farm, a village farm with all or part of the farmers in the village pooling in for one or more collective technical operations, a catchment farm, a district farm or a state farm) the over all operational tasks can be divided into the following sections, namely: 1. Implementing the state policy in land and natural resource such as land and water uses and pricing policy etc. 2. The natural production process. 3. The marketing, farm supplies, information and technical services, investment and accounting etc. In the natural production process of a farming unit, entries involved might be named as seed, land (soil), water, fertilizer, chemical, labor, implements, technical information, supervision etc. The efficacy of the transfer processes in mass, energy and signal information in the Soil-Plant-Atmosphere system is the core of criterion reflecting the degree of success of the production management process; and hence play a key role in the engineering science and technology for the primary industry.

4) The amazing rapid advancement in science and technology in the last half century since the World War Ⅱ, contributes in the meanwhile very unique and valuable experiences in technology R&D methodology. Information technology, one of the most remarkable achievements inaugurated in that period, the development history of which can be traced back to the progress in relevant theories in semi-conductance physics; the success in cupola refinery of qualified single silicon crystal material, the invention of the "chip" technology, the success in design and manufacture of computer hardware and software, advances in numerical method, modeling, simulation and decision support technique since the 1960's, and the GIS, GPS, RS technology etc later. All these can be wrapped up onto a line of approach for the most modern engineering science and technology development with components as the follows, namely: a close relation and interaction between the applied basic research with the scientific concept and theory in the basic disciplines; a close relation and interaction between the development work which primarily targets at furnishing practical solution to practical problems; including enterprising production; and a close relation and interaction between the development work and the extension, popularization or marketing of the technology product. Interdisciplinary activity and work in discipline fringe area are normal ones, and Team Work and big operation are rather regular.

The above-mentioned methodology of modern Technology development will be taken as the guideline in this paper.

5) Foreword: under these premises in mind, works on Spac transfer regulation technology in China are briefly reviewed with no claim of exhausting the list, and the order in any quotation lists does not

imply the author's preference in this paper.

2. Status of the Spac Transfer Process Regulation Technology in China

In the current modern plant Industry, while high plants remain the major crops, transfer processes in mass and energy are involved in a rather comprehensive Soil Plant Atmosphere system in agricultural production as well as in ecological and environmental rehabilitation programs. Successful and efficient transfer of mass (in water, gases, nutrients etc.) and energy (in radiation, heats, momentum, signal etc) in the Spac system usually will stipulate the success in plant germination, growth development and reproduction etc. The supply and regulation of the vital components of them account for how successful in production of an individual plant, a field, a farm or a district area. When operations involved in a plant industry unit, are grouped according to discipline into the social sciences, economics and management, the agronomic, and the engineering subsystems, disciplines involved in these subsystems, eg. plant physiology, soil science, plant nutrition, irrigation drainage, tillage etc, each have their own specific areas of interest, will for sure also attack problems on various transport processes from their own angles, accumulate data for their disciplinary interests. And yet, the first one who advanced the concept of soil plant atmosphere transfer continuum by treating mass transfer process in the soil plant atmosphere domains and through the boundaries among them with strict mathematical-physical handling began with J. R. Philip in 1966[3]. "Even though the whole mass-energy system in the Spac is very elaborate and involves many subtle and complicate interaction, however, for the purpose of exploring the approach to an efficient use of those scarce resources (water, land, premium seeds, nutrients etc-the author), a reasonably precise analysis of the system in the mathematical-physical sense with precise thinking, rigorous calculations, coordinated physical measurements in the field to make Spac transport a branch of applied science should be justifiable by itself."[3]

1) The Establishment of the Spac Concept and some early Spac-water Transport Models

H. Gradmann in 1928 discovered, in an isothermal system the water flux of evapo-transpiration in a plant body is thermodynamically equivalent to that of the vapor in the atmosphere air, and orderly water potential gradient at the boundary is continuous.

Based on this fact, Vandan Hornet in 1948 put forth an equation for water transport in the Spac by electric current flow analogue neglecting the mirror fluctuation of amount of water storage in the plant body and assuming steady flow.

1954, 1957, J. R. Philip correlated the water potential ψ in the soil and in the plant with the vapor density ρ in the air, under isothermal condition, by

$$\frac{\rho}{\rho_0}=\exp\frac{g\psi}{RT}$$

R, the gas constant;

T, the absolute temperature;

g, the gravity constant.

Thus establish the connection of the soil-atmosphere and the plant-atmosphere systems at the soil-atmosphere and plant-atmosphere interfaces; and thus make it possible to calculate with ψ or ρ. Philip also put forth a one dimension Spac water transport model.

In 1972, J. R. Lamber & F. W. T. Penning de Vries put forth a Spac model "Troika" for water, considering the flow as dynamic and unsteady. Hansen G. K. put forth a HEJSMDAL Spac continuous dynamic model for water. In 1979, input climatic parameter, output: soil and plant water status, and plant growth with two years field test.

These early models were rather over simplified, such as using soil cylinder around straight root for the soil-plant interface etc. In the agro-meteorology circle, Bowen developed the well-known BREB method for field evaporation and crop water consumption estimation. This does not serve for the same purpose. The first step in break through started with the development of thinking about breaking the complicate Spac evapo-transpiration process into potential, (Etp) reference, (Etr) and actual (Eta) ones. Penman (1948), and Thornth Waite also independently, developed an Etp model by defining:[40]

Etp——total water lost by a crop surface area (soil surface, canopy surface and plant transpiration) through conversion of liquid water to a gas under the ideal condition that water supply to soil is unlimited, and crop surface resistance to flux set to zero.

Etr——the potential water lost by a short green crop (the reference crop) completely shading the ground, of uniform height and never short of water.

Penman derived a model to estimate the potential Etp for the reference crop (short alfalfa or grass).

As the water vapor flux density from a vegetated surface can be described either by convective transport or surface energy balance, Montieh (1965) combined them to give the combination equation.

Doorenbos and Pruitt (1975, 1977) approximated the combination equation with the Doorenbos and Pruitt equation, which is recommended by FAO as one for practical uses.

The actual crop evapo-transpiration Eta estimate can then be calculated by applying appropriate crop co-efficient, which can be verified with lysimeter data or soil moisture monitoring data.[40]

Some other practical methods in evapo-transpiration estimate have also been developed such as radiation method, temperature method, evaporation pan method etc. Nowadays, this technological development has been in widely use in some countries resulting with very high water use efficiency for crops.

2) In China, the first paper on water transport in Soil-Plant-Atmosphere Continuum published in 1983 (Tan, S. Y. [6]) targeted at and succeeded in developing an algorithm for computation on crop water demand, via analyzing the heat exchange and balance between the ground, the air, the canopy, and the vapor flux turbulence nearby. The flux in different domains in the Spac system was united in dimension by being converted to Gibbs energy.

In 1986—1989, another algorithm published and featured with system dynamics and computer simulation (Luo Y.R. et al[7][8]).

In 1990, 1992, 1994, by Kan, S. Z. et al, ([9][10][11][12]) an one dimension vertical flow Spac water transport dynamic model was published, featured with a root zone soil layer sub-model under isothermal and homogenous fluid condition, a semi-empirical root-water absorption sub-model for winter wheat in the loess region, and a Penman Montieh equation for the evapo-transpiration sub-model and well organized and rather extensive lab and field experiments were carried out in the same time. Based on extensive analysis and experiments Kan et al published in 1998[17] their results in regulation on water-soil-plant relation, looking into the thermal, concentration of CO_2 and the hysteresis effects on the transport process, the deviation on the soil-root interface characteristic as effected by crop varieties, the physiological effect of water deficit etc.

3) The installation of lysimeter station in irrigation schemes started in the mid-1950, primarily for irrigation water resource management, project planning and design, and water allocation etc, but not much for irrigation scheduling in the individual farms. In 1980, the work of mapping the water requirement isograms for major crops in China were organized by the State Ministry, and the results were published (Cen, Y.M. et al, 1995[14]). In 1994, Zeng, Jerie et al [20] published research results on regulated deficit irrigation technology for fruits especially the peach in the N.C. Plain, which followed by some researchers in looking into the plant-water deficit, physiology etc. Hu, Y.Q. et al 1995[15] in his treatise on water saving technology for the N.C. Plain discussed on strategy such as cutting down the bare soil evaporation among plant stands, storing water in the root zone, fallowing, using up the available soil water content down to some level criteria in different stage of crop growth etc. Irrigation scheduling for field-crops under limited water supply was reported in 1996 [38] and wheat crop modeling was reported in 1999 [37].

S.Y. Feng 1995[25] revealed that in one case (in corn crop etc) the use efficiency of Nitric N is as low as 41% and seepage out of the root zone by the advancing of the wetting pattern front 1.0 m/year in sandy loam soil.

4) Technology creating and maintaining an optimum tilth (or root zone layer structure) for mass and energy transfer in and out of the soil domain in Spac system.

Soil evaporation computation with the numerical method and that as effected by temperature and different mulching were studied since 1981 in China (Fu, B.P 1981,[22], 1991[23] Sui et al 1996[21]). Rapid expansion in area occurred in plastic mulching for field crops up to an area of 4600000 hm^2 in 1998, crop residue mulching at 141693000 hm^2, and also numerous plastic Sheds and green houses which furnish a better environment in moisture and temperature for soil organism, and effectively save in water, lengthen the growing season for better quality and yield, and save in water and land resource. Minimum and No Till, in its appropriate technology version were introduced and used starting in 1980 in Beijing area (Shi, X.B, et al). Dry land conservation tillage with or without Controlled Traffic Lane was tested with success in Shouyang and Linfen, Shanxi (Gao, H.W. et al, 1999[27]). Researches were also in different soil surface treatments on rain infiltration, water storage, simulation on evaporation from bare soil, and on seedbed soil moisture and temperature regime as effected by different tillage manipulation.

A two dimensions FEM analysis on the soil moisture and temperature regime in the seed bed as effected by tillage operations was developed (Yang B.J. et al [28][36]) and infiltration as effected by tillage reported [32].

Terracing is a successful practice in water regulation and soil conservation control in Chinese traditional agriculture. The gross amount of terrace area in the dry land farming area in 1998 is 204900 hm^2; and a novel type of "tandem-run terrace system in rows on slope for tree planting in the semi-arid area was claimed (Wang, D. 1996[29])."

Influence of soil water conservation measures and surface conditions on hill slope water exchange & its modeling also were reported [13]. Vegetative strip in form of wind break, grass strip, green hedge, agro-forest, groves, water harvesting apron etc have not been studies analytically in the area of mass and energy transport.

Inter-and telescopiform-cropping is one essential features of the Chinese traditional organic farming with merits in efficient use of land natural resources and much have been investigated in the disciplines of ecology and agronomy [33,34], but also not on the mass and energy transfer regulation side of the process.

5) Regulation and control on the Spac Mass and Energy Transfer Processes for Integrated Natural Resources and Agricultural Management.

In 1950, one sixths of the Chinese territory was under water as well as wind erosion. In 1998, one thirds of these areas have been ameliorated to some certain extent, and a total area of 32440000 hm^2 was planted with trees for the state wind break belt programs. Currently, according to GIS information, the total area under erosion has expanded. This dictates undoubtedly for a more effective program and technology, both in conservation and forestation. Rather in depth basic researches on erosion mechanism, conservation measure, forestation technology, and Ecological Engineering theory and practice, especially for the loess region were reported. Extensive investigations on the subject of Ecological Engineering were also reported (Ma. et al [32]). No investigation along the line of Integrated Natural Resources and Agricultural Management was reported, however.

3. Further Research Needs in Fundamental Engineering Technology for a Sustainable Integrated Plant Industry in China

In formulating the development strategy and finally identifying the research needs in priority, maybe it is worthwhile to keep in mind that, the main task proper of a sustainable agriculture for a densely populated nation with an ancient agriculture of long history like China, needs to be involved unavoidably in heavy ecological and environmental rehabilitation programs, and that highly tactical and delicate handling of the land and water resources and the vegetative cover issue in various districts via optimum and accurate mass and energy transfer regulation for the soil plant atmosphere system which evidently is one of the key criterion for any successful agricultural engineering practices. The getting ever more stronger impact from the rapid expanding information technology should also be kept in mind, and the prominent requirement nowadays on R&D as to bear direct solution to practical problem or serve enterprises directly should also be kept in mind. And lastly, but not the least, an appropriate review on the actual effect of mathematical analysis on this complicate spa system is also indispensable. Since J. R. Philip published his statement some 35 years ago, significant progress has been made since then due to the breaking down of the problem into chain links and then apply mathematical analysis accordingly. Since the whole mass-energy transfer in the Spac system is very elaborate and involves many complicated interaction such as plant hormone, or plant physiological reaction, problem in biophysical nature might be involved also. A list of research needs is advanced as the follows.

1) The development and popularization of the Real Time Monitoring, Short Term Prediction and Metered Application in appropriate technology version for irrigation scheduling and for any other area applicable.

2) The development and popularization of the Site-specific Technology in its "appropriate technology" version with integrated prescription and variant application etc.

3) The development and popularization of the integrated Natural Resource and Agricultural Management technology for each "catchment farm" (In accordance with the norm in the hydrology

discipline, each field must be situated in a catchment. So logically any crop fields can be handled as in a certain catchment farm, which all natural resources and ecological environment and production elements-land, water, vegetative cover, grove, wetland, crops, agro-forest, grass trip, roads, buildings, etc, and be optimized in planning and management for sustainability).

4) Develop the technology for crop modeling.

5) Develop the technology for ecology.

6) Development and popularization in appropriate technology version farm implements, machinery, farm irrigation system; drainage equipment, earth moving-grading-leveling machinery, tractor and implements for hill side operation. Appropriately enlarge the size of crop fields and the farms for efficient mechanized manipulation.

7) Development and popularization on technology in transducers, sensors, and monitoring devices, instruments as well as GIS, GPS, and RS hardware and software.

4. Conclusion Remarks

It is well known that plant bio-system, on account of its unique physiological behavior and characteristic function of plant hormone, behaves in a much different way from a physical system. Transfer Process in a Spac system, when analyzed in a mathematic-biophysical way thus making a branch of natural science of it, as illustrated by the development in irrigation the evapo-transpiration formulation and many others. As the plant industry will remain the main food sources and the mainstay for a sustainable ecology for time to come, it is definitely worthwhile to pay for its development. The approach however, should be developed accordingly.

References

[1] 国务院通告. 全国生态环境建设规划. 科技日报，1999 年 1 月 12 日.

[2] 曾德超. 我国减灾缓逆高产高效可持续农业的发展途径，世界科技，20 卷 2 期，1988 年 4 月.

[3] J. phillip. Plant water relations: Some physical aspects. Ann. Rev. Plan physiology 17. 1966.

[4] Lambert, J. R., F. W. T. Penning de Vries. Dynamics of water in the soil-plant-atmosphere continuum; A model TROIKA In: Hodas A, et al ed. Physical aspect of soil water and salt in ecosystems. Berlin-Heidelberg-New York: Springer, 1972.

[5] Hansen G.R. Simulation of water state and flow in the Soil-plant-atmosphere system by a model named HEJMDAL. In: Halldlin E. ed. Comparison of forest water and energy exchange models. International society for ecological modeling. Coperhagen. 1979.

[6] 谭孝源. 土壤-植物-大气连续体的水分传输. 水利学报，1983(9).

[7] 罗运培. 土壤-植物-大气连续体的系统动态模拟. 灌溉排水，1983(1).

[8] 罗运培. 作物吸收和消耗水分的计算机模拟. 水利学报，1989(3).

[9] 唐绍忠，熊运章，王振镒. 土壤-植物-大气连续体水分传输力能关系的间试验研究. 水利学报，1990(7).

[10] 唐绍忠. 土壤-植物-大气连续体谁热动态模拟研究. 生态学报，1991(3).

[11] 唐绍忠，刘晓明，熊运章. 一个描述土壤-植物-大气连续体水分传输过程的动力学模型. 中国蒸发研究学术研究会，1991.

[12] 唐绍忠，刘晓明，熊运章. 土壤-植物-大气连续体水分传输理论及其应用. 北京水利出版社，1994.

[13] 唐绍忠，等. 旱区水-土-作物关系及其最优调控原理. 北京：中国农业出版社，1998.

[14] 陈玉民，等. 中国主要作物需水量与灌溉. 北京：水利电力出版社，1995.

[15] 胡毓琪,等. 华北地区节水型农业技术. 北京:中国农业科技出版社,1995.

[16] Xie Xianqun. The combined field experiment for determining evapo-transpiration in north China plain. Evapo-transpiration and irrigation scheduling. Proceedings of the International Conference. November 3-6 1996 San Antonio, Texas.

[17] 雷志栋,等. 节水农业综合技术的应用基础研究报告及论文集. 1997.

[18] 曾德超,Peter Jerie. 果树调亏灌溉密植节水增产技术的研究与开发. 1994.

[19] 隋红健,曾德超,陈发祖. 不同复杂条件对土壤水热分布影响的计算机模型. Agricultural and forest meteorology 61(1992), Elsevier Science Publisher.

[20] 傅抱璞. 土壤蒸发的计算. 气象学报. 1981- 39(2).

[21] 蔡树英,张瑜芳. 温度影响下土壤水分蒸发的数值分析. 水利学报,1991(11).

[22] Feng, S. Y. The study of nitrogen transport and transformation in saturated-unsaturated soils under the conditions of drainage. Ph. D thesis, Wuhan Univ. of Hydraulic and Electrical Engineering. 1993.

[23] Feng, S. Y. and B. Bas-yoset: Simulation of long term nitrogen behavior in agricultural soils. Report on Cooperative Project.

[24] 冯绍元. 土壤-水-植物系统中氮素运移,转化吸收模拟研究. 北京农业工程大学 博士后研究工作报告 1995.

[25] 高焕文,等. 中国特色的保护性耕作技术. 北京:Workshop Paper,1999.

[26] 杨邦杰. 耕作工程措施对土壤水分温度分布影响的数值分析. 博士学位论文,北京农业工程大学,1988.

[27] 王棣,等. 太行山石灰岩区隔坡复式梯田几稳定性研究. 土壤侵蚀与水土保护学报,1996. 4.

[28] 汪卫民. 从人类活动胁迫下区域复合生态系统可持续发展研究. 中国农大博士学位论文,1999.

[29] 王千,曾德超. 从不同耕作措施对降水量入渗的影响. 农业机械学报,1991(3).

[30] Ma Shijun. Ecological engineering-application of ecosystem principles. Kexue Tongbao Sci. Bull. 39, 534-538. 1984.

[31] 李文华. 复合农业系统:中国可持续农业的重要途径. 人类环境杂志专刊:中国生态系统的研究与管理,1999.

[32] 包忠漠. 区域治理与侵蚀环境调控,土壤侵蚀环境调控与农业持续发展. 中科水保所黄土高原土壤侵蚀与旱地农业国家重点实验室. 西安:陕西人民出版社,1995.

[33] 山仑. 黄土丘陵区水分的充分保持与高效利用,土壤侵蚀环境调控与农业持续发展. 中科水保所黄土高原土壤侵蚀与旱地农业国家重点实验室. 西安:陕西人民出版社,1995.

[34] 杨邦杰,隋红键. 土壤水热运动模型及其应用. 北京:中国科学技术出版社,1997.

[35] 李小娟. 小麦生长田间水氮平衡系统模拟及 Windows 环境下模拟软件开发. 中国农业大学博士学位论文 1999.

[36] Vonlaya Viriyasenakul. Irrigation scheduling and responses of field crops under limited water supply using simplified filled-in drainage lysimeter,中国农业大学博士学位论文,1996.

[37] 雷廷武,曾德超. 桃树调控亏水度灌溉法的实验研究. 农业工程学报,1991. 12.

[38] Hatfield, J. L., Fuchs M. Ecapo-transpiration models in management of farm irrigation systems. ASAE, 1992.

面向21世纪的中国农业工程议程探讨*

曾德超

摘要 该文综述了我国2000—2030年瓶颈时期食物安全和农业水资源安全问题的各种预测；讨论了农业科技的对策；提出了实现中国农业现代化及贯彻国家生态环境建设规划(2000—2050)所需优先发展的农业工程科技领域。建议在这些优先领域，大力开展结合各个地区特定条件的国际合作研究和合资经营。开发、推广与实施先进适用型技术。指出这是获得未来潜在市场最高份额以及快速发展的途径。

关键词 农业工程，可持续农业，生态环境建设，雨水径流集贮，自然资源与农业集成化管理，逐点处理技术

一、中国历史上的瓶颈期(2000—2030)

经历数千年的历史，到了20世纪初叶，中国的人口才达到了4亿。然后经过大约半个世纪，到1949年中华人民共和国成立时，中国人口达到了5亿4千万。到了1995年，中国人口是12亿，即不到半个世纪人口增长1.2倍。人们预算，到2030—2040年期间中国人口将达到16亿(联合国预测2025年中国人口15亿)，然后维持这样一个人口零增长值，这也将为国家提供一个长期调整的机会。

与此同时，随着这个时期的到来，我国的工业化进程将由现在的中等水平发展到高级阶段。在食物供给，水资源、能源、土地资源与消耗，排放大量增加、全球变暖等诸多问题的解决和妥善处理上提出严峻挑战。到那时，全球消除贫困计划将早已完成。国家生态环境规划(2000—2050)将得到大进展。这一计划的目标包括：植树造林种草，保持水土，保护资源与环境，减少自然灾害，缓解逆境，基本实现中华大地山川秀美。另外，城乡社区的发展、消费观念和社会生活方式的改变也将达到很高地步；总的目标就是达到中等发达国家的水平。所有这些都将归结为中国的现代化农业需要在下述几方面获得进展。

(1)减少自然灾害。特别是旱灾和水灾。

(2)缓解作物逆境，消除粮食减产因素。如干旱、涝渍、潜育化、盐碱化、沙化、高寒低温、台风热风、土壤有机质含量降低、土壤压实等。

(3)高利用效率。包括提高土地资源使用(产出率、产品质量)效率、提高水资源利用效率、优化物资消耗(优良种子、肥料、杀虫剂、除草剂、塑料薄膜等)、提高劳动生产率及提高投入产出率。

(4)可持续发展。包括自然资源、生态系统、环境等可持续发展。

(5)生态环境建设规划。

我国在上述几个方面将会做出巨大努力，特别是在食物和水的供应上更是如此。国内和国际的研究机构对21世纪的最初二、三十年里中国的粮食和水资源需求和供给问题给予极大关注。位于美国华盛顿的世界观察研究所于1994年预测，2025年中国的粮食短缺将约达2亿t；1998年再次重申，那时中国还将由于农业用水短缺2000亿m^3，从而不可避免地造成另外的2亿t粮食短缺。他们的用意是指出中国将从国际粮食市场购买如此大量的粮食从而将强烈冲击整个世界的粮食安全。水文学家中国科

* 本文出处：农业工程学报，2000年7月，第16卷第4期

学院院士刘昌明和何希吾经过研究预测，2030年中国的水资源需要量是7000亿 m^3，比1993年我国总耗水量高出2000亿 m^3。如无新增水源那时将短缺2000亿 m^3。因为在用水方面农业很难同工业竞争，这些水资源短缺大都会集中到农业上来。因而节水农业技术的研究开发推广及全面实施在我国占有极其重要的地位。另外，一些专家建议南水北调工程。由于中国历史上的人均粮食消耗可以很低（1949年209 kg，20世纪60年代的二、三年也较低），加之其他广泛的食物来源，大多数中国人的素食倾向和生活习惯等等，许多专家并不认为中国那时真的会到国际粮食市场购买大量的粮食，从而造成国际社会粮食安全问题。其实，在过去的1997—1999年，中国的人均粮产量增长到了400～420 kg。出现农民卖余粮、棉果难；国内市场的粮食价格低于国际市场、国有粮库储量在增长等现象。这也可作为一个明确信号，就是粮食等农副产品加工转化技术和相关的食品、饲料工业以及内需市场远远落后于实际需要，还存在有巨大发展空间。在农业领域，市场经济的上层建筑与基础结构都还有待充分发展。

所有这些，都说明加速发展我国现代化农业和实施我国生态环境建设规划的重要性和紧迫性。

二、约束与机遇

影响中国农业发展的几个基本的自然约束有以下几方面。(1)可以大面积经济地开垦的土地已经有限（估计约0.067亿 hm^2）；同时，每年因为建设需要还有超过33.3万亩耕地被占用。(2)人均可耕地有限，并且随着人口增长变得更少（2030年人均约0.067 hm^2）。(3)很大比例的耕地位处丘陵山区（约占耕地总量的1/2）。(4)高海拔耕作（高山、高原地带）；在源于地质条件的贫瘠土壤上耕作，如红壤地带、水蚀石灰岩地带、黄土地带、半沙漠地带、盐碱地区等。(5)国土的自然植被大多已遭受破坏（总的森林覆盖率小于13.92%，广袤的西北地区甚至小于1%）；严重的水蚀（1/3耕地）和风蚀（63万 hm^2 耕地，235万 hm^2 草原，1.05亿 hm^2 退化草原等等）；泥沙沉积和荒漠化盛行等。(6)几乎所有的农业区都发生降水在空域上与时域上的失调。

在过去的半个世纪里，从1949年到1999年，中国的年粮食产量增加了3.77亿t。这是由如下的诸多方面共同努力或作用的结果：新开垦耕地1200万 hm^2；改良870万 hm^2 盐碱地和贫瘠土地；新增灌溉面积320万 hm^2；主要农作物的优良品种更新了4～5次；每年施用化肥3000多万t；主要病害和虫害基本得到控制等等。在将来的半个世纪内，不会明显地增加可耕地，不会明显地增加总灌溉用水量，要使粮食产量增加1/2，也就是至少增加1.75亿t，同时还要保证可持续发展、环境与生态的恢复，这是一个严峻的挑战。实现这一目标可以选择的道路，就是开发和应用那些在中国的现代化农业建设中具有巨大潜力的现代科学技术；同时大力发展农业产业化，促进现代支农企业发展，利用社会主义市场经济的激励作用，增加农业的投入等。

所需发展的一些特定技术试举如下：

(1)在利用杂种优势等常规良种繁育技术的同时，发展更多有效的基因工程、胚胎工程等各种有关的现代农业生物技术，繁育新的优良品种，提高产量、品质和抗逆性能，进一步建立与健全良种制作与供销体系。

(2)开展农作物收获后生理学、生物化工、生物反应器等各种有关的农业生物技术的研究与开发。促进农副产品加工增值转化，全面发展食品工业、饲料工业以及各种有关的农业企业和支农工业，开拓农副产品及加工品的市场与贸易。

(3)在农村联产承包、两级统分结合的经营管理体制以及绿化荒山荒滩中谁种树谁得益等政策的基础上，以适当大小集水区为农业企业经营单位，研究开发结合农业生态环境建设的农业企业土地与水资源优化利用规划与经营管理技术；并以乡或县为单位研究开发区域性生产与生态环境建设的土地与水资源优化利用的规划与经营管理技术。适当扩大田块面积，扩大农业企业经营范围，将作物生产与水土保持、防止风蚀和必要的种树种草和建立湿地等结合，开发自然资源与农业生产集成管理的最优化管理技术(INRAM-Integrated Natural Resources and Agricultural Management)。

(4)在农作物生产和栽培管理中,研究应用作物产率受最为欠缺的因素(水、肥、热、气、光等)所制约的原理。

(5)在农业领域发展与应用信息技术,包括传感器、监测器、数据库、模型模拟、决策支持专家系统等。在不同的农业行政与管理层次推广应用 GIS(全球信息系统)、GPS(全球定位系统)、RS(遥感)、计算机、通讯、计算机网络等技术。

(6)在一些瞬态过程中,比如作物生长发育过程所涉及的土壤—作物—大气连续体(SPAC)的水、肥、盐、养分、热、气等环流,开发与应用实时监测、短期预报技术。诸如灌水施肥喷药日程计划拟定等。

(7)应用逐点测土、综合配方、变量精施技术(Site-Specific Technology)。

(8)应用这样一条原则:在远离水源地区,尤其是丘陵山区,在干旱期间保证作物用水、并减少侵蚀和泥沙沉积的最经济措施就是在农田就近高效集贮与利用降雨和径流。

(9)研究开发与推广经过充分试验,以培育土壤质量和有机质含量为目的,利用各种覆盖以改进地温与墒情的保育耕作法。

(10)探索利用发挥市场经济和知识经济所提供的激励作用途径;包括研究改进完善土地联产承包、统分结合、两级经营管理的运作,扩大土地经营的融资渠道等。

三、农业工程优先发展的领域及途径

实现 21 世纪农业现代化及国家生态环境建设规划,需要优先发展的农业工程领域及其主要发展途径有以下诸种类。

(1)以大小范围经过优化选择的集水区作为农场经营单位。扩大田块面积,将作物种植(含饲草)与保育耕作、农区复合林业(Agroforest)、草业、必要的沟渠系统和湿地等,集成为生态农业单位;发展自然资源与农业生产综合管理(INRAM)技术。

(2)开发雨水集流技术、高效水存贮技术、土壤改良技术和节水农业技术。

(3)开发保持与培育土壤质量和地力的土壤耕作制度。

(4)开发推广农作物塑膜等各种覆盖技术、塑料大棚、先进适用型温室技术和高科技设施农业技术。

(5)开发推广先进适用型逐点测土、实时监测、短期预报、综合处方、变量施播等技术;广泛应用适用的多种信息技术,生物生长过程数值模拟技术。

(6)建立可靠有效地优良品种(作物、林、草、动物品种)生产和供应系统。

(7)开发先进适用型坡地作业技术、设备和山区中小型动力机具。

(8)开发新型水田节水耕作栽培技术和土壤水分调控系统。

(9)发展农户入股、多方融资的,从事农业物资供应,农、副加工产品出售与市场开发,技术咨询,培训和信息业务的技术服务公司。

(10)发展农副产品增值加工技术、食品工业技术、饲料工业技术。

(11)发展与农业产业化、农副产品流通、贸易、市场开发有关的系统、信息、管理工程技术。

四、结语

在中国和许多发展中国家,由于社会发展的需要,农业工程在 21 世纪将有很大发展。这其中还将包括生物系统工程、生物化学工程、食品工程、草皮工程等等。

研究、开发、推广、产业化和教育的国际合作以及科学家、工程师、研究机构、商业集团的国际联合商业运作,将在 21 世纪的中国和一些发展中国家得到大发展;通过应用更加有效的技术和公平的合作,参与的各方都将双赢,从善待大自然中获得回报。

显然,不论对发展中国家或是发达国家,由发展中国家直接购买或由发达国家直接出售高新技术,其市场份额很难与在开发和生产阶段，由双方合作开发与合资生产销售适应于地区条件的先进适用型技术及产品相竞争。

参考文献

[1] Brown L R, Halwell B. China's water shortage could shake world food security. World Watch, 1998, 11(4).

[2] 刘昌平，何希吾，等. 中国 21 世纪水文体方略. 北京：科学出版社，1998.

On the Agenda of Agricultural Engineering in China in the 21st Century

Zeng Dechao

Abstract　Different predictions on grain as well as on water safety in the bottle neck period (2000—2030) of Chinese history are reviewed. The specific functions of China's sustainable agriculture capable of negotiating with the issues are advanced, and high priority agricultural engineering technology development work in support of the modernization of Chinese sustainable agriculture and the implementation of the national eco-environment rehabilitation program (2000—2050) are listed. International collaboration and joint venture in the development of appropriate technology for specific local conditions in the high priority areas as proposed are recommended for its potentially highest market share in the future.

Key words　agricultural engineering, sustainable agriculture, eco-environment rehabilitation, rain water trapping & storing, integrated natural resource & agricultural management, site-specific technology

也谈我国农业水土资源短缺的科技对策

曾德超

我国各族人民在澳门继香港之后回归,普天同庆的日子里,迎接新的千年。在21世纪的前半叶,我国将进入历史上又一个伟大的振兴时期:将从一个人口众多、水土资源短缺、生态环境脆弱、历史性水旱灾害频繁的发展中国家,建设成为一个山川秀丽、可持续发展的中等发达国家。在此期间,我国人口根据一个预测,将于2030年增长达16亿的零增长值,从而为食物安全而给农业生产的发展带来艰巨任务。与此同时,国家的工业化将向中后期发展,全国城乡建设也将蓬勃展开;除了伴随而来的大量排放以及全球变暖的负面效应,还不可避免地将对水土(土地)资源大量占用;其中尤以水资源最为突出。国内学者的一个推算,认为在2030年我国工农业、城乡生活等总耗水量将达7000亿方,缺口约2000亿方(1993年我国总耗水量为5200亿方)。如完全按市场经济运作,这个缺口势将主要由农业承担。在耕地资源方面,在我国没有显著数量的可垦荒地前景下,由于总人口基数的增加,本就不高的人均耕地拥有量将有明显下降。在此期间,农业和生态环境建设的基础地位仍将十分突出;农业水土(土地)资源短缺将是关键问题之一。

农业水问题的发生,主要是空域上或时域上,水与土壤之间的匹配和水与植物之间的供需失调:总量上、局部上或一时段上的超额过多过少,都会带来作物的逆境,甚至旱、涝、洪灾害以及资源浪费。判据与阈值的确定有赖于有关的科学规律的探明。现代植物水生理、土壤水物理、农田水土工程等科学技术在国内外的进展已表明:对作物供水,主要只需湿润主根区,对过多的、下渗至根区以下的供水,在地下水位较高的地区,将造成地下水的污染,这是可持续发展所不允许的;在地下水位较深的地区,灌到根区深层的那部分水的利用率往往已很低。又表明:一些作物只需湿及部分主根区也就足够了(譬如只需隔沟灌而不必每沟都灌;只需湿及冠层所遮盖地面的部分等等)。一些作物在一定的生育期,土壤含水率可以降到速效水以下一定范围之内,那样不仅节水,而且可获得优质或甚至有所增产。譬如:蹲苗;在果实生长初期通过人为的水分胁迫来抑制过多枝叶生长(矮秆高产的稻麦优良品种也许可以部分地看成是通过育种来调节营养与生殖器官之间的比例来提高植株效率);后熟期的水分和/或氮肥控制对籽粒、果实质量的提高的明显效应,等等。按这类有关的科学揭示所形成的整体观念来指导开发的现代化节水灌溉技术体系,可以认为包括如下主要的环节:

(1)灌区或河流管理局在用水份额分配与调度上的科学性,权威性,配水指挥控制网络运作的可靠性与供水稳定性,输水渠道的衬砌或管道化;

(2)研究开发适合各地区大田、菜田、设施农业、果树、草业等适用的低能耗精量灌溉或微量灌溉这类设备,制造、安装和正确使用;

(3)优化设计、安装、运行本区域的有关气象参数与土壤水分监测系统及其信息网络与指挥系统,在灌溉技术专家与农学家共同参与下制定并执行科学灌溉制度。

近年来,我国节水农业受到国家高度重视,技术上有了很大的进展。存在的主要差距,既在灌溉设备(尤其是大田灌溉设备)和监测仪器方面,更在广大农民和第一线技术人员有待转变传统灌水观念,接受科学化节水灌溉制度方面。这只有通过全面铺开典型地区的试验示范与培训,才能办到。那样,我们将能在2030年前完成在占全国耕地48%的灌溉农业地区,全面实施现代化节水灌溉技术,并能在当今地面灌的耗水水平上,节水40%~50%;即可年节水1600亿~2000亿方。亦即基本上解决我国农业水资源缺口,折合相当于增产粮食1600亿~2000亿公斤,为我国完成下半个世纪伟大目标做出巨大的贡献。

在约占我国全部耕地总面积52%的雨养农田上，连同所有退耕还林还草坡地在内，由于降雨总量的不足或间隔的不稳定，作物供水失调：产量低，质量差；荒年甚至颗粒不收，林草也难成活。在这类农区，由于已无引外水灌溉的条件，唯一提高和发展农业的途径，除了继续研究改进包括培育抗逆品种等在内的一整套旱作农业技术之外，就是在农田就地或就近，集蓄大雨暴雨时外泄径流，沟溪径流，或在就近非农（林草）业用地上，建立人工集雨场地，高效集汇全部降雨，建造窖、窑，在防止蒸发与渗漏条件下储蓄；于作物缺水关键时刻，进行精量补灌。从而实现雨季水旱季用，丰年水旱年用，非农（林草）地上的雨水集中在农地上用。暴雨大雨径流就地就近集蓄，既能改善土壤墒情，又是水土保持和土壤改良的需要，也是秸秆腐烂、保持和恢复土壤有机质以及保持或提高土壤质量的需要。集雨蓄水在我国北方山区已有近五百年的历史。所不同的是，现代化集雨蓄水、精量补灌系统是以高效收集、防止蒸发和渗漏损失的高效贮蓄，适时适量灌关键水为技术要点的。从现代工程科技角度看，技术上是完全可行的，问题主要在于如何降低相对成本上。由于发展旱作农业，发展广大山区农林草（牧）业以及开发中西部具有重要战略意义，利用现代工程科学技术、材料与工艺，在2030年前研究开发出有关设计和建造工艺规范以及有关的中小型动力施工机具设备，实现经济高效集雨蓄水、精量补灌技术路线，将对我国在21世纪前半叶建设目标的完成，做出重要贡献。

针对耕地资源短缺的制约，对策之一，是加大发展农业的集约经营力度：提高单产与质量，达到高效与可持续发展。对此，农业科学技术和农业生物技术在培育耐旱抗逆高产优质、适于增值加工转换的优良品种等方面，无疑将起重大的作用。在此基础上，实施节水灌溉和集雨蓄水补灌技术，改良土壤并随着信息技术的迅速发展，研究开发我国不同地区条件下的保护性少耕培肥土壤耕作法，和我国适用型精确耕作技术，利用卫星定位系统及数字模拟技术，逐点测土，综合配方，实施变量的精量播种、施肥、施药等，以求充分发挥土地潜力。途径之二，是大力高科技型设施农业、各种适用型温室，塑膜覆盖与塑料大棚等，以求改善水热条件，延长作物生育期，成倍地提高单产和品质。途径之三，是在山区非耕地及退耕还林还草地区，发展复合农林（果）草（牧）、养殖业，扩大食物源和农副产品源。同时以适度规模中小流域为经营单位，按可持续发展的条件优化农林草、湿地及作物种植面积的配置，为各业的可持续发展打开空间。

另外，农产品及副产品的保鲜、保质、增值加工转换，发展产业化经营，带动产供销，扩大经营等，也是重要的环节。

总之，农业水土资源的开发及其可持续高效利用，涉及多学科、多行业的边缘与交叉；加强学科间协作，摆脱条块分割管理方式影响下的技术本位倾向，端正学风，将有助于我们在21世纪前半叶此一关键时期为国家民族做出更大的贡献。

迎接我国农(林草)业机械化发展的新时期*

曾德超

我国各族人民在澳门继香港之后回归、普天同庆的日子里，迎来了千禧之年。在21世纪的上半叶，我国将进入一个伟大的振兴时期：将把一个人口众多、水土资源短缺、生态环境脆弱、历史性水旱灾害逆境频仍的发展中国家，建设成为一个山川秀丽、可持续发展的中等发达国家。在此时期，由于人口将达16亿的零增长点，给食物安全带来巨大压力；国家工业化向中后期发展及城乡建设的蓬勃发展等带来大量水土资源占用压力，污染排放大量增加，全球变暖的负面效应加剧；加入世贸组织后市场竞争剧烈，知识经济的来临也将增大了追赶先进国家的难度；等等。这些既是挑战，也是机遇。在此时期，农业生产与生态环境建设的基础地位，仍将十分突出。

农业机械化、农业工程对工业化国家的农业第一次技术革命起了关键性作用；生物技术、信息技术、农业机械、农业工程还将对世界农业技术带来革命性变革。我国农业在过去半个世纪，取得了举世瞩目的成就，我国农业机械化、农业工程对其也做出了巨大的贡献。在新的历史时期中，农业机械、农业工程科学技术要为农业生产及生态环境建设做出更大的贡献，如下几点值得考虑：①主动结合农业生物科技和农场经管科技，针对地区自然基础条件，进行学科综合研究，创造、开发“适用型”农机系统和有关的配套农业工程技术。②由农机企业通过对农林牧副渔初级产品及副产品加值转化的市场调查预测，开发一条龙生产技术与管理体系，通过收购合同，提供有关设备和技术，指导农户的生产。③针对我国地区性水资源短缺的基本国情，创造、开发、制造、推广我国“适用型”先进高效的集雨贮水补灌技术和节水灌溉设备，以及实施普及先进的灌溉制度所需仪器、设备与技术。④创造、开发、制造、推广和完善各地区保土培肥少耕法以及“适用型”精确耕作的机具与技术。⑤针对我国耕地资源短缺的状况，开发并推广山区坡耕地退耕还林、还草的优化水土资源利用规划，最优栽培管理制度及机具设备与技术；开发山区农场基建与作业的小型动力机具。⑥发展土地生产率比大田有较大提高的温室、塑料大棚等保护地耕作，开发相应的农机具与灌溉管理技术。⑦大力开发农副产品的保鲜和增值加工工艺、设备。⑧探索新的节水优质高效的水稻栽培制度，发展新的机具系统与生产企业。⑨根据地区景观与地貌，研究经济可行的田块扩大和农场经营规模的扩大策略等。

《农业机械学报》是我国农机学科的权威性学术刊物。祝学报在新的世纪中为发展我国农机科技、农机工业及农机化事业做出更大的贡献。

---

* 本文出处：农业机械学报，2000年，第31卷第1期

中国发展果品产业的一些挑战与机遇*

曾德超

中国水土流失严重，水旱风灾害频繁，资源生态环境脆弱。对此，政府以科教兴国和可持续发展为基本国策；计划于2030年实现人口的零增长；对食物安全则立足于现有耕地和农业用水配额，以水资源的可持续利用支持农业的可持续发展和生态用水；实施全国生态环境规划，退耕还林还草还湖，开发大西部，贫困地区脱贫等。

发展果林类经济作物，有利于土地资源的充分利用和生态环境的保护与建设，给农民带来额外经济效益，宜于作为扶贫项目。以前由于以粮为纲，长期未得发展。改革开放前夕，1978年全国总产165.7万吨，人均6.8 kg。改革开放后大发展，1997种植面积达683.55万 hm^2，总产达5089.3万吨，居世界第一。水果、坚果及其加工制品是健康食品；每人每天应至少摄取与蔬菜等量的—2 $\frac{1}{2}$标准份。1999中国水果人均年拥有量为44.8 kg，全球人均为70 kg，美国1992年鲜果及加工制品为151.6 kg。可见潜在的内需市场为目前产量的几倍。

果树有“适种区”，因而具有潜在的区外销售市场。同时，果树栽培及果品加工业还是劳力密集的产业，中国资源劳力丰富，具有国外销售的潜力，诸如东欧、中东、中亚、北美等。从而提出，为解决中国果业当前所面临的内销不旺，外销不畅，和加入WTO后如何逐步建立和扩大稳固的国内外市场，有待于引进国际先进技术、经营管理经验和资金，促进一些关键环节的合资经营：

(1)建立区外、国外代理营销分公司，兼营地区之间果品的有无赢缺调制业务。

(2)果园无公害绿色优质产品生产工艺的引进与合营。

(3)鲜果采后、分级、贮运、上市等工艺装备与服务。

(4)果品果汁加工业的开发建立与运营。

(5)节水灌溉，无公害综合病虫防治与栽培等技术以及优良树种、品种的引进与合营。

* 本文出处：第一届北京国际绿色产业合作论坛，“绿色产品”专题发言稿摘要

中国农机学会新时期的挑战与机遇*

——纪念中国农业机械学会成立四十周年

曾德超

中国农机学会1953年起在党的领导下就开始酝酿筹划，1956年成立筹备小组，1963年学会正式成立，选举了以刘仙洲先生为首的理事会。自此40年来，就一直挂靠在“事业转企业”前后的中国农机研究院，并得到历届部长、副部长的殷切关怀。学会是党和政府联系团结广大科技人员、为实现农业机械化建立和发展农机工业的纽带。当今我国的农业机械化事业和农机工业已获得了很大的发展。在此期间，作为一个工程专业学会，中国农机学会做了十分出色的工作。显然，这与中国农机研究院的正确领导与全力支持分不开。

然而，上半个世纪，在人多地少的基本国情下，我国的农业机械化并没能体现出显著的增产增收效果。当时，主要还是依靠农业生物技术——作物良种培育和化肥农药水利，畜禽水产养殖中的良种良法等等。在人少地多的北美，情况并非如此：在美国，农业机械化被国家工程院主持推选为20世纪改变人类生活面貌的20项最伟大工程技术的第7项。在人多地少、又要兼顾可持续发展的条件下，我国农业机械、农机化应用基础学科的发展，应从当前主要着重于作业过程的力能分析，进入到与SPAC系统以及设施农业传输过程的分析、调节与优化。机械设计制造方面的新发展、新材料、设计软件、系统分析、信息技术等等的吸收与应用亦是机遇之一。农机制造业在进入WTO后，中国的一个潜在市场是发达国家的中小型机械开发、阿拉伯世界设施农业装备，以及发展中国家可持续发展农业、畜牧业、水产业、加工业、轻工业的机电装备。

进入21世纪、加入WTO后，我国面临着全面建设小康社会的伟大历史任务，其重心显然是三农问题的解决与现代化的实现。为此，我们还将在农业增产增收之外，应对人口、资源、生态环境及经济的可持续发展这一21世纪世界性的新问题。对于可持续发展问题，亦可能有不同的处理途径：农产品生产的耕作栽培与资源生态环境建设作为独立系统处理或两者结合作为复合系统处理。这尚需进一步研究与论证。

进入WTO以及在市场经济条件下，专业工程学会的运作内涵、形式与方法，亦将有所改变与发展，欧美工程学会的业务及其做法可供借鉴。

衷心祝贺中国农机学会在21世纪的现阶段兴旺发达！

* 本文出处：农业机械学报，2003年11月，第34卷第6期

《农业机械学报》创办出版发行的申报审批与创刊号组稿的应对*

曾德超

中国农业机械学会筹委会的成立。1956 年春，中国农业机械学会筹委会经有关领导部委同意批准成立，由北京农业机械化学院党委及院行政领导孙景鲁同志担任筹委会主任，陈伯川教授（北农机）任秘书长，孙威任秘书，刘仙洲、曾德超、王万钧任学术委员，李克佐等任组织委员。筹委会一次会议酝酿决定，尽快出版我国《农业机械学报》和《农业机械译报》。当时，按规定，一个学会不论创办出版什么科技刊物，都必须获得国家科委出版社的正式批准。

农机译报的创刊与申报。《农业机械译报》很顺利地获得了批准：由北京农业机械化学院陈立教授任主编，柳克令教授任副主编。主要摘译俄、英、德、日等有关专业文章，供农机工程界科研人员及师生参考。编委采取分工专责制：陈立教授负责修理领域；柳克令教授负责农机运用；李翰如教授负责农业机械；张伟教授负责拖拉机领域等。《农业机械译报》一直出版了若干期，直至北农机全校下放，才被迫停刊。

农机学报的申请批准出版发行要求较严、过程比较曲折：要求所刊论文必须能代表我国本学科的最高水平；有创造性、前沿性；能在国内外同行中有好评等等。为此，第一期我们所决定选用的文章中就有周总理亲自授予国家奖的有关内燃水泵的论文，有关我国领先发明的插秧机的研发，水田耕作的拖拉机行走装置的研发等等。这样，经过第一期创刊号几篇“重头”论文约稿的落实和与对国家科委出版局主管干部同志的多次反复陈述争取，最终获得了对农机学报创刊发行的批准；并由王万钧和我等 28 位同志组成了第一届编委会。

其后，《农业机械学报》在历届编委会和正副主编的主持下，有了很大的发展：学术水平有了很大的提高，对我国农机工业科技、教育和工农业的发展起了应有的作用与影响。今后，随着我国的进一步工业化、农业现代化、新农村建设、小康社会的建成，资源生态环境的可持续发展，华西村之类经验的推广等等，给农业机械的产学研带来了无可比拟的挑战与机遇。衷心祝愿新一代学者充分发挥聪明才智，全心全意为三农服务；办好反映我国特色的达到国际水平的《农业机械学报》。

* 本文出处：中国农业机械学会动态，2007 年第 2 期

Respectful Congratulations on the Open Publication of the IJABE*

Zeng Dechao

First, I would like extend my respectful congratulations on the open publication of the International Journal of Agricultural and Biological Engineering, founded jointly by CSAE and the US-based AOCABFE.

The founding and the development of the agricultural engineering discipline in China had involved many international experts, especially the US scholars; even including figures such as Dr. J. B. Davison, the founder of ASAE in 1908. Through the 20th century, USA had marvelously succeeded, through agricultural mechanization, practically alleviate human chore in all lines of farm work; thus have brought in a change in human life. One of the consequential impacts to the agricultural engineering departments in the US land grant universities however, has been a rather urgent need in a modification on the agricultural engineering (AE) training program, so that AE graduates can have a better chance to get their jobs after graduation. One of the ways out has been to develop a modified training program along the line of bio-systems engineering.

My first personal contact to this trial was through the very helpful meeting with Professor Norman Scott, then a vice President of Cornel University. His concrete description on the method in his rather well known paper is very interesting, but not so practical. I have gained very much along this line also from Professor J. K. Wang at Hawaii University. Prof. J. K. Wang came to visit the International Cooperation Office, Eastern Campus, China Agricultural University (CAU) and Academician Wang Maohua. He was also one of the very first US AE professors with Taiwan origin, visiting the CAU Eastern Campus right after the Pingpeng diplomacy. Their rather impressively successful work along this line, especially on the medical biological side, required very close or intimate cooperation between the engineers and the bio-molecular scientists. This is not an easy problem to tackle with, in the case of CAU Eastern Campus, or even some other campuses in China as well.

So, I heartedly hail and cheer for this initiative in the cooperation between CSAE and the US-based AOCABFE, to publish this International Journal, an excellent and indispensable way to provide relevant information and personal contacts for the incubation of agricultural and biological system engineering in China.

I sincerely wish this joint journal IJABE a great success!

* 本文出处:Int J Agric&Biol Eng,2008年8月

中国农业机械化*

——二十世纪我国工程科技最伟大成就之一

曾德超

农业机械化是二十世纪中国农业生产发展、农村面貌改变和农民生活质量提高的最重要的工程科技因素之一。农业机械化为提高我国农业劳动生产率、商品率、土地产出率、农业资源利用率，解决温饱，实现小康，推进农村城镇化和农业工业化进程，促进全社会文明的进步等方面做出了重大贡献。

一、农业机械化大大提高了劳动生产率，保障了近13亿人口的国家粮食安全

在20世纪的大多数年代，我国几亿人在饥饿线上挣扎，直至世纪的最后一二十年，中国在基本实现了农业机械化后，中国的农产品的供给形势才发生了重大转折。主要农产品如粮食、棉花和油料、肉类、水产品等总产量跃居世界首位或前列，摆脱历来的短缺局面，1999年中国粮食、肉类、蛋类产量分别达到5亿吨、5949万吨、2135万吨，分别是解放初的5倍、27倍、53倍，解决了温饱问题。中国用占世界7%的耕地，解决了近13亿人口的吃饭问题，农产品从近百年的卖方市场转入到买方市场。这种沧桑巨变，除了国家的正确政策、农业优良品种的推广、化肥与农药应用外，农业机械化起了根本的保障作用和基础支撑作用。

1949年，我国农机总动力仅为8万千瓦。经过50年的建设，建成了具有相当规模的农机工业体系，比较完善的农机服务网络和健全的农机科研、教学、试验、检测基地，农机总动力超过5亿千瓦。主要农机拥有量达到1亿6千多万台（拖拉机及配套农具、农用运输车、排灌机具、植保机械和收获加工机具），机械化耕种、植保和排灌的面积占耕地的65%、30%和75%。机械播种和收获的面积达到27%和17%，谷物机械脱粒占谷物总产量的80%。机械深耕深松土壤、粉碎作物秸秆、加工有机肥料，增加了土壤的有机质和含水量，是培肥地力，增加产量的有效措施；深施化肥、机械铺膜、联合收割机收获及耕、耙、播等高效、高质量作业是人畜力难以办到的，这些是不少地区实现一年两熟、两年三熟确保丰收的重要保证。华北不少地区做到了一年两种两收农业机械化水平的提高，缩短了作业时间50%以上，最近几年实施的农机跨区作业缩短农时达5～10天。

我国是世界上自然灾害发生最频繁的国家，旱、涝、病、虫、风、雹、沙等自然灾害年年发生，成灾率高。我国建设了世界上最大、层系统的排灌体系，用于排灌的动力达1亿多千瓦，投入各种动力、水泵2500多万台，机电排灌和农作物病虫害防治的机械化，提高了农业抵抗自然灾害的能力。1999年，我国的机电排灌面积达到了全国总有效灌溉面积的70%以上。机电排灌使农业连年旱涝保收，确保了全国80%的粮食、90%的棉花和95%的蔬菜的稳产与高产。农作物病虫害防治的机械化，每年挽回粮食和棉花的损失分别达到了粮食总产量的10%、棉花总产量30%，平均每年挽回4000多万吨粮食和140多万吨棉花。

饲料是畜牧业和水产养殖业的基础，饲料加工是饲料供给的重要手段，必须通过机械化作业来实现。畜牧业和水产养殖业及饲料加工业的机械化，以及大批机械化养鸡场和养猪场的建设，使得饲料储存、加工、喂料，饮水，排粪，通风，保暖，孵化，运输，屠宰，冷藏，保鲜等全过程管理实现了机械化和自动化，极大地提高了劳动生产率，有效地促进肉类与水产品总量的增长。据统计投饵机和增氧机使鱼单体

* 本文出处：二十世纪我国工程科技最伟大成就——中国工程院农业轻纺环境学部筛选项目之一

生长均衡，规格整齐，饲料利用率可提高10%～15%，降低成本5%～7%，亩增加效益200元。1998年，我国肉类总产量达到了5949万多吨，居世界第一位，人均肉类占有量超过世界平均水平。我国水产品总产量达到4122万吨，占世界水产品总量的1/3，居世界首位。与此同时，人均水产品占有量超过32千克，为世界人均水产品占有量的二倍。蛋类产量达2134.7万吨，奶类产量达到806.9万吨，肉蛋奶产量比1978年分别增长4、7、5倍，作坊式的畜牧生产方式是不可能实现这一产量的。

1999年，我国设施农业栽培面积超过90万公顷，设施农业提供的蔬菜满足了城市市民一年四季的需求，长年吃到反季节菜。改变了北方长期冬季萝卜、白菜、土豆的单调品种。而设施农业的发展也得益于设施农业设备的支持。其中大棚标准化骨架、节水灌溉设备、育苗设备等都发挥了重要作用。

农产品包括田间、园艺、畜牧、水产、林产、野生、土特产等，量大面广。农产品的加工、贮藏、保鲜对减少农产品产后损失、提高附加值、综合利用、保护环境意义重大。20世纪，我国农副产品加工机械，如粮食加工(制米、制粉)机械、棉花加工机械(棉花加工机组和成套设备)、油料加工机械(螺旋榨油机组、液压榨油机组及成套浸出与精炼设备)、茶叶加工设备、畜产品加工设备(屠宰及肉食品加工成套设备)、水产品加工设备、蔬菜加工设备、果品设备等在我国农产品初加工和深加工中，对加快我国食品工业、纺织工业等的发展和满足广大城乡人民吃饭穿衣等生活需要以及提高农民收入中起到了举足轻重的作用。

半个世纪以来，农垦始终致力于探索我国农业现代化道路，为全国实现农业现代化摸索了路子，树立了榜样。1999年末，机耕、机播、机收率分别达到85%、72%、54%，分别高出全国20、46、38个百分点，粮食商品率达78%。1999年粮食产量达1700万吨，肉产量达83万吨，禽蛋21万吨，分别是1952年的74倍、1456倍、1779倍。农垦系统的巨大成绩充分证明了农业机械化在提高劳动生产率中的作用。

二、加速了我国农村城镇化、农业工业化和现代化进程，明显提高了人民的生活质量和生活水平，全面改观了农村面貌，促进了社会文明的进步

农业机械化的发展，改变了沿袭4000年的使用手工工具的人力、畜力生产方式，大大减轻了劳动者的劳动强度，使劳动人民从繁重的体力劳动中解放出来，改变了过去"面朝黄土，背朝天"、"锄禾日当午，汗滴禾下土"的农业生产模式，明显改善了人民的生活质量，促进了社会文明的进步。

20世纪最后两年，我国农业机械总动力达到了48863万千瓦，其中大、中、小型各类拖拉机拥有量达到1293万台约13926万千瓦，农用运输车1180多万辆(载重汽车93.8万辆、四轮农用汽车90.2万辆、三轮农用运输车1000多万辆)，约17000万千瓦。农业运输总动力(含拖拉机)超过了3亿千瓦，仅基本上实现农业运输机械化这一项，即相当于为农业增加了5亿～6亿头役畜或10亿～20亿个壮劳力。农业机械总动力从20世纪初的零起点到世纪末的4.89亿千瓦巨大变化，而且替代了几亿劳动力投入到社会其他生产部门，吸纳一亿多劳动力从事农产品加工业和乡镇企业。使我国2个多亿农村劳动力从繁重的农产品生产、运输和加工作业中解放出来转到第二、第三产业，从农村转入城镇，从低收入转向高收入，从而大大地加快了我国的工业化步伐和城市化进程。

农业生产方式的巨大改变，加快了从传统农业向现代农业的转变进程，使农业综合生产能力大大提高，促进了农业和整个国民经济产业结构和就业结构的优化调整，增强了对农业和国民经济发展的综合保障能力。与此同时，又促进了非农产业加快发展，农村住户人均纯收入中非农产业收入的比重已接近50%，第一产业从业人员占全社会从业人员的比重已降至50%以下，这对我国这样一个农业大国来说，是一个重大的历史性转折。

农业机械的广泛应用不但使先进的农业技术得到规范化大面积推广，也给农民带来了经济效益。采用机械深耕、深松可增产10%～15%；使用联合收割机收割小麦效益也很显著，它可较人工收获可减少损失5%～8%，又可成倍甚至几十倍提高工效。不少地方因使用谷物联合收割机收割小麦，改变了

过去当地在外务工农民麦收季节回家"抢收"的现象。此外，联合收割机的经营者从为当地农民服务和异地收割中提高了经济收入。近几年来，经营农机的专业户已发展到400多万户。1999年全国农机户服务经营效益达542多亿元。

在解放前和解放后没有实现机械化的相当一段时期内，妇女的绝大部分时间是用来碾米、磨面、织布、纺线，社会地位很低，基本上是延续2000年来男耕女织、男尊女卑的封建生产方式。农业机械化的实现，使得农业机械取代了农村妇女的手工劳动，使她们从磨面、舂米、纺线、织布等繁重的家务劳动和农场劳动中解放出来，使她们获得了与男子平等的从事各种职业的权利，大大提高了农村妇女的社会地位，加强了妇女的权利，推动了农村社会文明的进步。

三、农业机械化最大限度地保护了农业环境，最大效率地利用了农业资源

在进入21世纪之际，保护性耕作机械、精确农业装备、设施农业设备及大力发展节约资源设备（节水灌溉技术与设备）、化肥与农药科学施洒（撒）设备、环境污染的治理技术与设备、适应于农业产业化经营的农副产品精深加工技术与设备等，保证了农业的可持续发展，最大限度地保护农业环境和利用好农业资源。据专家测算，耕层每增加一厘米，每亩地可蓄水4吨。去年，华北和东北地区遭受了历史上罕见的旱灾，由于采用大马力拖拉机坚持土壤深耕深松和秸秆粉碎还田以及其他先进耕作方式，建立了"土壤水库"，仍获得农业的大丰收。

农业机械化大事记

1903年，华商祝大椿在上海设源昌机器碾米厂，动力为蒸汽机；

1907年，广东侨商陈国圻在黑龙江创办了兴东垦殖公司，购买蒸汽拖拉机及火力开荒耕地收割机器；

1908年，广州均和安机器厂仿制出中国第一台单缸卧式煤油发动机（8千瓦）；

1909年，上海求新机器轮船制造厂制造出碾米机数十台；

1910年，上海求新机器轮船制造厂制造出25马力柴油机；

1921年，江西民生工厂开业，所产农具有4寸和6寸离心式抽水机、碾米机、砻谷机、筛米机、打谷机、剪草机，以及各种新式锄犁耙铲等；

1927年9月，顾复编《农具学》，由商务印书馆出版发行；

1930年，浙江省植物病虫害防治所高置器械研究室，成为中国最早的植保机械研究部门；

1932年，南京金陵大学农学院开设农具课程；

1934年，中央农业实验所和中央棉产改进所在南京设置喷雾器制造试验室；钱浩声等人研制出自动喷雾器和双管喷雾器；

1939年，首次研制成水力汲水机，即水轮泵；

1939年，陕甘宁边区农机厂在延安温家沟建立，制造犁铧、锄头、蓄力水车和弹花机等；

1944年，经邹秉文募集农业机械学奖学金，首次派遣了一批留美农业机械研究生；

1945年，中央大学农学院农艺系设立农业机械组，开始招收本科生，这是中国高校最早设置的农业机械专业；

1949年11月，中央人民政府成立农业部，下设垦务局和农业器械局，分别主管国营农场和农具工作；

1949年，在北平建立华北农业机械总厂，开始生产新式畜力农具、水泵等；

1952年10月，成立北京机械化农业学院；

1952年起，翻译苏联农机化专业教科书，选派研究生及本科生留苏学习农业机械；

1954年12月，农业部成立农业机械试验鉴定总站；

1954 年，华东农业科学研究所研制出尸-15 型水田犁；

1955 年，北京农业机械厂试制成功我国第一台谷物联合收割机，沈阳农业机械厂试制成功苏式 48 行谷物播种机；

1956 年，华东农业科学研究所研制成功我国第一台畜力牵引水稻插秧机；

1957 年，一机部农业机械研究所试制成功世界第一台半喂入谷物联合收割机；

1958 年，中国研制出世界上最早应用于生产的人力水稻插秧机，第一拖拉机厂试制成功第一台东方红-54 型履带拖拉机；

1959 年，毛泽东指出："农业的根本出路在于机械化"；

1962 年，中国农业机械化科学研究院成立；

1963 年，中国农业机械学会成立，刘仙洲任理事长；

1965 年，广西-65 型人力水稻插秧机通过国家鉴定正式投产；

1966 年 7 月，国务院在武汉召开第一次全国农业机械化会议；

1968 年，东风-12 型手扶拖拉机通过鉴定并授产，1978 年该机获全国科学大会奖；

1969 年，中国农业机械化科学研究院等单位设计、无锡水泵厂试制的 3 米直径大型轴流泵在江苏东台县投入运行；

1971 年，研制成功洪湖-12 型水田机耕船，获国家发明奖；

1972 年，中国研制出第一台增氧机；

1975 年，研制成功星轮扶禾器立式割台收割机；

1979 年，上海拖拉机厂研制的上海-50 轮式拖拉机通过鉴定；

1983 年，我国自行研制的年产万吨配合饲料加工成套设备在本溪饲料厂投产；

1985 年，在江苏工学院培养出第一个农业机械博士；

1986 年，华北地区开始实施大型谷物联合收割机的跨地区作业；

1986 年，桂林-2 号全喂入水稻联合收割机研制成功；

1992 年，中国农业机械化科学研究院研制出蔬菜种子加工成套设备，棉花轧花新工艺及成套设备开发成功；

1993 年，除草剂施药技术及配套器械由南京农机化所研制成功；

1994 年，自走式玉米联合收获机研制成功；

1995 年，割前脱粒水稻联合收割机出现；

1995 年，北京农业工程大学研制成功全方位深松机；

1996 年，种子包衣技术及设备研制成功，江南 120 型半喂入联合收割机由南京农机化所研制成功；

1997 年，新型背负式喷雾喷粉机由南京农机化所研制成功；

1999 年，棉花采收机研制成功；

2000 年宋健提出："提高农业和制造业的水平，实现农业机械化和现代化，发展先进的制造业是人类社会永恒的主题，一万年以后仍将如此。"

第二部分

机械土壤动力学
基础理论的建立与发展

《机械土壤动力学》序及绪论节选*

曾德超

人类对地球表面及海底一层松散介质进行日益增长的规模施工，消耗巨额能源、物料、人力和资金，因而，要求不断开发和改进高功能的机械装备和作业方法；同时还要耕作和保护人类赖以生存的土壤资源，改进生态环境。对土石半无限松散介质在机械施工中动力学响应和行为的深入研究和理解，开拓规律性知识，建立理论体系，发展学科等工作无疑将为技术和经济发展提供潜力和可能性。然而土壤属于结构和响应都十分复杂的一类介质，其理论分析和数值处理都十分困难和复杂。虽然机械土壤动力学方面的系统而深入的实验研究早在第二次世界大战前夕就已开始，但迄今国内外所出版的为数不多的有关土壤-机械关系著作，基本上立足于土壤静力学、极限平衡分析和唯象分析上，尚缺少突出土壤动力学特点的理论体系。

土建方面的土动力学、岩石动力学研究地上地下、土工水工、海底工程等大型建筑地震、爆破、波浪等动载下的平衡稳定问题，工程地质动力学着重研究高速波在地壳中的传播规律，以求应用于地震预测、石油和矿藏勘探等工程问题。机械方面的土壤动力学则着重研究属于快速施载所引起的大变形、破坏和流动，研究机器作用下土壤动态行为的普遍规律。可见土建方面的土动力学、岩石动力学，地质方面的地质力学与机械方面的土壤动力学所研究的问题、条件和特点是不尽相同的。

本书是在机械土壤动力学方面的一个尝试。本书在体系上从土壤本质、基本属性和土壤性态行为的机理入手，作为处理复杂问题中正确判断方向的基础。同时，在静载(慢载)下土本构理论模型的基础上，着重阐述载荷动特性对土壤行为的效应，将往往总是复杂的作业过程抽象为由少数基本的、简单的工艺元素所组成，给出这些工艺元素在施载速率影响下的预测公式，这样可望有助于实际问题的解决，亦有利于理论系统的发展。在理论系统的建立中，充分注意吸收土建土力学、土动力学中与机械土壤动力学有关的一些基础内容。进而搜集最近几年来国内外所发表有关机器—土壤关系的研究报告以及作者所在实验室的一些研究成果，编撰了土壤耕作、土方挖掘和地面行驶驱动原理这一部分的内容。

全书共分绪论和七章，包括学科的研究现象、特点、现状、方法和手段；土质概论和土壤行为机理；载荷特性，土的慢载特性及土的动载特性；土壤工艺元素(含座机基础隔震)；土壤耕作原理；土方挖掘原理；以及地面行驶和驱动原理。

1　机械土壤动力学的研究对象和领域的特点

机械土壤动力学是土壤科学和力学科学的一个交叉的独特领域，它研究施加于土壤上的各类机械快速作用力(亦含振动和波)与土壤动态行为之间的规律性关系及其应用于土壤—机器系统的技术开发。根据载荷的来源和特性，以及土石材料的领域和工程目的的不同，在机械土壤动力学之外，还出现了土建方面的土动力学(岩土动力学)、工程地质动力学等。

土建方面的土动力学(岩土动力学)着重研究地上、地下、土工、水工、海底工程等往往是大型的建筑物在地震、爆破、波浪等高速、重复或振动载荷下，地基的平衡稳定这类问题中土石动态行为的规律。工程地质动力学着重研究高速波在地壳中传播的规律，以求应用于地震预测、石油及矿藏勘测等工程问题。

---

* 本文出处：当代科技重要著作・农业领域——《机械土壤动力学》，北京科学技术出版社，1995年

机械方面的土壤动力学着重研究往往属于快速施载,并引起大变形和破坏后移动的各种机器作用力对土壤、冻土、石进行切削、挖掘、钻削、爆破、推运、耕作或在其上行驶和拖拽等机械作业时,或是座机地基在机器作业时,土壤动态行为的普遍性规律。出于不同专业的需要,出现了越野车辆土力学、耕作与牵引的土壤动力学、工程机械土力学等分支。

与其他土壤动力学领域不同,在耕作土壤动力学中,土壤是作为一种特殊的生物有机质和人类最基本的一种资源来看待的。在作物生长的周期中,土壤不仅受到机械力的作用,也受到自然力(风力、水力、重力、热力等)的作用。必须把自然力考虑在内,是因为现代化农业的概念,既包含可再生有机物质和原料的生产,亦包含保护自然资源、环境和生态,以便为人类后代留下生存的基本条件。

由于机器在土壤岩石上的作业量大面广,机械领域土壤动力学方面的系统性规律性知识对大量的耕作作业、土方施工、矿物挖掘、越野行驶、固定精密机器或冲击机械的基础隔震等的设计优化,新技术、新机器的开发,以及作业过程的优质低耗,具有重大意义。

然而,由于土壤的机械组成和矿物成分变化范围大,液相气相含量变化带来的物理力学特性变化往往达几倍甚至几十倍,而机械作业所包含工艺元素的组合又往往错综复杂,常使严格的详尽的解析演算的意义遭到淹没。力学应与实践紧密结合,分析的深度和精度应取决于实际需要和可能。我们认为现阶段机械土壤动力学应从土壤本质、基本属性及各种性态行为机理入手,以作为工程技术活动中正确判断的基础。正是由于土壤动态行为的复杂性,对某些现象、过程或问题尚不具备完整的、完全确切的解析,这是现阶段机械领域土壤动力学的一个特征。

2 机械土壤动力学研究状况和趋向

(1)学科前期(1900 年以前)

人类最早使用轮子可溯至公元前 3200～3400 年,中国最早用轮子约在公元前 3300 年。中国使用耒耜最早约在公元前 3200 年,驯畜拉犁打钴约在公元前 2000 年,用石耜牛耕始于商代(约公元前 1155 年),具有犁壁的牛犁出现在战国末年(公元前 221 年)。古代轮子、撬板、犁、锄、鹤嘴器的应用表明,农民已能悟性地根据地面状况的不同来发明相匹配的工具;但是却缺少描绘工具与土壤之间如何相互作用的史料。根据机械组成作土壤分类的最早记录见于 1681 年。测定犁牵引阻力的第一个测力计出现于 1784 年。英国 Bailey 于 1750 年提出螺旋犁面土垡翻转理论。1788 年美国杰菲逊提出了一种描述壁犁犁体曲面的方法。1837 年俄国沙格拉茹斯基上尉获得履带驱动专利。1873 年美国 Parvine 实现了蒸汽机履带装置。当时人们已认识到研究犁面和轮子是人类重要的工作之一。1752—1900 年期间共发表研究犁的理论和影响其设计因素的专门技术报告就有 60 多篇,有关轮子在土壤中滚动问题的技术报告就有 8 篇。

第一个系统地从土壤物理性质着手研究的是 Schubler(1838)。Schubler 认识到土壤物理性质对耕具和轮子阻力的重要影响,并测定了土壤的黏附性及凝聚性。同时,主要是结合土建方面的考虑,库仑于 1773 年提出了压力下土的滑移理论。郎肯于 1857 年提出了主动、被动土压力的概念。鲍沁内斯克于 1885 年发表了地面下应力分布的研究。达西于 1856 年提出了土壤水渗透定律。阿太堡则于 1911 年确定了黏性土壤的各稠度限,等等。

和任何领域的科学技术一样,机械土壤动力学的发展也是与生产的需求和发展分不开的。中国在长期封建社会的生产关系下,重视小农户的精耕细作,耕具则长期没有得到发展。欧洲在现代科学技术和资本主义兴起之后,人多地少,农业重视提高土地生产率,从而重视土壤化学。1840 年李比西对化学施肥作了划时代的贡献。美国人少地多,农业重视劳动生产率,而开荒后风蚀严重,从而重视土壤物理;但主要集中在土壤的气、水、盐和热特性,而忽视了土壤强度等力学特性。进入 20 世纪以来,大功率机器的广泛应用，其中包括各种农业机械、土石挖掘机械和越野车辆，以及土石、水工建筑物地基工程的日益扩大和增多，土力学和土壤动力学方面的研究才受到人们的注意。

(2)学科初期(1900—1950年)

在1900年以前，有关土壤的机械受力问题主要是作为土壤耕作机械的一个属性来处理。苏俄郭辽契金(1900—1935)首先试图作为独立分开的学科来发展机械土壤动力学，并用此学科的知识来解决包括农业、矿业、建筑和土方等机械的设计问题。在此期间，郭辽契金及其学派同人发表了驱动轮和随动轮的基础研究；把模型理论和相似理论应用于机器设计；研究了土壤的失效理论和土壤受机器振动和冲击的影响；1920年完成犁曲面的绘图设计理论；建立了犁阻力计算公式；继而进行了楔子对土作用的研究；测量旋耕式机器的切割阻力与速度、土壤密度、水分、黏附性和动态、静态贯入阻力的影响；测定土壤对金属的摩擦、土壤变形以及发展土壤切削方程；并将土壤按机械行为分为与农业上土壤分类不同的13个类别。与此同时，美国尼柯斯在1925—1935年期间发表了一系列关于土壤动力学特性的经典研究报告，成为50年代以前唯一对土壤动力学特性进行系统研究的先驱者。

在1900—1950年间苏俄的机械土壤动力学工作领先于美国15～20年。一个重要的区别是苏俄的研究企图将土壤和机器参数综合在阻力或性能预测的方程之中。他们处理土壤切削所用的理论直接缘用库仑1773年对地基及挡土墙土压力的经典研究以及太沙基的有关的土力学研究。而美国的研究集中在土壤与机器参数的孤立研究上。郭辽契金和尼柯斯两人在1985年6月17～19日于美国奥本举行的国际土壤动力学会议上被承认为机械土壤动力学的先驱。

与郭辽契金和尼柯斯同时，Kuehne于1913年在德国慕尼黑建立了第一个土槽，并由VonPoncet实现了犁的6分力测定(Prandtl也只是在1908年建立了世界上第一个风洞，并实现飞行器6分力测定)。德国Bernstein(1913)和波兰的Swiezwaski(1932)及Kanafojski(1934)研究了滚动轮子的力学特性，发展了描绘土壤在轮子载荷下变形的方法和建立了滚动阻力方程。德国的Dinglinger(1920)和Rathje(1931)研究了相邻铅垂凿形铲的相互作用，提出了铅垂齿破坏的临界深度的概念，及土壤从表面破坏转而为土内凿齿周围的破坏。英国亦于1924年建立了农业工程研究所，从事拖拉机试验和轮胎试验，得到降低胎压、增加轮径能改进牵引效率等结论。

在此时期。虽然主要出于土建的需要，但对机械土壤动力学研究而言，亦属于奠基性工作的有：太沙基(1936)提出的土体有效应力理论，固结理论，承载能力解法；Filde(1940)创制的三轴仪；Casagrande在土的分类与识别(1948)以及土强度和渗流方面的工作；Skempton(1953)揭露黏性土受力下隙水压力变化规律；Taylor(1937)的土坡稳定理论；Lambe(1951)的土壤实验方法等等。

中国在此时期，国内军阀混战，国外列强侵略，虽然科技界的一些有识之士在治水、兴农、筑路、建桥、开矿等方面做了一些开拓性工作，但就机械土壤动力学学科而言，基本上未提到日程。

(3)学科研究近况(1950年以来)

第二次世界大战结束以后，有利于开展土壤机器关系研究的条件是：农业机械化在全球范围内得到迅速发展；土建工程施工的规模和数量日益扩大；国际间的紧张局势要求战车性能的改进和对全球各地区土壤的军事车辆通过条件加以确定；可用于各领域研究和开发的新技术的不断涌现；管理技术的发展使得能够计划和协调大型研究和开发项目；种种越野活动的大量增多；以及人们对这个领域的研究所能带来的成果寄以很高的希望等。

在行走机械方面的研究情况是具有代表性的。1945年起，一些国家和公司在轮胎研究上投入了大量的人力、物力，涉及轮胎结构形式、结构参数、配置方式和作业参数等与性能和压实的基本关系，得出一些具有实用性的结论，即开发了驼峰形截面等新型胎体；发展了自动显示动载荷、自动调节胎压的理论和系统；提出了发展四轮驱动，以便利用轮胎二次通过的效应来提高驱动效率的方向；揭露了正常载荷下轮胎将耕松土壤重新压实而不利于作物生长，作为一种土壤污染的防治而需要长期普遍地避免，并发展固定轨道或宽轨道耕作。为了便于揭露轮胎与土壤之间的本质性关系，在研究手段方面采用了单轮实验装置，将传感测量元件镶嵌在组合轮内，借以进行了钢轮和轮胎与土壤交界面上正应力和切向应力的分布、接触区的轮胎变形、轮胎与土壤的相对滑动等方面的测量和研究。这些都有助于揭露牵引过程的本质和机械土壤动力学学科的发展。

在履带研究方面，Mickletwaite(1944)把库仑定律用于水平方向牵引力的理论计算，提出 Mickletwaite 牵引公式。1952 年苏联列伏夫在其出版的《拖拉机理论》一书中，介绍了计入履刺垂直面积的影响及由履板压地面积来确定的水平牵引力计算公式。1956 年 Bekker、1961 年 Janosi 则将车辆滑动量引入 Mickletwaite 公式。1956 年 Reece 等给出较精确的运行阻力-挂钩牵引力-滑移率的关系式。Bekker 还提出了间隔链节式履带，以提高切向推动力。与此同时，美国陆军水道实验站发展了一整套预测地区通过性的理论和方法。

在机具方面，发展了计算犁阻力的公式和正确调整及减少阻力的方法；发展了犁曲面及高速犁的设计方法；研究了振动犁的工作过程；发展了凿形齿破坏区域和阻力预测方法；研究了圆盘机具结构参数和作业参数对性能的影响；研究了旋耕机低能耗刀齿形式、结构参数和运行参数，研究了往复式和旋转式齿耙的碎土过程和程度；发展了复式表土整备耕作部件，发展了开出隙缝式种沟以利保墒、提高出苗率的播种开沟部件；研究了大功率挖掘机、开沟机、推土铲运机、大深度埋管机、高精度平地机具和技术；研究了大功率深度钻探机等工作部件的工作过程和土机关系等。

土壤种类和水分状况是对土壤性质影响最大的因素。1948 年起较详细地研究了各种土壤在不同水分下的摩擦、黏附、凝聚，及压、张、剪应力的分别作用和同时作用下的行为，以及土体中各种水、热、气、电的传导过程，以求有助于了解土壤-机器关系中的内情。为了更好地存蓄水分、提高土温或增加耐磨、利于脱土、减少阻力和提高性能，开拓了在土壤—机器系统中加入其他工程材料或措施的技术途径，如塑料薄膜、水工织物、表面材料、电渗等等。在研究中广泛应用相似理论和模型试验。由于土壤的颗粒和孔隙不能和机器或建筑物的尺寸一样，能按比例放大缩小，因此不同土壤的土机关系相似定律在理论上十分复杂。1960 年以后，对于精度要求不高的场合，仍应用比例尺为 1∶1 的模型，对诸如推土铲、排水埋管工程机具和某些地面驱动的阻力预估，可得出满足工程需要的结果。对精度要求较高的场合，发展了用人工合成土作试验，从而将土壤状况化为一个单一的相似参数，能较好地应用于驱动轮胎和钢轮的模型试验。另外，从理论上发展了土壤畸变修正模型应用于较简单部件，如凿形齿等的阻力预测。在试验装置中广泛应用传感元件、电子线路及单板机、计算机于测定、显示、数据处理和控制。在 60 年代以后，由于电子计算机的广泛应用，在土机关系的研究中发展了一些代表性问题的解析解、数值方法、建模技术、优化技术等等。

在土建方面，由于建筑物的防备地震和核爆炸及海底石油钻探平台防备波浪冲击等的需要，对半无限土体中波的传动、土体振动，以及高速载荷下土体的性态行为等进行了大量的实验研究，从而对机械土壤动力学的发展起显著促进提高作用的有：Rayleigh(1885)和 Lambe(1904)给出了在半无线弹性体中，除了压缩波和剪切波外，在介质表层所传播的 Rayleigh 波的初步解和精确解；Casagrande 和 Shannon(1948)设计了摆锤加载式土样试验机，研究了应变速率对抗剪强度的影响；Seed 等设计了振荡载荷式三轴仪(1959)，研究了泥土在定常载荷上施加脉冲情况下的失效情况，研究了周期载荷下土的动载模量(1968)；Whitman(1957)在三轴仪上研究了应变速率对应力-应变关系的影响；Bjerrum 等(1958)给出了应变速率对孔隙水压力的效应；Larew 和 Leonando(1962)揭露了土的疲劳极限；Richert(1962)通过研究给出了人体、机器基础和建筑物基础所允许的频率与振幅极限关系；D Appolonia(1968)研究了振动压滚的作用原理；Prakash 等(1966)提出了 c-φ 土动态下土压力的解等等。

中国在国民党统治期间，民族资本主义有所发展，曾出现机耕农垦的尝试以及小型排灌动力、药械、农具制造的萌芽；战后派遣农具学方面留学生；在解放前夕建立了农业工程系。中华人民共和国成立以后，由于大兴水利、大搞农田基本建设，将农业机械化作为农业的一条根本出路，同时出于建设、开矿和国防的需要，各部门设立了与机械土壤动力学在不同程度上有关的专业研究所，并在普通高等学校和军事工程院校设立了有关的专业。50 年代初起，各院校和有关研究所都较普遍地设置了土机关系实验土槽；进行了有关水田叶轮、机耕船、步行机构、低洼地区拖拉机和收割机行走装置以及水田犁体曲面、旋耕机刀片、水田土壤特性和流变规律的研究；进行了旱田轮胎和履带的牵引、压实、通过性能的研究；进行了犁体曲面设计方法，二面楔、凿形齿、旋转切削、振动碎土等过程的研究和一些过程的有限元分析；进行了高速荷载下土壤强度、摩擦和黏附特性的研究；研究了不同覆盖和耕层结构下土壤、水、热、盐运移的模型和模拟等。为我国机械土壤动力学学科的成长做出了贡献。

(4)学科研究趋向

纵观整个发展过程，我们认为近代土机关系研究经历了三次认识上的飞跃。第一次是认识到为改进机器而进行的常规整机试验受有很多的限制，难以获得普遍性规律。因此必须对工作部件与土壤相互作用的过程及所涉及的土壤动力学性质进行分别研究(Nichols，Горячкин)。第二次是认识到，演示土壤动力学性质的存在是比较容易的，但是要定量化，把一项具体的特性(譬如土壤的变形、流动)分离开来测量并直接应用于机器的设计或运用，则比预先所想象的要困难[2]。同样，要把机械作用的一些工艺元素(譬如切削、贯入)单独分离开来也是很困难的。因此，需要从更基础的层次上去研究土壤动力学特性行为的机理和土机工艺过程的本质。同时也出于土建土力学、土动力学发展的需要，自 60 年代以来，对土、石、土壤的行为本质及其土壤物理学基础的研究有很大的发展(Mitchell)。对应用弹塑性理论、黏弹塑性体及流变理论来研究土壤本构关系，并借助与计算机应用有限元等数值方法求解机械对土壤加工典型工艺问题的亦日益增多。然而必须指出，就总的情况而言，不论是土壤动力学特性行为机理、本构理论，还是典型工艺问题的数值解方面的研究，与能简便而有效地应用于实际工作，尚有一定距离，以致不少场合下，机器的设计和运用尚在缺少所需知识的情况下进行。第三次是认识到，对土壤动力学特性行为及其本质、本构理论、工艺过程原理等等的研究，其着眼点不在于追求详尽的封闭解，而在于指导现场观测什么、如何观测、如何理解和做数量上的判断(Terzaghi)。对于通常精度要求比大型土建工程低的耕作、挖掘和越野行驶问题，如能确定置信水平，则即使是做比较粗略的预计，也可应用于机器的设计和运用(Bekker)。关键在于理论分析的途径和详尽程度要与实际需要紧密结合，避免繁琐，获得实效。

展望未来，在世界范围内，有关土壤动力学特性行为和土机关系的研究，经历了五六十年代的高度热忱和所获的进展之后，面临一种新突破前的平稳，甚至是低潮的形势，因为这类基础性的研究往往不是当时就能获得经济效益的。但是，由于世界人口的不断增长，生态环境趋于恶化，建筑和采掘工程的不断增大，越野行驶运输量和领域的不断扩展，与土壤相互作用的机器种类日益增多，技术要求的不断提高，土机关系及作为理论支柱的土壤动力学特性行为的研究，无疑将得到继续和发展。我们认为，中国和其他国家一样，在这个领域的研究势必针对如下的技术发展方向，即：突出蓄水效能的保土、调温、赶时、节能，以及旨在扩大水土资源的利用，提高生产和改进生态环境的综合耕作技术的开发；较大深度、速度、规模、难度的土石挖掘、开采、钻探、爆破等施工装备与技术的发展；越野领域的扩展和越野技术的继续改进；精密机器、装置的基础防震等。土壤动力学特性行为及土机关系方面的基础性研究，势必考虑结合这些技术发展方向的特殊需要来展开。譬如，进一步挖掘机械力的动力学效应，结合综合施载方法或综合性工程措施（如复式作业，多次渐进的分段重复作业，利用水力、电力、热力、生物力的作用，加添改良剂；使用覆盖材料，利用掺土、排水灌水、嵌入小型结构等），开发这些机械力及综合措施所起效应的描绘和定量确定方法；所要求达到的土壤状况的描绘和定量确定方法；不同作用力、不同工艺组合方案在达到所要求土壤状况的程度上，以及造成不良副作用的程度上，评价指标的确定方法；发展典型场合下应力应变场预测的计算机模拟方法；不同工艺和部件设计方案对比中的优化方法；开发自动测量、显示、评价、调控和数据处理技术等等。

机引犁的牵引调整问题*

曾德超

犁地在机耕作业中占首要地位。不仅犁地的质量足以影响其后的作业及直接影响产量，犁地所消耗的能量亦最多。依机械化程度的不同，犁地所消耗的机械能占全部机耕作业机械能消耗总量的百分数亦不同：在一些以耕耙播为主的我国拖拉机站中有达约70%的；在一些以小麦为主、耕耙播收都机械化了的我国国营农场中有达约40%的；只有多样性经营、栽种有各种中耕作物而又全面机械化了的农场才能低达20%及以下。

目前我国国营农场和拖拉机站主要采用牵引式犁地机组；对开垦荒地发展大规模国营农场的东北等地区，由于自然条件的限制，在将来一个相当长的时期内，中、大型拖拉机及牵引式机具仍将是主要的工具。因此，减低牵引式犁地机组的能量消耗而同时获得良好质量指标，具有现实的经济意义。为此，必须选择适当的犁和犁壁曲面，耕前正确鉴定和校正犁的技术状态，进行正确的牵引调整，以及正确地组织作业。

本文主要考察牵引调整对牵引式犁地机组稳定性及阻力的影响。

一、犁牵引调整的理论

犁的牵引调整有两种理论：一是认为正确的牵引调整应是牵引线通过犁的阻力中心；二则认为牵引线应通过犁的重心在沟底平面上的投影点—重心迹。

在资本主义国家，犁的牵引调整以阻力中心为依据。阻力中心这一概念可说是在长期实践中经验性地发展出来的，为美国的学者所承认，即认为作用在步犁上的诸外力（牵引力除外）可在一点处平衡，牵引力通过此一平衡点才能获致稳定的耕作（均匀的耕深与耕宽）。而在正常的耕深和一般的土壤条件下，对通用型犁壁而言，此点约在犁铲和犁壁接缝上距沟墙为铧宽的1/4处。以阻力中心为依据的调整准则不仅在美国的教科书中、各大学的推广文献中、各农具公司的说明书中到处引用，直至现时广大农民的耕作仍照此实践。

美国克莱德教授（A. W. Clyde）在1934—1936年通过理论分析和试验阐明，不论在水平投影面上或是在垂直投影面上，平衡点的位置是根据牵引力的角度和位置而变动的[1]，例如在水平面上（图1），牵引力通过 P_H 位置时平衡点的位置为 O_H；牵引力通过 P'_H 位置时，平衡点的位置则为 O'_H。克莱德认为，如要使得犁上各力的分配最有利（犁的行进最稳定、阻力减少、各部件合理受载等等），则必需具体考察土壤阻力、犁重、惯性力的方向和大小，才能机智地选定牵引力的方向和位置[2]。为了求知作用在犁体上土壤阻力和阻力矩的方向和大小，克莱德利用了自制的六分力测力犁(Tillage Meter)测定作用在犁体上的空间六个分力[3]。然而，克莱德却没有利用他进行试验所测得的关于作用在犁体上土壤作用力和力矩的知识，结合犁重和惯性力，对如何机智地调

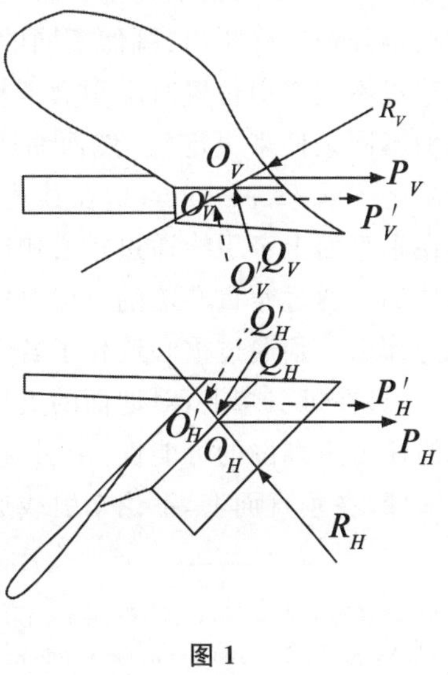

图1

* 本文出处：农业机械学报，1957年12月，第1卷第1期

整机引犁的牵引线，使得犁的行进既稳定而阻力又最小，作进一步的具体理论分析，而是采取另一条道路，仍然沿用阻力中心这一概念，通过试验而测定适宜的阻力中心位置，作为生产实践中牵引调整的标准，并于 1954 年发表试验结果，对耕深约为 7 寸、耕宽 14 寸通用型机引犁的阻力中心位置，经 200 多次的试验测定后，提出校正，认为作为牵引线调整标准的阻力中心点应在中间铧的铲尖上面而在未耕地表面稍下方处[4]，而不应是像以前一般所认为的那样，在中间铧铲壁接缝线上距沟墙 1/4 铧宽处。

苏联郭辽契金院士(В П Горячкин)在 1910 年就著文阐明阻力中心这一概念的不正确。郭辽契金认为作用在犁壁曲面上的诸元素阻力不仅方向上极其分歧，在运动中经常发生变化，不交于一点，因此不可能化成一合力，亦不可能有一阻力中心；认为犁的研究，不应从不可确定的阻力出发，而应从牵引力出发：牵引力的方向将使犁的工作情况和犁的位置发生变化；“例如斧、铲的撇削，不决定于工作的阻力而相反的决定于工人对工具的挥舞，随意用力(虽然所用的力不能小于阻力)使得工具的工作能达到需要的效果”。*

郭辽契金认为“牵引力最适宜的方向是通过重心迹而与沟墙平行，因为此时不产生一定值的力偶，趋于将犁翻转：在阻力方面则化成一通过重心的合力和一力偶，这合力与牵引力相抵消，而力偶则由犁的构成部分(轮子等) 的附加阻力所吸收”。*

郭辽契金具体利用两面楔子的运动情况来阐明牵引线通过重心迹时，不论在水平面上或是在垂直面上，犁的运动最为稳定这一论点：在垂直面上，若两面楔 ABC 的重量为 G，与地平面间的摩擦系数为 f，平面反力为 N，牵引力为 P，则当 $\overline{P}+\overline{G}$ 通过任意点 a、b 时(图 2) 阻力 R 须作用在 1—1 两点范围之内，楔子的运动才能稳定。但是犁的阻力经常会集中在犁铲处，即相应于 A 点处。因此，若 $\overline{P}+\overline{G}$ 通过在地平面上的 A—B 两点，则阻力 R 作用在 2—2 范围内时楔子运动能稳定。如要 $\overline{P}+\overline{G}$ 通过 A、B 两点，亦即位在地平面上，P 须通过重心迹，且其垂直分力等于 G (一般的实际情况是 P 的垂道分力小于 G，这样 $\overline{P}+\overline{G}$ 的方向向下，阻力 R 作用于铲尖 A 时楔子更能稳定)。

在水平面上(图 3)，若阻力 R 与 A、B 两点的 $\overline{N}+\overline{fN}$ 相交于 a、b 两点，则牵引力 P 通过 a、b 两点范围以内任一位置时，两面楔子都能平衡；但若牵引力通过重心迹，则阻力在一定范围内变动时两面楔子的运动都能稳定，而且，由于加减速度所引起的楔子惯性力 mj 的影响以及沟底平面的摩擦力 fG，亦将由于牵引力的通过重心迹而得到平衡，不致影响楔子的运动。**

奥尔顿斯基 (М. С. Ордынский)在 1931 年发表用机引双铧犁试验的结果：当牵引线通过重心迹前后左右时，牵引力的消耗都要较通过重心迹时为大***。郭辽契金在其最后期关于耕地农具稳定性论文的结尾处曾这样指出：既然不同的牵引调整可能使牵引力增加达 60% (根据奥尔顿斯基的数据及试验割草机不同牵引位置时牵引力消耗的数据)，从牵引力消耗方面来看，最适宜的牵引位置应根据不同土壤的不同条件来决定*。然而郭辽契金以后的苏联学者，仍然遵循了通过重心迹这一理论。列托什聂夫院士 (М. Н. Летошнев)在其著名的“农业机器”教科书上，于引用了上述郭辽契金关于在水平面上及在垂直面上牵引线通过重心迹时两面楔的运动最为稳定的分析后，写道：“不可怀疑，最适宜的牵引方向是那个通过犁重心迹的方向”(“农业机器”1955 年版，66 页)。另一些苏联学者亦对机引犁的牵引调整为什么必须通过重心迹作了若干注释，这些注释可总括成下列几点：

(1)在机引犁上，对地面的支持面由地轮、沟轮和尾轮支点的三角形构成；为了减少犁绕着支持三角形的任一边翻倒的可能性，牵引线须通过重心迹[克鲁基可夫教授 (Н. П. Крутикоr)[7]]。

(2)在垂直面上，不论牵引线通过重心迹的前面或后面，都将引起一力矩 (由于阻力可化成通过重

* 郭辽契金选集 Ⅶ，11 页，О центре тяжестп лдутов.

** Акад. В. П. Торячкин：Об устойчивости пахоти орулий，385-403 页，Теория конструция и производство с. х. машин Том III，Сельхозгиз 1936.

*** М. С. Ордынский：Влияние установки принцепа и состояния пемехов на силу тяги тракторного нлуга мехапизация с-х № 4 1931 原文未能获得，其结果可在 В. П. Горячкип，М. Л. Гусяцкий 等的论文及 К. А. Полевицкий 的教科书上见到。

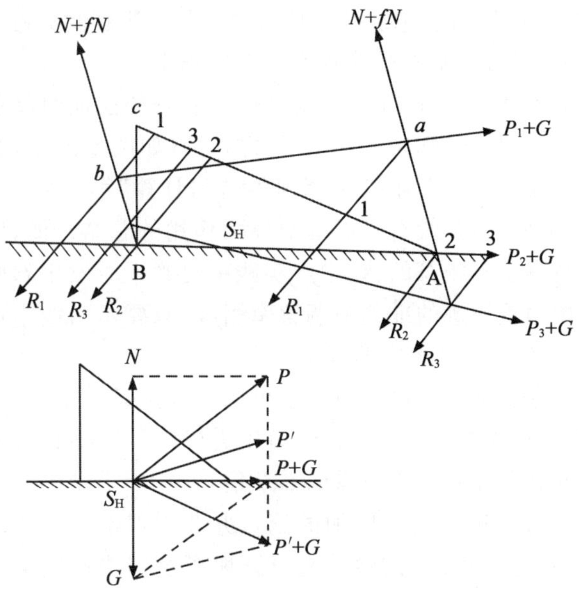

图 2

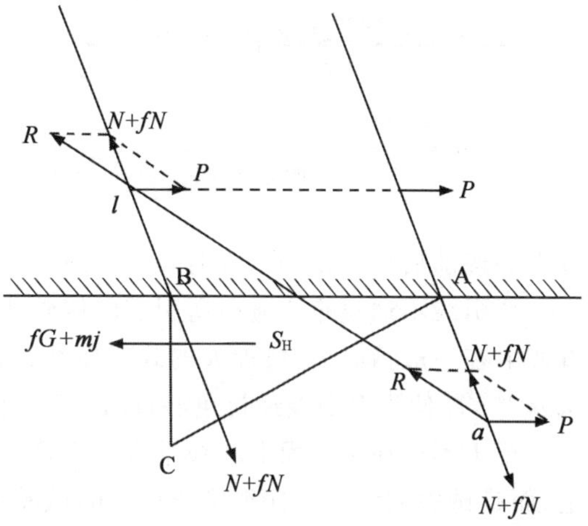

图 3

心迹的合力和一力偶，力偶由犁的构成部分所附加的力所吸收），这力矩依其符号趋于将犁向前或向后翻。向后翻时犁耕深度趋向减少，形成不平的沟底，尾轮载荷加重，自动起落机构亦可能失灵；向前翻转时，增加前轮轴上的压力，使得犁的行进困难［克鲁基可夫教授[7]；波列维茨基教授（K. A. Полевицкий）[8]；斯维舍夫斯基院士（B. C. Свирщевский）[8]］等。

(3)不论在水平面上或在垂直面上，牵引线不通过重心迹时犁牵引力都要增大［波列维茨基在其教科书中承认了奥尔顿斯基的试验结果；莫新（A. A. Мухин）的试验[10,11]（斯维舍夫斯基在其教科书中引述了莫新的试验结果）］。

以上是关于犁牵引调整理论方面研究的概要情况。

必须指出，对于以阻力中心为调整依据的理论，如果所指的是作用在犁壁曲面上的土壤阻力的中心，或是牵引力除外的全部作用在犁上的外力的中心，则阻力中心点实不存在，因为作用在犁壁上或是作用在整个犁上的空间力系，都不汇交于一点，阻力中心这一概念也就理论上不成立；如果所指的是一个虚构的点，只是为了实践的方便，通过多次试验和实践，确定这点的位置，使得在一定的耕作条件下，牵引线通过这点时，能获得满意的工作结果，则这种调整准则是属于经验性质的，既缺乏受力的全面具体分析，所获得的稳定程度、阻力的增减、部件的受载情况，究竟满足到什么程度，不得而知；因此，即使这种调整准则在生产实践中是可行的，也不能认为是完善的。

又必须指出，以重心迹为调整依据的理论，在分析中考虑了土壤介质的阻力、犁的重量、惯性力以及沟底的摩擦阻力，是比较完整的。然而这理论只从考虑犁工作的稳定性这一角度出发。犁工作的稳定性对步犁来说无疑是最突出的问题，对机引犁而言，除了保证足够的稳定性以获得均匀的耕深和耕宽之外，如何减少阻力以减少能量的消耗，则同属重要。况且在分析中所用两面楔子的情况与机引犁的情况实有所不同：机引犁由于轮子所构成支持三角形面积较犁体支承面积大得多，牵引线不过重心迹时即使土壤介质阻力集中在犁铲尖端，亦不会像两面楔或步犁那样，发生犁工作稳定的破坏，因为犁轮的支承点远在最前铧铲尖前方。郭辽契金在其最后期的论文中亦曾指出，认为若同时考虑及犁牵引力的消耗时，最适宜的牵引调整应依不同土壤、不同条件来决定。

对机引犁的牵引调整为什么亦必须通过重心迹所作的那些注释，同样存有商讨余地。

克鲁基可夫在其教科书中所作牵引力通过重心迹时机引犁绕支持三角形任一边翻倒的可能性最小

的分析，即使正确，但亦是多余的；因为在一般的耕作条件下，机引犁绕其支持三角形任一边翻倒的可能性是小的，况且牵引安全装置亦将发生作用。

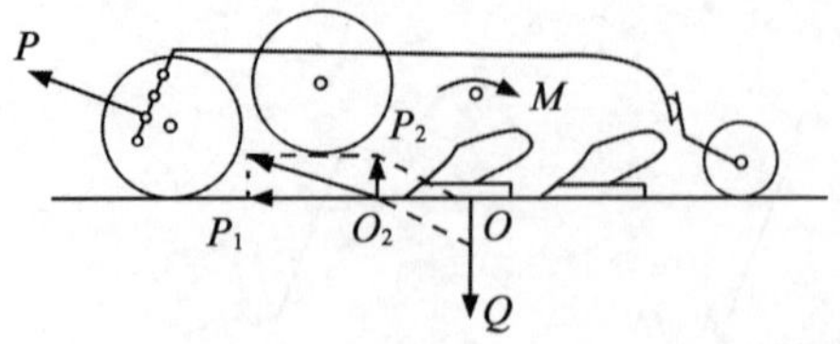

图 4

认为在垂直面上当牵引线通过重心迹的前面时将引起力矩、使犁趋浅、形成不平沟底的分析（如图 4 所示，见克鲁基可夫等著“农业机械原理构造与计算”第一册 240 页）是不全面的，是没有考虑全部外力作用的总结果的，因而也是与事实不相符的：在生产实践中也曾不时发生驾驶员没有按照重心迹的准刻来调整牵引线，只要牵引线不通过重心迹前后一定范围以外时，实际工作者都可观察到并无不平沟底的现象。

牵引线不通过重心迹时所引起的尾轮或地轮沟轮的轮轴载荷加大的问题可以从改进设计来考虑；事实上在一般情况下，所加大的载荷亦在设计时所取安全系数以内：根据柯马乐夫（Н. С. Комаров）的试验[16]，即使当牵引线通过重心迹时，工作中各轮轴的载荷亦常达静荷重的 2、3 倍。

至于不论在水平面上或在垂直面上牵引线不通过重心迹时阻力增加的论点并非为理论分析的结论，而是试验的结论。仔细检查莫新的试验报告[10,11]后可以指出，试验是充分证明了牵引线通过重心迹后面时阻力要比通过重心迹时高，但试验的范围实在没有包括与通过重心迹前面的比较，因此从莫新的试验不能做出牵引线通过重心迹前面阻力要增加的结论。至于奥尔顿斯基的试验结果，广为各种文献所引用，但仍系在 1929 年用捷制双铧机引犁所做试验的结果，试验条件及方法等详情未能获得查照，而古夏茨基（М. Л. Гусяцкий）在 1951 年所发表试验结果，又认为牵引线通过重心迹前面时阻力减少[13]，因此实有复证必要。

总之，机引犁由于其几何形状与两面楔的根本差异，似有必要试行具体分析，以探求减少阻力而同时获致稳定耕作的牵引线调整方法。

况且我国自各国进口机引犁多种，这些犁的重心位置与其主要工作机构和牵引机构的几何形状和位置并无正确关系，如按通过重心迹的准则进行牵引调整，既不方便，效果亦差。

事实上，犁的重量及其重心位置为犁的几何形状及各部件的载荷与所选用材料所确定，不应因牵引机构位置（譬如 П—5—35 的牵引点应与 ДТ—54 拖拉机的轴线符合）而定。通过重心迹的牵引调整理论对犁的设计制造带来一定的约束与困难。

二、机引犁所受外力在垂直面上的投影及垂直调整对犁工作稳定与阻力的影响

1. 机引犁所受外力在垂直面上的投影

为了阐明牵引调整对犁工作稳定与阻力的影响，必须全面考察作用在犁上的外力。

为此，需知犁体上的受力。土壤作用在犁壁曲面上的元力，其方向大小极其分歧，既然不能化成合力，为了方便，仍采取分别考察各外力在不同投影面上的投影的方法。如将犁体作为在介质（土壤）中运动的空间物体，则所受介质阻力（由于切土、翻土、碎土等有用作用所引起的阻力，不算沟底反力、摩擦阻力等非有用作用的力），根据力学原理（平面力系可化成一力或一力偶，在犁壁曲面所受土壤阻力的情况下，不可能形成力偶，因此只可化成单一的力），在每一投影面上，都可化成方向与位置一定的单一的力（每两个投影面上的这单一的力并不交于一点）。苏联西涅阿柯夫（Г. Н. Синеоков）用特制的测力犁（Динамометрические тепежк с одно корпусных динамометрических плугом）试验犁体受力的结果显示，在各种一般性土壤里，犁铲锐度正常时，不论有无小铧，在 xoz 面上这单一的力与水平线成一 $\Psi=\pm15°$ 的角，并交犁壁于距铲尖约等于 1/2 耕深 a 处；在 xoy 面上，这单一的力与沟墙成一 $\eta=10\sim28°$ 的角，并约交铲刃于 0.4 铧宽 b 处[14]。德国盖茨拉夫（G. Getzlaff）亦获得有相比拟的结果[15]。

为了阐明整个机引犁的受力状况，今将犁从降落地面至达正常耕深的受力过程进行分析。

当犁从运输位置降落至地面时，这时地轮和沟轮是悬空的，既不受反力，亦不生滚动阻力。这时犁的重量 G 由尾轮及各铧犁铲支承（当尾轮调整至低于最后一铧的犁踵 $1\sim1\frac{1}{2}$ 厘米而在工作中当尾轮下陷后犁踵仍稍微离开沟底时如此，若尾轮调整不正确而尾轮过高、犁踵压沟底时，则重量 G 全由犁体支承），即 $G=N_3^0+N_K^0$，其中 N_3^0 为尾轮所受支承反力，N_K^0 为各犁铲所受支承反力的合力；见图 5。

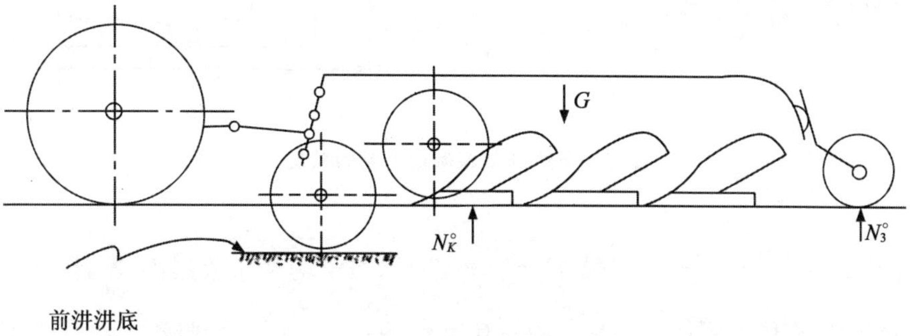

图 5　犁降落至地面时受力的状况

G—犁重；N_3^0—尾轮所受支承反力；N_K^0—各犁体所受支承反力的合力

当拖拉机前进，为克服犁的阻力（开始时主要是摩擦阻力）而发生牵引力 P 时（这时 P 与水平所呈的 α 角较小，图 6），则产生绕 O_3 点反时针方向作用的力矩 $P_z'l'+Gm$，这力矩为主动力矩，为趋深力矩，使得各铧铲刃压入土中，由而产生被动力 N_K' 及被动力矩 $N_K't'$。

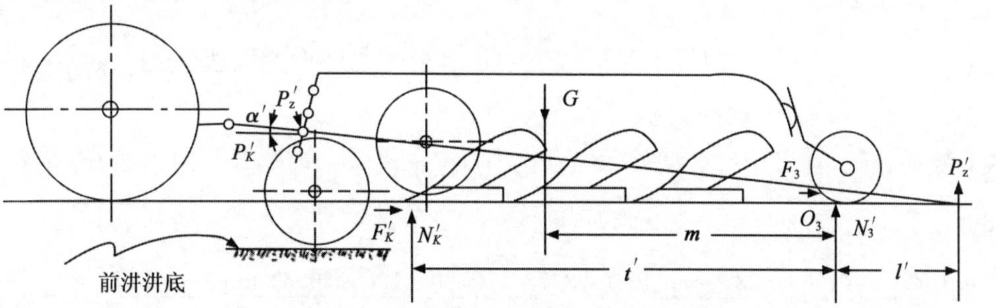

图 6　拖拉机刚开始前进时受力的状况

P_x'，P_z'—牵引力的水平分力、垂直分力；N_K'，F_K'—各犁体所受支承反力的合力，此反力所引起的滑动摩擦阻力；N_a'，F_a'—尾轮所受支承反力，尾轮的滚动阻力；t'，l'，m 等距离如图示。

随着拖拉机的前进及犁的入土，犁体上开始受有土壤阻力 R_{xz} 的作用及沟墙对犁床侧面摩擦阻力 $F_{д}$ 的作用（图 7）。此外尚有尾轮阻力 F_3 和由 N_k 所引起的摩擦阻力 F_K。若地轮沟轮调整至耕深 a，牵引线调整至使得犁达耕深 a_1 时（$a_1<a$）牵引线通过重心迹（亦即达深度 a 后牵引线将通过重心迹前面），则犁深达 a_1 时，牵引线 P 通过重心迹 S_H，这时地轮和沟轮仍是悬松的，不受反力也不起滚动阻力。至此犁体是否继续趋深，其条件为使各铧铲刃下压的力是否大于 a_1 深度处的土层对该锐度的犁铲所起的抵抗变形的强度，即

$$\frac{(G-P_z'')m+R_z''n''}{t''}>Q \tag{1}$$

式中：G 为犁的重量；P_z'' 为牵引力的垂直分力；R_z'' 为犁体上所受土壤有用阻力的垂直分力；m 为重心至尾轮支承点 O_3 的距离；n'' 为 R_{xz} 与沟底交点至 O_3 的距离；t'' 为各犁体所受支承反力的合力 N_k'' 至 O_3 的距离；Q 为常数，由土层硬度与犁铲形状尺寸和锐度所规定。

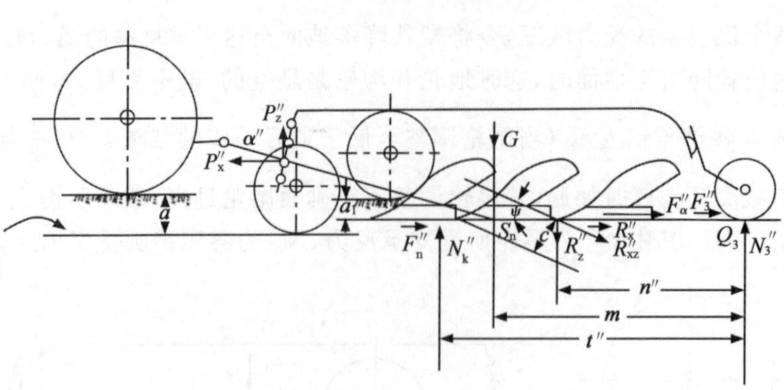

图 7　犁达调整深度前的受力状况

算例　对 Π-5-35M 犁，$m=3.72$ 米，$G=1260$ 公斤，当土壤为一般熟土，耕深 $a=20$ 厘米，R_{xz} 的作用角 $\alpha=15°$，R_{xz} 作用线距铲尖 $C=\frac{1}{2}a=10$ 厘米，$K_0=0.5$ 公斤/厘米^2，$\alpha=12°$，$P''_x=1750$ 公斤，$n''=2.54$ 米，$t''\doteq4.2$ 米时，则

$$\frac{(G-P''_z)m+R''_z n''}{t''}=\frac{(1260-1750\tan 12°)\times3.72+(1750-1260\times0.4)\tan 15°\times2.54}{4.2}\doteq1000\text{ 公斤}$$

当土壤相当紧密，耕深 $a=20$ 厘米，$\Psi=0°$，$C=\frac{1}{2}a=10$ 厘米，$K_0=0.6$ 公斤/厘米^2，$\alpha=12°$，$P''_x=2100$ 公斤，$t''=4.2$ 米时，则

$$\frac{(G-P''_z)m-CR_x}{t''}=\frac{(1260-2100\tan 12°)\times3.72-(2100-1260\times0.5)\times0.1}{4.2}\doteq680\text{ 公斤}$$

当土壤黏重而较硬，耕深 $a=20$ 厘米，$\Psi=-15°$，$C=\frac{1}{2}a=10$ 厘米，$K_0=0.8$ 公斤/厘米^2，$\alpha=12°$，$P''_x=2800$ 公斤，$n''=3.2$ 米，$t''\doteq4.2$ 米时，则

$$\frac{(G-P''_z)m+R''_z n''}{t''}=\frac{(1260-2800\tan 12°)\times3.72-(2800-1260\times0.6)\tan 15°\times3.2}{4.2}\doteq170\text{ 公斤}$$

当土壤黏重而较硬，耕深 $a=23$ 厘米，$\Psi=-15°$，$C=\frac{1}{2}a=11$ 厘米，$K_0=0.8$ 公斤/厘米^2，$\alpha=13°$，$P''_x=3220$ 公斤，$n''=3.25$ 米，$t''=4.2$ 米时，则

$$\frac{(G-P''_z)m+R''_z n''}{t''}=-50\text{ 公斤}$$

可见在土壤黏重而较硬的情况下，由于压铲刃入土的压力为负值或较小，犁趋浅或不继续趋深；在土壤相当紧密的情况下，由于压铲刃入土的压力颇大，对尖锐的犁铲将会继续趋深，而对钝犁铲才可能不再继续趋深；对于一般熟土，由于压铲刃入土的压力很大，犁将继续趋深。因此，对某些土壤，当犁达其深度后，即使这时牵引线通过重心迹，如将地轮沟轮打起，犁仍会继续趋深；同样，当深度已加大，而牵引线变成通过重心迹前面后，此时如将地轮沟轮进一步打起，犁仍有可能继续趋深。因此，一般认为牵引线通过重心后机犁耕深不会再加大，或是认为牵引线通过重心迹前面时将产生力矩使犁趋浅，都与具体分析不符。为了证实上述分析，曾进行了试验：以锐度正常的 Π-5-35M 犁在土质为壤土的玉米茬地上（10 厘米处水分为 18%）进行耕地，观察到，当牵引线通过重心迹前 500 毫米，如将地轮沟轮打高，犁

仍继续加深，直至发动机熄火。同样可在干硬的土壤上观察到，当牵引线通过重心迹后方很远，犁仍不能达到一般要求深度。

当犁入土深度继续加大，比 a_1 大的越多时牵引线通过重心迹前面越远；当深度达 a 时，这时犁的趋深为地轮沟轮所限制，地轮沟轮因而受到地面反力，显然这部分反力只由抵抗犁继续趋深的力矩而起，其平衡式如下(图 8)：

$$G+R'''_z-P'''_z=N'''_3+N'''_k+N'''_{\Pi}+N'''_{\sigma} \tag{2}$$

$$Gm+R'''_z n'''-P'''_z q'''=N'''_k t'''+N'''_{\Pi} l+N'''_{\sigma} k \tag{3}$$

式中：N'''_{Π}、N'''_{σ}、N'''_3 分别为地轮、沟轮、尾轮在正常工作中所受反力；N'''_k 为各犁体在正常工作中所受支承反力的合力；q'''，t'''，k，l 为各反力作力点与尾轮反力作用点间距离。

由此可见，犁在工作中尾轮地轮沟轮只承受垂直压力的一部分，另一部分为犁体支承面所承受。

然而，犁在工作中由于地面的不平和土壤软硬不一致，地轮和沟轮的反力时增时减，犁体支承面上的反力亦时增时减，加上土壤阻力方向大小的波动、牵引线角度的波动(由于拖拉机沿不平地面前进时的拖把的忽高忽低)等等，各轮及犁体支承反力实在很大范围内波动[16]。

在前进方向上的力的平衡式为：

$$P'''_x=R'''_x+F'''_{д}+F'''_k+F'''_{\Pi}+F'''_{\sigma}+F'''_3 \tag{4}$$

式中：F'''_{Π}、F'''_{σ}、F'''_3 为地轮、沟轮、尾轮的滚动阻力；F'''_k 为犁体支承面对沟底的滑动摩擦阻力；$F'''_{д}$ 为犁侧板对沟墙的滑动摩擦阻力；P'''_x、R'''_x 为牵引力及土壤有用阻力的水平分力。

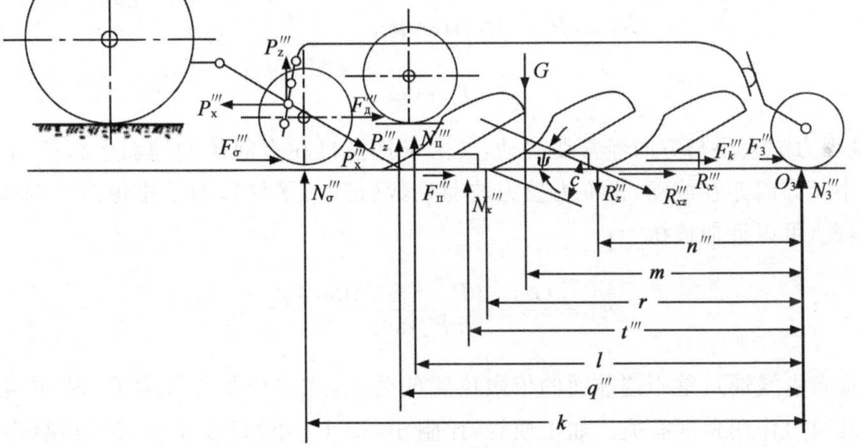

图 8　犁达正常深度后的受力状况

2. 牵引线调整的范围

当犁在正常工作中，其耕深为地轮沟轮所限制于 a 厘米时(图 8)，如要获得稳定的耕作，即使其深度保持均匀，牵引线的调整必须在一定的范围之内。

(Ⅰ)牵引线通过重心迹前面时的极限位置

当犁在深度 a 工作时，如要深度不变浅，须满足下列条件：

$$G+R_z-P_z>0 \text{ 或 } P_z<G+R_z \tag{5}$$

$$Gm-P_z q'+R_z n>0 \tag{6}$$

当犁由于某种原因耕深已自 a 变浅一微量时，如要恢复耕深 a，须满足下列条件：

$$G+R_z-P_z>Q \tag{7}$$

$$Gm-P_zq+R_zn>Qt \tag{8}$$

式中，Q 为常数，代表土层对铲刃抵抗变形的强度，其值依土层硬度和铲刃锐度而定，Qt 为其力矩。

一般机犁的重量 G 比较大，除非在土壤极为黏重的特殊情况下，条件(5)、(7)较易满足，因此牵引线在重心迹前的极限位置实可由条件(6)、(8)规定。

以 y 代表牵引线与沟底交点距重心迹 S_H 的距离（自 S_H 点向前量），f_0G 为郭辽契金阻力公式中的第一项阻力，r 为尾轮支点 O_3 到中间犁体铲尖的距离，C 为 R_{xz} 作用线与铲尖的距离，则式(8)可写成

$$Gm-P_x\tan\alpha(m+y)+R_x\tan\Psi\left(r-\frac{C}{\sin\Psi}\right)>Qt \text{ 或}$$

$$Gm-P_x\tan\alpha(m+y)+(P_x-f_0G)\tan\Psi\left(r-\frac{C}{\sin\Psi}\right)>Qt$$

移项后得

$$\frac{Gm+(P_x-f_0G)\tan\Psi\left(r-\dfrac{\frac{1}{2}a}{\sin\Psi}\right)-Qt}{P_x\tan\alpha}-m>y$$

或

$$y<\frac{Gm-(P_x-f_0G)\tan\Psi\left(r-\dfrac{\frac{1}{2}a}{\sin\Psi}\right)-Qt}{P_x\tan\alpha}-m \tag{9}$$

在犁地中，土壤阻力的大小与方向经常在波动，又由于拖拉机在有起伏的地面上行进时拖把忽高忽低，因此拉力的大小及方向亦在波动，设 v 为拉力波动系数（最大∶平均），为了避免波动时牵引线前移而引起趋浅力矩，因此，可以近似地认为：

$$y_{\max}\doteq\frac{Gm+(P_x-f_0G)\tan\Psi\gamma}{vP_x\tan\alpha}-m \tag{10}$$

式(10)即为规定牵引线通过重心迹前面的极限位置的公式，式中全要变数为 P_x 和 Ψ 角。可见 y 的极限与土壤比阻及阻力作用角度有关。如土质轻、比阻小（即 P_x 小）以及土软、铲刃锐（即 Ψ 大），则 $y_{\max}$ 值大；如土质重、比阻大（即 P_x 大）以及土硬、铲刃钝（即 Ψ 为负），则 $y_{\max}$ 值小。

算例：(1)对 П-5-35M 犁，$k=5.30$ 米，$\gamma=2.92$ 米，$m=3.72$ 米，

当 $P_x=1750$ 公斤，$f_0=0.4$，$\Psi=15°$，$a=20$ 厘米，$\alpha\doteq15°$，$v=1.2$ 时，则

$$y_{may}\doteq\frac{1260\times3.72+(1750-0.4\times1260)\tan15°\times2.92}{1.2\times1{,}750\times\tan15°}-3.72\doteq6.3 \text{ 米}$$

(2)同上但土壤黏重而较硬，即 $k_0=0.8$，($P_x=2800$ 公斤)，$f_0=0.5$，$\Psi=-15°$，$a=20$ 厘米，$\alpha\doteq15°$，$v=1.2$，则

$$y_{\max}\doteq\frac{1260\times3.72+(2800-0.5\times1260)\tan(-15°)\times2.92}{1.2\times2800\times\tan15°}-3.72\doteq-0.4 \text{ 米}$$

从算例(2)可见，当土壤黏重而较硬时，即使牵引线通过重心迹，犁亦不能稳定工作，而需使牵引线通过重心迹后面，这是由于阻力 R_{xz} 是向上而 P_z 较大的缘故。由此可见，不考虑土质而认为牵引线通过重心迹时是最稳定的理论，在这种情况下显然是不正确的。

(Ⅱ)牵引线通过重心迹后面时的极限位置

牵引线通过重心迹后面时的极限位置，由犁不趋于绕沟轮地轮轴线翻转的条件规定，即

$$G(k-m)+R_z(k-n)-P_z(k-q)>0 \tag{11}$$

将有关各值代入则式(11)可写成

$$G(k-m)+(P_x-f_0G)\tan\Psi\left(k-r+\frac{C}{\sin\Psi}\right)-P_x\tan\alpha(k-m+y')>0$$

式中，y'代表牵引线与沟底交点距重心迹 S_H 的距离，自重心迹 S_H 向后量。移项后得

$$y'<\frac{G(k-m)+(P_x-f_0G)\tan\Psi\left(k-r+\dfrac{\frac{1}{2}a}{\sin\Psi}\right)}{P_x\tan\alpha}-k+m$$

或近似地

$$y'_{\max}\doteq\frac{G(k-m)+(P_x-f_0G)\tan\Psi(k-r)}{vP_x\tan\alpha}-k+m \tag{12}$$

式(12)即为规定牵引线通过重心迹后面继续位置的公式，由此可以看出，土质轻、比阻小(即 P_x 小)以及土软、铲刃锐(即 Ψ 大)，则 y'值大；反之，如土质重、比阻大(即 P_x 大)以及土硬、铲刃钝(即 Ψ 为负)，则 y'值小。

为了观察在生产条件下当牵引线通过重心迹前面和后面在一定范围内时，究竟对犁的耕深稳定性有无显著影响，曾在北京农业机械化学院试验农场、北京农业大学试验农场及华阳河农场以 ДТ-54 П-5-35М 机组进行了多次试验，典型结果示于图 9(在相邻趟次作不同的牵引调整，比较其同一标杆点处的耕深，而其他条件则相同；在试验过程中不随时调节深度)及图 10(在试验过程中随时调节深度，与正式工作时相同)。从试验结果完全可以看出，在生产条件下，即使牵引线不通过重心迹而根据土壤条件保持在一定范围内时，对耕深的稳定性并无显著的影响。

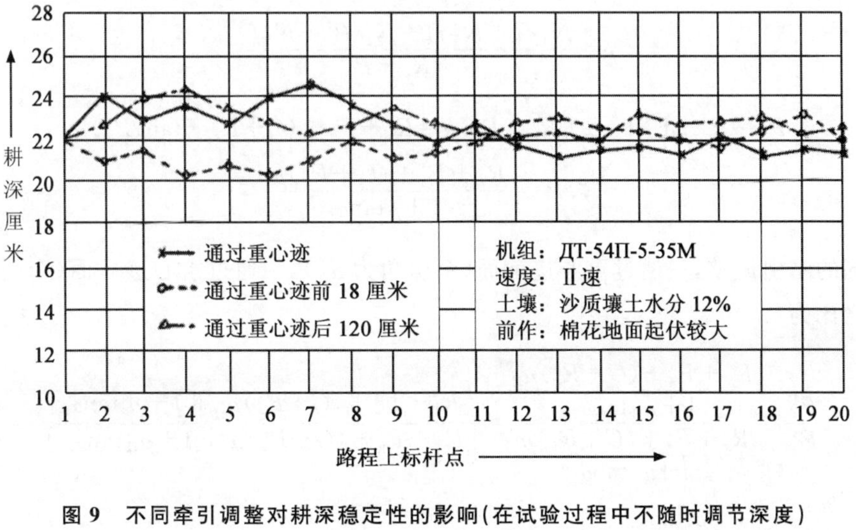

图 9　不同牵引调整对耕深稳定性的影响(在试验过程中不随时调节深度)

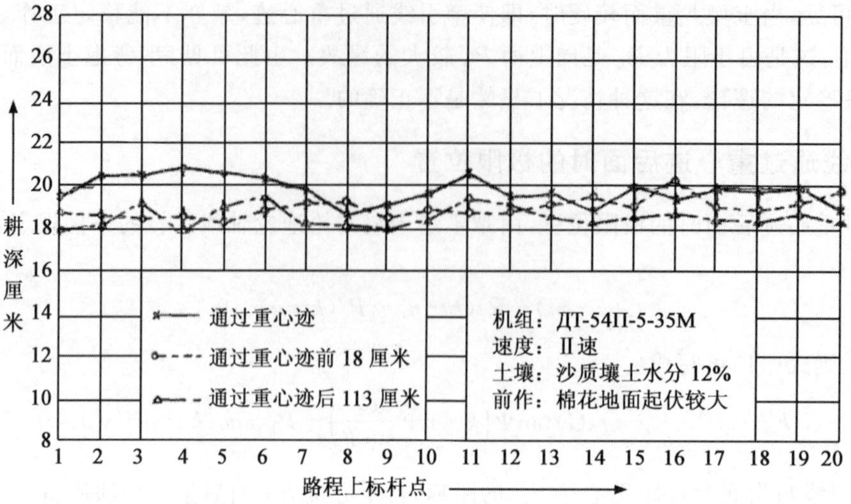

图 10　不同牵引调整对耕深稳定性的影响(在试验过程中随时调节深度)

3. 牵引调整对阻力的影响

在牵引线调整极限范围内，不同的牵引调整对犁阻力将有影响。根据雷亦克教授(Проф. Резек)的定理，移动一在平面上滑动的楔子的牵引力，当与水平呈 $\alpha=\arctan\varphi$ 角时(φ 为摩擦系数)，牵引力最小。若将犁视作一滑动楔子，其总摩擦阻力系数为 μ，则如拖拉机拖把高度无限制，能做到牵引线通过重心迹而牵引角度 $\alpha=\arctan\mu$，则犁的阻力无疑的将会比通过重心迹但牵引角度较此为小时要小。然而，事实上拖拉机的拖把高度有限，并为一定，因此，如要获得较大的牵引角(向 $\arctan\mu$ 靠近)，则牵引线只好通过重心迹前方。这样则将引起犁受力的变化。因此，不能直接应用雷亦克定理于机引犁，而应具体分析。今设牵引角度为 α，则牵引力根据式(4)为：

$$P_x=R_x+F_{д}+F_k+F_{\Pi}+F_{\sigma}+F_3=R_x+F_{д}+N_kf+N_{\Pi}f_k^{\Pi}+N_{\sigma}f_k^{\sigma}+N_3f_k^3$$

式中：f 为钢对土的滑动摩擦系数，f_k^{Π}，f_k^{σ}，f_k^3 各为地轮、沟轮、尾轮的滚动阻力系数。设 μ 代表犁的总的摩擦系数(包括犁体的滑动及轮子的滚动在内)，即

$$\mu=\frac{N_3f_k^3+N_6f_k^{\sigma}+N_{\Pi}f_k^{\Pi}+N_kf}{G+R_z-P_z}$$

而

$$P_x=R_x+\mathrm{F}_{д}+(G+R_z-P_z)\mu=R_x+F_{д}+(G+R_z-\tan\alpha P_x)\mu$$

$$\therefore P_x=\frac{R_x+F_{д}+(G+R_z)\mu}{1+\mu\tan\alpha} \tag{13}$$

对两个不同的牵引调整，一通过重心迹前面(牵引角为 α_{Π})，一通过重心迹后面(牵引角为 α_s)，则两者间的牵引力之比为

$$\frac{P_x^{\Pi}}{P_x^s}=\frac{\dfrac{R_x+F_{д}+(G+R_z)\mu_{\Pi}}{1+\mu_{\Pi}\tan\alpha_{\Pi}}}{\dfrac{R_x+F_{д}+(G+R_z)\mu_s}{1+\mu_s\tan\alpha_s}}=\frac{[R_x+F_{д}+(G+R_z)\mu_{\Pi}][1+\mu_s\tan\alpha_s]}{[R_x+F_{д}+(G+R_z)\mu_s][1+\mu_{\Pi}\tan\alpha_{\Pi}]}$$

$$\doteq\frac{1+\mu_s\tan\alpha_s}{1+\mu_{\Pi}\tan\alpha_{\Pi}} \tag{14}$$

当牵引线从通过重心迹后面的位置改调整至通过前面时，地轮沟轮部分载荷及犁体部分反力将转移至尾轮上。尾轮轮缘宽度及轮的直径较地轮沟轮者为小，因此尾轮滚动阻力系数较沟轮为大，但由于沟底一般较未耕地为硬，地轮沟辙较深，其滚动阻力系数一般就不比尾轮为低；至于犁体的滑动摩擦系数无疑的要比尾轮滚动阻力系数为高。又由于整个所转移的载荷只占垂直压力$(G+R_z-P_z)$的一小部分，因此，因牵引线调整变动而引起犁的总摩擦系数$\mu=\dfrac{N_3 f_k^3+N_\sigma f_k^\sigma+N_\Pi f_k^\Pi+N_k f}{G+R_z-P_z}$的变动可以认为不大，即$\mu_\Pi\doteq\mu_s$。

算例：取$\mu_\Pi\doteq\mu_s\doteq0.4$，

$$\frac{P_x^{15^\circ}}{P_x^{10^\circ}}\doteq\frac{1+\mu_{10^\circ}\tan10^\circ}{1+\mu_{15^\circ}\tan15^\circ}=\frac{1+0.4\times0.176}{1+0.4\times0.268}=\frac{1.07}{1.11}=\frac{96}{100}$$

$$\frac{P_x^{15^\circ}}{P_x^{5^\circ}}\doteq\frac{1+\mu_{5^\circ}\tan5^\circ}{1+\mu_{15^\circ}\tan15^\circ}=\frac{1+0.4\times0}{1+0.4\times0.268}=\frac{1.00}{1.11}=\frac{90}{100}$$

对现有拖拉机和犁，其拖把高度和拉杆长度已定，牵引线通过越前面牵引角度也越大，因而牵引阻力亦越小。从上列算例可见，具体对 ДТ-54П-5-35М 机组而言，将牵引线自通过重心迹后 120 厘米（相当于$\alpha=5^\circ$）调整至通过重心迹前面（相当与$\alpha=15^\circ$）时，阻力减少达 10%。影响犁地阻力的因素很多，犁阻力的波动系数一般可达 1.1～1.3，因此，由调整牵引线所获得的阻力减少的效果，在实地试验中往往为其他因素的影响所盖没，这可能就是一些研究者得出往往相反结果的原因。

为了观察在生产条件下不同牵引调整对阻力的影响，进行了多次试验，并用自动记录侧力仪绘出拉力变化的情况。为了尽可能避免其他因素的影响，采取了比较相邻两趟同一标杆点处的拉力数值及比阻K_0的值。试验代表性结果示于图 11。从试验结果显示，ДТ-54П-5-35М 机组在熟地上不同牵引调整位置时的比阻平均值为：

牵引线通过重心迹后 100 厘米时	$K_0=100\%$
牵引线通过重心迹后 40 厘米时	$K_0=95\%$
牵引线通过重心迹时	$K_0=91\%$
牵引线通过重心迹前 40 厘米时	$K_0=85\%$

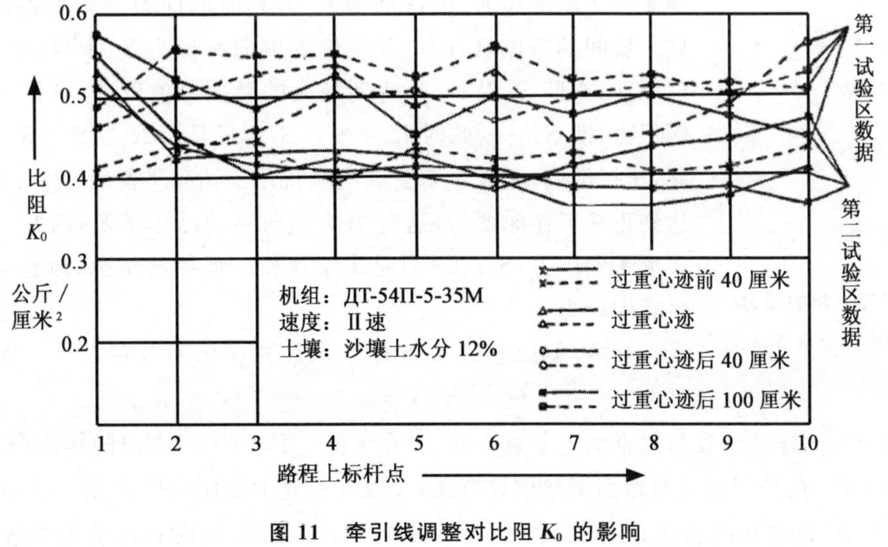

图 11　牵引线调整对比阻K_0的影响

必须指出，牵引角度 α 增大时使得犁的垂直压力减少，从而减少犁的阻力，但同时亦增加了拖拉机拖把上的垂直压力，从而增加了拖拉机的滚动阻力。在一般情况下，拖拉机在茬地上的滚动阻力系数较犁的总的摩擦系数 μ 为低(链式为 0.07～0.08，胎轮式为 0.08～0.10)，因而对整个机组而言，提高 α 仍然有利。根据莫新的研究，在特定(地面过于潮湿或松软)情况下，链式拖拉机拖把位置过高可能引起打滑率的增大(由于链轨对地面压力压心的后移、速度的降低和耗油率的提高[11]，应予注意。又须指出，牵引角度 α 增大至一定值以后，在湿软土地上可能导致地轮黏着力的不足、起落机构失灵，亦应注意。至于轮轴上载荷的一定程度转移集中到尾轮上，实在设计考虑之内，影响不大，后果亦易补救。

三、机引犁所受外力在水平面上的投影及水平牵引调整对犁工作稳定与阻力的影响

土壤作用在犁壁曲面上的各元力在水平面 xoy 上的投影亦可化为一单一的力，用 R_{xy} 表示。当为多铧犁时总的 R_{xy} 可视为作用在中间铧(如为双数铧则中间铧为虚设位置)上。设力 R_{xy} 与前进方向呈一 η 角，其作用点在铲刃线上与沟墙的距离为 l，则在水平面上犁的受力如图 12 所示。从图上可见：

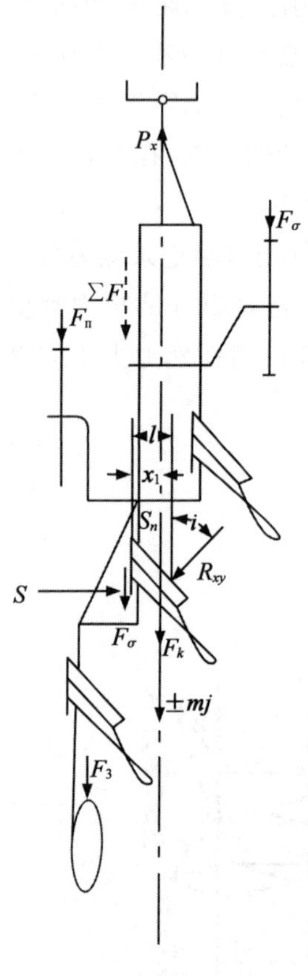

图 12　水平面上犁的受力
(牵引线通挂重心迹 S_H)

$$P_x = F_k + F_{\text{д}} + R_x + F_{\text{П}} + F_\sigma + F_3 \pm mj = \sum F + R_x \pm mj$$

式中：mj 为惯性力，R_x 为 R_{xy} 在前进方向上的分力，$\sum F = F_k + F_{\text{д}} + F_{\text{П}} + F_\sigma + F_3$。根据机引犁各轮和犁体的配置位置以及各摩擦阻力的约值，可估计到 $\sum F$ 一般通过中间铧沟墙附近处。又

$$R_y = S$$

S 为沟墙对各铧侧板的侧向抵抗压力 S_K、沟底土壤对各铧支承面抵抗侧向移动的摩擦力 S_f、土壤抵抗尾轮侧移的摩擦力 S_s、及有时发生的土壤对地轮沟轮侧移的摩擦力 $S_{\text{пб}}$ 等的总合力。

当犁自运轮位置降落至地面时，在未入土前 $R_y = 0$，$S = 0$。当铧犁开始入土，R_y 逐渐增大，S 亦相应增大。在犁铧达到由地轮沟轮限制的深度前，地轮沟轮是浮松的，因此地轮沟轮不生任何侧压力，即 $S_{\text{пб}} = 0$。随着入土深度和 R_y 的逐渐增大，开始时侧向力主要由各铧支承面与沟底土壤间的摩擦阻力 S_f 及尾轮的侧向摩擦力 S_s 承当：在 R_y 达到一定值以前，亦即 S_f 及 S_s 未达到最大的摩擦力值以前，各铧侧板不受任何侧压力，即 $S_K = 0$，此时 $R_y = S_s + S_f$。只是当 $R_y > S_s + S_f$ 时，犁开始侧移，压挤沟墙，侧板才承受到沟墙抗压。达到平衡后，$R_y = S_s + S_f$。当犁达到正常工作深度后，这时犁的侧向移动已达平衡，因此一般地轮沟轮不承受侧压力，$S_{\text{пб}} = 0$ 只是由于耕作中偶然的情况，地轮沟轮才暂时发生有侧压力。

显然，侧压总合力 S 的作用位置将影响及犁在水平面上的稳定与阻力。

$S_s + S_f$ 的合力的作用位置与垂直面上垂直力合力($G + R_z - P_z = N_3 + N_k$)的作用位置相同，而垂直合力($G + R_z - P_z$)的位置则又与牵引调整位置有关，今以 Ⅱ 点表示此作用位置(图 13,a)。当 S、同时亦是主动作用力 R_y 的作用线通过 Ⅱ 点时，随着 $R_y(S)$ 的增加，S_s 与 S_f 同时到达最大摩擦力值，各铧侧板同时开始承受沟墙的侧压。$R_t(S)$ 再进一步增加时，由于沟墙侧压力主要只由各铧侧板来承受，而 R_y

(S)的作用线又在中间铧侧板中线前方(垂直合力作用位置Ⅱ一般在中间铧侧板中线前方),因此前后铧侧板所受侧压并不均匀,而是前铧侧压较大,形成前铧铲尖向左扎向沟墙,犁发生“贪生”,增大耕宽,犁壁曲面原线的 γ 角增大,阻力增大(图 13,b)。当 S 作用位置离中间铧侧板中线位置向前过甚时,造成工作的不稳定,使得阻力急剧增大。当 S 作用在Ⅱ点以后及中间铧侧板中线以前某一位置时,则当 R_y 值逐渐增大时,S_s 较 S_f 先达最大摩擦力值,尾轮较先侧移,后铧侧板亦较先承受侧压;当 S_f 亦达最大值以后,则由于 R_y(S)仍是作用在中间铧侧板中线前面,因此前铧侧板侧压又变得较后铧者为大,总的结果是前铧仍扎向沟墙、耕宽、阻力仍大(图 13,c)。当 S 作用在中间铧侧板中线上时,随着 R_y 的增大,S_s 同样较 S_f 尽先达最大摩擦力值,后铧侧板先受到沟墙侧压;当 S_f 亦达最大值后,由于 R_y(S)通过中间铧侧板中线,各铧侧板侧压往后均匀增长,总的结果是各铧侧板侧压大致均匀而后铧稍大,犁稳固地靠着后铧侧板前进,阻力最小(图 13,d)。当 S 作用在中间铧侧板中线以后时,不仅 S_s 较先达到最大值、后铧侧压较先承受侧压,往后后铧侧板侧压力的增加亦比前铧为大,结果是后铧侧压过大,前铧铲尖偏右、犁阻力亦大[根据苏联巴斯亭(П. У. Бахтин)研究,对有结构的土壤,单位压力增加,土壤对钢的摩擦系数 f 亦将增加,对一般耕作层土壤,单位压力开始增加时 f 减少,至土壤成塑性状态后,压力的继续增加将使 f 增加](图 13,e)。当 S 作用线过于往后时,由于后铧侧板过于压挤沟墙,前铧铲尖过于偏右、耕宽变小,犁壁曲面原线 γ 角度小,铲尖不再稳固地扎着沟墙、工作不稳定、阻力急剧增加。因此,为了获得良好的工作稳定性及阻力效果,牵引线须在一定范围内调整,使得总的侧压力 $S(R_y)$ 作用在中间铧侧板中线处。

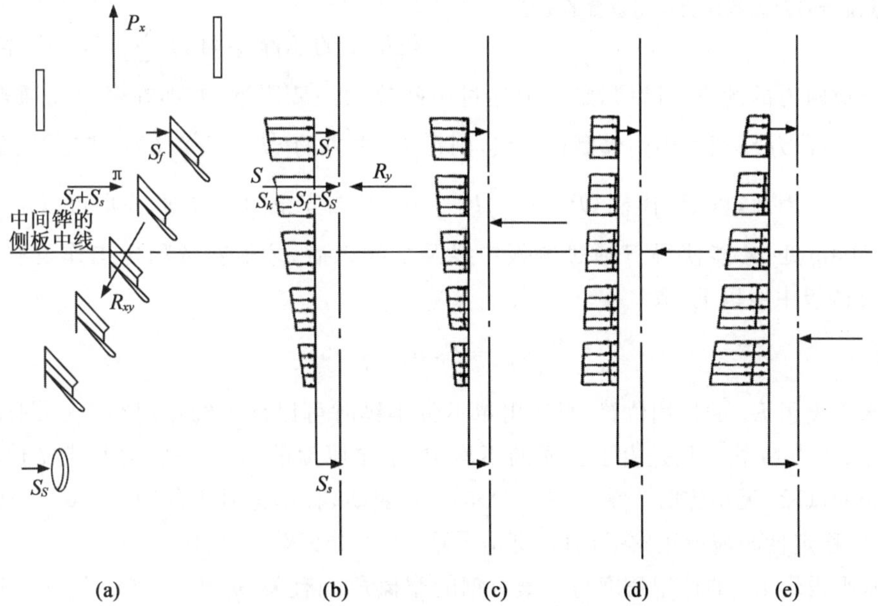

图 13　犁总侧压力的作用位置对侧板压力分配的影响

设中间铧宽为 b,铲尖角为 γ^0,土壤阻力水平投影的合力 R_{xy} 作用在铲刃上与沟墙距离为 l 处,并与前进方向成 η 角,则前进方向的总合力[$P_x - \sum F \mp mj$]必须通过距沟墙 x 距离处,总侧压力 S 才通过侧板中线(图 14):

$$x = l - \tan\eta\left(q - \frac{m}{2} - l\cot\gamma^0\right)$$

式中:m 为侧板长度,q 为铲尖至后踵长度。根据机引犁犁体的一般实际尺寸及 l 一般等于 $0.4b$,

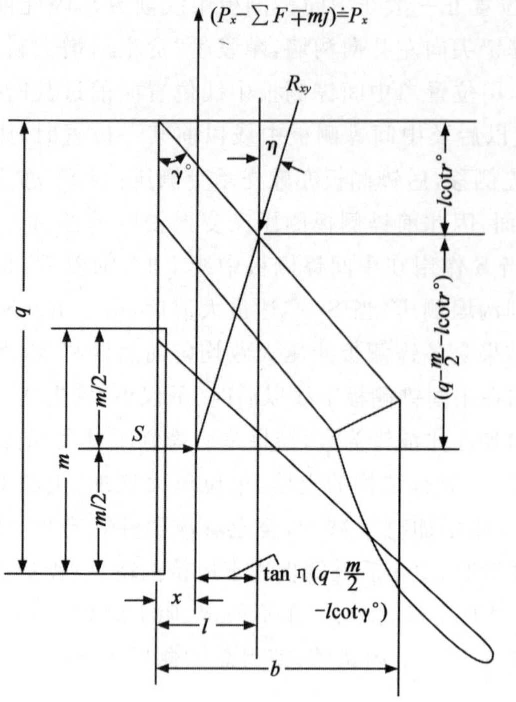

图 14　牵引线位置对犁总侧压力作用位置的影响

$\left(q-\dfrac{m}{2}-l\cot\gamma^0\right)=b$，因此，

$$x\doteq l-b\tan\eta$$

对机引犁而言，惯性力 mj 在合力[$P_x-\sum F\mp mj$]中所占比重甚小，因为犁在正常载荷下启步时，由于拉力 P_x 一般较犁重 G 为大，而拉力 P_x 的波动值 v 一般达 1.1～1.3，即使机组于 1 秒钟内自静止加速至 4.5 公里/小时，惯性力 mj 亦不过为拉力 P_x 的 $\dfrac{\dfrac{G}{g}\times(1.2\text{公尺/秒}^2)}{P_x}\approx 0.1$，亦即在拉力波动范围内；在正常耕作中犁以一定速度前进，其加减速度远较此为小；因此在考虑机引犁的牵引线位置时，惯性力 mj 实可忽略不算(郭辽契金认为 P 一般$\doteq 3G$，则 $j=\dfrac{P}{G}g\doteq 3g$，其值甚巨，故应考虑 mj 的影响；事实上此系指撞击时所可能发生的加速度值，为非常状况，考虑犁正常工作中的稳定性时，不必以此值为准)。

机引犁的总摩擦阻力 $\sum F$，根据各轮和犁体的配置位置及各摩擦阻力的约值，可以判定一般通过中间铧的沟墙附近，亦即在牵引线通常位置的稍左方。若 P_x 与 R_{xy} 的合力 S' 通过中间铧侧板中线，则在 P_x 左方的 $(P_x-\sum F)$，其与 R_{xy} 的合力将在中间铧侧板中线以后。因此，以 P_x 代替 $(P_x-\sum F\mp mj)$ 是在安全的一方面，亦即可以认为牵引线本身须通过：$x=l-b\tan\eta$ 处，才能使得 S 通过侧板中线及中线以后，才能获致稳定工作及有利的阻力值。为了使 S 不通过侧板中线以上，取

$$x_{\max}=l-b\tan\eta \tag{14}$$

土壤阻力水平投影 R_{xy} 的作用位置，当通用犁不带小铧时可以认为约作用在 $l\doteq 0.45b$ 处，当带有小铧时约作用在 $l\doteq 0.4b$ 处。只是由于土质的不均匀、土层厚度的不一致等，才引起 l 值的自此偏离：根据西涅阿柯夫的试验，无小铧时 l 在(0.34—0.5)b 间变动，有小铧时 l 在(0.3～0.45)b 间变动。显然，计算犁行进的稳定性时应取正常平均值，即应各取 $l=0.45b$ 及 $l=0.4b$。

土壤阻力水平投影 R_{xy} 的作用角度与土壤对钢的摩擦角 φ 有关：$\eta=90°-(\gamma^0+\varphi)$。根据西涅阿柯夫的试验，此角度与计算值相差不出 2°～3°。对通用犁而言，在不同湿度的不同土质中 η 在 10°～28°间变动。一般试验显示：黏质土的 φ 要比沙质土大，湿土的 φ 比干土大，粉碎土壤的 φ 比有结构土壤大，因此黏湿上壤的 η 最小，干燥而沙质土壤的 η 最大。

当土壤较为黏重而潮湿时，若 $\eta=10°$，$l=0.4b$，则 $x_{\max}=0.4b-0.176b\doteq\dfrac{1}{4}b$；

当土壤较为黏重而较硬时，若 $\eta=15°$，$l=0.4b$，则 $x_{\max}=0.4b-0.268b\doteq\dfrac{1}{8}b$；

当土壤为潮湿的中等土壤时，若 $\eta=20°$，$l=0.4b$，则 $x_{\max}=0.4b-0.364b=0$；

当土壤为干燥的中等土壤时，若 $\eta=22°$，$l=0.4b$，则 $x_{\max}=0.404b-0.4b=0$；

当土壤为沙质而潮湿时，若 $\eta=25°$，$l=0.4b$，则 $x_{\max}=0.466b-0.4b=0$；

当土壤为沙质而干燥时，若 $\eta=28°$，$l=0.4b$，则 $x_{max}=0.53b-0.4b=-\frac{1}{8}b$。

可见带小铧通用机犁的牵引线调整范围一般为 $-\frac{1}{8}b$ 至 $+\frac{1}{4}b$：当土壤为一般中等土壤时，牵引线通过中间铧沟墙线；当土壤较重较湿时，牵引线自沟墙线向右移；只有当土壤多沙而又很干时，牵引线才自沟墙稍为偏左。牵引线自这些位置过于偏左偏右都将引起阻力的增加，若偏离再甚时，则犁不稳定，阻力剧增。

苏制机引犁的重心迹一般在中间铧沟墙线右侧 $\left(\frac{1}{6}\sim\frac{1}{7}\right)b$ 处，因此在一般土壤上，牵引线通过重心迹时能获得稳定的工作，但对一些重心迹不位在调整范围附近而偏离较远的犁，如用牵引线通过重心迹的调整方法，将不能获得良好的耕作效果。

为了检验在生产条件下当牵引线不通过重心迹而在一定范围内调整时对耕宽稳定性及阻力的影响，进行了试验。代表性结果示于图 15 及图 16。自图 15 可见，在熟土上，对 ДТ-54 П-5-35М 机组而言，牵引线通过重心迹左方 6 厘米（相当于沟墙线）、通过重心迹（相当于 $\frac{1}{6}b$）、以及通过重心迹右方 6 厘米（相当于 $\frac{1}{3}b$）时，耕宽都能相当稳定，但以通过沟墙线时最稳定、耕宽亦最小，通过 $\frac{1}{6}b$ 时次之，通过～$\frac{1}{3}b$ 时又次之。当牵引线通过 $\frac{1}{2}b$ 时则耕宽显著增大，变动亦大，不能获得满意的耕作。自图 16 可见，阻力以牵引线通过沟墙线时为最小，通过～$\frac{1}{6}b$ 处时次之，通过～$\frac{1}{3}b$ 时较大。当牵引线通过 $\frac{1}{2}b$ 以上时，阻力急剧增加，不同牵引位置时的比阻值如下：

牵引线通过中间铧沟墙线　　　　　　$K_0=100\%$

牵引线通过中间铧沟墙线右侧 $\frac{1}{6}b$ 处，　$K_0=102\%$

牵引线通过中间铧沟墙线右侧 $\frac{1}{3}b$ 处，　$K_0=106\%$

牵引线通过中间铧沟墙线右侧 $\frac{1}{2}b$ 处，　$K_0=114\%$

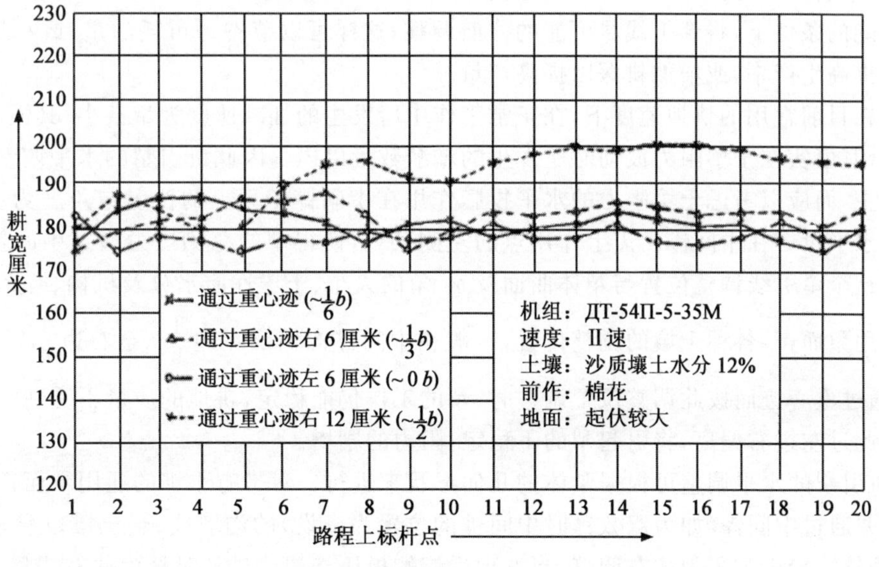

图 15　牵引线水平位置对耕宽稳定的影响

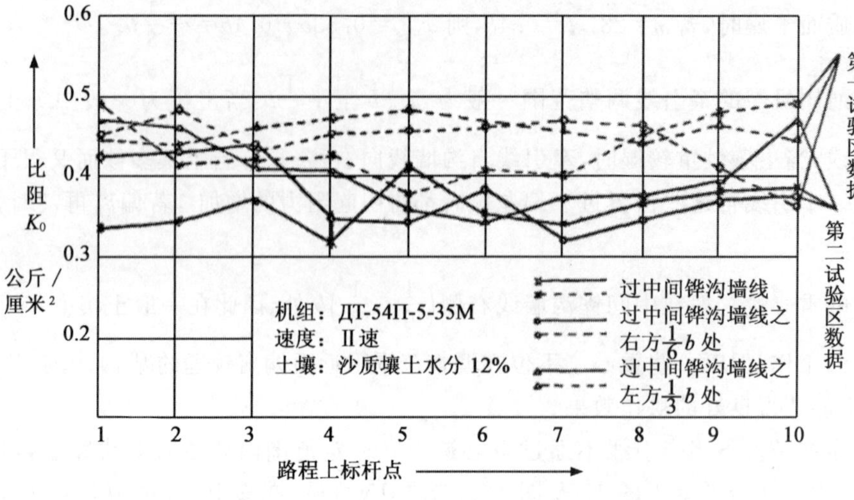

图 16　牵引线水平位置对犁此阻的影响

四、结论

1. 对机引犁而言，以阻力中心为牵引线调整依据的理论，由于缺乏受力的全面具体分析，所获得的工作稳定性、阻力的增减和部件的受载，究竟满意到什么程度，不得而知，因此不能认为这种理论是完善的。以重心迹为牵引线调整依据的理论，主要考虑了稳定性，没有顾及对阻力的影响，使用上不经济不方便，反应在设计上的要求亦不合理。

2. 理论分析及试验证明，机引犁由于装置有轮子，从而增大了支持面积，以至在垂直面上，在正常的耕作条件下，牵引线通过重心迹前方或后方在一定范围内时，犁的工作仍能稳定，耕地深度的质量不受到影响；当拖拉机拖把高度及犁的牵引架长度一定时，牵引线通过重心迹越前面（亦即牵引角度越大），犁的阻力越小；对 ДТ-54 П-5-35M 机组而言，在熟地上，牵引线通过重心迹前面要较通过重心迹后面阻力减少 10%～15%。

3. 因此，机引犁的垂直调整，不必考虑阻力中心位置或是重心迹的位置，而是在保证起落机构不失灵、犁能达到要求耕深并能保持此深度以及拖拉机不因拖把位置过高而在较为湿软的土地上显著地影响及其牵引性能的条件下，将牵引线尽可能的往前调整，这样可以节省每亩耗油量，或利用剩余牵引力多增加一铧以提高生产率，或增加耕深以提高产量。

4. 机引犁在目前常用的耕地速度下，在正常工作中所发生的加减速度为量甚小，其惯性力与土壤阻力此为值亦小（其值实在土壤阻力波动时所发生的增减数量以内），因此机引犁的水平调整，不应以考虑重心迹位置为主，而应以考虑土壤阻力的水平投影作用在中间铧铲刃上的位置与角度为主。牵引线应通过土壤阻力水平投影在中间铧铲刃上作用点的左侧某处，使得犁的总侧压力通过中间铧的侧板中线或中线稍后。这个牵引线调整位置与犁体曲面及 γ_0 角的大小、土壤性质水分及机构、有无小铧等有关，对带有小铧通用犁而言，各种土壤的调整位置，一般在中间铧沟墙线左边 $\frac{1}{8}b$ 至右边 $\frac{1}{4}b$ 之间。试验证明，牵引线不通过重心迹而按此调整位置调整时，犁的工作仍能稳定，耕地的质量不受到影响，阻力也最小。牵引线自此过左过右偏离，将引起犁的不稳定，阻力的剧增。

5. 因此，机引犁的水平调整可根据犁体的几何形状来进行。对带有小铧的通用犁而言，一般可使牵引线平行沟墙并通过中间铧（如为双数铧时中间铧的位置为虚设）的沟墙线；当土壤较黏较湿时稍为往右调整，当土壤较沙较干时稍为往左调整，当发现后铧侧板压挤沟墙过甚时稍为往右调整。

参考文献

[1] A. W. Clyde: Mechanics of plow and tractor hitches, *Agricultural Engineering*, Nov. 1934.
[2] A. W. Clyde: Vertical hitching of farm implements, *Agricultural Engineering*, Sept. 1935.
[3] A. W. Clyde: Measurement of forces on the soil tillage tool, *Agricultural Engineering*, Jan. 1936.
[4] A. W. Clyde: Pitfalls in applying the science of mechanics to tractors and implements, *Agricultural Engineering*, Feb. 1954.
[5] В. П. Горячкин: О центре тяжести плугов, *Собрание сочинений*, Том VII.
[6] В. П. Горячкин: Об устойчивости пахотных орудий, *Теория конструкция и производство с-х машин*, Том Ⅲ. 1936.
[7] Н. П. Крут и ков, И. И. Смирнов, К. Ф. Ш ербаков. и. Ф. попов: *Сельскохозяйственные машины*, Том I. 1951.
[8] К. А. Полевицкий: *Сельскохзяистеенкые машины и орудия*, 1951.
[9] В. С. Свирщевский: *Эксплоатация машино-тракторного парка*, 1950.
[10] А. А. Мухин: Изменение тяговых свойтво трактора и тягового сопротивнение плугов в зависимостн от направления пинии тяги в горизонтальной плоскости, *Мвханизация и электрификация соц. с-х*, № 1, 1953.
[11] А. А. Мухин: Влияние положения точки прицепа трактора по высоте на тяговые харатеристики пахотного агрегата, *Механизация и электрификация соц. с-х*, № 3, 1953.
[12] М. Н. Петошнев: *Сельскохозяйственные машины*, 1956.
[13] М. П. Гусяцкий: Влияние установки прицепа на тяговое сопротнвление тракторного плуга П-5-35, Труды *ВИМ*, Том 13, 1951.
[14] Г. Н. Синеоков: Силовые харатеристики рабочих органов лемешного плуга, *Сельхозмашина* № 6, 1956.
[15] G. Getzlaff: Kräfte an Schar-und Scheibenpfliigen, *VDI Zeitschrift* Feb. 11, 1956.
[16] Н. С. Комаров: Давления на колеса плуга при пахоге, *Сельхозмашина* № 4, 1955.
[17] Н. Д. Лучинский: Графический расчет продолвного равновеия плуга, *Труды ВИМ* Том 13, 1951.
[18] К. С. Хвыля: О равновесие прицепного тракторного плугов, *Сельхомишина* № 12, 1954.

On the Hitching of Tractor Drawn Plow

Zeng Dechao

Abstract A review on literatures on the subject of plow hitching especially those by Prof. A. W. Clyde of U.S.A. and academician В. П. Горячкин of U.S.S.R. reveals that, as far as tractor drawn plow is concerned, both the theory of plow hitching according to the position of the center of resistance and the theory of plow hitching according to the trace of the center of gravity of the plow on the furrow bottom plane are not based on a thorough and concrete analysis on all external forces acting on the plow, consequently, the most advantageous hitch (sufficient stability in operation, minimum in plow resistance, optimum loading on parts etc) can not be expected. Since the soil forces acting on a plow bottom are special and non-concurrent, the vertical and horizontal projections of forces are dealt separately in this paper. Analysis and field tests on a team of tractor ДТ-54 with plow П-5-35М show that for the vertical hitch, the line of pull can pass behind and afore the trace of the center of gravity without appreciable disturbance in the stability of plow operation as long as it is within certain limits, formulae for determining these two limits in function of soil property and condition of plow share are derived, furthermore, the total plow resistance is found some 10%～15% lesser when the line of pull passes afore the trace of the center of gravity than that when it passes behind. The advantageous way in vertical hitching of a tractor drawn plow should then be such that the line of pull passes through a point as far ahead of the trace of the center of gravity as possible as long as the proper operation of the automatic lifting mechanism is maintained, the desired depth of plowing is assured, and the traction of the tractor shows no appreciable disturbance on account of the high draw bar position. For the horizontal hitch, analysis and field tests also show that, the advantageous way is to select position of line of pull according to soil conditions and in terms of geometrical dimensions of the plow bottoms, that for the general purpose tractor plow with a small fore-plow for each bottom stable operation with the least plow resistance would be obtained if the line of pull is parallel to the line of travel and passes through the furrow wall of the middle bottom when the soil is of average condition, slightly to the left when the soil is sandy and dry, and to the right when the soil is heavy and wet. In general the range for various soil conditions is $-1/8$ to $+1/4$ of the width of the middle bottom. For plow without small fore-plow this range shifts slightly to the right. When the line of pull deviates the farther to the left or to the right from these positions, resistance would increase and finally stable operation would be destroyed together with a rapid increase in resistance.

在旱作沙壤土上铧犁犁体曲面性能的分析*

曾德超

华北地区农业生产的机耕化要求我国农业机械制造部门供应性能优良的犁耕工具。尽管各种形式的深耕犁、旋转耕耘机、联合耕作机或其他新型耕具各具有一定的发展前途，但是在农业生产中久经考验并广泛使用的仍然是铧式犁。

在研究与设计适合华北地区土壤气候条件及耕作要求的铧犁的工作中，不论是采取选型、改进、抑或重新设计的途径，如要获得耕作质量好、阻力轻、制造容易的犁体曲面，都必须首先深入了解在本地区条件下现有铧犁的翻土、碎土性能和阻力与其曲面形状及主要参数间的关系。这类资料对于探索耕具的新工作原理亦属必需。

在国外，特别是苏联，长期以来对犁耕工具进行了大量的研究试验工作，积累了丰富的资料，而我国结合自己的自然条件和农业生产特点的系统的研究工作还进行得不多。为了给旱作沙壤土地区铧犁的设计工作提供一些科学依据，我们在北京农业机械化学院试验农场进行了试验。现根据试验结果对旱作沙壤土在适耕条件下铧犁的翻土和碎土性能进行一些系统的分析。

一、在旱作沙壤土上铧犁的翻土覆盖性能

(一)滚垡犁的翻土过程

以不变矩形代表土垡剖面在垂直于前进方向的平面内翻转的理想图案来研究滚垡犁的翻土过程，按史梅莱夫(Шмелев)的说法[1]，首见于1830年意大利人林布路斯志尼(Lambruschini)与里多菲(Ridolphi)的著作。这样的研究方法是一种科学的抽象，值得继承与发展。在此基础上为苏联学者所发展的土垡翻转理想过程简图(图1，为了便于区别起见，本文暂称之为成条土垡翻转过程简图)目前在犁的研究与设计工作中得到了广泛的应用。但是根据在实际生产和实验室田间试验中的观察：

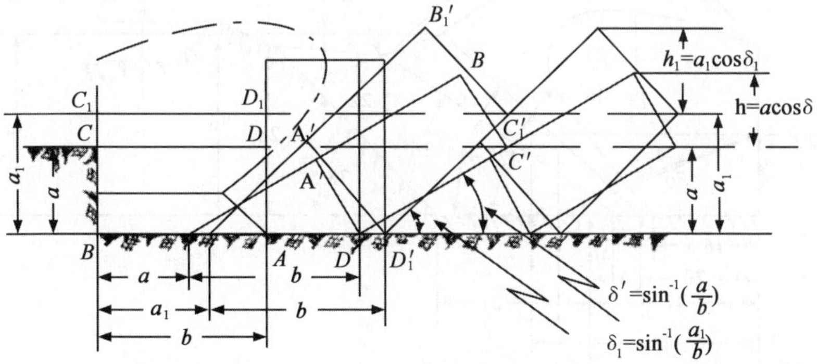

图1　成条土垡翻转过程简图

---

* 本文出处：农业机械学报，1962年7月，第5卷，第1期

(1)在试验中测得犁碎后土壤的自然休止角 $\varphi=36°\sim42°$，平均为39°。

只有当土垡黏结成条时（例如用螺旋型或半螺旋型犁耕翻草甸荒地或黏湿地），土壤的实际翻转情况才与这理想过程相近似；而在旱作沙壤土上（例如华北广大地区的一般土壤），由于土垡的碎散，情况则有较大出入。

土垡的翻转过程乃研究和设计犁体曲面的基础。为了探明在碎散情况下土垡翻转过程的特点，我们在适耕水分的沙壤土上用几种熟土型和半螺旋型犁以不同的耕速和耕深在不同的前趟犁沟剖面状况下进行了试验。试验的典型结果见图 2 及表 1。

图 2a 为将前趟垡垄清除，以较小的耕深翻耕时土垡剖面翻转情况：翻转后的垡垄高度较正常耕深时低得多（参看图 $2b_1$），但斜坡的斜度仍然具有一定数值（低速耕翻时为 36°，高速时为 33°），接近碎土的自然休止角[1]；土垡斜坡与沟底线的交点（以下简称斜坡底点）在铲翼至沟墙之间某点处，耕速高时此点位置（图中为 M_2 点）比耕速低时（M_1 点）更靠近铲翼；土垡最高点在空间的运动轨迹低速时比高速时的位置低。

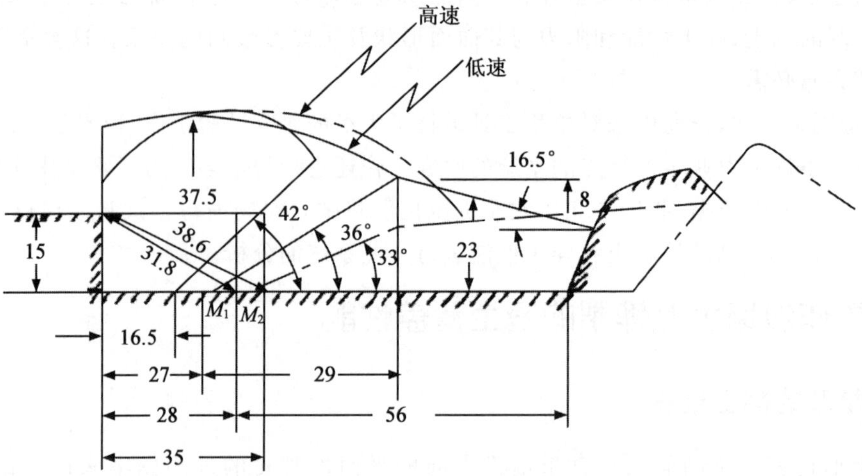

图 2a　前趟垡垄清出时土垡翻转后的剖面图

——耕速 1.02 米/秒　　·—·—耕速 2.39 米/秒

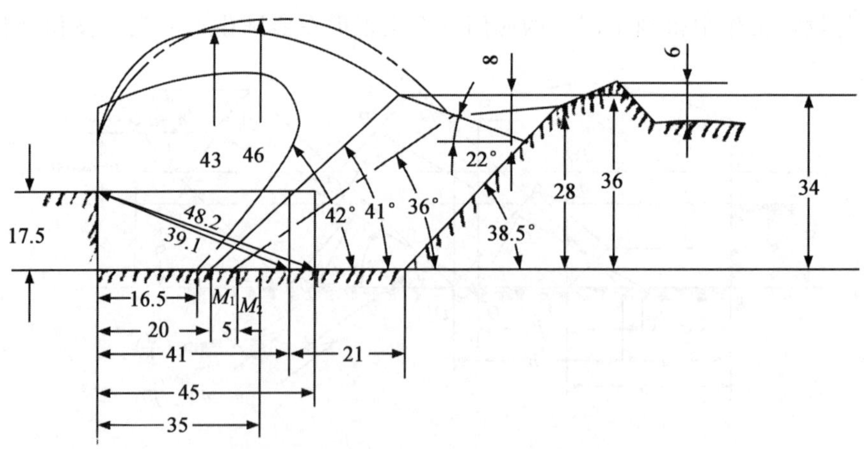

图 $2b_1$　前趟土垡不动，正常耕深时土垡翻转后的剖面图

——耕速 1.02 米/秒　　·—·—耕速 2.39 米/秒

图 $2b_1$ 为正常翻耕情况下垡垄剖面的情况：此时土垡斜坡的斜度达碎土休止角；斜坡底点距沟墙较

近，土垡运动轨迹也较高。

图 $2b_2$ 为相同情况下，埋在土层下的小木块在翻耕后分布的情况：原土垡剖面的 A 角向右侧移至 A' 点（侧移距离的大小因犁体曲面的推土角等参数及土壤黏结程度而异），D 角落在沟底或斜坡上 D' 点处。

图 $2c_1$ 为耕深很大时翻转后垡垄情况：土垡斜坡的斜度已达极限值（碎土休止角）；斜坡底点随耕深的增加而左移，当耕深很大时甚至超过犁壁沟边线与沟底的交点 N，这是由于土垡尺寸大，翻起的垡垄堆积很高，斜坡的斜度超过碎土休止角，犁壁通过后堆积在 Q 点（图 $2c_1$）处的部分土粒落沟底所致。

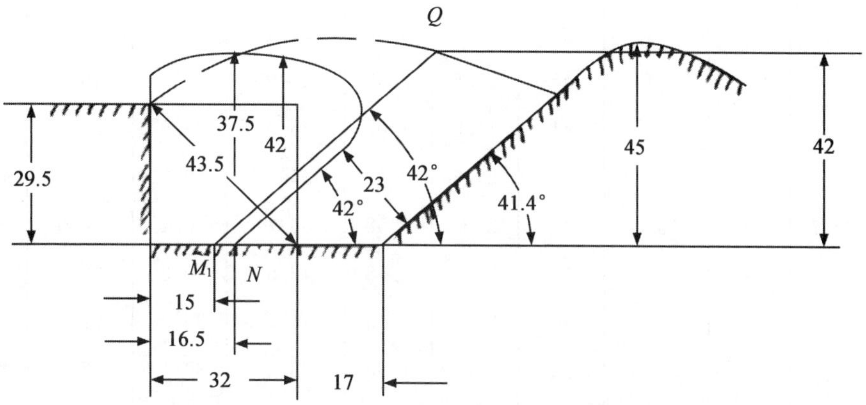

图 $2c_1$　前趟垡垄不动，耕深很大时土垡翻转后剖面图（耕速 1.02 米/秒）

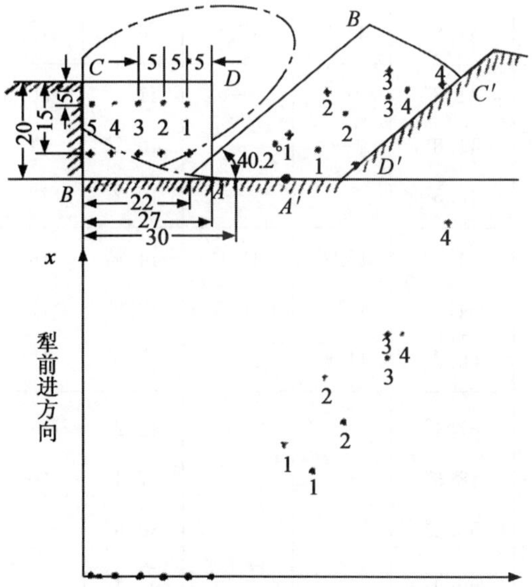

图 $2b_2$　前趟垡垄不动，正常耕深时土垡翻转前后相对位置

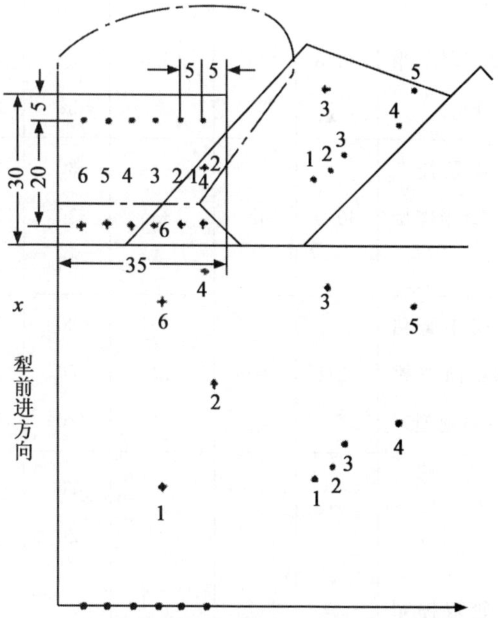

图 $2c_2$　前趟垡垄不动，耕深较大时土垡垄转前后的相对位置

表1 犁翻后土垡的剖面尺寸

试验地:北京农业机械化学院南农场;土壤类型:沙壤土;

碎土自然休止角:36°~42°; 土壤水分:20%。

犁型号	铧宽（厘米）	犁壁沟边线斜角 δ_0	犁壁沟边线与沟底交点至沟墙距离 n（厘米）	耕宽（厘米）	耕深（厘米）	耕速（米/秒）	$\delta=\left(\sin^{-1}\frac{a}{b}\right)$	前趟垡垄剖面 斜坡斜度 δ'_T	前趟垡垄剖面 斜坡底点与沟墙距（厘米）	犁翻后垡垄剖面 斜坡斜度 δ_T	犁翻后垡垄剖面 斜坡底点与沟墙距（厘米）
Пн-2-30P（试验时改成单铧犁,熟地型）	37.5	42°	16.5	28	15	1.02	32.5°	0°	56	36°	27
				35	15	2.39	25.4°	0°	64	33°	34
				45	17.5	2.39	22.9°	42°	19	39°	20
				41	17.5	1.02	25.3°	38.5°	21	40°	22
				41	23.5	2.39	35°	40°	19	39°	18.5
				40	25	1.58	38.7°	40.4°	20.5	35.8°	14.6
				37	25	1.58	42.5°	40.3°	20	39.4°	18.8
				36	25	1.58	44°	35°	22	35.6°	21.5
				33	29.5	1.58	63.2°	39.1°	17	42.4°	15
				23	32	1.58	90°	41.4°	17	43.2°	15
				27	31.5	1.58	90°	43.4°	14	41.8°	13
西德大野猪牌双铧犁(半螺旋型)	33.5	38°	13.8	30	19.5	1.58	40.5°	37.5°	21	39°	19.5
				30	21	1.58	44.5°	38.2°	19	35.3°	22
				30	20	1.58	41.8°	37.3°	17.5	36°	19.5
福特悬挂双铧犁(半螺旋型)	30.5	32°	13.5	30	20	1.57	41.8°	—	—	41°	20.5
				30	20	1.57	41.8°	—	—	40.2°	21
				30	19.5	1.57	40.5°	—	—	40.2°	23
西德小野猪牌双向双铧犁(熟地型)	22.8	40°	12	20	18	1.58	64°	48.2°	17	44.4°	16
				20	18	1.58	64°	45°	16.5	42.5°	17
				20	17.5	1.58	60.8°	41.6°	17	42.8°	18
双轮双铧犁(熟地型)	22	44°	12	20	18.5	1.02	67.4°	—	—	42.2°	—
				20	15	1.02	48.6°	—	—	37.4°	—
				20	16	1.02	53.4°	—	—	39.6°	—
				20	11	2.39	33.3°	—	—	34.4°	—
				20	14	2.39	44.3°	—	—	38.6°	—
				20	15	2.39	48.5°	—	—	44.2°	—
				20	17	2.39	58.4°	—	—	36.5°	—

从图 $2c_2$ 可见：埋在地表下 25 厘米处的木块被翻到地表层以后又沿垡垄斜坡滚落沟底。综合图 2 与表 1 数值可知：不同类型的犁体在不同耕深时翻耕后垡垄斜坡的斜度几为常值(与碎土的自然休止角相当)，并不按成条土垡翻转过程所确定的关系 $\delta=\sin^{-1}\left(\frac{a}{b}\right)$ 那样，依耕深的不同而变化。自此可以画出碎散土垡翻转后的典型剖面图(图 3)，其特征如下：

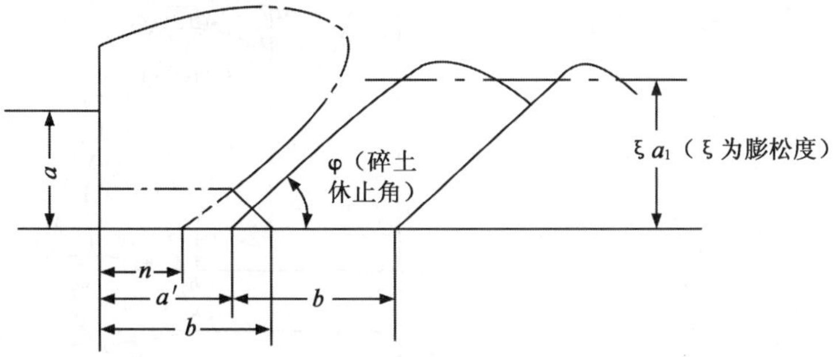

图 3　碎散图坡垄翻转后典型剖面图

1)垡垄斜坡的斜度为碎土的自然休止角 φ(当耕深很大，垡垄受到犁壁沟边线一定的括压时 φ 值稍大；耕深小、自然散落时 φ 值稍小)；

2)垡垄在沟底的宽度为 b，平均高度为 ξa(ξ 为翻耕后土壤的膨松度)；

3)垡垄的斜坡底点至沟墙的距离 a' 介于 n 与 b 之间：耕深小、耕速高时 a' 值接近于 b；反之则接近于 n，耕深过大时亦可能小于 n。

由上述试验结果可知：碎散土垡的翻转过程既不同于成条土垡，即剖面 $ABCD$ 绕 A 角及 D 角翻转先倒至 $A'B'C'D'$ 位置(图 1)，然后 A' 角的土壤才溃落至沟底。因为如果是这样，那么当耕深加大时，不仅垡垄斜坡的斜度将随之增陡，而且斜坡底点至沟墙的距离亦随之增大，试验结果与此不符；也不同于另一种极端情况，即在翻转过程中，土垡不断散落沟底，将前趟垡垄斜坡与犁壁沟边线之间的空隙自下而上地填满。因为若按这样过程，则不论耕深和耕速如何变化，翻转后垡垄斜坡底点的位置将不变，这也与试验结果不符。碎散土垡的翻转可视作介乎上述两种情况之间：即已到达犁胸和犁翼的土垡受到铲部及铲部前方土条的推移，围绕沟底一角(b 角，见图 4a)回转；由于土垡的破碎主要是在通过犁胸以后(参看表 6)，除了表面少量碎土可能提前散落外，土垡的主体在沿壁面及离开壁面后的运动过程中基本上仍然连成一个整体；土垡通过 $a_3b_3c_3d_3$ 位置后进一步绕 c_3 点回转，但这时土粒间的黏聚力已遭受破坏，在 b_3 点处的土粒不再离开沟底；最后，土垡翻覆在前趟垡垄上，接着斜坡上的部分土粒散落沟底。

依此，可作碎散土垡的翻转过程简图，如图 4a 所示。在翻转过程中土垡剖面相对犁面运动情况及其绝对运动情况如图 4b 所示。

自从土垡剖面通过铲翼以后，位于犁壁沟边线与剖面交点(图 5a 中的 m_4、m_5 点及 m_4n_4、m_5n_5 线)以下的部分土垡陆续与犁壁脱离，在土体的牵速下以其所获得的绝对速度向右前方抛出；而在交点以上的部分土垡仍继续与壁面接触，被其携带前走一距离后才陆续抛出。因此，沟边线与土垡剖面交换上下两部分土垡沿前进方向发生一定的微量相对位移，所考察的剖面 $a_0b_0c_0d_0$ 实则分成Ⅰ、Ⅱ、Ⅲ、Ⅳ等微小细长矩形连续沿绝对轨迹路程铺盖(见图 5b)。耕速对铺盖的方向影响不太大，对铺盖的侧向和前向距离则有显著的影响。

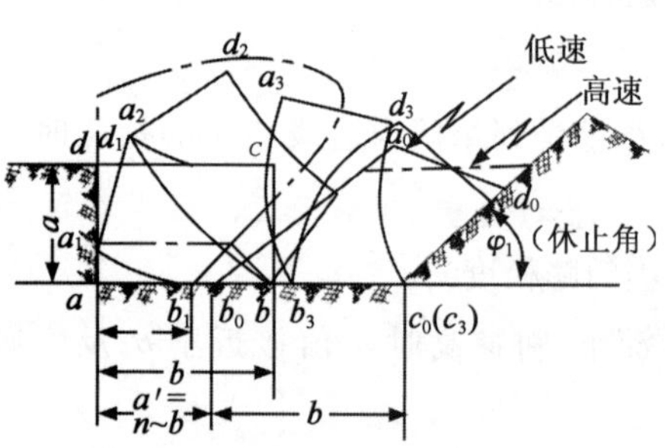

图 4a　碎散土垡翻转过程简图

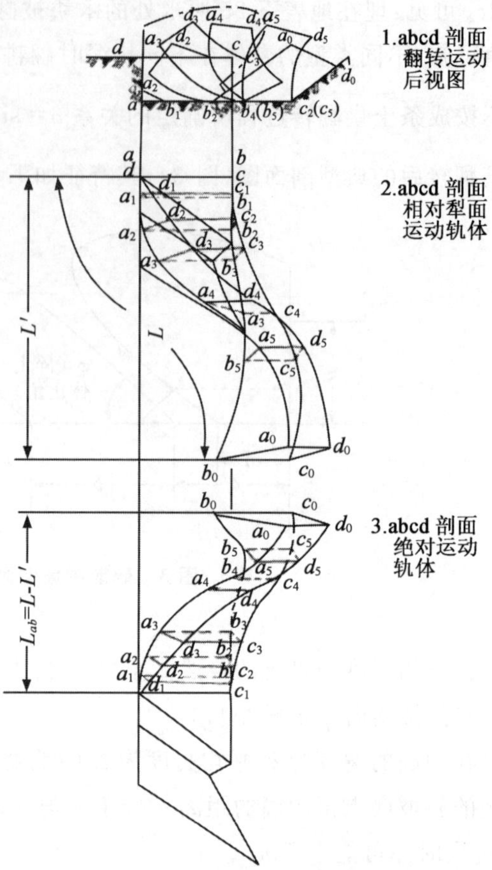

图 4b　碎散土垡翻转过程图

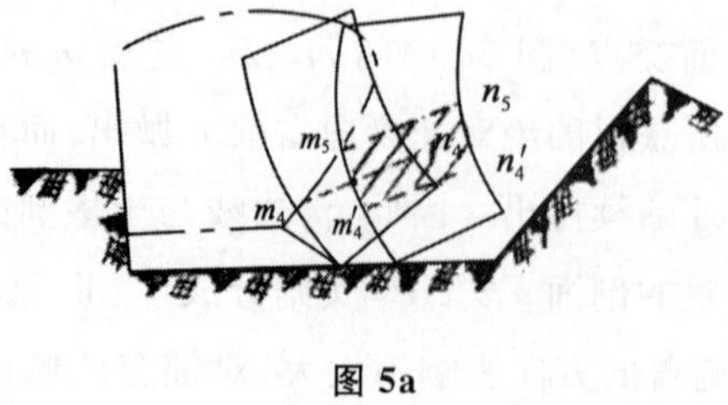

图 5a

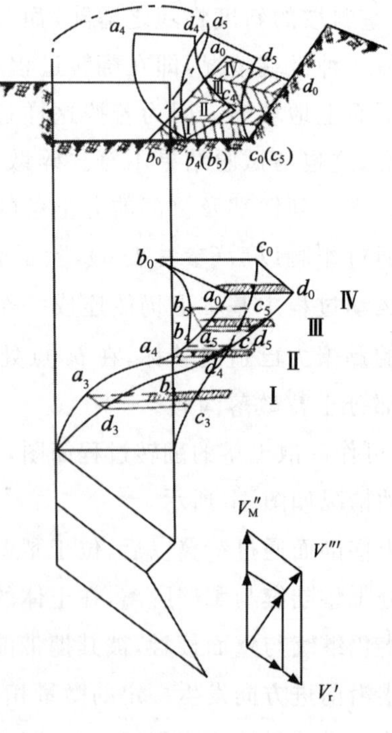

图 5b

(二)滚垡犁的翻土条件及耕深极限

要使得土垡绕一角滚翻,犁曲面的形状和参数必须使铲尖附近部分的土垡能够沿壁面上升,而铲翼附近部分的土垡能够支撑于沟底。犁曲面具有以下特征时能够更好地保证后一点:犁铲做成梯形,其沟边线与铲刃垂直而不是与前进方向平行;犁铲的安置使得其切削角 ε 自铲尖至铲翼逐渐减小,甚至减至很低值(如福特犁,而 П5-35 犁、双轮双铧犁等的犁铲切削角则为常值);在犁铲与犁壁接缝处附近的犁体沟边线特别向下弯曲(如福特犁、南斯拉夫机引犁等);推土角 γ 在铲与壁的接缝处附近变小而后增大等等。

铲尖附近土垡沿壁面上升的条件分析如下:平面楔 ABC(图 6a)受拉力 P 的作用沿水平面作匀速移动时,垡条产生抗力 P'。P' 力可分解为推土垡沿楔面上升的切向力 M' 和作用于楔面的法向力 N'。土垡沿楔面上升的阻力为楔面上土垡重量 Q 的切向分力 Q_t' 和楔面对垡条底面的摩擦力 F。楔角 α_i 越大,则 Q_t' 和 N' 越大,F 亦越大,上升阻力也就越大。如要垡条沿楔面上升,向上的推力必须能克服上升阻力。为此,垡条须具有一定的抗压强度。若土壤较易破碎,在楔角大和表面摩擦系数较大的情况下,垡条将不能上升。为了求出其数量关系,特考察土垡在楔面上一土粒 K(图 6b)的受力及运动情况。当楔 ABC 作匀速前进时,作用在土粒 K 上的力有法向力 N(N 由 N' 及 Q_N' 两力所引起)、下部垡条沿楔面向上的推力 M、Q_t' 分摊在 K 上的重力切向分力 Q_t 以及摩擦力 $F_{max}=N\tan\Psi$。法向力 N 沿前进方向的分力 N_m 使 K 沿水平线前移;N 沿楔面的分力 N_t 推土粒沿楔面向上。因此,若

$$M+N_t=Q_t+F_{max}$$

或

$$M+N_t<Q_t+F_{max}$$
$$=Q_t+F$$

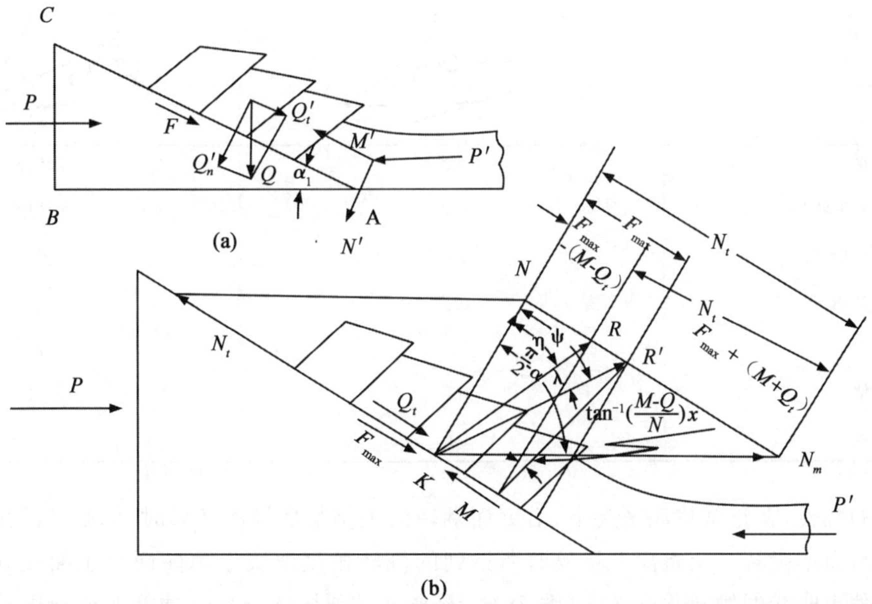

图 6　楔面上拔条上升条件的受力分析图

则土粒 K 不能沿楔面上升而只能沿 N_m 方向运动,即整个土垡向前推移积拥而不能上升。土粒 K 上升,亦即土垡上升的条件是[2][3]:

$$M+N_t>Q_t+F_{max}$$

此时，土粒的绝对运动轨迹系沿力$(M+N_t-Q_t-F_{\max})$与力N_m的合力R的方向，而R与N的夹角η须小于N_m与N的夹角$\left(\frac{\pi}{2}-\alpha_1\right)$，

即

$$\eta=\Psi-\lambda$$
$$=\tan^{-1}\left[\frac{F_{\max}-(M-Q_t)}{N}\right]$$
$$<\frac{\pi}{2}-\alpha_1$$

或

$$\alpha_1<\frac{\pi}{2}-\Psi+\lambda,$$

而

$$\lambda\doteq\tan^{-1}\left(\frac{M-Q_t}{N}\right)$$

可见$\lambda\doteq 0$，即土垡很松散时，α_1须小于$\left(\frac{\pi}{2}-\Psi\right)$，即楔角不能过大，否则壅土；若土垡抗压强度大，即$\lambda\doteq\Psi$，则楔角可以逐渐增长达$\frac{\pi}{2}$，这时土垡仍能上升(如窜垡犁)。但必须指出，楔角必须是逐渐增长的，否则正如在土中推一铅垂平面前移一样，由于土垡抗力P'的M'分力等于零或很小，即使黏结性大的土垡亦难沿楔面爬升。

几种常用犁最大起土楔(以胫刃线计算)的角度值见表 2。

表 2

犁型号	胫刃线上最大起土楔角 $\alpha_{\max}$ 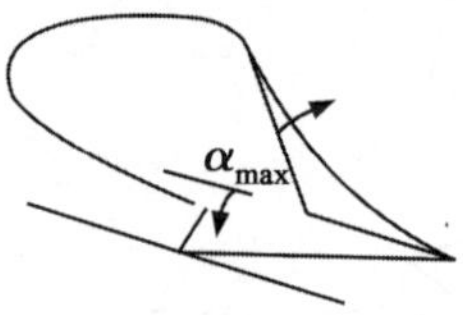	铲翼处犁铲起土角 α_n 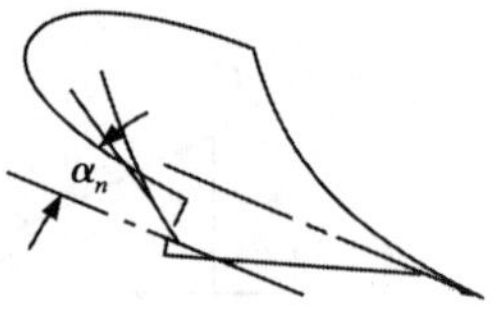
双轮双铧犁	76°	17°57′
ПН-2-30Р悬挂犁	90°	17°20′
西德大野猪牌犁	78°	12°1′
西德小野猪牌犁	82°	18°6′
福特犁	75°	6°27′
波兰三铧犁	83°	25°2′
窜垡犁	94°	—

至于土垡的翻转，在正常耕深情况下，沿壁面翻转的土垡最后抛离壁翼时，如翻转的角度还不够大，土垡将平移落沟而不翻转。土垡离开壁翼时所达到的翻转角度取决于犁曲面翻土曲线β的发展情况，特别是壁翼处翻土曲线的倾斜角度$\beta_{0\max}$(图 7a)。看来$\beta_{0\max}$须接近于 90°，才能保证土垡于离开犁翼后，在惯性的作用下继续覆翻转覆盖在前趟坡垄上。

翻土曲线核的斜角β_0的增长规律对犁的翻土、碎土性能及阻力都有一定程度的影响。从图 7b、c，所示β_0的变化规律及表 3 所示β_0的增长速率可以看出：一般犁的翻土曲线平均倾斜角β_0在犁铲头部增长很慢，各种犁在距铲尖 20～25 厘米以前增长都不大(图 7b)，以免阻力过大；在到达铲翼前增长较速(这在П5-35 五铧犁上表现最突出)，其目的是使β_0在犁铲沿沟底切开整个土垡之前已达相当大的

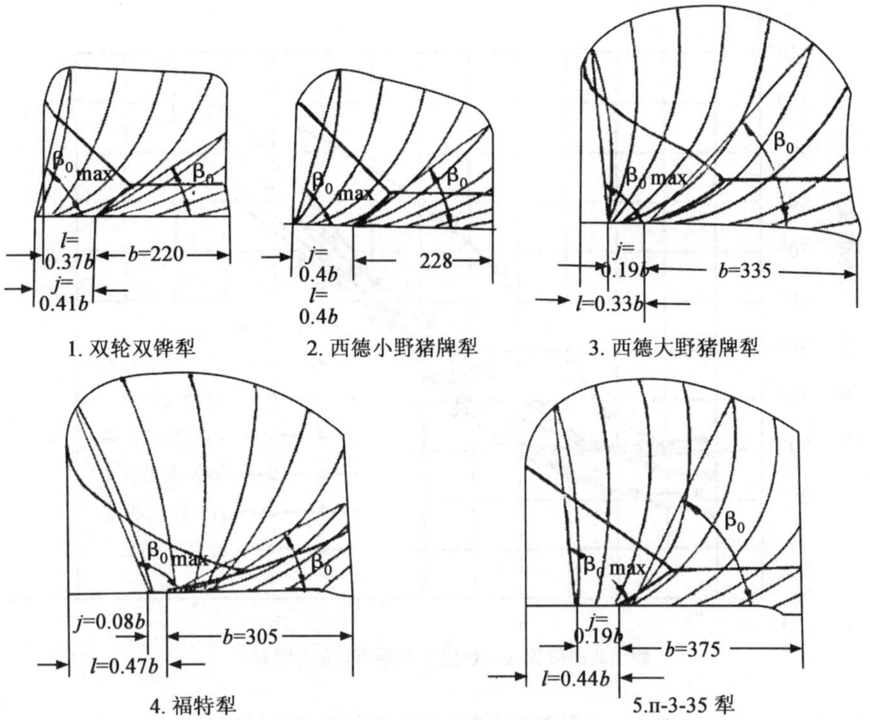

图 7a　几种犁的翻土曲线参数图

值，以避免或减少在往后的推举过程中发生土垡侧移*；在铲翼以后一般以均匀速率增长，只有福特森犁例外：

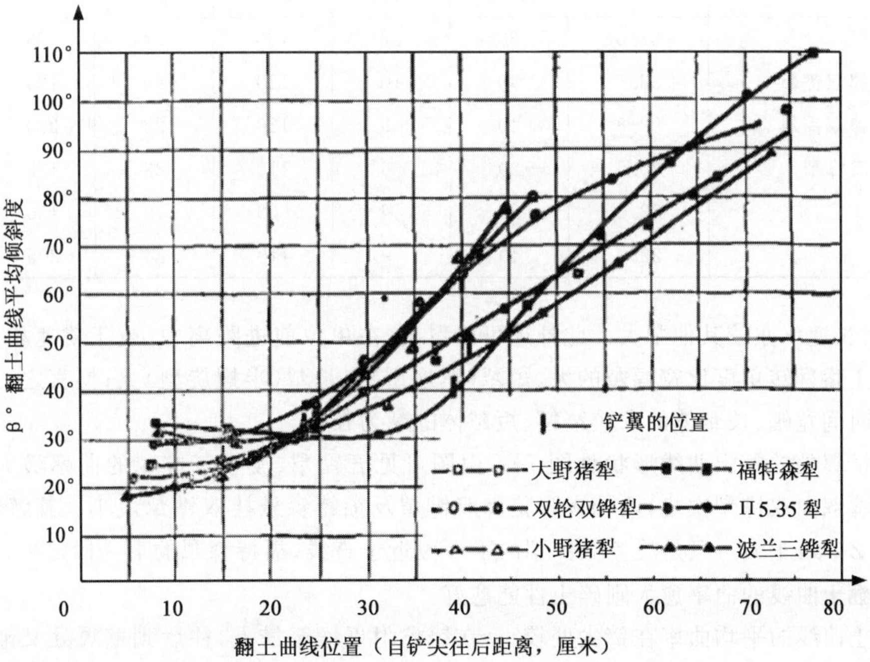

图 7b　几种犁翻土曲线平均倾斜度(β_0)的变化

---

* 土垡侧移对翻转覆盖不利。

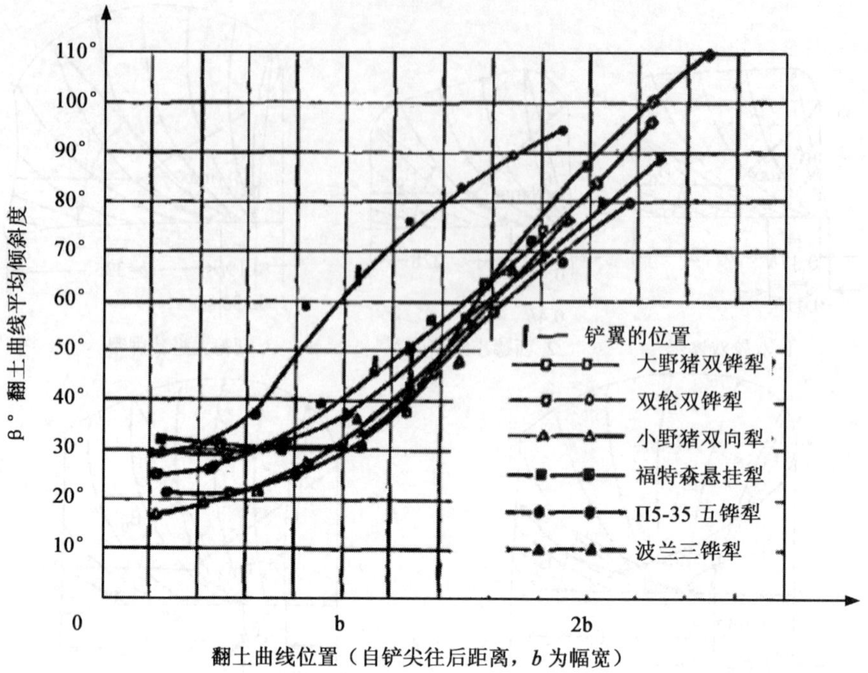

图 7c　几种犁翻土曲线平均倾斜度(β_0)的变化

表 3　翻土曲线平均倾斜度 β_0 增长速率值

犁型号	铧宽 b(厘米)	犁铲头部		犁胸		犁翼	
		度/米	度/b	度/米	度/b	度/米	度/b
П5-35 五铧犁	37.5	60	22	180	67	73	27
西德大野猪牌双铧犁	33.5	30	10	120	40	120	40
西德小野猪牌双铧犁	22.8	40	9	120	28	220	50
福特森悬挂双铧犁	30.5	−20	−6	110	33	125	38
波兰三铧犁	32.0	20	6	60	19	130	41
双轮双铧犁	22.0	40	9	110	24	205	45

缓后急，增长速率亦较其他犁大。此外还可以看出：在单位前进距离中（或于耕速相同的单位时间中），窄幅犁的土垡翻转角度比宽幅犁的大，短犁（熟地型）比长犁（半螺旋型）大；换言之，土垡翻转等量角度所经历的时间宽幅、长犁体的犁较窄幅、短犁体的犁为长。

几种犁在铲翼处的翻土曲线形状见图 7e。由图可见五铧犁、波兰三铧犁的曲率最大，双轮双铧犁及西德小野猪牌双向双铧犁次之，西德大野猪牌双铧犁及福特森悬挂双铧犁最小。其解析方程式一般近似于抛物线 $Z=ax+bx^2$；只是波兰三铧犁的下一段近于直线，福特森犁的下一段较平，五铧犁顶上一段往回弯曲。翻土曲线的曲率愈大则碎土性能愈好。

各种犁翻土曲线的平均曲率在铲尖处较小，在铲翼附近增至最大，往后到壁翼处又渐小；只有福特森犁例外：在铲翼之前已达最大，至 1.5b 处曲率最小，往后复增（图 7d）。

以 j 值代表犁壁翼端翻土曲线的延长线与沟底交点至铲翼距离。j 值不宜过大，否则土垡在翻转过程中的侧向推移大，亦使犁壁的最大翻土角平均值 β_{0max} 减小，不利于土垡的翻转。从表 4 可看出熟土型犁的 j 值较大，半螺旋型犁较小（福特犁尤其小）。此外还可看出：熟土型犁的 β_{0max} 一般为 80°～90°，半螺旋型犁为 100°～110°。β_{0max}愈大，犁壁翼端至铲翼的前视投影距 l 愈大，也就愈能保证土垡的翻转。

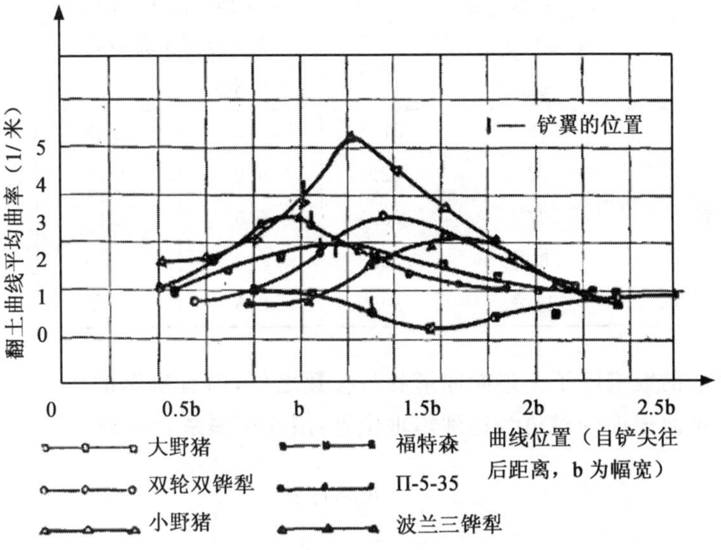

图 7d　几种犁翻土曲线的曲率变化

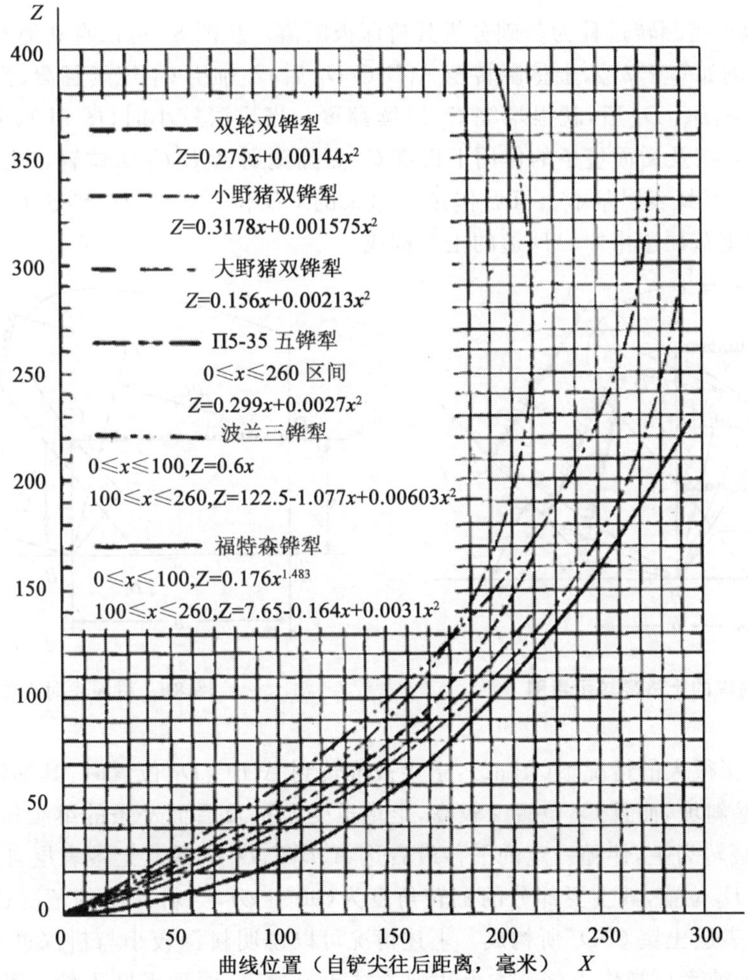

图 7e　几种犁铲翼出的翻土曲线

表 4　犁的翻土曲线参数

犁型号	壁翼处最大翻土角平均值 β_{omax}	铧宽 b(厘米)	最大翻土曲线与沟底线交点至铲翼距离		犁壁翼端至铲翼的前视投影距离	
			j(厘米)	j/b	l(厘米)	l/b
П5-35 五铧犁	95°	37.5	7.2	0.19	16.6	0.44
双轮双铧犁	82°	22.0	9.0	0.41	8.2	0.37
西德大野猪牌双铧犁	97°	33.5	6.5	0.19	11.0	0.33
西德小野猪牌双铧犁	80°	22.8	9.2	0.40	9.2	0.40
福特悬挂双铧犁	110°	30.5	2.5	0.08	14.2	0.47

影响铧犁翻土性能的因素除了上述曲面形状与参数之外，尚有耕深的大小。成条土垡翻转后不回垡的极限条件是土垡剖面矩形的对角线达到铅垂位置，用几何关系表示为：

$$\frac{b}{a}=K\geqslant 1.27$$

而碎散土垡翻转后无回垡之虞，其土垡翻转的稳定条件，即 K 之极限值势必与成条土垡不同。在我国某些拖拉机站的生产实践中有应用双轮双铧犁翻耕深边 24 厘米(即 K = 0.8)，而翻垡质量并无显著不良后果的事例。

现以前述的碎散土垡翻转过程为基础分析其耕深极限值。从图 8a 可以直观地看出：对于一定的耕宽 b，当耕深较小时(例如等于 a_1)，土垡翻转至 $A_1B_1C_1D_1$ 后，不难绕 C_1 继续翻覆；当耕深很大时，例如等于 a_3，土垡翻转至 $A_3BC_3D_3$ 后，就很难绕 C_3 继续翻覆。当耕深较小时(图 8b)、土垡绕 B 角翻转到 $A_1BC_1D_1$ 位置后，在犁壁及后面垡条的作用下再绕 C_1 点翻覆到 $A_1'B_1'C_1'D_1'$ 位置。土垡在翻转过程中虽然有一些破碎和散落，但其表层基本上可看作是自原来的 CD 位置经 C_1D_1 到达 $C_1'D_1'$，其翻转角度为 $(180°-\varphi)$，翻覆后的垡垄顶边由原 AD 边的土壤构成 。

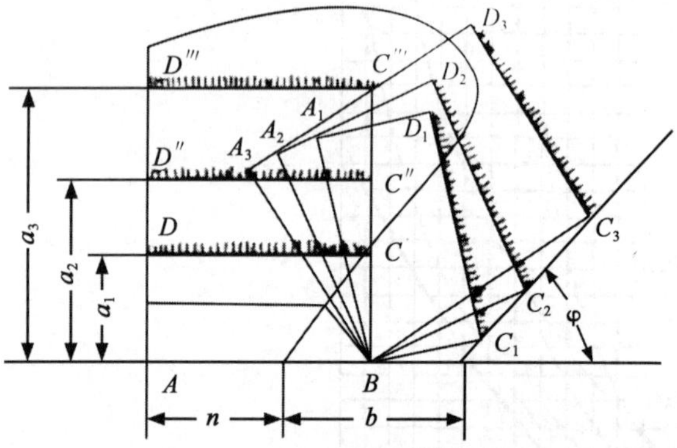

图 8a　不同耕深的土垡翻转示意图

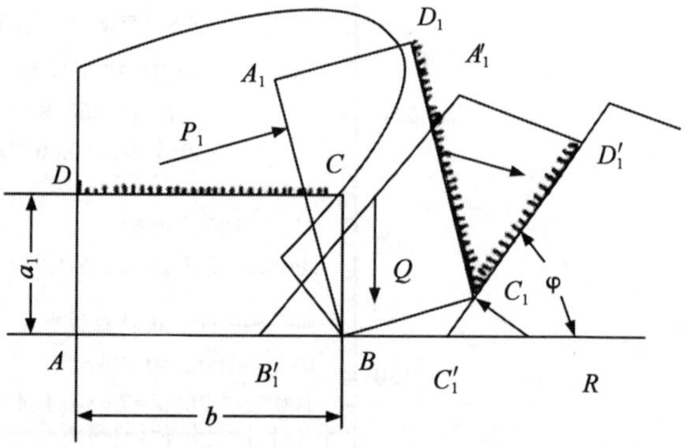

图 8b　耕深浅时土垡翻转图

在耕宽相同而耕深很大的情况下(图 8c)，土垡被推转到 $A_3BC_3D_3$ 位置时，其翻转尚未达到 90°，由于 C_3 已抵着前趟垡垄斜坡，而且 C_3 位置又较高，土垡虽受犁壁及后面垄条的继续作用但不能绕 C_3 点翻转，而是以绕 B 点翻转为主，伴随一定的平移最后达 $A_3'B_3'C_3'D_3'$ 位置。土垡表层自原来的 $C'''D'''$ 位置经 C_3D_3 最后达 $C_3C_3'D_3'$ 位置，其主要部分的翻转角度为 $(90°-\varphi)$，与耕深小的情况比较相差 90°，而犁耕后的垡垄顶边仍由表层土壤 $C'''D'''$ 所构成。上述情况可以说明耕深较小与耕深过大时其土垡翻转情况存在着质的差别，即前者可视作土垡基本上达到了翻转与覆盖，而后者则不然。可以设想：在上述耕深 a_1 与 a_3 之间必然存在着一个转变点，设此时之耕深为 a_k，以下试求 a_k 值。

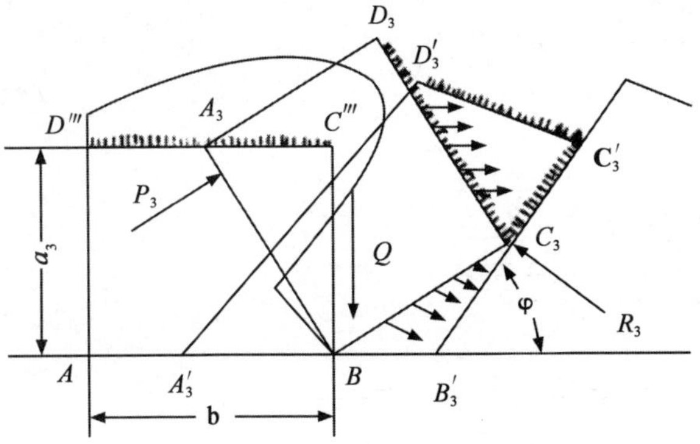

图 8c　耕深大时土垡不能翻转图

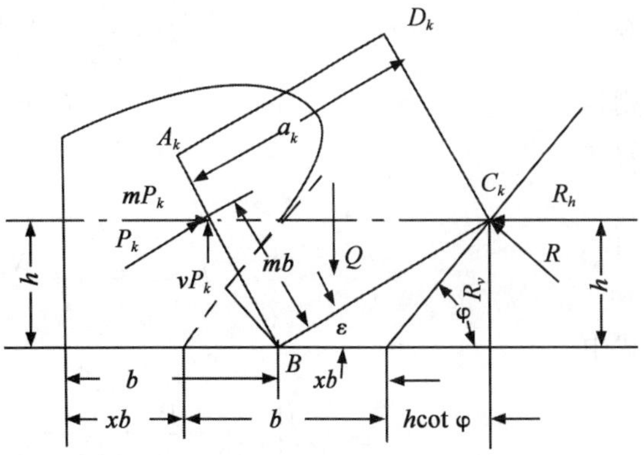

图 8d　土垡翻转条件受力分析图

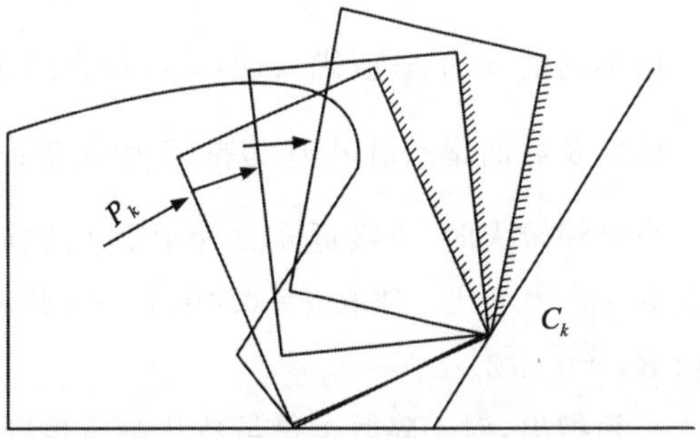

图 8e　刚性土垡翻转示意图

设犁翻后坡垄斜坡底点与沟墙距离为 $xb(x<1)$，垡条的 Cx 角抵达斜坡后沿 A_kB 边继续推移土垡的压力中心与 B 角之距离为 $mb(m<1)$，推移压力沿 A_kB 边的分布规律，或者说推力合力的 P_x 的作用点与方向为未知(图 8d)。土垡在抵达 $A_kBC_kD_k$ 位置以前绕 B 点的翻转过程中，重心位置有所提高，并产生回转加速度。这时壁面推举土垡的力矩应等于土垡重力和惯性力所产生的力矩。C_k 点抵达斜坡以后，该点产生支撑反力 R；由于土垡容易碎散，P_x 作用的效果只是使土垡塑性变形和侧移，而不能使 B 点离开沟底绕 C_k 点继续翻转，(如图 8e 所示)。因此，vP_k 绕 C_k 点的力矩只能等于或小于重量 Q 绕 C_k 点的力矩；只有当 hP_k 的作用线通过 C_k 点以上时，在土垡剖面塑性变形及侧移的同时，才有可能使 C_kD_k 边绕 C_k 点翻覆。

土垡的 C_kD_k 边基本上平移而不绕 C_k 点翻转的条件为推力中心不高于 C_k 点，即

$$h=a_k\sin\varepsilon=mb\cos\varepsilon \tag{1}$$

或

$$\frac{mb}{a_k}=\frac{\sin\varepsilon}{\cos\varepsilon}=\tan\varepsilon$$

令

$$\frac{b}{a_k}=k_k$$

则

$$\frac{mb}{a_k}=mk_k=\tan\varepsilon \tag{2}$$

又由图 8d 知

$$(mb)^2=h^2+(h\tan\varepsilon)^2=h^2(1+\tan^2\varepsilon) \tag{3}$$

又知

$$\tan\varepsilon=\frac{h}{xb+h\cot\varphi}$$

或

$$h=\frac{xb\tan\varepsilon}{1-\tan\varepsilon\cot\varphi} \tag{4}$$

以(2)、(4)代入(3)式，得

$$(mb)^2=\frac{x^2b^2m^2k_k^2}{(1-\cot\varphi mk_k)^2}(1+m^2k_k^2)$$

化简得

$$k_k^4+\left(\frac{1}{m^2}-\frac{\cot^2\varphi}{x^2}\right)k_k^2+\frac{2\cot\varphi}{mx^2}-k_k-\frac{1}{m^2x^2}=0 \tag{5}$$

令

$$P=\frac{1}{m^2}-\frac{\cot\varphi}{x^2},q=\frac{2\cot\varphi}{mx^2},r=-\frac{1}{m^2x^2}$$

则得

$$k_k^4+Pk_k^2+qk_k+r=0 \tag{6}$$

解之

$$k_k=\frac{\mp\sqrt{2\alpha_0}\pm\sqrt{2\alpha_0-4\left(\frac{P}{2}+\alpha_0\mp\frac{q}{2\sqrt{2\alpha_0}}\right)}}{2} \tag{7}$$

式中

$$\alpha_0=\sqrt[3]{\left[\frac{P^3}{216}-\frac{Pr}{6}+\frac{q^2}{16}\right]+\sqrt{\frac{1}{27}\left[-r-\frac{P^2}{12}\right]^3+\left[\frac{P^3}{216}-\frac{Pr}{6}+\frac{q^2}{16}\right]^2}}+\sqrt[3]{\left[\frac{P^3}{216}-\frac{Pr}{6}+\frac{q^2}{16}\right]-\sqrt{\frac{1}{27}\left[-r-\frac{P^2}{12}\right]^3+\left[\frac{P^3}{216}-\frac{Pr}{6}+\frac{q^2}{16}\right]^2}}-\frac{1}{3}P \tag{8}$$

以不同的m、x、φ值代入(8)式或用作图法，都能求出相应的K_k值。

壁面及后面垡条沿A_kB边推移土垡的压力分布规律尚未探明，但若取$m=\frac{2}{3}$则似接近实际一般情况。当耕深较大时xb接近n(n为犁壁沟边线与沟底交点至沟墙距离，参看图3)，现有几种犁的n值一般在0.4b～0.54b。现取$x=0.45$，$\varphi=40°$代入(8)式计算出一般沙壤土在适耕水分条件下K_k的大概数值$K_k=0.72$。

必须指出，对于碎散土垡虽然从翻转角度来看K值不小于极限值即可，但亦应同时考虑到以下一些情况：

(1)耕深大时，土垡C角抵达斜坡的位置较高，亦即表层在土中复埋的位置较高，而且抵挡土垡翻转与右移的阻力亦较大；

(2)耕深过大时，在土垡斜坡与犁壁沟边线之间的空间可能容纳不下土垡面积，土垡被迫向上推移，引起阻力加大和壅土。

综合以上分析，我们得出这样结论：在旱作沙壤土适耕条件下设计或使用铧犁时，保证土垡的翻转极限条件为$K\geqslant0.7$～0.8，需要避免阻力加大或拥土时，可选取较大的K值。

(三)滚垡犁的覆盖性能

土壤翻耕后，其表层土及残茬、杂草、肥料等覆盖的深度是犁耕质量很重要的一个指标。

若以表层土在翻转后埋藏的最小深度与耕翻层平均深度之比λ表示土垡的覆盖程度，则一般的熟地型及半螺旋型犁的覆盖程度为

$$\lambda=\frac{1}{2}\sin\delta'$$

式中：δ'为翻转后坡垄顶边斜度。从图9a可见这类犁的覆盖程度较差。如果使用带小铧、反草舌的复式犁或螺旋犁，则覆盖程度能得到很大改善：$\lambda=\frac{1}{2}-1$(参看图9b、c)。

几种熟地型及半螺旋型犁覆盖程度测定的典型结果与上述分析基本符合(见表5及图10)。但须指出，在沙壤土的翻转过程中由于土垡的碎散，还存在以下几个特点：

(1)翻转的土垡在覆盖于前趟坡垄之前，其表层被推举到上部的部分土粒可能下落(图10a)，结果在一定程度上改善了覆盖质量；

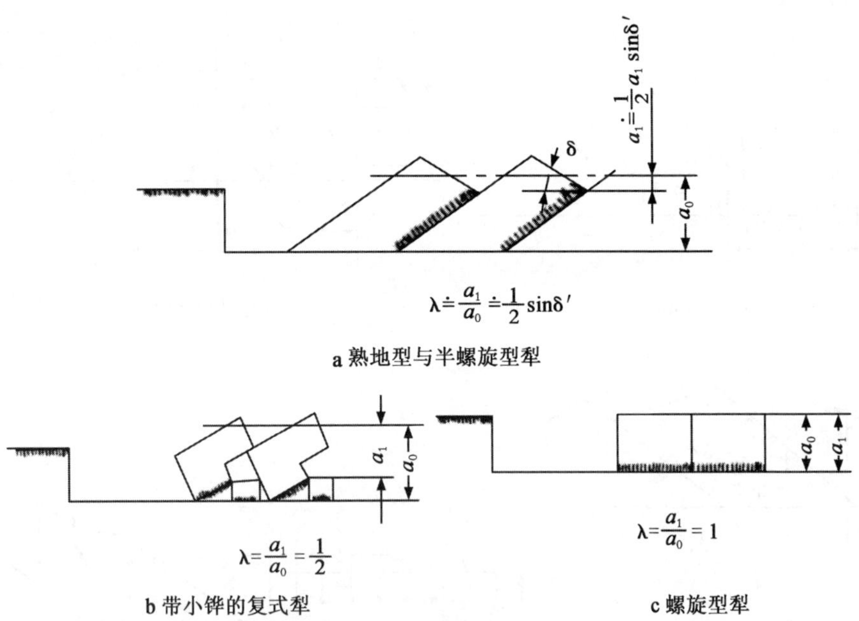

图 9　土垡的覆盖程度

表 5　几种犁的覆盖程度(土壤:沙壤土;水分:20%)

犁型号	耕速（米/秒）	耕宽（厘米）	耕深（厘米）	土垡表层埋深 a_1（厘米）	土层深度 a_0（厘米）	覆盖程度 $\delta=\frac{a_1}{a_0}$	备注
ПН-2-30Р 悬挂犁	1.58	36	25	17.2	31.7	0.54	带小前犁
西德大野猪牌双铧犁	1.58	31	20	11 4	28 23.5	0.40 0.17	半螺旋型
西德小野猪牌双向铧犁	1.58	22	18	2	21.5	0.10	熟地型
福特悬挂双铧犁	1.57	28	20	11.5	28	0.40	半螺旋型
双轮双铧犁	1.58	20	15	2	18	0.10	熟地型

2)耕宽大、犁体长与耕宽小、犁体短的犁相比，土垡翻转同量角度所需时间较长，土垡表层部分土粒下落的机会较多，其覆盖质量可能改善的程度也较大；

3)半螺旋型犁翻转的土垡在离开壁面前所达到的翻转角度较熟地形的大，其壁翼弯扭亦较大，土垡下层曲弯到上面来的程度亦较大，因而覆盖程度也较熟地型好些。

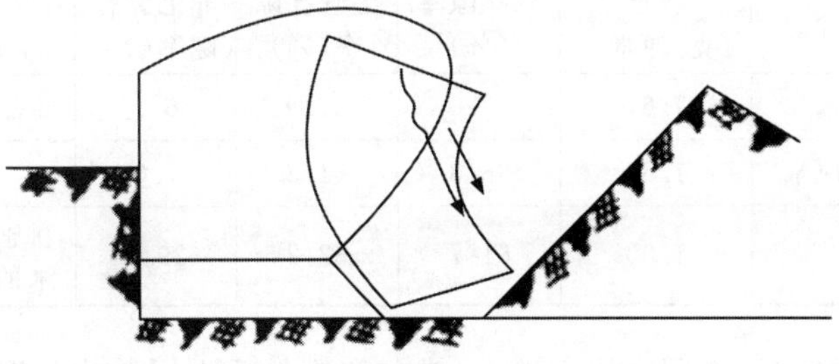

图 10a

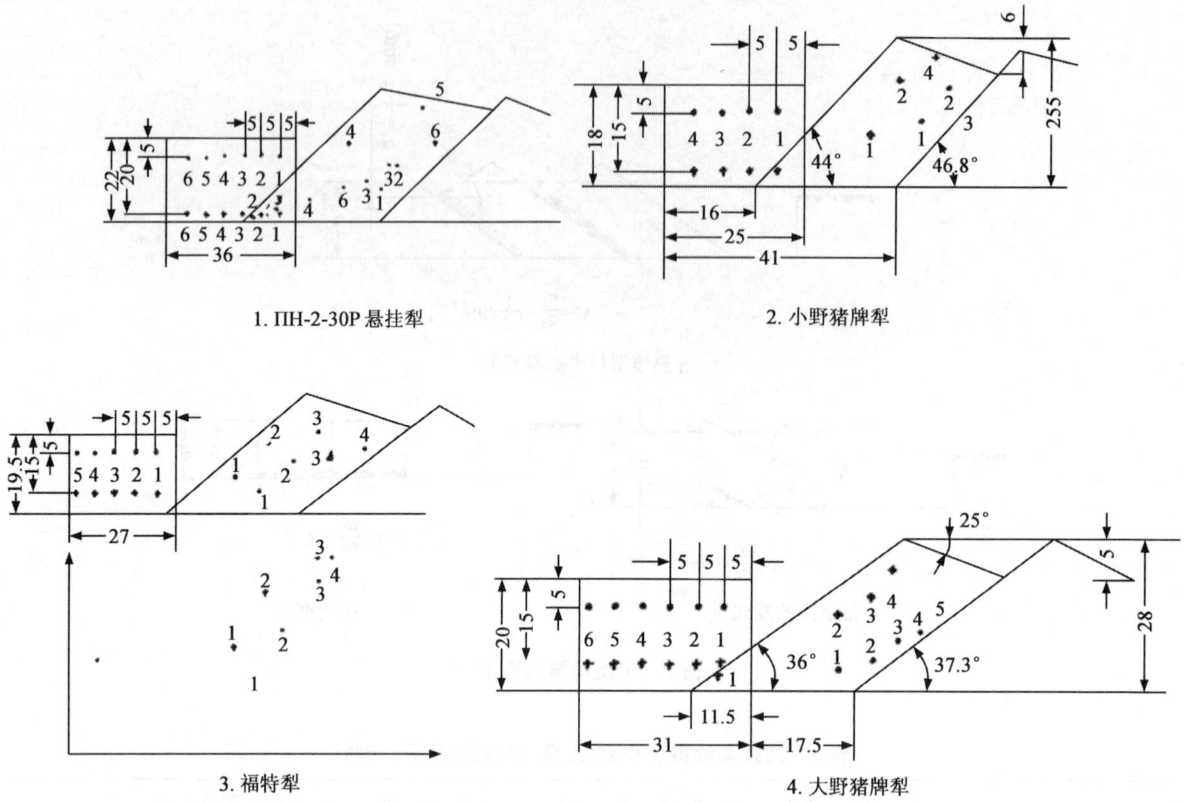

图 10b　几种犁的翻土覆盖情况

二、旱作铧犁的碎土性能

(一)碎土机制

华北旱作沙壤土在翻耕之前的结构一般都因雨水或灌溉水冲击、践踏压实以及各种土壤物理化学、生物学等原因而变成原级土粒与粒团之间界线模糊的坚实土体。其特点是容重较高，非毛管孔隙率低，土壤中空气和水分状况不利于作物生长，尤以表面七、八厘米土层为然。

表 6　耕整前后土壤结构的变化

地点：北京农业机械化学院试验农场；

土质：沙壤土；前作：菜地，多次灌溉。

土样		容重（克/厘米³）	总孔隙率（%）	毛管孔隙率（%）	非毛管孔隙率（%）	备注
耕前	表层 0～8 厘米	1.61	38.0	31.9	6.1	土壤水分 16.9%，经过几次灌溉
	下层 10～15 厘米	1.59	38.8	31.8	7.0	
耕整细碎后	0～20 厘米	1.00	61.7	32.2	29.5	耕整细碎至全部为 0.025～2 厘米的粒团，膨松度为 1.43

从表 6 所列测定结果可见：在同一块土地上，耕前和耕整后土层结构状况有很大的差别。因此，将土层松碎，并使毛管与非毛管孔隙率具有适当的比例（例如近于 1∶1），并使表面无大土块（例如无大于 5 厘米土块）乃翻耕的主要目的之一。

以最小的能量消耗达到所要求的土壤松碎程度乃设计犁耕工具的一项重要原则。将结构紧密、水分在塑性以下的适耕的土层良好松碎（一般要求无大于5厘米的土块，而1～10毫米土粒占半数以上）的首要条件是：在整个土体中按距离不大的交叉平面破坏土粒间的黏聚力。根据土力学资料，土粒间黏聚力可分为因分子间（水、气体、固体内部及其相互间）的引力作用产生的"原始黏聚力"和因化学胶结产生的"固化黏聚力"[5]。要破坏这些黏聚力不仅需要产生剪应力或张应力，而且需要沿应力平面产生一定量的结构形变（土体继弹性形变之后产生的颗粒相对位移）。水分低、胶膜性脆时（如矽酸凝胶），结构形变不大就能使土壤破碎；水分较高、胶膜性韧时（如铝凝胶），结构形变就要大些（例如大于1毫米）才能使土壤破碎。其次，在变形之后还须防止黏聚力在新获得的结构状况下迅速恢复，例如水分稍高的土壤在压碎以后若继续加压则压实成饼。为此，需要使土粒流动、散开等等。这是土壤破碎的基本过程。现在我们来考察各种不同方式的碎土作用。

1. 几种简单加力方式（压、拉、剪、扭、弯）的作用

压是使土体中各个点沿应力的良好方式，而与压力方向成 $\frac{\pi}{4}-\frac{\Phi}{5}$（$\Phi$ 为内摩擦角）的平面上的剪应力值最大。但是，当受有侧限时，根据我们在实验室的试验结果，不论是用静压力作用或是用高速度撞击的压力作用，都不易使土破碎。首先，有侧限时，由于存在侧限，各平面上按各个方向产生不同大小剪应力值减少，亦即要产生同样的剪应力所需施加的压力要增加。

$$\tau_0=\sqrt{\frac{P_1}{A_1}\cos^2\alpha_1+\frac{P_2}{A_2}\cos^2\alpha_2+\frac{P_3}{A_3}\cos^2\alpha_3-\sigma^2}$$

或

$$\tau_{0\max}=\frac{\frac{P_1}{A_1}-\frac{P_3}{A_3}}{2}$$

而无侧限时

$$\tau_0=\frac{1}{2}\cdot\frac{P_1}{A_1}\sin 2\alpha，或\ \tau_{0\max}=\frac{1}{2}\cdot\frac{P_1}{A_1}$$

式中：P_2、P_3 为土壤在压力 P_1 的作用下因侧限而引起的侧向压力；α_1、α_2、α_3 为平面与相应的压力轴所成角度；σ 为土壤受压后引起的压应力；τ 为土壤受压后在土粒之间产生的剪应力；A_1、A_2、A_3 为受压面积。

此外，在有侧限的情况下，即使土体中的某点沿某一方向的应力集中大于其强度而使土粒发生相对位移，但位移以后由于土层中应力重新分布，结果只是使土层压密、孔隙率减少、强度增加，直至孔隙小于土粒为止，并无明显的碎土实效。我们在实验室中对水分为2.15%～19.3%的沙壤土在圆环中施加静压至5～6公斤/厘米^2，以及用弹簧拉动填满土粒的密封盒使其加速达20米/秒，然后撞击在挡板上。这两个试验均无明显的碎土效果：前者压密成一整块；后者大部分（86.2%以上）压密成块，少部分在表面的有所破碎。看来在类似于侧限状态下施压是既费力、碎土效果又不好的。

对无侧限的土体单向施加压力时，同样会在土体中的各点沿各个方向产生剪应力。当沿某一平面的应力大于其强度时，则发生破裂和碎块之间的相对移动，此后由于失去支撑，土块中应力消失，不继续破碎。如要将这些土块进一步破碎，须对之重新施加压力。虽然事实上由于土体的不均匀性、各向差异性以及应力集中的不一致性等原因，在土体发生破裂的前后，仍然会因土质及应力分布的不同而产生一定的碎粒，但从整体来说，无侧限单轴压力基本上只能破土成块，只有重复加压才能使土块细碎。

将土垡剪切、扭转、拉伸或弯曲（弯曲又产生拉、压、剪），其作用过程基本上和无侧限单向施压相同，即开始时都能在土体中产生应力，但一旦某一平面的剪应力或张应力大于其强度而破裂时，土块发生流动，应力消失，除了或多或少地产生一些碎粒以外，基本上也只能起破土成块的作用，非重复作用不能使土壤获得较彻底的破碎(旋转耕耘机刀齿的碎土作用系由于进刀量少,基本上属于重复剪压)。

2. 二面楔及曲面楔的作用

土垡在二面楔的作用下受到剪切与弯曲。由于楔体不断前进而土垡受到土体的牵连支持,使土垡破裂成一定大小的土块。土块的大小近似地计算如下。

前已述及(参看图 6b),当土垡受平面楔作用时,原在 $a_0a_1\cdots$ 点的土粒(图 11),受到楔的法向压挤、楔面的摩擦力、上面土垡的重量及下面垡条的推力等诸力的作用沿 R 方向位移至 $a'_0a'_1\cdots$ 相应点。松散的沙壤土与湿黏成条的土壤不同,这种土垡弯曲变形较小,而且根据实际观察,在通常采用的楔角值(20°～30°)情况下,一般土块长度 e 远较耕深 a 小,同时为了简化起见,略去土块破裂前的弯曲挠度和弯曲应力的作用,土垡表面 $m'n$ 在挤裂前仍视作水平,即 m' 与 m 重合。土垡受到压挤后沿与沟底成 ε 角的平面剪裂,其方向与 R 的方向相近似。因而在 a_0m 面上土壤压缩应变为

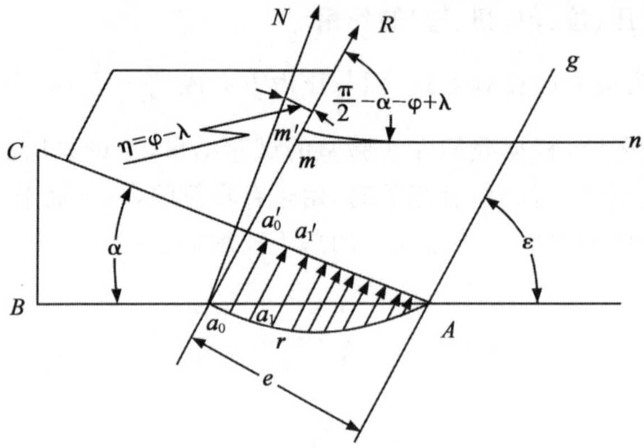

图 11　土垡挤压受力图

$$\frac{a_0a'_0}{a_0m}=\frac{a_0a'_0}{a/\sin\varepsilon}$$

压应力为

$$\frac{a_0a'_0}{a/\sin\varepsilon}\cdot E_0$$

式中:E_0 为土壤压缩变形模数。

在土块剪裂前沿 a'_0A 面上的压力分布情况未明,为了简化,近似地视作按三角形分布,其总压力为

$$r=\frac{1}{2}\cdot c\cdot\frac{a_0a'_0}{a/\sin\varepsilon}\cdot E_0\cdot e$$

式中:c 为压力不完全成三角形分布时的系数。

沿 Ag 面的剪切力为

$$T=r=\frac{1}{2}\cdot c\cdot\frac{e\tan\alpha}{\cos(\Psi-\lambda)\cdot a/\sin\varepsilon}\cdot E_0\cdot e$$

当不计算上面土垡的重量压力所引起沿 Ag 面上的摩擦力以及因弯曲而引起的应力影响时,土块的大小(e 长)可根据下式求得

$$\frac{1}{2}\cdot c\cdot\frac{e\tan\alpha}{\cos(\Psi-\lambda)\cdot a/\sin\varepsilon}\cdot E_0\cdot e=\frac{S\cdot a}{\sin\varepsilon}$$

即

$$e=\left[\frac{2\cdot S\cdot a^2\cos(\Psi-\lambda)}{c\cdot\tan\alpha\cdot E_0\sin^2\left(\frac{\pi}{2}-\alpha-\Psi+\lambda\right)}\right]^{\frac{1}{2}}$$

式中：S 为土壤抗剪强度。

可见土块大小与耕深本身成正比，与楔角 α 成反比三角函数关系。

现来考察曲面楔的作用。曲面楔 ABC（图 12a）碎土块的能力介于楔角 α_0 与 α_n 的平面楔之间。与平面楔比，具有相同破土性能的曲面楔有切土角小、犁体短的优点。曲面楔的曲率越大，则破土性能越好。如与平面楔，土块在破裂以后，应力消除，在往后的移动中，只是受到地面摩擦力及自楔面掉落时的撞击而产生微小的再次破碎作用，至于大部分较坚硬的土块则不会再破碎（图 12b）；如为曲率定值的曲面楔，土块断裂后，在往后的移动中亦不再受力和进一步破碎；因为在位置Ⅰ（图 12c）断裂的土块移至位置Ⅱ时，其底边长度不变（$\Delta \text{I}_{\text{I}} = \Delta \text{I}_{\text{II}}$），其曲率半径也不变，（$R_{\text{I}} = R_{\text{II}}$）。如要使在位置Ⅰ断裂（图 13d）成 $\Delta \text{I}_{\text{I}}$ 的土块在其后移动中进一步破碎成小于 $\Delta \text{I}_{\text{I}}$ 的土块需要满足下述两个条件，即：

（1）曲面的曲率必须急剧增长，使得在位置Ⅱ时土块进一步受到另一个曲面楔 η_2 的压弯作用，沿新的裂面 A_1g_1 以较短的长度 e_1 断裂成较小土块。

（2）在土块Ⅱ进一步受压弯曲的过程中，断裂面 MN 有足够的摩擦力能防止其上滑。满足条件(1)的曲面为其曲率半径随其曲面弧长以定值递减，即

$$-\frac{\mathrm{d}R}{\mathrm{d}S} = \text{const} = \tan\alpha_0$$

或

$$\frac{\mathrm{d}R}{\mathrm{d}S} = \frac{3z'z''^2 - (1+z'^2)z'''}{z'^2} = -\tan\alpha_0$$

当 $\tan\alpha_0 = 1$ 时，$z = a_1 e^{bx} + a_2 b^{-bx}$。此曲面较对数函数 $z = ae^{bx}$ 或对数螺线的 $P = ae^{bx}$ 曲率要大，而条件(2)亦难于保证。因此，利用曲面来重复剪碎土垡是不易实现的。只是由于曲率的不断改变引起局部应力值的变化或者甚至方向的变换，从而使局部土粒产生碎落。

3. 撞击、抛落及耢磨的作用

根据卡赤金[9]的研究，由于土粒具有惯性，土块受撞击时，其内部应力及变形的传播不是瞬时的。由于撞击的加载速度较高，作用开始的瞬时变形区域较静载荷小，而产生梯度较大的应力场，这时应力集中较大，局部破裂也较大，容易导致土块沿最大应力面的破坏。因此，撞击作用的局部碎土效果较静载荷为大。

抛落碎土的原理用于中式窜垡犁。土垡通过这种犁曲面后，其土块抛到一定高度掉落地面，受到地面的撞击而沿强度薄弱的面剪裂。由于每颗土粒原先皆具有基本上同量的速度，薄弱面的剪裂吸收了一部分能量，未碎土块虽继续受力但其势已减，只有黏聚力较弱的土粒将进一步得到破碎而黏聚力强的土块仍将保留不裂。因此，抛落碎土效能较单次无侧限压力好，但仍不能相当于反复的压力作用，除非抛落高度极大。

耢磨是在土壤表面进行深度较小的重复的压剪和推移，长期以来在华北地区用以破碎翻耕后的表面土块。由于每次作用深度浅、阻力小、碎土效果好，不失为在特定条件下一种良好的碎土方式。

4. 碎土理论

以上几种受力方式（压、弯、剪、二面楔等）所起的作用，主要在于使土破裂成块。至于碎土，除了重复作用外，尚有下列两个理论。

首先是苏联热里果夫斯基院士的团粒结构土壤破碎理论：即将土壤视作三相散布系，认为土壤受力时开始产生弹性塑性压缩，水分自毛细管中流至团粒表面；同时由于团粒相互接触点数量增多、面积加大，使得土壤内气体进入封密状态，并受到压缩，其压力的增加近似地与体积压缩成正比；随后发生土壤沿受力方向移动以及土块的破裂，封闭气体沿此爆破而出，将土粒破碎。华北旱作沙壤质土壤团粒结构极其微弱（团粒只占 1%～13%），耕前总孔隙率低，土壤中空气含量少，毛细管中水分含量一般亦低，与

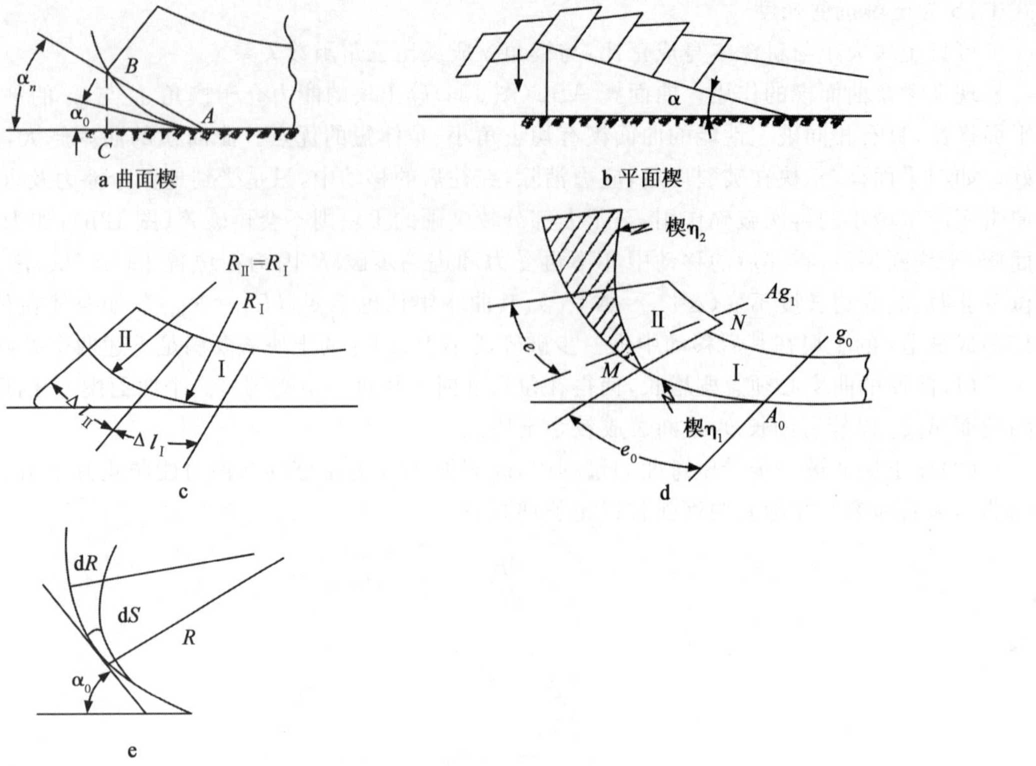

图 12　平面楔与曲面楔的碎土作用图

上述碎土理论相应的团粒结构土壤条件出入较大，看来目前尚不能立即应用作为设计的基础。根据我们的初步计算：即使总孔隙率为 40％的土壤其孔隙全部为气体所充满，根据伊凡诺夫教授简化的土壤压缩曲线的对数方程*公式：

$$\varepsilon=\varepsilon_1-\frac{2.3}{B_1}\ln P$$

式中：ε_1 为压缩前孔隙率；ε 为压缩后孔隙率；P 为单位压缩压力，公斤/厘米^2；B_1 为土壤的压缩性系数，依土壤性质而定，沙壤土一般在 25～75。

则施 0.6 公斤/厘米^2 的压力时，$\varepsilon=0.4-\frac{2.3}{40}\ln(1.6)=0.373$。设土壤气体的压缩的多变指数 $r=1.3$，则气体压力即使全无泄露，亦只达 $P_2=P_1\left(\frac{V_1}{V_2}\right)^r=\left(\frac{0.4}{0.373}\right)^{1.3}=1.09$ 大气压。虽由于土壤的抗张强度较低其破碎效能尚难估计。其次是苏联古德可夫（А. А. Гудков）教授对于无团粒结构而干硬的土壤的碎土作用，提出加载速度须大于材料变形速度界限 V_n 才能产生余留变形，

$$V_n=\sigma_{\text{ПЦ}}\sqrt{\frac{g}{E\gamma}}$$

式中：$\sigma_{\text{ПЦ}}$ 为比例限；E 为弹性模数；γ 为比重。

即须用高速作业。

根据古德可夫的估算，无结构干硬土壤的变形速度界限约为 1 米/秒，碎土而不至过分粉碎的最好耕作速度为 6.5～8 公里/小时。古氏又认为利用撞击作用时，要产生碎土效果，撞击的振幅须大于弹性

* 见 Бабков 土学及土力学 130 页

变形限，而撞击的周期须长于振动波传布到达土垡边界所需时间，否则只能引起局部破碎。为了考察高速撞击对沙壤土的碎土效果，我们在实验室中对装满盒子一半高度的沙壤土，用弹簧加速达一定速度后撞击停止。表 7 列出所测定碎土数值。

表 7

土质	土壤水分(%)	撞击速度(米/秒)	碎土程度(<10 毫米土粒占总重%)
沙壤土，物理黏粒(<0.01 毫米)16.4%(<0.02 毫米)30.4%(<0.05 毫米)68.4%	8.34	4	7.2
		8	54.7
		12	52.1
		16	68.5
		20	67.2
	11.3	4	24.8
		8	46.2
		12	58.0
		16	64.4
		20	81.5
	18.9	4	59.5
		8	66.3
		12	62.7
		16	78.4

综合上述，要使无结构的土壤细碎，到目前止，基本上只有两种方法：一为反复作用，二为高速撞击。由于土壤颗粒本身的各向差异性，结构的不均匀性，受力时各点的应力集中很不一致，颗粒间黏聚力亦不一致，反复而变向的作用易于见效。我国长期以来所用的多犁多耙反复压耢亦为此意。

(二)几种铧犁的碎土性能

为了观察犁体各个部分的碎土作用，对胸部、翼部及犁过后的土垡分别测定其碎土程度，典型结果表列于表 8。根据田间观察，铲尖前面的土垡受到压实，从土壤坚密度仪指示的读数表明，其表层 7 厘米深处的坚实度自铲尖前的约 1 米处(西德大野猪牌犁，$b=33.5$，$a=20$ 时)即自原来的 17.3 公斤/厘米^2 平均值开始增加，在铲尖前 80～30 厘米处增达一倍以上(38.9，40 公斤/厘米^2)，此后逐渐下降，在铲尖后面 10 厘米处降至原值 17.3，再往后则表层因土垡受压而发生纵向裂纹。对犁铲部分土垡的观察可以看到 α 楔、β 楔所引起的微细裂纹和水平裂纹(图 13a，b)；但是整个土体，除了表面部分以外，都遭到较大的压实(特别是近于曲面部分)，其情况近似于侧限压实。这种犁曲面附近部分土垡的压实情况一直延伸到犁胸以后，不同点在于犁胸部分的压实土垡一拿起易碎，而在犁铲部分的压实土垡则拿起时仍然成块。从表 8 可见，绝大部分的碎土在犁胸处完成，耕速高时亦一样。

表 8　犁：ПН-2-30P；土壤：沙壤土；水分：16.9%

测量部位		犁胸	犁翼	耕后土垡	备注
碎土程度，<5 厘米土粒%	耕速：1.02 米/秒	53.2%	59%	74.6%	耕深 15 厘米
	耕速：2.39 米/秒	74.8%	77.6%	81.3%	耕深 14 厘米

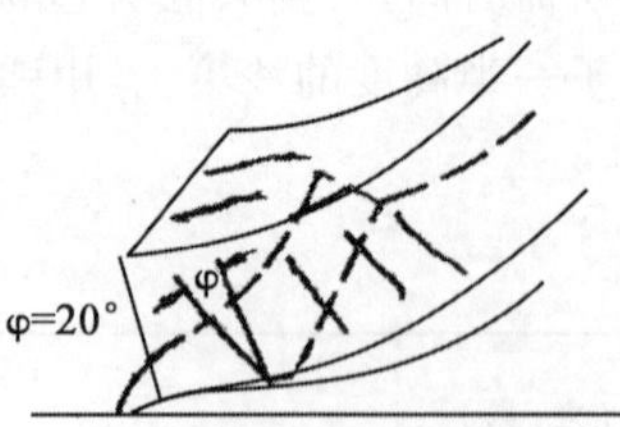

(a)α楔所引起的土垡裂纹

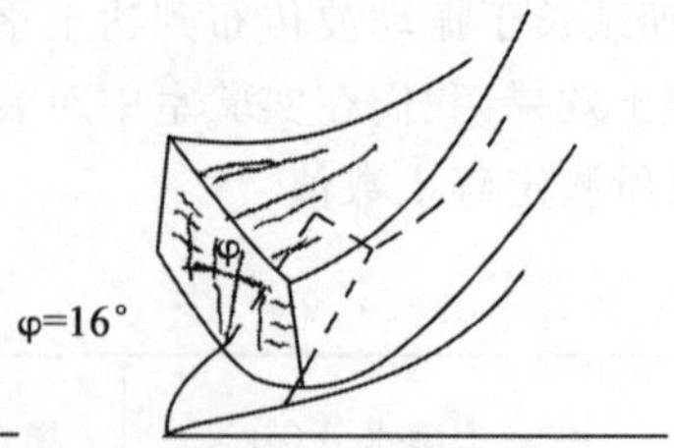

(b)β楔所引起的土垡裂纹

图 13

几种熟地型及半螺旋型犁在沙壤土上的碎土性能列于表 9。

由此可见，采用大的 α、β 与 γ 楔能获得一定的碎土效果，而过大的铧宽 b 与耕深 a 使一部分土垡近于侧限压实，不必要地消耗过分的能量。然而低速铧犁是很难获得完全碎土的，如果需要完全碎土须进行补充作业或加设补充装置。至于高速，其在华北条件下需达到何等速度才能获得良好的碎土，其经济性如何，则有待进一步研究。

表 9

犁及其主要参数							耕作参数			碎土程度（<5厘米土粒的重量）	表面土块状况※（%）
型号	类型	α_0	ε_0	犁壁张度 L（毫米）	铲翼处翻土曲线平均倾斜度 β_0	铲翼处翻土曲线平均曲率半径 R（毫米）	b（厘米）	a（厘米）	V_m（米/秒）		
ПН-2-30Р	熟地	—	25°	170	65°	293	35	30	1.58	73	—
西德大野猪牌双铧犁	半螺旋	27.5°	—	216	48°	335	30	21	1.58	58.0	42.5
西德小野猪牌双铧犁	熟地	25°	—	165	38°	350	23	19.5	1.58	69.4	21.6
福特悬挂双铧犁	半螺旋	—	14°	238	37°	385	30	20	1.57	68	26.1
双轮双铧犁	熟地	23°	26.5°	178	32.5°	334	20	16	1.58	70.5	22.6

※ 边长大于 5 厘米土块所占面积

三、结论

(1)碎散土垡翻转后的坡垄剖面特征为：斜坡的斜度为碎土的自然休止角，基本上不因耕深而变；斜坡底点在铲翼与犁壁沟边线之间；两趟斜坡之距为铧宽 b，高为 ξa（ξ 为膨松度）。在此基础上提出了碎散土垡的翻转过程简图以及土垡剖面运动轨迹图。

(2)旱作沙壤土由于土垡的碎散，翻耕后无回垡之虞；但耕深亦不能无限制。根据碎散土垡翻转过程的几何关系，初步提出保证土垡翻转条件的关系式；当 $m=2/3$，$\varphi=40°$，$x=0.45$ 时，$K_k=0.72$；可以认为用一般铧犁耕沙壤土时，耕深限与铧宽比值为 0.7～0.8；需要避免阻力加大或拥土时，可采用较此为大的 K 值。

(3)旱地沙壤土铧犁翻土条件为：①铲尖处土粒能沿壁面上升，铲翼处土粒支撑于沟底；提出了土粒沿壁面上升的条件式。②壁翼处的最大翻土角 β_{omax} 接近 90°；根据测定，现有铧犁翻土曲线斜度的增长在犁铲头部很缓慢，其后则较快。耕宽小、犁体短的犁的土垡翻转速率较大。③$K=b/a$ 值不能过小。

(4)无小前犁或翻草舌的熟地型或半螺旋型犁的覆盖程度在 0.5 以下，如农业技术要求较高的覆盖程度则须采取必要的措施。减少在翻转过程中的侧移、加大壁翼处的最大翻土角，具有扭转的壁翼等有利于覆盖程度的改善。

(5)土壤的破碎，到目前止，主要是通过反复施载或高速施载的方法实现。铧犁的碎土，不论低速或高速作业，主要产生于犁胸部附近及通过 α 与 β 楔的作用。大的铧宽及大的耕深使犁曲面附近的土垡近于侧限压实，既多消耗能量，碎土亦不好。在一般耕作速度下，铧犁不能达到完全的碎土，有特别要求时须进行补充作业或采用新的工作原理与结构。高速的碎土效果有待进一步研究。

参考文献

[1] В. М. Шмедев, Метод проентнрования винтовой робочей поверхности цпужного порпуса, усоверШенствоания орудий дпя основнй обработкн цочвы, ВИСХОМ, Выц. 5.

[2] В. А. Жедиговский, Эдементы теорий почвообрабатавающих мащин и механической технодогин с/х материалов, ивдателъство груяинското с/х иститута, 62-72.

[3] Н. П. Крутиков 等, Теория, Вонструпция и расчθт с/х машпн, Том. I, Машгив 1951.

[4] В. Г. Кирюхин, Перемещение почвы пружный корпуском, ВИМ, Труды Том. 21, 1954.

[5] Н. Я. 杰尼索夫. 黏性土的工程性质, 水利电力出版社, 40-58.

[6] В. Ф. Бабков, 等. 土学及土力学(上册). 高等教育出版社, 128-132.

[7] А. А. Гудков, Теоритичθскые основы скоростной обрабатка сопонцовых цочв. Встник с/х наука, 1960. № 1.

[8] Nichol、Kummer, Dynamic propertis of soil, Agri. Eng′ing 1932. № V。

[9] В. В. Кацыгин, Некоторые вопросты теорин обратки почлы на повышенвых скоростях, Мех. и Элек. Сод. с/х, 1961. №1.

Analysis of the Turning and Pulverizing Processes of Plow Bottom Surface on Sandy Loamy Soils

Teh-chow Tseng

Abstract Based on results of tests to determine the turning and covering effects and the dimensions of furrow profile with various types of plow bottoms on structureless sandy loamy soils a typical furrow profile for such kind of soils is suggested and the turning process of a vertical section of the furrow slice is presented in graphical form. Requirements on parameters of the plow bottom surface ensuring good turning and coverage are surveyed, especially those on the variation in curvature and the increase in inclination of that system of "slice turning curves (β curve)". A ratio of bottom width/plowing depth as the criterion for ensuring turning of furrow slice on such soils is stipulated.

In the second part of the paper the mechanism of soil pulverization and the pulverizing action of compression, plane and curved wedge action, impact, repeated manipulation of implements etc are systematically reviewed and results of tests to determine the pulverizing effects of various parts of a plow bottom are tabulated. In the conclusion the limitations of the current moldboard plow bottom and the way of improvement of the basic tillage tool are also briefly discussed.

关于减轻步犁阻力的试验报告*

曾德超　郭祺泰　樊增绪

由于连续三年特大的自然灾害,全国畜力有较大幅度的减少,尤以华北地区为突出:有的地方没有畜力,有的地方畜力少而瘦小。1962年比1961年全国粮食增产达200亿斤以上,但华北地区则基本上没有增加,这与缺乏畜力不是没有关系的。近两年来,我国农业已全面好转,耕畜数量和膘口有很大的增长。但是,考虑到牲畜的繁殖需要时间:一头耕畜自出生至能役用需要五六年。进口牲畜和进口拖拉机每年的数量不可能很大。设厂制造拖拉机亦需要有一个过程,一个拖拉机厂自设计到大量生产估计也需5～7年。因此,无疑的耕畜缺乏仍然是华北地区当前至今后几年内农业生产上的一个重大问题。在这种情况下,我们认为在大力繁殖耕畜和发展拖拉机工业的同时,研究减轻步犁的阻力,对当前至今后几年内的农业生产是具有意义的。

研究步犁减轻阻力的试验和结果,还可以直接应用于为华北地区设计性能良好阻力轻的机力犁的工作中。

我国广大地区当前仍在大量使用的传统窜垡步犁的形式已有一千多年的历史,新式滚垡步犁的现代形式也有二百多年的历史,对它们变动不大的有效改进,费事不大且易于推广,一般是比较困难的。但是,几十年、特别是近10年来,随着农业机械科学的发展和测试技术的进步,人们对农业机械工作过程的实质已有以前较为深入的理解。运用新的知识进行一些改进探索,也许还是可能的。为此,我们在这方面进行了一些工作。

我们曾根据下列几个原理和假设进行探索改进的试验:(1)适当尺寸的小垡条耕作较大垡条省力;为此,我们将20厘米幅宽的步犁改为二个幅宽为10厘米的双铧犁以及前后各一个幅宽为20厘米的层耕犁。(2)以球面圆盘的滚动替代层耕犁的铧式前犁以省力。(3)在犁体上沿胫刃加一切刀,以胫刃切削代替胫刃撕裂。(4)以滚动代替新式步犁侧板或传统旧犁犁床对沟墙和沟底的滑动。(5)改变犁铲刃口的几何形状、尺寸和材料以减少阻力。在这些工作中,第(1)、(2)、(3)项,其试验结果虽然对机力犁的设计有一定的启发作用,但是都因结构复杂、工作不稳定、省力不显著和费事大,同工作的原来目标不符。第(5)项仍在继续进行中,未得出最后结论。现将第(4)项的初步结果报告如下。

一、滚床犁的结构

为了以滚动代替犁床对沟底和沟墙的滑动摩擦,我们用一直径为200毫米、宽为50毫米、与垂直面成20°的滚轮代替新式步犁的犁侧板,代替华北传统步犁的木犁床的后半截,以及代替双轮双铧犁后铧的犁侧板。用北京农业机械厂设计制造的20号新式步犁改成滚床犁的结构见图1,用北京旧犁改成滚床犁的结构见图2,用双轮双铧犁改成滚床犁的结构见图3。滚轮的结构及装在新式步犁上的支板的尺寸见图4,装在旧犁上的支板的尺寸见图5。

* 本文出处:中国农业机械学会1963年年会论文,1963年12月

图 1(a)　北京农机厂 20 号步犁

图 1(b)　滚床犁

图 1(c)　滚床犁

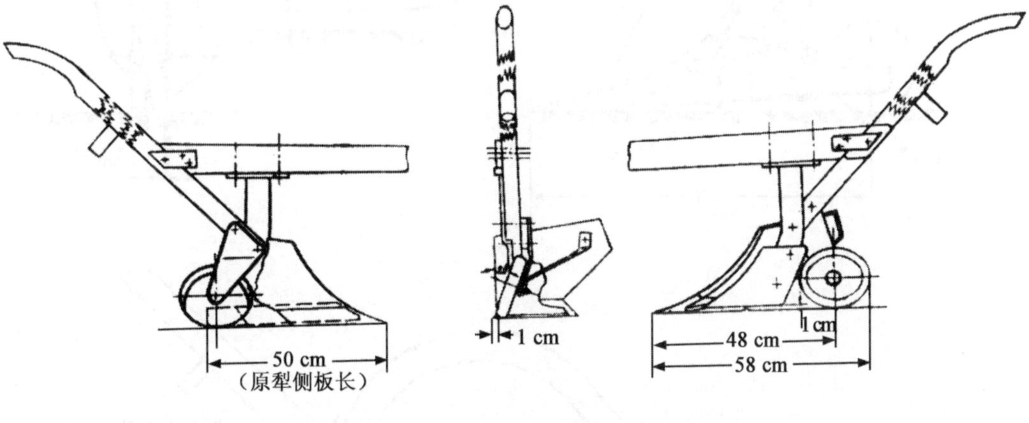

图 1(d)　20 号步犁卸去侧板改装成滚床犁

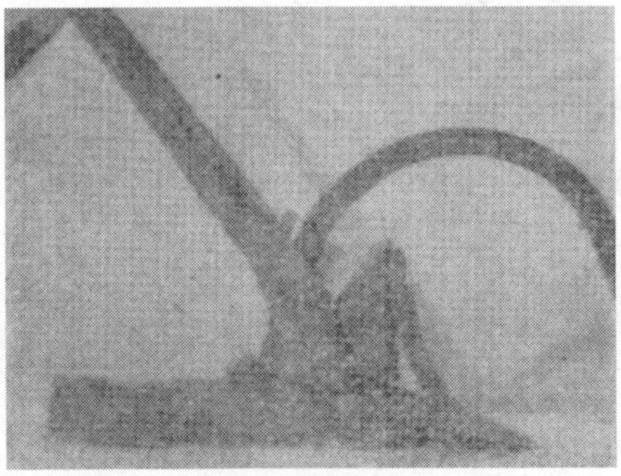

图 2(a)　北京旧犁

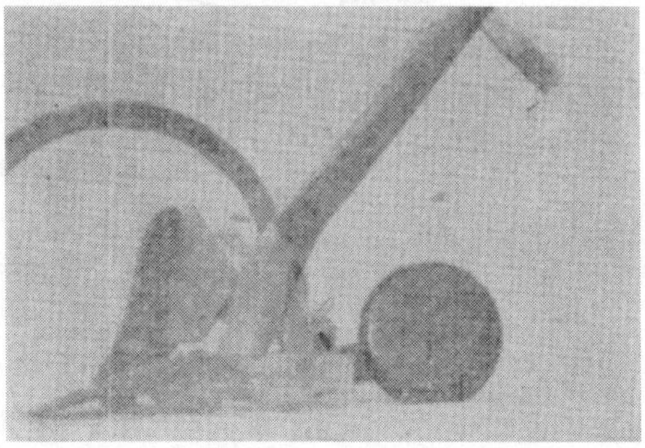

图 2(b)　北京旧犁

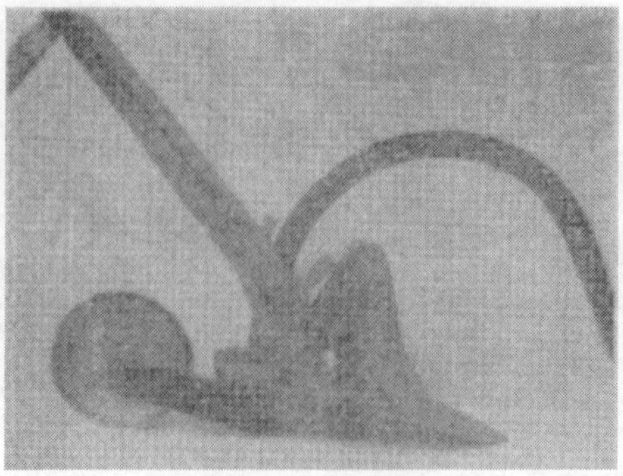

图 2(c)　北京旧犁

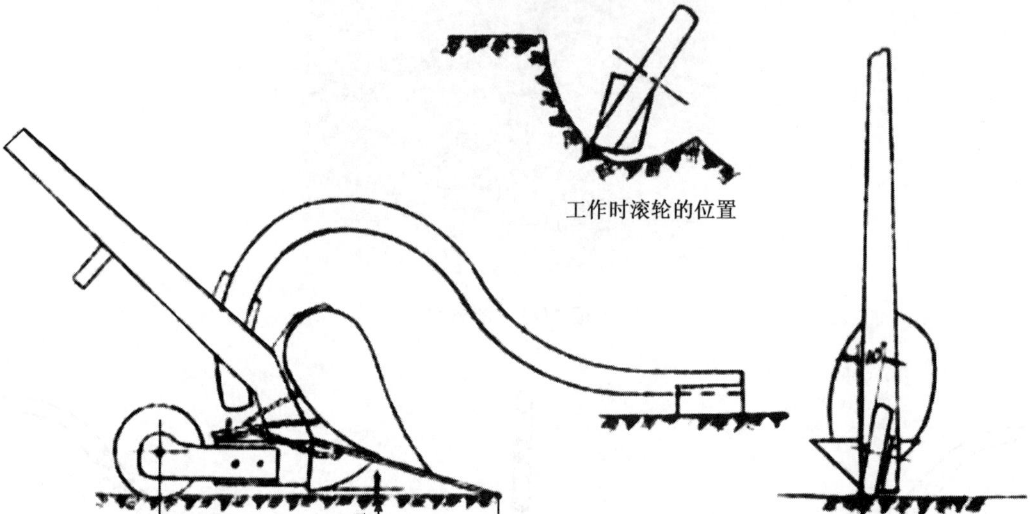

图 2(d)　旧犁犁床截去 22 厘米改装成滚床犁

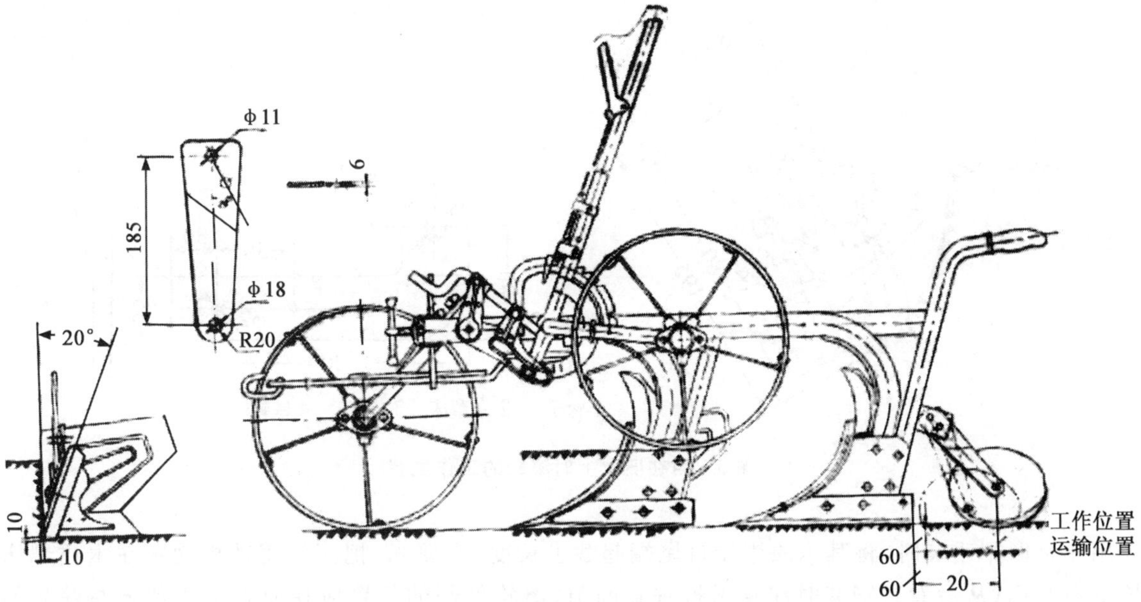

图 3　双轮双铧犁改滚床犁

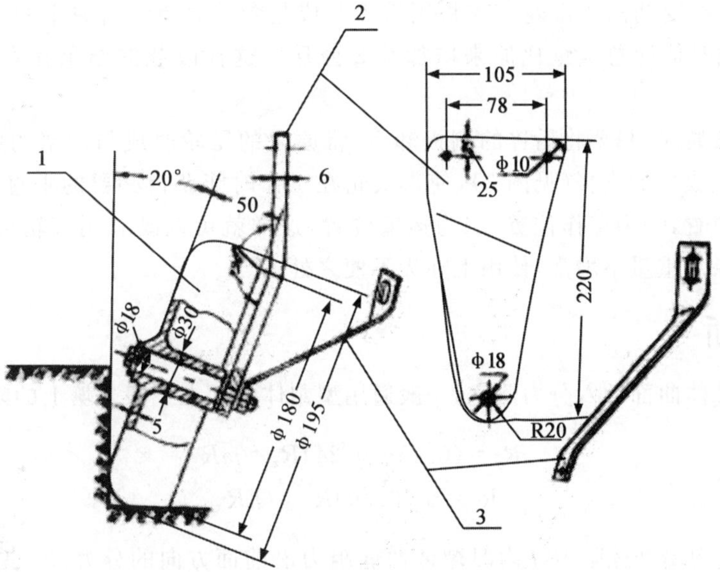

1 轮子　　2 支板　　3 撑条

图 4　新增加滚轮的构造、尺寸及用在新式步犁上时的工作位置

将 20 号新式步犁改滚床犁时，将原装侧板及侧板与犁壁间撑条卸下，把滚轮及支板用螺钉固定在犁柱和手柄的两个原来的螺孔上，并换上一条比原来较短的犁壁撑条。安装滚轮时须注意具有约 1 厘米的垂直间隙、滚轮边缘及沟墙接触的地方要比原装侧板时侧板外侧的位置稍向左(从后看)以便保持水平间隙以及轮子的约为 20°的倾斜度，以便同时承受沟底的正压力和沟墙的侧压力。这样改装的结构犁的轮廓尺寸基本上不变，犁的重量当滚轮和支板用铁板制成时自原来的 25 公斤减至 24 公斤，当滚轮和支板用铁铸制成时，若考虑犁托由于不用侧滚而去掉不必要部分，估计总重量增加不超过一公斤。这样改装的结果，由北京农业机械化学院实习实验农场农工使用时，反映并没有什么不方便或与原犁不同的地方。

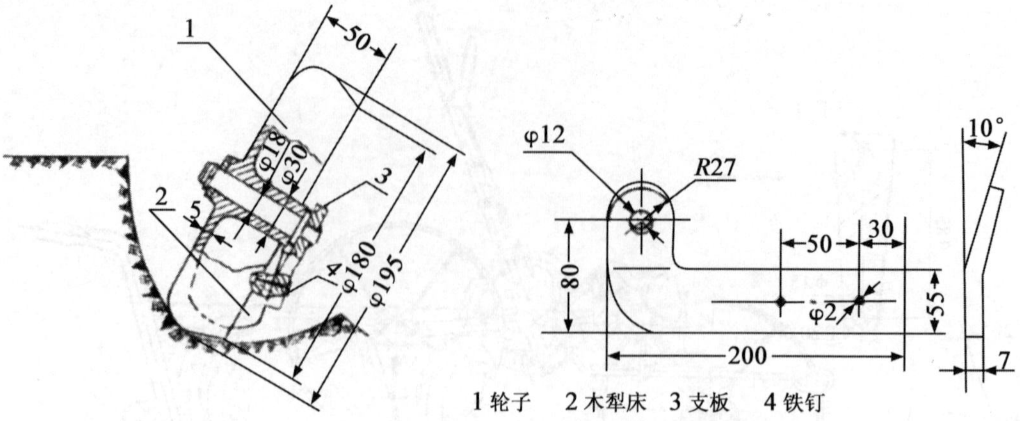

图 5　用在旧犁上时滚轮的工作位置

用北京旧犁改装时，将其木质犁床自尾端起截去长度 22 厘米，把滚轮用铁板固定在木质犁床前半段的右侧面（从后看），安装时注意保持垂直间隙、滚轮外侧的位置应在原来木质犁床左壁面的稍为靠左边以及在犁工作位置时（这时手柄一般向外侧约 10°）滚轮与垂直平面约成 20°的夹角。原在犁床后端的木质现移至剩下那段犁床的后端，这样做对犁铲犁壁的固定并无影响。这样改装的结果，犁的轮廓尺寸没有变动。当滚轮和支板用铁板制成是犁的总重量自原来的 16.75 公斤增至 17.5 公斤，若用铸铁制成时估计总重量比原来增加约 2 公斤。这样改装的结果在农场农工使用中，并无不方便的反映。

用双轮双铧犁改装时，只要将后铧的侧板卸下，将原来的尾轮改成与沟壁约成 20°倾角的滚轮，原来的直尾轮支板亦改成弯的支板（见图 3），使得滚轮在工作时能获得必要的垂直间隙和靠壁滚动。弯支板有两个调整的位置，一为工作位置，二为运输位置，这样就可以既利用滚轮进行工作，亦利用来运输。这样改装的结果总重量不增多，使用上亦无不便之处。

二、理论分析

根据对滚垡犁犁体曲面的六分力测定，一般通用型犁体曲面在一般土壤上的阻力分力为

$$R_y=(0.25\sim0.24)R_x=mR_x$$
$$R_z=\pm(0.20)R_x=Q_nR_x$$

式中：R_x 为不计沟底沟墙摩擦阻力在内时犁体曲面阻力沿前面方向的分力；R_z 为沿铅垂方向的分力；R_y 为沿犁沟宽度方向的分力。

水平牵引力为

$$P_x=R_x+R_yf+(R_z+G-P_x\tan\alpha)f$$

式中：G 为犁重；α 为牵引线与水平面夹角；f 为钢对土的滑动摩擦系数（见图 6）。

若以滚动犁床的滚动代替滑动犁床对沟底和沟壁的滑动，则从图 7(a)和图 7(b)

$$P_{x1}=R_x+\left(\frac{e}{e+d}R_y\cdot f+\frac{d}{e+d}R_y\cdot\rho\right)+(R_z-G_1-P_{x1}\tan\alpha)\left(\frac{e'}{e'+d'}f+\frac{d'}{e'+d'}\cdot\rho\right)$$

式中：P_{x1} 为改装滚轮以后的牵引阻力；G_1 为改装后的犁重；ρ 为滚轮的滚阻力系数；e、α 和 e'、α' 各为犁体侧向力及垂直力在铲尖与滚轮之间的分配比例（见图 7a、b）。

改滚轮床后与原来的滑床比较、阻力减少的百分率为：

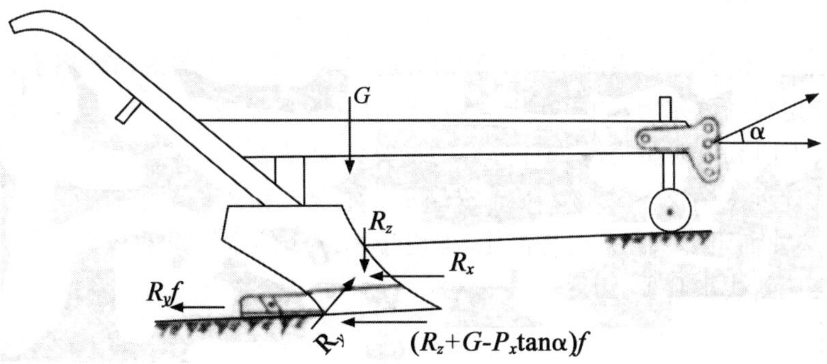

图 6

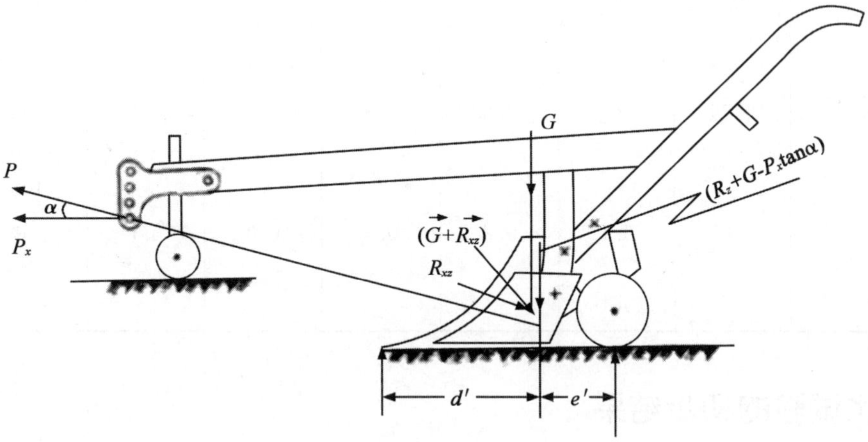

图 7(a)

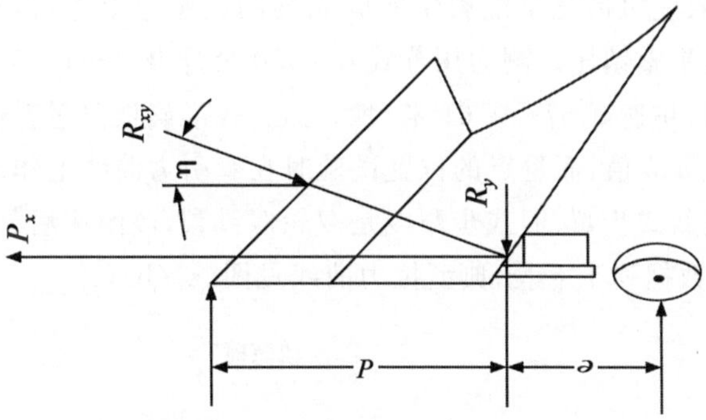

图 7(b)

$$\eta=\frac{P_x-P_{x1}}{P_x}=\frac{(1+f\tan\alpha)(P_x-P_{x1})}{(1+f\tan\alpha)P_x}$$

$$=\frac{R_y\left(f-\frac{e}{e+d}f-\frac{d}{e+d}\rho\right)+R_z\left(f-\frac{e'}{e'+d'}f-\frac{d'}{e'+d'}\cdot\rho\right)+\left(Gf-G\frac{e'}{e'+d'}f-G_1\frac{d'}{e'+d'}\cdot\rho\right)}{n_x+(R_y+G_z+G)f}$$

$$=\frac{m\left(f-\frac{e}{e+d}f-\frac{d}{e+d}\rho\right)+n_z\left(f-\frac{e'}{e'+d'}f+\frac{d'}{e'+d'}\cdot\rho\right)+\frac{G}{R_x}\left(f-\frac{e'}{e'+d'}f-\frac{d'}{e'+d'}\cdot\rho\right)}{1-mf+nf+\frac{Gf}{R_x}}$$

其中 G 取 $G_1=G$。

对于 20 号步犁，$G=25$ 公斤。表面不加工的钢对适耕水分沙壤土的滑动摩擦系数根据我们用热力果夫斯基摩擦系数测定仪的测定为 0.6～0.65，木的滑动摩擦系数为 0.65～0.68。滚轮的滚阻系数估计在 0.1～0.15。取不同数值时阻力减少百分率的计算结果见表 1。根据表中计算数值，20 号步犁改滚床后阻力的减少估计可达 20%～22%。双轮双铧犁的情况与新式步犁相似。

对于旧犁，其犁体曲面阻力未经六分力测定，但由于木对土的摩擦系数较大，估计改滚床后旧犁阻力的减少百分率不会比新式步犁少。

表 1

m	n	f	ρ	$-\frac{e}{e+d}$	$\frac{d}{e+d}$	$\frac{e'}{e'+d'}$	$\frac{d'}{e'+d'}$	R_x	$\eta\%$
0.35	0.1	0.6	0.1	0.2	0.8	0.3	0.7	60	21.6
								80	20
								100	18.0
0.35	0.1	0.65	0.1	0.2	0.8	0.3	0.7	60	23
								80	21.2
								100	20.5
0.35	0.15	0.65	0.1	0.2	0.8	0.3	0.7	60	23.5
									22.1
									21

三、对比试验的初步结果

对比试验是在相同土壤和耕作条件下进行的，为了尽可能消除土壤变化的影响，采用一趟原 20 号步犁、一趟滚床步犁，或是一趟原旧犁、一趟改滚床旧犁，或是一趟原来的双轮双铧犁、一趟改滚床后的双轮双铧犁。试验在北京农业机械化学院教学实验农场的试验地上进行，土壤为沙壤土，水分 12%～15%，前茬为萝卜地经翻后平整镇压。测力用苏式 0～450 公斤及 0～1500 公斤自动记录拉力仪，误差 ±2%。用拖拉机低速牵引，耕速 0.57～0.61 米/秒。为了较准确地测量耕深 a 耕宽 b 以便计算比阻 K 值，每隔 2 米或 4 米测一次 a、b 值，而每点的位置试验时在牵引力曲线上作出记号。数次不同日期不同地点的试验都表明，不论是新式步犁、旧式步犁或是双轮双铧犁，改滚床后与原来的犁相比，比阻都减少在 20%以上。一些典型的数据列于下表，典型拉力曲线见图(a)(b)(c)。

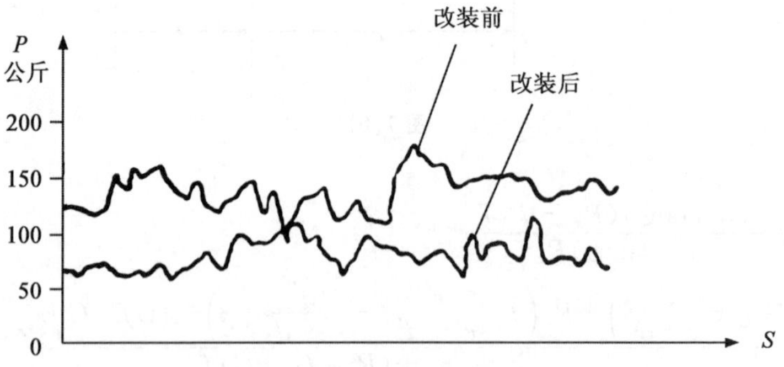

图 8(a) 20 图号步犁改装滚床犁前后典型阻力曲线

(a=13 cm b=22 cm)

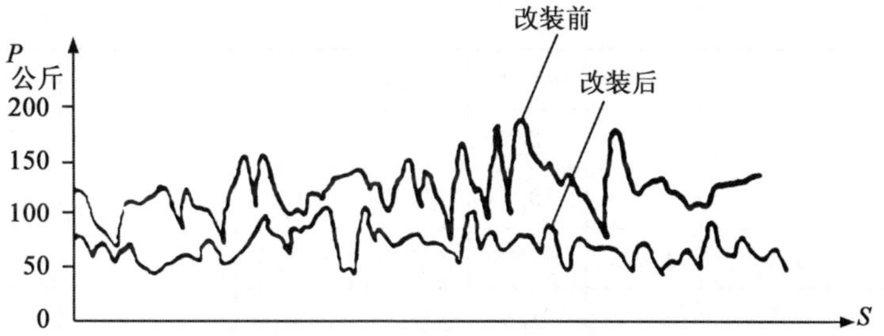

图 8(b)　北京旧犁改装滚床犁前后典型阻力曲线

(a=12.5 cm　b=21 cm)

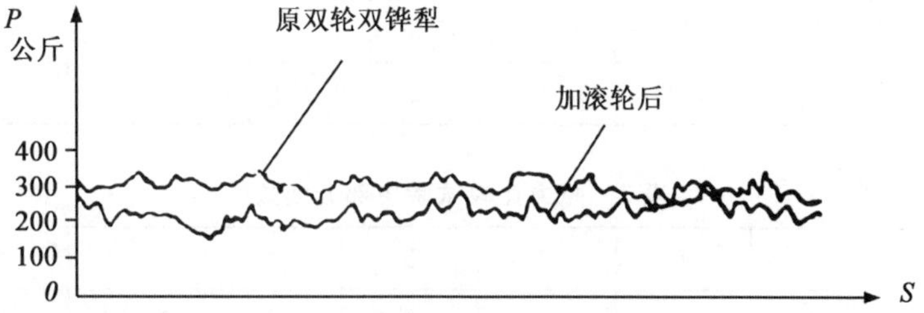

图 8(c)　双轮双铧犁在其第二犁体犁床后加上滚轮时的耕地阻力曲线

(a=20 cm　b=43 cm)

表 2　阻力比较试验数据

犁型		第一趟	第二趟	第三趟	平均	比阻减少,%	备　注
原 20 号步犁(新铲)	耕深 a,厘米	15.3	15.5	14.7	15.2		
	耕宽 b,厘米	22.0	25.3	20.8	22.7		
	比阻 k,公斤/厘米^2	0.210	0.212	0.221	0.214	22%	Ⅰ、试验日期:1963 年 11 月 14-27 日。地点:北京农业机械化学院,实习试验农场萝卜田。土壤:沙壤土水分 拉力仪:0～1500 公斤
20 号步犁改滚床犁(新铲)	a	14.3	14.4	14.8	14.5		
	b	23.7	23.1	25.0	23.9		
	k						
原 20 号步犁铲刃厚 2 毫米(相当于磨钝情况)	a	13.5	13.8		13.6		
	b	22.2	21.3		22.0		
	k	0.266	0.244		0.255	25.5	Ⅱ、试验日期:1963 年 9 月 7-8 日。地点:北京农业机械化学院,实习实验农场休闲地。土壤:沙壤土水分 14.7% 拉力仪:0～450 公斤
20 号步犁改滚床犁铲厚 2 毫米	a	11.5	13.5		12.5		
	b	20.4	21.4		20.9		
	k	0.154	0.220		0.187		
原北京旧犁(已用旧)	a	11.5	11.8	11.8	11.7		
	b	25.0	22.6	23.5	23.5	21.3%	同Ⅰ
	k	0.266	0.326	0.282	0.277		

续表 2

犁型		第一趟	第二趟	第三趟	平均	比阻减少,%	备注
北京步犁改滚床犁(已用旧)	a	13.2	12.6	12.8	12.6		
	b	23.8	19.1	20.0	21.0		
	k	0.222	0.218	0.214	0.218		
原中型双轮双铧犁(铲刃已磨钝)	a	20.3	21.5		20.8	23.5	同I
	b	44.1	37.1		40.6		
	k	0.34	0.374		0.357		
双轮双铧犁加滚轮(铲刃已磨钝)	a	20.3	22.1	19.8	20.7		
	b	43.8	45.6	45.5	45.0		
	k	0.231	0.270	0.318	0.273		

表 3 阻力比较试验中部分读数

标杆点	1	2	3	4	5	6	备注
原 22 号步犁 比阻 *k*	0.205	0.218	0.222	0.224	0.234	0.239	土壤:沙壤土 水分:14.7% 前茬:萝卜地
20 号步犁滚床犁 比阻 *k*	0.157	0162	0.168	0.176	0.170	0.158	
比阻减少%	23.4	25.7	24.3	21.4	27.8	22.6	
原 20 号步犁(钝刃) 比阻 *k*	0.261	0.251	0.207	0.240	0.252	0.274	
20 号步犁改滚床犁(钝刃)比阻 *k*	0.214	0.185	0.221	0.181	0.194	0.212	
比阻减少%	18	26.3	18.2	24.6	23	22.0	
原北京旧犁 比阻 *k*	0.266	0.272	0.286	0.234	0.281	0.267	
北京旧犁改滚床 比阻 *k*	0.183	0.192	0.213	0.193	0.226	0.199	
比阻减少%	31.8	29.4	25.5	17.1	19.6	25.5	
原双轮双铧犁 比阻 *k*	0.378	0.333	0.368	0.371	0.347	0.323	
双轮双铧犁滚轮 比阻 *k*	0.302	0.264	0.287	0.281	0.265	0.232	
比阻减少%	20	20.7	22	27	23	27.8	

四、初步结论

1. 从所进行的几次试验来看,不论是传统步犁、新式步犁或是双轮双铧,改滚床后与原来相比,每个比阻都减少,多次试验平均比阻减少 21.3%~28.8%。虽然试验次数尚不够多,试验条件尚不够广泛,但对于一般情况的旱作沙壤土,改装滚轮后比阻可减少 20%~22%,似可肯定。

2. 比阻减少 20%,在相同的畜力条件和疲劳强度下,原耕 4 寸的就可以耕 5 寸,耕深不变时每天可多出活 2 成,稍为比较瘦小的牲畜也能工作。在农场试用中,一头大骡子拉原旧犁或 20 号步犁时很吃力,不能连续工作;拉经过改装的犁时就能连续工作。

3. 改装简单易行,费事不大,成本不高。

4. 试验尚不够充分与广泛。

旱作沙壤土上铧犁犁体曲面阻力分析*

曾德超

在为华北地区研究设计性能好、阻力轻的机力犁以及在探讨小垡条铧犁能否作为我国一些地区犁的发展方向的过程中，除了应探明犁体曲面参数对翻土、碎土、及覆盖等性能的影响外，还必须研究它们与阻力间的关系。由于铧犁耕作时土垡受力与变形情况相当复杂，所以尽管长期以来各国许多研究工作者对铧犁与土壤相互作用过程进行了大量的工作，但在建立犁体曲面阻力关系式的问题上，却始终未能获得与实际相符的，且便于应用的结果。

在三十年代，苏联 Покоровский 与 Яковлевâ 曾试图通过土垡受弯时容积压缩及受扭时剪切所需能量的计算，并考虑土垡变形时引起的内部与外部摩擦力，提出理论关系式，为犁体曲面设计的理论方法建立基础[1][2]。可惜在其计算中，从铲尖到壁翼，土垡被视作整条的弯曲体和扭转体，这与实际情况出入较大；而采用从研究变形入手，返回来推算受力的方法，在土壤作为弹性—塑性—黏滞体其复杂的应力应变规律未探明之前，即使不是不可能的，也是复杂而不可靠的。1957 年，民主德国 Wicha 亦对曲面各部分阻力进行了计算[3]，其方法是将躺在曲面上的一段土垡作为受力体，考察它顺犁壁向侧面和上方移动并弯曲时引起的压力、摩擦力和加速阻力。这一方法的缺点是完全没有考虑土垡的变形，若按其公式计算，各种耕深和铧幅的比阻都为定值，这显然与实际情况不符。1961 年苏联 Гячев 通过研究犁体曲面的几何学特性以及土垡在曲面上的运动学与动力学特性，得出曲面各部分阻力的理论公式[4]。但是这些理论公式尚停留在函数积分形式的阶段，未能推演到能应用的地步。例如，对于铧铲切削阻力尚需按铲刃截面外形曲线的曲率半径函数进行积分，犁铲及犁胸对土垡的压缩变形阻力尚需另外求出土垡在铲部胸部破裂成土块时的尺寸大小及破裂前土垡对铲面的正压力系数等等。

由于缺乏能实际应用的犁体曲面阻力与参数间的关系式，到目前为止，在一般的犁体曲面的设计工作中，阻力只能凭经验估计，比阻亦只好当作与耕深、耕幅无关的定值。实际测定不难证明：同一犁体在相同的土壤和耕作条件下，深耕较浅耕比阻大；至于小垡条的畜力犁的比阻远小于大垡条的机力犁的事实，也已普遍得到注意。

为了进一步探索犁体曲面阻力问题，我们采取了经验公式与理论分析相结合的方法。即首先通过试验探明土垡受力破坏的规律，以此为基础，近似地推导出各部分阻力的关系式，以期获得作为设计基础的近似解。

一、犁体曲面各部分的阻力

(一)铲刃切削阻力

关于铲刃沿沟底的切削阻力问题，各国研究者曾做出极不相同的计算。为了探明旱作沙壤土上铲刃阻力的起因，我们对其楔角与一般犁铲安置角($\varepsilon_0=25°\sim30°$)相似的二面楔的刃口前方土壤变形状况进行了观察（图 1）。从图 1 中可以见到，刃口正前方两条垂直格线在刃口未到之前已作约以刃口为中心的弧形弯曲变形，刃口到达后沿沟底切断。可见刃口本身作“贯入”式的切断，其过程的基本性质在这样大小的楔角下不因工作面的存在而有所改变。

---

* 本篇出处：农业机械学报，1964 年 5 月，第 7 卷第 2 期

图 1

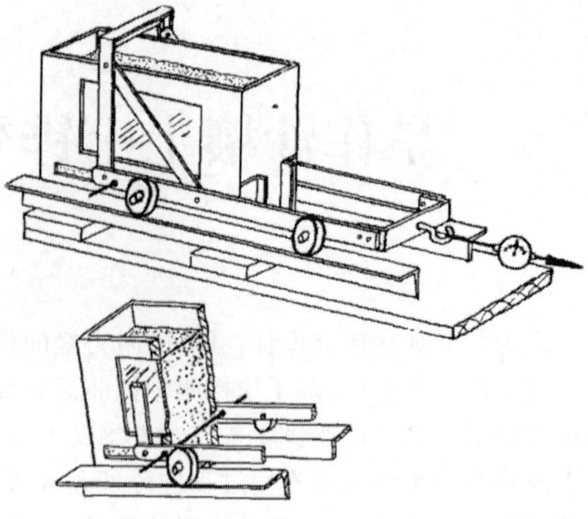

图 2　小型土槽

为了探明铲刃在不同深度切削时土垡变形的模型而又免除楔面的影响，我们在小型土槽里用不同直径的钢丝于不同深度进行沿水平方向的切割，试验装置见图 2，试验结果列于表 1。多次试验说明，在同一状况的土壤中，对于一定直径的钢丝，深度浅于一定极限时，土垡从钢丝起，沿一定角度的斜面滑裂，滑裂发生时，切削阻力值也增长到最大值。当切削深度较滑裂极限深度稍大时，钢丝“贯入”道上土粒受压，向上下两边移动。土壤受压缩变形量为钢丝直径大小，此变形量部分由钢丝上方和下方土壤孔隙率的变小所吸收，部分传递达土垡表面，土垡表面产生一定量的向上移动，但未足以产生斜面滑裂。这时的切削阻力较滑裂时大，但是由于土表面蠕动而使阻力未能达到更大值。深度再增时，变形量能为土层孔隙率的变小全部吸收，这时压箱传递不到土表面，表面无蠕动现象，这时阻力最大。往后，深度再增加时，只要上下土层坚实度不变，钢丝贯入阻力不再增加。

表 1　钢丝水平切削阻力

沙壤土（重塑）；水分 8.9%；坚实度 13.3 公斤/厘米^2；土壤内摩擦角 $\phi=30°40'$；土垡宽度 9.4 厘米。

钢丝直径 d（毫米）	切削深度 a（厘米）	总阻力 P（公斤）	备　注
4.2	4.5	5.0	土垡沿斜面滑裂，滑裂斜面与水平面夹角 $\Psi\approx35°$
4.2	7.5 7.0 7.5	12.5 12.5 12.5	土垡表面土粒明显向上蠕动，不滑裂，贯入。
4.2	11.0 11.5 11.5	22.2 23.5 22.0	土垡表面只稍微向上蠕动，不滑裂，贯入。钢丝过道情况如右图： 
4.2	15 16 16	23.0 22.5 22.5	土垡表面不向上蠕动，贯入。钢丝过道情况同上。
1	3	4.5	土垡滑裂，滑裂面与水平面夹角 $\Psi\approx31°$
1	7.0 6.5 6.0	5.2 5.5 7.0	土垡表面蠕变，不滑裂，贯入。

续表 1

钢丝直径 d(毫米)	切削深度 a(厘米)	总阻力 P(公斤)	备　注
1	11.5 11.5 11.8	7.8 8.2 7.8	土垡表面不蠕变，贯入。
1	16.0 15.2 15.0	7.2 7.8 7.8	土垡表面不蠕变，贯入。
0.6	6.5 6.3 6.4	8.0 7.0 7.5	土垡表面不滑裂，贯入。
0.6	10.6 10.6 10.0	8.0 7.5 7.8	土垡表面不滑裂，贯入。
0.6	15.0 14.3 15.1	7.5 7.8 7.5	土垡表面不滑裂，贯入。

由于犁铧铲刃厚度一般不大于 3～4 毫米，耕深一般不小于 12～15 厘米，因此在沙壤土上，与表 1 中数值对照，可以断定铲刃阻力主要产生于贯入。因此，可以利用贯入阻力规律进行铲刃阻力的理论计算。

现在，首先考察一般贯入过程。在沙壤土上用圆形和方形冲头垂直贯入的测定结果，部分地证实了压实土核普遍存在于面角大于 50°～ 60°的贯入体的理论：在冲头下面形成的压实土核，在贯入过程中成为工件的一个部分。试验结果说明：在重塑沙壤土(水分 8%)上用 1.2 厘米方形冲头测定，土核斜面与冲头底面夹角 x 约为 59.5°，符合公式

$$x \approx 45^\circ + \frac{\varphi}{2}$$

φ 为土壤内摩擦角，在本试验中测得为 30°40′。当开始贯入时，阻力 P 为零，随着贯入距离 λ 的增加，阻力增加，到贯入距离达一定值 λ_{II} 后，阻力不再增加。对于底面积为 1.5 厘米^2 的圆冲头，在相同的沙壤土上，$\lambda_{\text{II}} \approx 38.1$ 毫米，基本上符合 Соакян 的公式：

$$\lambda_{\text{II}} = \frac{d}{2}\tan x + \frac{d}{2}\frac{1}{\tan(x-\varphi)} \tag{1}$$

式中 λ_{II} 为 E 点到冲头底面的距离。E 点之作法参看图 3b，A 为土核顶点。贯入阻力 P 随贯入距离 λ 增加，达 λ_{II} 后保持定值的原因，是因为当贯入达 z_1—z_1 线时(参看图 3c)，土核斜面上各土粒的变形为 1—1′、2—2′、3—3′(AE 是土粒受 AB 面推移的方向)。随着贯入距离 λ 的增加，土核斜面上土粒变形量亦不断增加，贯入达 λ_{II}，即达 z_2—z_2 位置后，土粒变形量为 1_{II}—$1'_{\text{II}}$、2_{II}—$2'_{\text{II}}$、3_{II}—$3'_{\text{II}}$ 达最大值，往后不再增加。贯入阻力 P 与贯入距离 λ 的测定数据列于表 2 和图 4a。

表 2

贯入阻力 λ(厘米)	0	0.64	12.7	18.0	25.4	31.8	38.1	48.0
贯入阻力 P(公斤/厘米^2)	0	10.8	12.5	14.0	15.2	16.0	17.0	17.0

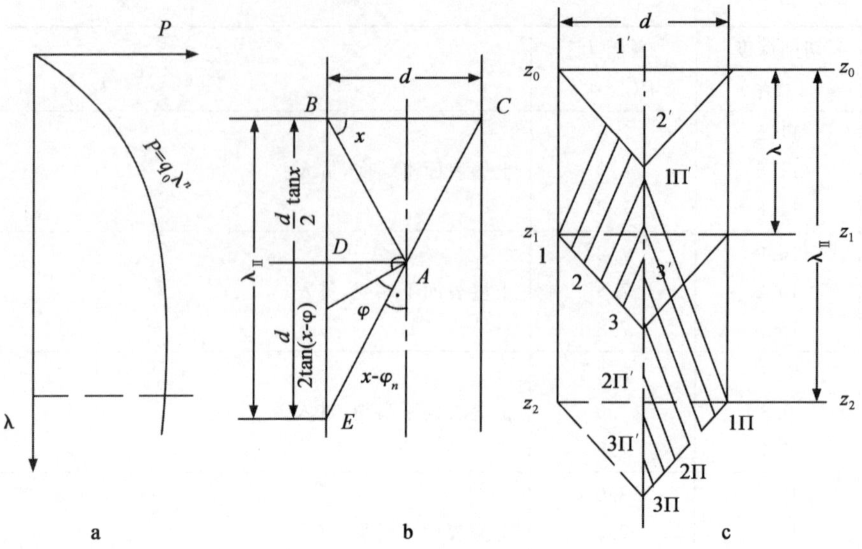

图 3

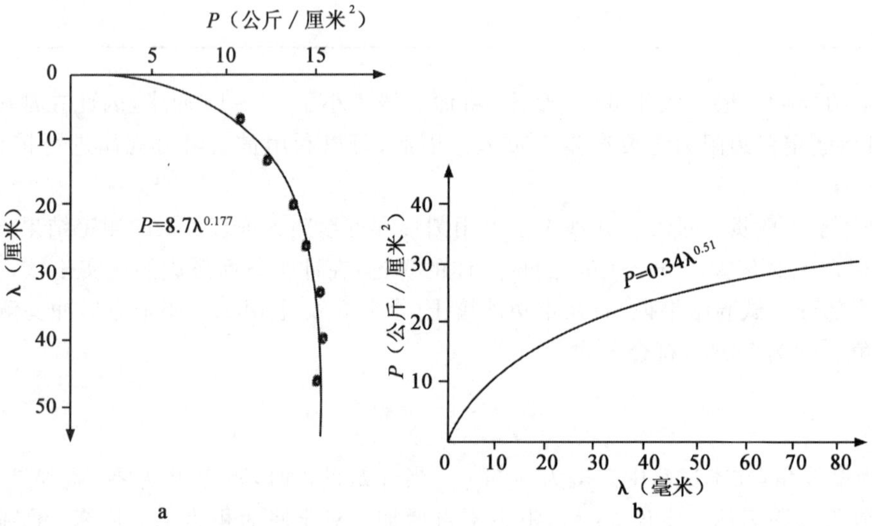

图 4

符合各国研究者所得的曲线关系

$$P=q_0\lambda^n \tag{2}$$

式中：q_0 为贯入阻力系数；n 为常数

为了查明钢丝水平切削过程是否与贯入过程相符，我们在小土槽里进行了测定，其结果列于表 3，曲线见图 4b。可见钢丝水平切削过程与一般贯入过程基本上是相似的，只是由于其圆形断面可能引起弧形土核，其 x 角由大变小，λ_{Π} 距离较大。因此，铲刃正面切削单位宽度阻力（作平直刃口考虑）可以近似地按下式计算：

$$P=\frac{q_0}{S}\left[\frac{S}{2}\tan x+\frac{S}{2}\frac{1}{\tan(x-\varphi)}\right]^n$$

$$\approx\frac{q_0}{S}\left[\frac{S}{2}\tan\left(45^\circ+\frac{\varphi}{2}\right)+\frac{S}{2}\frac{1}{\tan\left(45^\circ-\frac{\varphi}{2}\right)}\right]^n \tag{3}$$

式中：S 为铲刃厚度(厘米)。

当铲刃斜置一个 γ_0 角度时，单位宽度的阻力为：

$$P_\gamma=P\sin\gamma_0+fP\cos\gamma_0$$

$$=\frac{q_0}{S}\left[\frac{S}{2}\tan\left(45^\circ+\frac{\varphi}{2}\right)+\frac{S}{2}\frac{1}{\tan\left(45^\circ-\frac{\varphi}{2}\right)}\right]^n\times(\sin\gamma_0+f\cos\gamma_0) \tag{3-1}$$

表 3　钢丝水平切削过程

重塑沙壤土；水分 8.9%；坚实度 13.3 公斤/厘米²；

切削宽度 9.4 厘米；切削深度 20 厘米；钢丝直径 4.2 毫米。

切削距离 λ(毫米)	2	8	16	20	26	32	38	44	50	56	62	68	74	80
单位宽度阻力 P(公斤/厘米)	4.2	10	12	4.6	17.6	20.1	22.2	23.7	26.1	25.0	26.6	27.3	28.0	28.7

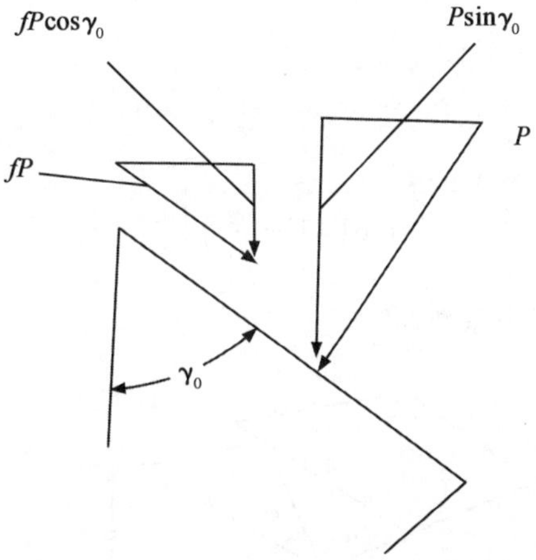

图 5

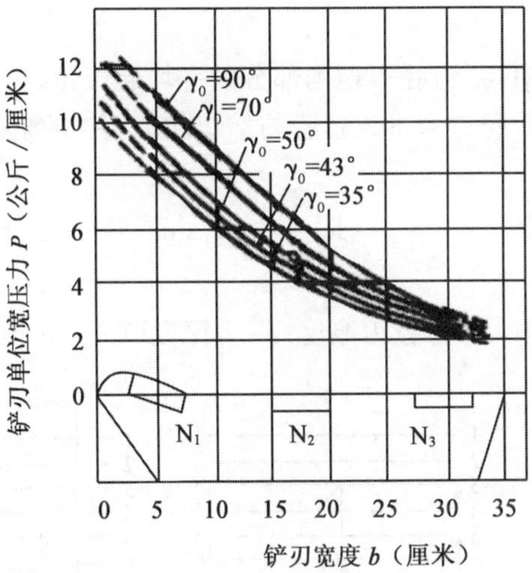

图 6

贯入阻力系数 q_0 与土壤坚实度有关。初步测定表明：未耕地耕作层范围内各个深度的土壤坚实度所受影响因素较多，难于建立普遍实用的关系式。在一般情况下，耕作层以下的土层坚实度较耕作层大(除非下面水分较大而耕作层水分较小)，10～25 厘米的残根较多的土层，其坚实度较表层 0～10 厘米大(除非表层经较多的压实或中层水分较大)，而在 10～25 厘米的土层中，坚实度亦有随深度增加的趋势。此外，切削阻力还因切削速度而不同，因此，在计算铲刃切削阻力时，系数 q_0 的数值，应取坚实度与所切削深度土层坚实度相同的土壤在贯入速度与切削速度相当时的贯入阻力系数值。

铲刃沿沟底切削时，铲翼靠近犁沟，在铲翼附近，铲刃贯入时土壤的压缩变形很容易为土垡沟壁的蠕动所吸收，从而大大降低贯入压力。这种边界蠕动对阻力的影响在离铲翼较远处将变小，以至消失。因此，铲尖处的贯入压力与铲翼处是相差很多的。根据 Виноградов 与 МуⅢкевич 进行电测的结果(见图 6)，铲刃线上各点的切削压力从铲翼处起沿宽度成抛物线增加，即

$$P_b=P_0(1+e_1b+e_2b^2) \tag{4}$$

式中：P_b 为离铲翼 b 处的单位切削宽度压力；P_0 为铲翼处的单位切削宽度压力。

因此，考虑了各种因素以后，铲刃在实际工作中的单位宽度阻力与其主要参数间的关系式，可以用下式表示：

$$\frac{R_1}{b}=\frac{q_{0b}}{S}(1+e_1b+e_2b^2)\left[\frac{S}{2}\tan\left(45^\circ+\frac{\varphi}{2}\right)+\frac{S}{2}\frac{1}{\tan\left(45^\circ-\frac{\varphi}{2}\right)}\right]^n \times(\sin\gamma_0+f\cos\gamma_0) \tag{5}$$

式中：R_1 为铲刃阻力，公斤；q_{0b} 为 b=0 处的 q_0 值。

(二)胫刃切削阻力

由对犁体实际工作过程以及在实验室土槽里对二面楔工作过程的观察可知，在铲尖部分，例如在剖面 4—4 处(图 7)，土垡一面受到铲面的向上压力，一面由胫刃沿沟墙自下往上贯入。再往后，例如在剖面 6—6 处，铲面上向上的压力大到使土垡剖面沿 j—j 撕裂，此时撕裂处胫刃贯入阻力降至零。设开始撕裂时深度为$(1-v)a$，铲尖处胫刃单位宽度贯入阻力为 ξ，则平均单位宽度贯入阻力为$\frac{1}{2}\xi$；若因土壤撕裂强度较小而沿$(1-v)a$ 深度的撕裂阻力忽略不计，则胫刃切削阻力为：

$$R_2=\frac{1}{2}\xi va(\sin\alpha_c+f\cos\alpha_c) \tag{6}$$

式中：α_c 为胫刃切削部分的平均起土角。

胫刃的贯入过程与铲刃相似，其切削阻力同样可写成：

$$R_2=\frac{1}{2}va(\sin\alpha_c+f\cos\alpha_c)\frac{q_{0a}}{S_2}\times\left[\frac{S_2}{2}\tan\left(45^\circ+\frac{\varphi}{2}\right)+\frac{S_2}{2}\frac{1}{\tan\left(45^\circ-\frac{\varphi}{2}\right)}\right]^n \tag{6-1}$$

式中：S_2 为胫刃厚度；q_{0a}为深度$(1-v)a$ 至 a 处的土壤贯入阻力系数。

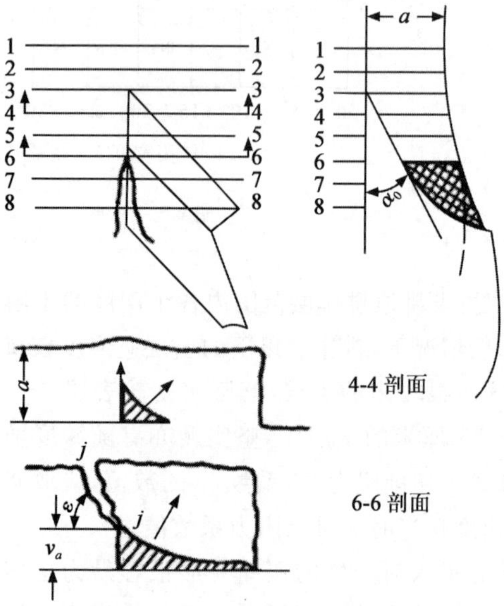

图 7

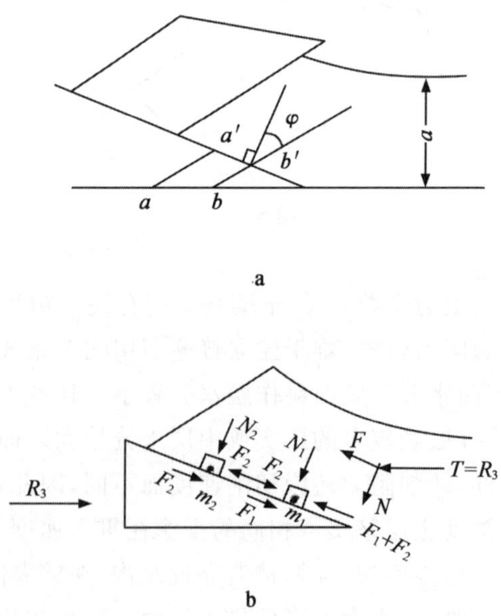

图 8

(三)犁铲犁胸使土垡变形的阻力

许多外国研究者(例如 Гячев)将犁铲犁胸对土垡的压力按照二面楔工作面上各点土粒自沟底移至工作面的变形量来计算(图 8a),例如,a'点的变形量为 $a\,a'$这样得出的结果是铲刃处压力最小,因为此处土壤变形量最少;而胸部高处在土垡断裂之前压力最大,因为此处变形量最大,这与实际情况不符。根据 Виноградов 的试验,不论用压力盒直接测定铲面上的土压力,或是用相同方法测定二面楔工作表面上的土压力,都表明近铲刃处压力最大,离铲刃愈远处压力愈小。这样计算之所以与实际情况出入较大,主要由于 Гячев 等将土垡应力产生的原因简单地归结到弹性压缩和弹性弯曲,而对于作为塑性体的土垡,这是不充分的。首先,在塑性状态下,楔面的压缩和弯曲变形与压应力不成线性关系,其次,靠近铲刃处的土团 m_1 原受有正压力 N_1 和摩擦力 F_1 作用;在工作面上较高处的另一土团 m_2 原受有正压力 N_2 和摩擦力 F_2 作用。当土垡受推滑过楔面时,克服 F_2 而推动 m_2 的力是通过 m_1 而传递的,因此,作用在 m_1 上的推力为 F_1+F_2。实际上,由于土垡具有可塑性,土团 m_1 由于承受所有在其上方的土团压力和摩擦力,自身产生较大程度的压密,大大地改变了正压力 N_1 和摩擦力 F_1,从而使下部土团压力更加增大。此外,位在楔面高处的土团,由于土垡在这里容易弯曲,土压力由于土垡表面的往上移动和蠕动而减轻;而铲刃附近的土团则由于这里的土垡表面不能作大距离的向上移动,因而压力很大。因此,犁铲犁胸部分的土垡压力是低处大、高处小。其压力分布更多地近似于受被动土压力的斜挡土墙。根据 Виноградов 对沿犁沟的二面楔及 $\gamma_0=45°$的斜楔面上各点压力的测定数据(参看图 9),楔面各个深度处的压力分布与深度 a 成抛物线关系:

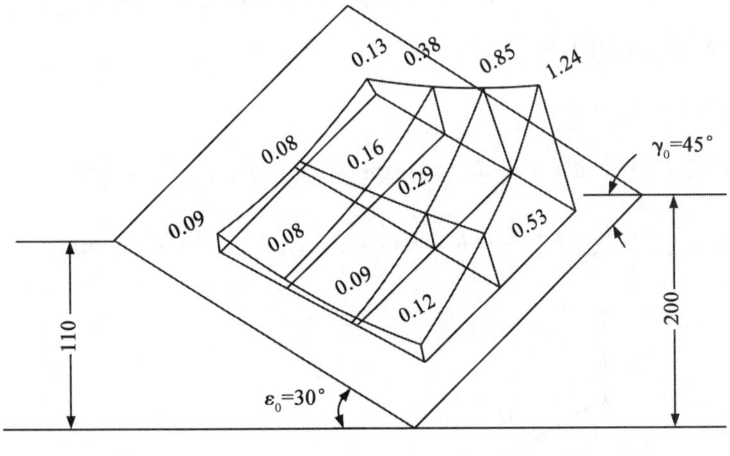

图 9

$$N_a=N_{a0}(1+d_1a+d_2a^2) \tag{7}$$

式中:N_a 为在某一耕速下,宽度 a 处的单位压力;N_{a0}为深度为零处的单位压力;d_1、d_2 为系数。

犁铲犁胸沿犁沟耕作时,由于土垡沟壁的蠕动,近在铲翼这边的压力,正如铲刃的压力一样,大为减少。根据 Виноградов 的测定,楔面不同宽度处的压力分布,与宽度 b 亦成抛物线关系:

$$N_b=N_{b0}(1+j_1b+j_2b^2) \tag{7-1}$$

式中:N_b 为在某一耕速下,深度 b 处的单位压力;N_{b0}为在 $b=0$ 处(即上次沟壁)处的单位压力;j_1、j_2 为系数。

对于耕深为 a、耕宽为 b 的斜面楔,其耕垡断面积为 $a\times b$。其平均单位压力,为简化起见,近似地视作:

$$N_{cp} \approx \frac{1}{a}\int_0^a N_{a0}^{cp}(1+d_1^{cp}a+d_2^{cp}a^2)da$$

$$= N_{a0}^{cp}\left(1+\frac{1}{2}d_1^{cp}a+\frac{1}{3}d_2^{cp}a^2\right) \tag{8}$$

式中：$N_{a0}^{cp}(1+d_1^{cp}a+d_2^{cp}a^2)=N_a^{cp}$ 系指距上次沟壁等于 b_m 的平面上的曲线，而这里的压力系依 b 而变化的压力的平均值。(8) 式亦可写成：

$$N_{cp} \approx \frac{1}{b}\int_0^b N_{b0}^{cp}(1+j_1^{cp}b+j_2^{cp}b^2)db$$

$$= N_{b0}^{cp}\left(1+\frac{1}{2}j_1^{cp}b+\frac{1}{3}j_2^{cp}b^2\right) \tag{8-1}$$

式中：$N_{b0}^{cp}(1+b+j_2^{cp}b^2)=N_b^{cp}$ 系指深度为 a_m 的平面上的曲线，而这里的压力系依 a 而变化的压力的平均值。

因此，在一定耕速下，总压力：

$$Q = abN_{a0}^{cp}\left(1+\frac{1}{2}d_1^{cp}a+\frac{1}{3}d_2^{cp}a^2\right) \tag{9}$$

或

$$Q = abN_{b0}^{cp}\left(1+\frac{1}{2}j_1^{cp}b+\frac{1}{3}j_2^{cp}b^2\right) \tag{9-1}$$

对于斜面楔(参看图 10)，其楔角 δ 为：

$$\sin\delta=\sin\varepsilon\sin\gamma\approx\sin\varepsilon_0\sin\gamma_0 \tag{10}$$

犁铲犁胸土压力所引起的阻力为：

$$R_s \approx Q\sin\delta+fQ\cos\delta$$

$$\approx abN_{b0}^{cp}\left(1+\frac{1}{2}d_1^{cp}a+\frac{1}{3}d_2^{cp}a^2\right)(\sin\varepsilon_0\sin\gamma_0+f\sqrt{1-\sin^2\varepsilon_0\sin^2\gamma_0})$$

$$=abN_{b0}^{cp}\left(1+\frac{1}{2}j_1^{cp}b+\frac{1}{3}j_2^{cp}b^2\right)\times(\sin\varepsilon_0\sin\gamma_0+f\sqrt{1-\sin^2\varepsilon_0\sin^2\gamma_0}) \tag{11}$$

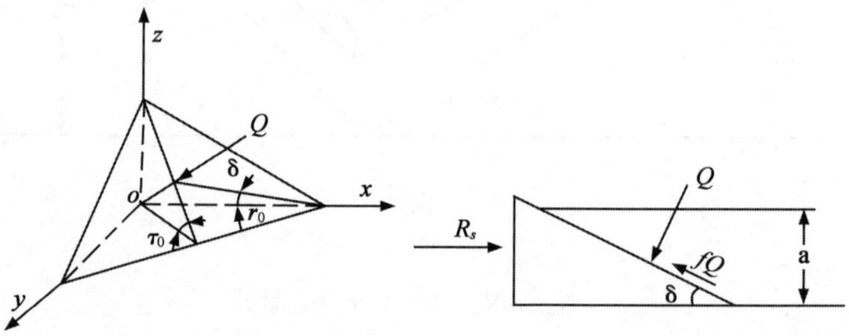

图 10

(四) 土垡沿壁面向侧面和上方移动的摩擦阻力及加速阻力

犁体前进时必须克服躺在犁曲面上这段土垡向侧面和上方移动并加速的阻力。

自铲翼 B 作 BC 线垂直铲刃线 AB(图 11a)，由于 BC 的长度应能包含在通过 B 点的样板曲线内，所以躺在曲面上的土垡重量可近似地视为：

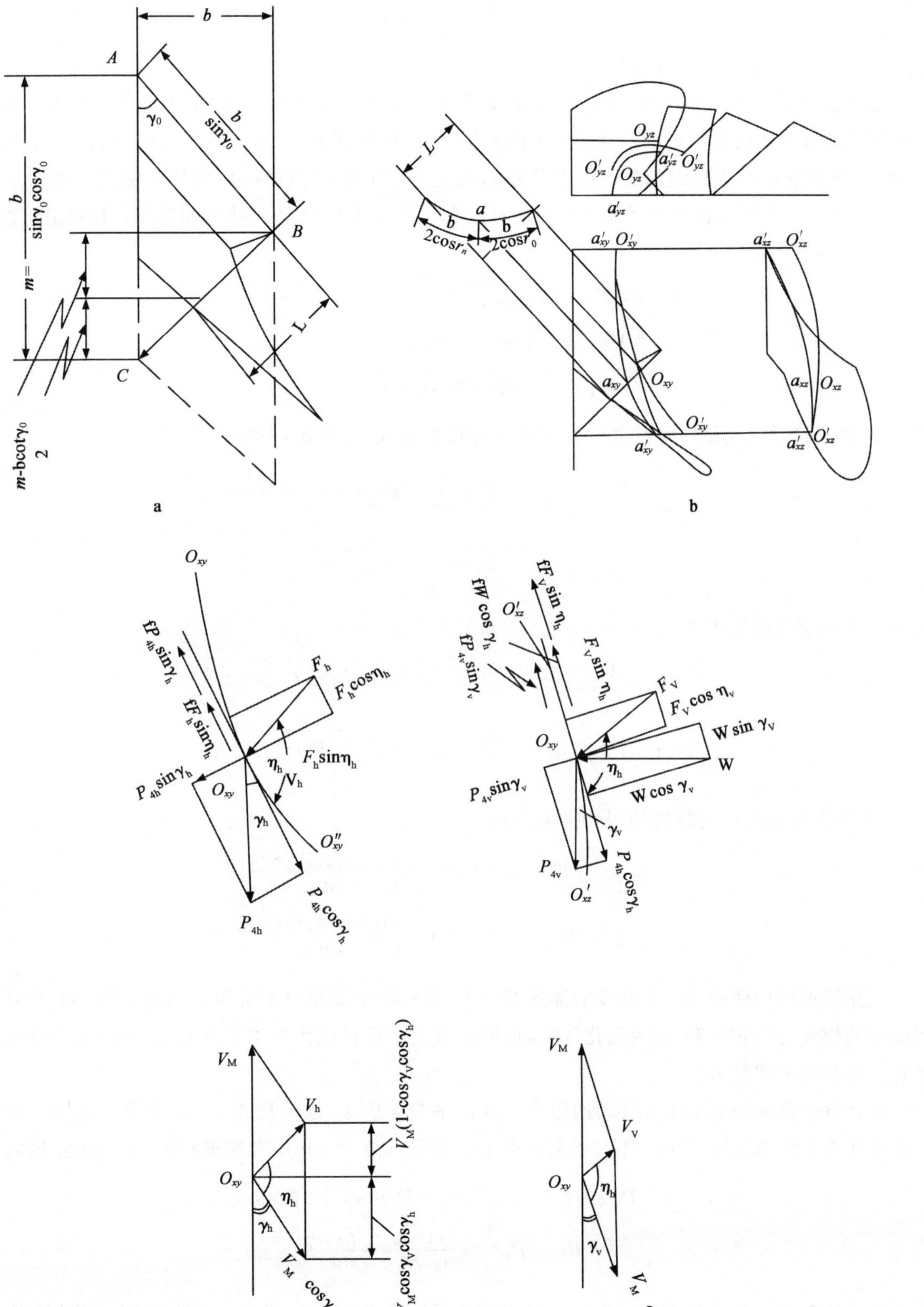

图 11

$$W \approx mab\gamma = \frac{ab^2\gamma}{\sin\gamma_0\cos\gamma_0} \tag{12}$$

式中：γ 为土壤容重；m 为 AC 线段长。

设垂直于前进方向的土垡剖面的重心及其底边的中点在土垡通过曲面时的轨迹各为 $O'OO''$ 及 $a'aa''$（对现有犁体或在图纸上欲设计绘出的犁体，这两种轨迹都不难作出）。躺在曲面上一段土垡的重心为 O，通过重心 O 点的剖面的底边中点为 a，轨迹 $O'OO''$ 在 O 点处的切线与 x 轴的夹角为 γ，绝对速度为 V，则由三角形边长间关系式可得出绝对速度 V 的水平投影 V_h 与垂直投影 V_v，其数值可按下式计算（图 11c）：

$$\begin{aligned} V_h &= \sqrt{V_M^2 + (V_M\cos\gamma_v)^2 - 2V_M \cdot V_M \cdot \cos\gamma_v \cdot \cos\gamma_h} \\ &= V_M\sqrt{1 - 2\cos\gamma_v \cdot \cos\gamma_h + \cos^2\gamma_v} \end{aligned} \tag{13}$$

$$V_v = V_M\sqrt{1 - 2\cos\gamma_v \cdot \cos\gamma_h + \cos^2\gamma_h} \tag{13-1}$$

重心点 O 的绝对速度是在犁行进 m 距离中自零增长而成的，因此，平均加速度为：

$$a_h = \frac{V_h}{t} = \frac{V_h}{m/V_M} = \frac{V_M\sqrt{1 - 2\cos\gamma_v \cdot \cos\gamma_h + \cos^2\gamma_v}}{m} \tag{14}$$

$$a_v = \frac{V_v}{t} = \frac{V_M\sqrt{1 - 2\cos\gamma_v \cdot \cos\gamma_h + \cos^2\gamma_h}}{m} \tag{14-1}$$

加速度所引起之惯性力为：

$$F_h = \frac{W}{g}a_h = \frac{W}{g} \cdot \frac{V_M^2\sqrt{1 - 2\cos\gamma_v \cdot \cos\gamma_h + \cos^2\gamma_v}}{m} \tag{15}$$

$$F_v = \frac{W}{g}a_v = \frac{W}{g} \cdot \frac{V_M^2\sqrt{1 - 2\cos\gamma_v \cdot \cos\gamma_h + \cos^2\gamma_h}}{m} \tag{15-1}$$

重心 O 的绝对速度 V 与轨迹切线的夹角为 η，

则：

$$\eta_h = (90° - \gamma_h) + \arctan\left(\frac{1 - \cos\gamma_h\cos\gamma_v}{\sin\gamma_h}\right) \tag{16}$$

$$\eta_v = (90° - \gamma_v) + \arctan\left(\frac{1 - \cos\gamma_h\cos\gamma_v}{\sin\gamma_v}\right) \tag{16-1}$$

土垡沿曲面向侧面和上方移动的加速惯性力，本应等于微量厚度的垂直剖面沿重心轨迹在各相应点的加速惯性力的积分和，现为简化计算，近似地将土垡重量视作集中于重心点，而以重心点的加速度计算土垡移动的惯性力。

现计算土垡向侧面和上方移动的阻力。在水平投影面上（参看图 11c），为克服加速阻力所施加于犁体的水平方向牵引阻力 P_{4h}，本身引起对曲面一垂直分力 $P_{4h}\sin\gamma_h$ 及摩擦阻力 $fP_{4h}\sin\gamma_h$ 因此：

$$P_{4h}\cos\gamma_h = fP_{4h}\sin\gamma_h + F_h\cos\eta_h + fF_h\sin\eta_h \tag{17}$$

$$R_{4h} = P_{4h} = \frac{F_h(\cos\eta_h + f\sin\eta_h)}{\cos\gamma_h - f\sin\gamma_h} \tag{18}$$

对于铅垂面上的土垡移动加速阻力 P_{4v}，则除了加速惯性力外，还有土垡重量 W 的作用，则：

$$P_{4v}\cos\gamma_v = fP_{4v}\sin\gamma_v + F_v\cos\eta_v + fF_v\sin\eta_v + fW\cos\gamma_v + W\sin\gamma_v) \tag{19}$$

$$R_{4v} = P_{4v} = \frac{F_v(\cos\eta_v + f\sin\eta_v) + W(f\cos\gamma_v + \sin\gamma_v)}{\cos\gamma_v - f\sin\gamma_v} \tag{20}$$

$$R_4 = R_{4h} + R_{4v} \tag{21}$$

二、犁体总比阻及曲面主要参数对它的影响

(一)犁体总比阻

犁体各部分对土壤的作用是互相牵连的，为便于分析，犁体比阻视作由以下几部分组成：

$$K = K_1 + K_2 + K_3 + K_4 + K_5 \tag{22}$$

1. 铲刃切削比阻，根据式(5)为：

$$K_1 = \frac{R_1}{ab} = \frac{1}{a}\frac{q_{0b}}{S}(1 + e_1 b + e_2 b^2)\left[\frac{S}{2}\tan\left(45° + \frac{\varphi}{2}\right) + \frac{S}{2}\frac{1}{\tan\left(45° - \frac{\varphi}{2}\right)}\right]^n \times (\sin\gamma_0 + f\cos\gamma_0) \tag{23}$$

式(21)表明，在 a 值为一定时，

$$K_1 = C_{b1}(1 + e_1 b + e_2 b^2) \tag{23-1}$$

或当 b 值为一定时，

$$K_1 = C_{a1}\left(\frac{1}{a}\right) \tag{23-2}$$

2. 胫刃切削比阻，根据式(6-1)为：

$$K_2 = \frac{R_2}{ab} = \frac{1}{2b}v\frac{q_{0a}}{S_2}\left[\frac{S_2}{2}\tan\left(45° + \frac{\varphi}{2}\right) + \frac{S_2}{2}\frac{1}{\tan\left(45° - \frac{\varphi}{2}\right)}\right]^n \times (\sin\alpha_c + f\cos\alpha_c) \tag{24}$$

或

$$K_2 = \frac{c_{b2}}{b} \tag{24-1}$$

3. 犁铲犁胸使土垡变形的比阻，根据式(11)为：

$$K_3 = \frac{R_3}{ab} = N_{a0}^{cp}\left(1 + \frac{1}{2}d_1^{cp}a + \frac{1}{3}d_2^{cp}a^2\right)(\sin\varepsilon_0\sin\gamma_0 + f\sqrt{1 - \sin^2\varepsilon_0\sin^2\gamma_0}) \tag{25}$$

或

$$K_3 = N_{b0}^{cp}\left(1 + \frac{1}{2}j_1^{cp}b + \frac{1}{3}j_2^{cp}b^2\right) \times (\sin\varepsilon_0\sin\gamma_0 + f\sqrt{1 - \sin^2\varepsilon_0\sin^2\gamma_0}) \tag{25-1}$$

亦可视作：

$$K_3 = C_{a3}(1 + C'_{a3}a + C''_{a3}a^2) \tag{26}$$

或

$$K_4 = C_{b3}(1 + C'_{b3}b + C''_{b3}b^2) \tag{26-1}$$

4. 土垡沿壁面向侧面和上方移动的加速比阻，根据(21)、(18)、(20)、(15)、(15-1)及(12)等式为：

$$\begin{aligned} K_4 &= \frac{R_4}{ab} \\ &= \frac{b\gamma}{\sin\gamma_0\cos\gamma_0}\left[\frac{V_M^2}{g}\cdot\frac{\sqrt{1 - 2\cos\gamma_v\cdot\cos\gamma_h + \cos^2\gamma_v}}{b/\sin\gamma_0\cos\gamma_0}\cdot\frac{(\cos\eta_h + f\sin\eta_h)}{(\cos\gamma_h - f\sin\gamma_h)}\right. \\ &\quad \left. + \frac{V_M^2}{g}\cdot\frac{\sqrt{1 - 2\cos\gamma_v\cdot\cos\gamma_h + \cos^2\gamma_h}}{b/\sin\gamma_0\cos\gamma_0}\cdot\frac{(\cos\eta_v + f\sin\eta_v)}{(\cos\gamma_v - f\sin\gamma_v)} + \frac{(f\cos\gamma_v + f\sin\gamma_v)}{(\cos\gamma_v - f\sin\gamma_v)}\right] \end{aligned} \tag{27}$$

或

$$K_4 = C_{b4}b + C'_{b4}V_M^2 \tag{27-1}$$

5. **犁体沿沟底沟墙滑动的摩擦比阻，由两部分组成：**

a）沟底摩擦阻力

$$R_5'=f(G_K-P_V+R_Z)\approx fG_K \tag{28}$$

式中：G_K 为犁的犁重分摊到每个犁体的数值，公斤；P_V 为每个犁体拉力的铅垂分力，公斤；R_Z 为犁体全部元素阻力的铅垂分力，公斤。

b）沟墙摩擦阻力

$$R_5''=fR_y\approx fP_H\tan\gamma_{cp} \tag{29}$$

式中：P_H 为每个犁体拉力的水平分力；γ_{cp} 为犁曲面平均推土角；R_y 为犁体全部元素阻力沿垂直于沟墙方向的分力。

最后

$$K_5=\frac{R_5'+R_5''}{ab}\approx\frac{f(G_k+P_H\tan\gamma_{cp})}{ab} \tag{30}$$

即

$$K_5=\frac{C_{b5}}{b} \tag{30-1}$$

或

$$K_5=\frac{C_{a5}}{a} \tag{30-2}$$

（二）比阻与铧幅 b 的关系

综合上节计算结果，当耕深、耕速等其他参数为定值时，

$$\begin{aligned}K&=K_1+K_2+K_3+K_4+K_5\\&=C_{b1}(1+e_1b+e_2b^2)+\frac{C_{b2}}{b}+C_{b3}(1+C_{b3}'b+C_{b3}''b^2)+C_{b4}b+C_{b4}''V_M^2+\frac{C_{b5}}{b}\\&=\frac{C_{b\,\mathrm{I}}}{b}+C_{b\,\mathrm{II}}+C_{b\,\mathrm{III}}b+C_{b\,\mathrm{IV}}b^2\end{aligned} \tag{31}$$

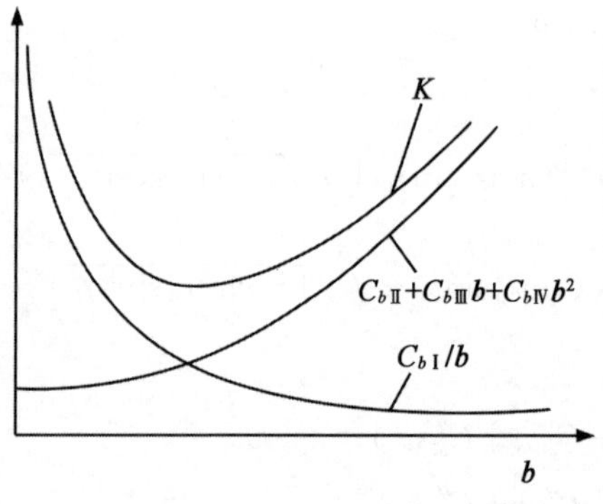

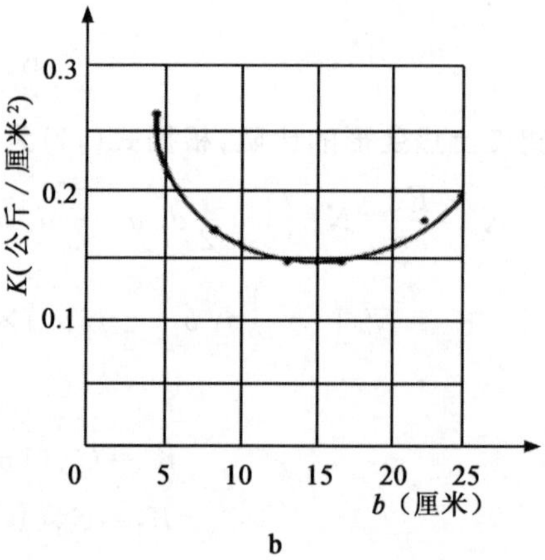

图 12

方程式各组成部分的曲线在图 12a 中示出，由图可见，若其他条件相同，当铧宽很小时比阻很大，随铧宽的增加，比阻达最小值，往后又不断增加。

为了验证上述分析的正确性，我们用波兰步犁在小土槽里进行了试验，试验中土壤状态近似一致，测定了不同耕宽下的比阻，其结果列于表 4 与图 12b。根据这个特定的试验，当耕宽 b 约等于 15 厘米时，比阻最小。虽然由于试验装置的关系，所测得的比阻值不包括沟底摩擦比阻，但所得出的抛物线规律，与理论分析却是吻合的。

表 4

耕宽 b(厘米)(当耕深为 15 厘米时)	比阻 K(公斤/厘米^2)	耕深 a(厘米)(当耕宽为 15 厘米时)	比阻 K(公斤/厘米^2)
4.5	0.264	10.5	0.223
8.2	0.172	14.5	0.150
13.0	0.147	18.0	0.177
16.5	0.149	21.0	0.161
22.0	0.179	24.5	0.190
24.5	0.197	28.0	0.200

(三)比阻与耕深 a 的关系

同样,当耕宽、耕速等其他参数为定值时,从上面计算结果可得:

$$K=C_{a1}\left(\frac{1}{a}\right)+C_{a2}+C_{a3}(1+C'_{a3}a+C''_{a3}a^2)+C_{a4}+\frac{C_{a5}}{a}$$

$$=\frac{C_{a1}}{a}+C_{a2}+C_{a3}a+C_{a4}a^2 \tag{32}$$

方程式(32)中各组成部分的曲线在图 13a 中示出,由图可见,若其他条件相同,当耕深很小时比阻很大,这与按 Горячкин 阻力公式计算的结果是一致的(见图 13b,原式为:$P=fG_K+kab+\varepsilon abV_M^2$,现 $K=\frac{P}{ab}=\frac{fG_K}{ab}+k+\varepsilon V_M^2=\frac{fG_K}{ab}+k'$);随耕深的增加,比阻达最小值,往后又迅速增大,这与图 13b 的计算结果不相同。

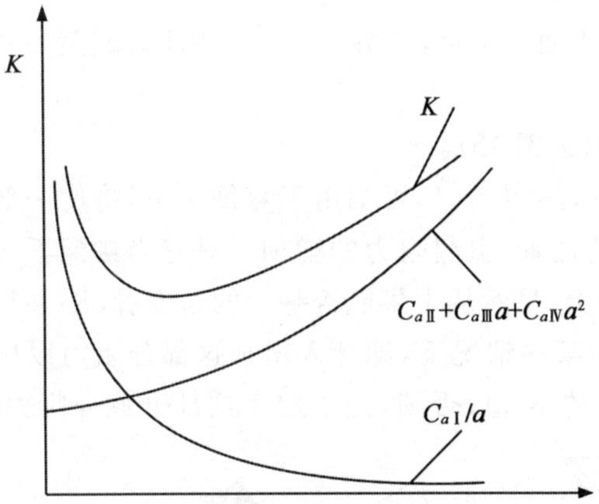

图 13a

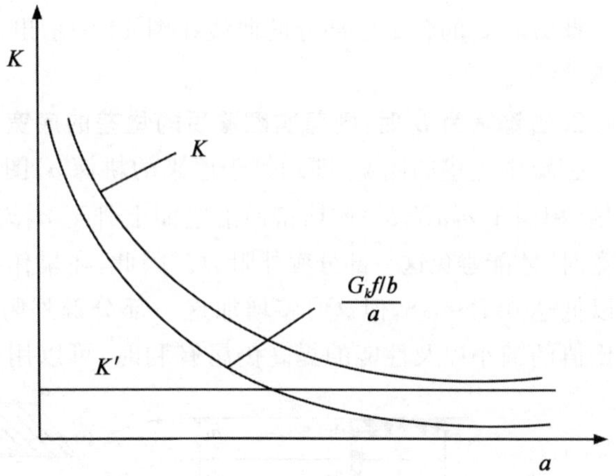

图 13b

为了证实前面所进行的理论分析,我们用波兰步犁进行了不同耕深时比阻的测定,测定结果列于表 4 与图 13c。根据这个特定的试验,耕深 a 约等于 17 厘米时,比阻最小。可见测定结果证实了我们的分析基本是正确的。

对于铧幅 b 和耕深 a 增大时比阻 K 随之提高的规律,在实际工作中亦可得到证明。

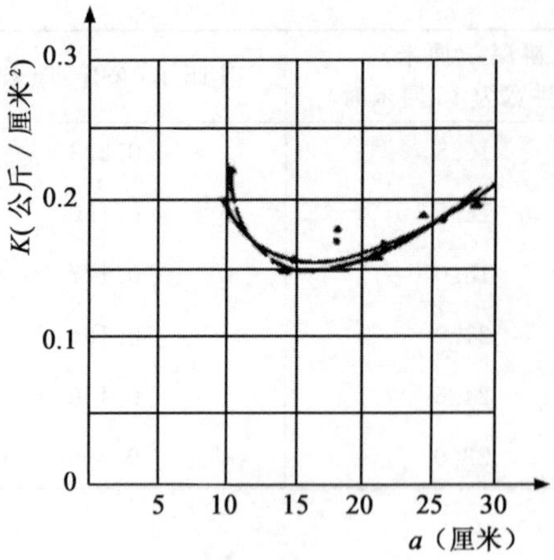

图 13c

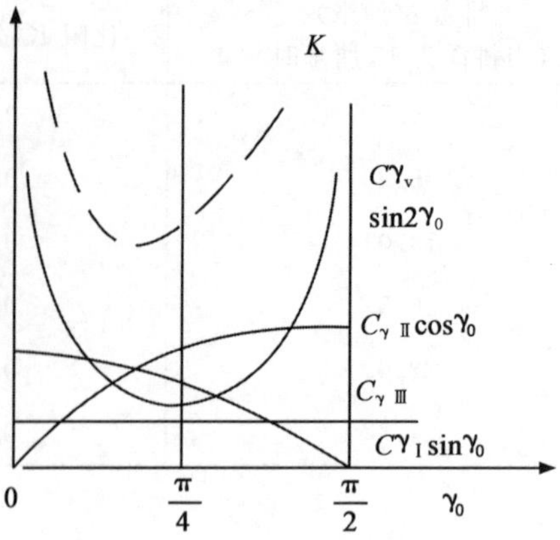

图 14

(四)曲面参数对比阻的影响

在耕深 a、耕幅 b 和耕速 V_M 之外，影响比阻的主要曲面参数，除了已普遍了解的铲刃厚 S、犁铲安置角 ε_0、壁面、犁床和犁踵与土壤的摩擦系数 f、犁体重量 G_K 之外，根据前面犁体阻力与主要参数间关系式的分析，尚可得出下列几点：

1.推土角 γ_0 的影响

$$K = C_{\gamma\mathrm{I}}\sin\gamma_0 + C_{\gamma\mathrm{II}}\cos\gamma_0 + C_{\gamma\mathrm{III}} + \frac{C'_{\gamma\mathrm{IV}}}{\sin\gamma_0\cos\gamma_0}$$

$$= C_{\gamma\mathrm{I}}\sin\gamma_0 + C_{\gamma\mathrm{II}}\cos\gamma_0 + C_{\gamma\mathrm{III}} + \frac{C_{\gamma\mathrm{IV}}}{\sin 2\gamma_0} \tag{33}$$

此方程式的各组成部分的曲线在图 14 中示出。由图中曲线可见，γ_0 在 0°～ 90°中间区域某一数值时 K 最小。

2.当铧宽为 b 时，则每次翻覆后的垡垄的底宽亦为 b(见图 15)。

翻覆中土垡的底宽(即约等于原来的耕深 a，图中 cb'_2)应不大于 b，否则由于容纳不下，将使一部分土垡(相当于 $a'_2a'_1b'_1b'_2$)被堵挤而沿壁面上升至 $d'_2d''_2a''_2a'_2$ 的位置，引起阻力的增加。只有当耕深不大于铧宽时，才能避免这一部分额外阻力。因此，在旱作沙壤土上，虽然从土垡能否翻转的角度看，$K(=b/a)$ 可以低达 0.7～0.8，但这时将增加这一部分额外阻力。在某些情况下，即计入增加这部分阻力以后对总比值的减小以及性能的提高仍属有利时，可以用低于 1 的 K 值；否则，为了避免这部分额外阻力，K

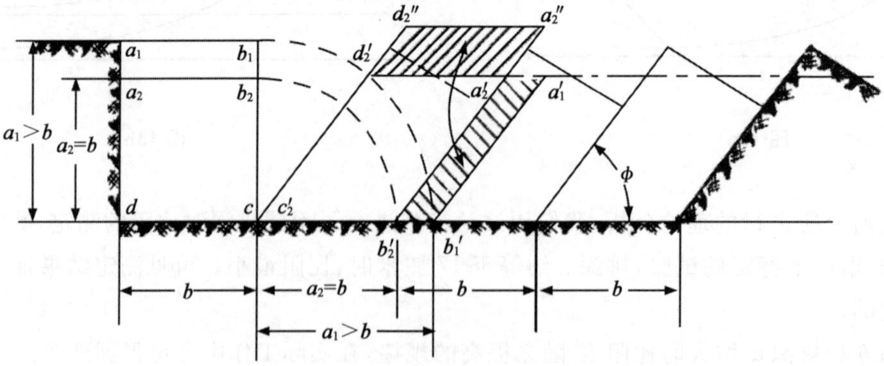

图 15

值宜采用 1，这样对保证翻转亦能起到安全系数作用。

3. **曲面形状对比阻的影响**

现有犁体或已设计绘图出的犁体曲面所铲起之垡条，其垂直于前进方向之剖面的底边中点及剖面重心的运动轨迹均可用作图法作出（参看图 16），剖面底边中点及剖面重心的空间曲线的平滑性及其长度决定了阻力关系式中的 η 角及土垡重量，从而对土垡运动阻力产生影响；剖面底边中点及重心轨迹的空间曲线的形状受推土角 γ 的变化、曲面张度 L（L 值之含义参看图 11a）的大小、样板曲线 ε 角的变化等因素影响。此曲线的形状、平滑性及长度可用于从流动阻力角度判断曲面设计是否良好。对于易破碎的土壤，在到达犁胸以前土垡未碎，这时曲线宜平缓而较长；到达犁胸以后土垡已基本破碎，此后曲线可短而陡，这时如将翼部过于延长，则增加了重心轨迹长度，增加摩阻，亦易引起碎土堵塞，从而无益地增加阻力。对于不易破碎的土壤，胸部以前及胸部以后的曲线都要求平缓，才能避免阻力陡增。

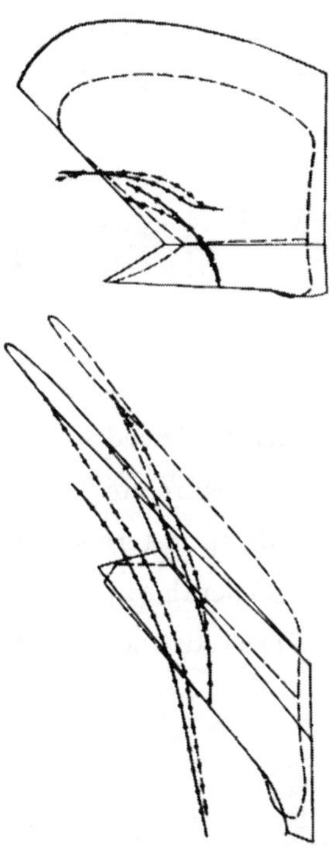

图 16　土垡剖面底边中点沿曲面的轨迹

三、结论

1. 犁体曲面的阻力可通过各组成部分的阻力与主要参数间的关系式来近似地计算。

2. 铧犁犁体曲面的比阻 K 为铧幅 b 的函数，b 从零增长时，K 从很大值降至最小，然后随 b 的增长而增加。

3. 铧犁犁体曲面的比阻 K 为耕深 a 的函数，a 从零增长时，K 从很大值降至最小，然后随 a 的增长而增加，并不像一般所认为的那样：K 在各种常用深度 a 范围内几为定值。

4. 利用作图法可作出土垡剖面底边中点及剖面重心相对面运动的空间轨迹，它可作为土垡运动阻力大小的判断标准。

5. 铲刃切削阻力的理论计算，可利用钢丝的贯入过程来模拟。

6. 犁铲犁胸上土垡压力的分布规律与斜挡土墙被动土压力近似，而不是像一般所认为的那样；铲刃处压力小，铲面上处压力越大。

参考文献

[1] Похоровский Г. Н. К теорни роботы плуга, *Цочвовеэенче* № 5-6, 1935.

[2] Яковлева М. Н. Calculation of soil resistance at tillage based on lab. investigation, *Цочвовеэенче* №6, 1936.

[3] Wicha A. Mashinen and gerotc fur die bodea bearbeitung, 1957.

[4] Гячев, Теория лемешно—отвалъной поверхности.

[5] Саокян, О Закнмерности Сопротивлеиие почвы вдаливиию, *Сборник трудов по sем., мех. Том* Ⅲ. 1956.

[6] Виноградов и Подскребко, Распредение иормальных давлений на пнверхности плоского клина при обработке почвы на повышенных скоростях, *Серия* Ⅺ *Тракториое и с-х. машиностроение, усовершенствованип поч. обр. машин.*

[7] Виноградов и Шушкевич: Экспериментальное определение удельной нагруэки иа леэвие лемеха и

давлеиня но его лицевую поверхность *Усовершенствование орудий для основной обработки почвы Выпуск* 5,1959,Висхом.

[8] 曾德超.旱作沙壤土上铧犁犁体曲面性能分析,农业机械学报,5卷1期。

Draft Resistance of Various Parts of a Plow Bottom in Sandy Loam Soil

Zeng Dechao

Abstract Based on theoretical analysis and experimental results devised to reveal soil deformation, soil pressure etc., the author of this paper tries to calculate the draft resistance of various parts of a plow bottom in terms of its principal parameters. Effects of varying the width of a plow bottom as well as the depth of plowing on unit total resistance are investigated. A way of judging a plow bottom as to its ease for the furrow slice to flow through is also proposed.

按翻土曲线变化规律设计滚垡壁犁犁体曲面的方法*

曾德超　郭祺泰

关于滚垡犁犁体曲面的设计方法，外国长期以来曾进行了大量的研究工作。在苏联广泛应用水平元线法，但水平元线法不能设计出在欧美已广泛应用而在我国试验结果性能也良好的斜元线及曲元线犁（如西德大野猪犁、英国福格森犁等）。由 Шмелеёв 发展的螺旋形犁体设计方法，其翻土曲线基本上是直线，只是为了便于推翻土垡而修改成凸起的，因此不能用于熟地型和半螺旋型犁的设计。关于斜元线曲面，苏联 Хорошилов 虽总结出八种经验设计方法，但由于没有固定的规律，实际上都不能应用。苏联 Лучинский 在四十年代初期就提出了用一个不变的前视图样板（相当于翻土曲线不变）做螺旋运动来构成半螺旋型及熟地型犁体曲面，其着眼点有两个：由于用了同一翻土曲线来构成曲面；从而可以减少铲尖至犁胸部分及犁胸附近沟边线部分的磨损；简化了曲面的作图与检查手续[4]。这种方法的出发点不是从性能上考虑，而是从磨损上考虑，在苏联没有得到实际应用。

欧美生产犁体曲面，多凭经验；虽然有一些犁的性能较好，但是他们一直没能研究出一种实践上可行的曲面设计方法。

一些学者亦曾企图在大量测量现有性能较好的犁体曲面的基础上，找出曲面的构成规律，例如 1918 年 White 发现许多应用中满意的犁体曲面大都具有两组直线，提出曲面应具有双曲面的形式。Nichols 提出顺前进方向向后移动并绕一点转动一圆弧的方法来构成各种通用型、熟地型及翻土型犁壁（此法与 Лучинский 的前视图样板法基本相同）。但这些方法并没有得到实际应用。美国万国农具公司研究发展部曾提出运用电子计算机确定曲面上一系列曲线的方程式，使得土垡在壁面上各点等压，以利脱土。但是在现在这种形式的犁壁上，据苏联 Винигрaдов 等对犁铲及犁壁表面压力的电测表明，要做到等压是困难的，而以等压解决脱土问题究竟能达到何种程度也有待研究。

因此，到目前止，尚未有一种实际能用的曲线设计法，因而在一定程度上限制了犁体曲面性能的进一步改进。

几年来我们根据华北一些拖拉机站的实践试验，对各种犁体在旱作沙壤土上的性能和阻力进行了分析和试验。体会是，不论是开荒犁，黏性熟土犁和沙性熟土犁，合理的犁体曲面设计方法，都应以符合土垡翻转过程为基本依据。本文介绍我们根据生产需要，在实践和在前人（Щучкин 和 Лучинский、Nichols 等）研究的基础上进一步发展的一种以土垡翻转过程为依据的设计方法——按翻土曲线变化规律设计的方法。这种方法属于曲元线法。根据具体设计、试制和初步生产试验的结果，证明此法是可行的。

一、壁犁的首要任务在于翻转土层

从整地工艺过程的角度分析，翻转土层是整地的基础。华北地区，一个良好的苗床需把地表残茬扣下去，把下层未经破坏淋溶的新鲜土层翻上来，土壤平整细碎，上虚下实。要得到这样一个苗床，需用以犁为基础的由圆盘耙、钉齿耙、耢、镇压器和平地框等组成的整地机具系统，进行多次作业。犁地所达不到的碎土程度可以由随后的作业来完成，但其所达不到的翻土覆盖程度，后续作业则无法补救。从历史

---

* 本文出处：农业机械学报，1965 年 8 月，第 8 卷第 3 期

演进过程来看，用耒耜耕种时，最初只能松土而不能翻土，翻土犁壁是后来的发展。旋转耕耘机之不能代替壁犁就在于它不能翻土。因此说犁须同时能翻土和碎土，但首要任务在于翻土。

滚垡壁犁的翻土情况，主要决定于翻土曲线的变化规律，因此，其曲面设计的合理方法亦应以翻土曲线变化规律为主要依据。

曲面顺利地翻转土层的条件主要取决于翻土曲线倾斜度的增长规律及最后达到的最大倾斜度绝对值。至于覆盖性能，在无小前犁或切角器的情况下，犁铲沿沟底切断土垡剖面底边前翻土曲线所达到的倾斜度大，土垡离开犁壁翼端前所达到的翻转程度大，土垡侧移小或为负值，铲翼处起土角变小，铧宽较大，犁壁较长等都有利于提高覆盖程度。但是在黏性土壤以及在开荒地上，为了避免强制土垡变形而引起阻力剧增，犁铲沿沟底切断前翻土曲线倾斜度不能太大，其后翻土曲线倾斜度的增长率亦不能太大，犁要宽些长些。犁曲面设计原则应该是在满足顺利翻土以及提高覆盖性能的前提下，根据土质、表层茬根状况以及耕作速度等适当选择有关参数，以利碎土及减轻阻力。

二、按翻土曲线变化规律设计曲面的作图步骤

(一)作犁沟剖面图

开荒地（由于草根的连接）及土壤黏重潮湿而土垡成条时，犁沟剖面可按矩形翻转尺寸作出。当土壤较沙或土质虽黏但土垡并不潮湿黏结成条时，犁沟剖面图可按碎散土垡翻转尺寸作出（图 1）；这时选定耕宽 b 及周年中要求达到的最大耕深 a_m 后，以矩形 $ABCD$ 代表土垡剖面，作翻覆后土垡剖面 $A_0B_0C_0D_0$，A_0B_0 斜度为碎散土壤休止角 φ，$B_0C_0=b$（地块宽为 B，铧宽为 b，耕作趟数为 $\frac{B}{b}=m$，翻转后的土垡数亦为 m，翻转后的土垡宽为 $\frac{B}{b}=b$，即每铧的土垡翻转后所占宽度只能和必然为 b），翻覆后土垡平均高度为 ξa，ξ 为膨松系数。

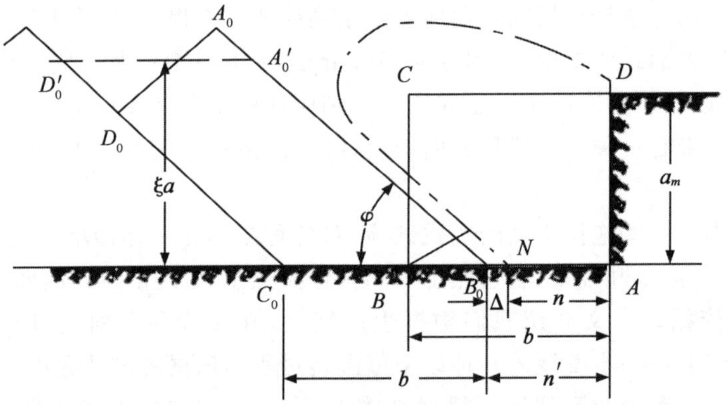

图 1　犁沟剖面图

$AB_0=n'$，n' 可根据情况选取：n' 取的大，犁后沟底较宽，对下趟土垡的翻转有利，亦减少拖拉机轮子压塌已翻覆土垡的程度；但是 n' 亦不能过大，否则，设计出来的犁体自壁面沟边线与沟底的交点 N 至铲翼 B 的距离 NB 过小，这样易于引起土垡 B 角沿曲面上升而不是通过铲翼后支撑在沟底而使土垡绕之翻转。从几种现有犁来看，能保证土垡绕 B 点翻转的 n/b 值（$n=n'-\Delta$，Δ 为犁壁沟边线与翻覆土垡斜边 A_0B_0 间的水平间隙，一般可取 10～20 毫米）在 0.4～0.54（表 1）。显然，当 b 值较小、$k=b/a$ 值亦较小时，在保证一定的 NB 的绝对数值的前提下，则 $\frac{n}{b}$ 取较小值，才能满足上述两者的要求；当 b 大、k 大

时，$\frac{n}{b}$可选择的范围就较宽一些。

表 1

犁　体	双轮双铧犁	小野猪犁	苏联五铧犁	大野猪犁	福格森犁
犁宽 b(厘米)	22	22.8	37.5	33.5	30.5
n/b	0.54	0.52	0.44	0.41	0.40

(二)作前视图

作出犁沟剖面图后，取犁的胫刃线高度 $H=a_m+\Delta_H$。Δ_H 为增量，土质较沙时 Δ_H 可取正值，在开荒时 Δ_H 为负值，以减轻犁壁重量。胫刃线高度的选取以最大耕深为依据较以耕宽 b 为依据更为合理些。

犁壁最大高度 H_{max}取在 BCC'线上，因为土垡翻转过程中，与壁面接触的土垡底面 BA 在此位置达到最高点。

$$H_{max}=\sqrt{a_m^2+b^2}\pm\Delta H_{max}$$

式中：$\Delta H_{max}\approx0\sim4$ 厘米，土垡在曲面上松碎厉害时取正值，在曲面上保持成条时取负值。

犁壁沟边线 $F'N$ 的斜度可取 $\varphi+\Delta\varphi$，$\Delta\varphi=2°\sim3°$；亦可取 $\Delta\varphi=0$，而取 $n=n'-\Delta$，$\Delta=1\sim2$ 厘米。

以圆滑曲线联顶边线 $D'C'F'$($D'C'$段可取近于直线；F'取在近 ξa_m 的高度处)，必要时可用延长板，以减少犁壁的过大过重；犁铲投影长度取为 $b+\Delta b$，Δb 为多铧犁的重迭量，开荒时 Δb 为负值。犁铲沟边线 $B'N'$的 N'点高度为犁铲宽度乘 $\sin\varepsilon_0$，ε_0 为犁铲安置角。

(三)翻土曲线变化规律的选择

前视图作出后，选择犁铲的推土角 γ_0 值（要切断草根时用较大值，如 45°；要利于茬根或石子等滑动时用小值，如 34°，36°；耕速高时用小值以减少阻力），在俯视图上作出铲刃线 $A'_hB'_h$（图 2），并可标出犁铲沿前进方向的投影长度 L_1。以 L 表示铲尖至壁翼端点 F'_h沿前进方向投影长度。如 L 值小，则犁耕时土垡翻转的角速率大。几种现有犁的 L 值见表 2。L 值的选择要根据土质要求的覆盖程度、土垡的高和宽对翻转的难易和耕速大小等而定，一般可考虑采取：

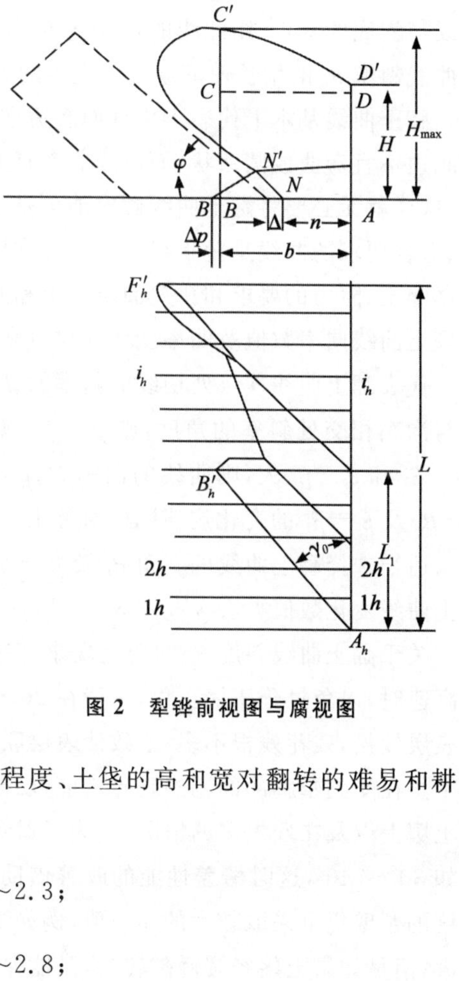

图 2　犁铧前视图与腐视图

沙性熟土　　$\frac{L}{L_1}\approx1.8\sim2.1$；$\frac{L}{b}\approx2.0\sim2.3$；

黏性熟土　　$\frac{L}{L_1}\approx2.0\sim2.2$；$\frac{L}{b}\approx2.3\sim2.8$；

开　　荒　　$\frac{L}{L_1}\approx2.9$；　$\frac{L}{b}\approx2.9$。

表 2

犁体	双轮双铧犁	小野猪犁	苏联五铧犁	大野猪犁	福格森犁	波兰三铧犁	美国 Oliver 开荒步犁
b(厘米)	22	22.8	37.5	33.5	30.5	32	37.5
γ_0	44°	42°	42°	40°	38°	39°	45°
L_1(毫米)	234	245	430	360	390	388	376
L(毫米)	498	485	780	770	840	790	1070
L/b	2.26	2.13	2.08	2.30	2.75	2.47	2.86
L/L_1	2.13	1.98	1.82	2.14	2.15	2.04	2.85
$\beta_{0\max}$	82°	80°	95°	97°	110°	89°	97.5°
$\beta_{0\max}/L$(度/厘米)	1.64	1.65	1.22	1.26	1.31	1.13	0.91

以垂直平面将 L_1 等份，并以相同间距分划 L，则截面在前视图上成为翻土曲线（壁翼部分的翻土曲线系将截面线按土垡底面的总弯曲趋势延长交于沟底而得）。以直线联各个翻土曲线的顶点及其延长线与沟底的交点，则此线的角度 β_0 标志各翻土曲线的平均斜率。犁体各部分（头部、胸部、翼部）翻土曲线斜率 β_0 的增长速率规定了土垡的翻转过程和直接影响覆盖、碎土和阻力。

翻土曲线基本上代表土垡剖面底边在翻转过程中弯曲的形状。为了增进曲面的碎土性能，土垡剖面底边不宜弯曲成圆弧状，而应成曲率有变化的曲线；但是土垡并不完全沿每根翻土曲线由下而上地滑动，这样就无必要将翻土曲线做成能创造土块继续剪断条件的、曲率不断急剧增加的曲线。比较常用的、适合要求的曲线是抛物线。对几种常用犁翻土曲线的测定亦表明，都属于抛物线。抛物线的曲率应根据碎土、阻力的要求和耕速而定。土黏时，阻力大时，耕速高时都须用平坦的翻土曲线。几种常用犁体翻土曲线曲率数值及曲率变化规律可参阅参考文献[1]。

代表翻土曲线顶点处切线的斜率的 β_2 角直接影响到土垡上端背面受扣的程度，β_1 为代表翻土曲线在与沟底相交处斜率的角度，则 $\beta_2-\beta_0$ 以及 $\beta_0-\beta_1$ 值又反映了曲线的弯曲程度以及曲线的具体形状（$\beta_2-\beta_0$ 和 $\beta_0-\beta_1$ 大，则曲线的曲率大；$\beta_2-\beta_0$ 大，而 $\beta_0-\beta_1$ 小，则曲线顶部较曲而底部较平）。因此，$\beta_2-\beta_0$ 及 $\beta_0-\beta_1$ 的变化规律同样对翻土、碎土及阻力有影响。

适当选择翻土曲线的斜角 β_0 及 $\beta_2-\beta_0$、$\beta_0-\beta_1$ 的变化规律就能得出所需要的曲面。几种现用犁的翻土曲线变化数值见表 3 及图 3。

关于翻土曲线斜度 β_0 的变化规律，在犁铲铲尖部分，不论是对哪种土壤，角度一般不宜增长，特别是高速时，以免过分压缩土垡，一般在 20°～30°。在 L_1 处，犁铲沿沟底切断土垡时，在沙性土壤上，特别是表层较松，残茬残根不多，不致使表层联结成条时，β_0 角宜增长达较高的数值，例如 40°～50°，这样使得土垡在受到犁胸部的剧烈破碎之前，已翻转到一定角度，从而有利于土垡翻转，以改善覆盖性能；在黏性土壤上以及在残根多的情况下，为了避免 β_0 增长过急而引起阻力的剧增，L_1 处的 β_0 角可取较小值，例如 30°～ 40°，这时覆盖性能的改善借助于加长壁翼以及取较大的 $\beta_{0\max}$ 值。为了改善覆盖性能，沙性土壤的犁壁仍可采取较大的 $\beta_{0\max}$ 值，例如 100°；黏性土壤上 $\beta_{0\max}$ 还要大些，例如 120°；开荒犁的 $\beta_{0\max}$ 一般更大，但是如果土垡经缓慢翻转后，已能保证自己继续翻转，则不一定要用很大的 $\beta_{0\max}$ 值，以免犁壁过长过重。

$\beta_2-\beta_1$ 值大，则翻土曲线顶部的曲率大。在沙性土壤上，犁头部分 $\beta_2-\beta_0$ 值宜小，以免阻力过大；犁胸部分宜大，因为碎土主要在胸部完成；在翼部处的翻土曲线的碎土作用不必通过进一步加大曲率数值来达到，而是通过曲率变化来达到，即 $\beta_2-\beta_0$ 宜复减小。因此，$\beta_2-\beta_0$ 增长曲线宜在 L_1 达到最大值（图 3d），例如 25°～ 35°，往后复减。对于黏性土壤，尤其是开荒地，如用增大曲率的办法来碎土，则阻力过大，一般 $\beta_2-\beta_0$ 增长缓慢。

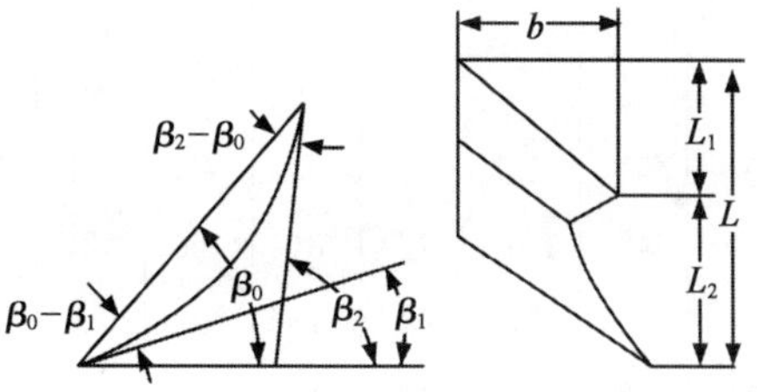

表 3

牌号	角度 \ β曲线位置	$0.2L_1$	$0.4L_1$	$0.6L_1$	$0.8L_1$	$1.0L_1$	$1.2L_1$	$1.4L_1$	$1.6L_1$	$1.8L_1$	$2.0L_1$	$2.2L_1$	$2.4L_1$	$2.6L_1$	L_1（毫米）	γ_0（度）
双轮双铧犁	β_1	22	22	20	19	21	21	33	40	50	70	—	—	—		
	β_0	22	22	26	32	33	46	58	64	68	80	—	—	—		
	β_2	22	22	39	51	48	90	94	—	100	95	—	—	—	234	44
	$\beta_2-\beta_0$	0	0	13	19	15	44	36	—	32	15	—	—	—		
	$\beta_0-\beta_1$	0	0	6	13	12	25	25	24	18	10	—	—	—		
小野猪犁	β_1	19	19	19	19	20.5	23	26.5	40	57	—	—	—	—		
	β_0	18	20.5	22.5	28	37.5	43.5	48.5	67	77.5	—	—	—	—		
	β_2	22.5	30.5	31	47	76	83	82.5	91	107	—	—	—	—	245	42
	$\beta_2-\beta_0$	4.5	10	8.5	19	38.5	49.5	34	24	29.5	—	—	—	—		
	$\beta_0-\beta_1$	−1	1.5	3.5	9	17	20.5	22	27	20.5	—	—	—	—		
苏联五铧犁	β_1	21	26	23	24	24	37	53	62	84	—	—	—	—		
	β_0	29	31	37	59	64	76	83	90	95	—	—	—	—		
	β_2	35	37	59	102	102	105	112	113.5	112	—	—	—	—	430	42
	$\beta_2-\beta_0$	6	6	22	43	38	29	29	23.5	17	—	—	—	—		
	$\beta_0-\beta_1$	8	5	14	35	40	39	30	28	11	—	—	—	—		
波兰三铧犁	β_1	31.5	29	30	30	31	25	37.5	52	69	—	—	—	—		
	β_0	31.5	29	32	37	51	55	66	80	89	—	—	—	—		
	β_2	31.5	29	41	52.5	84	96	105	105	107	—	—	—	—	388	39
	$\beta_2-\beta_0$	0	0	9	15.5	33	41	39	25	18	—	—	—	—		
	$\beta_0-\beta_1$	0	0	2	7	20	30	28.5	28	20	—	—	—	—		
大野猪犁	β_1	25	26	25	23	17	32	42	55	68	82	—	—	—		
	β_0	25	26	30	40	46	57	64	74	84	97	—	—	—		
	β_2	25	26	45	69	80	89	92	98	103	117	—	—	—	360	40
	$\beta_2-\beta_0$	0	0	15	29	34	32	28	24	19	20	—	—	—		
	$\beta_0-\beta_1$	0	0	5	17	29	25	22	19	16	15	—	—	—		

续表 3

牌号	角度 \ β曲线位置	$0.2L_1$	$0.4L_1$	$0.6L_1$	$0.8L_1$	$1.0L_1$	$1.2L_1$	$1.4L_1$	$1.6L_1$	$1.8L_1$	$2.0L_1$	$2.2L_1$	$2.4L_1$	$2.6L_1$	L_1（毫米）	γ_0（度）
福格森犁	β_1	33	32	20	13	7	40	56	72	84	98	—	—	—	390	38
	β_0	33	32	31	31	39	58	72	87	101	110	—	—	—		
	β_2	30	32	40	43	60	72	84	106	124	132	—	—	—		
	$\beta_2-\beta_0$	−3	0	9	12	21	14	12	19	23	22	—	—	—		
	$\beta_0-\beta_1$	0	0	11	18	32	18	16	15	17	12	—	—	—		
Oliver开荒步犁	β_1	18	12	10	7	4	23	27	37	45	53	64	73	89	376	45
	β_0	18	16	17	20	22	32	40	47	55	64	74	84	94		
	β_2	18	21	25	31.0	37	41	49	55	68	75	82	92	100		
	$\beta_2-\beta_0$	0	5	8	11.5	15	9	9	8	13	11	8	8	6		
	$\beta_0-\beta_1$	0	4	7	13	18	9	13	10	10	11	10	11	5		

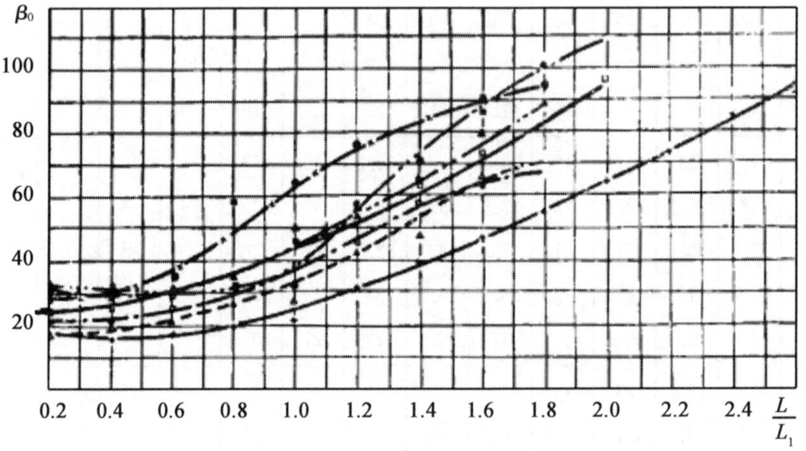

a

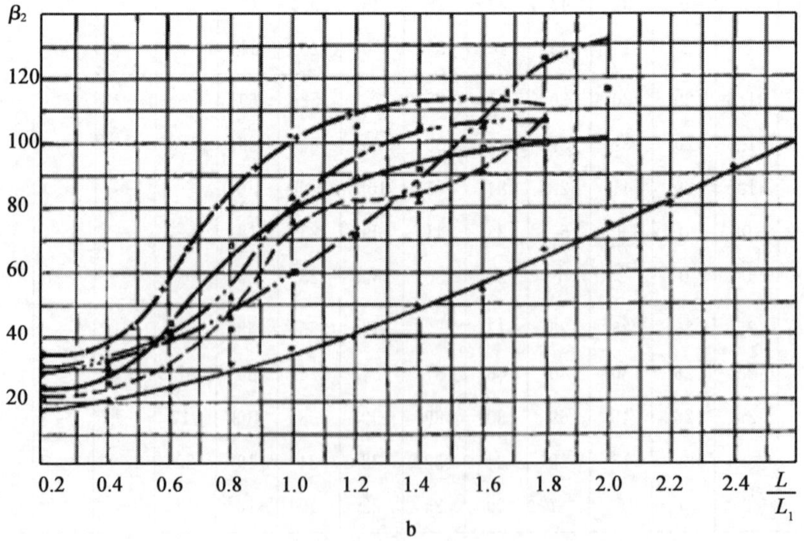

b

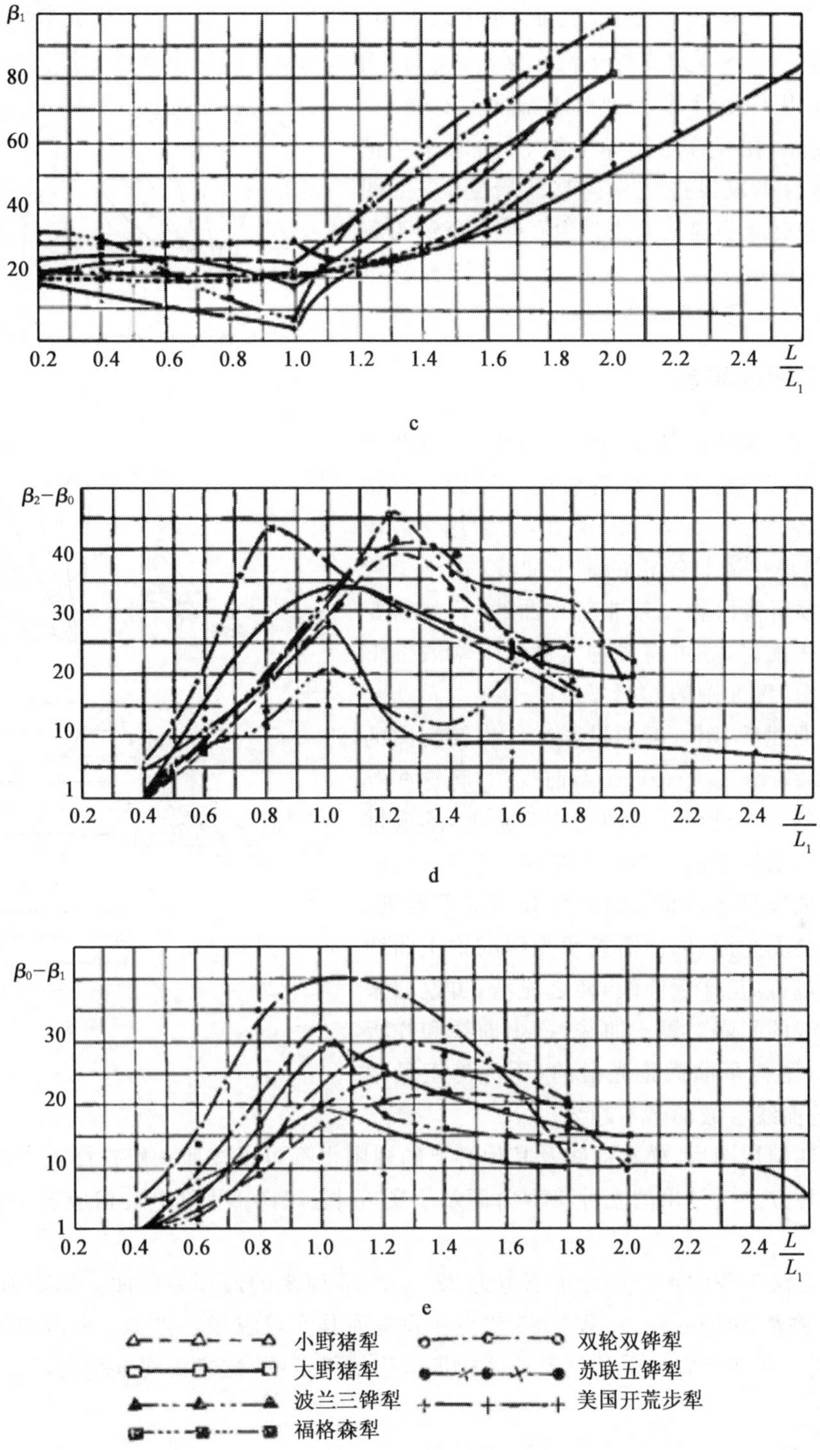

图 3　翻土曲线变化规律图

$\beta_0-\beta$的变化规律亦相类似，但明显地分为两个阶段：从铲尖到铲翼一段，有的犁（如苏联五铧犁，西德小野猪犁等）β_0 及 $\beta_0-\beta_1$ 几乎为定值，犁铲近于梯形平面；有的犁（如福格森犁）则 β_1 减小，即 $\beta_0-\beta_1$ 增大，这样有助于土垡下角支撑于沟底翻转，减少上窜趋势，从而改善覆盖质量。从铲翼往后这一段 β_1 及 $\beta_0-\beta_1$ 的作用不大，主要对曲线下部曲率有影响。为了提高覆盖性能，在开荒犁及黏土犁上，有时于犁铲沿沟底切断土垡后采取促进土垡内移的措施（参见图4），即侧移量 j（壁翼部分翻土曲线与沟底交点至铲刃翼端的最大距离）为负值。在沙土犁上，有时采用允许土垡侧移的措施，虽然侧移对覆盖是不利的。

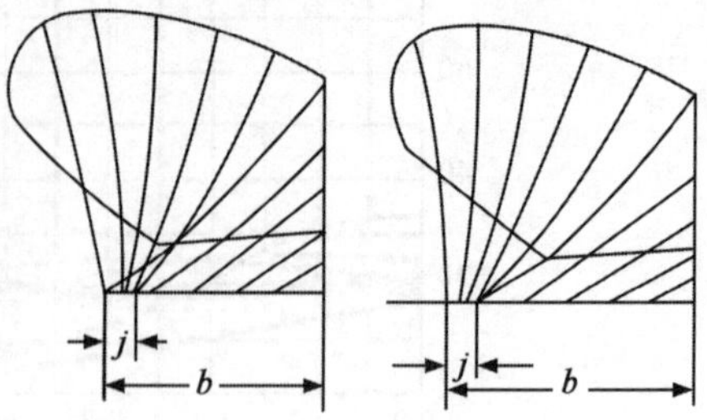

图 4

（四）各个视图的绘制

翻土曲线变化规律（包括 β_0，$\beta_0-\beta_1$，$\beta_2-\beta_0$）选定后，根据 β_0 数值作 1_v-1_v，2_v-2_v 等斜线（图 5）。在这些斜线的上下端各作 $\beta_2-\beta_0$ 及 $\beta_0-\beta_1$ 角，然后用一般作图法作抛物线，即得出抛物线形的翻土曲线（由于一般 $\beta_0-\beta_1\neq\beta_2-\beta_0$，故所得抛物线系非对称曲线）。如需要将犁铲设计成直平面时，亦可将抛物线做成下端或上下两端有一直线部分（图 5 中的 d' 及 d）。

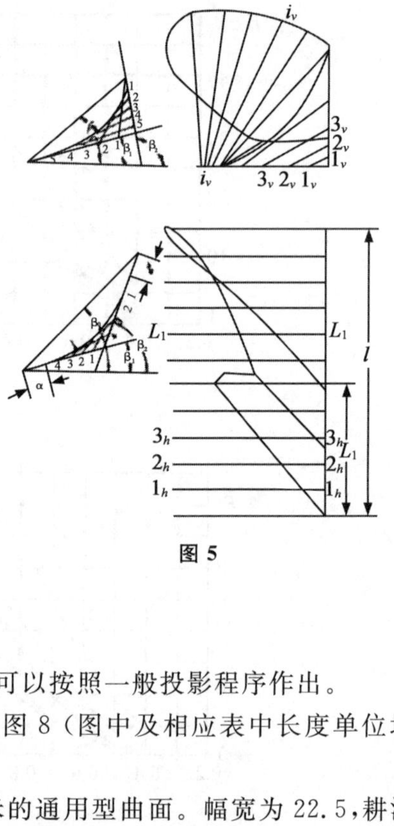

图 5

作出各翻土曲线后，用一般的投影法作出俯视图的轮廓线，另用等高线 1—1，……i—i 截前视图，将这些等高线与翻土曲线的交点投至俯视图的相应点上，连成推土曲线。这时所得的推土曲线可能不平滑，则需进行修正。如每条推土曲线是平滑的，但其相互间隔不合理，这时样板曲线还会不光滑，因而需按照光滑的推土曲线来画样板曲线，然后修正样板曲线，使之光滑，再返回来修正每条推土曲线的间隔。翻土曲线、推土曲线和样板曲线都是平滑的，则整个曲面是光滑的（因为修正量很微小，不影响原选曲线参数的基本趋势）。

作出前视图和俯视图后，样板曲线及其他必要的视图也都可以按照一般投影程序作出。

我们按照这种方法设计出的几种典型曲面示于图 6、图 7、图 8（图中及相应表中长度单位均为毫米）。

我们用这种方法为华北地区设计了幅宽为 22.5 及 25 厘米的通用型曲面。幅宽为 22.5，耕深能达 25 厘米的窄幅深耕犁头 FJ—22.5，从 1965 年春在我院通县实习农场春耕 100 多亩地情况看，基本上好用，受到群众欢迎。在河南省博爱县黏土地区初步试用结果表明，性能较现有犁头好。

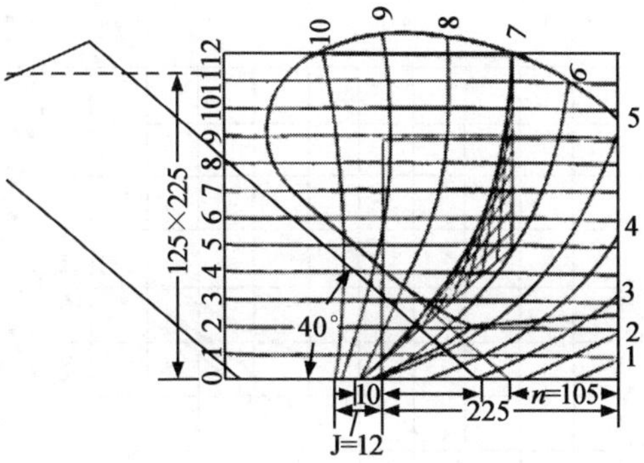

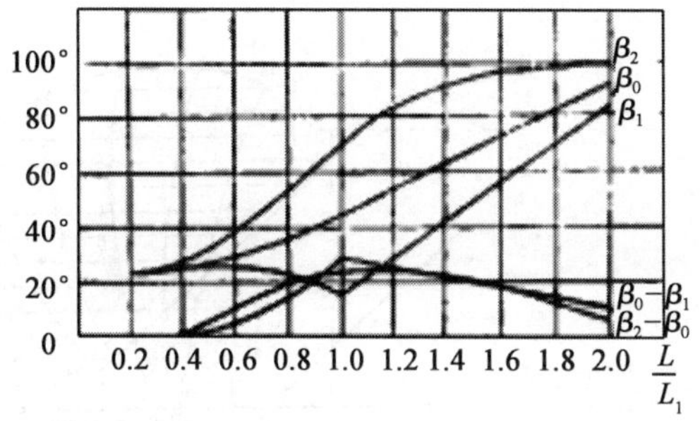

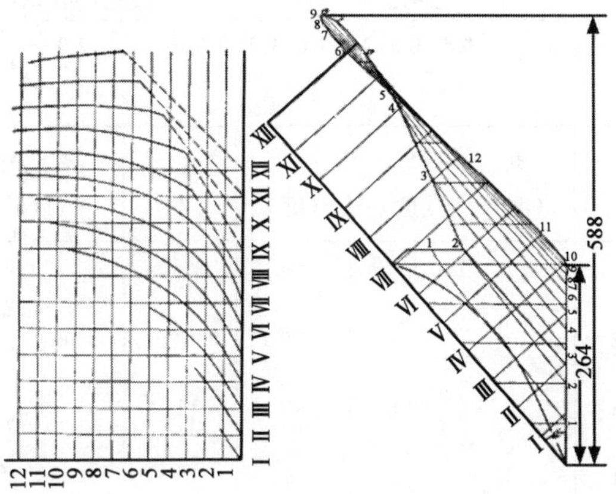

图 6　沙性熟地型犁体曲面

主 要 参 数

$b=225 \quad b+\Delta_b=235 \quad a_m=225$

$H=a_m+\Delta_H=240$

$L=2.2L_1$

$H_{\max}=\sqrt{a_m^2+b^2}\pm\Delta H_m=320$

$n=105=0.46b \quad j=42=0.18b$

$\varphi=40° \quad \gamma_0=42°$

	β_0（度）	β_1（度）	β_2（度）	$\beta_2-\beta_0$（度）	$\beta_0-\beta_1$（度）
1	25	25	25	0	0
2	26	26	26	0	0
3	30	25	40	10	5
4	36.5	22	57	20.5	14.5
5	46	16.5	70	24	29.5
6	57	32	83	26	25
7	65	42	88.5	23.5	23
8	74.5	55	95.5	21.5	19.5
9	83.5	68	98.5	15	15.5
10	93	82	100	7	11

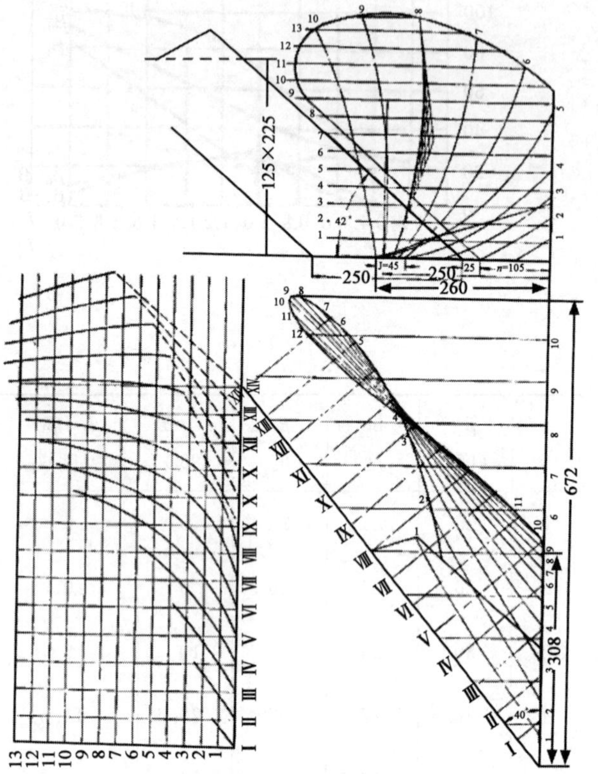

图 7　黏性熟地型犁体曲面

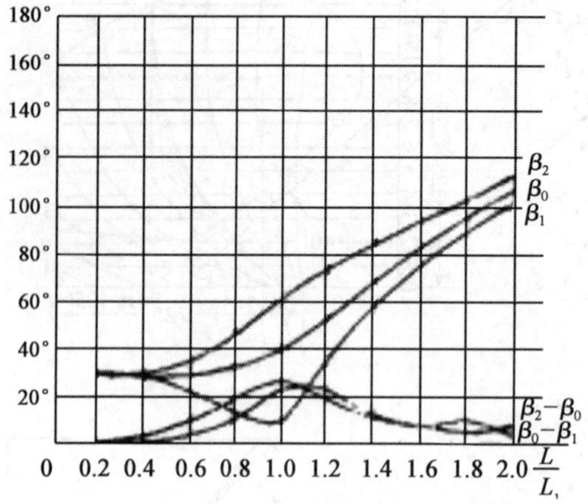

	β_0（度）	β_1（度）	β_2（度）	$\beta_2-\beta_0$（度）	$\beta_0-\beta_1$（度）
1	32	32	32	0	0
2	30	30	32	0	0
3	31	20	42	11	11
4	32	12	47.5	15.5	20
5	39	10	63	24	29
6	58	40	80	22	18
7	71	52	86	15	19
8	85	72	100	15	13
9	97	84	111	14	13
10	106.5	101.5	119	12.5	5

主要参数

$b=225\quad b+\Delta_b=260\quad a_m=225$

$H=a_m+\Delta_H=240$

$L=672=2.2L_1$

$H_{\max}=\sqrt{a_m^2+b^2}\pm\Delta H_m=350$

$n=105=0.42b\quad j=-45=-0.18b$

$\varphi=42°\quad\gamma_0=40°$

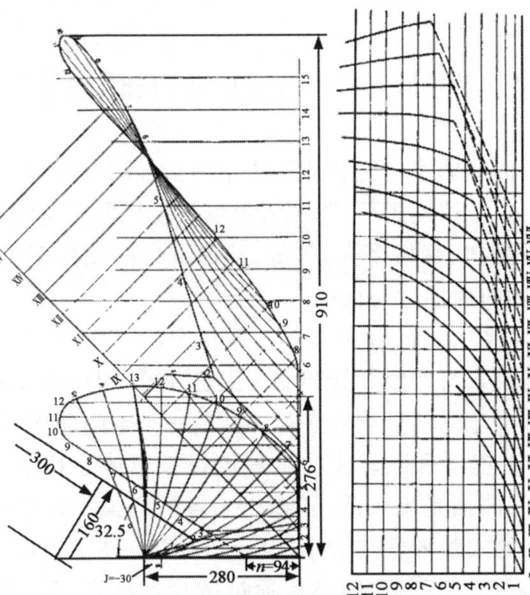

图 8　开荒型犁体曲面

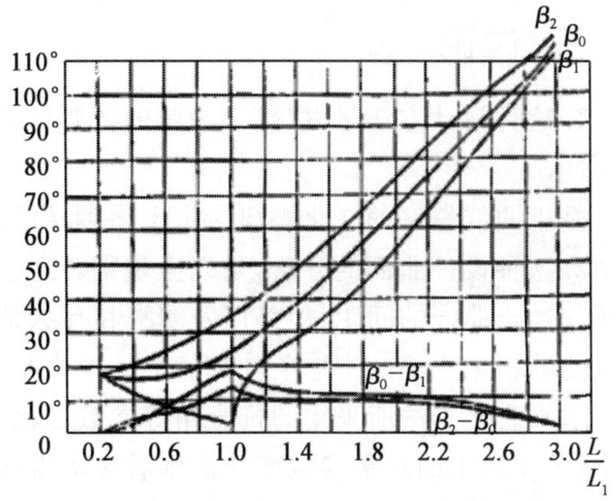

	β_0（度）	β_1（度）	β_2（度）	$\beta_2-\beta_0$（度）	$\beta_0-\beta_1$（度）
1	18	18	18	0	0
2	16.2	13	21	4.8	3.2
3	17.5	9	25	7.5	8.5
4	20	6	29	9	14
5	22.5	4	35	15.5	18.5
6	32.5	22	42	9.5	12.5
7	40	28	49	9	12
8	47	36	56.5	9.5	11
9	54.5	44	65	9.5	10.5
10	64	53	73	9	11
11	74	64	82	8	10
12	84	75	92	8	9
13	94	89	100	6	5
14	104	100	108	4	4
15	114	111.5	117	3	3

主要参数

$b=300\quad a_m=160\quad b_b=280$

$H=a_m+\Delta_H=160$

$H_{\max}=\sqrt{a_m^2+b^2}-\Delta H_m=300$

$\varphi=32.5°\quad n=94=0.34b$

$L=910=3.14L_1$

$j=-30=-0.1b$

三、讨论

1. 这种设计方法是以“翻土为犁的首要任务”的论点为前提的。显然，犁地目的不同时，设计方法亦应不同。

翻土曲线斜率的变化规律决定土垡翻转性能，翻土曲线曲率的变化规律决定碎土程度及阻力。

2. 这种设计曲面的方法，是以土垡翻转过程为基础。方法熟悉后，作图者可以直接从翻土曲线的情况预知推土曲线的间距、趋势以及犁翼在什么地方开始翻扭、翻扭多大，等等，从而减少曲线修正工作；而且能够根据土壤及土地条件随意定性地控制所设计的曲面形状与性能。

水平直元线法所采用的推土角等参数变化法则是总结大量已有曲面数据后规定的，而新的设计方法中，关于翻土曲线等参数变化法则看来不需要长期的摸索与实践就能建立。上已述及，犁体曲面应与土垡底面空间曲面相符合，而土垡在翻转过程中应该形成怎样的形状和多长多陡的一个空间曲面，取决于土壤状态（土质、水分、茬根）、耕速、所要求达到的碎土程度和减轻阻力的程度以及犁体总长度等因素。要定量地根据这些因素来确定土垡底面的理论空间曲面是困难的，长期以来各国科学工作者都没有能解决这个问题。但是用新的设计方法时，这个曲面的宏观形状与大小，设计者可以在图上通过按试选的翻土曲线参数所画出的视图来直观地观察到，从而作必要的修整，然后通过试验再修整，而且现有曲面的翻土曲线参数变化规律亦完全可供参考。这样可以消除设计意图与实验结果解释之间无直观因果关系（水平直元线法就是这样）的盲目性，从而避免长期的摸索。当然要能直观地选择空间曲面形状和尺寸并且选择得好，还是需要经验和参考已有曲面的参数和性能的。但是，在新方法中决定的因素是曲面的直观形状，而翻土曲线参数变化规律只是曲面形状的表达，这与水平直元线法中决定因素是意义暗晦，属纯经验性的推土角变化规律有较大的差别。

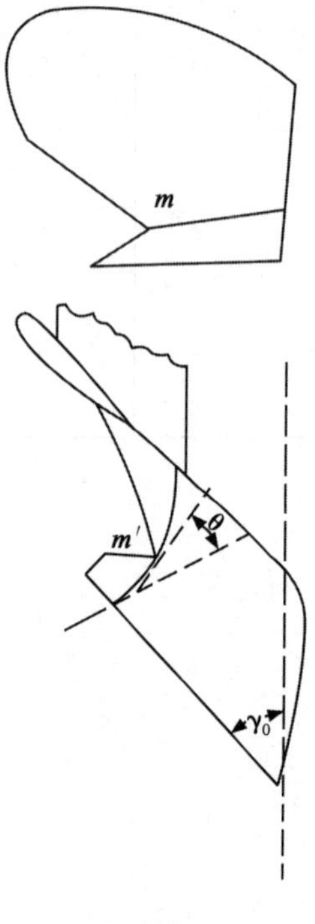

图 9

3. 用这种方法作图，只要所得的样板曲线以及翻土曲线、推土曲线等都是平滑的，可以认为设计出来的曲面是平滑的。

4. 一个曲面要能很好地工作，其导向曲线的半径须在一定范围之内。导向曲线半径的最小值须使土垡能承装在曲面内；这点在本作图法中由于在作前视图时，顶边线最高点的高度取为$\sqrt{a_{\max}^2+b^2}-\Delta H_{\max}$，土垡在翻转时是弯曲而不是直立的，这样做出来的曲面可以承装土垡无疑。

导向曲线半径最大值确定的条件，根据苏联 Горячкин 理论，为：要使犁壁沟边线不刮土，于沟边线与翻后土垡斜面接触的最低点处作犁体曲面的切平面，切平面和曲面的切线与土垡斜面的交角 i 应$\leqslant\pi/2$。在按翻土曲线变化规律作图的情况下，沟边线与翻转中土垡斜面接触的最低点为犁铲与沟边线的交点 m（图 9），通过 m 点的样板曲线在 m 点处的切线与水平线夹角 θ 以及 m 点处的推土曲线在 m 点处的切线的推土角 γ_0 可由设计出的曲面的视图上测出。在 m 点作曲面的切面，则从图 9 可得：

$$\cos i=\sin\theta\cos r_0-\cos\varphi\cos\theta$$

$$0\leqslant\sin\varphi\sin\theta\cos r_0-\cos\varphi\cos\theta$$

$$\tan\theta\geqslant\frac{\cos\varphi}{\sin\varphi-\cos\gamma_0}$$

φ 为土壤休止角或土垡翻转角，θ 及 γ_0 均可测出。这样，在必要时可用测出值代入上式进行检验，需要时对样板曲线倾斜值进行修正。

5. 这种方法与苏联 Шмелеёв 的螺旋型犁曲面设计方法同属以翻土过程为依据，但后者只能用于翻土曲线是直线的，因此不能设计出熟地型或半螺旋型犁曲面。这种方法与苏联 Лучинский 的正视图样板法同属于以翻土曲线变化规律为依据(本方法的特点在于用形状变化的翻土曲线),但 Лучинский 方法的着眼点则是减少铲尖至犁胸部分及铲翼附近犁壁沟边线部分的磨损,从而采用形状不变的翻土曲线,不是按土垡翻转过程设计,因而不能设计出性能适合需要的熟地型及半螺旋型犁曲面。

四、结语

以土垡翻转过程为依据,按照斜度及曲率都变的翻土曲线变化规律进行曲面设计的方法是可行的;用这种方法可以设计出曲元线和斜元线曲面,性能较好;熟地型、半螺旋型及螺旋型曲面可以用同一方法设计,只是参数选择不同。这种设计方法看来是比较合理的。

参 考 文 献

[1] 曾德超.旱作沙壤土上铧犁犁体曲面性能分析.农业机械学报,5 卷 1 期,1962 年.

[2] 曾德超.旱作沙壤土上铧犁犁体曲面各部阻力分析.农业机械学报,7 卷 2 期,1964 年.

[3] 马丽.适于华北地区的犁体设计.1962 年毕业设计,北京农业机械化学院.

[4] Щучкин,Лемешные плуги и лущильникн,Машгиз,1952.

[5] Лучинский,О Лобовых шаблоных отвалов,Труды ВИМ,том 21.

[6] А. Д. Хорошилов,Корпусы плугов,1949.

[7] б. Н. Шмелеёв,Метод проектирования винтовой робочей поверхности плужного корпуса.

[8] Bainer,Principle of Farm Maehanery.

犁体曲面设计的数学解析法*

曾德超　赵作善

提要　190 年前就已提出，对犁这样一种属于全人类具有长期广泛使用历史的重要工具，其曲面应该能用科学的标志—数学解析法来描述和设计。至今，国内外各种直元线、曲元线和其他设计法联同其参数选择仍然基本上属于经验式，因为都不能将所耕土壤的物理力学特性量、耕后要求达到的土垡状况、耕速阻力等工况与曲面形状曲面参数在设计中有机地联系起来。本文提出一种企图将这些因素联系起来的设计法。犁耕中土垡的运动仍用土垡剖面的翻转来描述。犁体曲面即为曲率在不断变化的土垡剖面底边线在翻转中扫描所成的空间曲面，其解析式为泛函 $\Psi(x,y,z)=f_1(x)y^2+f_2(x)y+f_3(x)z+f_4(x)=0$。土垡剖面底边任意点土粒在曲面上的运动迹线为以土垡剖面底边的底点为瞬时轴心，以从轴心至该任意点距离为半径的柱面与曲面的交线，其方程为 $\begin{cases}\varphi(x,y)=0\\ \Psi(x,y,z)=0\end{cases}$。通过对土粒在曲面上运动迹线的微分几何分析，建立了不同土壤在不同耕速下土垡合理翻转而阻力最小的几项曲面主要参数的选择判断式。导出了制作曲面时所需的各条样板曲线的方程式。最后规定了整个曲面设计的具体步骤。

在 1964 年全国农业机械力学学术会议上，我们提出了以土垡合理翻转过程为基础的滚垡壁犁曲面有理设计法。那时我们用这个方法设计了三种不同土壤的曲面，试制了一种用于华北旱作熟土的曲面，在生产中试用，性能良好。后来有的省区和单位进一步改进了这个方法，并用于深耕犁和系列犁设计，证明这种方法是可行的；以土垡合理翻转为基础的有理设计法与国内外各种直元线、曲元线设计法相比，具有能直观地控制整个设计的优点。但是，和各种直元线、曲元线以及其他现行方法一样，都不能将所耕作土壤的物理力学特性量、要达到的土垡翻转破碎状况，耕作速度以及阻力与曲面形状曲面参数在设计中有机地联系起来，因而都仍然基本上属于经验式。为了能在曲面设计中建立这些因素的内在有机联系，我们采用了数学解析法。

一、符合土垡合理翻转过程的滚垡犁曲面及其数学解析式

壁犁曲面的首要任务是完成土垡的翻转。在此前提下，大体上可分两种情况：一种是只翻土，对碎土无一定要求；一种是在翻土的基础上尽可能以较小的阻力达到较好的碎土。前者是当土壤水分近于塑性下限以上，譬如水田或湿地耕作。土壤在这种水分状况下，力的作用只产生塑性流动，不产生剪裂或碎土，最多只在连续翻转过程中产生一定的断条，此时碎土是用犁翻以后的耙耘来实现的。近似于这种情况的还有草根密织的开荒地。在此情况下，土垡的合理翻转，应是翻转均匀、不受有局部过大压力、而翻转完全、覆盖较好；不黏土，阻力小。后者是在旱作适耕状况下，力对土壤的作用可以产生剪裂和破碎；此时在翻土过程中，会同时产生一定的破碎，破碎是在犁胸处的局部压力以及此后由于速度变化的冲击所产生。由于要求的碎土往往由辅助作业（如犁后耙等）来完成，在犁曲面设计中对碎土要考虑，但不是主导因素。

---

* 本文出处：农业机械学报，1979 年 3 月，第 10 卷第 1 期

不论碎土程度如何，土垡的翻转是由曲面几何形状来完成的。因此，曲面的几何形状可以认为是由合理地翻转中的土垡底面构成(图 1(a))。

由在翻转中的土垡底面构成的曲面，不论是在铲翼点 B 以前(见图 1(b))的犁铲部分，或是点 B 以后的壁翼部分，都可看作由一根代表土垡底边的曲线 ii^0(图 1(c))扫描所成的空间曲面。底边线 ii^0 的长度 s 在翼部为垡宽加膨松度，即 $s=b$；在铲部，由于铲刃基本上是一直线，在铲面上的那段土垡剖面底边长为 $b-x\tan\gamma_0$，即 $s=(-\tan\gamma_0)x+b=s_1x+s_2$；$ii^0$ 曲线的弦$\overline{ii^0}$对 XOY 平面的倾角记为$\beta-_0$；ii^0 曲线在 i 点的切线倾角记为 β_1，ii^0 曲线在 i 点的切线倾角记为 β_2。ii^0 曲线的底点 i 不离开沟底(土垡剖面底点 B 在滚垡时基本上不会离开沟底；需要有一定的窜垡时，同样依照所要求的 B 点空间轨迹设计)，开始时是沿铲刃线 $AB(y=k'x+c')$，其后是沿 BC 线$(y=k_1x+C_1)$均匀向后移动的同时，其弦的倾角 β_0 按一定的规律(譬如 $\beta_0=\beta_0'x+\beta''$若为其他规律，同样可求出其相应的曲面方程)增大翻转；与此同时，其曲率亦按一定的规律变化(譬如 $\beta_1=\beta_1'x+\beta_1''$，$\beta_2=\beta_2'x+\beta_2''$；则曲率由 $i\beta_2-i\beta_0$ 及 $i\beta_0-i\beta_1$ 确定。同样 β_1、β_2 亦可依其他规律变化)。从 A 到 O 时，曲率从零增长，在 OB 往后，曲率渐减，该曲线扫描所成的空间曲面就是犁体的曲面。下面我们来求此曲面的方程。

对于可破碎的土壤，由于上垡到犁胸以后已开始破裂、失去固定支撑，如要由曲面本身来进一步碎土，则需要曲面的曲率随弧长累进增长；这是徒劳的，也是难于实现的。因此，曲线 ii^0 只需为曲率不定常的二次曲线就已足够。(请参考文献[4] P. 56)这样的曲线可以为双曲线、椭圆或抛物线的一部分，只要选择适当的部位，效果是相似的，在下面曲线形式选择一节中将进一步讨论。对于不好破碎的土壤，ii^0 曲线更不需曲率变化过大。我们的结论是土垡剖面底边线 ii^0 在翻转过程中成抛物线是最适宜的。

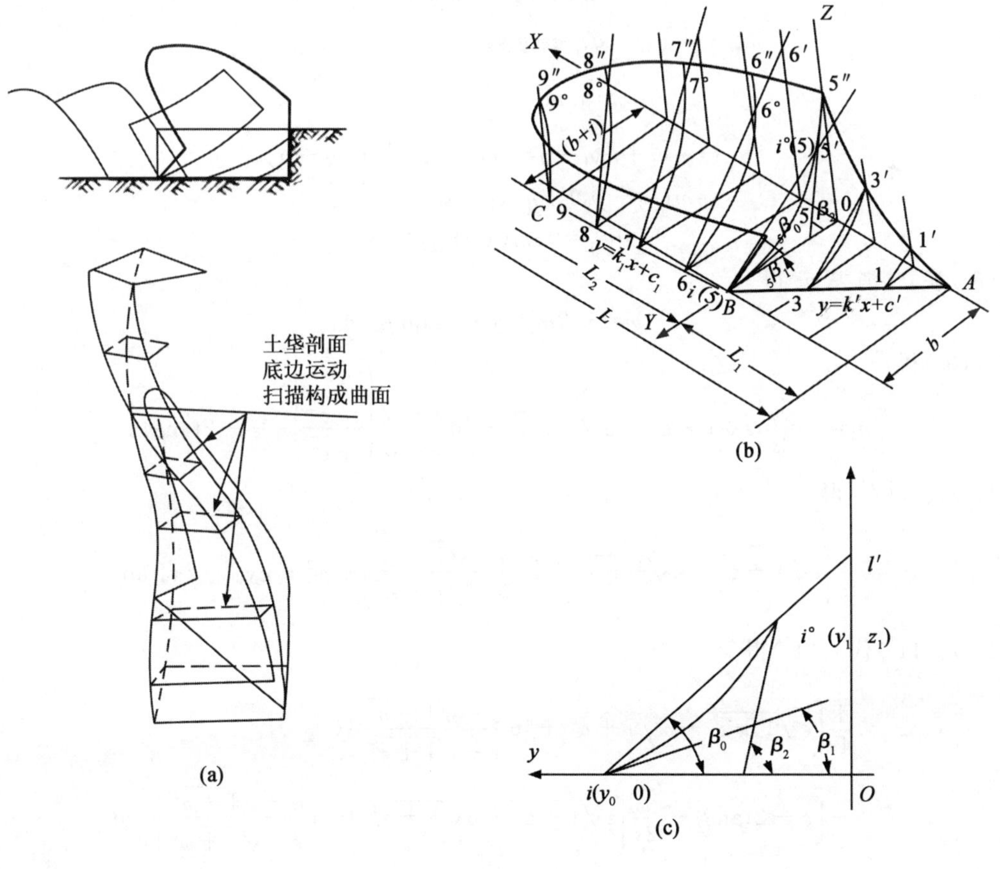

图 1

如果成双曲线或任何其他曲线形状，下面建立曲面方程的方法仍然是一样的。现设曲线 ii^0 为抛物线

$$z=my^2+ny+q \tag{1'}$$

其中 m,n,q 是待定常数，可根据已知条件来确定(图 1(c))。

已知 $\beta_0,\beta_1,\beta_2,y_0,s$，且有

$$my_0^2+ny_0+q=0 \tag{2'}$$

为计算方便，令 $\tan\beta_1=\alpha,\tan\beta_2=\varepsilon$

由于 $\dfrac{dz}{dy}=2my+n$

所以

$$\left.\frac{dz}{dy}\right|_{(y_1,z_1)}=2my_1+n=\tan(180°-\beta_2)=-\tan\beta_2=-\varepsilon \tag{3'}$$

$$\left.\frac{dz}{dy}\right|_{(y_0,0)}=2my_0+n=\tan(180°-\beta_1)=-\tan\beta_1=-\alpha \tag{4'}$$

$$\begin{aligned}s&=\int_{y_1}^{y_0}\sqrt{1+\left(\frac{dz}{dy}\right)^2}dy=\int_{y_1}^{y_0}\sqrt{1+(2my+n)^2}dy\\&=\frac{1}{4m}\left[\varepsilon\sqrt{1+\varepsilon^2}-\alpha\sqrt{1+\alpha^2}+\ln\frac{\alpha-\sqrt{1+\alpha^2}}{\varepsilon-\sqrt{1+\varepsilon^2}}\right]\end{aligned}$$

即

$$m=\frac{1}{4s}\left[\varepsilon\sqrt{1+\varepsilon^2}-\alpha\sqrt{1+\alpha^2}+\ln\frac{\alpha-\sqrt{1+\alpha^2}}{\varepsilon-\sqrt{1+\varepsilon^2}}\right] \tag{5'}$$

由(3′)得

$$n=-\varepsilon-2my_1 \tag{6'}$$

由(2′)得

$$q=-my_0^2-ny_0 \tag{7'}$$

从图 1(c)得

$$\tan\beta_0=\frac{z_1}{y_0-y_1}$$

而

$$\begin{aligned}z_1&=my_1^2+ny_1+q=my_1^2+ny_1-my_0^2-ny_0\\&=m(y_1^2-y_0^2)+n(y_1-y_0)\end{aligned}$$

所以

$$\tan\beta_0=-m(y_0+y_1)-n \tag{8'}$$

将(8′)与(6′)联立，消去 y_1 得

$$n=-2my_0+\varepsilon-2\tan\beta_0 \tag{9'}$$

将(5′)代入(9′)得

$$n=-\frac{y_0}{2s}\left[\varepsilon\sqrt{1+\varepsilon^2}-\alpha\sqrt{1+\alpha^2}+\ln\frac{\alpha-\sqrt{1+\alpha^2}}{\varepsilon-\sqrt{1+\varepsilon^2}}\right]+\varepsilon-2\tan\beta_0 \tag{10'}$$

将(5′)，(10′)代入(7′)得

$$q=\frac{1}{4s}\left[\varepsilon\sqrt{1+\varepsilon^2}-\alpha\sqrt{1+\alpha^2}+\ln\frac{\alpha-\sqrt{1+\alpha^2}}{\varepsilon-\sqrt{1+\varepsilon^2}}\right]+y_0^2-\varepsilon y_0+2y_0\tan\beta_0 \tag{11'}$$

将(5′)，(10′)，(11′)代入(1′)得

$$\begin{aligned}z=&\frac{1}{4s}\left[\varepsilon\sqrt{1+\varepsilon^2}-\alpha\sqrt{1+\alpha^2}+\ln\frac{\alpha-\sqrt{1+\alpha^2}}{\varepsilon-\sqrt{1+\varepsilon^2}}\right]y^2\\&+\left[\varepsilon-2\tan\beta_0-\frac{y_0}{2s}\left[\varepsilon\sqrt{1+\varepsilon^2}-\alpha\sqrt{1+\alpha^2}+\ln\frac{\alpha-\sqrt{1+\alpha^2}}{\varepsilon-\sqrt{1+\varepsilon^2}}\right]\right]y\\&+\frac{1}{4s}\left[\varepsilon\sqrt{1+\varepsilon^2}-\alpha\sqrt{1+\alpha^2}+\ln\frac{\alpha-\sqrt{1+\alpha^2}}{\varepsilon-\sqrt{1+\varepsilon^2}}\right]y_0^2-\varepsilon y_0+2y_0\tan\beta_0\end{aligned}$$

将 $\alpha=\tan\beta_1$，$\varepsilon=\tan\beta_2$ 代入得

$$
\begin{aligned}
z=&\frac{1}{4s}\left(\tan\beta_2\sqrt{1+\tan^2\beta_2}-\tan\beta_1\sqrt{1+\tan^2\beta_1}+\ln\frac{\tan\beta_1-\sqrt{1+\tan^2\beta_1}}{\tan\beta_2-\sqrt{1+\tan^2\beta_2}}\right)y^2\\
&+\left[\tan\beta_2-2\tan\beta_0-\frac{y_0}{2s}\left(\tan\beta_2\sqrt{1+\tan^2\beta_2}-\tan\beta_1\sqrt{1+\tan^2\beta_1}+\ln\frac{\tan\beta_1-\sqrt{1+\tan^2\beta_1}}{\tan\beta_2-\sqrt{1+\tan^2\beta_2}}\right)\right]y\\
&+\frac{1}{4s}\left(\tan\beta_2\sqrt{1+\tan^2\beta_2}-\tan\beta_1\sqrt{1+\tan^2\beta_1}+\ln\frac{\tan\beta_1-\sqrt{1+\tan^2\beta_1}}{\tan\beta_2-\sqrt{1+\tan^2\beta_2}}\right)y_0^2\\
&-y_0\tan\beta_2+2y_0\tan\beta_0
\end{aligned}
\tag{12'}
$$

再将 $\beta_0=\beta'_0x+\beta''_0$，$\beta_1=\beta'_1x+\beta''_1$，$\beta_2=\beta'_2x+\beta''_2$，$y_0=kx+c$，$s=s_1x+s_2$（或所成立的其他关系）代入，即得曲面方程为泛函*

$$
\begin{aligned}
&\Big[\tan(\beta'_2x+\beta''_2)\sqrt{1+\tan^2(\beta'_2x+\beta''_2)}\\
&-\tan(\beta'_1x+\beta''_1)\sqrt{1+\tan^2(\beta'_1x+\beta''_1)}\\
&+\ln\frac{\tan(\beta'_1x+\beta''_1)-\sqrt{1+\tan^2(\beta'_1x+\beta''_1)}}{\tan(\beta'_2x+\beta''_2)-\sqrt{1+\tan^2(\beta'_2x+\beta''_2)}}\Big]y^2\\
&+\Big\{4(s_1x+s_2)\tan(\beta'_2x+\beta''_2)\\
&-8(s_1x+s_2)\tan(\beta'_0x+\beta''_0)\\
&-2(kx+c)\Big[\tan(\beta'_2x+\beta''_2)\sqrt{1+\tan^2(\beta'_2x+\beta''_2)}\\
&-\tan(\beta'_1x+\beta''_1)\sqrt{1+\tan^2(\beta'_1x+\beta''_1)}\\
&+\ln\frac{\tan(\beta'_1x+\beta''_1)-\sqrt{1+\tan^2(\beta'_1x+\beta''_1)}}{\tan(\beta'_2x+\beta''_2)-\sqrt{1+\tan^2(\beta'_2x+\beta''_2)}}\Big]\Big\}y\\
&+\Big[\tan(\beta'_2x+\beta''_2)\sqrt{1+\tan^2(\beta'_2x+\beta''_2)}\\
&-\tan(\beta'_1x+\beta''_1)\sqrt{1+\tan^2(\beta'_1x+\beta''_1)}\\
&+\ln\frac{\tan(\beta'_1x+\beta''_1)-\sqrt{1+\tan^2(\beta'_1x+\beta''_1)}}{\tan(\beta'_2x+\beta''_2)-\sqrt{1+\tan^2(\beta'_2x+\beta''_2)}}\Big](kx+c)^2\\
&-4(s_1x+s_2)(kx+c)\tan(\beta'_2x+\beta''_2)\\
&+8(s_1x+s_2)(kx+c)\tan(\beta'_0x+\beta''_0)-4(s_1x+s_2)z=0
\end{aligned}
$$

或

$$\Psi(x,y,z)=f_1(x)y^2+f_2(x)y+f_3(x)z+f_4(x)=0 \tag{1}$$

其中

$$
\begin{aligned}
f_1(x)=&\tan(\beta'_2x+\beta''_2)\sqrt{1+\tan^2(\beta'_2x+\beta''_2)}-\tan(\beta'_1x+\beta''_1)\sqrt{1+\tan^2(\beta'_1x+\beta''_1)}\\
&+\ln\frac{\tan(\beta'_1x+\beta''_1)-\sqrt{1+\tan^2(\beta'_1x+\beta''_1)}}{\tan(\beta'_2x+\beta''_2)-\sqrt{1+\tan^2(\beta'_2x+\beta''_2)}}\\
f_2(x)=&4(s_1x+s_2)\tan(\beta'_2x+\beta''_2)-8(s_1x+s_2)\tan(\beta'_0x+\beta''_0)-2(kx+c)f_1(x)\\
f_3(x)=&-4(s_1x+s_2)\\
f_4(x)=&(kx+c)^2f_1(x)-4(s_1x+s_2)[\tan(\beta'_2x+\beta''_2)-\tan(\beta'_0x+\beta''_0)](kx+c)
\end{aligned}
$$

* 注 详细演算见参考文献[1]。

此处 $s_1, s_2, \beta_0', \beta_0'', \beta_1', \beta_1'', \beta_2', \beta_2'', k, c$ 是系数。只要耕宽 b、犁铲推土角 γ_0、侧移量 j、曲面纵向长度 L 一经选定，不论是犁铲部分或是犁翼部分的 s_1, s_2, k, c 都可算出而成为常数，只要曲面纵向长度 L、壁翼端最大翻土角 $\beta_{0\max}$，铲端翻土曲线形状和翻土角 $5\beta_0$ 及曲率变化规律等一经选定，$\beta_0', \beta_0'', \beta_1', \beta_1'', \beta_2', \beta_2''$ 等也都成为常数值。因此，曲面方程式(1)的各项系数，当以不同的 x 值代入时是可化为常数的。如借助于计算机，则较为繁长的演算可得到简化。

另外，值得指出的是：犁铲和犁壁部分都可用同一种方程形式来描述，只是参数不同。两部分曲面的光滑过渡只需采用圆滑过渡的参数即可。土壤物理动力学性质和耕速影响参数的选择，从而影响曲面形状与尺寸，但不影响曲面方程的基本形式。

二、旱作熟土滚垡壁犁曲面几项主要参数的选择判断式

下面我们根据所耕土壤的物理力学性质，耕后要求土垡翻转破碎的程度，以及耕速与力等工况来建立几项曲面主要参数的选择判断式。

1. 曲面纵向长度 L

土粒沿曲面相对滑移的迹线是一空间曲线(见图 2(a))，土粒在进入曲面前是静止的，进入曲面后相对于曲面移动。由于进入曲面的土垡质量与离开时在犁工作稳定以后，总是相等的。土粒在任意点沿迹线滑移的切线方向速度总是等于犁的前进速度 V_m，土粒绝对速度 $\vec{V_a}=\vec{V_e}+\vec{V_m}$($\vec{V_e}$ 为牵连速度)。土粒从速度为 O 加速至 V_a 是由于犁曲面对土粒施加了作用力。土粒相对壁面滑移的线速不变，但方向改变，这表明存在有向心力的作用，此向心力 $-F$ 当瞬时曲率半径为 R 时，

$$-F=dm\cdot\frac{V_m^2}{R} \tag{2}$$

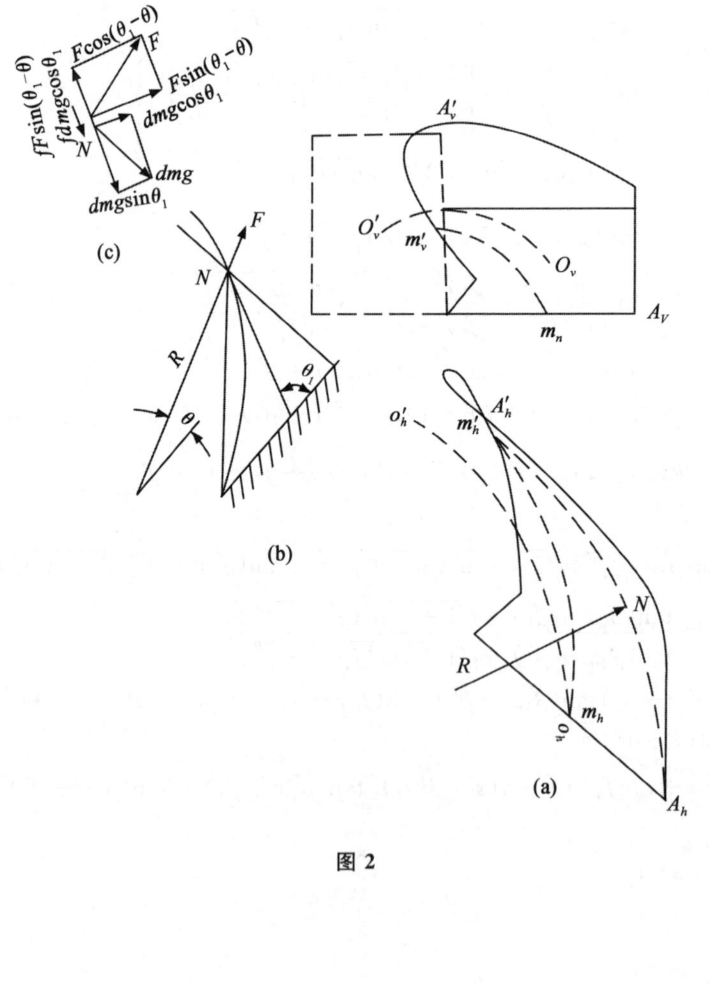

图 2

用同样的曲面耕作同样的土壤而当耕速 V_m 不同时，土粒迹线就不同（图 3）。耕速再高时，土垡不向侧面翻转，而是飞越曲面而落于犁后。这表明曲面对土粒所产生的向心约束力（包括犁面反力，犁面摩擦力，土粒重力及土粒间相互牵连力在内）小于离心力 F。

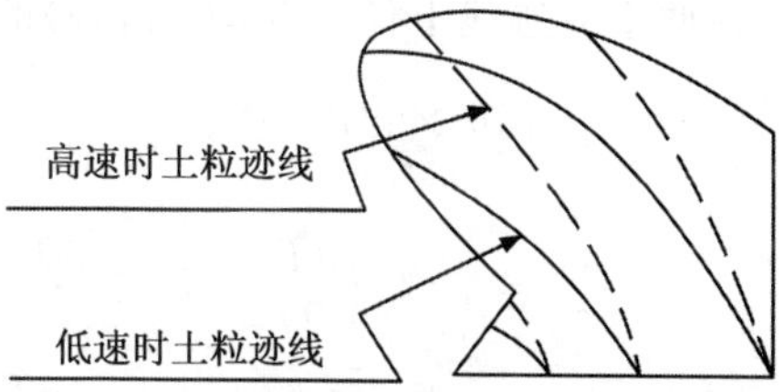

图 3

曲面方程已知，则在铲尖点进入曲面的一土粒 A 在土垡翻转的过程中，在曲面上所走的迹线 AA'（图 2(a)）的方程可得（同样亦可求出土垡剖面底面中点 m 或土垡剖面重心 o 的轨迹 mm' 及 oo' 的方程）。设空间曲线 AA' 上曲率最大点 N 的曲率半径为 R，R 与曲面夹角及 R 与沟底夹角可求出。在曲率最大点处的向心约束力是否够大即可检验出来。土粒在曲面上的迹线的方程及其任意点处的曲率半径的求法如下。

现求任意点土粒 a（图 4）当土垡沿曲面翻转时在曲面上所走的迹线。已知条件是 a 作为土垡剖面底边上一点，当土垡底角 B 沿沟底迹线 $y=kx+c$ 后移时，a 一面随着土垡底边翻转，一面保持与 B 点的弧长距离为定量 s。

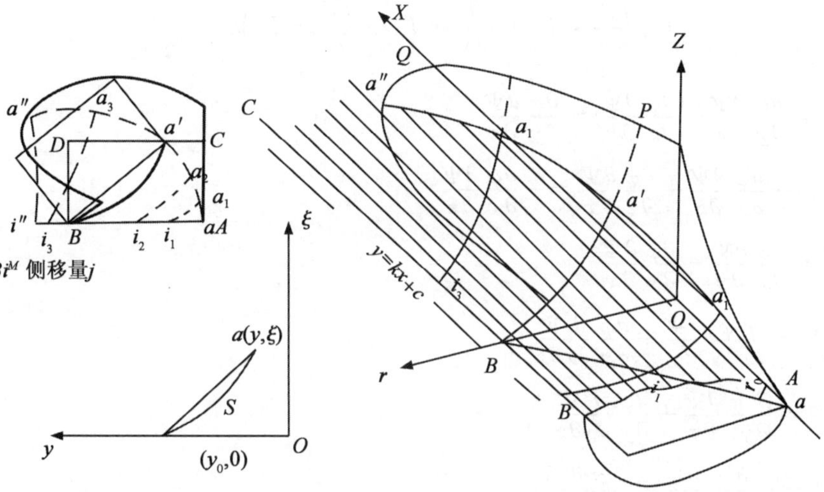

图 4

以 $y=kx+c$ 沟底迹线为轴线，$\widehat{Ba'}$ 弧一面随翻土曲线翻转一面保持弧长为 s 的柱面方程，由于 a 点只能在曲面上运动，而 $\widehat{Ba'}$ 是平面 $x=d$（常数）与曲面的抛物线交线，其弧长 s 可求出，通过建立关系后，不难求出 $\varphi(x,y)=0$。而曲面上土粒迹线 $aa'a''$ 即为此柱面与犁曲面的截交线，其方程为*

$$\begin{cases}\Phi(x,y)=\left[\dfrac{f_1(x)y}{2(s_1x+s_2)}+\dfrac{f_2(x)}{4(s_1x+s_2)}\right]\sqrt{1+\left[\dfrac{f_1(x)y}{2(s_1x+s_2)}+\dfrac{f_2(x)}{4(s_1x+s_2)}\right]^2}\\ \quad +\ln\left\{\dfrac{f_1(x)y}{2(s_1x+s_2)}+\dfrac{f_2(x)}{4(s_1x+s_2)}\sqrt{1+\left[\dfrac{f_1(x)y}{2(s_1x+s_2)}+\dfrac{f_2(x)}{4(s_1x+s_2)}\right]^2}\right\}\\ \quad +\tan(\beta_2'x+\beta_2'')\sqrt{1+\tan^2(\beta_2'x+\beta_2'')}-\ln[-\tan(\beta_2'x+\beta_2'')\\ \quad +\sqrt{1+\tan^2(\beta_2'x+\beta_2'')}]=0\\ \Psi(x,y,z)=f_1(x)y^2+f_2(x)y+f_3(x)z+f_4(x)=0\end{cases} \tag{3}$$

* 注 详细演算见参考文献[1]。

在此土粒迹线上任一点 $a(x,y,z)$ 的曲率为

$$\rho=\frac{|\mathrm{d}\vec{r}\times \mathrm{d}^2\vec{r}|}{|\mathrm{d}\vec{r}|^3}$$

$$=\Big\{\Big[T_y\Big(\frac{\partial T_z}{\partial x}\cdot T_x+\frac{\partial T_z}{\partial y}\cdot T_y+\frac{\partial T_z}{\partial z}\cdot T_z\Big)-T_z\Big(\frac{\partial T_y}{\partial x}\cdot T_x+\frac{\partial T_y}{\partial y}\cdot T_y\Big)\Big]^2$$

$$+\Big[T_z\Big(\frac{\partial T_x}{\partial x}\cdot T_x+\frac{\partial T_x}{\partial y}\cdot T_y\Big)-T_x\Big(\frac{\partial T_z}{\partial x}\cdot T_x+\frac{\partial T_z}{\partial y}\cdot T_y+\frac{\partial T_z}{\partial z}\cdot T_z\Big)\Big]^2$$

$$+\Big[T_x\Big(\frac{\partial T_y}{\partial x}\cdot T_x+\frac{\partial T_y}{\partial y}\cdot T_y\Big)-T_y\Big(\frac{\partial T_x}{\partial x}\cdot T_x+\frac{\partial T_x}{\partial y}\cdot T_y\Big)\Big]^2\Big\}^{\frac{1}{2}}$$

$$/(T_x^2+T_y^2+T_z^2)^{\frac{3}{2}} \tag{4}$$

其中 $\mathrm{d}\vec{r}=T_x\vec{i}+T_y\vec{j}+T_z\vec{k}$ 为土粒迹线在该点处的切线矢量

$$\mathrm{d}^2\vec{r}=\Big(\frac{\partial T_x}{\partial x}\cdot T_x+\frac{\partial T_x}{\partial y}\cdot T_y\Big)\vec{i}+\Big(\frac{\partial T_y}{\partial x}\cdot T_x+\frac{\partial T_y}{\partial y}\cdot T_y\Big)\vec{j}$$

$$+\Big(\frac{\partial T_z}{\partial x}\cdot T_x+\frac{\partial T_z}{\partial y}\cdot T_y+\frac{\partial T_z}{\partial x}\cdot T_z\Big)\vec{k}$$

而*

$$T_x=\frac{\partial\varphi}{\partial y}\frac{\partial\Psi}{\partial z}-\frac{\partial\varphi}{\partial z}\frac{\partial\Psi}{\partial y}=\frac{\partial\varphi}{\partial y}\frac{\partial\Psi}{\partial z}$$

$$T_y=-\frac{\partial\varphi}{\partial x}\frac{\partial\Psi}{\partial z}+\frac{\partial\varphi}{\partial z}\frac{\partial\Psi}{\partial x}=-\frac{\partial\varphi}{\partial x}\frac{\partial\Psi}{\partial z}$$

$$T_z=\frac{\partial\varphi}{\partial x}\frac{\partial\Psi}{\partial y}-\frac{\partial\varphi}{\partial y}\frac{\partial\Psi}{\partial x}$$

$$\frac{\partial T_x}{\partial x}=\frac{\partial^2\varphi}{\partial x\partial y}\frac{\partial\Psi}{\partial y}+\frac{\partial\varphi}{\partial y}\frac{\partial^2\Psi}{\partial x\partial z}$$

$$\frac{\partial T_x}{\partial y}=\frac{\partial^2\varphi}{\partial y^2}\frac{\partial\Psi}{\partial z}+\frac{\partial\varphi}{\partial y}\frac{\partial^2\Psi}{\partial y\partial z}$$

$$\frac{\partial T_y}{\partial x}=-\frac{\partial^2\varphi}{\partial x^2}\frac{\partial\Psi}{\partial z}-\frac{\partial\varphi}{\partial x}\frac{\partial^2\Psi}{\partial x\partial z}$$

$$\frac{\partial T_y}{\partial y}=-\frac{\partial^2\varphi}{\partial x\partial y}\frac{\partial\Psi}{\partial z}-\frac{\partial\varphi}{\partial x}\frac{\partial^2\Psi}{\partial y\partial z}$$

$$\frac{\partial T_z}{\partial x}=\frac{\partial^2\varphi}{\partial x^2}\frac{\partial\Psi}{\partial y}+\frac{\partial\varphi}{\partial x}\frac{\partial^2\Psi}{\partial y\partial z}-\frac{\partial^2\varphi}{\partial x\partial y}\frac{\partial\Psi}{\partial x}-\frac{\partial\varphi}{\partial y}\frac{\partial^2\Psi}{\partial x^2}$$

$$\frac{\partial T_z}{\partial y}=\frac{\partial^2\varphi}{\partial x\partial y}\frac{\partial\Psi}{\partial y}+\frac{\partial\varphi}{\partial x}\frac{\partial^2\Psi}{\partial y^2}-\frac{\partial^2\varphi}{\partial y^2}\frac{\partial\Psi}{\partial x}-\frac{\partial\varphi}{\partial y}\frac{\partial^2\Psi}{\partial x\partial y}$$

$$\frac{\partial T_z}{\partial z}=\frac{\partial^2\varphi}{\partial x\partial z}\frac{\partial\Psi}{\partial y}+\frac{\partial\varphi}{\partial x}\frac{\partial^2\Psi}{\partial y\partial z}-\frac{\partial^2\varphi}{\partial y\partial z}\frac{\partial\Psi}{\partial x}-\frac{\partial\varphi}{\partial y}\frac{\partial^2\Psi}{\partial x\partial z}=\frac{\partial\varphi}{\partial x}\frac{\partial^2\Psi}{\partial y\partial z}-\frac{\partial\varphi}{\partial y}\frac{\partial^2\Psi}{\partial x\partial z}$$

对曲率函数(4)取导数后令等于零，即

$$\begin{cases}\dfrac{\partial\rho}{\partial x}=0\\[2ex]\dfrac{\partial\rho}{\partial y}=0\\[2ex]\dfrac{\partial\rho}{\partial z}=0\end{cases} \tag{5}$$

* 注　详细演算见参考文献[1]。

可求出土粒沿曲面迹线曲率最大之点，将此点的(x_m，y_m，z_m)值代入(4)式，即可求出ρ_{max}曲率半径R为

$$R=\frac{1}{\rho},R_{min}=\frac{1}{\rho_{max}} \tag{6}$$

用N_x，N_y，N_z分别表示曲线(3)主法线方向矢量在空间直角坐标系中的三坐标分量，则根据微分几何有

$$\begin{aligned}N_x &= \lambda(T_y^2+T_z^2)\left(\frac{\partial T_x}{\partial x}\cdot T_x+\frac{\partial T_y}{\partial y}\cdot T_y\right)-\lambda T_xT_z\left(\frac{\partial T_x}{\partial x}\cdot T_x+\frac{\partial T_z}{\partial y}\cdot T_y+\frac{\partial T_z}{\partial z}\cdot T_z\right)\\&\quad-\lambda T_xT_y\left(\frac{\partial T_y}{\partial x}\cdot T_x+\frac{\partial T_y}{\partial y}\cdot T_y\right)\\N_y &= \lambda(T_x^2+T_z^2)\left(\frac{\partial T_y}{\partial x}\cdot T_x+\frac{\partial T_y}{\partial y}\cdot T_y\right)-\lambda T_xT_y\left(\frac{\partial T_x}{\partial x}\cdot T_x+\frac{\partial T_x}{\partial y}\cdot T_y\right)\\&\quad-\lambda T_yT_z\left(\frac{\partial T_z}{\partial x}\cdot T_x+\frac{\partial T_z}{\partial y}\cdot T_y+\frac{\partial T_z}{\partial z}\cdot T_z\right)\\N_z &= \lambda(T_x^2+T_y^2)\left(\frac{\partial T_z}{\partial x}\cdot T_x+\frac{\partial T_z}{\partial y}\cdot T_y+\frac{\partial T_z}{\partial z}\cdot T_z\right)-\lambda T_xT_z\left(\frac{\partial T_x}{\partial x}\cdot T_x+\frac{\partial T_x}{\partial y}\cdot T_y\right)\\&\quad-\lambda T_yT_z\left(\frac{\partial T_y}{\partial x}\cdot T_x+\frac{\partial T_y}{\partial y}\cdot T_y\right)\end{aligned}$$

其中λ为比例常数。

由于曲率半径位于主法线上，所以曲率半径与XOY平面夹角的正弦为

$$\sin\theta=\frac{|N_z|}{\sqrt{N_x^2+N_y^2+N_z^2}} \tag{7}$$

因而过曲率半径R且垂直于XOY平面的平面方程为

$$N_x(Y-y)-N_y(X-x)=0 \tag{8}$$

其中(x，y，z)为曲线上对应点。

平面(8)与曲面(1)的交线方程为

$$\begin{cases}N_x(Y-y)-N_y(X-x)=0\\f_1(x)y^2+f_2(x)y+f_3(x)z+f_4(x)=0\end{cases} \tag{9}$$

曲线(9)在(x ，y，z)点的切线与XOY平面夹角的正弦为

$$\sin\theta_1=\frac{\left|N_y[2f_1(x)y+f_2(x)]+N_x\left[\frac{\mathrm{d}f_1(x)}{\mathrm{d}x}y^2+\frac{\mathrm{d}f_2(x)}{\mathrm{d}x}y+\frac{\mathrm{d}f_3(x)}{\mathrm{d}x}z+\frac{\mathrm{d}f_4(x)}{\mathrm{d}x}\right]\right|}{\sqrt{[N_xf_3(x)]^2+[N_yf_3(x)]^2+\left\{[N_y[2f_1(x)y+f_2(x)]+N_x\left[\frac{\mathrm{d}f_1(x)}{\mathrm{d}x}y^2+\frac{\mathrm{d}f_2(x)}{\mathrm{d}x}y+\frac{\mathrm{d}f_3(x)}{\mathrm{d}x}z+\frac{\mathrm{d}f_4(x)}{\mathrm{d}x}\right]\right\}^2}} \tag{10}$$

对于曲面迹线上任一点的土粒，土粒切向速度等于耕速V_m，由于迹线曲率ρ所引起的离心力为

$$F=dmV_m^2\rho=dm\cdot\frac{V_m^2}{R}$$

在通过曲率半径R且垂直于XOY坐标面的平面(8)上要土粒能沿曲线转弯而不是由于离心力的作用而沿壁面向上移动或甚至飞越曲面，则须满足条件(图2(c))：

$$F\cos(\theta_1-\theta)\leqslant dmg\sin\theta_1+f[dmg\cos\theta_1+F\sin(\theta_1-\theta)]$$

代入得

$$\frac{dmV_m^2}{R}[\cos(\theta_1-\theta)-f\sin(\theta_1-\theta)]\leqslant dmg\sin\theta_1+fdmg\cos\theta_1$$

即

$$R\geqslant\frac{V_m^2}{g}\left[\frac{\cos(\theta_1-\theta)-f\sin(\theta_1-\theta)}{\sin\theta_1+f\cos\theta_1}\right]\tag{11}$$

利用前面各式求出 R 及 θ_1、θ 各值，并将耕速 V_m 及土对曲面摩擦系数 f 代入判断式(11)，即可知土粒是在翻转抑上窜，从判断式(11)可见，提高 θ_1(曲面陡度)和加大 R 一样有利于适应耕速的提高(提高 f 亦有助于高速时的土垡翻转，但以增加阻力为代价，不予考虑)。

从式(4)可知，ρ、$\rho_{\max}$决定于构成曲面的诸参数，其中曲面纵向长度 L 通过影响翻土角 β_0 的变化法则，起有很主要的作用；因为 $\beta_{0\max}$一经选定，L 的大小就规定了 $\beta_0=\beta_0'x+\beta_0''$。从直观上来看也是如此。当铧宽 b 相同时(图 5(a))，L 大显然曲面的曲率就小。具体计算时，以不同的 L 值代入，即可判定曲面在已给耕速 V_m 下，能否保证土垡翻转。

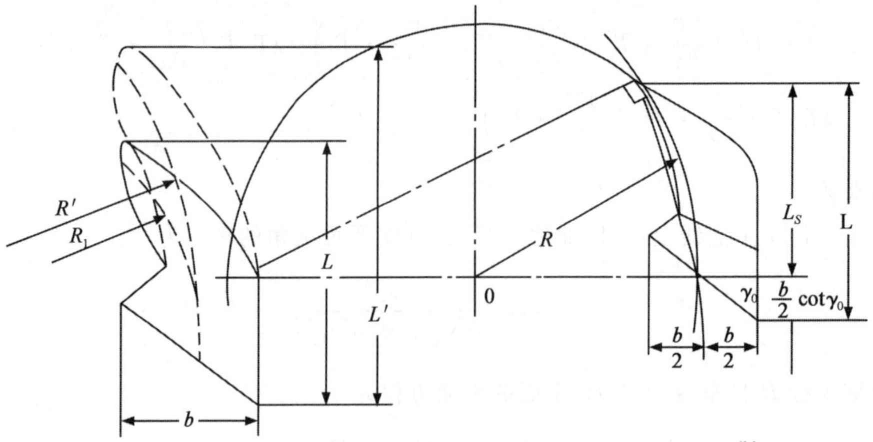

图 5

作为初步估算或近似计算，可以考虑土粒沿曲面运动空间迹线的水平投影为主，并将土垡剖面底边中点的迹线视作一圆弧如图 5(b)所示。则

$$L_s^2\doteq\frac{1}{2}b(2R-\frac{1}{2}b)$$

$$L_s=b\sqrt{\frac{R}{b}-\frac{1}{4}}$$

$$L=L_s+\frac{b}{2}\cot\gamma_0=b\sqrt{\frac{R}{b}-\frac{1}{4}}+\frac{b}{2}\cot\gamma_0$$

将 R 代入

$$L\doteq bV_m\sqrt{\frac{\cos(\theta_1-\theta)-f\sin(\theta_1-\theta)}{bg(\sin\theta_1+f\cos\theta_1)}-\frac{1}{4}}+\frac{b}{2}\cot\gamma_0\tag{12}$$

即土垡翻转所要求的最小 L 值随 V_m 增长。

参数 L 既要满足土垡翻转的要求，又要考虑对阻力的影响，同时还要考虑对整个犁的结构轮廓尺寸的影响。L 值的最后选择须全面考虑，特别是在高速时。参数 L 对阻力的影响，主要包括两项：①为 L 大则犁体重，对沟底摩擦阻力大，这项摩擦阻力为

$$P_1=L\omega_i f\tag{13}$$

式中 ω_i 为犁体单位长度重量。②为 L 大则躺在犁曲面上的土垡重量要大些，此时土垡沿壁面向上向侧移动的摩擦阻力也要大些；但耕速一样而 L 变大，则土垡的加速度值减少，因为是在较大的距离里加速到相同的绝对速度的。设躺在曲面上那段土垡的重量为 W，重心为 O，重心的运动轨迹在 O 点处的切线与前进方向的夹角为 γ，则土垡加速惯性力的水平及垂直分力各为*

$$F_h = \frac{W}{g}ah \text{ 和 } F_v = \frac{W}{g}av$$

在 γ_n 与 γ_0 相差较大的情况下，躺在壁面上的土垡重 W 可视为(图 6)

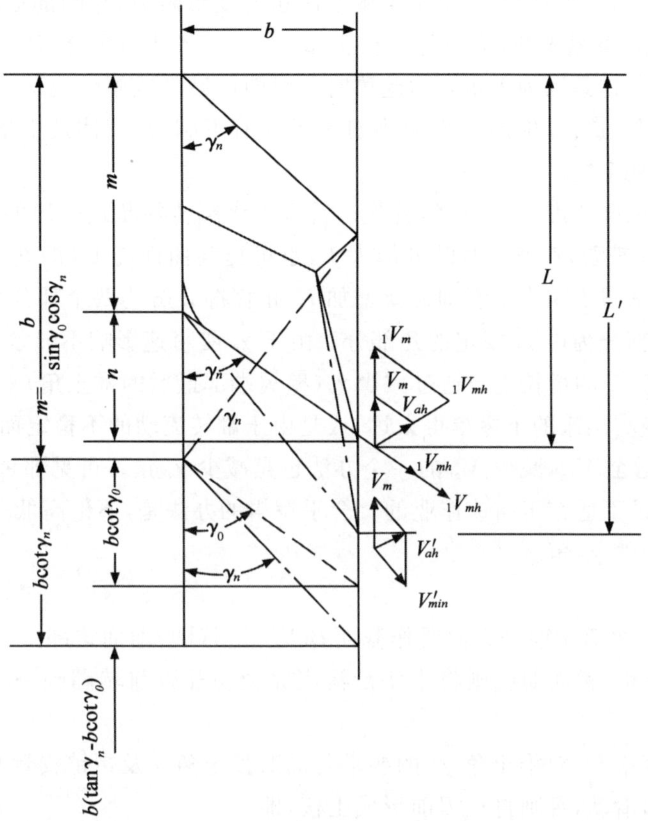

图 6

$$W = \left[m + \frac{1}{2}b(\cot\gamma_n - \cot\gamma_0)\right]abr$$

r 为土容重。土垡 W 可视为是在犁体移动 $m + b(\cot\gamma_n - \cot\gamma_0)$ 距离中从零加速到土垡重心的绝对速度 v 的，即

$$F_h = \frac{W}{g}ah = \frac{\left[m + \frac{1}{2}b(\cot\gamma_n - \cot\gamma_0)\right]abr}{g} \cdot \frac{V_m\sqrt{1 - 2\cos\gamma_v\cos\gamma_h + \cos^2\gamma_v}}{\dfrac{[m + b(\cot\gamma_n - \cot\gamma_0)]}{V_m}}$$

$$\doteq \frac{abr}{g}V_m^2\sqrt{1 - 2\cos\gamma_v\cos\gamma_h + \cos^2\gamma_v} \doteq \frac{abr}{g}V_m^2\sin\gamma_v$$

$$F_v = \frac{abr}{g}V_m^2\sqrt{1 - 2\cos\gamma_h\cos\gamma_v + \cos^2\gamma_h} \doteq \frac{abr}{g}V_m^2\sin\gamma_h \tag{14}$$

* 注　参考文献[2]并经订正。

由于土垡加速惯性力所导致的牵引阻力为

$$R_{4a}=R_{4h}+R_{4v}=\frac{F_h(\cos\eta_h+\sin\eta_h\cdot f)}{\cos\gamma_h+\sin\gamma_h}+\frac{F_v(\cos\eta_v+f\sin\eta_v)+W(\cos\gamma_v\cdot f+\sin\gamma_v)}{\cos\gamma_v-f\sin\gamma_v}$$

$$\doteq\frac{abr}{g}V_m^2\sin\gamma_v\frac{\cos\eta_h+f\sin\eta_h}{\cos\gamma_h+f\sin\gamma_h}+\frac{abr}{g}V_m^2\sin\gamma_h\frac{\cos\eta_v+f\sin\eta_v}{\cos\gamma_v-f\sin\gamma_v}+W\frac{\cos\gamma_v\cdot f+\sin\gamma_v}{\cos\gamma_v-f\sin\gamma_v} \quad (15)$$

式中 η 为土垡重心的绝对速度与重心轨迹切线的夹角。可见加大 L 对土垡加速阻力既有有利的作用也有不利的作用。不利的作用是式中 W 的变大，有利的作用是通过 L 变大而使 γ（重心运动轨迹在 O 点处的切线与前进方向的夹角）减少。至于土垡弯曲扭转变形阻力，与胸部形状尺寸关系更密切些，将在下面讨论，而一般与 L 关系少些，除非是草根密布、土壤极坚硬的场合；甚至水分在塑性限处的成条土垡，关系也不会很大。这是因为土垡到达壁翼时一般即已破裂或塑性流动。因此 L 长些主要对通过上述（一）（二）项起作用。这样，增加 L 对阻力有好处亦有不利处（犁体及土垡变长变重）；速度低时不利处多些，速度高时利处多些。

总起来看，对犁体纵向长度 L 的选择，首先须符合土垡翻转判断式(11)的要求，然后寻求总阻力小的 L 值。从翻转判断式来看，耕速高时既可加大 L，也可提高曲面陡度（即 θ_1 大）而少加 L。在高速情况下，不论是从翻转亦从减少阻力来看即使要增加 L，亦宜将 L 分为两个部分来看待：一部分为由 γ_0 规定的 m' 部分（图 6），一部分为由 γ_n 规定的几部分。由于 γ_0 受耕速影响不显著（见下面讨论），亦即 m' 在各种耕速下变化不显著，L 的增长主要通过减少 γ_n（壁翼端部最后的推土角）来实现。同时，由于高速作业时的另一问题是从壁翼出来的土垡窜得太远，或是由于翻转流动的不稳定而忽远忽近。如图 6 所示，当 V_m 增至 ${}_1V_m$ 时 V_{ah} 增至 ${}_1V_{ah}$，减少 ${}_1V_{ah}$ 的一个办法也是减少 γ_n 角。可见那种将壁翼部的 γ_n 角设计成大于 γ_0 角的经验做法是不适宜于高速作业的。合乎逻辑的办法是，不论高低速都用差不多的 γ_0 角，而不同耕速时用不同大小的 γ_n 角。

2. 铲刃推土角 γ

在通过铲翼点 B 并垂直于前进方向所作截面 BOZ（图 1(b)）前面这部分曲面，铲尖 A 起贯入作用，铲刃 AB 沿沟底切出土垡，铲面曲线则将土垡沿沟底完全切开以前转翻到一定角度 ${}_5\beta_0$，作为往后完全翻转土垡的准备。

从翻垡要求的角度来看，对推土角 γ_0 的要求与同对提土角 α 及犁铲安置角 ε_0 的要求一样：主要是土粒能沿铲刃（或曲面）滑动，否则将在刃前形成土核，即

$$\cos\alpha_0-f\sin\alpha_0>0,\ \alpha_0<90°-\Psi$$

土粒才能上升。式中 f 为土对钢摩擦系数，Ψ 为土对钢的摩擦角。同样，

$\varepsilon_0<90°-\Psi$，土粒才能垂直于铲刃线上滑；

$\gamma_0<90°-\Psi$，土粒才能沿铲刃线后滑。

在满足土垡滑动与提升，以便为土垡翻转提供前提的条件下，还要从阻力、耕速、材料、强度、寿命及安装方便等来确定最后尺寸。

犁铲推土角 γ_0 的大小在三个方面影响阻力*。

(1)在进入铲刃以前的土壤受到犁的压力而压密。铲尖及铲刃整个的作用近似于贯入（图 7）。γ_0 角影响贯入阻力；贯入阻力起于在贯入过程中移动土粒所遇到的阻力。贯入一 λ_m 距离之后，（图 7(b)）即犁铲从 x_0 位置进至 x_1 位置之后，土壤变形总量不再增加。贯入阻力为

$$p=q_0\lambda^n;\ p_{\max}=q_0\lambda_n^n=q_0[b\cot\gamma_0+b\tan(\gamma_0+\Psi)]^n$$

---

* 注　参阅文献[2]。

式中 λ 为贯入距离，q_0、n 为与土壤和贯入形状有关的系数。

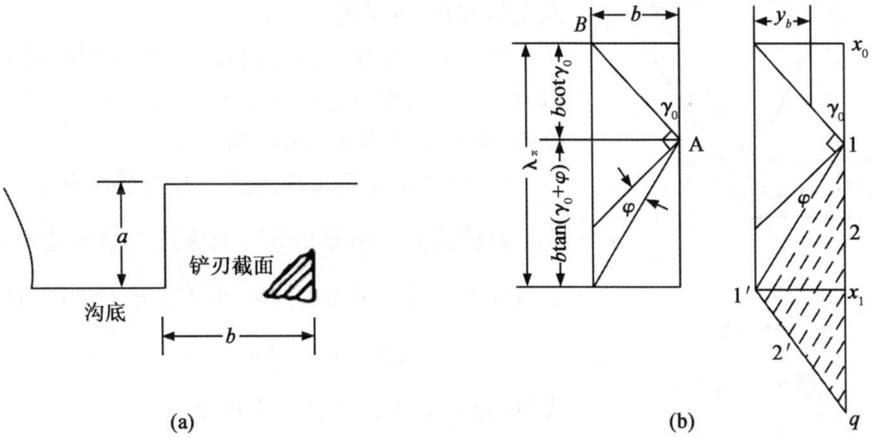

图 7

根据实测，从铲尖至铲翼不同点处的铲刃上的土壤正压力由于有犁沟的影响，在铲冀处土压由于可向侧膨胀而减至零。铲尖处由于周围有侧限而土压最大，压力沿铲刃成抛物线分布：

$$p_{yb}=p_0+e_1y_b+e_2y_b^2$$

对整个铲刃的总压力为

$$\int_0^b p_{yb}d_{yb}=p_0b+\frac{1}{2}e_1b^2+\frac{1}{3}e_2b^3$$

即考虑了近于沟边的土壤可侧向膨胀而使铲刃前进压力减少的影响，铲刃贯入阻力近似于

$$R=q(\lambda_\pi)^n=\left(p_0b+\frac{1}{2}e_1b^2+\frac{1}{3}e_2b^2\right)\left(\frac{s}{2}\right)[b\cot\gamma_0+b\tan(\gamma_0+\Psi)]^n$$
$$=c[\cot\gamma_0+\tan(\gamma_0+\Psi)]^n \qquad (16)$$

式中 s 为铲厚。γ_0 小，土粒位移距离(1—1′)小，但移动土粒总量(面积 1—1′—q)大。

$$dR=nc[\cot\gamma_0+b\tan(\gamma_0+\Psi)]^{n-1}\left[-\frac{1}{\sin^2\gamma_0}+\frac{1}{\cos^2(\gamma_0+\Psi)}\right]=0 \qquad (17)$$

时阻力最小。

即
$$\frac{1}{\sin^2\gamma_0}=\frac{1}{\cos^2(\gamma_0+\Psi)},\gamma_0=45°-\frac{1}{2}\Psi \qquad (18)$$

(2)γ_0 影响躺在犁胸部分的土垡重量的大小。躺在整个曲面上的土垡重量大，不仅增加犁体体积与犁体重量，增加摩阻，而且增加在耕速相同的情况下使土壤加速所引起的总惯性阻力。但是，上面已叙及，犁体纵向长度 L 的增加以及躺在曲面上那段土垡重心运动轨迹在重心处的切线与犁前进方向的夹角 γ 和土垡重心绝对速度与前进方向的夹角 η 的减小，可以通过保持 γ_0 不变而减小壁翼最后的推土角 γ_n 而达到，因而在考虑 γ_0 对阻力影响时主要考虑土垡重量的影响。

犁胸部分曲面上所包容的土垡容积为(图 6)

$$\frac{1}{2}a\cdot b\cdot m=\frac{1}{2}a\cdot b\frac{b}{\sin\gamma_0\cos\gamma_0}$$

重量 W_S 为

$$W_S=\frac{\frac{1}{2}ab^2r}{\sin\gamma_0\cos\gamma_0}=\frac{ab^2r}{\sin2\gamma_0} \qquad (19)$$

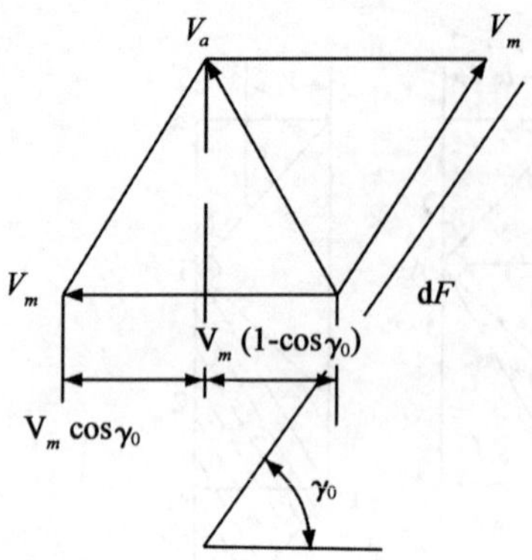

图 8

式中 r 为土容重，a 为耕深。显然，$\gamma_0=45°$时，犁胸部犁体重量及土垡容积、重量最小。

从(15)式可见，土垡向侧向上滑移的摩擦阻力，重力及加速阻力与 γ，η 角度及土垡重量 W 有关。γ、η 可由所选的 γ_n（即 L）控制，W 可由减少 W_s 来控制。

(3)铲刃给土壤加速度所引起的惯性阻力。

对铲刃上一小面积 dF，土壤进入量的速率为$\dfrac{\mathrm{d}m}{\mathrm{d}t}$，此 d$m$ 的土体的速度从 0 增至 V_a（V_a 为土粒绝对速度）惯性阻力为

$$\mathrm{d}p\cdot\mathrm{d}t=\mathrm{d}m(V_a-V_0)=\mathrm{d}m\cdot V_a$$

式中：$\mathrm{d}p\cdot\mathrm{d}t$ 为冲量；V_m 为耕速。

$$\mathrm{d}p=\frac{\mathrm{d}m}{\mathrm{d}t}\cdot V_a；而\frac{\mathrm{d}m}{\mathrm{d}t}=\frac{r}{g}V_m\cdot\sin\gamma_0 dF$$

及
$$V_a=\sqrt{V_m^2\sin^2\gamma_0+V_m^2(1-\cos\gamma_0)^2}=V_m\sqrt{2-2\cos\gamma_0}$$

代入，

$$\mathrm{d}p=\frac{r}{g}\sin\gamma_0\,\mathrm{d}FV_m^2\sqrt{2-2\cos\gamma_0}$$

$$p=b\cdot s\cdot\frac{r}{g}\cdot V_m^2\sqrt{2-2\cos\gamma_0}$$

$$p_x=\frac{V_m}{V_a}(1-\cos\gamma_0)\cdot p=b\cdot s\cdot\frac{r}{g}\cdot V_m^2(1-\cos\gamma_0)\qquad(20)$$

$$p_y=\frac{V_m\sin\gamma_0}{V_m\sqrt{2-2\cos\gamma_0}}\cdot p=b\cdot s\cdot\frac{r}{g}\cdot V_m^2\sin\gamma_0$$

$$R=p_x+fp_y=b\cdot s\cdot\frac{r}{g}\cdot V_m^2(1-\cos\gamma_0+f\sin\gamma_0)$$

总起来，与 γ_0 有关的阻力为

$$R_x=\frac{c_1}{\sin2\gamma_0}+c_2[\cot\gamma_0+\tan(\gamma_0+\Psi)]^n+c_3(1-\cos\gamma_0+f\sin\gamma_0)$$

使
$$\frac{\mathrm{d}R_x}{\mathrm{d}\gamma_0}=-\frac{\cos2\gamma_0}{\sin^2(2\gamma_0)}\{2c_1+4nc_2[\cot\gamma_0+\tan(\gamma_0+\Psi)]^{n-1}\}$$
$$+c_3(\sin\gamma_0+f\cos\gamma_0)=0\qquad(21)$$

将有关的土壤参量、贯入曲线特性量、铲刃尺寸等代入，可从式(21)算出 γ_0 的最优值。

将阻力 R_x 的组成部分分别画出于图 9，亦可看出，γ_0 在略小于 45°处($m\gamma_0$)R_x 最小。$m\gamma_0$ 偏离 45°的量的大小，主要看系数 c_1，c_2，c_3 的相对比重及 Ψ 的大小，具体数值可从上面各式算出。

3. 翻土曲线形状的选择与翻土角 β_0 的变化

(1)铲翼点翻土角${}_5\beta_0$ 应达角度的确定。

γ_0 选定之后，铲刃沿前进方向的长度为 $L_0=\dfrac{b}{\sin\gamma_0}$；将 L_0 沿前进方向分为若干等份，譬如 5 等份。

铲尖部分起贯入作用，其尺寸主要从机械强度和安装的方便来考虑。

犁铲安置角 ε_0 在满足 $\varepsilon_0<90°-\Psi$ 前提下，尽可能小些，只要安装方便和铲尖不致过薄而坚固耐磨。第一、第二条翻土曲线可取为直线，即${}_1\beta_0={}_2\beta_0={}_1\beta_1={}_2\beta_1={}_1\beta_2={}_2\beta_2=\tan^{-1}(\cos\gamma_0\tan\varepsilon_0)$

从第三条翻土曲线起，${}_3\beta_0$ 可开始增长，${}_5\beta_0$ 是铲刃沿沟底切出土垡时土垡翻转所达角度。为了使土垡沿沟底完全切出而失去固定点之后，土垡便于翻转，${}_5\beta_0$ 宜达一最小角度。此时若侧推力作用线通过土垡中心 O 之上（图 10），要比通过 O 点之下对翻转为有利些；侧移也要小些。此时，

$$a\cos{}_5\beta_0 \leqslant b\sin{}_5\beta_0\ ;\ {}_5\beta_0 \geqslant \tan^{-1}\left(\frac{a}{b}\right) \tag{22}$$

对于特别黏重而干硬的土壤，${}_5\beta_0$ 如用值 $\tan^{-1}\left(\frac{a}{b}\right)$，可能引起阻力急增，此时可采取铲宽小于垡宽，即等于(b—Δ)，使土垡剖面底角在沟底的固定继续存在，有利于其后的翻转，而用较小的${}_5\beta_0$ 值。

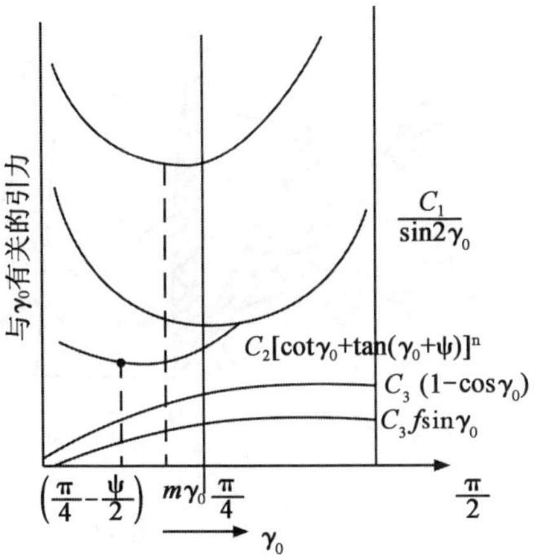

图 9

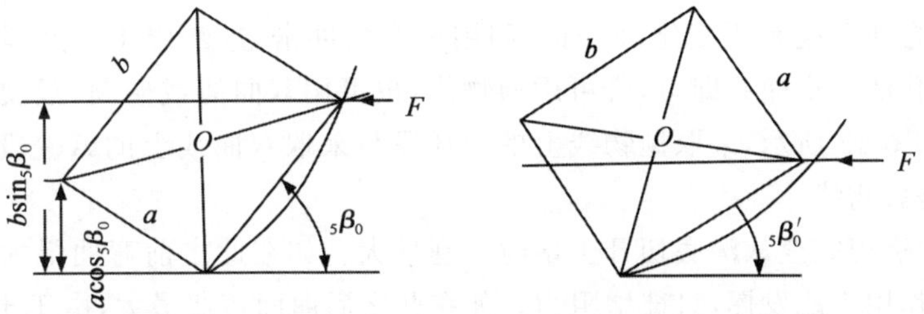

图 10

(2)壁翼端点翻土曲线角度 $\beta_{0\max}$ 的确定。

a. 对成条土垡，为了避免立垡，保证将之扣过去而不回垡，土垡离开壁翼后剖面侧边 AB 必须到达 AB' 位置(图 11)。因为这样剖面重心位在 AD 的 DE 这一边，从而获得稳定而不会回到 AE 这一边，到达这个位置的最大翻土角度

$$\beta_{0\max} = 90° + \sin^{-1}\left(\frac{\frac{1}{2}a}{b}\right) = 90° + \sin^{-1}\left(\frac{1}{2k}\right) \tag{23}$$

$$k = \frac{b}{a} = \frac{1}{1}\text{时}，\beta_{0\max} = 120°；k < 1\text{ 时}，\beta_{0\max} < 120°$$

由于土垡剖面底部离开犁壁较顶部为早，事实上 $\beta_{0\max}$ 可较此极限为小，譬如 110°～115°，当耕速 V_m 较大时，又可再小些，譬如 105°～110°。

b. 对离开壁面后土垡松散不成条时，在土垡到达竖立位置以后，重心 O 的进一步翻转不必再靠壁翼的扶持，由于土壤底部先离壁翼，上部土粒离开壁翼时侧向速度为

$$V_y = V_m\cos(90° - \gamma_n) = V_m\sin\gamma_n \tag{24}$$

式中 γ_n 为壁翼端推土角。即使是低耕速，譬如 5 km/小时，V_y 亦达 1 米/秒，(γ_n=45°算)，B 点处土粒飞越 $B'OE$ 线只需 0.1 秒，而在此期间，自由落体铅垂落下距离 5 厘米，尚不计土粒离壁翼时绝对速度的向上分量。这样的空位置总是有的，这样，$\beta_{0\max}$ 达 AB 位置、即 90°即可。

(3)翻土曲线形状及曲率的选择。

翻土曲线的形状和曲率与碎土和阻力有关。对于一个曲率半径随曲线弧长递减、亦即曲率累进的曲面，则碎土虽好*，但曲率变化过大，作为犁面，机械上难于实现；况且在壁翼部位土垡已失去稳固的

* 注　参考文献[4]。

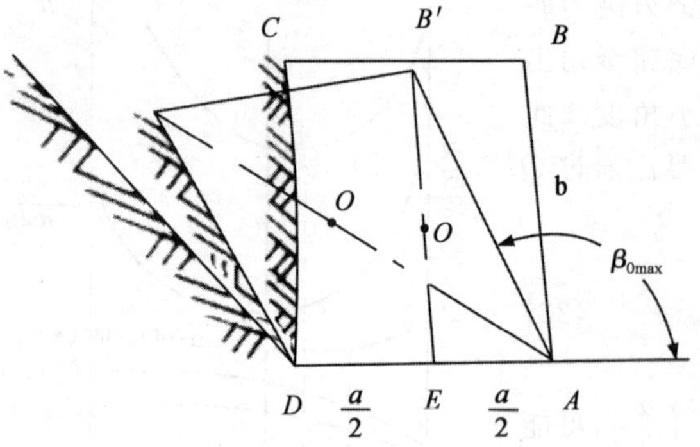

图 11

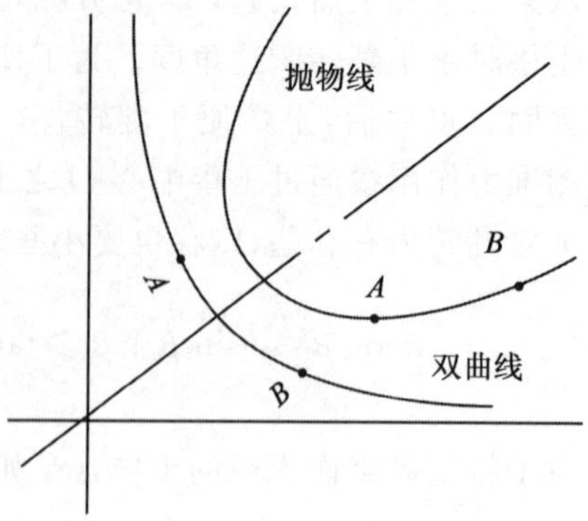

图 12

支撑,这时利用加大弯曲作用来碎土不再有效。明智的办法是采取相反的措施,让曲率从犁胸部起往后逐渐减少,即使土垡弯曲程度有所变化,而同时利用速度的冲击,进步碎土。这样,土垡剖面底边的弯曲,成曲率在逐渐变化的二次曲线即可,既可用抛物线,也可用双曲线或椭圆,只要选用适当的部位,效果是一样的。譬如如图 12 所示,采取抛物线上的 AB 段与采取双曲线上的 AB 段,效果基本上是一样的。最方便的显然是抛物线。

土垡的弯曲宜在铲刃完全从沟底切开土垡时达到最大。如在此之前弯曲最大,由于犁铲部分土垡是在压密状态,碎土作用不能发挥,只徒增阻力。如在此之后曲面弯曲最大,由于土垡已近于失去支持,曲面的弯曲作用不能全部传递给土垡的弯曲。

翻土曲线的曲率由 $\beta_2-\beta_0$ 及 $\beta_0-\beta_1$ 值规定(图 1c)。由于 β_2 起有将土垡扶起的作用,$\beta_2-\beta_0$ 总是 $\beta_0-\beta_1$,翻土曲线最大曲率由 ${}_5\beta_2-{}_5\beta_0$(铲翼点翻土角)规定。

整个土垡的最大弯曲则是发生在铲翼点样板曲线的剖面上。样板曲线剖面上角度(β')与翻土曲线剖面上角度(β)的关系为

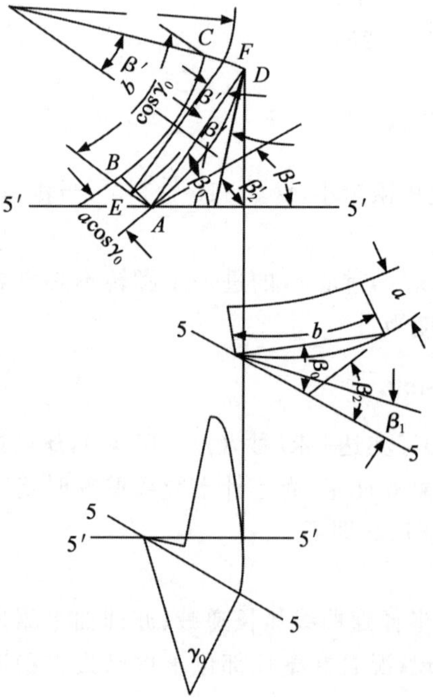

图 13

$$\beta'=\tan^{-1}\left(\frac{\tan\beta}{\cos\gamma_0}\right) \tag{25}$$

曲面应给土垡多大的最大弯曲受所耕土壤的物理力学特性所制约:土垡截面弯曲时,上表面受到压缩压密而缩短,达抗压强度极限后,就会产生脆性破坏(破碎)或塑性破坏(相对形变突增及流动)。土垡剖面下弯的越利害覆盖越好,这是因为整个表层弯到离沟底更近些。但是弯曲至超过抗压强度极限后,塑性土将产生流动,而流动的方向难于控制,不一定使得土垡上表面再弯,因此,过大的弯曲率不起作用;脆性土在达抗压强度限后将产生破碎,过早的破碎有碍土垡的运动,因此,弯曲宜以达到抗压强度极限为标准。但是,对于极为黏重干硬的土壤及草根密织的荒地土壤,即使在达到强度极限之前,稍大一些的弯曲度即已会引起较大的阻力,亦即对这样的土壤,弯曲宜比此为小。

设土壤抗压强度极限点的相对形变为 δ_0。则在铲翼点处受到最大弯曲的剖面是沿铲翼点样板曲线的剖面 5′—5′(图 13)。在此剖面上土垡剖面的尺寸如图所示。作为近似计算,把土垡剖面视作一近似的圆弧(亦可按实际采用的抛

物线精确计算)，则开始挤压破碎时

$$\delta_0 \doteq \frac{\dfrac{\overline{FE}}{2}-\dfrac{\overline{BC}}{2}}{\dfrac{\overline{FE}}{2}} \doteq \frac{R'(\beta_2'-\beta_0')-\left(R'-\dfrac{\alpha}{2}\cos\gamma_0\right)(\beta_2'-\beta_0')}{R'(\beta_2'-\beta_0')}$$

$$\doteq \frac{\alpha\cos\gamma_0}{2R'},R' \doteq \frac{\alpha\cos\gamma_0}{2\delta_0}$$

$$\beta' R' \doteq (\beta_2'-\beta_0')R' \doteq \frac{b}{2\cos\gamma_0}$$

$$\beta_2'-\beta_0' = \frac{b}{2R'\cos\gamma_0} = \frac{k\delta_0}{\cos^2\gamma_0}\left(\frac{360}{2\pi}\right)$$

∴ 在翻土曲线剖面上，

$$\beta_2-\beta_0 = \cos\gamma_0(\beta_2'-\beta_0') = \frac{k\delta_0}{\cos^2\gamma_0}\left(\frac{360}{2\pi}\right) \tag{26}$$

例：对于 $\delta_0=20\%$ 的土壤，当 $k=\dfrac{b}{a}=1.4$，$\gamma_0=40°$ 时，${}_5\beta_{2}-{}_5\beta_0=\dfrac{1.4\times20}{\cos40°}\left(\dfrac{360}{2\pi}\right)=22°$

β_0 从${}_3\beta_0$ 起可均匀增长至${}_5\beta_0$，达计算的数值，往后均匀增长至 $\beta_{0\max}$，如图 14 所示，当然 β_0 亦可不按均匀增值的规律、而是按其他的、非线性的规律增长。但是目前看不出有这种复杂化处理的必要性。β_2 也是如此。β_1 可从${}_3\beta_1$ 下降至${}_5\beta_1$，达最低点，以便铲翼较铲尖平坦，利于土垡通过，往后再均匀增长。$\beta_2-\beta_0$ 增长至${}_5\beta_2-{}_5\beta_0$ 达最大，后亦可均匀减少。$\beta_0-\beta_1$ 减少可较 $\beta_2-\beta_0$ 快些，如图，这是由于 β_1 下降于最低点${}_5\beta_1$ 的原故。

对于极为黏重干硬土壤及草根密织的荒地，铲翼点翻土曲线的曲率不能从使土壤破碎的角度按式(26)设计，而须考虑阻力因素。沿曲面 OAB 弯曲的土垡，对 A 点处沿曲面切向的推进阻力 F_0(图 15)，引用 Kawamura 的概念*，可作如下的计算：对距 O 点 s 距离的微段 ds，p 为作用在 ds 上的正压，R 为 ds 处的曲率半径，ds 两侧受力各为 F 及 $F+dF$，则

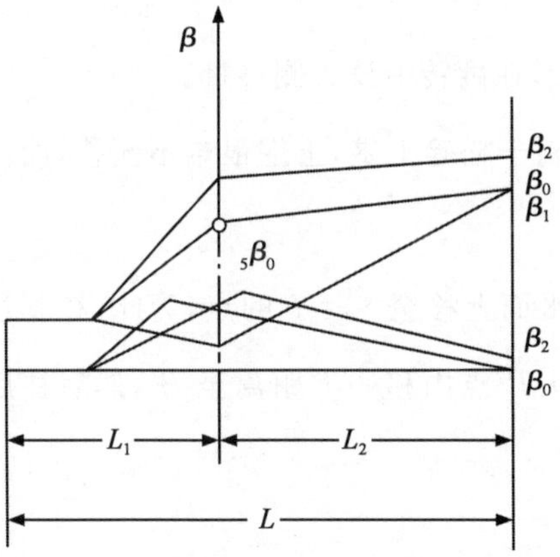

图 14

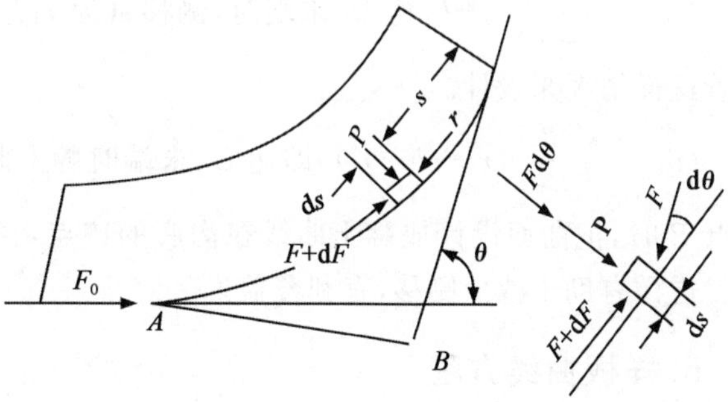

图 15

$$\mathrm{d}F = fp\,\mathrm{d}s + fF\,\mathrm{d}\theta = fpR\,\mathrm{d}\theta + fF\,\mathrm{d}\theta$$

$$\frac{\mathrm{d}F}{\mathrm{d}\theta} - fF - fpR = 0$$

* 注　参考文献[5]P174—176.

$$F_0 = e^{f\theta}\left[\int fpRe^{f\theta}\mathrm{d}\theta + c\right]$$

曲面曲率半径 R 以及作用在曲面上的正压力 p 沿曲面变化的函数须事先知道才能求出式中的积分。但是，仍可看出，F_0 可随曲面的弯曲角度 θ 成对数函数急剧增长的。虽然 F_0 尚不就是牵引阻力，而是与之成函数关系，仍可看出，在土壤极为黏重干硬以及草根密织的情况下，为了避免阻力的急剧增长，宜将 θ 放小，即让 β_0、$\beta_2-\beta_0$ 沿整个犁铲犁胸犁翼均匀地增长，从而避免过大的 ${}_5\beta_0$ 及 ${}_5\beta_2-{}_5\beta_0$ 值。

4. 翻土曲线沿沟底移动的迹线 $y_0=kx+c$ 的确定

铧宽 $b=B\pm\Delta$，B 为耕宽，Δ 为余量。对于易松碎的土壤，$b=B+\Delta$；对于草根密织或黏重干硬土壤 $b=B-\Delta$。b 选定后，铲尖部分翻土曲线沿沟底移动的迹线为铲刃直线

$$y_0=-\cot x+b \tag{27}$$

自铲翼点往后，迹线可按土壤情况作如下的选用(图 16)：

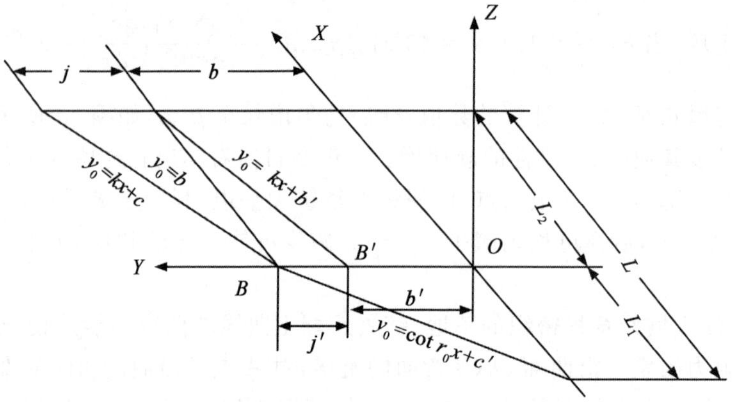

图 16

(i) $y_0=b$ 即土垡成条，需要覆盖良好时；此时采用负的 Δ 量，在翻转中没有侧移量。

(ii) $y_0=\dfrac{j}{L_2}-x+b$，达 L_2 末端时，侧移量为 j；$j_{\max}=b-a$。对于松碎土垡，土垡很难不侧移，曲面就顺着这样情况来设计。

(iii) $y_0=\dfrac{j'}{L_2}\cdot x+(b-j')$，即达 L_2 末端时翻土曲线在沟底平面上移至 $y_0=b$ 的点，为此，在到达铲翼点 B 时，把曲面设计成翻土曲线在沟底的迹点，径直沿 y 轴从 B 点内移一 j' 距离至 B'，然后往后往外。这样有助于减少侧移，有利覆盖。

5. 样板曲线方程

在实际制造中，犁曲面的靠模用样板曲线来规范。曲面的数学解析式 $\Psi(x,y,z)=0$ 已定，则任一位置的样板曲线(或翻土，推土，提土曲线)都为已知，而实际需要的是样板曲线。

样板曲线是在垂直于铲刃线 $y_0=k'x+c'$ 并铅垂于 XOY 平面而与 Z 轴平行的铅垂平面上。通过 $\sigma_1(x_1,y_1)$ 点的样板曲线的方程式为：

$$\begin{cases} y-y_1=-\dfrac{1}{k}(x-x_1) \\ f_1(x)y^2+f_2(x)y+f_3(x)z+f_4(x)=0 \end{cases} \tag{28}$$

将上式中的坐标轴转换至 $X'Y'Z'$(图 17),则有

$$\begin{cases} x = x'\cos\gamma_0 - y'\sin\gamma_0 + x_1 \\ y = x'\sin\gamma_0 + y'\cos\gamma_0 + y_1 \\ z = z' \end{cases}$$

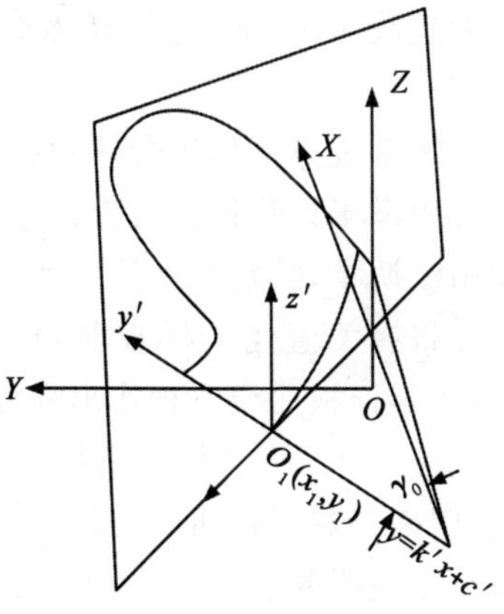

图 17

由于 $\tan\gamma_0 = -\dfrac{1}{k}$, $\cos\gamma_0 = \dfrac{k}{-\sqrt{1+k^2}}$, $\sin\gamma_0 = \dfrac{1}{\sqrt{1+k^2}}$

代入得变换公式:

$$\begin{cases} x = \dfrac{k}{\sqrt{1+k^2}}x' - \dfrac{1}{\sqrt{1+k^2}}y' + x_1 \\ y = \dfrac{1}{\sqrt{1+k^2}}x' - \dfrac{k}{\sqrt{1+k^2}}y' + y_1 \\ z = z' \end{cases} \tag{29}$$

将(29)代入(28)得出在 $Y'O_1Z'$ 平面上,以 $\sigma_1(x_1,y_1)$ 为原点的坐标系中样板曲线方程为

$$\begin{cases} y' = 0 \\ \Psi(x',y',z') = 0 \end{cases}$$

即样板曲线方程为

$$\begin{aligned} & f_1\left(-\frac{k}{\sqrt{1+k^2}}x' - \frac{1}{\sqrt{1+k^2}}y' + x_1\right)\left(\frac{1}{\sqrt{1+k^2}}x' - \frac{k}{\sqrt{1+k^2}}y' + y_1\right)^2 \\ & + f_2\left(-\frac{k}{\sqrt{1+k^2}}x' - \frac{1}{\sqrt{1+k^2}}y' + x_1\right)\left(\frac{1}{\sqrt{1+k^2}}x' - \frac{k}{\sqrt{1+k^2}}y' + y_1\right) \\ & + f_3\left(-\frac{k}{\sqrt{1+k^2}}x' - \frac{1}{\sqrt{1+k^2}}y' + x_1\right)z' \\ & + f_4\left(-\frac{k}{\sqrt{1+k^2}}x' - \frac{1}{\sqrt{1+k^2}}y' + x_1\right) = 0 \end{aligned} \tag{30}$$

三、犁曲面设计数学解析法的步骤

1. 对所设计犁体在预定使用地区的代表性土壤。进行下列在适耕范围内的土壤物理及动力学特性值测定,并按农业技术要求确定耕深 a,选用铧宽 b 和选定耕速 V_m:

土壤对钢摩擦系数 f(摩擦角 Ψ);

贯入阻力曲线;

土壤抗压强度极限点的相对形变 δ_0;

容重、水分、塑限等。

2. 按照判断式计算下列各项:

概略计算曲面长度 L;

铲刃推土角 γ_0;

选定翻土曲线在沟底平面上的迹线 $y=kx+c$;

计算壁翼端点最大翻土角 $\beta_{0\max}$,铲翼处翻土角 ${}_5\beta_0$ 及选定 β_0 的变化法则 ${}_i\beta_0=\beta'_0x+\beta''_0$;

计算 ${}_5\beta_2 - {}_5\beta_0$ 值, ${}_5\beta_2$ 值及选定 ${}_i\beta_2=\beta'_2x+\beta''_2$;

选定 ${}_i\beta_1=\beta'_1x+\beta''_1$。

将上列各值及式子代入曲面方程 $\Psi(x,y,z)=0$,利用电子计算机进行计算。

当 $s=s'x+s''=b$ 时,得出壁翼部分曲面,当 $s=s'x+s''=b-x\tan\gamma_0$ 时,得出犁铲部分曲面。使铲刃

部分的迹线 $y=-\cot\gamma_0 x+b$ 及犁翼部分迹线 $y_0=kx+b$ 的交接部分圆滑过渡，则所得两部分曲面将圆滑过渡。

3. 按常规方法作出犁体轮廓线*。

4. 用电子计算机进行土粒在曲面上相对运动空间迹线计算，验算耕速影响，进行 L 及曲面陡度和走向精细调整，特别是设计高速犁曲面时。

5. 将有关值代入样板曲线方程并利用计算机计算出各系数值，按所得样板曲线方程作出样板曲线。

6 有必要时可同样求出翻土、推土及提土曲线方程并作出这些曲线，用来直观观察曲面的趋势。

补充说明的是，曲面方程所用的翻土曲线变化规律是指以铲翼点 B 为圆心，b 为半径所作圆弧与翻土曲线交点 m 处的数值，即 $\beta_0=LmBA$，$\beta_2=Lmb'A$；与翻土曲线在顶边线上 m' 点处的数值不一样(图 18)。之所以采用$\widehat{mA}$上的数值是为了避免引入轮廓线的高低对 β_0、β_2 等值的影响。

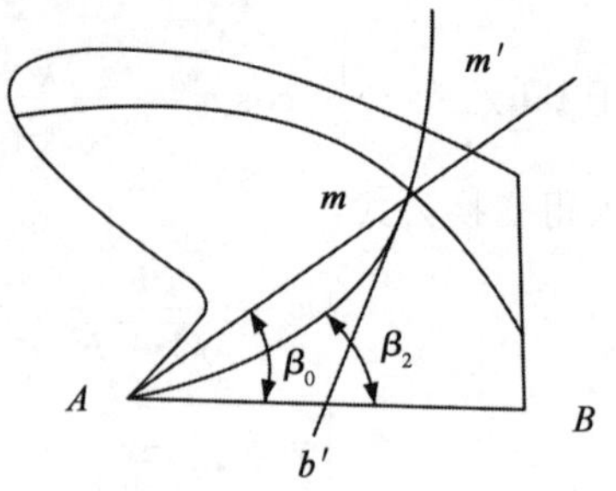

图 18

四、讨论

1778 年 T. 杰斐逊就已发展了一种用直元线沿两导向直线运动扫描而成犁体曲面的方法。1918 年 E. A. 怀特完成了用数学解析式(隐函数)表达曲面的工作。30 年代以来苏联学者舒契金等发展了得到广泛应用的水平直元线作图法以及其他一些斜直元线、曲元线作图法(都没有达到实际能用的阶段)。文革前我们发展了翻土曲线作图法，达到实际应用。近来我国工作者进行了进一步的工作，完成了运用参数方程来描述由斜直元线扫描而成的犁曲面。至于将土壤特性、耕后要求、耕速和阻力等工况与曲面形状曲面参数，定性定量地联系起来进行设计，则国内外一直没有获得成功并达到实际应用。国际上的一个趋势是企图通过对土粒在曲面上的行为、亦即对土粒在曲面上运动迹线的分析来建立上述几个方面的联系。这种企图没有能够实现。我们是将土粒在曲面上运动迹线与在不同工况下土垡的合理翻转联系在一起的，这样才有可能通过对土粒运动迹线的微分几何分析来建立土粒运动、从而也是土垡运动与曲面形状曲面参数的关系，为问题的解决提出了一条线索。当然，所建立的联系还是很初步的。

还需要指出的是：①与现行经验作图法比较，计算要繁长许多，需要用计算机帮助设计。反之，也只有电子计算机得到广泛应用的今天，有理设计解析法才有可能出现。②由于农机土壤动力学的一些基本规律尚未能从根本上弄的很清楚，设计因素之间的内在关系，目前还只能建立在土壤的宏观行为规律之上。随着农机土壤动力学的发展，各种设计因素之间的内在联系，也将日益精确与完全。

这种以土壤宏观行为为准则的设计，用有理设计一词来表达也许是可取的。有理设计此一概念不仅可应用于犁曲面的设计，也可应用于其他土壤加工部件的设计，可能是在农机土壤动力学发展的现阶段普遍提高土壤加工部件设计性能的一个途径。

参考文献

[1] 曾德超，赵作善. 滚垡壁犁曲面有理设计及参数选择的数学分析. 华北农机化学院科研资料，78～10 号.

[2] 曾德超. 旱作沙壤土上铧犁犁体曲面阻力分析. 中国农机学会，1963 年年会论文.

[3] 曾德超，郭祺泰. 滚垡壁犁犁体曲面的有理设计方法. 中国农机学会，1964 年农机力学学术会议论文.

* 注　参考文献[3]。

[4] 曾德超.在旱作沙壤土上铧犁犁体曲面性能分析.农业机械学报五卷一期,1962 年 7 月.
[5] W. R. Gill, G. E. Vanden Berg. Soil dynamics in tillage and traction, 1968.

On an Analytic Method of Plow Bottom Surface Design

Tseng The-Chow Chiao Zo-San

Abstract All existing graphic as well as other methods of plow bottom surface design are empirical. For a derived approach, the intrinsic relations between the soil properties, tilth requirements, working regimes such as plowing speed and draft, the shape and parameters of the bottom surface etc have to be established. In trying to link these design factors together, in this paper, the proper turning of the furrow slice is mathematically described with the motion of an assigned transverse section of the slice, and that part of the spatial surface traced by the bottom side of that traverse section, the optimum shape of which is a parabola, is made the working surface of the plow bottom, with a mathematical expression in the form of $\Psi(x, y, z) = f_1(x) f^2 + f_2(x) y + f_3(x) z + f_4(x) = 0$. The tracing locus of a soil particle on the bottom surface is the intersection of the bottom surface with a cylindrical surface of variable radius (with the soil particle at the end of the radius during slice turning) and is represented in the form of $\begin{cases} \varphi(x, y) = 0 \\ \Psi(x, y, x) = 0 \end{cases}$. A differential geometrical analysis of the tracing locus of a soil particle on the bottom surface gives some of the intrinsic relations of the design factors in question, and criteria equations for selection of those basic parameters of bottom surface such as the longitudinal length of the bottom surface, the plan-view angle of the share, shape and curvature of the bottom side of the traverse section of the slice during turning etc are derived, curve equations representing the inspection gauge template is also derived: and finally, the procedure of the analytic method in bottom surface design is scheduled.

美国几个典型地区的土壤耕作法*

曾德超

摘要 1980年9月赴美考察土壤—机器系统的力学小组，根据美方安排，参观和了解了美国土壤耕作法和机具方面的试验研究情况。美农业部为了介绍美国各地区的土壤耕作法和机具研究试验情况，曾组织了一个全国委员会，聘请有关专家参加。他们为考察小组安排了一个包括参观五个州立大学、两个农机公司的技术发展中心和两个国家实验室的日程。这些单位代表了美国五个典型地区的情况。现将这次考察结果，作一汇报。这份报告不是全面地综合美国各个地区的实验结果和统计资料写的，一些具体数据也可能有介绍者的口误或我们听误，所以只能作为一般参考。

一、美国耕作法的背景与内容

作为美国主要农业区的玉米带，在战后的五十年代的土壤耕作，仍然是在豆科牧草，中耕作物和谷物等轮作的基础上，采用秋翻春耙，种床整地，然后播种及行间数次中耕的传统方法，共约七八道工序。实行豆科牧草，中耕作物和谷物的5～8年轮作，有利于利用多年生豆科牧草的固氮作用，保持地力，也有利于换茬、翻耕以及中耕的抑制杂草和病虫害作用。主要作物的总产量并不因轮作中加入牧草而降低多少，同时还为农户发展畜牧业(特别是乳牛业)提供稳定的饲草和饲料，保证农户劳力的全年利用，增加农户总收入。所采用的以壁犁翻耕为主干，结合耙整地和机械中耕的耕作法，有利于翻埋有机肥，抑制病虫草害，制备精良的种床和根床。除所用动力从畜力换为机力，所用耕具从小型换为大型、从木质换为钢铁、橡胶之外，这些耕作法和耕具所用的基本原理与殖民时期基本一样。

六七十年代以来影响美国土壤耕作法的背景条件有了很大变化。结果1981年，全美少耕法达528000000亩，免耕51600000亩，传统耕法1236000000亩。全美少免耕法发展最快的衣阿华州，1981年，少耕达730000亩，传统耕法54000000亩。

影响土壤耕作法变化的背景条件之一是农牧业的专业化和社会化。大型专业化饲养业特别是封闭式饲养场的出现和发展，以其经营效率的优势使得传统农牧兼顾、实行牧草轮作的农户无法竞争和继续维持。不仅种植业与饲养业被迫分离，而且种植业也逐步作物单一化，就是在种植业中，一些集中的作业如施化肥、喷农药、收获等，也基本包给承包商承担，这就提高了农业生产过程的社会化程度。此外，农户的劳动力使用方式由集中在农场上变为农忙在农场，农闲到社会上找兼职。这就造成投资范围小，经营效率高，工农差别缩小。结果，多年轮作和换茬就让位给诸如玉米大豆连作，一年两熟的小麦大豆或小麦玉米换茬，长年牧草场或饲草田等。这也使厩肥少了，秸秆还田多了。

影响土壤耕作法变化的背景条件之二是可靠的除草剂，病虫害防治农药和化肥的研制成功和得到大量的供应。有机械中耕和犁耕翻埋来灭草、灭虫、灭土壤病原菌和埋入厩肥有机质的功能，更简便地由使用化学制品来完成。施用化学制品不仅将大部作业功能从传统农业的机械方式转换为效率高得多的工业化大量合成生产方式，也将有关的农业作业的总能量消耗也减少，使拖拉机下地作业次数减少，进而减少机器对土壤的压实。

---

* 本文出处：教学与科研，1981年8月

影响土壤耕作法变化的背景条件之三，是由于拖拉机和农机具的工作幅宽越来越大，犁体越来越重。40 年代玉米带经营上最优的农场大小为 1000～1200 亩，由于轮作一般使用 40 马力左右的拖拉机。70 年代最优的农场大小扩大至 1800～2400 亩，由于作物单一化、人工费用高以及深松作业的引入，合算的拖拉机马力不是成倍而是几倍增长达 150、180 马力以上。这样劳动生产率是提高了，但是机器对土壤的压实则日趋严重。这个问题越来越引起重视。

影响土壤耕作法变化的背景条件之四，是人们对水土流失长期危害及三十年代大风暴、五十年代中期和 1947 年风暴的显著破坏的普通重视；加上由于农田水土、养分流失，特别是在毒除草剂、农药流失导致下游水道和湖泊污染，影响健康养鱼，这也引起了人们对环境质量的重视。

由于这些新的条件作为背景，美国土壤耕作法中出现了一些新的因素：

1. 实行化学耕法

化学除草剂、农药和化肥的使用急剧增多，田中杂草和病虫害就得到很好地防治的耕法，替代一些原来目的在于除草和翻埋虫卵、病原菌等的中耕和翻埋作业，这是化学耕法。

目前，美国除草剂并非已达到万能或全部有效，譬如对有些多年生杂草如约翰逊草（Johnson Grass）等和一年生杂草如落叶藤（Shatter Gane）等就尚无有效除草剂。并且因土干而不能触上杂草，或是因雨大而流失，引起环境污染，产生残毒问题。为避免伤害作物本身，用什么药，药的施用时间、用量、均匀度和施用方法都要遵守厂家规定。由于技术的不断进步，残毒问题并不突出；由于石油化学工业的进步，农业能量消耗逐渐低于用机械中耕；由于农用直接燃料的涨价要快于化工产品的涨价，化学耕法的农业成本也逐渐变成近于或低于机械中耕。1980 年 9 月，约翰・迪尔公司在芝加哥邀请各方面专家举行了三天的会议，预测土壤耕作法的发展方向，并做出了化学耕法将普遍采用的结论。

2. 用茎秆作田面覆盖

保持水土的效果与田间覆盖程度直接有关。防止风蚀和水蚀的最好办法是把茎秆留撒在田面作覆盖。一般地说，壁犁翻耕可埋下覆盖在田面的茎秆的 80%～100%，凿形齿深松可埋下 25%，单列圆盘耙可埋下 30%～40%，翼形铲浅松可埋下 10%～15%。而要得到良好的覆盖，要求田面茎秆达一定数量：小麦茎秆为每亩 180 斤，高粱为 360 斤。覆盖充分时土的流失仅为茎秆翻埋的 5%～20%。但是在透水性差的土壤上，覆盖会降低地温，提高土壤湿度，杂草较为严重，需要采取相应的措施。覆盖的茎秆不够时，用譬如行距为 27 英寸、耕深为 5 英寸的窄齿粗松，使田面粗糙和成坷垃，也起一定的保水、保土作用。

3. 用凿形齿深松的纵深耕法或用翼形铲全面浅松的水平方向耕法(而在一定周期内犁翻)

用齿幅窄（4～6 厘米）的凿形齿深松（深度在 20、30 甚至 40 厘米以上）在美国五个代表性地区都相当普遍。不论田面有无覆盖，深松都能起破硬底层和松动土层的作用，有利于水向下渗；地表的粗糙也有利于抗风蚀、水蚀。由于阻力很大，一般每齿约需配 35 马力的拖拉机，拉 5 个齿需 180 马力拖拉机。这种纵深耕法需要农业配备 100 马力以上的大型拖拉机。在半干旱地区，在不需深松的情况下，为了避免翻耕跑墒、风蚀、水蚀，不论田面有无覆盖，都用齿幅宽的翼形齿浅松，以松土、除草、保墒。不论纵深耕法或水平耕法，在美国许多地区，都配合周期性的犁翻，以翻埋有机物、病虫害病源、杂草及其种子。

4. 减少拖拉机的下地次数和减少机具对土壤压实的副作用

在耕作中，土壤松碎的同时还发生机具对土壤的压实。除了拖拉机轮胎之外圆盘农具由于接地面积小，破坏土壤结构最厉害；壁犁对沟底的压实也易形成硬的犁底层；在土壤过湿时各种耕作都比较容易压实。土壤的压实，在气候周期性变化的影响下，在不同程度上得到自然消除，特别是腐殖质含量比较高，团粒结构较好的土壤，在反复湿胀、干缩和冻溶交替的作用下更利于消除。在不冻地区的沙性土壤上，压实的影响就不易自然消失，影响农具的耕作效果，引起排水不良，延误播种期或出苗期，从而影响根系的发展和作物生长。美国耕耘机械实验室的研究表明，只有在深层有压实时，深耕或深松才能增产。

减少压实的方法是：减少下地次数；减少拖拉机轮胎接地压强；少用破坏土壤结构和压实土壤的农具；提高土壤有机质含量，增加土壤结构（有结构的土壤可承压达 7 公斤/厘米^2，而犁翻后的土壤只能承压约 0.35 公斤/厘米^2）；用宽轮距的新型结构拖拉机并固定拖拉机每年在同一田间行走轨道上行走的办法以减少压实范围等等。美国在南部海岸平原的一个试验表明，拖拉机轮胎外援须最少离作物行心 30.5 厘米，才能免除土壤压实对根系的不良影响。在传统翻耕情况下，难于辨别并固定同一的轨道，而用垄作，免耕播种或窄条松整播种就较易于实现固定轨道。用固定轨道可以不必每年深松深耕；深松深耕的目的在于破坏根系不易扎透的硬地层。

普渡大学的试验证明，耕作层底面有一层人为的硬实土层时，玉米产量将减少一半。美国耕耘机械实验室的试验表明，固定轨道比不固定轨道的籽棉，每亩增产 12%～15%。

在美国，这些新因素是通过以下几种耕作方式和机具来体现的：

1. 免耕播种

播种时，在残秸上（玉米等高秆作物在收获时将茎秆适当切短撒在田面，小麦大豆等茎秆则直接撒在田面；用黑麦等作为覆盖作物时，在苗期用药剂将苗杀死或濒近于杀死，然后在苗地上播种）直接用免耕播种机“铁茬播种”。通常用带槽的圆切刀在残秸上开路，入土 5～10 厘米深，后跟圆盘开沟器附有限深轮控制播种深度及稳定种沟两壁，避免干土掉入种沟接触种子，（亦可同时在种沟中施农药）下种后，压轮从两侧土层不断地压垮种沟，封沟并（亦可同时施化肥）将土压实，以保证种子与土壤的良好接触；种区 3～5 厘米宽；其余地面则全不耕动。亦有用窄的小型凿形齿，圆盘或窄的旋耕刀齿来开种沟的。

2. 窄条耕播

在前茬培土成有垄形的残秸地上，用翼形铲将垄顶铲去 5～8 厘米宽，用拔草辊将茎秆或坷垃推向两侧沟间，同时将种子播在铲后面的湿土上，用压轮将种子压入土中，后跟圆盘，在种子上覆虚土，或在较为平坦的残秸地上，用有限深轮的带槽圆盘切，刀切开残秸，用锡铲将土和残秸分到两侧，施肥下种，并将种子压入种沟湿土，施农药和除草剂。

3. 凿形齿深松后整播

在秋耕或春耕时用直的或扭曲的凿形齿松土，齿距 25～30 厘米，深度 22～25 厘米，不翻土。有时，为了避免茎秆的堵塞，在凿形齿前装有圆盘。其后的表土耕作和种床制配备通常用翼形铲或用由动力输出轴驱动的往复摆动齿耙来进行。

4. 传统的翻耕和耙整播种

二、新耕法在美国试验的结果概况

在美国玉米带东部，以上几种耕作方式对水土流失和产量影响的一些典型试验地的实验结果见表 1 至表 9。

表 1　Bedford 地区(印第安纳州)不同耕法对水土流失的影响(粉沙壤土,前茬为玉米,坡度 9%,沿坡度横向耕作,播种后四周降雨 127 毫米)

耕　法	雨水的流失%	土的流失	
		吨/亩	%
春天壁犁翻耕、圆盘耙耙地后播种	79	3.80	100
春天凿形齿深松、翼形铲整地后播种	39	0.23	6
窄条耕播	68	1.20	32
免耕播种	51	0.55	15

表 2　Lafayette 地区(印第安纳州)不同耕法对水土流失的影响(粉沙壤土,坡度 5%,顺坡耕作,播种后两周降雨 127 毫米)

耕　法	雨水的流失%	土的流失	
		吨/亩	%
春天壁犁翻耕、圆盘耙耙地后播种	56	3.40	100
春天凿形齿深松、翼形铲整地后播种	36	1.8*	53
圆盘耙轻耙后播种	48	1.20	35
免耕播种	46	0.60	18

* 顺坡耕作时,凿形齿深松的保土作用较横坡耕作时差。

表 3　Harlan 地区(印第安纳州)覆盖程度不同时不同耕法对水土流失的影响(粉壤土,坡度 4%,顺坡耕作,播种后经整个冬天风化,降雨 127 毫米)

耕　法	地表覆盖率%		水土流失 吨/亩	
	前作玉米	前作大豆	前作玉米	前作大豆
秋天壁犁翻耕	7	7	1.6	3.0
秋天凿形齿深松	25	12	1.1	2.2
秋天轻圆盘耙轻耙地	70	17	0.2	0.9
秋天免耕播种	69	26	0.2	1.0

表 4　不同耕法对水稳性团粒的影响(同一土壤连续 5 年种玉米之后)

耕　法	团粒指数*	
	0～2 英寸	2～6 英寸
秋天壁犁翻耕	0.347	0.468
秋天凿形齿深松	0.456	0.561
秋天轻圆盘耙轻耙地	0.467	0.560
秋天免耕播种	0.768	0.699

* 用 Yodder 法测定(土湿时过 8 毫米筛,风干后湿筛)

表 5　不同耕法对 0～8 英寸耕作层土壤容量的影响(播后 2～3 周)

耕　法	Tracy 沙土壤	Runnymede 壤土	Bedford 粉沙壤土	Blaunt 粉沙壤土	Pewano 粉黏壤土
	克/厘米^3				
犁翻	1.20	1.13	1.13	1.21	1.06
凿松	1.25	1.11	1.06	1.13	1.01
窄条耕播	1.35	1.33	1.16	1.28	1.15
免耕播种	1.56	1.43	1.33	1.39	1.17

表 6　在中等阻力土壤上种植玉米时不同耕法的柴油消耗(公斤/亩)

耕法	耕作	制造机器	除草剂	氮化肥	共计	节省
犁翻	2.56	1.31	0.89	13.57	18.33	0
凿松	2.01	1.27	1.03	13.57	17.88	(＋)0.45
免耕	0.94	0.51	1.47	21.06	23.98	－6.65

表 7　不同耕法试验的平均产量(斤/亩)

耕　法	前作玉米				前作大豆			
	1975—1978 年平均		1979 年		1975—1978 年平均		1979 年	
	玉米	大豆	玉米	大豆	玉米	大豆	玉米	大豆
犁翻	1255	427	1699	493	1264	393	1757	402
凿松	1238	435	1598	418	1272	385	1732	410
深耙联合播	1188	402	1598	402	1242	377	1632	385
免耕播种	1255	402	1481	368	1272	351	1573	377

表 8　在不同土壤上,几种耕法七年试验的玉米产量(斤/亩)

耕　法	沙壤土(排水性好)	壤　土	粉沙壤土(排水性较差)	粉沙壤土(易蚀)
犁翻	1021	1121	996	778
凿松	1046	1088	895	854
深耙联合播	1155	1113	887	895
免耕播种	1038*	962	653	837

* 在沙性土和易蚀土上免耕较好。

表 9　不同耕法对成本的影响(1973 年)

耕法	成本,美元/亩
翻耕	4.17
凿松	3.77
窄条播种	3.10
免耕播种	3.21

注:暗示有价格的波动,全种玉米时免耕与翻耕的利润比较为±6.42 美元/亩,窄条耕播为±1.98～3.13 美元/亩。

一些试验表明，对于沙性及易蚀土，在杂草与病虫害得到控制的前提下，免耕产量不比犁翻低。而在一年的周期中，在夏季，免耕地的土壤含水量要比翻耕高。然而免耕在湿土上播种时所开的下种沟不容易封闭，为了避免氮肥蒸发损失，必须深施入土；多年生杂草不易控制；一年生杂草虽在出苗前、出苗后多施除草剂，有时也不易控制；病虫害也比较多。因而免耕播种需要精细管理，同时，须用轮流翻耕来补充。

三、美国几个典型地区现行耕法概况

从游牧时代开始，农业本质上就是充分利用土地、气候和生物资源，以最少的投入物夺取最大量的农产品。土壤耕作制度是一个地区在某个时期，在农业经营最佳方案中的一项重要内容。它与市场、选种的农作物以及地形地貌和土壤、气象气候有关、须经综合性对比试验确定。

美国为了研究各地区土壤耕作的最佳经营方案，近十几年来组织了各州大学的农学、生物、农业工程、农业经济各系的综合力量，发挥教学、科研、推广三结合的有利条件，因地制宜地开展延续多年的综合性实验并吸取三十年代以及五十年代和 1977 年风暴损失的严重教训，考虑到近几年来的能源危机，美国几个主要的农学院如普渡、衣阿华等，近几年来都为本州研究最佳的耕作方法：不仅保存水土和保护环境，也要节省能源、节省时间以便赶农时，节省投资而获得适当的产量，夺取最大的经济利益。

美国五个代表性地区的耕作法内容如下：

1. 印第安纳州

玉米带是美国的一个重要农业区。美国每年约 450 亿美元（1979 年）的农场生产总值 55％以上来自玉米带（只衣阿华、伊利诺、印第安纳三州就占 250 亿）。玉米带位于美国中西部，走向从东偏南向西偏北，宽约 250 公里，长约 1000～1200 公里，面积约 4 亿亩，黑土层深达 5～10 米，有机质含量有的高达 4％～6％，风调雨顺，气候适宜，不必人工灌溉。印第安纳州位在玉米带的东南端，主要作物为一年两制的小麦—大豆、小麦—玉米或换茬的大豆—玉米。

印第安纳州立普渡大学，由农学系领头，进行了综合型生产试验，在全州 23 种不同类型土壤上进行各种不同耕法的对比，比较土壤中水、土、肥力的变化，杂草和病虫害程度，作物产量，能量消耗，以及收益多少等。经过十年的对比试验，在土壤分类的基础上，制订了 9 种耕法在不同土壤、排水好坏、坡度、地形上适应性的评分标准，供农民选用。

这 9 种耕法是：

(1)秋深翻（秋收后切碎茎秆撒在地面，圆盘耙耙地、犁翻。春圆盘耙或全面中耕耕地和齿耙耙后播种）。

(2)春深翻（整地约与秋深翻同）。

(3)秋深松（凿宽 5 厘米，间隔 30～35 厘米，深 20～25 厘米，深松前切碎地面上茎秆或圆盘耙或在深松凿前带圆切刀，春天整地约与(1)同，过冬后地表有坷垃，有 30％～50％覆盖，播种后仍有 10％～30％残秸在地表）。

(4)春深松，在排水好的地上约与秋深松同，在排水不好的地上，只限于浅松整地约如(2)。

(5)秋或春圆盘耙耙，通常秋耙一遍，春耙两遍后播种，耙深 10～15 厘米，地表残秸过冬后为40％～70％，播种后 20％～40％。豆茬播玉米时可以一次全面中耕代一次春耙。

(6)春圆盘耙耙地后播，用于坡度大，秋翻则土蚀利害，或秋雨水大不便秋耕时。

(7)窄条耕播，即年前中耕时或秋收后培土成 10％～15％的垅，春天在年前可筑垅上，用一锄铲去垅顶 5～6 厘米，用草棒将坷垃和玉米渣头推到垅沟中，后跟排种器，排种后用压轮将种子压入湿土，再用一个小的覆土圆盘。覆以虚土，如系中耕时培的垅，过冬后残秸全部留在地表上，播种后仍有 10％～20％，但土和玉米残秸将集中在行的中间，这时如是上下坡耕作，则垅上形成水土流失通道。

(8)垅上播，即秋收后用两对装的大圆盘筑垅。有时在筑垅前用双列圆盘耙老垅，此时撒在地上的茎秆与土混合，亦可在秋天或春天重修老垅，此时切碎的茎秆将聚落垅沟中，过冬后约有30%的地表盖以残秸，播种须用圆盘开沟器，并附有将开器稳定在垅顶的装置，播种后可能尚剩5%～30%的茎秆覆盖，这样水沿上下坡方向播种垅沟会成为水土流失通道。

(9)免耕，通常前造玉米茎秆切碎后撒在地表播种时在行上开出2.5～5厘米宽的带，播后地表覆盖60%～90%。

目前(1980年)在全州23种土壤中采用秋翻的占70%，深松不翻的占15%～20%，耙播的占5%～10%，免耕播种的占2%。

2.堪萨斯州

该州处在美国中部平原和西部大草原的交界处，是美国小麦的主要产区。堪州东部雨水较多，适宜种小麦、玉米、大豆等，一般是小麦、大豆一年两熟或高粱连作。大豆连作减产，小麦连作草虫问题较多。堪州中部降雨量约600毫米，向西每隔25公里降雨量减少50毫米。西部降雨量在350～380毫米的地区仍可种小麦，再往西则水源缺乏，只有很少一部分田地能利用地下水灌溉，大部分无条件灌溉，只能放牧，且西部风蚀严重。

堪州大学针对本地区干旱和风蚀特点，在农牧交界地区，因地制宜地发展了一种小麦—高粱—休闲的三年两熟休闲耕作制度，使土地收割高粱后有10～12个月的休闲期。在休闲期仅用翼形铲松土，一年四次，耕深10～18厘米，并有时兼施阿特拉津(atrazine)防草，积雨渗水，蓄存水分，减少风蚀，培养地力，使得原来不能生长庄稼的土地获得有利可图的产量。在丘陵地区，过去为防止下雨时水土流失，采用筑梯田、建水池和等高线梯田种植。现在广泛采用田面覆盖、化学除草、翼形铲松土等措施。

在西部，为防止耕时跑墒和风蚀，在小麦收割后如无杂草问题，可直接免耕播种高粱。一般用翼形铲松土。在灌溉地区则可用凿形齿深耕，以利渗水。翼形铲浅松与凿齿松土相比，往往将洒在地面上的茎秆埋下量要多一倍。剩下的田面的茎秆不足以防风蚀时，需要种覆盖作物，或将翼松改为凿松，或改为垄作。当无覆盖时，用窄凿齿以68厘米的行距，12.5厘米的深度中耕松土，亦可在表面形成坷垃。起减少风蚀作用。覆盖后硝化作用减弱，需要增施液态氮肥。种大豆可以免耕，因大豆生长后可抑制杂草，产量不减。种小麦不宜用免耕播种，苗不易出齐；杂草较多，产量稍低，一般是凿松后耙两次再播种，同时施氮水。由于石油价格往往比化学品价格长得快一些，因而化学耕法与机械耕法成本差不多。目前较为普遍采用的是一次中鞯的化学与机械并用的综合耕法。

3.阿拉巴马州

该州地处美国南部海岸平原，气候温和，正常时全年不冻，土壤的氧化作用强，有机质易分解，故含量不高。作物除牧草外，主要有棉花、大豆、小麦、玉米、花生等。小麦—大豆，小麦—棉花一年两熟，亦有玉米—小麦—大豆轮作。养猪为全美第一位。由于土壤压实后，自然恢复的条件较差，易于形成硬的犁底层，从而影响作物根系扩伸，影响产量。

州立奥本大学和国立耕耘机械实验室近来十分重视土壤压实效应及其对根系及产量的影响和解决办法的研究。他们提出并深入研究了固定拖拉机行走轨道的耕作法，设计各种破开硬地层的机具。如用开一条深缝的犁，据说对于大豆，开缝达38厘米深时效果很好。在小麦—棉花一年两熟中，进行了免耕种棉花的试验。试验表明，在不冻的沙性土壤地区，采用免耕播种棉花，在苗期土壤较翻耕的紧实，以后就逐渐趋于一致。在前八周，免耕地的苗较翻耕地要矮一些，但最后产量不受影响。也在三叶草籽成熟后免耕种棉花，三叶草充当覆盖，以后再把它中耕掉，这样产量也不降低。他们又提出，只有土壤受到压实形成硬质层的情况下，凿齿深松才有必要。在广泛试验的基础上，阿州普遍在推行以凿形齿深松与壁犁翻耕交替的耕作法。凿深松达45厘米，凿松或翻耕后的表土耕作，用传统的圆盘耙或旋耕机。

4. 加利福利亚州

该州地处美国西部，灌溉面积较大(约6000多万亩)，果园较多，也有一定面积的水稻。土质硬，一般不用免耕。突出的问题是排水不良和湿土压实严重。加州大学提出用每隔1.5米挖沟填60厘米深的谷壳来提高排水能力。为避免土壤的压实，在五六十年代多用大型壁犁深翻来松土，亦用小犁或小凿形齿来破地表硬壳。现在区域增加土壤有机质改进土壤结构，同时实行固定拖拉机行走轨道的方法。

5. 夏威夷

夏威夷是热带地区，主要作物有甘蔗和菠萝等。他们用生长素和新的栽培方法来调节甘蔗的生长成熟时期，使得全年有蔗可收，糖厂也就可以全年开工。土壤属黏重的火山土，氧化厉害，易形成硬质层。通常一年几次深翻达38～45厘米。由于土壤黏重，犁壁常用聚四氟乙烯(teflon)涂层，以助脱土，减少摩擦阻力。近年来亦用凿形齿深松，然后用重圆盘耙整地，种蔗时还需开沟筑垄。凿形齿深松深度达45～60厘米，250马力拖拉机牵引三齿。最后一趟拖拉机入田，用圆盘或松土铲松土深达20～25厘米，将拖拉机轮胎压实区域松掉。土干或不下雨时，深松后重圆盘耙，可将土耙碎；土湿或下雨时，碎土困难。他们还试验用滴灌灌溉甘蔗地，甘蔗为多年生，所以新发展的滴灌用管可用几年，坏后自行腐烂，以免处理耗工。用滴灌时，表土质地需要细致。在夏威夷地区一般不用茎秆作田面覆盖，因为有碍土湿的上升，妨碍出芽，不利热带作物的生长。

四、结束语

美国新耕法是以可靠的除草剂和一整套能在残秸上耕播的机具为前提的。在美国，土壤耕作耗能为作物生产全部耗能的15%。能耗比重虽然不是完整的衡量尺度，但土壤耕作在每个国家的农业生产中的重要地位是不能忽视的。我国条件与美国有很大的不同。但是，我们认为，结合各个地区的具体条件和农艺发展要求，配合有关学科在一起进行综合性实验研究，按照新的土壤耕作原理，吸取传统耕作方法的经验，创造一些新型耕播机具，促进综合效果最好的、改造低产土地的新耕法的发展，是发展我国农业生产中的一项重要的、甚至是一项很主要的工作。

发展动力驱动、原沟旋转翻垡的根据及其实现的一些基础条件*

曾德超　李振安

摘要　本文提出了保省耕作法及保省耕作法机具的概念。从翻耕或翻耕与深松相交替将在相当广大的地区、相当长的时期内，作为一种基本的田间作业环节而存在这一认识出发，用“假想旋翻垡片”的概念研究了旋翻在几何尺寸上的可能性及其限制条件，并从保省耕作法的节能、赶农时、省人工减少土壤压实、经济高效等方面对旋翻进行了考察，指出发展一种动力驱动、原沟旋转翻垡的基础耕具的必要性和可行性。

本文研究了旋翻的几何条件和动力学条件。指出理论最大耕深可由垡片的稳定条件定出；最小耕深可由理论覆盖程度定出，给出了结构参数、使用参数关系的无量纲图表。并指出动力驱动、原沟旋转翻垡的工作过程可以分为切土过程，翻垡过程和碎土过程。入土能力取决于机器的重量和刀刃形状与参数并可由贯入仪预测。工作部件施加于土垡的力能否使土垡迅速加速是实现旋转翻垡的关键，当刀滚转速超过 50 rpm 后必须强制脱垡。

一、发展动力驱动、原沟旋转翻垡的根据

1.一些前提

土壤耕作中随着水分含量的不同，耕作质量、保存水土的性能和能量消耗不仅在量上往往会相差几倍、十几倍甚至几十倍，在质上也会得出不同的结果。为了适应气象条件的变化和田间水分控制能力的差别，世界上各个地区的土壤耕作一般都是通过发展成为某种与牵引动力配套的基础耕具，和随后在适应时机进行补充作业的一些整地机具，然后因地制宜地按不同的机具种类、顺序、间隔和重复次数，并配合适当的生物措施和化学措施组成一定的耕作法(或耕法)来实现的。

对土壤耕作机具、机器系统及耕法的要求是既能改进耕层特别是种床的土壤状况，使适于抓苗调墒、透气保温、混肥埋草、灭虫除害，利于作物扎根、生长，达到增产，又能在耕作中减少不利的副作用，减少水土流失、土壤压实、环境污染、保持生态平衡、保持土壤肥力，达到稳产，同时还要节省能量、人工、时间、资金的消耗，赶农时，降成本，达到经济高效。

旨在体现类似于上述改进土壤结构、保持水土、经济高效三个方面各项具体要求的土壤耕作法，在西德有人叫经济耕作法[8]，在美国有人叫最佳耕作法或最佳管理措施(BMP)[9]，由于其具体含义已比原来的保土耕作法丰富，在我国条件下，我们认为可以考虑用保省耕作法及保省耕作法机具(包括动力)一词来表达。免耕法、少耕法是在特定条件下的一种保省耕法。

农业耕作的一个特点是须充分利用自然力。一个地区的保省耕法及其机具，必须随土壤、气候、水源、能源、农作物结构、生态环境、工业和科技水平、社会经济条件而变化和发展。

* 本文出处：农业机械学报，1982 年 12 月，第 4 期

2. 翻垡的地位和前景

在化学耕法出现并得到普及之前，虽然翻耕对防止土壤跑墒、风蚀和水蚀很不利，但别无更好的办法防治杂草和土壤的病虫害原，建立无杂草的种床，基础耕具必须完成翻耕这一主要任务。在能对田面覆盖和不翻耕条件下的杂草与土壤病虫害原作有效斗争的化学耕法得到实现普及之后，我们认为基础耕具将由翻耕的犁和深松而不翻耕的深松器组成并交替使用。

这一认识亦为国内免耕法、少耕法的试验所证实。即使在适合于试行免、少耕的地区，连续几年免耕或深松后，仍不得不借助一次翻耕来改善土壤的状况。

因此，翻耕或翻耕与深松相交替，必然在相当广大的地区，在一个相当长的时期内，作为一种基本的田间作业环节而存在。

3. 动力驱动、原沟旋转翻垡在几何尺寸上的可能性

现假定机具工作时，刀滚上任一点的运动是机具前进运动和刀滚正向旋转（即刀滚与拖拉机轮子旋转方向相同）运动的合成。相继作用于土壤的刀片切土的纵断面形状为两刀端轨迹（余摆线）与地表线所包围的图形。具有这一理论断面的刚性土垡称为“假想旋翻垡片”。在一些特定的情况下，如土壤黏湿、刀滚转速较低并且进距较大，而刀片切削角又较小，刀面较窄时，实际垡片近于假想垡片。如北农机一Ⅱ型样机在低速下的放干水田实际垡片断面形状（见图1）。在一般情况下，土垡不断受到挤压、撕剪和冲击而产生较大的变形或破碎。这时假想旋翻垡片可作为研究的出发点。

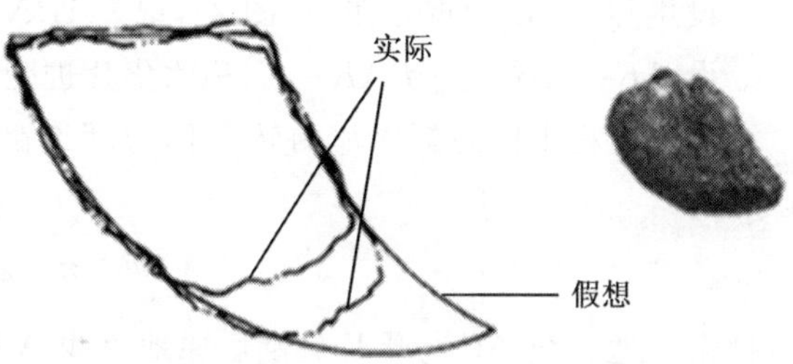

图 1 低速下放干水田实际垡片断面

耕深 20 cm，中壤土，容重 1.47 g/cm³，
平均含水量 26.0%，坚实密度 0.785 MPa，
滚刀转速 15～45 rpm，前进速度 0.5～1.5 km/h

图 2 为假想垡片翻转简图。假想垡片 ABE 被切离、带转，只要所设计的旋翻部件能将垡片带到适当的位置 $A'B'E'$，即使其翻落在前一垡片 $Q'T'K'$ 旁，使 B 点位于沟底，$\widehat{BFE}$ 上某点支撑于 $Q'T'K'$ 的 K' 点，而从 A' 作的水平线

$$A'K'=AB=S \tag{1}$$

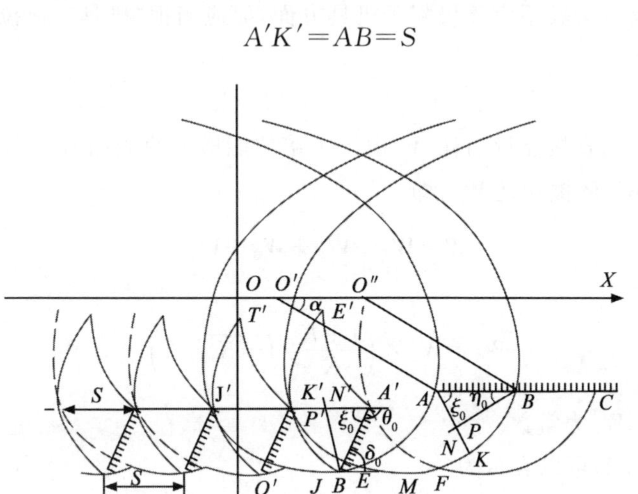

图 2 假想垡片翻转简图

式中 S 为机具的进距，以后并按此方式重复进行。从几何尺寸上看，用旋翻实现翻垡是可能的。进一步的分析指出[2]：即使一些偶然因素使某些垡片偏离适当位置，即若 $A'K' \neq AB$，只要这种偏离不过大（例如 B' 点与土垡重心连线 $B'N'$ 不越过铅垂线），都会被逐渐自行修正到适当位置，即旋翻方式是"稳定的"。

北农机—Ⅱ型样机在低速下放于水田中的实际翻垡情形见图 3。

图 3 低速下实际垡片排列（纵断面）

设垡片 ABE 的重心在 N（图 2），记 $\angle ABN = \eta$。称为垡片的重心角。

设 $AK = AB$，记 $\angle BAK = \xi_0$，称为垡片进距角。

旋翻过程中假想翻垡片的转角称为理论翻转角 θ_0。由式（1）可知，旋翻后 K 点应位于 K' 点，所以有

$$\theta_0 = \pi - \angle K'A'B' = \pi - \xi_0 \tag{2}$$

若把未耕地表线 AC 与垡片旋翻后原地表线 A′B′的夹角称为覆土角 δ_0，则有

$$\left.\begin{aligned}\delta_0 &= \xi_0 \\ \theta_0 &= \pi - \delta_0\end{aligned}\right\} \tag{3}$$

4. 动力驱动、原沟旋转翻垡机具可作为新的保省耕作法的基础耕具

在农业生产中广泛使用的基础耕具是壁式犁，因之在发展新的保省耕作法基础耕具时，应从多方面对它们加以对比考察。这种考察不应该仅限于机具方面，而应当把"机具—拖拉机"作为一个系统，这样才能揭示问题的实质。

（1）系统的节能

机具加工土壤过程中的直接能量消耗 W，由于土垡位能增大的能耗 W_1，动能增加（加速土垡）的能耗 W_2，切削土垡的能耗 W_3 摩擦功耗 W_4，即

$$W = W_1 + W_2 + W_3 + W_4 \tag{4}$$

壁式犁的 W_1 可以表示为

$$W_1 = W_1' \times \left(\frac{1+K}{K}\sqrt{1+K^2} - 2\right) \tag{5}$$

式中：K 为壁犁的宽深比，W_1' 为常数。

旋转翻垡的 W_1（由图 2）可以表示为

$$W_1 = W_1' \times \left(\frac{1}{\sin\eta_0} - 1\right) \tag{6}$$

耕深相同时，在相当大的范围内可以认为（5）、（6）两式的结果是相近的。

壁犁加速土垡的 W_2 一般可以表示为

$$W_2 = W_2' \cdot V^2 \tag{7}$$

旋转翻垡的 W_2 可表示为

$$W_2 = W_2' \cdot \mu^2 \cdot \lambda^2 \cdot V^2 \tag{8}$$

式中：W_2'为常数；V 为机具前进速度；λ 为旋转时刀端圆周速度与机具前进速度之比；μ 为考虑到土垡质心速度与刀端圆周速度不同，壁犁翻垡与旋转翻垡的土垡加速差异而引入的综合修正系数。

若 $\lambda=4$，$\mu=0.75$，前进速度相同时，翻转的加速能耗约为壁犁犁耕的 9 倍。

每前进单位长度、壁犁切土的面积为 $a+b$，所以壁犁切土的能耗可以表示为

$$W_3 = W_3' \cdot (a+b) \tag{9}$$

式中：a、b 分别为壁犁单铧耕深、耕宽，W_3'为常数。

旋转翻垡的 W_3，当垡片宽度亦为 b 时，可以近似表示为

$$W_3 = W_3' \cdot \left(a + \frac{l}{S} b\right) \tag{10}$$

式中：l 为假想旋翻垡片底边余摆线$\widehat{BFE}$（见图 2）之长。

即使在进距较大时，$\frac{1}{S}$ 视耕深之不同也可达 2.5～3，所以旋翻的切土能耗约为壁犁切土能耗的 2 倍左右。

如果考虑到这两类机具加工土壤的方式不尽相同，壁犁的铧刃前存在较大的压密区使土壤强化，即使在式(10)中引入一个小于 1 的修正系数，旋翻的切土能耗仍常较壁犁为大。

壁犁犁耕的摩擦功耗 W_4 包括土垡与犁面的摩擦功耗，由犁和土垡重量等引起的犁体与沟底、沟壁的摩擦功耗。

旋翻时，摩擦阻力多有助于土垡加速，大部分摩擦功耗已转化为土垡的动能并被计入 W_2 中，剩余的摩擦功耗 W_4 数量很小。

壁犁的摩擦功耗远较旋翻为大。

旋翻时机具的总功率构成，除上述四部分外，尚应包括机具在土壤反力作用下产生的推进功率，但它往往经传动系统（有损耗）作为寄生功率而为机具再次利用。

根据哥略契金关于壁犁牵引阻力的公式和一些人的试验结果，对于不同田间土壤状况和不同犁体，虽然上述各部分能耗在总能耗中所占比例差异很大，但通常可以作如下粗略估计：在 4～6 公里/小时常用耕速下，壁犁加速土垡能耗占总能耗的 5%～10%；切土的能耗约占总能耗的 40%左右，位能增大的能耗与加速土垡能耗相近。这样，根据上面的分析，我们就可以估算出旋翻时机具的直接能耗大约为壁犁的 150%。直接能量消耗较大的原因，从根本上来说，是由旋翻时切土轨迹较长和圆周速度较大这一工艺特点决定的。

然而，在比较牵引和驱动机具间能量消耗时，除直接能量消耗的比较外，重要的是对加工同样体积土壤时两类机具所消耗的发动机能量的多少亦即两系统的能量消耗状况的比较。

发动机功率转化为壁犁的牵引功率时，总效率（传动效率乘牵引效率）为 48%～52%；而发动机功率转化为旋翻的驱动功率时，总效率可达 85%左右。

依此，旋翻时系统的能量消耗常可比壁犁犁耕时略低，显示出旋翻时系统的节能优势。

原沟翻垡，耕后无死沟死垄，机具可以像双向犁那样采用梭式耕法作业，与普通壁犁套耕法相比，工作行程率较高。

旋翻时翻起的土垡大小均匀，垡块的动能也较大，一般耕后可使土壤得到较好的破碎，往往相当于一犁一耙的碎土效果。可省去拖拉机下田作业一次和该次拖拉机自身移动的能量消耗。

(2)系统的节时、省工和保墒

原沟翻垡，省去了耕后平整死沟死垄的人工。即使和双向犁比，也省掉了平整边沟边垄的人工。原沟翻垡，可以在作物行间翻耕，壁犁则不行，这对间套种田有特殊的意义。同样，也适用于台田、条田、梯田、小块田、畦作以及坡地耕作。

较好的碎土效果不仅省掉了拖拉机多次作业造成的农时延误，而且有利于保持土壤墒情。

原沟旋转翻垡，邻行的工作部件可以并列，不像壁犁侧向翻垡不得不采取逐铧后伸的纵长布置，这就为一趟完成耕整播作业的复式耕种机的创制，在结构上提供了可能性。

(3)减少土壤压实

由于推进功率的作用，拖拉机打滑率降低，有时驱动轮甚至可能产生滑动，这不仅使机组的通过性能有明显提高，而且也大大减轻了驱动轮严重打滑时所造成的土壤结构的破坏。

由于壁犁犁耕时的牵引阻力最大，为了发挥足够的牵引力，拖拉机必须有足够的附着重。旋翻可减少对拖拉机牵引能力的要求限额，加上旋翻又可减少拖拉机下地次数，这就减少了土壤的压实程度。

(4)系统的生产率

从上面"系统的节能"的论述中已知动力驱动、原沟旋转翻垡与壁犁机组有相近的能量消耗，理论上两者应该有相近的生产率。

壁犁犁耕常用耕速为4～6公里/小时，高速犁试验速度已达10～12公里/小时，而生产中亦有采用6～8公里/小时的趋势。北农机一Ⅱ型旋翻样机工作速度已达4.4公里/小时。若壁犁总耕幅为B_l，为保证相同生产率，旋转翻垡的总耕幅(B_r)可取为$B_r=1.4\sim1.8B_l$。

旋翻时拖拉机驱动轮均应行走在未耕地上，即其幅宽应较两轮胎外侧间距略大，所以上述幅宽要求多能满足。

但要求拖拉机能将发动机功率做全功率驱动输出，机具上亦应设置变速箱，以期获得适宜的刀滚转速。

5.拖拉机结构形态的改进

拖拉机结构形态从其自身发展历史上看，始终受着牵引壁犁的制约。随着动力驱动、原沟旋转翻垡的完善，不仅为解决拖拉机下水田的问题、机耕船的打滑问题开辟新的技术途径，也将引起拖拉机结构形态的改进。

二、实现动力驱动、原沟旋转翻垡的一些基础条件

1.几何条件的研究

(1)垡片进距角ξ_0和重心角η_0与结构参数和使用参数的函数关系

结构参数——刀端半径R和每组刀片(当前进速度为0时具有相同轨迹的刀片)数Z及使用参数——耕深H和进距S(或速比λ)不同时，假想垡片的断面形状也不同。所以ξ_0和η_0是结构参数R、Z和使用参数H、S(或λ)的函数。即

$$\xi_0=\xi_0(R,Z,H,\lambda) \tag{11}$$

$$\eta_0=\eta_0(R,Z,H,\lambda) \tag{12}$$

可以由作图法求得ξ_0和η_0，但都很繁琐。现采用分析法求数值解。

取坐标系如图 2,以刀滚轴心为坐标原点 0。设起始位置时,刀片刃端在 x 轴上,则刀端轨迹的参数方程是

$$\left.\begin{aligned} x_1 &= \frac{R}{\lambda}\alpha + R \cdot \cos\alpha \\ y_1 &= R \cdot \sin\alpha \end{aligned}\right\} \tag{13}$$

式中:$\alpha = \omega t$ 为刀片的旋转角;ω 为刀滚的角速度。

后继刀片的参数方程是

$$\left.\begin{aligned} x_2 &= \frac{R}{\lambda}\alpha + R \cdot \cos\left(\alpha - \frac{2\pi}{Z}\right) \\ y_2 &= R \cdot \sin\left(\alpha - \frac{2\pi}{Z}\right) \end{aligned}\right\} \tag{14}$$

地表线的方程是

$$y = R - H \tag{15}$$

而

$$\lambda = \frac{R\omega}{V} \tag{16}$$

$$S = \frac{2\pi R}{\pi \cdot \lambda} = \frac{60 \cdot V}{nZ} \tag{16'}$$

将图 2 中假想旋翻垡片断面 $ABFME$ 用曲边梯形 $ABMJ$ 近似代替。A、B、M、J 诸点坐标依次为

$$\begin{cases} x_A = \dfrac{R}{\lambda}\arcsin\dfrac{R-H}{R} + \sqrt{2RH - H^2} \\ y_A = R - H \end{cases} \qquad \left(\alpha_A = \arcsin\frac{R-H}{R}\right)$$

$$\begin{cases} x_B = x_A + S \\ y_B = R - H \end{cases} \qquad \left(\alpha_B = \arcsin\frac{R-H}{R} + \frac{2\pi}{Z}\right)$$

$$\begin{cases} x_j = \dfrac{R}{\lambda} \cdot \dfrac{\pi}{2} \\ y_j = R \end{cases} \qquad \left(\alpha_j = \frac{\pi}{2}\right)$$

$$\begin{cases} x_M = x_j + S \\ y_M = R \end{cases} \qquad \left(\alpha_M = \frac{\pi}{2} + \frac{2\pi}{Z}\right)$$

K 点的坐标应满足

$$(x_1 - x_A)^2 + (y_1 - y_A)^2 = S^2$$

即

$$\left[\frac{R}{\lambda}\alpha + R \cdot \cos\left(\alpha - \frac{2\pi}{Z}\right) - x_A\right]^2 + \left[R \cdot \sin\left(\alpha - \frac{2\pi}{Z}\right) - y_A\right]^2 = \left(\frac{2\pi R}{\lambda Z}\right)^2 \tag{17}$$

方程(17)是一个超越方程,求解困难,可以用计算机求数值解。

显然有 $\alpha_{k1} = \arcsin\dfrac{R-H}{R} + \dfrac{2\pi}{z} = \alpha_B$,舍去。

将 α_{k2} 代入(13),即可求得点 $K(x_k、y_k)$。

有

$$\xi_0 = \arctan\frac{y_k - y_A}{x_k - x_A} \tag{18}$$

重心 N 的坐标为

$$\left.\begin{aligned} x_N &= \frac{A_y}{A} \\ y_N &= \frac{A_x}{A} \end{aligned}\right\} \tag{19}$$

其中 $A \approx SH$

$$A_x = \int_{R-H}^{R} y(x_2 - x_1) d_y = \frac{S}{2}(2RH - H^2)$$

$$\begin{aligned} A_y &= \frac{1}{2}\int_{R-H}^{R}(x_2 + x_1)(x_2 - x_1) d_y \\ &= \frac{S^2}{2}H - \frac{RS}{\lambda}\sqrt{2RH - H^2} - \frac{RS}{\lambda}(R-H)\cdot \arcsin\frac{R-H}{R} + \frac{\pi R^2 S}{2\lambda} - \\ &\quad \frac{R^2 S}{2}\arcsin\frac{R-H}{R} - \frac{S}{2}(R-H)\cdot\sqrt{2RH - H^2} + \frac{\pi}{4}R^2 S \end{aligned}$$

而
$$\eta_0 = \arctan\frac{y_N - y_B}{x_B - x_N} \tag{20}$$

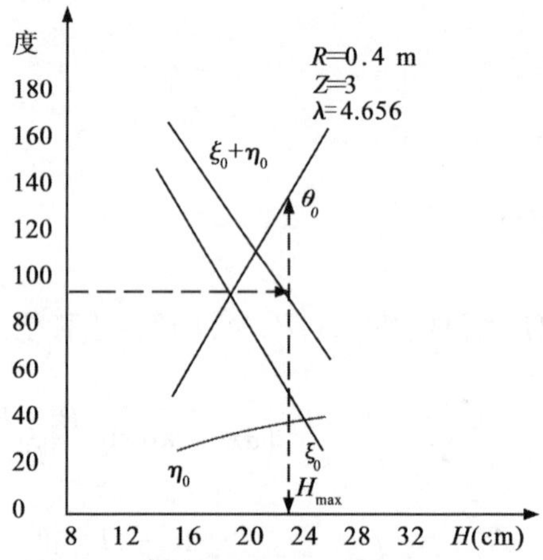

图 4　垡片的进距角 ξ_0 和重心角 η_0

取　$R=30,35,40$ cm；

$Z=3,4$；

$S=12,14,16,18,20,22,24,26$ cm 作初值的部分计算结果见表 1。

这样就可以绘出一系列如同图 4 的曲线。

(2)最大理论耕深

当 $\xi_0 + \eta_0 > \frac{\pi}{2}$ 时，旋翻后 $B'N'$ 线(图 2)尚未转至垂直位置，垡片处于稳定平衡状态。随耕深 H 的增加，$\xi_0 + \eta_0$ 下降(图 4)。当时，垡片处于不稳定平衡状态。由此可以定出机具在 R,Z,λ 一定时的最大耕深 $H_{\max}$(见图 4 虚线)。

$$\xi_0 + \eta_0 = \frac{\pi}{2} \tag{21}$$

表 1　ξ_0,η_0,q 值计算结果(一部分)

H	ξ_0	η_0	$\xi_0+\eta_0$	q
	$R=40$ cm	$Z=3$	$\lambda=4.656$	$S=17.9931$ cm
12	150.1147	21.1173	171.2320	0
14	135.2757	23.9509	159.2266	0.0166
16	118.1767	26.7122	144.8889	0.1481
18	99.9920	29.4162	129.4028	0.2440
20	81.7153	32.0743	113.7896	0.3390
22	64.1172	34.6960	98.8132	0.4438
24	47.9833	37.2887	85.2720	0.5582
26	32.9811	39.8591	72.8401	0.6815
	$R=40$ cm	$Z=3$	$\lambda=5$	$S=16.7552$ cm
12	139.1661	21.7010	160.8672	0
14	123.6788	24.5650	148.2438	0.0955
16	109.2210	27.3495	136.5705	0.2042
18	93.2630	30.0705	123.3336	0.2950

续表 1

H	ξ_0	η_0	$\xi_0+\eta_0$	q
20	76.7440	32.7404	109.4844	0.3874
22	62.0000	35.3691	97.3690	0.4821
24	47.3837	37.9646	85.3483	0.5860
26	34.0722	40.5338	74.6060	0.6927
	R=40 cm	Z=3	$\lambda=6$	S=13.9636 cm
12	121.5908	23.1374	144.7282	0.1198
14	107.5424	26.0645	133.6069	0.2363
16	95.5716	28.8950	124.4666	0.3254
18	82.5766	31.6476	114.2242	0.4071
20	69.8878	34.3367	104.2245	0.4874
22	57.3398	36.9737	94.3135	0.5698
24	46.5663	39.5678	86.1342	0.6475
26	35.7311	42.1271	77.8582	0.7276

(3)相对理论覆盖性能 q 和最小耕深 H_{min}

土壤耕翻后，其地表残茬、杂草、肥料等的覆盖深度是耕深质量的一个重要的指标。

文献[1]曾用表层土在耕翻整平后埋藏的最小深度与耕后耕层平均深度之比 q 表示犁耕的相对理论覆盖程度。引用这一定义，由图 2 可知，旋翻垡的相对理论覆盖程度 q 可以表示为

$$q \doteq \frac{H-\dfrac{1}{4}S(\xi_0+\sin\xi_0)}{H-\dfrac{1}{4}S(\xi_0-3\cdot\sin\xi_0)} \tag{22}$$

ξ_0 值前已求出(表 1)，这样就可以得到一系列如同图 5 的曲线。由图 5 可以看出，耕深愈大，理论覆盖性能愈好。

若采用壁犁的 $q_{min}=0.235$① 作为旋转翻垡的理论覆盖程度的最小值，则由图 5 可以求出 R,Z,λ 一定时的 H_{min}。

① 壁犁按矩形的假想土垡进行耕翻研究时，其理论覆盖程度可用下式计算(见附图)

$$q=\frac{e}{d}=\frac{\cos\delta}{2+\cos\delta}。$$

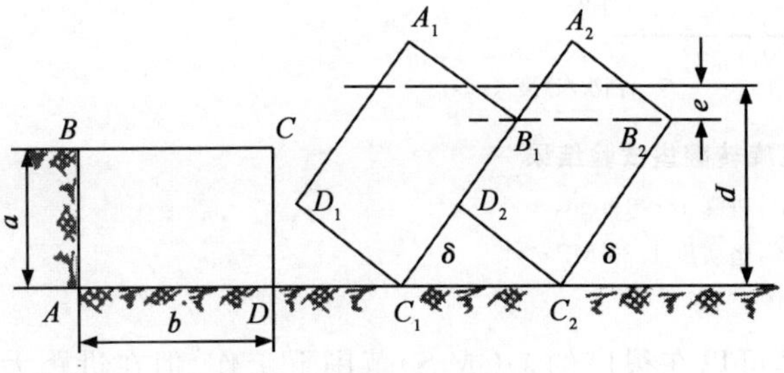

[附图]壁犁翻垡简图

不同宽深比 K 时的 q 如下：

K	1.27	1.5	1.6	1.8
δ(度)	51.9	41.8	38.7	33.7
q	0.235	0.272	0.281	0.294

(4)$K-\lambda$ 无量纲图

若定义耕深 H 与刀端半径 R 之比为深径比，记为

$$K=\frac{H}{R} \tag{23}$$

并把不同 R，Z，λ（或 S）值时的最大、最小理论耕深进行汇总，则可以得到 $K-\lambda$ 无量纲图(6)。其中 $K_1=\frac{H_{\max}}{R}$ 为最大深径比，$K_2=\frac{H_{\min}}{R}$ 为最小深径比。

机具工作在斜线区域，旋翻垡片以稳定铺放，并可得到令人满意的覆盖质量。

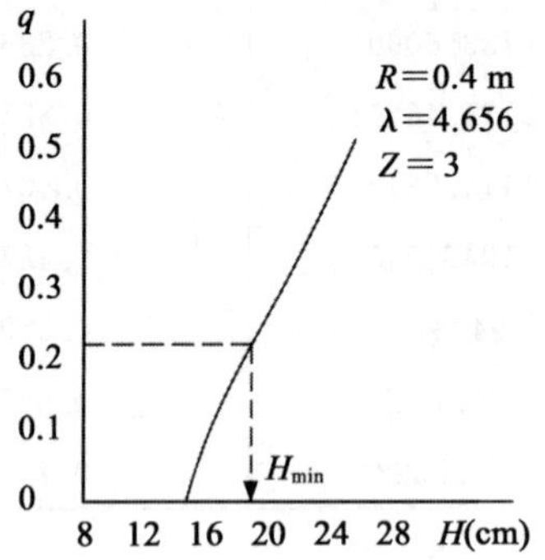

图 5　相对理论覆盖性能

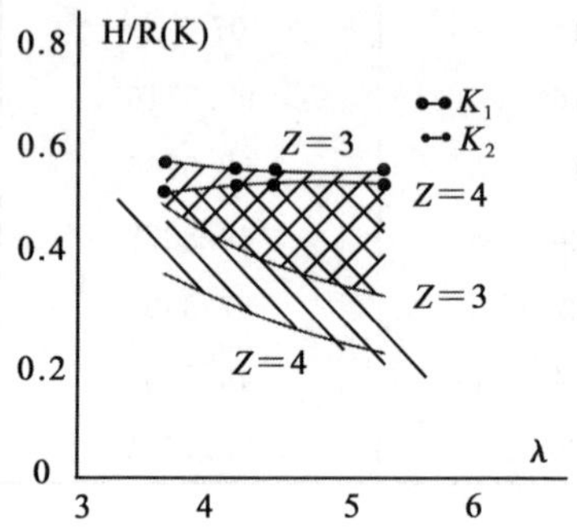

图 6　K-λ 图

在设计机具时，可根据设计要求的耕深范围用图 6 去选择、确定结构参数。为了保证机具在较宽的使用规范下都有较好的工作质量，设计时选用 $K=0.5\sim0.57$($Z=3$ 时)或 $K=0.5\sim0.57$($Z=3$ 时)是适宜的。如设计要求最大耕深为 22 厘米，$Z=3$ 时可取 $R=38$ 厘米，$Z=4$ 时可取 $R=40$ 厘米。使用机具时(R、Z 已知)，可以由具体地块的耕深要求定出 K，从而决定许用的 λ 值范围，以便确定前进速度与刀滚转数规范；也可以由采用的前进速度与刀滚转数，去确定适宜的耕深范围。

(5)关于进距 S 的讨论

用北农机-Ⅱ型样机，保持刀滚转速不变所作的旋转翻垡的功耗试验的结果见图 7。随着进距的增大，比功耗呈下降趋势。此结果与基斯对旋耕机所做研究结果相类似[4]。

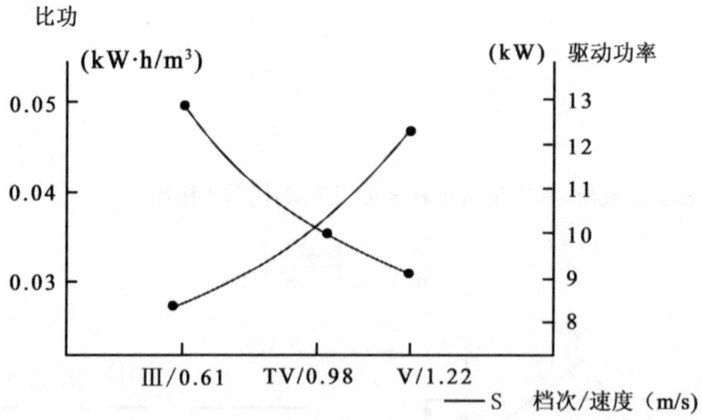

图 7　北农机-Ⅱ型样机旋转翻垡试验结果

轻壤土，容重 1.43 g/cm³，耕深 18～19 cm，

幅宽 39 cm，含水量 8.7%，坚实度 1.86 MPa

虽然上面关于 $K-\lambda$ 无量纲图的讨论指出了机具可以在很广的 λ（或 S）范围下工作，但在进距大的工况下，不仅比功耗较小，而且在同样刀滚转速下，前进速度较大，从而生产率较高。

此外，进距较大时，垡体较厚，相对说来，刀片对土壤的扰动程度变弱，有利于土壤"成垡"，有利于实现翻垡，有利于简化机具部件的结构。

应该指出，由于图 6 中 K_2 线是一条等 q 线（$q=0.235$），而我们完全可以绘出不同数值的等 q 线（包括 $\lambda>6$ 以后的等 q 线），则可以得出：随着 λ 的增加，为保证一定覆盖质量所确定的耕深将变小；或耕深一定时，随着 λ 的增加，同一机具的覆盖质量会不断得到改善。这就从理论上解释了旋耕、旋翻中的一个重要现象：在同一耕深下，λ 值较大的旋耕工况可以比 λ 值较小的旋翻工况有较好的覆盖质量。但是，覆盖质量的这种改善，是以降低生产率（即同样刀轴转速下降低前进速度）为代价换来的。盐城埋青机[6]即可作为借用旋耕工况（$\lambda=10\sim12$）来达到较好覆盖质量的例子。

2.动力学条件的研究

(1)动力驱动、原沟旋转翻垡的工作过程

动力驱动、原沟旋转翻垡的工作过程可以设想为由切土过程、翻垡过程和伴随切土、翻垡过程进行的碎土过程所组成。

切土过程自刀片刃部触及地表开始，随着刀片的不断切入，土垡上部滑过刀面后，被微微向后推去，直到土垡下部沿某一破裂面破裂，使土垡与土体完全分离为止。此后，土垡从基本静止状态转入运动状态而开始了翻垡过程。

翻垡过程中，土垡作平面运动，其运动状况完全取决于工作部件作用于土垡上的力。我们可以定性地将翻垡过程分为三个阶段，即土垡从静止不断被加速的"加速阶段"，加速后土垡和工作部件以同一角速度回转的"带垡阶段"以及土垡被带转至一定高度后，自行抛脱或被脱土部件挡脱的"脱土跌落阶段"。

关于旋转翻垡工作过程的这一设想，已为作者所做的成形土壤旋转翻垡的高速摄影试验观察所证实。

(2)切土过程中部件受力及机具的入土能力

旋转翻垡切土过程中部件受力的影响因素是复杂的，土壤的性质和状况，机具的结构和参数（如刀端半径，刀片形状和安装角等），使用参数都影响部件的受力。

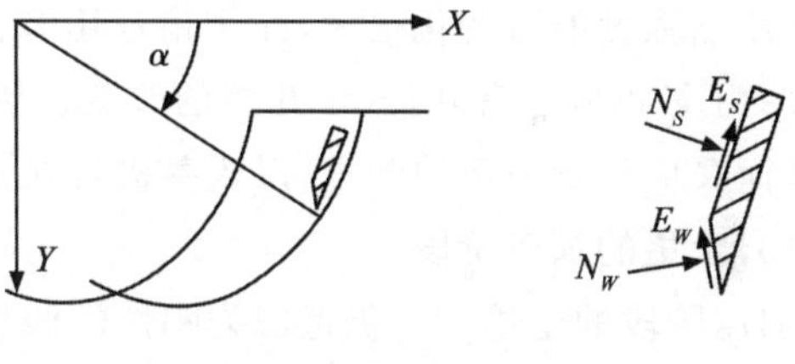

图 8　正切面切土阻力

旋翻时不论磨刃方式如何（上、下、双面磨刃），刀片正切面的背部均不得触及未耕地，只有刀片正面受力。正切面的土壤反力为（见图 8），

$$\overrightarrow{P_F}=\overrightarrow{N_W}+\overrightarrow{E_W}+\overrightarrow{N_S}+\overrightarrow{E_S} \tag{24}$$

其中 P_F ——正切面所受土壤反力；

$N_W=K_{1W}\cdot F_{1W}$ ——刃面法线压力；

$E_W=f\cdot N_W$ ——刃面摩擦力；

$N_S=K_{2S}\cdot F_{2S}$ ——刀面法向压力；

$E_S=f\cdot N_S$ ——刀面摩擦力；

而 K_{1W},F_{2S} ——正切面的刃面及刀面的土壤比阻；

F_{1W},F_{2S} ——正切面的刃面及刀面的面积（下磨刃时 $F_{1W=0}$）。

每把刀片土壤总反力作用点的矢径为

$$\overrightarrow{P}=\overrightarrow{P_S}+\overrightarrow{P_F} \tag{25}$$

设每把刀片土壤总反力作用点的矢径为$\overrightarrow{R_0}$，则单刀的瞬时扭矩为

$$\overrightarrow{M'}=\vec{P}\times R_0 \tag{26}$$

任一时刻，刀滚上所有的刀片只有一部分刀片参与切割。整个刀滚所受的水平、垂直切土分阻力和所需的瞬时切土扭矩为

$$\left.\begin{aligned}X&=\sum P_x\\Y&=\sum P_y\\M&=\sum M'\end{aligned}\right\} \tag{27}$$

它们显然构成了刀滚的水平反力、垂直反力和所需扭矩的主要部分。

刀片的适当排列降低整个刀轴水平及垂直反力和阻力矩的波动程度。这不仅能改善零件的受力状况和传动的不均匀性，也可以降低对系统的扭矩储备和转动惯量的要求。

水平反力 X 是机具产生推进功率的主要力源。当 X 过大时应设法加以利用，以免在传动系统中产生有害的寄生功率循环。

折算到刀滚轴心处的机具重量 G 应满足 $G\geqslant Y$，否则机具将难以稳定作业，有时甚至会产生剧烈跳动，机具不能正常入土。亦即机具在预定耕深下正常作业，不仅要有足够的扭矩和功率，还要求一定的入土能力。对此，我们可以进一步讨论如下：

旋转翻垡时刀片的入土可视为相当于某种贯入。

根据 Kondner 的研究[7]，贯入体断面的面积 A 相同而周长 C 不同时，在相同的作用力 F 下，其贯入深度可以相差数倍。因此适当选择刀片断面形状与面积(即$\frac{C^2}{A}$)，可得较好的入土性能。

此外，贯入深度随土壤压缩强度的增大而变小。由于不同的土壤或同一土壤而容重、含水量不同时，其压缩强度的值变化很大，往往相差几倍、十几倍，这就要求对相同的刀具达到同一预定深度所提供的作用力 F 也应该有几倍、十几倍的改变。因此，设计时应根据适耕土壤的入土要求配以足够的额定机重，而又应设置一定的配重，以改善机具在坚实土壤中的入土性能。

(3)土垡的加速阶段

加速阶段的土垡——仍考虑为刚性的假想旋翻垡片——所作的平面运动可以看为随同刀片所作的牵连运动和相对刀片的相对运动(相对平动和相对转动)的合成。

加速阶段开始时，刀片的转角，土垡质心的位置视土壤状况、机具结构和结构参数、使用参数的不同而不同。这时，垡片的质心或在刃径线(刀片线与轴心连线)之前，或在刃径线与端径线(刀片末端与轴心连线)之间——即“刀面”之上。

如果质心尚未滑过端径线，土垡就被加速到与刀片具有相同的角速度，则机具能使堂片可靠加速，土垡运动将转入带堡阶段。如果质心滑过端径线后，加速阶段尚未结束，则土垡不能被可靠加速。分析计算指出：由于有垡片相对于刀片端线的转动，垡片往往会迅速跌落沟底。随着刀滚转速的提高，跌落提早并加快，常常使垡片最终位置不能满足旋翻的几何条件。

现分析垡片在刀面上能被可靠加速的条件。

本文假定刀片反力方向与刀面法线偏离一摩擦角；略去相对转动，把相对运动看作只有沿刀面的相对滑动(由于刀面宽度常较小，这种假定不会引起很大的误差)，略去运动中土垡质心到刀面距离的变化。

取刀轴心 O 点为原点，建立 ρ,θ 惯性坐标系如图 9。过加速阶段开始时质心的位置 O' 作平行于刀面的射线 $O'L$，取与刀片一起旋转的 $O'L$ 为动坐标轴。

设 t 时刻土垡质心在 O'，塑片在运动中所受的力有：重力 W$=mg$ (m 为质心，g 为重力加速度)，刀

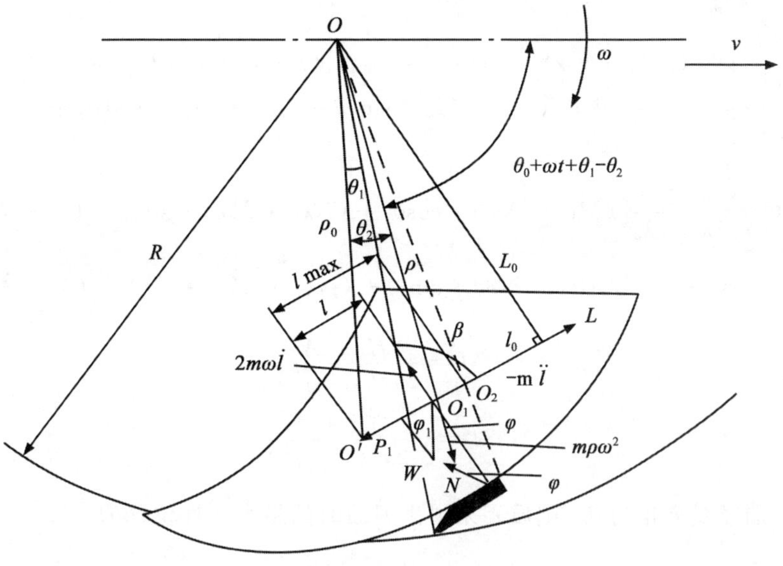

图 9　垡片加速阶段受力简图

片反力 N,牵连运动惯性力 $m\rho\omega^2$(ρ 为质心的回转半径,ω 为刀片回转的角速度),相对运动的惯性力为 ml(l 为质点相对运动的动坐标),哥氏力 $2m\omega\dot{l}$,工作部件施加给土垡两侧面的切向力 P_1(设作用在质心)。于是有

$$N\cdot\cos\varphi+2m\omega\dot{l}=mg\cdot\cos\varphi_1+m\rho\omega^2\cdot\cos\psi \tag{28}$$

$$P_1+N\cdot\sin\varphi+mg\cdot\sin\varphi_1+m\rho\omega^2\cdot\sin\psi=-m\ddot{l} \tag{29}$$

消去 N 可得

$$\ddot{l}-2\omega f\dot{l}+\rho\omega^2\cdot\sin\psi=-g\cdot\sin\varphi_1-fg\cos\varphi_1-f\rho\omega^2\cdot\cos\psi-\frac{P_1}{m} \tag{30}$$

由图 9 有

$$\varphi_1=\pi-\beta-(\theta_0+\omega t)$$

$$\rho\cdot\sin\psi=l_0-l$$

$$\rho\cdot\cos\psi=\rho_0\cdot\sin(\beta-\theta_1)=r_0$$

式中:$\varphi=\arctan f$ 为土钢摩擦角;θ_0 为垡片切离土体时的刃径线转角;θ_1 为垡片切离时质心超前角(质心在刃径线前为正,在刃径线后为负);β 为刃面和刃径线的夹角;ρ_0 为坐标原点 OO' 的距离。

设

$$A=\frac{g}{\cos\varphi}\cdot\sin(\varphi-\beta)$$

$$B=-\frac{g}{\cos\varphi}\cdot\cos(\varphi-\beta)$$

$$C=l_0+fr_0+\frac{\rho_1}{m\omega^2}$$

则式(30)可以化简为

$$\ddot{l}-2f\omega\dot{l}-\omega^2 l=A\cdot\cos(\theta_0+\omega t)+\beta\cdot\sin(\theta_0+\omega t)-\omega^2 C \tag{31}$$

解方程(31),同时注意到 $t=0$ 时有 $l=0$ 及 $\dot{l}_0=\rho_0\omega\cdot\cos(\frac{\pi}{2}-\beta+\theta_1)-\frac{R\omega}{\lambda}\cdot\cos(\pi-\beta-\theta_0)$,可

得

$$l = C_1 e^{\lambda_1 t} + C_2 e^{\lambda_2 t} + M \cdot \cos(\theta_0 + \omega t) + N \cdot \sin(\theta_0 + \omega t) + C \tag{32}$$

$$\dot{l} = C_1 \lambda_1 e^{\lambda_1 t} + C_2 \lambda_2 e^{\lambda_2 t} - M\omega \cdot \sin(\theta_0 + \omega t) + N\omega \cdot \cos(\theta_0 + \omega t) \tag{33}$$

其中

$$C_1 = \frac{1}{\lambda_1 - \lambda_2}[(M\lambda_2 - N\omega) \cdot \cos\theta_0 + (N\lambda_2 + M\omega) \cdot \sin\theta_0 + C\lambda_2 + \dot{l}_0]$$

$$C_2 = \frac{1}{\lambda_2 - \lambda_1}[(M\lambda_1 - N\omega) \cdot \sin\theta_0 + (N\lambda_1 + M\omega) \cdot \sin\theta_0 + C\lambda_1 + \dot{l}_0]$$

$$M = \frac{fB - A}{2\omega^2(1 + f^2)}$$

$$N = -\frac{fB + A}{2\omega^2(1 + f^2)}$$

设刀片的刃、端经线夹角为 θ_s，则质心未滑出刀面时的最大允许位移为

$$l_{\max} = \frac{\sin(\theta_1 + \theta_s)}{\sin(\beta + \theta_s)}\rho_0 \tag{34}$$

给出不同的 t 则由式(32)及(33)求出对应的 l 和 $\dot{l}$，若 $l \leqslant l_{\max}$ 时 $\dot{l} = 0$，则土垡能被可靠加速，若 $l = l_{\max}$ 时 $\ddot{l} > 0$，则土垡不能被可靠加速。

从方程(31)、(32)、(33)、(34)可知，为使土望在较高转速下能被可靠加速，部件结构上可以采取下述措施：

①减小 β 角。但 β 角变小时刀片对土壤的扰动将加大，且 β 角过小(例如 $\beta < 45°$)会引起切削阻力增大。

②增大刀面宽度(即加大 $l_{\max}$)。一定的 β 角下，加大刀面宽度受刀背不挤土条件的限制[5]。可以采取宽的弧状刀面或当刀面宽度满足不了要求时，在刀后加柔性拖垡元件，如北农机-Ⅰ型样机或盐城埋青机。

③增大侧面带垡力 P_1。普通 L 形刀或弯刀侧切面宽度有限，作用在土垡两侧面的带垡力 P_1 也很小，北农机-Ⅱ型样机圆形刀盘侧面几乎可以和土垡侧面完全贴合，侧面带垡力显著增大。

土垡两侧面所受的最大带垡力可以表示为

$$P_1 \doteq 2HSep$$

式中：p 为土垡与刀片(盘)侧面接触部分的带堡力强度；e 为考虑到土垡侧面不完全与刀片(盘)接触而引入的修正系数。L 形刀可取 $e = 0.2 \sim 0.3$；圆形刀盘可取 $e = 0.8 \sim 1$。

④适当减少部件的轴向间距 d

方程(30)除 $\frac{P_1}{m}$ 项外，都与 m 无关，而

$$\frac{P_1}{m} = \frac{2HSep}{HSdr/g} = 2\frac{egp}{rd} \tag{35}$$

式中：r 为土壤的湿容重。

其他参数不变的条件下，间距 d 的减小，使土垡的相对压缩量增大，这又导致了 P 的增加，综合的效果是使 $\frac{P_1}{m}$ 变大，有助于垡片的加速。

北农机-Ⅱ型样机，$R = 0.4$ 米，$\beta = 65°$，$\theta_s = 6.8°$，$d = 22$ 厘米，在前述的排水后的干水田中作业，当

$H=20$ 厘米，$S=18$ 厘米($\lambda=465$)时，高速摄影试验求出 $\rho_0\approx 31$ 厘米，$\theta_0=73°$，$\theta_1\doteq 4°$，试验测得 $P=0.0738$ 公斤/厘米^2，由式(35)，(36)可求得 $\dot{l}=0$ 时的 l 值(图 10)。

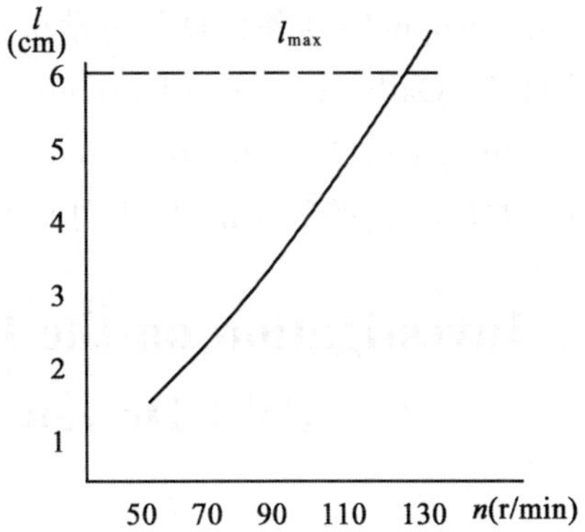

图 10　加速阶段土垡质心的位移

由图 10 可知，当 $n\leqslant 130$ 转/分时，机具均可使垡片可靠加速(对应的前进速度可达 $V\leqslant 4.3$ 公里/小时)。

同样条件下，L 形刀仅能在 $n\leqslant 60$ 转/分下使土垡可靠加速。

(4)带垡及脱垡

ЯДук[3]将土垡抽象为质点，分析了垡片在刀面上的运动。他从自行脱垡的要求，给出了机具工作转速的上限(一般 $n\leqslant 50$ 转/分)。他所做的分析并未计入侧面带垡力 P_1，因此力将阻止土垡下脱，所以考虑了 P_1 力后，自行脱垡的工作转速的上限将大为降低。所以，当 $n>50$ 转/分后，必须增设脱土部件强制脱垡。

三、结论

(1)提出了保省耕作法及保省耕作法机具的概念。

(2)翻耕或翻耕与深松交替耕法将在相当广大的地区，在相当长的时期内作为一种基本的田间作业环节而存在。

(3)作为一种翻垡方式，原沟旋转翻垡在几何尺寸上是可能成立的。

(4)从节能、省人工、赶农时、减少土壤压实，经济高效等方面论述了发展一种动力驱动、原沟旋转翻垡的基础耕具，作为我国旱作、水田、山区、垄作等地区提供实现保省耕作法的新机具的必要性与可行性。

(5)本文研究了旋翻原理，探讨了在匀速直线和等速回转的复合运动下，实现动力驱动、原沟旋转翻垡的几何条件和动力学条件。

(6)以假想垡片及假想垡片翻转过程为基础，建立了垡片形状参数与结构参数和使用参数间的函数关系，从而可利用这一关系确定理论最大最小耕深，选择合理的结构参数和进距、速比等使用参数。

(7)分析了翻转过程，规定了翻垡条件和脱垡条件。

参考文献

[1] 曾德超. 在旱作沙壤上土铧犁犁体曲面性能的分析. 农业机械学报，5 卷 1 期，1962，37-60.

[2] 李振安. 旋转翻垡几何条件的研究. 北京农业机械化学院学报. 1981 年第 2 期 79-89.

[3] E. П. Яцук. РоТацИОННые ПоЧВообрабаТыlВаюшНе МашННы. МащИНОСТРоеННе，1971，P52-72.

[4] J. G. Hendrick，W. R. Gill. Rotary-tiller design parameters part Ⅲ-Ratio of peripheral and forward velocities，Trans. of the ASAE，Vol 14，1971，P679-684.

[5] J. G. Hendrick，W. R. Gill. Rotary-tiller design parameters part Ⅳ-Blade clearance angle，Trans. of the ASAE，Vol 17，1974，P4-7.

[6] 盐城地区农机所. LM-50 埋青机. 农机情报资料，1975 年第 3 期，P39.

[7] W. R. Gill. Soil dynamics in tillage and traction，United States Department of Agriculture，1968，p148-160，181-191.

[8] A. Stroppel. 耕作机械化讲学材料(1980,北京农业大学,中国农机院印).
[9] H. M. Galloway,等. Adaptability of various tillage-plauting systems to Indian soils. (1977, Purdue University, Cooperative Extension Service).
[10] 樊映川. 高等数学讲义(下册). 人民教育出版社,1958 年第 1 版,P694-695.

Investigation on the Basic Kinematic and Dyanamic Relations for PTO Driven Furrow Slice Inverting Rotary Plow

Zeng De-chao Li Zhen-an
(Beijing Institute of Agricultural Mechanization)

Abstract While traditional farming experiences and preliminary experiments on minimum tillage showed a preference of alternating furrow slice inverting and deep loosening without inverting in some of the agricultural regions in China, the development of a PTO driven furrow slice inverting rotary plow as primary tillage implement in place of the conventional moldboard plow was justified from the standpoint of less 'tractor traffic, less soil compaction, less energy consumption, sowing in time etc. In this paper, an ideal profile of furrow slice for rotary plow was advanced, maximum geometrically possible plowing depth determined for stable laying of the slice, minimum plowing depth determined for satisfactory trash coverage relations between constructional parameters and operational parameters formulated and the process of slice turning studied and conditions for its realization stipulated. A prototype vras constructed and rather regular and satisfactory inversion of furrow. slice was obtained in drained rice field with soil moisture below the lower plastic limit.

土壤耕作法的发展趋势*

曾德超

现代农业的种植业、包含种树种草在内的广义种植业是整个农业的基础。目前大家都已觉察，我国需要在发展农业的同时，大力发展林业、牧业、副业、渔业，大力发展农、畜、水产、副产品的保鲜贮运和初级及深度加工业，发展饲料工业，食品工业，木材加工工业，轻工业，解决农村能源问题等等。所以这些都需要种植业提供原料。换另外一种说法：人类现代经济活动的很重要一部分是以碳、碳水、碳氢化合物为原料的。当代石油化工和煤化工以天然气、石油和煤炭作为原料，这些原料源自古动植物残骸。随着石油能源的枯竭和科学技术的进步，随着利用这类原料的工业继续发展扩大，这类原料只有源自“可再生资源”——种植业。

土壤耕作法是现代农业中广义种植业的基础环节；是体现开发和利用土地资源，保护生态和环境，保持水土和肥力，夺取经济产量以便获得最佳综合效益的具体措施。土壤耕作法的优劣得失不仅影响增产增收，还影响到社会利益；不仅影响当年及近年的利益，也影响民族的长远利益。土壤耕作法的改革是现代农业中一项带有战略性、关键性的任务。

一个地区的土壤耕作法的形成和发展，受到农业自然条件、社会经济条件、支农工业产品的供应以及科学技术的发展、推广、应用诸多因素的制约。许多因素的作用和许多措施的效果，在定性、定量及因果关系上往往颇为隐晦。要减少盲目性、避免失误，以免招致浪费，甚至不可挽回和弥补的损失。我们认为在土壤耕作法改革中，须应用现代科学知识来总结国内外丰富的实践经验和实验结果，利用现代科学技术成就，结合本地区条件，经过研究试验，发展本地区经济效益最佳的土壤耕作法。这里既需要用历史方法、理论分析方法，亦要用试验对比的方法。

另外，土壤耕作机具是体现土壤耕作法的技术装备。两者的发展之间存在着密切的、辩证的依存关系。新机具的研制工作往往需要在新耕作法试验之中完成。事情还往往涉及需要探明土壤—机器—植物之间的实质性关系，从而涉及农业工程这一分支学科的领域。在土壤耕作法的研究发展工作中以及在土壤—机器—植物关系此一边缘学科分支的探索工作中，农机工作者应是农学、土壤学工作者的主动合作者。

一、一些国际经验

世界上许多国家，包括非洲的一些发展中国家，为了保护其无价的土地资源，都在重视和研究免耕法和少耕法。然而，不同地区综合效益最佳的土壤耕作法的具体措施，由于地区的自然和社会条件不同，通过研究、探索、试验、发展起来的具体内容也会不同。例如在年降水量超过 2000 mm、雨季长达七个多月，土壤有机质极易分解、地面较为起伏（坡度～15%）的热带湿润区的中部、西部非洲，最适宜于这种多云而辐射弱、但时间长的气候的作物是大叶面的，多年生木本作物，如面包果（*Artocarpus* spp.）大芋、大蕉、角豆树（*Ceratoria*）这类淀粉和蛋白质丰富的作物，然而当地居民却喜爱吃非本地区所适宜生长的大米、玉米、高粱、豇豆等。在这种情况下，耕作中宜用残秸覆盖或活覆盖，以减少地温，保护土壤的微生物和蚯蚓的生存与活动。活覆盖的一种办法是按 5 米×1 米的行株距种植根深的豆科树（*Lucaena Leuco cophala*）以覆盖行间（即所谓树巷耕作制）。作物播种前剪下树枝，叶片干后自然铺满并覆盖行

* 本文出处：少耕节能增产技术会议资料选编，1984 年 5 月

间，拿走枝条，施除草剂，然后用注射式手动播种器免耕播种。这类地区在10%坡度下种玉米，用传统耕作法每月每公顷土壤流失达一吨。免耕则降至0.02吨。这个地区杂草严重，除草通常占用工的60%，免耕则需要化学除草剂和施化肥。用传统耕法产量逐年下降，而且用工达每公顷300～500个工。用免耕法可维持原来产量，用工只达传统耕作法的1/10。还可用免耕免种再生的耕作制，即水稻、高粱、甘蔗等作物第一熟收割后喷除草剂，留茬发芽，这样第二熟可只用5%的时间，10%的工时，收获70%的产量。

美国和我国一样具有从干旱到半干旱至湿润，从全年不冻至无霜期很短等自然条件多样的各种地区。而美国土壤耕作法在半世纪以来经历了很大变革与发展。这样，剖析美国各典型地区耕作具体措施的演变，对我们可能有参考价值。

美国在30年代，特别是1934年发生的特大黑风暴之后，通过立法成立土壤保持局，推行土壤保持措施，强调陡坡种树种草，缓坡草与田按等高线间隔成带耕作(strip farming)，沿等高线耕作等等。1943年佛纳克发表《犁耕者的愚蠢》一书，对犁翻的批判引起了学术界的广为议论与重视；然而除了干旱半干旱地区，如堪萨斯西部等大草原边缘地区采用休闲、用宽幅鸭掌松土铲对表层土进行水平方向耕作。垄作沟种，覆盖耕作等措施之外，在作为美国主要农区的玉米带，在40～50年代，一直无条件改变现状，继续沿用传统的耕作法。

作为美国主要农区的玉米带在战后及五十年代的土壤耕作。仍然是在豆科牧草，中耕作物和谷物等轮作基础上，采用秋翻春耙，种床整地，然后播种及行间数次中耕的传统办法，共约七、八道工序。实行豆科牧草、中耕作物和谷物约5～8平轮作，有利于利用多年生豆科牧草的固氮作用，保持地力。也便于利用换茬、翻耕及中耕的抑制杂草和病虫害作用。主要作物的总产量并不因轮作中加入牧草而降低多少，同时还为农户发展畜牧业(特别是乳牛业)提供了稳定的饲草和饲料，保证了农户劳力的全年利用，增加农户总收入。所采用的以壁犁翻耕为主干，结合耙整地和机械中耕的耕作法，有利于翻埋有机肥，抑制病虫草害，制备精细的种床和根床。除所用动力从畜力换为机力，所用机具从小型换为大型，从木质换为钢铁、橡胶之外，这些耕作法和耕具所用的基本原理与殖民时期基本一样。

六七十年代以来影响美国土壤耕作法的背景条件有了很大的变化；因而使美国的耕作方法也发生了变化。1981年，全美少耕法达52800万亩，免耕5160万亩，传统耕法123600万亩。全美少免耕法发展最快的依阿华州1981年少耕达6600万亩，免耕73万亩，传统耕法5400万亩。

影响土壤耕作方法变化的背景条件之一，是农牧业的专业化和社会化。大型专业化饲养特别是封闭式饲养场的出现和发展，以其经营效率的优势使得传统农牧兼顾，实行牧草轮作的农户无法竞争和继续维持，不仅种植业与饲养业被迫分离，而且种植业也逐步单一化；就是在种植业中，一些集中的作业如施化肥、喷农药、收获等也趋于包给承包商承担，这就提高了农业生产过程的社会化程度。此外，农户的劳动力也由集中在农场上使用转为农闲时到社会上找兼职收入。这就造成投资范围小，经验效率高，工农差别缩小，结果，多年轮作和换茬就让位于诸如玉米、大豆连作或换茬，小麦大豆或小麦玉米的一年两熟，长年牧草场或饲草田等；厩肥少了，秸秆还田多了。

影响土壤耕作法变化的背景条件之二，是可靠的除草剂，防治病虫害的农药及化肥的研制成功和得到大量供应。由机械中耕和犁耕翻埋来灭草、灭虫、灭土壤病原菌和埋入厩肥、有机物质的功能，更简便地由施用化学制品来完成。施用化学制品不仅由于将大部分作出功能从传统农业为机械方式转换为效率高得多的工业化大量合成生产方式，有关的农业作业的总能量消耗也减少，机器对土壤的压实也减少。

影响美国土壤耕作法变化的背景条件之三，是由于拖拉机和农机器的幅宽越来越大，型体越来越重。四十年代玉米带经营上最优的农场大小为1000～1200亩。由于轮作，一般使用40马力左右的拖拉机。七十年代经营上最优的农场大小扩大至1800～2400亩。由于作物单一化，人工费用高，以及深松作业的引入，经济的拖拉机马力不是成倍而是几倍增加，达150～180马力以上。这样劳动生产率是提高了，但是机器对土壤的压实则日趋严重。这个问题越来越引起重视。

影响美国土壤耕作法变化的背景条件之四，是除了水土流失自三十年代大风暴和五十年代中期风暴和 1977 年风暴的显著破坏以及长期的破坏被引起普遍重视以外，近来由于农田水土及养分、特别是大量使用有毒除草剂、农药的流失，对下游水道和湖泊的污染，影响健康、养鱼、钓鱼和游泳娱乐，社会上对环境质量也越来越加重视。

由于这些新的条件作为背景，美国土壤耕作法出现了一些新的因素。

(1)实行化学耕法

化学除草剂、农药和化肥的使用急剧增多，田中杂草和病虫害就得到更好的防治，并进而替代原来一些目的就在于除草和翻埋虫卵、病原菌等的中耕和翻埋作业。这就是化学耕法。

目前，美国的除草剂并非已达到万能或全都有效，譬如对有些多年生杂草如约翰逊草(Johnson Grass)等和一年生杂草如落叶藤(Shatter Cane)等尚无有效的除草剂，而需要机械耕作来灭除。不少场合还须与换茬，机械耕作等其他措施配合，才能最有效和成本最低。除草剂的施用技术也比较讲究：不论是播种前、出苗前或出苗后使用的除草剂，都会因土干而不能触上杂草，或是因雨大而流失，引起环境污染。用什么药，药的施用时间、用量、均匀度和施用方法都要遵守厂家规定，并避免伤害作物本身。由于技术的不断进步，残毒问题已不突出；由于石油化学工业的进步，化学耕法的能量消耗逐渐低于用机械中耕；由于农用直接燃料的涨价要快于化工产品的涨价，化学耕法的农业成本也逐渐变成近于或低于机械中耕。1980 年 9 月，约翰·迪尔公司在芝加哥邀请了各方面专家举行了三天的会议来预测土壤耕作法的发展方向，作出了化学耕法将普遍采用的结论。

(2)用茎秆作田面覆盖

保持水土的能力与田面覆盖程度直接有关。防止风蚀和水蚀的最好办法是把茎秆留撒在田面作覆盖。一般地说，壁犁翻耕可埋下覆盖在田面的茎秆的 80%～100%，凿型齿深松可埋下 25%，单列圆盘耙可埋下 30%～40%，翼形铲浅松可埋下 10%～15%。而要得到良好的覆盖，田面茎秆须达一定数量：小麦茎秆为每亩约 180 斤，高粱为约 360 斤。覆盖充分时土的流失仅为茎秆翻埋时的 5%～20%。但是在透水性差的土壤上，覆盖会降低地温，提高土壤湿度，会延迟春天机具下地日期和作物出苗日期，此时则需垄作。此外，由于覆盖，田中虫害、病原、鼠、蚁和杂草都较严重，需要采取相应措施。覆盖茎秆不敷时，用譬如行距为 70 厘米，耕深约为 12 厘米的窄齿粗松，使田面粗糙和造成坷垃，也起一定的保水保土作用。

(3)用凿型齿深松的纵深耕法或用翼形铲全面浅松的水平方向耕法(而在一定周期内犁翻)

用齿幅窄(4～6 厘米)的凿型齿进行深松(深度在 20、30 甚至在 40 厘米以上)，在美国五个代表性地区都相当普遍。不论田面有无覆盖，深松都能起到破硬底层和松动土层的作用，并有利于水分下渗；地表的粗糙也有利于抗风蚀、水蚀。由于牵引阻力很大，一般每齿需配 35 马力的拖拉机，拉 5 个齿需 180 马力拖拉机。这种纵深耕法需要农业配备 100 马力以上的大型拖拉机。在半干旱地区，在不需要深松的情况下，为了避免翻耕跑墒、风蚀、水蚀，不论田面有无覆盖，都用齿幅宽的翼形铲浅松，以达到松土、除草和保墒的目的。不论纵深耕法或水平耕法，在美国许多地区，都配合周期性犁翻，以翻埋有机物、病虫害源和杂草及其种子等。

(4)减少拖拉机的下地次数和减少机具对土壤压实的副作用

在耕作中，土壤松碎的同时还发生机具对土壤的压实。除了拖拉机轮胎之外，圆盘农具由于接地面积小，破坏土壤结构最厉害。壁犁对沟底的压实也易形成硬的犁底层。在土壤过湿时各种耕作都比较容易压实。土壤的压实，在气候周期性变化的影响下，在不同程度上得到自行消除，特别是腐殖质含量比较高，团粒结构较好的土壤，在反复湿胀、干缩和冻融交替作用下更利于消除。在不冻地区的沙性土壤上，压实后就不易自然消失，影响农具的耕作效果。引起排水不良，延误播种期或出苗期，从而影响根系的发展和作物生长。美国耕耘机械试验室的研究表明，只有在深层有压实层或硬底层时，深松或深耕才能增产。

减少压实的办法是：减少下地次数；减少拖拉机轮胎接地压强；少用破坏土壤结构和压实土壤的农具；提高土壤有机质含量，增加土壤结构（有结构的土壤可承压达 7 公斤/厘米^2；而犁翻后的土壤只能承压约 0.35 公斤/厘米^2）；而宽轮距的新型结构拖拉机并固定拖拉机每年在同一田间行走轨道上行走的办法以减少压实的范围等等。美国在南部海岸平原的一个试验表明，拖拉机轮胎外缘须最少离作物行心 30.5 厘米，才能免除压实对根系的不良影响。在传统翻耕情况下，难于辨别并固定同一的轨道，而用垄作，免耕播种或窄条松整播种就较易于实现固定轨道。用固定轨道可以不必每年深松深耕，深松深耕的目的在于破坏根系不易扎透的犁底层。

普渡大学的试验证明：耕作层底面有一层人为的硬实土层时，玉米产量将减少一半。美国耕耘机械实验室的试验表明，固定轨道比不固定轨道的籽棉，每亩增产 12%～15%。

在美国，这些新因素是通过以下几种耕作方式和机具来实现的。

(1)免耕播种

前作收获后，在残秸上（玉米等高秆作物在收获时将茎秆适当切短撒在田面，小麦、大豆等茎秆则直接撒到田面；用黑麦等作为覆盖作物时，在苗期用药剂将苗杀死或近于杀死，然后在苗地上播种）直接用免耕播种机"铁茬播种"。通常用带槽的圆切刀在残秸上开路，入土 5～10 厘米深（亦可同时施化肥），后跟圆盘开沟器，有限深轮以控制播种深度及稳定种沟两壁，避免干土掉入种沟接触种子（亦可在种沟中同时施农药）；下种后，压轮从两侧土层不乱地压垮种沟，封沟并将土压实，以保证种子与湿土良好接触。种区 3～5 cm 宽；其余地面则全不耕动。亦有用窄的小型凿形齿，圆盘，或窄的旋耕刀齿来开种沟的。

(2)窄条耕播

在前茬培土成带有垄形的残秸地上，用翼形铲将垄顶铲去 5～8 厘米宽，用拔草棍将茎秆、坷垃推向两侧沟间，同时将种子撒在铲后面的湿土上，用压轮将种子压入土中，后跟圆盘，在种籽上覆虚土。或在较为平坦的残秸地上，用带有限深轮的带槽圆切刀切开残秸，用锄铲将土和残秸分到两侧，施肥、下种、并将种子压入种沟湿土中，施农药、覆土和施除草剂。

(3)凿形齿深松后整播

在秋耕或春耕时用直的或扭曲的凿形齿松土，齿距 25～30 厘米，深度 22～25 厘米，不翻土。有时为了避免茎秆的堵塞，在凿形齿前装有圆盘。其后的表土耕作和种床制备通常用翼形铲或用由动力输出轴驱动的往复摆动齿耙来进行。

(4)传统的翻耕和耙整播种

在美国玉米带东部，以上几种耕作方式对水土流失和产量影响的一些典型试验地的试验结果见表 1 至表 9。

表 1　Bedford 地区（印第安纳州）不同耕法对水土流失的影响
（粉沙壤土，前茬为玉米，坡度 9%，沿坡度横向耕作，播种后四周降雨 127 毫米）

耕法	雨水的流失	土的流失	
	%	吨/亩	%
春天壁犁翻耕、圆盘耙耙地后播种	79	3.80	100
春天凿形齿深松、翼形铲整地后播种	39	0.23	6
窄条耕播	68	1.20	32
免耕播种	51	0.55	15

表 2　Lakayette 地区(印第安纳州)不同耕法对水土流失的影响

(粉沙壤土,坡度 5%,顺坡耕作,播后两周降雨 127 毫米)

耕法	雨水的流失	土的流失	
	%	吨/亩	%
春天壁犁翻耕、圆盘耙耙地后播种	56	3.4	100
春天凿形齿深耕、翼形铲整地后播种	36	1.8※	53
圆盘耙轻耙后播种	43	1.2	35
免耕播种	46	0.6	18

※顺坡耕作时,凿型齿深松的保土作用较横坡耕作时差。

表 3　Hantan 地区(印第安纳州)覆盖程度不同时不同耕法对水土流失的影响

(黏壤土,坡度 4%,顺坡耕作,播后经整个冬天风化,降雨 127 毫米)

耕法	地表覆盖率%		土的流失吨/亩	
	前作玉米	前作大豆	前作玉米	前作大豆
秋天壁犁翻耕	7	7	1.6	3.0
秋天凿形齿深松	25	12	1.1	2.2
秋天轻圆盘耙耙地	70	17	0.2	0.9
秋天免耕播种	69	26	0.2	1.0

表 4　不同耕法对水稳性团粒的影响(同一土壤连续 5 年种玉米之后)

耕法	团粒指数	
	0～2 英寸土层	2～6 英寸土层
犁翻	0.347	0.468
凿松	0.456	0.561
窄条耕播	0.467	0.560
免耕播种	0.768	0.699

用 Yodder 法测定(土湿时过 8 毫米筛,风干后湿筛)

表 5　不同耕法对 0～8 英寸耕作层土壤容重的影响(播后 2～3 周)

耕法	沙凝土	壤土	粉沙壤土	粉沙壤土	粉黏壤土
	克/厘米^3				
犁翻	1.20	1.13	1.13	1.21	1.06
凿松	1.25	1.11	1.06	1.13	1.01
窄条耕播	1.35	1.33	1.16	1.28	1.15
免耕播种	1.56	1.43	1.33	1.39	1.17

表 6　在中等阻力土壤上种植玉米时不同耕法的柴油消耗(公斤/亩)

耕法	耕作	制造机器	除草剂	氮化肥	共计	节省
犁翻	2.56	1.31	0.89	13.57	18.33	0
凿松	2.01	1.27	1.03	13.57	17.88	+0.45
免耕	0.94	0.51	1.47	21.06	23.98	—5.65

表7　不同耕法试验的平均产量(斤/亩)

耕法	前作玉米				前作大豆			
	1975—1978年平均		1979年		1975—1978年平均		1979年	
	玉米	大豆	玉米	大豆	玉米	大豆	玉米	大豆
犁翻	1255	427	1699	493	1264	393	1757	402
凿松	1238	435	1598	418	1272	385	1732	410
深耙联合播	1188	402	1598	402	1242	377	1632	385
免耕播种	1255	402	1481	368	1272	351	1573	377

表8　在不同土壤上,几种耕作七年试验的玉米产量(斤/亩)

耕法	沙壤土(排水性好)	壤土	粉沙壤土(排水性较差)	粉沙壤土(易蚀)
犁翻	1021	1121	996	778
凿松	1046	1088	895	854
深耙联合播	1155	1113	887	895
免耕	1038※	962	653	837

※在沙性土和易蚀土上免耕较好。

表9　不同耕法对成本的影响(1973年)

耕法	成本,美元/亩	耕法	成本,美元/亩
翻耕	4.17	窄条耕播	3.10
凿松	3.77	免耕播种	3.21

注:按石油价格的波动,全种玉米时免耕与翻耕的利润比较为±6.42美元/亩,窄条耕播为±1.98～3.13美元/亩。

一些试验表明,对于沙性土及易蚀土,在杂草与病虫害得到控制的前提下,免耕产量不比犁翻低,而在一年的周期中,在夏季,免耕地的土壤含水量要比翻耕高,然而免耕在湿土上播种时所开的下种沟不容易封闭,为了避免氮肥肥分蒸发损失,必须深施入土;多年生杂草不易控制;一年生杂草虽在出苗前、出苗后多施除草剂,有时也不易控制;病虫害也比较多,因而免耕播种需要精细管理,同时,须用轮流翻耕来补充。

农业作为一种企业,在本质上,从游牧时代开始,就是充分利用土地、气候和生物资源,以最少的投入物夺取最大量的农产品。土壤耕作制度是一个地区在某一个时期,农业经营最佳方案中的一项重要内容。它与市场、选种的农作物以及地形地貌和土壤、气象、气候有关,须经综合性对比试验来确定。

美国为了研究各地区土壤耕作的最佳经营方案,近十几年来组织了各州立大学的农学、生物、农业工程、农业经济各系的综合力量,发挥教学、科研、推广三结合的有利条件,因地制宜地开展延续多年的综合性试验。并吸取三十年代及五十年代和1977年风暴损失的严重教训,考虑到近几年来的能源危机,美国的几个主要农学院如普渡、依阿华等,近几年来都为本州研究最佳的耕作方法——保省耕法:不仅适当地保存水土和保护环境,还要节省能源,节省时间以便赶农时,节省投资以获得适当的产量,夺取最大的经济效益。美国五个代表性地区的耕作法内容如下:

(1)印第安纳州

玉米带是美国一个重要农业区。美国每年450亿美元(1979年)的农场生产总值的55%以上来自玉米带(只衣阿华、伊利诺、印第安纳就占250亿美元)。玉米带位于美国中西部,走向从东偏南向西偏北,宽约250公里,长1000～1200公里,面积约4亿亩,黑土深达5～10米,有机质含量高达4%～6%,风调雨顺,气候适宜,不必人工灌溉。印第安纳州位于玉米带的东南端,主要作为小麦—大豆或小麦—

玉米一年两熟，或大豆—玉米换茬。

印第安纳州普渡大学由农学系领头，进行了综合性生产实验，在全州23种不同类型土壤上进行了各种不同耕法的对比，比较土壤中水、土、肥力的变化，杂草和病虫害程度，作物产量，能量消耗，以及收益多少等。经过十年的对比试验，在土壤分类的基础上，制定了九种耕法在不同土壤（排水好坏、坡度、地形）上适用性的评分标准，供农民选用。这九种耕法是：①秋深翻：秋收后切碎茎秆，撒在地面，圆盘耙耙地、犁翻，春天圆盘耙耙地或全面中耕机耕地和齿耙耙后播种。②春深翻（整地约与秋深翻同）。③秋深松凿宽5厘米、间隔30～38厘米，深20～25厘米；深松前切碎地面上的茎秆或带圆盘耙或在深松凿前带园切刀。春天整地约与①同。过冬后地表有坷垃，有30%～50%覆盖，播种后仍有10%～30%残茬留在地表。④春深松：在排水好的地上，约与秋深松同，在排水不好的地块上，只限于浅松整地约如②。⑤秋（春）圆盘耙耙地：通常秋耙一遍，春耙两遍后播种，耙深10～15厘米，地表残秸过冬后为40%～70%，播种后20%～40%，豆茬播玉米时，可以一次全面中耕代一次春耙。⑥春圆盘耙耙地后播种：用于坡度大、秋翻则土蚀严重或秋雨水大不便秋耕的场合。⑦窄条耕播：即年前中耕时或收获后培土成10～15厘米的垄，春天在年前所筑垄上，用一宽铲铲去垄顶5～8厘米，用草棒将坷垃和玉米楂头推到垄沟中，后跟排种器，排种后用压轮将种子压入湿土，再用一个小的覆土圆盘，覆以虚土。如系中耕时培的垄，过冬后全部残秸留在地表上，播种后仍留存10%～20%，但土和玉米秸将集中在行的中间，这时如是上下坡耕作，则垄沟形成水土流失通道。⑧垄上播：即秋收后用两片对装的大圆盘筑垄。有时在筑垄前用双列圆盘耙耙老垄，此时撒在地上的茎秆与土混合。亦可在春天或秋天修复老垄，此时切碎的茎秆将聚集在垄沟中。过冬后约有30%的地表盖以残秸。播种须用圆盘开沟器，并附有将开沟器稳定在垄顶的装置，播种后可能还剩5%～30%的茎秆覆盖。这样如沿上下坡方向播种，垄沟会成为水土流失的通道。⑨免耕：通常将前造玉米茎秆切碎后撒在地表，播种时在行上开出2.5～5厘米宽的带，播后地表覆盖为60%～90%。目前（1980年）在全州23种土壤中采用秋翻的占70%，深松不翻的占15%～20%，耙播的占5%～10%，免耕播种的占2%。

(2)堪萨斯州

该州处在美国中部平原和西部大草原的交界处，是美国小麦的主要产区。堪州东部雨水较多，适宜种小麦、玉米、大豆等，一般是小麦、大豆一年两熟或高粱连作。大豆连作减产，小麦连作草虫问题较多。堪州中部降雨量约600毫米，向西每隔25公里降雨量减少50毫米。西部降雨量在350～380毫米的地区仍可种小麦，再往西则水源缺乏，只有很少一部分田地能利用地下水灌溉，大部分无条件灌溉，只能放牧。西部风蚀严重。

堪州大学针对本地区干旱和风蚀特点，在农牧交界地区，因地制宜地发展了一种小麦—高粱—休闲的三年两熟休闲耕作制度，使土地收割高粱后有10～12个月的休闲期。在休闲期仅用翼形松土铲松土，一年四次，耕深10～18厘米，并有时兼施阿特拉津（atrazine）防草，积雨渗水，蓄存水分，减少风蚀，培养地力，使得原来不能生长庄稼的土地获得有利可图的产量。在丘陵地区，过去为防止下雨时水土流失，采用筑梯田，建水池和等高线梯田种植。现在广泛采用田面覆盖，化学除草，翼形铲松土等措施。

在西部，为了防止耕地时跑墒和风蚀，在小麦收割后如无杂草问题，可以免耕播高粱。一般用翼形铲松土。在灌溉地区则可用凿形齿深松，以利渗水。翼形铲浅松与凿形齿深松相比，往往将撒在地面上的茎秆埋下量要多一倍。剩下在田面的茎秆不足以防风蚀时，需要种覆盖作物，或将翼松改为凿松，或改为垄作。当无覆盖时，用窄凿齿以68厘米的行距，12.5厘米的深度中速松土，亦可在表面形成坷垃，起减少风蚀的作用。覆盖后消化作用减弱，需要增施液态氮肥。种大豆可以免耕，因大豆生长后可以抑制杂草，产量不减。种小麦用免耕不易播好，苗不易出齐；杂草较多，产量稍低，一般是凿松后耙两次再播种，同时施氮水。由于石油价格往往比化学产品价格涨的快一些，因而化学耕法与机械耕法成本差不多。目前较普遍采用的是只进行一次中耕的化学与机械并用的综合耕法。

(3)阿拉巴马州

该州地处美国南部海岸平原，气候温和，正常时全年不冻，土壤的氧化作用强，有机质易分解，故含量不高。作物除牧草以外，主要有棉花、大豆、小麦、玉米、花生等。小麦—大豆，小麦—棉花一年两熟，亦有玉米—小麦—大豆轮作。养猪为全美第一位。由于土壤压实后，自然恢复的条件较差，易于形成硬的犁底层，从而影响作物根系扩伸，影响产量。

州立奥本大学和国立耕耘实验室近来十分重视土壤压实效应及其对根系与产量的影响和解救办法的研究。他们提出并深入研究了固定拖拉机行走轨道的耕作法，设计了各种破开硬底层的机具。如用开一条深缝的犁，据说对大豆，开缝达38厘米深时效果很好。在小麦—棉花一年两熟中，进行了免耕种棉花的试验。试验表明：在不冻的沙性土壤地区，采用免耕播种棉花，在苗期土壤较翻耕的紧实，以后就逐渐趋于一致。在前八周，免耕地的苗较翻耕地的要矮一些，但最后产量不受影响。也在三叶草籽成熟后免耕种棉花，三叶草充当覆盖，以后再把它中耕掉，这样产量也不降低。他们又提出，只有土壤受到压实形成硬底层的情况下，凿齿深松才有必要。在广泛试验的基础上，阿州普遍在推行以凿形齿深松与壁犁翻耕交替的耕作法。凿松深达45厘米，凿松或翻松后的表土耕作，用传统的圆盘耙或旋耕机。

(4)加利福尼亚州

该州地处美国西部，灌溉面积较大(6000多万亩)，果园较多，种一定面积的水稻、土质硬，一般不用免耕。突出的问题是排水不良和湿土压实严重。加州大学提出每隔1.5米挖沟填60厘米深的谷壳提高排水能力。为了免除土壤的结实，在五、六十年代多用大型壁犁深翻来松土，亦用小犁或小凿形齿来破地表硬壳。现在趋于增加土壤有机质改进土壤结构，同时实行固定拖拉机行走轨道的办法。

(5)夏威夷

夏威夷是热带地区，主要作物是甘蔗和菠萝等。他们用生长素和新的栽培方法来调节甘蔗的生长成熟时期，使得全年有蔗可收，糖厂也就可以全年开工。土壤属黏重的火山灰土，氧化严重，易形成硬底层。通常一年几次深翻达38～45厘米。由于土壤黏重，犁壁常用聚四氟乙烯(teflon)深层，以助脱土，减少摩擦阻力。近年来亦用凿形齿深松，然后用重圆盘耙整地，种蔗时还须开沟筑垄。凿形齿深松达45～60厘米，250马力拖拉机牵引三齿。最后一趟拖拉机下田，用圆盘或松土铲松土深达20～25厘米，将拖拉机轮胎压实区域松掉。土干或不下雨时，深松后用重圆盘耙，可将土耙碎；土湿或下雨时，碎土困难。他们还试验用滴灌来灌溉甘蔗地，甘蔗为多年生，所以新发展的滴灌用管可用几年，坏后自行腐烂，以免处理耗工。用滴灌时，表土整地需要细致。在夏威夷地区一般不用茎秆作用面覆盖，因为有碍土温的上升，妨碍出芽，不利热带作物的生长。

二、几个理论性问题

1.土壤耕作的目的及评价一种土壤耕作法好坏的标准

各国在广泛地区进行的大量试验研究表明，作物需要有一定的、依作物种类、土壤质地、本地区气候而异的田面形态和种床、根床、作物行间表层、耕层构造作为基础，结合各种综合措施，才能在适宜的土壤紧密度、酸碱度、水、气、热、肥条件下，做到避免低(高)温、旱霜、杂草、病虫、旱、涝、水、土、肥、药的流失，污染、土壤的压实等等灾害，获得经济产量和资源的保护。土壤耕作的目的，就是在植物生长的各个阶段，配合以各种综合措施将土壤的状态用各种最经济的物理手段、也利用化学作用(化学耕法)和生物作用(生物耕法)，整备到这种适宜作物生长的田面形态和耕层构造，同时根据实际情况履行必要的除草、灭病虫、翻覆、混合绿肥、残秸、厩肥、放墒保墒等任务。这样，如果作物是从前熟收割后的茬头上发芽，则其土壤耕作就没有苗床构造的制备而实行免耕；如果原来的土壤就适于植物生长而又不必覆盖混合，灭虫除草，(国外学术界有人认为原来长期生长植物的土壤就适于植物生长，那些腐殖质会量高、水稳团粒结构好、结构自然恢复能力强的土壤无需耕作)就可以免耕或少耕播种。反之，则需要必要的耕耙甚至多耕多耙。

此外，农业已逐步从古老的、主要利用非商品的家庭劳力和现成物质的自然经济农业过渡到以商品生产为主的现代化农业企业。能源、化肥、农药、除草剂、机器、工时、技术、资金等等的投入与产出的比率，即巧妙地利用自然条件以最少的投入夺取最高的产出已成为农业企业经营的主要指标。同时，由于水、土、肥、农药等的流失，生态的破坏，环境的污染等问题的尖锐化，这样，现代农业不同土壤的耕作法的比较评价，我们认为应包括以下几个方面的加权评分：

(1)能将原来不能利用的土地资源加以开发利用的程度。例如：我国陇西、河西一带农民采用沙田耕作法，能将半干旱地区用于生产小麦等那些本来在这样地块不能生长的作物。宁夏镇北堡林草试验站在试验中的少耕开沟种植法，沿等高线开沟以储水或灌水，沿沟不打乱表土层的植树种草或旱作高秆作物，以开发利用荒漠。美国堪萨斯州西部半干旱地区发展的休闲耕法，将两年的雨水储在土壤中作为一年用，使得原来不能利用的土地获得有利可图的产量。

(2)能提高土地资源的利用程度。例如，美国七十年代开始销售能将种子以均匀的深度播在湿土上，开种沟时土层不乱、覆土时避免干土接触种子，从而获得早出苗 1/2～1 $\frac{1}{2}$天，多出苗 5%的“最大出苗率”播种机，以及采用相应的整地方法以后，由于土地普遍增产而使得当地土地售价每亩涨价 80 美元，原因是提高了土地的利用价值。山西水土保持所结合群众经验发展的丰产沟耕作法，将两行经过熟化的肥土集中在一行的沟里以加厚熟土层，将心土从沟底翻上盖在沟的两侧，加速其熟化，以作为下年的沟里熟土层用，从而获得较大幅度的增产。此外如深松划破犁底层以利根系发育而提高产量；东北西北春天顶凌播麦等等。

(3)完成所需要的除草、灭病虫、翻覆混合、放墒保墒、调节土壤水分、调节土温、晒垡熟化、控制盐分、养分、及时播种、及时耕作等任务的程度。

(4)赶农时、省能源、省工、省料、省投资，获取经济产量的程度。

(5)保持水土，保护生态与环境，维持或提高腐殖质含量和肥力水平，避免压实的程度。

2.适宜作物生长的耕层构造，土壤的压实及深松

国内外的试验都证明，各地区不同作物对各种不同的土壤各自需要一定坚实度的耕层构造，即各层土壤需要具有一定的孔隙度及毛管与非毛管孔隙度(简略地以容重—紧实度表示)。譬如黑龙江红兴隆农场管理局科研所在该地区有机质含量为 3.3%～5.6%的重壤质黑土和草甸土上的试验表明，小麦要求容重 1.2～1.35 g/cm^3，玉米为 1.1～1.25 g/cm^3，大豆为 1.0～1.35 g/cm^3。其他地区的试验说明，玉米在有机质含量高的黑土上，最适宜作物生长的容重值为 1.0～1.3 g/cm^3，在生草灰化土上为 1.3～1.4 g/cm^3，当谷类作物适宜的容重为 1.1～1.3 g/cm^3，时，甜菜为 1.1～1.5 g/cm^3，马铃薯和向日葵为 1.1～1.2 g/cm^3。当容重为 1.65 g/cm^3 时，小麦根系不能穿透，1.45 g/cm^3 时黄瓜根系不能穿透，当孔隙小于 10 μm 时植物根毛不能生长，小于 3 μm 时微生物不能进入。

土壤紧实度受到干缩湿涨、冷冻热融、雨水重力沉实、根系挤压，土壤生物活动等的交替作用，具有自然调节能力，经一段时间相对稳定于一定值(平衡紧实度)，依机械组成、腐殖质含量、地下水位高低等而定。作物适宜的紧实度值与土壤自然调节紧实度稳定值在有机质含量高的土壤如重壤质黑土是一致的(红兴隆科研所数据)；而一些“口紧”或过于黏重的土壤就不一定一致。这时需要提高其腐殖质含量或适当掺土掺沙，否则这类土壤需要经常耕作，或限于只种通常是产量低品质低的作物。对于有机质高的，两者一致的土壤，翻、少免耕等不同耕法在一个生长季节以后(约 100 天)，紧实度基本达到相同；在重要的分蘖、拔节、灌浆期间，各层的紧实度则不尽相同。至于两者不一致的土壤尚未见到有实验数据。

对于水田土壤，根据江苏农学院耕作教研组在沙壤土上的实验数据：在分蘖末期以后，不同耕法（免、少、传统）的容重均稳定在 1.3～1.4 g/cm^3。而且表明高产点的容重偏向于高(1.4 g/cm^3)。

即使作物适宜的紧实度与土壤平衡紧实度相近似，由于自然调节往往需要等候季节[冬冻春融，雨季湿旱季干。根据红兴隆科研所的测定数据，重壤质黑土种小麦地区 1980 年将土壤容重压实至 1.4 g/cm^3 后，经过 2 个多月恢复至 1.312 g/cm^3，经 420 天(中间经过五个月的封冰期)恢复至 1.1158 g/cm^3，经 537 天稳定在 1.242 g/cm^3。]，而当这种调节赶不及作物各生长发育阶段需要时，也要耕作。譬如雨水的打击，使无叶遮盖的行间表土的结构破坏，形成干硬土壳时，需要十分及时地中耕耪地。又如春耕时农具与拖拉机压实的效应，在作物生长期间仍将起不良作用。需要加以避免。

根据我们的测定：在沙壤土上，初耕地 0～20 厘米耕层的容重为 1.00 g/cm^3，铁牛-55 压后达 1.36 g/cm^3，种麦后一个月的旱地，0～10 厘米耕层容重为 1.06～1.36 g/cm^3，而在整播时轮辙压过的地方，0～10 厘米耕层容重达 1.36～1.62 g/cm^3，10～20 厘米耕层达 1.36～1.79 g/cm^3；在旱田上铁牛-55 三次通过则达 1.7 g/cm^3；在水田上，胶轮大车过后容重达 1.5～1.62 g/cm^3。

对于常年不冻的南方，犁底层与拖拉机的压实，更会因年年来不及消除来积累，从而妨碍根系发展。图 1 为根据测定，机器施压时土壤容重增加的等值线分布走向。农机拖拉机对土壤的最大压实点虽然依土壤质地、水分及加载状况而不同，但一般都在地表下约等于轮宽的深度处。

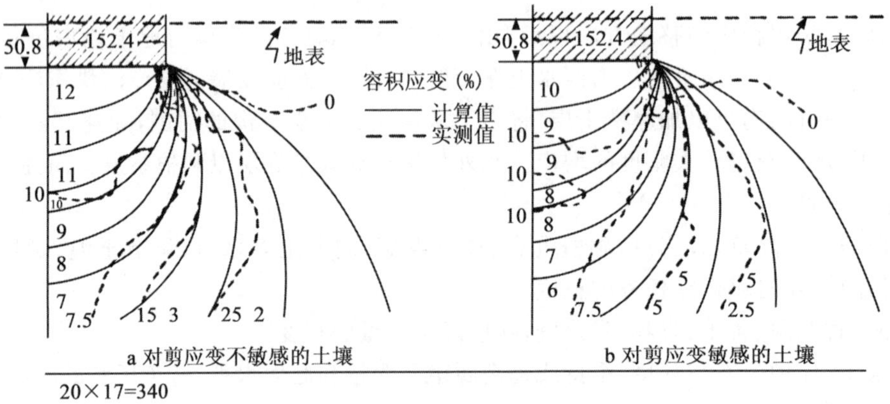

图 1 机器施压时土壤容重增加的等值线

还可看到，压实效应可达土壤深层，而且，如不经历冻融与干湿交替的急剧过程，土壤虽有一定的紧实度自调，但这种压实效应可以长期延续，甚至跨年度，而且是逐年积累的，同时往往是高于作物适宜生长的紧实度的。这就需要深松。至于那些土壤形成过程中本来就沉积有坚硬底层的土壤，深松开破底壳，往往有利于根系向下发展，获致增产。

3. 翻耕与土壤腐殖质水平提高的关系

除机械组成之外，有机胶体含量直接影响水稳性团粒结构数量，这是土壤肥力水平的重要因素，也是调剂土壤平衡紧实度接近于作物适宜值的主要手段。我国各个地区土壤的有机质含量普遍偏低下。黑龙江开垦初期土壤有机质含量为 8%，现在降至 2%～4%，吉林除了部分地区为 2%外，大部分降为 1%～1.5%，辽宁仅为 1%左右，关内一般也在 1%左右或更低。如何积极提高土壤有机质含量，是培育土壤肥力水平的重要途径。许多主张免耕的学者认为翻埋厩肥和残茬的同时会将底层土翻上来氧化。原有有机质的分解，即新形成的腐殖质不足以补偿分解的腐殖质。结果不会造成有机质的积累。而相反，在不翻耕的情况下，不发生有机质的大量氧化，而上茬的根系在嫌气条件下的腐殖质化有利于有机质含量的提高。这种嫌气腐化环境在茎秆覆盖情况下更为有利，因此有人认为覆盖下的免耕是提高土壤腐殖质的重要、甚至是主要的途径。这时本来由上翻氧化来提供的速效养分可由化肥来提供，何况速效养分的分布一般都是上多下少。有些学者认为至少在翻耕的情况下，施用有机肥料和种植绿肥作物，能否有效地增加土地中的腐殖质含量，还有一个有争议的问题③。另一方面，根据文献③的试验报告，吉林有的生产队连年施用泥炭，腐殖质就回升至3.5%；辽西有的地块有机质只有0.2%～0.3%，种一年草木樨提高9%～39%，第二年提高33%～56%。木质素、纤维素有利于腐殖质的积累，欧美用秸秆还田，腐殖质保持在4%以上。因此，能否用地养地，逐步恢复提高土壤腐殖质含量水平，要按本地区具体条件，设计适当的轮作和耕作施肥制度，增加施用熟化厩肥、翻埋绿肥、秸秆还田覆盖，并配以适量氮素化肥以保持碳氮化。此时耕作中可包括或不包括翻耕。

三、我国几种土壤耕作类型的发展趋向

一个地区的最佳土壤耕作法，由本地区（地理、气候、地形、植被、土壤、作物、灌溉、支农工业等）自然和社会经济条件所规定。各地区的这些自然和社会经济条件在一个时期内是相对稳定的。各发展阶段的最佳耕作法也将相对地形成独特的一定类型。我国几种土壤耕作类型的发展趋向也将为上面所列出的土壤耕作各项目标所规定。

1. 东北、西北一熟平作地区的秋翻（松）整，春顶凌或不顶凌整地播种、类型

这些地区春旱、风蚀、水蚀严重，土壤腐殖质含量除东北地区外多数很低，无霜期短，只能种一熟，以麦类、豆、杂粮、胡麻、甜菜等。生长期短，适于平作的作物为主。

例如东北农林区的三江平原，无霜期只80～120天，年降水500～700 mm，集中于6～8月，不需灌溉。土质较重，有机质含量高，以种植生长期短的作物如豆、麦为主，配种杂粮与经济作物。豆、麦行距小，如垄作则植株密度过稀将减产，因而宜平作。耕作措施要点在于促快熟、避早霜、抗低温。为此，克山县北联公社建设大队采取春天初次暖流使表土化冻达播种深度后，即顶凌耙地种麦，使得播深均匀，种子播在实土上，复以细土，上盖粗粒，形成了“三层结构种床”，争取早播早发苗、出齐苗，得到增产。为了避免春天的耕作（既误时、又跑墒），伏、秋耕整地达播种状态。国营克山农场的试验，证明秋深松（达30～35 cm）能增产，并建立了翻、松、耙茬的轮流秋耕法。翻耕并耙整后在冬春易遭风蚀，定点测定，风蚀表土年达1厘米。而只耙茬，不耕动和深松后耙都使作物残茬和表土混拌，能减轻风蚀。有些地块涝年涝地平翻（松）不能播种，搅麦茬筑垄则能播。需要在轮作中增种C4作物玉米及杂粮时，这时也可以平改垄。形成翻（松）搅耙、卡原垄播等“综合为用，深浅交替，垄平结合”的耕法。已证明垄作排水好，土温高。

例如，西北河西走廊、河套银川平原和北疆农区，降水一般在250 mm以下，集中于7～8月，春旱，风沙大（河西走廊的安西每年大于五级风达150天，有世界风库之称），风蚀、沙化严重；需要灌溉。灌区土壤板结和盐碱化严重，无霜期在纬度高和海拔高的地区为110～120天，以种小麦、青稞为主；纬度低海拔低地区为140～180天，适于种植小麦、玉米、甜菜、葵花、大豆等。土壤质地有轻有重，有机质含量1%～2%（高纬度、高海拔则含量较高）。耕作要点首先在于精制种床以保全苗、早苗。河套黄羊滩农场利用西德劳公司种床制备机当春耕时在秋耕地上一次整出具有三层结构的种床：即将种子以均匀深度播落在蓄水层较坚实的土层上，覆以细碎紧密的土粒，其上再盖2～5厘米大小的坷垃松土层。地表大平小不平，上疏下密，保墒保温，达到出苗早（一个试验数据是晚播五天，早出四天），出苗齐（播深一致，地温相同），并有利于小苗防风防沙防冻防雨季和春潮造成的板结，解决了当地保苗难的问题，起有类似于群众创造的沙田耕法的作用。而用传统的圆盘耙耕后用木荡子荡，看起来地平如镜，但表土过碎，耕深不一（圆盘耙所形成的是波浪形沟底）难于保苗[8]。这种“三层结构种床”的表土整备法经科学总结，地区试验后，很可能得到全面推广。至于基础耕作部分，采用麦收获秋收后犁翻22～25 cm，晒垡，秋冬

泡田，后用圆盘耙耙地并镇压收地越冬。由于必须灌溉，而翻耕后经灌水土壤紧实度很快就恢复到耕前*。另外，深松耙混残茬或直接耙茬有利于防风蚀和抑制反盐**。因此，在这个地区逐步在发展翻、松、耙茬——三层结构种床的耕作法。

例如，长城沿线农牧区，无霜期125～150天，年降水量350～600 mm，适种春小麦、马铃薯、玉米、胡麻、甜菜等作物。这个地区土壤耕作的重点是防寒、防沙、防碱、防旱，保持水土，提高有机质含量，赶农时，少压实。而甜菜耐盐碱，胡麻耐寒耐旱，草木樨、野豌豆等牧草耐旱耐瘠、防风固沙并可兼充饲料、燃料和肥料。因此，在区域综合治理，沿等高线成带形种树植草，实行粮草轮作，粮油草轮作的基础上，逐步发展深松存雨水、耙茬保土、三层结构种床的耕作法。

例如，黄土高原地区，海拔1000米以上。随海拔及纬度的高低，无霜期分布在80～200天，年降水量在200～700毫米，大部集中在7、8、9月。宜种麦、糜、谷、薯、玉米、大豆等作物，大部分一年一熟，全区覆盖有深厚的风积黄土，水土流失严重，干旱缺水，水肥不足。土壤耕作的突出问题是防止水土流失和抗旱保墒。为此，要在大搞流域综合治理、大搞种树植草、大搞农田基本建设，沿等高线成带状种草种树及筑等高线梯田或水平梯田的同时，在平整土地的基础上，实行雨季前深耕深松蓄存雨水，以及覆盖保墒的表土耕法。具体来说，其北部风沙干旱区，干旱多风，土壤为新生代松散沉积物，结构疏松，极易风蚀。春季大风夹带流沙袭击农田，常使表土连种子、幼苗被风吹走，往往需要重播。为此，须营造主、副林带，环滩林带，护田林网，或退耕还牧；建设基本农田，发展灌溉，实行草田轮作，改良土壤，增施有机肥料，提高有机质含量。由于土壤含沙量大，承压能力小，易打滑和磨损，宜用接地压力低的四轮驱动的轮式拖拉机，并用夏、秋的深翻、深松、耙茬及春耕时耙、整、播联合的土壤耕作法。其中部丘陵沟壑区，梁峁起伏，沟壑纵横，植被稀疏，水土流失，干旱多灾，土壤为黄绵土，垂直节理发育，下渗性强，抗冲性弱，吸水量高，持水量低，质地粉沙，结构疏散，在7～9月阵雨暴雨山洪冲刷下，侵蚀流失严重，为此，在沟谷内筑坝淤地，拦蓄泥沙；在梁峁陡坡种树种草；在缓坡修水平梯田或条田；在河川地发展引水灌溉。无灌溉条件的推广伏秋深翻（深松）秋施肥及耙整、春整地播种联合作业或在平地上耠沟，布种在沟里（晋西水平沟种法）或筑垄而播种在垄沟里（陕北垄沟种植法）。与平作比能较好的为幼苗、种子提供水分。

一熟平作分布在我国北部极为广大的地区，从现代科学知识和国内外经验来看，这个地区的土壤耕作法存在有进一步改革的余地，这将对农业生产的发展，起极有意义的影响，需要经过试验来确定并推广。进一步发展的潜力首先在于下列几方面：(1)进一步防止风蚀水蚀。例如在采取综合治理措施的同时，在轮耕中安排伏秋深松后的耙茬，使作物残茬与表土混拌。克山农场科研站的一个定点测定表明：较平翻减少风蚀达80%[5]。这时需要研制"三层结构种床"的整备机组以便适应这种土、茬混拌状态下的播种。在中耕作物茬地上残茬不多的情况下，深松时，可松耙联合作业，将表土耙成一层3～5厘米大小坷垃的覆盖层，有利于在一定程度上减轻风蚀、水蚀。在轮耕中需要排入翻耕时，可用犁耙联合作业，尽量使翻耕后田面盖以3～5厘米坷垃覆盖层***。至于残秸覆盖，则是比较最有效地防止风蚀、水蚀的耕作措施。(2)提高（西北地区）和保持（东北地区）腐殖质含量。这是提高肥力水平，减轻水土流失的根本途径。可在翻或不翻耕的情况下，多施经沤熟的厩肥、沤肥、泥炭和茎秆还田（在具有易腐烂的环境条件地区，同时施足够的氮化肥以保持土壤的C/N比例）。然而，已知的真正有效措施仍然是通过免耕多

* 据青羊口试验点的一个测定[9]，在有机质含量为1%～2%的淡灰钙土上，容重收获后1.3～1.4 g/cm³，犁翻后1.0～1.1 g/cm³，犁底层1.3～1.5 g/cm³，翻后灌一次水回复到1.2～1.3 g/cm³，来春再灌一次水达1.3～1.4 g/cm³，即恢复到耕前容重。而且细粒洗沉淀，堵塞并加厚犁底层（一个灌溉周期沉淀下来的细土层0.3～1.2厘米）。

** 据东辛农场的报道[10]，深松不翻土可以使作物残茬和脱了盐的表土留在地表，减轻春旱时地下水分的蒸发，起到抑制返盐的作用。

*** C. B. Johnson等的一个在粉沙壤土上的试验表明，翻后不耙比翻后圆盘耙耙七遍的水流失少77%，土流失少89%（翻后不耙；翻后圆盘耙一遍；翻后圆盘耙七遍，水流失为1.98∶4.52∶8.41，土流失为3.29∶12.84∶28.74）。湿耕时所得坷垃较大但不稳固，经压实的土地耕后所得坷垃较不经压实的大但对雨水的冲击较不稳固[11]。

盖所造成的耕作层中的有机物质嫌气分解环境以及施必需的氮化肥和农药，除草剂。(3)充分发挥土壤水库的作用和扩大根床的作用。可在雨季中深松蓄存当年雨水为来春用，并间隔松破限制根系发展的犁底层，而表土覆盖以防风蚀、水蚀和保墒的保护层。(4)实行定轨耕作以减少拖拉机和农机对土壤的压实。

2.垄作地区台种或垄沟种(包括平沟种)的间隔深松类型

例如东北农林区南部的松辽平原，年降水量 700～900 mm，无霜期较长(110～165 天)，又因缺柴烧，作物以玉米高粱等杂粮为主，土壤肥沃，耕性好，春旱风灾、低温、寒冷、洪涝灾害多，因而适于垄台种。近年发展了旧垄翻新垄的同时深松、平搅垄时在垄底深松、平搅垄时在垄沟深松，垄改平时间隔深松垄沟与垄台，垄改平时垄台深松以及播种时深松，中耕时深松等根据气候与年情选择的耕法，获得了增产节支的好结果。由于这个地区的土壤有机质含量的不断下降(北部递减 0.2%～0.3%，南部递减 0.1%～0.2%)以及春旱与风蚀严重，这个地区土壤耕作法的进一步改进在于(1)扭转土壤腐殖质含量的下降为回升。为此，将部分秸秆还田并覆盖在垄沟里，腐烂后培土至垄台，即改善苗床部位土壤与大气交界面的土壤结构，也创造嫌气环境条件和提高有机质施入分量。(2)采取耙茬或"黄金坷垃"(3～5 cm 大小，依土壤与风力大小而定)覆盖层等其他措施以减少风蚀水蚀。(3)解决各种联合作业机，既赶农时，也减少拖拉机入地次数。(4)研究解决定轨耕作的具体措施，以减少拖拉机压实范围。

例如黄土高原的中部，南部地区，由于水蚀与干旱严重，发展了陇中的沙田耕法，陕北的垄沟种植法、水平沟种法，晋西的沟种法、丰产沟耕种法以及垄作区田、等高耕作的套犁沟播等等。

等高耕作的套犁沟播可减少地面径流的 50%～90%，减少泥沙流失的 70%～95%。土壤耕作法的进一步改进同上。

3.稻作地区的翻(松)旋耕类型

北方一季稻地区由于结冻早，稻田如秋翻则多数田块难于在适耕条件下耕作，结果拖拉机易下陷打滑，难于控制耕作质量，且耕后有死沟死垄，耕后多是明垄，难于耙碎整平，需要多次的耙整还达不到水稻所要求的"高差不过寸、寸水不露泥"。另外，明垡不易耙碎，不易泡透，平地时易将土块压入耕层中，达不到上有糊泥下有团块或上糊下松、有水有气的要求。这样，近年发展了以旋耕为主、结合使用驱动耙、隔年耕翻的耕法。在旱直播或水直播稻田，发展了松(只达耕层深度)旋结合的耕法，即在旋耕机下加锄形松土铲。松旋直播，据黑龙江农垦科研院水稻所的试验，也最多能维持三年不减产，也需要隔一、二年配以深翻。这两种耕法尚存在的问题是，侧向翻垡，构成死沟死垄的铧犁翻耕，从根本上说是不适宜于田块一般较小，田面水平要求高的水田耕作。而旋耕又在铧犁翻耕的犁底层与旋耕层之间造成一未耕层(青泥层)，加上旋耕当年杂草多，二、三年后就要减产。

南方麦稻两熟地区的稻田，例如长江北岸一带，割稻后亦是土湿。要赶农时种麦，同样存有拖拉机划沟、陷车、难于控制耕作质量，难于整细土垡、延误节气，影响小麦出苗，发育和产量。此时以旋代耙，有利于快出苗，出齐苗，早分蘖，多分蘖。据湖北五三农垦科研所的试验，旋耕二年内不减产，但轮耕中还需安排翻耕。南方双季稻地区，晚稻收获后如种绿肥，一般采用免耕。如需架空晒垡，则用窜垡犁翻，早稻收割后为了及时插晚稻，常用蒲滚。

总的来说，水稻田土壤耕作的进一步改革在于突破铧犁侧翻和旋耕机耕深小的局限，发展一种旋转深翻和旋转深松的新型基础耕具和耕法。这样既可逐年加深深耕作层，减轻铧犁对适耕性的限制，提前下地，提高碎土质量，减少对拖拉机附着性能的要求，有利于安排联合作业机组，减少拖拉机下地次数。

4.旱耕黏土地区的翻、松、旋、耙耕法类型

我国需要进行旱耕的黏土地区，分布相当广泛，起耕作困难的问题十分突出。例如河南黄泛区、博

爱等黏土、重黏土地区，土壤黏重，结构性差，适耕期短。犁地时水分过干则犁不动，水分稍高则土垡成长黏条。耕后跑墒快，几小时后就变干。土垡条湿时耙不碎，垡条干时也耙不碎，都要耙 12～15 遍，而且耙多深干多深，上层 10 厘米无墒不能出苗。三夏三秋农时又很紧张，黏土地区秋播夏播的整地、保墒、保全苗多年来一直是个没有解决的老大难问题。为此，国营黄泛区农场近年来作了各种探索性试验，获得一定的效果。即在轮耕中隔年翻耕，或用犁翻淤压沙和翻沙压淤；在轮耕中浅翻深松或直接深松以破碎底层；犁翻后及时旋耕，或不犁翻而直接旋耕两遍，或直接用缺口重耙耙两遍及轻耙耙三遍，即行播种。试验表明，旋耕可提早 1～2 天下种。遇大雨后 1～2 天即可下地旋耕或耙地，而犁耕需 3～5 天后才能下地。浅翻加深松可提高抗旱抗涝能力，提高产量。深松地块夏播后雨水虽多，仍可用铁牛—55 中耕，未经深松的用链轨车才能下地。解决各个地区黏土地的旱耕问题的一个途径是发展能充分利用旋耕作用的翻、松、旋、耙耕法。这种耕法进一步改进的潜力在于以下几点：(1)通过多施厩肥、茎秆还田、掺沙、覆盖耕作等措施来提高土壤腐殖质含量，改进土壤耕性和肥力。(2)发展旋耕翻耕、旋转深松、黏土种床整备等新型机具和联合作业机具。(3)发展定轨耕作以减少拖拉机压实。

5.间作套种地区的行间翻松旋耙类型

我国广大两熟旱作地区，一部分采用两茬平作，一部分如华北平原和北京地区，由于无霜期的限制而又要充分利用生长期长作物的高产，进行间作套种。不论两茬平作还是两茬套种，三夏三种农时都极其紧逼。春旱夏涝都相当普遍。小麦后期的高温干旱对灌浆不利，秋作物生长后期降温较快，亦影响灌浆，这就需要小麦早种早收，蓄水保墒，玉米早种。两茬平作和两茬套种都要求确保农时的小麦机械收割、脱粒，小麦、玉米秸秆的快速处理，小麦联合耕作与播种。平作夏播时要求联合作业的浅翻播玉米，旋翻播玉米或免耕播玉米。套种的夏耕要求行间埋绿肥，行间浅翻或灭麦茬，行间深松蓄水，向一种行间翻、松、旋、耙的土壤耕作类型发展。同时还要采取提高腐殖质含量和减少机具压实等措施。

在土壤不结冻、紧实度自然调节能力差，经拖拉机多次反复压实而形成坚实硬底层或构造上本来就存有硬底层的旱作地区，进行深松往往产生良好的效果。这时深松应成为当地土壤耕作法中的环节。

6.城市郊区菜田的翻(松)、旋耕作类型

蔬菜要求耕层深厚，(中菜类根须分布在 15～20 厘米土层，瓜果类在 25～30 厘米土层)以利根系发展，另外要求耕层松紧适宜，腐殖质含量高，团粒结构良好。由于茬间耕地要求保留畦埂，这样旋耕比较合适。但现产旋耕机耕深不够，南京、桂林、北京许多地区在旋耕机上加深松铲。黑龙江则用深松犁松达 30～35 厘米。北京每年春耕秋耕时采用深翻，为了减少拖拉机下地次数，要求发展联合作业。工厂化育苗，温室、阳畦、营养土、地膜覆盖、塑料大棚等土壤耕作，要求基本上与菜田相似。菜田的土壤耕作亦要求提高腐殖质含量，减少拖拉机压地次数，减少水土流失。

四、结束语

一个地区的最佳土壤耕作法由本区自然和社会经济条件所决定，而一个地区的自然和社会经济条件在各发展阶段的一个时期内是相对稳定的。从此一原理出发，我们将我国的土壤耕作分类成为几个主要类型：一熟平作区的秋翻(松)春整播；垄作地区垄和或垄沟种的间隔深松；稻作地区的翻(松)旋耕；旱作黏土地区的翻松、旋耙；间作套种地区的行间翻松旋耙，城市郊区菜田的翻松旋耕等。发展的方向是在于进一步防风蚀、防水蚀，提高土壤腐殖质含量，发挥土壤水库作用，减少压实，制备全苗种床和良好根床等。有待开发与完善的技术实施有：秸秆覆盖或与表土混拌技术；根床的深松技术；三层结构种床的制备技术；黏土菜田、稻田、套作行间的旋翻、旋松技术；定轨耕法等。

总之，各地区土壤耕作潜力的挖掘，将具有近期的和远期的利益。为此需要进行一些基础性的试验研究，以确定诸如提高土壤腐殖质含量的机理与措施；土壤风蚀、水蚀的机理与抗衡措施；土壤保墒机理

与蓄水技术；良好种床根床结构与措施；土壤压实与定轨耕作技术。需要进行一些新型耕具的研制，诸如黏性土地区种床整备联合作业机，旋转驱动式深翻和深松犁，新形态拖拉机，可再生动力能源等。需要进行地区试验，以确定该地区最佳耕法。为此需要在较大范围内协作。建议农垦部门或其他国家有关部门设立科研课题，较系统地进行试验研究。

参考文献

[1] 全国农业区划委员会. 中国综合农业区划. 农业出版社，1981 年.

[2] 中国农业机械化区划课题组. 中国农业机械化区划. 1982 年 4 月.

[3] 姜岩. 农田基建和合理利用土地资源专题讨论小结. // 中国农学会. 东北地区农业现代化学术讨论会文件汇集，1979 年.

[4] 姜秉权. 保土耕作法——少耕法和免耕法. 北京农业大学，1979 年 8 月.

[5] Ray Wijewardenee. Crop production technologies in selected farming systems, International Institute of Tropical Agriculture, Colombo, Seri-Lanka. Paper presented at International Conference of June 1980 on the Mechanization of Tropical Agriculture.

[6] C.B. Johnson. It at influence of surface roughness and clod size and stability on soil and water losses. Soil Science Society of America Journal Vol 43 No4, July-August 1977.

[7] 克山农场. 因地制宜少翻深松、连年增产、低耗节能. 国营农场少耕节能增产技术座谈文件，1983 年 9 月.

[8] 蒋诚，张明龙. 克山农场农田生态系统能量转化效率分析，1983 年 1 月.

[9] 宁夏回族自治区农垦局. 黄羊滩农业现代化试点少耕节能简结. 1983 年 9 月.

[10] 甘肃省农垦总公司. 少耕法试验简结（青羊口试验点）. 国营农场少耕节能增产技术座谈会文件，1983 年 9 月.

[11] 农牧渔业部农垦局科技处. 国营农场少（免）耕法研究资料选编，1983 年 7 月.

[12] 金荣万，等. 关于少耕理论于生产效果的研究. 黑龙江省红兴隆国营农场管理局科研所，1983 年 9 月.

[13] 黑龙江省国营农场总局. 关于垦区少耕节能情况的汇报，1983 年 9 月.

[14] 刘君朴. 深松耕法及其应用. 黑龙江农业科学，1980 年 3 月.

[15] 廖植樨. 农业机械行走系统对土壤物理性质的影响. 北京农业机械化学院学报，1981 年 2 月.

[16] 辽宁省水田少耕法协作组，辽宁省盐碱地利用研究所. 水田少耕法研究报告.

[17] 吴吉人，等. 辽宁稻区少耕体系形成与发展. 辽宁省盐碱地利用研究所资料，1983 年 9 月.

[18] 江苏国营东辛农场. 简论深松少耕法在滨海黏质盐土地上的应用效益.

[19] 江苏农学院耕作教研组. 南方水田少（免）耕法研究.

[20] 湖北五三农垦科研所. 南方稻田少耕免耕试验报告.

[21] 河南省黄泛区农场关于耕作方法（少耕法）试验情况的汇报，1983 年 8 月.

[22] 程序. 论东郊副食品生产的农业机械化技术. 大城市郊区农业机械化学术讨论会论文，1982 年 9 月.

[23] 机械化发展途径的调查研究报告，1983 年 6 月.

[24] Adaptability of various tillage-planting systems to Indians soils, a guide for selecting the “best” systems for a given farm, from an agronomic/conservation standpoint. Cooperative Extension Service, Purdue Univ. U.S.A.

[25] 黑龙江省农业机械化研究所. 美国耕作发展近况. 农机快报，1982 年 4 月.

土壤旋转深松若干理论问题的研究*

张坚　曾德超

摘要　本文围绕着解决旋转深松部件深松时土层不混的基本要求开展研究。提出了相对进距的概念，建立了旋转深松部件混土作用的模型，推导了垡片留在原地的条件和土壤混层率的数学表达式。

旋转深松是我们提出的一个新概念。其基本设想是：利用由拖拉机动力输出轴驱动的旋转深松机具，来完成田间深松作业，可以做到既松碎土壤，又不搅乱土层。与普通牵引深松铲相比，旋转深松具有以下优点：松土细碎，地表平整，一次松土即可达到作物种床的基本要求。改变旋转深松部件的工艺参数，可以获得不同的土壤加工效果和扩大深松作业对不同土壤的适耕范围与适耕期。旋转深松不依赖于拖拉机的牵引附着性能，因而功率利用率高，对土壤的压实小，从长远观点看，也将为拖拉机结构形态的进一步合理化提供前提条件。所以，旋转深松在农业生产上有着广阔的应用前景。

目前已有的旋转式土壤加工机械，并不是为深松作业设计的，也不能胜任深松作业。其中一个主要差距是，作业后土层紊乱，达不到深松作业的要求：土层松而不乱。如何使旋转深松部件满足这一基本要求，是开展旋转深松研究所要解决的关键问题之一。

一、旋转深松部件的运动学分析

旋转深松部件（刀片）的运动规律与旋耕机的相似，是一族摆线。如图 1 所示，固定坐标的原点定于沟底（点 o），x 轴方向与机器前进方向相同。运动开始时，y 轴通过滚筒中心 o_1，则刀端点 A 的运动方程为：

$$\begin{cases} x_A = R\left(\dfrac{\alpha}{\lambda} + \cos\alpha\right) & (1) \\ y_A = R(1 - \sin\alpha) & (2) \end{cases}$$

式中：R 为刀滚半径；α 为刀片端点 A 的瞬时转角；λ 为运动参数，即

$$\lambda = \frac{V_o}{V_t} = \frac{R_\omega}{V_t} \tag{3}$$

式中：V_o 为刀端点 A 的圆周线速度；V_t 为机器的前进速度；ω 为刀滚角速度。

参照式(1)和式(2)可以写出刀末端点 B 的运动方程：

$$\begin{cases} x_B = r\left[\dfrac{\alpha - \beta}{\lambda_B} + \cos(\alpha - \beta)\right] \\ y_B = r[1 - \sin(\alpha - \beta) + (R - r)] \end{cases}$$

* 本文出处：北京农业机械化学院学报，1984 年第 4 期

由于

$$\lambda_B=\frac{r\omega}{V_t}=\frac{r}{R}\frac{R\omega}{V_t}=\frac{r}{R}\lambda$$

这样点 B 的运动方程可以写为：

$$\begin{cases}x_B=R-\dfrac{\alpha-\beta}{\lambda}r\cos(\alpha-\beta) & (4)\\ y_B=R-r\sin(\alpha-\beta) & (5)\end{cases}$$

式中：r 为刀末端点 B 的瞬时转动半径。参考图 1，由余弦定理得：

$$r=\sqrt{R^2+l_1^2-2Rl_1\sin\varepsilon_0} \tag{6}$$

其中：l_1 为刀片正切面高度；ε_0 为刀片名义隙角；β 为初相角，由正弦定理得：

$$\beta=\arcsin(l_1\cos\varepsilon_0/r) \tag{7}$$

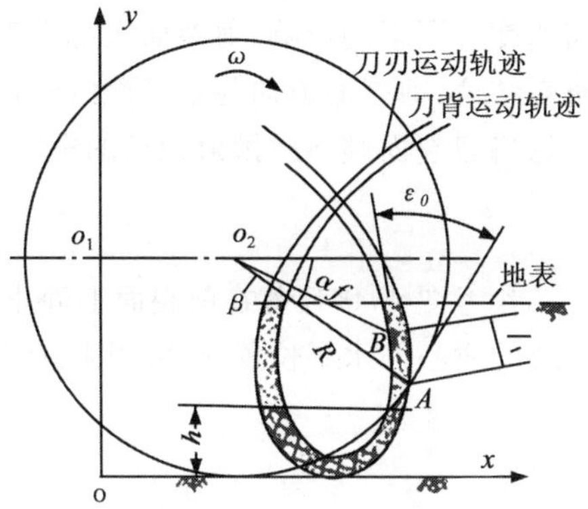

图 1　刀片的运动轨迹

同一刀滚上，相邻两把刀片的轨迹之间的水平距离称为刀片的进距，记为 s。

同一刀滚上，相邻两把刀片的轨迹与地表所围成的封闭区域称为垡片。垡片的体积 $V_{垡}$ 可近似表示为(图 2)：

$$V_{垡}=sab \tag{8}$$

对于沟底以上任意高度 h 所形成的小垡片的体积可近似表示为：

$$V'_{垡}\approx shb \tag{9}$$

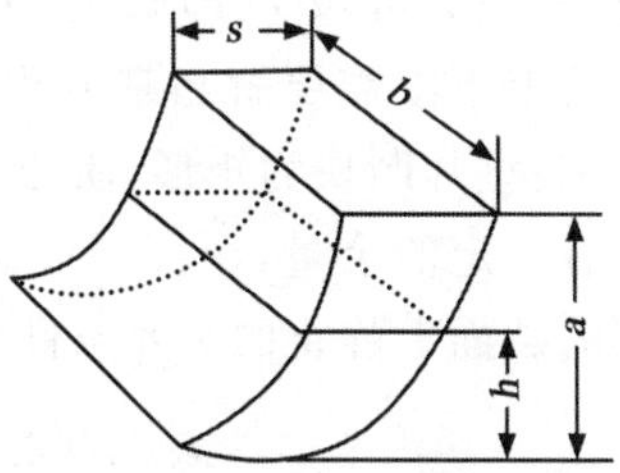

s—进距；　a—工作深度；
b—工作宽度；　h—任意高度

图 2　垡片的主要尺寸

二、垡片基本留在原地的条件

旋松部件满足深松而土层基本不混要求的前提条件是，刀片在切出土垡的过程中，垡片碎块不因刀片的抛掷作用而落入松土沟底部，土垡基本仍留在原来的位置上。

如图 3，假设一种理想的抛掷条件，垡片断块与母体土壤分离后，以初速度 V_1 沿与水平面夹角为 A 的方向向后抛出，忽略垡片断块在空中的转动和空气阻力的影响，该垡片断块运动的水平距离可表示为：

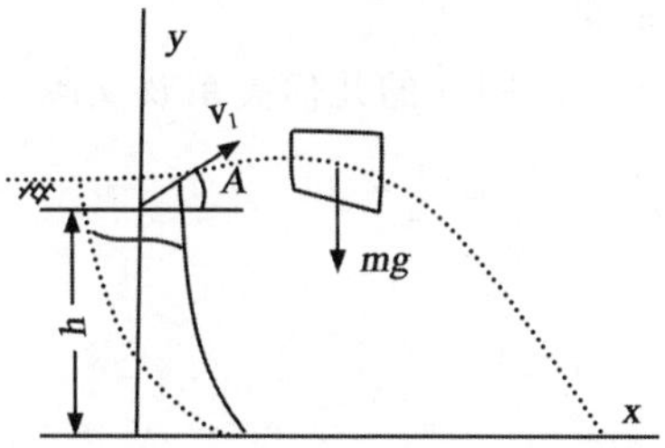

图 3　垡片断块的理想抛掷

$$x=\frac{1}{g}\left[\frac{1}{2}V_1^2\sin 2A+V_1\cos A\sqrt{V_1^2\sin^2 A+2g(y-h)}\right]^{①} \tag{10}$$

垡片断块的落定点有三种可能：(1)直接抛到沟底；(2)落到剪裂面上后，滚向沟底；(3)落在剪裂面上静止。显然只有在第三种情况下，垡片才有可能基本留在原位。此时，参考图 4 的几何关系，有：

$$y-h=x\tan\psi$$

式中：ψ 为剪裂面与水平面的夹角。

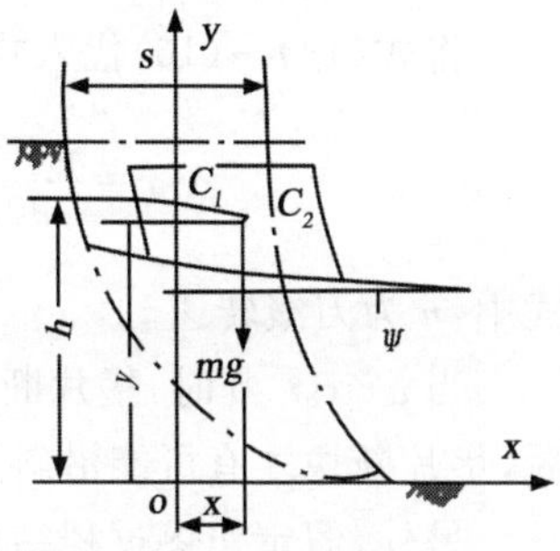

图 4　垡片断块落在断裂面上静止后的几何关系

① 关于 x 的详细推导见文献[4]。

日本梅田重夫、坂井纯等认为，垡片上的剪裂面受切削角、刀片进距、工作深度、土质、土壤条件和切削速度等因素的影响，剪裂面大都沿着水平方向[1][2]。笔者的有关试验也大致验证了文献[1]和[2]的研究结论：剪裂面方向与水平面的倾角在0°附近摆动的幅度不大。因此可以近似地认为：$\tan\psi\approx 0$，从而可忽略剪裂面倾斜对抛射距离的影响，即：$y-h\approx 0$。这样，式(10)可以化简为：

$$x=V_1^2\sin 2A/g \tag{11}$$

参考图4，垡片落在剪裂面上静止的必要条件是，该垡片断块的重力作用线必须通过剪裂面。垡片断块的质心的水平位置 x_c 可用下式求出：

$$x_c=\iint_D x\mathrm{d}\sigma\Big/\iint_D \mathrm{d}\sigma$$

式中：$\mathrm{d}\sigma$ 为微面积元。

由于垡片断片断块边界曲线的方程都可以用解析式表达，这样积分区域 D 即确定，上述二重积分可积。但确定积分的上下限需要解超越方程。为使表达式简练，这里粗略假定：垡片断块为矩形，质心的水平位置 x_c 在 $s/2$ 处；为了留有一定的余量，令：$x_c=s/(2.5-3)$。这样，垡片断块落在剪裂面上静止的必要条件为：

$$x<s/(2.5-3) \tag{12}$$

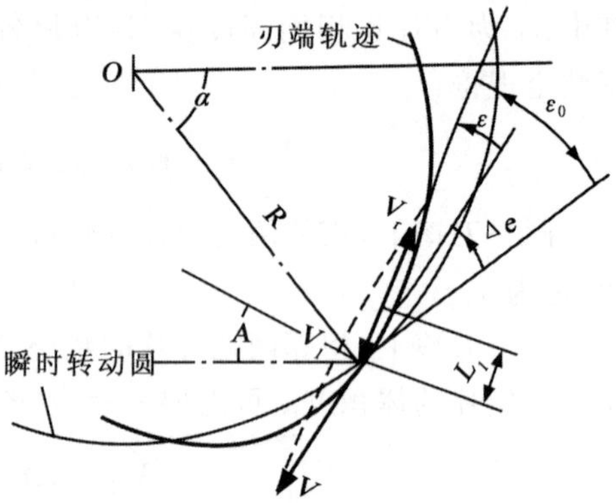

图5　垡片断块抛出瞬时的速度

见图5，在垡片断块被抛出的瞬时，有：

$$\vec{V_1}=\vec{V}+\vec{V_\tau}$$

式中：$\vec{V_1}$为垡片断块质心的绝对速度；$\vec{V}$为垡片断块质心的牵连速度，即刀片的运动速度；$\vec{V_\tau}$为垡片断块质心的相对速度，即垡片断块相对于刀片正切面的滑动速度。

由图6的几何关系及文献[3]可以得到：

$$V_1=V\sin\varepsilon=V\sin(\varepsilon_o-\Delta\varepsilon) \tag{13}$$

$$A=\alpha-\varepsilon_o \tag{14}$$

$$\Delta\varepsilon=\arctan\frac{\cos\alpha}{\lambda-\sin\alpha} \tag{15}$$

$$V=\sqrt{\left(\frac{\mathrm{d}x}{\mathrm{d}t}\right)^2+\left(\frac{\mathrm{d}y}{\mathrm{d}t}\right)^2}=R\omega\sqrt{\frac{1}{\lambda^2}-\frac{2}{\lambda}\sin\alpha+1}=\frac{\pi Rn}{30}\sqrt{\frac{1}{\lambda^2}-\frac{2}{\lambda}\sin\alpha+1} \tag{16}$$

将式(13)～(16)代入式(11)并整理得：

$$x=\frac{\pi^2R^2n^2}{900}\left(\frac{1}{\lambda^2}-\frac{2}{\lambda}\sin\alpha+1\right)\sin^2\left(\varepsilon_o-\arctan\frac{\cos\alpha}{\lambda-\sin\alpha}\right)\sin 2(\alpha-\varepsilon_o) \tag{17}$$

式中：n 为刀滚转速。

当 $\alpha-\varepsilon_o<0$ 时，垡片断块的速度矢量$\vec{V_1}$与水平面夹角为负值，x 显然不会达到最大值；$\alpha-\varepsilon_o>0$ 以后，垡片断块才有可能沿斜上方向后抛掷，获得较大的抛掷距离。

另外，假定切垡过程结束时，刀片转角 $\alpha=\pi/2$。这样，只需在：$\varepsilon_o<\alpha<\pi/2$ 区间讨论切垡阶段最大的抛掷距离 x_{max}。

由$\frac{\partial x}{\partial\alpha}=0$ 推得：

$$2\lambda\cos\alpha\sin^2\left(\varepsilon_o-\tan^{-1}\frac{\cos\alpha}{\lambda-\sin\alpha}\right)\sin 2(\alpha-\varepsilon_o)-(\lambda\sin\alpha-1)\sin 2\left(\varepsilon_o-\tan^{-1}\frac{\cos\alpha}{\lambda-\sin\alpha}\right)-$$

$$2(\lambda^2-2\lambda\sin\alpha+1)\cdot\sin^2\left(\varepsilon_o-\tan^{-1}\frac{\cos\alpha}{\lambda-\sin\alpha}\right)\cos 2(\alpha-\varepsilon_o)=0 \tag{18}$$

这是一个超越方程，可以用数值解法解出该方程在 $\varepsilon_o<\alpha<\pi/2$ 区间的解 α_1。

显然当 $\alpha=\alpha_1$ 时，x 有极大值：

$$x_{\max}=\frac{\pi^2R^2n^2}{900}\left(\frac{1}{\lambda^2}-\frac{2}{\lambda}\sin\alpha_1+1\right)\sin^2\left(\varepsilon_o-\tan^{-1}\frac{\cos\alpha_1}{\lambda-\sin\alpha_1}\right)\sin^2(\alpha_1-\varepsilon_o) \tag{19}$$

将式(19)代入式(12)整理得：

$$n>30\sqrt{gs}\Big/\left[\pi R\sqrt{\frac{1}{\lambda^2}-\frac{2}{\lambda}\sin\alpha_1-1}\sin\left(\varepsilon_o-\tan^{-1}\frac{\cos\alpha_1}{\lambda-\sin\alpha_1}\right)\sqrt{2.5\sin(\alpha_1-\varepsilon_o)}\right] \tag{20}$$

不等式(20)就是在切垡过程中使垡片基本留在原地应满足的条件。由式(20)可以看出，通过如下途径，可使垡片基本留在原地：

1. 减小刀盘半径 R 和名义隙角 ε_o。刀盘半径 R 主要受松土深度的制约，ε_o 受不挤土条件的限制，在设计上可变化的范围不大，选择余地很小。

2. 降低刀盘转数 n。这样不仅可以减少抛土，还可以降低功耗。但转速过低，生产率也要降低，一般应使机组的前进速度维持在 0.8～1.0 米/秒。

3. 增大进距 s，减小 λ 值。这是旋松部件在工作时就可以改变的参数。为了减轻抛土作用，应尽量使旋转深松部件在较大的进距 s、较小的 λ 值下工作。但进距不应大于几何极限进距 s_j，λ 不应小于 2。

式(20)对如何减少旋松部件对土壤的过分抛掷具有一定的参考价值。表 1 是在给定结构参数的情况下，利用计算机模拟上述分析过程得到的满足土垡基本留在原地条件下的刀轴转数值。

表 1　垡基本留在原地条件下的刀轴转数计算值

已知结构参数	$R=40$ 厘米，$\varepsilon_0=30°$				
λ/进距 s(厘米)	2.65/8.5	3.81/10.8	4.74/17.6	7.75/22	9.89/31
α_1	90°	90°	87.4°	81.8°	80.1°
n(转/分)	93.0	65.5	54.6	42.5	36.1

由于当 $\alpha=\alpha_1$ 时，被抛出的垡片断块会受到周围土壤的约束，实际抛掷距离 x 将小于计算得到的 $x_{\max}$，因而实际设计时，刀盘的转数可以比上述计算值高一些。计算得到的转数值可以作为刀轴实际转数值的下限。

降低转速、增大进距和减小 λ 值可以使垡片基本留在原来的位置上。这一结论已得到实验验证[4]。图 6 是从旋转深松部件工作过程的照片中抽取的一幅，其工作条件为：$s=17.6$ 厘米，$n=50$ 转/分。由图 6 可见：

图 6　旋转深松部件的工作过程

(1) 垡片基本留在原处；(2) 黑色条带表示 20～25 厘米深处的土壤。从它的移动情况可以看出，底层土壤很难移向上层。

三、旋转深松部件对垡片的重切

由于垡片基本留在原来位置，旋松部件的切土刀片将对垡片产生重复切削。重切是旋转深松部件加工土壤的特点之一。图 7 是旋转深松部件静态试验时拍下的照片。从中可以看到垡片被重切的明显痕迹。

在不考虑垡片移动的情况下，重切可以通过作图直观表示出来，如图 8。对于垡片 $ABCD$，它被其他刀片从下到上，依次从 EF、GH 切过。按照重切的先后次序，我们称之为一次重切和二次重切。

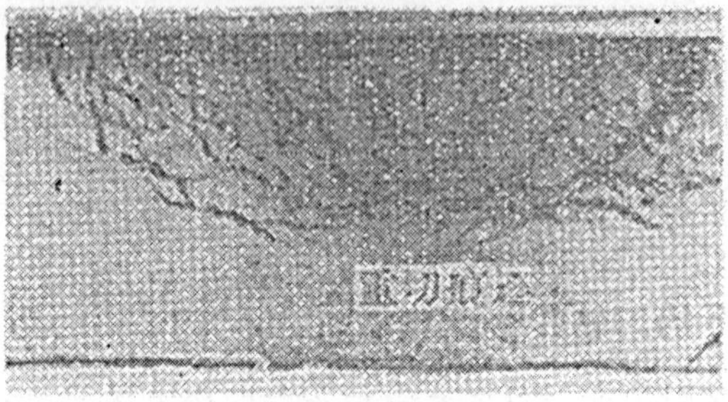

图 7　旋松部件对垡片的重切

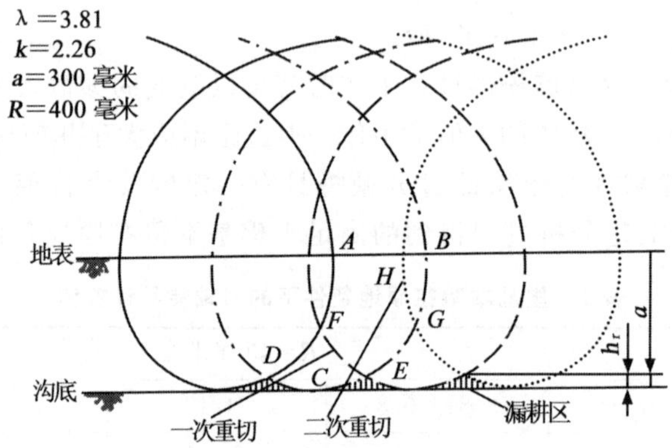

图 8　重切现象的作图描述

显然，重切与刀片的进距有关：进距较小时，重切垡片的次数增多；进距增大，重切次数减少。当相邻两把刀片的轨迹相切时，则处于重切与不重切的临界状态，我们把此时的进距称为极限进距，记为 s_j，(见图 9)。

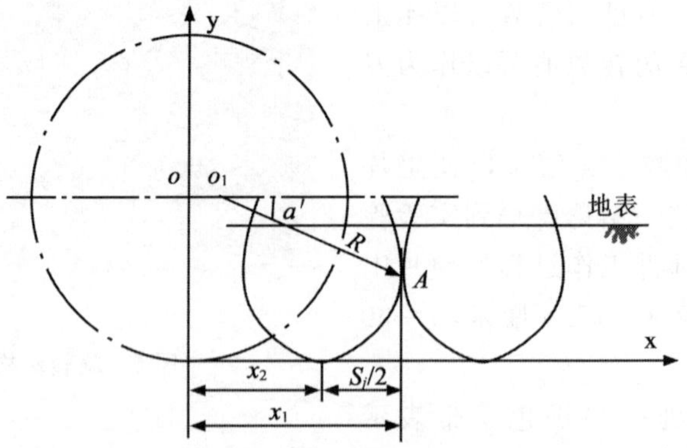

图 9　刀片的极限进距

在临界状态下，切点 A 处的切线与 x 轴垂直。由式(1)和(2)推得：

$$\frac{dy}{dx}=\frac{-\lambda\cos\alpha}{1-\lambda\sin\alpha}=\infty$$

由 $1-\lambda\sin\alpha=0$ 解得：

$$\alpha'=\sin^{-1}\frac{1}{\lambda} \tag{21}$$

当相邻两把刀片的轨迹相切时，刀盘转角可用式(21)表示，此时：

$$x_1=\frac{R}{\lambda}\alpha'+R\cos\alpha'=\frac{R}{\lambda}\sin^{-1}\frac{1}{\lambda}+R\sqrt{1-\frac{1}{\lambda^2}}$$

由于刀端点通过最低点时，刀盘的转角为 $\pi/2$，这样有：

$$x_2=\frac{R\pi}{2\lambda}+R\cos\frac{\pi}{2}=\frac{R\pi}{2\lambda}$$

$$s_j=2(x_1-x_2)=2R\left(\frac{1}{\lambda}\sin^{-1}\frac{1}{\lambda}+\sqrt{1-\frac{1}{\lambda^2}}-\frac{\pi}{2\lambda}\right) \tag{22}$$

在实际工作中，刀片的进距一般总小于极限进距，刀片的实际进距可表示为：

$$s=2\pi R/\lambda z^{[3]} \tag{23}$$

式中：z 为同一刀盘上刀片的数目。

我们定义几何极限进距与实际进距的比为相对进距，记作 K：

$$K=\frac{s_j}{s}=\frac{z}{\pi}\left(\sin^{-1}\frac{1}{\lambda}+\sqrt{\lambda^2-1}-\frac{\pi}{z}\right) \tag{24}$$

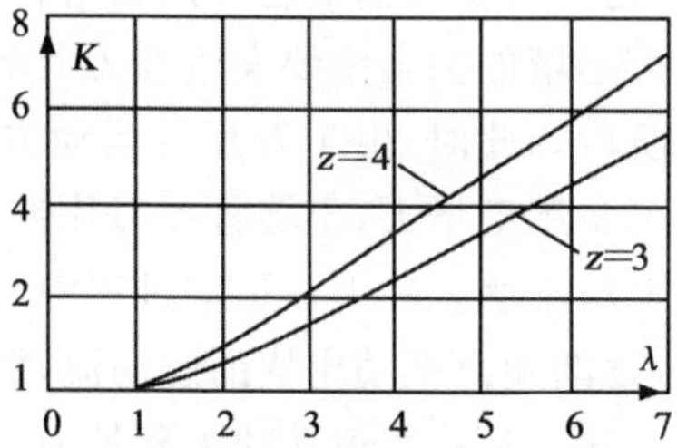

图 10　K 与 λ 和 z 的关系

由式(24)知，相对进距 K 只与结构参数 z 和运动参数 λ 有关。相对进距 K 是 z 的线性函数，其斜率随 z 增加而增加；K 也可以近似地认为是运动参数 λ 的线性函数。无论是增加 z 或 λ 值，都会使旋松部件的重切作用增强(图 10)。

由图 11(a)可见：当 $K<1$ 时，实际进距大于极限进距，两相邻刀片的运动轨迹相离，此时不会产生重切。图 11(b)为 $K=1$ 的情况，$s=s_j$，两相邻刀片轨迹相切，处于是否重切的临界状态。图 11(c)为 $1<K<2$ 的情况，其他刀片的轨迹与刀片 1 的轨迹有一次相交的机会，这将产生一次重切。图 11(d)为 $4<K<5$ 的情况，此时将发生四次重切。依此类推，当 $n<K<n+1$ 时，将对垡片产生 n 次重切。由此可知，相对进距 K 是表征重切现象的一个很直观的参数。

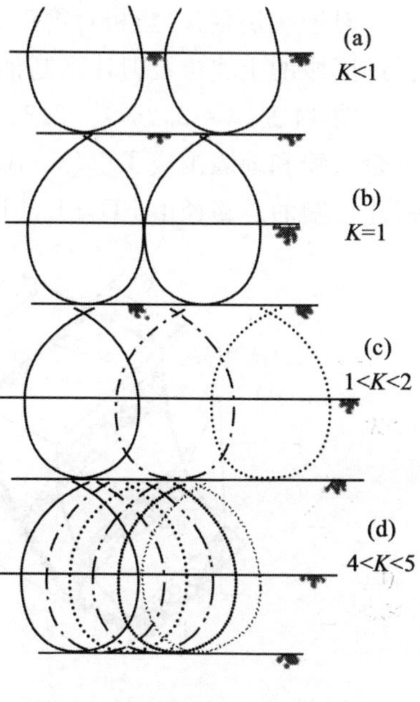

图 11　相对进距 K 与重切次数

重切次数直接影响着旋松部件的碎土和混土性能。K 增加，碎土效果增强，但混土也加剧；K 值减小，混土减轻，碎土变差。$K<1$ 时将出现漏耕区，这为农业技术要求所不允许，因而 K 值必须大于 1。而 K 值过大，垡片受到过度重切，不必要的碎土、混土增加，功耗增加。从试验结果看，当 $K=5.94$ 时，就可以达到极好的松土和碎土效果(在旱田，小于 5 厘米的土块含量为 94.3%，在含水率为 22.3%的干水田，则为 94.2%)，松土一次就可以达到作物种床的基本要求。因而：

$$1<K<6 \tag{25}$$

可以作为 K 的取值范围。对于含水量大、容重值高，不易破碎的田块，K 可以适当取大值，反之，可以取较小值。

四、旋转深松部件混土程度的初步定量分析

1. 混土模型

旋转深松部件对土壤的混合作用可考虑用图 12 所示的模型来描述：

Ⅰ. 强制区：刀片在土壤中运动所通过的区域，即为刀端与刀末端的运动轨迹与地表所围成的封闭区域。这个区域的土壤，将被刀片强制推开或随刀片一起运动。

Ⅱ. 带动区：强制区内侧的一层土壤。该区土壤被强制区土壤带动，其位移随距强制区的距离而递减。

Ⅲ. 相对静止区：位于带动区的内侧。该层土壤受刀片的影响已经很微弱，处于相对静止状态。

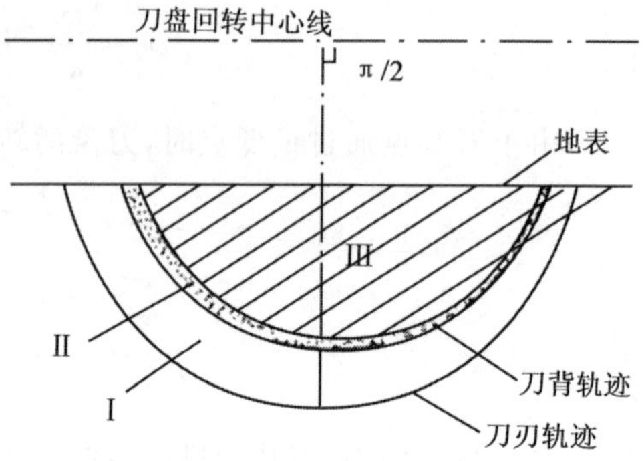

1.强制区；2.带动区；3.相对静止区

图 12　混土模型

在刀片切垡阶段，刀片的运动方向朝下，刀片的切削角较小，强制区的土壤主要是被推向带动区，一般不随刀片运动，刀片对土壤的混合可以忽略。

土壤的混合主要发生在刀片转角 $\pi/2<\alpha<\pi$ 的重切混土阶段。此时，由于刀片的运动方向逐渐指向地表，刀片的切削角逐渐增大，土壤将被刀片带动，随刀片一起运动。刀片带起的首先是底层土壤，然后依次为中层和上层土壤。在刀片运动过程中，原来被刀片所带动的土壤，不断被刀片所带起的其他层次的土壤取代，逐渐脱离扰动土壤的运动流，散布在刀片经过土壤的各个层次之中。

随刀片一起运动的主要是强制区的土壤，带动区的土壤虽然也有不同程度的移动，但由于刀片对该区土壤的作用远远小于强制区，所以在讨论旋松部件的混土作用时，忽略带动区土壤移动所带来的影响，并不影响旋松部件混土的变化趋势。

对于一块垡片，当相对进距 $n<K<n+1$ 时，它将被刀片重切 n 次。如图 13，在这个垡片上，刀片扫过区域的土壤将被刀片强制推开或带动，我们把这个区域的体积记作 V_D。

图 14 是 $K=2.26$，$\lambda=3.81$ 时旋松部件各把刀片的运动轨迹图。从这个图中可以看到，由 1，2 两条余摆线和地表围成了垡片 ABJE；3，4 两条余摆线分别在 FD 和 GC 切过垡片。对于垡片 ABJE 来说，刀片切割的总路径由 BD，ED，FD 和 GC 曲线组成。

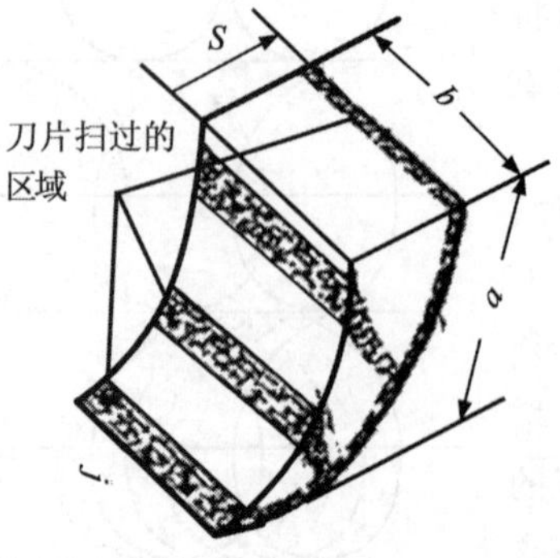

图 13　单个垡片上刀片扫过的区域

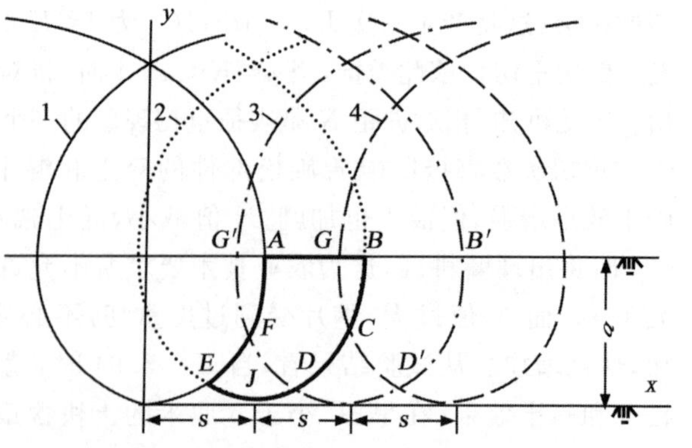

图 14　单个垡片上刀片切割的总路径

由于各条余摆线的形状、周期完全相同，仅仅是相对于前条余摆线平移了一个进距 s，因此显然可以得到：

$$\overset{\frown}{BD}=\overset{\frown}{B'D'}\text{；}\overset{\frown}{DE}=\overset{\frown}{D'D}\text{；}\overset{\frown}{CG}=\overset{\frown}{FG'}$$

$$\overset{\frown}{BD}+\overset{\frown}{DE}+\overset{\frown}{DF}+\overset{\frown}{CG}=\overset{\frown}{B'D'}+\overset{\frown}{D'D}+\overset{\frown}{DF}+\overset{\frown}{FG'} \tag{26}$$

式(26)左边为垡片 ABJE 上刀刃通过的总路径，右边为一把刀片的端点（余摇线 3）在土壤中通过的总路径。

上面的结果显然可以推广到 K，λ 取不同值的情况。同样也可以推广到三维空间。这样，即可以得到一个十分有用的结果：在单个垡片上，各把刀片扫过的区域的总和等于一把刀片在土壤中运行一个周期所扫过的区域。

这样，计算单个垡片上的土壤搅动混合量就可以转化为计算强制区域的体积 V_D，从而使问题得到简化。

2. 强制区域的体积 V_D

对于松土沟以上高度为 h 的土层，刀片通过的强制区域的体积 V_D 可用下式计算：

$$V_D=\iint_D f(xy)\mathrm{d}\sigma$$

式中：$f(xy)$ 为刀片正切刃在空间运动所形成的曲面方程；D 为 $f(xy)$ 的积分区域；$\mathrm{d}\sigma$ 为微面积元。

对于矩形或三角形刀片的旋松部件，有：

$$V_D=NbF \tag{27}$$

式中：$N=\begin{cases}1 & \text{矩形刀片}\\ \dfrac{1}{2} & \text{三角形刀片}\end{cases}$；$b$ 为刀片宽度（垡片宽度）；F 为强制区域的侧向投影面积，即刀片端点、末端点、末端的运动轨迹与高度为 h 的水平线所围出的图形的面积（参见图 1 的网格区域）。

F 可以通过积分表示成如下的形式①：

$$\begin{aligned}
&F=F_1-F_3+2(F_2-F_4)\\
&F_1=hR\left[\frac{1}{\lambda}\left(2\sin^{-1}\frac{R-h}{R}-\pi\right)+2\sqrt{1-\left(\frac{R-h}{R}\right)^2}\,\right]\\
&F_2=\left(\frac{R}{\lambda}+\frac{R}{2}+\frac{h}{2}\right)\sqrt{R^2-(R-h)^2}-R^2\left(\frac{\pi}{2}-\sin^{-1}\frac{R-h}{h}\right)\left(\frac{1}{\lambda}+\frac{1}{2}\right)\\
&F_3=[h-(R-r)]\left[\frac{R}{\lambda}2\sin^{-1}\frac{R-h}{R}-\pi\right)+2\sqrt{r^2-(R-h)^2}\,\right]\\
&F_4=R\left(\frac{1}{\lambda}+1\right)\sqrt{r^2-(R-h)^2}-\frac{1}{2}(R-h)\sqrt{r^2-(R-h)^2}-\left(\frac{\pi}{2}-\sin^{-1}\frac{R-h}{r}\right)\left(\frac{R^2}{\lambda}+\frac{r^2}{2}\right)\\
&r=\sqrt{R^2+l_1^2-2Rl_1\sin\varepsilon_0}
\end{aligned} \tag{28}$$

① 本文省略了 F 的繁琐推导过程，详见文献[4]。

如果把上面表达式中的 h 换为松土深度 a，就得到刀片在整个松土层中运行一个周期时的强制区域。

3. 土壤混层率

旋松部件对土壤的混拌作用主要发生在刀片转角超过 $\pi/2$ 的重切阶段。此时被刀片强制带动的土壤的体积 V_H 可以近似地看作是强制区域体积 V_D 的一半。如果 $V_{垡}$ 表示垡块的体积，那么比值 $V_H/V_{垡}$ 即是表征土壤混合的一个指标。我们定义旋松部件使某层土壤移入其他层次的量与该层土壤总量的比为土壤混层率，记作 G'。考虑到土壤内摩擦、黏附以及刀滚转数的影响，引入土壤系数 M 和转速系数 E，G' 即可表示为：

$$\left.\begin{aligned} G' &= M\frac{V_D}{V_{垡}}+E \\ V_{垡} &= shb=\frac{1}{K}\frac{2R}{\lambda}\left(\sin^{-1}\frac{1}{\lambda}+\sqrt{\lambda^2-1}-\frac{\pi}{2}\right)hb \end{aligned}\right\} \tag{29}$$

在已知有关的结构参数和运动参数的情况下，可以通过式(27)、(28)和(29)计算 $V_D/2V_{垡}$ 的值。

土壤系数 M 和转速系数 E 可以根据实验数据回归确定。表 2 是 A 型旋转深松部件(图 15)在不同相对进距、转速、λ 值下的底层生土(地表以下 20～30 厘米)混入其他土层的混层率的实测值以及相应的 $V_D/2V_{垡}$ 的计算值。利用该表的数据，通过回归，得到：在 110 转/分情况下，$M=0.41$，$E=9.8$；在 70 转/分情况下，$M=0.40$，$E=4.3$。M 和 E 的置信度均在 95%以上。

图 15　A 型旋松部件

旋松部件的混土试验是在人工整备土壤的土槽中进行的，各项土壤参数的控制比较严格。回归得到的 M 值相差不大，E 值随转速增加而增加。这说明对系数 M 和 E 的定义是正确的。

表 2　A 型旋松部件的底层生土混层率实测值

旋松部件的工作条件	$R=40$ 厘米　$h=10$ 厘米　$\varepsilon_0=\pi/6$　$N=1/2$				
K	7.99	5.94	3.13	2.26	1.21
λ	9.89	7.75	4.74	3.81	2.65
s（厘米）	8.5	10.8	17.6	22.0	31.0
G'(%)($n=70$ 转/分)	26.7	27.3	16.3	12.3	6.8
G'(%)($n=110$ 转/分)	34.6	29.2	23.9	20.0	10.2
$V_D/2V_{垡}$(%)	62.7	48.4	26.1	18.9	11.8

经过上面的分析以后，我们得到在京郊沙壤土上旋转深松部件混层率 G' 的详细表达式：

$$\left.\begin{aligned}
&G'=MNK\frac{F_1-F_3-2(F_2-F_4)}{\frac{1}{\lambda}4hR\left(\sin^{-1}\frac{1}{\lambda}-\sqrt{\lambda^2-1}-\frac{\pi}{2}\right)}+E\\
&F_1=hR=\left[\frac{1}{\lambda}\left(2\sin^{-1}\frac{R-h}{R}-\pi\right)+2\sqrt{1-\left(\frac{R-h}{R}\right)^2}\right]\\
&F_2=\left(\frac{R}{\lambda}+\frac{R}{2}+\frac{h}{2}\right)\sqrt{R^2-(R-h)^2}-\left(\frac{\pi}{2}-\sin^{-1}\frac{R-h}{h}\right)\left(\frac{1}{\lambda}+\frac{1}{2}\right)R^2\\
&F_3=[h-(R-r)]\left[\frac{R}{\lambda}\left(2\sin^{-1}\frac{R-h}{r}-\pi\right)+2\sqrt{r^2-(R-h)^2}\right]\\
&F_4=R\left(\frac{1}{\lambda}+1\right)\sqrt{r^2-(R-h)^2}-\frac{1}{2}(R-h)\sqrt{r^2-(R-h)^2}-\left(\frac{\pi}{2}-\sin^{-1}\frac{R-h}{r}\right)\left(\frac{R^2}{\lambda}-\frac{r^2}{2}\right)\\
&r=\sqrt{R^2+l_1^2-2Rl_1\sin\varepsilon_o}\\
&N=\begin{cases}1 & \text{矩形刀片，}\\ \frac{1}{2} & \text{三角形刀片；}\end{cases}\quad M=0.40;E=\begin{cases}9.8 & n=110\text{ 转/分，}\\ 4.3 & n=70\text{ 转/分；}\end{cases}
\end{aligned}\right\}\qquad(30)$$

式(30)比较麻烦，但利用计算机求解是很方便的。

利用式(30)可以估计旋转深松部件的混土程度。从图16可以看出，B型旋转深松部件(图17)的底土混层率，计算值与实测值的差别很小，变化趋势一致，因而利用式(30)来估计盘形旋转深松部件的混土是比较准确的。

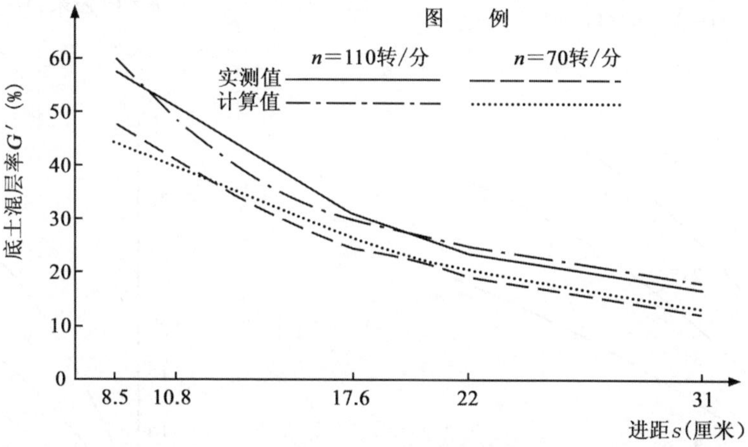

图16　B型旋松部件底层土混入其他土层的混层率G′的计算值与实测值

(土壤坚实度14.8公斤/厘米³，土壤含水率15.5%)

设计时，在有关旋转深松部件如何避免对土壤的过分搅动、混合的问题上，式(30)也可以为之提供某些依据。

图18-22是根据计算机计算的结果绘出的各参数的影响曲线。分析这些曲线可知：

1. R，λ 对混层率的影响是微弱的。

2. l_1，ε_o 和 K 是影响混层的显著因素，l_1，ε_o 和 K 增加，都使旋松部件的混土作用增强。其中 K 的影响更为显著。

因而，减少旋转深松部件对土壤的混合作用主要应从如下几方面着手：(1)在农业技术要求允许的条件下，尽量采用小的相对进距，大的进

图17　B型旋松部件

距；(2)在结构上，尽可能减小 ε_o，l_1 以及刀片正切面的面积。采用上述原则设计的旋转深松部件，底层深土移到上层的比率可以低于10％，基本获得了深松而不混土的效果。

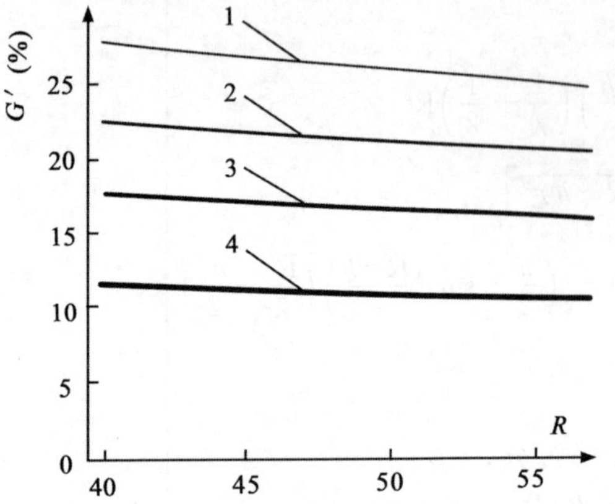

1. ε_0=45°　l_1 = 6 厘米
2. ε_0=30°　l_1 = 7 厘米
3. ε_0=30°　l_1 = 5 厘米
4. ε_0=30°　l_1 = 3 厘米

图 18　*R* 对混土的影响(*h*=10 厘米，λ=2.65，*M*=*N*=*K*=1)

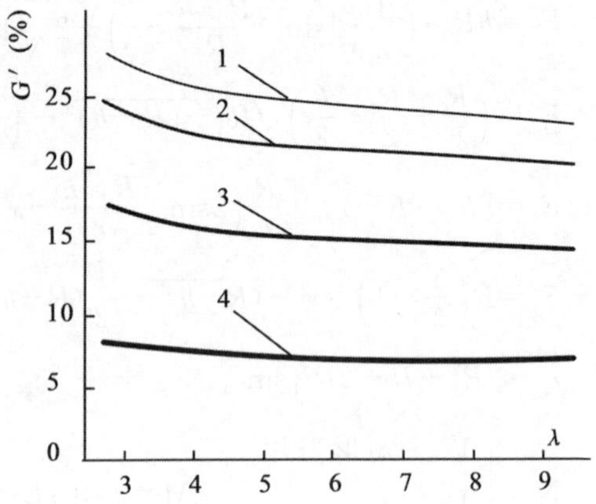

1. ε_0=45°　l_1 = 6 厘米
2. ε_0=45°　l_1 = 5 厘米
3. ε_0=30°　l_1 = 5 厘米
4. ε_0=30°　l_1 = 3 厘米

图 19　λ 对混土的影响(*R*=40 厘米，*h*=10 厘米，*M*=*N*=*K*=1)

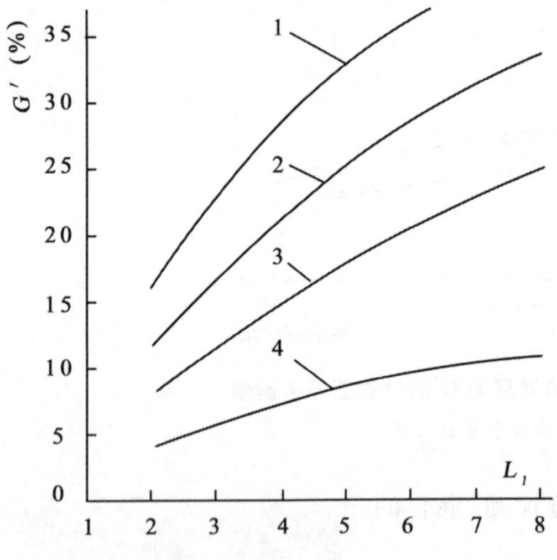

1. ε_0= π /2；　2. ε_0= π /4；
3. ε_0= π /6；　4. ε_0= π /12；

图 20　l_1 对混土的影响(*R*=40 厘米，*h*=10 厘米，*M*=*N*=*K*=1，λ=2.65)

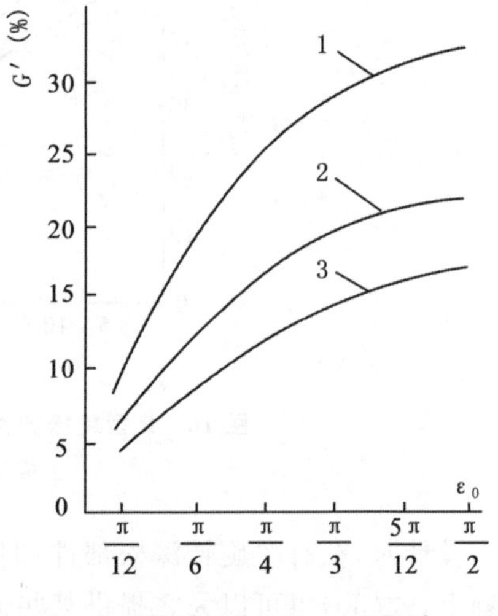

1．l_1 = 4 厘米；　2．l_1 = 3 厘米；
3．l_1 = 2L 厘米

图 21　ε_0 对混土的影响(*R*=40 厘米，*h*=10 厘米，*M*=*N*=*K*=1，λ=2.6)

农药及化肥的研制成功和大量供应，由机械中耕和犁耕翻埋来灭草、灭虫、灭土壤病原菌和埋入厩肥、有机物质的功能，更简便地由施用化学制品来完成；条件之三是由于拖拉机和农机具的幅宽越来越大，型体越来越重；之四是除了水土流失被普遍重视以外，还由于大量使用的有毒除草剂、农药的流失，对下游水道和湖泊的污染，影响了居民的健康，因而引起了社会上对环境质量的愈加重视。

由于以上的背景条件，美国土壤耕作法出现了一些新的因素，即：①实行化学耕法；②茎秆作田面覆盖；③用凿形齿深松的纵深耕法或用翼形铲全面浅松的水平方向耕法（而在一定周期内犁翻）；④减少拖拉机的下地次数和机具对土壤压实的副作用。

在美国，这些新因素是通过以下几种耕作方式和机具来实现的：①免耕播种；②窄条耕播；③凿形齿深松后整地播种；④传统的翻耕和耙整后播种。

农业作为一种企业，在本质上，就是充分利用土地、气候和生物品种等自然资源，以最少的投入夺取最大量的高质农产品。作为一个地区某一时期农业经营最佳方案中一个重要环节的土壤耕作，与农产品和支农工业品的市场供应、农业生产结构以及地形地貌和气候密切相关，它须经综合对比试验来具体确定。

为此，美国组织起各州立大学的农学、农业工程和农业经济各系的综合力量，因地制宜地开展了延续多年的土壤耕作的综合性试验，最后提出了本州不同地区的土壤耕作最佳经营方案（亦可称之为保省耕法—保持水土和保护环境，省能、省时、省投资，夺取经济产量），供农民参照执行[2]。

至于免耕，一些试验表明，对于沙性土及易蚀土，在杂草与病虫害得到控制的前提下，免耕产量不比犁翻低。在一年的周期中，在夏季，免耕地的土壤含水量往往比翻耕高。然而由于免耕时，在湿土上播种所开的下种沟不容易封闭；为了避免肥分蒸发损失，氮素种肥必须深施入土；多年生杂草不易控制，对于一年生杂草，虽在出苗前、出苗后多施除草剂，有时也不易控制；病虫害也比较多。因此，免耕播种需要精细管理，同时须用轮流耕翻来补充。

二、几个理论性问题

1.土壤耕作的目的及土壤耕作法的评价标准

各国在广泛地区进行的大量试验研究表明，必须给作物一定的，依作物种类、土壤质地、本地区气候而异的田面形态和种床、根床、作物行间表层及耕层构造，以此作为基础，结合各种综合措施，才能在适宜的土壤紧密度、酸碱度、水、气、热、肥条件下，避免低（高）温、旱霜、旱、涝、杂草和病虫等灾害以及土壤的压实和水、土、肥、药的流失及污染，获得经济产量和对资源的保护。

土壤耕作的目的，就是在植物生长的各个阶段，用各种最经济的物理手段，也利用化学作用（化学耕法）和生物作用（生物耕法），将土壤状态整备到适宜作物生长的田面形态和耕层构造，同时根据实际情况履行必要的除草，灭病虫，翻覆，混合残茬、绿肥、厩肥，放墒、保墒等任务。如果作物是从前熟收割后的茬头上发芽，则土壤耕作就没有苗床构造的制备而实行免耕免种；如果原来的土壤（比如腐殖质高、水稳团粒结构好的森林土壤）就适于作物生长而不必覆盖混合、灭虫除草，即可以免耕或少耕播种。反之，则需必要的耕耙，甚至多耕多耙。

考虑到古老的、主要利用非商品生产的家庭劳力和现成物质的自然经济农业已逐步过渡到以商品生产为主的现代化农业企业，以最少的投入夺取最高的产出已成为农业企业经营的主要目标；同时考虑到水、土、肥、农药等的流失，生态的破坏，环境的污染等问题的尖锐化，现代农业中不同土壤耕作法的比较评价，似应包括以下几个方面的加权评分：

（1）能将原来不能利用的土地资源加以开发利用的程度。例如，我国陇西、河西一带农民采用沙田耕作法，能将半干旱田地用于生产小麦等原来在这样的地块上不能生长的作物。美国堪萨斯州西部半干旱地区发展的休闲耕法，可将两年的雨水蓄在土壤中作为一年用，使得原来不能利用的土地获得了有利可图的产量。

(2)能提高土地资源的利用程度。例如,美国七十年代开始销售一种"最大出苗率"播种机(它能将种籽以均匀的深度播在湿土上,开种沟时土层不乱,覆土时避免干土接触种籽。

从而获得早出苗0.5~1.5天,多出苗5%的效果)以及采用相应的整地法以后,作物普遍增产,使得当时土地售价每亩上涨80美元。原因是提高了土地的利用价值。

(3)能完成所需要的除草,灭病虫,翻覆、混合,放墒、保墒,调节土壤水分和土温,晒垡熟化,控制盐分、养分,及时播种和耕作等任务的程度。

(4)赶农时、省能源、省工、省料、省投资及获取经济产量的程度。

(5)保持水土,保护生态与环境,维持或提高腐殖质含量及土壤肥力水平,避免压实的程度。

2.适宜作物生长的耕层构造和密实程度

国内外的试验都证明,不同作物对各种不同的土壤都需要一定紧实度的耕层构造,即各层土壤需要具有一定的孔隙度(简略地以容重表示)。比如黑龙江红兴隆农场管理局科研所在该地区对有机质含量为3.3%~5.6%的重壤质黑土和草甸土的试验表明,小麦要求容重为1.2~1.35克/厘米^3,玉米为1.1~1.25克/厘米^3,大豆为1.0~1.35克/厘米^3(其他试验资料表明甜菜为1.1~1.5克/厘米^3,马铃薯和向日葵为1.1~1.2克/厘米^3。容重为1.65克/厘米^{3}时小麦根系不能穿透,1.45克/厘米^{3}时黄瓜根系不能穿透,孔隙小于10微米时根毛不能生长,小于3微米时微生物不能进入)。

土壤紧实度受到干缩湿涨、冷冻热融、雨水重力沉实、根系挤压和土壤生物活动等的交替作用,具有自然调节能力,经一段时间后相对稳定于一定值(平衡坚实度),其大小依土壤的机械组成、腐殖质含量和地下水位高低等而定。作物适宜的紧实度值与土壤自然调节紧实度稳定值对于有机质含量高的土壤如重壤质黑土是一致的;而一些"口紧"或黏重的土壤就不一定一致,这时需要提高其腐殖质含量或适当掺土掺沙。否则这类土壤需要增加耕作次数,或只能种植通常是产量低、品质低的作物。对于有机质高的、两者一致的土壤,用翻耕、少耕和免耕等不同耕法,在一个生长季节以后(约100天),紧实度基本达到相同;在重要的分蘖、拔节、灌浆期间,各层的紧实度则不尽相同。至于二者不一致的土壤尚未见到有实验数据。对于水田土壤,江苏农学院耕作教研室在沙壤土上的实验表明,在分蘖末期以后,不同耕法(免、少、传统)所得到的土壤容重均稳定在1.3~1.4克/厘米^{3}范围内,而且表明高产点的容重均偏向于高值(1.4克/厘米^3)。

即使作物适宜的紧实度与土壤平衡的紧实度相近似,由于自然调节往往需要等候季节,而当这种调节赶不及作物各生长发育阶段需要时,也要耕作。比如雨水的打击,使无叶遮盖的行间表土的结构破坏,形成干硬土壳,需要十分及时地中耕耪地。又如春耕时农具与拖拉机对土壤的压实,在作物生长期间仍将起不良作用,需要加以避免。

根据测定[3],沙壤土初耕地0~20厘米耕层的容重为1.00克/厘米^3,铁牛-55型拖拉机压后达1.36克/厘米^3;种麦后一个月的旱地,0~10厘米耕层容重为1.06~1.36克/厘米^3,而在整地播种时轮辙压过的地方,0~10厘米耕层容重达1.36~1.62克/厘米^3,10~20厘米耕层容重达1.36~1.70克/厘米^3;在旱地上,铁牛－55型拖拉机三次通过容重则达1.70克/厘米^3;在水田上,胶轮大车通过后容重达1.50~1.62克/厘米^3。在常年不冻的南方,犁底层与拖拉机的压实,更会因年年来不及消除而积累,从而妨碍根系发展。

实际上,压实效应可达土壤深层。如不经历冻融与干湿交替的过程,土壤虽有一定的紧实度自调作用,但这种压实效应可以长期延续,甚至跨过年度,逐年积累。这就需要深松。至于那些在土壤形成过程中本来就沉积有坚硬底层的土壤,深松开破底壳,往往有利于根系向下发展。

3.翻耕与土壤腐殖质水平提高的关系

除机械组成之外，有机胶体含量直接影响水稳性团粒结构数量，这是土壤肥力水平的重要因素。我国各个地区土壤的有机质含量普遍较低：黑龙江开垦初期土壤有机质含量为8%，现在降至2%～4%；吉林除了部分地区为2%外，大部分降为1%～1.5%；辽宁仅为1%左右；关内一般也在1%左右或更低。如何提高土壤的有机质含量，是培育土壤肥力水平的重要途径。许多主张免耕的学者认为，翻埋厩肥和残茬的同时会将底层土翻上来使之遭到氧化，也暂时破坏了犁底层处的嫌气环境，造成原有有机质的好气分解，而埋下去的有机物在嫌气状态下所新形成的腐殖质不足以补偿分解的腐殖质，结果不会造成有机质的积累。而相反，在不翻耕的情况下，不发生有机质的大量氧化，而上茬的根系在嫌气条件下的腐殖质化有利于有机质含量的提高。这种嫌气腐化环境在茎秆覆盖情况下更为有利，因此有人认为覆盖下的免耕是提高土壤腐殖质含量的重要甚至是主要的途径。

有些学者认为在翻耕的情况下，施用有机肥料和种植绿肥作物，能否有效地增加土地中的腐殖质含量，还是一个有争议的问题[4]。另一方面，文献[4]报告，吉林有的生产队连年施用泥炭，腐殖质竟回升至3.5%；辽西有的地块有机质只有0.2%～0.3%，种一年草木樨后提高9%～39%，第二年提高33%～56%。木质素、纤维素有利于腐殖质的积累，欧美用秸秆还田，腐殖质保持在4%以上。因此，能否用地养地，逐步恢复提高土壤腐殖质含量，要按本地区具体条件，设计适当的轮作和耕作、施肥制度，增加施用熟化厩肥、翻埋绿肥、秸秆还田覆盖并配以适量氮素化肥以保持碳氮比，此时耕作可包括或不包括翻耕。

三、我国土壤耕作法的几个主要类型、发展方向和对新一代机具的要求

一个地区的最佳土壤耕作法，由本地区的自然和社会经济条件所规定。各地区的这种自然和社会经济条件有一个发展变化过程，因而可认为，某种土壤耕作法在一个时期内是相对稳定的；各发展阶段的最佳耕作法也将相对地形成独特的一定的类型。我国目前的土壤耕作法，从耕作技术角度看，基本上分为如下几个类型，而每个类型的进步和发展趋向也将为本文前面所列出的土壤耕作各项目标和理论性结论所规定。

1.冬春风蚀和干旱严重、无霜期短、水分少的一熟地区的秋翻、松、耙茬轮耕及整地，春顶凌或不顶凌整备“三层结构种床”平作平种或平作沟种类型。分布于东北北部、长城沿线、黄土高原中北部、西北及海拔高的地区

例如东北农林区的三江平原，无霜期只有80～120天，年降水500～700毫米，集中于六、七、八月，不需灌溉。土质较重，有机质含量高，以种植生长期短的作物如豆、麦为主，配种杂粮与经济作物。豆、麦行距小，如垄作则植株密度过稀将减产，因而宜平作。耕作措施要点在于促快熟、避早霜、抗低温。为此，克山县北联公社建设大队在春天初次暖流使表土化冻达播种深度后，即采取顶凌耙地种麦，使得播深均匀，种子播在实土上，覆以细土，上盖粗粒，形成了“三层结构种床”，争取早播早出苗、出齐苗，得到增产。为了避免春天的耕作(既误时，又跑墒)，需要在伏、秋耕整地时达到播种状态。翻耕并耙整后过冬在冬春都易遭风蚀。定点测定表土的风蚀量每年达1厘米。而只进行秋耙茬或秋深松后耙茬都使作物残茬和表土混拌，能减轻风蚀80%。国营克山农场的试验，证明秋深松(达30～35厘米)能增产，并建立了翻、松、耙茬的轮流秋耕法。

例如，长城沿线农牧区，无霜期125～150天，年降水量350～600毫米，适种春小麦、马铃薯、玉米、胡麻和甜菜等作物。这个地区土壤耕作的突出问题是防寒、防沙、防碱和防旱，保持水土，提高有机质含量，赶农时，少压实。而甜菜耐盐碱，胡麻耐寒耐旱，草木樨、野豌豆等牧草耐旱耐瘠，能防风固沙，并可兼充饲料、燃料和肥料。因此，应在区域综合治理，沿等高线成带形种树植草，实行粮草轮作、粮油草轮

作的基础上，逐步发展深松存雨水、耙茬保土和三层结构种床的耕作法。

例如，黄土高原地区，海拔在1000米以上。随海拔及纬度的高低，无霜期在80～200天范围内，年降水量200～700毫米，大部分集中在七、八、九月。宜种麦、糜、谷、薯、玉米和大豆等作物，大部分一年一熟。其北部干旱多风，土壤为新生代松散沉积物，结构疏松，极易风蚀。春季大风夹带流沙袭击农田，常使表土连种子、幼苗被风吹走，往往需要重播。为此，须营造主、副林带，环滩林带，护田林网，或退耕还牧；建设基本农田，发展灌溉，实行草田轮作，改良土壤，增施有机肥料，提高有机质含量。由于土壤含沙量大，承压能力小，易打滑和磨损，宜用接地压力低的（或四轮驱动的）轮式拖拉机，并用夏、秋的深翻、深松、耙茬及春耕时耙、整、播联合的土壤耕作法。在中部丘陵沟壑区，宜在沟谷内筑坝淤地，拦蓄泥沙；在梁峁陡坡种树种草；在缓坡修水平梯田或条田；在河川地发展引水灌溉。无灌溉条件的宜推广伏秋深翻（深松）秋施肥及耙整至播种状态，采用春整地播种联合作业或在平地上耠沟，播种在沟里（晋西水平沟种法）或筑垄而播种在垄沟里（陕北垄沟种植法）。

例如，西北河西走廊，河套银川平原和北疆农牧区，降水一般在250毫米以下，集中于七、八月，春旱，风沙大，风蚀、沙化严重，需要灌溉。灌区土壤板结和盐碱化严重，无霜期在纬度高和海拔高的地区为110～120天，以种小麦、青稞为主；纬度低海拔低地区为140～180天，适于种植小麦、玉米、甜菜、葵花和大豆等。土壤质地有轻有重，有机质含量1%～2%不等。耕作要点首先在于精制种床以保全苗、早苗。河套黄羊滩农场利用西德劳公司种床制备机，当春耕时在秋耕地上一次整出具有三层结构的种床：地表大平小不平，上疏下密，保墒保温，达到出苗早，出苗齐，解决了当地保苗难的问题，起到了类似于群众创造的沙田耕法的作用。至于基础耕作，采用麦收或秋收后犁翻22～25厘米后晒垡，秋冬泡田，后用圆盘耙耙地并镇压收墒越冬。由于必须灌溉，而翻耕后经灌水，土壤紧实度很快就恢复到耕前；另外，深松后耙混残茬或直接耙茬，有利于防风蚀和抑制返盐。因此，这个地区在逐步发展翻、松、耙茬——三层结构种床的耕作法。

总之，从现代科学知识和国内外经验来看，一熟平作地区的土壤耕作法有进一步改革的余地，需要经过试验来确定并推广。进一步发展的潜力首先在于下列几个方面：①进一步防止风蚀水蚀。例如在采取综合治理措施的同时，在轮耕中安排伏秋深松后的耙茬，使作物残茬与表土混拌。这时需要研制“三层结构种床”的整备和播种机具，以适应这种土茬混拌状态下的播种。在中耕作物茬地上残茬不多的情况下，深松时，可采取松耙联合作业，将表土耙成一层3～5厘米大小颗粒的覆盖层，有利于在一定程度上减轻风蚀、水蚀。在轮耕中需要翻耕时，由于春耕不希望再多耕以免跑墒误时，可用犁耙联合作业，尽量使翻耕后的田面有3～5厘米的颗粒覆盖层过冬。至于秸秆覆盖，则是比较有效地防止风蚀、水蚀的耕作措施。②提高（西北地区）和保持（东北地区）腐殖质含量。这是提高肥力水平，减轻水土流失的根本途径。可在翻耕或不翻耕的情况下，多施经沤熟的厩肥、沤肥、泥炭和茎秆还田。已知的真正有效的措施仍然是通过免耕覆盖造成耕作层中的有机质嫌气分解环境以及施用必需的氮化肥、农药和除草剂。③充分发挥土壤水库的作用和扩大根床的区域。可在雨季中进行深松，以蓄存当年雨水为来春所用，并对限制根系发展的犁底层进行间隔破松，而表土则覆盖以防风蚀、水蚀和保墒的保护层。④实行定轨耕作以及发展轻体重、低比压的拖拉机，以减少对土壤的压实。

2.宽行作物垄台种①、干旱地区聚墒保苗而垄沟种的间隔深松类型。与平作比，垄作排水好，能较快提高地温，风蚀、水蚀稍轻

垄台种主要分布于东北的中南部，南方亦广泛用于旱作宽行距作物，如白薯、甘蔗和杂粮等。

例如东北农林区南部的松辽平原，年降水量700～900毫米，无霜期较长（110～165天），作物以玉米高粱等杂粮为主，土壤肥沃，耕性好，但春旱、大风、低温和洪涝灾害多，因而适于垄台种。近年发展了

① 窄行距作物防涝所用畦作或条田、台田，从耕作技术角度看可归属平作类型。

旧垄翻新垄同时深松，平搅垄时在垄底深松和在垄沟深松，垄改平时间隔深松垄沟与垄台，垄改平时垄台深松以及播种时深松，中耕时深松等耕法，获得了增产节支的好结果。由于土壤有机质含量的不断下降（北部递减0.2%～0.3%，南部递减0.1%～0.2%）以及春旱与风蚀严重，因此这个地区土壤耕作法的进一步改进在于：(1)扭转土壤腐殖质含量的下降为回升。为此，将部分秸秆还田并覆盖在垄沟里，腐烂后培土至垄台，既能改善苗床部位土壤与大气交界面的土壤结构，也能创造嫌气环境条件和提高有机质施入分量。(2)采取耙茬或"黄金坷垃"（3～5厘米大小，依土壤与风力大小而定）覆盖层等其他措施以减少风蚀水蚀。(3)研究解决各种联合作业机，既赶农时，也减少拖拉机的入地次数。(4)研究解决定轨耕作的具体措施，以减少拖拉机压实范围。

垄沟种主要分布在黄土高原的中部和南部地区。由于水蚀与干旱严重，发展了陇中的沙田耕法，陕北的垄沟种植法、水平沟种法，晋西的沟种法、丰产沟耕种法以及垄作区田、等高耕种的套犁沟播等等。等高耕种的套犁沟播可减少地面径流的50%～90%，减少泥沙流失的70%～95%。这种垄沟种地区土壤耕作法的进一步改进同样在于提高腐殖质含量，减少水土流失，采用联合作业与减少压实。

3.稻作地区的翻、旋(松)、轧、耙、耖类型

北方一季稻地区由于结冻早，稻田如秋翻则多数田块难于在适耕条件下耕作，结果拖拉机易下陷打滑，难以控制耕作质量，且耕后有死沟死垄，多呈明垄，难以耙碎整平，尽管多次耙整也达不到水稻"高差不过寸，寸水不露泥"的要求。另外，明垡不易耙碎，不易泡透，平地时易将土块压入耕层中，达不到上有糊泥下有团块或上糊下松、有水有气的要求。这样，近年发展了以旋耕为主，结合使用驱动耙，隔年耕翻的耕法。在旱直播或水直播稻田，发展了松（只达耕层深度）旋结合（即在旋耕机下加锄形松土铲）的耕法。据黑龙江农垦科研院水稻所的试验，松旋直播也最多能维持三年不减产，需要隔一、二年配以深翻。这两种耕法存在的问题是，侧向翻垡，构成死沟死垄的铧犁翻耕，从根本上说不适宜于田块一般较小、田面水平要求高的水田耕作。而旋耕又在铧犁翻耕的犁底层与旋耕层之间造成一未耕层（青泥层），加上旋耕当年杂草多，二、三年后就要减产。

南方麦稻两熟地区的稻田，例如长江北岸一带，割稻后土是湿的，要赶农时种麦，同样存在拖拉机划沟、陷车、难以控制耕作质量等问题，此时以旋代耙，有利于快出苗、出齐苗，早分蘖，多分蘖。据湖北五三农垦科研所的试验，旋耕两年内不减产，但轮耕中还需安排翻耕。南方双季稻地区，晚稻收获后如种绿肥，一般采用免耕。如需架空晒垡，则用窜垡犁翻耕。早稻收割后为及时插晚稻，常用轧滚。早稻插秧田则需翻后耙耖多遍至水土交融。

总的来说，水稻田土壤耕作的进一步改革在于突破铧犁侧翻和旋耕机耕深小的局限，发展一种旋翻、旋松、旋耕的新型基础耕具和耕法。这样既可逐年加深耕作层，减轻铧犁对适耕性的限制，提前下地，提高碎土质量，减少对拖拉机附着性能的要求，有利于安排联合作业机组，减少拖拉机下地次数。

4.旱耕黏土地区的翻、松、旋、耙耕法类型

我国需要进行旱耕的黏土地区，分布相当广泛，其耕作困难的问题十分突出。例如河南黄泛区，云南坝子田等黏土、重黏土地区，土壤黏重，结构性差，适耕期短。犁地时水分过干则犁不动，水分稍高则土垡成长黏条。耕后跑墒快，几小时后就变干。垡条干或湿时都耙不碎，需要耙12～15遍。三夏三秋农时很紧张，黏土地区秋播夏播的整地、保墒、保全苗多年来一直是一个没有解决的老大难问题。为此，国营黄泛区农场近年来作了各种探索性试验，获得了一定的效果。即在轮耕中隔年翻耕，或用犁翻淤压沙和翻沙压淤；在轮耕中浅翻深松或直接深松以破底层；犁翻后及时旋耕，或不犁翻而直接旋耕两遍，或直接用缺口重耙耙两遍及轻耙耙三遍，即行播种。试验表明，旋耕可提早1～2天下种。遇大雨后1～2天即可下地旋耕或耙地，而犁耕需3～5天后才能下地。浅翻加深松可提高抗旱抗涝能力，提高产量。深松地块夏播后雨水虽多，但仍可用铁牛-55型拖拉机组中耕，未经深松的则需用履带式拖拉机。

解决各个地区黏土地的旱耕问题的一个途径是发展能充分利用旋耕作用的翻、松、旋、耙耕法。这种耕法进一步改进的潜力在于:①通过多施厩肥,茎秆还田,掺沙和覆盖耕作等措施来提高土壤腐殖质含量,改进土壤耕性和肥力。②发展旋转翻耕、旋转深松、黏土种床整备等新型机具和联合作业机具。③发展定轨耕作以减少拖拉机压实。

5.间作套种地区的行间翻、松、旋、耙类型

我国广大两熟旱作地区,一部分采用两茬平作,一部分如华北平原和北京地区,则采用两茬间作套种。两者在三夏三种期间农时都极其紧迫。因为春旱夏涝都相当普遍,小麦后期的高温干旱对灌浆不利,秋作物生长后期降温较快,亦影响灌浆,这就需要小麦早种早收,蓄水保墒,玉米早种。两茬平作和两茬套种都要求能确保农时的小麦机械收割、脱粒,小麦、玉米秸秆的快速处理和小麦联合耕作与播种。平作夏播时要求能联合作业的浅翻播玉米,旋翻播玉米或免翻播玉米。套种的夏耕要求行间埋绿肥,行间浅翻或灭麦茬,行间深松蓄水,向一种行间翻、松、旋、耙的土壤耕作类型发展。同时还要采取提高腐殖质含量和减少机具压实等措施。

在土壤不结冻、紧实度自然调节能力差、经拖拉机多次反复压实而形成坚实硬底层或构造上本来就存在硬底层的旱作地区,进行深松往往产生良好的效果。这时深松应成为当地土壤耕作法的中心环节。

6.城市郊区菜地的翻、旋(松)、耙类型

蔬菜要求耕层深厚,以利根系发展;另外要求耕层松紧适宜,腐殖质含量高,团粒结构良好。由于茬间耕地要求保留畦埂,又往往不希望将生土翻上来,较肥的表土翻下去,因此旋耕比较合适。但现产旋耕机耕深不够。南京、桂林和北京许多地方在旋耕机上加深松铲。黑龙江则用深松犁,松上深度达30～35厘米。北京每年春耕和秋耕时采用深翻,为了减少拖拉机下地次数,要求发展联合作业。温室、阳畦和塑料大棚等的土壤耕作,要求基本上与一般菜地相似。菜地的土壤耕作亦要求提高腐殖质含量,减少拖拉机压地次数,减少水土流失。

四、结束语

各地区土壤耕作潜力的挖掘,具有近期和远期的利益。为此需要进行一些带基础性的试验研究,以确定诸如提高土壤腐殖质含量、土壤肥力的机理与有效措施;土壤风蚀、水蚀的机理与抗衡措施;土壤蓄水保墒保苗技术;良好种床根床结构与措施;减轻土壤压实与定轨耕作技术等。需要进行一些新型耕具的研制,诸如黏性土地区基础耕作与种床整备机具,深松后耙茬或直接耙茬地上"三层结构"种床整备与播种机具,适于田面要求平整的地块(稻田,为保证墒情均匀以保匀苗的干旱半干旱地区的田块,菜田,大棚等)以及间套作行间耕作的旋翻、松、耕机具,各种减少作业层次以减少拖拉机下地次数和利于保墒的联合作业与播种机,轻体重、低比压、定轨道新形态拖拉机,可再生拖拉机动力能源等。为此,需要进行地区试验,以确定该地区的最佳耕法。由于一种最佳耕法能否付诸实施,不仅与土壤学和作物栽培学有关,亦与能否提供所需机具有关。因此一个地区最佳耕作法的发展是有关学科共同协作研究的过程。建议国家和地区农业、农垦及有关部门拟定科研课题,进行系统的试验研究。

参考文献

[1] 曾德超.美国几个典型地区的土壤耕作法.北京农业机械化学院《教学与科研》,1981年8月.

[2] Adaptability of various tillage-planting systems to indiana soils, A guide for selecting the "best" systems for a given farm, from an agronomy conservation standpoint. Cooperative Extension Service Purdue, Univ. U.S.A.

[3] 廖植樨.农业机械行走系统对土壤物理性质的影响,北京农业机械化学院学报,1981年第2期.

[4] 姜岩.农田基建和合理利用土地资源专题讨论小结,中国农学会.东北地区农业现代化学术讨论会文件汇集,1979 年.

Categories of Tillage Practices in China, Their Future Trend and Requirements in Tillage Machinery Developments

Abstract Tillage practices in China were put into six major distinct categories in this paper as stipulated by the natural environments and the crops thus grown: Single Crop Farming for the short growing season, arid and semiarid and seriously wind eroded Northern regions; Ridge Farming for logging and erosion areas; Inter-Cropping Farming with primary and secondary manipulation in-between rows of standing crops; Rice Farming requiring strict leveling of the small patch and tractor trafficability; Heavy Soil Farming requiring strict timeliness in soil manipulation in short period; Vegetable Farming requiring no convertion of slice nor rigorous movement of soil between two crops. Conservation of soil and water, promoting O. M. content of the soil, preserving moisture in the seedbed for germination in the usually drought spring period, carrying out manipulation in a short span and reduction in tractor compaction etc. are the features of techniques to be incorporated into the existing tillage practice. New tillage machinery systems required were elaborated also in the paper.

An Approach to the Analytical Prediction in a Rotary Soil Cutting Process*

Zeng Dechao　Fu Qi

Abstract The slice cutting process of a rotary blade along a trochoidal path in a typical North China sandy loam at a moisture content near plastic limit is taken as a plane strain problem in a finite element computation applying plasticity theory using DrucKer-Prager cap model and checked with experimental tests in a soil bin arranged to measure the six components of soil reaction force to the rotary blade and to observe soilsurface deformation phenomena. Practicable correspondency is obtained and the pattern of soil failure is studied. The apace volume swept by the blade along its path is absorbed at first primarily by the close-up of soil porosity in the compaction field developed in front of the blade along its path, even though some is also absorbed by the free boundaries, and, as the resistance to compaction increases, shear resistance along some throughout slip surface is reached, thus causing relative sliding of two parts of soil as rigid body. Relative sliding furnishes an easier outlet to void increment in this case, let down the compaction resistance and such a cycle is to repeat. A prediction technique is advanced for the estimation of soil reaction for the process with soil lab test data and operation parameters as input.

Introduction

Analytical prediction as methodology is useful and indispensible in the development of optimium soil machine system to create the required soil conditions or soil traction at the least expenses in magnitude of force and energy and remains as a unique part of a soil dynamics [1]. Many outstanding investigations have been done in this aspect with various measure of achievement. One of the complications however, lies in the fact that soil, while as a half infinite continuum, is particulate in nature with its material constitution undergoing progressive change during a manipulation process while no relatively satisfactory and practical means for experimental measurement of the stress and strain distributionin-side the soilbody has beenaccomplished so far.

With the advancement in the application of finite element method (FEM) to explore the stress strain distribution behaviour in soil dynamic problems[2]、[3]、[4]、[5] it is logical to conjecture[1] at the feasibility of employing such findings in finite element analysis for typical tool elements utilizing a soul model appropriate to the soil and the operation conditions under investigations, to help simplify involvements in computation and thus to improve the analytical prediction technique for soil machine relations.

In many circumstances, proper soil tilth, the right extent of compaction, desired ground surface configuration, soil transportation and satisfactory mixing, laying or seperating foreign material from

* 本文出处：Proceedings of International conference on soil Dynamics, 1985 年 6 月

the soil are the major requirements in soil tillage and traction operations. Predominant technological elements involved may be named as: penetration, bearing, compaction, shear, pulverization, movement of soil aggregates relatively to each other or to the tool stickly or frictionally. Reactional forces due to deformation, friction, inertia and body weight present invariably in the processes. However, those induced on account of deformations ace the governing and the most complicated ones. With this rationale, the reaction forces due to soil deformation in a rotary blade cutting traversely a furrow slice, which is supposed to be turned for trash covering with supplementary arrangements not shown here, is taken as a trial and illustrative case for the purpose of exploring the methodology in this study.

Stating the Problem and Description on the Experimental Installations

FE Idealization

A rotary blade with dimensions and operation parameters as shown in Fig. 1 is cutting a slice in forward rotation in a typical North China sandy loam soil, as the width of cut(in Y direction) is comparatively large, it is treated as an plane strain problem of two dimension continuum and the FE idealization is as shown in Fig. 2.

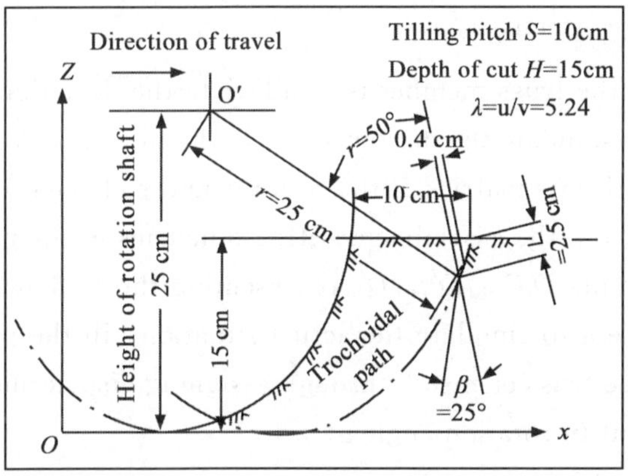

Fig. 1　Dimendions and operation parameters of the cutting blade.

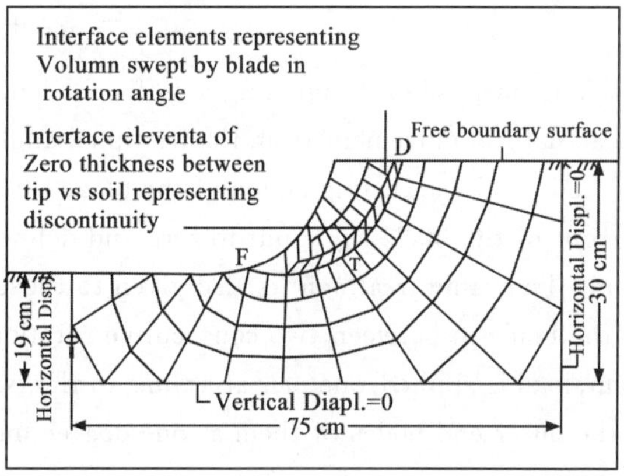

Fig. 2　Finite element idealization of rotary blade-soil system.

A portion of soil body of sufficient size is singled out with vertical planes BC and AG and horizontal plane AB assigned as the boundaries with zero horizontal and vertical displacements respectively. While the tip of the cutting blade describes a trochoidal trajectory DTF inside the soil body, the blade, being flat and narrow, with its constant width b but ever changing in orientation in the global coordinate system force a spacial path through the soil body with element $D_iD_{i+1}D'_{i+1}D'_i$ Fig. 3, representing theactual incremental space. : volume created in two consecutive steps of angle of rotation α. To simulate the interface between the blade surface and the slicesurface to take care of the relative motion under frictional action a special system of two force truss members with constant cross-section and sufficient length is devised as shown. The truss issupposed to be inserted inbetween the soil slice surface andthe blade surface, with the outside ends D_{ib}, D'_{ib} of one pair of truss member attached to the tip and the back end point of the blade respectively while the inner ends D_{is}, D'_{is} attached to the corresponding points on the slice surface. Each truss member acts at an angle equal to the frictional angle ψ with the normal of the slice surface. Consequently when a force simulating the blade force acting along

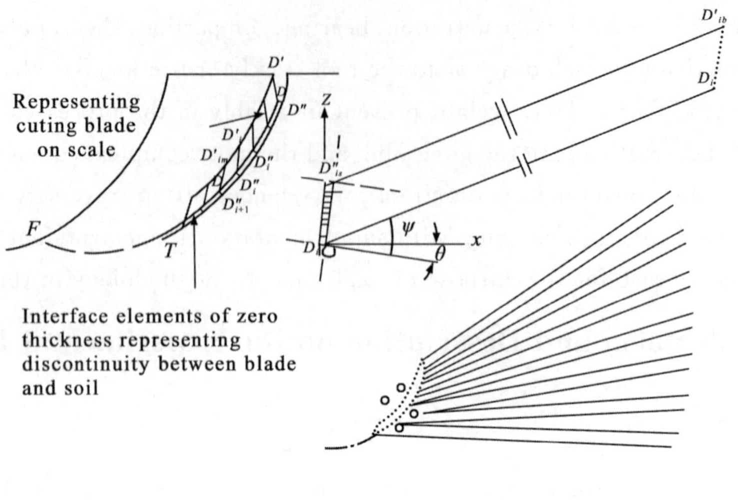

Fig.3

the truss at the outer end, the displacement of the inner node D_i will be, in local coordinate system,

$$u_{D'isx} = u_{D'ibx} + \tan\phi v_{D'ibz} - \tan\phi v_{Disz}$$

The purpose of designating a sufficient length to the truss member is to alleviate the deviation of the actual rod movement from the frictional angle. To simulate the discontinuity in the interface of the soil body and the cutting action of the blade tip, the stiffness matrics of the zero thickness element just in front of the blade tip is put to zero and delineated from the assemblage stiffness matrics in the program. The same treatment is also given to those elements $D_iD_{i+1}D'_{i+1}D'_i$ representing the void swept by the blade in between two consecutive rotation angle α to simulate the actual situation. In the program, load is applied, one pair at a time, to the two force truss elements through assigning displacement to the outer end nodes of them at one degree increment in rotation angle α.

Soil Model Applied

The soil sample is tested in a conventional triaxial compression test, an Oedometer test, a soil to steel and a soil to soil friction test to obtain the soil parameters to be input into the analysis, with results given in Fig. 4. A Drucker-Prager cap hardening model is adopted in the computation of the nodal stress increment in the soil body from the nodal strain increment which is obtained through nodal displacement induced by the blade cutting path. The Drucker-Prager failure criterion is

$$f = \alpha I_1 + J_2^{1/2} - K_f = 0,$$

the hardening rule takes the volume strain as variable,

$$I_c = (1/D)\ln(1 - w\varepsilon_v^p) + I_c^o,$$

and the incremental plastic strain $\dot{\varepsilon}_{ij}$ at the corner point of the yielding surface and the hardening cap is taken as a combination of those on both surfaces. The soil parameters k, α, D, w, I_c^o and E, K, γ are obtained with results also shown in Fig. 4.

In the program the complete Lagrange formula is applied in the handling of the geometry nonlinearity and the BFGS method is applied in the balancing for solution of the increment equations.

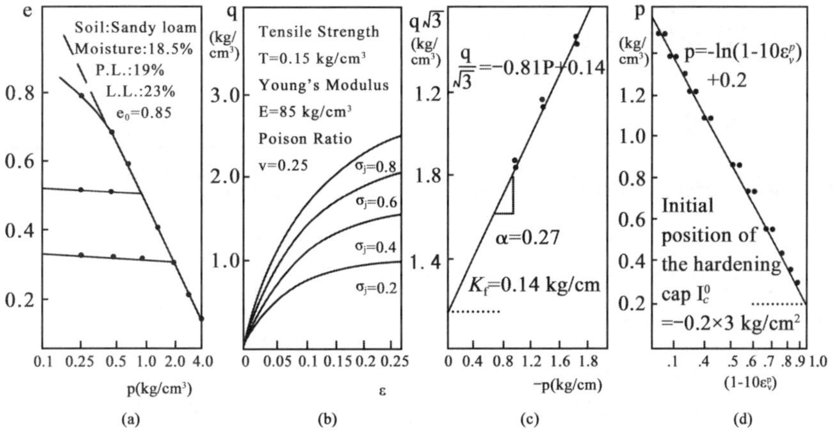

Fig.4　(a)Oedometer test curve　(b)triaxial test curve

(c)D-P failure criterion　(d)Hardening rule

Experimental Installation

A small soil bin, as shown in Fig. 5, filled with sandy loam soil at the same soil conditions and equipped with a rotary blade cutting at the same operation parameters as input into the *FE* analysis. The shaft of the rotary blade is attached with straingauges to record the six components of force F'_x, F'_y, F'_z, M'_x, M'_y, M'_z, acting on the blade in local coordinate system at discrete rotational interval timed by a photocell with light passing through peripherically equal-spaced holes on a disc at the end of the rotating shaft of the cutting blade. The local coordinate readings can then be transformed to global coordinate with the following relations:

$$\begin{bmatrix} F_{xi} \\ F_{yi} \\ F_{zi} \\ M_{xi} \\ M_{yi} \\ M_{zi} \end{bmatrix} = \begin{bmatrix} \cos\beta_i & \sin\beta_i & 0 & 0 & 0 & 0 \\ -\sin\beta_i & \cos\beta_i & 0 & 0 & 0 & 0 \\ 0 & 0 & 1 & 0 & 0 & 0 \\ 0 & 0 & 0 & \cos\beta_i & \sin\beta_i & 0 \\ 0 & 0 & 0 & -\sin\beta_i & \cos\beta_i & 0 \\ 0 & 0 & 0 & 0 & 0 & 1 \end{bmatrix} \begin{bmatrix} F'_{xi} \\ F'_{yi} \\ F'_{zi} \\ M'_{xi} \\ M'_{yi} \\ M'_{zi} \end{bmatrix}$$

where $\beta_i = \beta_i(t)$ is the rotation angle of the local coordinate relative to the global coordinate system.

White grid inscribed on the side of the soil body surface facilitates observation on soil deformation.

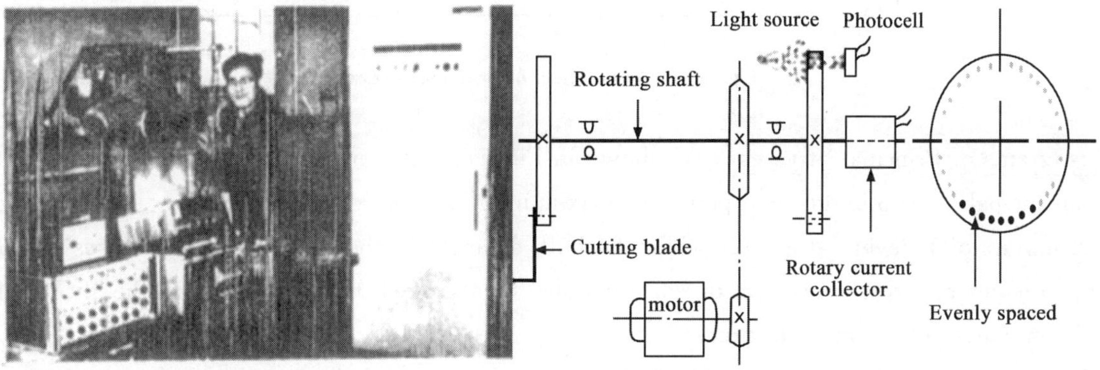

Fig.5　Experimental installations

Computation Results With Fem

Soil Reaction Forces

The soil reaction forces to the cutting blade computed with FEM as compared to that actually measured in the experimental tests are shown in Fig. 6. The deviation is in the range of 20%～30%. It seems to be in practicable agreement and thus justifies the validity of the FEM as applied in this study.

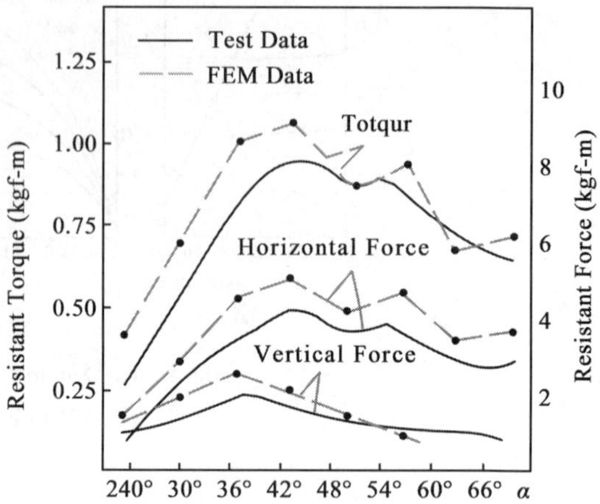

Fig.6 Soil reaction forces as computed and tested

Stress and Strain Fields

Vector Field of Principal Stresses　As shown by FEM computation, Fig. 7(a), a rough general trend in the orientation of the major principal stresses in the soil body can be observed: for those close to the blade, they slant at frictional angle of soil to soil φ' of the soil sample (34.5°) to the normal of the blade surface; for those close to the free boundaries, they tend to run parallel to the boundary line; for those inbetween, they are transitional.

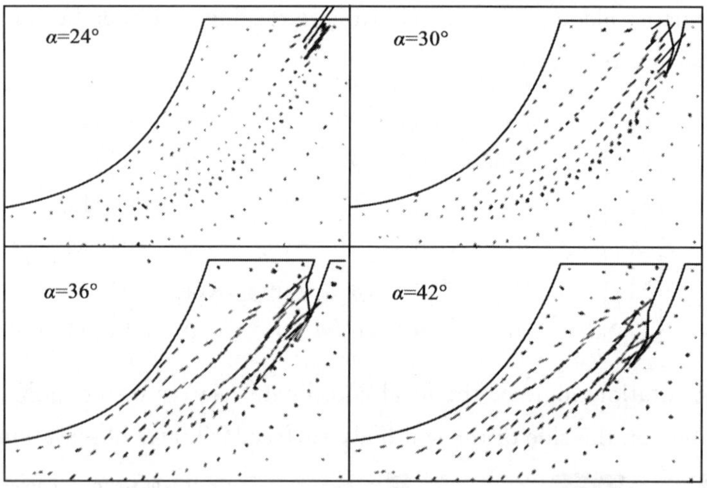

Fig.7(a) Vector field of principal stresses

Isograms of Principal Stresses　As shown in Fig. 7(b), it can be observed that the value of the major principal stress σ builds up rapidly to a maximum of 2.5 bar at ratation angle $\alpha=24°$, drops down to a minimum of 1.38 bar at $\alpha=42°$ while the bulb enlarges in the same time, then raises and drops again, a secondary stress concentration zone can also be observed due to bending of the slice by horizontal component of the applied force.

Isograms of Equal Compaction The bulb of isogram of equal degree of compaction obtained by FEM, expressed in $C_r=(e_o-e)/(e_0-e_{\min})$ with $e_{\min}$ taken at 0.3(P_M=2 bar), is shown in Fig. 7(c).

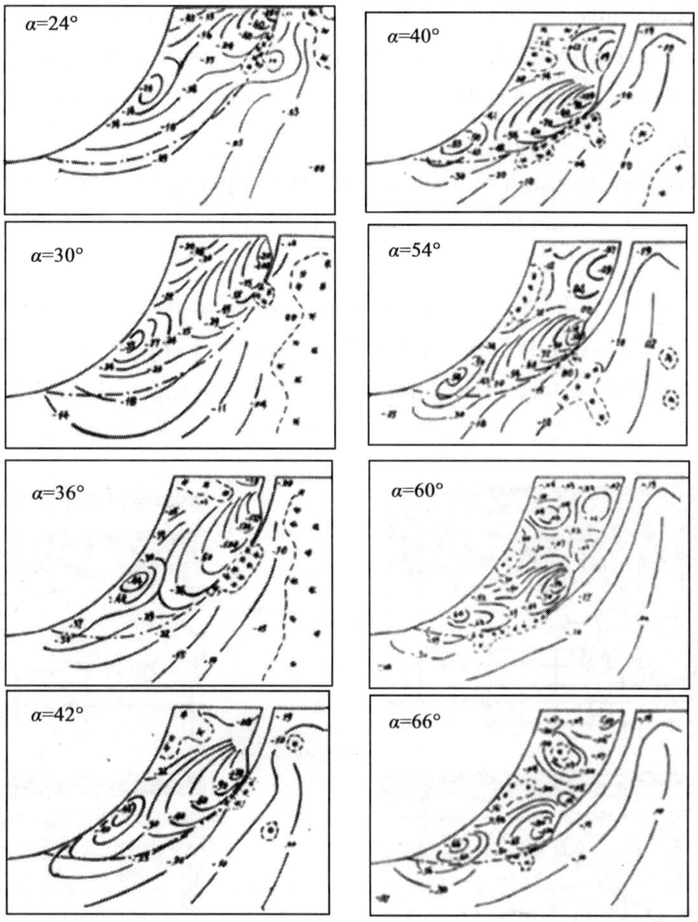

Fig.7(b)　Isograms of major principal stress σ_1 at various rotation angle α

α, deg.				σ_1 bar			
24°	30°	36°	42°	2.50	2.10	1.37	1.38
48°	54°	60°	66°	1.59	1.23	0.93	1.30

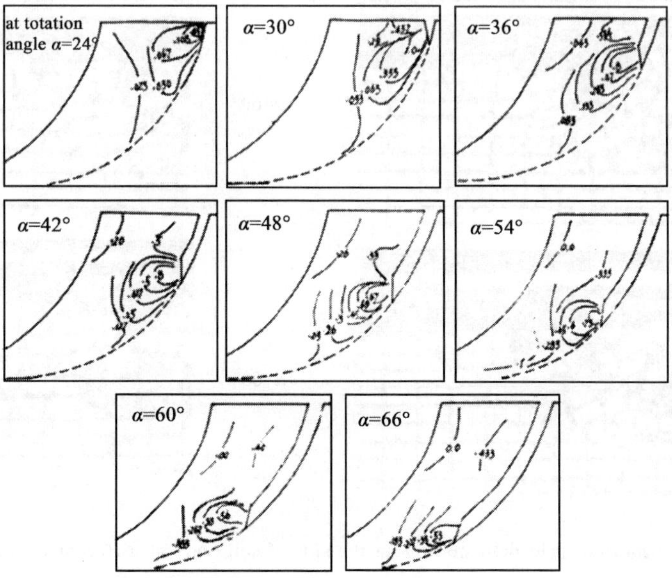

Fig.7(c)　Isogram of degree of compaction at various rotation angle α

$C_r=(e_0-e)/(e_0-e_{min})$, taking　$e_{min}=0.3(P_M=2$ bar) for this soil.

A real bulb should include only those $C_r<0.1$, because from the e-ln p curve of the soil sample, when $p<0.2$ bar, (e_0-e) is not significant. It can be observed that even though the size of the practical bulb (with $C_r>0.1$) is larger at $\alpha=42°$ than the previous angle, yet the total compaction volume is not necessary higher on account of its top Cr is low.

It can also observed that through out the process the upper boundary of the soil slice and the trail channel boundary opened by the blade are inside the practical bulb, a certain amount of void is expected to be absorbed, through bulging of them in the whole process.

Grid Deformation on the side surface of soil body. In the photos as shown in Fig. 7(d), it clearly shows that conspicuous relative rigid body sliding between two parts of the soil body starts at rotation angle α 42°, 54°, 66° along slip surface at an angle of φ' (friction angle of soil to soil) to the normal of the blade surface.

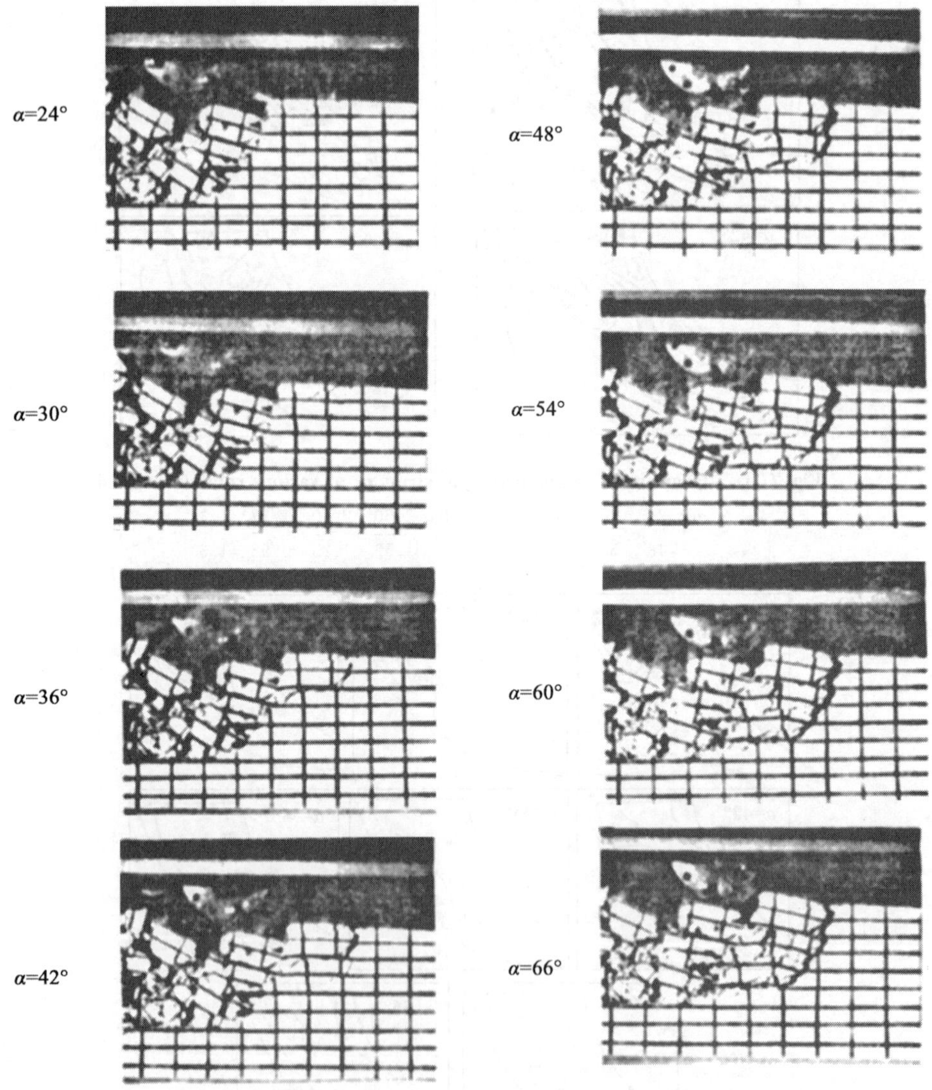

Fig. 7(d) Photos of grid deformation on the side of soil body at different rotation angle α

Interpretation in the Rotary Soil Outting Process

Void Absorption Phenomina

Void Absorption in Compaction　The path swept through by the blade in the soil body during the cutting process is shown in Fig. 8(a) with its corresponding positions at consecutive steps of rotation angle α. A curve showing the total volume swept, taking α at 24°as datums, and the void absorbed in compaction between two consecutive angle of rotation α as computed by FEM is shown in Fig. 8(b). The difference between the volume swept by the blade and the volume absorbed by compaction as computed can be explained by the building of free soil boundaries, relative soil body sliding and computation error in FEM. From Fig. 8(b), it shows that at α 30°and 36°, FEM computed volume is higher than the swept volume, which evidently is impossible and can be attributed to a total error in the FEM computation, which as estimated from data in Fig. 8(b) is about 20%～30%. At α 36°, 54°, 66°, the drop in volume computed by FEM drastically from that at the previous α angle, can be explained by the relative sliding of the upper part of the slide which furnishes an easier outlet of void absorption and thus let down the stress and resistance to compaction. From data in Fig. 8(b), it can be estimated from the amount of drop in the FEM computed volume that the sliding provides up to almost one half of the void volume in this case.

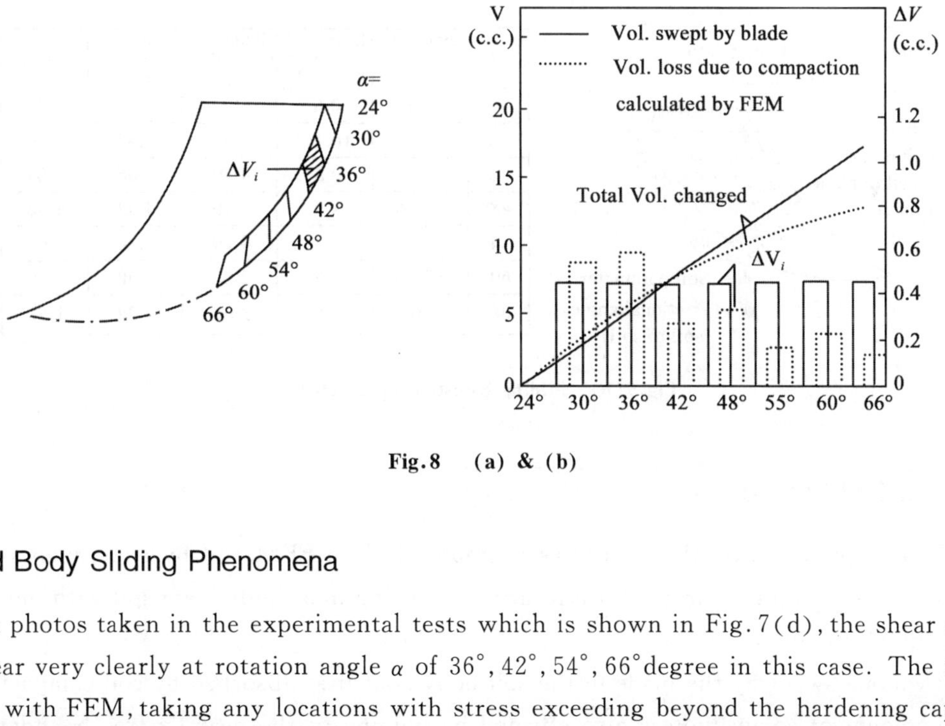

Fig. 8　(a) & (b)

Rigid Body Sliding Phenomena

From photos taken in the experimental tests which is shown in Fig. 7(d), the shear sliding surfaces appear very clearly at rotation angle α of 36°, 42°, 54°, 66°degree in this case. The failure zone computed with FEM, taking any locations with stress exceeding beyond the hardening cap and those beyond tension strength as being in failure state. The shape of the failure zones developed gives no clue to shear failure along slip surfaces as predicted with the Coulomb-Mohr criterion since the failure zones are much broader, well in front of the blade and with no distinct slip surface. The photo in Fig. 7(d), however shows very clearly there are relative sliding, and the orientation of these surfaces when measured is found to be somewhat at an angle of $\pi/4+\varphi/2$ to that of the major principal stressσ_1 which already pointed out in the previous paragraph in vector field of principal stresses to be at an soil to soil frictional angle φ'. This can be explained, by the authors' opinion, as an overcome of the sliding resistance by the acting force components of the blade, rather than shear failure. The sliding resistance is computed as follow, neglecting the soil body weight above it and let $\sigma_3 = K_0\sigma_1$:

$$S_i = I_i \tan\phi_i'(\sigma_{1ai} + \sigma_{1bi})[\cos^2(\pi/4 + \psi'/2) + K_0(\pi/4 + \psi'/2)]/2$$

where l_i is the length of the potential sliding surface, σ_{1ai}, σ_{1bi} are the major principal stresses close to the blade and at the outer end respectively. The sliding resistance calculated for various rotation angles a is listed and plotted in Fig. 9(b).

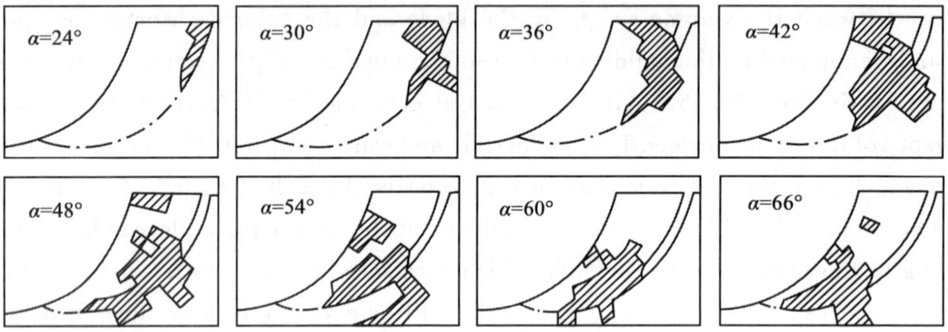

Fig. 9(a) Failure zone at various rotation angle by FEM.

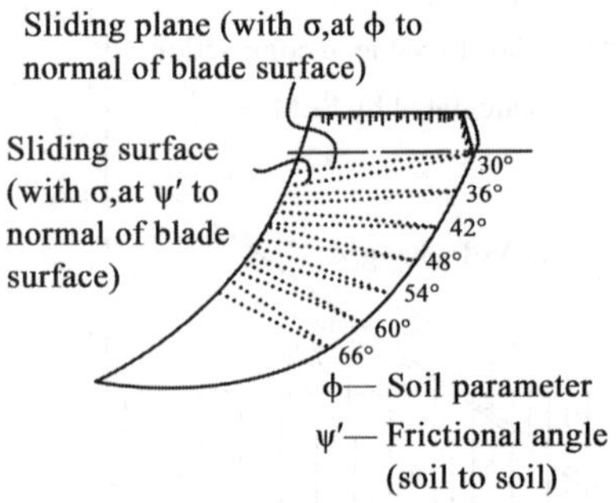

α	sliding surface angle (°)	Length of sliding air-face(cm)	sliding face by FEM *Fs* (kgf)	Sliding resistance *Fr* (kgf)	*Fr/Fs*
30°	6.4	10.6	2.89	5.27	1.82
36°	1.1	10.1	4.39	3.47	0.79
42°	-4.6	9.6	4.70	3.06	0.65
48°	-11.6	8.9	3.79	4.02	1.06
54°	-17.5	8.3	4.19	2.84	0.68
60°	-24.8	7.5	2.88	1.60	0.56
66°	-30	6.8	3.07	4.84	1.58

Fig. 9(b) Sliding Resistance predicted.

Pattern of Soil Failure

From the interpretation on the results as computed by the FEM and by experimental tests, the following conclusions might be drawn for a rotary soil cutting in a sandy loam soil with moisture content near to the plastic limit:

(1) void volume swept by the blade in the soil body is at first absorbed by soil compaction.

(2) The amount of compaction is also effected by bulging of the near by free boundary and the trail channel left behind by the tool. The significance of the bulging of the free boundary depends on its location relative to the compaction field. In Fig. 8(b), the difference between the swept volume and the FEM computed compaction volume at rotation angle α 48 and 60 can be attributed primarily to boundary bulging which is estimated as 30% and 80%～100% of compaction volume respectively.

(3) As compaction progresses the failure zone in front of the blade develops and resistance to compaction increases continuously up to a point, sliding resistance along some surface is surpassed by the

applying force component along this direction, sliding starts, thence provides an easier outlet to void absorption, and consequently releases part of the total compaction resistance.

(4) The total soil resistance then drops to a lower value equal to compaction resistance anew.

(5) As the resistance rises again, a second sliding might appear in case there is another weak sliding resistance surface coming, surpassed by the applying force component along this direction, and the whole cycle repeats.

(6) In case of different operation conditions and/or different soil conditions, i.e. very large tillage pitch and high moisture content, the pattern of compaction and failure might be quite different. The volume swept by the tool might be absorbed entirely by compaction or plastic flow either inside the soil body or to the trail channel left behind by the tool or to the near by free boundary. The soil resistance to compaction thus might never rise to a value close to the sliding resistance of any potential alip surface. The pattern of failure is then entirely different with no sliding developed. This is predicable however, when the laboratory test data is available.

An Alternative Procedure in Estimating the Void Volume Loss Upon Compaction

The bulb shape isograms of degree of compaction may be estimated directly from the volume swept by the blade in an alternative way as follows.

Vertical Stress Distribution in An Idealized Granular Material

For low cohesion soil, vertical stress is transmitted primarily through the solid skeleton of soil mineral. Thus an idealized granular material is studied to start with. As shown in Fig. 10(a), when pressure p is applied to each granule of the top layer of n rows, vertical stress of granules at any layer can be found with the help of a computer program. Since the average diameter of the solid mineral of a soil is small compared to the blade length or tool size, and the depth of tillage is usually several times of the size of the tool, a curve of vertical stress distribution in a soil body in percentage of occurrence of a stress in the total occurrence of a range of stress is obtained and as shown in Fig. 10(b).

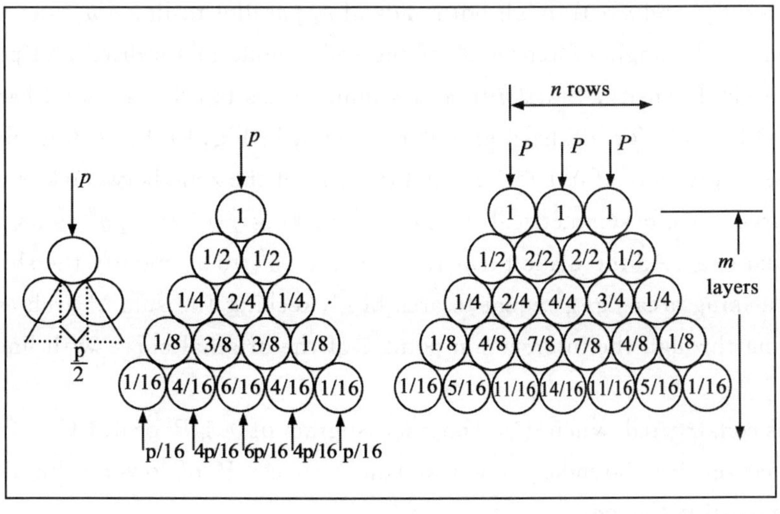

Fig. 10(a)

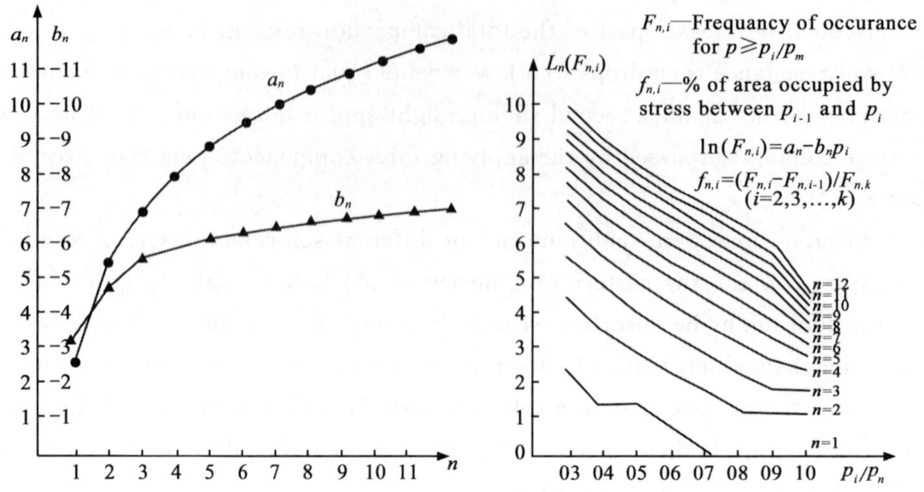

Fig. 10(b) Vertical stress distribution curve for an idealized granular material.

Construction of Isograms of Degree of Compaction

Applying the same vertical stress distribution curve in idealized granular material and using data from the e-lnp curve of the soil sample, the distribution of soil prosity corresponding to the vertical stress distribution for idealized material can be obtained. The bulb of isogram of degree of compaction for the blade cutting process is constructed in Fig. 10(c), using the angle of repose of the soil sample as the arch angle, taking the volume swept by the blade as the total void loss upon compaction, and using the percentage of occurrence of stress between P_{i+1} and P_i in the total occurrence of stresses between 0.1 to 1 P as that of an idealized granular material, with a procedure as follows: When the blade moves with an increment rotation angle $\Delta\alpha$ from position α_1 to α_2, the swept volume ΔV is the same as that from α_1 to α_2' which is perpendicular to the line of applying force hh', acting at an angle of external frictionφ from the normal of α_2. With ΔV given, the porosity isograms for blade at position α'_2 can be constructed. Draw lines $f''f$ and $q''q$ through both ends of α_2 parallel to line $h'h$. Let the a rch angles $f''ff'$ and $q''qq'$ equal to the angle of repose K of the soil sample at its dried and pulverized state and compacted to its original density. Start with a maximum stress $P_m$arbitraily of 2 bar for first trial, and apply the curve and formula for idealized granular material in Fig. 10(b) to find out the total area of compaction between a pressure of 0.1 to 1 P_m and the area of the zone between 0.9 to 1 P_m, and so on. Draw a smooth curve f-g-h-q symmetrical to line h-h', making f-f'' and q-q'' as its tangents and keeping area $fghlq$ equal to α_1. As the blade turns from position α'_2 to α_2, modify the shape of curve f-g-h-l-q to f-g'-h-l'-q, making area $fghg'$ equal to area hl$'$ql, keeping the sum of arch angles in soth sides constant and passing through the intersection point h of the original curve with line of applying force h-h.

The bulb thus constructed, when it's a boarder isogram of 0.1 $P_m$or 0.1 C_r——degree of compaction, has not reached the free boundary, try a maximum stress $P_m$of lower value than the previous 2 bar, and vice versa, until it touches.

The bulbs of degree of compaction constructed by this method for the rotary blade cutting process and the curve of resistance to compaction predicted at various rotational angles are shown in Fig. 10(c).

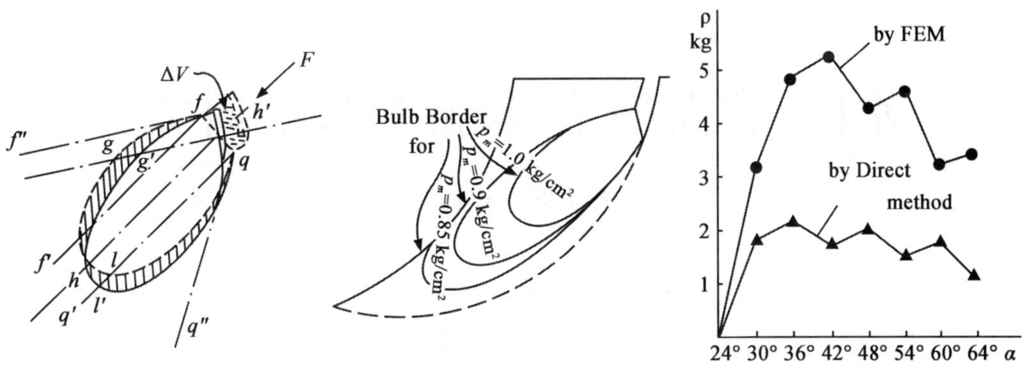

Fig.10(c) Construction on the bulb of compaction by the direct method and results.

It is interesting to find that soil resistance predicted by this direct method is about one half of that by FEM, suggesting a correction factor of 2. The consistency in proportion between the two suggestions the propability in the existence of some basic relations.

Concluding Remarks

1. Finite element method with proper soil model and Constitution relations input is a useful tool in disclosing the stress and strain field characteristics which are helpful in interpretating soil cutting process.

2. While the estimation by this direct prediction method from the swept volume is based on the vertical stress distribution characteristics in an idealized granular material, a correction factor for the real soil sample is naturally expected, which might be found either by correlating its results to that of FEM, experimental and other methods, or through devising some kind of laboratory tests.

3. The procedure in this direct method subjects to much further refinement.

4. Since soil compaction is rather universally prevails in various soil tillage and traction processes, simple and direct prediction method of some sort, while still reflecting to suitable extent the complex stress strain behavior in a soil dynamic problem might be worthwhile and practical as a first approximation in tool development and research work.

Literature Cited

1. William R. Gill and Glen E. Vanden Berg. Soil dynamics in tillage and traction. Agricultural Research Service, U.S. Department of Agriculture. 1968.

2. J. V. Perumpral. The finite element method for predicting the stress distribution and soil deformation under a tractive device. Transaction of ASAE 1971.

3. R. N. Yong and Hanna. Finite element analysis of plane soil cutting. Journal of Terramechanics: 1977 Vol 14, no. 3.

4. Osamu Kidani. Application of finite element method in stress analysis of furrow slice. Transaction of Japanese Society of Agricultural Machinery Vol 41, no. 3, 1975.

5. W. J. Chancellor and Schnidt, R. H. Soil deformation beneath surface load. Transaction, ASAE 5(2): 240-246, 249 1962.

水田“底面拖垡”旋翻原理的研究*

朱勇华 曾德超

摘要 本文为水田耕作提出通过“底面拖垡”实现旋转翻垡的原理，研究了“底拖”的旋翻工作过程，对“底拖”旋翻过程中切土过程的功率消耗作了估算。估算公式以运动参数、结构参数和土壤基本参数为未知量。计算结果与田间试验实测结果相近。

一、问题的提出

我国水稻田占世界水田总面积的25%，总产居世界首位。我国水田分布较广，商品粮中水稻占一半以上，水稻生产在我国具有重要地位。然而，水稻生产过程中耗能最多，工作繁重的耕作问题仍然没有得到较好的解决[1]。

水田的耕作机具以牵引式为主。目前铧式犁的保有量居首位，圆盘犁等新型机具也在推广使用中。铧式犁的翻垡覆盖、功率消耗等主要工作性能指标优于其他机具，但铧式犁工作需要较大的牵引力，而水田土壤强度低、承载能力差，拖拉机容易打滑、下陷，难以达到应有的牵引力，致使铧式犁的长处不能很好发挥。

驱动式耕作机具十几年来发展较快。旋耕机适用于水田整地作业，旋耕机作业后即可达到插秧标准。旋耕机作业时不需要较大的牵引力，从而弥补了铧式犁的不足，但它不能兼有铧式犁的优点。旋耕机不能翻垡，因而覆盖率很低。旋耕机的比功耗也远远高于铧式犁[2]，因此，有必要研究水田耕作的旋翻原理，从而为研制水田旋翻犁提供理论依据。

二、“底面拖垡”旋翻原理

旋转翻垡是近几年我们提出的新概念，对旋翻原理的研究则刚刚开始[3]。

底拖旋翻是从水田实际情况出发，考虑到水田土壤条件的复杂性和防黏减磨问题，用切削刀片的正切刃和拖板从底面拖动土垡，待土垡有一定的运动速度后，推板与土垡接触，刀片拖板和推板对土垡的夹持力使之进一步加速并旋转。土垡在重力与离心力的作用下，在旋转的同时质心不断远离刀轴中心。这时拖板逐渐失去作用，而推板则把土垡推向铺放位置，并保证土垡不受下一组刀片的重切。旋翻工作部件利用该原理进行工作的关键是“底面拖垡”。

为了研究底拖旋翻的全过程，我们通过静态试验来描述土垡被切离前的过程；用动态试验描述土垡切离后的运动过程。

1. 静态切土过程

假定土垡切离前是一个整体，它被刀片切削时仅仅出现若干剪切裂纹。

我们在旋转耕作试验台上用极慢的旋转速度($v=0.01$ m/s)切垡，并从刀片入土开始每隔6°左右拍一幅照片，如图1。

土壤条件及试验参数：轻壤土，干容重 $r=1.54$ g/cm^3，含水率 $\omega=18.30\%$，进距 $S=15.5$ cm，耕深

* 本文出处：北京农业机械化学院学报，1985年第4期

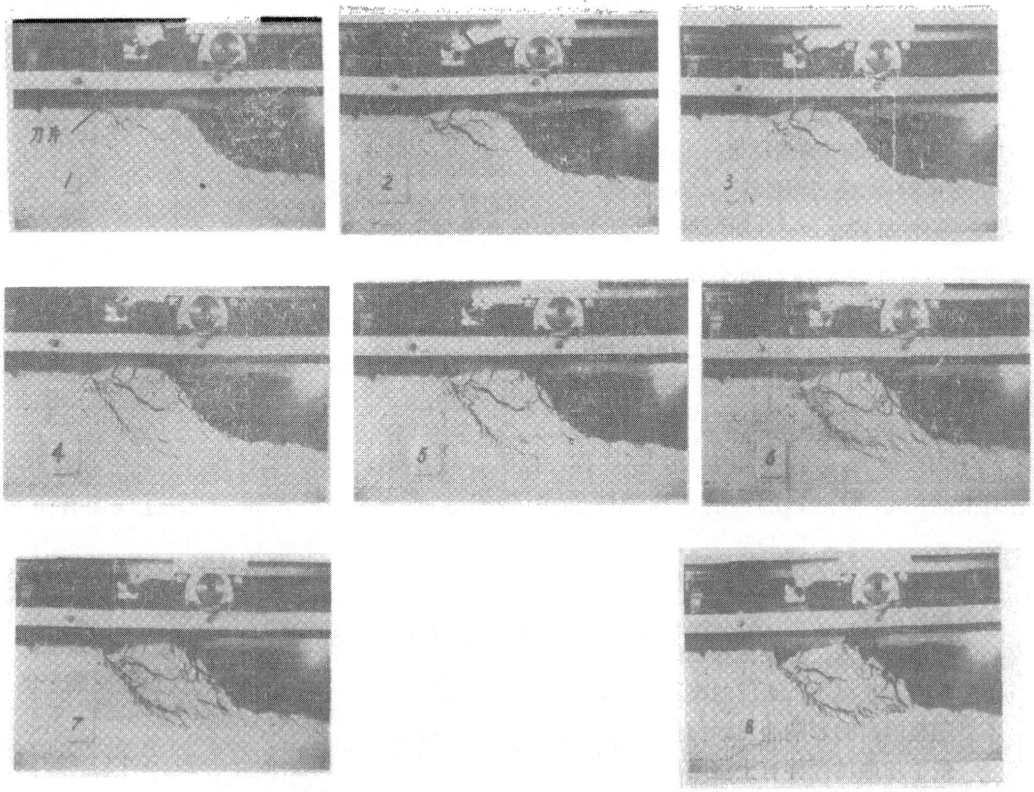

图 1　切土过程

$H=16\text{cm}$，耕宽 $B=11\ \text{cm}$，刀端半径 $R=28\ \text{cm}$，推板回转半径 $r=22\ \text{cm}$。

多次试验的结果说明，在土垡切削成形过程中，土垡内会产生若干剪裂面，从图 1 中看到的裂纹就是这种剪裂面，裂纹随刀片和拖板入土深度的增加而不断扩大延伸。

土垡上剪裂面的倾角是有规律的。刀片对土壤的连续挤压使土体的一部分产生压缩变形，同时，在被动土压力作用下形成剪切面。试验测得裂纹与切削方向（余摆线切线方向）的夹角 $\beta=30°\sim35°$。用同一土壤作常规的"直接剪切试验"，测得土壤内摩擦角 $\varphi=25.6°$。根据 Rankine 被动土压力理论，β 角应表示为：

$$\beta=\frac{1}{2}\left(\frac{\pi}{2}-\varphi\right)=32.2°$$

实测 β 角与理论计算得到的 β 角相近。又根据前人对二面斜楔直线切土过程的研究，可以认为底拖旋翻的切土过程能够利用 Rankine 被动土压力理论来解释。

从静态切土过程中，还可以看到土垡在刀片几何形状影响下具有向后和向上的微动现象。

在旋耕试验台观察窗一侧的土壤上涂上黑白相间的网格后再切土，便能清楚地看到土垡的微动现象。我们从网格的扭曲变形和土垡的裂纹变化中推测其内部应力场的分布十分复杂，用有限元分析法才能进行定量分析。

作为对微动现象的定量描述，我们用描图纸贴在土垡侧面仔细绘出刀片切土前和切土结束时土垡的位移情况。用数理统计方法求出上述条件下土垡向上的位移为 1.5 cm，向后的位移为 3.0 cm。这说明切土过程中土垡微动惯性力不会很大。

土垡被切离土体后便开始运动，这时须用动态试验来研究。

2.动态旋翻过程

假定刀轴做匀速转动，土垡被切离土体后仍保持假想形状，以64幅每秒的频率在土箱侧面拍摄动态旋翻过程。土壤质地为黏壤土，含水率28%。机具前进速度$V=93$ cm/s，运动学参数比值$\lambda=5$，刀轴角速度$\omega=13.6$ rad/s，进距$S=21$ cm，耕深$H=21$ cm；刀片数$Z=2$，部件直径$D=70$ cm。拍摄区间150 cm，物镜距离200 cm。

底拖旋翻的全过程可分为四个部分：

(1)切土成垡过程

该过程如前所述，从刀片切土开始到土垡切离为止，入土时刀轴转角为：

$$\alpha_1=\arcsin\left(1-\frac{H}{R}\right) \tag{1}$$

切土结束时的α_2受随机因素的影响，多次试验观察表明，$\alpha_2=75°-85°$，切土过程伴有土垡的微动和剪裂现象。

(2)土垡加速过程

这一过程从α_2开始到推板推动土垡以ω的角速度旋转为止。这时刀轴转角：

$$\alpha_3=\alpha_2+\theta+\Delta\theta \tag{2}$$

式中：θ为正切刃与推板的夹角，rad；$\Delta\theta$为推板加速过程的转角，rad。

整个加速过程又可分成三次加速：

①刀片加速。这时土垡虽已切离土体，但质心尚未滑过正切刃端径线(刀轴中心到刀端的连线称端径线)，土垡主要靠刀片加速。

②拖板加速。底拖旋翻时，仅靠刀片不能使土垡完全加速，土垡必定要在刀片正切面上滑移，待土垡质心滑过端径线后，其重量便大部分落在拖板上，土垡在黏附力，摩擦力作用下被拖板加速。

③推板加速。如果拖板不能完成土垡加速，推板将强制其加速，这一过程经历$\Delta\theta$弧度。但实际上$\Delta\theta$很小，可以忽略不计，因为土垡已由刀片和拖板加速，堆板仅仅保证旋翻土垡不受随机因素的影响而可靠翻垡。

整个加速过程伴有土垡尾部碎土。

三次加速充分利用了旋翻过程的时间与空间，有益于缓和扭矩增长速率和克服水田耕作中拖泥带水的现象。这是底拖旋翻原理上的特点之一。

(3)旋转翻垡过程

在拖板与推板的夹持下，土垡随刀轴以ω角速度旋转，它以α_3开始到α_4结束，α_4是拖板末端与两余摆线在沟底交点接触时所对应的刀轴转角：

$$\alpha_4=\arcsin\left[\frac{1}{2\lambda}+\frac{\lambda}{2}-\left(\frac{V_\alpha}{2R\omega}\right)^2\right] \tag{3}$$

式中：V_α为刀端绝对速度，m/s。旋转过程伴有土垡随机具振动而脱落的碎土。

(4)跌落铺放过程

拖板与土体余摆线脱离后，在离心力作用下向后摆动，土垡也受重力与离心力的作用向后下方跌落。从理论上讲，底拖旋翻的土垡应能自行跌落，但在实际工作中有时土垡不能及时跌落，这是由于在水田条件下，土壤黏附等复杂因素所引起的结果。当土垡偶尔不能跌落时，可由挡板辅助铺放。跌落铺放过程自α_4起至α_5止。是一个不定量，受随机因素的影响，由实验确定，它的上限为：

$$\alpha_5 = \frac{3}{2}\pi - \gamma - \gamma_1 \tag{4}$$

式中：γ 为刀片安装角，rad；γ_1 为刀面与垂直平面的夹角，rad。

靠重力与离心力自行跌落土垡是底拖旋翻原理上的又一特点。

这时推板的运动将使土垡移向指定的铺放位置，同时防止下一组刀片重切土垡，引起附加功耗。

土垡自行跌落的约束条件为旋转刀轴转速：

$$n \leqslant \frac{30}{\pi}\sqrt{\frac{g}{\rho}}\frac{(\cos r_1 - \tan\varphi'\sin\gamma_1)^{\frac{1}{2}}}{[\sin\psi_1(\sin\gamma_1 + \tan\varphi'\cos\gamma_1) - \cos\psi_1(\cos\gamma_1 - \tan\varphi'\sin\gamma_1)]^{\frac{1}{2}}} \tag{5}$$

当 $\gamma=70°$，$\gamma_1=45°$ 土壤内摩擦角 $\varphi'=26.6°$，重力与离心力夹角 $\psi_1=65°$，土垡质心的回转半径 $\rho=25$ cm 时，解得 $n\leqslant135.7$ r/min。若把式(5)改为等式，那么所得的 n 就是土垡能跌落的临界转速 n_0。

无论是自行跌落还是挡板铺放，都伴有碎土现象。若挡板是栅条状的，则碎土更多。在底拖旋翻的整个过程中，可以看到碎土现象多次出现。多次碎土后，旋翻犁的碎土将优于铧式犁，同时也引起直接功耗的增加。底拖旋翻的全过程可由图 2 概括。

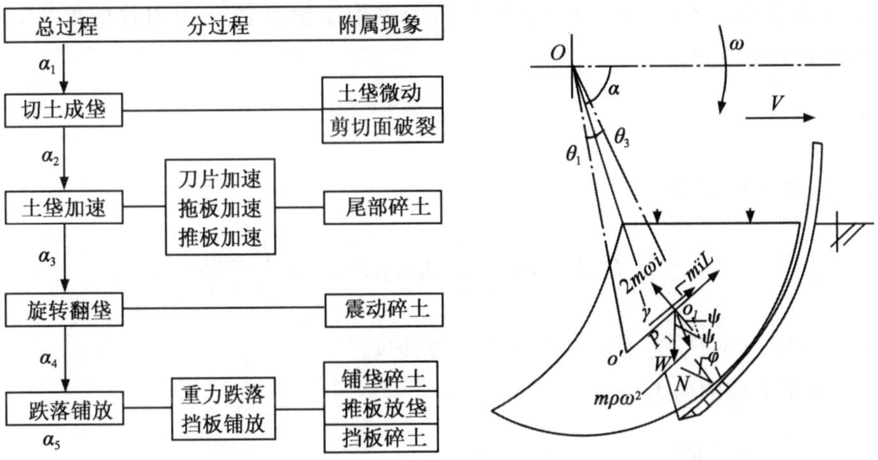

(a) 底拖旋翻过程　　　　(b) 刀片切土过程

图 2

三、旋翻犁切土过程功耗估算

切土过程是旋翻犁工作过程中受力最大、功耗较高的一个过程[4,5]。

本文把旋翻犁刀片视为二面楔，考虑到水田土壤这一条件，作出三点假定：(1)土壤位移场满足平面应变问题的条件；(2)工作部件本身无变形；(3)对土壤中某点来讲，工作部件相对它的运动是有规律的。

切土功耗估算的步骤是：先求瞬时阻力，再积分求功，最后估算功率。

估算的思路是利用极限平衡理论，把刀片分成侧切刃和正切刃两大部分，找出它与二面楔直线切土时的差别，解出内力功的定量关系，由内力功确定外力功。

切土过程的内力功由土壤变形功刀 N_s 和黏附摩擦功 N_f 组成。总功由刀口压实土壤功 N_1，侧切刃功 N_2 和正切刃功 N_3 合成。

1.侧切刃

(1)刀口压实土壤的内力功

$$N_{11}=\int_0^l P_{11}St_0 dl=t_0 Sq_0\int_0^l l\eta_0 dl=\frac{t_0 Sq_0}{\eta_0+1}l^{\eta_0+1} \tag{6}$$

式中:q_0 为贯入阻力系数(土壤变形模量),kN/cm^{n+2};η_0 为系数,$0<\eta_0\leqslant 1$;l 为切削贯入长度,cm;t_0 为刃口厚度,cm;S 为单刀进距,cm。

切削贯入长度 l 是余摆线的一部分。

(2)侧切刀刃和刀面挤压土壤的内力功

$$N_2=2\int_{\alpha_1}^{\alpha_2}\left[tK_1\left(1+\mu'\cot\frac{i}{2}\right)+K_2\mu'\left(2b-t\cot\frac{i}{2}\right)\right]$$
$$S\frac{R}{\lambda}(1+\lambda)^{\frac{1}{2}}\sqrt{1-\frac{2\lambda\sin\alpha}{1+\lambda^2}}d\alpha \tag{7}$$

式中:K_1 为刀刃对土壤的压缩变形比阻系数,kN/cm^2;K_2 为刀面所受的土壤比压系数,对于塑性土壤,它是由黏附力引起的系数,kg/cm^2;μ'为土壤与金属的黏附摩擦系数;t 为刀片的厚度,cm;b 为刀片的高度,cm;i 为刀片磨刃角,rad。

2.正切刃

(1)刀口压实土壤的内力功

$$N_{12}=\int_0^1 P_{12}B_0 t_0 dl=\int_0^1 B_0 t_0 q_1 l^{n_1}dl=\frac{B_0 t_0 q_1}{n+1}l^{n_1+1} \tag{8}$$

式中:B_0 为正切刃长度,cm;P_{12}为正切刃口贯入阻力,kN。

(2)正切刃面挤压土壤的内力功

$$\begin{aligned}N_3=&\frac{R}{\lambda}-(1+\lambda^2)^{\frac{1}{2}}\int_{\alpha_1}^{\alpha_2}\frac{1}{Z}\{2C_0B_0b_0[\sin\varepsilon+(Z-Z_0)\cos\varepsilon]\\&+\gamma'BS\left[(\sin\alpha-1)R+H+\frac{1}{2}S\tan(\eta-\beta)\right](\cos\eta-Z_0\sin\eta)\\&+\left[CBS\frac{1}{\cos(\eta-\beta)}+(\lambda^2-2\lambda\sin\alpha+1)\right]\frac{\gamma'BSR^2\omega^2\sin\varepsilon}{g\lambda^2\sin(\varepsilon+\beta)}\\&(\sin\beta+Z_0\cos\beta)\}\left(1-\frac{2\lambda\sin\alpha}{1+\lambda^2}\right)^{\frac{1}{2}}d\alpha\end{aligned} \tag{9}$$

式中:η 为 O_1 点余摆线切线与平面的夹角:

$$\eta=\arctan\left|\frac{dy}{dx}\right|=\arctan\left|\frac{\lambda\cos\alpha}{1-\lambda\sin\alpha}\right|\quad(\text{rad}) \tag{10}$$

β 为土垡前断裂面倾角(土壤参数):

$$\beta\approx\frac{\pi}{4}-\frac{\phi}{2}\quad(\text{rad}) \tag{11}$$

φ 为土壤内摩擦角(土壤参数)，rad；ε 为刀片切削后角，O_1 点余摆线切线与刀面的夹角：

$$\varepsilon=\frac{\pi}{2}-\gamma-\Delta\varepsilon \quad (\mathrm{rad}) \tag{12}$$

式中：$\Delta\varepsilon$ 为 O_1 点余摆线切线的夹角：

$$\Delta\varepsilon=\arctan\left(\frac{\cos\alpha}{\lambda-\sin\alpha}\right) \quad (\mathrm{rad}) \tag{13}$$

γ 为正切刃安装角(结构参数)，rad；γ' 为土壤湿容重，$\mathrm{kg/cm^3}$；

$$Z=\frac{\cos\varepsilon-f\sin\varepsilon}{\sin\varepsilon+f\cos\varepsilon}+Z_0 \tag{14}$$

$$Z_0=\frac{\cos\beta-\mu\sin\beta}{\sin\beta+\mu\cos\beta} \tag{15}$$

3. 切土过程总功耗

综合式(6)至(9)，可求出旋翻犁刀片切下一个土堡时的内力功：

$$N'=2(N_{11}+N_{12})+N_2+N_3$$

根据假定条件和塑性功平衡原理，内力功 N' 与外力功 N'' 相等。把功转换成功率，并用 kW 作计量单位，得总功耗：

$$N=\frac{1}{102T}\left[2(N_{11}+N_{12})+N_2+N_3\right] \quad (\mathrm{kW}) \tag{16}$$

式中：T 为切土过程的时间(s)：

$$T=\frac{\Delta\alpha}{\omega}=\frac{1}{\omega}-\left[\alpha_2-\arcsin\left(1-\frac{H}{R}\right)\right] \tag{17}$$

式(16)中的未知量由土壤参数、机具结构参数和运动工艺参数组成。这些参数均属原始数据。

式(16)的积分比较复杂，属于二次椭圆积分，可按泰勒级数展开后求近似解，也可用电子计算机求数值解。

4. 计算结果及分析

计算时土壤参数采用本校北门外水田的数据；机具结构参数取“BNJ-3”水田旋翻犁尺寸；运动工艺参数依铁牛-55 拖拉机组确定。

计算的部分结果列入表 1。表中 $\lambda=4.1, 6.6$，对应于铁牛-55 拖拉机的慢Ⅲ档和慢Ⅳ档，$\omega=1152$ rad/s 相当于刀轴转速 110 r/min，N_1, N_2, N_3 分别表示刀刃口、侧切刃和正切刃的切土内力功，N 代表切土总功耗。

为了验证切土功耗估算公式的准确度，在相同条件下实测了切土功耗，与估算结果作对比，二者接近。例如 $\lambda=4.1, H=20$ cm 时，实测 $N=3.1351$(kW)，计算结果 $N=3.1580$(kW)。

表 1 切土功耗估算值(部分)

LAMD=6.6		LAMD=4.1	
$N_1=0.0405$		$N_1=0.0547$	
$N_2=5.9119$		$N_2=8.8141$	
$N_3=11.8583$		$N_3=11.0096$	
	$H=0.16$		$H=0.16$
	$N=2.5444$		$N=3.1092$
$N_1=0.0443$		$N_1=0.0600$	
$N_2=6.4634$		$N_2=9.6713$	
$N_3=12.0285$		$N_3=13.0092$	
	$H=0.18$		$H=0.18$
	$N=2.5543$		$N=3.1337$
$N_1=0.0480$		$N_1=0.0653$	
$N_2=7.0003$		$N_2=10.5119$	
$N_3=13.0194$		$N_3=14.1380$	
	$H=0.20$		$H=0.20$
	$N=2.5642$		$N=3.1580$
$N_1=0.0516$		$N_1=0.0704$	
$N_2=7.5264$		$N_2=11.3410$	
$N_3=13.9893$		$N_3=15.2516$	
	$H=0.22$		$H=0.22$
	$N=2.5741$		$N=3.1823$

在可行范围内改变λ,H,ω等参数进行计算,从得到的整个计算结果来看,N随λ的增大而减小(图 3)。但在极限进距S_{max}所对应的λ值附近会有一个峰值,整个曲线可用高次方程来拟合。

N随H的增加而增大,且呈线性的关系。

刀轴角速度ω对切土功耗的影响较大,降低ω值可使N值大幅度下降。例如当ω从 11.52 rad/s 降至 7.33 rad/s 后,$\lambda=4.1$时,N下降 38.5%,$\lambda=6.6$时,N下降 40.3%。因此,低的刀轴转速和高的前进速度是旋翻犁降低功耗的途径之一,也是旋翻犁区别于旋耕机的标志之一。如果考虑到降低ω值后能节省土壤抛掷的功耗,那么,总功耗的减少量将更加可观[6]。

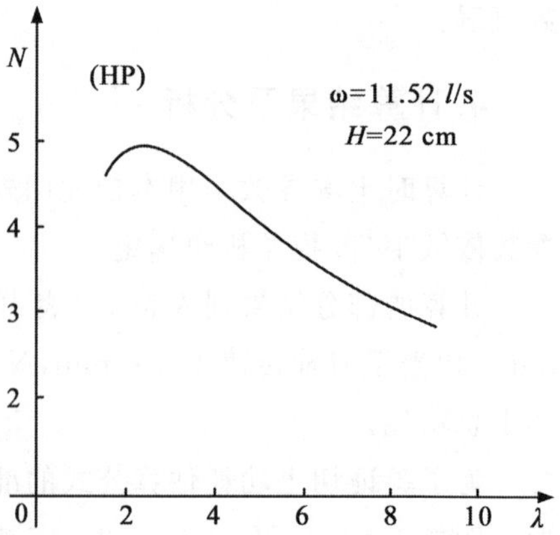

图 3 λ-N 关系曲线

参考文献

[1] 曾德超.我国土壤耕作法的类型发展趋向及对新一代机具的要求.北京农业机械化学院学报.1985年第1期.

[2] 朱勇华.我国南方耕作制度和耕作方法对耕作机具的要求(调查报告).1982年10月.

[3] 李振安.旋翻原理与旋转翻垡犁的研究,北京农业机械化学院研究生毕业论文.1981年.

[4] Gill,W. R. ,G. E. Vanden Berg. Soil dynamics in tillage and traction. United States Department of Agriculture,1968,pp. 127-160,265-279.

[5] Синеоков,Г. Н. ,И. Ш. Ланов. 土壤耕作机械的理论和计算.中国农业机械出版社,1981年,35-90,273-360.

[6] 朱勇华.水田"底拖"旋翻原理的研究.北京农业机械化学院研究生毕业论文,1983年.

Investigation on Turning Rotary Principle of the "Bottom Tow" in the Rice Field

Zhu Yonghua　Zeng Dechao

Abstract　In this paper a principle of furrow slice turning rotary of the"bottom tow"for the rice field tillage was suggested and its operation procedure was investigated.

Besides, power consumption of cutting soil was calculated for turning rotary plow of the "bottom tow". The evaluated equation was a form which consists of unknowing variables with the kinematic, constructional and soil basic parameters. The calculation result, approximates to the measuring data of field test.

A FEM Analysis on Soil Penetration with Different Constitutive Models*

Yao Yusu Zeng Dechao

Abstract The Duncan, Lade-Duncan and Drucker-Prager models were applied in a non-linear plane FEM analysis on soil penetration with computer program compiled for the present purpose. Results showed that in the penetration process, absolute value of σ_1 of the semi-infinite soil body was usually close to zero (tensile positive convention). Consequently, those constitutive models with σ_1 present explicitly in the hardening function were not applicable. Results obtained with Drucker-Prager model were comparable to those by test. Isograms of principal stress, plastic volumetric strain and orientation of the principal stress in the soil body were shown.

Introduction

In investigation on soil dynamics problems, the FEM has its advantage in being able to expose the stress and strain fields inside the soil body. Some outstanding works have been done with certain success in the stress-strain distribution under vehicle tire or wheel and soil cutting blade or tine and soil penetrator (2) (3) (4). However, selecting or developing the most appropriate stress-strain models according to the current problems together with some other technique such as the proper handing of the soil tool interface have yet to be improved.

Penetration, when considered as a technological element, is probably the most prevailing in various soil operation processes while it is simple and the penetration probe is also probably the most handy to use in the field. Therefore, we might pay attention to have some extensive studies on soil penetration. The purpose of this investigation is to test different constitutive models in the simple penetration process, and to expose the stress and strain fields in penetration which might provide insight understanding of soil behaviour and might lead to correlation with various more complicated processes in soil dynamics area.

Selection of Soil Constitutive Models

The soil studied in this investigation is the typical sandy loam soil in Northern China with its physical and mechanical properties as follows,

Specific gravity	Liquid Limit (%)	Plastic Limit (%)	Water ratio (%)	Unite wight(kN/m^3)
2.7	22.6	18.0	19.0	14.0

Cohesion(C) (kN/m^2)	Frictional angle(φ)
5.7	0.33

* 本文出处:国际地面车辆系统第一届亚太学术会议,1985 年

Three aspects were considered in selecting the soil constitutive models for this investigation, namely ①No consideration on the rheological behaviour of the soil nor the soil nor the dynamic loading effect, the models studied were selected from the two currently used categories of non-linear elastic and elasto-plastic models; ②The constitutive models selected should be suitable for the soil studied, i.e. a sandy loam soil; ③In a preliminary survey on currently available soil constitutive models, it was realized that in one category of models, their hardening rules are functions of the principal stress σ_1 while another category of models having their hardening rules as function of other variables, instead of σ_1. Models from both categories were purposely selected for investigation to bring out any possible beneficial results.

Consequently, three models, the capped Drucker-Prager model (5). The Duncan model (6) and the Lade-Duncan model (7) were selected. The main assumption incorporated in these models are as follows;

1. The Duncan non-linear elastic model: It is assumed that the stress-strain relation of soil is isotropic and it can be described by the Young's modulus Et which is a nonlinear function of stress and the Poisson ratio v,

$$E_t = \frac{d(\sigma_3 - \sigma_1)}{d\varepsilon_a}$$

After Kondner, the formula $\sigma_1 - \sigma_3 = \frac{-\varepsilon_a}{a - b\varepsilon_a}$ is used to characterize the relationship of shear stress and the principal strain ε_a, while σ_i is a constant. Take

$$\frac{1}{a} = E_i = kPa\left(\frac{-\sigma_1}{Pa}\right)^n$$

Where E_i—the initial elastic modulus, Pa—the atmospheric pressure, K & n—constants obtained from triaxial test, and

$$b = \frac{1}{(\sigma_1 - \sigma_3)}\bigg|_{\varepsilon_a \to \infty} = \frac{R_f}{(\sigma_1 - \sigma_3)_f}$$

Where R_f—the rupture ratio, $(\sigma_1 - \sigma_3)_f$ the shear stress at rupture. Assuming also that the Moore—Coulomb criteria for shear rupture holds for the sandy loam soil, the following equation can be obtained.

$$(\sigma_1 - \sigma_3)_f = \frac{2C\cos\varphi - 2\sigma_1\sin\varphi}{1 - \sin\varphi}$$

Therefore

$$E_t = \left(1 - \frac{R_f(1-\sin\varphi)(\sigma_1 - \sigma_3)}{2C\cos\varphi - 2\sigma_1\sin\varphi}\right)^2 kPa\left(\frac{-\sigma_1}{Pa}\right)^n \tag{1}$$

Within a normal range of stress level, the Poisson ratio v is taken as a constant (2).

Triaxial test results of the sandy loam soil were shown in figure 1 and expressed in coordinates of $\frac{\varepsilon_a}{\sigma_3 - \sigma_1}$ vs-ε_a in figure 2, showing that it fits the Duncan stress-strain relations well.

2. Drucker-Prager elasto-plastic models: The following assumptions were adapted: 1. The soil behaves initially as isotropical material and follows the Moore-Coulomb criteria for shear rupture, i. e.

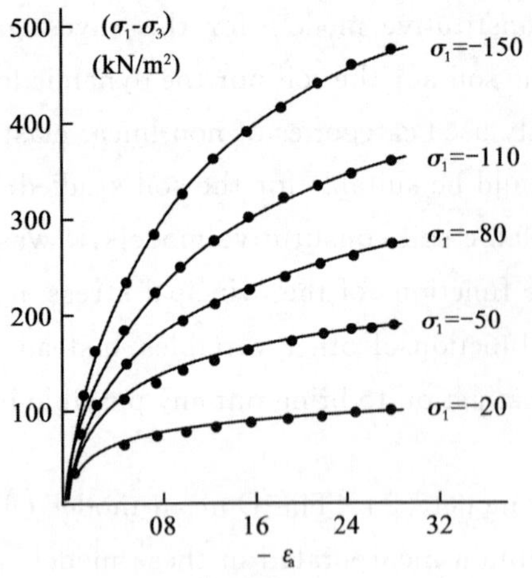

Fig. 1 Triaxial test results of the sandy loam soil

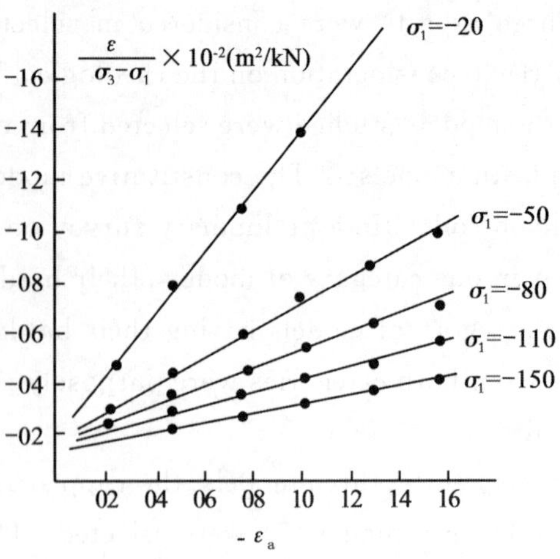

Fig. 2 $\frac{\varepsilon_a}{\sigma_3-\sigma_1}$ vs-ε_a relationship

$\frac{\sigma_1-\sigma_3}{2}=C\cos\varphi-\frac{\sigma_1+\sigma_3}{2}\sin\varphi$ which is simplified in the form of equation:

$$f=J_2^{1/2}+\alpha I_1-k_f=0$$

Where J_2 and J_1—the second deviatoric stress invariant and the first stress invariant, α and K_f—experimental constants. The rupture surface is then a cone surface in the special principal stress coordinate system.

3. When the static water pressure (P) increases, the soil is considered to have plastic deformation. So a cap is added to the open end of the conical rupture surface as a hardening yield surface. While taking plastic volumetric strain ε_v^p as hardening parameter, it is shown as in figure 3 from the triaxial test results that ε_v^p is only related to p and having a linear relationship to p. So the cap hardening yield surface is a plane.

4. An associated flow rule is adapted, for the soil after Drucker.

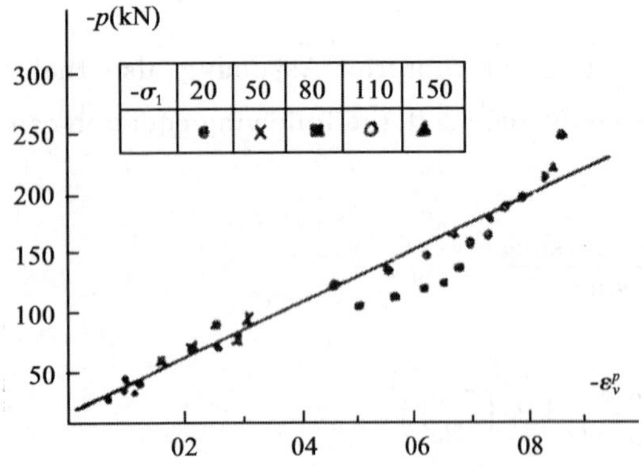

Fig. 3 p- ε_v^p curve of the sandy loam soil

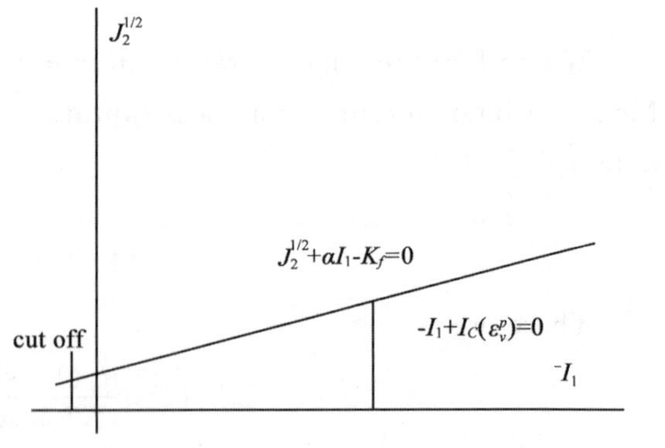

Fig. 4 schema of the D-P model for the sandy loam soil

5. The Lade-Duncan model: Under the assumption that soil behaves initially as an isotropical material, the following functions for the rupture criterion and the yield surface were adapted:

rupture criterion $f_R=I_1^3/I_3-k'_f=0$

yield surface $$f_p = I_1^3 / I_3 - H_p(W_p) = 0$$

where I_3—the third stress invariants, W_p—the plastic work and equal to $\int \sigma_{ij} d\varepsilon_{ij}^p$, $Hp\,(Wp)$—the hardening function, which can be expressed as follows:

$$H_p(W_p) = \frac{W_p}{A + BW_p} + f_t$$

in which

$$A = mPa\left(\frac{-\sigma_1}{Pa}\right)^l$$

$$B = \frac{-\sigma_1}{Pa \cdot R - s\sigma_1}$$

Where ft, m, l, R, s—experimental constants, Pa—atmospheric pressure.

Assuming the total strain increment comprises of three components, this is

$$\delta\varepsilon = \delta\varepsilon^e + \delta\varepsilon^p + \delta\varepsilon^c$$

Where $\delta\varepsilon^e$—the elastic strain increment; $\delta\varepsilon^p$—the plastic strain increment caused by the yield surface fp; $\delta\varepsilon^c$—the plastic strain increment obtained on the cap of the yield surface fc.

Assuming that the cap here for the Lade-Duncan model has practically the same shape as that in the Drucker-Prager model mentioned in the previous section, the form of the cap can be expressed as follows:

$$f_c = -I_1 + H_c(\varepsilon_v^p) = 0$$

The hardening function $H_c(\varepsilon_v^p)$ was expressed as:

$$H_c(\varepsilon_v^p) = H_a \varepsilon_v^p - B_f$$

Where H_a and B_f—experimental constants.

An associated flow rule was adapted in this model, since an unassociated flow rule would lead to an unsymmetrical stiffness metrix and hence excessive computation work.

In Fig. 5 and fig. 6 the triaxial test data for the sandy loam soil were expressed in appropriate coordinates and it showed a good conformity with the Lade-Ducan stress-strain relationship.

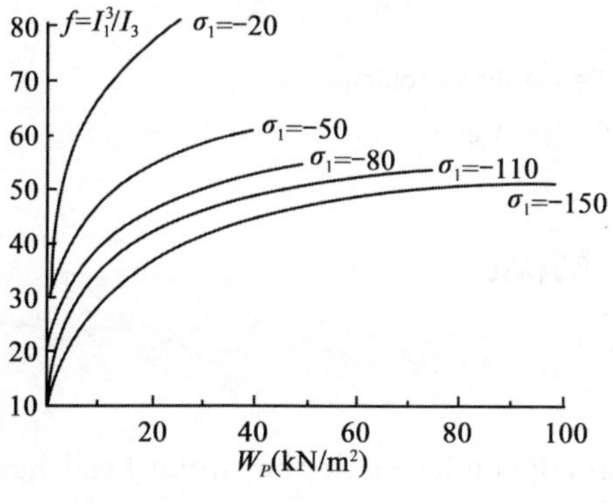

Fig. 5　I_1^3/I_3 vs W_p curve of triaxial test results

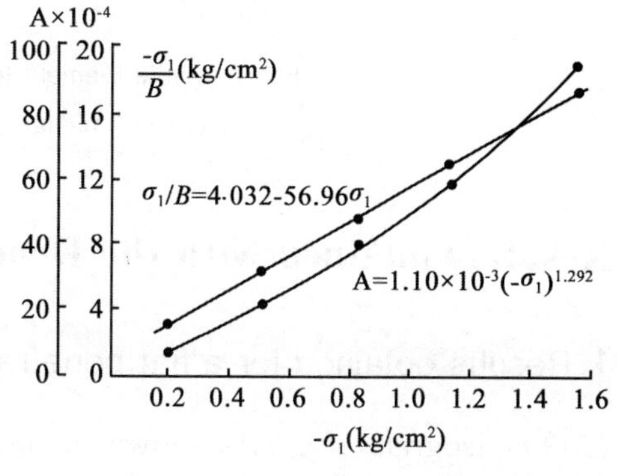

Fig. 6　$-\frac{\sigma_1}{B}$ vs $-\sigma_1$ curve and A vs $-\sigma_1$ curve

Compiling the Double Non-Linear Plane Fem Program

A special FEM program was compiled for the present purpose in account of no existing FEM program being available. The complete lagrangian equation was employed to describe the non-linear geometrical property of the soil. A frictional element (8) was applied in this program to simulate the soil-tool interactions. In addition some special techniques were also employed to meet the special needs of the soil dynamic problems, such as the function of the elements and that of the notes that can be given up and can be resumed.

The Idealization of the Penetration Problem

As compared with other problem in soil dynamics, the penetration process is rather typical and comparatively simple. A certain amount of investigation on it has been done with qualitative and quantitative results, conclusions which can be useful in assessment of the models.

Two penetration probes were used in this investigation: one had 180° wedge angle with a width of 1.26 cm and simulated by two frictional elements. Another probe had a 60° wedge angle and a maximum width of the same 1.26 cm. Figure 7 shows the idealization of the cross-section of the soil under the probe with four node isoparametric elements. Because of the symmetry of the problem, only one half of the soil section was taken into calculation and a normal restraint was added on the center line as a section boundary.

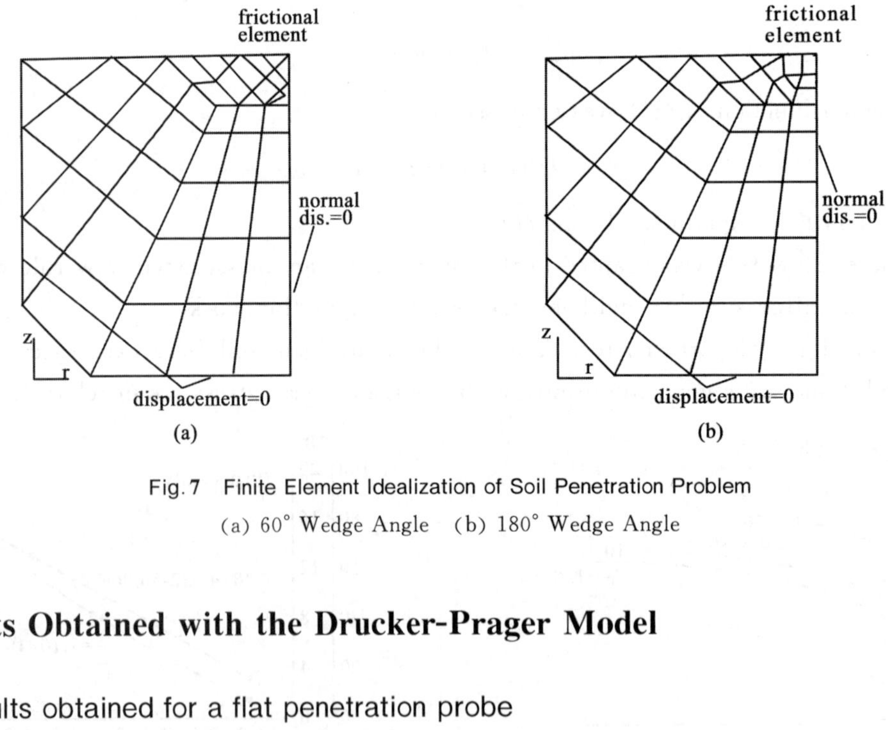

Fig. 7 Finite Element Idealization of Soil Penetration Problem

(a) 60° Wedge Angle (b) 180° Wedge Angle

Results Obtained with the Drucker-Prager Model

1. Results obtained for a flat penetration probe

(1) The isogram of σ_3: As shown in fig. 8, the zone directly underneath the probe head has the highest absolute value.

(2) The isogram of plastic volumetric strain: As shown in fig. 9, the highest compaction zone is not directly underneath and contacting the bottom surface of the probe, but somewhat deeper. This conforms with soehne's result (1).

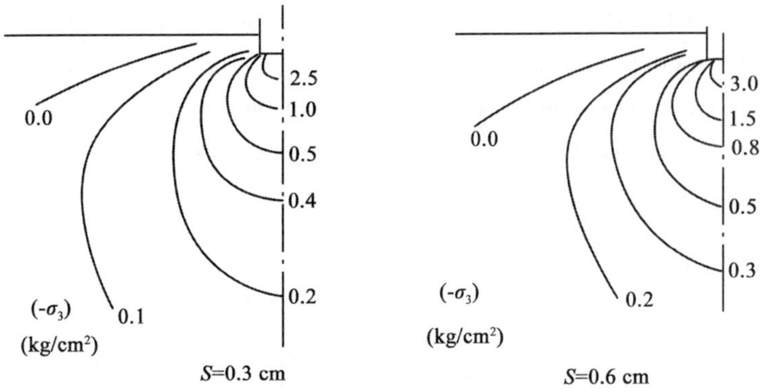

Fig. 8　Isogram of σ_3 for Flat Penetration

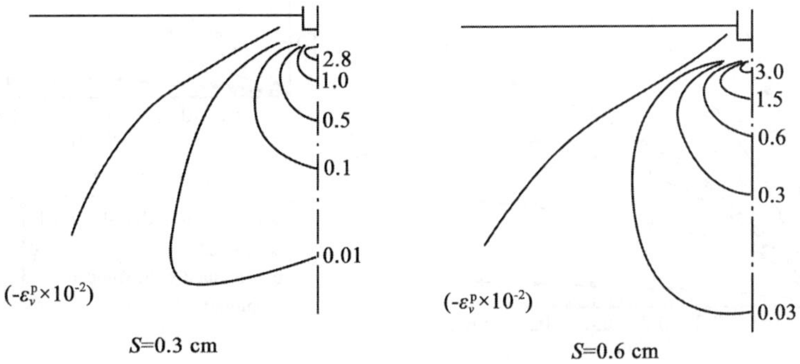

Fig. 9　Isogram of for ε_v^p Flat Penetration

(3) The orientation of the principal stresses: As shown in fig. 10, the result comforms with that obtained by H. G. B. Allersma with photoelastic investigation on penetration in glass particulate medium (9).

(4) The total penetration resistance (P_z) The value of P_z was obtained in the probe with equation:

$$P_z^i = \sum [k]_i [\delta]$$

Where, i—number of degree of freedom of the node of element on boundary of the penetrator, (δ)—matrix of displacement and $(K)_i$—the ith row of the stiffness matrix. The total penetration resistance P_z can also be obtained by assuming stress is uniform in the soil body directly under the head of the penetration probe. These two set of data were compared to that obtained from actual testing, shown in Fig. 11.

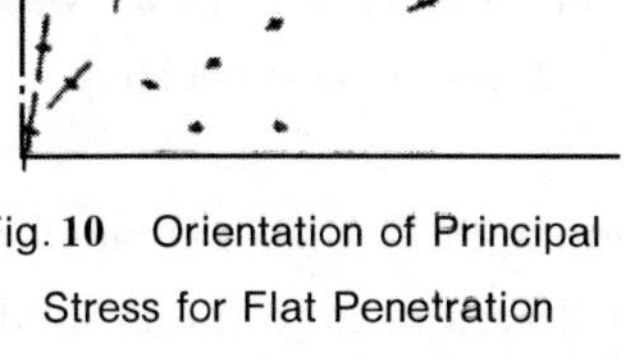

Fig. 10　Orientation of Principal Stress for Flat Penetration

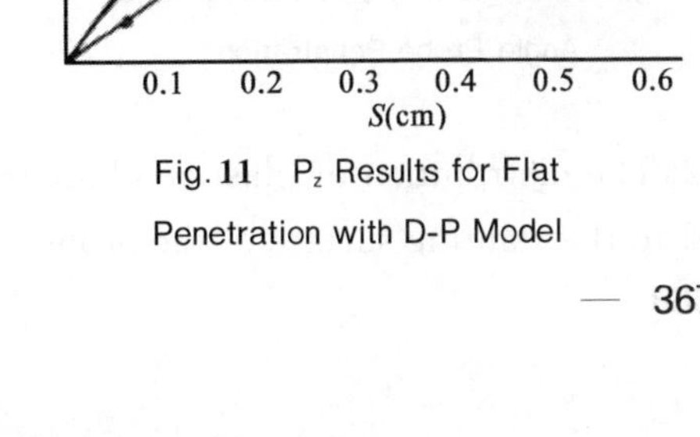

Fig. 11　P_z Results for Flat Penetration with D-P Model

(5) Vertical stress (σ_z) in the soil mass: Actual tested data are compared to that obtained by FEM calculation with different models at 4 points are as shown in Fig. 12. It can be seen that the results obtained with Drucker-Prager model and that with Duncan model had significant deviation from that measured, results obtained with D-P model are closer to that of tested than with Duncan model in that case.

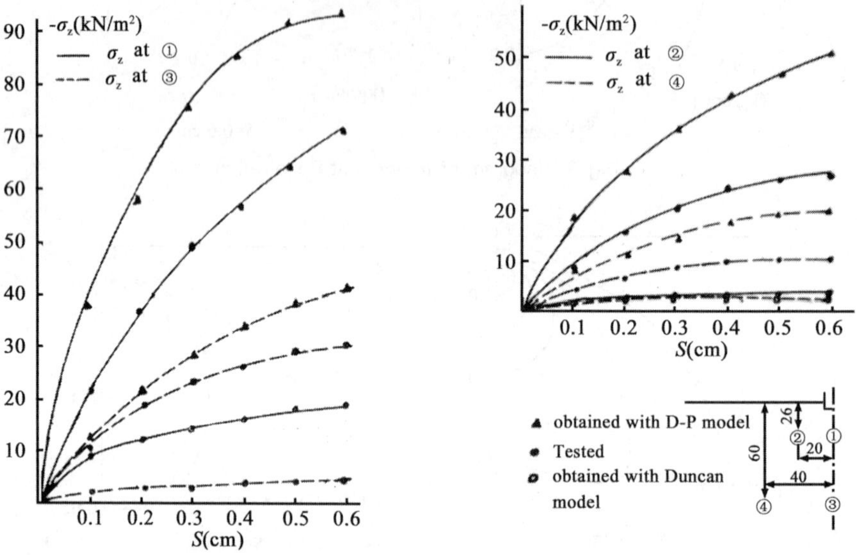

Fig. 12 Soil stresses σ_z at four points

2. Results obtained for a 60° penetration probe

(1) The isogram of σ_3: As shown in figure 13, there are distinctly two zones of distribution, one is a compaction zone extending along the direction normal to the slanting of probe edge surface and the other is a tensile zone right in front of the probe directly vertically downward.

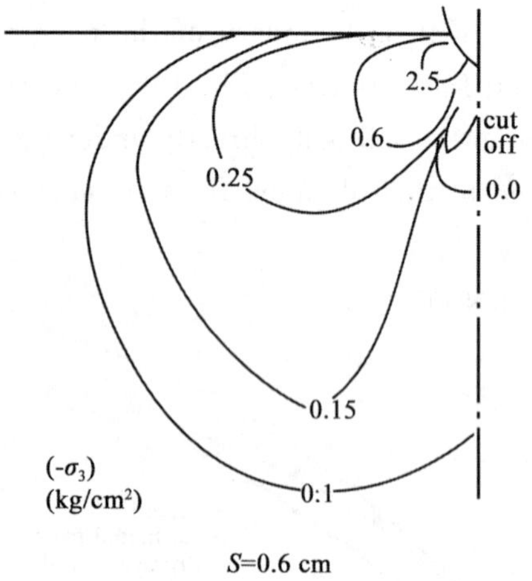

Ftg. 13 Isogram of σ_3 for 60° wedge Angle Probe Penetration

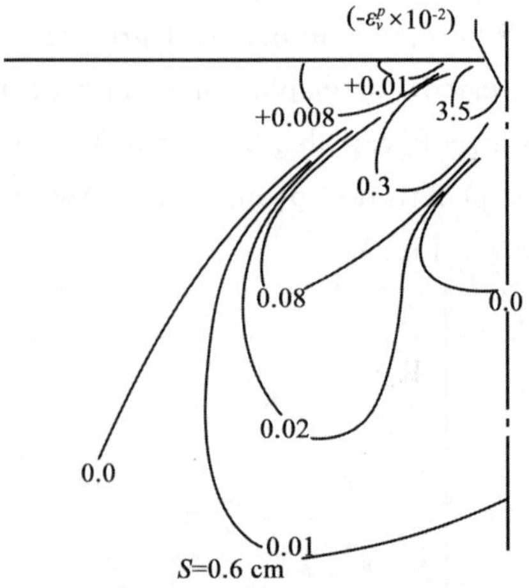

Fig. 14 Isogram of ε_v^p for 60° wedge Angle Probe Penetration

(2) The distribution of plastic volumetric strain: The compaction zone is also extended along the normal to the slanting surface of the probe. There is also an expended area near to the ground surface,

and no significant plastic strain in the direction of the probe point.

Results with Duncan Model

The data obtained by the FEM program with Duncan model are much less than that of actually tested. In the meanwhile, it is noteworthy that the initial tangent elasticity modulus E_i, as a function of σ_1, is obtained with $\sigma_1 < 0$, and consequently is not readily to be applied in equation (1) for the calculation of E_t when $\sigma_1 > 0$. Furthermore, with $\sigma_1 < 0$, but rather small, the tangent, elasticity modulus E_t decreases rapidly and stress value can hardly get up with the load increasing. It seems that the Duncan model is not readily appropriate for such low $|\sigma_1|$ problem.

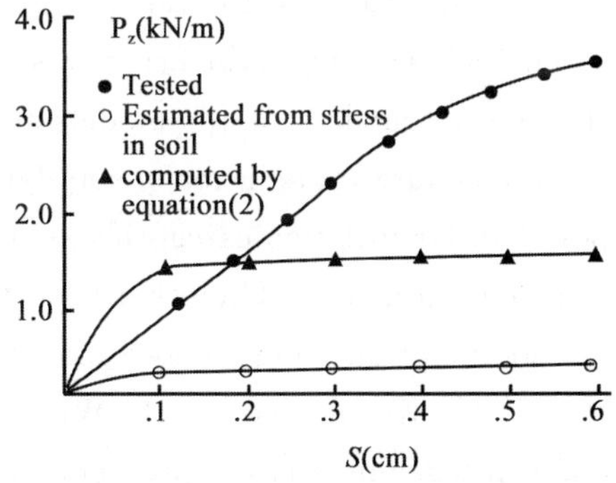

Fig. 15 P_z Results with Duncan Model for Flat Penetration

Results with the Lade-Duncan Model

In Lade-Duncan model, the yield surface f_p is assumed to be a function of the invariants I3 and I1. In this penetration situation, I1 is usually smaller than zero, the stress at a point can only reach up to the yield surface f_p when I3 is also negative. The hardening function $H(W_p)$ is also a function of σ_1, It is not applicable to handle the problem when $\sigma_1 > 0$. Results of calculation also did show that there was no stress at any point that reached up to the yield surface f_p. Consequently, the Lade-Duncan model in this case degraded to that only possessing a cap yielding surface.

Conclusion

(1) Soil dynamic problems in the area of tillage and traction can be classified into two categories, one is that the principal stress σ_1 in the semi-infinite soil mass is equal or nearly equal to zero when it is analysed with theory of elasticity (Fig. 16), such as soil compaction by tires or wheels, and the other, such as soil cutting process with blades or tines, when simplified to the pattern shown in figure 17, is that the principal stress can be positive value in solution with elasticity theory, i. e.

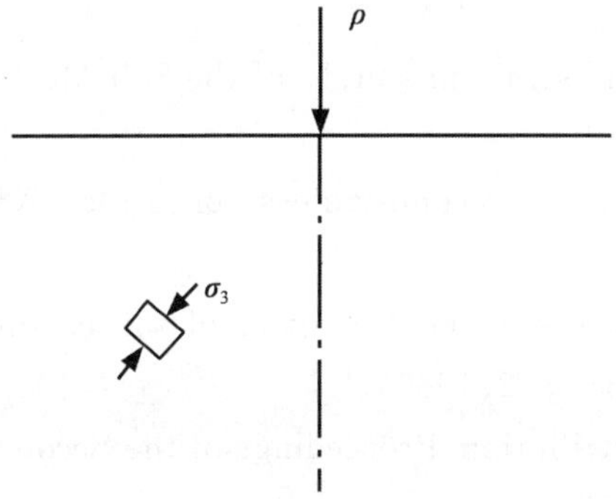

Fig. 16 Simplified Mechanical Model for Soil Compaction and Penetration

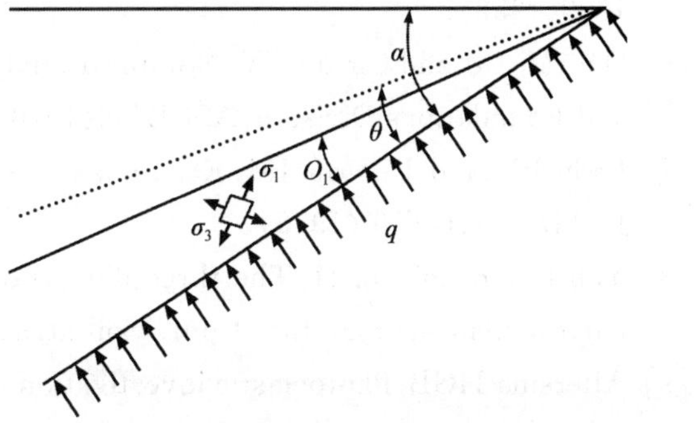

Fig. 17 Simplified Mechanical Model for Soil Cutting

$$\sigma_1 = -q + \frac{\tan\alpha - 2\theta}{2(\tan\alpha - \alpha)} q + \frac{q\sqrt{(\tan\alpha\cos 2\theta - \sin\theta) + (2\sin^2\theta - \tan\alpha\sin 2\theta)^2}}{2(\tan\alpha - \alpha)} > -q + \frac{\tan\alpha - 2\theta}{2(\tan\alpha - \alpha)} q$$

when $2\alpha-\tan\alpha\geqslant 2\theta$ i. e. $\alpha<66.7°$ then $\sigma_1>0$ in the area of θ less than θ'.

(2) According to the calculation results in the FEM analysis with different models, it showed that when $|\sigma_1|$ was small, the error was bigger with models having a hardening rule as function of σ_1 (e. g. the Duncan model), or the models are not applicable (e. g. Lade-Duncan model). Since σ_1 usually has small absolute value in many soil dynamic problems, it is advisable to classify constitutive models proposed so far into two categories. One is that its hardening rule being function of σ_1 such as Lade-Ducan, Duncan model. The other is that σ_1 does not appear in hardening law, such as the K-G, Cambridge & modified Cambridge model, model proposed by Nanking Research Institute of Water Conservancy, the V. K. Khosla and T. H. Wu model (10), And the D-P model, etc. The application range to various soil machine relation problems of the second category is obviously wider, even though it does not necessarily mean that it is good enough or is the most appropriate model for the specific category of soil dynamic problem.

(3) The development of appropriate instruments or testing facilities for more accurate measurement of stress and strain in soil at low $|\sigma_1|$ seems to be indispensable in the task of estabilishing more appropriate constitutive models for soil machine dynamics.

(4) Computational results obtained with Drucker-Prager model were comparable to that obtained by testing. A more accurate result could be expected if the hardening cap of the D-P model employed in this calculation had been modified, such as the state boundary surface in the Cambridge critical state model. Before a better model can be developed, the D-P model seems to be applicable in a wide range of soil dynamics problems.

References

[1] Gill WR and Vanden Beng, GE, Soil dynamics in tillage and traction, Agric Res Ser USDA.

[2] Yong RN and Hanna AW, Finite element analysis of plane soil cutting, J. of Terra. 14, 3 (1977).

[3] Borst RDE and Vermer PA, Finite element analysis of static penetration test, Proc. Second European Symposium on penetration Testing, Amsterdam, 1982.

[4] Perumpal JV, The finite element analysis of soil compaction, Trans of ASAE 5(1974).

[5] Drucker DC and Prager W, Soil mechanics and plastic analysis of limit design, Q of Appl. Math. 10, 2(1952).

[6] Duncan JM and Chang CY, Nonlinear analysis of stress and strain in soil, J. of the Soil Mechanics and Foundations Division, ASCE, 96(1970).

[7] Lade PV and Duncan JM, Elastoplastic, stress-strain theory for cohesionless soil, Proc. ASCE, JGTD, 101, GT10 (1975).

[8] Yan L and Zhiman H, The three dimensional non-linear finite element analysis of soil cutting by narrow blades, proc. Int. Conf. Soil Dyna., Auburn Alabama, 2(1985).

[9] Allersma HGB, Photoelastic investigation of the stress distribution, Proceedings of the Second European Symposium on Penetration Testing, Amsterdam, 1982.

[10] Wenxi H, Engineering properties of soil (in Chinese), elec. wat. press., 1982.

弹齿的振动特性及其对耕作性能的影响*

陈瑛　曾德超

摘要　本研究对弹齿在耕作中的振动的位移—时间历程进行了测定。对其自谱的分析表明，弹齿的振动主要源自土壤阻力的波动。在对弹齿和刚性齿工作性能的对比试验及理论分析的基础上，对现有各类弹齿进行了综合评价，并提出了弹齿设计参数选择的准则。

一、引言

传统的土壤耕作机具的工作部件，如钉齿、松土齿、中耕铲等，一般都是刚性部件。弹齿与刚性部件相比，具有以下优点：作业效率高，作业质量好，使用寿命长，适应的土壤范围广等。弹齿也有缺点：制造材料成本较高，制造工艺也较复杂。但从长远的观点来看，发展弹性部件是有前途的。目前，我国还没有自己设计的比较理想的弹齿，因此，研究并设计出性能良好的弹齿是十分必要的。

从国内外对弹齿的研究现状来看，还有许多问题，如弹性部件为什么优于刚性部件，二者工作性能各自的特点，弹齿的振动特性对工作性能的影响等都需要进一步研究。

二、弹齿耕作时振动原因的分析

弹齿在田间工作时产生振动的外部原因主要有：(1)地表凸凹不平。弹齿工作时，受到地表的激励而产生振动。这种振动的频率较低，一般在 5 Hz 以下[1]，振动幅值随地表情况而定。(2)拖拉机的振动。弹齿的振动由拖拉机的振动传递而来。这种振动的频率一般大于 20 Hz[2]，振幅较小。(3)树根、残茬、石块等的存在。它们使弹齿产生冲击振动。这种振动是瞬时的，振幅变化很剧烈。(4)土壤阻力的变化。试验观察到，弹齿破坏土壤时，土壤具有明显的剪切面。弹齿不断前进，剪切面不断形成。在每一个剪切面形成的过程中，阻力一直增加到土壤屈服，然后迅速下降。这种不断变化的牵引阻力也引起弹齿振动。

弹齿的振动是以上四个方面振动的叠加。在无树根、石块等的土壤耕作中，可能没有冲击振动，但其他三个方面的振动却是经常存在的。利用弹齿在耕作中振动信号的自谱分析，可以确定出哪一方面的振动是最主要的。

图 1 表示速度为 9.82 km/h 时的弹齿振动位移的时间历程。通过信号处理机进行谱分析后得自谱图(图 2)。从自谱图看出，在 5～15 Hz 的频率范围内，振动能量很大，而低频和高频振动的能量很小，说明地表不平和拖拉机引起的振动不明显，土壤阻力引起的振动是主要的。土壤的不均匀性导致土壤阻力变化具有随机性，所以，弹齿的振动也是随机的，即弹齿的振动属于随机受迫振动。

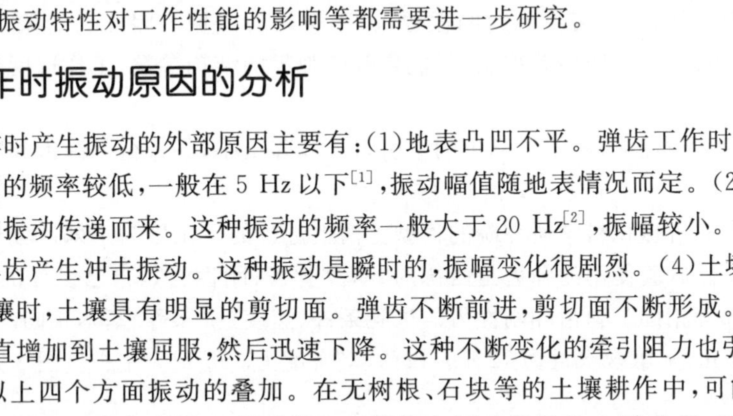

图 1　齿间振动位移的时间历程

* 本文出处：北京农业工程大学学报，1986 年第 2 期

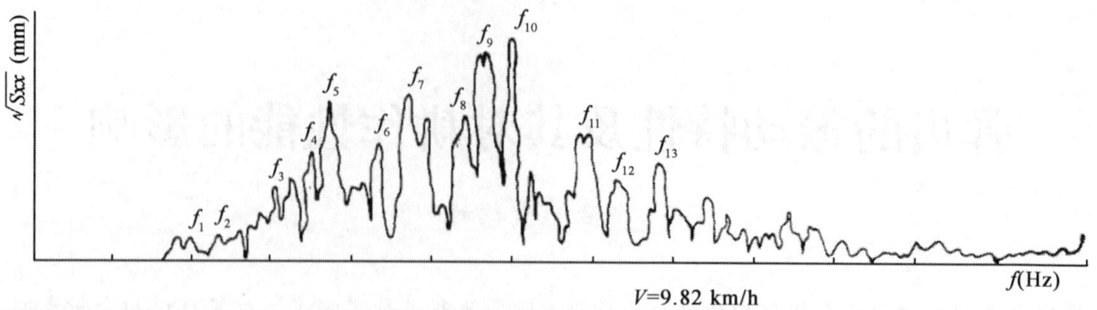

频率	f_1	f_2	f_3	f_4	f_5	f_6	f_7	f_8	f_9	f_{10}	f_{11}	f_{12}	f_{13}
频率值(Hz)	3.71	4.29	5.86	6.64	7.12	8.20	8.98	10.25	10.83	11.52	13.08	13.96	14.93
均方根自谱 $\sqrt{S_{xx}}$ (mm)	0.040	0.041	0.048	0.144	0.161	0.152	0.212	0.190	0.269	0.291	0.138	0.098	0.121

图 2　齿尖振动自谱图

三、弹齿的振动特性对工作性能的影响

前人对振动式机具的研究表明，振动可以降低牵引阻力[3]。前人研究的振动式机具大都是主动式振动机具，即机具的本身有振源，如有的机具靠拖拉机动力输出轴带动偏心轮进行激振。这种机具的优点是振幅和频率可以精确控制。这种机具虽然降低了牵引阻力，但结构复杂，总的功率消耗往往较大。弹齿属于被动式振动部件，它不需要专门的振源，由土壤阻力激振。因此它的振动不消耗拖拉机的功率，但弹齿振动的振幅、频率不能精确控制，只能靠改变弹齿的结构参数、工作速度等将它们控制在一定的范围内。

为了研究弹齿的工作性能，测定了弹齿的牵引阻力和碎土率，并进行了弹齿和刚性齿工作性能的对比试验。

试验是在中国农业机械化科学研究院的模型土槽上进行的。土壤为京郊沙壤土。土壤准备包括洒水、旋耕、刮平和压实。试验使用的弹齿是西德的 FS 型弹齿；刚性齿是自己设计的，其几何形状与截面尺寸与弹齿的工作部分相同。弹齿和刚性齿的试验条件（速度、耕深等）基本相同。

试验耕深为 12 cm，土壤含水量为 12%～14%，坚实度为 392 kPa 左右。图 3 是不同速度下的牵引阻力的试验结果。

从试验结果看出，随着工作速度的增加，弹齿的牵引阻力逐渐增加，但增加的速率变小，这一点与刚性齿不同。刚性齿在高速下阻力变得很大，所以刚性齿不利于在高速下作业。而弹齿在大于 6 km/h 的速度下耕作时，阻力增加很小。二者的比率随速度增加逐渐下降，说明高速时弹齿优于刚性齿，二者阻力比值在 0.85～0.95，即弹齿阻力较刚性齿阻力降低 5%～15%。

试验还对比了弹齿与刚性齿的碎土效果。碎土效果用碎土率来描述。碎土率是指小于 4 cm 以下的土块重量的百分比[4]。试验结果（图 4）表明，当工作速度增大时，弹齿和刚性齿的碎土率都增大；但当二者的速度相同时，弹齿的碎土效果更好；尤其是在高速时更明显。

弹齿与刚性齿相比，碎土效果好、牵引阻力小的原因可以解释为：(1)弹齿的振动使土壤的力学性质发生变化。研究土壤在刚性齿作用下的破坏，一般都从土壤的静强度角度考虑，认为土壤受静载作用。而弹齿耕作时，由于其动特性会使土壤的力学性质发生变化，就不能用土壤的静强度而要用动强度来描述土壤的破坏。Kondner 在研究振动和非振动无侧限压缩中发现，前者土壤破坏的最大应力是后者的 20%～50%（取决于土壤的含水量）[5]。所以，用弹齿耕作，土壤更容易破碎。(2)弹齿耕作时可释放一定的弹性能。工作时弹齿不断变形，不断储存弹性能，又不断释放出来撞击土壤，使土壤加剧破碎。刚性齿在碎土过程中变形，也就不具有这部分能量，所以它的碎土效果不如弹齿。

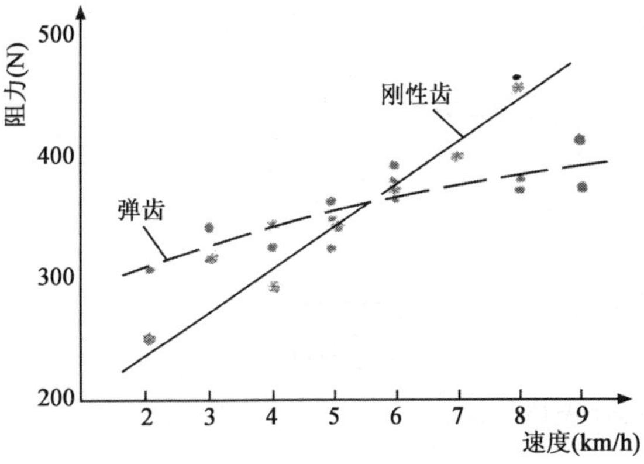

图 3　弹齿和刚性齿的牵引阻力与前进速度的关系

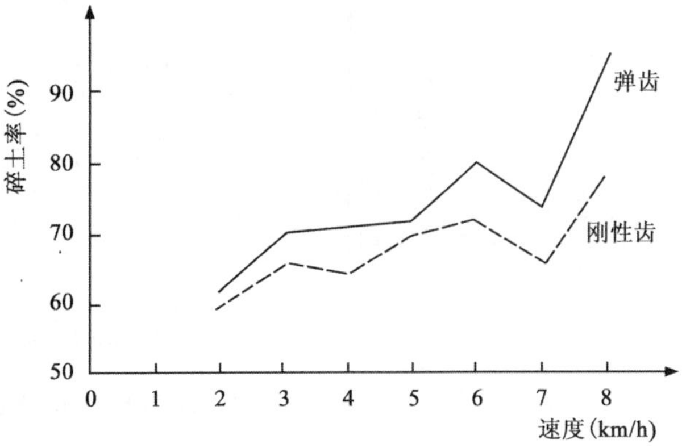

图 4　弹齿与刚性齿的碎土率

四、弹齿的综合评价及其参数的选择

1. 弹齿的种类及综合评价

(1)FZ 型和 FS 型弹齿(图 5(a))用于重黏土的深耕、中耕和苗床准备作业，例如，谷物、玉米、向日葵和棉花作物的整地。FS 型和 FZ 型弹齿的材料和截面尺寸都一样，只是 FZ 型的工作部分有一陡弯，使与 FS 型弹齿有不同的工作性能。

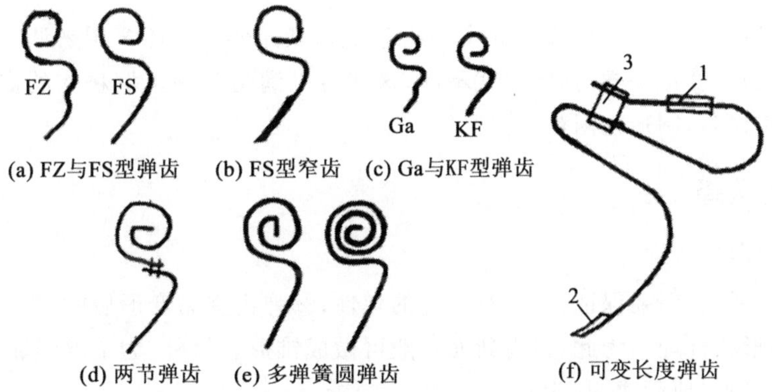

图 5　各种类型的弹齿

弹齿在土壤阻力作用下要变形(图 6)。FS 型弹齿变形后入土角增大，使阻力增加；而 FZ 型弹齿变形前后的入土角基本不变，这是 FZ 型弹齿的一个特点，即使得土壤“容易流动”。FZ 型弹齿的另一个特点是，入土后靠近土壤表面的一段(ef)始终与地表垂直，这是因为弹齿在疏松土壤的同时，还击碎地表的土块。FZ 型弹齿的入土角以齿尖处为最小，逐渐增加到 90 °，当以 90°接近地表工作时，弹齿的牵引阻力也不会增加，因为在该位置时弹齿是在疏松了的土壤中运动。

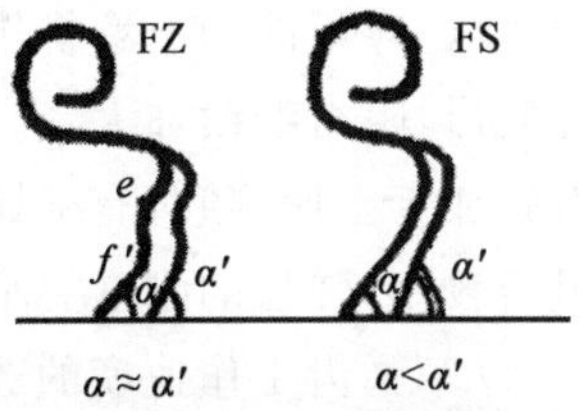

图 6　弹齿入土角的变化

由于以上原因，FZ 弹齿的牵引阻力变小，碎土效果变好。土槽中的对比试验证实了这一点。试验结果(图 7)表明，FZ 型的牵引阻力比 FS 型小 10%左右，碎土率也高于 FS 型弹齿。

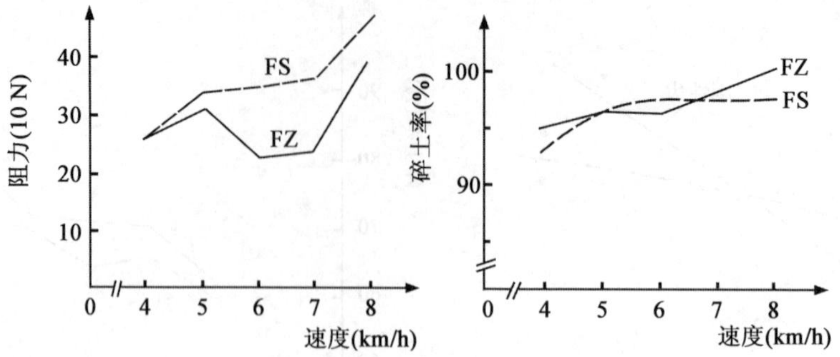

图 7　FZ 型与 FS 型弹齿牵引阻力及碎土率对比

(2)FS 型窄齿(图 5(b))在重黏土中作业可以加大深度。

(3)Ga 型和 KF 型弹齿(图 5(c))分别与 FZ 型及 FS 型弹齿的形状相似,但尺寸略小。一般用于轻壤土、沙土和深度不太大的整地作业,如小麦、甜菜的整地。

(4)两节弹齿(图 5(d))这种弹齿由两种材料制成,弹簧部分是弹性材料,工作部分是耐磨材料,这样可以增长弹齿寿命。

(5)多弹簧圈弹齿(图 5(e))弹齿耕作时,与固定端成 90°的地方受力最大,在土壤条件较差的地里工作经常发生疲劳损坏。增加弹簧圈数,使受力大的部分具有较大的弹性冲程,可以避免疲劳损坏。而实践证明,主要问题还是弹齿的磨损,弹齿往往在破坏前就磨损到不能使用。另外,这种弹齿制作麻烦,安装也不方便。

(6)可变长度弹齿(图 5(f))固定端 1 固定在机架上,2 是齿尖,锁环 3 用来调节弹簧的长度。安装与不安装锁环,弹齿的长度不一样,弹性也就不同,这就可以满足各种土壤耕作的需要。但这种弹齿的尺寸大,结构复杂,用材多,制造也困难。

2.弹齿参数的选择

(1)几何形状的选择

弹齿形状不宜太复杂,但要保证:①具有一定的弹性;②弹齿受力变形后的入土角基本不变,以免牵引阻力增加;③断面形状合理。为此,弹齿断面一般可做成锥形。另外,为了增强撞击土块的能力,弹齿与地表接触的一段一般与地面成 90°为好。

(2)弹齿刚度的选择

现有弹齿的刚度一般都是固定不变的,这样,适应的土壤范围很窄。应该把弹齿的刚度设计成可变的,以适应不同的土壤耕作。如果弹齿的刚度是从小到大变化的,开始受到土壤阻力时,弹齿有一较大的变形,阻力继续加大,它的变形很小,表现出较大的刚度。此时,弹齿储存了一个很大的弹力,这种弹力施加于土壤,随时有破坏土壤的趋势,因而使牵引阻力降低,碎土效果变好。对于轻壤土耕作或浅耕,阻力较小,弹齿的刚度要小些;对于重黏土耕作或深耕,阻力较大,弹齿的刚度可大些。

(3)弹齿工作速度的选择

从图 4 看出,弹齿的工作速度增大时,阻力既增加不多,碎土效果又明显变好。这一结论虽然是在特定条件下得到的,但可以推断,弹齿在高速下作业更能发挥它的优点。

(4)适应的土壤范围

生产实践表明,弹齿适应的土壤范围很广,无论是在沙土或是在黏土中工作,效果都比较好,但在潮湿的土壤中耕作,效果不理想。当水分大于 30%时,弹齿的作用几乎和刚性齿一样,只在土壤中划出一条沟。

五、结论

本文的研究工作所得的基本结论是：

1. 弹齿与刚性齿的主要区别在于弹齿要产生振动。弹齿振动的主要激励源是土壤阻力。土壤的阻力变化是随机的，因此弹齿的振动属于随机受迫振动。

2. 随着工作速度的增大，弹齿牵引阻力增加的速率变小，碎土率增加的速率变大。换句话说，随着速度的提高，阻力增加不大，而碎土率和工作效率大大提高。这说明，弹齿应尽量在高速下作业，只要最大速度保持在弹齿强度所允许的范围内即可。

3. 在同一速度、同一耕深及同一土壤条件下，与刚性齿相比，弹齿的牵引阻力可降低 5%～15%，碎土率可提高 10%左右，工作速度越大，弹齿的优越性越突出。

4. FZ 型比 FS 型弹齿的设计更合理，工作性能更好。

参考文献

[1] Darid S. Totten: An analysis of self-excited plow vibration, ASAE, 1979.
[2] И. Б. 巴尔斯基，等. 拖拉机动力学. 余群，周一鸣，译. 农业机械出版社，1982.
[3] M. S. Sommer, J. A. Weber: Modul study of vibration tine-bulldozer blade system, ASAE, No. 1, 1977.
[4] 张坚. 土壤旋转深松若干理论问题的研究. 北京农业机械化学院学报，1984 年第 4 期.
[5] Brahm P. Verma. Oscillating soil tools—A Review, ASAE, No. 6, 1971.

The Vibration Characteristics of Spring Tine and Its Effect on Cultivation Performance

Chen Ying Zeng Dechao

Abstract The displacement-time curve of spring tine vibration in operation was measured and its autospectrum analysis revealed that fluctuation in soil resistance was the main significant source of tine vibration. The performance of several spring tines was compared to that of rigid tine experimentally and analytically, and the assessment on various type of spring tines was made. Criteria on parameter selection in spring tine design was also stipulated in this paper.

弹齿与刚性齿工作性能的研究*

陈瑛　曾德超

摘要　本文认为弹齿和刚性齿的主要区别在于弹齿具有振动特性，振动的主要原因是土壤阻力的变化。本文还建立了弹齿牵引阻力预测模型，在刚性齿的基础上，研究了弹齿的振动特性对牵引阻力的影响。

一、引言

传统的工作部件(如钉齿、松土齿、中耕铲等)一般都是刚性部件。弹齿是一种弹性工作部件，它具有以下优点：作业效果好；作业效率高；使用寿命长；适应的土壤范围广。弹齿也存在一些缺点：原材料的成本较高；制造工艺较复杂。但从长远的观点来看，随着弹性材料和工艺技术的发展，以上问题是不难解决的，弹齿的发展是有前途的。我国还没有自己设计的比较理想的弹齿，为尽快地设计出性能良好的弹齿，解决生产急需问题，研究弹齿是十分必要的。目前，国内外很少有人去探讨弹齿的振动特性对工作性能的影响和弹齿与刚性齿的性能差别，笔者在这方面进行了初步的研究。

二、弹齿与刚性齿的主要区别

弹齿与刚性齿的主要区别在于：弹齿在耕作时产生振动，而刚性齿就不振动。引起弹齿振动的主要原因是土壤阻力的变化。试验观察到：弹齿破坏土壤时，土壤具有明显的剪切面。弹齿不断前进，剪切面不断形成，在每一个剪切面形成过程中，阻力先是增加，达到土壤的屈服极限后，迅速下降，以此重复下去，使土壤阻力不断地变化，从而，引起了弹齿的振动。图 1 是在速度 9 km/h 下测得的弹齿振动位移的时间历程。从图看出，弹齿的振动是随机的，这是因为土壤是非连续介质，具有不均匀性，这种不均匀性导致了土壤阻力变化具有随机性，因此弹齿在土壤中的振动也是随机的。

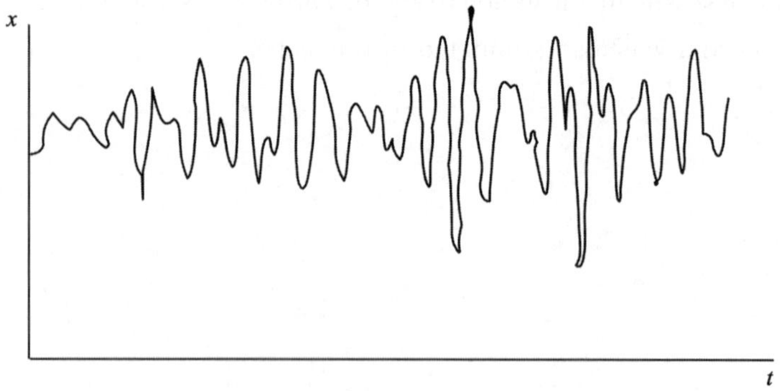

图 1　弹齿振动位移的时间历程

Fig. 1　Displacement－time function of spring tine vibration

---

*　本文出处：农业机械学报，1987 年 3 月，第 1 期

三、弹齿和刚性齿工作性能的区别

(一)牵引阻力预测模型

弹齿牵引阻力预测模型是建立在刚性齿基础上的。

1. 刚性齿的牵引阻力

设牵引动力的前进速度为 V_0,其值为常数。刚性齿牵引阻力的试验研究已经表明,牵引阻力近似是速度的函数[1],用下面的方程表示:

$$R'=R_0+CV_0$$

式中:R_0 为速度接近零时的牵引阻力;C 为阻力、速度曲线的斜率。

R_0、C 由试验确定,其值取决于刚性齿的形状、土壤状况等因素。

2. 弹齿的阻力

设弹齿的振动位移、速度、加速度分别为 x、$\dot{x}$、$\ddot{x}$,那么,弹齿耕作时的绝对运动为

位移:$x_a=x+V_0t$

速度:$v_a=\dot{x}+V_0$

加速度:$a_a=\ddot{x}$

式中 t 表示时间。

分两种情况讨论弹齿的牵引阻力,

(1)$\dot{x}_{max}>V_0$

弹齿的运动如图 2 所示。弹齿在一个振动周期内对土壤的作用是:弹齿回弹,离开它前面的土壤,这时弹齿前面的土壤出现膨松现象,然后弹齿又向前运动,压缩它前面的疏松土壤,接着压缩它前面的紧实土壤。整个作用可分三段:①弹齿的回弹阶段($t_0\rightarrow t_1$);②弹齿压缩疏松土壤阶段($t_1\rightarrow t_2$);③弹齿压缩紧实土壤阶段($t_2\rightarrow t_3$);忽略弹齿与土壤摩擦的影响。在回弹阶段,弹齿只有质量惯性力;在压缩疏松土壤阶段,土壤对弹齿的作用象阻尼介质一样,假设阻尼系数为 η;在压缩紧实土壤阶段,弹齿阻力比刚性齿阻力表达式多惯性力和弹性力两项。三段阻力表达式如下:

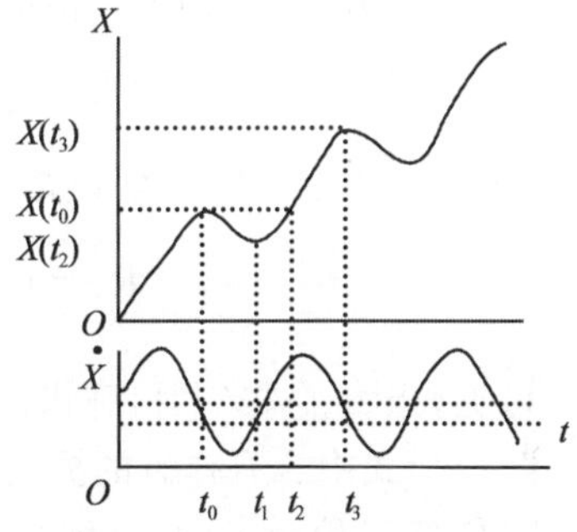

图 2　当 $x_{max}>V_0$ 时,弹齿的位移、速度和加速度

Fig. 2　Displacement, velocity, and acceleration of spring-tine when $x_{max}>V_0$

$$R_1^e=m(z)a_a\quad(t_0\leqslant t<t_1)$$

$$R_2^e=m(z)a_a+\eta v_a\quad(t_1\leqslant t<t_2)$$

$$R_3^e=m(z)a_a+Cv_a+R_0-K\delta\quad(t_2\leqslant t<t_3)$$

式中:R_i^e 为弹齿在第 i 阶段的牵引阻力;$m(z)$为弹齿的分布质量;K 为弹齿的刚度;δ 为弹齿的静态偏移量。

R_i^e 是弹齿的瞬时阻力。为了与刚性齿牵引阻力进行比较,将弹齿的瞬时阻力在一个周期 T 内取平均值,得到弹齿的平均牵引阻力:

$$\bar{R}^e=\frac{1}{T}\int\sum R_i^e\mathrm{d}t$$

将 R_i^e 的表达式代入上式积分,并注意到 $v_a(t_3)=v_a(t_1)=v_a(t_0)=0$,假设 $x_a(t_2)=x_a(t_0)$,得下式:

$$\bar{R}^e=\frac{1}{T}\{\eta[x_a(t_0)-x_a(t_1)]+C[x_a(t_3)-x_a(t_0)]+(R_0-K\delta)(t_3-t_2)\}$$

可以预料,η 的值比 C 小,因为 η 是疏松土壤的阻尼。为运算简便起见,这里设 $\eta=C$ 由此求得的牵引阻力是上限值。

$$\bar{R}^e=\frac{1}{T}\{C[x_a(t_3)-x_a(t_1)]+(R_0-K\delta)(t_3-t_2)\}$$

将 x_a 的表达式代入上式，并注意到 $t_3-t_2\approx\frac{T}{2}$，$x(t_3)-x(t_1)=2x_{max}$，得：

$$\bar{R}^e=\frac{1}{2}(R_0+CV_0-K\delta)+\frac{2C}{T}x_{max}$$

也可以写成：

$$\bar{R}^e=\frac{1}{2}(R_0+CV_0-K\delta)+2Cfx_{max}$$

式中：f 为弹齿的振动频率，x_{max}为振幅。

弹齿与刚性齿的阻力比为：

$$R_R=\frac{1}{2}(1-\frac{K\delta}{R_0+CV_0})+\frac{2Cfx_{max}}{R_0+CV}$$

与刚性齿不同，弹齿的牵引阻力不仅仅是速度的函数，还与弹齿的振动频率和振幅有关

(2)$\dot{x}_{max}<V_0$

弹齿的运动如图 3 所示。在一个振动周期内，弹齿始终不离开它前面的土壤，无回弹阶段和压缩疏松土壤阶段。弹齿的瞬时牵引阻力为

$$R_e=R_0+Cv_a-K\delta+m(z)a_a \quad (t_0\leqslant t<t_3)$$

$$\bar{R}_e=\frac{1}{T}\int_0^{t_3}R_e\mathrm{d}t$$

$$\bar{R}_e=R_0+CV_0-K\delta$$

$$R_R=1-\frac{K\delta}{R_0+CV_0}$$

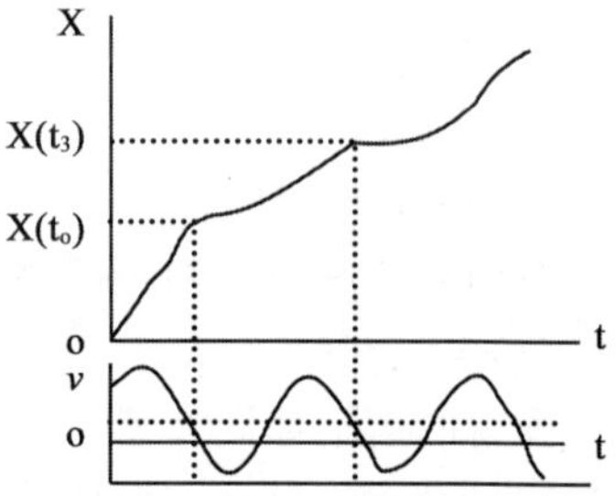

图 3 当 $x_{max}<V_0$ 时，弹齿的位移、速度和加速度

Fig. 3 Displacement, velocity, and acceleration of spring-time when $x_{max}<V_0$

可见，当 $\dot{x}_{max}<V_0$ 时，弹齿的牵引阻力与振动无关，只与弹齿的刚度有关。

阻力公式中含有弹齿的振动参数，可通过下面方法求得。

以任何一种弹齿为例，弹齿入土部分 AB(图 4)均受土壤阻力，但由于阻力沿 AB 的分布不易测出，故用集中力来代替分布力。对于像弹齿这样曲杆振动问题，讨论起来很复杂，对其进行适当的简化，可使问题更直观。实测表明：弹齿的刚度具有很好的线性，所以，可以把弹齿简化成悬臂梁(图 5)。简化后的悬臂梁长度为弹齿 OA 连线的长度，刚度为弹齿的等效刚度，设土壤阻力 P_x作用在离齿尖 S 处。

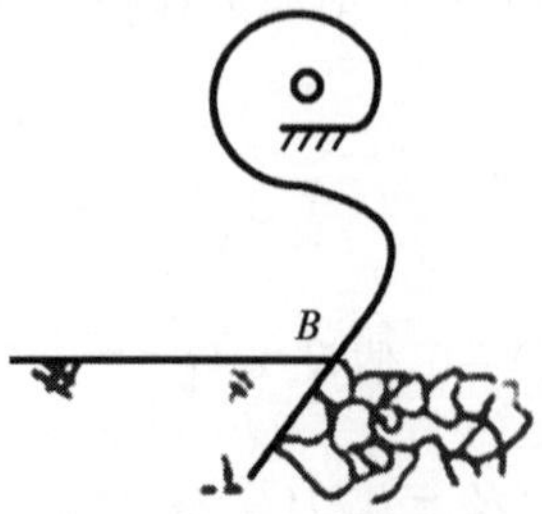

图 4 弹齿耕作状态

Fig. 4 Spring-tine in cultivating state

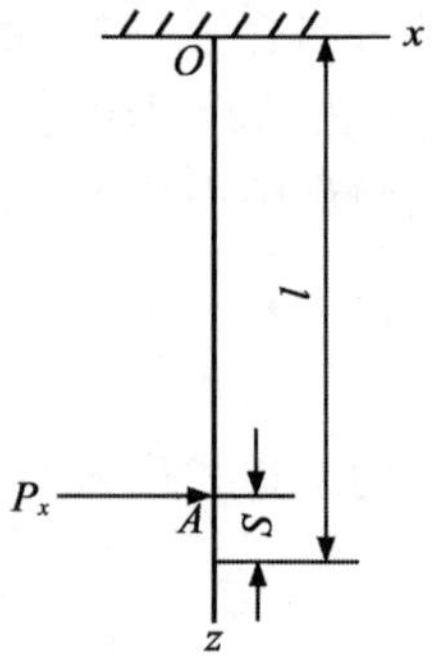

图 5 简化后的弹齿

Fig. 5 Simplified spring-tine

简化后的弹齿只限于这样的振动：弹齿截面中性轴在同一平面内，且在此平面振动。在振动过程中，应用材料力学的平面假设，忽略剪切变形的影响，同时，截面绕中性轴的转动比之横向位移小得多，可不予考虑。弹齿在土壤阻力作用下的振动偏微分方程(推导过程略)为：

$$\frac{\partial^2}{\partial z^2}(EJ\frac{\partial^2 x}{\partial z^2})+\rho A\frac{\partial^2 x}{\partial^2 t}=U(\omega t) \tag{1}$$

式中：x 为弹齿沿 x 方向的位移，它是截面位置和时间 t 的函数；ρ 为弹齿单位体积的质量；A 为弹齿的截面面积；EJ 为截面的抗弯刚度；$U(\omega t)$为土壤阻力的交变分力。

假设土壤是均匀的、各向同性的，那么，每形成一个土壤剪切面，土壤阻力就波动一次，就是说，在理论上，土壤阻力是个周期交变力，试验也表明，土壤阻力含有周期成分，土壤阻力 P_x 可写成

$$P_x=\bar{P}\pm U(\omega t)$$

式中：$\bar{P}$ 为土壤阻力的平均值；ω 为交变分力的角频率。

为研究方便，用正弦波来描述交变分力 $U(\omega t)$，那么，土壤阻力可写成

$$P_x=\bar{P}\pm A_m\sin(\omega t)$$

式中 A_m 为交变分力的最大值。

$\bar{P}$ 引起弹齿的静态偏移，静态偏移量为 δ。

$$\delta=\frac{\bar{P}z^3}{3EJ}$$

$A_m\sin(\omega t)$引起弹齿的振动，振动位移可从(1)式中解出：

$$x(z,t)=\sum_{n=1}^{\infty}\frac{Z_n(l-s)}{P_n^2}\cdot\frac{A_m}{1-(\frac{\omega}{P_n})^2}\times[\sin(\omega t)-\frac{\omega}{P_n}\sin(P_n t)]Z_n(z) \tag{2}$$

式中：

$$Z_n=\sqrt{K_n/\rho A_m\alpha_n}\{ch(K_nz)-\cos(K_nz)-\frac{sh(K_nl)-\sin(K_nl)}{ch(K_nl)+\cos(K_nl)}[sh(K_nz)-\sin(K_nz)]\}$$

$$\alpha_n=K_nl+(1+K_n^2l^2)[\frac{1}{4}sh(2K_nl)-\sin(K_nl)ch(K_nl)]+(1-K_n^2l^2)$$
$$[\frac{1}{4}\sin(2K_nl)-\cos(K_nl)sh(K_nl)]-K_nl[sh(K_nl)-\sin(K_nl)]^2$$

K_n 由超越方程 $\cos(K_nl)ch(K_nl)=-1$ 解出。

$P_n=K_n\sqrt{Kl/\rho A_m}$ 为弹齿振动的固有频率。

(二)牵引阻力的试验研究

主动式振动机具有振源，如有的机具靠拖拉机动力输出轴带动偏心轮进行激振，这种机具的优点是振幅和频率可以精确控制。这种机具虽然可以降低牵引阻力[2]，但结构复杂，总的功率消耗往往较大。弹齿属于被动式振动机具，不需要专门的振源，靠土壤阻力激振，因此，它的振动不消耗牵引动力的功率，但弹齿的振幅、频率不能精确控制，只能靠改变弹齿的结构参数、前进速度等使其控制在一定范围内。

作者在中国农机院的室内土槽对弹齿、刚性齿在几种速度下的牵引阻力、碎土率进行了对比试验，以阐明振动对工作性能的影响。试验使用的土壤为京郊沙壤土，含水量为 12%～14%，坚实度为 0.4 MPa 左右。土壤准备分四个阶段：洒水、旋耕、平土和压实。试验使用的弹齿是联邦德国的 FS 型

弹齿，刚性齿是自己设计的，其几何形状与截面尺寸和弹齿的工作部分相同。在同一速度、耕深下，弹齿和刚性齿在同一槽土壤中试验，保证二者的试验条件基本相同，以利于二者的对比。试验耕深为12 cm，试验结果如图 6、图 7、图 8 所示。

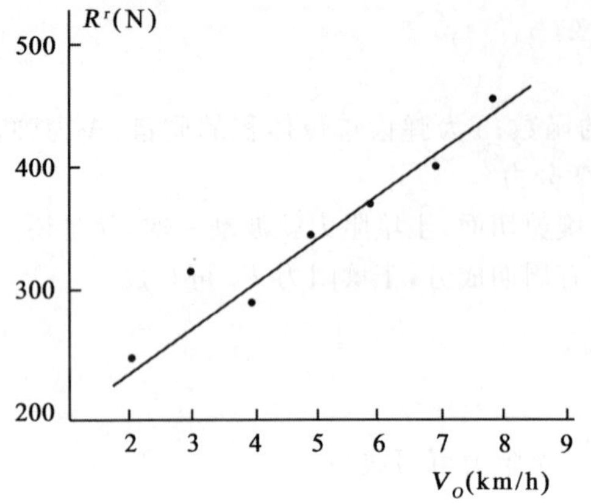

图 6　刚性齿的牵引阻力

Fig. 6　Tractive resistance of rigid-tine

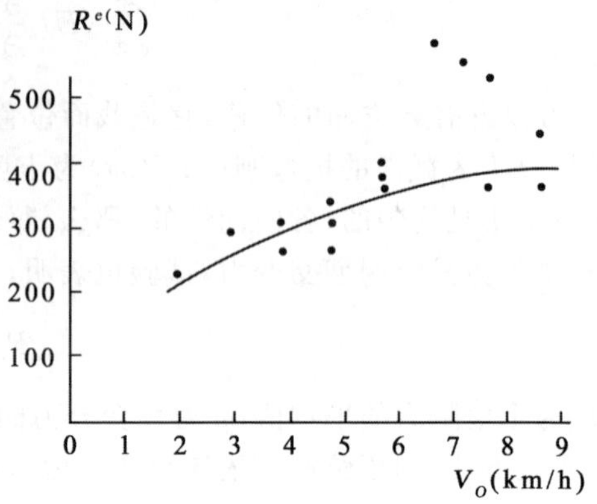

图 7　弹齿的牵引阻力

Fig. 7　Tractive resistance of spring-tine

从试验结果看出，刚性齿的牵引阻力是随速度呈线性增加的。刚性齿在高速下阻力变得很大，所以刚性齿不利于高速作业，而弹齿的牵引阻力随速度增加的速率越来越小，所以，弹齿适合高速作业。弹齿和刚性齿的碎土率(指小于 4 cm 以下的土块重量的百分比)都随速度的增加而增大，但当二者的，速度相同时，弹齿的碎土效果更好，尤其是在高速时更明显。

图 6 中离散点为试验值，直线为回归直线。图 7 中离散点为试验值，连续曲线为牵引阻力预测模型的理论值，二者吻合得较好

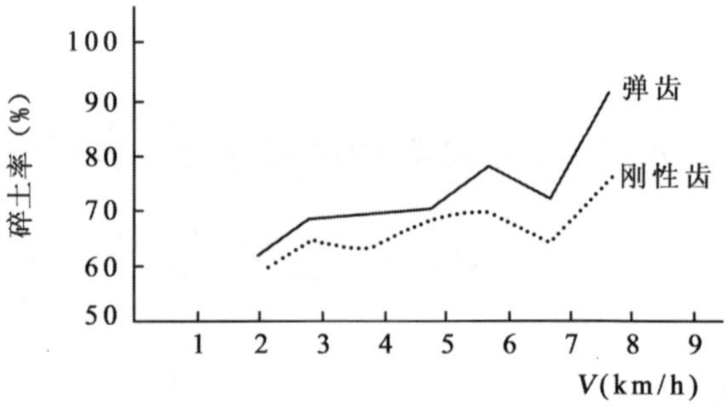

图 8　弹齿和刚性齿的碎土率

Fig. 8　Soil pulverization of spring-tine and rigid-tine

四、结论

(1)弹齿与刚性齿的主要区别在于弹齿要产生振动，弹齿振动的主要激励是土壤阻力。

(2)随着前进速度的增大，弹齿牵引阻力增加的速率变小；碎土率增加的速率变大。换句话说，随着速度的提高，牵引阻力即增加不大，碎土效果又明显变好，而且工作效率又大大提高。这说明，弹齿的工作速度要尽量提高，只要最大的速度在弹齿强度的允许范围内即可。

(3)在同一速度、同一耕深及同一土壤条件下，与刚性齿相比，弹齿由于其振动特性，使牵引阻力降低 5%～15%，碎土率提高 10%左右，而且速度越大越明显。所以，在高速作业时，弹齿比刚性齿显示出更大的优越性。

参考文献

[1] J. Yow and J. L. Smith: Sinusoidal vibratory tillage, J. of Terramechanics, 1976, Vol. 13 No4.

[2] M. S. Sommer、J. A. Weber: Model study of vibrating tines-bulldozer blade system, Transations of the ASAE, Vol. 20, No1, 1977.

Research in the Performance of Spring-Tine and Rigid-Tine

Chen Ying　Zeng Dechao

Abstract　The mainly distinction of spring-tine and rigid-tine is that the former can vibrate during cultivating. The vibrating of spring-tine is caused by the variation of soil resistance. Based on rigid-tine, a model for calculating the tractive resistance is developed and the effect of vibrating character of spring-tine on tractive resistance is investigated theoretically and experimentally.

广义机构计算机辅助设计系统的研究及应用*

李朝前　周一鸣　曾德超

摘要　GMCADS(Generalized Mechanism Computer Aided Design System)系统是对任意机构自动进行运动学、静力学和运力学分析的软件系统，是参考目前世界上十分流行的多刚体系统 MBS 软件(如 IMP、ADAMS 等)而研制的一个面向问题的、交互式的通用计算机辅助设计系统。在 GMCADS 系统研究中，本文讨论了广义机构的数学模型和力学模型，根据网络理论、矩阵代数和多刚体系统力学对模型建立方法作了简单描述，在 GMCADS 系统的应用方面，本文将 GMCADS 系统用于拖拉机形态的研究，讨论了拖拉机一挂车机组的广义机构模型及其行驶平顺性问题。

关键词　广义机构　计算机辅助设计　网络理论　多刚体系统力学　矩阵代数

机械设计是机械工程的一项基本技术，是决定机械产品性能的首要环节。随着社会生产和科学技术的飞速发展，对机械产品的设计要求越来越高，迫切需要以新的设计方法和技术代替传统的设计方法和技术。CAD(Computer Aided Design)技术就是近年来发展起来的一种新兴的设计技术，是人的智慧和计算机软硬件功能的巧妙结合。

机构作为机器的组成部分，在机械工业中有着广泛的应用。小到洗衣机的甩干机，大到登月车的行走装置，无处不见机构的踪迹。随着科学技术的发展，整个机器系统乃至动物均可视为一种机构—广义机构—来研究[1]。然而传统的机构设计方法大多依靠作图法，机构的设计与创新受到了很大的限制，这与现代工业的发展极不相容。作为机构的 CAD，国外搞了一些，但各种 CAD 系统各有其优缺点，还不十分完善。目前国内在这方面才刚起步，与国外差距较大。

综上所述，本文研究的广义机构计算机辅助设计系统-GMCADS(Generalized Mechanisms Computer Aided Design System)，具有明显的现实意义和学术价值。

1　GMCADS 系统的研究

1.1　广义机构的数字模型[2,3]

1)拓扑分析

拓扑分析的主要任务是求机构的运动链，为建立机构的数学、力学模型做准备。

根据网络理论，视机构中的杆件为网络图中的节点，视运动副的每个自由度方向为网络中的一条支路，首先将机构简化成有向网络图。图 1 便是这种简化的一个例子。

在网络图的基础上，形成拓扑矩阵，如关联矩阵 Γ、基本回路矩阵 Λ、距离矩阵 D 和运动副顺序矩阵 NC 等。然后，根据机构的封闭性，以每条运动链的距离最短为目标函数，用迭代搜索法求解最佳运动链。

* 本文出处：北京农业工程大学学报，1988 年，第 8 卷第 2 期

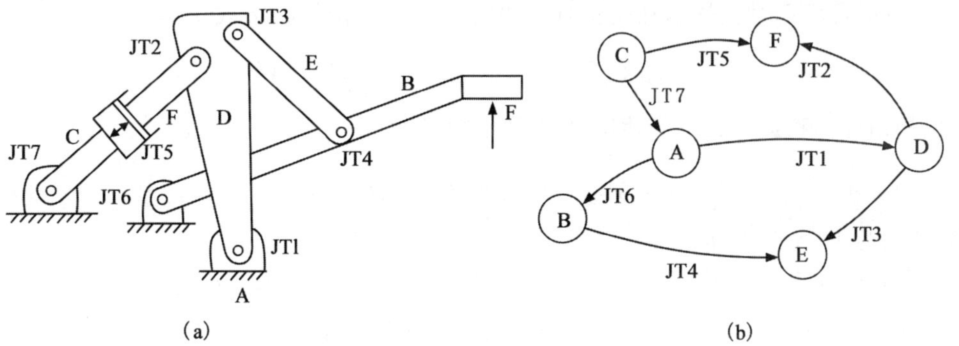

图 1　液压夹紧机构及其对应的有向网络

2)GMCADS 符号体系

在机构各杆件的运动副处,取相对笛卡尔坐标系,并用 6 个参数来表达各坐标系间的关系,这些坐标系及参数则形成了 GMCADS 符号体系,如图 2 所示。

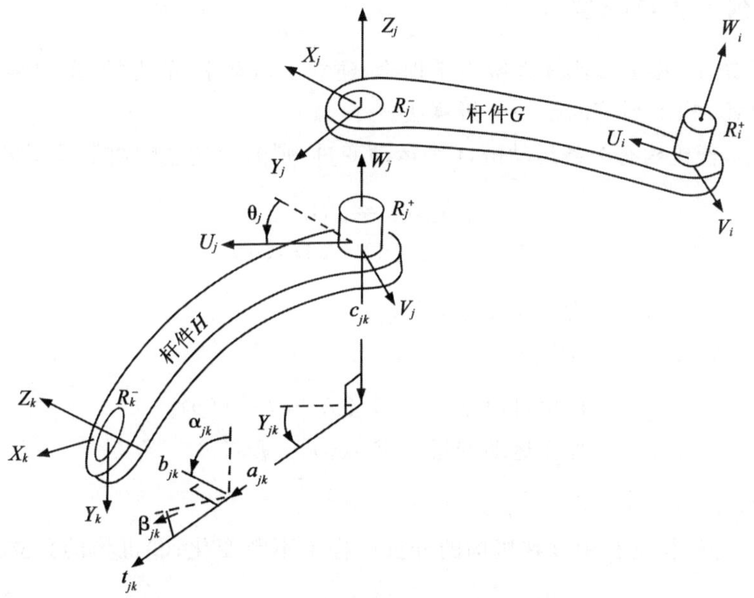

图 2　GMCADS 符号体系及其参数

图中:a_{jk} —W_i 轴沿公垂线 t_{jk} 到 Z_k 轴的距离;

α_{jh} — 绕公垂线 t_{jk} 正向反时针测量,W_i 正向与 Z_k 正向的夹角;

b_{jk} —公垂线 t_{jk} 沿 Z_k 轴到 X_k 轴的距离;

β_{jk} — 绕 Z_k 轴正向反时针测量,公垂线 t_{jk} 与 X_k 正向的夹角;

c_{jh} — 公垂线 t_{jk} 沿 W_i 轴到 U_i 轴的距离;

γ_{jk} — 绕 W_i 轴正向反时针测量,公垂线 t_{jk} 正向与 U_i 轴正向的夹角。

3)机构的数学模型

一旦建立了 GMCADS 符号体系,根据线性变换理论,便可以用 GMCADS 符号参数来描述杆件及运动副的形状:

①杆件的"形状",即描述杆件上各坐标系间关系的变换矩阵 T_{jk} :

$$\{1\ U_i\ V_i\ W_i\}^T = T_{jk}\ \{1\ X_k\ Y_k\ Z_k\}^T \tag{1}$$

②运动副的"形状",即描述运动副相对运动关系的变换矩阵 $\Phi_i(q_i,\xi_i)$:

$$\{1\ X_i\ Y_i\ Z_i\}^T = \Phi_i(q_i,\xi_i)\ \{1\ U_i\ V_i\ W_i\}^T \tag{2}$$

由于机构由杆件和运动副组成,因此基本数学模型为

$$N_{jk} = \Phi_i(q_i,\xi_i)\ T_{jk} \tag{3}$$

其中:N_{jk} 为 4×4 阶方阵。

对于一条包含 n 个运动副的运动链而言,则对应一个非线性代数方程

$$N_{12}\ N_{23}\ N_{34} \cdots N_{n1} = I \tag{4}$$

其中:I 为 4×4 阶单位阵。

式(4)便是一条运动链的数学模型,对于有 λ 条运动链的机构而言,则有 λ 个这样的方程组成一个非线性代数方程组,从而形成广义机构的数学模型。

作为一个完整的数学模型,还应考虑杆件的质量、转动惯量和外部作用力等因素。

1.2 广义机构的力学模型[4]

在 GMCADS 系统中,根据多刚体系统力学理论,建立了运动学、静力学、动力学和受力分析的力学模型,从而形成了 GMCADS 系统的统一分析算法。

(1)运动学分析　若机构有 λ 条运动链,t 个运动变量,则前面建立的数学模型可表示为

$$\underset{(6\lambda\times t)}{[A]}\underset{(t\times 1)}{\{\delta\}} = \underset{(6\lambda\times 1)}{\{B\}} \tag{5}$$

式中:$[A]$,$\{B\}$ 为常数矩阵;$\{\delta\}$ 为运动变量矢量。

若系数矩阵 $[A]$ 的秩为 $r(v)$,则有

$$\text{机构自由度}\quad D_F(v) = t - r(v) \tag{6}$$

$$\text{独立运动变量}\quad F_{GC}(v) = D_F(v) - S_{GC} \tag{7}$$

式中:S_{GC} 为给定输入。

式(6),(7)表明:①机构的自由度在机构的分析过程中不断变化;②机构的独立运动变量随机构的迭代位置而变化。

用高斯旋转消去法求解方程(5),则可得到运动变量矢量{δ}的值,进而获得机构位置。对运动变量求一阶或二阶导数便可求得相应的速度或加速度。

(2)静力学分析　在静力学分析中,主要讨论机构的平衡位置求解问题。

设机构在某一位置的广义坐标为 $f_i(i = 1,2,\cdots,F_{GC})$,则有

$$\text{势能}\ V = V(f_1,f_2,\cdots,f_{FGC}) \tag{8}$$

若定义:刚度矩阵 $[K]_* = \left[\dfrac{\partial^2 V}{(\partial f_h \partial f_m)}\right]_*$,广义力 $\{\Delta Q\}_* = -\left\{\dfrac{\partial V}{\partial f_h}\right\}_*$,则根据平衡位置时系统势能最小的原理,可得到方程式

$$[K]_*\{\Delta f\} = \{\Delta Q\}_* \tag{9}$$

(3)动力学分析　设某一时刻,系统的动能为 T,广义坐标为 $f_k(k = 1,2,\cdots,D_F(t))$,广义力矢量为 $\{Q_h\}$,则系统的广义动量为

$$P_k = \partial T/\partial \dot{f}_k = [M]\{\dot{f}_k\} \tag{10}$$

定义哈密尔顿函数

$$H=0.5\{P_h\}^T[M]^{-1}\{P_h\}+V(f_1,f_2,\cdots,f_{DF}) \tag{11}$$

式中：$[M]$为$D_F\times D_F$阶质量矩阵；V为系统势能。

因此，哈米尔顿一阶正则方程为

$$\begin{Bmatrix} \dot{f}_1 \\ \dot{f}_2 \\ \vdots \\ \dot{f}_{FGC} \\ \cdots\cdots \\ \dot{P}_1 \\ \dot{P}_1 \\ \cdots \\ \dot{P}_{FGC} \end{Bmatrix} = \begin{Bmatrix} [M_1]\begin{Bmatrix} P_1 \\ P_2 \\ \cdots \\ P_{DF} \end{Bmatrix} \\ \cdots\cdots\cdots\cdots\cdots \\ Q_{1n}-\dfrac{\partial H}{\partial f_1} \\ Q_{2n}-\dfrac{\partial H}{\partial f_2} \\ \vdots \\ Q_{FGC}-\dfrac{\partial H}{\partial f_{FGC}} \end{Bmatrix} \tag{12}$$

在GMCADS系统中，用四阶龙格-库塔（Runge-Kutta）法计算方程(12)的初值，用改进的四阶哈明(Hamming)预报-校正法对方程(12)积分。

对于机构的微振动动力学问题，采用QR法求系统特征解，进而计算系统传递函数的方法来解决。

(4)受力分析　如图3所示，机构中某约束J间的受力用3个分力：F_x，F_y，F_z和3个分力矩M_x，M_y，M_z表示。用虚位移原理结合机构的数学模型便可求出约束反力。

(5)综合前述，便可得到GMCADS系统的流程总图（图略）

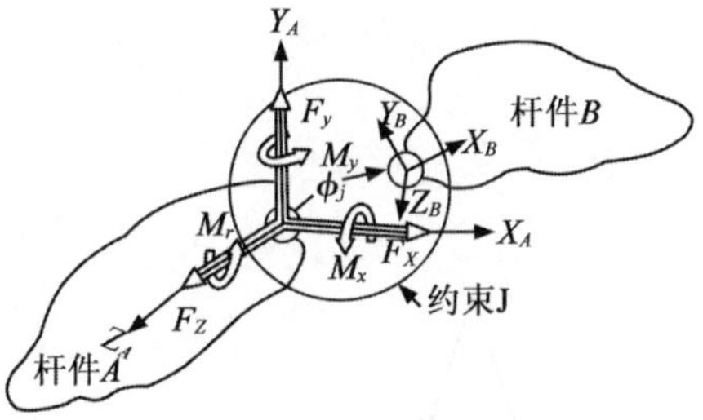

图3　约束间的作用力

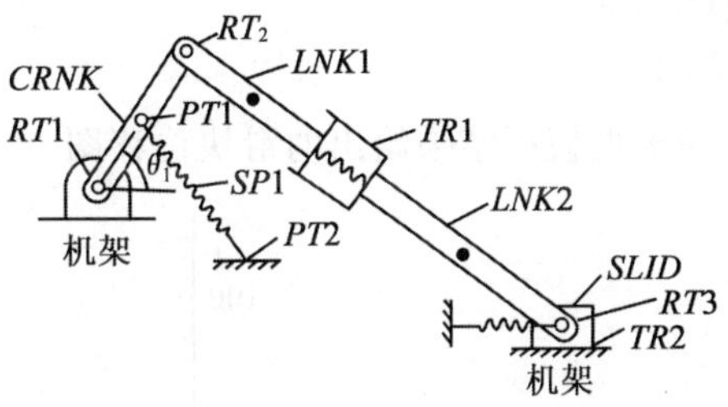

图4　二自由度曲柄滑块机构

1.3　计算实例

【例】二自由度曲柄滑块机构

如图4所示的曲柄滑块机构，杆件CRNK，LNK1，LNK2和滑块SLID均赋有质量和转动惯量。初始条件为：①曲柄CRNK与机架BASE间的夹角$\theta_1=60°$；②曲柄的角速度$\omega=0$。当$t=0$时，释放曲柄，然后由GMCADS系统模拟以后各时刻的瞬态响应，这一动态模拟过程的程序如下：

```
SYSTEM=TWO DEGREE OF FREEDOM SLIDER CRANK SYSTEM
FIND/DYNAMICS
REVLUT(BASE,CRNK)=RT1
```

```
REVLUT(CRNK,LNK1)=RT2
PRISM (LNK1,LNK2)=TR1
REVLUT(SLID,LNK2)=RT3
PRISM(BASE,SLID)=TR2
GROUND=BASE
DATA/LINK(BASE,RT1)=0,0,0/0,0,25.4/25.4,0,0
(省去部分 DATA 语句)
DATA/GRAVITY=0,-9800,0
DATA/WEIGHT(LNK2,TK3)=4.54,25.4,0,0
DATA/1NERATIA(LNK2,RT3)=0,.0088,.0088,0,0,0
DATA/WEIGHT(SLID,RT3)=6.8,0,0,0
DATA/SPRING(TR1)=5.25,203.2
DATA/SPRING(TR2)=1.75,76.2
POINT(CRNK)=PT1
POINT(BASE)=PT2
DATA/POINT(PT1,RT1)=25.4,0,0
DATA/POINT(PT2,RT1)=50.8,-12.7,0
SPRING(PT1,PT2)=SP1
DATA/SPRING(SP1)=3.5,50.8
DATA/IC(TR1)=60,0
DATA/TIME=1,0.005,10
PRINT/POSITN(TR2)
PRINT/VELCTY(TR2)
EXECUTE
FINISH
```

图 5 为根据模拟结果绘出的滑块位移图。

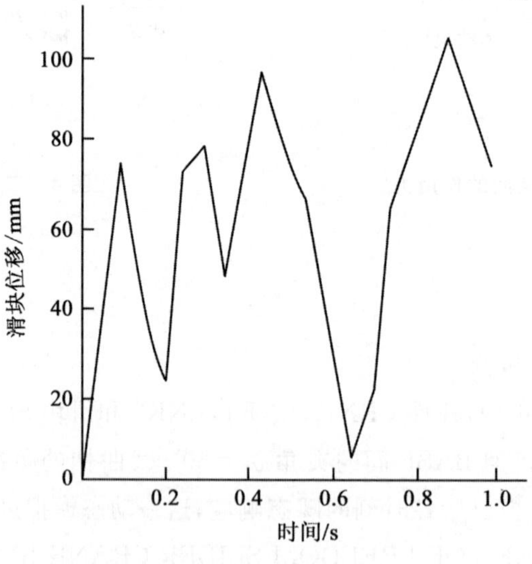

图 5　滑块随时间的位移变化图

2 GMCADS 系统在拖拉机形态研究上的应用

近年来，随着农村商品生产的不断发展，对运输性能好，运耕兼用的拖拉机的需求日益强烈。为此，我们与洛阳第一拖拉机厂合作，对我国正在开发的中型拖拉机新产品 Fiat80-90DT 的形态进行了研究。

由于运输机组速度高，因此对拖拉机进行行驶平顺性分析，以改善驾驶员的驾驶条件，这就成为一个十分重要而必不可少的研究课题。对此，我们用 GMCADS 系统对 Fiat80-90DT 拖拉机-挂车运输机组的行驶平顺性进行了研究。

首先，将 Fiat80-90DT 拖拉机-挂车组(图 6(a))简化成图 6(b)所示的机构模型。

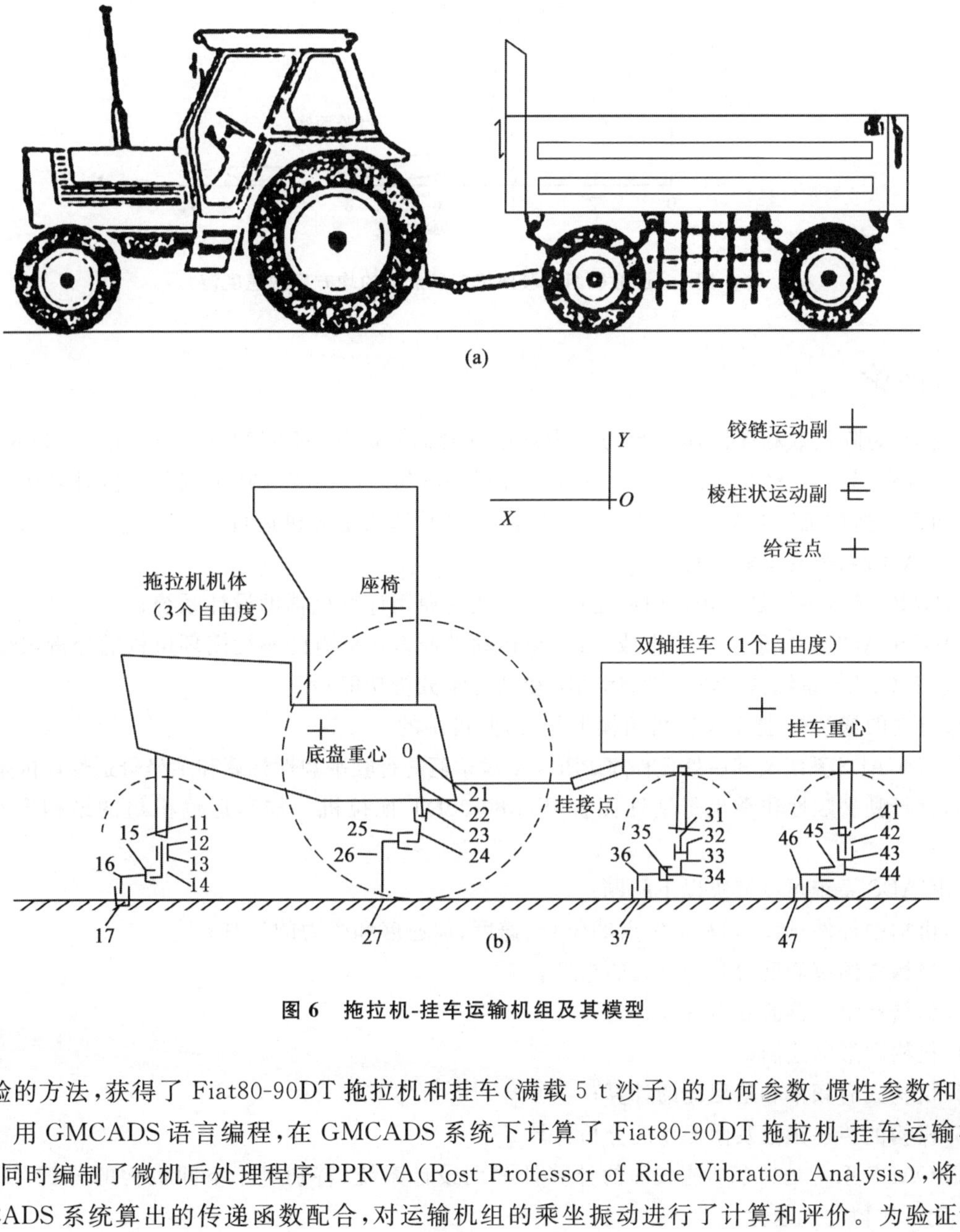

图 6 拖拉机-挂车运输机组及其模型

用试验的方法，获得了 Fiat80-90DT 拖拉机和挂车(满载 5 t 沙子)的几何参数、惯性参数和弹性参数等数据。用 GMCADS 语言编程，在 GMCADS 系统下计算了 Fiat80-90DT 拖拉机-挂车运输机组的传递函数，同时编制了微机后处理程序 PPRVA(Post Professor of Ride Vibration Analysis)，将地面激励与 GMCADS 系统算出的传递函数配合，对运输机组的乘坐振动进行了计算和评价。为验证计算结果，对 Fiat80-90DT 拖拉机-挂车机组进行了行驶平顺性试验，并将试验结果与 GMCADS 系统的计算结果进了行比较，结果表明：

(1)对拖拉机驾驶座椅安装点处的固有频率而言，二者的相对误差不超过 9%；

(2)对运输机组的乘坐舒适性而言，二者的加权均方根加速度误差不超过 15%；

(3)对拖拉机驾驶座椅安装点处的均方根加速度谱而言，二者吻合得很好(见图 7)。

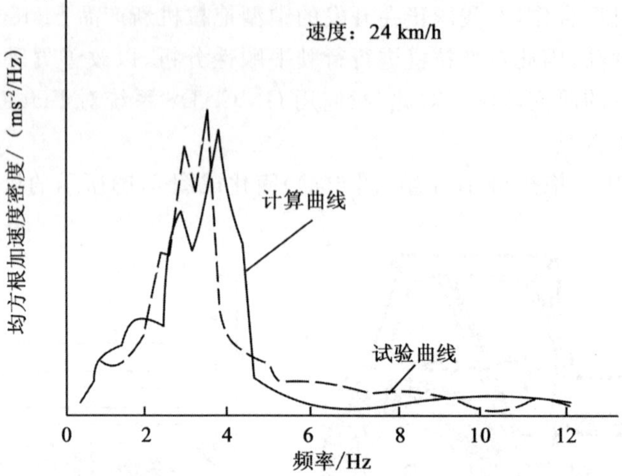

图 7　运输机组驾驶座椅安装点处的均方根加速度谱

3　结论

以图论、矩阵代数和多刚体系统力学为理论基础而研制的 GMCADS 系统，用 FORTRAN Ⅳ 程序设计语言编程，共 220 多个子程序，约 1300 条源程序语句。该系统已在中国科学院计算中心 1BM4341 计算机和第一拖拉机厂 CAD 计算中心 VAX-11/750 计算机上装机运行。

GMCADS 系统具有如下特点：

(1)GMCADS 系统是一个面向问题的、交互式的通用计算机辅助设计系统；

(2)GMCADS 系统能实现二维或三维、单运动链或多运动链的刚性闭环机构的分析与综合；

(3)GMCADS 系统具有静力学、运动学和动力学分析功能；

(4)建立的拖拉机-挂车运输机组模型是合理、可用的；

(5)GMCADS 系统及其后处理程序 PPRVA 对车辆的行驶平顺性计算和乘坐舒适性评价是可靠的。

(6)就行驶平顺性和乘坐舒适性而言，Fiat80-90DT 拖拉机一挂车运输机组的结构形态是较为合理的。

GMCADS 系统可以解决以下问题：

(1)机构中杆件、运动副和给定点的位置、速度、加速度和受力的计算；

(2)机构中约束静反力和动反力的求解；

(3)弹簧和阻尼器的受力计算；

(4)机构图形的绘制；

(5)机构固有频率和阻尼比的计算；

(6)机构的传递函数及微振动的分析计算。

GMCADS 系统是一个功能较强的计算计辅助设计系统，特别对于空间机构的分析，GMCADS 系统具有无可比拟的优越性。

可以预测：如果将 GMCADS 系统进一步开发和移植到微型计算机上，则机构的设计和研究将从传统的经验设计、静态分析和近似计算走向有理设计、动态分析和精确计算，使大量的手工劳动为高效、精确的计算机所代替。

参考文献

[1] 李学荣. 广义机构综合刍议. 机械设计,1983(2).

[2] Dobrjanskyj L, Freudenstein F. Some applications of graph theory to the structural analysis of mechanics. Journal of Engineering for Industry, Transactions of the ASME, Series B, 1967, 89(1): 153-158.

[3] Sheth P. N, UickerJ. J, Jr. A generalized symbolic notation for mechansms, Journal of Engineering for Industry, Transactions of the ASME, Series B, 1971, 93(1).

[4] Denavit J, Hartenberg R. S, Razi R, Uicker J. J, Jr. Velocity, acceleration, and static force analyses of spatial linkages. Journal of Applied Mechanics, Transactions of the ASME, Series E, 1965, 87: 903-910.

The Study and Application of Generalized Mechanisms Computer Aided Design System

Li Chaoqian　Zhou Yiming　Zeng Dechao

Abstract　GMCADS (Generalized Mechanisms Computer Aided Design System) is a software system for automating the kinematic, static and dynamic analyses of arbitrary mechanisms. It is a problem-oriented, interactive, general purpose computer aided design system developed with the review of MBS software such as IMP, ADAMS widely used in the world at present.

In the study of GMCADS system, the mathematical and dynamic models of a generalized mechanism were discussed. The model formulation technique based on network theory, matrix algebra and multibody system mechanics was summarized. For the application of GMADS system, the study of the tractor morphology, especially the generalized mechanism model for the tractor and trailer combinations and tractor ride vibration problems, was discussed.

Key words　generalized mechanisms, computer aided design, network theory, multibody system mechanics, matrix algebra

金属-土壤摩擦阻力与滑动速度关系的研究*

姚禹肃　曾德超

摘要　本文在对金属-土壤摩擦机理讨论的基础上，提出了用非牛顿流体方程描述摩擦阻力与滑动速度的关系。并结合应变率过程理论，推导了摩擦阻力与滑动速度、正压力之间的关系式。作者进行了大量的验证试验，表明上述关系式是适用的。试验还得到了摩擦阻力与含水量的关系，并考察了金属表面泥膜对摩擦阻力的影响。

关键词　地面力学，摩擦，土力学

一、前言

越野车辆、耕作机械、工程机械不可避免地要同土壤接触和摩擦，因此研究金属-土壤的摩擦是很重要的。在相当低的滑动速度下，以往的研究结果认为摩擦阻力与正压力之间存在如下的关系

$$f_p = C_a + \tan\phi_a \cdot \sigma_n$$

式中：f_p 为摩擦阻力，σ_n 为正压力，C_a 为黏附力，ϕ_a 为外摩擦角。

由于上述机械与土壤的相互作用通常是在相当高的速度下进行的，因此有必要考虑滑动速度对摩擦阻力的影响。以往，这一方面的研究主要有：

Payne(1954 年)通过试验考察了滑动速度对摩擦阻力的影响，其结果表明这种影响不明显。他的试验是在田间，靠一带有测力装置的金属重块，用拖拉机带动的。

П. Н. БУРЧЕНКО(1971 年)在 0.35～5.65 m/s 的滑动速度范围内对金属-土壤的摩擦进行了试验研究。结果表明在 2.2～2.8 m/s 以下的滑动速度范围内，摩擦阻力随速度上升。在较低正压力下摩擦阻力的增加比在较高正压力下为多，设摩擦阻力与正压力成线性关系，则主要表现为黏附力的增加。在高于此速度范围内则下降。他的试验是在环剪仪上进行的。

Stafford(1983 年)的试验结果表明在较高的滑动速度下，摩擦阻力与正压力的关系仍是线性的，且外摩擦角随滑动速度呈对数关系上升，而黏附力则无规律。他的试验也是在环剪仪上完成的。

由上述可见各人的研究结果很不一致，而且，缺乏描述摩擦阻力与滑动速度和正压力关系的方程式。为了便于实际应用，以建立摩擦阻力与滑动速度和正压力三者关系为目的的研究是非常必要的。

二、金属-土壤摩擦机理的讨论

金属-土壤的摩擦是通过接触区进行的，因此，各自表面的形态对摩擦起着决定性的作用。

经过机械加工后的金属表面，微观上由许多“波峰”、“波谷”组成。在金属机体的上面，一般存在一普通污染层(由油污、灰尘等微小粒子组成)。由于金属分子引力的作用，使金属表面具有一定的势能，而有能力吸附大气中的游离气体分子，形成一吸附分子膜。上述物质构成了普通的金属表面。

土壤是由土壤颗粒、水和气体组成的三相混合体。作用于土壤内部的力主要有范得华力和库仑力。由于这些力的作用使土壤表面带有能量，可能使土壤表面形成水膜。水膜的厚度与土壤的组成、构造、

---

* 本文出处：农业机械学报，1988 年 12 月，第 4 期

孔隙度和含水量有很大的关系。

因此，金属-土壤的接触区是一种水膜、胶体、污染物、土颗粒等物质组成的混合物，金属-土壤的相对滑动实质上是接触区物质的流变。由于上述组成物显然不同于典型的牛顿流体，如水、气等，因此，在一定范围内用非牛顿流体方程描述金属-土壤的摩擦是可行的。

当土壤相当干燥时，土壤与金属的摩擦类似于金属与金属的摩擦。D. F. Moore 整理得到的金属-金属摩擦系数与滑动速度的关系如图 1 所示。可以看到，当滑动速度低于 2 m/s 时，在各种压力下，摩擦系数均增加，但在较低的正压力下，摩擦系数的增加比在较大正压力时为多。这种规律与 П. Н. ВУРЧЕНКО 对金属-土壤摩擦的试验结果一致。

综上所述，作者认为金属-土壤的摩擦阻力与滑动速度有较大关系，且在一定的范围内可以用非牛顿流体方程描述。

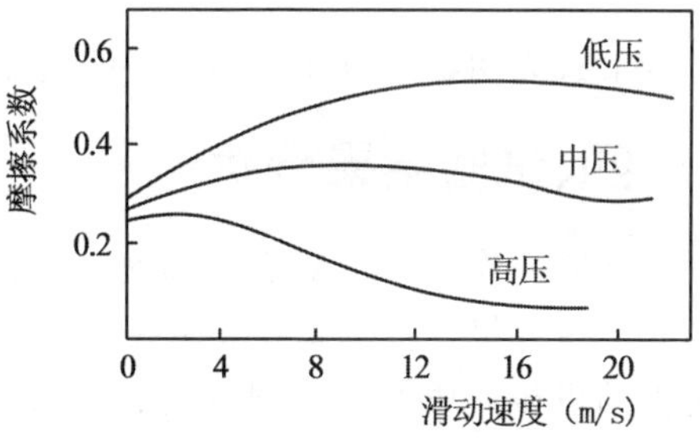

图 1　金属-金属摩擦阻力与滑动速度的关系[8]

Fig. 1　Experimental relationship between frictional coefficients of metal to metal and sliding speed[8]

三、用应变率过程理论建立金属-土壤摩擦阻力与滑动速度的关系

在众多的非牛顿流体方程中，自然指数形式的方程可以借助应变率过程理论推导得到，具有一定的物理基础。

应变率过程理论[1-3]是应用统计力学建立起来的、一种解释应力-应变-时间关系的理论。它把物质在外力作用下的变形过程看成是物质粒子的定向流动，流动单元之间的相对运动受到分隔相邻平衡位置的势垒所限制。当物体被施以外力时，体内流动单元的势垒将发生畸变，有利于流动单元沿力作用方向运动。应用统计力学原理，推导得到的应变率 $\dot{\gamma}$ 与有关因子的关系式为

$$\dot{\gamma}=2X\frac{k\cdot T}{h}\exp\left(-\frac{\Delta\mu}{N_A\cdot k\cdot T}\right)\mathrm{sh}\left(\frac{F\cdot\delta}{2k\cdot T}\right) \tag{1}$$

式中：X 为穿越势垒成功的几率以及每一次穿越势垒成功的流动单元位移的函数，k 为 Boltz-mann 常数($1.38\times10^{-23}\mathrm{J\cdot K^{-1}}$)，$T$ 为绝对温度(K)，h 为 Planck 常数($6.626\times10^{-34}\mathrm{J\cdot S}$)，$N_A$ 为 Avogadro 常数($6.02\times10^{23}\mathrm{mol^{-1}}$)，$F$ 为作用于每一流动单元上的力，$\Delta\mu$ 为激活能，δ 为相邻平衡位置的距离。

设 $F\cdot\delta/(2k\cdot T)<1$，则 $\mathrm{sh}(F\cdot\delta/(2k\cdot T))\approx0.5\cdot\exp(F\cdot\delta/(2k\cdot T))$，上式可化成

$$\dot{\gamma}=X\frac{k\cdot T}{h}\exp\left(-\frac{\Delta\mu}{N_A\cdot k\cdot T}\right)\exp\left(\frac{F\cdot\delta}{2k\cdot T}\right) \tag{2}$$

设摩擦阻力在 S 个流动单元上均匀分布，则 $F=f_p/S$，其中 f_p 为单位摩擦阻力，对于外摩擦，γ 相当于滑动速度 υ。当摩擦表面作用有正压力 σ_n 时，流动单元越过势垒所需的能量增加，这体现在 $\Delta\mu$ 上，上式可化为

$$\ln\upsilon=\ln\dot{\gamma}'(\sigma_n)+f_p/\tau' \tag{3}$$

式中：$\dot{\gamma}'\sigma_n=X\cdot k\cdot T\cdot\exp(-\Delta\mu/k/T/N_A)/h$ 为正压力的函数，$\tau'=2k\cdot T\cdot S/\delta$，设 $f(\sigma_n)=-\tau'\cdot ln\dot{\gamma}'(\sigma_n)$，$A=\tau'$，则上式为

$$f_p=A\cdot\ln\upsilon+f(\sigma_n) \tag{4}$$

根据前人的试验结果[4,6]，设在滑动速度一定时，摩擦阻力与正压力为线性关系。故设

$$f(\sigma_n)=C'+\tan\phi_a\cdot\sigma_n \tag{5}$$

代入式(4)得到

$$f_p = C' + A \cdot \ln v + \tan\phi_a \cdot \sigma_n$$

上式表明黏附力随滑动速度的增加而增加,而外摩擦角不变。

四、试验结果分析

试验在作者自己研制的高速直剪仪[10]上完成,金属板为65Mn材料,表面光洁度6级。该金属板黏结在下剪切盒上,上剪切盒装土样(图2)。试验用土的机械性质见表1,试样的含水量为五种(表2),基本上覆盖了地(田)间土壤的含水量范围。正压力为五种,其值分别是25、75、125、175、250 kPa。滑动速度范围从0.3 m/s到1.7 m/s,共4种。

图2 摩擦装置

Fig. 2 The friction parts

试样制备用重塑土制样方法。即先将取得的土风干,过2 mm筛子,置于干燥瓶里,配制成一定的含水量,待均匀后(24小时),用制样器制成一定单位容积质量的试样。试样高度为20 mm,直径64 mm。

表1 试验用土的机械性质

Tab. 1 The physical properties of tested soils

粒级含量 / 土壤类型	粒径分布(mm)						流限	塑限
	2～0.25	0.25～0.05	0.05～0.01	0.01～0.005	0.005～0.001	<0.001		
黏土	1.74%	33.06%	20.64%	7.22%	15.05%	22.29%	32.0%	14.0%
中壤土	5.89%	49.88%	23.55%	4.51%	7.77%	8.40%	23.0%	13.6%

注:1. 土壤分类按《62土规程1101-60》。2. 流、塑限测定方法按《土-007$_a$-78(试行)》。

表2 试样含水量

Tab. 2 Water content of tested soils

含水量(%)	黏土	10.0	12.8	20.0	24.3	30.0	20.0 涂泥膜
	中壤土	10.0	12.1	17.5	21.8	25.0	17.5 涂泥膜

1. 不同速度下的摩擦阻力与滑动距离的关系(图3)

摩擦阻力到达第一峰值后,随滑动距离的增加均有所下降。下降的绝对值在滑动速度高时为大。本文用第一峰值作为特征摩擦阻力,以后出现的摩擦阻力均在此意义下。

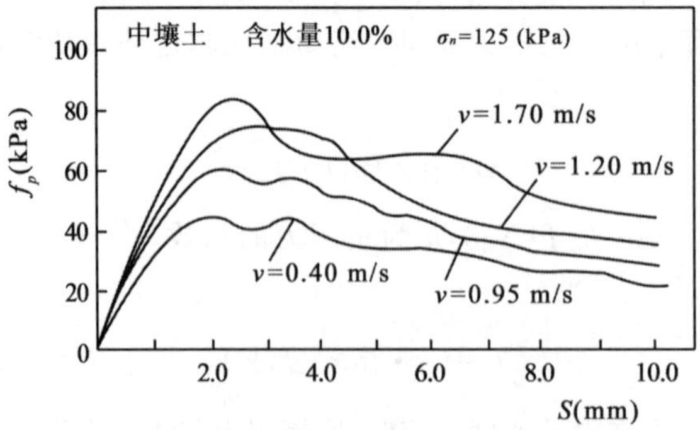

图3 不同滑动速度下摩擦阻力与滑动距离的关系

Fig. 3 Typical friction and displacement response at various sliding speed

2. 单位摩擦阻力与正压力的关系(图 4)

所有的试验结果表明：单位摩擦阻力与正压力的关系为线性关系。说明了滑动速度不改变摩擦阻力与正压力关系的类型。这一结论与前人的研究结果一致[4,6]。

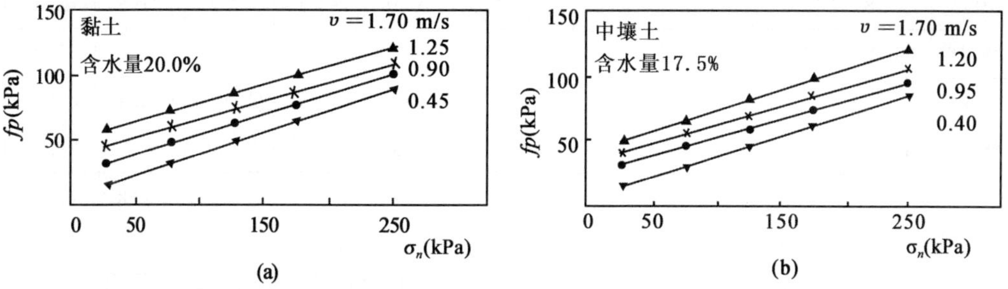

图 4　单位摩擦阻力与正压力的关系

Fig. 4　Experimental relationship between the friction and normal pressure at various sliding speed

3. 单位摩擦阻力与滑动速度的关系

从图 4 还可以看到，随着滑动速度的上升，黏附力随之上升，外摩擦角变化不明显。在 $f_p - \ln v$ 坐标上(图 5)，可以看到在不同正压力下，f_p 与 $\ln v$ 的关系基本上是一组平行的直线，说明用式(4)描述摩擦阻力与滑动速度的关系是合适的。

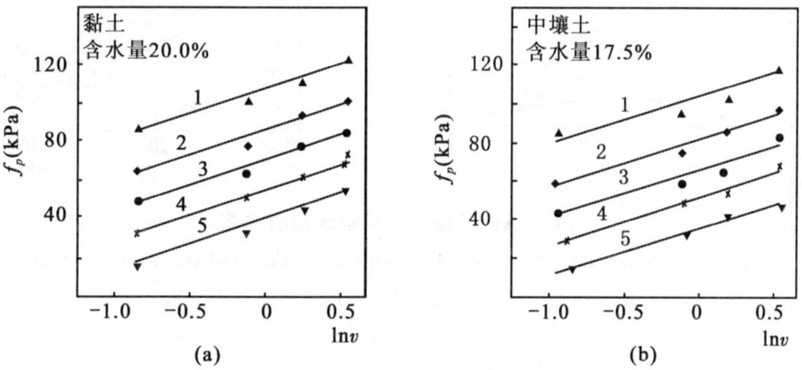

图 5　单位摩擦阻力与滑动速度的关系

Fig. 5　Variation of f_p with ln v at various normal pressure

1. σ_n=250 kPa　2. σ_n=175 kPa　3. σ_n=125 kPa　4. σ_n=75 kPa　5. σ_n=25 kPa

4. 摩擦阻力与滑动速度、正压力关系的验证

用(6)式对所有的试验数据进行了多元线性回归，回归结果如表 3 所示，对所有的回归方程的显著性检验表明都在 $F_{0.01}$ 下显著，从而在常见土壤及含水量范围内验证了式(6)的适用性。

5. 单位摩擦阻力与含水量的关系(图 6)

在各种滑动速度下，摩擦阻力与含水量呈单峰型关系，最大摩擦阻力出现在塑限附近。这一结论与文献 9 结果一致。对于黏土，含水量超过一定值后，摩擦阻力明显下降，对于沙土，下降则很平缓。

表 3 回归方程系数

Tab.3 Regressed coefficients of test results by equation (6)

系数	土壤类型及含水量(%)											
	黏土						中壤土					
	10.0	12.8	20.0	24.3	30.0	20.0(涂)	10.0	12.1	17.5	21.8	25.0	17.5(涂)
C'	35.16	34.07	33.15	18.25	12.85	39.86	30.28	28.11	29.31	26.60	25.31	35.74
$\tan\phi_a$	0.2980	0.3399	0.2968	0.1624	0.1427	0.3094	0.3038	0.3177	0.2958	0.2310	0.2553	0.3192
A	36.35	38.86	27.99	20.54	14.94	28.23	18.38	20.67	24.56	14.72	22.17	31.41

单位:f_p(kPa),σ_n(kPa),v(m/s)

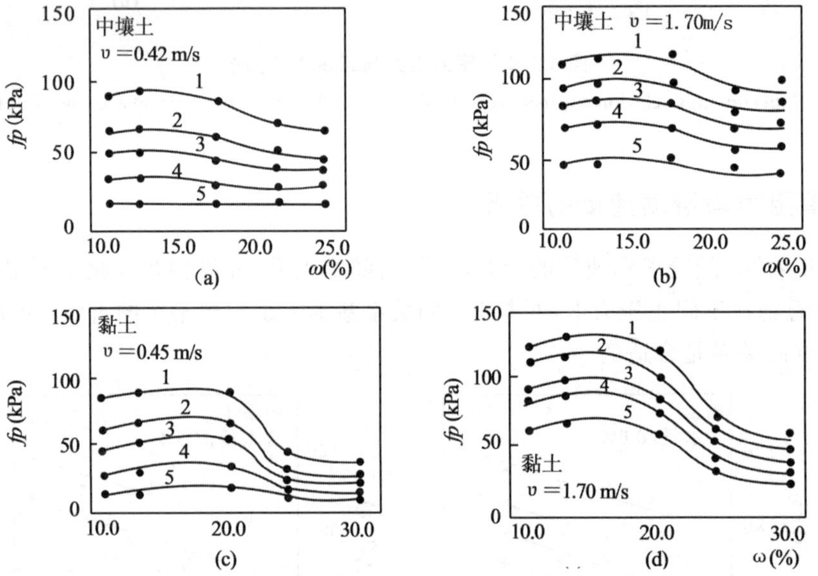

图 6 单位摩擦阻力与含水量的关系

Fig. 6 Experimental relationship between the friction and soil water content

1. σ_n=250 kPa 2. σ_n=175 kPa 3. σ_n=125 kPa 4. σ_n=75 kPa 5. σ_n=25 kPa

6.金属表面泥膜对摩擦阻力的影响(图 7)

试验是在黏土含水量为 20.0%、中壤土含水量为 17.5%时进行的。试验前先用相同的土壤按试验摩擦方向涂抹金属表面,直至出现较明显的泥膜。结果表明:金属表面的泥膜使黏附力上升,主要表现在 C' 和 A 值的增加,对外摩擦角影响不大。

五、结论

(1)作者从金属-土壤摩擦的机理出发,提出了用非牛顿流体方程描述摩擦阻力与滑动速度的关系,并结合应变率过程理论,推导得到了摩擦阻力与滑动速度和正压力三者的关系式。这一结果使得在考虑金属-土壤的摩擦问题时,计入滑动速度的影响成为可能。

(2)在不同滑动速度下,摩擦阻力与正压力的关系均是线性的。

(3)摩擦阻力与土壤含水量的关系为单峰型,最大摩擦阻力出现在塑限附近。

(4)金属表面泥膜对摩擦阻力的影响主要表现在黏附力的增加上。

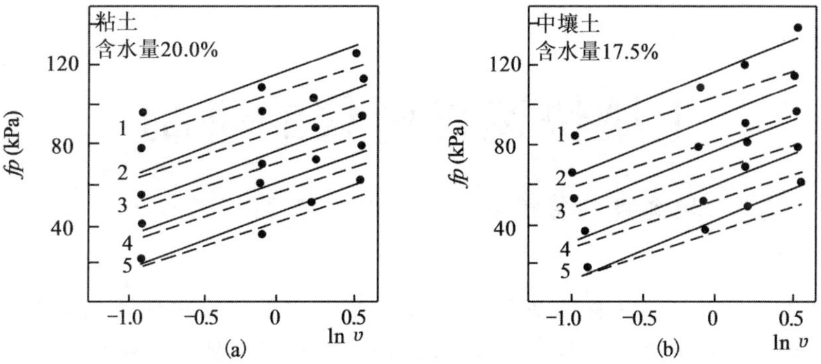

图 7　金属表面泥膜对摩擦阻力的影响

1. σ_n=250 kPa　2. σ_n=175 kPa　3. σ_n=125 kPa　4. σ_n=75 kPa　5. σ_n=25 kPa

其中—涂有泥膜时的摩擦阻力　----未涂泥膜时的摩擦阻力

Fig. 7　Effects of soil film on metal surface on the friction

——The friction with soil film　---- The friction without soil film

参考文献

[1] Mitchell J. K. Fundamentals of soil behavior. New York, John Wiley & Sons Inc. , 1976.

[2] 潘君拯. Mitchell J. K. 土壤应变率过程理论简介. 不同土壤及工作部件参数测定与仪器装备讨论会论文, 1983.

[3] 维亚洛夫 C. C. 土力学的流变原理. 北京:科学出版社, 1987.

[4] Payne P. C. J. A field method of measuring soil metal friction. J. Soil Science, 1954 (2).

[5] БурченкоП. Н. ХумаровР. Т. КащаевВ. А. Олределение КозФФициента трения Материалов цри Контактес Почвой, Мехн. и Электр. Сочс－х, 1971 (12).

[5] Byp^eHRo n. H. XywapoB P. T. KamaeB B. A. OjipenejieHHe Ko3(j)4>HHHeHTa Tpennn MaTepnajioB npH KoHTaKTe c IldBoft, Mexn. e SjieKTp. Cohc-x, 1971 (12).

[6] Stafford J. V. Tanner D. W. Effect of rate on soil shear strength and soil-metal friction Ⅰ. Soil-Metal Friction. Soil & Tillage Research, 1983 (3).

[7] Moore D. F. The friction and lubrication of elastomers. Pergamon Press, Oxford 1972.

[8] 摩尔 D. F. 摩擦学原理和应用. 机械工业出版社, 1982.

[9] 张际先. 土壤对固体材料黏附与摩擦性能的研究. 江苏工学院博士学位论文, 1985.

[10] 姚禹肃, 曾德超, 杨亚川, 等. 土壤快速直剪仪的研制. 北京农业工程大学学报, 1988(2).

Investigation on the Relationship Between Sliding Speed and Soil-Metal Friction

Yao Yusu　Zeng Dechao

Abstract　Through analysis on the fundamental behaviour of soil-metal friction, a conclusion that non-Newton flow equation can be applied to describe the mechanics of soil-metal friction was drawn in this paper. Based on the Rate Process Theory, an expression of the frictional resistance as function of sliding speed and normal pressure was established and verified with tests employing a high speed shear test device constructed by the authors for the present purpose.

土壤快速直剪仪的研制*

姚禹肃　曾德超　杨亚川　王颖　张心平

摘要　根据耕作与驱动领域的特殊要求，研制了适用于测量常用耕作速度范围内土壤抗剪强度和金属—土壤摩擦阻力的直接剪力仪。该系统采用液压加载，利用微机进行数据采集和处理，具有较高的测量精度和自动化程度。该系统的研制为农业工程领域中土壤力学参数的研究提供了必要的手段。

关键词　直接测量，仪器，剪切强度

农业工程领域中现有的用于实验室内测定土壤力学参数的仪器都是土木工程中所用的仪器。这些仪器的加载速度非常低(10^{-10}～10^{-4} m/s)，与耕作和驱动机具的工作速度相差极大。为了获得较高加载速度下的土壤力学参数值以及研究加载速度与土壤力学参数之间的关系，有必要研制高速加载式土壤力学参数测定仪。

在耕作与驱动力学常用的土壤力学参数中，土壤剪切强度与土壤-金属之间的摩擦力是两个重要参数。为了研究它们与加载速度、正压力和土壤类型、含水量、容量的关系，笔者研制了高速加载式直接剪切仪。

测定土壤抗剪强度的仪器主要有三轴剪力仪、直接剪力仪、圆环叶片剪力仪和十字板剪力仪等。其中直接剪力仪和圆环叶片剪力仪也可用于测量土壤-金属的摩擦阻力。三轴剪力仪的加载方式比较合理，得到的数据也较多，被许多研究者用于实验室内进行土壤强度的研究。然而由于土样的体积变化会引起围压的变化，因而轴向压力加载速度很难提高到耕作速度范围内。其余各种剪切仪器的加载速度则比较容易提高。国外研究者使用的加载速度在耕速范围内的剪切装置主要有以下几种。

J. M. Flemniken[1]研究了不同加载速度下土壤的无侧限强度。他所用的仪器是落块式无侧限压缩仪，靠重块的势能提供加载能量。初始加载速度靠调节重块与土样的相对位置获得。显然，加载速度在加载过程中是变化的，而且只能进行土壤的无侧限压缩试验。

T. L. Hanson[2]所用的试验仪器是一种液压加载装置。通过油缸的回缩剪切土样。最大剪切速度达到 2.28 m/s。剪切装置与直剪仪类似，但不能加正压力。该剪切装置在一架能够快速旋转的悬臂上，靠悬臂旋转提供的离心力来减少冲击载荷。遗憾的是因无法在土壤试样上加法向压力，因而得不到剪切强度随正压力的变化规律。

Stattord[3]用旋转式剪切仪进行了土壤强度与剪切速度的关系的研究。剪切头靠电机驱动，用机械变速器调速，最大剪切速度达 5 m/s。为了保证剪切在恒定的速度下进行，安置了快速接合式离合器。

前两种装置的功能较少，能够得到的规律有限。后一种装置的主要缺点是，由于剪应力峰值出现在前 20°～30°的剪切角中，而快速接合式离合器很难保证剪切头在前几度即达到速度稳定，故剪切过程中的速度是变化的。

尽管直剪仪存在一些缺点，如剪切面是事先定好的，剪切面上的剪应力和正压力分布不匀，且剪切面积在变化，排水条件不易控制等，但它的加载方式与农具对土壤的作用比较相近，这对于耕作动力学的研究是明显的优点。现有的力学手段还无法精确描述土体在耕具作用下的破坏过程，因而用试验逼近的方法是必要的。圆环叶片剪力仪和十字板剪力仪亦有直剪仪的缺点，且不易在剪切开始时即能达

* 本文出处：北京农业工程大学学报，1988 年，第 8 卷第 2 期

到稳定速度，因此，笔者选择直接剪力式剪切仪作为研制对象。

1　装置研究

试验装置(图 1)由快速加载系统、正压力加载系统、剪切装置，测量装置和数据采集系统组成。

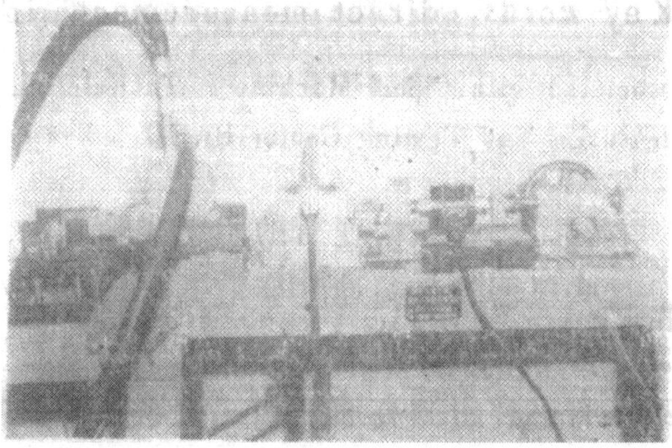

图 1　高速土壤剪切仪

1.1　快速加载装置

作为快速剪切仪的速度加载系统，主要有以下几点要求：①最大速度达到一般犁的耕作速度或更高；②速度能在一定范围内调节；③系统的负载特性硬，即在外负载变化的情况下，速度下降小。

液压加载系统的负载特性取决于电机的负载特性及液压元件的泄露，经试用，基本上能满足本系统的要求。采用变量式叶片泵可以达到速度调节的要求；合理选择泵的流量和油缸的有效面积可以使油缸活塞杆达到较高的运动速度；而且整个机构容易布置，因此采用液压加载方式。经测定，油缸的加载速度可达 1.70 m/s。

1.2　正压力加载装置

现有直剪仪的正压力加载装置均采用杠杆式加载方式，这在慢速剪切时符合要求；在快速剪切时，因土壤的剪胀会使上剪切盒向上运动，这时杠杆的顶端也向上运动，而顶端的重量较轻，不足以及时阻止杠杆顶端在惯性力作用下向上运动，加载杠杆就可能脱离上剪切盒，导致正压力在剪切过程中逐渐减小。因此本装置采用了直接加载方式。

1.3　数据测量和采集系统

该系统测量的量为剪切总阻力和剪切位移，它们分别由拉压传感器和精密电阻式位移传感器测量。测量原理见图 2。从拉压传感器出来的电压信号经动态应变仪放大，输入到 A/D 转换板，位移传感器配用 5V 直流电压，故输出的信号可直接接入 A/D 转换板。数据采集和处理由汇编程序实现。

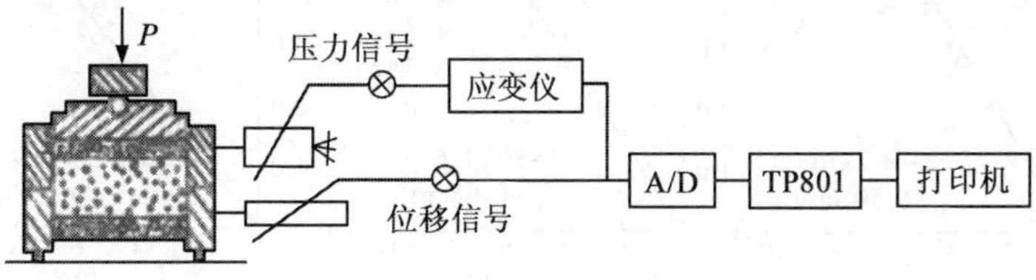

图 2　测量系统示意图

汇编程序的设计主要考虑了以下要求：1)采样起点以剪切位移为基准，一般当位移达到 0.5 mm 时即开始采样，以保证试验和数据采集的同步性；2)采样间隔可以任意调节，以适应各种工作速度；3)可以用于静态监视。采样结果后，用五点加权法对位移进行光滑处理并微分，求得剪切速度。采集和计算结束后用打印机输出试验条件表、剪切速度平均值、剪切位移和剪切应力。

试验前先调节好变量泵的油量调节螺钉(即调节油缸活塞杆速度)和背压阀工作压力。开启电机，等转速平稳后，将荷阀的工作压力调节到一额定压力，一般以 5.88 MPa(60 kg/cm^2)为宜，接着启动换向阀而使油缸动作。活塞杆与下剪切盒之间留有 3 cm 的空隙。上述措施可以保证剪切在速度平稳的状况下进行。

2 仪器性能的检验

为证明该系统的适用性，进行了指标考察试验。

2.1 剪切过程中试样正压力的变化

理想的剪切过程中正压力应当是恒定的。检验时剪切盒内安装有压力传感器，安装位置如图 3 所示。测得的结果如图 4 所示。各额定的正压力值在剪切过程中都有所减小。最大减少量发生在边缘处，且以额定正压力为 147 kPa 时最大。其相对变化值在剪切位移为 6 mm 时是 7.14%，可见波动量不大。在前 6 mm 的剪切过程中，可以认为正压力近似不变。

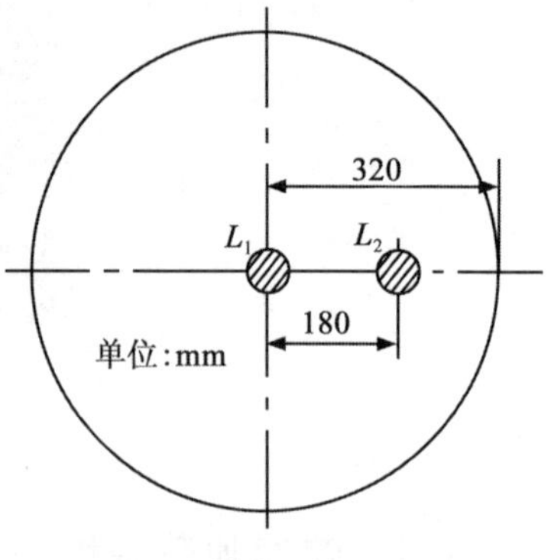

图 3 传感器的安装位置

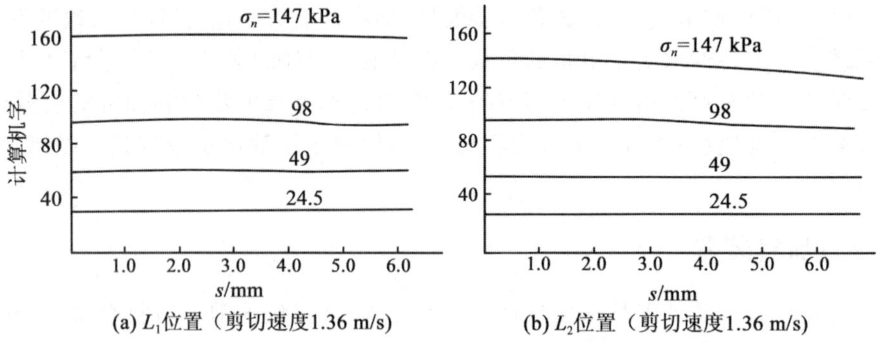

图 4 剪切过程中正压力的变化

2.2 剪切过程中速度的安化

验证结果(图 5)表明，在最大剪切阻力小于 589 N，剪切速度大于 0.25 m/s 的情况下，剪切速度都

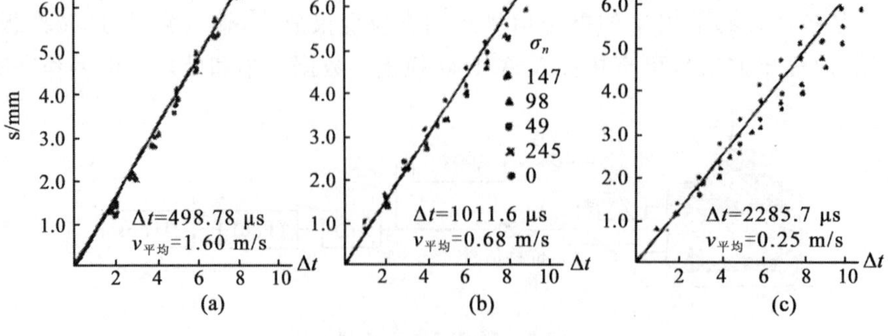

图 5 剪切系统的负载特性

比较均匀，最大瞬时加速不超过 0.5 m/s^2，所产生的惯性扰动阻力不超 1.47 N。这是可以被接受的。

当速度小于 0.25 m/s 时，在调定速度下，不同载荷所造成的实际速度差的相对值超过 20%，显然变化较大，不利于在同一速度下作不同正压力情况的剪切值的比较。因此，建议最小使用速度取为 0.25 m/s。这样，该系统的实用速度调节范围为 0.25～1.70 m/s 。

2.3　剪切盒摩擦阻力的测定

剪切过程中，上下两剪切盒处于相互摩擦状态。因此实际剪切应力为输出剪切应力与空载单位摩擦阻力之差。空载摩擦阻力测定结果如图 6 所示。从图中可见，空载摩擦阻力随速度的增加而增加，最大值可达 15.7 kPa，该值出现时的位移量随速度的增加而向后移动。

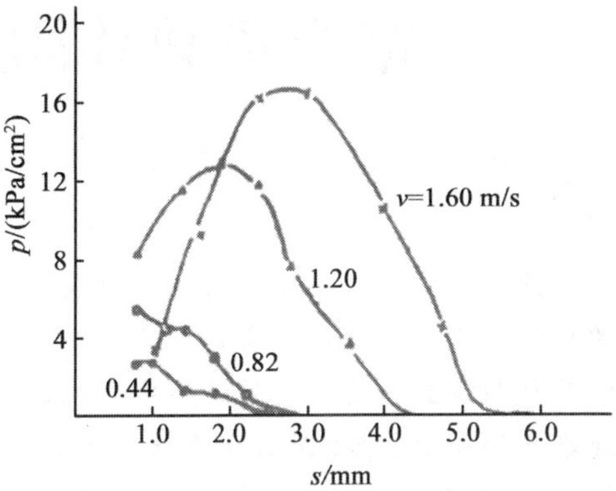

图 6　直剪仪的空载阻力

3　结论

与土木工程中的工况不同，所有的农业机具都是在较高的速度下工作的。但作为预测耕作阻力的主要参数——土壤剪切强度却长期借用土工仪器，在静态的情况下进行测量，这显然是不合理的。本装置填补了这项空白。检验性试验表明，本装置能在 0.25～1.70 m/s 剪切速度下可靠工作，这为研究不同工作速度下土壤的剪切强度和金属—土壤的摩擦阻力提供了必要的手段。应用 TP801 型单板机进行数据采集和处理，加快了数据处理的速度，提高了试验精度。

现有的加载方法不可避免对土壤有固结作用，这对研究土壤容重与剪切强度和摩擦阻力的影响是一个不利因素。因此，下一步工作应对正压力加载装置作进一步的改进。

参考文献

[1] Flenniken J. M, Hefner R. E and Weber J. A. Dynamic soil strength parameters from unconfined compression tests. Trans. ASAE. 1977:21-29

[2] Hanson T. L, Johnson H. P and Yong D. F. Dynamics shearing resistance of soil. Trans. ASAE. 1967:439-447

[3] Stafford J. V and Tanner D. W. Effect of rate on soil shear strength and soil metal friction I shear strength. Soil&Tillage Research. 1983:245-260

[4] 许广赓，千杰. 电脑控制非饱和土壤动载真三轴仪的研究. 农业机械学报，1985，16(4):50

Developing a High Speed Direct Shear Instrument

Yao Yusu　Zeng Dechao　Yang Yachuan　Wang Ying　Zhang Xingping

Abstract　A high-speed direct shear instrument which is composed of a shear part, a hydraulic device and a micro-processor is developed in order to meet the special demand in soil dynamics researches. The system can be used to measure the soil shear strength and soil-metal friction at various speed.

Key words　direct measurement, instrument, shear strength

宽窄齿耕作阻力预测理论的研究(一)*

姚禹肃　曾德超

摘要　首次给出了带有耕作速度项的完整的宽窄齿耕作阻力预测模型。通过力学分析，把宽窄齿的耕作阻力分解成侧刃剪切阻力、底刃切削阻力、土壤挤压阻力、摩擦阻力和惯性力阻力，并应用土壤力学参数与加载速度的关系的研究成果，推导得到了上述阻力的显式表达式。耕作速度对阻力的影响体现在剪切阻力、摩擦阻力和惯性力阻力上。

关键词　地面车辆力学，阻力预测模型

宽窄齿耕作阻力预测理论的研究是农业耕作力学中的经典问题。从 50 年代起，以英国学者为首的研究者陆续建立了宽窄齿阻力预测理论。这些理论的核心是假定土壤为刚塑性体，通过试验的定性观察，设定破坏面的形状，然后用静力平衡原理求解，建立阻力预测模型，有时也应用滑移线场理论求解。宽齿理论的最有成就者为 Reece[1]。窄齿理论的主要研究者有 Payne[2]，Hettiarach 等[3]，Mckyes[4]，Godwin 等[5]和 Perumpral[6]。他们建立的预测模型归结起来主要有以下缺陷：①没有考虑耕作速度的影响；②由于宽窄齿的划分，使得在形状参数 $0.5<H/b<1$ 范围内的刀齿阻力还没有可行的理论预测模型；③严格说，它们只能用于沙壤土和含水量低于塑限的情形，理论的应用面窄；④这些理论很难推广到如凿形铲、犁铧等耕作部件的阻力预测上去。

耕作阻力与耕作速度的关系类型，按 Stafford[7]等的试验结果判断，可以认为是指数关系，有 $n<1$，$n=1$ 和 $n>1$ 这 3 种。预测不同耕作速度下耕作阻力的研究者主要有 Wismer[8]和 Stafford[8]，但他们没有得到完整的预测模型。

本文将针对以往研究的不足，提出一个计入耕作速度效应、比较完整的宽窄齿耕作阻力预测公式。

1　刀板前方土壤的运动场及刀板受力分析

建立如图 1 所示的坐标系，其中 x 轴平行于刀板的前进方向，且通过刀板底刃的中点，故 xz 面是对称面。这里只分析 $y>0$ 一侧的情形。

从边界 $DCBGFOEA$，沿 $y\to\infty$ 轴方向延伸到 y 所围成的区域，设为 Ω_1 域。当离开边界 $DCBGFOEA$ 一定距离后，可以认为土体没有运动(变形)。对该边界附近土体的运动情况可以作如下分析：$DCAEO$ 线在 yz 面上的投影即为耕后地沟某一横截面的一侧(图 1 中的 OAC)。尽管有一些事实证明存在 OAC 边外侧土体被压实的情况(这说明该边附近土体有运动)，但这种变形显然大大小于扰动区土体的运动，因此这里略去不计，故 Ω_1 域土体的速度为零，即 $v_1|_{\Omega_1}=0$。

可以认为在某一时刻位于刀板前方离开刀板一段距离后的土体没有运动。这里设定 OO_1F_1FO 为零速度边界，则从该边界(与刀板等宽度)沿 x 轴方向延伸到 $x\to\infty$ 所围成的区域内的土体没有运动。设该区域为 Ω_2，则 $v_2|_{\Omega_2}=0$。

以 $GEE_1G_1GBAA_1B_1B$ 区域为 Ω_4。该域内的土体作刚体运动，绝对运动速度为 v_f，可以从图 2 所示的速度三角形中求得：$v_f=v\sin\alpha/\sin(\alpha+\beta)$。土体与刀板的相对运动速度为 v_e，$v_e=v\sin\beta/\sin(\alpha+\beta)$ 故 $v_4|_{\Omega_4}=v_f$ 方向与地平面成 β 角。GEE_1G_1G 面上的速度均为 v_f。

* 本文出处：北京农业工程大学学报，1989 年，第 9 卷第 3 期

以 $OO_1F_1FOEE_1G_1GE$ 区域为 Ω_3 域。该区域内土体的速度从 OO_1F_1FO 边界上的 $v_2=0$ 变化到 GEE_1G_1G 边界上的 $v_4=v_f$。

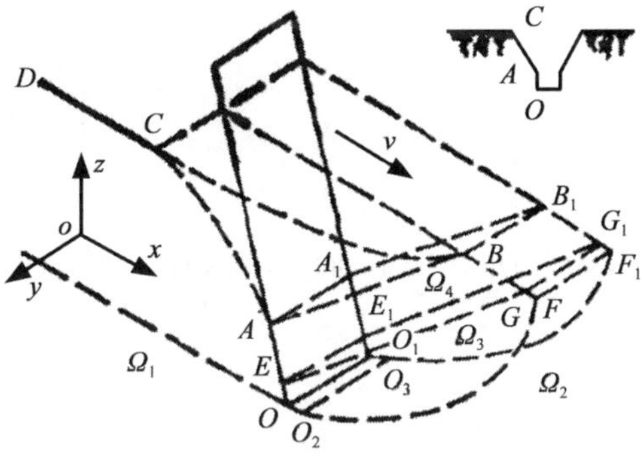

图 1

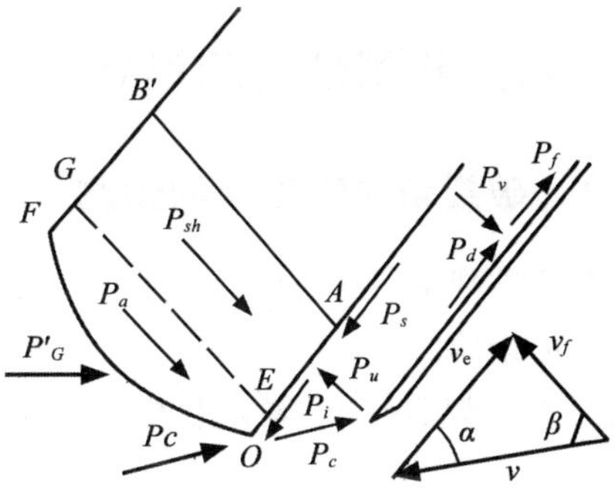

图 2

把刀板作用下的土体作整体考虑。应用虚功率原理[10]，在有速度间断场的情况下，外力(其反力即为刀板阻力)所作的虚功率等于土体内部变形所消耗的虚功率、速度间断面所消耗的虚功率、土体变形加速度所消耗的虚功率之和(忽略土体所受的重力)。因此，可以认为刀板所受到的阻力由土体的变形阻力、速度间断面阻力、土体的变形加速度阻力组成。

显然，$ABFOEA$ 面为一速度间断面。定义该间断面上的阻力为侧刃剪切阻力。

刀板的底刃切削使底刃附近区域内存在速度间断面。设这一间断面为 $OO_1O_3O_2O$ 面。定义该间断面上的阻力为底刃切削阻力。

在 Ω_3 域内土体的速度是连续变化的(这里设定 $OO_1O_3O_2O$ 间断面很小，可以不考虑该面上速度的法向连续)，因此对刀板有一惯性力阻力。

由于上述分析中均假定了各区域的速度沿 y 方向不变，以后的分析将在 xz 面上进行。

取如图 2 所示的土体为隔离体，P_{sh} 为间断面 $ABFOEA$ 及其对称间断面上的总阻力，即侧刃剪切阻力，P_a 为 Ω_3 域土体变形加速度产生的惯性力。在 OF 边界上作用有力 P'_G。上述力的合力为 P_d 和 P_v，其中 P_v 垂直于刀板，P_d 平行于刀板。P_v 产生摩擦阻力 P_f。刀板所受到的力如图 2 所示。

下面分析 2 个主要阻力 P_{sh} 和 P'_G。

按 Ω_4 域内土体的绝对运动方向(与地面成 β 角)和刀板宽度线所组成的平面细分 Ω_4 域(图 3)，则每一微块和 Ω_1 域土体的相对剪切与直剪仪对土样的剪切一致。从 EG 边到 AB 边土体的剪切位移逐渐增大，设到 AB 边后达到破坏值，则在 AB 边形成侧向剪裂带。设定 ABB_1A_1 面(图 1)以上的土体已经破裂，以后将不直接计算该部分阻力。

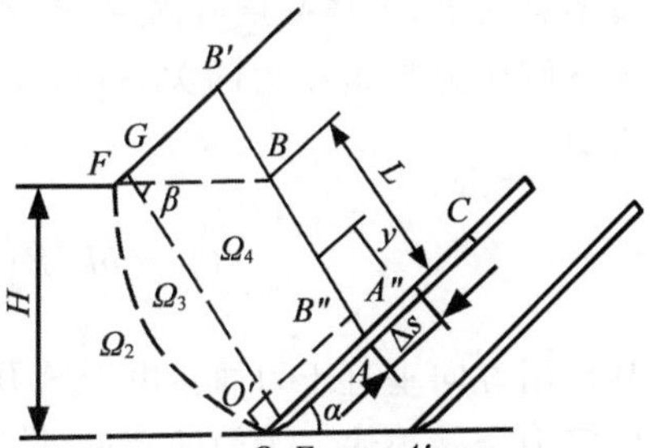

图 3

关于阻力 P'_G。见图 3，如果土壤受到切削时不存在挤压，则原先位于刀尖的土质点 A'，在刀尖向前运动到 O 点后应达到 A''，即 $OA'=OA''$。实际上，由于挤压的存在，该土质点到达 A 点，挤压位移为 AA'，方向沿土壤一刀板的相对运动方向，因此可以认为力 P'_G 主要来自隔离体内土体的挤压。以后将不直接求解 P'_G，而只求 P'_G 对刀板的等效作用力 P_G。(方向垂直于刀面)。假定 AB 面上的挤压阻力以点 A 为最大，到自由表面为零，近似于三角形分布。

根据苏联学者 В. П. ГОРЯЧКиН 求得的剪裂破坏面与地面的夹角作为土体在刀板作用下的绝对运动方向，则

$$\beta=90°-(\alpha+\phi_a+\phi)/2 \tag{1}$$

其中：α 为切削角；ϕ_a 为外摩擦角；ϕ 为内摩擦角。

2 阻力预测公式的推导

2.1 破裂带 AB 位置的预测

在预测破裂带 AB 的位置和建立侧刃剪切阻力公式时，认为 Ω_s 域很小，而不考虑 Ω_s 土体速度的变化所带来的影响。

从图 3 可以看到，土壤 AB 微块的相对剪切位移为

$$\gamma_A=\frac{v\Delta t\sin\alpha/\sin(\alpha+\beta)}{H/\sin\beta-v\Delta t\sin\alpha/\sin(\alpha+\beta)}$$

其中 Δt 为刀尖从 A' 移到 O 点的时间，其余参数意义如图 3 所示。

由于该土壤微块已到达剪裂带，故 $\gamma_A=\varepsilon_r$，设 ε_r 为土壤的相对剪切破坏位移，则可求得该土壤微块离刀尖的距离为

$$L_2=OA=\frac{H\varepsilon_r}{(1+\varepsilon_r)\sin\alpha} \tag{2}$$

同理可得到该微块受到的相对剪切速率

$$\dot{\gamma}=\frac{v_f}{L}=\frac{v\sin\beta}{\sin(\alpha+\beta)(H/\sin\alpha-L_2)} \tag{3}$$

2.2 刀板受到的挤压阻力

取图 3 中的 $OO'B''A$ 土微块（宽度为 b）作为分离体（图 4），可求得压缩应变

$$\varepsilon=\Delta S/OA''=1-\sin\beta/\sin(\alpha+\beta) \tag{4}$$

该微块处于侧限压缩状态（其中刀板侧为刚性限制），可按土壤承压曲线（本模型意义下，土体高度应固定）决定 P_0 与 ε 的关系，设 $P_0=P(\varepsilon)$。按侧限压缩情况下侧压力与正压力的关系，得 $P_S=P(1-\sin\phi)$，则 OA 段刀板受到的挤压阻力为

$$P_{G1}=bL_2P\left(1-\frac{\sin\beta}{\sin(\alpha+\beta)}\right)(1-\sin\phi) \tag{5}$$

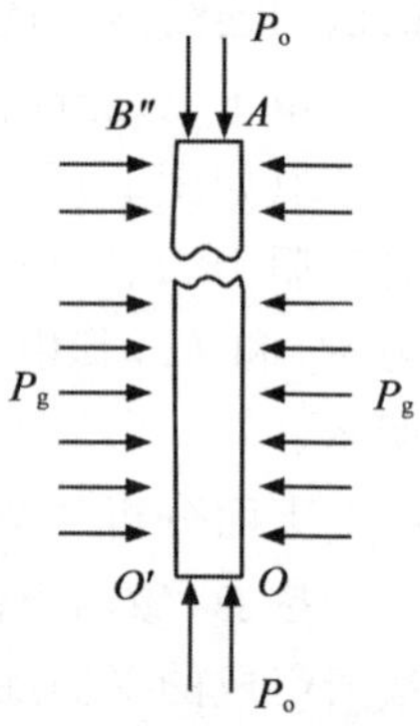

图 4

其作用方向垂直于刀面。由于 AB 为侧向剪切破坏带，AB 线上方的土体已不存在挤压条件，因此挤压阻力衰减很快。为简便起见，设以线性衰减，到达点 C（根据试算，以该点离刀尖的距离为 H 时适宜，H 为耕深）后挤压应力为零，则这部分的挤压阻力可表示为

$$P_{G2}=\frac{1}{2}b(H-L_2)(1-\sin\phi)P\left[1-\frac{\sin\beta}{\sin(\alpha+\beta)}\right]$$

总挤压力为

$$P_G=\frac{1}{2}b(H+L_2)(1-\sin\phi)P\left[1-\frac{\sin\beta}{\sin(\alpha+\beta)}\right] \tag{6}$$

2.3 刀板侧刃对土壤的剪切阻力

AB 剪裂带点 A(微元)受到的正压力(垂直于剪切面)为 $\sigma_A=P_0(1-\sin\varnothing)$，离点 A 距离为 y 位置上微元的正压力 $\sigma_y=P_0(1-\sin\varnothing)(L-y)/L$。该剪裂带内剪应力与正压力的关系应满足文〔11〕中的式(11)，由此可以求得侧刃剪切阻力

$$P_{剪}=K_5LL_2\dot{\gamma}^{K_1}\frac{[1+K_3P_0(1-\sin\varnothing)]^{K_2+1}-1}{K_3P_0(1+K_2)(1-\sin\varnothing)} \tag{7}$$

2.4 惯性力阻力

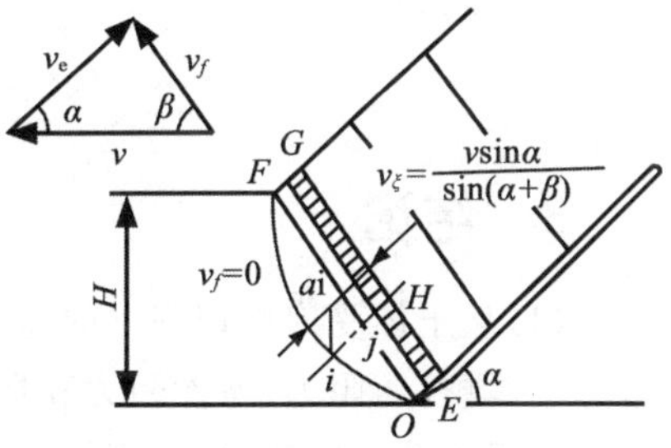

图 5

见图 5，考虑 $OFGE$ 区域(Ω_3)。在该区域内，土壤的绝对运动速度从 OF 边的零变化到 EG 边的 v_f。

考虑一平行于刀板的平面 H，土体的速度从 i 端的零增加到 j 端的 v_f，设为线性增加，且该面上的速度始终与 v_f 同方向，由此可以推得惯性阻力

$$P_a=\frac{\gamma_{湿}}{g}bH\frac{v^2\sin\alpha}{\sin^2(\alpha+\beta)} \tag{8}$$

其中：$\gamma_{湿}$ 湿为土壤的湿容量；g 为重力加速度。

2.5 底刃的切削阻力

曾德超教授曾用钢丝模拟铧刃的切土过程，得到了铲刃正面切削下单位宽度阻力的表达式[12]。考虑到切削深度的影响，将该式改写成

$$P=Q_0t^{n-1}H^m \tag{9}$$

其中：n,m 为常数；t 为刃口厚度；贯入阻力系数 Q_0 与土壤的坚实度、含水量、质地和切削速度有关。对于未磨钝的耕具，刃口厚度一般在 1～2 mm 内，根据该文的结果，刃口单位切削阻力在 10 N/cm 左右，因此总的刃口切削阻力占总牵引阻力的比例不大。在这里，假设 Q_0 相对于土壤状态和耕作速度为定值，故总切削阻力可表示为

$$P_C=bQ_0t^{n-1}H^m \tag{10}$$

2.6 摩擦阻力

垂直于刀面的力为

$$P_V=(P_{剪}+P_a)\cos(90°-\alpha-\beta)+P_C \tag{11}$$

将相对滑动速度 $v_e=v\sin\beta/\sin(\alpha+\beta)$ 和 P_V，代入式(13)中的式(6)，即可得到摩擦阻力。考虑到实际摩擦阻力在较高的滑动速度下有下降[13]，假定这种下降只表现于黏附力，且以滑动速度 0.1 m/s 为起点，下降系数为 K_f，则摩擦阻力为

当 $v<0.1$ m/s 时

$$P_f=\{C'+A\ln[v\sin\beta/\sin(\alpha+\beta)]\}bH+P_V\tan\varnothing_a$$

当 $v>0.1$ m/s 且 $K_f\{C'+A\ln[v\sin\beta/\sin(\alpha+\beta)]\}<C'-3A$ 时

$$P_f=(C'-3A)bH+P_V\tan\varnothing_a$$

当 $v>0.1$ m/s 且 $K_f\{C'+A\ln[v\sin\beta/\sin(\alpha+\beta)]\}<C'-3A$ 时

$$P_f=K_f\{C'+A\ln[v\sin\beta/\sin(\alpha+\beta)]\}bH+P_V\tan\varnothing_a \quad (12)$$

2.7 总牵引阻力和垂直阻力

总牵引阻力为

$$P_x=P_G\sin\alpha+(P_{\text{头}}+P_a)\cos\beta+P_f\cos\alpha+P_C \quad (13)$$

垂直阻力为

$$P_z=(P_{\text{头}}+P_a)\sin\beta+P_G\cos\alpha-P_f\sin\alpha \quad (14)$$

3 结论

(1)从土体受刀板切削下的速度场入手,经过分析认为,刀板受到的阻力由侧刃剪切阻力、底刃切削阻力、土壤挤压阻力、摩擦阻力和惯性力阻力组成。并主要完成了以下工作:①剪裂带的位置预测和侧刃切削阻力公式的建立;②刀板挤压阻力预测公式的推导;③重新推导得到了惯性力阻力预测公式。

(2)与前人建立的模型相比,本文工作有以下特点:①首次在预测模型中全面加入了耕作速度因素;②首次考虑了刀板的挤压阻力;③用侧向剪裂带代替剪裂破坏面,避免了把土壤作为刚塑性体的假设,从而使预测模型具有更广的使用范围;④本预测模型在现有的耕具宽度参数范围内有效,避免了对刀齿宽度划分所带来的不便。

(3)由于采用了阻力分解法,使得预测模型有可能推广到形状复杂的耕具上去。

参考文献

[1] Reece AR. The fundamental equation of earth-moving mechanics proc symp earth-moving machinery, 2, Mech E, 1965:8-14.

[2] Payne PCJ. The relationship between the mechanical properties of soil to the performance of simple cultivation implements. J Agric Eng Res, 1956;1:312-315.

[3] HettiarachiDRP, Reece AR. Symmetrical three-dimensional soil failure. J of Terram, 1967;4(3):45-67.

[4] MekyesE, Ali O S. The cutting of soil by narrow blades. J of Terram, 1977;14(2):43-58.

[5] Godwin R J, Spoor G. Soil failure with narrow tines. Agric Eng Res, 1977;22(4):213-228.

[6] Perumpral J V, Grisso R D, Desai CS. A soil-tool model based on limit equilibrium analysis. Trans ASAE, 1983:(2); 991-995.

[7] Stafford J V. The performance of a rigid tine in relation on soil properties and speed. J Agric Eng Res, 1979;24:41-56.

[8] Wismer R D, Luth H J. Rate effect in soil cutting. J of Terramechanics. 1972;8(3):11-21.

[9] Stafford J V. Force prediction models for brittle and flow failure of soil by draught tillage tools. J Agric Eng Res, 1984;29:51-60.

[10] 王仁,黄文彬. 塑性力学简论. 北京:北京大学出版社,1978:179-182.

[11] Zeng D C, Yao Y S. Investigation on the relationship between soil shear strength and shear strain rate. Bankok: Presentation on the Second Asian-Pacific Conference on Terra-Vehicle System, 1988.

[12] 曾德超. 旱作沙壤土上桦犁犁体曲面阻力分析. 农业机械学报,1964 ;7 (2):79-81.

[13] 姚禹肃,曾德超.金属-土壤摩擦阻力与滑动速度的关系研究.农业机械学报,1988;19 (4):35-36.

Force Prediction Model for Blade and Tine(Ⅰ)

Yao Yusu　Zeng Dechao

Abstract　A force prediction model for blade and tine is put forward by authors in which cutting resistance is divided into side-edge shear, soilcompaction, bottom-edge cutting, friction and inertia forces. The effect of cutting speed on resistance is included in the shear, friction and inertia parts with application of the relationships between soil shear strength, friction and loading speed.

Key words　terramechanics, cultivation forces prediction model

宽窄齿耕作阻力预测理论的研究(二)*

姚禹肃　曾德超

摘要　利用预测模型的计算机程序，计算了耕作阻力与耕作速度、耕深、耕宽、切削角的关系。结果表明，这些关系均与以往的试验结果近似。多种实际工况的计算值与室内土槽试验结果的对照表明，二者相符较好，从而定量地验证了预测模型的合理性。

关键词　地面-车辆力学，阻力预测模型，宽窄齿

1　土壤力学参数的测取

测取土壤压缩参数的装置为一钻床改装而成。压板的运动靠交流调速电机带动螺母-丝杠机构实现。压板为水田静力承压仪用的标准压板，面积为 30 cm^2。装土用的土箱尺寸为 500 mm×300 mm×200 mm。将土壤按一定含水量配制好后，放入土箱，分 5 层击实。制备好的土样的高度为 100 mm，压板的压入速度为 1 cm/s。试验在同一条件下重复 3 次。试验结果用以下方程拟合：

$$p_0=\begin{cases} c_0+c_m\varepsilon^2 & \varepsilon>0.06 \\ c_p\varepsilon^{1/2} & \varepsilon<0.06 \end{cases}$$

其中：p_0 为压力，ε 为压应变；$c_p=4.082c_0+0.0147c_m$，c_0 和 c_m 为常数。

土壤抗剪强度参数及金属-土壤摩擦参数的测取方法和结果见文[1]和[2]。

用本文(一)的式(9)对文[3]表 1 的数据进行回归处理，得到常数 $Q_0=1.926$，$n=1.366$，$m=0.638$(按习惯取刀刃厚度 t/mm，耕深 H/cm)。

对所有工况，土壤相对剪切破坏位移 ε_r 取 0.10，下降系数 K_f 取 0.8。

2　耕作阻力与耕作要素的关系预测及分析

采用 BASIC 语言对预测模型编制计算机程序。计算结果可以用表列或图形输出。

2.1　阻力与耕作速度的关系预测(图 1)

牵引阻力随耕作速度呈指数关系上升，这与文[4-6]中的试验曲线相近。在耕宽较小、切削角较小的情况下，垂直阻力随耕作速度的上升而上升，反之则下降(参见图 2(b)和(c))。牵引阻力与耕作速度的关系主要取决于侧刃剪切阻力和土壤与部件的黏附阻力同加载速度的关系。在耕宽或耕深较小时，惯性力可以忽略不计；在常见耕深、耕宽范围内，惯性力阻力亦不大。当耕深小于 5 cm 时，可以忽略耕作速度对牵引阻力的影响(参见图 2 (a))。

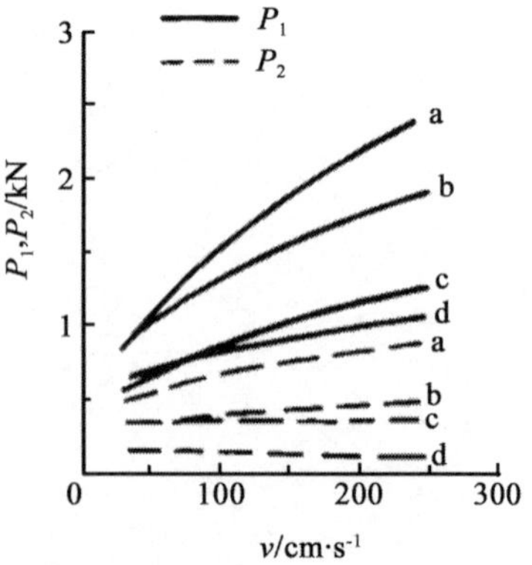

a,b,c,d 为四种不同的切削条件

图 1　耕作阻力与速度的关系

---

* 本文出处：北京农业工程大学学报，1990 年第 10 卷第 2 期

2.2　阻力与耕深的关系预测(图 2(a))

牵引阻力和垂直阻力均与耕深呈指数关系,这与文[7]的试验结果近似。

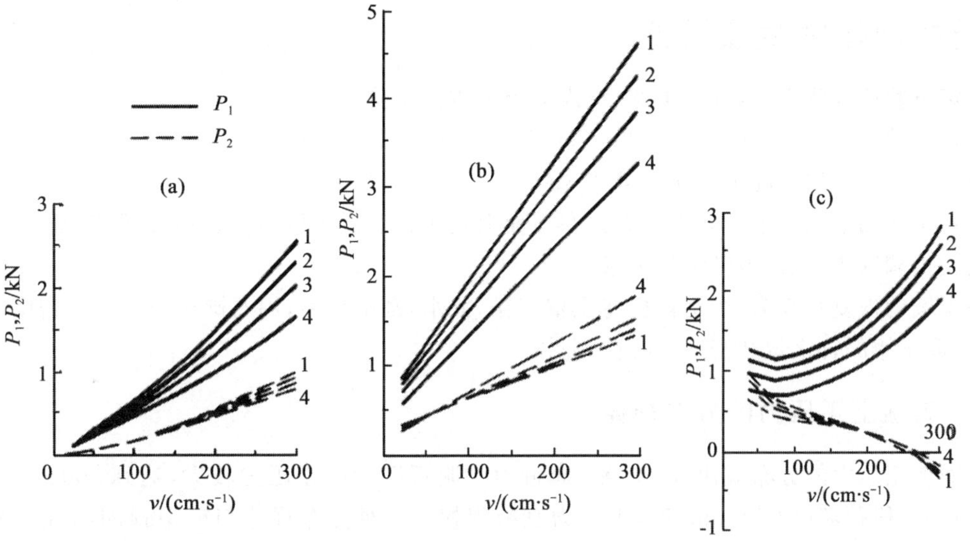

耕作速度 v/cm・s^{-1}:1.240;2.180;3.120;4.60

图 2　耕作阻力与耕深(a)、耕宽(b)和切削角(ε)的关系

2.3　阻力与耕宽的关系预测(图 2 (b))

牵引阻力和垂直阻力与耕宽均呈线性关系,这与文[8]的试验结果近似。该直线的截距即为侧刃剪切阻力在前进方向的分力,而斜率则取决于土壤压缩参数及土壤-金属摩擦系数。对于窄齿,侧刃剪切阻力、挤压阻力和摩擦黏附阻力占总阻力的份额相当;而对于宽齿,挤压阻力和摩擦黏附阻力则上升为主要阻力。

假定实际耕作阻力与耕宽的关系曲线是光滑的,当耕宽相当大时,刀齿切削属于二维问题,因此该曲线应趋于一直线。当耕宽趋于零时,阻力趋于常数 c_d。根据现有的试验资料[8],可以认为该曲线是外凸的(图 3)。

按 Reece 的宽齿理论,牵引阻力-耕宽曲线为一通过原点的直线,因此,不管按该理论所预测的斜率如何合适,它也只在一小区段($\omega_1 \sim \omega_2$)内有实用意义。按窄齿理论,牵引阻力—耕宽曲线为一有截距的直线,假定现有的窄齿理论能获得最高的预测精度,它也只在 $n_1 \sim n_2$ 范围内有足够的精度。这样,在 $n_2 \sim \omega_1$ 和 $\omega_2 \sim \infty$范围内尚无适用的预测模型,而 $n_2 \sim \omega_1$ 恰恰是常见的耕宽范围(图 3)。

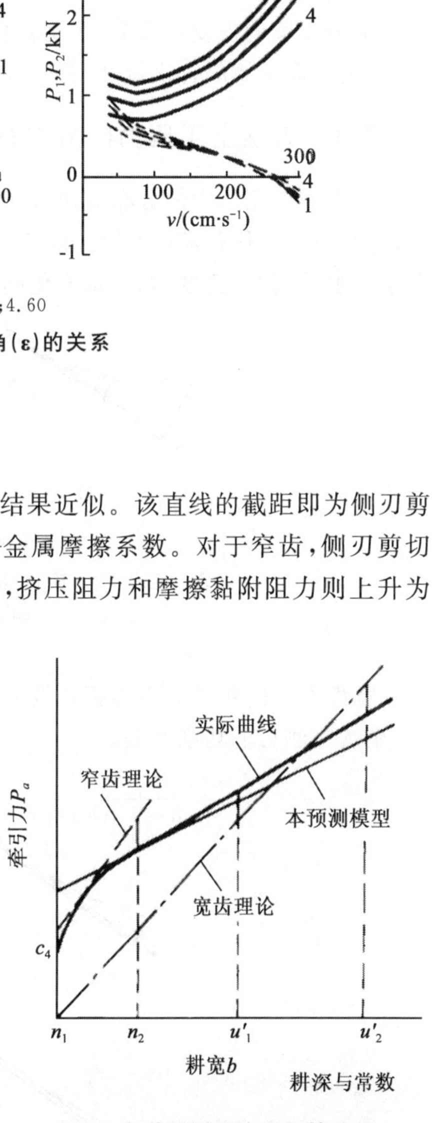

图 3　各种预测理论适用性分析

实际曲线的截距 c_d 的意义为一"理想"平面切削土体的阻力,这种情况与直剪仪对土壤的剪切很类似。c_d 值可以粗略地认为是本模型所示侧刃剪切阻力的 1/2。由于实际耕具还包括挤压、摩擦等阻力,因此总阻力必大于侧刃剪切阻力,可见实际曲线在耕宽 $b=0$ 附近的弯曲是很剧烈的。按最佳预测效果(即本模型预测线的斜率达到最佳)分析,本模型可以在常见耕宽范围内达到实用精度。

2.4 阻力与切削角的关系预测(图 2(c))

曲线的形状与许多研究者的研究结果相符。

3 预测模型的定量验证

为了定量验证预测模型,进行了宽、窄齿的土槽耕作试验。

试验在本校土壤-机器-植物关系试验室内的土槽上完成。土槽长 24 m,宽 2 m,南半段为黏土,北半段为中壤土。台车的最高工作速度可达 3.0 m/s。

采用八角环测量总水平力和垂直力。在刀面上还布置了盒式压力传感器,以测定刀面的压力分布。信号经应变仪调制放大后,由磁带机记录。

土槽土壤的恢复步骤为,用旋耕机将土壤打松,洒水,刮平地表,用石碌压至一定的密度。每次试验前,分段测取土壤的含水量和密度,并进行监视。

3.1 刀板上正压力的分布规律

窄齿面上正压力的分布规律(图 4)是,靠近刀尖附近区域的正压力较大,达到 200～400 kPa 或更大,离开刀尖一段距离(约 70 mm)后,正压力衰减很快。这种分布规律与模型预测的规律相近。正压力随含水量、耕作速度、切削角变化的规律与牵引力随上述因子变化的规律一致。

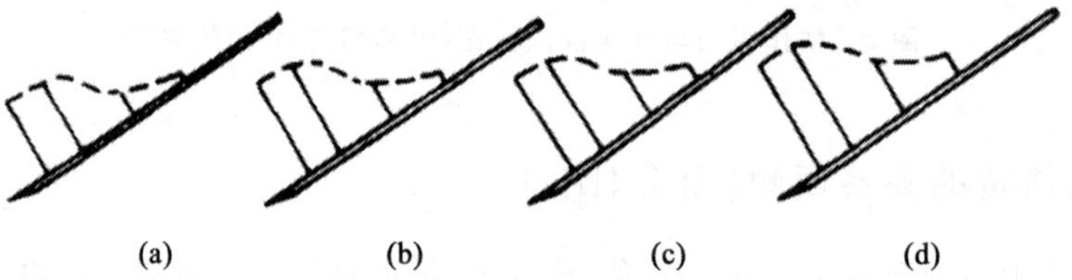

耕作速度 v/cms^{-1}:(a)55;(b)129;(c)186;(d)238

黏土,含水量 14.0%,密度 1.52 g/cm^3,耕宽 4 cm,耕深 16 cm,切削角 36°

图 4 窄齿对称中心线上的正压力分布

宽齿面上的正压力沿刀板长度方向的分布规律与窄齿基本相同(图 5)。刀板边缘的正压力较中心大,显然与侧刃的切削有关。

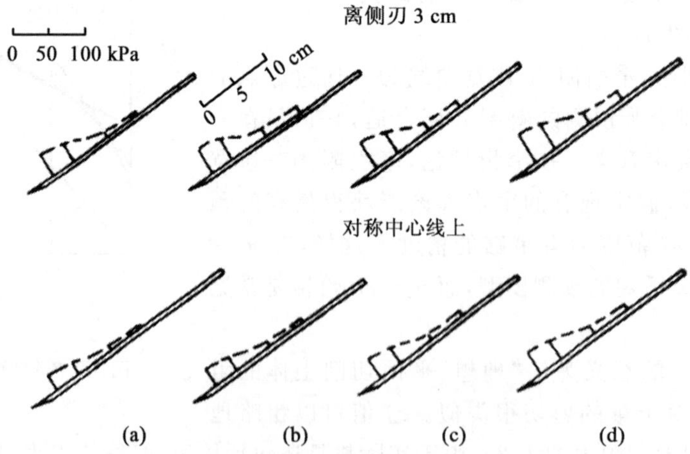

耕作速度 v/cms^{-1}:(a)35;(b)62;(c)142;(d)231

中壤土,含水量 18.0%,密度 1.5 g/cm^3,耕宽 30 cm,耕深 8 cm,切削角 36°

图 5 宽齿面上的正压力分布

3.2　耕作阻力预测值与实测值的比较(图 6)

对于各种耕作工况下牵引阻力随耕作速度的变化趋势,预测值与实际值相符很好。对于窄齿,对垂直阻力随耕作速度变化趋势的预测也很好,但对于宽齿,预测结果差一些。2 种土壤、含水量、密度、耕宽、切削角,4 种耕作速度共 72 种工况下的试验结果表明,牵引阻力的相对预测误差不超过 40%。

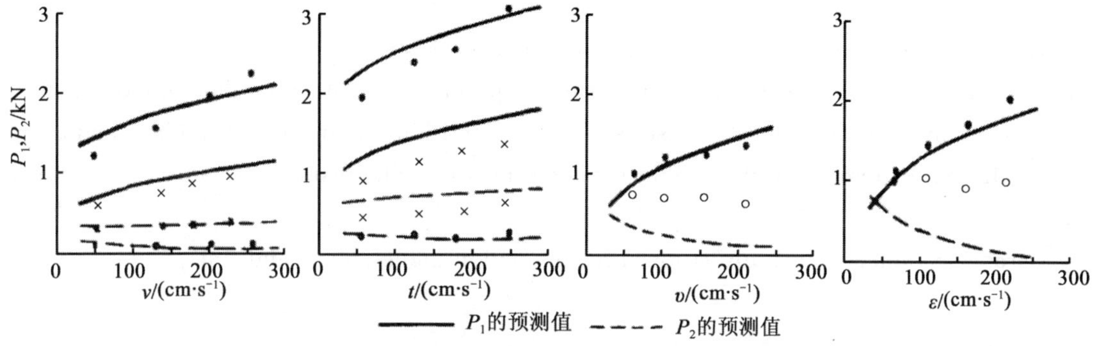

○ a=70°,H=18 cm 时的实测值

× a=36°,H=16 cm 时的实测值

● a=36°,H=8 cm 时的实测值

(a)土壤中,含水量 13.0%,土壤密度 1.28 g/cm^3,耕宽 4 cm

(b)土壤中,含水量 13.0%,土壤密度 1.18 g/cm^3,耕宽 4 cm

(c)土壤中,含水量 15.5%,土壤密度 1.31 g/cm^3,耕宽 10 cm

(d)土壤中,含水量 16.0%,土壤密度 1.32 g/cm^3,耕宽 10 cm

图 6　耕作阻力预测值与实测值对照

4　结论

(1) 通过对宽窄齿的耕作阻力与耕深、耕宽、切削角、耕作速度的预测关系同前人试验结果的比较,定性验证了预测模型。

(2) 通过对几十种工况的土槽验证试验数据与预测值的比较,结果表明,牵引阻力的相对预测误差最大不超过 40%,从而定量验证了预测模型。

(3) 对刀板表面正压力的测定结果表明,实测的正压力分布规律与预测分析结果相近。

参考文献

[1] 姚禹肃,曾德超. 金属-土壤摩擦阻力与滑动速度的关系研究. 农业机械学报,1988,19(4):33-40.

[2] Zeng Dechao, Yao Yusu. Investigation on the relationship between soil shear strength and shear rate. Accepted by the J Terramechanics.

[3] 曾德超. 旱作沙壤土上铧犁犁体曲面阻力分析. 农业机械学报,1964,7(2):79-96.

[4] Wismer R D, Luth H J . Rate effect in soil cutting. J of Terram, 1972, 8(3):11-21.

[5] Stafford J U . The performance of a rigid tine in relation to soil properties and speed . J Agri Eng Res, 1979, 24:41-56.

[6] Rowe R J, Barnes K K. Influence of speed on elements of draft of a tillage tool. Trans ASAE, 1961, 4:55.

[7] Hettiarachi D R P, Reece A R. Symmetrical three-dimmensional soil failure. J of Terram, 1967, 4(3):45-67.

[8] Godwin R J, Spoor G. Soil failure with narrow tines. J of Terram, 1977, 22(4): 213-228.

Force Prediction Model for Blade and Tine (Ⅱ)

Yao Yusu　Zeng Dechao

Abstract　The relations between cutting resistances of simple tillage cuts and cutting speed, depth, width and rake angle are calculated with the computer-programmed prediction model, which are similar to the results obtained by other researchers. The soil bin test in cases of a blade and a tine under several different soil and working conditions is carried out. The results are consistent to those calculated.

Key words　terramechanics, cultivation force prediction model, blade and tine

高低速通用犁体曲面的优化设计*

李庆中　曾德超

摘要　将整体土垡的翻转运动与土垡微元相对犁曲面的运动结合起来研究，建立了一个能够把犁曲面参数、犁耕主要能耗与耕作质量参数有机联系起来的通用优化模型，实现了高、低速犁体曲面的优化设计。田间对比试验表明，试制的犁体可适应于9～12 km/h的高速作业；耕速为9 km/h时，与国内最好的BT-30型常速犁相比，试验犁体的比阻降低23.26%，其翻土、碎土性能都达到耕作质量的要求。

关键词　犁曲面，优化设计，土垡微元，土堡翻转模型

国内外学者对高速犁体已作了大量的研究工作。从他们研究的过程可知，从犁耕的工艺过程入手研究高速犁体曲面是一种最佳途径。其中一种方法是从宏观的土垡翻转过程进行高速犁曲面的研究，其优点是可明确给出犁曲面的数学模型，便于曲面参数的计算[1]。但由于土壤力学性质及土垡变形状态十分复杂，目前很难准确地建立曲面参数与土垡的运动学、动力学参数之间的定量关系，实现犁曲面的优化设计。另一种途径是从土垡微元沿犁曲面的运动轨迹——土迹线入手，研究如何构造最佳的土迹线簇而形成犁体曲面。这种方法便于建立曲面参数与耕作质量和能量消耗之间的定量关系，便于利用现代的设计法进行设计，其关键问题是如何构造理想而又符合实际情况的土迹线簇。

笔者在前人研究的基础上，主要作了下面的工作：①用弹性海绵体的翻转模拟土垡体的翻转过程，根据土迹线间相互关联的事实，提出了构造形成犁曲面上土迹线簇的新方法；②建立了约束条件较少的翻垡模型；③导出了控制土垡微元沿土迹线运行而不上窜的条件；④建立了反映犁耕过程主要能耗的目标函数，把犁曲面的设计问题转化为普遍性较强的二维优化问题，并编制了微机优化程序；⑤试制了高速犁体曲面，并进行了田间对比试验。

1　曲面的初始基础构造模型

类似试验修改法，犁体曲面的优化过程就是通过计算机对初始的犁曲面进行不断的修正，使之在满足翻垡要求和其他约束条件下，曲面消耗的能量最少。而要合理地构造这个初始犁曲面，还应从犁体曲面的形成过程考虑。

犁曲面是土垡剖面底边线在空间扫描而成的曲面，即土垡翻转中底曲面的一部分。要用一个确切的数学表达式来描述这个曲面是比较困难的[2]。从旱作沙壤土的犁耕过程[1]可以发现，土垡在翻转过程中基本上仍成一个整体。为了建立曲面的初始基础构造模型，这里把土垡的翻转看作是弹性体的翻转变形，采用一截面尺寸与真实土垡相同的海绵长条模拟土垡的翻转过程。由此模型，用测绘手段可得出弹性体翻转后底曲面上的3条主要曲线AA'，EE'，BB'，见图1；然后用弧长等分的方法内插，求得这3条曲线之间的其余曲线。这样求得的曲线簇实际上就是从宏观土垡翻转入手，并且考虑了土迹线间相互关联的一簇构成犁曲面的土迹线。其方程如下：

$$y = a_o + a_1 x + a_2 x^2 + a_3 x^3 + \cdots$$
$$z = b_o + b_1 x + b_2 x^2 + b_3 x^3 + \cdots$$

* 本文出处：北京农业工程大学学报，1991年，第11卷第2期

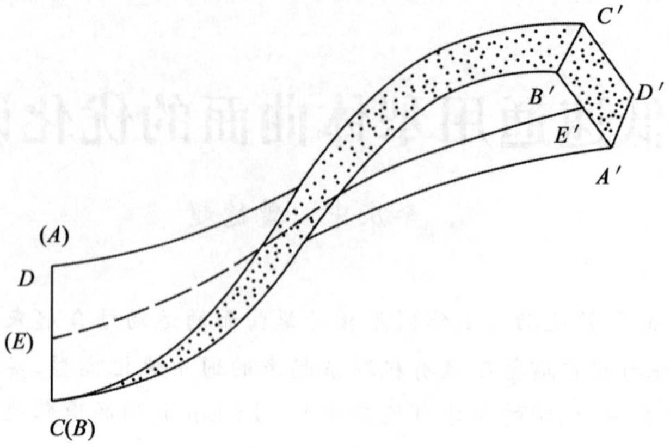

图 1　弹性海绵长条的翻转

这可用 n 次多项式逼近。

在模拟过程中，应保证垡条的最终翻转状态满足耕作质量的要求，其最终状态即最终的翻转位置可由末端剖面底边线的弦与水平面的夹角 θ_{max} 和末端抬起的高度：z_0 决定（见图 2）。达到翻垡要求时，θ_{max} 一般为 100°～120°为了确定 z_0，可选用一现有的较好的犁体，使海绵长条沿其曲面扭转，达到要求的 θ_{max} 后，z_0 即可以弹性长条能正常沿犁曲面翻转为原则取定。

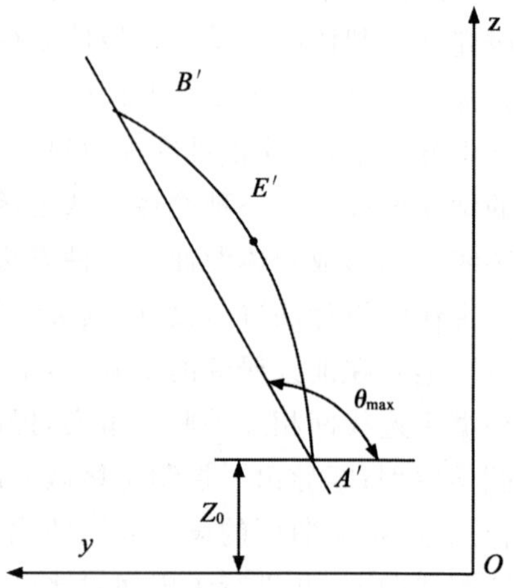

图 2　垡条最终状态

当测绘出 3 条主要土迹线 AA'，BB'，CC' 后，它们之间的其余土迹线的确定方法如下：因为犁曲面是一个光滑曲面，所以这 3 条主要土迹线间的曲面带就可以用简单曲面带来逼近。见图 3，为求曲线 AA' 与 EE' 之间，EE' 与 BB' 之间的土迹线，沿耕作方向 x 依次作垂直于 x 轴的平面 $MiNi(i=1,2,\cdots,n)$，则与 AA'，EE'，BB' 三曲线相交得三交点 A_1，E_1，B_1，再经二次曲线回归得翻土曲线 $y=A+Bz^2+C$，然后在翻土曲线上的 B_1E_1 及 E_1A_1 之间，按弧长等分的原则，求得它们之间的点如 G_1，H_1 和 K_1，L_1，再把各截面的对应分点作多项式拟合即求得 3 条主要土迹线间的其余土迹线，这样便求得了代表犁曲面的一簇土迹线。这簇土迹线即形成曲面的初始基础构造模型，它们就是下面应用计算机对土迹线优选的初始族曲线簇。

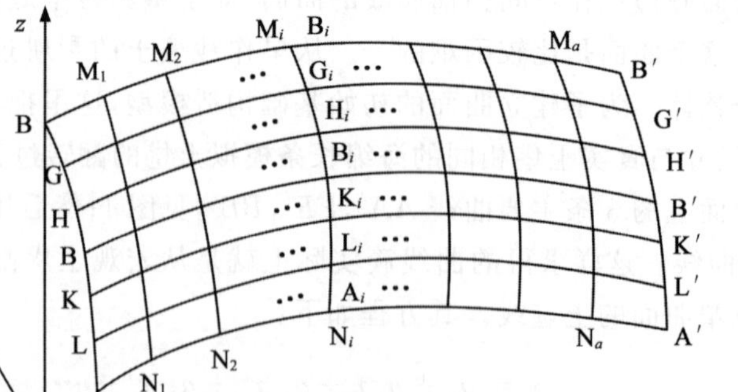

图 3　土迹线的构造

2　能耗模型的建立

2.1　土垡微元的动力学分析

取土垡微元长为 B/n，宽为 B/n，高为耕深 A。其中 B 为耕宽，n 为横向划分的份数。为分析方便，作如下假设：①犁在前进方向做匀速运动；②土垡微元在运动中始终紧贴犁面；③土垡微元有弹性，可随曲面变形。可得微元的运动参数如下：

微元的轨迹

$$x = v_z t$$
$$y = B_0 + B_1 x + B_2 x^2 + B_3 x^3 + \cdots$$
$$z = C_o + C_1 x + C_2 x^2 + C_3 x^3 + \cdots$$

其中：v_z 是耕速，t 是时间。

微元的速度

$$v_x = v_z$$
$$v_y = (B_1 + 2B_2 x + 3B_3 x^2 + \cdots) v_z$$
$$v_z = (C_1 + 2C_2 x + 3C_3 x^2 + \cdots) v_z$$
$$v_R = \sqrt{v_x^2 + v_y^2 + v_z^2}$$

微元的加速度

$$a_x = 0$$
$$a_y = (2B_2 + 6B_3 x + \cdots) v_z^2$$
$$a_z = (2C_2 + 6C_3 x + \cdots) v_z^2$$
$$a_n = \sqrt{a_x^2 + a_y^2 + a_z^2}$$

由此可得曲面对微元体的作用力

$$R_z = 0$$
$$R_y = \Delta m a_r$$
$$R_z = \Delta m a_z + \Delta m g z$$
$$R_R = \sqrt{R_x^2 + R_y^2 + R_z^2}$$

其中：Δm 为微元的质量；g 为重力加速度。

现计算土垡微元与曲面间的摩擦力。犁曲面方程未知，要求曲面的参数是不可能的，所以，应首先把犁曲面看作是一簇曲面的包络面[3]，而土迹线便是这簇曲面的特征线。由土迹线的方程 $y = b_i x^i$ $(i = 0,1,2,\cdots)$，$z = c_i x^i (i = 0,1,2,\cdots)$ 可得曲面簇的方程 $k(x,y,z) = z(b_i x^i) - y(c_i x^i) = 0$，则对应点的曲面法向量

$$n = \left(\frac{\partial k}{\partial x}, \frac{\partial k}{\partial y}, \frac{\partial k}{\partial z}\right)$$

其中
$$\frac{\partial k}{\partial x} = z\frac{dy}{dx} - y\frac{dz}{dx}, \quad \frac{\partial k}{\partial y} = -z, \quad \frac{\partial k}{\partial z} = y$$

则法向反力
$$R_n = \frac{R_x \frac{\partial k}{\partial x} + R_y \frac{\partial k}{\partial y} + R_z \frac{\partial k}{\partial z}}{\left(\frac{\partial k}{\partial x}\right)^2 + \left(\frac{\partial k}{\partial y}\right)^2 + \left(\frac{\partial k}{\partial z}\right)^2}\left(\frac{\partial k}{\partial x}, \frac{\partial k}{\partial y}, \frac{\partial k}{\partial z}\right)$$
$$= R_{Nx} i + R_{Ny} j + R_{Nz} k$$

摩擦力 $F = R_N\mu$，μ 为土与钢的摩擦系数。摩擦力各分力和合力分别为

$$F_x = \mu R_N \frac{v_x}{v_R}$$

$$F_y = \mu R_N \frac{v_y}{v_R}$$

$$F_z = \mu R_N \frac{v_z}{v_R}$$

$$R_N = \sqrt{{R_{Nx}}^2 + {R_{Ny}}^2 + {R_{Nz}}^2}$$

2.2 犁耕过程中的能耗分析与计算

在犁耕过程中的能耗主要包括以下 10 项：①克服摩擦力的功耗；②使土垡升高的能耗；③使土垡动能增加的功耗；④犁铧切削、挤压土壤的功耗；⑤使土垡弯曲变形的能耗；⑥使土壤扭曲变形的功耗；⑦使土垡破碎的功耗；⑧犁体与沟底间的摩擦能耗；⑨犁侧板与沟壁间的摩擦功耗；⑩土壤与犁壁间的黏结能耗。目前要把这 10 种能耗归结在一个目标函数中是不可能的，只能对与曲面形状关系最密切的能耗进行估算。⑥，⑦两项能耗计算复杂，暂略去；曲面优化中⑧，⑨两项能耗影响不大，也可去掉；⑩项能耗从光滑材料及曲面材料的硬度方面解决，可不列入目标函数；犁铧切削、挤压土壤的能耗④，可从目标函数中分出，直接根据前人的经验确定使切土阻力最小的铧刃参数。这样可推得犁耕过程中的能耗为

$$W_T = W_F + W_H + W_K + W_P$$

其中：W_T 为目标函数；W_F 是克服摩擦力消耗的能量，优化中要保证曲面光顺，不沾土，有利于土垡的通过，W_H 是使土垡升高消耗的能量，要保证在满足翻垡要求的前提下土垡的提升高度最小；W_K 是动能增加的能耗，要控制微元速度变化的均匀性；W_P 是犁胸前部土垡弯曲的变形能，要控制铧部的平坦性，有利于土垡提升。

现进行各项能耗的计算。

$$W_F = \sum_{k=1}^{N} \iint_{S_k} R_N\mu \, |v| \, \mathrm{d}S$$

其中：v 为微元的速度；$\mathrm{d}S$ 为微元底面积；S_t 为第 k 条土迹线所对应的在犁曲面上的带形区域；N 为土迹线的条数。

$$W_N = \sum_{k=1}^{N} \iint_{S_k} \Delta mg \, v_z \, \mathrm{d}S$$

$$W_K = \sum_{k=1}^{N} \iint_{S_k} \Delta m \, (r - v_o) a \, \mathrm{d}S$$

其中：v_o 为微元的初速度；a 为微元的加速度。

可通过计算铧部土垡弯曲时由弹性元力引起的摩擦力的功耗来近似代替弯曲消耗的功耗

$$W_P = \sum_{k=1}^{N} \iint_{S_{K0}} q_N\mu \, |v| \, \mathrm{d}S$$

其中：S_{K0} 为只算铧部的长条面积；q_N 为由弯曲引起的附加正压力，有

$$q_N = \frac{q\left(\frac{\partial k}{\partial x}, \frac{\partial k}{\partial y}, \frac{\partial k}{\partial z}\right)}{\left[\left(\frac{\partial k}{\partial x}\right)^2 + \left(\frac{\partial k}{\partial y}\right)^2 + \left(\frac{\partial k}{\partial z}\right)^2\right]^{\frac{1}{2}}}$$

此式的具体推导见文[4]。由此求得的目标函数 W_T 与优化参量的关系是间接的。因为优化参量是土迹线参数，所以 W_T 先与曲面参数相关联，然后再与土迹线参数关联。

3　翻垡模型和土垡不上窜条件

3.1　翻垡模型的建立

翻垡模型是控制翻垡覆盖的一个约束条件。首先建立空间坐标 $oxyz$，x 为前进方向，y 和 z 分别垂直于沟墙平面和沟底平面。用弹性海绵长条模拟土垡的翻转过程。对于一个一端固定的海绵长条，要使其翻转达到翻垡要求，尽管在 x 方向可以伸缩，但从 yoz 面上看，土垡剖面底边线上点的轨迹在 yoz 面上的投影曲线有一个下限轨迹，若低于这个轨迹，土垡就不可能翻过来，若高于这个轨迹，虽能翻转，但必然浪费过多的能量。对于构成犁体曲面的任一土迹线，有柱面(2)便是土垡微元在不同工况下土垡要达到翻转要求所必须经过的一条轨迹。柱面(1)由能量的优化确定。由此可建立翻垡模型，即只要每个土垡微元在 yoz 面上的投影轨迹与预定的下限轨迹(式(2))一致，就能保证翻垡覆盖。

$$\begin{cases} y = a_o + a_1 x + a_2 x^2 + a_3 x^3 + \cdots & (1) \\ z = b_o + b_1 y + b_2 y^2 + b_3 y^3 + \cdots & (2) \end{cases}$$

杨邦杰[5]曾经在适耕速度下对 3 种类型的犁体从铧尖进入的土迹线进行测定，发现它们在 yoz 面上的投影基本一致，这可以初步证明上述模型的正确性。

预定下限轨迹的确定方法如下：先使弹性海绵长条翻转达到要求的翻垡状态，再用前边介绍的测绘方法，即可得到下限轨迹在 yoz 面上的投影曲线。

3.2　土垡微元的不上窜条件

高速作业时，耕作质量下降的一个原因就是土垡上窜而飞越犁体。前人用土迹线法设计高速犁曲面时，都假定土垡微元沿预定的理论轨迹运行，而没有用理论证明和以条件保证是否达到这个目的。

现对笔者提出的土垡不上窜条件作如下推导。

有一沿土迹线运动的土垡微元(图 4)，它的高为耕深 A，宽为 B/n，长为 Δs，B 是耕宽，n 是沿耕宽所分的份数，Δs 为沿土迹线的微弧长。微元的初速度为 V_0，瞬时速度为 V_t，加速度为 a_t。图中 τ 是土迹线的切向量，n 是微元所在点的曲面法向量；$b=\tau\times n$。

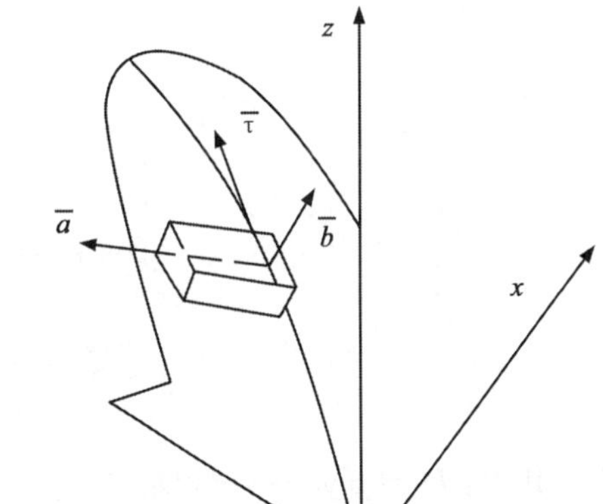

图 4　沿土迹线运动的土垡微元

土垡微元所受的力有：①微元的重力W_O；②微元与犁壁间的摩擦力 F_f；③曲面对微元的正压力 N；④微元在沿轨迹前后 2 个平面上受到的正压力的合力 T_i；⑤微元两侧面受到的正压力的合力 T_2；⑥微元两侧面剪应力的合力 T_τ；⑦微元弯曲产生的弹性元力 F_Q；⑧微元曲线运动的离心力 F_1；⑨微元切向加速度惯性力 F_τ。从图 4 知，要使微元沿土迹线运行，即沿 τ 向运行而不上窜的条件就是要满足 b 向的平衡方程。由受力分析易得 b 的平衡方程如下：

$$W_C\cos\theta_3 - Nf + T_1\cos\frac{d\theta''}{2}\sin\frac{d\theta'}{2} + T_2 - EI\,\frac{d^2}{ds^2}\,K_g ds + \frac{W_C}{g}ds\,v_t^2\,K_g = 0$$

令　　$\cos\frac{d\theta''}{2} = 1$，$\sin\frac{d\theta'}{2} = \frac{d\theta'}{2} \approx \frac{1}{2}K_g ds$

得　　$$W_C\cos\theta_3 - Nf + \frac{1}{2}T_1 K_g ds + T_2 + \frac{W_C}{g}ds\,v_t^2\,K_g - EI\,\frac{d^2}{ds^2}\,K_g ds = 0 \tag{3}$$

式中：K_g是土迹线测地曲率；$T_1 K_g ds/2$ 是微元前后推力在 b 向的投影，微元很小时，它趋于 0，所以式(3)可变成

$$\frac{W_C}{g}ds\,v_t^2\,K_g \leqslant W_C\cos\theta_3 + Nf + EI\,\frac{d^2}{ds^2}\,K_g ds + T_2$$

再去掉右边的后 2 项，此条件更保险，所以

$$\frac{W_C}{g}ds\,v_t^2\,K_g \leqslant W_C\cos\theta_3 + Nf \tag{4}$$

式(4)即为土垡不上窜的条件。式中：θ_3为重力与 b 的夹角；f 为摩擦系数；$d\theta'$，$d\theta''$分别为 ds 在 $\tau-b$，$\tau-n$ 平面上投影所对应的改变角度；E 为弹性模量；I 为惯性矩。

设重力与 b，n 的夹角分别是α_1，α_2，离心力与 b，n 的夹角分别是α_3，α_4；Δm 为微元质量；R 为曲线的曲率半径，代入式(4)得土垡不上窜条件的另一形式为

$$R \geqslant \frac{r_t^2}{g}\left(\frac{\cos\alpha_3 - \cos\alpha_4\cdot f}{\cos\alpha_1 - \cos\alpha_2\cdot f}\right)$$

式中

$$R = \frac{(1+y'^2+z'^2)^{\frac{3}{2}}}{[(y'z''+z'y'')^2+z''^2+y''^2]^{\frac{1}{2}}}$$

$$\cos\alpha_1 = \frac{z+y'D}{\sqrt{D_1^2+D_2^2+D_3^2}}$$

$$\cos\alpha_2 = \frac{-y}{\sqrt{D_5^2+z^2+y^2}}$$

$$\cos\alpha_3 = \frac{-e_1\,D_1+e_2\,D_2+e_3\,D_3}{\sqrt{e_1^2+e_2^2+e_3^2}\cdot\sqrt{D_1^2+D_2^2+D_3^2}}$$

$$\cos\alpha_4 = \frac{-e_1\,D_5+e_2 z+e_3 y}{\sqrt{e_1^2+e_2^2+e_3^2}\cdot\sqrt{D_1^2+z^2+y^2}}$$

其中：$D = zy'-yz'$，$D_1 = y'y-z'z$，$D_2 = y'-z'D$，$D_3 = z+y'D$，$D_5 = zy'-yz'$，$e_1 = y'-z'z''$，$e_2 = y''(1+y''^2+z'^2)-y'(y'y''+z'z'')$，$e_3 = z''(1+y'^2+z'^2)-z'(y'y''+z'z'')$ 详细推导过程见文献[3]。

4　优化法的实现与曲面的设计

4.1　优化法的实现及程序设计

要用优化法设计，首先应确定优化的参量，即对初始曲面，确定改变哪些土迹线参数使曲面得以变更，从而实现曲面的微机优化。从曲面的初始基础构造模型可知，改变 3 条主要的土迹线就能实现曲面的变更。对任一土迹线

$$y=a_0+a_1x+a_2x^2+a_3x^3+\cdots \tag{5}$$

$$z=c_0+c_1y+c_2y^2+c_3y^3+\cdots \tag{6}$$

式(6)中的系数由翻垡模型可定；式(5)中的系数可由入口参数x_0，y_0，y'_{0z}和末端参数x_n，y_n，y'_{nz}确定。x_0，y_0，z'_{0z}是土迹线在铧刃上的值，可由铧刃切土阻力最小定[4]。设γ为铧刃角，ε为铧刃安装角，则

$$x_0 = y_0\tan\gamma$$

$$y_{0z} = \frac{\tan\gamma\tan^2\varepsilon\cos^2\gamma}{1+\tan^2\varepsilon\cos\gamma}$$

铧刃切土阻力最小的条件为

$$\frac{\pi}{4}-\frac{\psi}{2}\leqslant\gamma\leqslant\frac{\pi}{4}$$

$$\varepsilon < 90^\circ-\psi$$

其中ψ为土-钢摩擦角。末端参数是指土垡剖面底边线达到翻垡要求时土迹线上对应的x_n，y_n，y'_{nz}的值。而y_n由翻垡模型已定，故1条土迹线还只有2个待定参数x_n，y'_{nz}，那么3条主要土迹线就共有6个待定参数。但这6个变量不是相互独立的，因为这3条土迹线必须在光滑的犁曲面上，故这3条线的调整必须协调。

x_n的变化实际上就是对曲面进行拉伸或压缩，在垡条前端固定的条件下，易知各土迹线的x_n的变化是相同的。y'_{nz}的变化，就是在垡条前端固定的条件下，使末端绕垂直于水平面内的某轴旋转，所以各线的y'_{nz}变化亦相同。这2种调整方式见图5。由此得出曲面的调整原则是

$$\begin{cases}x_{a0}=x_{ao}+\Delta x_a\\ y'_{ax1}=y'_{ax10}+\Delta y'_{ax}\end{cases}\quad(i=1,2,3)$$

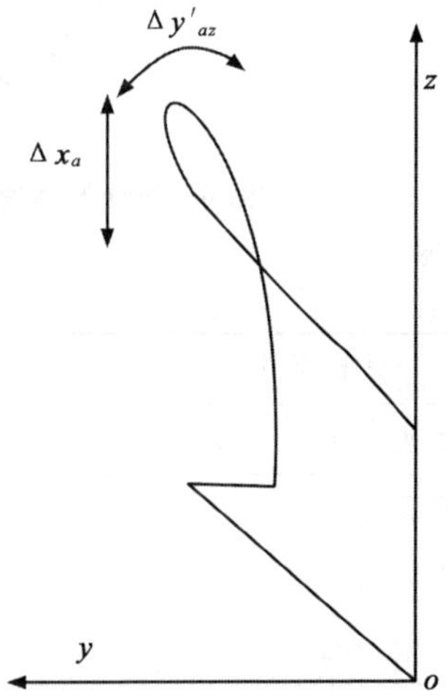

图5　曲面的调整方式

式中：x_{a0}，y'_{ax10}是初始值；Δx_a，$\Delta y'_{az}$是变化值。由此，整个犁曲面的设计问题便归结成一个二维优化问题，即目标函数可间接表示成$W_T(\Delta x_a, \Delta y'_{az})$。这2个优化参量在优化过程中还应满足下列约束条件：

$$\begin{cases}a\leqslant\Delta x_a\leqslant b\\ -\beta_{a0\,\min}<\Delta\beta_a<90^\circ-\beta_{a0\,\max}\\ R\geqslant\dfrac{v^2}{g}\left(\dfrac{\cos\alpha_3-\cos\alpha_4\cdot f}{\cos\alpha_1-\cos\alpha_2\cdot f}\right)\end{cases}$$

其中：$\beta_a=\tan^{-1}(y'_{ax})$；$\beta_{a0\,\min}$，$\beta_{a0\,\max}$是3条线中$\beta_{a0}$的最小值和最大值；$a$，$b$由经验确定。

目标函数及其优化参量和约束条件确定后，即可选用适当的优化方法进行程序设计。因为目标函数与自变量是间接的关系，故选用复合形法进行优化。用FORTRAN语言编程，在IBM机上运行1 h左右。只要改变输入参数，即可方便地设计出各种高、低速犁体曲面。

4.2　试验曲面的设计及田间对比试验

由所编制的微机程序设计出耕宽30 cm，耕深24 cm，耕速15 km/h的旱作铧式犁体（犁体曲面见图6）。试制单位为陕西省农机修造厂。

田间对比试验犁体采用国内较好的BT-30犁体。试验采用《旱田普通桦式犁试验方法》。主要的试验设备和仪器有：铁牛-55型拖拉机、BLR-1/500型拉压传感器、Y60-2型动态应变仪和MR-30C型磁带机等，所有仪器均装在拖拉机上。试验结果见附表。此外，还测定了实际土迹线和理论土迹

线，见图 7。

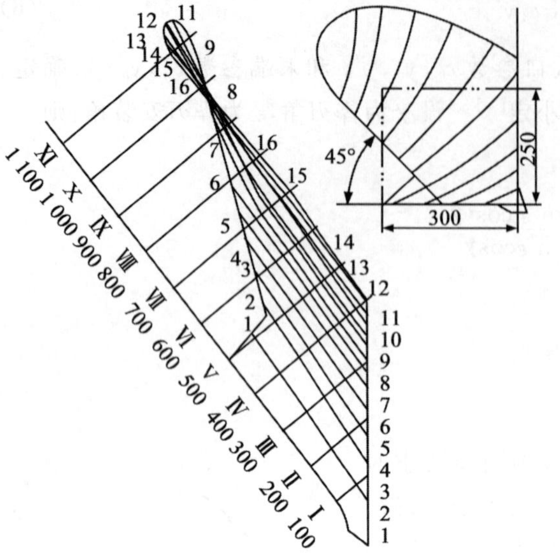

图 6　设计的高速犁犁体曲面

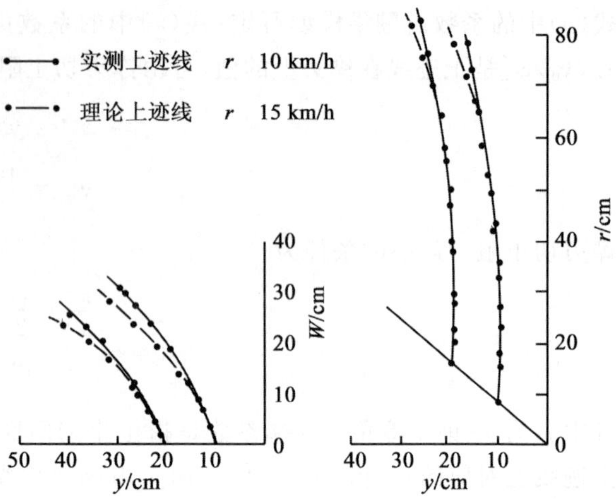

图 7　理论土迹线与实测土迹线比较

附表　试验结果汇总

试验项目		试验犁体				BT-30 犁体		
耕速/(km·h^{-1})		6.75	8.82	9.78	10.51	6.29	8.07	9.09
耕深/cm		23.32	22.00	23.81	22.50	23.84	20.00	19.00
阻力/kN		2.20	2.25	2.40	2.40	2.37	2.27	2.40
比阻/kPa		31.48	33.34	33.62	35.30	33.15	37.76	42.17
碎土率/%	<5 cm	86.67	92.64	92.59	93.84	83.40	85.40	93.20
	>5 cm	13.33	7.36	7.41	6.16	16.60	14.60	6.80
沟底宽/cm		20.00	21.50	20.00	22.00	23.00	25.00	25.50
覆土角/°		42.70	42.00	40.10	39.00	40.00	39.00	39.00
坚实度/%	0～5 cm			16.51				
	5～10 cm			27.50				
	10～15 cm			27.90				
	15～20 cm			30.30				

说明：土壤含水率均为 14.44%，耕宽 30 cm。

5　结论

(1)根据土垡剖面底边线在翻转过程中长度基本不变这一事实，由弹性体的翻转模型，构造曲面的一簇相互关联的土迹线，与实际情况更为接近。

(2)由弹性海绵体翻转模型模拟宏观的土垡翻转过程，建立土垡翻转模型这一方法是可行的。

(3)用土迹线法设计高速犁体曲面时必须保证土垡微元沿所设计的轨迹运行而不上窜。试验证明本文提出的土垡不上窜条件能达到这个要求。

(4)本文中建立的二维优化模型，比前人的一维优化更具有普遍意义；编写的优化程序通用性强，可用以设计不同要求的犁体曲面。

(5)用本文中提出的方法设计的高速犁体曲面，耕作质量达到要求，比阻随速度增加变化缓慢。试验表明，试制的高速犁体适合于 9～12 km/h 的高速作业。

参考文献

[1] 曾德超，郭祺泰. 按翻土曲线变化规律设计滚垡壁犁犁体曲面的方法. 农业机械学报，1965，8(3)：265-276.

[2] 曾德超，赵作善. 犁体曲面设计的数学解析法. 农业机械学报，1979，10(1)：1-22.

[3] O'Callaghan JR，McCoy J G. The handing of soil by mouldboard ploughs. J Agric Eng Rec，1965. 10(1)：23-35.

[4] 李庆中. 高速犁体曲面的优化设计. 北京农业工程大学[学位论文]. 1988.

[5] 杨邦杰. 土迹线形成犁体曲面的优化设计. 北京农业工程大学[学位论文]. 1985.

An Optimization Method in the Design of Plow Bottom Surface Working at High Speed and Conventional Speed

Li Qingzhong　Zeng Dechao

Abstract　By studying the inversion movement of the furrow slice and the movement of an elementary prism in the furrow slice along a mouldboard plow bottom, an optimization model relating the main energy consumption with the parameters of the plow bottom surface and plowing quality is developed, and the optimization design of an universal bottom for high speed as well as conventional speed plowing is accomplished. The results of field comparison tests show that the bottom thus developed is suitable to plowing at a speed range of 9～12 km/h, and a 23.26% reduction in specific resistance is obtained at 9 km/h over the best conventional plow bottom (model BT-30) in local use. The quality of tillage in slice inversion and pulverization are satisfactory.

Key words　plow bottom surface, optimization design, elementary prism in furrow slice, slice inversion model

Investigation on the Relationship Between Soil Shear Strength and Shear Rate*

Zeng Dechao　Yao Yusu

Summary Based on the Rate Process Theory, an expression of soil shear strength as a function of shear rate and normal pressure was established as:

$$\ln\tau = C_1 + C_2 \ln\dot{\gamma} + C_3 \ln(1 + C_4\sigma_n)$$

The expression was verified with a series of laboratory tests in a shear rate range of 5～30 s^{-1} and in various soil conditions. Experimental data also showed that the increases in soil shear strength with decrease in water content or with increase in volume weight are both intensified by the rise in shear rate.

Nomenclature

$A_1 \sim A_9$	regression coefficients
C_1, C_2, C_3, C_4	soil dynamic shear parameters
F	force acting on a flow unit, N
h	Plank's constant, 6.624×10^{-27} erg s^{-1}
K	Boltzmann's constant, 1.38×10^{-16} erg K^{-1}
N	Avogadro constant, 6.02×10^{23}
T	absolute temperature, K
v	shear speed, m/s
X	a function of the proportion and displacement of flow units succeeding in crossing over potential barriers
γ	soil volume weight, kg/m^3
$\dot{\gamma}$	strain rate, in direct shear condition, defined as shear speed to total shear length and named as shear rate in this paper, s^{-1}
δ	distance between adjacent equilibrium positions
$\Delta\mu$	activation energy
σ_n	normal pressure, kPa
τ	shear stress, kPa
ω	soil water content, %

Introduction

SOIL SHEAR strength is a key parameter affecting the performance of terrain-vehicles, tillage implements and earth excavating machinery. There are many publications on the relationship between

* 本文出处:Journal of Terramechanics, Vol. 28, No. 1, 1991

shear strength and soil type and soil water content, etc., at very low shear rate. Terrain-vehicles, tillage implements and earth excavating machinery however, work at a certain high speed. Consequently, it is sensible to take into consideration the shear rate effect on soil shear strength in general.

Flenniken [1] carried out some unconfined compression tests with a drop weight type apparatus and concluded that an increase in soil shear strength with strain rate does occur at strain rate below 10 s^{-1}. Hanson [2] investigated the relation between soil strength and shear rate with an apparatus which kept the normal pressure zero and came to a conclusion that soil shear strength goes up linearly with shear rate. Stafford [3], based on results obtained with a ring shear device, believed that the Mohr-Coulomb criterion is still effective at high speed and he succeeded in regressing an equation of the soil cohesion parameter with shear speed but not one for the internal friction term.

From previous reports there is evidence that shear rate has a definite effect on soil shear strength. However, a unified equation which describes the relationship between soil shear strength and shear rate together with normal pressure is still lacking, while for practical applications, such as the prediction of the performance of terrain-vehicles, tillage implements and earth excavating machinery it would be very useful.

Test Conditions

Tests were carried out in a high-speed direct shear device which was constructed by the authors for this investigation with the main features of a hydraulic loading system, a conventional direct shearing box and a microprocessor for picking up and processing data (Fig. 1) [4]. The force transducer was installed against the upper half of the shear box which is stationary during the tests to avoid inertia force. In order to ensure that the shearing process was conducted at a rather steady speed with as little inertia effect as possible, the electric motor was first started and allowed to reach operating speed before the electric-magnetic valve was switched on to drive the piston rod. The clearance between the head of the piston rod and the lower half of the shear box was kept at a value of 20 mm, and the force capacity of the hydraulic loader was designed for up to 3 kN, about 3 times greater than the maximum possible shear resistance to prevent significant slow-down of the loading speed during the whole shearing process. The shear speed was monitored by the microprocessor, which showed the data were satisfactory.

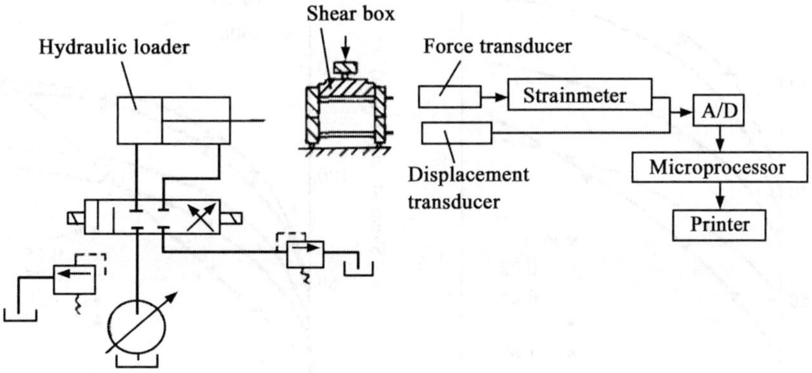

Fig. 1　Scheme of the high speed direct shear device

In a direct shear apparatus, the soil sample is severed along a plane in the direction of motion, causing a stress and strain distribution entirely different from that of pure shear. Consequently, in this paper, the shear rate definition used was the ratio of speed of cutting to the total shearing length rather than strain rate.

As the cross section of the soil sample sheared in this study was a circle, in handling the calculation of data, the total shearing length L was taken as the length of one side of a square having the same area as the circle under shear, i.e. L: $\sqrt{0.0032}$ m $= 0.0565$ m and the shear rate was calculated as $\dot{r} = v/0.0565$.

The physical properties of soils tested are listed in Tab. 1. Two typical soils, each at five levels of water content and five grades of volume weight were tested (Tab. 2). Test samples were prepared in the following way: the soil selected was first dried, ground and passed through a 2 mm sieve, then was placed in a desiccator and water was added until a predetermined value of soil water content was reached. The soil samples were of a height of 20 mm and a diameter of 64 mm.

The normal pressure was applied in the tests in five levels, i.e. 0, 25, 50, 100, 150 kPa, and the shear rate in four levels up to a maximum of 30 s^{-1}.

Soil shear strength was obtained from the shear stress-shear displacement curve in such a way that if the maximum point of the curve occurred before shear displacement of 6 mm, this maximum was taken as the shear strength. Otherwise, the shear stress at the shear displacement of 6 mm was taken as the shear strength because the change in shearing area causes a non-uniformity in the distribution of normal pressure as the shear displacement further increases, even though for clayey soil, it usually takes more than 6 mm shear displacement to develop the maximum shear stress.

Analysis of the test results

Contrary to the Mohr-Coulomb criterion, the relations of soil shear strength with normal pressure obtained under high shear speed were not straight lines (Fig. 2). The soil shear strength increased with shear speed and as the shear speed went up further the increase slowed down. The non-linear relation of shear strength with normal pressure was reported also by Wang [5] and others at very low

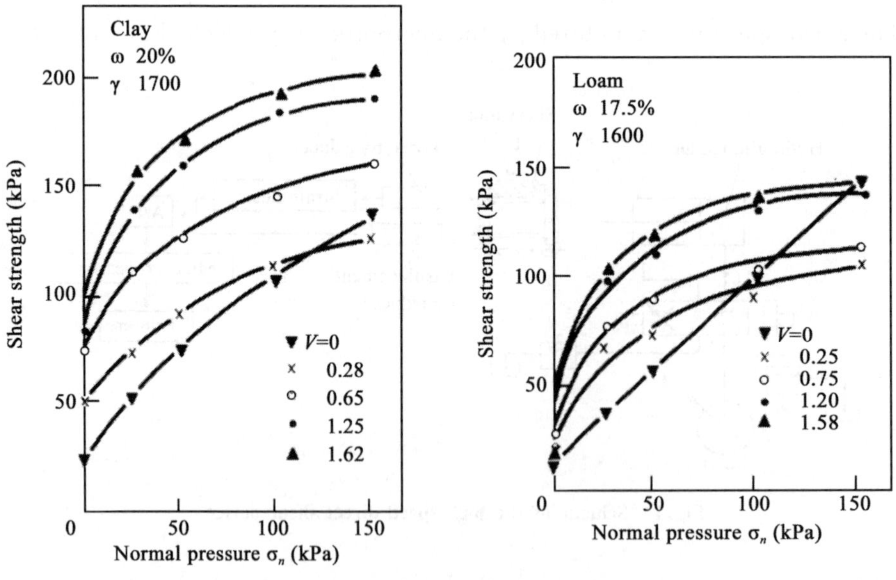

Fig. 2 The relation between soil shear strength and normal pressure at various shear speed.

strain rate. The increase in shear rate aggravated this non-linearity and thus hinted that the Mohr-Coulomb criterion is not effective at high shear rates, and the cohesion coefficient and the internal frictional angle are not the constitutive parameters of a soil itself.

Tab.1　the physical properties of the soils tested

Size grade	Size distribution (mm)						Liquid limit	Plastic limit
	2~0.25	0.25~0.05	0.05~0.010	0.01~0.005	0.005~0.001	<0.001		
Clay	1.74%	33.06%	20.64%	7.22%	15.05%	22.29%	32.0%	14.0%
Loam	5.89%	49.88%	23.55%	4.51%	7.77%	8.40%	23.0%	13.6%

Tab.2　water content and volume weight of samples

Clay	ω	10.0	12.3		20.0			24.3		30.0
	γ	1500	1360	1640	1300	1500	1700	1360	1640	1500
loam	ω	10.0	12.1		17.5			21.0		25.0
	γ	1400	1250	1540	1200	1400	1600	1250	1540	1400

Establishment of the relationship between soil shear strength and shear rate together with normal pressure

The result shown in Fig.2 was also different from that obtained by Stafford [3] with his ring shear device, possibly due to the fact that the normal pressure was changing in a greater extent in the shearing process in Stafford's experiments.

An equation was regressed in the following form from the rest results:

$$\tau = A_1 + A_2 \upsilon + A_3 \upsilon^{1/3} + A_4 \sigma_n + A_5 \sigma_n \upsilon + A_6 \sigma_n \upsilon^{1/3} + A_7 \sigma_n^{1/3} + A_8 \sigma_n^{1/3} \upsilon + A_9 (\sigma_n \upsilon)^{1/3} \quad (1)$$

Regression of the test data with equation (1) showed that all equations (totally 18 in number) were significant under $F_{0.01}$. However, there are nine coefficients in the equation, which is not convenient for practical uses, and also the equation has no physical basis.

Application of the rate process theory

The Rate Process Theory [6], based on statistical mechanics, takes the deformation of materials as a kind of directional flow of particles, while the relative motion of the flow units is blocked by potential barriers which separate adjacent equilibrium positions. When a material is acted upon by a force, potential barriers to the flow units in the body will be distorted so as to be favorable for the units to move in the direction of the acting force. Following the general principles in statistical mechanics, strain rate can be expressed by

$$\dot{\gamma} = 2X \frac{KT}{h} \exp\left(-\frac{\Delta\mu}{NKT}\right) sh\left(\frac{F\delta}{2KT}\right) \quad (2)$$

When a body is subjected to a shear stress τ, and assuming that the stress is uniformly distributed in flow units in the number of S per unit area, equation (2) becomes,

$$\dot{\gamma} = 2X \frac{KT}{h} \exp\left(-\frac{\Delta\mu}{NKT}\right) sh\left(\frac{\tau\delta}{2KTS}\right) \quad (3)$$

When τ and T are kept unchanged, the value of $\tau\delta/2KTS = E$ depends only on value of δ and S, but there is no method to measure the value of δ and S and hence the value of E directly for the time being. However, it can be noticed that in equation (3), when $E>1$, $\mathrm{sh}(E)\approx 0.5\exp(E)$, a linear relationship exists between τ and $\ln\dot{\gamma}$. When $E<1$, $\mathrm{sh}(E)\approx E$, then,

$$\ln\dot{\gamma}=\ln\tau+\left(\ln\frac{X\delta}{Sh}-\frac{\Delta\mu}{NKT}\right) \tag{4}$$

i.e. a linear relationship exists between $\ln\dot{\gamma}$ and $\ln\tau$.

Based on the data from his soil creep tests, Mitchell [7] obtained a linear relationship of shear stress and logarithmic strain rate and concluded that E is greater than unity. However, based on data obtained in this investigation with a high speed shear test in the direct shear device, taking the shear rate instead of strain rate, a good linearity between shear stress and shear rate on a double logarithmic scale was obtained as shown in Fig. 3. For further verification, data published by several other authors from triaxial tests were also treated in the same way with results shown in Fig. 4, which also reveals a linear relationship between shear strength and strain rate in double logarithmic scale. Consequently, expression (4) holds. However, the slopes of the lines in Fig. 3 are not all unity, so a coefficient was assigned to $\ln\dot{\gamma}$. Then the equation could be rewritten as,

$$\ln\tau=C_2\ln\dot{\gamma}+\left(\frac{\Delta\mu}{NKT}-\ln\frac{X\delta}{Sh}\right) \tag{5}$$

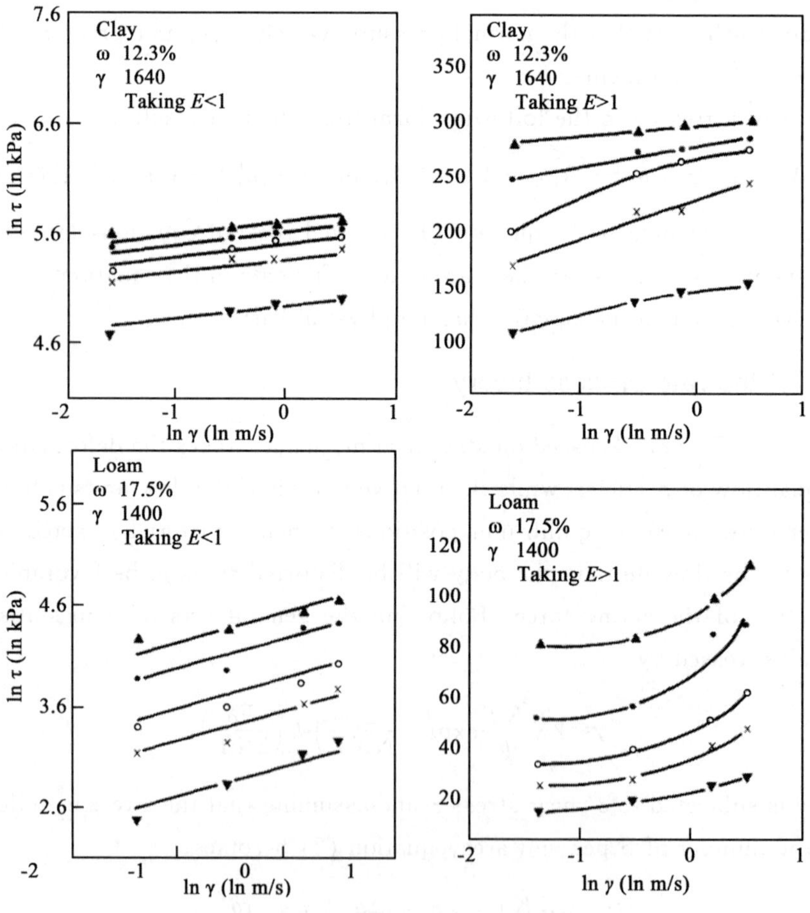

Fig. 3 Relation obtained from test data in two different ways;

▲=150 kPa, ●=100 kPa, ○=50 kPa, ×=25 kPa, ▼=0 kPa.

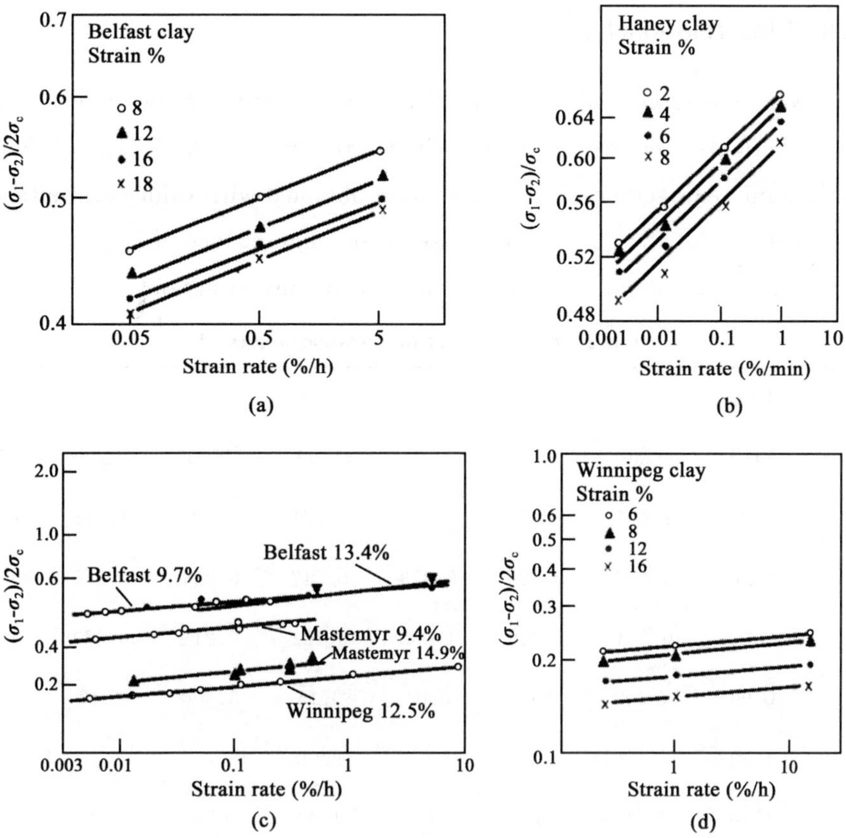

Fig. 4　Relation obtained from data published by other authors taking $E<1$.

(a) Data obtained by J. Graham (1983) [8]; (b) Data obtained by Vaid *et al.* (1977) [9]; (c) Data obtained by J. Graham (1983) [8] in $\omega\%$; (d) Data obtained by Lew (1981) [8].

When the normal pressure of the surface under shear is increased, the energy needed for a flow unit to pass a potential barrier should be also increased. Consequently, the term $\Delta\mu/(NKT)-\ln(X\delta/Sh)$ could be reasonably assumed to be a function of the normal pressure.

$$f(\sigma_n)=\frac{\Delta\mu}{NKT}-\ln\frac{X\delta}{Sh} \tag{6}$$

Through the analysis of Fig. 3 and also other test result, it can be seen that the magnitude of the intercepts of the lines as expressed by the term $f(\sigma_n)$, has a logarithmic relation with the normal pressure. So by assuming,

$$f(\sigma_n)=C_1+C_3\ln(1+C_4\sigma_n) \tag{7}$$

and substituting into equation (6) and (5), the relationship between shear strength and strain rate together with normal pressure was then obtained as,

$$\ln\tau=C_1+C_2\ln\dot{\gamma}+C_3\ln(1+C_4\sigma_n) \tag{8}$$

Verification of the relationship

All test data were regressed with equation (8) by the multiple regression technique, taking $\ln\dot{\gamma}$ and $\ln(1+G_4\sigma_n)$ as variables and $\ln\tau$ as function. In determining C_4, the F ratio of the regressed equation was kept maximum. Altogether, 18 equations were obtained with values of coefficient of the equations as shown in Tab.3. As all equations regressed had a significance of $F_{0.01}$, the equation was thus taken as verified in the range of soil conditions tested in this investigation.

Tab.3 coefficients of the equations regressed

Loam	ω	10.0	12.1			17.5			21.0	25.0
	γ	1400	1250	1540	1200	1400	1600	1250	1540	1600
	C_1	2.477	1.403	3.078	1.738	1.761	2.699	1.613	1.985	0.817
	C_2	0.285	0.447	0.286	0.373	0.547	0.254	0.375	0.364	0.490
	C_3	0.312	0.794	0.219	1.088	0.422	0.217	0.679	0.344	0.736
	C_4	0.99	0.07	2.05	0.03	0.15	5.500	0.12	0.86	0.14
Clay	ω	10.0	12.3			20.0			24.3	30.0
	γ	1500	1360	1640	1300	1500	1700	1360	1640	1500
	C_1	3.790	3.159	4.598	2.811	3.204	3.808	1.874	3.357	2.306
	C_2	0.207	0.190	0.122	0.182	0.265	0.244	0.367	0.235	0.372
	C_3	0.270	0.304	0.172	0.460	0.246	0.164	0.304	0.230	0.179
	C_4	0.39	0.51	0.60	0.14	0.28	1.31	0.75	0.29	1.62

The Relationship Between Shear Strength and Soil Water Content or Soil Volume Weight

The experimental results in the relations between shear strength and soil water content under various shear rates and norm pressures are shown in Fig.5. The general form of the curves is the same at different shear rates and different normal pressures. The shear strength has a maximum value as the soil water content approaches the plastic limit. As shear rate increases, the steepness of the hump of the curve increases, which suggests that the shear rate had more effect when the soil water content approached the plastic limit.

It was shown in Fig.6 that soil shear strength increased with soil volume weight linearly at very low shear rates, the slope of the line increased with shear rate, and gradually the relation became a nonlinear one as the shear rate reached a certain magnitude, especially with clayey soils.

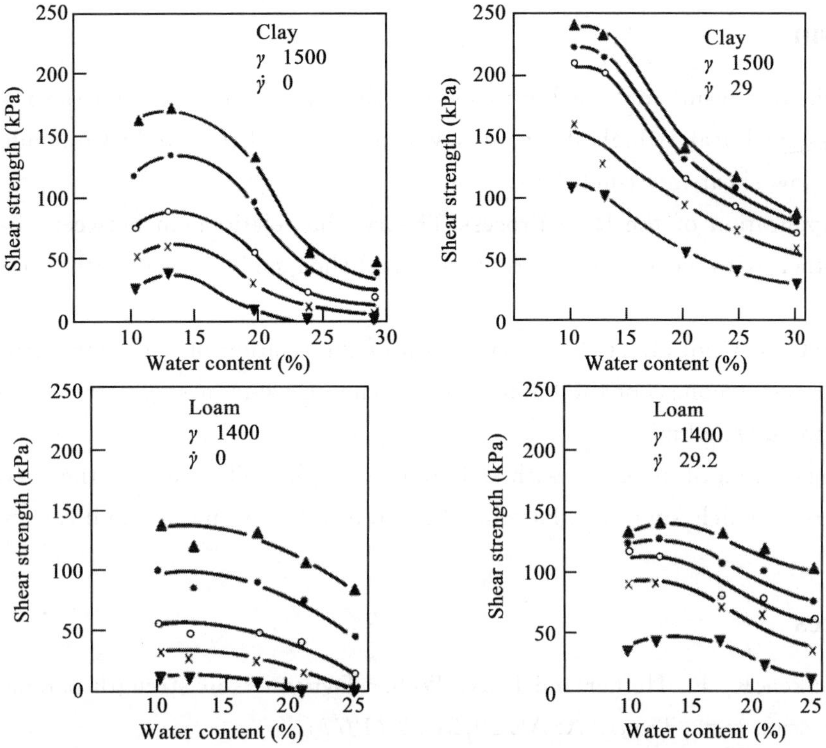

Fig. 5　Experimental relation between soil shear strength and soil water content under various normal pressure:

▲=150 kPa, ●=100 kPa, ○=50 kPa, ×=25 kPa, ▼=0 kPa.

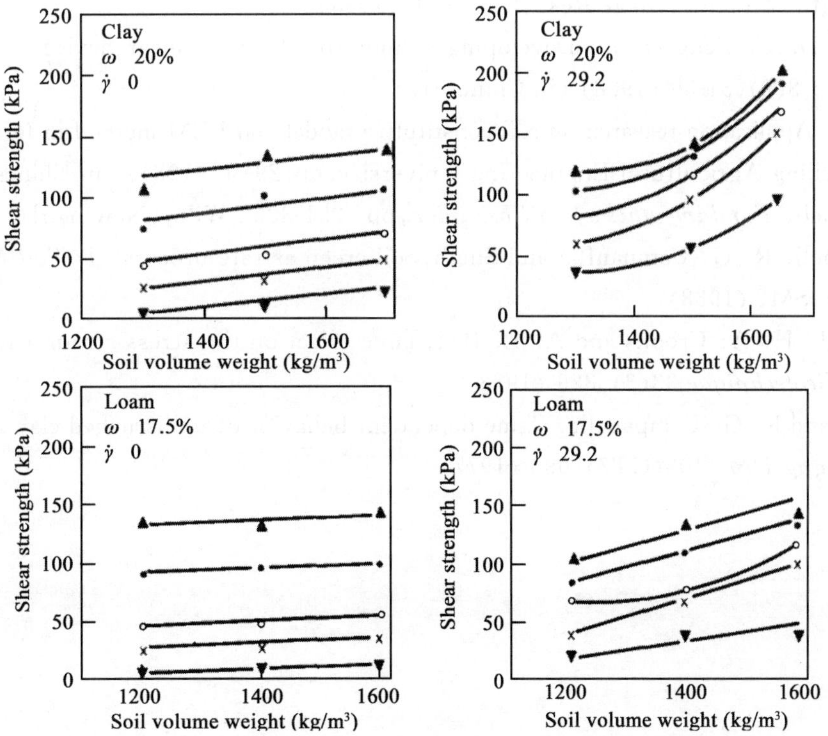

Fig. 6　Experimental relation between soil shear strength and soil volume weight under various normal pressure;

▲=150 kPa, ●=100 kPa, ○=50 kPa, ×=25 kPa, ▼=0 kPa.

Conclusion

(1) From the test results obtained in this study, the relation between soil shear strength and normal pressure was not linear at high shear rates, which suggested that Mohr-Coulomb criterion is only applicable under low shear rate conditions.

(2) With application of the Rate Process Theory, the relationship between shear strength and shear rate together with normal pressure was established and verified with a certain amount of test results.

(3) Shear rate does not affect the general form of the relation of shear strength with water content, but changes the steepness of the hump. The maximum value of shear strength occurs at a water content near to the plastic limit.

(4) Soil shear strength increases with soil volume weight. The slope of the curve goes up as the shear rate increases, which suggests that the shear rate effect is more significant at higher volume weights.

References

[1] J. M. Flenniken, R. E. Hefner and J. A. Weber, Dynamic soil strength parameter form unconfined compression test. *Trans*. ASAE 20, 21-29 (1977).

[2] T. L. Hanson, H. P. Johnson and D. F. Young, Dynamic shear resistance of soil, *Trans*. ASAE 10(4), 439-443 (1967).

[3] J. V. Stafford and D. W. Tanner, Effect of rate on soil shear strength and soil metal friction—I. Shear strength. *Soil* & Tillage Res. 3, 245-260 (1983).

[4] Y. S. Yao, D. C. Zeng *et al*., Developing a high speed direct shear device *J*. Beijing Agric. *Engng Univ*. 8(2), 31-35 (1988) (in Chinese).

[5] C.G. Wang, Application research on soil constitutive model and FEM method in terramechanics MS Thesis of Beijing Agricultural Engineering University, pp, 29-30 (1984) (in Chinese).

[6] J. K. Mitchell. *Fundamentals of soil behavior*, pp. 291-305. Wiley, New York (1976).

[7] J. K. Mitchell. R. G. Campanflla and Singh, Soil creep as rate process. *J. Soil Mech. Foundation Division* SM1 (1968).

[8] J. Graham, J. H. A. Crooks and A. L. Bell, Time effect on the stress-strain behavior of natural soft clays. *Geotechnique* 33(3), 329 (1983).

[9] Y. P. Vaii and R. G. Campanella. Time-dependent behavior of undisturbed clay *Proc. ASCE J. Geotech. Engng Div*. 103(GT7), 695 (1977).

A Dynamic Model for Soil Cutting by Blade and Tine*

Zeng Dechao Yao Yusu

Summary A dynamic model for soil cutting resistance prediction by blade and tine was developed, taking account of shear rate effects both on soil shear strength and soil-metal friction, besides the conventional soil slice inertia, for both brittle and flow failure of soil. The model was verified with a series of tests in a soil bin with a blade and a tine, and the results were acceptable.

Nomenclature

b	Cutting width
g	Gravity acceleration
v	Cutting speed
C'、A、ϕ_a	Soil-metal dynamic friction parameters, details referred to in Yao and Zeng[2]
C_1、C_2、C_3、C_4	Soil dynamic shear strength parameters, details referred to in Zeng and Yao[1]
D_w	Soil wet bulk density
H	Cutting depth
α	Rake angle
β	Angle of absolute velocity of the soil slice with the ground surface
ϕ	Soil internal frictional angle

Introduction

THE PREDICTION of soil resistance to engaging tools is of high interest to practial engineers and also soil dynamics investigators. A large number of prediction models, most for blade or tine separately have been developed [3-9].

While these models do serve their purposes to a certain extent, the common features of the methodology in developing these models, however, leave out some important points:

(a) Soil shear strength and soil-metal friction as affected by shear rate are neglected.

(b) As forces were evaluated by studying the static equilibrium of some empirical failure profile surfaces so as to satisfy the limiting stress condition of Coulomb material, rigorously speaking, they are applicable only to those soils that can furnish rather definite failure profile patterns such as sandy loam with water content near the plastic limit, but not for flow failure soils.

(c) As a failure profile is the prerequisite, it is difficult to extend these models to practical soil engaging elements such as share, chisel plow and mouldboard plow, etc.

(d) As the pattern of failure profile of a blade is of different nature, so to speak, from that of a tine due to the 'depth/width' effect, separate models are required and there is a gap that has not been covered so far by any of these models, for tools with a shape factor (H/b) between 0.5 and 1, which is

* 本文出处:Journal of Terramechanics, Vol. 29, No. 3, 1992

within the common range in engineering practice.

In this investigation, a new approach to the problem was explored with two main features incorporated:

(a) By applying the principle of virtual power in the theory of plasticity [10] resistance forces are to be calculated from velocity discontinuity along the soil-tool interface, basides those from soil deformation and inertia, instead of from a soil failure profile. While the soil-tool interfaces are rather definite in a wide range of soils, it is also reasonable to assume that force effects exhibited within the soil mass itself induced along velocity discontinuity surfaces would eventually be transmitted to the soil-tool interfaces or be dissipated as heat energy.

(b) By applying two equations, both established to incorporate shear rate or sliding speed effects, one for soil shear strength and one for soil-metal friction [1,2], i.e.

$$\ln\tau = C_1 + C_2 \ln\dot{\gamma} + C_3 \ln(1 + C_4\,\sigma_n) \tag{1}$$

$$f_p = C' + A\ln v + \sigma_n \tan\varnothing_a \tag{2}$$

or its normalized form

$$f_p = C' + A\ln(1 + v/\,v_0) + \sigma_n \tan\varnothing_a$$

Where C_1, C_2, C_3 and C_4 are parameters depending only on soil properties and C', A and $\varnothing_a$ only on soil and tool surface properties, $\dot{\gamma}$ is the shear rate, τ the shear stress, σ_n the normal pressure and v_0 an arbitrarily set sliding speed.

Pattern of Soil Deformation and Flow in Front of a Cutting Board Together with Kinematic Analysis

A coordinate system was set up as shown in Fig. 1 for a cutting board of which b and rake angle α in steady operation with speed v. The analysis was conducted on one half side of the plane of symmetry, e.g. the XZ plane.

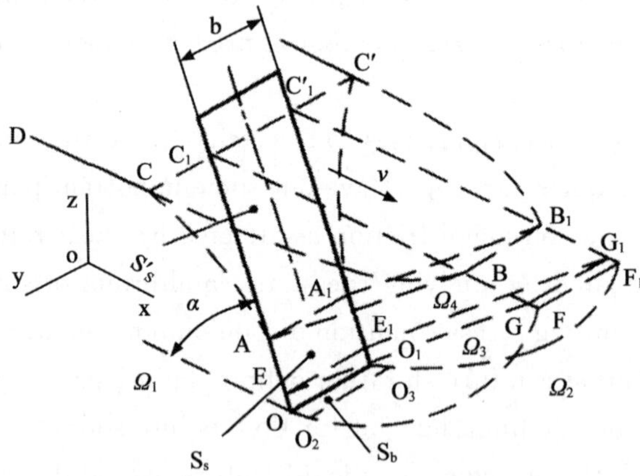

Fig. 1 Co-ordinate system.

Different zones of soil deformation and flow can be observed in general, well or less developed, in soils ranging from brittle to plastic in nature and were defined as the follows:

Ω_1-The lateral rest zone, where no soil is in motion, i. e. $v_1 = 0$, extending from a boundary designated by DCBGFOEAC to $Y \to \infty$.

Ω_2-The frontal rest zone, where no soil is in motion, i. e. $v_2 = 0$, extending from a boundary designed by OO_1F_1FO, outward to $X \to \infty$.

Ω_4-The uniform motion zone, where all parts of soil in this zone move with the same absolute velocity v_f, the velocity of a solid body moving upward along the board. The boudary of this zone is designated as $GEABB_1A_1E_1G_1G$. The velocity of v_f can be derived from the velocity triangle shown in Fig. 2 to be:

$$v_f = v\sin\alpha / \sin(\alpha + \beta). \tag{3}$$

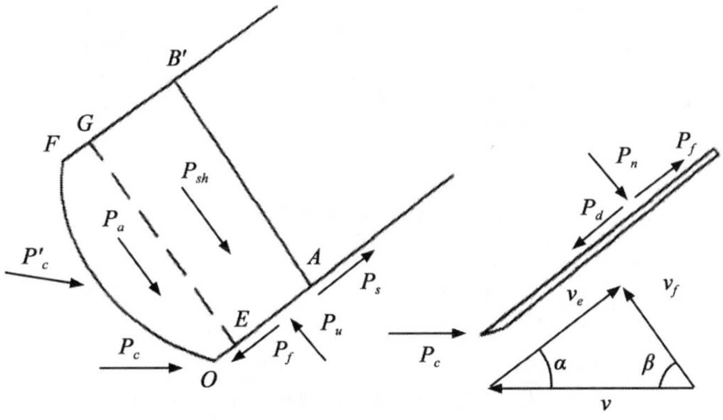

Fig. 2　Forces acting on the cutting board in the *XZ* plane.

The direction of v_f has an angle of β with the ground surface. The relative speed v_e can also be derived as

$$v_e = v\sin\beta / \sin(\alpha + \beta).$$

where

$$\beta = 90° - (\alpha + \phi_a + \phi)/2. \tag{4}$$

Ω_3-The transient zone, lying between zone Ω_4 and Ω_2. The soil speed in this zone varies from $v_2 = 0$ on the boundary OO_1F_1FO to $v_4 = v_f$ on the boundary GEE_1G_1G.

Ω_5-The solid body motion zone, moving also with uniform velocity v_f, separated from Ω_4 only by the shear failure plane ABB_1A_1. In the case there is no well defined failure plane, as in plastic soil, Ω_5 is combined with zone Ω_4.

The soil-tool interfaces of velocity discontinuity were identified as:

S_s-the side edge shear plane, with boundary ABFOEA;

S_b-the bottom edge cutting plane with boundary $OO_1O_3O_2O$;

S'_s-the upper part of side edge with no more soil cutting but frictional flow, along the plane of boundary ABC_1A.

The position of shear failure boundary AB was predicted as follows: along the side-edge shear plane Ss (ABFOEA) (Fig. 1), shear displacement increased from zero by boundary $\widehat{OF}$ to ε_r by the failure boundary AB, where ε_r is the failure shear strain. In the meanwhile, by geometrical relations,

$$\varepsilon_r = \frac{\Delta u}{L} = \frac{L_2 \sin\alpha / \sin\beta}{H/\sin\beta - L_2 \sin\alpha / \sin\beta}$$

Where Δu is the total displacement along failure plane AB (Fig. 3), L is the length of AB, and L_2

is the distance of the failure boundary from the cutting tip. Then,

$$L_2 = \frac{H\varepsilon_r}{(1+\varepsilon_r)\sin\alpha} \tag{5}$$

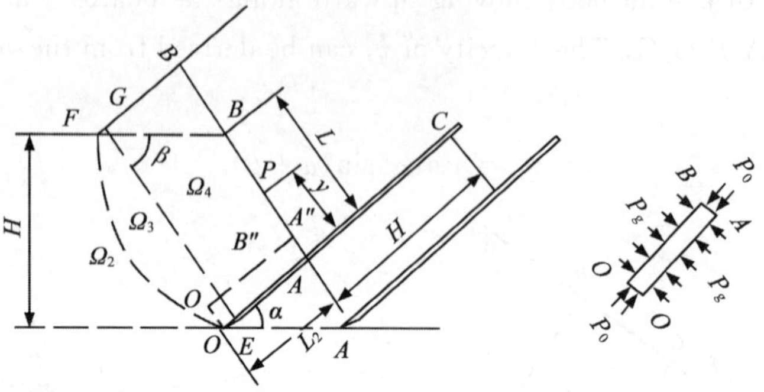

Fig.3. Compressive force.

The shear rate of an element along AB is

$$\dot{\gamma} = \frac{v_f}{L} = \frac{v\sin\beta}{\sin(\alpha+\beta)(H/\sin\alpha - L_2)} \tag{6}$$

Derivation of Force Equations for the Model

The main resistant forces acting on the cutting board comprise those from soil deformation, velocity discontinuity, soil inertia and friction. As shown in Fig. 2, when transferring these forces onto the XZ plane, P_{sh} is the side edge shearing force on plane $S_s(ABFOEA)$, P_a is the inertia force from soil acceleration in Ω_3, P_G is compressive force on the cutting board, P_f is the friction force along the board surface, and P_c is the bottom cutting edge shearing force on $S_b(OO_1O_3O_2O)$. The frictional resistance to the bottom cutting edge along the bottom plant is not included in the model, but it is assumed that the vertical force on a soil cutting tool usually will be taken care of with some vertical suspension. The frictional resistance to the upper part of the cutting board S'_s is neglected on account of minor significance. These forces can be compounded into P_n and P_d, the normal and parallel components to the cutting board respectively.

Compressive force of soil along the board

The compaction strain of the finite block $OO'B''A$ along the board surface (Fig. 3) can be expressed as,

$$\varepsilon = 1 - \sin\beta/(\alpha+\beta) \tag{7}$$

The compressive stress P_0 can then be expressed as $P_0 = f(\varepsilon)$, where $f(\varepsilon)$ can be determined with a compression test. By Jaky's law, the relation berween lateral stress P_g and normal stress P_0 can be expressed as $P_g = P_0(1-\sin\phi)$. So the compressive force acting normally on section OA of the cutting board can be expressed as,

$$P_{G1} = bL_2 f(\varepsilon)(1-\sin\phi) = bL_2 f[1-\sin\beta/(\alpha+\beta)](1-\sin\phi).$$

The distribution of compressive force acting normally on the section AC is assumed to drop in linear decline to zero at point C (taking $AC=H$), on account of the diminution of compacting condition. Hence, the compressive force acting normally on the section AC can be expressed as,

$$P_{G2}=0.5b(H+L_2)(1-\sin\phi)f[1-\sin\beta/(\alpha+\beta)].$$

The total compressive force normal to the board is

$$P_G=0.5b(H+L_2)(1-\sin\phi)f[1-\sin\beta/(\alpha+\beta)]. \tag{8}$$

Side-edge shear force

The normal pressure at point A (Fig. 3) on an element along the boundary AB is $\sigma_A=P_0(1-\sin\phi)$, while that at a point P ($AP=y$) is

$$\sigma_y=P_0(1-\sin\phi)(L-y)/L.$$

Applying the equation of soil shear strength as a function of shear rate and normal pressure, the side-edged shear force can then be expressed as,

$$P_{sh}=e^{c_1}L_2\dot{\gamma}^{c_2}\frac{[1+C_4P_0(1-\sin\phi)]^{c_3+1}-1}{C_4P_0(1+C_3)(1-\sin\phi)}. \tag{9}$$

The inertia force of soil in acceleration (in zone Ω_3)

Soil elements in acceleration occur primarily in the zone Ω_3. Taking arbitrarily a plane N parallel to the cutting board with point i adjacent to zone Ω_2 and point j to Ω_4 (Fig. 4), the speed at i is zero and that at side j is v_f. Assuming a linear variation in speed along ij and no direction change, then the total inertia force integrated for the whole Ω_3 acting in the same direction as v_f can be expressed as,

$$P_a=bH\frac{D_w v^2\sin\alpha}{g\sin^2(\alpha+\beta)}. \tag{10}$$

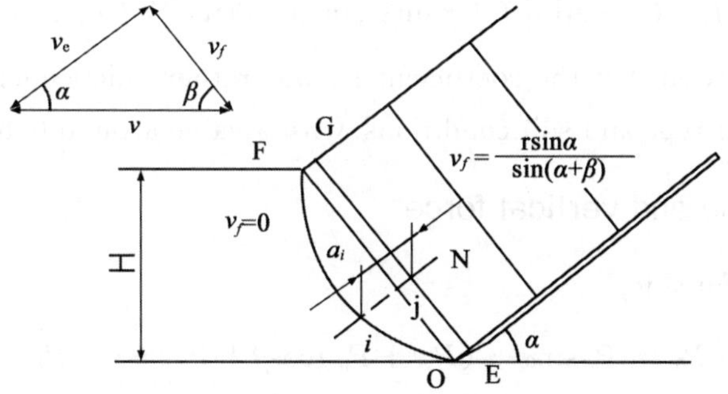

Fig. 4　Inertia force in zone Ω_3.

Bottom-edge cutting force

With a steel wire simulating the bottom-edge cut, Zeng [11] regressed an equation expressing the bottom-edge cutting force per unit width. Considering the effect of cut depth, the equation can be rewritten as,

$$P=Q_0t^{n-1}H^m \tag{11}$$

where n, m are constants, t is the thickness of the cutting edge and Q_0 is a penetration parameter that varies with soil type, volume weigth, water content and cutting speed. According to Zeng [11], the cutting force per unit width of bottom edge with a thickness in the range 1～2 mm was about 1 N/mm for cultivated soils at normal tillage depth, which showed that the proportion of bottom edge cutting force in the total resistance force is but a small one. Therefore it will not cause significant error when we assume that Q_0 is insensitive and keeps constant relative to soil state and cutting speed. Hence the bottom edge cutting force can be expressed as

$$P_c = bQ_0 t^{n-1} H^m. \tag{12}$$

Frictional force along the cutting board surface

Force normal to the cutting board is

$$P_n = (P_{外} + P_a)\cos(90 - \alpha - \beta) + P_G. \tag{13}$$

The peak frictional force along the cutting board surface while taking account of sliding speed effect can be obtained by applying equation (6) in Ref. [2], as

$$P_f = \{C' + A\ln[v\sin\beta/\sin(\alpha+\beta)]\}bH + P_n\tan\phi_a \qquad (14a)$$

or

$$P_f = \{C' + A\ln[1 + v\sin\beta/\sin(\alpha+\beta)v_0]\}bH + P_n\tan\phi_a. \qquad (14a)$$

As shown by test data [2], for the speed range of $v_e > 0.1$ m/s, there usually occurs a peak in the frictional resistance-displacement curve. Then, if the 'residual' frictional resistance rather than the temporary peak value is of interest in the prediction, a coefficient K_f is applied.

The 'residual' frictional resistance P'_f for speed range $v_e > 0.1$ m/s is:

$$P'_f = K_f(C' + A\ln[v\sin\beta/\sin(\alpha+\beta)]bH) + P_n\tan\phi_a. \qquad (14b)$$

or

$$P'_f = K_f(C' + A\ln[1 + v\sin\beta/\sin(\alpha+\beta)v_0]bH) + P_n\tan\phi_a.$$

The test data also showed that the coefficient K_f was rather independent of the sliding speed and was dependent only on soil type and soil conditions, with a value around 0.8 in the range of the tests.

Horizontal draft force and vertical force

The horizontal draft force is,

$$P_x = P_G\sin\alpha + (P_{外} + P_a)\cos\beta + P_f\cos\alpha + P_c \tag{15}$$

and the vertical force:

$$P_z = (P_{外} + P_a)\sin\beta + P_G\cos\alpha - P_f\sin\alpha. \tag{16}$$

Soil Mechanical Coefficients

The soil compaction curve $P_0 = f(\varepsilon)$ was regressed from test results with a micrometer bearing on the surface of the soil box set at a fixed height as,

$$\begin{aligned} P_0 &= C_0 + C_m\varepsilon^2 \qquad & \varepsilon > 0.06 \\ &= C_p\varepsilon^{0.5} \qquad & \varepsilon < 0.06 \end{aligned}$$

where C_0, C_m are soil compressive coefficients, and $C_p = 4.082C_0 + 0.0147C_m$. The parameters of C_1, C_2, C_3, C_4 were obtained from the Tab. 3 in Ref. [1], and C' and A from Tab. 3 In Ref. [2] which are needed in the calculation for the following with the interpolation method.

Relations of Draft and Vertical Load with Some Major Factors as Simulated by the Model

Relation of draft and vertical load to cutting speed

The result of simulation is as shown in Fig. 5 for a loam soil at different cutting depths H and rake angles α. The draft increase with cutting speed in a polynomial fuction, the same as that obtained with tests by Stafford [12] and the effect of cutting speed on draft force can be neglected when the depth H is <50 mm.

Relation of draft and vertical load to cutting depth

As shown in Fig. 6, the increases in draft and vertical load with cutting depth is an exponent fuction, similar to the results obtained by Hettiarachi and Reece with tests [4].

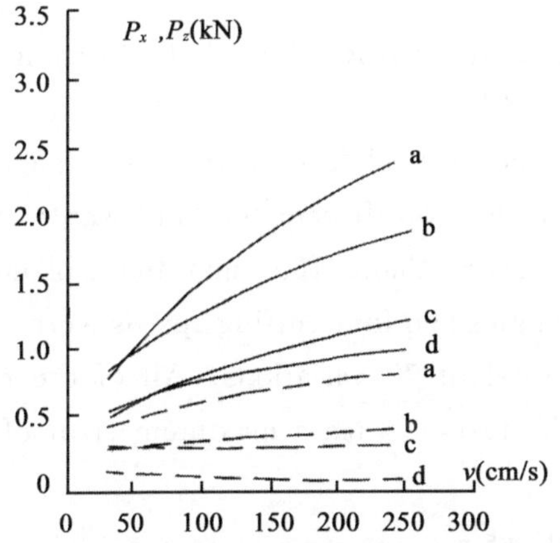

Fig. 5 Relation of draft and vertical loads to cutting speed (a-d in different cutting conditions of H and α); —— draft load; ---- vertical load.

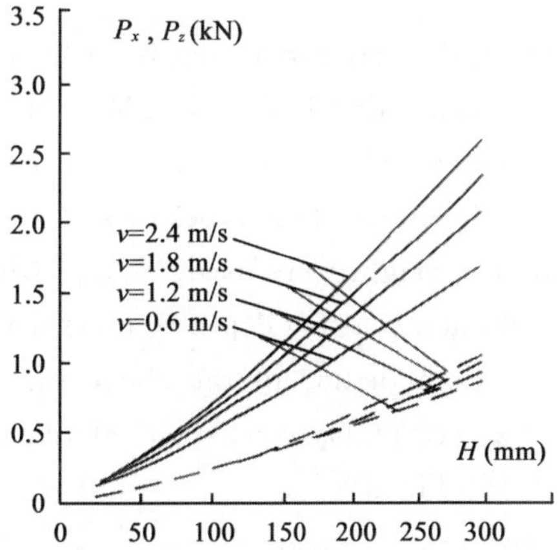

Fig. 6 Relation of draft and vertical loads to cutting depth; —— draft load; ---- vertical load.

Relation of draft and vertical load with cutting width

There exists a linear relation of draft and vertical load with cutting width (Fig. 7), similar to the results obtained by Godwin and Spoor [6].

Relation of draft and vertical load with rake angle

As shown in Fig. 8, these curves are similar to the results obtained by some investigators.

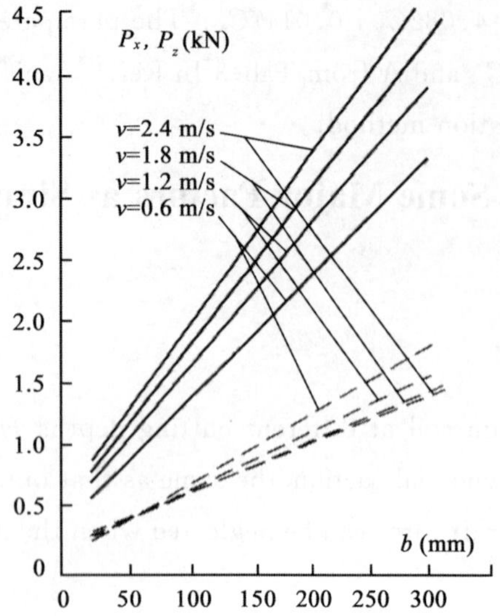

Fig.7 Relation of draft and vertical loads to cutting width; —— draft load; ---- vertical load.

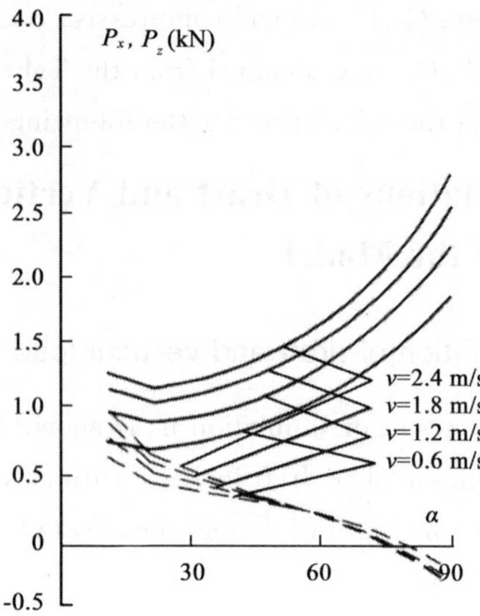

Fig.8 Relation of draft and vertical loads to cutting angle; —— draft load; ---- vertical load.

Soil Bin Test

The tests were carried out in the soil bin in the Machine-Soil-Plant Relations Lab at Beijing Agricultural Engineering University, 24 m in length and 2 m in width.

An octagonal ring was employed to measure the draft and vertical force with strain gauges and recording facilities. Tow types of soil, loam and clay, each with two different levels of water content and volume weight were used. A tine with width 40 mm (cutting depth 160 mm) and a blade with width 300 mm (cutting depth 80 mm) working at two rake angles and four cutting speeds were used in the test. Combination of the above variables furnished a total of 72 variations. All of the results showed an acceptably consistent relation of prediction to the testsm, with a maximum error of draft force 40% (Fig.9).

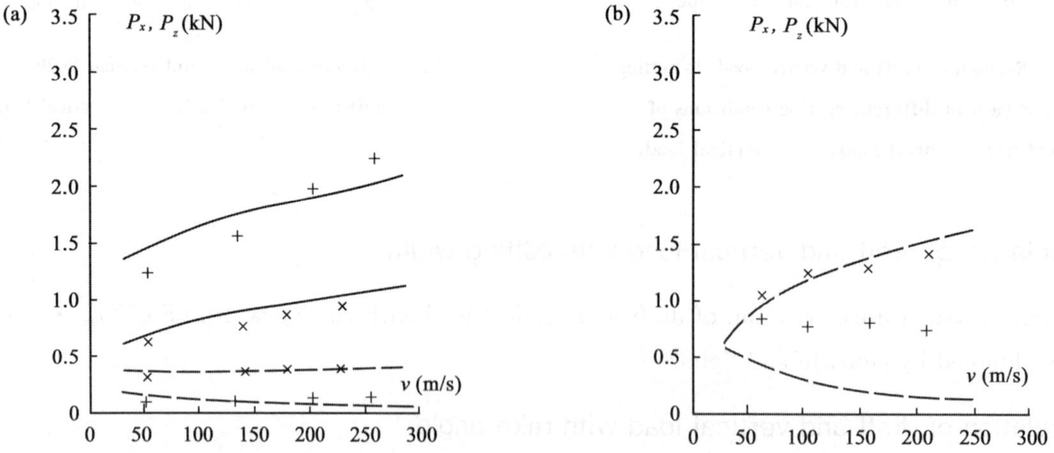

Fig.9 Predicted draft and vertical loads as compared with test values; —— predicted P_x; ---- predicted P_z.

(a) Loam, W.C. 13%, V.W. 1.28 g/cm³, b=40 mm; +—α=70°, H=180 mm; x—α=36°, H=160 mm.

(b) Clay, W.C. 16%, V.W. 1.32 g/cm³, b=300 mm; α=36°, H=80 mm. x—P_x, +—P_z.

Conclusion

Unlike most previous models, which were all based on empirical failure patterns and took soil as a rigid-plastic body, this present model was based on soil flow under cutting. By applying the concept of virtual power in the theory of plasticity, resistance forces to the cutting board were divided as side-edge shear force, bottom-edge cutting force, soil compressive force, friction and inertia force. Equations for prediction of these forces were developed. Compared with previous models, this model has included the effects of shear rate and the effects of soil compaction for the first time. There is no need to differentiate between blade and tine while the previously existing gap between them is not taken care of by any other models. So this model is applicable theoretically in a wider range.

The relation of cutting resistances to major factors such as cutting depth, cutting width, rake angles and cutting speed can be simulated by this model and they were satisfactory as compared with previously reported test results. Finally, soil bin tests were carried out to verify the model, and results obtained from the tests and those predicted were applicably consistant in a range of soil conditions.

References

[1] D. C. Zeng and Y. S. Yao, Investigation on the relationship between soil shear strength and shear strain rate. J. Terramechanics 28(1), 1-10 (1991).

[2] Y. S. Yao and D. C. Zeng, Investigation of the relationship between soil metal friction and sliding speed. J. Terramechanics 27(4), 283-290 (1990).

[3] A. R. Reece, The fundamental equation of earth-moving mechanics. Proc. Symp. Earth-moving Machinery, Mech. E. Vol. 2, pp. 8-14 (1965).

[4] D. R. P. Hettiarachi and A. R. REECE, Symmetrical three-dimensional soil failure. J. Terramechanics 4(3), 45-67 (1967).

[5] E. Mekyes and O. S. Ali, The cutting of soil by narrow blades. J. Terramechanics 14(2), 43-58 (1977).

[6] R. J. Godwin and G. Spoor, Soil failure with narrow tines. J. agric. Engng Res. 22(4), 213-228 (1977).

[7] J. V. Perumpral, R. D. Grisso, C. S. Desai, A soil-tool model based on limit equilibrium analysis, Trans. ASAE (2), 991-995 (1983).

[8] R. D. Wismer, H. J. Luth, Rate effect of soil cutting. J. Terramechanics 8(3), 11-12 (1972).

[9] J. V. Stafford, Force prediction models for brittle and flow failure of soil by draught tillage tools. J. agric. Engng Res. 29, 51-60 (1984).

[10] R. Wang and W. Huang, Theory of Placticity, pp. 179-182. Beijing University Press (1978, in Chinese).

[11] D. C. Zeng, Draft resistance of various parts of a plow bottom in sandy loam soil. Acta Agromech. Sinica 7(2), 79-81 (1964, in Chinese).

[12] J. V. Stafford, The performance of a rigid tine in relation to soil properties and speed. J. agric. Engng Res. 24, 41-56 (1979).

土壤耕作机械化*

曾德超

摘要 以适当的机电动力、作业机具和耕作技术对各种农业用地进行土壤加工作业的过程。即在粮食、蔬菜、牧草、林木等各种作物的播种或栽植前和生长发育的各个阶段，以及在土地休闲时期，根据需要对土壤和地表进行加工，创造有利于植物出苗和生长发育的地表形状、覆盖和植被情况、土层构造和有关的环境条件，并为动植物废弃物的分解提供良好的条件。

发展简史

人类在进入农业社会伊始，就了解经动物扒松的土壤较其周围紧实的土壤更适于植物的生长，在长年的实践中先后创造了松土灭草的工具——耒耜和牛犁，实行了年年耕耘的耕作制。可以说，自古以来，没有耕耘就没有农业。在经历千百年的牛犁阶段之后，随着近代钢铁工业和机械动力的出现，发展了能耕达 20 厘米以上较大深度的蓄力钢犁和提高生产效率达百倍的大型拖拉机和大型机引多体钢犁及各种整地机具。然而伴随着大型拖拉机和耕具的使用也出现了土壤严重压实和商品能源的大量消耗。随着计算机技术、系统分析、优化科学和建模与数值技术的发展，土壤耕作及土壤耕作技术装备的软科学研究受到重视。硬技术也有所发展，如少耕法、免耕法及其机具的发展，拖拉机形态的研究和减少压实措施的开发，土壤耕作与植物生长发育相互关系，土壤—机器、土壤—水分、土壤—植物—大气循环等系统的研究。

中国在 1949 年以前，长期使用各式既能犁翻又能打埂开沟、用途较多的旧犁及齿耙。50 年代初在增补旧式农具的基础上，推广了耕作深度较大，用途单一的新式步犁、双轮双铧犁、山地犁、水田步犁和三齿(或五齿)耘锄、铲耥机等蓄力农具。国产履带和轮式等中型拖拉机和手扶拖拉机成批生产后，主要推广配套的有牵引式五铧犁、悬挂犁、圆盘耙和中耕机等。70 年代中后期完成南方和北方的各种牵引、悬挂、双向、深耕、开荒和绿肥地翻耕犁、旋耕机、旋转打茬机、圆盘耙、齿耙、驱动耙、中耕机和开沟、起垄、平地等配套产品的系列设计。70 年代后期大面积推广了垄作地区的平地、耕翻和深松机具，有：深松犁、松土机、耕耘作业机、悬挂垄作通用机、联合垄作机等。80 年代随着东北垄作地区和南方一些地区的少耕法试验的开展或局部推广，发展了诸如间隔深松等一些少耕机具。中国的土壤耕作基本上有如下六种类型：东北、西北一熟平作地区的秋翻(或深松)秋整、春顶凌播种或整地播种型；垄作地区或抗旱沟种地区的翻耕及间隔深松型；稻作地区的翻(松)旋耕型；旱作土壤黏重地区的适于旋翻(松)旋耙型；间套作地区的行间翻(松)旋耙型；菜田、果园的翻(松)旋耕型。

土壤机械耕种的目的

①按一定的紧密度分布改变耕作层的土壤结构。如翻耕或间隔深松(破硬底层)使土壤疏松以利雨水渗透、气体流通、根系下扎；整地以形成松紧度适宜的粒状结构，创造水、气、热、肥、机械强度(扎根、防倒)良好的条件；松碎表土以加速干燥，形成保墒覆盖层；全面或局部压密以提墒，增加种子和土壤接触，减少沟底、田底和坝埂的漏水。②改变田间地面形状。如在播种、灌溉、排水及绿化中的平地，建筑和清

* 本文出处：中国农业百科全书 · 农业机械化卷，农业出版社，1992 年

理沟、埂、垄、畦、条田、台田，在地表铺秸秆、沙石、覆膜或涂胶泥、喷沥青化合物，以减少水分蒸发、风蚀、水蚀等。③消灭杂草和病虫害。④翻土将外物埋入、混入土层。如肥料、残茬、护苗覆盖用的纸、土壤改良剂、排水管道等。⑤从土层中分离出根茎，石子，大坷垃或其他物体。⑥混合或拌匀。如胶体掺沙，水田的耕耘至水土相融，肥料或土壤改良剂的混合等。

随着科学技术的进步，一些原来需用土壤耕作机械来完成的功能，已经可用化学措施或生物措施更好地或更经济地完成。如施用除莠剂代替某些中耕除草；用留茬覆盖、直接播种的免耕法代替播前耕翻等，以减少对土壤耕作次数。

基本内容

包括耕整地机械化、行间中耕机械化、少耕作业机械化等。相应的土壤耕作机器系统由基础耕具（或称耕地机具），装备种床的辅助耕具（或称整地机具），中耕机具及特殊用途耕作机具组成。

土壤耕作机器系统

耕作机械由一个或一组耕作部件配以辅助机构而组成，而任何即使是最简单的部件或耕作工具，往往同时在不同程度上起切土、剪裂、破碎、压实、移土等多种工艺作用，在作用过程中相互影响。土壤在耕作机械作业后所达到的状态，不仅因不同类型耕作部件及其参数变化而异，而且受土壤的含水量、耕作前状态和耕作时边界条件等的影响。最终所需的土壤状态，往往不是一次作业所能达到；有时在一次作业后需要间隔一段时间，经调节含水量之后再进行后续作业，以达到更佳效果。为了能以较少的机具装备满足多变的要求，各国的做法是给不同地区制定一套适用于该地区土壤耕作的机器系统，在生产中将相互衔接，相互补充。宽窄配套的机具及工具按一定顺序、间隔和重复次数进行作业。配合以适当的生物措施和化学措施，因地因时制宜地组成一定的耕作法。土壤机器系统与土壤耕作法是相互依存、配合发展的。

土壤耕作机械的设计和使用

制约因素　一个地区的土壤耕作措施及所使用的耕作机具，受农场（户）经营规模和产品结构，土质和地形、气候条件，社会经济条件以及支农工业产品的供应状况和科技水平所制约。因此，新型土壤耕作机械的研制设计，往往需要与耕作法的实验结合进行。中国农业水资源极其缺乏，且地区间和季节间的分布很不平衡，旱涝灾害频繁，水土流失严重，土壤有机质含量与肥力都过低；灌溉农业地区的次生盐碱化和积水地区的潜育化极其普遍。因此，中国各地区土壤耕作机械的研制和设计，将以蓄雨保墒、保土、提高腐殖质和肥力以及低能耗为特征。

设计要求　合理设计工作部件的形状、相对位置和运动方式、运动速度等，控制部件运动中所需的力，以便以最低能耗获得符合要求的土壤状态或使后续作业减至最少；合理安排相邻工作部件之间的配置关系，使相互作用的影响达到最优化；实现组成机器系统各机具间的最佳配合。

耕作部件的阻力　根据一些学者的研究结果，得出耕作部件运动速度与阻力间的一些经验公式。如麦其宾（E・G・Mckibben）和里德（I. F. Reed）的公式为：

$$\rho=k(\upsilon-3)^{1.5}$$

式中 ρ 为耕作阻力（磅力）；υ 为耕作速度（英里/小时）；k 为系数，等于常耕速度（4 英里/小时）下的阻力。如改用国际制单位（牛和米/秒），则公式可改为：

$$\rho=k'(\upsilon-1.34)^{1.5}$$

其中系数 $k'\approx14.88\ k$。戈里亚契金（в. п. горячкин）公式为：

$$\rho=\rho_0+\varepsilon v^2$$

式中 ρ 为牵引阻力(牛);ρ_0 为接近零速下的阻力(牛);v 为前进速度(米/秒);ε 为系数(牛·秒^2/米^2)。

耕作部件设计原则　根据土壤耕作力学的基本原理,可以得出下述一些设计原则:①使力作用于土壤的方向是起到所需效果的最小阻力方向。②应用于半无限土体本来的机械刚度作为施力的支撑,避免先分割出土块然后加力。③部件与土壤的几何关系应或是使土壤受到最小的约束(如小进刀量的切削、靠近沟边的切削),或是对约束力量有所利用(如镇压器压碎土块时的情况)。④注意利用施力的速度,利用惯性力于碎土。⑤控制施加力的作用范围,避免土壤压实变硬,增加后续作业的阻力;避免辅助工序的施力抵消主要作用的加力效果。⑥注意利用部件的形状、运动及施加的力来影响土垡、土块的形状和尺寸,并使其尽可能稳定。⑦利用复式工作部件来进行有顺序的加工,以获得较好较均匀的结果和有效地利用输入的动力。⑧须施加连续的力来完成一个复杂的作用。

使用原则　重要的是掌握农时;选择土壤水分适宜时进行作业;选用适当的机具及作业参数(如耕深等)。

发展趋势

继续探索适合不同地区要求的新型耕作法和耕作机具,以最小的能耗、最低的成本即节水提温保肥除害,使土壤达到作物所需的最佳状态,充分利用自然资源;将耕作时机具对土壤的压实作用和在作物生长过程中水、肥、土的流失减少到最小限度;使土壤耕作朝着有利于改善生态环境的方向发展等。

研制低能耗工作部件和机具的途径有:拖拉机与耕作机具所组成的系统更为合理化,如前后同时悬挂耕犁以便充分利用拖拉机前轮的附着性能;部件几何形状参数的合理化,如采用菱形犁以缩短纵向间距,采用窄翼犁,栅条犁以减少阻力;用高硬度钢抛光或用聚四氟乙烯作复合犁壁表面;用电渗效应或涂料以减少土壤与工作表面的黏附和摩擦阻力;利用振动以减少牵引阻力;研制组合式工作部件;发展新的耕作方式与技术,如利用空气压力耕作(空气管道耕法、气力振动耕法、压入空气以减少工件表面与土垡之间的摩擦阻力),利用油气频爆耕作等。

土壤耕作力学*

曾德超

土壤耕作力学是研究土壤耕作中机具作用于土体的力的特性，土壤的变形和运动，耕层最终状态的水、气、热、盐传导效应和支承强度以及这些现象变化规律的一门应用学科。据此可以预测耕作效果，指导耕具的设计、创制和有效使用，发展耕作和牵引新方法，为植物生长发育提供良好环境条件，同时减少耕作能耗、投资、土壤压实和水土流失，保护生态，改良环境。

土壤耕作力学作为土壤动力学（或土壤机器系统力学）的一个分支，不仅涉及土体失效之前的静态稳定问题，更主要的是涉及失效过程中及生效之后的塑性流动，剪裂破坏的扩展，土体作刚体、流变体或特殊流体的运动；不仅与土方挖掘力学和地面、车辆系统力学一样将土壤视作一种工程物料，而且还将其看成为一种生物物质，强调耕作后土壤最终状态对植物根系和种子的水热运移，土壤微生物环境和腐殖质水平的影响等，因而与土壤学、土壤物理学以及耕作栽培学密切相关。

研究途径

土壤耕作中，受力和作业质量的定性和定量评价，主要通过田间的测定。机具性能预测及其研究主要采用四种方法：①经验法。通过大量试验数据，采用回归经验方程进行分析研究。②相似理论模型试验法。可减少试验工作量和试验难度，但模型畸变预测因子难以确定。③半经验法。利用圆锥仪或土壤承载测定仪等简单仪器的读数模拟机具工作部件特性和尺寸，预测机具性能。④理论研究法。包括建立各种响应性能方程、工艺元素力学方程以及典型工作部件力学方程等。由于土壤是由固、液、气三态物质构成的一种独特的松散介质，在田野现场，其力学特性（质地、物理黏粒含量、结构与孔隙度、水分含量）可呈现迥然不同性质的响应和失效以及在数量上起到几十倍甚至上百倍的变化，从而使得田间试验回归的经验法只能具有非常有限的普遍性意义。自 20 世纪 50 年代以来，在室内控制条件下的试验研究和理论探索得到了重视和发展。

内容体系

力学性质和参数体系　土壤作为松散介质，它的状态特性（如结构、密度、位置等）及其材料性质（化学成分、矿物成分、机械组成等）本身就有非常宽的离散幅度，而由于受到物理因素作用才呈现的行为特性（如应力、应变等）差别更大。后者又还有两种情况，即土壤发生屈服或移动时的“主动”响应性能，这时起作用的力为内聚力、摩擦力、附着力，表现为材料的强度；土壤不发生屈服或移动时的“被动”响应性能，这时起作用的是孔隙的大小及其弯曲情况以及传热特性等，表现为水分运动和热的交换。

本构关系　土壤在力作用下的响应行为，可作为脆性材料（脆性干土）、塑性材料（旱田塑性土）、黏弹塑性体、流变体或特殊流体（水田土、沼泽土）来处理。关键是在实验室统一简化状态下对这些土壤的一些基本参量的测定值，如何能应用到实际现场复杂的复合应力组合状态上去而仍能获得可接受精度的结果。为此，研究者提出各种建立应力、应变或应力、应变、时间普遍关系——本构关系的有关理论。譬如认为广义虎克定律仍适用于应力增量与弹性应变增量之间的关系；提出计算塑性应变增量的各种屈服准则，确定塑性应变增量方向的流动规则，从给定应力增量计算塑性应变增量的各种假定和方法；

* 本文出处：中国农业百科全书·农业机械化卷，农业出版社，1992 年

提出用各种流变模型描述土壤的流变响应行为；提出用各种非牛顿流体方程描述土壤在受力下的流动等。

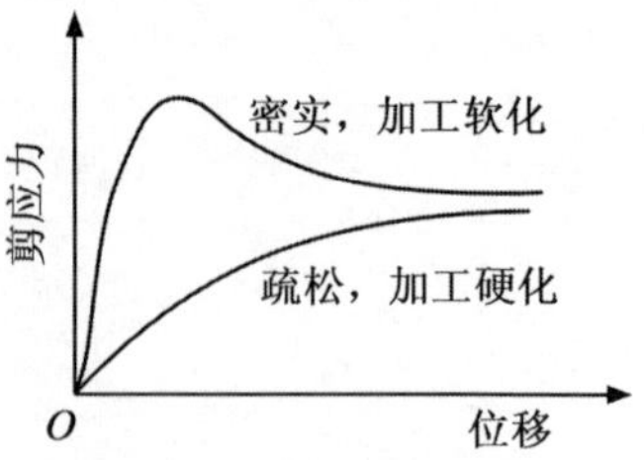

图 1 典型旱田土壤的剪应力—应变关系

土壤在受压或受剪下常发生剪裂破坏。土壤剪应力与变形的关系是通过采土样在实验室用直剪仪或常规三轴压缩仪获得的。一般旱田土壤表现为或是加工硬化或是加工软化，如图土壤的剪切强度以驼峰值（加工软化时）或最大值（加工硬化时）标记。剪应力达到剪切强度时土壤开始剪裂破坏。土壤的剪切强度与作用在剪切平面上的法向压力相关，而旱田土壤的剪裂破坏通常遵循库伦准则，即

$$\tau_f = c + \sigma\tan\Phi$$

式中：τ_f 为破坏剪应力；σ 为作用在剪切失效面上的正应力；c 为土壤的凝聚力参数；Φ 为土壤的内摩擦角参数。

在拉张破坏情况下，土体不发生剪切滑移，而是在土粒之间断开。土壤的拉张失效主要遵循格里菲斯准则，即

$$\sigma_1 + 3\sigma_3 < 0;\sigma_3 + \sigma_t = 0$$

$$\sigma_1 + \sigma_3 < 0;(\sigma_1 - \sigma_3)^2 + 8\sigma_t(\sigma_1 + \sigma_3) = 0$$

式中：σ_t 为土的单轴拉伸抗拉强度，为负值；σ_1、σ_3 为主应力。脆性材料的张强可低达压缩强度的 1/8。

非饱和和饱和土的应力轴应变和失效状态比较完整地由以孔隙比 ν 和八面体法向应力（σ_8）和八面体剪应力（τ_8）为坐标的临界状态模型描述，如图 2。当土体任一点应力状态到达（R）面时发生流动失效；到达（H）面时发生脆性破坏；到达临界状态线（C）时，土体单元的剪应力不再增加，单元只变形而容积不再变化。

在水田或沼泽土的情况下，往往呈现作用力定常而变形随时间而增大（蠕变）或变形保持定常而应力随时间而消减（松弛）这样的流变特性。当时间效应对所讨论的问题的受力与变形流动具有显著意义时，常将土壤作为含有应力与应变速率或应力、应变与时间之间关系的黏弹塑性体或某种流变体处理。图 3 为土壤蠕变过程一例。

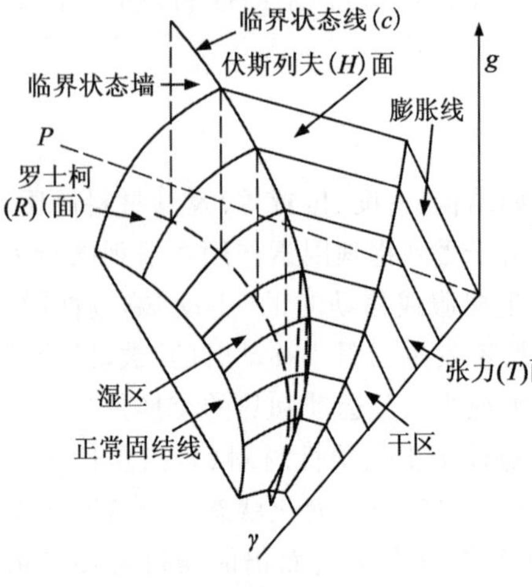

图 2 饱和和非饱和土临界状态模型

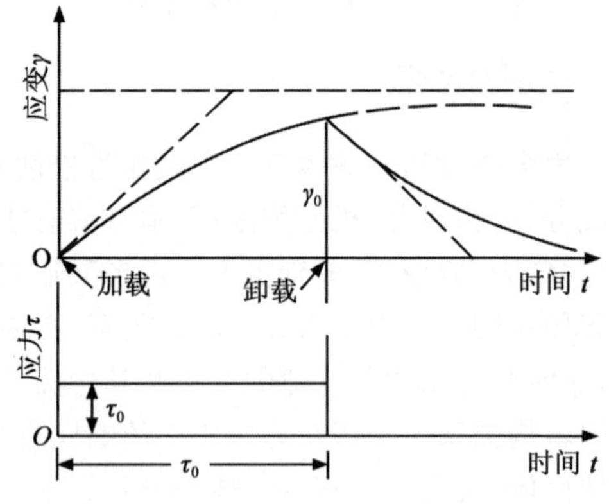

图 3 加载与卸载下土体的应变时间关系曲线

土壤在高速下或在振动下的破坏，与静载下有所不同。土壤的高速单轴压缩试验证明，破坏应力随加载速度的增加而增加，与速度的对数成比例，直至一最大值，如图 4。突然加载的应力不会立即传到土壤的各个部分，而是随塑性应力波的传递速度 V_p 扩散。即

$$V_p=\sqrt{\frac{\mathrm{d}\sigma/\mathrm{d}\varepsilon}{\rho}}$$

式中：ρ 为土壤的密度；σ、ε 为应力、应变。试验结果表明，低速加载时呈现脆性破坏的土壤，随载速的增加，可能变为塑性流动。塑性应力波的速度比较低，因为应力应变关系曲线比较平坦，$\mathrm{d}\sigma/\mathrm{d}\varepsilon$ 在失效处的值较小。

在高速加载时，土体受到加速，其惯性力与速度平方成正比；惯性阻力亦随加载速度增加而迅速增加。如果能设法减小土体的惯性力，高速耕作就不是一定不适宜。用振动工具减少牵引阻力可达 50%～75%，已应用于凿式犁、心土铲、暗沟犁、开沟犁等。但加上激振能耗，总能耗则较大。

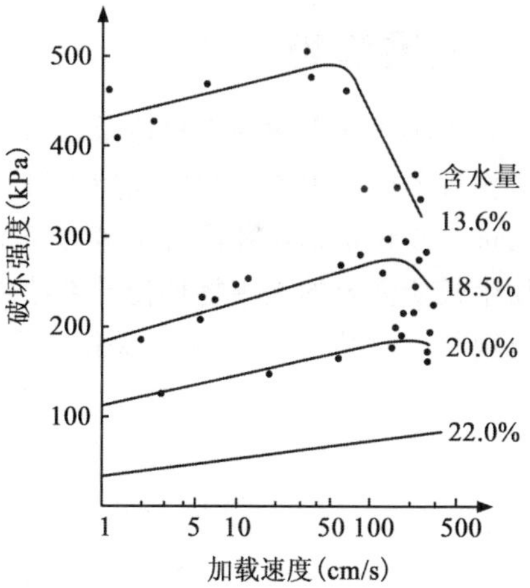

图 4　土壤破坏应力和加载速度关系

耕作工艺元素的力学方程　耕作部件的整个作用往往比较复杂。为了便于分析，可采用分解为若干典型的简单工艺元素的结合。这样，部件整个作用可望由这些简单工艺元素的力学方程式或所由之组成的响应行为方程描述。譬如 W. 若尼的平面二面楔水平耕作时的力学方程就是由刃口贯入切削，楔面法向力和摩擦阻力，以及土垡加速等几个工艺元素的阻力所组成：

$$R=N\sin\delta+N\mu\cos\delta+Kb+\frac{\gamma}{g}bav^2\ \frac{\sin\delta}{\sin(\delta+\beta)}$$

式中：R 为二面楔深阻力；μ 为土壤摩擦系数；N 为楔面法向力；K 为单位刃宽切削阻力；b 为耕宽；a 为耕深；γ 为土壤密度；δ 为切削角；β 为剪裂面斜角；g 为重力加速度。

部件耕作工艺的力学方程　在许多场合下，一个部件的耕作工艺常常难于分解成为泾渭分明的组成工艺元素，如将这些组成工艺元素的响应方程联合起来描述，也将有较大的失真。这时许多研究者采用塑性极限平衡法：根据部件在耕作中所综合造成的典型破坏剪裂区的形状与尺寸，按刚体力学计算其受力。

部件设计方程　部件耕作土壤的过程可抽象为包含如下因素：土壤处于初始状态 S_i，经过具有形状 T_s 的部件在输入力 F 的作用下，以一定的移动方式 T_s 耕作，获得所要求的最终土壤状态 S_f。则所涉及的 5 个设计因素可明智地有意分开列成两个基本关系方程：

$$F=f(T_s,T_m,S_i)$$
$$S_f=g(T_s,T_m,S_i)$$

如将 T_s，T_m，S_i 三个设计因素中的两个保持不变，例如，以不同的形式或参数在相同土壤初始状态 S_i 中以相同的移动方式和速度 T_m 作业，则

$$\mathrm{d}F=\left(\frac{\partial f}{\partial T_s}\right)_{T_m,S_i}\mathrm{d}T_s$$

$$\mathrm{d}S_f=\left(\frac{\partial g}{\partial T_s}\right)_{T_m,S_i}\mathrm{d}T_s$$

从而将设计中最主要的任务——部件形状的改变与阻力 F 和所获得的最终状态分别相关联，使得极其复杂的耕作方程可通过成套设计方程定量化。须注意的是，部件的形状在耕作中往往由于黏土在锋面前形成压实土核而有所改变。设计方程亦可部分地建立在响应方程之上。两者可根据实际情况交叉运用。

发展趋势

土壤耕作力学的学科体系已初具规模，并已研究确立的一些定性概念和定量关系。但它作为分析耕作现象的基本方法和发展新型耕作法和机具的一门科学，必须更加重视一下一些基础问题的研究：①进一步识辨描述和评价机械力对土壤的作用及作用的效率；②建立耕作后的土壤物理状态参数与植物生长所需要的土壤物理传导参数之间的相关联系；③识辨与评价有害的土壤状态，识辨与测量耕作后土壤状态对植物生长、水土保持及土壤强度的影响；④发展新的综合利用机器、灌溉、土壤改良剂、生物作用、薄膜或秸秆覆盖及其他工程措施等手段的工艺和耕作法。

第三部分

农业水土工程理论与技术

河套灌区盐碱化的特点分析和治理措施的探讨*

练国平　曾德超

摘要　本文主要分析了内蒙古河套灌区土壤盐碱化的特点;探讨了盐碱地治理的主要措施;指出在气候干燥,蒸发量大,灌溉水盐分高,用量多,排水少,地下水具有地质矿化源和水位浅以及土壤质地较沙等因素的影响下,河套灌区的土壤盐分具有积累快,年中变化大,含量高等特点。由于盐害最严重的时期是从春小麦播种到5月中旬,本文提出河套灌区盐碱地的治理应首先搞好合理灌水和完善排水;同时改进传统耕作方法,采用先进耕作技术和其他措施综合治理。但任何经济有效的措施的设计与实施都需通过对当地盐碱化过程的深入研究,建立关键时期(秋浇、结冻到化冻、春播)的土壤水盐运动模型,进行田间,主体工程的定点试验。

一、引言

在干旱与半干旱地区,灌溉是农业生产必不可少的先决条件。但是,在这种地区,如果不注意合理用水,就常常会造成或加剧盐分在耕层土壤中的积累,即灌溉引起的土壤次生盐碱化。根据联合国粮农组织和教科文组织的统计[4],世界上现有的大多数灌区都遭受盐碱化和渍水的危害,有50%以上的灌溉土地是次生盐碱地。由于这一原因,成千上万公顷肥沃的灌溉土地变为盐碱荒地,每年都有数百万公顷土地失产弃荒。这不仅发生在过去,也发生在现在,甚至还会危及到将来。可见,土壤和水的次生盐碱化问题,是干旱和半干旱地区,尤其是出流不畅的河流三角洲及平原地区发展农业生产需要迫切解决的问题。

我国的土壤盐碱化危害也比较严重,主要分布在黄淮海平原以及广大的西北、华北的许多平原干旱或半干旱地区。盐碱地总面积有3600多万公顷。研究我国各个盐碱化地区土壤盐碱化的过程,掌握盐分在耕层土壤中运动和积累的规律,从而以多种手段淋洗土壤的有害盐分,控制盐分在耕层土壤中的积累,有效地开发和治理盐碱地,这从近期来看,不仅是盐碱化地区扩大耕地面积,增加作物产量的关键;而且从长远来看,也是保护国土资源,维护生态平衡,保证子孙后代在这些地区长期生存下去的重要措施。作为对这个问题研究的途径之一,我们在内蒙古自治区水利厅的委托下,提出了"河套灌区土壤盐碱化的过程及其治理的研究"的课题。本文根据实地调查和灌区提供的资料以及国内外研究趋势,对河套灌区盐分形成和积累的特点进行分析,并对盐碱地治理进行探讨。

二、盐分的主要来源

河套灌区位于内蒙古自治区巴彦淖尔盟的南部。黄河自西向东环绕灌区南缘。灌区总土地面积119万多公顷,而其中盐碱地面积就高达89万多公顷,耕地面积只有51万多公顷[1],土壤盐碱化常常是这里发展农业生产的一大限制因素。土壤中的盐分来源主要归结为三个方面,即深层高矿化度盐水向上迁移,灌溉水中含有可溶性盐分以及土壤母质所含有的盐分。

河套灌区在地质构造上为下沉为封闭断陷盆地,在漫长的地质时期中,一直为湖水所淹没,形成了广阔的以湖为主的沉积层。土层中含有富含盐分的咸水聚积带。后来,由于黄河的形成和多次改道,又在湖积层上覆盖上了黄河冲积层。土层中含有淡水潜水层。由于黄河水含有一定量的可溶性盐分,部分盐分和泥沙一起沉积而形成的土壤母质本身就含有一定的盐分组成。这种由黄河冲积形成的土壤其

* 本文出处:农业工程学报,1987年3月,第1期

剖面厚度是不一样的。一般在灌区的东部下游地区，黄河冲积覆盖层较薄。而灌区东接乌拉山，加上乌拉山潜伏部分的隆起及其伴生断裂带的存在，引起了埋深较浅的高矿化度盐水沿断裂带向上运动。因此，在东部下游地区盐渍土的分布比较广。

河套灌区土壤盐碱化的另一个原因是灌溉水中的可溶性盐分在耕层土壤中的积累。河套灌区地处荒漠平原，是一个没有灌溉就没有农业的干旱地区。引黄灌溉是发展农业生产的根本。近年来，全灌区的灌溉引水量已达 45 亿多立方米，灌溉土地总面积为 45 万多公顷，每公顷土地的灌溉引水量高达 1 万立方米。在河套平原这种排水不畅的平原地带，地下水基本上没有水平出路，入渗到土壤中的灌溉水主要靠蒸发散失，灌溉水中的可溶性盐分只能年复一年地在耕层土壤中积累。据测定(参见表 1)，黄河水多年平均的可溶性盐分含量为 0.34 克/升。按这一数据估算，每一年由于引水灌溉可使每公顷土地盐分积累增加 3400 公斤。近年来，黄河水质不断恶化，矿化度增加到了 0.4 克/升以上。因此，由引黄灌溉而带进土壤中的盐分数量还在逐年增加。

表 1　黄河水质

Tab.1　Water Quality of the Yellow River

年度	总矿化度(克/升)	其中各种盐分%					
		$Ca(HCO_3)_2$	$Mg(HCO_3)_2$	$MgSO_4$	Na_2SO_4	$MgCl_2$	NaCl
1960—1971	0.34	50	12	14	8		16
1975	0.369	48	26	8	2	5	11
1976	0.390	47	19	10	5	6	13
1977	0.439	41	14	12	4	6	23
1978	0.427	—43	17	12	2	3	23

三、影响盐分积累的主要因素

虽然河套灌区耕层土壤中的盐分主要来源于上述三个方面，但盐分在土壤中的运动以及耕层土壤中的积累则受到许多因素的影响。其中主要因素有气候，地下水位，灌水排水和土壤物理参数等。

1. 气候影响

河套地区气候干燥、降雨少，蒸发强。据统计，多年平均降雨量只有 130～215 毫米。雨量集中在 7～8 月份，占全年降雨量的 60%左右。多年平均蒸发量为 2100～2400 毫米。蒸发散失的水分主要靠灌溉补充。强烈的水分蒸发造成了大量深层土壤中的可溶性盐分向耕层土壤中迁移，并在表层土壤中积累。从表 2 和表 3 可以看出，对轻度盐碱化的耕地，耕层(0～20 厘米土层)土壤中的盐分积累速度可高达每天 0.0013%～0.0041%，而对初始盐分含量比较高的盐荒地，盐分积累速度更快，竟达 0.045%～0.058%/天。尤其是在每年 4～6 月份，由于风多，风力强，蒸发量在全年中达到最大，表层土壤的盐分积累在全年中也达到最高。据观测，即使对于轻度盐碱化的耕地，4～5 月份的表层土壤盐分含量也可达 3%以上。

表 2　轻度盐碱化耕地秋浇后积盐速度表

Tab.2　Salt Accumulation Rate of a Cropped and Light Saline Soil after Autumn Irrigation.

土层(厘米)	含盐量(%)		盐分增量(%)	历时(天)	土壤积盐速度(%/天)
	10 月 24 日	11 月 10 日			
0—20	0.17	0.24	0.07	17	0.0041
20—60	0.12	0.14	0.02	17	0.0013

注：含盐量为单位干土重的盐分百分率。下同。

表 3　盐荒地秋浇后积盐速度表

Tab.**3**　Salt Accumulation Rate of a Uncultivated Saline Soil After Autumn Irrigation.

土层含盐量(%)			盐分增量(%)	历时(天)	土壤积盐速度(%/天)
秋浇前	秋浇后				
8 月 20 日	9 月 30 日	10 月 10 日			
2.92	0.56	1.01	0.45	10	0.045
3.30	0.81	1.30	0.49	10	0.049
4.77	0.73	1.31	0.58	10	0.058

在河套灌区,气候对盐分积累的影响还表现在另外一个方面,这就是冬季的土壤冻结。河套灌区全年冻结期 5 至 6 个月,冻土深度最大可达 1～1.3 米。一般每年 11 月底开始封冻,翌年 3 月中、下旬开始溶冻,5 月中旬可全部消通。土壤冻结,引起了深层土壤的水分向冻层土壤中运动,使得冻层土壤中的水分和可溶性盐分进一步增加。由于冻土层的导水系数相对于未冻土来说要低得多,这样,当第二年春天土壤从上向下开始溶冻时,溶化水分主要通过蒸发散失,只有一小部分入渗回到地下水中。因此,土壤冻结加剧了水分和可溶性盐分向上迁移,使得每年春天表层土壤盐碱化的危害更加严重。另外,由于冻结的影响,每年 5 月中旬以前都没有水源可资利用来灌溉,表层土壤的高盐分无法淋洗。这对春小麦播种后的发芽及幼苗生长危害特别大。

2.地下水的影响

河套平原地势平坦,地下水埋深浅,潜水易于蒸发,盐分向上积累快。据观测,耕地的地下水位在作物生长期只有 0.5～ 1 米深,而在封冻期也只有 1.5 米左右。对于这样浅的地下水位,在强烈的蒸发下,是很容易通过土壤孔隙向上运动的。地下水向上运动把深层土中的可溶性盐分以及地下水所含的盐分运送到表土层。在地下水矿化度普遍高达 10～50 克/升的情况下,地下水埋深浅就很容易造成表土积盐。从表 4 所示的地下水埋深与表层土壤积盐的关系可以看出,地下水位越浅,表土的积盐速度越高。

表 4　封冻期地下水埋深与春季土壤返盐对比表

Tab.**4**　Dependence of Salt Concentration of Soil on the Groundwater
Table at Different Stages of Autumn Irrigation Freezing Season and Spring.

土壤质地	地下水埋深(米)			表土层(0～10 厘米)含盐量(%)		
	秋浇前 9 月 25 日	封冻初 11 月 15 日	排水后 12 月 14 日	秋浇前 9 月 26 日	封冻初 11 月 15 日	翌年 5 月 10 日
壤土	2.15	1.01	2.52	0.21	0.14	0.48
壤土	2.27	1.72	2.95	0.18	0.13	0.31

3.灌水排水的影响

河套灌区靠引黄灌溉。灌溉作物主要是春小麦,其次有胡麻,糜子等。现行的灌水制度分为夏灌(5～6 月份)秋灌(7～8 月份)和秋浇(包括 9 月份秋作物防霜水和 10～11 月份的储水灌溉)。前两次灌水是作物生育期的灌水。全年净灌水定额为每公顷 6000 立方米,而实际灌溉引水量为每公顷 1 万立方米。在河套灌区,灌水的目的一是供应作物生长所需的水分,二是淋洗表层土壤的盐分。每次灌水后,表层土壤的盐分含量都有明显降低。但是,由于对不同土壤条件下不同作物的需水量要求和不同盐碱化程度下淋洗土壤盐分的水量要求等问题缺乏严格和科学的研究,灌水定额的确定还主要是凭经验,加上农民普遍错误地认为灌水越多,作物产量越高,因此灌溉用水量大,浪费严重,既造成了地下水位的升高,也加剧了表层土壤中的盐分积累。而现有的排水工程还很不完善,只能起到退除灌溉余水和山洪水的作用。一旦停止灌溉后,表土很快就返盐。灌溉淋洗盐分的作用只是将表层土壤中的盐分暂时冲洗到了深层土壤或地下水中,而灌溉引水本身所带到土壤中的盐分却不能完全排出。据观测统计,每年通过排水沟排出的盐分只有63万多吨,而灌溉引水所带进的盐分却高达240万吨。在这种灌水量大,排水效益差的条件下,盐分不能平衡,土壤中的盐分积累有增无减。

4.土壤条件的影响

河套灌区的土壤主要系由黄河冲积母质组成。土壤质地主要有沙土,沙壤土,壤土和黏土四种,其中以沙土和沙壤土居多。从四种土壤的颗粒组成(参见图1)来看,沙土的粒径主要分布在0.25~0.05毫米,占58%,其余三种土壤的粒径则主要分布在0.05~0.001毫米,占62%~71%,只是粒径在其他范围的分布不同。可见,土壤颗粒主要分布在0.25~0.001毫米的范围内,小于0.001毫米的活性黏粒很少。由于这个原因,土壤保持水分的能力差,导水系数高。图2为所测的四种土壤的水扩散率。从图中可以看到,尤其是沙土和沙壤土的水扩散率特别大。这使得耕层土壤中的水分既容易下渗到地下水中,也容易向上蒸发散失。为了保持土壤在停水灌溉期间有较充足的水分供应作物生长的需要,不得不把高矿化度的地下水位抬高,加大灌溉用水量。其结果使得地下水容易向上蒸发,可溶性盐分容易在表土层积累。

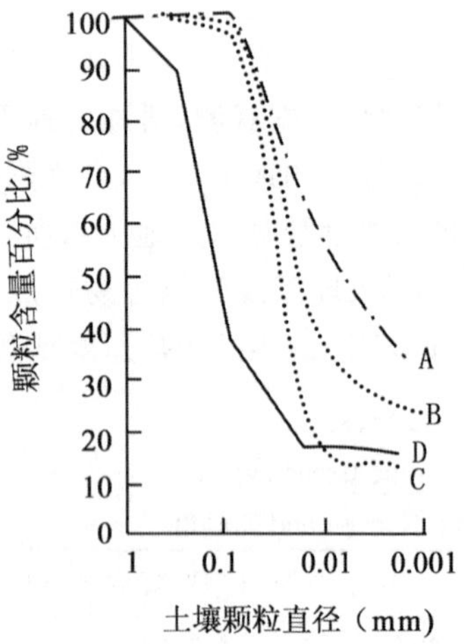

图1 土壤颗粒分布曲线

A.黏土,B.壤土,C.沙土,D.沙壤土

Fig.1 Particle-size Distribution Curves for Four Types of Soil

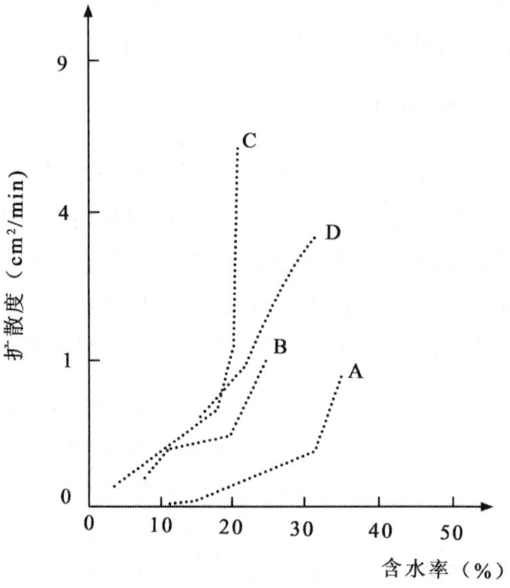

图2 土壤扩散度曲线

A.黏土,B.壤土,C.沙土,D.沙壤土

Fig.2 Relations of Diffusivity to Soil Wetness for 4 Soils

土壤持水能力低,导水率高,也使得水分比较容易下渗。这对淋洗盐分有利。因此,河套灌区耕层土壤中的盐分含量在每次灌水期间都有很明显的降低。但一旦停止灌溉后,返盐也比较快。图3所示为所观测的轻度盐碱化耕地耕层土壤的含盐量变化曲线。从图中可以明显地看到,每一次降雨或灌水后,盐分含量都有大幅度的下降,是河套灌区盐分积累快,变化幅度大的一个主要原因。

四、盐碱地治理措施的探讨

由于受上述气候干燥、蒸发力强,地下水位浅和灌水量大,排水不完善以及土质沙等因素的影响,河套灌区的盐碱化问题具有积累快,变化幅度大,表层土壤的盐分含量高和盐碱危害严重等特点。尤其是在冬季土壤冻结的影响下,春季地表积盐在全年最为严重。这时期,春小麦刚刚播种,幼苗耐盐力又低,又没有水源用来淋洗表土的盐分,从而作物发芽生长困难,甚至发生死苗现象。因此,春季土壤盐碱地的治理是

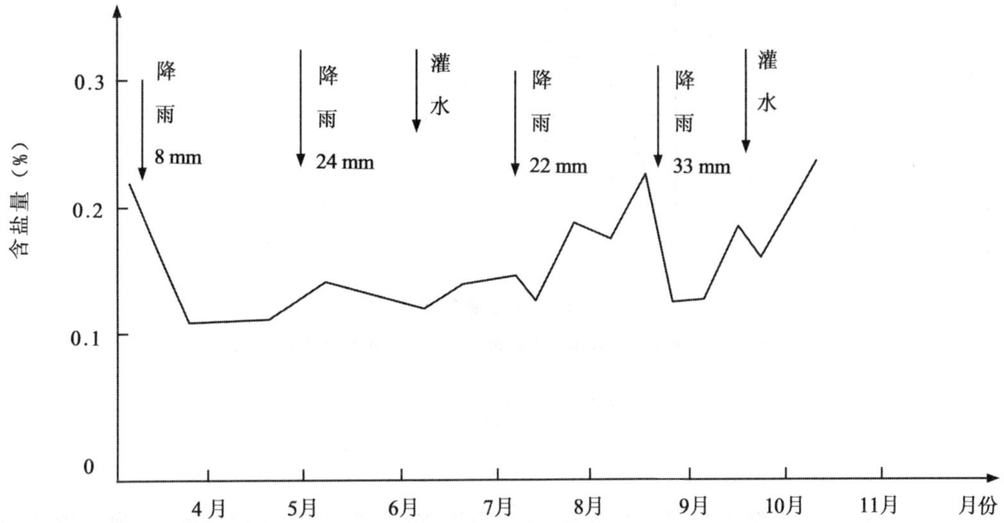

图 3　轻度盐碱化耕地表土(0～20 cm)盐分变化曲线

Fig. 3　Seasonal variation of Salt Concentration in the 0～20 cm Depth Layer of a Light Saline Soil

关键。根据河套灌区土壤盐分形成和积累的原因与特点，我们提出以下盐碱地治理的措施，以供商榷。

1. 合理灌溉

河套灌区是一个没有灌溉即无农业的地区。引黄灌溉本来是农业生产的关键。但是，从上面的分析看到，引黄灌溉也是土壤盐碱化的一个主要原因，成为了发展农业生产的一个制约因素。其原因就是因为灌水量太大，且有灌无排。在河套灌区这样水源充足的地区，灌溉用水量必须严格控制。灌溉水量的确定既要考虑作物生长的吸水要求，也要考虑土壤的蒸发量和淋洗表土盐分的水量要求。

作物的吸水量与作物根系的吸水规律和作物生长与根系吸水的关系有关。

作物根系的吸水在作物的各个不同生长期是不相同的，根据 Feddes[2] (1977)，作物根系吸水率可表示为：

$$S(z) = S_{\max}\alpha(z) \tag{1}$$

式中：$S(z)$ 为根深 z 处的根系吸收率(天$^{-1}$)，$S_{\max}$是潜在的最大吸水率(天$^{-1}$)，$S_{\max}$与潜在的叶面蒸发量和根系活动层深度有关：

$$S_{\max} = T_{pot}/DRZA \tag{2}$$

这里 T_{pot}是潜在蒸发量(毫米/天)，$DREA$ 为根系活动层深度(毫米)。

式(1)中的 $\alpha(z)$ 是随土壤含水量变化的无量纲因子，其变化规律如图 4。θ_1 为饱和含水量(%)，θ_4 为永久凋萎点(%)，可见作物根系的实际吸水量只有当土壤含水量适宜时($\theta_2>\theta>\theta_3$)，才能达到潜在的最大吸水率，这时作物才能顺利生长。

由式(1)可以确定根系吸水量为：

$$E_{p1} = \int_{z=0}^{z=DRZN} S(t)\mathrm{d}z \tag{3}$$

式中：E_{p1} 为根系吸水量(毫米/天·公顷)，也就是作物的叶面蒸发量。

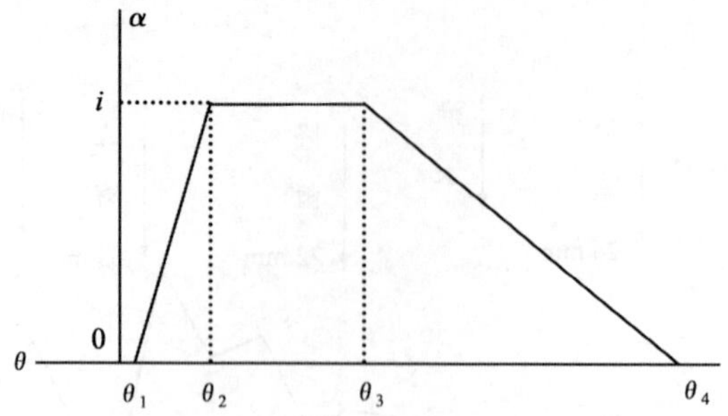

图 4　α 与含水量关系曲线

Fig. 4　General Shape of α as Function of Soil Moisture

$$E^* = \frac{\frac{\delta R_a}{L} + v\frac{\varepsilon\rho_a}{P_a}(e_a - e_d)/\gamma_a}{\delta + v} \tag{4}$$

式中：δ 为水汽压力与温度比例常数，R_a 为太阳的净辐射能，L 为水的汽化潜热，γ 为干湿度计常数，ρ_a 为空气密度，P_a 为大气压力，ε 为水汽与干空气的分子重量比，e_d 为距地面一定高度处的水汽压力，e_a 则为与 e_d 同高度和同温度条件下的饱和水汽压力。γ_a 为空气的水汽阻力，可表示为：

$$\gamma_a = \frac{\varepsilon\rho_a}{P_a}[f(1)1 \cdot 15u^{0.75}]^{-1} \tag{5}$$

这里 u 是风速，$f(1)$ 是随作物高度而变的函数，单位是(秒/米)^2。

而根据 Ritchic(1972)作物覆盖条件下的裸土蒸发为：

$$E_s^* = \frac{\delta}{(\delta + v)L} R_a e^{-0.39I} \tag{6}$$

式中：I 为叶面覆盖指数。

由(4)和(6)式可以确定叶面的潜在蒸发量为：

$$T_{\text{pot}} = E^* - E_s^* \tag{7}$$

显然：

$$E_{p1} \leqslant T_{\text{pot}} \tag{8}$$

即作物根系的实际吸水量由于受土壤含水量的影响，总是小于或等于作物叶面潜在蒸发量。

作物生长或产量与作物根系的吸水量有很大关系。根据光合作用的原理，碳水化合物的合成量与作物的叶面蒸发量近似呈线线性关系：

$$g = A\frac{E_{p1}}{\Delta e} \tag{9}$$

式中：A 为常数，Δe 为饱和水汽压与空气中的实际水汽压差。而在潜在叶面蒸发量的条件下，可以写出作物的潜在生长量为：

$$g_{pot} = A^* \frac{E_{p1}^*}{\Delta e} \tag{10}$$

由(9)，(10)两式得：

$$\frac{g}{g_{\text{pot}}} = B \times \frac{E_{p1}}{E_{p1}^*} \tag{11}$$

当 $A = A^*$ 时，式中 $B = 1$。上式表明，当作物根系的吸水增加时，作物生长率或产量就增加。而作物根系吸水量只有当土壤含水量适宜（$\theta_2 > \theta > \theta_3$）时才能达到潜在的最大吸水量。这就要求灌溉用水要合理。至于作物生长的吸水量要求可以按上述潜在的最大吸水量 S_{max} 进行计算和确定，然后确定土壤的适宜含水量，制定合理的灌溉制度，并同时确定作物覆盖条件下的地面蒸发。

确定淋洗土壤盐分的水量主要应该根据土壤的初始盐分，淋洗所要达到的盐分以及灌溉水本身的矿化度和有无排水条件等。此外，如在作物生长期淋洗盐分时，还要考虑到作物生长条件本身的影响。由于淋洗盐分的规律比较复杂，土壤中的水盐动态还是一个有待研究的问题。在目前条件下，通过试验确定淋洗盐分的水量要求是比较合理的。

淋洗盐分的水量和作物根系吸水所需的水量有一部分是重叠的，因此，作物生长期的灌溉水量可以确定为：

$$Q = Q_{\max}\{\sum(T_{\text{pot}} + E_s), Q_L\} \tag{12}$$

式中：Q_L 假定为淋洗盐分所需水量，Q 为灌溉需水量。

目前河套灌区实际灌水量以春小麦为例，净灌溉定额 6075 立方米/公顷，其中生育期的灌水定额为 4 275 立方米/公顷。这样高的灌水定额主要根据经验确定，缺乏科学依据，比国内外类似地区的用水量都要高得多。因此，在河套灌区，搞好合理灌溉是开发和治理盐碱地，减少盐分来源的有效措施。

合理用水的另一个问题是确定秋浇水量。河套灌区在秋收后和封冻前进行秋浇，以在土层中储存足够的水分供应翌年春小麦（3 月下旬到 5 月中旬）生长的水量要求。但是，秋浇水量大，引起地下水位升高，容易造成第二年春天的土壤盐碱化。由于秋浇储存的水分通过一个长达 6 个多月之久的封冻期，它与地下水位土壤冻层规律，地表蒸发，和水盐运动等的关系十分复杂。目前国内外都还缺乏较系统和深入的研究。这使得如何合理确定秋浇水量还是一个值得研究的问题。

2. 灌排结合

引水灌溉，可以淋洗表层土壤的盐分。但是，在灌溉水本身含有盐分的情况下，有灌无排，只能使表层土壤的盐分暂时迁移到深层土壤中，而不能从根本上解决盐分积累问题。只有通过灌排结合，把淋洗到深层土壤中的盐分及时排出，才能使灌溉淋洗盐分真正发挥效益，避免盐分在土壤中的积累。

从土壤盐分平衡的观点来看，在灌排结合的条件下，土壤盐分按年度计算的平衡公式可表示为：[3]

$$SB = V_{dw}C_{dw} - V_{iw}C_{iw} \tag{13}$$

式中：SB 为年度盐分平衡，V 为水的体积，C 为盐分浓度，下标 dw 为排水，iw 为灌水。在河套灌区，由于存在地下盐水沿断裂带上侵的问题，这时的盐分平衡公式应该修正为：

$$SB = V_{dw}C_{dw} - V_{iw}C_{iw} - V_{gw}C_{gw} \tag{13'}$$

式中：下标 gw 为地下水。减少土壤盐分积累的条件是：

$$SB \geqslant 0 \text{ 或 } V_{dw}C_{dw} - V_{iw}C_{iw} - V_{gw}C_{gw} \geqslant 0 \tag{14}$$

由上式确定的单位面积排水量为：

$$V_{dw} \geqslant \frac{V_{iw}C_{iw} + V_{gw}C_{gw}}{C_{dw}} \tag{15}$$

在河套灌区，土深 1～2 米处分布着粉细沙层和沙壤土层。这为浅层排水措施的实施提供了有利条件。但是，这种土壤结构差，不稳固，也是造成排水沟的塌坡和淤积的原因。由于主要采用明沟排水，工程投资大，加上塌坡和淤积等问题，河套灌区的排水工程还很不完善，田间排水工程仅完成规划的15.5%。灌区每年排出的盐量不到灌溉引进盐量的三分之一。可见，搞好合理灌溉，完善排水工程，做到灌排结合是治理土壤盐碱化的主要措施，也是应该优先考虑的措施。

3.土壤耕作

耕层土壤中的水分和盐分运动是一个动力学过程，与土壤本身的物理参数有很大的关系。由于土壤耕作能够影响或改变水盐运动的介质——土壤的物理参数。因此，改进土壤耕作技术，可以减少盐分在表层土壤中的积累或避免盐分对作物的危害。这可以从下述几个方面来考虑。

在灌溉前，未用深松深耕技术疏松土壤，可以增加土壤的孔隙度，从而可以增加土壤的入渗能力。这不但可以在土层中保存较多的含盐量低的灌溉水以供作物生长吸水，而且还增加了淋洗表层土壤盐分的效率，达到降低耕层土壤盐分积累的效果。

在灌水后或播种时，将表层土壤(2～5 厘米)先松碎后刮实。这既可切断土壤毛细管与大气的联系，又可减少土壤蒸发。这就减低了水分和盐分向上运动的速度，降低了耕层土壤中的盐分积累。

在春小麦播种时，切开表层土壤，把种子直接播在沟底上。由于春小麦播种时，盐分主要集中在表土 0～3 厘米土层中，采用开沟播种技术可使作物发芽生长时，避开表层高盐分的危害。

4.其他措施

盐碱地的治理还可以采用其他多种措施。如，利用作物秸秆或其他地方资源进行地面覆盖，可以减少地面蒸发，减少耕作层中的盐分积累，在盐碱地里施用石膏，可以代换盐分中的 Na 离子，培养耐盐力强的作物可以使作物适应较高的土壤盐分。所有这些措施都可以达到治理盐碱地的效果。

五、结束语

以上在对河套灌区土壤盐碱化的原因及其影响因素和特点进行分析的基础上，提出了盐碱地开发治理的几条措施。但是，由于土壤盐碱化既是一个物理过程，也是一个化学过程，土壤中的盐分形成和运动受气候，土壤，灌水排水，耕作及各种人为因素的影响，变化规律十分复杂。国外先进的国家如美国，目前已采用系统模拟，有限元分析，电子计算机模拟等先进方法来研究水盐动态问题。而我国对田间水盐运动问题的研究都是以试验为主，相对来说研究比较落后。因此上述盐碱地治理措施的有效设计与实施还需要建立土壤水盐运动的一些基础模型，通过对不同条件下水盐动态的预测来定量设计最佳的措施，同时，进行田间主体排水工程兴建前的定点试验。这是国内外实践经验已经证实了的不可忽视的工作。

参考文献

[1] 内蒙古自治区水利勘测设计院.内蒙黄河灌区河套水利规划报告.第一册，1983 年 12 月.

[2] E . Bresler, B. L. McNeal and D. L. Carter. Saline and sodic soils. Springer-Verlag Berlin Heidelberg, New York, 1982.

[3] R . A. Feddes, P. J. Kowalik and H. Zaradny. Simulation of field water use and crop yield. PUDOC, 1978.

[4] V . A. 柯夫达，I. 沙波尔斯，等.土壤盐化和碱化过程的模拟.北京：科学出版社，1979.

A Survey on the Salinization Character and the Management Practice of Saline Soils in Hetao Region

Lian Guoping Zeng Dechao

Abstract The character of soil salinization and the existing practice of saline soil management in Hetao Region were defined in this paper. As the accumulation of salts by injudicious practice of irrigation and failing to provide for adequate drainage is alarming in this area of high evaporation rate and shallow groundwater level, it is recommended that proper irrigation practice and sufficient drainage are indispensable to leach out excessive salts while special tillage practice can also help to reduce the build-up of salts in soils and to enlighten the deleterious effects of salinity on crops in early spring. However, successful application of these practices needs fundamental and comprehensive investigations on soil moisture-salt movement in relation to irrigation, drainage, tillage and environments, and pilot experimental plots to provide data for design criterion for the drainage system.

一个冻土水盐热运动的数学模型*

练国平　曾德超

摘要　本文建立了一个冻土水盐热运动的数学模型。为了考虑土壤冻结和化冻时冰一液相变的影响，在传统土壤热传导方程中加入了溶化潜热运动项和在传统土壤水分运动方程中加入了相变项，从而推导出了三个相互关联的冻土水盐热运动方程，并提出了描述冻土未冻水含量随土壤冻结温度而变化的土壤冻结特征曲线及其实验测定方法。这个模型既可适应于冻土，也可适应于未冻土。

关于冻土水热运动，Harlan (1973)，Cuymon 和 Luthin (1974)通过在土壤比热中加入潜热运动项，建立了以下的冻土热运动方程

$$Ca\frac{\partial T}{\partial t}=\frac{\partial}{\partial z}\left(\lambda\frac{\partial T}{\partial z}\right)-C_1\frac{\partial(q_1\cdot T)}{\partial z} \tag{1}$$

式中：Ca 为土壤的视在比热，T 为温度，λ 是土壤导热系数，C_1 则是液态水的比热，q_1 为液态水的流量，t 为时间，z 为空间坐标。其中，冻土的视在比热含有潜热运动项，按下面的公式计算（Lukianov 和 Colovko，1957）；

$$Ca=Cs-\rho_i L_{1i}(\partial\theta_i/\partial T) \tag{2}$$

式中：ρ_i 为冰的密度，L_{1i} 为冰的溶化潜热，而 Cs 则为土壤比热，θ_i 为冻土中冰的含量。

Fuchs，Campbell 相 Papendick (1978)等人根据上面的公式，并假定土壤冻结时，冻土中的总含水量不变，且液态水的运动也符合 Darcy 定律，由此建立了只用一个方程表示的冻土水热运动数学模型；

$$\left(Cs+\rho_1 L_{1L}\frac{\partial\theta_1}{\partial T}\right)\frac{\partial T}{\partial t}=\frac{\partial}{\partial z}\left(\lambda\frac{\partial T}{\partial z}\rho_1 L_{1i}q_1\right)-C_1 q_1\frac{\partial T}{\partial z} \tag{3}$$

式中：θ_1 为冻土的液态水含量，ρ_1 则为液态水的密度，其他符号意义同前。

Kay 和 Croenevelt(1974)则从土壤冻结时的能量耗散角度来建立土壤冻结时的水热运动方程。方程形式和 Devries 关于土壤水汽运动的方程形式相类似，即：

$$q_T=-L_T\Delta T/T-L_{TW}Ve_1\Delta p$$
$$q_1=-L_{WT}\Delta T/T-L_W Ve_1\Delta p \tag{4}$$

式中：q_T 是冻土中的热流量，p 是未冻水压力，Ve_1 是未冻水的比容，L_T，L_W 及 L_{TW}，L_{TW} 则是四个冻土水热运动的土壤参数。Miller，Loch 和 Bresler 等假定冻土中的冰按某种规律运动，也提出了与方程(4)相似的冻土水热运动模型。

在上面的冻土水热运动模型中，前者不但忽略总含水量的变化，而且把冰—液相变的潜热运动项并入土壤比热中考虑。但是，冰—液相变的潜热和土壤容热不一样，它不是一个随温度变化而渐变的过程，而是一个当温度变化达到一定点时所起的突变过程。把它和土壤容热并入一起考虑是不适当的。上面提出的第二个冻土水热运动模型则没有考虑土壤冻结过程中液态水的能量状态的影响，也没能解决怎样确定实际土壤的四个参数及其交叉影响的问题，从而也没有得到实际应用。本文以下将根据土

* 本文出处：农业工程学报，1988 年 12 月，第 4 期

壤冻结时的热量平衡和水量平衡，直接建立冻土水—盐—热运动的数学模型。

一、基本方程

关于冻土水—盐—热运动，本文作如下基本假定：

(1)冻土中只有液态水(即未冻水)运动，而冰是固定不动的；

(2)冻土中的水分通常主要是冰—液或汽—液两相共存，冰—液—汽三相共存的状态一般是不显著的。本文讨论冰—液两相共存情况下的水—盐—热运动；

(3)土壤水分由液态变成冰时，盐分将从冰相析出，即土壤冻结时，盐分只溶解于液态水中，因此、冻土中的盐分运动只在液态水(即未冻水)中进行；

(4)不考虑土壤冻结时冰凌和冰胀对液态水运动及液态水中盐分运动的影响；

(5)为了演算的简化，以下的讨论只限于一维。

根据以上假设，首先考虑冻土中的热运动。在冻土中，流入流出微元土体的热量差除一部分被土体(包括水分)吸收成为升温容热外，还有一部分被部分正在溶化的冰所吸收，成为溶化潜热。因此，在有溶化潜热和升温容热的土体中，热运动的平衡方程或热量守恒方程应为：

$$Cs\frac{\partial T}{\partial t}-L_{1i}\frac{\partial \theta_i}{\partial t}=-\frac{\partial q_T}{\partial z}-C_1\frac{\partial (q_1\cdot T)}{\partial z} \tag{5}$$

式中：左边两项分别为冻土的升温容热和溶化潜热，右边两项则分别代表传导热流和由液态水运动引起的对流热运动，q_T代表传导热的流量，其他符号意义同前。把热传导定律方程 $q_T=-\lambda\partial T/\partial z$ 代入方程(5)得：

$$Cs\frac{\partial T}{\partial t}-L_{1i}\frac{\partial \theta_i}{\partial t}=\frac{\partial}{\partial z}\left(\lambda\frac{\partial T}{\partial z}\right)-C_1\frac{\partial (q_1\cdot T)}{\partial z} \tag{6}$$

同样，在冻土中，流入流出微元体的水量差除一部分使土体的液态水含量增加外，还有一部分发生相变成了冰。因此，冻土水运动的平衡方程为：

$$\frac{\partial \theta_1}{\partial t}+\frac{\partial \theta_i}{\partial t}=-\frac{\partial q_1}{\partial z} \tag{7}$$

根据假定，冻土中的液态水运动也符合 Darcy 定律，即有(考虑重力影响)：

$$q_1=-K(\partial\psi/\partial z+1) \tag{8}$$

式中：K 为冻土的导水系数，ψ 则为冻土的土水势。把方程(8)代入方程(7)可得：

$$\frac{\partial \theta_1}{\partial t}+\frac{\partial \theta_i}{\partial t}=\frac{\partial}{\partial z}\left(K\frac{\partial \psi}{\partial z}\right)+\frac{\partial k}{\partial z} \tag{9}$$

根据 Miller (1965)，冻土的导水系数 $K(\theta_1)$ 与非冻土的非饱和导水系数的变化规律 $K(\theta)$ 相似，即：

$$K(\theta_1)=K_S(\theta_1/\theta_S)^m \tag{10}$$

而土壤冻结时，液态水分特征曲线(液态水含量与冻土水势的关系)则与非冻土的水分特征曲线相似，即有：

$$\psi(\theta_1)=\psi_S(\theta_1/\theta_S)^{-b} \tag{11}$$

式中：k_S为土壤饱和导水系数，θ_S为土壤的饱和含水量，ψ_S则为有空气进入时的土水势，m，b 分别为经验常数。

根据假设，冻土中的盐分运动方程仍可以写为：

$$\frac{\partial(\theta_1 \cdot c+\sigma)}{\partial t}=\frac{\partial}{\partial z}\left(D_{sh}\frac{\partial c}{\partial z}\right)-\frac{\partial(q_1 \cdot c)}{\partial z} \tag{12}$$

式中：c 为液态水中的盐分浓度，σ 为土壤中吸附的盐分浓度，D_{sh} 为冻土的盐分动力弥散系数。由于假定冻土中的冰是不运动的，因此，同样可以认为冻土的盐分动力弥散系数与非冻土的非饱和动力弥散系数相似，即：

$$D_{sh}(\theta_1, v_1)=k|v_1|+D_o a_o \exp(b\theta_1) \tag{13}$$

式中：k，a，b 等分别为经验常数，v_1 为液态水的平均流速，D_o 为纯水中的盐分扩散系数。

方程(6)，(9)和(10)即为冻土水—盐—热运动的数学模型。在一般情况下，冻土中的总含水量(即液态含水量与冰的含量之和)也是变化的，因此，在冻土水—盐—热运动的三个方程中有温度 T，液态水含量 θ_1(或冻土土水势 ψ)，冰的含量 θ_1 及盐分浓度 c 四个独立变量。这样，就不可能根据初始条件和边界条件唯一确定冻土水—盐—热运动的解，还必须根据土壤冻结时液态水含量随土壤冻结温度的变化而变化的规律来增加一个已知条件。

二、土壤冻结特征曲线及其测定

许多研究都表明，土壤冻结时，土壤中的液态水含量与冰的含量都随土壤冻结温度的变化而变化。而且，在总含水量较高的情况下(一般是在土壤中含有自由水的情况下)，液态含水量随冻结温度而变化的规律与土壤冻结时的总含水量无关。冻土的这一特点是由土壤水的能量状态及其相变规律所决定的。因此，以下把土壤冻结时液态水含量随冻结温度的变化而变化的规律称为土壤冻结特征曲线。

土壤冻结特征曲线可以通过实验测定。这里提出一种采用简易量热法测量土壤冻结特征曲线的方法。图 1 为实验装置的示意图。当把温度为 T_f 的在冻结状态下的土样放入温度为 Tw 的量热水中时，土样就与量热杯中的量热水交换热量，通过一定时间达到平衡。测量平衡时的量热水温度 T_o，那么，根据土样吸收的热量应与量热水和量热状置放出的热量相等而可以推得土样中冰重的计算公式为：

$$W_1=\frac{(C_{CW}C_{CW}+K)(T_W-T_a)-(C_S W_S+C_1 W_W)(T_a-T_f)}{L_{1i}+(C_{1W}-C_i)} \tag{14}$$

式中：W_1 为土样中冰的重量，W_S 为土样中干土的重量，W_S 为土样中水的总重量，W_{CW} 为量热水的重量，C_i 为冰的比热，C_{1W} 为土样中液态水的比热，C_{CW} 为量热水的比热，C_S 为干土的比热，K 则为量热仪常数。

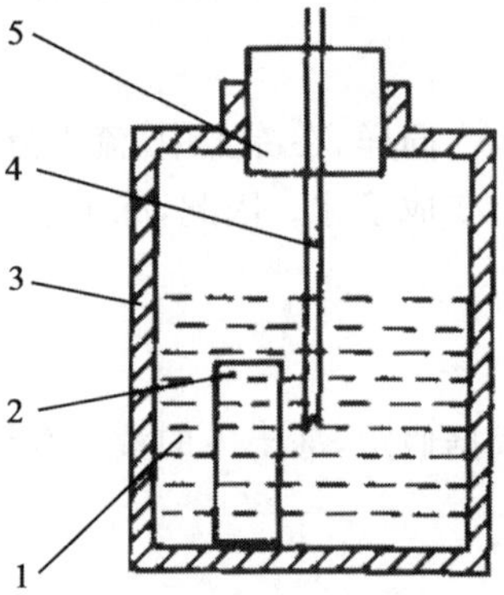

图 1　量热装置示意图

Fig. 1　Schematic representation of the heat measuring apparatus

1. 量热水　2. 土样　3. 量热杯　4. 热电偶　5. 软木塞

量热仪常数可以采用冰溶法标定。即将已知重量为 W_1，冻结温度为 T_f 的冰块放入盛有量热水(仍设其重量为 W_{CW}，初始温度为 T_W)的量热杯中，测量冰块与量热水温度平衡时的温度 T_a，就可按下面的公式计算量热杯的仪器常数：

$$K=\frac{W_1(L_{1i}+C_{1W}T_a-C_i T_f)+C_{CW}W_{CW}(T_W-T_a)}{T_W-T_a} \tag{15}$$

根据冰的重量，就可按下式计算冻土的液态水含量：

$$\theta_1=(W_W-W_i)/W_S \tag{16}$$

采用上述简易量热法测定不同冻结温度下土壤的液态水含量，由此确定出土壤冻结特征曲线。

表 1 和图 2 为根据上述简易量热法对内蒙古河套灌区四种典型土壤的冻结特征曲线进行测量所得的实验结果。实验结果表明，四种土壤的冻结特征曲线有以下一些规律：

(1)四种土壤开始发生冻结的临界冻结温度都接近－0.2℃，而低于 0℃。这是因为土壤水分不同于纯水。土壤水分一般都含有可溶性盐分，所以，临界冻结温度低于 0℃。

(2)土壤一旦开始发生冻结，液态水的含量先是急骤减少，然后随着土壤冻结温度的进一步降低而逐渐减少，土壤冻结温度越低，液态水含量减少的趋势就越平缓。土壤冻结时的这一变化规律不受土壤总含水量变化的影响。这表明，土壤冻结时，先是土壤中的自由水冻结成冰，其表现为液态水含量在土壤冻结开始时的急骤减少，然后则是土壤吸附水冻结成冰。在土壤吸附水冻结成冰的过程中，受土壤颗粒吸附作用弱的吸附水在较高的冻结温度下就能冻结成冰，而受土壤颗粒吸附作用强的吸附水则需在较低的冻结温度下才能冻结成冰。因此，土壤冻结时，液态水的含量总是随着冻结温度的降低而减少。

表 1　河套灌区四种土壤的冻结特征曲线实测数据

Table 1　Data on the freezing characteristic curves for the four soils from Hetao Irrigation Scheme

黏土(A)	冻结温度(℃)	－0.2	－0.3	－0.8	－1.1	－1.8	－4.1	－10
	液态水含量(%)	20.89	19.07	16.69	14.04	13.01	9.91	6.34
	冻土吸力(mmHg)	180	340	—	—	—	—	—
沙壤土(B)	冻结温度(℃)	－0.3	－0.3	－0.7	－1.0	－1.7	－6.1	－10.1
	液态水含量(%)	20.49	18.62	15.82	13.11	10.91	7.97	5.03
	冻土吸力(mmHg)	270	430	740	—	—	—	—
沙土(C)	冻结温度(℃)	－0.2	－0.3	－0.7	－1.1	－1.7	－6.0	－10.0
	液态水含量(%)	17.55	15.16	15.57	9.39	8.18	5.28	4.45
	冻土吸力(mmHg)	20	30	100	190	350	—	—
壤土(D)	冻结温度(℃)	－0.2	－0.3	－0.7	－1.1	－1.7	－4.0	－10.0
	液态水含量(%)	19.17	20.18	16.07	13.59	12.67	10.62	7.41
	冻土吸力(mmHg)	250	320	510	650	—	—	—

注：表中液态水含量为重量含水量。

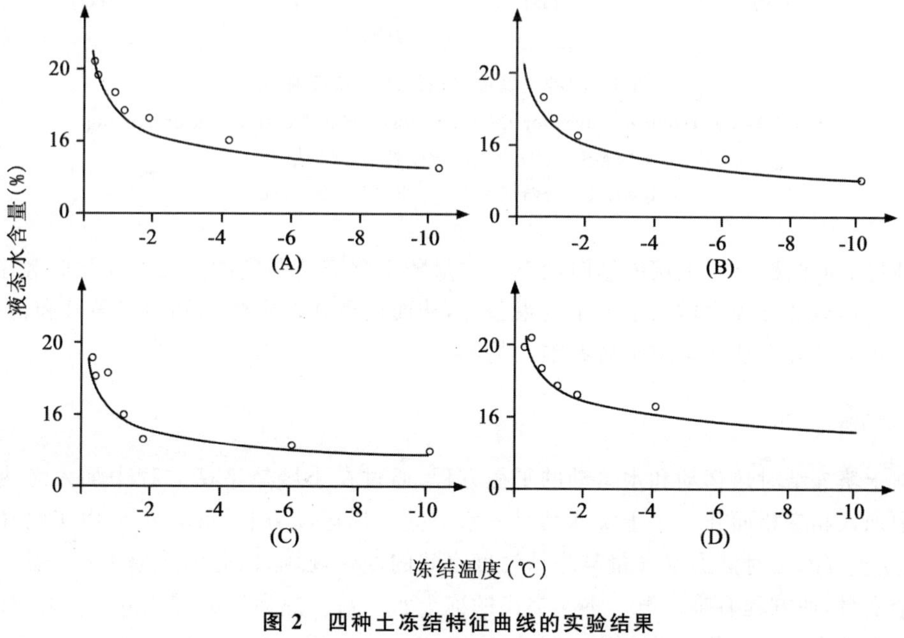

图 2　四种土冻结特征曲线的实验结果

Fig. 2　Tested freezing characteristic curves for the four soils

(A)黏土　(B)沙壤土　(C)沙土　(D)壤土

·实测值　—回归曲线

3. 四种土壤的冻结特征曲线可以用下面的经验公式进行拟合(参见图 2):

$$\theta_l = \theta_o |T|^{-b} \tag{17}$$

式中:θ_o,b 为实验常数。表 2 给出了根据公式(17)对实验所测的四种土壤冻结特征曲线进行拟合所得的计算结果。从图 2 可以看出,按照公式(17)拟合土壤冻结特征曲线与实验结果相比较,其变化规律比较一致。

表 2　河套灌区四种土壤冻结特征曲线的回归结果

Table 2. Regression parameters of freezing characteristic curves for the four soils from Hetao Irrigation Scheme

土壤名称	黏土(A)	沙壤土(B)	沙土(C)	壤土(D)
θ_o	14.15741	12.82003	14.12278	14.12278
b	0.29090	0.33581	0.37283	0.24895

4. 图 3 则为实测的四种土壤冻结时的水分特征曲线(液态水含量与土水吸力的关系)与非冻结时的水分特征曲线的比较。其中,非冻结时的水分特征曲线是根据压力膜的实验结果而拟合得到的,而冻结时的土壤吸力系采用改进的冻土张力计而测量的。从图 3 可以看出,四种土壤冻结时的水分特征曲线与非冻结时的水分特征曲线相近似。这说明,Miller (1965)假定冻土的水分特征曲线与非冻土的水分特征曲线相似是可行的。

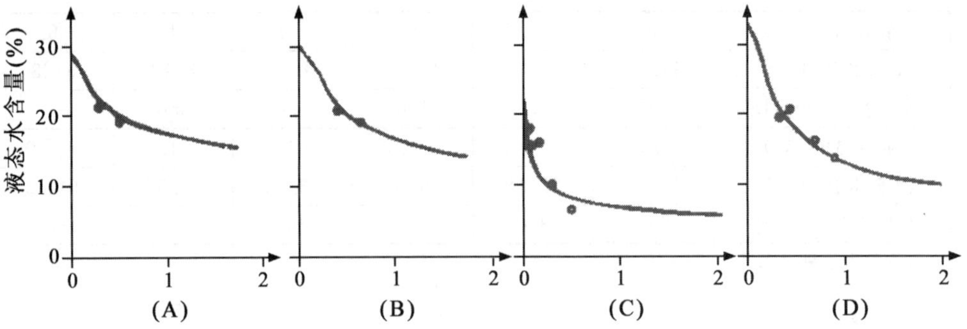

图 3　四种土壤冻结时的水分特征曲线

Fig. 3 Water retention cures for the four soils during freezing and unfreezing

(A)黏土　(B)沙壤土　(C)沙土　(D)壤土

· 实测冻土水分特征曲线　—非冻土水分特征曲线

土壤冻结特征曲线建立了土壤冻结时液态水含量随土壤冻结温度的变化而变化的规律。这相当于在冻土水—盐—热运动方程中增加了一个约束条件,从而使得在一定的已知边界条件和初始条件下,冻土的水—盐—热运动方程从数学上来讲有唯一的解。

三、结束语

以上根据土壤冻结时热运动和水运动的平衡方程,通过在土壤热平衡方程中加入潜热相和在土壤水平衡方程中加入相变相而建立了土壤冻结时的水—盐—热运动方程,并且提出用实验确定土壤冻结特征曲线,建立土壤冻结时液态水含量与冻结温度之间的变化规律,以此消除冻土水—盐—热运动方程中的一个多余变量,使方程有唯一解。本文提出的冻土水—盐—热运动方程当 $\theta_l=0$ 时(即 $T>0$℃时)就退化为非冻土的水—盐—热运动方程。因此,这个冻土水—盐—热运动的数学模型既可用于冻土,也可用于非冻土。

参考文献

[1] C. L. Cuymon & J. N. Lutbin(1974) A Coupled heat and moisture transport model for arctic soils. Water. Resour. Res. 10:995-1001.

[2] B. D. Kay & P. H. Croenvelt(1974) On the interaction of water and heat transport in froze and unfrozen soils, I. Basic theory: the vapor phase. Soil Soc. Am. Proc. 38:395-400.

[3] R. D. Mrller, J. P. Loch & E. Bresler(1975) . Transport of water and beat in a frozen permeameter. Soil Soi. Soc. Am. Porc. 39:1029-1036.

[4] M. Fuchs, G. S. Campbell & R. I. Papendlck(1978). An analysis of sensible and latent heat flow in a partially frozen unastnrated soil. Soil. Sci. Soc. Am Proc. 49:376-100.

A Mathematical Model of Heat-Water-Salt Movement in Unisaturated Frozen Soils

Lian GuoPing Zeng Dechao

Abstract A mathematical model was developed to describe the heat-water-salt movement in unsaturated frozen soils. The flow of the fusion latent heat was incorporated into the sensible heat flow equation and the mass transport induced by the phase change was incorporated into the liquid flow equation to account for the phase transformation, and by this way, the three inter-dependant partial differential equations for the heat-water-salt movement in unsaturated frozen soils were established A so called "soil freezing characteristic curve", which describes the dependence of liquid content on the freezing temperature, was also established and determined in this study. The model developed can be applied for heat-water-salt movement both in frozen and unfrozen unsaturated soils.

裸地蒸发过程的数值模拟*

杨邦杰　曾德超　唐登银　谢贤群

摘要　本文以能量平衡为基础，研究了裸地蒸发过程，并提出一个用 Fortran 语言编写的，在 IBM-PC 微机上通过的裸地蒸发过程的模拟程序。这一程序能根据地表红外温度或辐射资料计算裸地蒸发量，并分析能量分配过程与土壤中的含水量、温度分布。初步的田间试验说明，计算值与实测值是比较一致的。

关键词　裸地，蒸发，模拟

裸地蒸发过程的研究对农业、地理、气象、水利、水文、生态等学科都有重要意义。在农业方面，从耕地、整地、播种到出苗期间，农田都处于裸地状态。要定量地分析不同的耕作方法对土壤水热运动的影响，以及不同的水热运动状态对种子发芽的影响，就必须定量分析裸地蒸发过程。国内对农田蒸发（有植被的情形）、水面蒸发做了长期的研究工作，而对裸地蒸发却研究很少[1]。

蒸发过程受到能量供给条件，水汽运移条件与蒸发介质的供水能力等三方面物理因素的影响。影响蒸发的诸因素是综合起作用的，要计算某一瞬时的蒸发率，必须同时分析该时刻的能量分配与介质的供水能力。传统的解析方法难以进行定量分析，数值模拟是较好的工具。Van Bavel 与 Hillel[2] 提出的计算机模拟模式是有坚实物理基础的。但是，他们采用的迭代计算地表温度的方法可能不收敛，而且没有田间试验验证。本文以这一模式为基础，提出用地表红外温度计算裸地蒸发量的更为简便、准确的方法，详尽地讨论了根据地表能量平衡方程式计算地表温度的方法，并提出相应的稳定算法。在分析土壤中的水分与温度分布时采用了改进的差分法——单元水量平衡法，用 Fortran 语言编写了分析裸地蒸发过程的模拟程序，并进行了田间试验验证。

一、根据地表红外温度计算裸地蒸发率

在 Van Bavel 与 Hillel 提出的模式中，为了计算蒸发率，首先要根据辐射资料迭代计算地表温度 Ts. 地表温度是表示大气——土壤边界上物质与能量交换过程的一个特征量。迭代计算地表温度要详尽地分析瞬时的能量平衡，涉及气象因素、土壤物理参数、土壤中瞬时的水分温度分布等。随着技术的发展，地表红外温度比较容易测定，因此，根据地表红外温度计算裸地蒸发率容易获得较高的精度。

计算过程如下：

（1）测定土壤的温度与含水量分布的初值 T_0，θ_0。

（2）测定风速 S_a，空气温度 T_a，空气湿度 H_a，以及地表红外温度 T_s。

（3）计算空气动力学阻力。

$$r_c = r_a \cdot S_t \text{(s/m)} \tag{1-1}$$

其中：r_a 为 r_c 的绝热或中性条件下的空气动力学阻力值。S_t 为稳定度修正系数

$$S_t = 1/(1-10R_t) \tag{1-2}$$

---

* 本文出处：地理学报，1988 年 12 月，第 43 卷第 4 期

R_i 是理查逊数

$$R_i=9.81(Z-Z_0)(T_a-T_s)/[(T_a+273.16)S_a^2] \tag{1-3}$$

式中：Z 为参考高度，一般为 2 m；Z_0 为地表粗糙度系数。

$$r_a=[\ln(Z/Z_0)]^2/0.16S_a \tag{1-4}$$

(4)地表蒸发率

$$E_s=(H_s-H_a)/r_c(\mathrm{mm/s}) \tag{1-5}$$

H_s 为在温度为 T_s 时地表空气的绝对湿度，kg/m^3；H_a 为高度 Z 处的空气绝对湿度，kg/m^3，可用露点温度计算；H_0 为温度 T_s 下的饱和湿度。

$$H_s=H_0\exp[\varphi g/R(T_s+273.16)](\mathrm{kg/m^3})$$

其中：R 为通用气体常数，φ 为地表土壤的水势，可根据地表土壤含水量 θ，用土壤水分特征曲线计算。g 为重力加速度。

(5)求出蒸发率 E_s，则可解土壤水热运动方程组，计算这一时刻的土壤温度与含水量分布，作为计算下一时刻蒸发率的初值。用计算机模拟程序计算时不用测定每一时刻的地表含水量。如果能测地面表层土壤含水量随时间变化的关系，则有更好的计算结果，且用计算器也能计算某一时刻的蒸发率 E_s。

二、根据地表能量平衡方程式计算地表温度 T_s，与蒸发率 E_s

地表能量平衡方程式为：

$$R_n=L\cdot E_s+A+S \tag{2-1}$$

其中 R_n 是净辐射，L 是水的汽化潜热，E_s 是蒸发率，$L\cdot E_s$ 是蒸发所消耗的能量。A 是加热空气的显热，S 是进入土壤的热通量。分析(2-1)式，可以推导出计算地表温度 T_s 的方程。

(1)净辐射 R_n 的计算

$$R_n=(1-\alpha)R_g+R_l-\varepsilon\sigma(T_s+273.16)^4 \tag{2-2}$$

其中：α 为地表反射率，ε 为发射率，可以简化成地表含水量的函数。R_g 为总辐射，R_l 为大气长波逆辐射：

$$R_l=\sigma(T_a+273.16)^4(0.605+0.048\sqrt{1370H_a}) \tag{2-3}$$

σ 是 Stefan-Boltzmann 常数。

(2)A 与 E_s 的计算

$$A=(T_s-T_a)C_a/r_c \tag{2-4}$$

其中，r_c 的计算见(1-1)式，C_a 是空气体积热容量。

$$E_s=(H_s-H_a)/r_c(\mathrm{mm/s}) \tag{2-5}$$

计算过程见(1-1)到(1-5)式。

(3)进入土壤的热通量 S 与地表温度 T_s

根据(2-1)式，进入土壤的热通量为：

$$S=R_n-L\cdot E_s-A$$

从(2-2)、(2-4)、(2-5)式可知，R_n、LE_s、A 都是 T_s 的函数，所以上式可以写成：

$$S=R_n(T_s)-LE_s(T_s)-A(T_s) \tag{2-6}$$

在任一时刻 t_i，对地表厚为 Z_t 的一层土，其温度为 T_t，则

$$S=-\lambda_1(T_1-T_s)/Z_1 \tag{2-7}$$

其中 λ_1 是土层 Z_1 的导热率。

把(2-6)式代入(2-7)式，可得出下面的方程：

$$T_s=T_1+(Z_1/\lambda_1)[R_n(T_s)-LE_s(T_s)-A(T_s)] \tag{2-8}$$

这个方程可以用迭代法求解，但有可能不收敛。从物理意义上看，这一方程表示地表某一瞬时的能量平衡，地面温度在－60℃到 60℃之间，而且只有唯一的值。因此，方程(2-8)在区间[－60，60]之间有唯一解，用两分法搜索求解是可靠的。

(4)求出 T_i 之后，根据(1-1)到(1-5)式计算蒸发率 E_s

三、土壤中的水分与温度场分布

上面求出了某一时刻 t 的蒸发率 $E_{s(r)}$ 与地表温度 $T_s(t)$，则可计算出 t，时刻土壤中的含水量与温度分布。下面就最简单的情况进行分析。

(1)土壤中的非饱和水运动　均质一维非饱和水运动方程为：

$$\frac{\partial\theta}{\partial t}=\frac{\partial}{\partial Z}\left[D(\theta)\frac{\partial\theta}{\partial Z}\right]-\frac{\partial K(\theta)}{\partial Z} \tag{3-1}$$

其中：$D(\theta)$、$K(\theta)$ 为非饱和土壤水扩散率与导水率，t 为时间，Z 为从地面向下的距离。

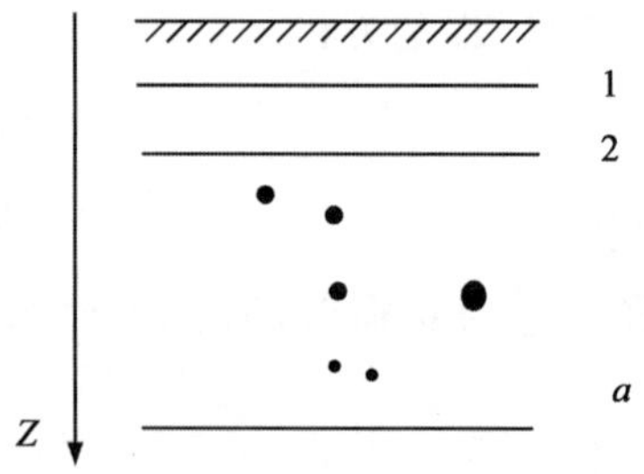

图 1　单元划分

Fig. 1　The diagram of an element nut work

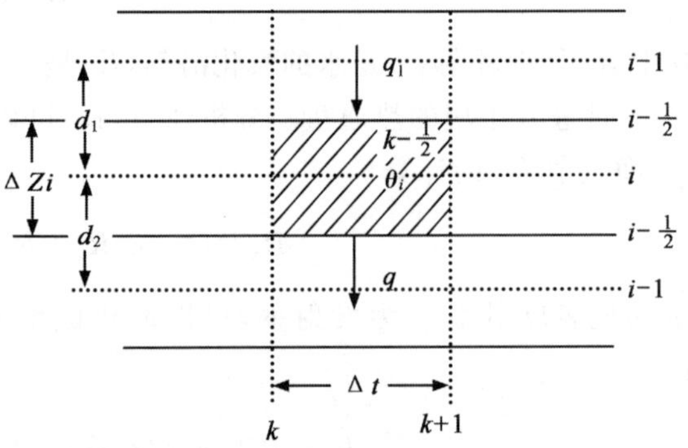

图 2　单元水量平衡

Fig 2　T 和 diagram of the element water balance

蒸发时的上边界条件为：

$$D(\theta)\frac{\partial\theta}{\partial Z}-K(\theta)=E_s(t)\quad Z=0,t>0 \tag{3-2}$$

下边界条件为：

$$q=K(\theta_l)\quad Z=L,t>0 \tag{3-3}$$

其中：L 为选定的计算深度，θ_l 为 $Z=L$ 处的含水量，q 为 $Z=L$ 处的通量。

初始条件为：

$$\theta=\theta_0(Z),Z>0,t=0 \tag{3-4}$$

由于是通量边界条件，传统的差分法在物理意义上不能满足水量平衡的要求，下面从单元水量平衡这一要求出发来推导差分方程，可以称之为“单元水量平衡法”。

①单元划分　这里从上到下分成30个单元，前10个单元每层厚1 cm，以后11～20个单元每层厚2 cm，20～30单元每层7 cm。计算深度$L=1$ m。单元划分见图1。

②分析单元水量平衡，写出差分方程　第i个单元如图2所示，单元厚度为ΔZ_i。以下用i表示深度坐标，k表示时间坐标。从时间t_k到t_{k+1}时段Δt内含水量的平均值为$\theta_i^{k+\frac{1}{2}}$，即用单元中点处的含水量代表单元的平均含水量。

在t_k到t_{k+1}时段内，单元水量的变化为：

$$(\theta_i^{k+1}-\theta_i^k)\Delta Z_i \tag{3-5}$$

导入单元的水量之和为：

$$(q_1-q_2)\Delta t \tag{3-6}$$

其中

$$q=-\left[D(\theta)\frac{\partial\theta}{\partial Z}-K(\theta)\right] \tag{3-7}$$

要满足单元的水量平衡条件，则有：

$$(\theta_i^{k+1}-\theta_i^k)\Delta Z_1=(q_1-q_2)\Delta t \tag{3-8}$$

q_1与q_2按(3-7)式写出，代入上式，得：

$$(\theta_i^{k+1}-\theta_i^k)\Delta Z_1=\Delta t\left[D_{i+\frac{1}{2}}^{k+\frac{1}{2}}(\theta_{i+1}^{k+\frac{1}{2}}-\theta_i^{k+\frac{1}{2}})/d_2-K_{i+\frac{1}{2}}^{k+\frac{1}{2}}\right]-\Delta t\left[D_{i-\frac{1}{2}}^{k+\frac{1}{2}}(\theta_i^{k+\frac{1}{2}}-\theta_{i-1}^{k+\frac{1}{2}})/d_1-K_{i-\frac{1}{2}}^{k+\frac{1}{2}}\right] \tag{3-9}$$

上式中的$D_{i+\frac{1}{2}}^{k+\frac{1}{2}}$，$K_{i+\frac{1}{2}}^{k+\frac{1}{2}}$，$D_{i-\frac{1}{2}}^{k+\frac{1}{2}}$，$K_{i-\frac{1}{2}}^{k+\frac{1}{2}}$是单元边界上的扩散率与导水率，最简单的取法是：

$$D_{i+\frac{1}{2}}^{k+\frac{1}{2}}=D(\theta_{i+\frac{1}{2}}^{k+\frac{1}{2}}),\theta_{i+\frac{1}{2}}^{k+\frac{1}{2}}=(\theta_i^{k+1}+\theta_{i+1}^{k+1}+\theta_i^k+\theta_{i+1}^k)/4$$

其他$K_{i+\frac{1}{2}}^{k+\frac{1}{2}}$、$D_{i-\frac{1}{2}}^{k+\frac{1}{2}}$、$K_{i-\frac{1}{2}}^{k+\frac{1}{2}}$的取法类推。另外，(3-9)式中$\theta_i^{k+\frac{1}{2}}$可按下式计算

$$\theta_i^{k+\frac{1}{2}}=(\theta_i^k+\theta_i^{k+1})/2$$

其他$\theta_{i+1}^{k+\frac{1}{2}}$，$\theta_{i-1}^{k+\frac{1}{2}}$类推。

(3-9)式写成三对角方程

$$A_i\theta_{i-1}^{k+1}+B_i\theta_i^{k+1}+C_i\theta_{i+1}^{k+1}=F_i \tag{3-10}$$

上面这一方程组可用追赶法求解，从而用t_k时的含水量值θ_i^k求出t_{k+1}时的值θ_i^{k+1}。

(2) 土壤中的温度场分布

一维瞬态的导热微分方程为：

$$C\frac{\partial T}{\partial t}=\frac{\partial}{\partial Z}(\lambda\frac{\partial T}{\partial z}) \tag{3-11}$$

其中T是土壤温度，C为土壤热容量，λ为土壤的导热率。由于地表温度T_s已知，这是第一类边界条件问题，可用差分法求解，计算土壤的温度分布。

四、裸地蒸发过程的模拟程序 EBS4

考虑到国内 IBM 系列的微型计算机比较普及，程序用 IBM-PC PC 微机 Fortran 语言编写。程序框图见图 3。

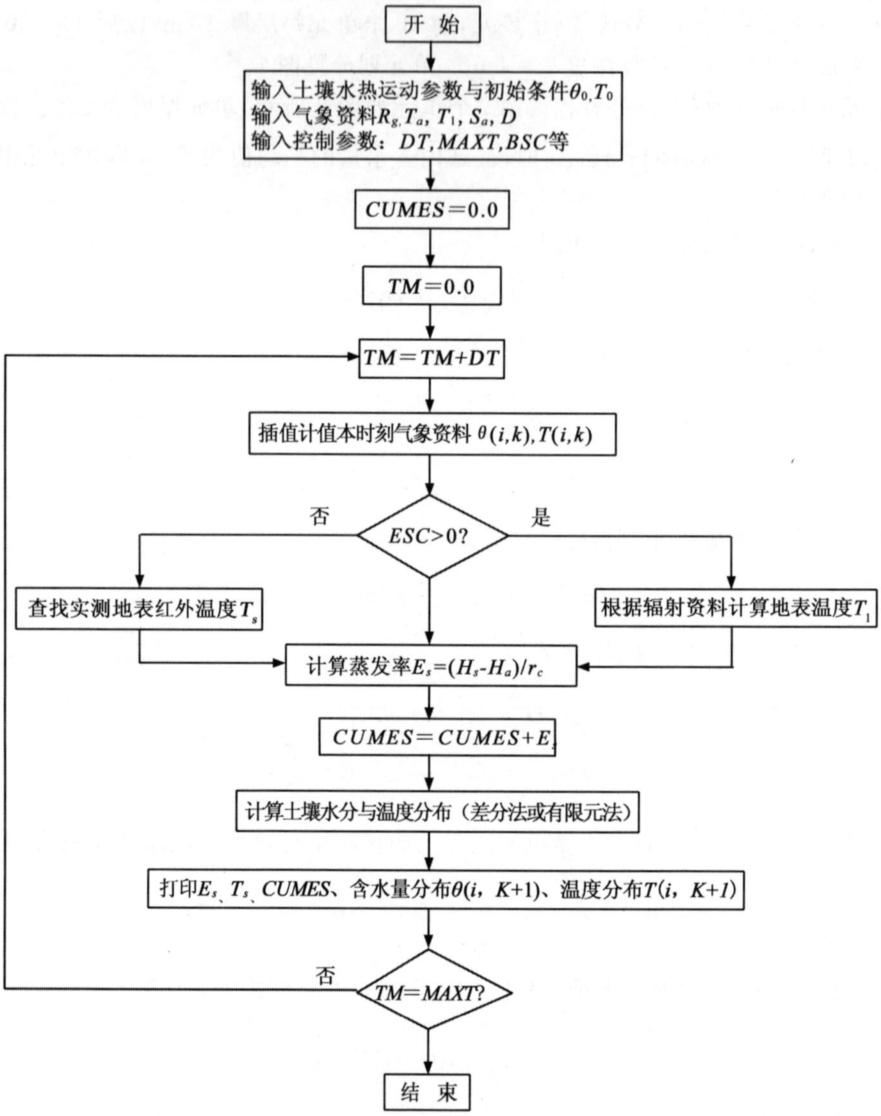

图 3　裸地蒸发过程模拟程序 EBS4 框图

Fig. 3　The flow chart of simulation program for the bare soil evaporation

(1)输入资料包括：

①水热参数 $D(\theta)$,$K(\theta)$,λ,C；土壤空隙率 ρ，土壤水分特征曲线 $\varphi=-\mathrm{Suc}(\theta)$，初始条件 θ_0，T_0 以及其他有关的物理常数。

②气象资料　总辐射 R_g(或净辐射 R_n，风速 S_a，空气温度 T_a，露点温度 D_P 随时间变化关系(列表)。如果要用地表红外温度计算，则输入实测的地表温度而不用辐射资料。

③控制参数　时间步长 DT，最大计算时间 $MAXT$，控制计算 E_s 方法的参数 ESC 等。当 $ESC>0$

时，则用辐射资料计算，$ESC\leqslant 0$ 时，则用实测的地表红外温度计算。

(2)图 3 中的 $CUMES$ 表示累积蒸发率，TM 表示计算时间，进入循环之前赋零。

(3)插值计算本时刻的气象数据以及 θ_i，T_i。

(4)根据 ESC 值，决定计算 T_s 的方法。

(5)计算蒸发率与累积蒸发率。

(6)计算土壤中的水分与温度分布，以及能量分配各项：R_n，LE_s，A，S。

(7)输出计算结果：蒸发率 E_s，累积蒸发率 $CUMES$，土壤中的温度与含水量分布，以及能量分配各项 R_n，LE_s，A，S 等。

(8)计算时间到则停机，否则计算下一时刻值。

五、田间试验及模拟计算分析

田间试验于 1986 年 10 月 15～19 日在中国科学院禹城综合试验站(山东)进行。耕地前茬作物为大豆，收完豆子后灌水一周，使土壤有较高的含水量以便观察蒸发过程。10 月 12 日开始翻耕整地、播种冬小麦，并镇压。10 月 15 日开始 5 天的裸地蒸发过程观察，白天每两小时记录一次，晚上每 3 小时记录一次。观察项目如下：

(1)蒸发量　Lysimeter 自动连续记录。

(2)温度场　地表温度用红外测温仪用烘干法测定，同时用地温表记录 0，5，15，20，40，80，120，140 cm 深处的地温。

(3)含水量分布　表层 0，5，10，20，30 cm 处取土用烘干法测定，30～150 cm 处用中子仪测定。

(4)辐射　测定总辐射 R_g，净辐射 R_n，以及其他辐射项目。

(5)小气候观测　2 m 高的风速，空气温度，湿度。

(6)用通量板测定进入土壤的热通量。

五天试验中第三天下雨，得到两组连续资料。试验地的土壤水热参数是取样在实验室测定的，列出结果如下：

$$\text{扩散率 } D(\theta)=\begin{cases} 3.48(\theta/\theta_s)^{7.45} & \theta\geqslant 0.24 \\ 7.39\times 10^{-2}(\theta/\theta_s)^{1.37} & \theta<0.24 \end{cases}\ (\mathrm{cm^2/min})$$

$$\text{导水率 } K(\theta)=\begin{cases} 8.29\times 10^{-3}(\theta/\theta_s)^{12.17} & \theta\geqslant 0.24 \\ 2.11\times 10^{-5}(\theta/\theta_s)^{3.19} & \theta<0.24 \end{cases}\ (\mathrm{cm^2/min})$$

$$\text{土壤水分特征曲线 } Snc(\theta)=\begin{cases} 3.37\times 10^{5}e^{-24.1\theta} & \theta\leqslant 0.20 \\ 4.23\times 10^{4}e^{-12.2\theta} & \theta>0.20 \end{cases}\ (\mathrm{cm^2/min})$$

(土壤吸力：cm 水柱)

其中 θ_s 是土壤饱和含水率，θ 为含水率。

土壤热参数 C，λ 的计算采用 De Vries[3] 所提出的公式，但系数是用实测值拟合的。

采用 10 月 15 日早 6 点到 16 日晚 24 点共 42 小时连续资料进行模拟计算并与实测值对比。输入气象资料见表 1。

(1)图 4 列出了两种方法计算小时蒸发率与 Lysimeter 实测值的对比。两种方法都能获得良好的结果。与实测值有完全一致的趋势。第一天中午的计算值与实测值的最大绝对误差不到 0.1 mm，第二天的计算值与实测值相比有滞后现象，这与输入气象资料以及计算方法有关。

表 1　输入气象资料表*

The input of meteorological data

时间			R_g	T_s(℃)		T_a	D_P	S_a
No.	日期	小时	(cal/cm²min)	(a)	(b)	(℃)	(℃)	(m/s)
0	15	06	0.000	6.4	7.3	17.4	16.7	0.6
2		08	0.347	9.5	12.5	12.0	9.2	1.2
4		10	0.748	18.6	20.7	16.6	11.2	2.8
6		12	0.920	22.6	24.0	22.1	7.9	3.1
8		14	0.699	21.2	21.9	23.8	5.4	3.8
10		16	0.256	17.3	21.2	23.1	7.4	4.1
12		18	0.000	13.1	14.3	18.2	8.2	0.6
14		20	0.000	10.9	12.3	14.3	8.1	0.1
16		22	0.000	9.4	11.3	13.9	7.6	0.6
18		24	0.000	9.2	10.8	13.9	8.4	0.1
21	16	03	0.000	9.0	10.6	12.9	8.7	2.0
24		06	0.000	11.6	12.3	14.7	9.9	4.4
26		08	0.104	12.4	13.3	14.4	10.7	4.6
28		10	0.541	16.2	16.5	16.1	9.6	6.5
30		12	0.698	16.1	18.8	16.6	8.9	5.5
32		14	0.398	14.8	15.9	15.1	6.5	4.6
34		16	0.142	12.8	13.3	14.3	6.2	5.1
36		18	0.000	10.0	10.8	13.3	6.3	3.7
39		21	0.000	9.2	10.3	12.2	5.1	4.4
42		24	0.000	8.6	9.8	11.6	5.7	3.4

(2)图 5 是实测 Lysimeter 的累积蒸发量与计算值的比较。用实测地表温度计算的累积蒸发量与实测值比较，42 小时误差 3.3%，有很好的结果。用辐射值计算似乎结果更好一些。然而，用实测地表红外温度计算影响因素少，因而能可靠地得到较好的结果。而用辐射资料计算时，取决于地表温度的计算值是否与实测值一致，影响因素很多，特别是受到辐射资料测定，地表反射率，土壤水热参数测定等因素影响，不容易得到良好的结果。

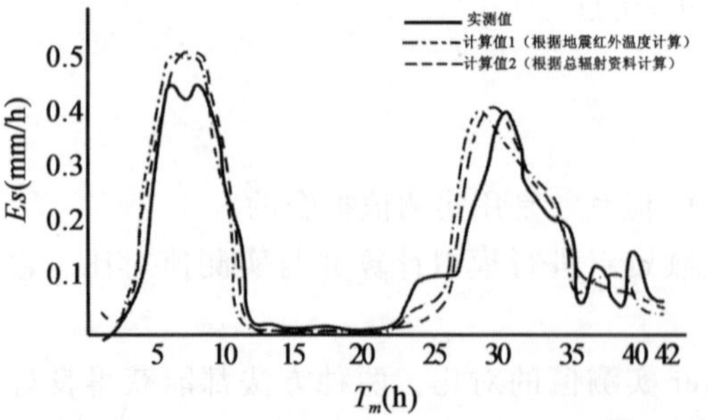

图 4　实测 Lysimer 蒸发率与计算蒸发率比较

Fig. 4　The diagram of comparison of the calculated evaporation with the measured evaporation by lysimeter

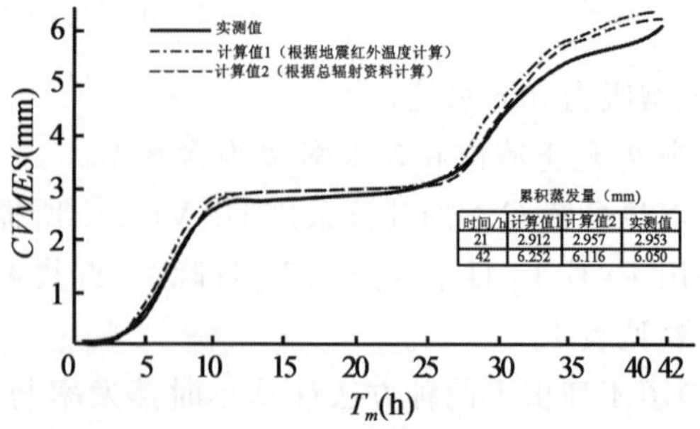

图 5　实测 Lysimeter 累积蒸发量与计算值比较

Fig. 5　The diagram of comparison of calculated accumulative evaporation from bare soil with measured value by lysimeter

(3)图 6 至图 8 是用辐射资料计算的温度场与实测值的比较。从图 6 可见,计算的地表温度在晚上相差比较大,这是由于地表反射率 α 只假定为地表土壤含水率的函数而没有考虑太阳高度角对反射率的影响而形成的。由于晚上蒸发率极低(图 4),因此,这一误差对累积蒸发率没有多大影响。图 7、图 8 分别是 5 cm,10 cm 深处温度随时间变化值的计算结果与实测结果比较,二者是比较一致的。

(4)图 9 至图 11 是实测的含水量分布与计算值的比较。表层含水量测定是取土实测的,这种方法就不如测温度的方法可靠。图 9 是实测的表层含水量与计算值的比较。二者的趋势是一致的,下午地表比较干,而晚上水分向上运动,地表含水量增加。总的结果是表层含水量因蒸发而变干。最大绝对误差只有 0.05(cm^3/cm^3),图 10,图 11 是 5 cm,20 cm 深处含水量实测值与计算值的比较。5 cm 处含水量日变化还有波动,20 cm 处波动已经很小了,实测值与计算值是相当一致的。

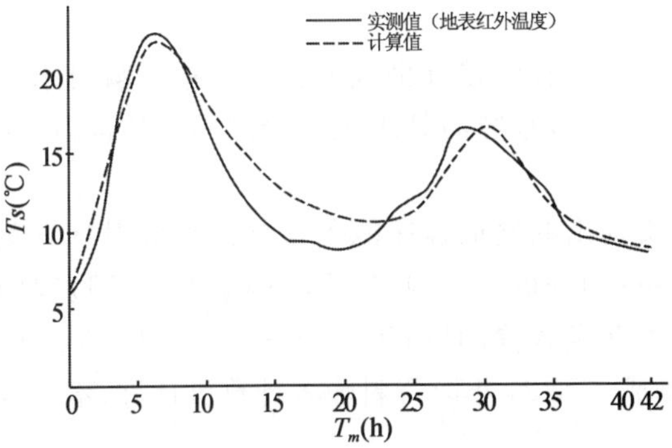

图 6　地表温度:实测值与计算值比较

Fig. 6　The diagram of soil surface temperature from calculated and measured results

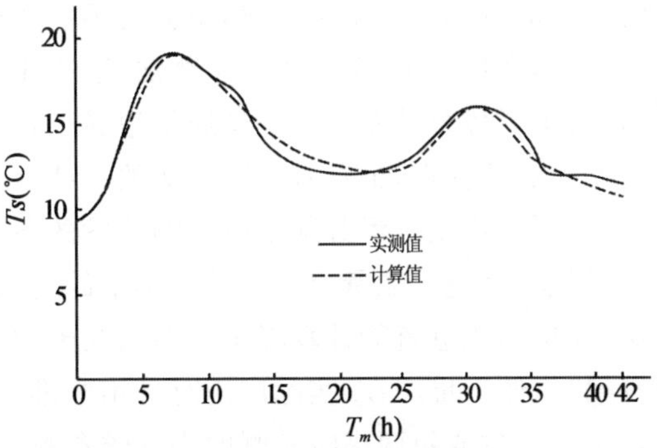

图 7　5 cm 深处温度:实测值与计算值比较

Fig. 7　The diagram of soil temperature at the depth of 5 cm from calculated and measured results

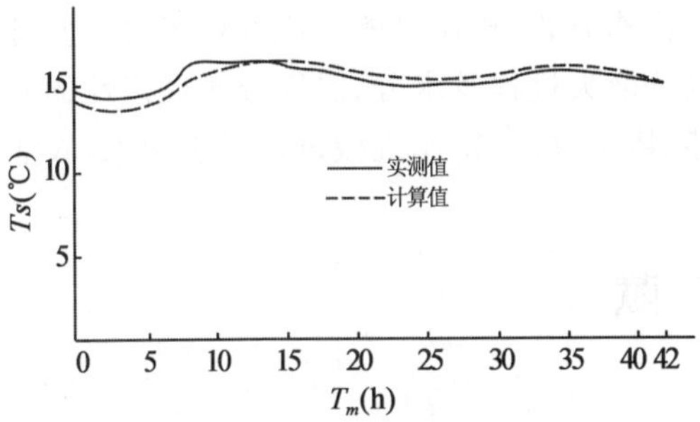

图 8　20 cm 深处温度:实测值与计算值比较

Fig. 8　The diagram of soil temperature at the depth of 20 cm from calculated and measured results

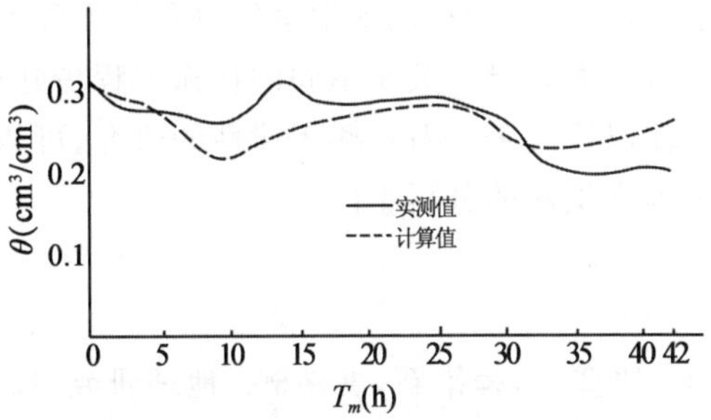

图 9　表层含水量:实测值与计算值比较

Fig. 9　The diagram of soil moisture at surface layer from calculated and measured results

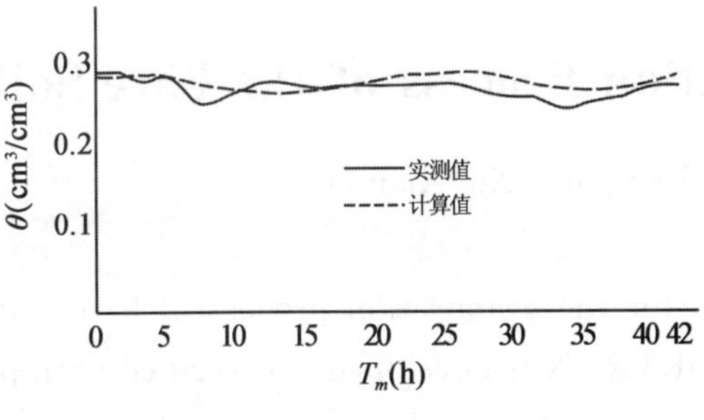

图 10　5 cm 深处含水量:实测值与计算值比较

Fig. 10　The diagram of soil moisture at the depth of 5 cm from calculated and measured results

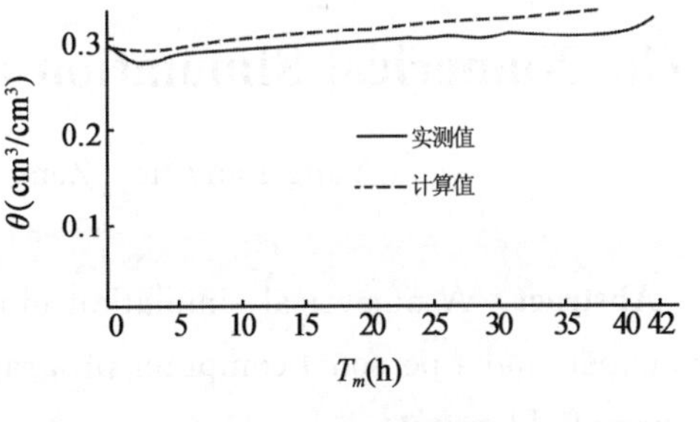

图 11　20 cm 深处含水量:实测值与计算值比较

Fig. 11　The diagram of soil moisture at the depth of 20 cm from calculated and measured results

(5)20 cm 以下温度与含水量的变化都很小了，没有再列出计算值与实侧值。总的说来，蒸发率。累积蒸发量以及温度场的模拟计算，结果是满意的。表层含水量与实测与计算结果比较稍差一些，这与实侧方法、计算方法都有关系，但趋势是一致的。

六、结论

(1)地表红外温度计算裸地蒸发量方法简便、影响因素少，容易获得较高的精度。如果用地温表侧定的地表温度计算，则蒸发率偏大。

(2)根据地表能量平衡方程式计算地表温度有坚实的物理基础，只要地表温度能算好，则蒸发率的计算也有很好的结果。然而，计算地表温度影响因素很多，不容易获得很好的结果。本文采用的搜索求解的方法能可靠地获得唯一解，不会有不收敛的问题。

(3)本文提出的"单元水量平衡法"建立土壤非饱和水运动方程的差分格式能保证各单元瞬时水量平衡，避免了传统的差分法处理通量边界条件不合理之处，而且也很容易处理土壤分层不均质问题，保持了差分法的优点，也具有有限元法的一些特点。

(4)研究蒸发过程必须了解影响蒸发的各个方面。本文提出的模拟程序能①根据两种资料计算蒸发率、累积蒸发量、能量分配以及土壤中的含水量、温度分布；②分析气象因素，土壤因素对蒸发过程的影响；③稍加改进就能计算降雨入渗以及土壤分层不均质的蒸发入渗问题；④由于程序用微机 Fortran 语言编写，便于推广；⑤实际应用时可用标准气象资料折算成一天 24 小时资料输入计算机计算，不一定要求每一小时或每两小时实测的小气候资料。

(5)田间试验证明，上述方法与计算机程序是可行的。

(6)限于篇幅，本文对水热参数测定与辨识方法，对非均质土壤水中热耦合运动，方程及其解法，模拟的灵敏度分析等问题都没有作深入的讨论，这些问题将在另外的文章中发表。

(7)以上分析的裸地蒸发过程与实际的耕地——不同的耕作方式、耕作机械形成的种床的蒸发过程还有很大差异。关于不同的耕作工程措施形成的种床、其水分散失过程及水分、温度分布规律性的研究将在以后发表。对这些规律性的研究，可望对研究种子发芽、耕牛方式、耕作机械设计的农学家、农业工程师提供新的分析手段。

参考文献

[1] 唐登银，程维新，洪嘉琏. 地理研究，1984，3(3)，84-97.

[2] Van Bavel, C. H. M., Hillel, D. I., Agric. meteorol, 17, 453-476, 1976.

[3] de Vries, D. A., Afgan, N. H.. Heat and mass transfer in the Biosphere. Scripta Book company, Washington, D. C., 594, 1975.

The Numerical Simulation of Evaporation Process of the Bare Soil

Yang Bang jie　Zeng Dechao　Tang Dengyin　Xie Xianqun

Abstract　A numerical simulation model is presented for the evaporation process of bare soil in this paper, and a personal computer program written in FORTRAN is developed and verified with preliminary field tests.

1. The entry of soil surface temperature from infrared thermometer measurements makes the calculation of bare soil evaporation simple and accurate. However the evaporation estimation would be erroneous if soil surface temperature was measured from glass mercury thermometer readings.

2. The algorithm of soil surface temperature from routine meteorological data is based on the energy balance equation. An algorithm program for stable solution is presented. The evaporation estimation would be acceptable as long as the algorithm of soil surface temperature is reasonable.

3. The Element Water Balance Method is used to establish the differential framework of water flow equation for unsaturated soils. Not only this method can handle the difficulties of boundary condition in the conventional differential method, but it easily treats the evaporation and infiltration in heterogeneous soils; therefore the merits of both differential method and finite element method arc combined into the Element Water Balance Method.

4. Based on the data of infrared therme neter measurements or radiation, the simulation program of this paper can be used to calculate the evaporation rate and accumulative evaporation of bare soil, the energy compound partition, the moisture and temperature profile in soil. Also it can simulate the effects of meteorological factors and soil physics parameters on the bare soil evaporation process. The fortran is used to write the program for a IBMPC personal computer, so it is easy to extend it.

5. The field experiments indicate that the simulation results of evaporation rate are agreeable with the measurements by lysimeter, consequently cur program and algorithm seem to be applicable.

Key words　Bare soil; Evaporation; Simulation

Simulation of Seedbed Soil Moisture and Temperature Behavior as Effected by Tillage Operations*

Yang Bangjie　Zeng Dechao

Abstract　Soil moisture and temperature of the seed zone in dry land farming are mainly effected by the surface evaporation and the structure of the seedbed. A two-dimensional model of evaporation from the surface of flat heterogeneous soil or ridge and furrow was developed and a computer program for simulation of seedbed soil moisture and temperature behavior as effected by different tillage operations was compiled and validated by field experiment.

Introduction

S. C. Gupta (1984) developed a model using daily maximum and minimum atmosphere temperature to predict soil temperature under various tillage and residue conditions, but that model did not incorporate the coupled interaction with moisture. D. E. Holzhei and T. H. Burkhardt (1985) developed a two-dimensional soil physical model that can be applied to analyze the moisture and temperature regime in the seedbed zone using a finite element formulation, but it can not be applied to analyze the ridge and furrow tillage which is commonly practiced in Northwestern China where more than 50% of arable land is in arid and semi-arid region and the agricultural production of this area has to depend heavily on natural rainfall.

The objective of this study was to develop a two-dimensional model that could be used to analyze the seedbed soil moisture and temperature behavior as effected by different tillage operations such as level sowing, compaction, minimum tillage, ridge and furrow tillage etc., with the purpose of prediction and optimizing tillage operations and tillage implements for these areas.

Theory and Methods

One and Two Dimensional Models for Flat Field Surface

For predicting the soil moisture and temperature distribution, the evaporation rate Es and surface temperature Ts must be known. The Es and Ts can be calculated using one-dimensional evaporation model from bare soil surface (Van Bavel and Hillel, 1978; Camillo, 1988; Yang and Zeng, 1987) for one-dimensional situations such as level sowing, soil compaction etc. (Fig. 1)

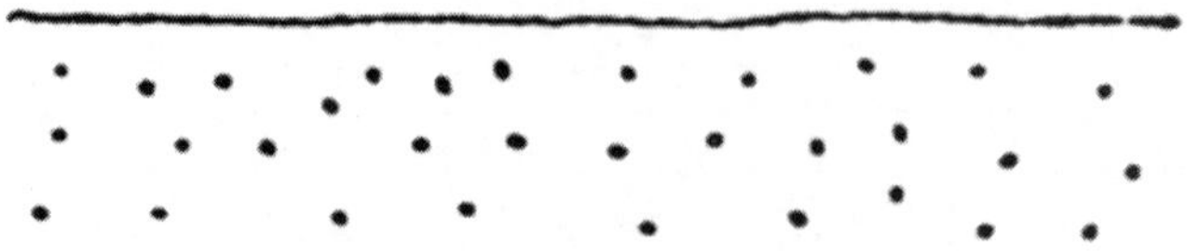

Fig. 1　One-dimensional tillage pattern

* 本文出处:Proceedings of The 11th ISTRO Conference, 1988 年 7 月

Fig. 2　Two-dimensional pattern with flat surface:

a. tilled portion　b. non-tilled portion

The one-dimensional model can also be applied to analyze two-dimensional evaporation from the soil surface of minimum-till pattern (Fig. 2). The bulk density of tilled and non-tilled soil are different in this case, and we can calculate the different evaporation rate from each surface element using finite element method by one dimensional evaporation model.

Evaporation Rate from the Surface of Ridge and Furrow

The undulation of ridge and furrow affects the radiation and wind speed. Considering the change in energy balance and aerodynamic resistance, a model was developed to predict the Es and Ts from the surface of ridge and furrow.

The furrow (Fig. 3) can be described mathematically as follow:

$$z=h+h\cdot\cos(\pi x/W) \tag{1}$$

where $h=H/2$, H is the height of the ridge; W is the width of the furrow; W' is the width of the ridge. The dot line in Fig. 3 is the idealized furrow.

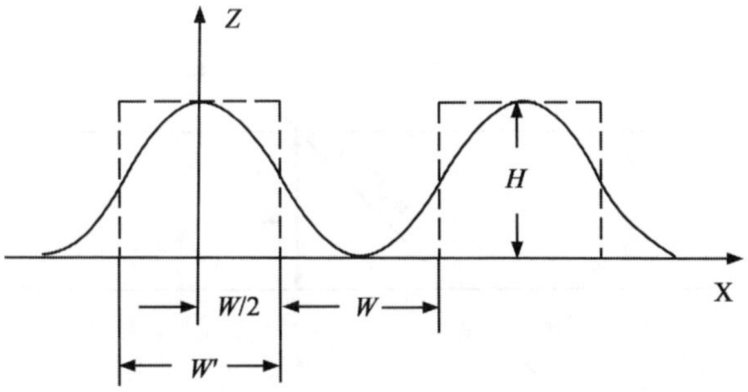

Fig. 3　Mathematical description of an furrow

When the wind direction is perpendicular to the furrow (Fig. 4), the aerodynamic resistance at a point (x, z) on the surface is

$$R_a(x,z)=u_z/u_*^2(x,z) \tag{2}$$

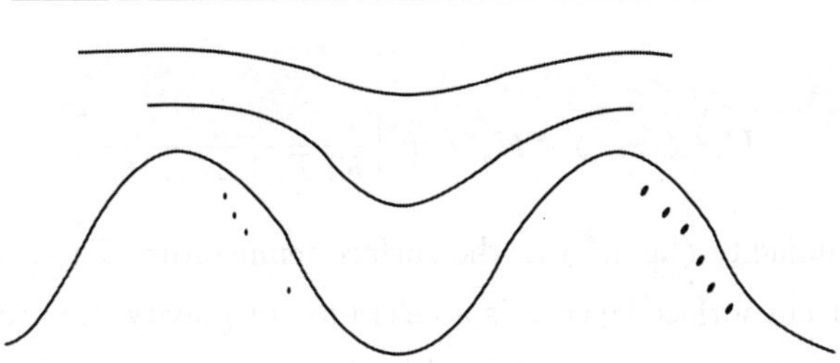

Fig. 4　Wind direction perpendicular to the furrow

where: u_z is the wind speed at a reference elevation; $u_*(x,z)$ is the friction velocity, and

$$u_*(x,z)=k\,u_s(x,z)/\ln(0.05/Z_0) \tag{3}$$

where k is von Karman constant; $u_s(x,z)$ is the wind speed at the height 0.05 m above the surface of the furrow; Z_0 is the roughness. Using a data set of wind speed measured by hot wire anemometer in the field, the u_s may be estimated by

$$u_s(x,z)=(a+b(d\cdot H/W)^c\cos(\pi x/W))\cdot u_z \tag{4}$$

where a, b, c, d are the fitted parameters.

If wind direction is parallel to the furrow,

$$R_a(x,z)=[\ln(Z_c(x,z)/Z_0)]^2/(k^2 u_z) \tag{5}$$

where Z_c is the corrected reference elevation,

$$Z_c=Z-h\cdot\cos(\pi x/W) \tag{6}$$

If the wind direction makes an angle γ with the furrow (Fig. 5), it can be treated as though the wind blows across a wider furrow. The transient width $W(t)$ and the x coordinate $X(t)$ are:

$$W(t)=W/\sin\gamma \tag{7}$$

$$X(t)=x/\sin\gamma \tag{8}$$

then, the R_a can be calculated just as in (2)-(4). If $\gamma<15°$, we can take the wind as parallel to the furrow.

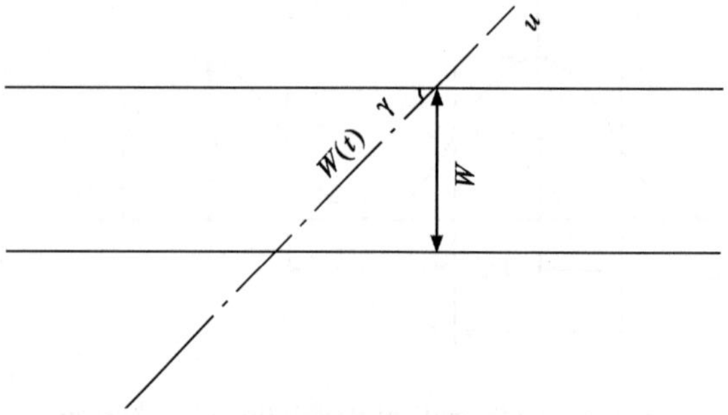

Fig. 5 Wind direction across the furrow

At time t, the $E_s(x,z,t)$ can be calculated on each surface element,

$$E_s(x,z,t)=[H_s(x,z,t)-H_a(t)]/[R_c(x,z,t)+r_s(x,z,t)] \tag{9}$$

where $H_s(x,z,t)$ is the absolute humidity of air (kg/m^3) at surface point (x,z), H_a is the air humidity (kg/m^3), and

$$H_s(x,z,t)=H_o\cdot\exp\left[\frac{\psi g}{R(T_s+273.16)}\right] \tag{10}$$

where H_o is the saturation humidity (kg/m^3) at the surface temperature $T_s(x,z,t)$, ψ is the matrie potential of the moisture in the 0 to 1 cm surface layer, g is acceleration of gravity, R is the gas constant.

$r_s(x,z,t)$ is the soil surface resistance (Camillo, 1986),

$$r_s(x,z,t)=a+b(\theta_s-\theta) \tag{11}$$

where θ_s is the saturation soil moisture, θ is the soil moisture content, a and b are the fitted parameters.

$$R_c(x,z,t)=R_a(x,z,t)\cdot S_t \tag{12}$$

where $R_a(x,z,t)$ can be calculated by (2)—(8), S_t is the stability correction parameter (Van Bavel and Hillel, 1976).

Surface Temperature on the Ridge and Furrow

The ridge will affect the radiation balance of the soil surface. Considering the different values of H, W, azimuth β of the furrow, the latitude of the site, the changing sun height angle h_0, and azimuth of the sun A, we can determine the shading and no shading area on the surface of the furrow. In no shading area, the global radiation R_g at the point (x, z) at time t is

$$R_g(x,z,t)=S\alpha\beta+R_d \tag{13}$$

where R_d is the diffuse radiation, $S\alpha\beta$ is the direct radiation at that point,

$$S\alpha\beta=S_m[\sin(h_0)\cos\alpha+\cos(h_0)\sin\alpha\cos(A-\beta)] \tag{14}$$

where α is the slope at the point, S_m is the direct radiation from the sun. In shading area,

$$R_g=R_d \tag{15}$$

When the surface is divided into several elements and the R_g is different on each element, then, the $T_s(x,z,t)$ of each element can be calculated as one-dimensional situation.

Transport of Moisture and Heat in Soil

Based on the theory of simultaneous transfer of heat and moisture in porous media (Philip and de Vries, 1957), the governing equations are

$$C_w(\partial\psi/\partial t)=\nabla\cdot(K_w\nabla\psi)+\nabla\cdot(D_v\nabla T)-\partial K/\partial z \tag{16}$$

$$C_h(\partial T/\partial t)=\nabla\cdot(\lambda\nabla T)+\rho_L L\ \nabla\cdot(K_v\nabla\psi) \tag{17}$$

where C_w is specific moisture capacity, D_v is the thermal vapor diffusivity, K is hydraulic conductivity, K_w is defined as follows

$$K_w=K+K_v \tag{18}$$

where K_v is vapor conductivity due to potential gradients, C_h is the volumetric heat capacity, λ is the soil thermal conductivity, ρ_L is the density of liquid water, and L is the latent heat of vaporization.

The boundary conditions along soil-air interfaces are

$$-K_w(\partial\psi/\partial n)-D_v(\partial T/\partial n)+\partial K/\partial z=Es(x,z,t) \tag{19}$$

$$-\lambda(\partial T/\partial n)-\rho_L L\ K_v(\partial\psi/\partial n)=S(x,z,t) \tag{20}$$

where n is the outer normal vector on the boundary, $Es(x,z,t)$ is the evaporation rate, and $S(x,z,t)$ is the soil heat flux which can be estimated by the energy balance equations:

$$S(x,z,t)=R_n(T_s)-LE_s(T_s)-H(T_s) \tag{21}$$

where the net radiation R_n the latent heat flux LE_s, and the sensible heat flux H are functions of $T_s(x,z,t)$, and the calculations refer to Van Bavel and Hillel (1976), Yang and Zeng (1987).

Computer Program

The computer program was written in FORTRAN 77. The input data include soil physical parameters, meteorological data, tillage operation pattern and the finite element domain and grid. Fig. 8 shows the finite element idealization for minimum-till, and Fig. 7 is for furrow and ridge tillage. The sequence of calculation was as follows: at each new time step, the Es and Ts were estimated and with the Eqs. (19)-(20) as the boundary conditions, the non-linear and coupled equations (16) and (17) were solved by Galerkin-type finite element approach, then iterated until the temperature and moisture content both converge within a suitable tolerance.

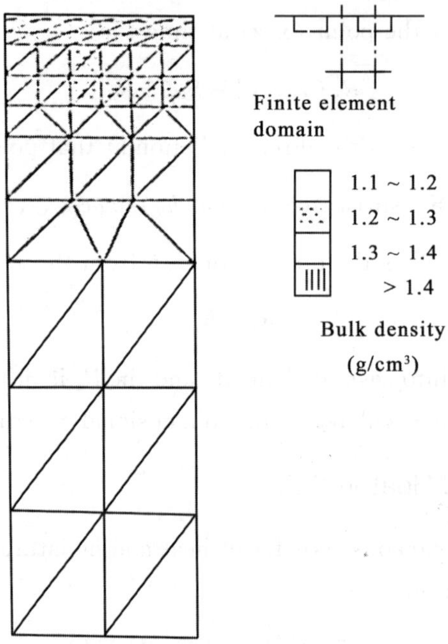

Fig.6 The finite element grid for minimum-till pattern

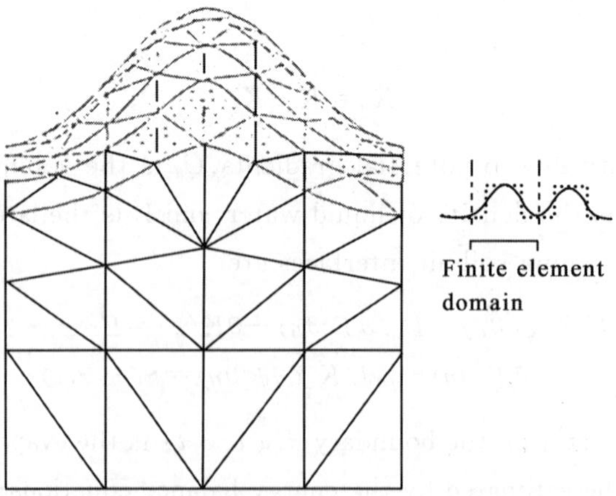

Fig.7 Finite element grid for the ridge and furrow tillage pattern

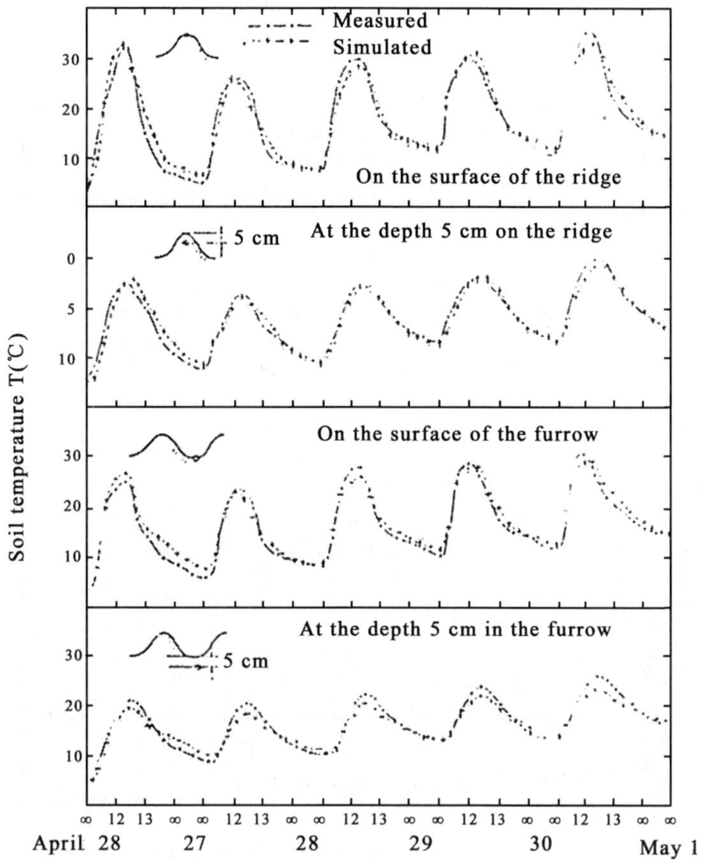

Fig. 8 The comparison of measured and calculated temperature at the depth of 0 and 5 cm in the ridge and furrow

Validation of the Model

For the validation of the model field experiments were performed in the Yucheng Experiment Station of the Chinese Academy of Sciences from April 26 to May 1, 1987. Meteorological data (the diffuse and direct solar radiation, wind speed and direction, air temperature and humidity) were measured in the field. Soil moisture content was measured using gravimetric method at depth 0-1, 5, 10, 20 cm and by a neutron soil-moisture meter at depth 30～100 cm. The surface temperature was measured with a infrared thermometer, and the temperature at depth 5, 15, 20, 40, 80, 120, 140 cm were measured by mercury thermometer.

Soil physical parameters such as hydraulic conductivity K, soil-moisture characteristic curve, were measured in the laboratory. The functions as described by de Vries (1975) were applied the for soil heat capacity Ch and the thermal conductivity λ estimation, but the coefficients were fitted by measured data in the laboratory. The calculation of K_v and D_v referred to Philip and de Vries (1957).

The soil moisture and temperature distribution of the one-dimensional tillage, minimum-till, and ridge and furrow till pattern for a duration of 120 hours were measured and calculated, but only that for the ridge and furrow were shown here in Fig.8-9. In general, there were good agreement between the field data and the results obtained by the numerical methods.

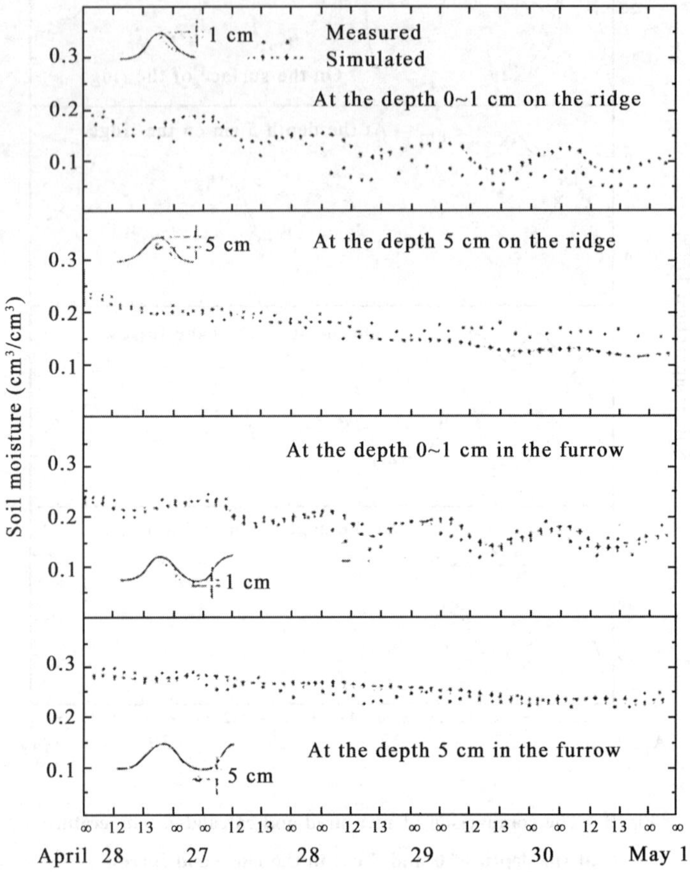

Fig.9 The comparison of measured and calculated moisture content at the depth of 0-1 and 5 cm in the ridge and furrow

Results and Discussion

Several minimum-till seedbed prepared by different combination of operations (Fig.2) can be analyzed, but only the simulated moisture and temperature of the ridge and furrow tillage were listed here in Fig.10-11 with the same soil and meteorological data as used in the validation experiment of the model.

Fig.10 is the simulated temperature and moisture content distribution as effected by different depth of furrows. The temperature is lower and moisture is higher when the furrow is higher. Fig.11 is simulated soil moisture and temperature distribution as effected by the different furrow azimuth with the help of the program. The optimum tillage practice can be defined according to the local soil and meteorological data of a locality.

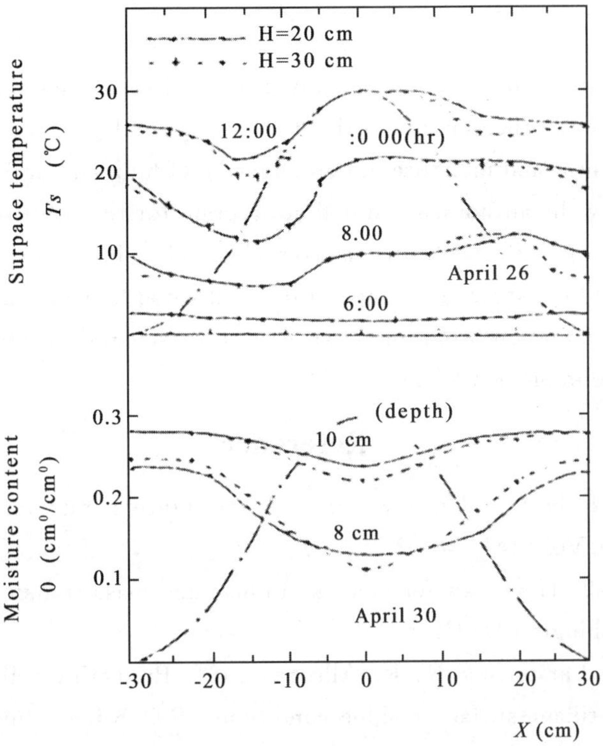

Fig. 10　The simulated soil temperature and moisture content as influenced by different depth of furrows

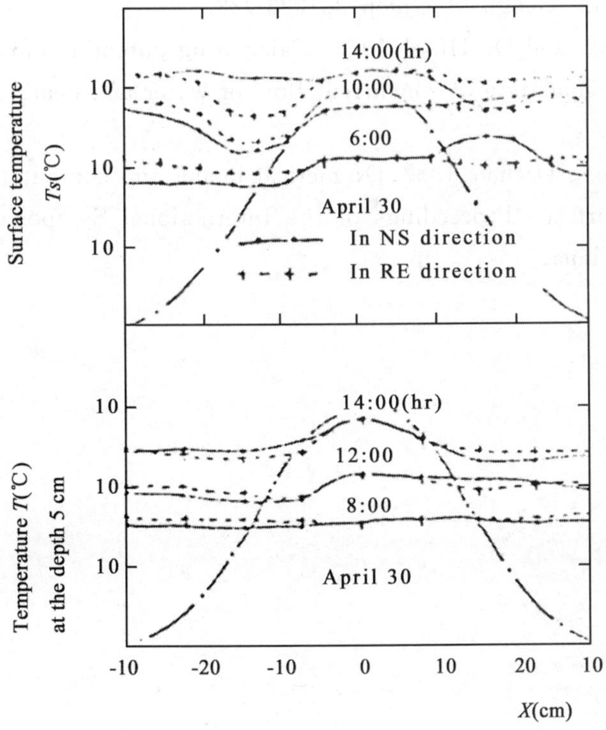

Fig. 11　The simulated soil temperature distribution as influenced by different azimuth of furrows

Conclutions

(1) A two-dimensional evaporation model was developed to predict the evaporation rate and the surface temperature on the seedbed minimum-tilled or of ridge and furrow. (2) Based on the theory of simultaneous transfer of heat and moisture in porous media (Philip and de Vries, 1957) and the evaporation model developed by the authors, a simulation program for the influence of tillage operations on seedbed moisture and temperature behavior was compiled and validated by experiment field data. (3) Only the simulation of soil moisture and temperature as effected by ridge and furrow was discussed in the paper, however, the simulation program is expected to be severally useful in the study of different tillage practice and tillage implements.

Reference

[1] Camillo, P. J. and Robert J. Gurney, 1986. A resistance parameter for bare-soil evaporation models. Soil Science, Vol. 141, No. 2.

[2] De Vried, D. A., 1979. Heat transfer in soils. In heat and mass transfer in the biosphere. Scripta Book Company, Washington D. C.

[3] Gupta, S. C., W. E. Larson, and R. R. Alloaras, 1984. Predicting soil temperature and soil heat flux under different tillage-surface residue conditions. Soil Science Society of America Journal, Vol. 48, No. 2.

[4] Holzhei, U. E., 1985. Modeling the seed zone in the soil. For presentation at the 1985 summer meeting american society of agricultural engineers.

[5] Philip, J. R. and de Vries, D. A., 1957. Moisture movement in porous material under temperature gradients. Trans. Am. Geoghys. Union, 38:222-232.

[6] Van Bavel. C. H. M. and D. Hillel, 1976. Calculating potential and actual evaporation from a bare soil surface by simulation of concurrent flow of water and heat. Agrie. Metearol. 17:453-476, 1976.

[7] Yang Bangjie and Zeng Dechao, 1987. Numerical model and computer program for evaporation from a bare field surface. Proceedings of the International Symposium on Dryland Farming. Yangling, Shannxi, China.

A Computer Simulation of Water Heat Salt Movement in Frozen Soils*

Zeng Dechao & Lian Guoping

Abstract A 2-demension mathematical model was developed to predict salt accumulation and moisture content of the soil seed-bed layer in Spring germination time before through thawing and possible irrigation so as to optimize the Autumn irrigation and drainage scheduling and tillage practices in Hetao Irrigation Scheme, Inner Mongolia, P. R. China. Calculation results of FEM solution with Galerkin approximation while compiled in computer program for typical locations from before freezing through complete thawing were compared to data obtained by field tests, and it showed a good agreement.

Zusammenfassung: Ein 2-dimension mathematisches model wird entwickelt. Die akkumulation des salz und der wassergehalt in der Bodenschicht des Bodensaatbett im voraus ausgerechnet wird, bevor Eis geschmolzen wird und Boden bewassert wird, Washrend der Germination des Saat im Fruhling, damit die MaBnahme der Bewasserung, Entwasserung und des Ackerbau in der Region Hetao, Inen Mongolia, P. R. China optimiert wird. Fur den typischen Ort, von der gefrorenen bis gescholzenen Zeit. nach Galerkin Approximation Method mit der FEM losung im Computer der Progtamm gerechnet wird. Durch die Vergleichung zwischen der Rechnungsergebnis und Daten des Test auf dem Feld wird gut Unereinstimmung gezeigt.

Resume: Un modèle mathématique *à* 2 dimension est développé pour prédire le contenu de l'humidité et l'accumulation du sel dans le lit des semences pendant le temps de gérminnation en printemps; avant la congélation complète et une possibilité d'irrigation afin d'optimaliser l'etablissement du project HETAO. Les résultats des calculs de solution FEM avec approximation Galerkin par usage sont comparés avec les résultats obtenus sur les éssais faits sur-champs. Ces denx résultats se sont montrés en très bon accord.

1. Introduction

In most arid and semi-arid areas of Northern and North Western China, the transport process of soil water-heat-salt in response to Winter freezing is of great interest for irrigated agriculture due to the fact that soil freezing has much effect on the soil water-heat-salt movement and hence the water stress and salt accumulation in the seed-bed layer of soils in early Spring sowing and germination period. Although a certain number of laboratory studies have been conducted on water-heat movement in frozen soils (Loch and Miller, 1975; Fuch, Campbell and Papendick, 1978), and some on salt and water flow in frozen soils (Cary and Mayland 1972; Cary, Papendick and Cambell, 1979), there are very few such studies concerned with field applications. The objectives of this paper are (i), to analyze the effects of freezing and thawing processes on the soil water-heat-salt movement and (ii), to investigate

* 本文出处: Proceedings of The Eleventh International Congress on Agricultural Engineering, 1989 年

how much the soil freezing and thawing processes will effect the salt accumulation and water stress in the salt accumulation and water stress in the seedbed layer of soils in the early Spring sowing and germination period through simulating the field soil water-heat-salt movement from the late Autumn to next early Spring, so as to lay a scientific ground for the optimization of irrigation and drainage scheduling and tillage practice. The time sequence of ground freezing and thawing processes at Hetao Irrigation Scheme is shown in fig. 1.

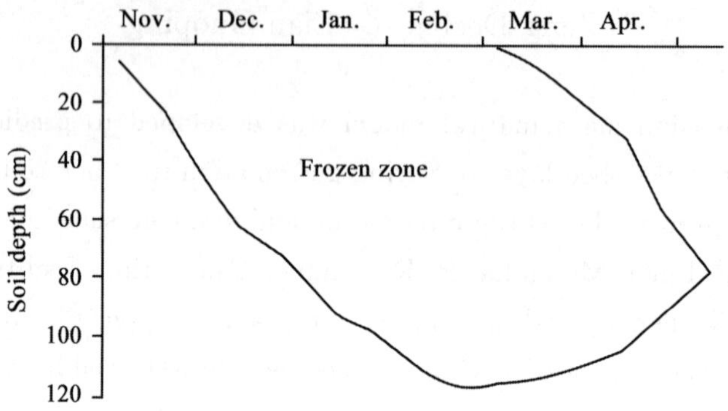

Fig. 1 Time sequence of ground freezing and thawing processes, Hetao Irrigation Scheme.

In handing the quantitative relations for water-heat-salt movement in frozen soils, the following assumptions are followed in this paper for clearness:

1) Discussions are restricted to the relatively wet soils which, in a steady state, involve primarily the liquid and ice phases while the vapour quantity neglected.

2) The movement of ice is negligible relative to the movement of ice is negligible relative to the movement of liquid.

3) Only the diffusion and dispersion of salt in liquid phase are considered while that in ice phase neglected.

4) Influence of the ice lense formation and frost having processes are not considered.

2. Tests to Establish the Soil Water Freezing Characteristic Curve

Soil water freezing characteristic curves—liquid water content at different freezing temperature, for four typical soils from Hetao Irrigation Scheme, Inner Mongolia were tested with a devised freezing apparatus as shown in figure 2. The soil previously cooled was put into a compartment of the freezing cell which was kept at different stable freezing temperature by adjusting the concentration of the sodium-nitrate solution mixed with ice. In an elapse of 24 hours to ensure a stable and uniform temperature and phase transform throughout the soil sample, it was then transferred into the heat content measuring chamber and kept there until equilibrium state established there until an equilibrium temperature and the initial temperatures of the water and the frozen soil sample known (measured by thermocouples), the amount of ice content in the sample was then calculated by the following equation in accord with the law of energy conservation:

$$W_i = \frac{(C_{cw} W_{cw} + K)(T_w - T_e) - (C_s W_s + C_l W_w)(T_e - T_f)}{L_{li} + (C_{lw} - C_i) T_f} \quad (1)$$

where C_{cw} is the specific heat capacity or the water in the heat content measurement chamber, W_{cw} is the weight of the chamber which represents its heat capacity per centigrade and can be calibrated by melting an ice sample in it, T_w is the initial temperature of the water, T_e is the equilibrium temperature, C_s is the specific heat capacity of dry soil, C_{lw} is the specific heat capacity of liquid water in the soil sample, W_w is the weight of total water in the soil sample (including ice an unfrozen water), T_f is the freezing cell, L_{li} is the latent heat of ice fusion and C_i is the specific heat capacity of ice.

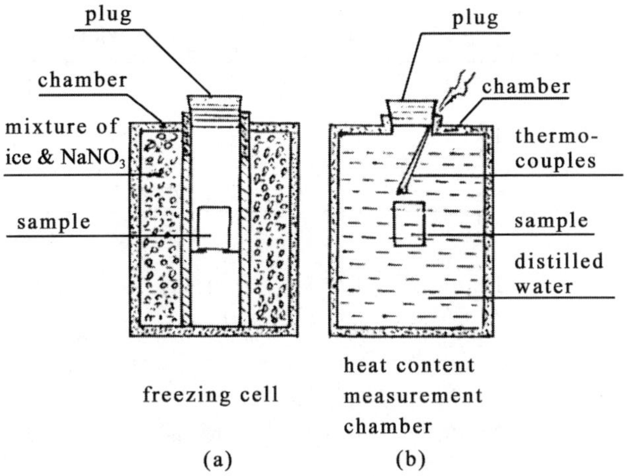

Fig. 2 Schematic representation of the apparatus for measuring soil water freezing characteristic curves.

As the total weigh of water (including ice and unfrozen water) and the weight of ice in the soil sample are known, the ice content and the unfrozen water content of the soil can be calculated. Tab. 1 shows the measured date of the soil water freezing soil. It was found that for all four soils, freezing phenomenon occurs when the temperature drops below −0.2℃. The measured data can be reasonably regressed in the following equation,

$$\theta_l = \theta_0\ (-T)^{-b} \tag{2}$$

where θ_l represents unfrozen water content, T represent the freezing temperature while θ_0 and b regression coefficients respectively. Fig. 3 gives a comparison between the measure data (denoted by circles in the figures) and regressed curves (denoted by soil lines). The regression coefficients for the four type of soil tested are also given in tab. 1.

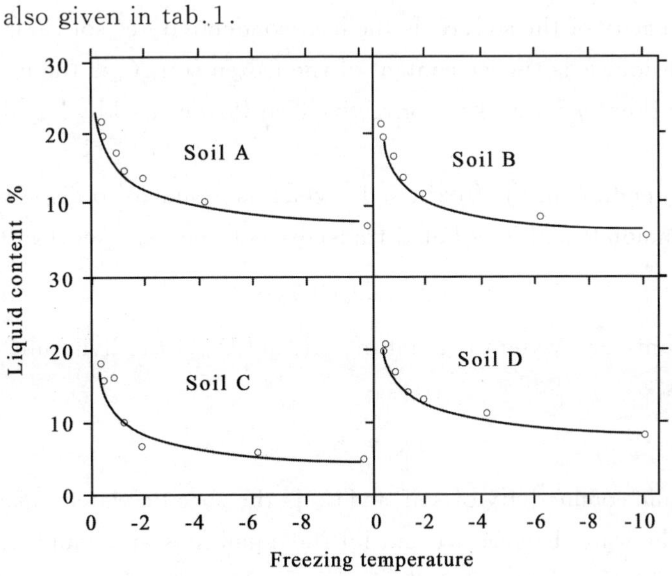

Fig. 3 Measured data against regressed soil water freezing characteristic curves for the four types of soil.

Tab.1 measured data and the regression coefficients for the soil water freezing characteristic curves for the four types of soil.

A	T ℃	−0.2	−0.3	−0.8	−1.1	−1.8	−4.1	−10.0
	θ_l %	20.89	19.07	16.69	14.04	13.01	9.91	6.34
			θ_0=14.15741		b=0.29090			
B	T ℃	−0.3	−0.3	−0.7	−1.0	−1.7	−6.1	−10.1
	θ_l %	20.49	18.62	15.82	13.11	10.91	7.97	5.03
			θ_0=12.82003		b=0.33581			
C	T ℃	−0.2	−0.3	−0.7	−1.1	−1.7	−6.0	−10.0
	θ_l %	17.55	15.16	15.57	9.39	6.18	5.28	4.45
			θ_0=10.00961		b=0.37283			
D	T ℃	−0.2	−0.3	−0.7	−1.1	−1.7	−4.0	−10.0
	θ_l %	19.17	20.18	16.07	13.59	12.67	10.62	7.41
			θ_0=14.12278		b=0.24895			

A-Clay, B-Sandy loam, C-Sandy soil, D-Loam, the salt contents for the four types of soil are 0.19%, 0.15%, 0.14%, 0.17%.

3. The Governing Equations

The one-dimensional heat balance equation for frozen soil differs from that for the conventional unfrozen soil. In frozen soil, both latent and sensible heat come into play while in unfrozen soil, according to the law of energy conservation, latent heat of fusion should be incorporated into the conventional soil heat flow equation as,

$$C_h \frac{\partial T}{\partial t} - L_{li} \frac{\partial \theta_i}{\partial t} = \frac{\partial}{\partial z}\left(K_h \frac{\partial T}{\partial z}\right) - C_l \frac{\partial (q_l T)}{\partial z} \tag{3}$$

where C_h is the heat capacity of the soil, K_h is the heat conductivity of soil, T is the temperature, L_{li} is the latent heat of ice fusion, θ_i is the ice content of the frozen soil, C_l is the heat capacity of water, q_l is the conductive water flow, $q_l T$ refers to convective heat flow caused by liquid flow, t is the time, and z is the soil depth.

The conductive water flow in the frozen soils, which is assumed to also Darcy's law because the ice is supposed to be immobile and only liquid transport is to be expected, can be written as,

$$q_l = -D_w(\partial \theta_l / \partial z) \tag{4}$$

where θ_l is the liquid (unfrozen water) content of soil, and D_w is the hydraulic diffusion coefficient of soil which is defined as,

$$D_w = K_w / C_w \tag{5}$$

where K_w is the hydraulic conductivity of soil, and C_w is the specific water capacity of soil.

In a freezing soil, the water balance account for the liquid flow and liquid-ice transformation can be best described by incorporating the amount of water from phase transformation into the conventional soil water flow equation which observes the law of continuity, ie.,

$$\frac{\partial \theta_l}{\partial t}+\frac{\partial \theta_i}{\partial t}=\frac{\partial}{\partial z}\left(D_w \frac{\partial \theta_l}{\partial z}\right)+\frac{\partial K_w}{\partial z} \tag{6}$$

Salt movement equation in frozen soil under the conditions suggested above should be written as,

$$\frac{\partial (\theta_l c)}{\partial t}=\frac{\partial}{\partial z}\left(D_{sh} \frac{\partial c}{\partial z}\right)-\frac{\partial (q_l c)}{\partial z} \tag{7i}$$

where c is the salt concentration in soil solution, terms $\theta_l c$ and $q_l c$ refer to salt concentration associated respectively with liquid content and conductive water flow, and D_{sh} is the salt diffusion-dispersion coefficient of the frozen soil.

Equations (3), (6) and (7i) are the proposed governing equations for water-heat-salt movement in frozen soils. Combining the three equations with the soil water freezing characteristic curves (equation 2), we can eliminate the variable θ_l from the four unknowns in the three equations. Evidently, the proposed mathematical model for water-heat-salt movement in frozen soils apply also to unfrozen soils because in that case, the three equations become the same forms as the conventional equations for water, heat and salt movement in unfrozen soils with the ice content being zero.

4. The Finite Element Approach

In field cases, where water-heat-salt movement may occur both in frozen and/or unfrozen soils with complicated of the governing equations of the model are difficult and consequently resort to the Galerkin-type finite element method for approximation in this paper.

In the case of two-dimension, water-heat-salt movement in frozen and/or unfrozen soils can be described as following,

$$\begin{gathered}
C_h \frac{\partial T}{\partial t}-L_{li} \frac{\partial \theta_i}{\partial t}=\frac{\partial}{\partial x}\left(K_h x \frac{\partial T}{\partial x}\right)+\frac{\partial}{\partial z}\left(K_{hz} \frac{\partial T}{\partial z}\right)-C_l \frac{\partial (q_{lx} T)}{\partial x}-C_l \frac{(q_{lz} T)}{\partial z}, \\
\frac{\partial \theta_l}{\partial t}+\frac{\partial \theta_i}{\partial t}=\frac{\partial}{\partial x}\left(D_w \frac{\partial \theta_l}{\partial x}\right)+\frac{\partial}{\partial z}\left(D_w \frac{\partial \theta_l}{\partial z}\right)+\frac{\partial K_w}{\partial z}, \\
\frac{\partial (\theta_l c)}{\partial t}=\frac{\partial}{\partial x}\left(D_{sh} \frac{\partial c}{\partial x}\right)+\frac{\partial}{\partial z}\left(D_{sh} \frac{\partial c}{\partial z}\right)-\frac{\partial (q_{lx} c)}{\partial x}-\frac{\partial (q_{lz} c)}{\partial z}, \\
\theta_l=\theta_0 (-T)^{-b} \text{ (for frozen soil)};
\end{gathered} \tag{7}$$

initial conditions,

$$\left.\begin{aligned}
T &= T^0 (x, z, 0) \\
\theta_l &= \theta_l^0 (x, z, 0) \qquad t=0, x, z \in R \\
c &= c^o (x, z, 0)
\end{aligned}\right. \tag{8}$$

first boundary conditions,

$$\left.\begin{aligned}
T &= T^1 (x, z, t) \\
\theta_l &= \theta^1 (x, z, t) \qquad t>0, x, z \in r_1 \\
c &= c^1 (x, z, t)
\end{aligned}\right. \tag{9}$$

second boundary condition,

$$\left.\begin{aligned}
& K_{hx} \frac{\partial T}{\partial x} n_x+K_{hz} \frac{\partial T}{\partial z} n_z-C_{lql}^o T+q_h^o=0 \\
& D_w \frac{\partial \theta_l}{\partial x} n_x+D_w \frac{\partial \theta_l}{\partial z} n_z+K_w n_z+q_l^o=0 \qquad t>0, x, z \in r_2 \\
& D_{sh} \frac{\partial c}{\partial x} n_x+D_{sh} \frac{\partial c}{\partial z} n_z-q_l^o c^o-q_l c=0
\end{aligned}\right. \tag{10}$$

where n_x , n_z are unit vectors, q_h^o, q_l^o are known flux of heat and water at the second boundary, c^o is the known water flux.

For an approximate solution to the problem at any given time, the entire solution domain was devided into a number a Galerkin-type finite element scheme, a set of local approximation analogue for the elements were obtained as,

$$\begin{aligned} T &= \sum_{j=1}^{m} N_j(x,z)T_j^e(t) = [N]\{T\}^e \\ \theta_l &= \sum_{j=1}^{m} N_j(x,z)\theta_{l,j}^e(t) = [N]\{\theta_l\}^e \\ \theta_i &= \sum_{j=1}^{m} N_j(x,z)\theta_{i,j}^e(t) = [N]\{\theta_i\}^e \\ c &= \sum_{j=1}^{m} N_j(x,z)c_j^e(t) = [N]\{c\}^e \end{aligned} \tag{11}$$

where N_j are linearly independent weighting functions or shape functions, and T_j^e , $\theta_{l,j}^e$, $\theta_{i,j}^e$, c_j^e are unknown independent variables of temperature, liquid content, ice content and salt concentration respectively, at the element nodals.

When equations (11) are substituted into equations (7) and Galerkin's procedure further followed, we can derive a set of first order differential equations as,

$$\begin{aligned} &[H_h]\frac{\mathrm{d}\{T\}}{\mathrm{d}t} - L_{li}[H]\frac{\mathrm{d}\{\theta_i\}}{\mathrm{d}t} + [P_h]\{T\} + \{F_h\} = 0 \\ &\frac{\mathrm{d}\{\theta_l\}}{\mathrm{d}t} + \frac{\mathrm{d}\{\theta_i\}}{\mathrm{d}t} + [P_w]\{\theta_l\} + \{F_w\} = 0 \\ &[H_c]\frac{\mathrm{d}\{c\}}{\mathrm{d}t} + [P_c]\{c\} + \{F_C\} = 0 \\ &\theta_l = \theta_0\,(-T)^{-b} \qquad \text{(for frozen soil)} \end{aligned} \tag{12}$$

in which,

$$[H_h] = \sum_{e=1}^{n_e}\iint_e C_h\,[N]^T[N]\mathrm{d}x\mathrm{d}z \tag{13}$$

$$[H] = \sum_{e=1}^{n_e}\iint_e [N]^T[N]\mathrm{d}x\mathrm{d}z \tag{14}$$

$$\begin{aligned} [P_h] = &\sum_{e=1}^{n_e}\iint_e K_h\left(\frac{\partial\,[N]^T}{\partial x}\frac{\partial[N]}{\partial x} + \frac{\partial\,[N]^T}{\partial z}\frac{\partial[N]}{\partial z}\right)\mathrm{d}x\mathrm{d}z \\ &+ \sum_{e=1}^{n_e}\iint_e C_l\left(\frac{\partial\,[N]^T}{\partial x}q_{lx} + \frac{\partial\,[N]^T}{\partial z}q_{lz}\right)[N]\mathrm{d}x\mathrm{d}z \end{aligned} \tag{15}$$

$$\{F_h\} = \sum_{e=1}^{n_e}\int_{r_2 e} q_h^o\,[N]^T\mathrm{d}s \tag{16}$$

$$[P_w] = \sum_{e=1}^{n_e}\iint_e K_w\left(\frac{\partial\,[N]^T}{\partial x}\frac{\partial[N]}{\partial x} + \frac{\partial\,[N]^T}{\partial z}\frac{\partial[N]}{\partial z}\right)\mathrm{d}x\mathrm{d}z \tag{17}$$

$$\{F_w\} = \sum_{e=1}^{n_e}\int_{r_2 e} q_l^o\,[N]^T ds + \iint_e K_w\,\frac{\partial\,[N]^T}{\partial t}\mathrm{d}x\mathrm{d}z \tag{18}$$

$$[H_c]=\sum_{e=1}^{n_e}\iint_e \theta_l\,[N]^T[N]\mathrm{d}x\mathrm{d}z \tag{19}$$

$$[P_c]=\sum_{e=1}^{n_e}\iint_e D_{sh}\left(\frac{\partial}{\partial x}\frac{[N]^T}{\partial x}+\frac{\partial\,[N]^T}{\partial z}\frac{\partial[N]}{\partial z}\right)\mathrm{d}x\mathrm{d}z+\sum_{e=1}^{n_e}\iint_e \frac{\partial\,\theta_l}{\partial x}[N]^T[N]\mathrm{d}x\mathrm{d}z$$
$$+\sum_{e=1}^{n_e}\iint_e\left(\frac{\partial\,[N]^T}{\partial x}q_{lx}+\frac{\partial\,[N]^T}{\partial z}q_{lz}\right)[N]\mathrm{d}x\mathrm{d}z \tag{20}$$

$$\{F_c\}=\sum_{e=1}^{n_e}\int_{r_2 e} q_l^o c^o\,[N]^T\mathrm{d}s \tag{21}$$

The set of first order differential equations (12), after discretizing the space and the time domains, were solved by the method of weighted residuals and a computing program in Fortran language for micro computer was compiled.

5. Field Application

The Galerkin-finite element models obtained and the computer program compiled were employer to determine the salt accumulation behavior during freezing and thawing in a typical field of Hetao, Inner Mongolia. The initial conditions of soil water content and salt concentration in the field were measured on October 30th, 1986 and were shown in fig. 4. Functional relationships between pressure head, hydraulic conductivity, apparent salt diffusion coefficient (the sum of dispersion) and moisture content of the soil were measured in laboratory. Meteorological data were obtained from a weather station near by.

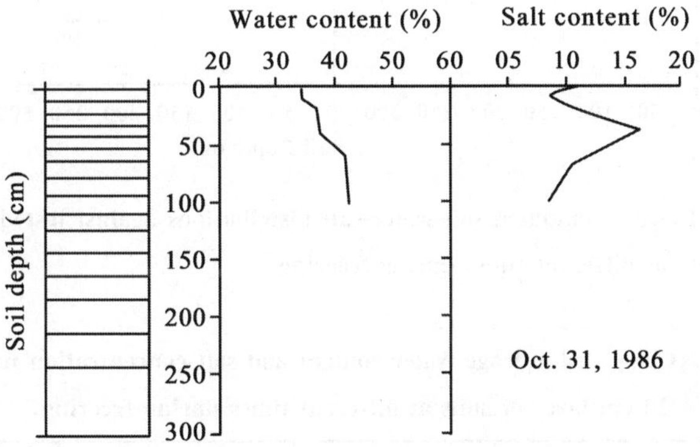

Fig. 4 Initial soil water content and salt concentration tested in the field.

The one-dimensional model was used, as under flooded irrigation in that areas, horizontal flow was taken as negligible. The numerical model was run from November 1st, 1986 to May 11th, 1987 when the first irrigation was available. Some of the results, including the soil water content and salt concentration profiles in the frozen layer obtained by computation, are presented in figure 5. It shows that, under the effects of soil freezing and thawing as well as evaporation, the average salt concentration has increased from 0.0966% to 0.2726% in the top 20-cm layer of soil (see table 2). In fig. 5, the computed data (in soil lines) are also compared with field measurements (in cross) carried out in the site and it shows a reasonably good agreement.

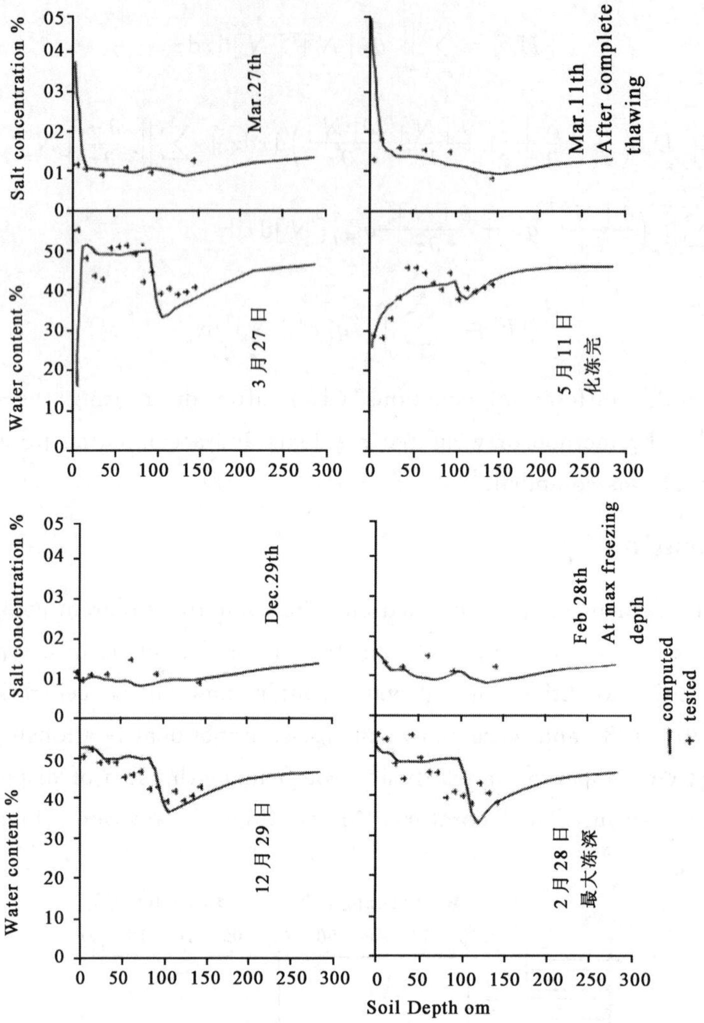

Fig.5 computed soil water-salt distributions against tested data at different times during freezing

Table 2 Computed average water content and salt concentration in the top 20-cm layer of soils at different times during freezing.

	Oct. 30th	Dec. 29th	Feb. 28th	Mar. 27th	May. 11th
water content(%)	33.73	52.74	51.87	13.82	32.09
salt concentration(%)	0.0966	0.1014	0.1543	0.1877	0.2726

6. Conclusions

The mathematical model developed in this paper for water-heat-salt movement is applicable to both frozen and unfrozen soils. The Galerkin-type finite element method is a useful tool in analysing water-heat-salt flow problem in field conditions. Prediction with the model developed and the computing program compiled shows, as validated by field test data, that the soil freezing and thawing have much effects on water movement and salt accumulation in the top layer of soil. Application in model and program to field prediction on soil water-heat-salt movement during Winter and then the salt accumulation in the early Spring should facilitate the optimization of irrigation and drainage scheduling as well as tillage practice for such areas.

References

Miller, R.D. , J.P.G. Loch & E. Bresler 1975. Transport of water and heat in a frozen permeameter Soil Sci. Soc. Am. Proc. 39:1029-1036.

Fuchs, M. , G.S. Campbell & R.I. Papendick 1978. An analysis of sensible and latent heat flow in a partially frozen unsaturated soil. Soil Sci. Soc. Am. J. 42:379-400.

Gary, J.M. , R.I. Papendick & G.S. Campbell 1979. Water and salt movement in unsaturated frozen soil: principle and field observation. Soil Sci. Soc. Am. J. 43:3-7.

地面覆盖应用与研究的现状及发展方向*

隋红建　曾德超

摘要　本文对各种地面覆盖材料在作物栽培中应用与研究的历史和现状进行了回顾、讨论和分析，得出了以下结论：覆盖材料对作物效应的研究，关键在于弄清不同覆盖材料及不同覆盖工艺对光及土壤水、热、盐运移的影响规律。在此基础上，针对当地主要矛盾，开发提温节水防盐保土、有利于作物生长发育、抑制地面杂草和病虫害、改进土壤结构、促进有机质积累或分解的覆盖技术及相应的工程措施，包括新的可再生、可降解、无污染的覆盖材料的开发。

关键词　地面覆盖，现状及展望

地面覆盖是改善农田小气候的重要措施之一，具有保护土壤结构、抗御水蚀风蚀、保墒蓄水、调节土温、抑制杂草生长等作用，因而在农业科学上受到了普遍的重视，生产上不断扩大应用。突出的有美国及西欧的秸秆还田少耕免耕法，我国西北地区的沙田，日本、法国及我国的塑膜覆盖栽培等。

一、覆盖应用历史及现状

沙砾覆盖　我国自清朝康熙年间就发明了沙田栽培法。利用不同粒径的沙砾分层铺田，其厚度10 cm以上，用于栽培粮食、棉花、瓜果、蔬菜及其他一些经济作物。沙砾铺田具有提高土壤温度、保持土壤水分、抑制返盐和减轻杂草危害防止风蚀等优点，因而能抗御旱灾、促进作物生长发育、早熟高产，在西北地区得到了广泛的应用，陇西地区沙田，面积达120万亩[1]。美国、澳大利亚等国的一些市镇也采用小石子覆盖在树干基部周围，以达到减少水土流失、防止杂草生长、清洁卫生的目的。大面积造沙田费工费力，铺后耕种、施肥很不方便。但沙田效应可以维持较长时间，可达数年甚至数十年，直至沙砾孔隙为土壤所堵塞。

秸秆及割草覆盖　我国两千多年前就有这方面的记载，主要用于保护冬小麦免遭冻害。目前，南方柑橘也广泛采用此法以达到降低地面温度、提高土壤肥力、抗御水蚀风蚀的目的。山东近年来推广用秸秆、割草覆盖果园，1987年全省果树覆盖面积达100万亩[2]。本世纪初起，欧美国家利用作物残茬、秸秆进行覆盖，实现了农田少耕免耕，对抗御风蚀水蚀、节能增收均有显著效果。在产量方面，据美国中西部地区连续八年(1962—1969年)进行覆盖免耕实验结果，其中有四年比对照传统犁翻增产3.5%～35.4%，两年减产5.95%～14.4%，两年平产。连年免耕的一个特点是需要使用除草剂抑制杂草。七八十年代以来，隔两三年翻耕一次的覆盖少耕免耕法在国际上受到了重视和有条件的推广。

覆土脊　山西晋南地区在棉花播种时在种子沟上采用覆土脊的措施，保持种子层湿润，以利于防旱出苗。

土面增温剂(水分蒸发抑制剂)　60年代以后，各国先后出现了各种用石油工业、油脂工业的副产品沥青、脂肪酸残渣等制成的土面增温剂。将其喷洒在农田地面上即可在短时间内形成一层高分子膜，其作用与塑模相似，但成本远低于塑料薄膜。中科院地理所于1960年春试制成功土面增温剂，在棉花育苗、水稻育秧及蔬菜、林业上应用，效果很好。但由于土面增温剂一般施用量大(每亩100 kg以上)，对地表质量要求较高，且为乳状，运输困难，原料脂肪酸渣也难以大量供应，随着塑膜价格的降低，就逐

* 本文出处：农业工程学报，1990年12月，第6卷第4期

渐取代了土面增温剂。

塑料薄膜覆盖　日本于1955年开始应用塑料薄膜地面覆盖技术，到1976年推广面积达307万亩。法国于1956年开始推广应用，1976年达5.3万亩[3]。另外美国、意大利、苏联等国也都相继采用了塑料薄膜地面覆盖栽培技术。我国1979年从日本引进了此项技术，1988年全国推广面积达3000多万亩，计40多个作物品种，应用面积居世界首位[4]塑膜覆盖能够提高地温、保持土壤水分，在一些高寒地区增产尤其显著，达30%左右。但其应用中有以下问题值得重视：连年使用会使土壤肥力下降，遗留在土壤中的塑膜碎屑如不彻底清除，将造成土地污染，影响作物出苗率，而光解膜的效果尚未能满意；覆盖宽度不当时，塑膜还会影响雨水下渗，造成地表径流，不利于土壤蓄水；特别是自1987年以来，我国和国际市场上聚乙烯供应都十分紧张，造成了塑膜价格的成倍上涨，给塑膜覆盖的应用带来了不利因素。

纸浆及其他可降解覆盖　1914年始，夏威夷岛利用旧报纸浆覆盖甘蔗田，用以抑制杂草、降低土壤温度，效果明显。1928年该岛90%的菠萝田都采用纸浆覆盖。但因纸浆耐久性差，成本高，用后有臭味不易消除，所以没有推广到其他地区。近年来国际上出现了利用大豆、玉米等为原料制成的可降解而无污染的可再生薄膜，其工艺有待于进一步完善，售价有待降低。

活覆盖　我国南方为了降低土温和固氮，在果园行间采用种热带豆科牧草等活覆盖的方法，防止土壤红壤化和提高土壤肥力。最近山东半岛也在推广一种在玉米田里间种苜蓿草的方法，以增加收入，提高土壤肥力。

二、地面覆盖研究的现状

（一）覆盖层的光学特性及效应

近几年来，随地膜覆盖的大面积推广应用，国内外对各种塑膜的光学性能进行了大量的研究，包括各色薄膜、各种厚度薄膜、新旧薄膜的透光成分及透光率、反光率的测试。

对于不同颜色塑膜的光谱透射率及反射率，据王耀林、曹小芝等的测定结果表明，当照射光谱的波长在200～800 nm范围内时，无色膜对各种成分光线的透射率都较高且比较接近，其中紫外线部分为60%～80%，可见光为78%～84%。有色膜透射光谱因颜色不同而异，总的来说对紫外线的透射率都较低；绿色和乳白色膜为40%左右。透光成分：乳白色膜以橙红光占多数，绿色膜以绿光最多，黑色膜与银色膜对各种光的透射率都很低，为1%～5%。不同颜色地膜对热辐射的透过率不同，无色膜最高，达90%以上，乳白色膜次之，80%～90%，绿色膜约70%，黑色膜为30%～40%，银色膜最低约15%。各色地膜都有一定的反光作用，其中银色膜反光率最高，平铺地面时为64%，白黑、银黑膜（黑面朝下）反光率约40%。

由于银色膜具有较好的反光效果，因此被大量应用于果园作反光膜，迄今，关于铺设银色及银灰色膜对葡萄、苹果及水蜜桃的光照强度、产量、果实着色及糖度实验研究结果表明，将银色及银灰色膜平铺地面或挂在行间均能提高植株间光照强度、增加产量、提高果实着色度及糖度，铺膜好于挂膜。

透明塑膜随着在田间覆盖时间的加长，其光学性能也随之发生变化。据Advissor及Maherer等1986年对新而干燥、新而带有水滴、旧而干燥、旧而带有水滴四种0.04 mm厚的聚乙烯透明膜的测定结果表明，短波太阳光的透过率，粘有土粒及水膜的旧塑膜比有细小水滴冷凝在塑膜下表面的新膜高，对地表热辐射的透过率低，因此用旧塑膜覆盖后昼夜间的地表净辐射和提温效应高于新膜。

（二）覆盖对土壤表面热平衡及温度的影响

自21世纪初至今，各国对覆盖效益和覆盖材料进行了大量的实验研究，其中绝大多数是研究覆盖后土壤温度效应的。覆盖材料涉及不同颜色的纸、沥青纸、麦秸、黑色沙砾、银色沙砾，乳状增温剂、标准温室用玻璃、装水的聚乙烯塑料袋，稻草、沥青乳液、石灰乳液、透明塑膜等。特别是近年来，各色塑膜及各色光解膜几乎在各国各地区都进行过温度效应的田间实验研究。作物品种有小麦、玉米、甘蔗、各种经济作物、各种蔬菜、果树等。覆盖层下土壤耕作措施有平作、沟种、垄作等。其研究结果表明，透明塑膜、黑色塑膜、黑色沙砾、沥青乳液、玻璃具有较好的增温效果，作物秸秆具有降温效果。由于实验研究均采用田间实验，这种浩繁的重复实验耗费了大量的人力物力。

在理论上，1961年荷兰的 W. R. Van Wijk 和 W. J. Derksen 在假定日间温度呈正弦规律变化，且进入土层和覆盖层的热流密度变化相位相同，及长波净辐射密度在有无覆盖时相等的条件下，根据土壤表面热平衡方程，导出了无覆盖层土壤表面与覆盖层表面温度之比：

$$\frac{\theta_l}{\theta_h}=\frac{\lambda_h C_h[\exp(4d/D_l)+2f\exp(2d/D_l)\cos(2d/D_l)]+f^2}{\lambda_1 C_1[\exp(4d/D_l)-2f\exp(2d/D_l)\cos(2d/D_l)]+f^2} \tag{1}$$

式中：λ_1，λ_h 分别为沙土及黑土的热传导率；θ_l，θ_h 分别为土层及沙层的表面温度幅值；C_h，C_l 分别为沙层及黑土的容积热容量；d，D_l 分别是沙层的厚度及缓冲深度；f 与 λ_1，λ_h 有关的参数。

(1)式只能用于预测连续均匀覆盖层对地表温度的影响。

1979年以来，以色列 Maherer 等首先建立了透明塑膜覆盖层的热平衡方程，并将热扩散方程引入到覆盖问题的研究中：

$$\frac{\partial T_s}{\partial t}=\frac{\partial}{\partial z}\left(K_s\frac{\partial T_s}{\partial z}\right)+\frac{\partial}{\partial x}\left(K_s\frac{\partial T_s}{\partial x}\right) \tag{2}$$

式中：T_s 为地温；t 为时间；K_s 为土壤热传导率；Z、X 为分别为土层的垂直及水平坐标。

利用丘式模拟研究了透明塑膜覆盖下一维土壤热运动和二维土壤热运动。应用二维热传导方程和一维边界条件预测，实验验证了二维土壤温度分布，为分析塑膜覆盖宽度对温度的影响打下了理论基础和提供了工具。

近年来，国内也开始从理论上对覆盖层的温度效应进行研究，1980年陈发祖在国内首先对土面增温剂覆盖下一维土壤温度分布进行了理论研究。他假定覆盖物紧贴地面，覆盖物本身厚度不计，建立了覆盖层与地表的热平衡方程，用一维热传导方程预测了一维土壤温度分布。这对于薄膜类覆盖层的研究无疑还是可行的，其用土面增温剂的实验也验证了这一点。但这种假设不能用于像沙砾及秸秆等厚层覆盖的研究上。

王树森等1988年利用其实验拟合的地表温度公式及二维热扩散方程（同(2)式）分析了条状地膜覆盖下土壤温度的分布规律，但由于地表边界条件是采用的拟合公式，因此其通用性欠佳。

(三)覆盖物对土壤水分及水热耦合运动的影响

多孔材料覆盖层对土壤水分影响的研究大多是实验研究，美国对不同覆盖材料、覆盖深度下风速对水汽蒸发的影响进行过室内风洞实验。结果表明，同一覆盖条件下，随风速的增大，蒸发率几乎呈线性迅速增高；沙砾和秸秆蒸发率，开始随覆盖厚度的增加呈线性递减，但当覆盖层厚度大于 3 cm 后，其风速对蒸发率的影响几乎没什么变化。多孔介质类材料的田间实验包括对锯末、稻壳、割下的草及煤渣对果园土壤水分和温度效应的研究。结果表明，保水效果以锯末最好，煤渣最差，但都具有一定的保水作用。对传统犁耕、深松耕法、残茬覆盖深松、畜力浅耕四种工况进行的对比实验结果表明，其保墒效果以覆盖深松最好。

1980年后，国内各农业科研部门对各种塑膜的水温、生物效应进行了大量的研究，实验方法雷同。其中山西省棉花所陈奇恩等，对透明塑膜覆盖棉花地后土壤的水温效应进行了详细的研究，并对坡度为15°覆盖（80％覆盖度）条件下的土壤入渗和地表径流进行了模拟实验。其结果表明，覆盖处理的水分径流量比露地提高了4.1％。王耀林、曹小芝等也对各色地膜覆盖蔬菜的水温效应做了实验研究，结果表明，各色地膜都具有很好的保水效果。但没有给出各色膜之间的差异。

在理论上，1957 年美国的 Hanks 和 Woodruf 采用下式预测了风速对覆盖层内气压的影响：

$$\frac{\partial P}{\partial t} = \alpha \frac{\partial^2 P}{\partial z^2} \tag{3}$$

$$\alpha = \frac{K P a}{u f} \tag{4}$$

式中：P 为覆盖层内气压；α 为扩散系数；K 为土壤对空气的渗透系数；Pa 为大气压力；u 为空气黏度；f 为土壤孔隙度；z 为纵坐标。

(3)式只能从侧面反映风速对水气传输的影响，很不直观。

以色列 Maherer 等 1983 年将 Philip—De Vries 水热耦合传输方程引入到透明塑膜覆盖下土壤的水热分布的研究中，其土层的水热控制方程为：

$$\frac{\partial T}{\partial t} = \frac{\partial}{\partial z}\left(K_s \frac{\partial T_s}{\partial z}\right) \tag{5}$$

$$\frac{\partial \theta}{\partial t} = \frac{\partial}{\partial z}\left(D_\theta \frac{\partial \theta}{\partial z}\right) + \frac{\partial}{\partial z}\left(D_T \frac{\partial T_s}{\partial z}\right) + \frac{\partial K}{\partial z} \tag{6}$$

式中：T_s为土壤温度；θ 为土壤含水量；K_s 为土壤热传导率；t 为时间；D_θ为土壤水分传导率；D_T为土壤温度梯度影响的水分传导率。

他用(5)(6)式模拟研究了透明塑膜覆盖下一维土壤水热耦合运动，并进行了实验验证。其实验与计算结果均表明，覆盖下的最高地温在接近田间持水量时为最高。但他的模型不能用于目前农田广泛采用的条状覆盖中。

多孔类覆盖材料对土壤水分影响的理论研究方面，1985 年美国的 K. L. bristow 和 G. S. CamPell 等假定在覆盖层(厚度 1 cm)内风速随深度线性递减，且在地表风速降为零，并将覆盖层的水汽传导系数用一实验常数代替，根据 Philip—De Vries 方程导出了大气—残茬—土壤系统的水热传输控制方程，研究了一维水汽在覆盖层中的传输。

土层

$$J_w = -K(\psi)\frac{\partial \psi}{\partial z} + K(\psi)g - D_{v'}\frac{\partial \psi}{\partial z} \tag{7}$$

$$J_h = -K(T)\frac{\partial T}{\partial z} + \lambda J_v \tag{8}$$

残茬系统

$$\frac{\rho_a E}{P} \cdot \frac{\partial e}{\partial t} = \frac{\partial}{\partial z}\left(K_v \frac{\partial e}{\partial z}\right) + U \tag{9}$$

式中：J_w 为土壤中水流速率；J_h 为土壤热流速率；J_v 为土壤中水汽流速率；$K(\psi)$ 为土壤水分传导率；$D_{v'}$ 为土壤水汽传导率；$K(T)$ 为土壤热传导率；λ 为土壤水分潜热蒸发；ρ_a 为空气密度；$E=0.622$；P 为大气压力；e 为水汽压力；K_v 为残茬系统水汽传导率；U 为残茬至大气的水汽流速。

由于式中将残茬层中的水流传导系数看作一个常数，因此难以推广到不同密度及种类的覆盖层的研究中。

(四)覆盖对土壤气体及地表气体的影响

覆盖对土壤水汽扩散的影响已在前面土壤水分运动研究情况中有所介绍，本节只涉及覆盖对土壤及地表上方二氧化碳及其他气体的影响。对于不同颜色塑膜覆盖下土壤及空气中二氧化碳的影响的实验研究结果表明，黑色膜及半透明膜覆盖下二氧化碳的含量大大高于裸露地块，其中黑色膜高于半透明膜，半透明膜又高于透明膜。对于不同覆盖物对土壤氧气含量的影响的测定表明氧气含量高低依次是：白色聚乙烯纤维编织膜、树皮、网式黑色膜、透明塑膜、裸地、黑色聚乙烯纤维编织膜、麦秸、深绿色塑膜。但没有分析其土壤氧气含量不同的原因。一般来说，覆盖减少地表与土壤气体交换量，从而增加了土壤二氧化碳的含量，减少了土壤氧气的含量。

不同覆盖层下风速对土壤气体交换的影响的室内研究表明，风速明显地影响秸秆及粗沙砾覆盖下庚烷的挥发，但对黏壤土覆盖下庚烷挥发影响甚小，其挥发量仅是秸秆的 20%。覆盖深度对庚烷挥发影响也很大。当粗沙覆盖厚度从 1 cm 增加到 9 cm 时，挥发量降低了 91%。

(五)覆盖对土壤盐分的影响

1980 年以来，我国许多地区的农业科研部门，观测研究了塑膜覆盖下的土壤盐分含量及其分布规律。山西、山东、江苏等科研单位的田间观测表明，塑膜覆盖具有抑制盐分上升、降低地表盐分浓度的作用，为作物出全苗创造了良好的条件。由于覆盖能降低蒸发强度，从理论上讲，其他类型覆盖层也会具有抑盐作用，但至今尚未有人进行过这方面的工作。

(六)覆盖对土壤养分及有机质含量的影响

覆盖对土壤养分及有机质含量影响，目前国内外也只进行过实验研究。覆盖材料为透明塑膜及作物秸秆；养分种类有氮、磷、钾及有机质；作物种类有棉花、玉米等。从机理上讲，土壤温度和水分对土壤养分的分解起着举足轻重的作用，增温类覆盖层，如透明塑膜、沙砾、土面增温剂等有利于加速土壤养分的分解和作物吸收，陈奇恩等的研究也证实了这点。因此，覆盖条件下土壤水热效应的研究是研究覆盖对土壤养分分解影响的基础。有机质覆盖层的覆盖可增加土壤中有机质的含量。

(七)覆盖对土壤杂草生长的影响

覆盖对土壤杂草生长的影响，目前国内只进行过定性的观测，国外进行过定量的实验研究。覆盖材料为各色塑膜及沙砾、秸秆。其研究结果表明，透光率高的塑膜覆盖下，一般情况地面杂草生长旺盛，但当炎热夏季，膜下高温能抑制杂草生长；对不同颜色塑膜覆盖，透光率在 5%以下的塑膜(如黑色、白黑、银色膜)覆盖的地面不长杂草，绿色膜覆盖的地面杂草生长不良，不能为害。其他多孔介质类覆盖层能较好地抑制杂草。

(八)覆盖对土壤微生物及病虫害的影响

覆盖对土壤微生物及病虫害的影响研究，目前只限于对各色塑膜的观测。据资料报导透明塑膜可增加土壤中的微生物含量。覆盖透明膜及黑色膜，当土温高到一定程度时，可以杀死土壤中的细菌及病原体。各色膜对作物病害影响，研究表明，覆盖茄子的绵疫病烂果率，草绿和翠绿膜高于露地，其他各色膜均比露地有所降低。对不同颜色地膜覆盖下果树虫害率的测定结果表明，覆盖可阻止桃小虫、梨象甲等在地下过冬的害虫出土，在同样防治措施下，覆盖地膜可降低虫果率 5%～10%。

(九)覆盖对土壤结构及土壤侵蚀的影响

覆盖对土壤结构及土壤侵蚀的影响，我国及其他国家均对塑膜覆盖、多孔类覆盖材料以及覆盖免耕进行了探讨。结果表明，地膜覆盖后的土壤容重比露地降低显著，孔隙度明显提高。不同覆盖物对土壤侵蚀的影响，多孔介质类覆盖物(如麦秸、树皮、麻袋片、黄麻纤维)防止雨水侵蚀效果较好，石子和薄膜类覆盖物差些。

根据国内外对覆盖效应研究、试验的一些结果，可作出如下初步概括。

1.夜盖层颜色的效应

由于透明塑膜对各种光线的透射率皆较高，达80%～90%，因而具有最好的增温效果，有利于作物土壤积温；当土温高达50℃以上时，足以杀死土壤中的病原体、细菌及杂草种子；但当气温较低时，盖膜增温却有利于土壤中病原体及杂草的繁衍。黑色、白黑、银色等透光率低于5%的塑膜，可以有效地抑制杂草生长。绿色膜对植物光合作用所需吸收的橙红光和蓝紫光的透过率最小，因而也具有抑制杂草生长的作用，且比黑色等深色膜提高地温效果好，具有良好的使用价值。银色、银灰色膜反光率高，可以增加植株下层叶面光照，因而能促进果实着色和糖分积累。黑色纸及沙砾比其他颜色的同类覆盖物均有良好的增温效果。银色纸及沙砾反光率高，其覆盖下的土温最低。不同颜色覆盖层的保水效果差异不明显。

2.覆盖层材料的效应

对各种覆盖材料的对比试验研究，涉及各色塑膜、各色沙砾、各色纸、石子、秸秆、割下的草、玻璃、土面增温剂等。其增温效果以透明塑膜、乳白塑膜、黑色膜、绿色膜、黑色沥青纸、黑色沙砾、玻璃、土面增温剂较好，其中玻璃、土面增温剂及透明塑膜为最好。有机质覆盖物(秸秆、草、树皮等)具有降温效果。多孔介质类覆盖层(沙砾、石子、秸秆等)对创造良好的地表条件以利于雨水下渗、减少地表径流具有很好的效果。

另外，各种覆盖层都不同程度地具有抑制土壤水分蒸发、减少地表层盐分积累的作用。

3.覆盖层参数的效应

多孔介质类覆盖层，随覆盖深度的增加，可明显减少水分蒸发和土壤与地表气体的交换量。透明塑膜及其他具有增温效果的膜状覆盖物随覆盖宽度的增加，其提高地温和减少蒸发的效应明显提高，但却阻碍了雨水下渗，加大了地表径流量。

三、存在的问题及研究发展方向

综上所述，在覆盖的应用与研究中存在以下几个问题。

(1)不同覆盖材料，尤其是多孔材料的光学特性参数(除塑膜的部分光学特性外)、水热特性参数的研究与测定基本上还处于空白状态，这样就难以用数学手段来定量描述覆盖层对土壤传热传质过程的影响。

(2)由于我国各地土壤各异、地理气候差异很大，所以一时一地的实验结果很难推广应用到其他地区，且实验需要耗费大量的人力物力。近20年来，数学模拟手段已应用到土壤水热运动的研究中，但由于覆盖问题较为复杂，所以，尚未能满意地应用到多孔介质类覆盖层的研究中。

(3)对覆盖效应的研究，大多限于土壤温度效应方面，研究土壤水分的较少，研究雨水下渗的更少，形成了覆盖的目的只是保水，而不是蓄水、调节水分这样的概念，不利于对覆盖效应的综合研究，并忽视了水土保持这一世界性的重要研究课题。

(4)覆盖一般采用条状或轴对称(果树)形式，因而覆盖层下土壤传热传质运动是复杂的二维耦合运动。在覆盖与露地交界面上的温度梯度、水分梯度乃至盐分梯度均很大，直接影响了土壤的传热传质过程，本人今春进行的田间实验也证实了这点。但尚未有人进行过这方面的研究。

(5)覆盖措施的优化问题，对于不同土壤、气候条件，其覆盖材料、覆盖参数对光及土壤水、热、盐影响的优化问题。不同覆盖层与不同耕层结合的综合效应优化问题。

(6)覆盖对土壤空气运动、养分分解与传输、盐分运移等方面的研究还仅仅处于经验阶段，这些过程直接受到光及土壤水热状况的影响，只有在能够定量地描述土壤水热运动的前提下才有可能从理论上进一步探讨这些过程的机理。

(7)覆盖对病虫害、杂草生长、土地污染的影响问题也是十分重要的问题。

(8)封闭性能较高而又能自然降解的优质覆盖材料的开发问题。

在以上诸问题中，覆盖材料的光学特性和水热特性是研究其他问题的第一步。只有在定量描述覆盖层光学参数及水热参数的前提下，才有可能进一步研究覆盖条件下水热传递过程。继而才有可能进一步研究土壤中空气、盐分、养分，采用计算机模拟手段来解决我国覆盖措施的优化问题，无疑是一个较为经济有效的方法。

对覆盖材料的研究，用生物物质取代化学物质来制造薄膜，用秸秆、杂草或其他工业废弃物来取代塑膜在某些地区有着很大的可能，这样不但可以节省工业原料，也是解决土地污染的重要措施之一。

参考文献

[1] 中国农业科学院，南京农业大学，中国农业遗产研究室. 北方旱地农业. 北京：农业科技出版社，1986.

[2] 隋红建：覆盖应用情况调查报告，1988. 3.

[3] 陈奇恩、南殿杰，等. 棉花地膜覆盖栽培的原理及技术. 上海：上海科技出版社，1986.

[4] 刘寄陵. 农业科技通讯，1989. 9.

[5] 王耀林，祝旅. 塑料薄膜地面覆盖栽培. 北京：农业出版社，1981.

[6] 陈发祖. 土壤覆盖热效应的微气象研究. 地理学报，1980，35(1).

[7] R. J. Hanks&N. P. Woodraff. Influence of windon water vapor transfer through soil, Graveland Straw Mulches. Soil Sci. Vol 86, 1958.

[8] Y. Maherer etc, Field aging of transparent polythelene mulches. l. photomatic properties. Soil Si. Soc. Am. J. Vol 50, 202-205, 1986.

[9] W. R. Van Wijk & W. J. Derksen. Surface temperature on a soil consisting of two layers. Agron. J. 1961.

[10] 全国地膜学会成立大会论文集，1984.

[11] K. L. Bristow G. S. Campbell, Simulation of heat and moisture transfer through a surface-residue soil system. Agri. and rest Metero. Vol 36, 193-214, 1986.

[12] 曾德超. 美国几个典型地区的土壤耕作法. 教学与科研. 北京农业工程大学，1981，8.

[13] Katan. J. Solar heating of the soil by polythelene mulehing for the control of plant diseases and weeds. ASAE Pa per No. 79-46.

[14] 杨春峰、韩思明，等. 渭北旱源抗旱耕作法研究. 耕作与栽培. 1988(4).

[15] Stephen. Ashworth & Helen. Harrison, Evaluation of mulches use in the home garden. Hort. Sci. Vol 18 No 2, 1983.

Status and Trend of Application and Research on Mulch Culture

Sui Hongjian　Zeng Dechao

Abstract　The history and present situation in application and research on various kind of mulches in plant cultivations was reviewed, evaluated and conclusion drawn as such: target orientated studies by simulation method on how much material and mulching technology effect on the light performance and the soil moisture, heat and salt transport are of high priority. Findings in such studies would serve as guide line in mulching technology development for adverse conditions including cost effective new mulch materials.

Key words　Mulch Culture, Status and Trend

通过工程手段调控作物植株亏水度、开辟水高产技术新领域的研究报告*

曾德超

摘要 经实验室及田间试验，初步表明在我国条件下通过工程手段、调控桃树果实缓慢生长期间内植株的高度亏水状况，可节约耗水量30%～40%，增产0%～20%。为果树密植栽培提供关键前提条件，而密植能早产和增产100%，同时便利于提高果园机械化的程度。用极低投入的技术方案(传统沟灌)，在北京水果栽培中推广，可望解决北京2000年预计缺水量30亿m^3的1/30～1/20，用高投入的技术方案(微喷/滴灌)则可解决1/6～1/5。此一技术领域在大田作物中的开发，根据国际经验，在不影响产量的前提下，可带来巨大农业节水效益以及减少氮肥的流失和所造成的水环境污染。

一、科学背景

植物在不同生长发育阶段，在不同组织器官之间，由于存在有对特定的生理通道和生理过程有选择的特别适应性，表现出对水分、养分、光合作用产物、能量等的相互竞争现象；而且当这些物质能量供应缺乏程度不同，竞争激烈程度和分配份额比例的倾斜程度也有所不同。这种现象早已广为植物生理学家所熟知，并引起不少研究者企图利用此一现象发展控制作物生长形态、提高作物性能和生长效率的技术。譬如，新西兰林肯学院植物科学系教授 Rowe 就根据植物的生殖器官特别对磷、钙养分而营养器官特别对氮养分的倾斜吸收现象，探索通过营养的控制来调控作物的性能和效率。而在特定的生长发育时期人为地制造植株的水分亏缺状态(水应力高、叶水势低或读数负值大)，企图通过对生理水分这一主要环节对植株生理态势进行控制的思想，很早就可从我国农业传统的蹲苗技术看到。放在科学的基础上、采用现代工程手段来进行监测显示和控制技术，提高作物生产效率的试验研究，最早见于1972年Woodruff等在美国农业工程师协会会刊上所发表的“调节蒸散量灌溉法(RETI-Regulated Evapo-transpiration Irrigation)研究报告”。其后美、澳一些学者应用类似概念，对甜菜(Johnson 和 Davis，1973)、向日葵(Stegamer，1980)、棉花(Fangmeist，1983)、水果(Chalmers 等，1981，85，86，Mitchell 等 1988)、辣椒(Wiereage 等，1985)等进行了试验研究，获得了不同程度上的结果。对果树如苹果、梨、桃、杏、李、樱桃、葡萄、柑橘等水果，由于是多年生、植株较大，植株生理水势的测量显示和控制在技术上较大田一年生作物显然较为容易一些。澳大利亚维多利亚州持续发展研究所(Institute for Sustainable Development，前身是灌溉与盐碱研究所)，以 Chalmers 为首，自1984年起发展了在澳大利亚薄土层和气候条件下，水果的控制亏水度灌溉法(RDI)。他们发现，在果实细胞分裂期间、果核发育完成之前此一果实生长缓慢阶段，在进入果实快速膨大阶段之前，植株的缺水状态(水势负数可达15巴以下)，从而也是光合产物对果实供应受到限制的状态，并不过分影响此间果实的细胞数，而在果实进入快速膨大阶段时恢复正常灌水，则果实以比未经受水应力处理者更快的速度膨大。最终不但不影响收获时果实的数目和大小(亦即亩产量或单株产量)和质量，而是相反，由于RDI期间的抑制，而果实细胞膨大期恢复正常供水使植株水应力状态消除后，由于生理的某些反弹效应，向果实倾斜(与枝叶比)供水供质(养分及光合物质)供能的趋势仍然继续。结果发现，果实比一般传统始终充分供水者个体大、品质好。在相同蔬果留果量情况下，产量有所提高。还有报告表明，这种对果实的水分、养分、能量的倾斜有延续至第二年的

---

* 本文出处：中澳合作研究课题 ACIAR No. 8578 技术总结之一，1990年9月

迹象，从而有助于减轻水果大小年效应。这种 RDI 期对植株供水的限制所导致果实增产的程度，与品种和生长条件有关，但具有统计显著性的数据表明增产高的可达 20%，低的也会平产。澳大利亚研究者进而利用果树在果实缓慢生长阶段至进入快速膨大前限制供水对枝叶徒长的显著抑制作用，实现果树的密植，从传统的每亩 22～30 棵梨、桃，增至 130～150 株，密度达原来的 4～5 倍。从而可提前果园达到额定产量的时间，产量可从传统最高亩产 4000～5000 斤增达 8000～10000 斤，产果耗水量从 300～500 升/公斤减少至 70～120 升/公斤的世界纪录。成倍地增加果农的收入，扩大了外贸出口市场。

显然，同样的原理原则上是可望用于一年生作物的，但有效的途径有待探索。特别是要达到落叶果树那样的程度，即一般节省灌溉水可达 50%、提高产量可达 100%，则尚需进行精细的探索工作。至今，在大田作物方面已探明的是，各种作物普遍存在一个临界水应力，只要植株生理水势不会低于此临界值，或虽偶尔低于此值，但每次延续时间不超出一、二天，将不会影响光合作用、对产量不产生影响，但与盲目地在各生长发育时期都保持充分供水的传统技术相比可显著节约灌溉用水量，亦为高产旱作耕作技术的开发，提供有价值的线索。

Kohl 和 Cary(1969)对甜菜的观察发现，在炎热的下午，叶水势达－18 巴时甜菜将出现叶萎蔫，灌水后叶水势升至－0.65 巴以上。Johnson 和 Davis(1971)用传感器监测甜菜块根茎的生长曲线时发现，甜菜的块根主要在夜间长大，日落时长大最快，昼夜则生长较慢、不长或者收缩，依植株的水势而定：植株水势低（水应力大）时日间的收缩几等于夜间的生长。数据表明生长速率随植株水势的降低而线性地下降。测定还表明，甜菜的气孔在叶水势达－12 巴时开始关闭，若叶水势在－12～－11.5 巴处持续 10～20 天以上，则开始影响产量，若叶水势平均值为－12 巴而只有 2、3 天达到－14、－15 巴，则不至于影响产量，这样可按叶水势达－14 巴时开始灌水，保持 10～20 天的平均叶水势不超过－12 巴的准则管理，既可节水，也不影响产量。

可见近十余年来，通过植物生理、农艺园艺和农业工程的学科交叉协作，在借助调控植株生理水势来左右养分、光合产物和能量的调节和分配，从而在果园和大田作物的节水增产耕作栽培方面，开辟了一条新的技术领域。并与传统的多水多肥观念决裂。然后，这个技术领域的研究、开发和推广，需要解决一些具体的关键技术问题：

1. 较准确地判断不同发育阶段的起止点，寻找相关联的植株表现标志，以便于推广应用。

2. 测定特定发育阶段不同水势对关键生理过程、根、叶的生长、特别是果实（籽实）产量和质量的效应。

3. 开发植株水势调控的可靠技术，首先是根床、种床土壤水势的显示与调控技术、土壤水势、叶冠微气候主要参数与叶水势的关系，以及种植密度、根区大小和枝叶密度的设计。

4. 土壤极端水势对植株可能引起不良作用的考虑，譬如土壤水分过干是否会引起果树过冬的可能抽条；作物遇干热风时是否变成易受危害，所用灌溉策略会否引起土表盐碱化或地下水位的变化等机遇性问题的考察。

5. 田间实验及生产中间实验。

为了在我国气候、品种资源条件下开拓这一相当典型的多学科协作的农业工程技术领域，北京农业工程大学土壤—机器—植物基础关系实验室的农业工程工作者与北京林业果树研究所的果树专家及澳大利亚维多利亚州持续发展研究所(Institute for Sustainable Development)的灌溉、果树专家合作，在澳大利亚国际农业研究中心(ACIAR)基金资助下，在北京和澳大利亚维多利亚州 Tatura 分头进行了 3 年的协作配合实验研究，已获得有一些初步结果。既证明此一技术领域原理上的可行性，亦初步发展了在我国条件下的一套桃树节水高产耕作栽培技术。该项实验研究工作通过由剑桥大学教授 M. Arnold 博士和澳大利亚农协会主席 Allwright 先生组成的评估小组的中期评估，通过了由澳大利亚联邦科学与工业发展研究组织(CSIRO)研究员 W. Meyer 博士和 ACIAR 项目官员 I. Willett 博士组成、有北京农业大学罗国光教授、北京市水利局刘振达总工等参加的课题终期评估。

二、桃树植株生理水势调控技术的实验设计

1.不同调控程式对产量、质量和耗水率所起效应的实验研究以及最优灌溉策略的确定

为了在较精确水平上监测、显示和调控植株水势，将植株水势与土壤根区水势和植株的生长发育及产量、质量、耗水率等相关联，以便找出较优的调控程式，专门设计了与传统地面灌溉不同的新型测渗仪，利用植株根区土壤水分变化自动记录和灌水量、排水量自动记录装置(地面覆盖以排除雨水进入)，通过计算机软件，估计不同生长时期的植株蒸散量。测渗仪的结构、尺寸和实验情况如图1和图2。桶内填入与试验地相同的土壤，桶内的参数分别测定和记录。每桶植入一棵桃树。

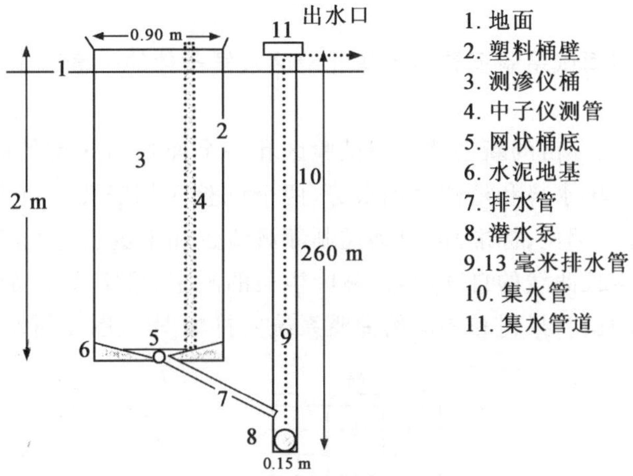

图1　测渗仪的结构、尺寸示意

图2　测渗仪的试验现场

用这种新型的测渗仪，可进行各种不同的试验。根据实验的目的而作不同的实验安排和处理。对本课题，首要的是确定在果实细胞分裂开始后至快速膨大前，不同叶水势水平和灌溉制度(不同灌水水平、同一水平而灌水频率不同、同一水平和频率而湿润不同根区部位等)对产量、质量和耗水的影响。因

而采用了相当于 0.4 和 0.6 倍蒸发皿读数的灌溉量水平，并以充分灌溉、长期保持土壤剖面湿润、使约 10%的灌溉水量自排水管排出，用这样的处理作为对照。每种灌溉水平采用每天灌 2 次和每 2 周灌 1 次、每次集中灌于一点、使湿润集中于较小区域的根区和分散灌、使湿润面积较大等共 8 种处理。设计了 3～4 个重复，并随机排列。这样共用 32 个桶，间距排列成相当于 4 米×1 米的株行距，植株整形成中心主干型。

除土壤水势和叶水势的测定外，每周测树干(在地面上 15 cm 处)、枝、叶和根的生长量。根生长量的测定用 32 cm 直径长管、距桶中心 10 cm 处，于不同深度取土样，分别冲洗并称出细根(小于 2 mm)和粗根(大于 2 mm)含量。同时用 Mk3 型自动气孔仪测定叶蒸腾阻力。用 Licor Li 6200 型手携式光合测定仪测定光合程度。用显微镜监测果实细胞分裂的起止日期和数量。监测叶养分的变化、测定叶面积指数以及计算植株耗水量，并与每年产量和果实大小和品质相对比，从而确定最优的灌溉战略(时间、方法和标准)。

2. 对不同灌溉程式的田间试验验证和适合华北地区气候条件的一套节水高产果园耕作、灌溉、栽培管理技术的开发

为此建立了一个面积为 15 亩的新密植桃园试验区和一个面积为 5 亩的成龄传统桃园试验区。为了在较精确的水平上控制土壤水势和植株生理水势，两个试验区都安装了每个处理内果树都能分别单独控制灌溉策略(时间、方法、部位、标准)的自动控制灌溉装置和土壤水势监测系统。另外，进行了系统的叶水势监测，树干、果实生长曲线的自动记录，枝叶生长的测定，果实大小品质和产量的测定和耗水量的计算等。果树不同处理的试验果树和相应的灌溉系统安排如图 3、图 4 所示。

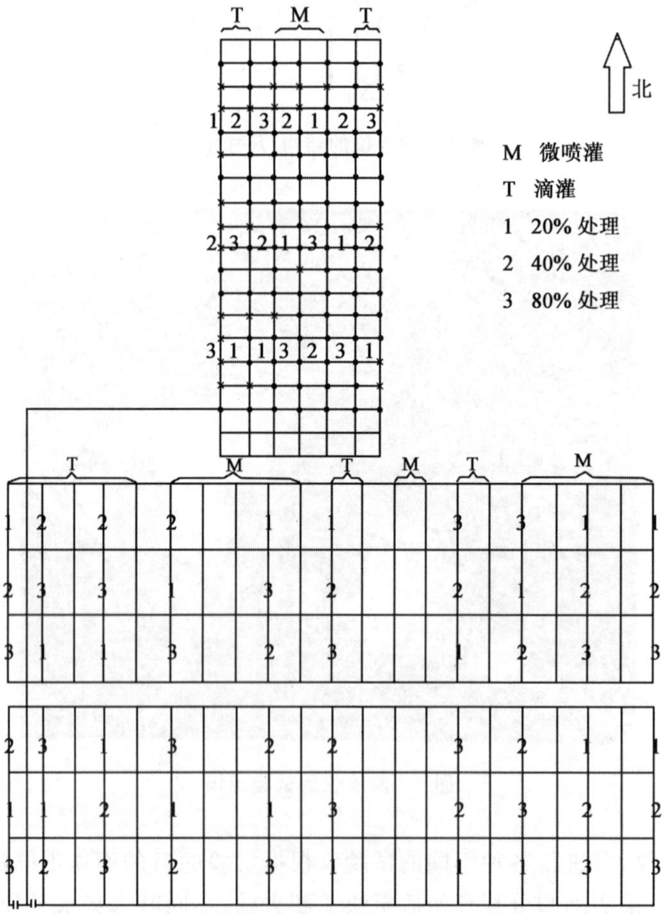

图 3 试验果树品种及灌溉水平分布

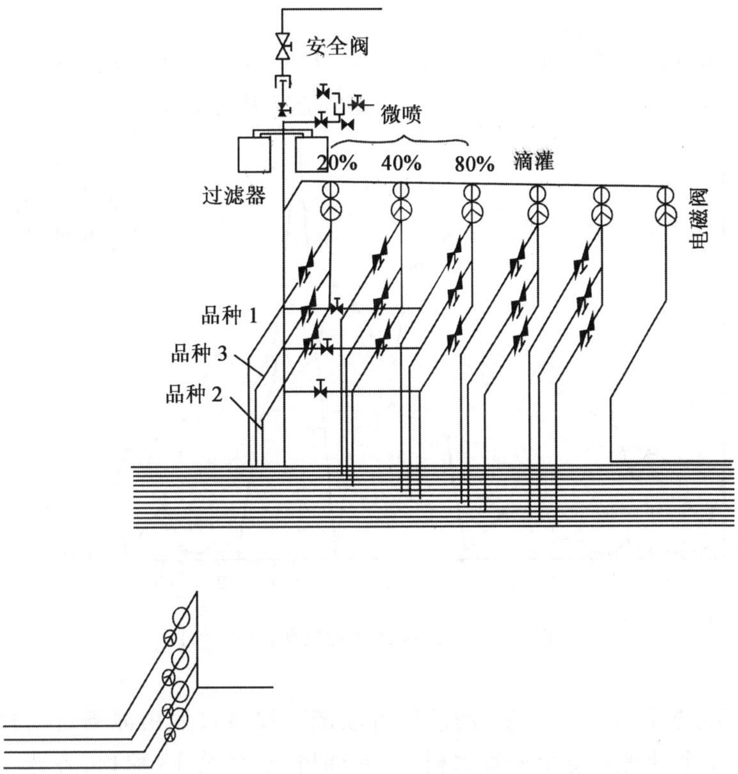

ACIAR(NO.8578) 项目试验微喷及滴灌管道系统

图 4　灌溉系统及灌溉水平安排

试验田地

试验地设在位于香山脚下的北京市农林科学院林业果树研究所试验场的果园内。试验包括 1976 年定植的自然开心型桃树 1/3 公顷及 1988 年定植的幼树 1 公顷。树行均南北向。种植规格：成龄桃树为 5.5 m×5.5 m(=30.25 m^2)，幼树为 1.5 m×5 m(=7.5 m^2)。幼树树形为 Y 型及中心主干型。成龄桃树每行一个品种，共四行，它们分别是：京艳、八月脆、京蜜、京川等。历年产量约为 30 t/ha。幼树品种为京艳、京川、京蜜、燕红、早久保等。

试验地的土壤根据颗粒分析属于黏壤土。表层土壤的 pH 值为 7.8～8.5. 土壤水分特征曲线如图 5。

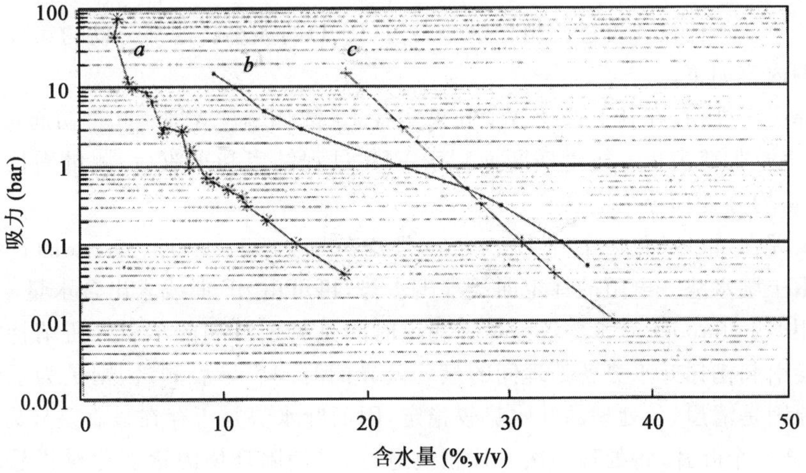

a. 蒸渗仪人工土　　b. 北京黏壤土　　c. 澳 S.F. 粉壤土

图 5　土壤水分特征曲线

气候条件

年平均降雨为580 mm左右。年蒸发量为1500～1800 mm。雨季集中于7月上旬至9月上旬之间，4月下旬至6月中旬有最大的蒸发量。(1987年)典型降雨蒸发过程如图6。

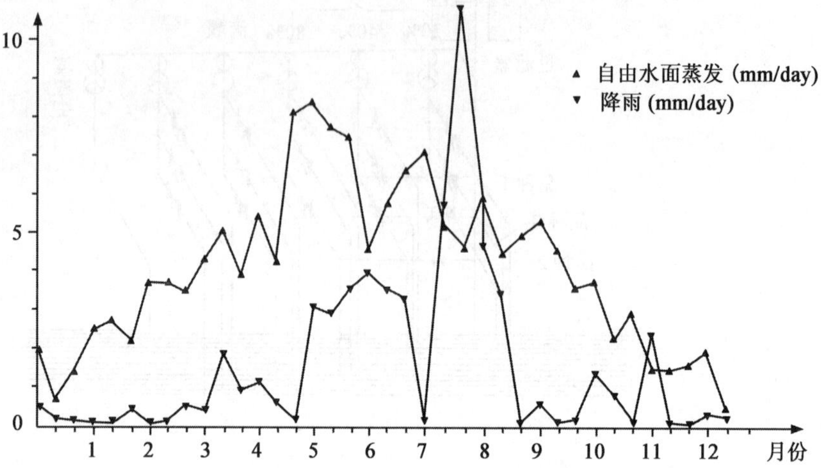

图6　典型降雨蒸发过程图(1987年)

所有试验树及其保护树均采用微喷/滴灌进行灌溉。灌溉过程由灌溉自动控制器控制。大树每一行、小树每半行设3个处理。每个处理大树5～6棵树，小树约13棵树，各选3棵树作为试验调查(记录)树，其余为保护树。这三个处理设计成从果树生长第Ⅰ阶段后期起至第Ⅲ阶段(见图7)开始按美国A级蒸发皿蒸发量的80%、40%、20%乘(桃树的种植面积)，进行补给。各品种微喷灌的3个灌溉水平分别由不同的毛管控制，由不同的运行时间达到供水不同的目的。而滴灌则是在同一毛管上各处理安装不同数量和/或流量的滴头，使得各处理在相同的运行时间内得到相应比例的不同灌溉水平的水量。成龄桃树与幼树分别具有各自的配水系统和控制电磁阀，连接在同一首部枢纽上。

灌溉系统及品种、灌溉水平和树形的分布分别如图4、图3。

观测内容和方法

幼树最初三年(1988～1990年)主要是整形和按常规供水促其迅速长大。试验的主要测量内容是树干增粗情况。

部分较大幼树第3年已进入可进行植株水势调控(RDI)的大小。这部分幼树第3年和成龄果树在各试验年份的观测内容如下。

对每处理选择了3棵树，在其上选择枝条和果实各10条(个)。从每年5月初起每周测定一次枝条和果实的生长量，直至收获为止。树干横断面积于RDI过程结束和采收后，测量周长而求得。试验树上的(冬、夏)修剪量均分处理分别记录。

土壤含水量由埋在(根区)距树干约1.5 m处，埋深分别为15、30、50、90 cm的石膏块测取电流读数、电压读数后，由土壤水势—电阻的标定曲线求出水势，再可由pF曲线求出含水量。

桃树叶水势用Schollander叶水势仪测量。测定时间是特定日期的早晨。所谓特定日期是指土壤水势的变化可能会引起桃树叶水势各处理间的显著差异的时间。早晨测量，则是为了使得测量的结果更能说明问题。原因是清晨，各处理的叶水势较稳定，因而叶水势是否存在显著差异易于准确判断。测量时，各处理均采样三个叶片，每处理一次一片轮换进行，以消除环境因素变化对样品的影响所引起的误差。

1990年，还进行了修剪对果园透光度作用(效果)及不同树型透光性的对比测试。测量传感器为热电偶管式辐射仪。由太阳辐射引起的仪器内毫伏级的电势差转换成光亮子强度或直接使用测得的电压值。

树干及果实生长变化曲线用线性电位差传感器（LVDT）测得电压信号后标定成生长量的毫米数（相对于基准值）。线性电位差传感器 LVDT 由数据采集仪 DT-100 控制，每 30 分钟获取一个测量值。

蒸发量由设于场区附近的蒸发皿每天测量记录。降雨量由雨量仪记录。

三、试验结果

1.不同灌溉水平对植株水势及果树生长的效应

桃树耗水量

桃树在其全生育期的耗水规律如图 7 所示。关于图 7 作如下说明：

①品种为金皇后；

②灌溉处理：第一、二年全部常规供水，使幼小植株充分生长。从第三年 4(11)月（括号中的数字代表桃树在澳大利亚处于在与中国相同生长阶段的月份，下同）7 日至 6(1)月 16 日为控制亏水量灌溉（RDI）时期，共约 10 周。即从第Ⅱ期开始前（细胞分裂完成）约 1 周至第Ⅲ期、果实由缓慢生长向快速生长的过渡期开始前约 1 周。6(1 月 16 日—8(3)月 19 日，即Ⅲ、Ⅳ期，全部按蒸发量（EPS）的 100%灌水。收获以后（Ⅴ期），全部按 0.6EPS 灌水。

③调控亏水量的不同处理：0——灌水量为 0.4EPS，每天灌二次；

*——灌水量为 0.4EPS，每二周灌一次；

＋——灌水量为 0.66EPS，每天灌二次；

×——对照。

④桃树耗水量 TWE(Tree Water Use)＝灌水量－排水量＋土壤水分的减少量＝I－D＋ΔW，以 mm 计。

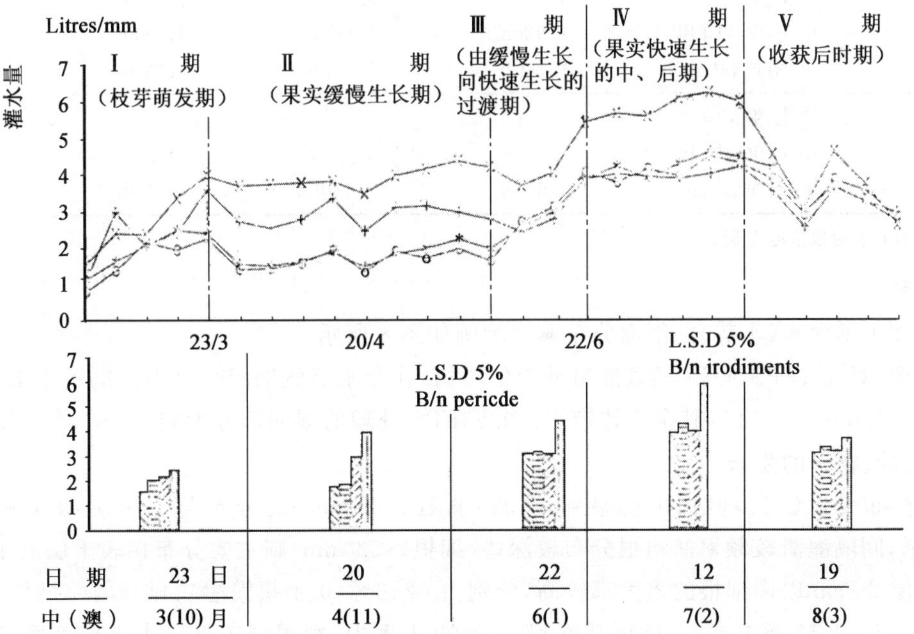

图 7　桃树耗水量与生长期的关系

由图可见，在收果后，桃树的耗水量急速下降，这时对照的和按 0.6EPS 处理的耗水量与果实生长的第Ⅱ期的耗水量相似，而两种 0.4EPS 处理都约为第Ⅱ期的二倍。在调控亏水度灌溉时期（第Ⅱ期）

植株耗水量对照高于按 0.6EPS 处理的，后者又高于按 0.4EPS 处理的。但在Ⅲ、Ⅳ期，虽然所有处理和对照都是充分供水，但植株耗水量对照的仍然较大；原因有待解释。

叶水势 Ψ_l

表 1 列出了早晨和中午测得的桃树各生长时期的叶水势值。

实验中可观察到，0.4EPS 水平、每二周灌一次的处理，在下次灌溉前，树叶出现萎蔫现象，灌溉后即消失；同此水平、每天灌二次的则萎蔫现象不明显。还可观察到在调控亏水度灌溉结束后，对照树的叶水势 Ψ_1 比曾受 0.4EPS 处理的低，尽管此时对照树每周多灌水 90 升。至于叶导水阻力(LR)，在调控亏水度灌溉停止以后，0.4EPS 处理与对照相同，而 0.66EPS 处理则较高。

表 1　各处理、各生长期的叶水势(−10 巴)测量值

果实生长期	分类	处　理			
		甜水(每二周灌一次)		咸水(每天灌二次)	
		1.0EPS	0.4EPS	0.4EPS	0.66EPS
Ⅰ期	早上 Ψ_1,10 巴	0.304b	0.462b	0.387a	
	中午 Ψ_1,10 巴	1.136c	1.441a	1.342b	
	叶阻抗,s/cm	1.980b	3.460a	3.800a	3.160a
Ⅱ期	早上 Ψ_1,10 巴	0.613c	1.139a	0.754b	0.623c
	中午 Ψ_1,10 巴	1.623c	2.415a	1.953b	1.604c
	叶阻抗,s/cm	2.310c	4.880a	3.520b	2.810b
Ⅲ期	早上 Ψ_1,10 巴	0.503b	0.483c	0.491c	0.565a
	中午 Ψ_1,10 巴	1.833a	1.636c	1.523c	1.725b
	叶阻抗,s/cm	1.550b	1.310b	1.630ab	2.130a
Ⅳ期	早上 Ψ_1,10 巴	0.454b	0.455b	0.399c	0.530a
	中午 Ψ_1,10 巴	1.920a	1.591b	1.393c	1.723ab
	叶阻抗,s/cm	1.140b	0.790b	0.890b	2.250a
Ⅴ期	早上 Ψ_1,10 巴				
	中午 Ψ_1,10 巴				
	叶阻抗,s/cm	0.690b	0.660b	0.520b	1.000a

* 统计显著性检验时取信度为 5%。

土壤水势

不同处理土壤含水(水势)的剖面分布典型示例如图 8 所示。

可观察到，对 0.4EPS 水平、频繁灌溉处理的桃树，在亏水灌溉期间只有表土的一小部分得到湿润，土壤水势在−1.0～−0.1 巴，其余土体较干。0.66EPS 处理的湿润部分大些。

根系、枝叶、树干的生长

根系的分布变化较大，但仍可观察到，粗根(直径＞2 mm)的分布与土壤湿润区域相近。同是 0.4EPS 水平，间隔灌溉较频繁灌粗根分布较深些，细根(＜2 mm)则主要分布在表土层上半部。各种灌溉水平在表层 25 cm 以内细根的密度都较高，分别占 42.3%(0.4 频繁灌)、41.5%(对照)、33.6%(0.4 间隔灌)、34.1%(0.66 频繁灌)。还可观察到，在黏重土壤中，细根分布近于表土层表面，对于轻质土，虽然土层较深，幼树的细根亦分布近于土表。

受到亏水处理的桃树，树干较小、枝叶较稀少，可能根的数量也较少。对照树树干的截面积(离地面 15 cm 处)最大。在亏水灌溉停止以后，各种处理树的枝条生长近于完全停止。叶的数量和叶面积指数(LAI)分别为：对照 2.91，0.66EPS 处理为 1.60，0.4EPS 间隔灌为 1.56，0.4EPS 频繁灌为 1.08。

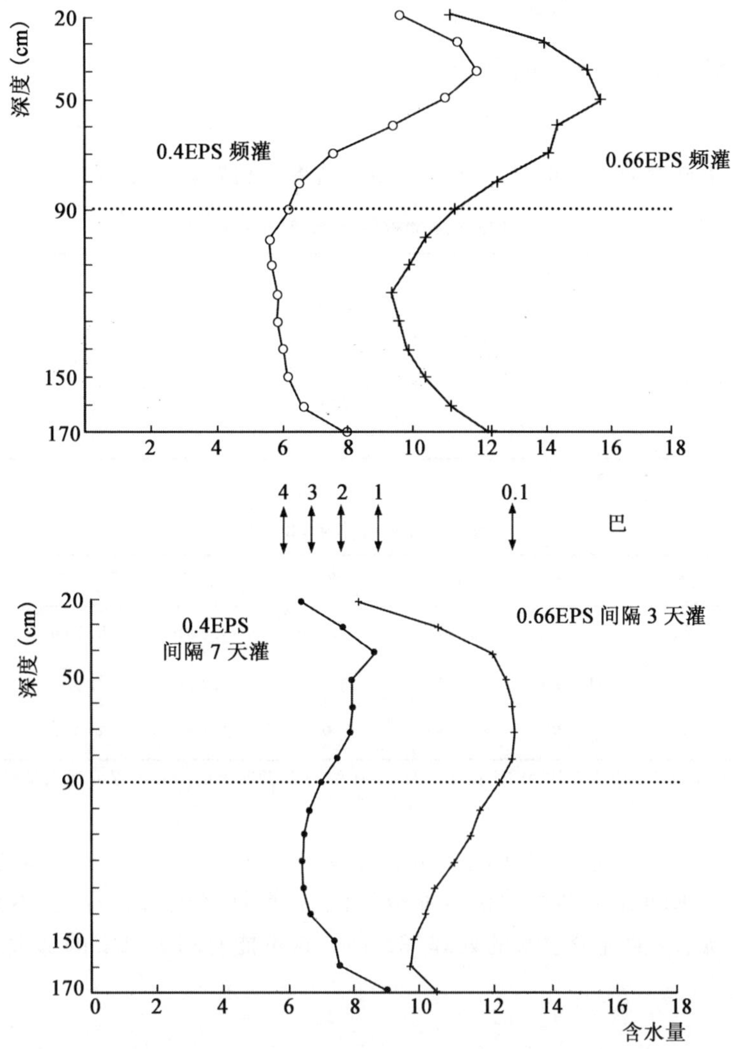

图 8　不同处理土壤含水(水势)的剖面分布

果实的生长和产量

表 2 中给出了果树、果实生长和产量。

表 2　桃树的枝条生长量和果实产量

观测量	处理			
	甜水间隔灌		咸水频繁灌	
	对照	0.4	0.4	0.66
剪枝量 kg/株	3.00a	1.97c	1.55c	2.34b
产量 kg/株	18.5a	16.3a	16.9a	15.9a
果数 个/株	177a	151a	173a	157a
平均果重 g	104a	107a	100a	101a

* 统计显著性检验(a、b、c)时取置信度 95%。

受到亏水处理的果实早期较小，恢复正常供水后，果实较对照的长得快，但最终与对照无差别或差别较小。最终产量无显著性差别。作物耗水系数(crop coefficient)对照最高；分别为：对照 1.47，

0.4EPS 处理 1 升/mm 蒸发量/种植面积(m^2)。

2.田间试验验证和管理技术的开发

(1)叶水势

成龄桃树及幼树不同灌溉处理的早晨叶水势测定结果分别如表 3、表 4。

表 3 成龄桃树叶水势(巴*) 品种:八月脆

处理	日期	29/5	16/6	18/6	25/6	2/7*	28/7	4/8
20%		3.83a	10.17a	4.73a	5.13a	4.87ab	7.87a	7.20b
40%		3.87a	9.63ab	4.33a	4.93ab	6.33a	7.43a	7.23b
80%		3.60a	8.43b	3.37b	3.53a	4.27b	6.93a	9.86a

*统计显著性检验(a、b、c)时取置信度 95%。

表 4 幼树叶水势(巴*) 品种:京玉

处理	日期	29/5	16/6	18/6	22/6	25/6	2/7*	28/7	4/8
20%		3.53a	12.27a	5.67a	13.23a	3.90b	6.37a	8.93a	6.53b
40%		3.77a	11.27a	4.50ab	9.87b	5.53a	7.53a	7.80b	6.80b
80%		3.97a	9.97b	3.43b	9.90b	3.53b	3.93b	9.60a	8.57a

*调控亏水度灌溉(RDI)开始日期应为 5 月 20 日,由于 5 月 25 日和 28 日两次大的降雨过程使得试验树在 6 月中才真正进入水分亏缺状态,7 月 3 日 RDI 结束。

由表 3、表 4 可见,在 RDI 期间,减少灌溉用水量的 40%和 20%处理,其桃树的叶水势(明显)低于对照(80%)处理。而在 RDI 结束各处理恢复充分灌溉后,前期经受水分亏缺(不足)处理(40%、20% EPS)的果树,叶水势高于一直充分灌水的处理(80%)。这可能有利于果实的膨大,从而有利于产量的提高。

(2)夏季修剪量

大树及幼树的夏季修剪量及其示意如图 9 与图 10。

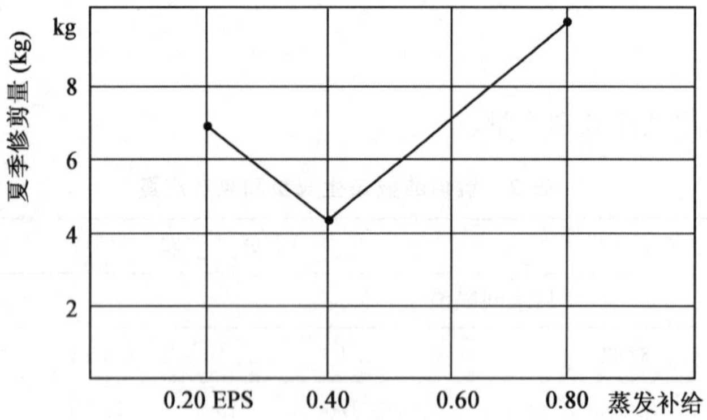

图 9 大树夏季修剪量

由图 10,可见灌溉水量的减少可显著抑制枝条的生长。但由图 9 可见,大树枝条的生长虽然受到了抑制,却无明显的规律可循。原因可能是大树根系较深,深层水的利用妨碍了树体内水势差异的建立(见表 3),从而虽枝条的生长有所抑制,却不太显著。

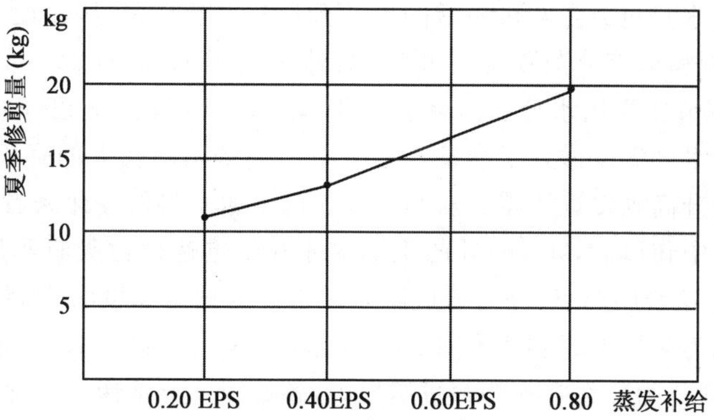

图 10　幼树夏季修剪量

(3)土壤水监测结果

1990 年生长季(3 月底至 8 月中),成龄桃树土壤水石膏块测定读数标定成土壤水势的结果示于图 11、图 12。

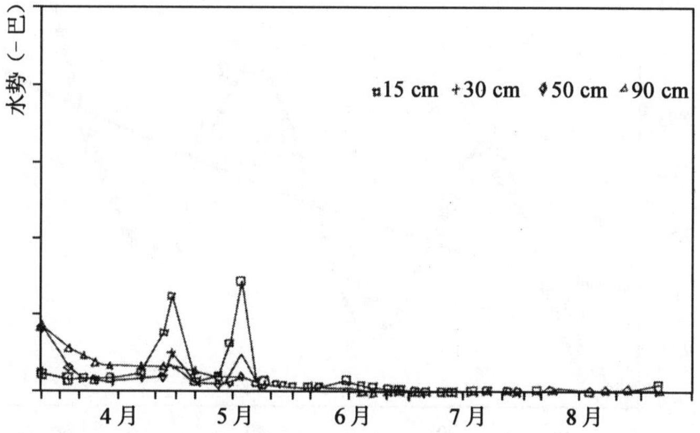

图 11　1990 年 80%处理土壤水势时间过程

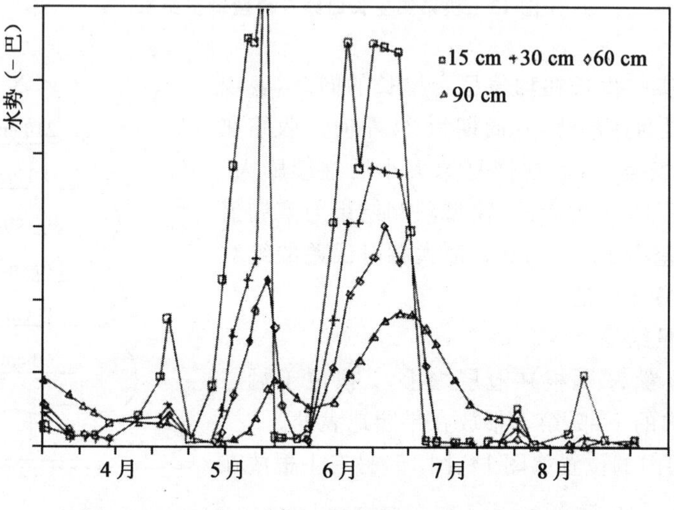

图 12　1990 年 20%及 40%处理土壤水势时间过程

由图 11 可见 80%处理土壤剖面内除极表层土壤外,土壤水势一直很高,接近于田间持水量。而且在极表层(15 cm)内土壤水势也只是在极短时间内达到－1.5巴左右，从而说明在当年气候条件下，按80%蒸发量补给不会抑制树体充分蒸腾对土壤水的需求。由图12中的20%及40%处理土壤水势过程曲线看出，5月初0～50 cm土层内水分已消耗了很多，土壤水势已达－3巴(50 cm)至－5巴(15 cm)以上，已为顺利进入调控亏水度灌溉做好了准备。然而，5月底的两次较大的降雨过程使表层土壤水又得到了补充，土壤水势迅速升高到接近于零。从90 cm处的土壤水势的变化来看，6月中旬以前土壤水消耗一直很少，只是当6月中旬以后，90 cm处的土壤水才开始迅速被树吸收利用，此处土壤水势迅速下降。但仍未低于－2巴。这说明两点：一是该成龄果园果树的根系深度大大超过90 cm；二是90 cm以下的土壤水消耗很少，成为果树RDI期间供水的潜在水库，这就限制了RDI期间在树体内建立有效的水应力影响的效果。这就是为什么叶水势测量结果中，各处理差异不像幼树那样十分显著的原因所在。

(4)果实生长曲线的测定结果

用LVDT传感器测量得到的自90年6月11日11:00开始的连续69小时的测量数据及其建模结果如图13所示。

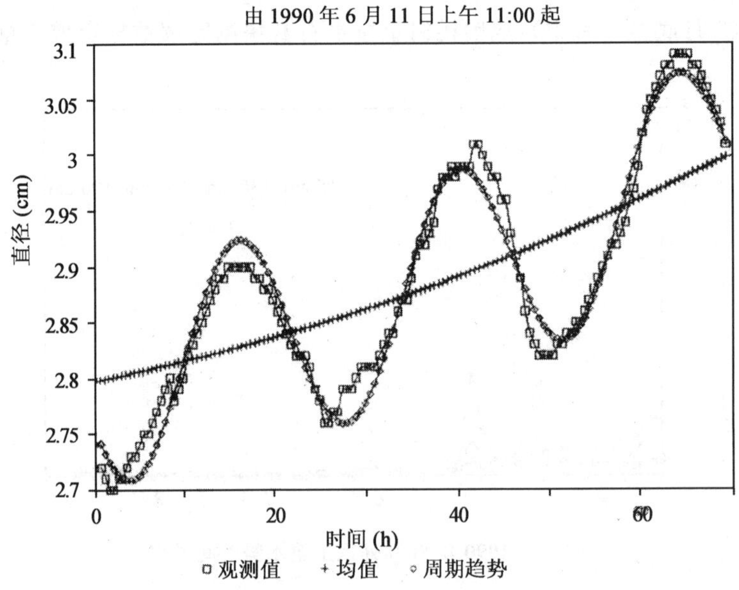

图13 桃果实生长曲线及模型输出结果

由图可以看出，果实的生长在均值稳定增长的同时，表现出明显的膨大与收缩周期性趋势，其周期为24小时。收缩在午后达到最大值，而后恢复，再后在恢复原大小后继续膨大，午夜达其最大值。从图13还可看出，模型预测结果与实测值非常吻合，最大绝对误差小于0.5 mm。最大相对误差的绝对值<2%。建模方法待另文讨论。

(5)果园透光性测量结果

成龄桃树测光管位置为：1根在冠层之上，1根位于冠层内的上部，1根在冠层内的下部，第4根放在果园地表处。

幼树测光管在冠层内的位置如图14、图15，另有1根放在露地。

成龄树、幼树中心主干及Y型树上光的测定结果分别如图16、图17、图18所示。

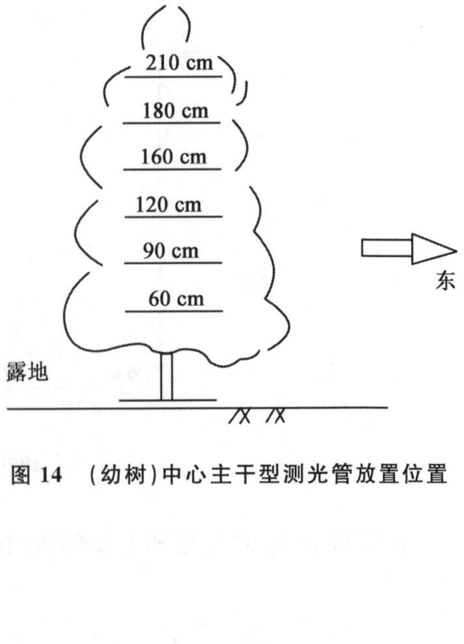

图14 (幼树)中心主干型测光管放置位置

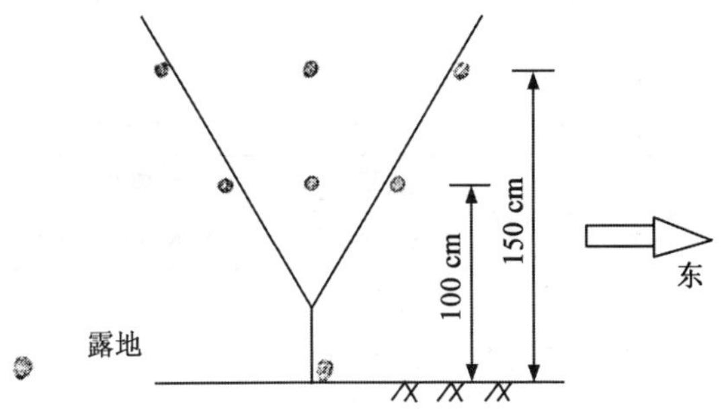

图 15　(幼树)Y 型测光管放置位置

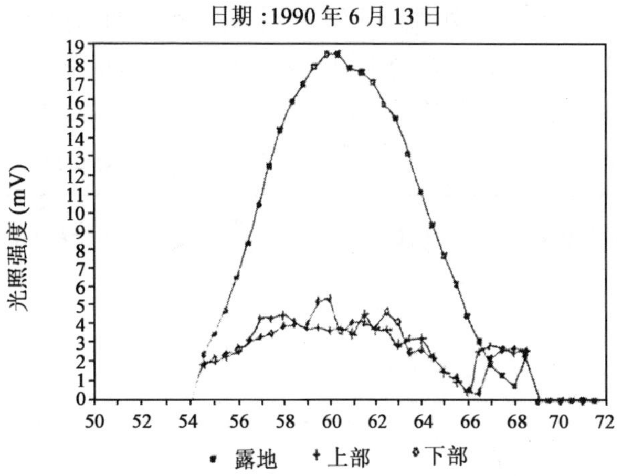

图 16　成龄桃树光照

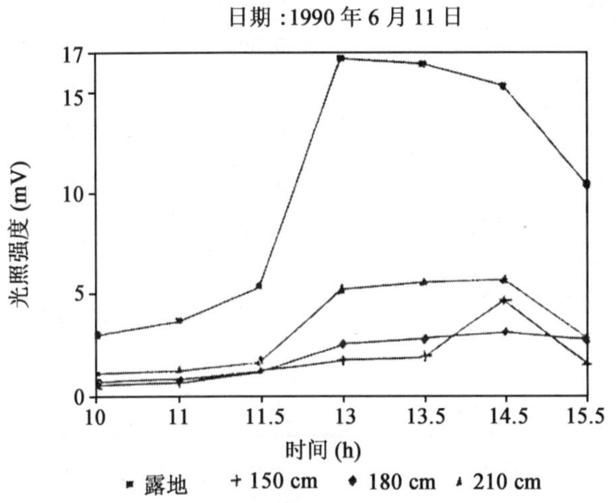

图 17　(幼树)中心主干型光照

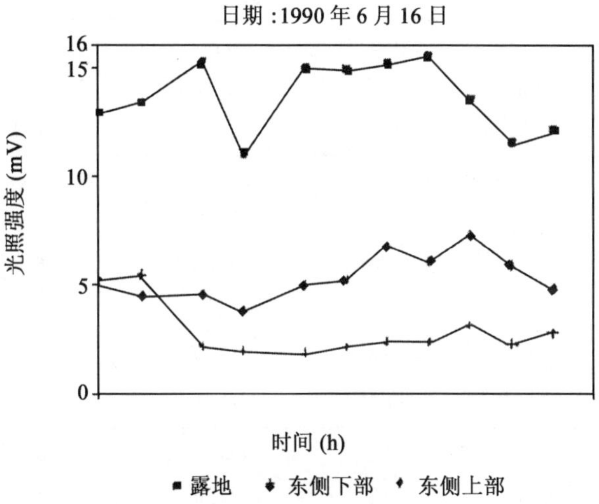

图 18　(幼树)Y 型光照

从所测得的有限的数据可见,成龄开心型桃树在最佳情况下,冠层上部和下部的光照强度分别仅为露地光照强度的 22%和 13%。这就意味着当时(6 月中)冠层内就很暗,完全不适于果实或枝条的生长。应进行更多的剪枝以保证良好的透光性。传统的修剪方法远远不足以改善光照条件到可接受的程度。

中心主干型光照条件则好一些。在其下部,光照强度已超过露地强度的 15%,并且光照强度随着向树高的方向升高而增强,到 2.1 m 时达到了露地光强的 20%～25%。并且从测量结果来看,其时的树体大小(底部直径约 1.5 m)已足够大,再大则树冠里面光照条件变差。

在 Y 型幼树上,光照强度则很高,约为露地光照的 20%～30%,上下部均如此。并且,每一天中,树体的各部分总会有一段时间享有充分的直射阳光。所以,由测量结果来看,该年内,Y 型树上的光照最好。并且可以预期以后也是如此。

(6)果实的生长与产量

果实生长的测量表明,不论成龄稀植还是新种密植的桃树,在果实生长的第Ⅲ阶段之前(RDI 时期),补给量为蒸发量 80%的处理树上的果实生长略快于 20%和 40%处理树上的果实。而在第Ⅲ阶段则相反,20%和 40%处理树上的果实较 80%树上的果实生长明显加快。这样在收获时,果实的产量

20%和40%处理与80%处理相比，产量相当或具有增加的趋势，其中两个成龄桃树品种则有大幅度的增产。从新种密植果园来看，定植后第四年单产已达到18 t/ha，为传统果园的二倍。小树及成龄桃树上不同处理的单株果数、产量及单果重(大小)等分别列入表5、表6。

表5　幼树果实产量、果数、果实大小　　品种：京玉

品种	处理	产量 kg/株(亩)	果树/株	果实大小 (g)	负载量 kg /cm² 树干	密度 果数/cm² 树干
京玉	20%	13.15	83.8	156.3	0.44	2.87
	40%	14.89	94.4	157.2	0.50	3.15
	80%	14.74	96.4	154.6	0.47	3.10

表6　成龄桃树产量、果数、果实大小

品种	处理	产量 kg/株(亩)	果数/株	果实大小 (g)	负载量 kg /cm² 树干	密度 果数/cm² 树干
京艳	20%	105.1	670	157.0	0.30	1.86
	40%	124.9	675	185.4	0.37	1.97
	80%	118.1	711	164.9	0.33	1.98
八月脆	20%	126.2	709	178.2	0.30	1.68
	40%	129.0	722	178.6	0.33	1.84
	80%	104.6	685	153.3	0.27	1.72
京蜜	20%	102.6	491	210.3	0.20	0.95
	40%	113.3	674	169.8	0.24	1.43
	80%	73.9	368	201.5	0.15	0.73
京川	20%	147.0	927	161.2	0.33	2.05
	40%	117.0	700	168.2	0.33	1.94
	80%	137.0	888	157.2	0.35	2.22

而密植Y型桃树的生长情况及其第四年的结果情况分别示于图19、图20。

图19　密植Y型桃树的生长情况

图 20　密植 Y 型果园第四年结果情况

(7)成龄桃树灌溉水和水的利用效率

因为小树尚未长到达到经济的产量的大小,从而其水的利用效率暂无意义。大树 1989 年 10 月 1 日至 1990 年 9 月的一整年的灌溉、降雨和自由水面蒸发过程如图 21 所示,而小树的灌溉进度如图 22。大树各处理的总灌溉用水量如表 7 所示。水的利用效率列入表 8。

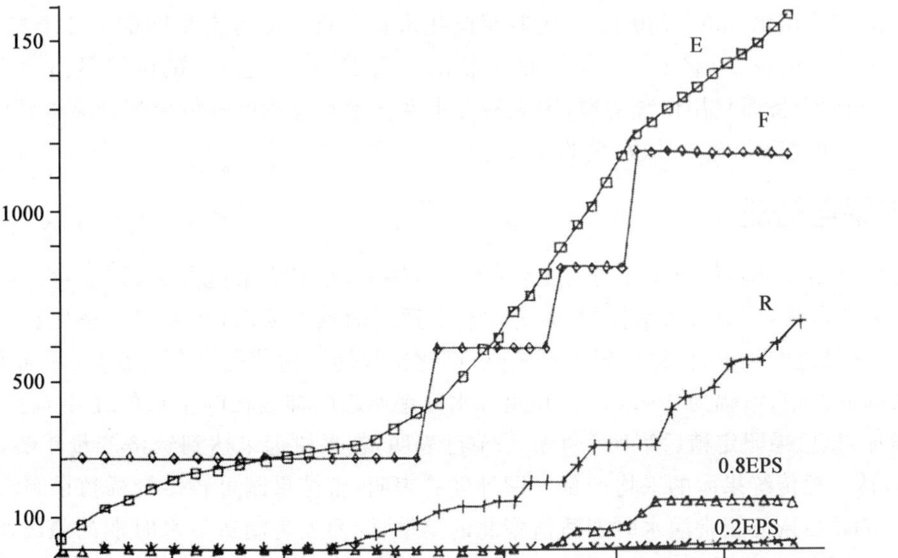

图 21　成龄桃树的灌溉、降雨和自由水面蒸发量

表 7　成龄桃树全年灌溉水量

处理	20%	40%	80%	传统漫灌
灌水量	26.5 mm	37.1 mm	150.7 mm	1173 mm
占漫灌百分比	2.2%	2.7%	12.9%	100%
占 80%的百分比	17.5%	24.6%	100%	778%

表 8　成龄桃树用水效率

处理	产量 kg/株(/亩)	用水量(mm)			水的利用效率			亩节水量(m^3)	
		有效降雨 a	灌水量	总用水量 mm(m^3/亩)	耗水量 kg/kg 水果	与 80%对照比较	与漫灌处理比较	与 80%对照比较	与漫灌处理比较
20%	178.2 (3930)	470.0	26.4	476.4 (317.6)	80.9	66%	24.9%	96.2	777.8
40%	178.6 (3940)	470.0	37.1	507.1 (338.1)	85.9	70%	26.5%	75.7	757.3
80%	153.3 (3380)	470.0	150.7	620.7 (413.8)	122.5	100%	37.0%	0.0	681.8
漫灌	1533.0 (3380)	470.0	1173.0	1643.0 (1095.4)	324.2	264.7%	100.0%	−681.0	0.0

a 平均有效降雨系数取为 0.7(该年度的降雨量为 670 mm)

由上表可见,20%、40%处理分别较 80%处理的灌溉用水量少 82%和 75%。而三个微喷/滴灌处理比传统漫灌节约灌溉用水 87%以上。单位水果产量耗水量,20%和 40%处理较 80%处理分别少 34%和 30%;三个微喷/滴灌处理较传统漫灌节水 60%以上。

由上表同时可以看出,20%与 40%处理分别较 80%处理年节水 96 m^3 和 75 m^3,三个微喷/滴灌处理较传统漫灌节约用水 680～780 m^3。故若用此技术在北京 115 万亩果园的 2/3 上推广,则可每年节约灌溉用水量 5.2 亿～6.0 亿 m^3,为缓解北京市 2000 年缺水 30 亿 m^3 的困境做出 1/6～1/5 的贡献。如不用微喷/滴灌设备而只用传统沟灌,则调控亏水度技术本身就可较传统充分灌溉果树耗水量节约达 1 亿 m^3,即可解决北京 2000 年缺水量的 1/20。

四、结果与讨论

1. 测渗仪和田间试验都初步证明,在北京气候条件下,在果实细胞分裂、果核生长期间至果实细胞进入快速膨大阶段之前,通过灌水控制、人为地制造适度的植株缺水,在果实快速生长阶段恢复正常供水后,经历亏水处理的桃树,植株生理水势较高,即比常规的果树获得更多的水分(因而养分亦会如此),从而获得较高的产量,增幅为 0～20%。利用亏水处理所起的抑制枝叶生长的作用而实现密植,则产量可大幅度增加:试验果园定植后第四个生长季节已表明,在果树远未达到经济产量年龄,即已亩产 18～20 吨/公顷,达一般传统果园的平均产量。国外经验表明,密植果园可较传统稀植果园增产达 100%。

2. 由于 RDI 后恢复正常灌水时期适值华北的雨季,因而人为制造亏水时期的灌溉水量占全年灌水量约 70%。如用微喷/滴灌来实现 RDI,则由于用管道灌溉较地表灌溉所节省水量计算在内时,所节约的灌溉水量,占全年漫灌灌溉水量的 75%～82%。节省灌溉用水量约 1100 mm,即每亩节水约 700 m^3。在北京地区传统漫灌果园的 115 万亩中推广 2/3,即 77 万亩,即可每年节水 5.2 亿～6.0 亿 m^3,为至 2000 年北京预计缺水 30 亿 m^3 的 1/6～1/5。如不用微喷/滴灌设备而只用调控亏水度技术于传统沟灌，可节省水 1 亿 m^3，解决北京市到 2000 年预计缺水的 1/30。

3. 为了将本研究放在可靠数据的科学基础上，并开发完善适合我国条件的一套管理技术，对桃树的测渗仪实验、田间试验和在生产果园的中间试验，尚需继续进行，并推及苹果、梨、樱桃、杏、李、柑橘等水果。对亏水状况所可能发生的副作用，如根系的发育区域、幼树冬季干枯机遇等进行严密观察和预防处理。

4. 已表明，Y 型密植果园大大方便果园管理机械化程度的提高。

5. 利用在果树试验中开发的新型测渗仪和工程控制亏水度的有关方法、技术和设备，对大田作物进行试验，从而探索开辟此一广阔而理论和实际上都属可行的节水高产的技术领域的开发。

参考文献

[1] C. Storkle, G. Campbell. A simulation model for predicting effect of water stress on yield. An example using corn. in "Advance in Irrigation" Vol. . Edited by D. hellel. 1985.

[2] E. C. Stegman, A. Baver. Sugar beet response to water stress in sandy soils. Trans. ASAE, 1977.

[3] M. Flug, D. D. Fangmeier, J. E. Sandoval. Response of euphorbia lathysis to soil moisture. Trans ASAE, 1983.

[4] D. J. Chalmers et. al. Control of peach tree growth and productivity by regulated water supply, tree density and summer fruning. J. Amer. Soc. Hort. Sci. 106(3): 307-312, 1981.

[5] P. D. Mitchell et. al. The effect of reduced water supply on peach tree growth and yields. J. Amer. Soc. Hort. Sci. 107(5): 853-856, 1982.

[6] A. M. Boland, P. D. Mitchell, P. H. Jerie and I. Goodwin. A comparison of frequency and level of regulated deficit irrigation in a simulated deep soil profile. Research Report, Department of Agricultural and Rural Affairs, Institute for Sustainable Development, Tatura, Vic, 3616, Australia, Sept. 1990.

不同耕作措施对降雨入渗的影响*

王千　曾德超

摘要　探讨了在田间采用模拟降雨方法和不同的蓄水耕作措施所得到的不同田面土壤条件下，在降雨入渗过程中土壤含水量、不同深度土壤水吸力、入渗量、入渗速率和径流量的变化规律。建立了一维入渗模型，并对3种田面条件下土壤水的入渗性能进行数值计算和理论分析。试验和计算结果表明，在相同降雨强度下深松处理田面的入渗速率和积累入渗量最大，开槽处理次之，免耕情况最差。

关键词　入渗速率，入渗量，田面处理，耕作工程

全国约有50%以上的耕地没有或缺少灌溉条件[1]，它们集中在我国北方干旱、半干旱以及半湿润地区。例如华北平原地区，年降雨量在500～600 mm，60%～70%集中在7，8，9三个月，春旱秋涝经常发生，不利于种子发芽和作物生长。调查和资料研究表明，500～600 mm的降雨量如果在时间上分配合适，对于一年一熟作物则完全够用，对于小麦与玉米轮作的一年二熟耕作方式缺水也不多。因此，耕作工程措施(耕作方法与耕作机具)适当，就能确保有限的降水被农作物充分利用。

土壤降水入渗是SPAC系统的一个重要环节。影响入渗的主要因素是表层土壤结构、耕层构造以及地面工程处理方式。采取何种耕作工程措施才能获得在同一降雨强度下的最大入渗量的研究，对于促进我国没有或缺少灌溉条件的干旱、半干旱地区的农业生产，发展节水型农业具有重要意义，同时对于新型耕作机械和播种机械的研究和设计具有指导意义，并可为研究现代耕作工程开辟新的技术途径。

1　试验场地和试验装置

在36 m×30 m的试验区上设置A，B，C三个试验场地。每个试验场地面积为2 m^2，尺寸为1 m×2 m。为防止试验过程中的雨水外流和侧渗，在两长边和一短边上将40 cm宽的铁板打入地下30 cm，在另一短边上将30 cm宽的铁板完全打入地下，留下的缺口用于测量径流量。每一试验场地埋设了6只张力计(图1)，陶瓷头深度分别为5、10、20、40、60、80和120 cm。A场的田面处理为免耕，在小麦收获之后未加任何扰动；B场的田面处理是开槽，即在中央沿长度方向在30 cm宽、40 cm深的矩形断面内松土；C场的田面处理为深松，其深度为45 cm。经松土后的土壤的干密度为1.15～1.20 g/cm^3，未扰动土壤的干密度为1.40～1.55 g/cm^3. 试验装置为人工降雨模拟系统，降雨器安装在场地上方2 m处。总体布置如图2所示。试验区的土壤密度和初始含水量如表1所示。

表1

深度/cm	密度/$g\cdot cm^{-3}$	含水量/%	深度/cm	密度/$g\cdot cm^{-3}$	含水量/%
0～5	1.39	19.5	50～60	1.45	31.6
5～10	1.38	22.3	60～70	1.40	33.8
10～20	1.48	25.0	70～80	1.42	35.2
20～30	1.48	27.4	80～90	1.40	36.7
30～40	1.48	27.8	90～100	1.40	36.9
40～50	1.55	30.1	100～110	1.43	38.2

* 本文出处：北京农业工程大学学报，1991年，第11卷第3期

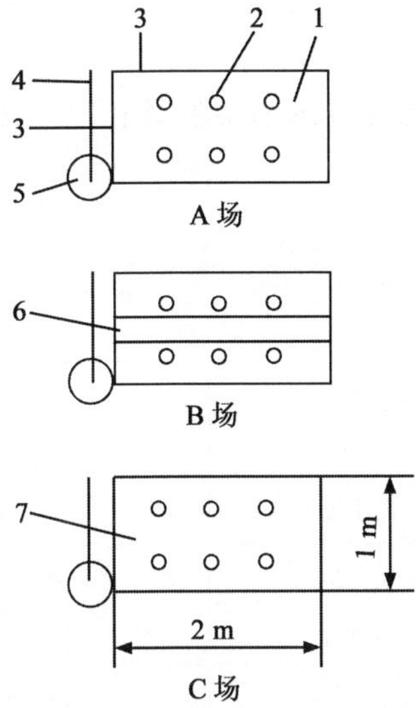

1．未耕地；2．张力计；3．防渗板；
4．集流槽；5．集流坑；6，7．深松地

图1　试验场地示意图

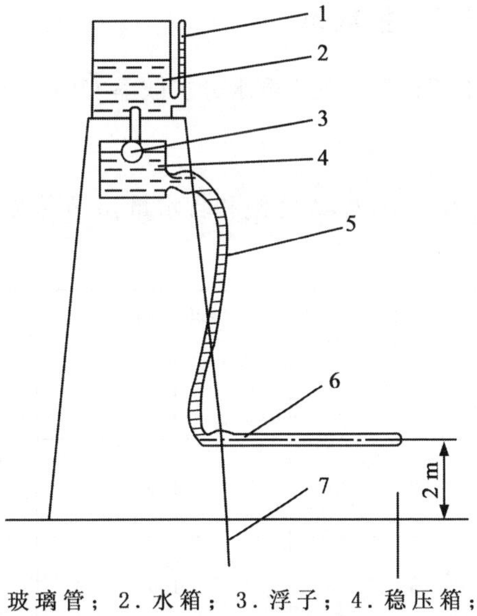

1．玻璃管；2．水箱；3．浮子；4．稳压箱；
5．水管；6．喷洒器；7．防渗板

图2　试验装置示意图

2　试验区土壤水分的运动参数

2.1　土壤水分特征曲线

用压力膜测定的试验地土壤水分特征曲线为

$$\psi = a\exp(b\theta) \tag{1}$$

式中：ψ 为土壤水势，kPa；θ 为土壤含水量，cm^3/cm^3；其余参数由实验确定，见表2。

表2

序号	密度/$g \cdot cm^{-3}$	a	b	θ
1	1.2	549.27 43.60	−31.43 −15.28	≤0.15 >0.15
2	1.3	351.69 39.61	−26.20 −14.15	≤0.18 >0.18
3	1.4	330.46 41.52	−24.03 −13.28	≤0.20 >0.20

根据比水容量定义，由式(1)得

$$C_v(\theta) = d\theta/d\psi \tag{2}$$

式中 $C_v(\theta)$ 为比水容量，Pa^{-1}。

2.2 扩散率

对于试验地的土壤水分扩散率 $D(\theta)$ /cm Pa $\min^{-1}$，采用水平土柱法作入渗实验测定[2]。其公式为

$$D = aG^b \tag{3}$$

式中：$G=\theta/\theta_i$，θ_i 为饱和含水量，a，b 值见表 3。

表 3

序号	密度/gcm^{-3}	a	b	G
1	1.2	16.35 0.14	7.48 1.14	≥0.5 <0.5
2	1.3	4.23 0.16	6.72 1.81	≥0.5 <0.5
3	1.4	3.48 0.07	7.45 1.37	≥0.5 <0.5

2.3 导水率

导水率 $K(\theta)$ /cm$\min^{-1}$用比水容量与扩散率计算：

$$K = C_w(\theta)D(\theta) \tag{4}$$

将式(4)写成多项式形式

$$K = aG^b \tag{5}$$

式中 a，b 见表 4。

表 4

序号	密度/gcm^{-3}	a	b	G
1	1.2	0.533×10^{-1} 0.159×10^{-3}	0.126×10^{2} 0.475×10	≥0.28 <0.28
2	1.3	0.712×10^{-2} 0.252×10^{-3}	0.117×10^{2} 0.578×10	≥0.28 <0.28
3	1.4	0.252×10^{-2} 0.200×10^{-4}	0.117×10^{2} 0.462×10	≤0.28 <0.28

用以上参数计算时，当干密度 $\gamma_d \leqslant 1.2$ g/cm³，时，a，b 值用表 2～4 中序号 1 的数值，$\gamma_d \geqslant 1.4$ g/cm³ 时用序号 3 的数值。这是考虑到对田面进行处理之后，扰动后的土壤，$\gamma_d=1.15\sim1.20$ g/cm³，未扰动土壤，$\gamma_d=1.40\sim1.45$ g/cm³。

3 试验内容

进行了 3 场人工模拟降雨试验。试验中同时进行施水总量 $W(t)$、不同深度不同时刻的土壤含水量 $\theta(z,t)$、不同深度不同时刻土壤水的吸力 $S(z,t)$、不同时刻的径流量 $R(t)$ 和径流产生时间 T_p，等 5 个项目的测定。

3.1　施水总量

施水强度 $I(t)$ 由降雨模拟器的喷头控制，更换不同直径的喷头即可改变施水强度。施水强度 $I(t)$ 对时间 t 积分就得到施水总量 $W(t)$，或已知某一时段内的施水总量，对时间 t 微分即为施水强度。该降雨模拟器喷头按直径大、中、小 3 种型号，即用该模拟器可作 3 种强度的模拟降雨试验。在试验中，喷头通过供水管与稳压箱连接，稳压箱的作用是在供水箱水面变化过程中，保证供水压力在很小范围内波动。

施水总量的测定是通过测量供水箱的水面高度实现的。如图 2 所示，由一带有刻度的玻璃管与供水箱连通，因此，玻璃管内的水面高度即是供水箱的水面高度，从试验开始到结束的水箱水面高度差与水箱横截面之积就是整个试验过程中的施水总量，单位时间内的施水量即是施水强度。试验时，每间隔 1 min 读 1 次刻度。

3.2　土壤含水量

土壤含水量 $\theta(z,t)$ 以是采用取土法测量的。每次取 12 个土样，取土深度分别为 5，10，20，30，40，50，60，70，80，90，100 和 110 cm，取样时间间隔为 10 min。因为土样量很大，为了保证试验数据有可比性，在场内随机选取样点。

3.3　土壤水吸力

不同深度不同时刻土壤水吸力 $S(z,t)$ 由张力计测量，每个试验场地的 6 只张力计的埋深分别为 5，10，20，40，50 和 120 cm。试验过程中每 30 min 读 1 次数据。根据张力计表头的指针发生偏转的时间可以知道湿润锋的推移规律，同时，在已知土壤水分特征曲线的条件下，将某一时刻张力计的读数换算为该时刻的土壤水分含量，通过与用取土法测得的土壤含水量的对比，即可估算出试验数据的可靠度。

3.4　径流量和径流产生时刻

矩形试验场地三边封闭，另一短边装集水槽，用量筒测量不同时刻的径流量。测量次数和测量时间与读供水箱水面高度读数同步进行，以保证径流量 $R(t)$ 与施水强度 $I(t)$ 的可比性。第一滴水流进量筒的时刻，即被认定为径流产生的时刻 T_p。

4　入渗公式推导

只考虑基质势 ψ_m 和重力势 ψ_p 的一维入渗方程为

$$\frac{\partial z(\theta,t)}{\partial t}=\frac{\partial}{\partial\theta}\cdot\frac{D(\theta)}{\dfrac{\partial z(\theta,t)}{\partial t}}=\frac{\mathrm{d}K(\theta)}{\mathrm{d}\theta} \tag{6}$$

$$\theta=\theta_l\, st=0\ z\geqslant 0 \tag{7}$$

$$\theta=\theta_s\, st>0\ z=0 \tag{8}$$

$$\theta=\theta_i\, st>0\ z\rightarrow\infty \tag{9}$$

式中：$D(\theta)$ 为土壤水分扩散率，cmPa/min；$K(\theta)$ 为土壤水分导水率，cm/min；t 为入渗时间，min；θ 为土壤的体积含水率，cm^3/cm^3；θ_i 为土壤初始体积含水率，cm^3/cm^3；θ_s 为土壤饱和体积含水率，cm^3/cm^3；$z(\theta,t)$ 为时刻为 t，含水率为 θ 时的入渗深度，cm。

把式(6)重写为

$$\frac{\partial z(\theta,t)}{\partial t}+\frac{\partial}{\partial\theta}\left[\frac{D(\theta)}{\frac{\partial z(\theta,t)}{\partial t}}-K(\theta)\right]=0 \tag{10}$$

对式(10)从 θ 到 θ_s 积分,有

$$\int_{\theta}^{\theta_s}\frac{\partial z(\theta,t)}{\partial t}\mathrm{d}\theta+\frac{D(\theta_s)}{\frac{\partial z(\theta,t)}{\partial\theta}}\Big|_{\theta=\theta_s}-K(\theta_s)-\frac{D(\theta)}{\frac{\partial z(\theta,t)}{\partial\theta}}+K(\theta)=0 \tag{11}$$

将 $\theta=\theta_i$ 代入式(11),有

$$\int_{\theta_i}^{\theta_s}\frac{\partial z(\theta,t)}{\partial t}\mathrm{d}\theta+\frac{D(\theta_s)}{\frac{\partial z(\theta,t)}{\partial\theta}}\Big|_{\theta=\theta_s}-K(\theta_s)-\frac{D(\theta)}{\frac{\partial z(\theta,t)}{\partial\theta}}\Big|_{\theta=\theta_i}+K(\theta_i)=0 \tag{12}$$

式中:1)当 $\theta=\theta_i$ 时,$D(\theta)\to 0$,而且 $\frac{\partial z(\theta,t)}{\partial\theta}\to\infty$,所以

$$\frac{D(\theta_i)}{\frac{\partial z(\theta_i,t)}{\partial\theta}}=0$$

2)当 $\theta=\theta_i$ 时,$K(\theta)$ 值很小,取 $K(\theta_i)=0$,据此,对式(12)可作如下简化:

$$\int_{\theta_i}^{\theta_s}\frac{\partial z(\theta,t)}{\partial t}\mathrm{d}\theta+\frac{D(\theta_s)}{\frac{\partial z(\theta,t)}{\partial\theta}}\Big|_{\theta=\theta_s}-K(\theta_s)=0 \tag{13}$$

联立式(11)和式(13),有

$$\int_{\theta}^{\theta_s}\frac{\partial z(\theta,t)}{\partial t}\mathrm{d}\theta+\int_{\theta_i}^{\theta_s}\frac{\partial z(\theta,t)}{\partial t}\mathrm{d}\theta=\frac{D(\theta)}{\frac{\partial z(\theta,t)}{\partial\theta}}-K(\theta_s) \tag{14}$$

式中 $\frac{\partial z(\theta,t)}{\partial t}$ 是关于 θ 的递减函数,在 $\theta=\theta_s$ 时,$\frac{\partial z(\theta,t)}{\partial t}=0$,故在接近饱和时,$\frac{\partial z(\theta,t)}{\partial t}$ 的值很小。在($\theta_s-\theta$)与($\theta_s-\theta_i$)比较起来足够小时,存在

$$\int_{\theta}^{\theta_s}\frac{\partial z(\theta,t)}{\partial t}\mathrm{d}\theta\ll\int_{\theta_i}^{\theta_s}\frac{\partial z(\theta,t)}{\partial t}\mathrm{d}\theta \tag{15}$$

因此,作为一级近似,省略式(13)中的

$$\int_{\theta}^{\theta_s}\frac{\partial z(\theta,t)}{\partial t}\mathrm{d}\theta$$

不会引起很大误差,从而有

$$\int_{\theta_i}^{\theta_s}\frac{\partial z(\theta,t)}{\partial t}\mathrm{d}\theta=\frac{D(\theta)}{\frac{\partial z(\theta,t)}{\partial\theta}}-K(\theta) \tag{16}$$

因为式(16)左端是与 θ 无关的函数,所以可令

$$C(t)=\int_{\theta_i}^{\theta_s}\frac{\partial z(\theta,t)}{\partial t}\mathrm{d}\theta=\frac{D(\theta)}{\frac{\partial z(\theta,t)}{\partial\theta}}-K(\theta)\tag{17}$$

式中 $C(t)$ 是一个只与时间有关的常数，而式(17)右端是土壤水分通量，故有

$$C(t)=-f(t)\tag{18}$$

式中 $f(t)$ 为地表处的入渗速率，cm/min。将式(17)改写为

$$\frac{\partial z(\theta,t)}{\partial t}=\frac{D(\theta)}{K(\theta)+C(t)}\tag{19}$$

对式(19)两端积分，将积分变量用 a 表示，并注意到 $z_1=0,\theta=\theta_s$，有

$$z_1(\theta,t)=-\int_{\theta}^{\theta_s}\frac{D(a)}{K(a)+C(t)}\mathrm{d}a\tag{20}$$

由式(20)知，如果能确定 $C(t)$，则可以求出 $z_1(\theta,t)$—土壤湿润深度的第1次迭代解析式。为了求 $C(t)$，先将式(20)对时间求导，有

$$\frac{\partial z_1(\theta,t)}{\partial t}=\int_{\theta}^{\theta_s}\frac{C'(t)D(a)}{[K(a)+C(t)]^2}\mathrm{d}a\tag{21}$$

将式(21)代入式(6)得

$$\int_{\theta}^{\theta_s}\frac{C'(t)D(a)}{[K(a)+C(t)]^2}\mathrm{d}a+\frac{\partial}{\partial\theta}\cdot\frac{D(\theta)}{\frac{\partial z_1(\theta,t)}{\partial t}}=\frac{\mathrm{d}K(\theta)}{\mathrm{d}\theta}\tag{22}$$

对式(22)由 θ_i 到 θ_s 积分，并利用 $\theta=\theta_i$ 时，有

$$\frac{D(\theta)}{\frac{\partial z_1(\theta,t)}{\partial\theta}}-K(\theta)=0$$

$\theta=\theta_a$ 时有

$$\frac{D(\theta)}{\frac{\partial z_1(\theta,t)}{\partial\theta}}-K(\theta)=-f(t)=C(t)$$

则式(22)变为

$$-\int_{\theta_i}^{\theta_s}\left[\int_{\theta}^{\theta_s}\frac{C'(t)D(a)}{[K(a)+C(t)]^2}\mathrm{d}a\right]\mathrm{d}\theta=C(t)\tag{23}$$

式(23)用以下方法计算：

因内部积分的下限是变量 θ，故有 $a=\theta$，积分区间是如图3所示的阴影三角形，重写积分区间，得

$$-\int_{\theta_i}^{a}\left[\int_{\theta_i}^{\theta_s}\frac{C'(t)D(a)}{[K(a)+C(t)]^2}\mathrm{d}a\right]\mathrm{d}\theta=C(t)\tag{24}$$

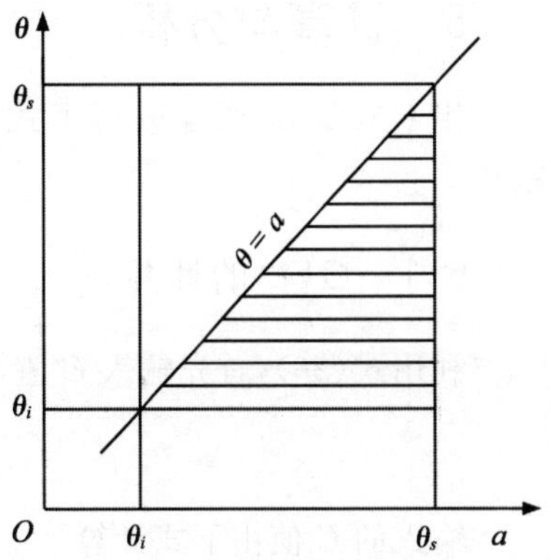

图3　积分区域

被积函数与 θ 无关，改变积分顺序并对 θ 积分，有

$$-\int_{\theta_i}^{\theta_s}\frac{C'(t)(a-\theta_i)D(a)}{[K(a)+C(t)]^2}\mathrm{d}a = C(t) \tag{25}$$

或

$$\frac{\mathrm{d}C(t)}{\mathrm{d}t} = -C(t)\left[\int_{\theta_i}^{\theta_s}\frac{(a-\theta_i)D(a)}{[K(a)+C(t)]^2}\mathrm{d}a\right]^{-1} \tag{26}$$

式(26)是关于 $C(t)$ 的一阶微积分方程,解之得

$$t = \int_{\theta_i}^{\theta_s}\frac{(a-\theta_i)D(a)}{K^2(a)}\left[\ln\frac{K(a)+C(t)}{C(t)} - \frac{K(a)}{K(a)+C(t)}\right]\mathrm{d}a \tag{27}$$

当已知 $K(\theta)$ 和 $D(\theta)$ 之后,可以由式(27)解出 $C(t)$,即得地表入渗速率。一般情况下,式(27)没有解析解,只能采用数值解法。取 C 为自变量,由式(17)知 $C \leqslant -K(\theta_s)$,而且,只有当 $t \to \infty$ 时,$C \to -K(\theta_s)$,当 $t=0$ 时,$C \to \infty$。求出 $C(t)$ 之后,代入式(20),可以方便地求出 $z_1(\theta,t)$。

将 $z_1(\theta,t)$ 代入式(6)进行第 2 次迭代,有

$$\frac{\partial z_1(\theta,t)}{\partial t} = \frac{\partial}{\partial\theta}\cdot\frac{D(\theta)}{\frac{\partial z_2(\theta,t)}{\partial t}} = \frac{\mathrm{d}K(\theta)}{\mathrm{d}\theta} \tag{28}$$

重复 $z_1(\theta,t)$ 求法,并注意到

$$\frac{D(\theta_i)}{\frac{\partial z(\theta,t)}{\partial\theta}} = 0$$

$$z_1(\theta,t) = 0$$

得到

$$z_2(\theta,t) = \int_{\theta}^{\theta_s}D(\gamma)\left\{K(\gamma)+C(t)\int_{\theta_i}^{\gamma}\int_{\beta}^{\theta}D(a)\mathrm{d}a\,[K(a)+C(t)]^{-2}\mathrm{d}\beta\cdot\right.$$
$$\left.\left(\int_{\theta_i}^{\theta_s}(a-\theta_i)D(a)[K(a)+C(t)]^{-2}\mathrm{d}a\right)^{-1}\right\}\mathrm{d}\gamma \tag{29}$$

上式是土壤湿润深度:$z(\theta,t)=0$ 的解析表达式,如果不能满足精度要求,可以按此步骤求第 3 次、第 4 次迭代式。

5 计算与分析

用 PASCAL 语言编写了式(26)和(29)的计算机程序,采用的算法是 GAUSS-LEGENDRE 求积法。

5.1 $C(t)$的计算

利用式(26),首先输入 C 值,然后计算相应的 t 值。考虑到 C 的变化范围是

$$-\infty < C \leqslant -K(\theta_s) \tag{30}$$

输入的 C 值由下式计算

$$C = -K(\theta_s)\exp[0.01(I-1)] \tag{31}$$

I 的变化范围是 1～30。计算结果如图 4 所示。

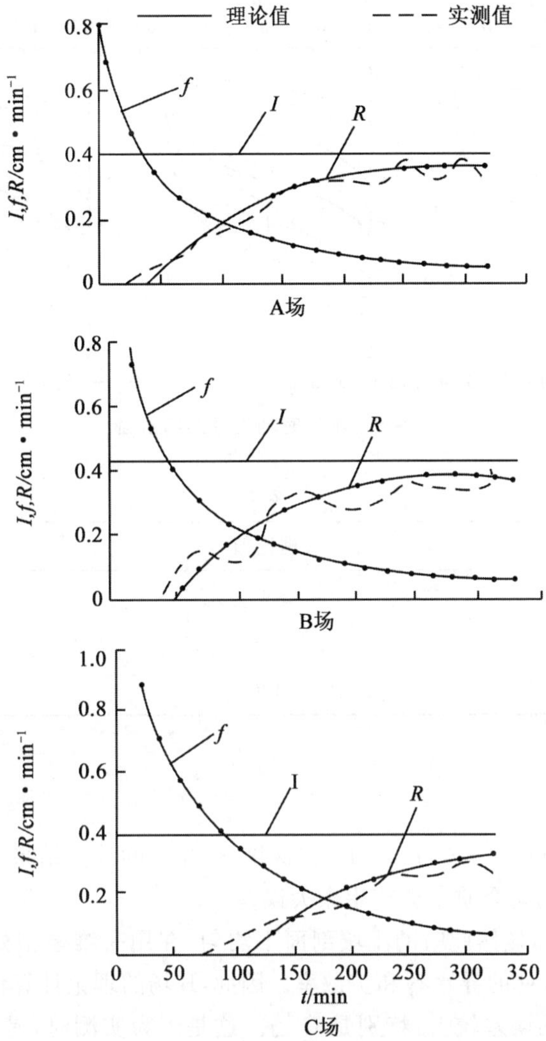

图 4　施水强度 I，入渗速率 f 和径流量 R 与时间 t 的关系

5.2　$z(\theta,t)$的计算

利用式(28)，并利用式(26)得到的 C 与 t 的关系可以得到 z 与 t 的关系。将式(28)最外层的积分下限 θ 从 θ_i 变化到θ_s，计算得到：$z(\theta,t)$，结果如图 5。

5.3　$R(t)$的计算

根据式(27)得 $C(t)$，代入式(18)得 $f(t)$ 。在已知施水强度 $I(t)$ 的情况下，径流量 $R(t)$ 按下式计算：

$$R(t)=I(t)-f(t) \tag{32}$$

5.4　T_p 的计算

在图 5 中，曲线 $R(t)$与时间轴的交点即为径流产生时刻 T_p。径流产生时刻 T_p 的理论值与实测值见表 5。

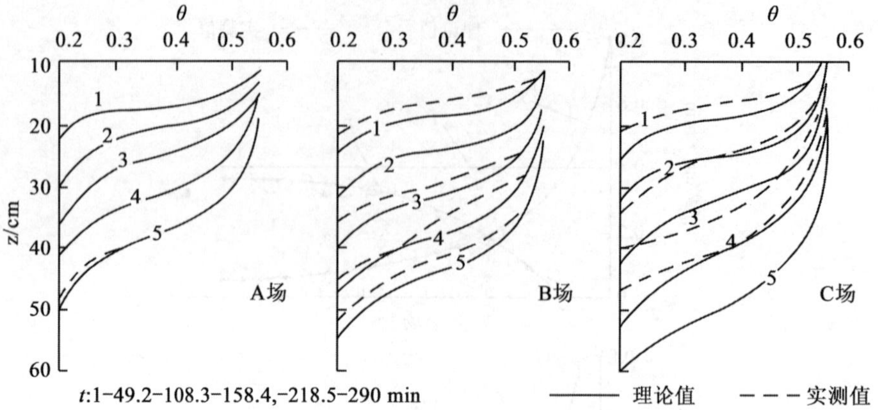

图 5　不同时刻土壤湿润剖面

表 5　　min

场地	理论值	实测值
A	30	10
B	40	35
C	100	40

6　分析

A 场和 C 场的入渗率 $f(t)(-C(t))$ 和入渗深度 $z(\theta,t)$ 的计算结果与实测值符合得较好，因为将 A 场和 C 场的土壤假设为均匀介质不会产生太大误差。

B 场的田面处理是开槽，显然此时的土壤剖面不均匀，在用一维模型处理时，只好用整个剖面的平均导水率和扩散率代替一点处的导水率和扩散率。因此，B 场的理论计算值与实测值的误差较 C 场大。

T_p的实测值与理论值的误差较大，特别是 C 场。这是因为实测时，是以第一滴水流进量筒的时刻作为 T_p。该值受地表粗糙度和坡度影响较大。

与实测值比较，计算所得的 $z(\theta,t)$ 在接近饱和含水率时结果较好。这是因为在推导公式时，曾经作过$(\theta_s-\theta)$与$(\theta_s-\theta_i)$相比足够小这一假设。提高计算精度的办法是将式(28)回代入式(6)计算：$z_3(\theta,t)$ 或 $z_4(\theta,t)$ 。如果考虑地表结壳对入渗性能的影响，那么会得到更高的精度。

因为 $C(t)$是以 $t^{-1}(C)$表示的，为了比较不同田面条件下的入渗性能，将计算所得的数据用 Philip 入渗模型级数解

$$z(\theta,t)=\sum_{t=1}^{\infty}\eta_i(\theta)t^{i/2} \tag{33}$$

前 2 项作回归计算，从而用稳定入渗率和吸渗率[3] 作为评价入渗性能的指标，所得结果如表 6 所示。

表 6　　cmmin^{-1}

场地	稳定入渗率	吸渗率	相关系数
A(免耕)	0.0151	2.269	0.923
B(开槽)	0.0189	2.480	0.628
C(深松)	0.0222	3.181	0.985

7 结论

(1)对土壤田面的开槽处理有效地增大了单位地表的入渗面积,使降雨入渗条件得以改善。产流时间是免耕处理的 3.5 倍,仅次于深松处理。

(2)与免耕处理相比,开槽处理田面的稳定入渗率增加 25.2%,吸渗率增加 9.3%。

(3)深松处理田面在相同降雨强度下的入渗率和积累入渗量最大;与免耕处理比较,稳定入渗率增加 49%,吸渗率增加 40.2%。

关于最佳开槽断面形状和面积以及最佳深松深度有待进一步研究。

参 考 文 献

[1] 杨邦杰. 耕作工程措施对种床土壤水分温度分布影响的数值分析[学位论文]. 北京农业工程大学,1989.

[2] 雷志栋,杨诗秀,谢森传. 土壤水动力学. 北京:清华大学出版社,1988. 223-257.

[3] Philip J R. The theory of infiltration:4 sorptivity and algebraic infiltration equation. Soil Sci,1957(84):254-264.

Effect of Different Soil Surface Treatments on Soil Properties of Rainfall Infiltration

Wang Qian　Zeng Dechao

(Soi1-Machine- Plant Technology laboratory)

Abstract　A rainfall simulator is employed in the field experiments with 3 soil surface treatments: deep tillage, drill tillage and no tillage. The experimental results consist of the effects on the soil moisture content, suction in different depth, cumulative infiltration and runoff. Infiltration model of one dimension is developed and utilized to calculate the infiltration rates of the different treatments. The experimental data was tabulated and graphed. It shows that the soil surface with the treatment of deep tillage has the maximum infiltration rate or cumulative infiltration, and the treatment by drill tillage is better result than that of no tillage.

Key words　infiltration rate, cumulative infiltration, soil surface treatment, tillage-engineering

调控亏水度灌溉对成龄桃树生长和产量的影响*

雷廷武　曾德超　王小伟　彼得·杰里(P. Jerie)　李蔼铿
彼得·米切尔(P. Mitchell)　曾佩三　许一飞　阎·古德温　许炳华

摘要　自1988到1990年，在北京市林业果树研究所桃园17年生的桃树上进行了调控亏水度灌溉(RDI-Regulated Deficit Irrigation)的试验研究。试验设有3个灌溉水平，即在果实细胞分裂完成后至快速膨大前的一段时间内果实的缓慢生长阶段(RDI期间)，分别按80%(对照)、40%、20%美国A级皿蒸发量补给。测得各处理桃树的叶水势情况为：在RDI期间供水量少(处在水应力状态)的桃树，其叶水势较对照低(负的量值更大)；当RDI结束后各处理同样充分灌水，结果表明，此间曾经受过水应力作用的桃树的叶水势较对照(80%)高(负的量值小)。这种水应力作用的结果表现在对桃树生长量的影响上为：RDI期间，枝条的生长量明显为水势的降低所抑制；而在后期桃果实快速膨大时，经受过RDI的桃树上的果实因水势较高而膨大更快，收获时单果重更大，成熟果实略多，从而提高了产量。另外经受RDI的果树用水量明显减少，从而大幅度提高了水的利用效率。

关键词　调控亏水度灌溉，叶水势，桃树生长，桃果实生长

一、前言

我国是一个水资源缺乏的国家，人均年占有可利用水资源量仅1000 m^3[1]。我国主要水果桃、梨、苹果产区位于华北地区，该地区属半干旱地区，平均降雨不足600 mm，而年蒸发量却在1800 mm以上，而且降雨在时间的分布上很不均匀，多集中在7～9月。所以，要使水果高产稳产，发展节水的灌溉非常重要。

传统的观点一直认为，应在果树(作物)生长的各个阶段给予充足的水分，使果树在任何时候都不感受到水分不足的影响。即保证果树(作物)在任何情况下具有尽可能低的水势和最大的蒸腾量，这样才能得到最高的产量。从而，常常采用超出果树(作物)需要的水量进行灌溉。这样做浪费了宝贵的水资源，在井灌区因地下水超采而地下水位连年下降，在引黄灌区和地下水含盐地区地表土壤盐碱化日益加速。同时，果树也因过量的灌溉而造成枝叶徒长，过分消耗养料，影响果实的长大，从而影响产量和品质，也增加了果树冬夏季修剪的用工。灌溉的不科学对华北地区水果平均产量仅15 t/ha的极低水平是有一定责任的。

不同作物在其不同的生长阶段对水的响应是不同的。其机制是，不同的特定组织与器官对植物体内水势降低的反应不同。在不同的水势下，各种生理生化过程在竞争中取得平衡。这样就提出了用不同生长阶段使作物经受一定的水应力(胁迫)作用，即经受水分不足的处理，达到限制无效生长，增加收获物产量的新的学术问题。由此产生的水的补给方法就称之为调控亏水度灌溉法(RDI)。这种思想在许多果树上进行了试验，并有了很多成功的例子，如在澳大利亚维多利州灌溉与盐碱研究所，科学工作者们用调控亏水度灌溉法减少了果树的营养(枝条)生长，促进了生殖生长，从而提高了水果的产量[2-5]。就许多核果(如桃)、梨等而言，其枝条和果实的生长曲线如图1所示。调控亏水度灌溉方法就是根据由

* 本文出处：农业工程学报，1991年12月，第7卷第4期

不同的果实干重(或鲜重)生长量划分的生长阶段及其与枝条(营养)生长间竞争的机制调节控制水的供给[6],桃果实根据干重(或鲜重)的增长速率,其生长曲线可分为三个阶段。在第Ⅰ阶段和第Ⅲ阶段桃的干重生长速度很快,而在第Ⅱ阶段(中晚熟品种大约延续 40 天,从 5 月 20 日前后开始至 7 月初结束)生长较慢。第Ⅰ阶段生长较快主要是由于细胞分裂的结果,而第Ⅲ阶段生长很快是由于细胞膨大所致。在第Ⅲ阶段的生长量占收获时果实重量的 75%以上,而第Ⅰ、Ⅱ阶段的生长量占总生长量的比重较少。从而在果实生长的第Ⅰ、Ⅱ阶段,限制水的供给,使树体内产生一定程度的水分亏缺度,这样可明显地控制枝条(营养)生长,而在第Ⅲ阶段充分供给水分,有利于果实以比没有限制水分供给者更快的速度增长,达到增加产量的同时,节约用水量的目的。

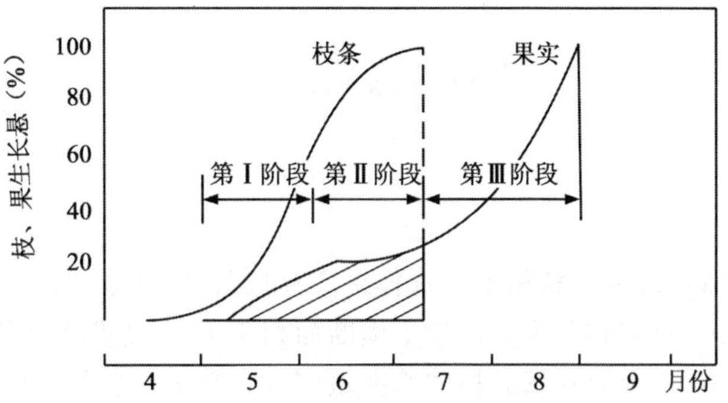

图 1　不同生长阶段果实枝条生长量曲线

本文讨论在北京气候及典型土壤条件下进行上述 RDI 试验的情况和 RDI 对桃树生长的影响,及其增加桃果实产量和节约用水的效果。

二、试验材料和方法

1. 试验地

试验地在北京市林业果树研究所试验场果园内。其桃树是 1976 年种植的中晚熟品种,种植规格为北京老果园传统(稀植)形式:5.5 m×5.5 m,即每棵占地面积为 30 m^2。选用 4 行(每行一个品种)作为试验材料。田间土壤经颗粒分析按国际分类标准为黏壤土。

2. 灌溉系统

对于所有的试验树及其保护行均采用微喷或滴灌。每行(品种)均设 3 个灌溉处理,每处理 6～7 棵树,中间 3 棵为试验观测树,其余为保护树,这 3 个处理分别设计成在第Ⅱ阶段(RDI)期间,按美国 A 级蒸发皿自由水面蒸发量的 80%(对照)、40%、20%和果树所占种植面积进行水量的计算和补给。在第Ⅲ阶段之前,这些处理的目的是要产生不同灌水水平,由调节水量来控制枝条(营养)生长而不影响收获时果实大小或产量。在 RDI 期间,按比例减少 40%、20%处理的供水量,而在果实生长的第Ⅲ阶段所有处理均按皿蒸发量的 80%灌水。各品种喷灌的三个灌溉水平分别由不同的毛管控制,各品种 20%、40%、80%水平的毛管分别均接在 20%、40%、80%电磁阀控制的支管上。从而各处理可通过采用不同的运行时间来达到不同的灌水水平。而滴灌则是在一行内使用两条毛管,其中一条是在不同处理上安装不同流量和数量的滴头,以实现 RDI 期间内在同样长的灌溉时间内给出不同的灌水水平;而在 RDI 开始前和结束后同时使用两条毛管,实现各处理供水量相同(80%)。实现灌溉水平的管道系统如图 2 所示。

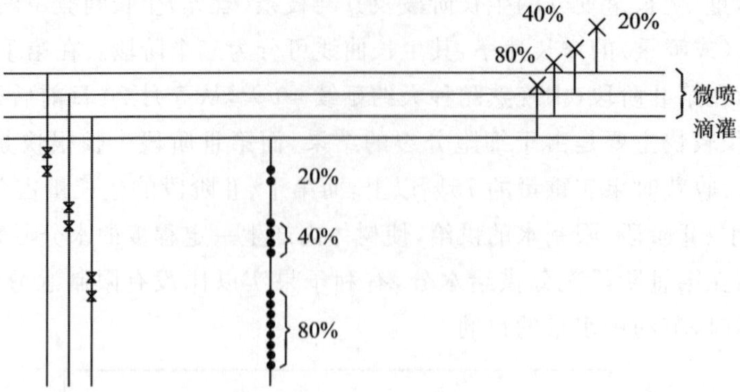

图 2　灌溉管道系统

3. 测量

在四个品种的每个灌溉处理的 3 棵树上共选择果实及枝条各 10 个(根),由 5 月份起每周测量一次果的大小(直径)和枝条长度,直到收获为止。树干横断面积于 RDI 过程结束(第Ⅲ阶段开始前)和收获后,由树干周长的测量值计算得出。对试验树的修剪量(冬剪、夏剪)进行称重记录。尽管修剪是靠人眼观测进行的,但所需的修剪量与枝条的生长量成正比,通常整个生长季的累积修剪量不致因判断失误而产生过大的误差。每个处理中,土壤含水量的变化由埋在距树干约 1.5 m 处,深度分别为 15,30,60,90 cm 深处的四个石膏块进行非扰动测量。

桃树叶水势用 Schollander 水势仪进行测量。测量选在特定日期的清晨进行。所谓特定日期是指土壤水势的变化可能会引起各处理内和各处理间果树叶水势的显著变化或差异的时间。选择早晨进行测量的理由是:①清晨叶水势的绝对量值较低,因而各处理间的叶水势如有差异将更易于准确显著地表示出来,因而更有利于不同灌溉水平间果树水势的比较;②因早晨叶水势的绝对量值较低因而测量过程较短,测量较快,有利于提高准确度,同时也节约氮气消耗量。测定叶水势时,选择树上受环境因素影响一致的叶片,这种在环境方面最可能一致条件下的叶片是处于未受光照的叶片,常选取枝条中部的单叶片。测量时,每处理叶片样本数为 3,按每处理 1 次 1 片轮换进行。

三、试验结果

1. 灌溉处理间叶水势(Ψ)的变化

不同处理叶水势测量结果如表 1 所示、图示于图 3。在 RDI 期间,减少灌溉用水量的 40%,20%处理,其叶水势明显低于对照组,又因为 40%,20%处理是否进行灌溉依两处理桃树的叶水势是否出现差异而定,而灌溉的量以皿蒸量的百分数进行计算。两者间由于不应时的降雨影响在 RDI 期间未出现叶水势上的差异均未进行灌溉。从而两者实际上为同一处理,从而测到的叶水势处于同一显著水平。在 RDI 期间,20%或 40%处理桃树的叶水势较 80%处理桃树的叶水势低(负得较多),低 30%～40%。

表 1　灌溉处理对桃树叶水势的影响(−0.1 MPa)

处理日期	29/5	16/6	18/6	22/6	25/6	2/7	28/7	4/8
80%	3.60	8.1	3.38	9.60	3.53	4.26	7.87	9.86
40%	3.87	9.6	4.35	14.6	4.93	6.33	7.20	7.23
20%	3.83	10.6	4.55	13.0	5.13	4.87	6.93	7.2

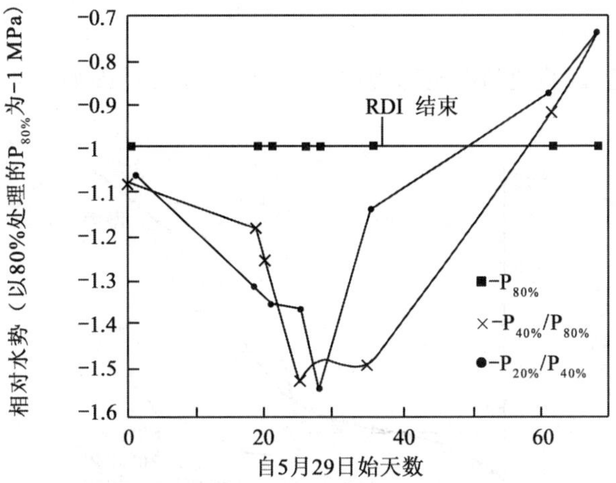

图 3　不同处理各生育阶段叶水势的变化

在果实生长的第Ⅲ阶段，各处理均进行充分灌溉（按皿蒸发的 80％补给），前期用 40％和 20％灌溉的叶水势在其后的生长阶段显著高于（负得较少）80％灌溉（对照）树的叶水势，高出 0.10～0.25 MPa，依测定时间不同而异。

2. 枝条的生长

20％和 40％处理的累积夏季剪量为 5646.8 g，80％处理的累积修剪量为 7433.3 g。80％处理的夏剪量比 20％和 40％处理多 32％，这一结果表明，多灌水会增加桃树的营养（枝条）生长量。即灌水量控制在一定限度内可以显著减少枝条的生长量。40％与 20％处理间无显著差异，而 20％和 40％与 80％处理间则有 5％信度下的显著差异。

3. 果实的生长

果实生长的测量表明，在第Ⅲ阶段前，补给蒸发量 80％处理树上的果实生长略快于 20％及 40％处理树上的果实；而在第Ⅲ阶段则相反，20％或 40％处理树上果实生长较 80％处理树上的果实快得多。这种灌溉的影响也反映在随机取样的果的大小上，收获时证实了 20％或 40％处理树的果实长得比 80％处理树上的果实大（如表 2 第 4 列）。将单株产量，果数和单果重（大小）等列入表 2。

表 2　收货情况分析表

处理	产量（kg/棵）（t/ha）	果数/棵	平均单果重（g）	负载量（kg/cm^2树干）
20％	126.2a (41.72)	709a	178.2a	0.3a
40％	129.0a (43.34)	722a	178.6a	0.33a
80％	104.6b (34.58)	685a	153.3b	0.26b

由表 2 可见，尽管所有处理单株树的坐果量间无显著差异，即为同一水平（a）（约 700 果/株），但 20％或 40％处理在同样疏果留果情况下，趋于较 80％处理有更多果成熟。且 20％或 40％处理树上果实的平均单果重（178.2 g 或 178.6 g，两者处于同一水平）却显著大于 80％处理树上的果实（153.3 g）。并由表中可见，20％或 40％处理的单棵树（单位面积）产量在 5％信度下显著高于 80％处理的产量，高出量分别为 21％和 23％；单位树干横截面积的负载量，20％或 40％处理的也显著高于 80％处理的，高出量分别为 15％和 27％。

4. 灌溉用水

从 1989 年 10 月 1 日起，试验地的灌溉降雨（自由水面）蒸发过程如图 4 所示，各处理的总灌溉用水量如表 3。

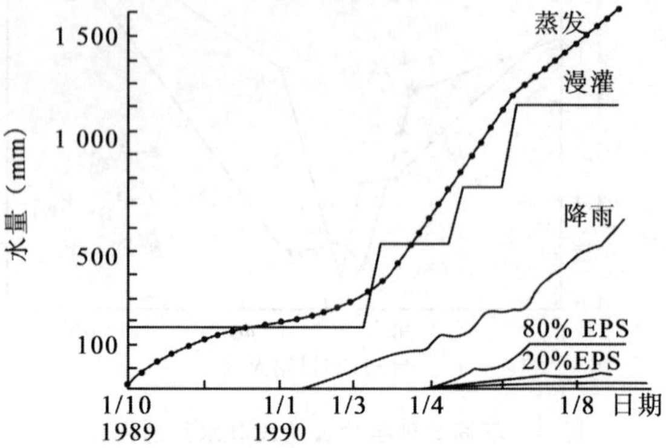

图 4　灌溉、降雨、蒸发量

表 3　全年灌溉水量(mm)(1989.10.1～1990.9)

处理	20%	40%	80%	漫灌*
灌水量(mm)	26.4	37.1	150.7	1173.0
占漫灌的百分比	2.2%	2.7%	12.9%	100%
占 80%的百分比	17.5%	24.6%	100%	—

* 传统灌溉记录。

水的利用效率及不同处理之间，不同处理与漫灌之间的比较结果列于表 4。

表 4　用水效率

处理种类	产量(kg/株)	用水量(mm)			水的利用效率			节水(m^3/ha)	
		有效降雨*	灌水量	总用水量(m^3/ha)	水量(kg/水果产量 kg)	与 80%处理比较	与漫灌处理比较	与 80%处理比较	与漫灌处理比较
20%	126.2a (41.72)	470a	26.4	496.4 (4964.0)	114.2	64%	24.0%	1443.0	11666.0
40%	129.0a (43.34)	470a	37.1	507.1 (5071.0)	117.0	65%	24.6%	1136.0	11359.0
80%	104.6b (34.58)	470a	150.7	620.7 (6207.0)	179.5	100%	37.8%	0.0	10223.0
漫灌	104.6b (34.58)	470a	1173	1643.0 (16430.0)	475.1	264.7%	100%	−10223.0	0.0

* 平均有效降雨系数取为 0.7。

由表 3 和表 4 可见，20%和 40%处理较 80%处理的灌溉用水量少得多，减少量达 70%～80%。而微喷/滴灌的三个处理较传统漫灌节水达 87%以上。不同处理之间，20%和 40%处理每生产 1 公斤桃所用的总水量（等于一年耗水量的毫米数，乘以一棵树所占面积的平方米数，除以单棵树的产量公斤数），较 80%处理少 30%以上。三个微喷滴灌处理较传统漫灌节水达 60%以上。

四、结果讨论

该项试验研究根据桃（核果）树生长的生理特点，采用不同灌水水平处理进行果实生长第Ⅱ阶段的调控亏水度灌溉，以观察不同水平的灌溉对枝条和果实生长的影响，三年的初步结果似乎表明了：

(1)枝条的生长量在RDI(减少灌溉量)期间有了一定程度的抑制，相反果实的生未受到水分亏缺的不利影响。枝条生长量一定程度限制的可能好处是：限制过快的营养生长对土壤中养分和树体存储养分、能量的不恰当过分消耗，同时减少管理(如修剪)用工；降低果园荫蔽程度，提高冠层的透光性能，对营养生长的明显抑制机能将有助于不采用矮化砧建立高密度果园。

(2)如果桃果实在其生长的第Ⅱ阶段，受到水分亏缺的一定程度的抑制生长量略有减少的话，也一定比枝条受到的抑制轻微得多(因为此间其生长量与枝条生长量相比非常小)。而在后期，即第Ⅲ生长阶段恢复充分灌水以后，RDI处理能刺激果实的生长，这种响应导致RDI处理产量显著高于对照的产量。这与叶水势的高低的变化十分一致。尽管第Ⅱ阶段水分亏缺(RDI)轻微减慢了此间果实的生长速度，但却使得RDI果树在果实快速生长阶段恢复充分灌水后，体内水分状况得到了改善。不同处理果树上果实的液胞水势，在不考虑果实处于果树不同部位而在位置水头上存在的相对微小(在0.01 MPa量级)差别的情况下应与果树的叶水势成正比。从而，具有较高叶水势的RDI果实能较对照果实以更快的速度膨大的结果似可说明，RDI果树叶水势较高，则RDI果实具有较对照果实更高的液胞水势，从而更有利于果实的膨大。这即是说第Ⅱ阶段的水应力作用，优化了果树体内的生理生化过程，从而更有利于后期果实的膨大。

又因为树干横截面积正比于树的地上部分的大小[7]，所以单位横断面积上的负载量即为单位树体大小的负载量的一个度量，是树产出率的一个指标，所以根据该项试验，从树的单位横截面积或单位树体大小的负载量的角度来看(表2)，该果园采用RDI的增产潜力幅度在27%以上。

并且由于RDI的作用，增产的原因主要是由于单果重增大所致，而果实的增大意味着桃品质一个方面的提高。

由此可见，用RDI技术改造现有(桃)果园，可以大幅度提高果树单位面积的产量及果品的质量。

(3)从水的利用效率来看，在北京地区采用微喷/滴灌可比传统漫灌节约灌溉用水80%～90%，RDI处理较对照处理可节约灌溉用水70%以上，较传统漫灌节约灌溉用水95%以上。

单位水果产量的总用水量，采用微喷/滴灌时，不到传统漫灌的1/3；而当微喷滴灌结合RDI时，可比同样微喷/滴灌的80%处理(对照)节水35%以上。较传统漫灌节水75%以上。

参考文献

[1] Chalmers, D.J., P.D. Mitchell, and P.H. Jeric, 1984. The physiology of growth control of peach and pear trees using regulated irrigation. Acta Hort. 146:143-149.

[2] Chalmers, D.J., P.D. Mitchell and L. van Heek, 1981. Control of peach tree growth and productivity by regulated water supply, tree density and summer pruning. J, Amer. Soc. Hort. 106:307-312.

[3] P.D. Mitchell, D.J. Chalmers, 1982. The effect of reduced water supply on peach tree growth and yields. J Amer. Soc. Hort. Sc. 107:853-856.

[4] P.D. Mitchell, P.H. Jerie and D.J. Chalmers, 1984. Effects of regulated water deficit on pear tree growth, flowering, fruit growth and yield. J. Amer. Soc. Hort. Sc. 109:604-606.

[5] Chalmers, D.J., R.L. Conterford, P.H. Jerie, T.R. Jones and T.D. Ugalde, 1975. Photosynthesis in relation to growth and distribution of fruit in peach trees. Australia J. Plant Physical. 2:635-645.

[6] Westwood, M.W. and A.N. Roberts, 1970. The relation between cross sectional area and weight of apple trees. J. Amer. Soc. Hort. Sci. 95:28-30.

Experimental Investigation on the Influence of RDI on Peach Tree and Fruit Growth

Lei Tingwu　Zeng Dechao　Wang Xiaowei　Peter Jerie　Li Aikeng
Peter Mitchell　Zeng Peisan　Xu Yifei　Ian Goodwin　Xu Binghua

Abstract　Field experimental investigations on the influence of RDI (Regulated Deficit Irrigation) were conducted in a 17 year-old peach orchard at Beijing Institute for Horticultural Research from 1988 to 1990. Irrigation treatments were so designed that 80%, 40% and 20% of evaporation from U. S. Class A Pan could be replenished during the period of RDI. Measured leaf water potentials of different treatments showed that stressed trees had more negative leaf water potentials during the period of RDI and less negative potentials after ending RDI, i. e. restarting full irrigation than the control, which were fully irrigated at all times. Shoot growth of 40% and 20% treatment trees was significantly depressed as compared with that of 80% treatment (control) trees. Growth of fruits on 40% and 20% treatment trees was slightly slower during RDI period and significant faster after restarting full irrigation than that on 80% treatment. As results, yields of fruit on both 40% and 20% treatments trees were of 20% higher than those on 80% treatment trees with 95% significances together with a substantial saving in irrigation water.

Key words　Regulated deficit irrigation, Leaf water potential (s), Peach tree growth, Peach fruit growth

A Numerical Model for Simulating the Temperature and Moisture Regimes of Soil Under Various Mulches*

Sui Hongjian, Zeng Dechao, Chen Fazu

Abstract　A two-dimensional numerical model for simulation of the effects of mulches was developed, and the governing equations were solved by the finite element approach of Galerkin-type together with the Douglas-Dupout prediction-correction method. A simulation program to predict the influence of porous and film mulches on heat and vapour transport under conditions of evaporation was developed and validated by field experiment. Preliminary application of the program showed that clear polyethylene film increase soil temperature the most effectively. However, there was little difference in the conservation of soil moisture for the three types of mulch, and paper coated with oil could significantly improve the soil microclimate for seed germination.

Introduction

Mulching is very effective in modifying the soil microclimatic conditions for plant growth. In the last 20 years, the mulching effects of various kinds of plastic and natural materials have been tested in field experiments, especially for the effect on soil temperature (Katan, 1979; Maurya and Lal, 1981; Gurnah, 1987). Computer modelling can provide a means of predicting the effects of mulching and, in many circumstances, can cut down drastically the amount of field test required. A one-dimensional numerical model for the prediction of soil temperature beneath clear polyethylene (PE) film was presented by Mahrer (1979), and a two-dimensional numerical model for the same prediction was presented later by Mahrer and Katan (1981). A one-dimensional model for both soil water and heat behaviour was presented by Mahrer (1984). The results in his study showed that the moisture content of the mulched lower at the edge of the mulch than at the middle. A one-dimensional model for soil temperature regime under an asphalt emulsion film was developed by Chen (1980), with the assumption that the film is in close content with the soil surface. A one-dimensional model suitable for describing both heat and moisture transfer through a surface residue-soil system was also developed by Bristow and Campbell (1986). However, in that model the effect of the density and the arrangement of the porous mulch was not considered.

In the present work, the effects of various mulches were classified into two categories: porous mulches (e.g. straw, gravel, sand, etc.) and film mulches (e.g. oiled paper, asphalt emulsion film, etc.). Porous mulches were treated as porous materials similar to soil. The primary functional factors of a porous mulch that can affect soil moisture and temperature regimes are its heat and vapour transport parameters, such as heat capacity, heat conductivity and vapour transport resistance, whereas the primary functional factors of a film mulch are its optical properties such as albedo, transmissivity and

* 本文出处: Agricultural and Forest Meteorology, 61, 1992.

emissivity of short-and long-wave radiation. A two-dimensional model was established to predict the heat and moisture regimes of soil under a strip mulch.

The Model

The numerical model consists of two parts: one for the soil layer and one for the mulch layer. A schematic description of the mulched soil column is given in Fig. 1.

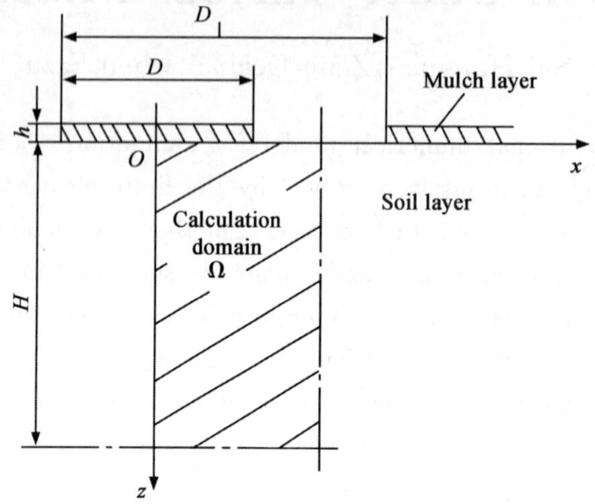

Fig. 1 Schematic description of the mulched soil column under investigation by applying the expressions.

The soil layer

The moisture transfer equation given by Philip and De Vries (1957) is

$$\frac{\partial\theta}{\partial t}=\frac{\partial}{\partial z}\left(D_\theta\frac{\partial\theta}{\partial z}\right)+\frac{\partial}{\partial x}\left(D_\theta\frac{\partial\theta}{\partial x}\right)+\frac{\partial}{\partial z}\left(D_{tv}\frac{\partial T}{\partial z}\right)+\frac{\partial}{\partial x}\left(D_{tv}\frac{\partial T}{\partial x}\right)-\frac{\partial K}{\partial z} \tag{1}$$

where θ is the volumetric moisture content (m^3m^{-3}), t is the time (in seconds), x and z are the horizontal and vertical coordinates (m), respectively. D_θ is the isothermal moisture diffusivity (m^2s^{-1}), D_{tv} is the thermal vapour diffusivity ($m^2s^{-1}K^{-1}$), and can be calculated by the formula given by Philip and De Vries (1957) and T is the soil temperature (K). K is the isothermal liquid water conductivity (ms^{-1}), which is calculated from the formula $K=C_wD$, where D is the soil liquid water diffusivity ($m^2 s^{-1}$), and $C_w=-\partial\theta/\partial\theta\psi$ is the Volumetric water capacity (m^{-1}), with ψ the matrix potential (m^{-1}). C_w can be calculated by graphic differentiation of the soil moisture characteristic curve.

$$\frac{\partial\theta}{\partial t}=C_w\frac{\partial\psi}{\partial t}$$

and

$$D_\theta=K_w\frac{\partial\psi}{\partial\theta}$$

eqn. (1) can be deduced as

$$C_w\frac{\partial\psi}{\partial t}=\frac{\partial}{\partial z}\left(K_w\frac{\partial\psi}{\partial z}\right)+\frac{\partial}{\partial x}\left(K_w\frac{\partial\psi}{\partial x}\right)+\frac{\partial}{\partial z}\left(D_{tv}\frac{\partial T}{\partial z}\right)+\frac{\partial}{\partial x}\left(D_{tv}\frac{\partial T}{\partial x}\right)-\frac{\partial K}{\partial z} \tag{2}$$

$K_w=K+K_v$, is the isothermal moisture conductivity (ms^{-1}).

The soil heat transfer equation was given by Philip and De Vries (1957) as

$$C_h \frac{\partial T}{\partial t} = \frac{\partial}{\partial z}\left(\lambda \frac{\partial T}{\partial z}\right) + \frac{\partial}{\partial x}\left(\lambda \frac{\partial T}{\partial x}\right) + \rho_l L \frac{\partial}{\partial z}\left(K_v \frac{\partial \psi}{\partial z}\right) + \rho_l L \frac{\partial}{\partial x}\left(K_v \frac{\partial \psi}{\partial x}\right) \tag{3}$$

where C_h is the volumetric heat capacity ($Jm^{-3}K^{-1}$), λ is the thermal conductivity ($Jm^{-1}s^{-1}K^{-1}$), both C_h and λ are evaluated according to De Vries (1963), ρ_l is the density of liquid water (kgm^{-3}), L is the heat of vaporization (Jkg^{-1}) and K_v is the isothermal vapour conductivity (ms^{-1}), which is calculated by the formula given by Philip and De Vries (1957).

Soil boundary conditions

At the soil-mulch interface, $z = 0, 0 \ll x \ll D/2$;

$$-K_w \frac{\partial \psi}{\partial z} - D_{tv} \frac{\partial T}{\partial z} + K = E_{s_1}(t, x) \tag{4}$$

$$-\lambda \frac{\partial T}{\partial z} - \rho_l L K_v \frac{\partial \psi}{\partial z} = S_1(t, x) \tag{5}$$

Where $E_{s_1}(t, x)$ is the soil-mulch moisture flux, which is equal to the mulch evaporation rate (ms^{-1}), and $S_1(t, x)$ is the heat flux ($Jm^{-1}s^{-1}$) at the soil-mulch interface.

At the soil-atmosphere interface, $z = 0, D/2 \ll x \ll D_1/2$;

$$-K_w \frac{\partial \psi}{\partial z} - D_{tv} \frac{\partial T}{\partial z} + K = E_s(t, x) \tag{6}$$

$$-\lambda \frac{\partial T}{\partial z} - \rho_l L K_v \frac{\partial \psi}{\partial z} = S(t, x) \tag{7}$$

Where $E_s(t, x)$ and S(t, x) are the evaporation rate and heat flux at the soil-atmosphere interface respectively.

At the soil lateral boundaries, $x = 0, x = D/2, 0 \ll z \ll H$, the heat and moisture flux are equal to zero, because the two sides of each boundary line are symmetrical, that is,

$$-K_w \frac{\partial \psi}{\partial x} - D_{tv} \frac{\partial T}{\partial x} + K = 0 \tag{8}$$

$$-\lambda \frac{\partial T}{\partial x} - \rho_l L K_v \frac{\partial \psi}{\partial x} = 0 \tag{9}$$

The above equations of soil boundary condition (eqns. (4)~(9)) can be derived from the moisture and heat transfer eqns. (2) and(3).

At the base of the soil profile, $0 \ll x \ll D_1/2, z = H$;

$$\psi = \psi(H) \tag{10}$$

$$T = T(H) \tag{11}$$

Initial condition, $t=0$

$$\psi = \psi_0(x, z) \tag{12}$$

$$T = T_0(x, z) \tag{13}$$

The soil surface temperature, conductive heat flux and evaporation rate at the soil-atmosphere interface are calculated by the aerodynamic approach (Van Bavel and Hillel, 1976).

The mulch layer

Porous mulch

The porous mulch was simplified as a layer of porous materials for heat transfer. As the mulching width and length is much greater than the thickness, and the boundary conditions are homogeneous, the one-dimensional diffusion equation is applied:

$$C_m \frac{\partial T}{\partial t} = \frac{\partial}{\partial z}\left(\lambda_m \frac{\partial T}{\partial z}\right) \tag{14}$$

where C_m is the mulch volumetric heat capacity ($Jm^{-3}K^{-1}$) and λ_m is the heat conductivity of mulch ($Wm^{-1}K^{-1}$). Both C_m and λ_m are evaluated according to De Vries (1963).

Mulch surface temperature is computed from the soil-air interface heat balance equation using the modified Newton iteration method which is called the secant method (Atkinson, 1978). Because the mulch is made of porous materials, the approach of Van Bavel and Hillel (1976) was applied to calculate the sensible heat flux.

The heat balance equation is

$$R_n - LE_{s_1} - A - S_{m_1} = 0 \tag{15}$$

where Rn is the net radiation (Wm^{-2}), S_{m_1} and A are the mulch heat and sensible heat fluxes (Wm^{-2}), respectively, and E_{s_1} is the mulch evaporation rate.

Mulch evaporation rate is calculated, according to Van Bavel and Hillel (1976), as

$$E_{s_1} = (H_s - H_a)/(R_{am} + r_s + r_m)$$

where H_s and H_a are the absolute humidity of the air at the soil surface and at a reference elevation (2 m)(kgm^{-3}), respectively, R_{am} is the aerodynamic resistance between the mulch surface and the reference elevation (sm^{-1}), which is calculated by the formula of Van Bavel and Hillel (1976), r_s is the transport resistance at the soil surface (sm^{-1}) which is dependent upon its density, arrangement and material. r_s and r_m are determined by the method of Camillo and Robert(1986).

The net radiation is expressde as follows:

$$R_n = (1-\alpha)R_g + R_1 - \varepsilon_m \sigma T m^4$$

where R_g is the total short-wave irradiance (Wm^{-2}), R_1 is the long-wave sky irradiance (Wm^{-2}), α is the mulch albedo, ε_m is the mulch emissivity, Tm is the mulch surface temperature (K) and σ is the Stefan-Boltzmann constant.

The mulch heat flux is given by

$$S_{m_1} = -\lambda_m (T_{m_1} - T_m)/Z_{m_1}$$

where T_{m_1} is the mulch temperature at the depth Z_{m_1} (K). The sensible heat flux is given by

$$A = C(T_a - T_m)/R_{am} \tag{16}$$

where C is the volumetric specific heat of the air ($Jm^{-3}K^{-1}$) and T_a is the air temperature at the reference elevation (K).

At the mulch-soil interface

$$Tm_n = T_s \tag{17}$$

where Tm_n and Ts are the mulch bottom and soil surface temperature (K), respectively. Soil surface temperature at the soil-mulh interface is computed from the heat balance equation after the mulch temperature regime is calculated. At the soil-mulch interface, the net radiation is considered to be negligible. Thus the heat balance equation can be given by

$$S_1 - S_m = 0 \tag{18}$$

where S_1 and S_m are the soil and mulch heat flux (Wm^{-2}), respectively.

The expression for the mulch heat flux is

$$S_m = \lambda_m (T_{m_{n-1}} - T_s)/(h - Z_{m_{n-1}})$$

where $T_{m_{n-1}}$ is the mulch temperature at the depth $Z_{m_{n-1}}$ (K), $Z_{m_{n-1}}$ is the depth of mulch at the layer $n-1$ (m) and h is the mulch thickness (m).

The expression for the soil heat flux is

$$S_1 = -\lambda_1 (T_1 - T_s)/Z_1$$

where λ_1 is the soil heat conductivity of the layer from the soil surface to the depth Z_1 ($Wm^{-1}K^{-1}$) and T_1 is the soil temperature at depth Z_1 (K).

Film mulch

Much work has been done in simulating the effect of transparent PE film on the soil temperature and moisture regimes. Here the Mahrer method (1984) is modified to determine the surface temperature of soil mulched with film, such as oiled paper or asphalt emulsion film. The characteristics of the films are their optical properties, such as long-and short-wave transmissivities, albedo and emissivity.

The mulched soil surface energy balance equation is expressed as follows:

$$R_n - S_1 - E_0 - A_0 = 0 \tag{19}$$

where E_0 and A_0 are the latent and sensible heat fluxes (Wm^{-2}), respectively.

The expression for net radiation R_n is given by

$$R_n = (1-\alpha)R_s R_g + \varepsilon \beta_1 R_1 - \varepsilon \varepsilon_m \sigma Tm^4 - \varepsilon\sigma Ts^4$$

where β_s, β_1 are the transmissive coefficients of the film to short-and long-wave radiation, respectively, and ε is the soil emissivity.

The expressions for the sensible and latent fluxes are (Mahrer, 1984)

$$A_0 = \rho C\ (T_s - T_m)^{4/3}$$
$$E_0 = \rho L\ (T_s - T_m)^{1/3}(qs - qm)$$

where ρ is the air density (kgm^{-3}) and qs and qm are the saturated specific humidities at the temperature of soil surface and mulch, respectively. Thus, eqn. (19) is rewritten as follows:

$$FT_s = R_n(T_s, T_m) - A_0(T_s, T_m) - E_0(T_s, T_m) - S(T_s) = 0 \tag{20}$$

The energy balance equation for the film mulch is

$$R_{n_1} + A_0 + E_0 - A = 0 \tag{21}$$

where A is the film's sensible heat flux (Wm^{-2}), and its expression is the same as eqn. (16) instead of that of Mahrer (1984). R_{n_1} is the net radiation, and is expressed as

$$R_{n_1} = \varepsilon_m R_1 - \delta R_g + \varepsilon_m \varepsilon \sigma\ (T_m)^4$$

where $\delta = 1 - \beta_s - \varepsilon_m$ is the absorptive coefficient for the solar radiation.

In the same way, eqn. (21) is rewritten as follows:

$$FT_m = R_{n_1}(T_s, T_m) - A(T_m) + A_0(T_s, T_m) + E_0(T_s, T_m) \qquad (22)$$

The soil and mulch temperature can be determined from (20) and (22) by combining the secant and the iteration approach. The steady convergence of the computation of the two equations requires an initial condition $T_s \neq T_m$.

Solution Procedure

The flow chart of the computer program MSMTRF-I is given in Fig. 2. The required input and the initial data are the photometric and physical properties of the mulch, soil characteristics (texture and hydraulic parameters), finite element profiles of initial water content and temperature for both the mulch and soil. The atmospheric boundary conditions needed at each step are the global radiative fluxes, air temperature, relative humidity and wind speed. The numerical experiments were run on an IBM personal microcomputer. For a time interval, Δt, of 15 min, a 24 h simulation requires about 4 h on an IBM-XT computer and 40 min on an IBM-386 microcomputer.

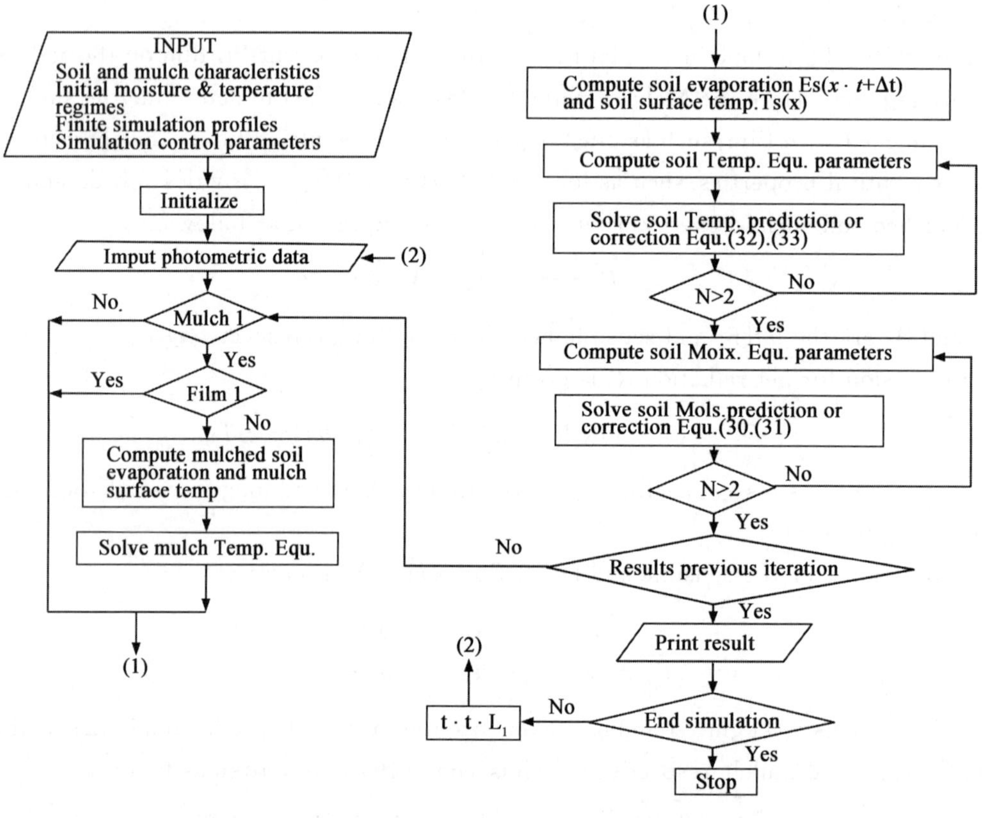

Fig. 2 Simplified flow chart of the computer program

Experimental Procedure

The performance of the model in correctly predicting temperature and moisture regimes of a seedbed mulched with porous or film mulches was tested at the Yucheng Experimental Station, Institute of Geography, Chinese Academy of Sciences, in April 1989. The soil at this location is a clay loam, composed of 41% sand, 31% silt and 22% clay. The water table is at about 2 m depth. Cotton seed had been sown on 17 April and the soil was mulched immediately after sowing. Three kinds of strip mulching, i.e. wheat straw (with a straw length of about 5 cm and a mulching thickness of about

5 cm), clear PE film (of 0.015 mm thickness) and oiled paper (newspaper coated with lubrication oil), as well as a bare soil plot (control), were tested. Each mulching treatment consisted of two strips, to eliminate the edge effect of the mulch. Wind speed, air temperature and humidity were recorded at 2h intervals, at 2m elevation on the same plot. The temperature profiles in soil were recorded at 06:00h, 10:00h, 14:00h, 18:00h each day with thermistor probes at depths of 5, 10, 15 and 20 cm horizontally both outside and inside the strip mulch. The surface temperature of soil and mulches were measured with an IR thermometer at 06:00h, 08:00h, 10:00h, 12:00h, 14:00h, 16:00h and 18:00h each day. The soil moisture contents were measured by gravimetric analysis at depths of 1, 5, 10 and 20 cm and by collimated neutron probe at depths of 30, 50, 70, 90 and 120 cm beneath the mulch centre line. Meanwhile, the soil moisture contents were also measured by gravimetric analysis at a depth of 5 cm at 0, 10 and 20 cm horizontally both outside and inside the strip mulch. The experimental arrangement of the strip mulching is shown in Fig. 3.

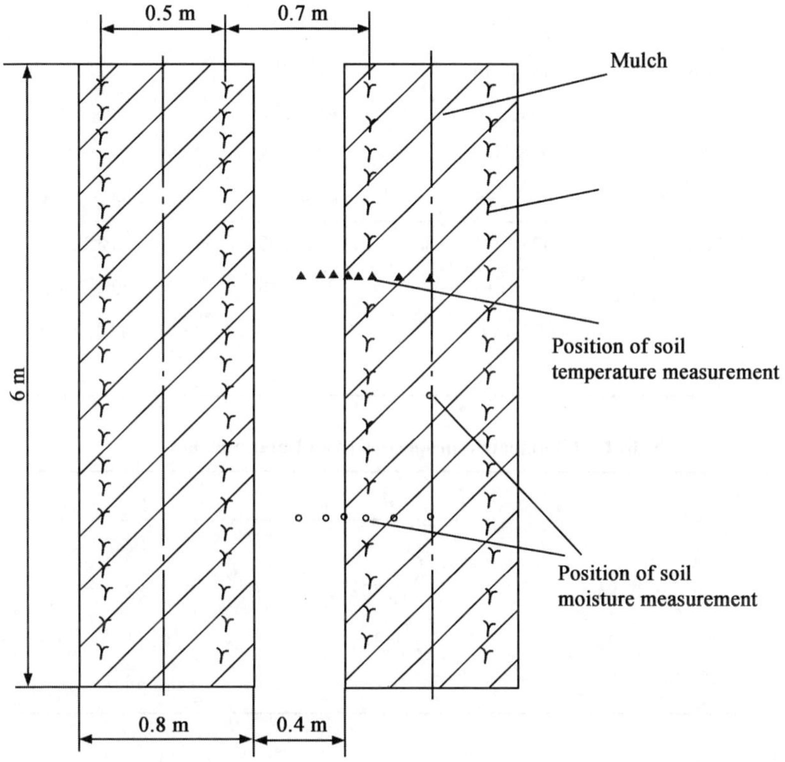

Fig. 3 Layout of strip mulch pattern and the soil moisture and temperature measurements. The circle at the mulch centre represents the layout point of the collimated neutron probe. The solid triangle at the centre line of the mulch represents the layout points of the thermistor probes, at depths of 5, 10, 15 and 20 cm.

The soil moisture characteristic curve was measured by a pressure plate apparatus, at pressures of 0～15 bar. The soil liquid water diffusivity was measured by a horizontal soil cylinder method (Lei et al., 1988). The soil texture and hydraulic parameters are listed in Tab. 1.

The measurements of photometric properties of soil and mulches were carried out before and during the field experiment. The transmissive coefficient β_s of film mulches to short-wave radiation was measured by a DU-7 spectrometer. The albedoes α and α_m of soil and mulch surfaces were measured five times a day by an albedometer at the same plot at the Yucheng Experimental Station. The average daily mean albedo for 3 days for soil and mulches was adopted. The transmissive coefficient β_l of film mulches to the long-wave radiation was determined using two grey sources with different temperatures to eliminate the influence of IR radiation from the film itself (Zhang and Niu, 1981). The emissivities ε and ε_m of soil and mulches were also determined by the method of Zhang and Niu (1981). The photometric properties of the soil and mulches are listed in Tab.2.

Tab.1 Soil texture and hydraulic parameters for experimental plot at Yucheng Experimental Station

Depth (m)	Bulk density (kgm^{-3})	Moisture characteristic curve $\psi=-a\,e^{b\theta}$ (m)		Water conductivity $K=a_1\,(\theta/\theta_s)^{b1}$ ($m\,s^{-1}$)	
		a	b	a_1	b_1
0~0.05	1.2E3	5602.31	−31.40	2.65E−8	4.75
		θ≤0.15	θ≤0.15	θ≤0.28	θ≤0.28
		444.73	−15.28	8.88E−6	12.60
		θ>0.15	θ>0.15	θ>0.28	θ>0.28
0.05~0.10	1.3E3	3587.26	−26.20	4.22E−8	5.78
		θ≤0.15	θ≤0.15	θ≤0.28	θ≤0.28
		403.99	−14.15	1.19E−5	11.70
		θ>0.15	θ>0.15	θ>0.28	θ>0.28
0.10~0.80	1.4E3	3370.71	−24.03	3.33E−9	4.62
		θ≤0.15	θ≤0.15	θ≤0.28	θ≤0.28
		423.47	−13.28	4.20E−5	11.76
		θ>0.15	θ>0.15	θ>0.28	θ>0.28

Tab.2 Photometric properties of soil and mulches

	β_s	β_l	α	ε
Soil			0.23	0.95
PE film	0.84	0.75	0.32	0.15
Oiled paper	0.08	0.07	0.21	0.79
Straw			0.32	0.84

Results and Discussion

Fig.4 and 5 show the diurnal observed and simulated variations in soil moisture and temperature respectively at depths of 5cm and 20cm, on 22-26 April for a bare plot and plots mulched with clear PE film, oil-coated paper and wheat straw. Fig.6 and 7 show the horizontal variations of daily mean soil temperatures and moisture contents at a depth of 5cm from the outside to the inside of the mulch strip. The maximum of the relative differences between the predicted and observed values was less than 15%. The residual variances of the observed values with the corresponding predicted values at soil depths of 5 and 20 cm used to judge the performance of the model. The residual variances of soil temperatures are 0.2269℃², 0.3451℃², 0.4805℃² and 0.1874℃² for PE film, oiled paper, straw and the bare plot, respectively. These show that the average errors of soil temperatures between the predicted and observed values are less than 0.7℃. The residual variances of soil moisture contents are

0.2794E-3(m^3m^{-3})^2, 0.3451E-3(m^3m^{-3})^2, 0.3385E-3(m^3m^{-3})^2 and 0.4461E-3(m^3m^{-3})^2 for PE film, oiled paper, straw and the bare plot, respectively. These show that the average errors of soil moisture contents between the predicted and observed values of soil temperatures and moisture contents under conditions of evaporation are in good agreement with the corresponding observed values.

Mulching with PE sheet gave the highest soil temperatures, those for the oiled paper were slightly lower than those for the PE film, and the straw mulch showed the lowest temperature of the four treatments. The soil moisture levels were similar for all the mulched treatments. All of the mulches have a good ability to conserve water in the soil, and, on average, mulched treatments had about 25% more soil moisture than the unmulched plot at 5 cm depth. Although the PE film gave the largest increase in soil temperature, it is difficult to dispose of, as it does not degrade easily. The paper coated with oil significantly increased the soil temperature and conserved soil moisture. It remained intact for 10 days, was degraded and caused only minimal pollution of the soil. For the germinating period, oiled paper appears to be a better mulch than the PE film, in terms of both increasing soil temperature and conserving soil wetness. The straw mulch reduced the soil temperature. It is not suitable for mulching during the germination period. However, it can conserve soil moisture as effectively as PE film and oiled paper. Moreover, the straw mulch also has the advantage of improving soil structure and increasing its humus content.

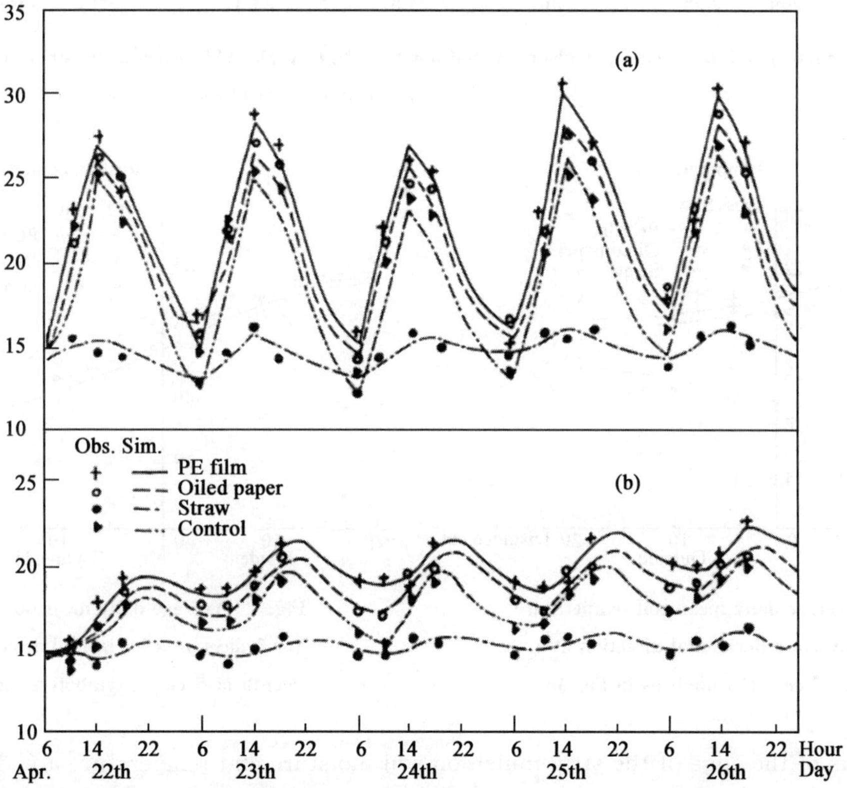

Fig.4 Simulated and observed soil temperature variations for 22-26 April 1989 beneath the strip mulch centre.

(a) At a depth of 5 cm. (b) At a depth of 20 cm. ⋯, Simulation of PE film; ——, oil-coated paper; - -, wheat straw; - · ·, control. Observed values are represented as follows: +, PE film; ○, oil-coated paper; ●, straw; ▲, control.

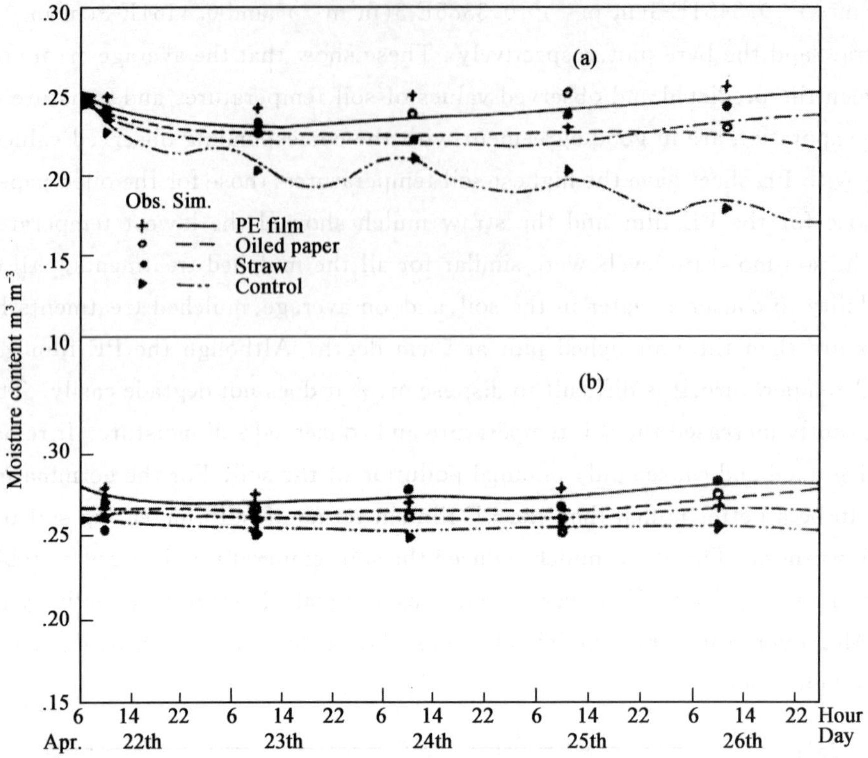

Fig.5 Simulated and observed soil moisture variations for 22-26 April 1989 beneath the strip mulch centre.

(a) At a depth of 5 cm. (b) At a depth of 20 cm. (Symbols as in Fig.4)

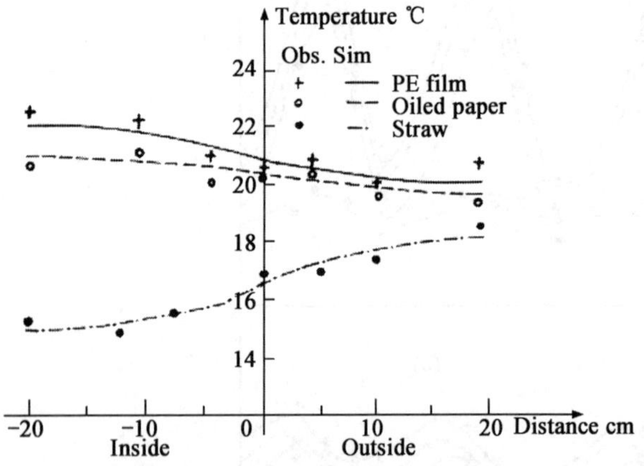

Fig.6 Average daily mean soil temperature for 3 days, in a horizontal direction at a depth of 5 cm. (Symbols as in Fig.4)

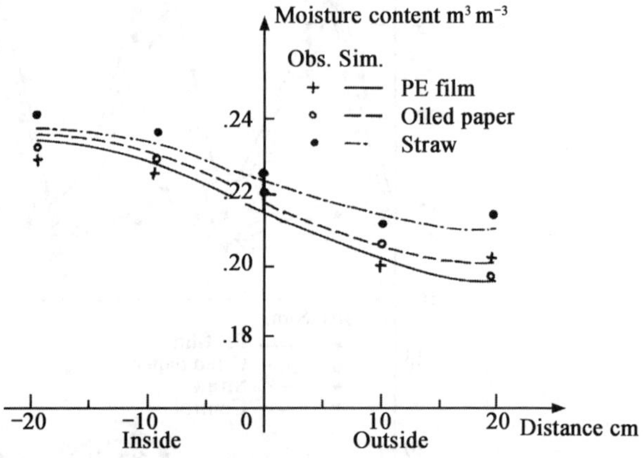

Fig.7 Average daily mean soil moisture for 3 days, in a horizontal direction at a depth of 5 cm. (Symbols as in Fig.4)

The effects of the edge of the strip mulch on soil moisture and temperature are shown in Figs. 6 and 7. The horizontal gradients of the daily mean soil temperatures and soil moisture contents at 5 cm depth away from the edge of the mulch were approximately 1℃ in 10cm and $0.02cm^3 cm^{-3}$ in 10cm, respectively. The horizontal gradient of the daily mean soil temperatures is consistent with the result obtained by Mahrer and Katan (1981), who found an average gradient of daily maximum and daily minimum soil temperatures of about 1.25℃ in 10cm. These results suggest that a two-dimensional model for simulating the effect of a trip mulch on soil temperature and moisture is necessary.

The results are similar to the experimentally observed values of Maurya and Lal (1981). In their study, clear PE film, rice straw and an unmulched soil plot were tested. The differences in soil moisture reserve at 5 cm depth for the two mulching treatments were small, and the mulched treatments had 20%～30% more soil moisture than the unmulched plot. The PE film increased the maximum soil temperature at 5 cm depth by 5℃ and the straw reduced it about 5℃ compared with the bare plot.

Conclusion

A numerical two-dimensional model to predict mulched soil moisture and temperature regimes under conditions of evaporation has been developed, tested and verified. The model can be used in decision-making on the most appropriate time for mulching and sowing, and the best mulch material, and especially on the selection of mulching characteristics, such as mulching thickness, width and density, for particular agricultural and plant requirements. Oil-coated paper mulch is highly efficient in conserving soil moisture and increasing soil temperature during the germination period. It is cheap, and decomposes in situ.

References

[1] Atkinson, K. E., 1978. An introduction to numerical analysis. Wiley, New York, 587 pp.

[2] Bristow, K. L. and Campbell, G. S., 1986. Simulation of heat moisture transfer through a surface-residue-soil system. Agric. For. Meteorol., 136:193-214.

[3] Camillo, P. J. and Robert, J. G., 1986. A resistance parameter for bare soil evaporation models. Soil Sci., 141:225-232.

[4] Chen, F., 1980. A micrometeorological study on the thermal effect of soil mulching. Acta Geogr. Sin., 35:68-75.

[5] De Vries, D. A., 1963. Thermal properties of soils. In: W. R. van Wijk (Editor). Physics of Plant Environment. North-Holland, Amsterdam, pp. 210-235.

[6] Gurnah, A. M., 1987. Effect of mulches on soil temperature under Arabica coffee at Kebete, Kenya. Agric. Meteorol., 25:234-244.

[7] Katan, J., 1979. Solar heating of the soil by polyethylene mulching for the control of plant diseases and weeds. ASAE Paper, 46.

[8] Lei, Z., Yang, S. and Hui, S., 1988. Soil water dynamics. Chinese Science Publishing Co., Beijing, 282 pp.

[9] Mahrer Y., 1979. Prediction of soil temperature of a soil mulched with transparent polyethylene. J. Appl. Meteorol., 18:1263-1267.

[10] Mahrer, Y. and Katan, J., 1981. Spatial soil temperature regime under transparent polyethylene mulch: numerical and experimental studies. Soil Sci., 131:82-87.

[11] Mahrer, Y., 1984. Temperature and moisture regimes in soils mulched with transparent polyethylene. Soil Sci. Soc. Am. J., 48:362-367.

[12] Maurya, P. R. and Lal, R., 1981. Effects of different mulch materials on soil properties and on the root growth and yield of maize and cowpea. Field Crops Res., 4:33-45.

[13] Philip, J. R. and de Vries, D. A., 1957. Moisture movement in porous materials under temperature gradients. Trans. Am. Geophys. Union, 38:222-232.

[14] Pinder, G. F., 1982. Numerical solution of partial differential equations science and engineering. Wiley, New York, 677 pp.
[15] Van Bavel, C. H. M. and Hillel, D. I., 1976. Calculating potential and actual evaporation from bare soil surface by simulation of concurrent flow of water and heat. Agric, Meteorol., 17: 453-476.
[16] Zhang, Y. and Niu, W., 1981. Principle and application for asphalt emulsion mulch. Chinese Science Publishing Co., Beijing, 107 pp.

Appendix A: List of Symbols

A	mulch sensible heat flux (Wm^{-2})
A_0	mulched soil sensible heat flux (Wm^{-2})
C	volumetric heat of the air ($Jm^{-3}K^{-1}$)
C_h	soil volumetric heat capacity ($Jm^{-3}K^{-1}$)
C_m	mulch volumetric heat capacity ($Jm^{-3}K^{-1}$)
C_w	soil volumetric water capacity (m^{-1})
D_{tv}	soil thermal vapour diffusivity ($m^2s^{-1}K^{-1}$)
D_θ	soil isothermal moisture diffusivity (m^2s^{-1})
D_1	sum of mulch and unmulched soil width of the strip mulch (m)
E_0	mulched soil latent heat flux (Wm^{-2})
$Es(t, x)$	soil evaporation rate at the soil-atmosphere interface (ms^{-1})
$Es_1(t, x)$	mulch evaporation rate equal to soil-mulch water flux (ms^{-1})
h	mulching thickness (m)
H	depth of the domain Ω (m)
Ha	absolute humidity of the air at 2 m elevation (kgm^{-3})
Hs	absolute humidity of the soil surface (kgm^{-3})
K	soil isothermal liquid water conductivity (ms^{-1})
K_v	soil isothermal vapour conductivity (ms^{-1})
K_w	soil isothermal moisture conductivity (ms^{-1})
L	heat of vaporization (Jkg^{-1})
q_m	saturated specific humidities at mulch surface
qs	saturated specific humidities at soil surface
r_m	vapour transport resistance of mulch (sm^{-1})
r_s	vapour transport resistance at soil surface (sm^{-1})
R_c	aerodynamic resistance between soil surface and 2 m elevation (sm^{-1})
R_{cm}	aerodynamic resistance between mulch surface and 2 m elevation (sm^{-1})
R_g	total short-wave irradiance (Wm^{-2})
R_1	long-wave sky irradiance (Wm^{-2})

R_n	net radiation (Wm^{-2})
R_{n_1}	net radiation of the film mulch (Wm^{-2})
$S(t,x)$	soil heat flux at the soil-atmosphere interface ($Jm^{-1}s^{-1}$)
$S_1(t,x)$	soil heat flux at the soil-mulch interface ($Jm^{-1}s^{-1}$)
$S_m(t,x)$	mulch heat flux at the soil-mulch interface ($Jm^{-1}s^{-1}$)
$S_{m_1}(t,x)$	mulch heat flux at mulch-atmosphere interface ($Jm^{-1}s^{-1}$)
t	time (s)
T	soil temperature (K)
$T_0(x,z)$	initial soil temperature (K)
T_1	soil temperature at the depth z_1 (K)
T_a	air temperature at the reference elevation (K)
T_m	mulch surface temperature (K)
T_{m_n}	mulch bottom temperature (K)
T_{m_1}	mulch temperature at depth Zm_1 (K)
$T_{m_{n-1}}$	mulch temperature at depth Zm_{n-1} (K)
Ts	soil surface temperature (K)
x, z	horizontal and vertical coordinates, respectively (m)
Z_1	soil depth of layer 1 (m)
Z_{m_1}	mulch depth of layer 1 (m)
$Z_{m_{n-1}}$	mulch depth of layer n-1 (m)
x, x_m	soil and mulch albedoes, respectively
β_1	transmissive coefficient of the film for the long-wave radiation
β_s	transmissive coefficient of the film for the short-wave radiation
δ	absorptive coefficient for the solar radiation
$\varepsilon, \varepsilon_m$	soil and mulch emissivities, respectively
θ	soil volumetric moisture content (m^3m^{-3})
θ_s	saturated soil volumetric moisture content (m^3m^{-3})
λ	soil thermal conductivity ($Jcm^{-1}s^{-1}K^{-1}$)
λ_m	mulch thermal conductivity ($Jcm^{-1}s^{-1}K^{-1}$)
λ_1	soil thermal conductivity of the layer from depth 0 to z_1 ($Jcm^{-1}s^{-1}K^{-1}$)
ρ	density of air (kgm^{-3})
ρ_1	density of liquid water (kgm^{-3})
σ	Stefan-Boltzmann constant
ψ	soil matric potential (m)
$\psi_0(x,z)$	initial soil matric potential (m)

Appendix B: Numerical Approach

First, the governing eqns. (2) and (3) are rewritten as follows:

$$L(\psi)=\nabla\cdot(K_w\nabla\psi)+\nabla\cdot(D_{tv}\nabla T)+\frac{\partial K}{\partial z}-C_w\frac{\partial\psi}{\partial t}=0 \tag{A1}$$

$$L(T)=\nabla\cdot(\lambda\nabla T)+\rho_1 L\nabla\cdot(K_v\nabla\psi)-C_h\frac{\partial T}{\partial t}=0 \tag{A2}$$

Discretization of plane domain Ω

The region Ω as shown in Fig. 1 for soil heat and moisture transfer investigation is subdivided into N triangular elements. For the element e, according to the Galerkin method, the approximate solutions to the problem at any given time t are expressed as follows:

$$T=\sum_{i=1}^{m}N_i(x,z)T_i=[N]\{T(t)\}$$

$$\psi=\sum_{i=1}^{m}N_i(x,z)\psi_i=[N]\{\psi(t)\}$$

where $N_i(x,z)$ is the shape function of the node i on element e, m is the total number of nodes on e, and ψ_i and T_i are respectively the soil matric potential and temperature at node i.

According to the weighted residual method, in the domain Ω, the values of T and ψ must be determined so as to satisfy the initial and boundary conditions of the problem together with the orthogonality requirements

$$\iint_{\Omega}W_i\cdot L(\xi)\mathrm{d}\Omega=0 \tag{A3}$$

where W_i is the weigthed residual function and $L(\xi)$ represents eqns. (A1) and (A2).

By combining eqns. (A1)-(A3) and applying Green's first identity, a set of quasilinear differential equations is obtained:

$$[K_{11}]\{\psi\}+[K_{12}]\{T\}+[C_1]\frac{\partial\psi}{\partial t}=\{P_1\}+\{P_2\} \tag{A4}$$

$$[K_{21}]\{T\}+[K_{22}]\{\psi\}+[C_2]\frac{\partial T}{\partial t}=\{P_3\} \tag{A5}$$

where

$$\{\psi\}=[\psi_1,\psi_2,\cdots,\psi_n]^T$$

$$\{T\}=[T_1,T_2,\cdots,T_n]^T$$

$$[K_{11}]=\sum_e\iint_{\Omega_e}\left(\frac{\partial[N]^T}{\partial x}K_w\frac{\partial[N]}{\partial x}+\frac{\partial[N]^T}{\partial z}K_w\frac{\partial[N]}{\partial z}\right)\mathrm{d}x\mathrm{d}z$$

$$[K_{12}]=\sum_e\iint_{\Omega_e}\left(\frac{\partial[N]^T}{\partial x}D_{tv}\frac{\partial[N]}{\partial x}+\frac{\partial[N]^T}{\partial z}D_{tv}\frac{\partial[N]}{\partial z}\right)\mathrm{d}x\mathrm{d}z$$

$$[K_{21}]=\sum_e\iint_{\Omega_e}\left(\frac{\partial[N]^T}{\partial x}\lambda\frac{\partial[N]}{\partial x}+\frac{\partial[N]^T}{\partial z}\lambda\frac{\partial[N]}{\partial z}\right)\mathrm{d}x\mathrm{d}z$$

$$[K_{22}]=\rho_1 L\sum_e\iint_{\Omega_e}\left(\frac{\partial[N]^T}{\partial x}K_v\frac{\partial[N]}{\partial x}+\frac{\partial[N]^T}{\partial z}K_v\frac{\partial[N]}{\partial z}\right)\mathrm{d}x\mathrm{d}z$$

$$[C_1]=\sum_e\iint_{\Omega_e}[N]^T C_w[N]\mathrm{d}x\mathrm{d}z$$

$$[C_2] = \sum_e \iint_{\Omega_e} [N]^T C_h [N] \mathrm{d}x\mathrm{d}z$$

$$\{p_1\} = -\sum_e \int_{\Gamma_e} [N]^T E s \mathrm{d}\Gamma$$

$$\{p_2\} = \sum_e \iint_{\Omega_e} [N]^T \frac{\partial K}{\partial z} \mathrm{d}x\mathrm{d}z$$

$$\{p_3\} = -\sum_e \int_{\Gamma_e} [N]^T S \mathrm{d}\Gamma$$

where Ω_e and Γ_e are the plane domain and boundary of the element e.

Discretization of time domain and linearization procedure

Equations (A4) and (A5) are non-linear, because the coefficients K_w, C_w, D_{tv}, K_v and λ are dependent on the soil moisture and temperature. The Douglas-Dupout prediction-correction method (Pinder, 1982) is employed; this has the advantage of requiring less computer time than the iteration procedure. The method has two classes of time accuracy.

First, eqns. (A4) and (A5) are rewritten as follows:

$$[C_1]\frac{\partial \psi}{\partial t} + [K_{11}]\{\psi\} = \{P_A\} \tag{A6}$$

$$[C_2]\frac{\partial T}{\partial t} + [K_{21}]\{T\} = \{P_B\} \tag{A7}$$

where

$$\{P_A\} = \{P_1\} + \{P_2\} - \{K_{12}\}\{T\}$$
$$\{P_B\} = \{P_3\} - \{K_{22}\}\{\psi\}$$

By applying the prediction-correlation approach, finally we obtain the differential schemes for calculating soil moisture and temperature.

For the moisture regime:

Prediction:

$$\left\{[C_1]_r + \frac{(1+\omega)\Delta t}{2}[K_{11}]_r\right\}\{\psi\}_r^* = \Delta T\ \{P_A\}_r + \left\{[C_1]_r - \frac{(1-\omega)\Delta t}{2}[K_{11}]_r\right\}\{\psi\}_r \tag{A8}$$

Correction:

$$\left\{[C_1]_r^* + \frac{(1+\omega)\Delta t}{2}[K_{11}]_r^*\right\}\{\psi\}_{r+1} = \Delta t\ \{P_A\}_r^* + \left\{[C_1]_r^* - \frac{(1-\omega)\Delta t}{2}[K_{11}]_r^*\right\}\{\psi\}_r \tag{A9}$$

For the temperature regime:

Prediction:

$$\left\{[C_2]_r + \frac{(1+\omega)\Delta t}{2}[K_{21}]_r\right\}\{T\}_r^* = \Delta t\ \{P_B\}_r + \left\{[C_2]_r - \frac{(1-\omega)\Delta t}{2}[K_{21}]_r\right\}\{T\}_r \tag{A10}$$

Correction:

$$\left\{[C_2]_r^* + \frac{(1+\omega)\Delta t}{2}[K_{21}]_r\right\}\{T\}_{r+1} = \Delta t\ \{P_B\}_r^* + \left\{[C_2]_r^* - \frac{(1-\omega)\Delta t}{2}[K_{21}]_r^*\right\}\{T\}_r \tag{A11}$$

The coefficient matrices and the right-hand terms can then be expressed as follows:

$$[X]_r = [X(U_r)]$$

$$[X]_r^* = \left[X\left(\frac{(1+\omega)U_r^* + (1-\omega)U_r}{2}\right)\right]$$

where the matrix [X] represents $[C_1]$, $[C_2]$, $[K_{11}]$, $[K_{21}]$, $[P_A]$ and $[P_B]$, U represents the temperature T and matric potential ψ, the subscripts r and $r+1$ represent the time step t and $t+\Delta t$ respectively, the superscript * represents the predicted value, and ω is the differential scheme coefficient ($\omega=1$ represents the backward scheme, $\omega=0.5$ the time-centred scheme and $\omega=0.667$ the Galerkin scheme). For the mulch temperature differential scheme, eqns. (A10) and (A11) are also used but $\{P_B\} = \{P_3\}$.

不同覆盖条件对土壤水热分布影响的计算机模拟 I——数学模型*

隋红建　曾德超　陈发祖

摘要　本文建立了用于数值解的不同覆盖条件下土壤二维水热运动数学模型。该模型中多孔材料覆盖层(沙砾、秸秆等)被当作传热多孔介质处理，对水分传输的影响被当作具有一定阻力的阻挡层处理，且将油纸、塑膜及土面增温剂等均视为薄膜类材料。省略了许多假设条件，因而使覆盖效应的研究建立在更加科学的基础上，可以更为深入地了解覆盖层在不同气候条件下对土壤水分蒸发、入渗及地温影响机理和程度。为综合评价和选用农用覆盖材料及其参数提供了手段。

关键词　覆盖，土壤水热，计算机模拟

一、引言

随着各种覆盖材料在农业上的广泛应用(我国 1988 年塑膜覆盖面积达 200×10^4 ha 以上，沙田、秸秆覆盖面积均超过 6.7×10^4 ha[1])对覆盖效益的研究，即覆盖对土壤水热状况、肥力、盐分、杂草生长、病虫害等影响的研究也就显得十分必要了；其中土壤水热运移的研究是研究其他效应的基础。

近 20 年来，世界各国对各种覆盖材料的效应进行了大量的研究，其中绝大多数是关于土壤温度效应的实验研究。由于气候各异、地理条件差异很大，一时一地的科研成果难以推广到其他国家和地区；且实验周期长，耗费大量的人力物力。近年来，一些科研人员将数学模拟手段引入到这一领域中来，取得了可喜的进展。以色列 Mahrer 等[2]1979 年就首先对透明塑膜下土壤的温度分布进行了一维数学模拟研究，而后又对透明膜下一维土壤水热耦合传输、二维热运移进行了模拟研究，得出了塑膜覆盖下随土壤含水量的提高，其增温值逐渐加大；且覆盖边缘温度梯度很大的结论。为分析塑膜的增温保水效应打下了坚实的理论基础。国内中国科学院地理研究所陈发祖[3]也在假设忽略覆盖物与地表间空气层热交换及覆盖物上下表面热传导的情况下，建立了其一维土壤热传导的数学模型，模拟了土面增温剂对土壤温度的影响。另外，澳大利亚的 Bristow 和 Campbell[4]等假定风速在覆盖物内呈线性变化，对土壤-残茬-大气系统的水热耦合传输进行了一维模拟研究。在他们的模型中没考虑覆盖层密度、厚度对水汽及热传输的影响，所以其模型应用受到很大局限。由上可知，数学模拟的应用在此领域中除塑膜外，其他种类覆盖材料的水热效应的研究还仅仅属于起步阶段，还是局部的，一维的；缺乏对各种覆盖材料进行统一的归类，然后抽象出其共性——光学性能及物理性能指标，建立一综合性模型对其水热效应进行较深入的分析。

由于覆盖层一般采用条状(农作物)或轴对称状(树木)，其覆盖边缘土壤水温梯度较大，本文采用了二维土壤水热耦合控制方程。对于塑膜、土面增温剂、油纸类覆盖材料其边界条件均按薄膜类处理，忽略其本身厚度，且假定覆盖物紧贴地面。对于沙砾、秸秆、木渣等多孔材料，根据 Jacob Bear[5] 在“多孔介质流体动力学”中的定义，可视为多孔介质；因而可采用多孔介质的基本理论和方法来解决其对水热传输的影响问题。

---

*　本文出处：地理学报，1992 年 1 月，第 47 卷第 1 期

二、覆盖蒸发的数学模型

(一)多孔类覆盖层的控制方程及边界条件

对于多孔类覆盖层,由于覆盖层较薄,且孔隙较大,田间情况下液体含水量很小,因此将其简化为对水汽具有一定阻力的阻挡层,把水汽通过覆盖层的阻力迭加到蒸发强度的计算中。对热的传导视为多孔介质处理,由于覆盖面积相对于厚度可视为无穷大而且覆盖层上边界条件均一,因此分析覆盖层内部的热传导时视为一维情况。

热扩散控制方程为(Philip-De Vries,1957)[6]

$$C_m \frac{\partial T}{\partial t} = \frac{\partial}{\partial z}\left(\lambda_m \frac{\partial T}{\partial z}\right) \tag{1}$$

式中:C_m为覆盖物容积热容量(J/m^{3}K);λ_m为覆盖层导热率(J/m·s·K);T 为覆盖层温度(K);t 为时间(s);z 为覆盖层深度(m)。

边界条件:大气-覆盖物界面上,z=0

$$-\lambda_m \frac{\partial T}{\partial n} = S_m \tag{2}$$

式中:S_m为其界面的热流量(J/m^2s);n 为界面的法向坐标(M)。

覆盖物-土壤界面上,$z=H_1$

$$T_m = T_s \tag{3}$$

式中:T_m、T_s分别为覆盖物下表面及地表的温度(K)。

(二)土壤二维水热耦合方程及边界条件

非冻土土壤水分包括液态水与汽态水两部分。液态水的运移可用非饱和流的达西定律描述;汽态水的运移可用修正的 Fick 定律(Philip-de Vries,1957)描述;根据连续性定理经推导整理可得出温度影响下的土壤水分控制方程为:

$$C_w \frac{\partial \psi}{\partial t} = \frac{\partial}{\partial z}\left(K_w \frac{\partial \psi}{\partial z}\right) + \frac{\partial}{\partial z}\left(D_{tv} \frac{\partial T}{\partial z}\right) + \frac{\partial}{\partial x}\left(K_w \frac{\partial \psi}{\partial x}\right) + \frac{\partial}{\partial x}\left(D_{tv} \frac{\partial T}{\partial x}\right) - \frac{\partial K}{\partial z} \tag{4}$$

式中:C_w为土壤比水容量(M^{-1});ψ 为土壤基质势(M);$K_w=K+K_v$,K,K_v分别为绝热条件下土壤导水率及水汽传导率(m/s);D_{tv}为土壤温度梯度作用下的水汽扩散率(m^2/sK)。

土壤中热传导方程为(Philip-de Vries,1957)

$$C_h \frac{\partial T}{\partial t} = \frac{\partial}{\partial z}\left(\lambda \frac{\partial T}{\partial z}\right) + \rho_l L \frac{\partial}{\partial z}\left(K_v \frac{\partial \psi}{\partial z}\right) + \frac{\partial}{\partial x}\left(\lambda \frac{\partial T}{\partial x}\right) + \rho_l L \frac{\partial}{\partial x}\left(K_v \frac{\partial \psi}{\partial x}\right) \tag{5}$$

式中:C_h为土壤容积热容量(J/m^{3}K)。λ 为土壤导热率(J/m·s·K);ρ_l为液态水的密度(kg/m^3);L 为蒸发潜热(J/kg)。

边界条件:设 D_1为覆盖宽度,由于土壤中水热分布沿覆盖宽度方向对称,因此只计算一半即可。

上边界条件:

土壤与覆盖物接触面上,$0 \leqslant x \leqslant \frac{D_1}{2}$,$z=0$

$$-K_w \frac{\partial \psi}{\partial n} - D_{tv} \frac{\partial T}{\partial n} + K = E_{s1}(t,x) \tag{6}$$

$$-\lambda \frac{\partial T}{\partial n} - \rho_l L K_v \frac{\partial \psi}{\partial n} = S_1(t,x) \tag{7}$$

式中：$E_{s1}(t,x)$为蒸发强度(m/s)；$S_1(t,x)$为热流量(J/m^{2}s)。

土壤与大气接触面上，$\frac{D_1}{2} < x \leqslant \frac{D}{2}$，$z=0$

$$-K_w \frac{\partial \psi}{\partial n} - D_{tw} \frac{\partial T}{\partial n} + K = E_s(t,x) \tag{8}$$

$$-\lambda \frac{\partial T}{\partial n} - \rho_l L K_v \frac{\partial T}{\partial n} = S(t,x) \tag{9}$$

式中：$E_s(t,x)$为蒸发强度(m/s)；$S(t,x)$为热流量(J/m^{2}s)。

两侧边，$x=\frac{D}{2}$和$x=0$，$0 \leqslant z \leqslant H$，其热流量及水通量为零。

下边界条件：$0 \leqslant x < \frac{D}{2}$，$z=H$

$$\psi = \psi(H) \tag{10}$$

$$T = T(H) \tag{11}$$

初始条件：$t=0$

$$\psi = \psi_0(x,z) \tag{12}$$

$$T = T_0(x,z) \tag{13}$$

(三)土壤与大气界面地表温度、热流量及蒸发率的计算

采用 Hillel[7]算法，用热平衡计算土壤表面的温度，采用空气动力学阻力法计算其蒸发强度。在此，地表温度、热流及蒸发率均是时间与空间的函数。

(四)覆盖物与大气界面温度、热流量及蒸发率的计算

1.多孔介质类覆盖物

由于此类覆盖物与土壤类似均为多孔介质，因此也利用 Hillel 算法，并将覆盖层对水汽运移的影响计入蒸发阻力的计算中。且由于覆盖层较薄，因而将覆盖层间断对地表气流扰动的影响计入地表粗糙度计算中。

(1)覆盖物与大气界面上，可利用热平衡方程求层表温度。其热平衡方程为：

$$R_n = L E_s + A_m + S_m \tag{14}$$

式中：R_n为层表净辐射(w/m^2)；A_m覆盖物与大气显热交换(w/m^2)；S_m为层表热流(w/m^2)；E_s为覆盖层下地表蒸发率(m/s)。

进入空气中的显热

$$A_m = (T_m - T_a) C_a / R_{cm} \tag{15}$$

式中：T_a为空气温度(K)；C_a为空气容积热容量(J/m^3)；R_{cm}为空气动力学阻力(s/m)。

覆盖层下地表蒸发率

$$E_s = \frac{H_s - H_a}{R_{cm} + r_s + r_m} \tag{16}$$

式中，r_m为覆盖层的蒸发阻力(s/m)，是覆盖层厚度及密度的函数，与覆盖材料种类、排列方式有关。

H_s，H_a分别为地表及参考高度空气绝对湿度(kg/m^3)；r_s为地表的蒸发阻力(s/m)。

其层表热通量可用下式计算

$$S_m = -\lambda_m(T_{m1} - T_m)/z_{m1} \tag{17}$$

式中：T_{m1}为距覆盖层上表面z_{m1}深度处的温度(K)。

(2)覆盖物与土壤界面上，根据测试结果，当覆盖物厚度达到一定程度时，可假定到达此接触面的太阳长短波辐射为零；且此表面风速为零，不存在显热交换。并假定水汽通量在整个覆盖层的垂直方向为一定值且等于覆盖层表蒸发率。因此其热平衡方程式为

$$R_n = LE_s + S - S_{m1} = 0 \tag{18}$$

式中：S为地表热流量(w/m^2)；S_{m1}为覆盖物下表面热流量，其表达式为：

$$S_m = \lambda_m(T_{mn} - T_s)/(H_1 - z_{mn}) \tag{19}$$

式中：T_{mn}为距层表深z_{mn}处的覆盖层温度(K)，计算中用此时刻已计算出的覆盖层温度分布值，H_1为覆盖层厚度(M)。

用(18)式可计算出地表温度。

2.膜状类覆盖物

采用Mahrer方法[2]，假定覆盖层下所有从地面蒸发的水分冷凝后又重新均匀地回到了地面，造成了地表土层含水率大于其他各层。并将其热平衡方程进行了部分改进，在覆盖层与大气的显热交换计算中不采用Businger算法，因其参数计算较繁杂，仍采用空气动力学方法。

在此，将Mahrer法引入其他膜状材料的计算中。以其光学性质，包括长短波透过率，反射率及比辐射率作为各种材料的不同参变量。

三、覆盖入渗的数学模型

覆盖对于土壤水分入渗影响很大。覆盖层下的土壤由于免遭雨滴的直接打击，其地表土壤密度较小，因而可增加雨水的入渗速度。在多孔材料覆盖的情况下，可以忽略覆盖物的入渗阻力，因此可减少地表径流量，有利于雨水的下渗。在薄膜类材料覆盖时，由于薄膜对雨水的阻隔作用，从而加大了地表径流量，不利于雨水下渗。在干旱与半干旱地区，覆盖条件下雨水下渗效果是评价覆盖效益的重要指标之一。然而，目前尚未发现有关这方面的文献。

在降雨条件下，像太阳辐射、气温等气象因子变化幅度小，其覆盖边缘的土壤温差不会很大，因此忽略土壤热运动对土壤入渗的影响。

土壤水分运移控制方程为：

$$C_w\frac{\partial\psi}{\partial t} = \frac{\partial}{\partial x}\left(K\frac{\partial\psi}{\partial x}\right) + \frac{\partial}{\partial z}\left(K\frac{\partial\psi}{\partial z}\right) + \frac{\partial K}{\partial z} \tag{20}$$

式中参数定义同蒸发条件下控制方程。

上边界条件：对于实际的雨型，一开始降雨速率R小于土壤的最大入渗速率，故入渗率$q=R$；到时刻T_1时，土壤的最大入渗速率等于降雨强度，地表开始积水。此时上边界条件为地表始终达到饱和水分状态。在此不考虑积水的情况，假定余水全部流走。

多孔类材料覆盖与裸地相同

$$-K\left(\frac{\partial\psi}{\partial n} + 1\right) = R \quad t < T_1 \tag{21}$$

$$-K\left(\frac{\partial\psi}{\partial n} + 1\right) = R_1 \quad t \geqslant T_1 \tag{22}$$

式中：$Q_0(t)$为地表含水率(%)；Q_s为土壤饱和含水率(%)；R为实际降雨强度(m/s)。

薄膜类覆盖物

$$t < T_1 \begin{cases} -K\left(\frac{\partial\psi}{\partial n}+1\right)=0 & x \leqslant \frac{D_1}{2} \quad (23) \\ -K\frac{\partial\psi}{\partial n}+1=R_1 & x > \frac{D_1}{2} \quad (24) \end{cases}$$

$$t \geq T_1 \begin{cases} -K\frac{\partial\psi}{\partial n}+1=0 & x \leqslant \frac{D_1}{2} \quad (25) \\ Q_0(t)=Q_s & x > \frac{D_1}{2} \quad (26) \end{cases}$$

式中：R_1为有塑膜时的实际入渗速率(m/s)。

土壤最大入渗速率与降雨强度相等的时刻T_1的计算用孙菽芬[8]根据柱塞流理论估计的方法。

下边界条件与初始条件同蒸发模型。

参考文献

[1] 隋红建、曾德超.地面灌溉应用研究现状及展望，农业工程学报，6(4)，1990，26-34.

[2] Ytzhaq, M. et al. Temperature and moisture regimes in soils mulched with transparent polyethylene, Soil Sci. Soc. Am. J. 48(2), 1984, 362-367.

[3] 陈发祖.土壤覆盖热效应的微气象研究，地理学报，35(1)，1980，68-75.

[4] Bristow, K. L. and G. S. Cambpell. Simulation of heat and moisture transfer through a Surface-Residue-Soil System, Agri. and Forest Meteoro., 36(1), 1986, 193-214.

[5] Bear, J. Dynamics of fluids in porous media, American Elevier Publishing company, INC, 1972.

[6] Philip, J. R. and D. A. De Vries. Moisture movement in porous materials under temperature gradrints, Trans. Am. Geophys. Union, 38(2), 1957, 222-232.

[7] Hillel, D. I. and C. H. M. Van Bevel. Calculating potential and actual evaporation from a bare soil surface by simulation of concurrent flow of water and heat, Agri. Metero., 17(4), 1976, 453-476.

[8] 孙菽芬.降雨条件下土壤入渗的规律研究，土壤学报，25(2)，1988，119-124.

Simulation of Mulch Effects on Soil Temperature and Moisture Regimes Part Ⅰ: Mathematical Model

Sui Hongjian　Zeng Dechao　Chen Fazu

Abstract　A two-dimensional model was developed to analyze the seedbed soil moisture and temperature regimes affected by various kinds of mulch under different soil and climate conditions. In this model, the porous mulch was treated as the porous materials similar to the soil. Primary functional factors of a porous mulch to affect on soil moisture and temperature regimes are its heat and vapor transport abilities. For the film mulch, its optical properties are the major factors affecting soil water and heat. In part Ⅱ, the finite element method was employed to solve the governing equations, and a simulation program for the influence of mulches on the seedbed moisture and heat behaviour was established and validated by the field experiment data.

Key words　Mulch, Soil moisture and temperature, Simulation

不同覆盖条件对土壤水热分布影响的计算机模拟Ⅱ——有限元分析及应用*

隋红建　曾德超　陈发祖

摘要　在本研究的第一部分已建立了数学模型的基础上，本文进行了有限元分析。应用 Galerkin 法进行了空间域的离散，应用差分法及 Douglas-Dapont 预报校正法完成了时间域的离散及非线性处理。然后用 Fortran-77 编写了计算机程序，实现了不同覆盖层下非匀质土壤水热分布的定量分析，并进行了田间实验验证。计算与验证结果表明：塑膜膜侧种植校膜中心种植在地温稍高含水量稍低的情况下，可节约用膜 7%；透水率很低的纸张在改进耐久性的基础上可能在一定条件下作为塑膜的代用品。

关键词　覆盖，土壤水热，计算机模拟

一、引言

土壤水热分布控制方程为一组非线性偏微分方程，一般只能用数值法求解。目前常用的主要为有限差分法及有限单元法。在计算匀质土壤，边界规则情况下的水热传输时，差分法常常是有效的，它以其简单的数值计算方法，较高的运算速度倍受青睐。Mahrer，Bristow 及陈发祖[1]等在求解连续均匀覆盖条件下土壤水热运移控制方程时均采用了此法。对于土壤边界不规则及土壤任意非匀质的情况，便难以用差分法来分析其土壤水热分布。有限元法首次被 Neuman(1973)[2]引入多孔介质中的饱和流—非饱和流的分析中，后来便在计算土壤水热分布及溶质运移方面得到了广泛的应用(S. P. Neuman，1975，S. C. Anard，1982，P. S. Huyakorn，1985[3]，杨邦杰等，1988[1])。

有限元法能够灵活地处理复杂的边界条件，且对于任意非匀质土壤能够通过单元划分使其成为匀质单元进行分析。为使本计算程序能适应以后计算不同耕作工程措施所造成的非规则土壤边界及土壤非匀质情况下土壤水热分布的需要，本研究中采用了有限元法来解决条状覆盖层、且土壤非匀质情况下的土壤二维水热分布问题。其中，在分析非匀质土壤时，将水势作为一连续变量处理。

二、控制方程的有限元解

(一)控制域的离散

应用 Galerkin 法，对土壤水热运移方程进行有限元分析。把平面域 $0\leqslant x\leqslant D/2, 0\leqslant Z\leqslant H$ 称为 Q，分为 N 个单元，在单元 e 上假定土壤温度与水分的插值函数为：

$$T=\sum_{i=1}^{m} N_i(x,Z)T_i=[N]\{T(t)\} \tag{1}$$

$$\psi=\sum_{i=1}^{m} N_i(x,Z)\psi_i=[N]\{\psi(t)\} \tag{2}$$

* 本文出处：地理学报，1992 年 3 月，第 47 卷第 2 期

式中：$N_i(x,z)$为形函数；m为单位节点数目；ψ_i，T_i为单元节点上的水势及温度值。

根据加权余量法，应用格林公式和Galerkin法，经推导整理可得出离散后的方程组：

$$[K_{11}]\{\psi\}+[K_{12}]\{T\}+[C_1]\frac{\partial\psi}{\partial t}=\{P_1\}+\{P_2\} \tag{3}$$

$$[K_{21}]\{T\}+[K_{22}]\{\psi\}+[C_2]\frac{\partial T}{\partial t}=\{P_3\} \tag{4}$$

式中：$\{\psi\}$、$\{T\}$为各节点水势及温度值的转置矩阵；$[K_{11}]$、$[K_{12}]$、$[C_1]$、$[K_{21}]$、$[K_{22}]$、$[C_2]$相应于K_w、D_{tv}、C_w、λ、K_v、C_h参数的系数矩阵；$\{P_1\}$、$\{P_3\}$相应于地表蒸发率E_s及热流S的矩阵；$\{P_2\}$为由重力水势产生的右端项矩阵。

为了单元划分的灵活性，本研究中土层及多孔类覆盖层均采用了三角形单元。覆盖边缘土壤水温梯度大，因此其单元划分的较小，以保证计算精度。

(二)时间域的离散及非线性处理

由于K_w、C_w、D_{tv}、K_v、λ均是含水率Q或温度T的函数，因此方程组(3)，(4)均为非线性方程组。若用迭代法求解，虽然程序简单却浪费大量计算机时。在此采用了Douglas-Dupout(1970)预报校正法。其时间精度为二阶。

先将(3)式、(4)式改写为如下形式：

$$[C_1]\frac{\partial\psi}{\partial t}+[K_{11}]\{\psi\}=\{P_A\} \tag{5}$$

$$[C_2]\frac{\partial T}{\partial t}+[K_{21}]\{T\}=\{P_B\} \tag{6}$$

式中，

$$\{P_A\}=\{P_1\}+\{P_2\}-[K_{12}]\{T\} \tag{7}$$

$$\{P_B\}=\{P_3\}-[K_{22}]\{\psi\} \tag{8}$$

然后采用后差分及Douglas-Dupout法可得到土壤水势与温度的算式为：

预报：

$$\{[C_1]_r+0.5(1+\sigma)\Delta t\,[K_{11}]_r\}\{\psi\}_r^*=\Delta t\,\{P_A\}_r+\{[C_1]_r-0.5(1-\delta)\Delta t\,[K_{11}]_r\}\{\psi\}_r \tag{9}$$

校正：

$$\{[C_1]_r^*+0.5(1+\delta)\Delta t\,[K_{11}]_r^*\}\{\psi\}_{r+1}=\Delta t\,\{P_A\}_r^*+\{[C_1]_r^*-0.5(1-\delta)\Delta t\,[K_{11}]_r^*\}\{\psi\}_r \tag{10}$$

(9)、(10)即为水势ψ的计算格式。

预报：

$$\{[C_2]_r+0.5(1+\delta)\Delta t\,[K_{21}]_r\}\{T\}_r^*=\Delta t\,\{P_B\}_r+\{[C_2]_r-0.5(1-\delta)\Delta t\,[K_{21}]_r\}\{T\}_r \tag{11}$$

校正：

$$\{[C_2]_r^*+0.5(1+\delta)\Delta t\,[K_{21}]_r^*\}\{T\}_{r+1}=\Delta t\,\{P_B\}_r^*+\{[C_2]_r^*-0.5(1-\delta)\Delta t\,[K_{21}]_r^*\}\{T\}_r \tag{12}$$

(11)、(12)式即为温度T的计算格式。

式中系数矩阵及右端项可表示为：

$$[X]_r=[X(u_r)] \tag{13}$$

$$[X]_r^*=\left[X\left\{\frac{(1+\delta)u_r^*+(1-\delta)u_r}{2}\right\}\right] \tag{14}$$

式中：$[X]$代表$[C_1]$、$[C_2]$、$[K_{11}]$、$[K_{21}]$及$\{P_A\}$、$\{P_B\}$；u_r代表T_r及ψ_r；下标r及$r+1$分别表示t时刻及$t+\Delta t$时刻；上标 * 表示中间值；δ为差分格式；$\delta=1$为后差；$\delta=0.5$为中央差分；$\delta=0.667$为

Galerkin 差分。

入渗情况下的土壤水分运动方程其计算格式的推导过程与上面水势方程类似，其计算格式同(9)、(10)，只去掉温度项即可。多孔类覆盖层的计算格式同式(11)、(12)，只是其$\{P_B\}=\{P_3\}$。

三、计算方法与程序

其计算方法是：用t时刻土壤的$\psi(x,z,t)$和$T(x,z,t)$计算$t+\Delta t$时刻的覆盖层上表面温度$T_m(t+\Delta t)$及覆盖层下地表蒸发率$E_s(x,t+\Delta t)$。覆盖层下边界温度是采用t时刻覆盖层下地表温度的平均值。由上下边界条件及温度控制方程求出覆盖层的一维温度分布，再利用已知覆盖层的温度分布值，由覆盖层下地表热平衡方程求得其地表温度，与此同时，求出未覆盖地表的温度及蒸发率$E_s(x,t+\Delta t)$，然后解土层的水温控制方程组得土层的水温分布。由于求解覆盖层温度分布时下边界采用的是t时刻的地表温度，因此要重复迭代几次以减少误差，一般三次即可满足要求。

计算机程序采用 FORTRAN-77 语言编写(图 1)。为了主程序的清晰及便于修改，采用大量的子程序，主程序只包括输入输出语句及初始化功能语句。该程序目前已在 IBM 系列微机运行通过，其时间间隔一般取 15 分钟。XT 机运算时间为 2.5 分钟，386 微机约 0.5 分钟。

四、计算结果与实验验证

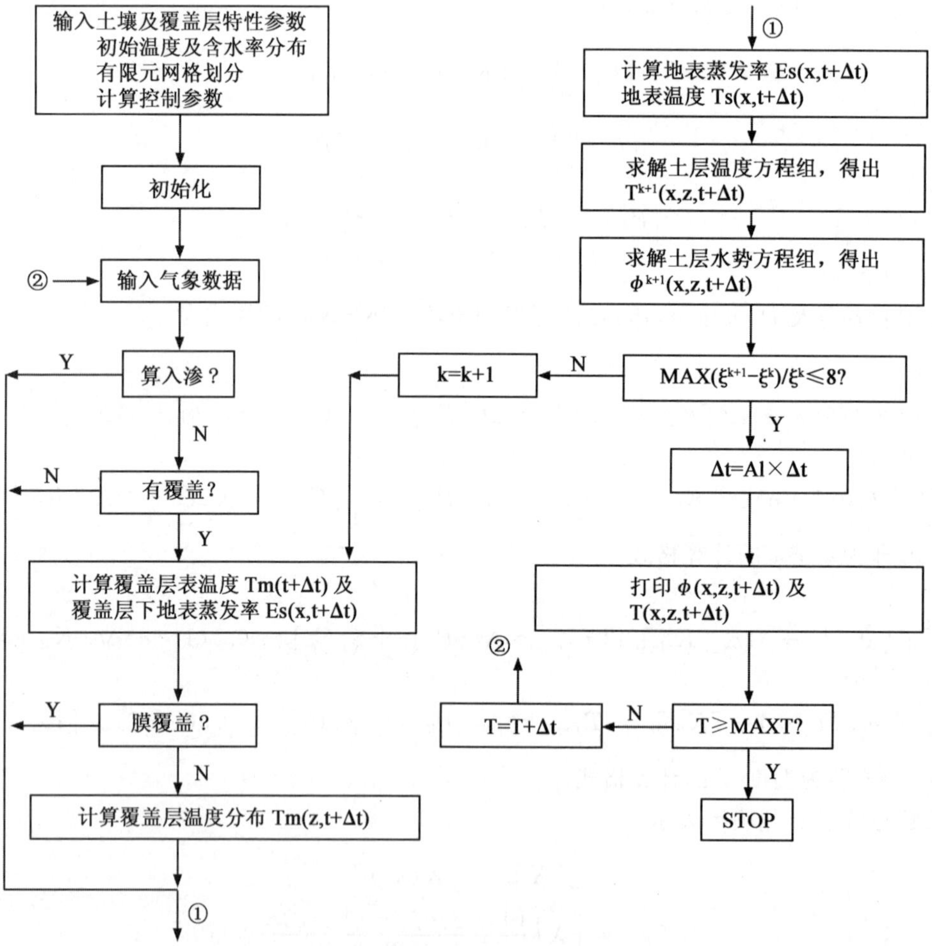

ζ——表示ψ及T；ε——事先给定误差

图 1　计算程序框图

Fig. 1　Simplified flow chart of the computer program

(一)田间实验

田间实验于 1989 年 4 月春播期在中国科学院地理研究所山东禹城实验站进行。耕耙地后按常规平播棉花，行距为 50 cm，间距 70 cm。4 月 17 日上午播种后，下午即进行覆盖。覆盖方式设四种：麦秸覆盖(秸秆长 5 厘米，覆盖厚度 5 厘米)，塑膜覆盖(0.015 mm 厚透明聚乙烯膜)，油纸覆盖(旧报纸涂机油)，对照裸地。观测时间共 10 天(4 月 18～27 日)，观测项目为气象数据(总辐射、直接辐射、散射辐射，反射率及距地面 2 m 高度处的气温，相对湿度及风速)每隔 2 h 测一次，土壤及覆盖层温度分布(地表及覆盖层表，覆盖层中线下 5、10、15、20(cm)深度处的地温，土壤深度 5 cm，距覆盖边缘为 0、5、－5、10、－10、20、－20(cm)的横向温度，负号表示覆盖层内)每隔 4 h 测一次，土壤的水分分布(覆盖层中线下深度 1、5、10、20、30、50、70、90、120(cm)土壤含水率及深度 5 cm，距覆盖边缘为－20、－10、0、10、20(cm)的横向含水率)每天上午 10 时测一次。观测结果为，塑膜与油纸覆盖的棉苗比对照地早出苗 1～2 d，且苗齐，麦秸覆盖的比对照地晚出苗 3～4 d。

(二)结果分析

图 2 及图 3 分别给出了深度 5 cm 及 20 cm 处土壤在不同覆盖情况下的温度及含水率值。图 4 及图 5 分别给出了深度为 5 cm，不同覆盖情况下土壤的横向温度及含水率日均值。由以上四幅图可看出，实测结果与计算结果吻合良好，最大相对误差不大于 15%，证明了该模型是可行的。另外，由图 4，图 5 可看出覆盖边缘下土壤含水率及温度梯度较大，采用一维模型难以代表实际情况。

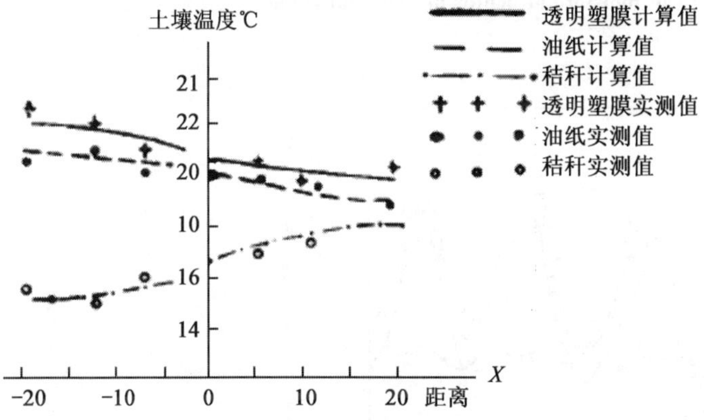

图 2　覆盖层中线下土壤温度

Fig. 2　Soil temperature beneath the strip mulch center

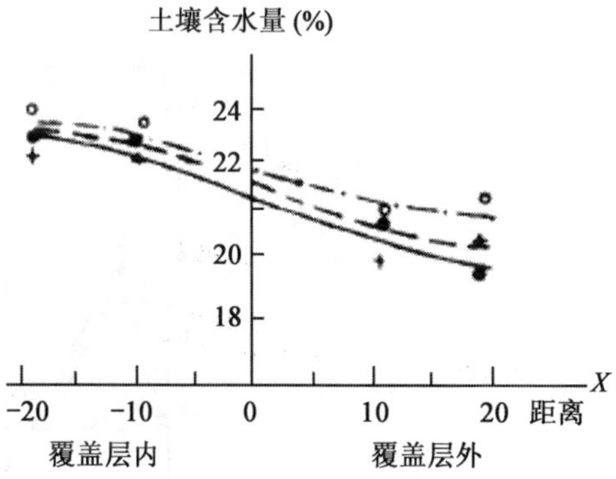

图 3　覆盖层中线下土壤含水率

Fig. 3　Soil moisture beneath the strip mulch center

从图 2 和图 3 可以看出，不同的覆盖材料增温效果塑膜最好，油报纸稍次于塑膜，秸秆具有降温作用，不适于春播期覆盖。保水能力几种覆盖无甚差异。由于油纸也具有良好的增温保水效果，据实验观察覆盖 10 d 棉苗出齐后仍基本完好，只是由于机油的挥发，其增温保水效果略有下降。因油纸一般不会带来污染，在春季播种期有利用价值。但其强度低，耐久性差，尚有待于进一步开发。

另外由计算预测结果知，不同塑膜覆盖宽度及种植方式中，塑膜覆盖宽度分别为 80 cm 膜内种植，40 cm 膜侧种植，20 cm 膜中心种植时，覆盖宽度为 80 cm 时增温保水效果最好。40 cm 宽膜侧种植与 20 cm 宽膜中心种植其增温保水效果各有千秋，膜侧种植增温效果好保水效果稍差。据陈奇恩 1982 年实验结果[4]，只要土壤含水率不低于 11%，透明塑膜覆盖下的棉花出苗率就可达 80%以上，而棉花出苗最低温度为 12℃，最适温度为 28～30℃。玉米生长前期也比较耐旱，其最低出苗温度为 7℃，最适温度为 25～35℃。从这点看来，只要土壤水分不低于某个极限，就应以提高地温作为棉花、玉米等春播作物

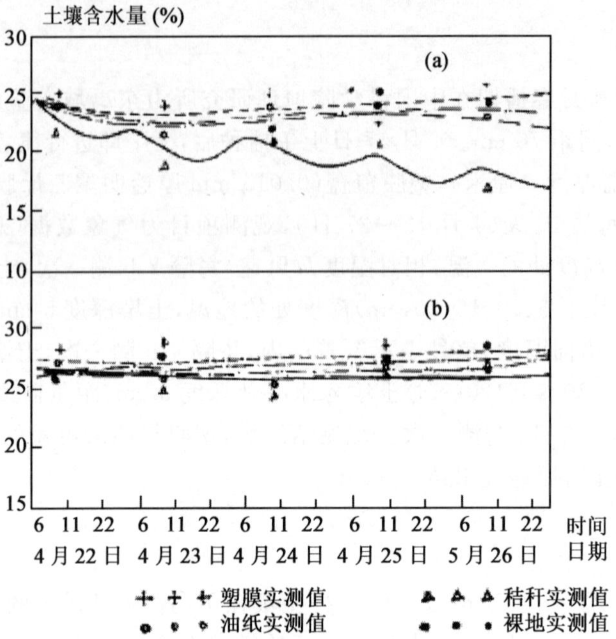

（a——深度 5 cm；b——深度 20 cm）

图 4　覆盖层下土壤含水量横向分布

Fig. 4　Horizontal daily mean soil moisture at depths of 5cm and 20cm

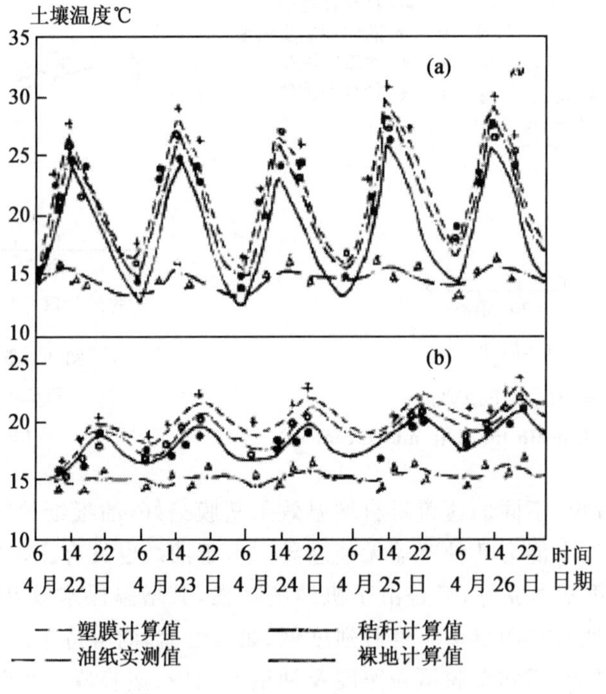

（a，b——同图 4）

图 5　覆盖层下土壤温度横向分布

Fig. 5　Horizontal daily mean soil temperature at depths of 5 cm and 20 cm

早出苗出全苗的优先指标。膜侧种植除较膜中心种植地温高外，还利于雨水下渗和以后的田间管理；且用膜量最省，覆盖度为 33％，其他两种覆盖分别为 67％和 40％。由此可见，膜侧种植比膜内及膜中心种植各省膜33%和7%。新疆等地采用的这种覆盖方式值得有条件推广。

五、结论

本研究在对覆盖材料归类的基础上，根据传热传质的基本理论及Philip-de Vries土壤水热运移方程，建立了不同覆盖条件下二维土壤水热运移模型。编写了用来模拟蒸发及入渗情况下，不同覆盖材料及工艺覆盖下土壤二维水热分布的计算机程序。该程序既可用小气候资料又可用标准气象资料；目前可在IBM系列微机上运行。其实验验证与计算结果可以很好地吻合。为分析不同覆盖条件对土壤水热运移的影响提供了科学的手段，而且在进一步实地考验及改进补充的基础上，该模型可望用于结合覆盖的耕作栽培工艺的优化设计。

模拟与实验结果均表明，用保水性能较好的其他膜状材料可望取代或部分取代能造成污染的塑膜。透水率低的油纸在改进耐久性的基础上，有可能在一定条件下作为塑膜的代用品。计算结果表明，膜侧种植比膜中心种植在地温稍高、含水率略低的条件下可节约用膜量7%。增加膜状覆盖物的宽度可以提高地温，但其宽度的加大阻碍了雨水的入渗，膜侧种植可以较好地解决这个问题。

我国土地辽阔、土质、气候各异，针对各地区条件选择适宜的覆盖材料及优化覆盖工艺，为作物提供良好的生长环境是提高粮食产量，改进生态的一条潜在途径。本研究所提供的模型及程序为此作了一些基础性工作，还有待于在广度、深度上加强。

参考文献

[1] 陈发祖. 土壤覆盖热效应的微气象研究，地理学报，35(1)，1980.

[2] Neuman, S. P. et al. Finite element analysis of two-dimensional flow in soil consisting water uptake by roots, Soil Sci, Am, Proc., 21(2), 1975.

[3] Huyakorn, P. S. et al. Finite element matrix and mass balance computional schemes for transport in variably satunated porous media, Water Resour, Res., 21(3), 1985.

[4]陈奇思，等. 棉花地膜覆盖栽培的原理与技术，上海：上海科技出版社，1986.

Simulation of Mulch Effects on Soil Temperature and Moisture Regimes Part Ⅱ: Finite Element Analysis and Application

Sui Hongjian　Ze Dechao　Chen Fazu

Abstract　On the basis of the mathematical model was developed in part Ⅰ, the governing equations were solved by the Galerkin-type finite element approach, together with the Douglas-Dapout Prediction-Correction method which have the advantage of less computer time than the iterative procedure for nonlinear problems. A simulation program for the influence of mulches on the seedbed moisture and heat behaviour was compiled and validated with the field experiment. Preliminary application of the program in analyzing the influence of the clear polyethylene film, oil paper and wheat straw on with different mulching technologies on seedbed moisture and temperature regimes put forth the following findings: (1) Transparent PE strip with planting alongside the edges of the film strip can save 7 percent of film material with slightly higher temperature and slightly lower soil moisture as compared to the prevailing common practice at the middle of the film strip. (2) Under certain condition, strengthened paper material properly treated with oil is a promising alternative to replace the polyethylene film.

Key words　Mulch, Soil moisture and temperature, Simulation

桃果实日生长量模拟的数学模型*

雷廷武　曾德超　王小伟　李蔼铿

摘要　根据对桃果实实测生长量数据的观察，提出了用多项式表示果实生长量均值增长趋势与用正弦或余弦函数描述其周期性收缩和膨大行为相叠加的生长曲线模型。通过变量变换，将非线性模型化为线性模型后，用 GENSTAT 程序对模型进行了参数识别，此模型按周期的公倍数为 24 h 的正弦或余弦函数项数的不同分为 3 种。结果表明，这种模型能极好地描述果实的生长变化规律，GENSTAT 软件在此类模型参数辨识中表现出程序设计简单、易懂、易于修改，具有类似于会话语言的特点。所开发的此种模型将有利于寻求通过控制水环境来达到提高果园产出和果品品质的工程措施的研究。

关键词　桃果实生长曲线，果实收缩和膨大，数学模型，GENSTAT 软件

果实生长曲线的建模，对于果实生长规律的模拟和分析十分重要[1、2]。一般情况下，在一日内，太阳升起后，随着气温的升高，相对湿度下降，果树的蒸腾作用逐渐旺盛，在根系吸收水分的过程中，各传导界面和果树体内传导通道的阻力使果树体内的水势 Ψ_0 降低。这种水势的降低和伴随的蒸腾引起体内水分损失，使果实产生一定程度的收缩。收缩的程度依土壤、气候因素，果实的生长发育阶段和前期水应力作用的不同而异，一般午后的收缩量达到最大值。果树体内水势的降低，使体内水势 ψ_b 与土壤水势 ψ_s 的差异（或梯度）增大，增强了土壤吸取水分的能力 q。这是因为 $q=(\psi_s-\psi_b)/\gamma_g$，其中 γ_g 是综合水的传导阻力。同时，果树体内水势的降低，减小了果树体内水势与大气水汽压之间的差异（或梯度），从而缓和了大气对蒸腾的要求。这两方面综合作用的结果，使得果树体内水分的损失、根系的吸收和叶面的蒸腾三者之间达到动态平衡。

太阳降落后，受大气（特别是由于相对湿度的提高和气温的降低）影响的蒸腾量降低到接近于零，但根系的主动吸水作用使果树体内的水分积聚（水势提高），果实大量吸收水分，其体积可膨胀到比收缩前更大的程度，这取决于土壤水的状况、大气条件、果实生长发育阶段和前期水应力作用的影响。

由于果实在一天内的生长、收缩过程及累积生长量与外界条件密不可分[1]，所以，建立果实生长曲线模型对于定量分析果实不同生长发育阶段中的土壤水状态、环境因素，或更为直接的果树体内水分能态或水势对果实生长的影响，提出合理和优化的调控供水制度，以使果实在不断循环的收缩、膨大中积累的增长量最大即具有最大的果实尺寸，这对提高产量具有重要意义。

笔者根据对试验数据的观察，提出模拟桃果实日生长变化规律的数学模型，并给出用 GENSTAT 通用统计分析软件[3]进行参数辨识的方法及建模结果。

1　桃果实日生长变化的数学模型

果实的生长由于受大气因素如气温、相对湿度、太阳辐射强度等的影响才表现出白天收缩、夜晚膨大的变化规律，而这些因素的变化规律可用周期公倍数为 24 h 的正弦或余弦函数来描述，从而可以想见，果实生长变化表达式之中应包含有以 24 h 为基础的正弦或余弦函数项。此外，果实生长累积增长量在较长时间（数天）内，在日平均值上呈单调递增或非减趋势，除非有使果实缩小的不利因素的影响。这种累积递增可用多项式近似。

* 本文出处：北京农业工程大学学报，1992 年，第 12 卷第 1 期

果实日生长变化趋势也可由对实测数据的观测得到。

由此，现提出桃果实日生长变化曲线的模型如下：

$$y = a_0 + a_1 x + a_2 x^2 + \sum_{i=1}^{k} [a_{2k+1}\cos(ix\pi/12) + a_{2k+2}\sin(ix\pi/12)] \tag{1}$$

式中：y 为果实的生长量(直径或体积，二者的关系为 $V = 4\pi R^3/3$，其中 V 为体积，R 为果实半径)；x 为时间，h；$a_0, a_1, a_2, \cdots, a_{2k+1}, a_{2k+2}$ 为回归系数。

可令[1]

$$\left.\begin{array}{c} x_1 = x \quad x_2 = x^2 \\ x_3 = \cos(x\pi/12) \quad x_4 = \sin(x\pi/12) \\ \vdots \\ x_{2k+1} = \cos(ix\pi/12) \quad x_{2k+2} = \sin(ix\pi/12) \\ i = 1,2,\cdots,k \end{array}\right\} \tag{2}$$

将式(1)线性化，得

$$y = a_0 + a_1 x_1 + a_2 x_2 + \cdots + a_m x_m$$

或

$$y = a_0 + \sum_{i=1}^{m} a_i x_i \tag{3}$$

其中 $m = 2k + 2$，k 为正弦、余弦函数的项数。

取 $k=1$ 时，$m=4$，有

$$y = a_0 + \sum a_i x_i \quad i = 1,\cdots,4 \tag{4}$$

取 $k=2$ 时，$m=6$，有

$$y = a_0 + \sum a_i x_i \quad i = 1,\cdots,6 \tag{5}$$

取 $k=3$ 时，$m=8$，有

$$y = a_0 + \sum a_i x_i \quad i = 1,\cdots,8 \tag{6}$$

模型(3)的待估参数有 $m+1$ 个，即式(4)，(5)，(6)的待估参数分别为 5，7，9 个(对应 $k=1,2,3$)。实际上一般选取 $k \leqslant 3$ 已足够。这一点将在建模结果中得到进一步证实。

用最小二乘方法估计参数，需要根据所考虑的情况编制专门的软件，这就需要熟悉数理统计的计算和编程的方法，同时花费的时间也较多。本文后续部分将介绍用 GENSTAT 统计分析软件，采用完全类似于人的会话语言进行模型(3)的参数辨识的方法。

2　桃果实日生长变化的实际测定

桃果实日生长变化数据的实际测定工作，于 1990 年 5 月底至 8 月底在北京市林业果树研究所 17 年生的桃园内进行，品种为京蜜。生长变化数据用 LVDT 测微传感器测定，见图 1。

测量时，将支架固定在果树枝上，果实平放在托盘上，传感器由螺钉紧固在传感器座上。测量中，传感器探针靠自重力作用同果实紧密接触，由于探针的自重力很小，因而果实的压缩

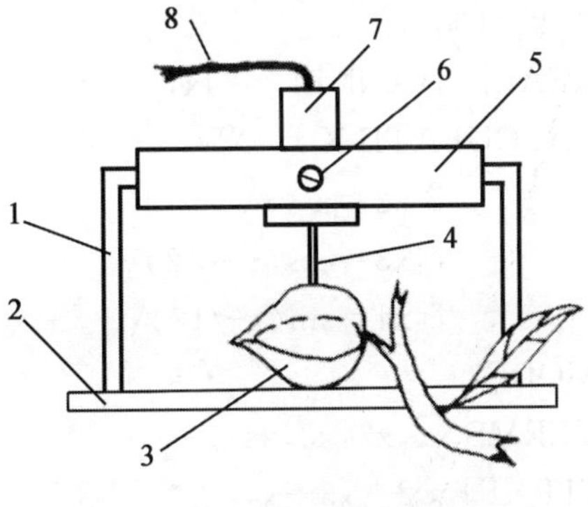

图 1　LVDT 传感器测量示意图

1. 支架；2. 托盘；3. 果实；4. 探针；5. 传感器座；6. 螺钉；7. 传感器；8. 导线

变形可忽略不计。随着果实的收缩或膨大,探针产生随之而变化的位移,在传感器内产生相应的毫伏量级的电压输出。这种电压值可标定为探针的位移量或果实尺寸的变化量。传感器输出的电压经导线传入记录装置。记录装置为DT-100F型数据采集器。设定每间隔30 min采集1次数据,即1 d可采集48个数据。被测果实用随机方式采样,设2个重复。为避免探针长期作用着的轻微压力对果实生长产生影响,果实每星期更换1次。从1990年6月11日11时开始,连续测68 h(间隔为0.5 h),共得139个果实生长量数据,按这些数据绘制的曲线图如图2。可见,数据表现出明显的均值稳定增长的趋势,可用多项式表之;而其明显的周期性变化可用正弦或余弦函数来模拟。这也说明了采用模型(3)的合理性。

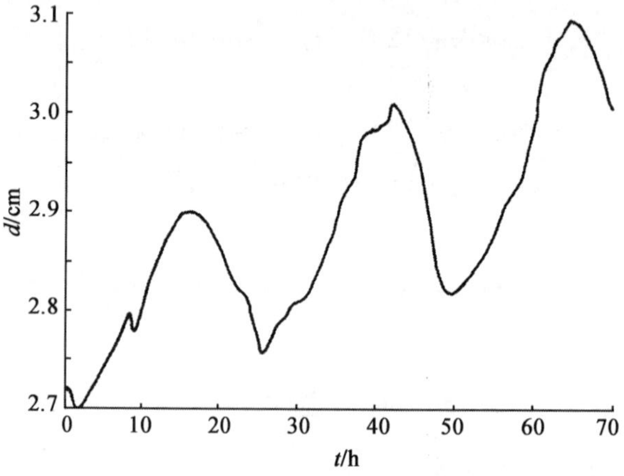

图2 桃果实生长量实测结果

3 参数的GENSTAT 5.0估计

式(3)表示的生长模型,可用一般算法语言编制程序,但使用者必须清楚算法和编程方法,而且要花费较多的上机时间。GENSTAT[3]作为通用统计软件包,具有很好的功能,其语句结构完全类似于日常会话所使用的形式,不需要了解统计分析的计算过程,即可进行统计分析,也便于对统计模型的修改和优化,程序简洁明了。

果实生长模型参数的辨识思想是,将式(1)所示的非线性模型用式(2)变换成式(3)所示的线性模型,再用GENSTAT软件的多元线性回归分析功能对参数进行估计。程序的主体部分如下。

命令	解释
当 k=1 时	
READ[CHANNEL=2]x,y	由通道2读入时间 x 及相应生长量 y
CALCULATE X 1=X\	令 $x_1=x$
&x2=x * x\	令 $x_2=x^2$
&x3=cos(xπ/12)\	令 $x_3=\cos(x\pi/12)$
&x4=sin(xπ/12)\	令 $x_4=\sin(x\pi/12)$
MODEL y	建立生长量 y 模型
TERMS x1,x2,x3,x4	模型包括4项:$x_1,\cdots,x_4$
FIT x1+x 2+x3+x4	拟合公式为:$x_1+x_2+x_3+x_4$
RKEEP FITTED=Fy	拟合结果存入 Fy
CALCULATE RE=Ay-Fy	计算测量值与拟合值之差

当 k=2 时，在变量变换部分增加：

&x5=cos(2xπ/12)\　　　　令 $x_5=\cos(2x\pi/12)$

&x6=sin(2xπ/12)\　　　　令 $x_6=\sin(2x\pi/12)$

当 k=3 时，在此部分还要增加：

&x7=cos(3xπ/12)\　　　　令 $x_7=\cos(3x\pi/12)$

&x8=sin(3xπ/12)\　　　　令 $x_8=\sin(3x\pi/12)$

在 TERMS 命令中，当 k=2 时增加“,x5,x6”，当 k=3 时还要加上“,x7,x8”。

在 FIT 部分，当 k=2 时增加“+x5+x6”，当 k=3 时还要加上“+x7+x8”。

由此可见，程序不仅简单、明了，与数学表达式在形式上一致，容易看懂，而且程序的修改也十分方便。如上当建立了 k=1 的程序时，很容易推广到 k=2 及 k=3 时的情况。这样，编程所花的时间比用常规算法语言要少得多，可忽略不计。

程序运行所得的统计分析结果如附表所示。

附表

参数	$m=4(k=1)$		$m=6(k=2)$		$m=8(k=3)$	
	系数值	t	系数值	t	系数值	t
a_0	2.797359		2.796126		2.797431	
a_1	0.001573	1.8154	0.001720	2.2387	0.001640	2.1450
a_2	0.000019	0.1902N	0.000016	0.1863N	0.000017	0.1984N
a_3	−0.04669	−20.2278	−0.04794	−23.5327	−0.04759	−23.4245
a_4	−0.08408	−36.4222	−0.08418	−41.3341	−0.08431	−41.5727
a_5			−0.00198	−9.8370	−0.01953	−9.7109
a_6			−0.00076	−0.3793N	−0.00102	−0.5108N
a_7					−0.00151	0.7426N
a_8					−0.00633	−3.1110
方差	0.035315		0.032467		0.032383	
相关系数	0.94696		0.95604		0.96283	
F	30.0410		20.1080		14.8810	

说明：N 表示不显著。

查 F，t 分布表，得 $F_{0.05}(4\sim8,>130)<2.45$，$t_{0.05/2}(>130)<1.97$，$F_{0.01}(4\sim8,>130)<3.5$，可见 3 种回归方程都是极显著的，可信度均大于 99%；3 种模型中，a_2 的 t 检验值均远小于临界值，从而该项可从方程中略去。这从均值的趋势图（图 3）也可看出，其趋势是呈线性的。$m=6$ 和 $m=8$ 时的系数 a_6 及 $m=8$ 时的系数 a_7 的 t 值也远小于临界值，从而相应的系数也可忽略。

当回归方程中的项数即 m 值增加时，方程精度提高，表现为方差降低，相关系数增大。当 m 由 4 增加到 6 时，方差降低较多，约 10%；但当 m 由 6 增加到 8 时，方差降低甚微，仅 0.3%，从而可以说取 $m=6(k=2)$ 精度已足够，甚至取 $m=4(k=1)$，模型也是十分好的。

桃果实生长量的实测结果及其与各模型预测值的对比，以及均值的增长趋势如图 3(a)，(b)，(c)所示，而模型预测值与实测值间的误差则由图 3(a′)，(b′)，(c′)（图中：d 为果实直径，d' 为直径误差）给出，可见最大绝对误差小于 0.5 mm，最大相对误差的绝对值小于 2%。由此可以认为，该模型对桃果实的生长曲线能进行很好的模拟。

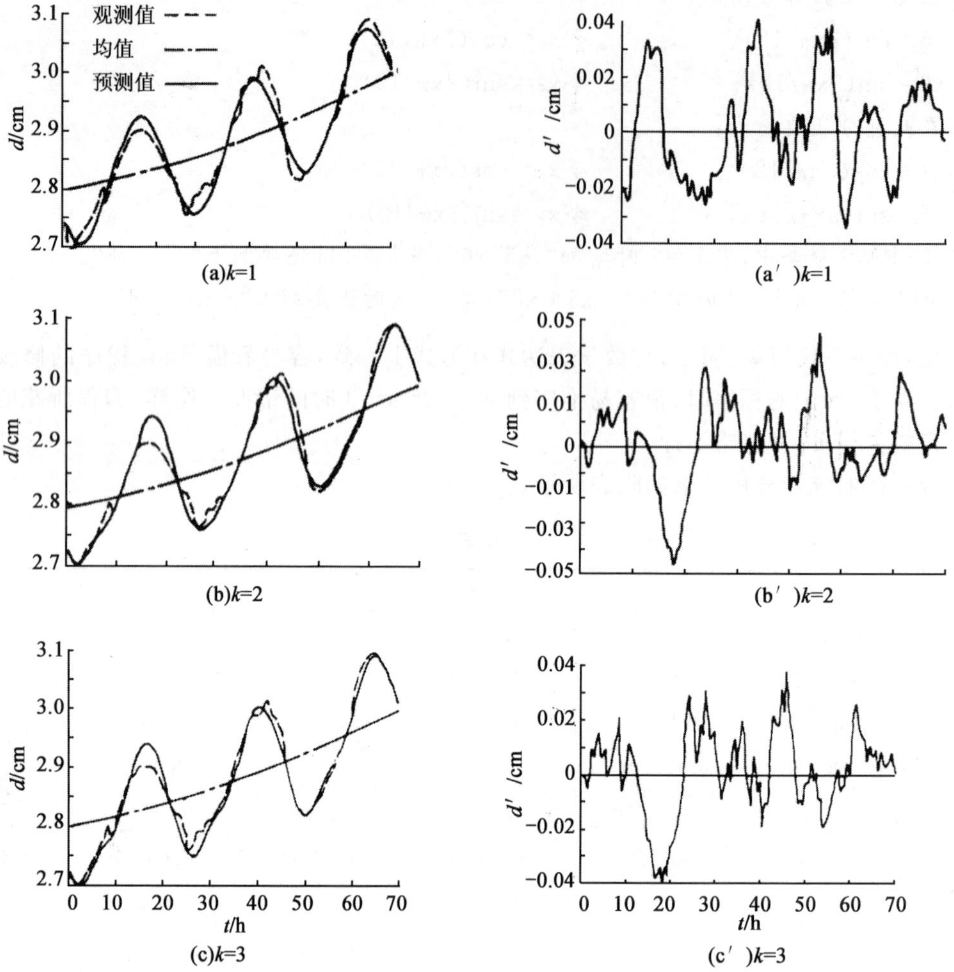

图 3　桃果实生长曲线((a),(b),(c))及模型的预测误差((a'),(b'),(c'))

4　结论

根据对桃果实生长量测量数据的观察,首次提出:在用多项式表示的生长量稳定增长的趋势上,叠加以周期公倍数为 24 h 的正弦或余弦函数项来描述环境条件对果实生长量(随时间的收缩和膨大)的影响,由此对果实生长曲线进行模拟。首先对回归模型的非线性项进行变换,使之成为线性的,再进行参数辨识,并用 GENSTAT 软件的会话式简洁程序进行参数估计。结果表明,这种模型在 99%的可信度下极度显著,从而用该模型可以模拟桃果实的生长。

尽管文中所给出的模拟的时间范围不算很大,但是这并不影响这种建模思想、模型本身和 GENSTAT 参数估计的实用性。考虑到果实不同生育阶段的生长模式(均值累积增长速率或收缩、膨大幅度及其差值)不同,在进行全生育期的生长模拟时,应进行分时段模拟(分段建模)。从这种意义上可以认为,所提出的方法也是有效的。

用本文中建立的模型可求出不同环境条件下果实生长量的特征量,如果实的最大收缩量、最大膨大量、最大收缩速率和最大膨大速率。这些特征量可用于建立它们与环境因素—土壤水和植物水状态(能态)、气温、相对湿度等的定量函数关系,进而可用这种函数关系寻求定量的优化控制或管理参数,使果实在其全生育期内的不断收缩与膨大的生长循环中累积生长量最大,从而得到最大的果实和最高的产量。

参考文献

[1] Huan J R, Coston D C. Relationship of daily growth and development of peach leaves and fruit to environment factors. J Amer Hort Soi. 1983, 108(4): 666-671.

[2] DeJongT M. Modeling peach fruit growth and carbohydrate requirements: reevaluation of the double-sigmoid growth pattern. J Amer Hort Soi. 1989, 114(5): 800-804.

[3] GENSTAT 5 committee of the statistics depart of rothamsted experimental station. GENSTAT 5 Reference Manual. Oxford: Clarenden Press, 1989.

[4] 雷廷武，傅祺，张秀清. 一种试验数据分析通用 FORTRAN 程序的设计与应用. 热带作物机械化. 1986(1): 1-10.

A Mathematic Model for Simulating Daily Growth of Peach Fruit

Lei Tingwu Zeng Dechao Wang Xiaowei Li Aikeng

Abstract Based on measured data of peach fruit growth, a growth curve model, with polynomial expressions to represent average growth trend and harmonic functions to describe the periodic shrink and enlargement of fruits, is advanced. Having converted the nonlinear model into a linear one by variable transformation, software GENSTAT 5.0 is used to identify parameters of the three models including different terms of the harmonic functions with periods based on 24 hours. The modelling program of GENSTAT5.0, similar to daily used English, is found to be very easy to write, understand and modify. The growth model should be useful in research of engineering means to control environmental parameters for promoting productivity and quality of orchard fruits.

Key words peach fruit growth curve, shrink and enlargement of fruit, mathematic model. software GENSTAT

冻结期土壤水盐热运动规律的数值模拟*

黄兴法　曾德超

摘要　对我国北方冻结土壤的水、盐、热运动进行了分析，建立了相应的数学模型，提出了用热量平衡法确定田间实际气候条件下大气与土壤交界处的水、热边界条件的方法，并用有限差分法进行了模拟计算。田间试验结果表明，该模型和计算方法是可信和合理的。

关键词　冻结土壤，水盐热耦合运动，热量平衡法，数值模拟

我国季节性冻土面积分布很广，约占全国总面积的3/4[1]。土壤冻结是一个十分复杂的过程，伴随着诸多物理、物理化学、力学的现象和过程，最主要的包括水分的迁移、热量的传输、水分的相变和盐分的积聚等。土壤的水盐热变化过程可由一组非线性的抛物型的耦合偏微分方程组来描述。

在土壤冻结和消融期内，地下水位和土壤的水盐运动都明显地受到土壤冻融的制约，直接地影响了当地的农业生产。随着土壤的冻结，水分逐渐向土壤冻结层积聚，水中的盐分随之上移，春季来临时表层冻结层逐渐融化，由于受下底未融化冻土层的阻碍，水分滞于土壤表层，而此阶段正值北方大风季节，表层水分很快蒸发，水溶液中的盐分便残留在土壤表层，当达到一定程度时，即出现土壤次生盐碱化；同时，水分的大量蒸发，造成春旱，对农作物均造成严重的危害。所以，开展冻土的水盐热运动的研究，对农业生产具有十分重要的意义，并可为调控田间土壤水热状况，防止土壤次生盐碱化和春旱提供理论基础和依据。

1　数学模型

在建立模型时对土壤条件作如下假设：①土壤介质不可压缩、均质且各向同性；②冻土中只有液态水（即未冻水）运动，而冰是固定不动的；③冻结过程中水分的变化以固、液两相形式进行，不考虑气相的影响；④土壤水分由液态变成冰时，盐分将以冰相析出，只溶解于未冻水中，因此冻土中的盐分运动只在液态水中进行；⑤本模型仅用于农田土壤，所以不考虑冻胀对水盐热运动的影响；⑥模型以一维形式表示。

1.1　水流方程

根据微单元体内水分的质量守恒原理，水流遵循达西定理，可得到一维情况下水流的基本运动方程

$$C_w \frac{\partial H}{\partial t} + \frac{\rho_i}{\rho_w}\frac{\partial \theta_i}{\partial t} = \frac{\partial}{\partial z}\left(K_w \frac{\partial H}{\partial z}\right) - \frac{\partial K_w}{\partial z} \quad (1)$$

式中：C_w为土壤比水容量，cm^{-1}，由土壤水分特征曲线$\psi_s-\theta$确定，其值为水分特征曲线斜率的倒数，即$C_w=\frac{d\theta}{d\psi_s}$；$\psi_s$为土壤基质势；$H$为土壤水势，cm；在非饱和情况下，$H=\psi_s$，在饱和情况下，$H=z-z_0$；$\theta_i$为含冰量，$cm^3 cm^{-3}$；$\rho_w$，$\rho_i$分别为水和冰的密度，$g\ cm^{-3}$；$K_w$为土壤导水系数，$cm\,min^{-1}$；$t$为时间坐标，min；$z$为一维空间坐标，cm，以向下为正；$z_0$为坐标原点至非饱和-饱和界面的距离，cm。在未冻结区，式(1)中的$(\rho_i/\rho_w)(\partial\theta_i/\partial t)=0$。

1.2　热流方程

土壤中的热传导方程可表达为

* 本文出处：北京农业工程大学学报，1993年，第13卷第3期

$$C_s \frac{\partial T}{\partial t} - L\rho_i \frac{\partial \theta_i}{\partial t} = \frac{\partial}{\partial z}\left(\lambda \frac{\partial T}{\partial z}\right) \tag{2}$$

表示流入流出微冻土单元体的热量分别被冰的融化或结冻、土体升温所吸收。式中：C_s为土壤热容量，J $cm^{-3}C^{-1}$；L 为冰的融化潜热，Jg^{-1}；λ 为土壤导热系数，$Wm^{-1}℃^{-1}$；T 为土壤温度，℃。在未冻结区，式(2)中的 $L\rho_i(\partial\theta_i/\partial t)=0$ 。

1.3　盐分运动方程

盐分在水中的运动主要包括扩散和对流 2 种方式，假设冰中不含盐分，因此盐分运动方程可描述为

$$\theta_L \frac{\partial c}{\partial t} = \frac{\partial}{\partial z}\left(D_{sh} \frac{\partial c}{\partial z}\right) - q \frac{\partial c}{\partial z} \tag{3}$$

式中：θ_L 为液态水含量，$cm^{-3}cm^{-3}$；c 为盐分浓度，gL^{-1}；D_{sh}为盐分扩散系数，cm^2min^{-1}；q 为液态水流量，$cmmin^{-1}$。

土壤冻结时，θ_L 变得很小，q 也产生相应的较大变化，故从式(3)可以看出，土壤冻结对土壤中盐分运动的影响很大。

1.4　联系方程

方程(1)，(2)，(3)组成了冻土水盐热耦合运动的模型，H 与 θ_L 可由水分特征曲线确定，所以只作为一个独立变量，已知 H,q 也就确定了。这样方程组中有 4 个独立变量，即 H,θ_i,T 和 c，而模型中只有 3 个方程，模型无法解，所以必须加上一个附加方程。国内外许多专家的实验[2-5]证明：在冻结土壤中，不管温度如何变化，总存在一定量的未冻结水(液态水)，其含量 θ_u 是温度 T 的函数，即 $\theta_u=\theta_u(T)$，$T<T_f$(冻结温度，一般小于 0℃)，在温度为 T 时，冻结土壤中最大未冻水含量为 θ_u。此表达式可由实验获得。笔者采用文献[5]中的形式：$\theta_u=a|T|^{-b}$，其中 a,b 为拟合系数。

1.5　边界条件

在田间实际情况下，深度较大($z>5$ m)时，土壤的含水量、温度和盐分浓度近于不变，故下边界条件可用第 1 类边条件，上边界(大气与土壤交界面)为第 2 类边条件，即 $z=l$（l 值可取 3～5 m 或更大）处：

$$H|_{z=l}=H_{0l} \tag{4}$$

$$T|_{z=l}=T_{0l} \tag{5}$$

$$c|_{z=l}=H_{0l} \tag{6}$$

$z=0$ 处：

$$\left(K_w \frac{\partial H}{\partial z} - K_w\right)\Big|_{z=0}=q_{w0} \tag{7}$$

$$\lambda \frac{\partial T}{\partial z}\Big|_{z=0}=q_{T0} \tag{8}$$

$$\left(D_{sh} \frac{\partial c}{\partial z} - qc\right)\Big|_{z=0}=q_{w0}c_0 \tag{9}$$

式中：q_{w0}为进入或流出土壤界面的水流量，包括蒸发、降雨、灌溉等，$cmmin^{-1}$；q_{T0}为进入或流出界面的热流量，$Jcm^{-2}min^{-1}$；c_0为水流量q_{w0}中的含盐浓度，gL^{-1}。式(8)可用热平衡法求得，也可把此条件转化为求温度的第 1 类边界条件(详见本文第 3 节)。

方程(1)～(9)即是本文所建立的一维冻结土壤的水盐热运动模型。

2　模型计算方法

现采用有限差分法和牛顿迭代法对模型进行数值求解。

2.1 水流方程

对方程(1)进行向前隐式差分,得

$$C_{w_i}^{k+1}\frac{H_i^{k+1}-H_i^k}{\Delta t_n}+\frac{\rho_i}{\rho_w}\cdot\frac{\theta_i^{k+1}-\theta_i^k}{\Delta t_n}=\frac{1}{\frac{1}{2}(\Delta z_i+\Delta z_{i-1})}$$

$$\left[K_{w_i+1/2}^{k+1}\frac{H_{i+1}^{k+1}-H_i^{k+1}}{\Delta z_i}-K_{wi-1/2}^{k+1}\frac{H_i^{k+1}-H_{i-1}^{k+1}}{\Delta z_{i-1}}\right]-\frac{K_{wi+1/2}^{k+1}-K_{wi-1/2}^{k+1}}{\frac{1}{2}(\Delta z_i+\Delta z_{i-1})}$$

$(i=2,3,\cdots,n-1)$

简化整理得

$$A_i H_{i-1}^{k+1}+B_i H_i^{k+1}+C_i H_{i+1}^{k+1}=G_i \tag{10}$$

式中令

$$\alpha=\frac{\Delta z_i+\Delta z_{i-1}}{2\Delta t_n}\qquad K_{wi\pm1/2}^{k+1}=\frac{1}{2}(K_{wi}^{k+1}+K_{wi\pm1}^{k+1})$$

$$A_i=\frac{K_{wi-1/2}^{k+1}}{\Delta z_{i-1}}\qquad C_i=\frac{K_{wi+1/2}^{k+1}}{\Delta z_i}$$

$$B_i=-(A_i+C_i-\alpha C_{wi}^{k+1})$$

$$G_i=-\alpha\left[C_{wi}^{k+1}H_i^k-\frac{\rho_i}{\rho_w}\cdot\Delta\theta_i^k\right]+(K_{wi+1/2}^{k+1}-K_{wi-1/2}^{k+1})$$

2.2 热流方程

将方程(2)变为

$$\left(C_s-\rho L\frac{\partial\theta_i}{\partial T}\right)\frac{\partial T}{\partial t}=\frac{\partial}{\partial z}\left[\lambda\frac{\partial T}{\partial z}\right]$$

令 $C'_s=C_s-(\frac{\partial\theta_i}{\partial T})\rho_i L$,在差分方程中仍记为 C_s,称为等效热容量,即

$$C_s\frac{\partial T}{\partial t}=\frac{\partial}{\partial z}\left[\lambda\frac{\partial T}{\partial z}\right]$$

将它向前隐式差分,并化简得

$$A'_i T_{i-1}^{k+1}+B'_i T_i^{k+1}+C'_i T_{i+1}^{k+1}=C'_i \tag{11}$$

式中令

$$\alpha'=\frac{\Delta z_i+\Delta z_{i-1}}{2\Delta t_n}C_{si}^{k+1}$$

(C_{si}^{k+1} 为节点 i 的等效热容量)

$$A'_i=\frac{\lambda_{i-1/2}^{k+1}}{\Delta z_{i-1}}\quad C'_i=\frac{\lambda_{i+1/2}^{k+1}}{\Delta z_i}$$

$$B'_i=-(A'_i+C'_i+\alpha')$$

$$G'_i=-\alpha' T_i^k$$

取 $\lambda_{i\pm1/2}^{k+1}=[\lambda_i^{k+1}+\lambda_{i\pm1}^{k+1}]/2$

2.3　盐分运动方程

对流-扩散型的盐分方程(3),以对流为主时易引起数值弥散。为解决这一问题,现采用文献[6]的方法,取以 $D'_{sh} = D_{sh} - \Delta xv/2$(其中 $v=q/\theta_L$)作为盐分扩散系数,在差分方程中仍记为 D_{sh},称为等效扩散系数。对式(3)向前隐式差分并简化,得

$$A''_i c_{i-1}^{k+1} + B''_i c_i^{k+1} + C''_i c_{i+1}^{k+1} = G''_i \tag{12}$$

式中令

$$\alpha = \frac{\Delta z_i + \Delta z_{i-1}}{2\Delta t_n}$$

$$D_{shi\pm1/2}^{k+1} = (D_{shi}^{k+1} D_{shi\pm1}^{k+1})^{1/2}$$

$$A''_i = \frac{D_{i-1/2}^{k+1}}{\Delta z_{i-1}} - q_i^{k+1} \qquad C''_i = \frac{D_{i+1/2}^{k+1}}{\Delta z_i} - q_i^{k+1}$$

$$B''_i = -(A''_i + C''_i + \alpha\theta_{Li}^{k+1})$$

$$G''_i = -\alpha\theta_{Li}^{k+1} C_i^k$$

其中,q_i^{k+1} 由 $q_i = K_{wi}(1 - \partial H/\partial z)$ 确定。

3　蒸发边界条件的处理

土壤与大气交接面处的温度、蒸发量由气候条件决定,现用热量平衡法求解。对于未结冻土壤,地表能量平衡方程为

$$R_n = L_v E_s + A + S \tag{13}$$

式中:R_n 为地表净辐射,Wm^{-2},由实测得到;E_s 为水分蒸发率,mms^{-1},L_v 为汽化潜热,Jm^{-3};$A = (T_s - T_a)C_a/R_c$,地表与空气显热交换量,其中 T_s,T_a 分别为地表和大气温度,℃,C_a 为空气容积热容量,$Jm^{-3}℃^{-1}$,R_c 为空气动力学阻力,sm^{-1};$S = -\lambda_1(T_1 - T_s)/\Delta z_1$,进入土壤的热流量,$Wm^{-2}$。

对于表层冻结,还应考虑融化潜热项 LE_i,其中:L 为冰的融化潜热,Jm^{-3};E_i 为结冻率,mms^{-1}。当已知 Δt_n 内结冰量为 $\Delta\theta_i$ 时,$E_i = \Delta\theta_i/\Delta t_n$。故能量平衡方程为

$$R_n = L_v E_s + A + S - LE_i \tag{14}$$

式中:负号表示结冻时放热,化冻时吸热:

$$E_s = (H_s - H_a)/(R_c + \gamma_s) \tag{15}$$

其中:H_s,H_a 分别为地表和空气的绝对湿度,$kg\ m^{-3}$;γ_s 为地表蒸发阻力,sm^{-1}。H_a,γ_s 均可实测获得,H_s 由 T_s 和基质势算出。

若需求热流 S,则需先得到 R_n,E_s,A 和 E_i,再由式(14)算得 $S = R_n + LE_i - A - L_v E_s$。这样,边界条件为第 2 类边界条件:$E_s$ 和 S。

若需求 T_s,则可采用迭代法。先假定一 T_s^0 值,分别求出 R_n,E_s,E_i,A,S,由于 T_s^0 不是准确解,故 $FT_s = R_n + L_v E_s - A - S - LE_i \neq 0$。用正割法迭代:

$T_s(k+1) = T_s(k) - FT_s(k)(T_s(k) - T_s(k-1))/(FT_s(k) - FT_s(k-1))$,当 $k=0$ 时,由 $T_s(0) = T_s^0$,可得出 $T_s(1)$,由 $T_s(1) \to T_s(2)$,…,直到 $|T_s(k) - T_s(k-1)| < \varepsilon$(给定精度)为止。这样,水流边界为第 2 类边界条件 E_s,而热流边界为第 1 类边界条件 T_s。此方法比第 1 种方法精度高,但运算次数增加。笔者采用第 2 种方法。

4 参数的确定

测定和模拟对象为内蒙古河套灌区的壤土。

4.1 水分特征曲线

有

$$\psi_s = a\,(\theta_L/\theta_s)^{-b} \quad (\theta_L < \theta_s) \tag{16}$$

式中：a，b 为拟合系数；θ_s 为饱和含水量。$\theta_L=\theta_s$ 时，$\psi_s=0$。实测得 $a=-113.16$cm，$b=2.258$，$\theta_s=45.1\%$。

4.2 冻结曲线

选用公式

$$\theta_u = \theta_0\,|T|^{-b} \quad (T < T_f) \tag{17}$$

实测得 $\theta_0=0.1846$，$b=0.2490$，取 $T_f=-0.2$℃。

4.3 导水系数 K_w 和盐分扩散系数 D_{sh}

$$K_w(\theta) = K_{ws}\left(\frac{\theta}{\theta_s}\right)^{B} \tag{18}$$

$$D_{sh} = D_0 \exp(b\theta) \tag{19}$$

实测得 $K_{ws}=0.1199$ cmmin^{-1}，$B=6.647$，$D_0=0.0013$ cm^{2}min^{-1}，$b=10$。

根据许多人的试验结果，结冻后 K 值大大减小。主要原因是冰晶体阻断了水流通道，降低了导水能力。现引入系数 I[4]：

$$I = 10^{10\theta_i}, \quad K'_w(\theta) = K(\theta)/I \tag{20}$$

盐分等效扩散系数 $D'_{sh}=D_{sh}-\Delta x v/2$（其中，$v=q/\theta_L$）。

4.4 热容 C_s 和导热系数 λ

$$C_s = a_g C_g + a_w C_w + a_i C_i + a_a C_a + a_o C_o \tag{21}$$

$$\lambda = \lambda_g^{a_g} \lambda_w^{a_w} \lambda_i^{a_i} \lambda_a^{a_a} \lambda_o^{a_o} \tag{22}$$

式中：a_i，C_i，λ_i（i 表示 g，w，i，a，o）分别为土壤组分 i 的体积百分比、容积热容量和导热系数。下标分别指：g，矿物颗粒；w，水；i，冰；a，空气；o，有机质。具体数值见表 1。

表 1　各种土壤成分的比热容 c 和导热系数 λ

土壤成分	ρ/gcm^{-3}	c/Jg^{-1}℃$^{-1}$	λ/Wm^{-1}℃$^{-1}$
空气	0.00125	1.0	0.024
水	1.00	4.2	0.56
冰	0.9	2.1	2.2
石英	2.66	0.8	3.56
黏土矿物	2.65	0.8	2.93
有机质	1.3	1.9	0.3

5　模型应用

利用此模型对内蒙古河套灌区长胜试验区的土壤进行了模拟计算。气象数据由当地气象站提供，模拟日期为 1986-11-27-1987 至 05-11。计算时初始土壤水分、盐分和温度分布均由田间测定取得。图 1 为冻期各主要时段土温分布的模拟结果，相应的实测值（0～40 cm）见表 2；图 2 示出各主要时段水分和盐分分布的模拟计算值与实测值的比较。表 3 给出了 0～20，20～40 cm 深处水分和盐分的模拟结果。

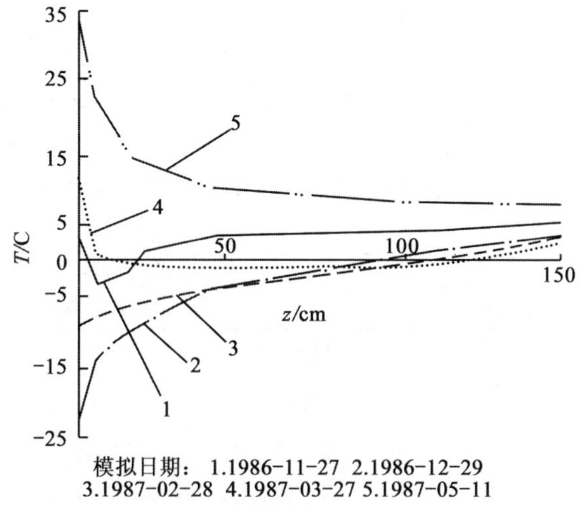

图 1　冻期各时段土壤温度分布模拟结果

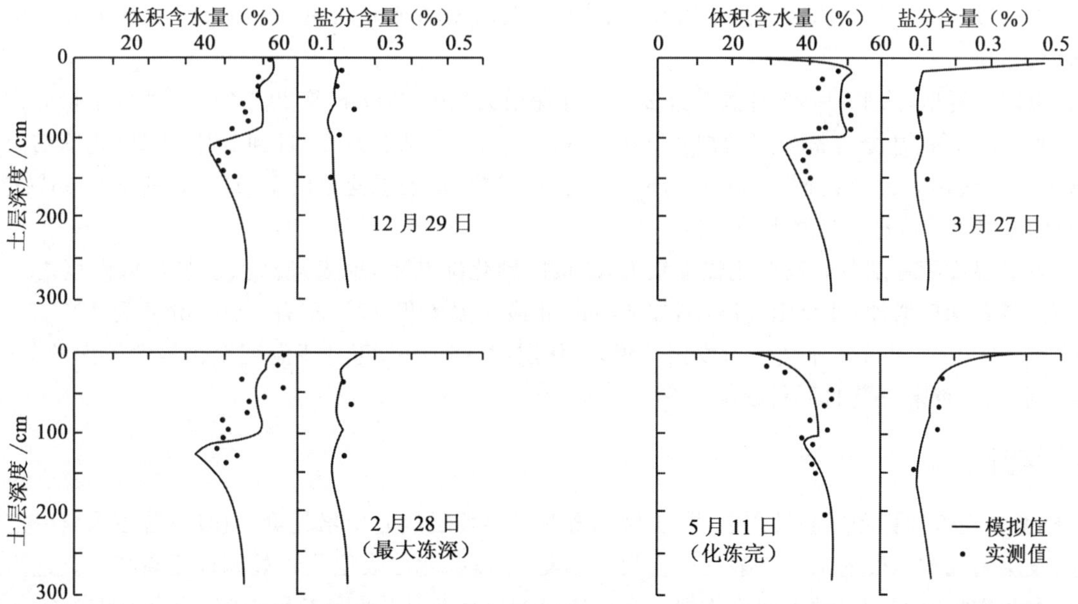

图 2　冻期各时段土壤水、盐分布模拟结果与实测值的比较

从图 1、图 2 和表 2 可以看出，含水量、温度和盐分分布的计算值和实测值在曲线形状和变化特征上是一致的。二者温度的差别，在表层较大，最大相差 2.5℃；在 20 cm 以下，相差很小。对于含水量和盐分，二者也相符合。最大冻结深度实测值为 115 cm，而模拟计算值为 120 cm，吻合较好。所以，可以认为该模型和数值计算方法是可行的。

表 2 冻期各时段土壤温度分布的实测值

℃

日期	z/cm					
	0	5	10	15	20	40
1986-11-27	4.0	−3.0	−3.0	−2.0	−2.0	1.0
1986-12-29	−20.0	−14.0	−13.0	−11.0	−10.0	−5.0
1987-02-28	−9.5	−8.0	−7.2	−7.0	−6.0	−4.0
1987-03-27	11.5	2.0	−0.5	−0.5	−1.0	−1.0
1987-05-11	35.0	25.0	18.0	15.0	14.0	10.0

说明：测定时间为中午 12:00。

表 3 冻期耕层土壤水分和盐分的模拟计算结果

%

土层厚/cm	水分和盐分	月-日				
		10-30 (冻结初始)	12-29	02-28 (最大冻深)	03-27	05-11 (化冻完)
20	水分	35.73	52.74	51.87	43.82	32.09
	盐分	0.0966	0.1014	0.1543	0.1877	0.2726
40	水分	36.81	51.59	50.68	46.65	34.91
	盐分	0.1308	0.1011	0.1359	0.1467	0.2088

由模拟计算可以得到如下初步结果：

(1)冻结锋面以下的未冻区含水量减少，靠近冻结锋面处含水量最低，可知水分迁移主要发生在冻结锋面处。

(2)由表 3 看出，从 11 月 27 日到 2 月 28 日(冻深最大)，0～20 cm 及 20～40 cm 处含水量分别增加 16.14%和 13.87%，盐分含量分别增加 0.0577%和 0.0510%，从 2 月 28 日到 5 月 11 日(化冻结束)，表层土壤失水严重，0～20 cm 处损失达 19.78%，盐分积累较多，表层盐分由 11 月 1 日的 0.0966%增至 5 月 11 日的 0.2726%，几乎是原来的 3 倍。

(3)表层温度随冻期各时段变化幅度较大，从最冷到化冻结束，地表最高温度与最低温度之差可达 55℃左右，随着深度增加，变化幅度减小，如 40 cm 处最大温差仅 17℃左右，100 cm 处为 10℃，150 cm 处为 5℃，到 300 cm 处几乎不变。对农田来说，耕作层(0～40 cm)正处于温度变化幅度较大的范围内，这会给农业生产带来一定的不利影响。

6 结论

本模型的模拟计算和实测结果表明：土壤冻融对早春表层盐分积累起重要作用；若不采取一定的保墒措施，表层由冻结积聚的水分在融化后会很快蒸发；温度变化由表层往深处幅度逐渐减小。这为防治春旱、春寒和次生盐碱化提供了理论依据。今后应根据这些规律，采取工程措施，为农业生产实际应用解决一些基本问题。

参考文献

[1] 张家诚，林之光. 中国气候. 上海：上海科学技术出版社，1985. 384-402

[2] 崔托维奇 H A. 冻土力学. 张长庆，朱元林译. 北京：科学出版社，1985. 54-80

[3] 中国科学院兰州冰川冻土研究所. 冻土的温度水分应力及其相互作用. 兰州：兰州大学出版社，

1990.107-138

[4] 雷志栋,杨诗秀.土壤水动力学.北京:清华大学出版社,1988.313-320

[5] 练国平,曾德超.一个冻土水盐热运动的数学模型.农业工程学报,1988,4(4):31-37

[6] 贝尔雅.地下水动力学.许涓铭,车用太,梁定伟,等译.北京:地质出版社,1985.173-183

[7] Samuel K J, Kung T S S. Heat and moisture transfer in partly frozen nonheaving soil. Soil Sci Sco Am J, 1986(50):1114-1122

[8] Taylor G S, Luthin J N. A model for coupled heat and moisture transfer during soil freezing. Can Geotech J, 1978(15):548-555

A Numerical Simulation for Water-salt-heat Movement During Soil Freezing and Thawing

Huang Xingfa　Zeng Dechao

Abstract　The water-salt-heat movements during soil freezing and thawing are analyzed. A mathematical model is then presented. The water and heat flow boundary conditions are determined with the method of energy conservation. The finite different method to solve the model is proposed. The model is validated with field data from Nov. 1986 to May 1987 at Hetao Irrigation Scheme, Innermogonlia.

Key words　soil freezing and thawing, coupled movement of water-salt-heat, method of energy conservation, numerical simulation

冻期土壤水热盐运动规律的试验研究*

黄兴法　王千　曾德超

摘要　对冻期土壤的水分、温度和盐分的变化规律进行了定量测定，并对其在裸地与地膜覆盖地的运动规律进行了比较，得到了冻土水热盐运动的一些重要特性，冬季覆盖可提高土壤温度，保持较高的含水率，减少土壤表层含盐量，提出了冬季覆盖是防春旱、春寒和土壤次生盐碱化的较为有效的途径。

关键词　冻结土壤，水热盐运动，地膜覆盖

1　引言

我国大部地区处于温带，呈现出四季分明的气候条件。季节性土壤冻结面积分布很广，约占全国总面积的3/4，我国自东部30°N以北，川陕地区33°N次北各地，均存在不同程度的季节性土壤冻结现象[1]。

这些有冻结现象发生的地区一般不受海洋温暖气候的影响，呈现干旱少雨的内陆气候，即春、冬、秋季雨水稀少，夏季雨量偏多，7至9月占全年降雨量的60%～80%，而春季不但气候干燥，降水量少，而且常刮大风，所以土壤的蒸发力极强，在这种情况下土壤的冻融对早春或春耕时期的土壤水分，温度和盐碱状况有明显的影响。随着土壤的冻结，水分逐渐往上迁移，积聚于土壤冻结层，水中的盐分随之一起上移，当春季来临，表土冻层逐渐融化，由于受底土未融化冻层的阻碍，水分滞留于土壤上层，而此时蒸发力很强，表层水分很快被蒸发，水溶液中的盐分则析出留于地表，当达到一定程度时，便形成土壤的次生盐碱化，水分的大量蒸发，造成土壤的干旱——春旱，对农业生产造成严重危害，使种子无法下播，延误农时；盐碱化使种子无法出苗或使幼苗受盐害；遇到春寒，使苗冻死等。因此，开展对冻土水热盐运动的研究，对农业生产有十分重要的意义，并为调查田间土壤水热状况，防止次生盐碱化，抗春旱春寒提供依据。

国内外对冻土水热运动研究多注重地基结冻隆起或防治水污染，利用冻结析出技术处理溶质等方面，而在田间水热盐方面的研究报告则不多见。国外研究有在积雪和残茬下的田间土壤的水热运动及盐分的运动情况[2,3]，国内对冻土的水热状况有较深入的研究，但并没有讨论盐分的运动[4,5]。它们均只是对冻期的土壤水热或水盐的试验研究，没有对水盐热运动规律作系统的试验研究。

本研究对冻期土壤的水热盐运动规律进行田间试验。它除了可以验证定量分析模型和土水运动模型方法合理性，预测土壤墒情、土温和含盐量的可靠手段之外，还为各种工程措施对土壤盐碱化，春旱春寒的影响提供具体的数据。

2　试验设计与仪器设备

2.1　试验设计

本试验研究主要针对冻结土壤的水分，温度以及含盐量进行连续的测定，所观测内容包括：对不同工程措施下如冻前耕与不耕，地表覆盖与否，及覆盖时间等，地表至150 cm处的土壤温度，0～100 cm

* 本文出处：农业工程学报，1993年9月，第9卷第3期

处的体积含水率和盐分浓度进行测定，另外，为了能够进行计算机模拟，还测定每天的小气候包括气温、湿度，水气压、风速、降雨量、太阳辐射等；每天在 7:00，12:00，18:00 时观测。

2.2　仪器设备

(1)中子管与中子仪：测定 10、20、30、40、50、60、70、80、90、100、110 cm 处的土壤含水率。

(2)地表及地面温度计：测定 0、5、10、15、20 cm 处的土壤温度。

(3)温度传感器及自动采集记录仪：测定 40、60、80、100、150 cm 深的土壤温度。

(4)盐分传感器和 SY—3 型电导仪：为南京土壤研究所研制，测定 5、10、15、25、50、100 cm 处的土壤溶液的电导率，由此可确定土壤的含盐量，盐分传感器在埋入地下前进行室内标定，取试验区的土样和地下水，按不同比例配制一系列不同浓度的溶液，用标准电极和传感器各自测出其电导值，可拟合出土壤溶质浓度(ms)与电导仪读数间的线性关系，其标定曲线如表 1。

表 1　盐分传感器标定曲线

Tab. 1　The calibrating curves of the salt concentration sensors

埋深/cm	传感器型号	标定曲线浓度 y/ms，电导仪读数 x/ms	相关系数 r	埋深/cm	传感器型号	标定曲线浓度 y/ms，电导仪读数 x/ms	相关系数 r
5	192	$y=4.117x-0.106$	0.9921	25	618	$y=6.175x-4.617$	0.9625
	634	$y=2.064x-1.618$	0.9945		880	$y=3.159x-2.939$	0.9878
	916	$y=5.233x-4.072$	0.9681		969	$y=2.764x-1.589$	0.9940
	1169	$y=2.098x-2.058$	0.9917		1196	$y=3.154x-1.690$	0.9927
	1209	$y=2.365x-1.978$	0.9909		1265	$y=2.663x-1.437$	0.9950
10	608	$y=2.430x-1.689$	0.9942	50	621	$y=1.554x-0.138$	0.9998
	707	$y=3.035x-4.104$	0.9670		881	$y=3.500x-0.959$	0.9941
	938	$y=9.488x-7.360$	0.9681		1039	$y=5.513x-2.138$	0.9777
	1189	$y=1.959x-1.442$	0.9953		1200	$y=4.953x-1.073$	0.9927
	1229	$y=2.750x-1.214$	0.9960		1280	$y=2.157x-0.171$	0.9999
15	612	$y=2.432x-1.962$	0.9915	100	628	$y=2.161x-0.261$	0.9997
	862	$y=3.090x-1.583$	0.9940		909	$y=2.754x-0.309$	0.9994
	966	$y=2.485x-1.696$	0.9940		1152	$y=4.394x-1.068$	0.9902
	1193	$y=2.343x-1.969$	0.9905		1202	$y=2.879x-0.120$	0.9999
	1262	$y=2.851x-0.972$	0.9964		1285	$y=3.905x-0.859$	0.9963

3　试验过程及内容

本试验是在中科院地理所禹城综合试验站的支持下，在山东禹城县南北庄试验站进行的，时间为 1992.11.20～1993.4.1，地点为试验站南区的重盐碱地，试验区分布情况如图 1 所示，共分 5 个小区，分别为未耕裸地，已耕裸地，耕地覆盖 1，耕地覆盖 2 和耕地覆盖 3(图中分别为 No.1、No.5、No.3、No.4、No.2)，并相应地设置了 5 个小麦对照地，工况与前 5 个小区相同。覆盖 1 土壤封冻前(92.12.11)覆盖；覆盖 2 指在天气最冷(93.1.18)时覆盖；覆盖 3 在化冻阶段(93.2.16)覆盖，材料为无色透明塑料地膜。现以未耕裸地(No.1)和已耕覆盖 1(No.3)两小区为例进行说明。

图 1 试验地布置图

Fig. 1 Lay out of experimental plots

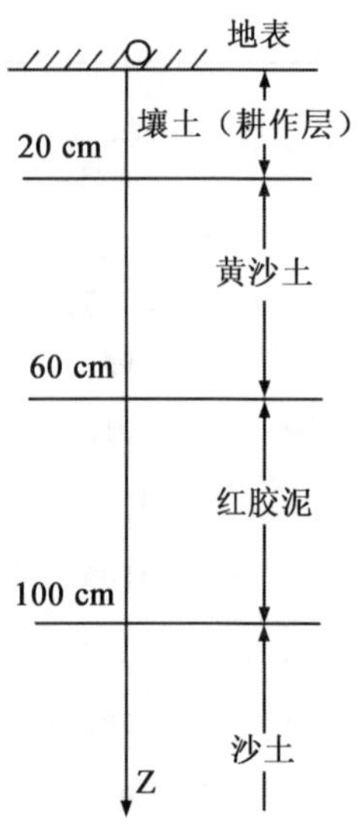

图 2 土壤剖面结构

Fig. 2 Schematic representation of the vertical soil structure

3.1 土壤结构

试验区的土壤垂直结构如图 2 示，表面耕作层为轻壤土（$\gamma=1.31\ g \cdot cm^{-3}$），往下 40 cm 为黄沙土（$\gamma=1.48\ g \cdot cm^{-3}$），再往下的 40 cm 为红胶泥土（$\gamma=1.37\ g \cdot cm^{-3}$），1 m 深以下为沙土（$\gamma=1.40\ g \cdot cm^{-3}$），该区的地下水位在 2.5～2.9 m。

3.2 土壤温度的测定

耕作层的土壤温度昼夜和日际变化幅度较大，而深度较大时，变化幅度较小，至 1.5 m 处基本上没有变化，保持在 12℃左右。图 3 为整个冻期土壤 5、20 cm 处的温度日均值。

3.3 土壤含水量的测定

土壤含水量一天内变化不大，冬天蒸发量又小，图 4(a)(b)分别为冻期土壤 10、30 cm 处的体积含水率分布情况。

3.4 土壤盐分的测定

土壤盐分一天内变化不大，但其浓度随着土壤结冻或融化或表层水分蒸发等会引起较大的变化，图 5(a)(b)为整个冻期盐分浓度的变化情况。在土壤缓冻期、冻结期和融化期等不同时期分别用取土法实测了土壤各层的盐分含量(g/100 g 土)，其值为表 2 所示。

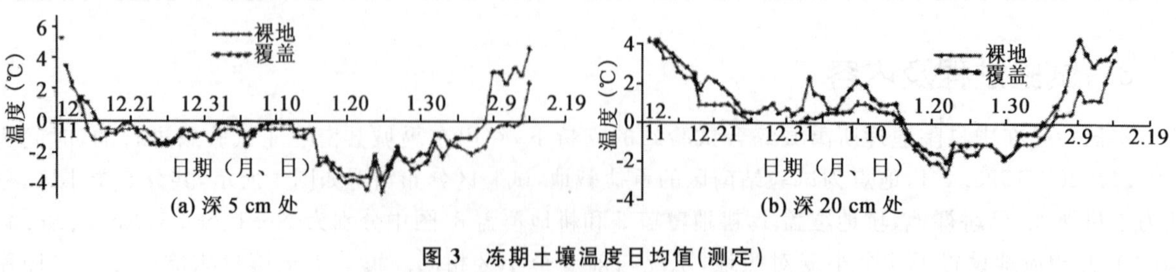

图 3 冻期土壤温度日均值(测定)

Fig. 3 The measured soil average temperature at different depth

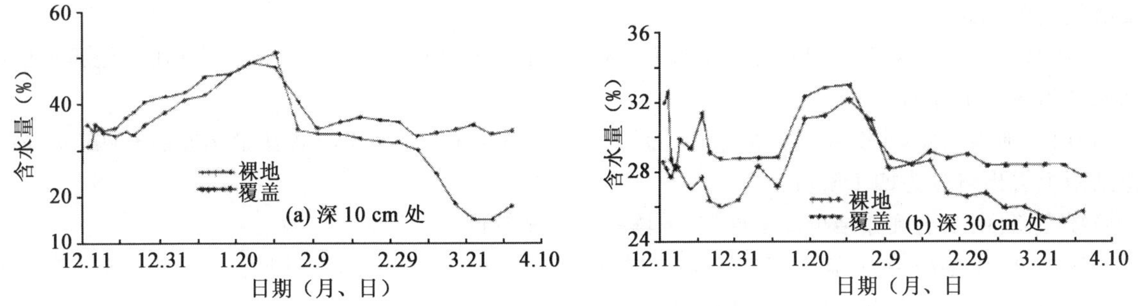

图 4　冻期土壤含水率(水＋冰)的分布情况

Fig. 4　The measured soil water content (water＋ice) curves

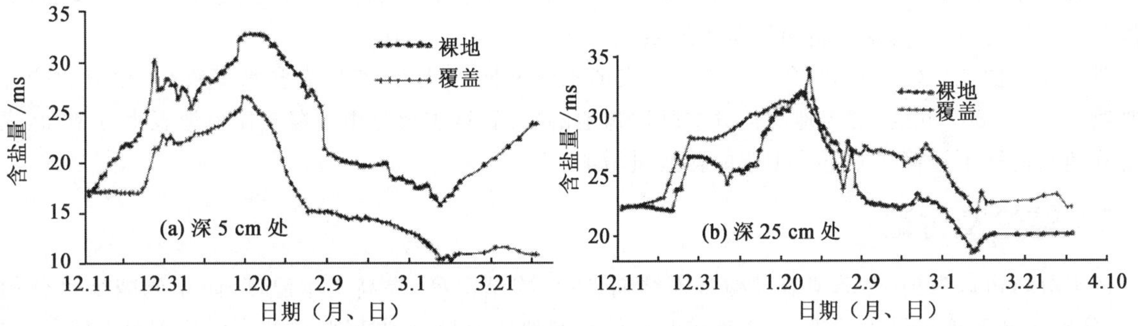

图 5　冻期土壤盐分浓度的分布情况

Fig. 5　The measured soil salt concentration curves

表 2　冻期土壤不同时期含盐量(g/100 g 土)测定值(1992.12～1993.4)

Tab. 2　The measured salt content(g/100 g soil) at different time during the freezing-thawing period

日期	裸地(g/100 g 土)						地膜覆盖(g/100 g 土)					
	5 cm	10 cm	15 cm	25 cm	50 cm	100 cm	5 cm	10 cm	15 cm	25 cm	50 cm	100 cm
12.10	0.335	0.328	0.268	0.253	0.247	0.118	0.320	0.328	0.246	0.238	0.255	0.116
1.17	0.365	0.336	0.278	0.267	0.258	0.115	0.328	0.309	0.261	0.256	0.270	0.117
2.14	0.382	0.374	0.282	0.269	0.260	0.117	0.298	0.301	0.282	0.263	0.272	0.114
3.06	0.399	0.399	0.298	0.260	0.256	0.116	0.275	0.283	0.295	0.279	0.275	0.116

4　结果分析

(1)土壤耕层水分在冻期内有不同程度的增加，5～20 cm 处在最冷时(1.17～1.25)，含水量已接近饱和值(此时含冰量占绝大部分)，随着融化的开始，在有地膜覆盖的情况下，由于能抑制地表蒸发，仍能保持较高的表层含水率，而裸地则在此段内迅速减少。20～40 cm 在冻结时水分变化较大，其他时期较平缓。

(2)在缓冻期，土温变化是晚上结冻，白天融化，冻结缓慢，深度在 0～5 cm；到冻结期，冻结速度加快，深度增加，白天只有表层稍有融化，最冷时连最高温度也低于 0℃；融化期时间较短只有几天时间。

在有地膜覆盖时，一天内平均地温要比裸地的高出 1～3℃；而最高地温要比裸地的低 3～5℃，最低地温要比裸地的高出 2～4℃。主要原因在于地膜覆盖改变了太阳辐射能在土壤表面的分布，辐射的反射率虽有些增加，但使土壤散热率明显下降，从而使土温差减小；另外覆盖减少了土壤蒸发，从而减少了蒸发潜热的消耗。

(3)从水分分布的突变性和温度分布来看,试验区土壤冻结深度可达 40 cm 左右;在有地膜覆盖时,冻结深度为 35 cm 左右。

(4)由于地表蒸发,水分冻结等因素,经过一个冬、春的冻融,表层土壤含盐量比冻前有明显增加,其变化从图上看出可分为四个阶段:

a)缓冻期:由于土壤冻结少或未冻结,土壤盐分浓度较低。

b)冻结期:土壤冻结后,盐分仅在未冻水中,(冰中盐分很少,可忽略),加上水结冻造成水分迁移,带动盐分向冻结区移动,此段内盐分浓度急剧增大。

c)融化期:春季土壤融化时,由于冰转化为液态水,随着土壤含水量的增加,其盐分浓度也下降。存在于土壤中的盐分变化不大情况下,水分增加,浓度下降。

d)融化结束后,由于此时气候干燥,蒸发率较大,表层水分损失较多,因此盐分浓度随之增加,当超过盐分溶解度时,以固态形式析出滞留于地表。

覆盖地与裸地比较可看到,覆盖使地表蒸发的水汽又回到地表,使地表含水率较高,相应的盐分浓度要低,而 15～30 cm 处,覆盖地的盐分浓度比裸地的要高,这主要是由于覆盖使得地表水分增加,表层的盐分随水流往下迁移导致下层土壤的含盐量增加。

5 结论及讨论

以上分析可以看到,冬季覆盖可缩短冻结期,减少冻结深度,提高土壤温度,防止或减少水分的损失,为作物越冬防冻提供了保障;冬季覆盖又可使盐碱地的返盐得到抑制,可使表层盐压向下层,有利于春季作物的出苗,因此冬季地膜覆盖可改善土壤水分,温度状况,减轻盐碱危害等,不失为一种防春旱、春寒和减少次生盐碱化的有效措施。

本试验就冬季裸地和地膜覆盖下土壤水盐热运动规律进行了试验研究,得到了一些基本结论,由于条件有限,没能考虑其他的边界条件因素,而且试验时间较短,试验还有待完善和改进。例如,要得到更深层的结果,还须做一系列的试验,包括重复试验。如不同的覆盖材料,不同的土质条件,不同的地下水位,封冻前是否进行浇水等对冻期土壤的水盐热变化的影响试验。上述内容尚待更深一步的试验研究及理论探讨。

参考文献

[1] 张家诚,林之光. 中国气候. 上海科技出版社. 1985,384-402

[2] G N Flerchinger, K E Saxton. Simulataneous heat and water model of a freezing Snow-Residue-Soil System Ⅱ. Field Verification. Transactions of the ASAE, 1989, 32(2): 573-578

[3] G N Flerchinger, C L Hanson. Modeling soil freezing and thawing on a rangeland watershed. Transactions of the ASAE, 1989, 32(5): 1551-1554

[4] 杨诗秀,雷志栋,等. 土壤冻结条件下水热耦合运移的数值模拟. 清华大学学报,1988,28(s1):112-120

[5] 雷志栋,杨诗秀,等. 土壤水动力学. 清华大学出版社,1988,313-320

[6] 中科院兰州冰川冻土研究所. 冻土的水分温度应力及其相互关系. 兰州大学出版社,1990,113-139

[7] 练国平,曾德超. 一个冻土水盐热运动的数学模型. 农业工程学报,1988,4(4):31-37

[8] P J Comillo. A soil and atmospheric boundary layer model for evapotranspiration and soil moisture studies. Water Resources Research, 1983, 19(2): 371-380

Experimental Study on the Movement of Water-Heat-Salt of Freezing-Thawing Soils

Huang Xingfa　Wang Qian　Zeng Dechao

Abstract　The paper is about field experiment of water-heat-salt movement of freezing-thawing soils in Yucheng Experimental Station, Shandong Province. The results of bare soil surface and plastic film mulched soil surface are compared and discussed. Mulching can increase the soil temperature, remain high water content and decrease the salt content in subsurface soil. So mulching through winter to next spring is a reasonable method to prevent the soil from suffering cold and acid, and decrease the salinity of the soils.

Key words　Freezing-thawing soils, Movement of water-heat-salt, Plastic film mulching

估计作物吸水强度的动态模拟方法及其应用*

雷廷武　曾德超　郑耀泉

摘要　本文根据现代控制理论中"黑箱"理论的思想，提出了一种直接采用土壤水瞬态运动模拟方法求得吸水项的方法，从而省去了试图估计根系分布的困难。并且在估计方法中采用线性系统的叠加原理，对SPAC系统进行分解与叠加，将异常复杂的SPAC系统的求解过程简化为对几个相对简单得多的子系统的求解，从而使得相应的求解与验证实验更加简单和方便。给出了采用交替方向的P-R有限差分二维模拟算法的计算表达式。并在估计桃树吸水模型中得到应用。提出了修正的桃(果)树吸水模型(函数)及其参数估计方法。对方法及模型的正确性进行了验证。

关键词　SPAC系统，模型，模拟，作物吸水强度，黑箱

1　前言

在干旱、半干旱地区，降雨的不足必须由灌溉进行补充。要进行灌溉就必须确定合理的灌溉制度，即适宜的灌溉时间与灌水量。

由于作物是扎根于土壤、生长于大气之中的，因而其水分的消耗与输运过程除与作物本身有关外，在很大程度上要受大气及土壤环境因素的影响。因此，现在人们正从SPAC系统的研究入手来确定作物的需水量及解决作物灌溉制度的优化问题。SPAC系统中土壤水的控制微分方程为：

$$\frac{\partial\theta}{\partial t}=\sum_{I=1}^{3}\frac{\partial}{\partial X_1}\left[D(\theta)\frac{\partial\theta}{\partial X_I}\right]-\frac{\partial K(\theta)}{\partial z}-S(\theta)$$

式中：$S(\theta)$是SPAC系统的汇函数，表示作物吸水强度。θ为土壤含水量，$X_I(X_1=X, X_2=Y, X_3=Z)$为坐标。$D(\theta)$是土壤水扩散系数，$K(\theta)$为土壤的导水系数，t为时间。SPAC系统通常采用模拟的方法进行研究。在SPAC系统的模拟中，S项的估计是必须首先解决的问题之一。

S项作为坐标X, Y, Z，及土壤含水量θ，大气因素$A(t)$的函数，对其估计是比较困难的。尽管如此，近年来不少学者还是在这方面进行了许多开创性的工作：

F J Molz等于1970年得到了作物土壤水消耗的吸收项模型[1]；R A Feddes等1973年修正了早先的作物吸水模型，并于1974年进行了田间试验[3]；1981年，J C Hoogland等发表了关于"与土壤水势及最大吸水率有关的根系吸水模型[4]"的论文；1984年J J Landsberg等进行了单棵树的吸水研究，并将其推广到林木树冠相交叠的情况[5]；1986年，E Garnier等研究了桃园水分平衡及桃树的吸水模式[6]；Vilian Novak及邵明安等(1987年)分别研究了根系的一维吸水模式[2]；等等。

在这些模型中，大多数模型吸水项的确定需要有关根系分布、密度、根长的资料。要估计这类根系函数费时费力。而且由于根系的瞬态性，即使根系分布函数估计准确，也不能准确地描述根系的动态吸水性态。现阶段作物吸水模型研究中的这种途径遇到了很大的困难。

2　模拟方法及数学描述

估计作物根系是为了估计作物的吸水强度场，为避免由于根系瞬态特征而引起的估计作物根系分

* 本文出处：农业工程学报，1993年3月，第9卷第1期

布的困难，本文采取新途径，根据现代控制理论中的“黑箱”理论思想，试图寻求一种直接采用土壤水瞬态运动模拟方法求得吸水项的新方法。

2.1　黑箱理论的引入

将作物根系看成一个“黑箱”。尽管“黑箱”(根系)的内部结构不清楚，但可通过对于“黑箱”输入输出的观测来估计其行为(吸水)[9]，并用某一函数来逼近或模拟其行为[8]，即模拟根系的吸水模式。由此反过来估计作物有效根系的分布或其动态活动情况的“同构系统”。

将根系作为“黑箱”的 SPAC 系统如图 1。图中，$A(t)$表示大气因素；$P(t)$表示作物的生理状态；$\theta(t)$是土壤含水量；$S(t)$是代表根系的吸水项；$A(t)$、$P(t)$是时间的函数，而$\theta(t)$及$S(t)$是时间及空间坐标的函数。为计算方便，假设另一个系统，其条件与图 1 所示系统均相同，只是作物耗水项$S(t)$不存在。该系统如图 2 所示。其中，$\theta_1(t)$表示图 2 系统中的土壤含水量，为坐标及时间的函数。将图 1 及图 2 所示的系统进行叠加，得到一个新的系统如图 3 所示。

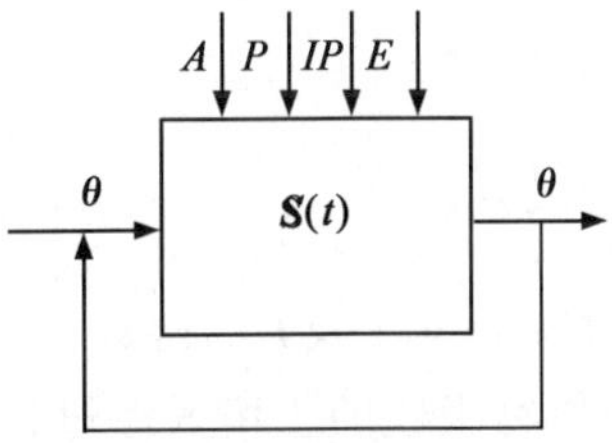

图 1　系统 1

Fig. 1　System 1

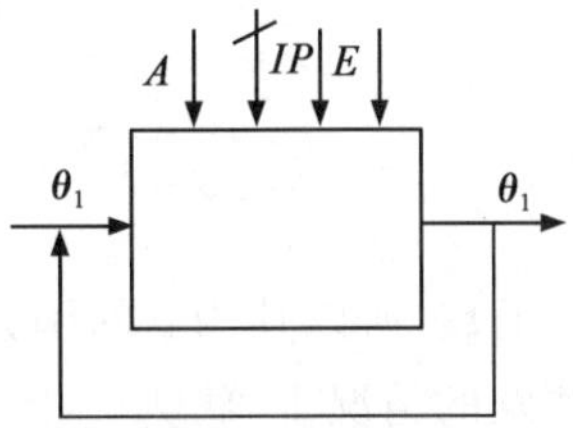

图 2　系统 2

Fig. 2　System 2

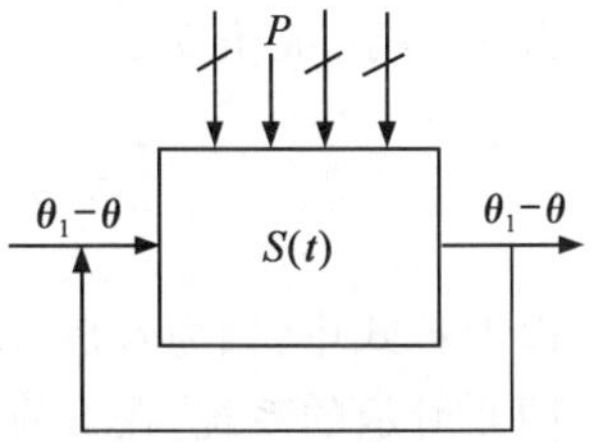

图 3　系统 3

Fig. 3　System 3

如果能确定系统 1 中的θ及系统 2 中的θ_1，则可由系统 3 确定出 S 项。而系统 1 的θ可由对系统的(实地)观测得到，系统 2 则可由数值模拟而求得，从而我们可由系统 3 得到 S 项即根系的行为。这就是直接估计作物吸水模型——根系动态行为的动态模拟思想。

由于图 1 及图 2 所示的系统 1 及 2 均为非线性系统，从而图 3 所示的系统 3 亦为非线性系统。“控制理论”中的系统迭加要求系统必须是线性的，非线性系统可以由逐步线性化进行逼近。在我们所考虑的问题中，在时间足够短的情况下，所考虑的 3 个系统均可认为是线性的。即在求解的过程中必需保证时间足够短。

2.2　数学描述

在图 1 所示的系统中，水的传输控制微分方程为：

$$\frac{\partial\theta}{\partial t}=\sum_{I=1}^{3}\frac{\partial}{\partial X_I}\left[D(\theta)\frac{\partial\theta}{\partial X_I}\right]-\frac{\partial K(\theta)}{\partial z}-S(\theta) \tag{1}$$

其初始条件为：

$$\theta\,|_{t=t_1}=\theta_0 \tag{2}$$

边界条件为：

$$\left(K(\theta)+E(\theta)-D(\theta)\frac{\partial\theta}{\partial z}\right)\Big|_{z=0}=f(x,y,t)\qquad t_1\leqslant t\leqslant t_1+T_g \tag{3a}$$

$$\frac{\partial\theta}{\partial z}\Big|_{z=Z}=DS(x,y,t) \tag{4}$$

$$\frac{\partial\theta}{\partial x}\Big|_{x=0}=\phi_1(y,z,t);\quad \frac{\partial\theta}{\partial x}\Big|_{x=X}=\phi_2(y,z,t) \tag{5}$$

$$\left.\frac{\partial\theta}{\partial y}\right|_{y=0}=\psi_1(x,z,t);\quad \left.\frac{\partial\theta}{\partial y}\right|_{y=Y}=\psi_2(x,z,t) \tag{6}$$

上列各式中符号的意义如下：

$X_1,X_2,X_3=x,y,z$— 笛卡尔坐标；

t— 时间；θ— 土壤含水量，是坐标 x,y,z 及时间 t 的函数；

$D(\theta)$— 土壤水扩散系数，为 θ 的函数；$K(\theta)$— 土壤导水系数；

$S(\theta)$— 表示作物耗水(吸收)的汇函数，也为含水量 θ 的函数，并与大气环境及作物的生理状态有关；

$DS(x,y,t)$— 为深层渗漏或毛管水上升；$f(x,y,t)$— 土壤表面无积水的入渗强度；

T_g— 降雨或灌溉持续时间；t_1— 降雨或灌溉开始时间；

$E(\theta)$—— 土壤表面的蒸发强度。

如果将土壤表面蒸发看成是作物耗水的一部分，那么 S 项就包括了作物的吸水与地表蒸发，即 S 表示蒸散量，则(3a)化为：

$$\left.\left[K(\theta)-D(\theta)\frac{\partial\theta}{\partial z}\right]\right|_{z=0}=f(x,y,t)\qquad t_1\leqslant t\leqslant t_1+T_g \tag{3}$$

以上各式中，因为 θ 是 x,y,z 及 t 的函数，所以凡为 θ 的函数的各项均为 x,y,z 及 t 的函数。

图 2 所示的系统，在 S 项包含地表蒸发的情况下，将为一个无蒸发、无作物吸收的土壤入渗过程，其控制微分方程为：

$$\frac{\partial\theta_1}{\partial t}=\sum_{I=1}^{3}\frac{\partial}{\partial X_I}\left[D(\theta_1)\frac{\partial\theta_1}{\partial X_I}\right]-\frac{\partial K(\theta_1)}{\partial z} \tag{7}$$

其初始条件及边界条件如(2)～(6)。只是将 θ 变为 θ_1 即可。由方程(1)减去方程(7)得：

$$\frac{\partial(\theta-\theta_1)}{\partial t}=\sum_{I=1}^{3}\frac{\partial}{\partial X_I}\left[D(\theta)\frac{\partial\theta}{\partial X_I}-D(\theta_1)\frac{\partial\theta_1}{\partial X_I}\right]-\frac{\partial[K(\theta)-K(\theta_1)]}{\partial z}-S(\theta) \tag{8a}$$

若假定预测的时间不太长，则 θ 及 θ_1 变化不太大，从而 $D(\theta)$、$D(\theta_1)$ 以及 $K(\theta)$、$K(\theta_1)$ 变化也不太大，并且由于 θ 及 θ_1 的初始值相同，因此有：

$$D(\theta)\approx D(\theta_1)\qquad K(\theta)\approx K(\theta_1)$$

代入(8a)得：

$$\frac{\partial(\theta-\theta_1)}{\partial t}=\sum_{I=1}^{3}\frac{\partial}{\partial X_I}\left[D(\theta)\frac{\partial(\theta-\theta_1)}{\partial X_I}\right]-S(\theta) \tag{8}$$

这就是描述图 3 所示系统的控制微分方程。这是针对量$(\theta-\theta_1)$的控制微分方程。由(1)式相关的初、边值条件及(7)式相关的初、边值条件得：

$$(\theta-\theta_1)\big|_{t=t_1}=0 \tag{9}$$

$$\left.\left[D(\theta_1)\frac{\partial\theta_1}{\partial z}-D(\theta)\frac{\partial\theta}{\partial z}\right]\right|_{z=0}=f(\theta,x,y,t)-f(\theta_1,x,y,t)$$

或

$$\left.D(\theta)\frac{\partial(\theta-\theta_1)}{\partial z}\right|_{z=0}=f(\theta,x,y,t)-f(\theta_1,x,y,t) \tag{10a}$$

$$\left.\frac{\partial(\theta-\theta_1)}{\partial z}\right|_{z=Z}=0 \tag{11}$$

$$\left.\frac{\partial(\theta-\theta_1)}{\partial x}\right|_{x=0}=0;\quad \left.\frac{\partial(\theta-\theta_1)}{\partial x}\right|_{x=X}=0 \tag{12}$$

$$\left.\frac{\partial(\theta-\theta_1)}{\partial y}\right|_{y=0}=0;\quad \left.\frac{\partial(\theta-\theta_1)}{\partial y}\right|_{y=Y}=0 \tag{13}$$

当 $t_1\leqslant t\leqslant t_1+T_g$，可以认为 $f(\theta,x,y,t)=f(\theta_1,x,y,t)$。从而(10a)化为：

$$D(\theta)\left.\frac{\partial(\theta-\theta_1)}{\partial z}\right|_{z=0}=0 \tag{10b}$$

由(8)～(13)可见，如果 θ 及 θ_1 已知，则 S 即可求得。

为此，我们对图 1 所示系统中的 θ 进行观测。而对图 2 所示系统中的 θ_1 则用(7)式及相应的边界条件进行数值求解得 θ_1，代入代表图 3 所示系统的方程式(8)中即可求得：

$$S(\theta)=-\frac{\partial(\theta-\theta_1)}{\partial t}+\sum_{I=1}^{3}\frac{\partial}{\partial X_I}\left[D(\theta)\frac{\partial(\theta-\theta_1)}{\partial X_I}\right] \tag{14}$$

应该说明，在推导的过程中除采用了预测时间较短这一假设外，没有采用其他假定条件，因此这种方法在原理上适用于一、二、三维问题。但必须使预测时间较短。

3　数值计算方法

图 2 所示系统的控制微分方程是(7)式，相应的初始条件，边界条件分别与(2)式、(3a～6)式相类似，只是将其中的 θ 变为 θ_1 即可。

针对于像果树这样的问题，我们假设：①果树的活动根系相对于树杆作轴对称分布；②用水强度 $f(x,y,t)$ 也相对于同一轴成轴对称(如喷灌与降雨)；③土壤为稳定、均质、各向同性的多孔介质。在这些假定条件下，图 1 所示系统将简化为二维轴对称问题，因而可在空间域内作二维问题处理。对于图 2 所示系统只要假设②、③成立即可作二维问题处理。进而图 3 所示系统也可作为二维问题处理。

3.1　系统 2 的数值模拟

在上述假定条件下，选取坐标系，使对称性方程(7)变为：

$$\frac{\partial\theta_1}{\partial t}=\frac{\partial}{\partial x}\left[D(\theta_1)\frac{\partial\theta_1}{\partial x}\right]+\frac{\partial}{\partial z}\left[D(\theta_1)\frac{\partial\theta_1}{\partial z}\right]-\frac{\partial K(\theta_1)}{\partial z} \tag{15}$$

相应的初、边界条件变化为：

$$\theta_1|_{t=t_1}=\theta_0(x,y,z) \tag{16}$$

$$\left.\left[K(\theta)-D(\theta)\frac{\partial\theta}{\partial z}\right]\right|_{z=0}=f(x,t)\qquad t_1\leqslant t\leqslant t_1+T_g \tag{17}$$

$$\left.\frac{\partial\theta_1}{\partial z}\right|_{z=Z}=DS(x,t) \tag{18a}$$

$$\left.\frac{\partial\theta_1}{\partial x}\right|_{x=0}=0 \tag{19}$$

$$\left.\frac{\partial\theta_1}{\partial x}\right|_{x=X}=0 \tag{20}$$

在干旱、半干旱情况下，通常经济的灌溉不应产生深层渗漏，当地下水位很低时，可以认为(18a)式中的 $DS(x,t)=0$。即有：

$$\left.\frac{\partial\theta_1}{\partial z}\right|_{z=Z}=0 \tag{18b}$$

(15)～(20)就是我们要考虑的模型，可用有限差分方法求解，如二维问题可用对于时间、空间步长是无条件稳定的[7,10,11]P-R方法(交替方向隐式有限差分)，而三维问题采用交替方向的隐式DOUGLAS格式[11]。

3.2 $S_{I,J}$的求解

由(14)式的离散化格式可求出不同时刻、不同土壤、气候条件下作物的吸水强度$S_{I,J}$，进而可以求出作为土壤含水量、大气环境条件、坐标和/或作物生长阶段的函数的作物吸水强度场函数$S[A(t),\theta,x,z,t]$。

二维情况下$S_{I,J}$的数值计算格式为：

$$\begin{aligned}S_{I,J}^{L}=&\frac{\theta_{I,J}^{L}-\theta_{1I,J}^{L}-(\theta_{I,J}^{L-1}-\theta_{1I,J}^{L-1})}{\tau_g}+D_{I,J}^{L}\times\frac{(\theta-\theta_1)_{I+1,J}^{L}-2\times(\theta-\theta_1)_{I,J}^{L}+(\theta-\theta_1)_{I-1,J}^{L}}{L_I^2}+\\&(D_{I,J}^{L}-D_{I-1,J}^{L})\times\frac{(\theta-\theta_1)_{I,J}^{L}-(\theta-\theta_1)_{I-1,J}^{L}}{L_I^2}+D_{I,J}^{L}\times\\&\frac{(\theta-\theta_1)_{I,J+1}^{L}-2\times(\theta-\theta_1)_{I,J}^{L}+(\theta-\theta_1)_{I,J-1}^{L}}{H_J^2}+\\&(D_{I,J}^{L}-D_{I,J-1}^{L})\times\frac{(\theta-\theta_1)_{I,J}^{L}-(\theta-\theta_1)_{I,J-1}^{L}}{H_J^2}\end{aligned} \tag{21}$$

其中，$\tau_g=t-t_1=\sum\tau_k$为所取的计算$S_{I,J}$的时间步长。

由(21)式即可求得时刻L的吸水强度场，再以该时刻的测量值θ为初始值，可采用有限差分求解得下一时刻$L+1$的θ_1值，由已求得的$L+1$时刻的θ及θ_1，采用式(21)即可求得$L+2$时刻的吸水强度$S_{I,J}^{L+2}$。如此反复，可求得不同时刻的吸水强度$S_{I,J}^{L}(L=1,2,3,\cdots)$。

4 试验描述

1987年5月20日～9月3日及1988年5月25日～8月15日在北京林业果树研究所的梨园、桃园内进行了观测θ的田间试验。田间土壤为黏土。

土壤含水量θ用CPN MODEL 503 DR中子水分仪(HYDROPROBE)进行测量。若假定：①土壤为稳定、均质、各向同性的多孔介质；②桃树的活动根系相关于树干呈轴对称分布。则对于θ的观测只需按二维的情况进行，即测量距树不同径向距离、不同深度处的含水量即可，而无需考虑不同方位的问题。因此我们选有代表性的桃树两棵，各埋设五根无缝钢管测管，测管埋深均为1.4 m，测管相对于树干的距离分别为30，50，80，120，180 cm。

考虑到中子仪的垂直分辨率，每个测管取5个读数，测取深度分别为20，40，60，90，120 cm，每天定时(9:00，13:00，17:00)测取3次。测取的读数为中子仪相对记数率，须按标定曲线将其转化为土壤含水量或水势值。标定曲线一般采用直线：

$$Y=A+B\times X \tag{22}$$

式中：Y为含水量θ(体积基或重量基)；X为中子仪相对记数率；A，B为标定曲线的常数与斜率。

$A=14.4507$；$B=14.6186$；当θ用体积基时，土壤容重$\rho=1.532\ \text{g}\cdot\text{cm}^{-3}$

由于中子仪是通过测量土壤中的氢原子浓度而间接测水的，所以，土壤中有机物的存在将影响观测绝对值的准确度，尤其是在靠近树干处，大量树根的存在使得这种影响尤为显著。因此，若要了解土壤含水量的绝对值的变化情况，可以假设树干附近的根系组织内部的含水量基本上恒定不变，对近树干

(根系最密集)处重新给出相应点的标定曲线。其标定曲线为：

$$Y = A + B \times (R_s + R_r) \tag{23}$$

式中：R_s 为土壤引起的中子仪的相对读数；R_r 为根系内水分引起的中子仪相对读数的增加。根据假设为常数，因而：

$$Y = A' + B \times R_s \qquad A' = A + B \times R_r \tag{24}$$

可见，根系的存在只影响到标定曲线中的常数项。在同类土壤条件下，可由已得的标定曲线(22)或(23)代入近树基某一特定点的中子仪相对读数值及相应的含水量数值，并利用(22)或(23)式中已求得的 B 值即可确定出(24)式中的 A 值，可简便地得到标定曲线(24)。

田间记录果园温度及湿度采用干湿度计，降雨及风速资料来自附近的海淀区气象站，该站位于试验果园以东约 5 km 处。

由室内试验及一定的计算方法得到试验土壤的水扩散系数 $D(\theta)$、导水系数 $K(\theta)$、土壤水分特征曲线(pF)。

5　果树吸水强度场修正数学模型

当土壤均匀湿润时，由于根系的分布密度或活动强度不同，土壤水的消耗将是不均匀的。吸收强度大的地方，如靠近树干的上部，土壤被吸收的水分将比其他地方多，因而较其他地方干得更快。而在根区的下层则较上层为湿。在根层不同的部位的这种土壤与根系间关系的改变，将使得根区内部较高吸水强度值向侧向及土体的较深处转移。这种因素我们可引入一个加权系数加以考虑。

由以上讨论，我们可以得出果树的吸水强度的二维修正数学模型：

$$S(t) = A \times \left\{ \frac{S \cdot \mathrm{d}v(x,z,t-1)}{\sum S \cdot \mathrm{d}v(x,z,t-1)} \right\}^{a_1} \times \left(\frac{\theta - \theta_d}{\theta_f - \theta_d} \right)^{a_2} \times$$
$$(1 - h_u)^{a_3} \times \left(\frac{T - TC}{TM - TC} \right)^{a_4} \times e^{-a_5 x^2} \times e^{-a_6 z} \tag{25}$$

式中：$(\theta-\theta_d)/(\theta_f-\theta_d)(\leqslant 1)$，土壤相对有效含水量函数，表示土壤水对作物的可利用程度的函数，θ 为实际含水量，θ_d 为凋萎点含水量，θ_f 为土壤在田间持水量时的含水量；$[(\theta-\theta_d)/(\theta_f-\theta_d)]^{a_2}$ 表示作物的吸水强度与相对有效含水量呈 a_2 的幂次相关，且当 $\theta=\theta_f$ 时其值最大为 1，而当 $\theta=\theta_d$ 时其值为零；a_2 为待定系数，由回归确定；对于我们所进行的试验，取 $\theta_f=30\%$，$\theta_d=11.5\%$(重量含水量)；A 为吸水项系数；$e^{-a_5 x^2}$，$e^{-a_6 z}$ 为根系分布密度函数，a_5 与 a_6 为待定系数。a_5、a_6 分别表征了果树的根系分布密度的衰减快慢。

$\dfrac{s \cdot \mathrm{d}v(x,z)}{\sum s \cdot \mathrm{d}v(x,z)}$— 加权系数，其意义为某一点所在的一个微元土体 dv 中的根系所吸收的水分 $S \cdot \mathrm{d}v(x,z)$ 占根区内相同大小的所有微元体所吸收的水分 $\sum S \cdot \mathrm{d}v(x,z)$ 的比例[2]。

h_u 为相对湿度，$(1-h_u)^{a_3}$ 表征相对湿度对作物吸水的潜在的可能影响。

$(T-TC)/(TM-TC) \leqslant 1$ 为相对温度，该项表征了温度对作物吸水的潜在可能影响，T 为温度，TC 为作物吸收水分的下限临界温度，当 $T \leqslant TC$ 时作物将不再吸收水分(或吸水量可忽略不计)，TM 为作物吸水的上限临界温度，当 $T = TM$ 时吸水强度开始降低；本计算取 $TC = 18$℃，$TM = 39$℃。

6　连续的吸水数学模型参数的估计与分析

通过模拟计算的 $S_{I,J}$ 的离散值，由于数据量很大故不在此列出。由计算知，吸水强度点函数的量值为：$10^{-7} \sim 10^{-6}$（$\mathrm{cm}^3 \cdot \mathrm{cm}^{-3}/\mathrm{min}$）。

为估计(25)式中的系数，取 S 的离散值 S_{ij}，其水平及铅直方向的计算点数分别为 M-1 及 N-1，其中 M、N 分别为 $S_{i,j}$ 的动态有限差分模拟估计格式中的水平及铅直方向的节点数。

由(25)式取对数得：

$$Y(t) = \ln[S(t)] \tag{26}$$

设 $\quad A_0 = \ln(A)$ (27)

$$x_1 = \ln\left[\frac{S \cdot \mathrm{d}v(x,z)}{\sum S \cdot \mathrm{d}v(x,z)}\right] \tag{28}$$

$$x_2 = \ln\frac{\theta - \theta_d}{\theta_f - \theta_d} \tag{29}$$

$$x_3 = \ln(1 - h_u) \tag{30}$$

$$x_4 = \ln\frac{T - TC}{TM - TC} \tag{31}$$

$$x_5 = - x^2 \tag{32}$$

$$x_6 = - z \tag{33}$$

从而有：

$$Y = A_0 + a_1 x_1 + a_2 x_2 + a_3 x_3 + a_4 x_4 - a_5 x_5 - a_6 x_6 \tag{34}$$

将 $S_{i,j}(t)$、相应的坐标值及 $S_{i,j}(t\text{-}1)$、与 t 时刻相应的温度 T、湿度 h_u、含水量 $\theta_{i,j}$ 代入(25)式得用最小二乘法估计参数的方程：

$$a^2 = \sum_{t=1}^{n-1}\sum_{i=1}^{M1}\sum_{j=1}^{N1}(Y_{ijt} - A_0 - a_1 x_{1ijt} - a_2 x_{2ijt} - a_3 x_{3t} - a_4 x_{4t} - a_5 x_{5i} - a_6 x_{6j})^2 \tag{35}$$

由(25)式，令：

$$\frac{\partial \alpha}{\partial A_0} = 0 \tag{36}$$

$$\frac{\partial \alpha}{\partial a_i} = 0 \ (i = 1, \cdots, 6) \tag{37}$$

将试验数据 T_t、h_{u_t}，θ_{ijt} 及由式(30)、(31)模拟求得的 S_{ijt} 代入，解得：

$A_0 = 6.234 \times 10^{-6}$（$\mathrm{cm}^3 \cdot \mathrm{cm}^{-3}/\mathrm{min}$）；

$a_1 = 0.7557$；$a_2 = 0.3352$；$a_3 = 0.3307$；

$a_4 = 0.2988$；$a_5 = 3.171 \times 10^{-6}$；$a_6 = 4.403 \times 10^{-3}$；

回归方程的 F 检验值 $F = 176.50$，F 的临界值为 $F_{0.01}(>1\ 000, 6) = 2.80$，可见回归方程即使在 0.01 的信度下也是高度显著的；各回归系数的 T 检验值分别为：

$T_1 = 102$，$T_2 = 7.72$，$T_3 = 0.975$，

$T_4 = 2.19$，$T_5 = -0.145$，$T_6 = -3.66$；

复相关系数 $R = 0.8470$；

在 $\alpha = 0.1$ 时，T 检验值的临界值为 $|T_{0.1}| = 0.8869$，$|T_{0.25}| = 0.6800$，可见 T_5 甚至在显著性水平 0.25 下也不显著，而其他各回归参数在 0.1 显著性水平下也是显著的。经检验的 a_5 不显著。另外，也可从回归参数加以说明：$a_5 = -3.171 \times 10^{-6}$，这说明要当 $x = 5.62$ m 时根系的吸收强度才下降 63.2%，而在根系所占区域的最边缘 $x = 2.75$ m 处根系的吸收强度为最大值的 78.8%，即仅下降 21.2%，因而吸水模型中 e^{-x^2} 这一项是可忽略不计的，自然这就表现出了 T 检验时的不显著，即从数理统计的角度可认定根系在 x 方向是均匀分布的。从实际的观点可这样解释：虽然一棵孤立的树的根系

可认为沿侧向及纵向随距离呈指数衰减，但由于相邻树的根系汇集而不论该区域的根系来自哪棵树，则该树在侧向的衰减将为邻近的树的根系所补充，这就使得该区域内的根系表现出均匀的特性。当然不难想象，这样不会影响对吸水量的估计，只要果树的生长是均匀的，因为一棵树所在的区域会有旁的临近的树的根系进入，而所考虑的树的根系也会进入到邻近的树所占有的区域，所以计算各自所在区域的吸水是可行的。

同时我们还可从回归参数看出：当 $z=2.27$ m 时，根系的吸收强度下降了 63.2%；当 $z=4.54$ m 及 6.81 m 时，根系的吸收强度分别下降了 86.5% 及 95.0%；即分别有 63.2%、86.5%、95.0% 的水分是由 2.27 m、4.54 m、6.81 m 的土层中吸取的。

7　模型的检验

根据 1987 年该试验果园的水管理情况，由 SPAC 系统中水运动的控制微分方程进行模拟计算，将 S 项作为已知值由(25)式给出，其中所需要的参数给定方法如下：

气温、相对湿度：由从时间序列建模得到的模型的模拟输出得到；

土壤含水量：赋予初值后，上一步的模拟输出作为下一步的模拟输入。

通过模拟计算得到土壤含水量与实测的土壤含水量平均相对误差为 12%；最大相对误差 22.1%。可见该吸水模型具有实用价值。

又由于，耗水量 W/mm 可由下列方法得到：

$$W = \sum_{j=1}^{L} \int_{\tau_j} \int_{V} S(j)\,\mathrm{d}\tau \mathrm{d}v / A \tag{38}$$

在时间 $T = \sum_{j=l}^{L} \tau j$ 内，果树从根区 V 中所吸收的水分与相应于 V 的地表面积之比，即为该时间 T 内果树从该地块所消耗水分的深度 (mm)。

用这种方法求得 1987 年该试验果园内果树所消耗的水分为 763 mm，这与实际情况也是很相符的。

8　结语

本文基于现代控制理论中"黑箱"理论的基本思想，第一次提出了直接采用土壤水瞬态运动模拟方法求得吸水项的方法。从而避免了试图估计根系分布的困难。给出了采用交替方向的 P-R 有限差分二维模拟算法的计算表达式。并使得相应的求解与验证实验更加简单、方便。

基于对桃树的田间应用试验，提出了一个果树的动态吸水模型。试验分析表明，该模型能描述吸水量随土壤水分变化而变化的动态情况。

参考文献

[1] Molz F J, Remson I. Extraction term models of soil moisture use by transpiring plants. Water Resour. Res. 1970, 6(5): 1346-1356.

[2] Viliam Novak. Estimation of soil water extraction patterns by roots. Agric. Water Management, 1987, 12: 271-278.

[3] Feddes R A, Bresler E and Neuman S P. Field test of a modified numerical model for water up-take by root system. Water Resour. Res. 1974, 10(6): 1199-1206.

[4] J C Hoogland, R A Feedes and C Belmans. Root up-take model depending on soil water pressure head and maximum extraction rates. Technical Bullotions(New Series), 1981, 6.

[5] J J Landsberg and R McMurtrie. Water use by isolated trees. Agric. Water Management, 1984, 8

223-242.
[6] E Garnier A Berger and S Rambal. Water balance and pattern of soil water up-take in a peach orchard, Water Resources Research. Agriculture Water Management, 1986, 11:145-158.
[7] Steven E. Koonin, computational physics. The Benjamin Cummings Company, Inc, 1986.
[8] S Barnett and R G Cameron. Introduction to mathematical control theory. 2nd ed. , New York, 1985.
[9] A Ya. Lerner. Fundamental of cybernetics. Chapman and Hall, 1972.
[10] 南京大学数学系计算数学专业．计算数学讲义(四)-偏微分方程的数值解法，北京：人民教育出版社，1979.
[11] 李荣华，冯果忱．微分方程的数值解法．北京：人民教育出版社，1980.

A Simulation Method for Determination of Water Up-take by Plants and Applications

Lei Tingwu　Zeng Dechao　Zheng Yaoquan

Abstract Applying the 'black box' concept of modern control theory, a dynamical simulation method of directly determing the water up-take by plants was advanced, to avoid the difficulties in estimating root distributions, while trying to determine water use. And, following the law of iterative addition of linear systems, the very complex SPAC system was broken down into two much simpler system to make solution to the problem and the related experiments more convenient and much easier.

The simulation method was applied to estimate water use by (peach) trees. A modified water up-take model (function) and its parameter identification were suggested. The validities of the simulation method and the modified water up-take model were verified.

Key words SPAC system, Model, Simulation, Water up-take by plants, Black box

预测湿润锋进程的新方法*

王千　曾德超

摘要　本文根据Darcy定律和水量平衡原理建立了一种能计算土层初始含水量不均匀的入渗过程的Green-Ampt模型。传统的Green-Ampt模型成为该模型在土层初始含水量均匀情况下的一个特例。本模型除了可直接用于土层水分入渗过程外，稍加修改便可用于多孔介质中液体的扩散过程计算和模拟。

关键词　土层初始含水量，入渗模型，入渗速率，累积入渗量

在降水入渗过程中，影响入渗速率和累积入渗量的重要因素是土壤的物理机械性质和土壤的水分运动参数。众多描述土壤物理机械性质的指标中，土层均匀性对入渗过程的影响占有主导地位。该指标既能反映土壤的自然状况又能表达工程措施对土壤加工的结果，因此，它在土壤耕作领域中一直受到重视。但是，随着现代耕作概念[1]逐渐形成，人们越来越重视耕作水效应，将土壤持水能力，接受降水能力作为优化耕作措施的重要指标[2]。因此，在生产实践中和技术研究领域里产生了各种预测湿润锋进程的模型[3]，其中，Green-Ampt模型是广泛应用的一种。

1　Green-Ampt原模型

1911年，Green和Ampt[4]在研究初始干燥的土壤有薄层积水入渗时提出一种基本假设，即在土层湿润过程中，存在明显的运动着的湿润锋面，该面将土层的湿润部分和未湿润部分截然分开，湿润部分被称之为饱和区，含水量为θ_s；未湿润部分被称之为非饱和区，含水量为θ_i，并进一步假定θ_i为常数。在该基本假设下，根据质量守恒定律得到Green-Ampt入渗模型为：

$$i = K_s\left[1+\frac{(\theta_s-\theta_i)\psi_f}{I}\right] \tag{1}$$

$$K_s t = I-\psi_f(\theta_s-\theta_i)\ln\left[1+\frac{I}{\psi_f(\theta_s-\theta_i)}\right] \tag{2}$$

式中：i为入渗速率，mm·min^{-1}；I为积累入渗量，mm；K_s为土层饱和导水率，mm·min^{-1}；θ_i为土层初始含水量，%；θ_s为土层饱和含水量，%；ψ_f为湿润锋处基质势，mm(Hg)。

Green-Ampt入渗模型用初等函数表达，公式简单，有一定物理模型的基础，长期以来一直受到重视。但是，此公式是在土层初始含水量均匀的假设条件下导出的，这使得该公式的应用受到了极大的限制。这是因为在实际生产中，土层初始含水量是均匀的情况极其罕见。事实上，在大多数的情况下，由于土层水分再分布时间较长[5]，在理论上，土层初始含水量呈线性分布，文献[2]的实测也得到相似结果。故本文首先推导了土层初始含水量按线性分布的修正Green-Ampt模型。在此基础上，讨论了土层初始含水量分布为任意函数时的入渗过程计算方法，然后，推导了土层初始含水量按多项式分布的入渗模型。

* 本文出处：农业工程学报，1993年3月，第9卷第1期

2 Green-Ampt 修改模型

2.1 土层初始含水量呈线性分布

利用 Green-Ampt 原模型，假定其他基本条件不变，仅把土层初始含水量假设为深度 z 的线性函数，即：

$$\theta_i = \theta_0 + kz \tag{3}$$

式中：θ_0 为常数，%；对实测土层初始含水量回归时，θ_0 为 θ 轴坐标截距；k 为系数，对实测土层初始含水量回归时，为直线的斜率。

把坐标原点取在地表处，向下为正，地表处总水势为 H，湿润锋面扩展到 z_f 时的总水势为 $-(\psi_f + z_f)$，地表处水通量为 i，则根据 Darcy 定律：

$$i = K_s \frac{z_f + \psi_f + H}{z_f} \tag{4}$$

又根据水量平衡原理，当湿润面推移到 z_f 处时，如图 1 所示，并由式(3)所需入渗水量为：

$$I = \int_0^{z_f} (\theta_s - \theta_i)\mathrm{d}z = (\theta_s - \theta_0)z_f - \frac{1}{2}kz_f^2 \tag{5}$$

由入渗速率与入渗量关系[6]可得：

$$i = \frac{\mathrm{d}I}{\mathrm{d}t} = \frac{\mathrm{d}I}{\mathrm{d}z_f} \cdot \frac{\mathrm{d}z_f}{\mathrm{d}t} = (\theta_s - \theta_0 - kz_f)\frac{\mathrm{d}z_f}{\mathrm{d}t} \tag{6}$$

将式(4)与式(7)联立，并考虑 z_f 是时间 t 的函数，得：

$$K_s \frac{z_f + \psi_f + H}{z_f} = (\theta_s - \theta)\frac{\mathrm{d}z_f}{\mathrm{d}t} - kz_f \frac{\mathrm{d}z_f}{\mathrm{d}t} \tag{7}$$

对式(8)两端积分，并注意到 $t=0$ 时，$z_f=0$：

$$K_s t = -\frac{k}{2}z_f^2 + [k(\psi_f + H) + \theta_s - \theta_0]z_f +$$

$$[k(\psi_f + H)^2 - (\psi_f + H)(\theta_s - \theta_0)]\ln \frac{z_f + \psi_f + H}{\psi_f + H} \tag{8}$$

式(8)便是改进了的 Green-Ampt 入渗模型，它将原模型的应用条件放宽一步，即土层初始含水量从原来的仅为常量放宽到线性函数。而且，在该模型的推导过程中，并未应用薄层积水这一假设，从而考虑了积水情况对入渗过程的影响。

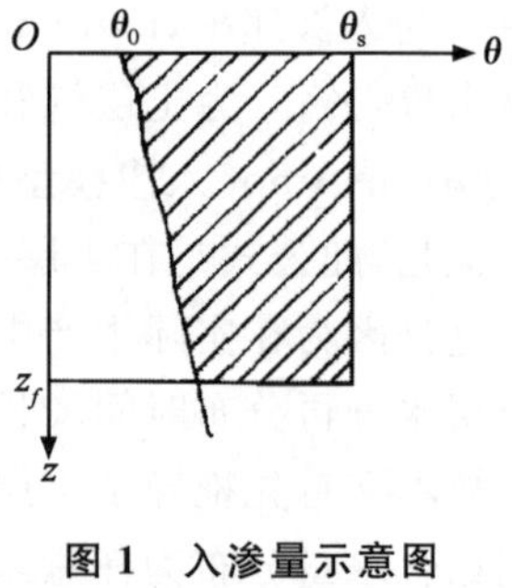

图 1　入渗量示意图

Fig. 1　Schemetic diagram of infiltration

修改模型给出了时间与湿润锋位置的关系：已知时间 t，可以预测湿润锋的位置，根据基本假设湿润区完全饱和，由(5)可以求出 t 时刻入渗量 $I(t)$，反过来，由式(8)可以方便地求出湿润锋到达 z_f 时所需时间 t。

2.2 两个特例

Ⅰ. 若令式(3)中 $k=0$，即土层含水量为常数，即初始含水量 θ_0 则式(8)简化为：

$$K_s t = (\theta_s - \theta_0)[z_f - (\psi_f + H)]\ln\frac{z_f + \psi_f + H}{\psi_f + H} \tag{9}$$

式(5)简化为：

$$I = (\theta_s - \theta_0)z_f \tag{10}$$

式(9)和式(10)是目前人们正在使用的入渗动力学公式。

Ⅱ．若令式(9)中的 $H=0$，即薄层积水入渗时，将式(10)分别代入式(4)和式(9)则得到原模型的式(1)和式(2)。

由此可见，式(8)是 Green-Ampt 模型的更一般形式，式(2)是式(8)在 $k=0$，$H=0$ 时的一个特例。

3 Green－Ampt 的进一步修改模型

假设土层初始含水量的分布为任一函数 $\theta_i = f(z)$，则当湿润锋推移到 z 处的入渗量 I 为：

$$I = \int_0^z [\theta_s - f(z)]\mathrm{d}z \tag{11}$$

为方便起见，变换积分变量 z 为 α，即：

$$I = \int_0^z [\theta_s - f(a)]\mathrm{d}a \tag{12}$$

将累积入渗量对时间微分得到入渗速率 i：

$$i = \frac{\mathrm{d}I}{\mathrm{d}t} = \frac{\mathrm{d}}{\mathrm{d}t}\int_0^z [\theta_s - f(a)]\mathrm{d}a \tag{13}$$

根据可变限积分法则，化简式(13)，然后与式(4)联立，并用 z_f 代替 z，得：

$$[\theta_s - f(z_f)]\frac{\mathrm{d}z_f}{\mathrm{d}t} = K_s\frac{z_f + \psi_f + H}{z_f} \tag{14}$$

式(14)是关于 z_f 的一阶常微分方程。当 $f(z_f)$ 是几种常见基本初等函数(如指数函数，多项式等)时，可采用分离变量法积分求解。

4 举例

任何一个函数都可用多项式以任何精度近似。现讨论式(14)中的 $f(z)$ 取多项式 $P_n(z)$ 时的计算方法。设

$$P_n(z) = \sum\nolimits_{i=0}^{n} a_i z^i \tag{15}$$

式中 $\alpha_i(i=1,2,\cdots,n)$ 是回归系数，并为书写方便，令

$$A = \psi_f + H \tag{16}$$

将式(15)、(16)代入式(14)，并用 z 代替 z_f，整理得：

$$\frac{z}{z+A}(\theta_s - \sum\nolimits_{i=0}^{n} a_i z^i)\mathrm{d}z = K_s\mathrm{d}t \tag{17}$$

若令 $x=z+A$，则 $z=x-A$，$\mathrm{d}x=\mathrm{d}z$。从而式(17)变为：

$$\left[\frac{\theta_s(x-A)}{x} - \sum\nolimits_{i=0}^{n} a_i\frac{(x-A)^{i+1}}{x}\right]\mathrm{d}x = K_s\mathrm{d}t \tag{18}$$

积分式(18)得：

$$K_s t = \theta_s (x - A\ln x) - \sum_{i=0}^{n} a_i \Big[\sum_{j=0}^{i} (-1)^j \binom{i+1}{j} A^j \frac{1}{i+1-j} x^{i+1-j} + (-1)^{i+1} \binom{i+1}{i+1} A^{i+1} \ln x \Big] + C \tag{19}$$

根据初始条件 $t=0$ 时，$z=0$，$x=A$，则式(19)变为：

$$K_s t = \theta_s \left(z + A\ln \frac{A}{z+A} \right) + \sum\nolimits_{i=0}^{n} a_i \left\{ \sum\nolimits_{j=0}^{i} (-1)^j \binom{i+1}{j} A^j \frac{1}{i+1-j} [A^{i+1-j} - (z-A)^{i-j+1}] + (-1)^{i+1} \binom{i+1}{i+1} A^{i+1} \ln \frac{A}{A+z} \right\} \tag{20}$$

式(20)便是对土层初始含水量的分布具有普遍意义的 Green-Ampt 入渗模型。

5 讨论

若令式(15)中 $n=1$，则土层初始含水量的分布为线性函数。将 $n=1$ 代入式(20)，那么，式(20)变为式(8)。

若令式(15)中 $n=0$，则土层初始含水量的分布为常数。将 $n=0$ 代入式(20)，那么，式(20)变为式(2)。

由此可见，式(20)所给出的 Green-Ampt 入渗模型更具有普遍意义。而且，它仍然可以用初等函数表达。

6 结论

对土层初始含水量出现多样化分布的情况，本文所推导的 Green-Ampt 入渗模型较之传统模型具有普遍意义。而传统模型仅仅是该模型在 $n=0$ 时的一个特例。该模型仍然具有初等函数的表达形式。

参考文献

[1] 曾德超．美国几个典型地区的土壤耕作法．教学与研究，1981(8).

[2] 王千．降水入渗模型与模拟研究及其在耕作工程措施优化中的应用．博士学位论文，北京农业工程大学，1991.

[3] 王千，曾德超．不同耕作措施对降水入渗的影响．北京农业工程大学学报，1991(3)：32-40.

[4] Green W H and Ampt G A. Studies on soil physics: Ⅰ. Flow of air and water through soils, J. Agr. Sci., 1991(4).

[5] Hillel D. Soil and water: physical principles and processes. New York: Academic Press, 1971.

[6] 雷志栋，杨诗秀，谢森传．土壤水动力学，北京：清华大学出版社，1988.

[7] 数学手册编写组．数学手册．北京：人民教育出版社，1979.

A New Approach to Predict Wetting Front

Wang Qian　Zeng Dechao

Abstract　In the course of water infiltration into soil, the most important factors that influence the infiltration rate and accumulative infiltration are soil physical properties and soil water movement parameters. And uniformity of soil is more influential because it not only could present the natural state of soil, but also can indicate whether a tillage method is appropriate to that soil or not. Therefore it is always highly recognized in the field of tillage. But, the establishment of modern till conception makes water conservation effect of till and soil collectivity of rainfall more acceptable than the uniformity of soil and they are taken to be an important index to evaluate tillage methods. As a result, more and more analysis have concentrated to wetting front that relate to infiltration rate and accumulative infiltration.

In this study, an infiltration model of Green-Ampt type has been derived on the basis of Darcy's law and law of water conservation. The improved model is more general than the conventional one. Also, it can be applied to solve the problem of liquid movement in porous media.

Although conventional Green-Ampt model is simple in form and easy to compute, it can only be applied to the situation in which initial moisture content is uniform. Also, there is a gap between the actual state of soil and the model conditions. On the other hand, the improved model in this study can be used to compute infiltration rate and accumulative infiltration at almost any initial moisture content so long as it can be formulated in elementary functions.

Key words Initial soil moisture content, Infiltration model, Infiltration rate, Accumulative infiltration

雨后土壤结壳试验与分析*

王千　曾德超　向欣

摘要　为确定土壳中土壤水分的运动参数以及土壤的体积密度和孔隙率，运用正交组合设计方法设计了土壤结壳度的测定试验，采用土壤微形态分析方法测定了土壤结壳度。试验因素为：土壤体积密度、土壤机械组成、降雨持续时间和横向剖面距地表的深度；试验指标为土壤结壳度。试验结果与分析表明，土壤结壳度随着体积密度、时间和黏粒含量的增加而加强，但随横向剖面距地表深度的增大而减弱。

关键词　结壳，结壳度，土壤水分运动参数，饱和导水率

降雨过程中土壤表面会产生土壳。土壳的导水率比其下部土壤小2～3个数量级[1~3]，因此，土壳的存在，便无法再把土壤假设为均匀的多孔介质，基于原来假设条件所得出的土壤水分运动基本方程亦不再能反映水分运动的实际情况。为了更精确地描述降雨条件下土壤水分的入渗和运动规律，有必要对土壳的成因和土壳对土壤水分运动参数的影响加以研究。

1　土壤结壳度测定试验

1.1　试验目的

(1)确定不同的土壤体积密度、机械组成、降雨持续时间和横向剖面距地表的深度等4种条件下的土壤结壳度；

(2)为数值模拟研究不同田面条件下的土壤水分入渗过程提供验证数据。

1.2　试验设计

土壤的结壳度是用土壳横向剖面内的圆孔(假设为圆孔)特征来表示的。这些圆孔特征为单位面积内圆孔的数量λ、圆孔半径均值μ和圆孔半径均方差σ，因此，这里以它们为试验指标。试验因素为土壤体积密度x_1、土壤机械组成x_2、降雨持续时间x_3和横向剖面距地表的深度x_4。采用四因素三水平正交组合试验设计方法[4]进行试验设计。

(1)土壤体积密度x_1考虑到新深松过的土壤和连续3年免耕的土壤这2种极端情况，确定x_1的变化范围为1.15～1.55 gcm^{-3}。

(2)土壤机械组成x_2按国际土壤分类标准，我国华北及其他大部分地区的土壤，其机械组成为黏壤土[5]，黏粒含量为15%～25%，粉粒47.50%～70.18%，沙粒37.50%～44.82%。

土壤的机械组成是用黏粒含量、粉粒含量和沙黏粒含量这3个因素来确定的。本文的正交组合设计中的土壤机械组成只是一个试验因素，确定此试验因素的5个试验点是按如下方法进行的：把国际制土壤质地分类三角形[5]中的区域6放大之后得到图1，图中的任何一个点都代表着某一确定的土壤机械组成，即代表着一种具有确定的黏粒、粉粒和沙粒含量的黏壤土；反过来，只要是黏壤土，其黏粒、粉粒和沙粒含量的变化范围就一定处在如图1所示的区域中。在理论上，用2个相互独立的变量即可对该

* 本文出处：北京农业工程大学学报，1994年，第14卷第4期

区域进行描述，但是，2 个变量是无法作为一个试验因素的。解决这个矛盾的办法是用图 1 中的线段 AE 上的数据来代表整个区域，因为线段 AE 恰好是区域的对称中心线，具有良好的代表性。确定好 AE 之后，就可以黏粒含量作为土壤机械组成这个试验因素了。5 个试验点分别选取在线段 AE 上。根据表 1，5 个试验点的黏粒含量分别为 0.1500，0.1646，0.2000，0.2354 和 0.2500，从而 A，B，C，D 和 E 这 5 个点的坐标被唯一确定：A（15.00，47.50，37.50），B（16.46，44.97，38.50），C（20.00，38.84，41.16），D(23.54，32.71，43.75)，E(25.00，30.18，44.82)。每个试验点的 3 个坐标值代表土壤在该试验点的机械组成，3 个坐标值按顺序分别代表黏粒、粉粒和沙粒的百分含量。x_2 的变化范围是 15%～25%。

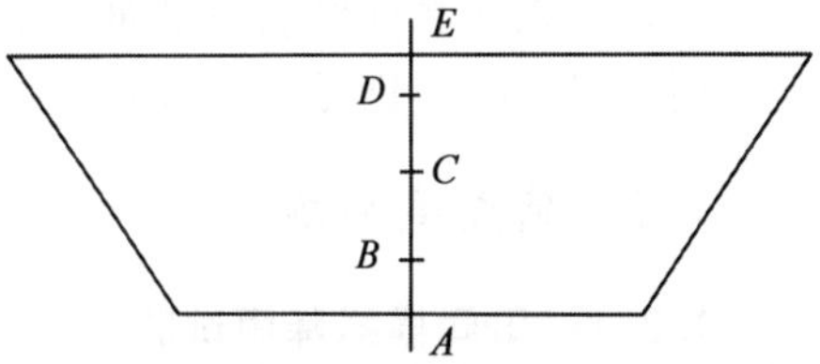

图 1　国际制土壤质地分类三角形中第 6 区的放大图形

(3)降雨持续时间 x_3 根据文献[1～3]，x_3 的变化范围为 0.0～1.2 h。

(4)横向剖面距地表的深度 x_4 根据文献[1～3，5，6]，x_4 的变化范围为 0～20 mm。

若用 z_{1j} 和 z_{2j} 分别表示第 j 个试验因素水平的上、下限，则有

$$\Delta_j = \frac{z_{2j} - z_{1j}}{\gamma}, \quad z_{0j} = \frac{z_{1j} + z_{2j}}{2}$$

式中：Δ_j 为试验因素的极限变化间距；z_{0j} 为试验因素的零水平值，见表 1。

表 1　因素水平编码表

变量	z_{0j}	Δ_j	变量设计水平(γ=1.414)				
			−1.414	−1.000	0	1.000	1.414
x_1	1.35	0.1414	1.15	1.2083	1.35	1.4914	1.55
x_2	0.2	0.0354	0.150	0.1646	0.2	0.2354	0.25
x_3	0.6	0.4242	0	0.1757	0.6	1.0243	1.20
x_4	10	5.9450	0	2.9279	10	17.0721	20

根据试验设计理论，四因素三水平试验的总次数(N)为

$$N = m_c + 2p + m_0$$

式中：p 为试验因素数，$p=4$；m_c 为二水平的全因素试验的试验点数，$m_c=2^p=16$；m_0 为在各变量都取零水平时中心点的重复试验次数，取 $m_0=1$。因此，$N=16+8+1=25$。

试验完全按四因素三水平的二次回归正交组合试验的结构矩阵[4]进行。

试验的观测项目为土壤单位面积上的圆孔数 λ、孔径均值 μ 和孔径均方差 σ。试验指标与试验因素之间的回归方程为

$$\hat{y}^{(k)} = b_0^{(k)} + \sum_{j=1}^{p} b_j^{(k)} x_j + \sum_{i<j} b_{ij}^{(k)} x_i x_j + \sum_{j=1}^{p} b_{jj}^{(k)} x_j^2 \qquad k = 1,2,3 \tag{1}$$

式中，$b_0^{(k)}, b_j^{(k)}, b_{ij}^{(k)}, b_{jj}^{(k)}\ (i,j = 1,2,3,4)$ 是回归系数，总计 45 个，据试验数据确定，且有

$$\left.\begin{aligned} b_0^{(k)} &= \bar{y}_k - \frac{\sum_a x_{aj}^2}{N} \sum_{j=1}^{p} b_{jj} \\ \hat{y}_1 &= \hat{\lambda} \\ \hat{y}_2 &= \hat{\mu} \\ \hat{y}_3 &= \hat{\sigma} \end{aligned}\right\} \tag{2}$$

回归系数显著性检验结果如下：$f_{0.01}(15,9)=4.96$，因 $F>f_{0.01}$，所以回归系数在 $\alpha=0.01$ 时显著。

用式(1)和(2)进行计算，得出 $\hat{\lambda}$，$\hat{\mu}$ 和 $\hat{\sigma}$ 值。

1.3 结壳度测定

1.3.1 田间模拟降雨试验

田间模拟降雨试验从6月4日到7月4日在中国科学院禹城综合试验站进行。按上述试验设计，共有25个试验点。对于每个试验点设置2个土样，共50个土样，把它们放在模拟降雨器下。每次取受雨淋的2个土样进行烘干，把烘干的土样用纱布包好，放入固结剂(将粉碎的松香溶于二甲苯中搅动几分钟，用小火加热即得)中固定之后待用。

试验用仪器、设备和材料包括：模拟降雨器1台、支架1套，张力计24个，取土器2套，秒表2块，防渗板(2000 mm×450 mm)12块，取土盒若干个，烘箱1个，天平(感量1/10000)1架，带有刻度尺的供水箱以及稳压箱各1套，水管若干，量筒(10，20，50，100，200，500，1000，2000 mL)20个，水桶、集水槽各3个，防风塑料薄膜若干，等等。

1.3.2 土壤磨片制作

土壤磨片制作在北京大学地理系磨片室进行。把模拟降雨试验所获得的固定土样用切片机沿铅垂方向切开，首先在磨片机上磨平一面，之后用毛刷刷净，侵入固结剂中，最后再研磨该面。将磨平的一面用环氧树脂胶黏贴在载玻片上，再研磨土样的另一面，使土体厚度达到0.02～0.03 mm时为止。此时的土壤连同载玻片称为土壤磨片。

使用的仪器、设备和材料为切片机、磨片机、金刚沙、载玻片、甘油、环氧树脂胶和毛刷等。

1.3.3 圆孔数和圆孔半径测定

本测定在北京大学地理系显微镜实验室进行。所用仪器和设备有OPTON型偏光显微镜(德国奥波通公司产)、照相机和计算机。由计算机控制照相机拍摄照片，自动测定区域内的圆孔数及其半径，最后由计算机输出统计结果。

显微镜的放大倍数为：目镜，10；物镜，2.5；分析镜，1.25；总镜，31.25。

从显微镜下的照片可以看出，土壤结壳度是不均匀的，地表结壳度最大，下部最小。

2 试验结果与分析

式(1)给出了 x_1，x_2，x_3，x_4 与 λ，μ，σ 之间的关系，把用式(1)算出的 λ，μ 和 σ 值分别代入

$$K = C\lambda\int_0 \frac{1}{4}\,\frac{1}{\sqrt{2\pi}\sigma}exp\left[\frac{\ln(r^{\frac{1}{4}}-\mu)^2}{2\sigma^2}\right]\mathrm{d}r$$

即得到饱和导水率与上述4个因素的关系，用此关系式对照片进行分析，则得到土壤结壳度与 x_1，x_2，x_3 和 x_4 的关系，如图2所示。可以看出：

(1)土壤饱和导水率随其黏粒含量的增大而减小，但变化幅度不大；

(2)土壤饱和导水率随其体积密度的增大而减小，此减小速度随降雨持续时间的增加而变缓；

(3)土壤饱和导水率随其深度的增大而有很大变化，大约在2 mm之下，饱和导水率趋于稳定值；

(4)黏壤土的饱和导水率在开始时急速下降，随着时间的延长，在50 min左右趋于稳定，此时的导水率称为稳定导水率，它随时间的变化趋势与土壤的体积密度有关——土壤体积密度越小，稳定导水率值越大。

雨滴打击强度是土壤结壳度的另一个重要影响因素。在自然降雨条件下，雨滴打击强度与降雨强度有关。由于模拟降雨高度仅有几米，降雨强度与雨滴打击强度之间的关系比较复杂，又受试验设备限制，因此，本次试验中未考虑雨滴打击强度对土壤结壳度的影响，有待进一步研究。

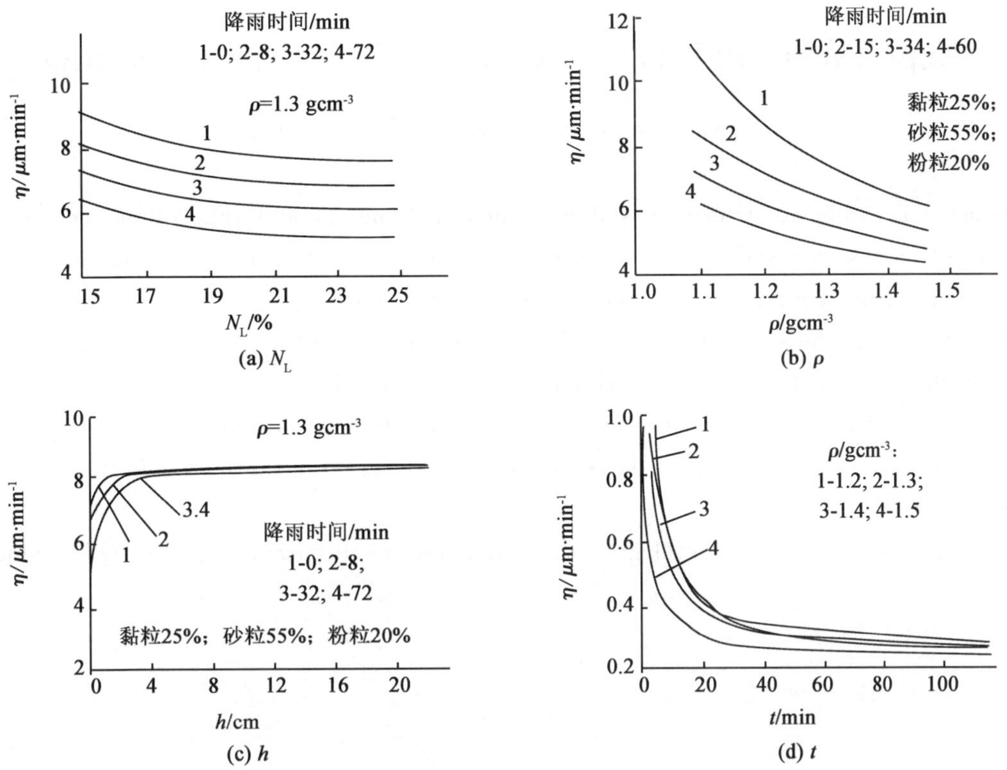

图2　黏粒含量 N_L、容积密度 ρ、深度 h 和时间 t 与导水率 η 的关系

3　结论

用实验法研究了土壤结壳的物理参数和水分运动参数，首次把这些参数与土壤的物理机械性质参数和降雨参数有机地联系起来，并给出了回归计算公式。

参考文献

[1] McIntyre D S. Permeability measurements of soil crust formed by raindrop impact. Soil Sci, 1957, 83(3):261-266

[2] Takkett J L, Pewrson R W. Some characteristics of soil crusts formed by simulated rainfall. Soil Sci. 1965, 99(6):407-413

[3] 王千．降水入渗模型与模拟研究及其在耕作工程措施优化中的应用:[学位论文]．北京:北京农业工程大学，1991

[4] 茆诗松．回归分析及试验设计．上海:华东师范大学出版社，1981．162-188

[5] 姚贤良，程云生．土壤物理学．北京:农业出版社，1986．35-68

[6] Brakensick D L, Rawls W J. Agricultural management effects on soil water processes. Part Ⅱ: Green and ampt parameters for crusting soils. Trans of the ASAE, 1983, 26(6):1753-1757

[7] David D B, Charles O A. Surface seal hydraulic conductivity or affected by rainfall. Trans of the ASAE, 1988, 31(2):1120-1127

Experiment and Analysis on Soil Crust After Raining

Wang Qian Zeng Dechao Xiang Xin

Abstract In order to determine soil movement parameters and the volume density and the porosity of soil, a test for soil crust degree is designed with orthogonal combination experimental method. The soil crust degree is measured using a set of microscopes. Experimental factors are the volume density of soil, the soil separates, precipitation patterns and the depth from the surface to the horizontal profile of soil. The experimental target is soil crust degree. The experimental results and analysis show that the soil crust degree is increased with the soil volume density, the duration of rainfall and clay content in the soil, but decreased with the depth from the surface in the vertical profile of soil increasing.

Key words soil crust, soil crust degree, soil water movement parameter, saturated conductivity

节水策略和果树密植的发展现状与趋向*

——中澳合作研究课题“华北平原水果生产中水的有效利用”

曾德超　P. H. Jerie

摘要　从华北地区自然条件、果业生产现状及其巨大的市场潜势出发,得出,为实现三高(高产量、高质量、高利润)果业,在果园栽培管理上,除了普遍受到重视的种质和病虫害防治等之外,需要大力发展的技术三要素为高效用水、矮化密植及收获后处理的现代化。文章对传统乔化稀植和近代矮化密植的自然条件和技术要求进行了比较,回顾了果树密植和各种灌水策略的现状与趋向,介绍了调控亏水度灌水法的概念,并提出了为在华北条件下实现调亏灌水密植,达到既节水又增产和增收的效果,试验研究中需要解决的一些主要技术问题,作为中澳合作研究课题的研究目的和具体任务。最后简要介绍了合作研究课题的实验设计和实施。

关键词　灌水策略,亏水灌溉,调控亏水度灌法,乔化稀植,矮化密植,三高果业

1　中国果业生产的现状及市场的潜势

中国有不少地区具有较久的果业生产历史,成功地选育了一些名优品种,积累了适合于地区条件的经验,发展了成套传统技术,比如莱阳梨、烟台苹果、辛集桃、黄岩蜜橘、潮州柑、沙田柚,等等。近几十年来中国果树园艺科学工作者在开发新品种、培育良种、无菌种苗、防治病虫害、发展和应用生长调节素、科学施肥、土地利用和栽培管理等方面都做了大量工作。但是,中国的果品生产作为一门企业,与一些发达国家比,经济效益的差距较大。从企业整体看,果园栽培管理技术基本上停留在传统技术的范畴,绝大部分未能登上现代科学管理的台阶。这点可从以下一些统计数字看出:根据 1991 年中国农业年鉴,至 1990 年底,中国全国果树经 80 年代中期的大发展,种植面积达 517.87 万 hm^2,总产 1 874.4 万 t,平均每公顷 3.6 t;华北黄淮海流域二市五省(北京、天津、山西、内蒙古、河北、山东、河南)落叶果树种植面积(不计河南的柑橘在内)达 211.26 万 hm^2,总产 486.4 万 t,平均每公顷 2.30 t;北京市种植面积为 7.13 万 hm^2,产量为 26.38 万 t,平均每公顷产量 3.71 t。[1]全国各地上市的果品,一般种质差,在上市质量上也是大小、形状、色泽、硬度、成熟度不一,病虫伤损多,采后保鲜差,或过早采收,加工程度低。以每千克 1.0 元计,全国总产值为 187.44 亿元。而一些果业发达国家如美国,1991 年主要水果总收获面积为 141.84 万 hm^2,总产量为 2468.6 万 t,平均每公顷 17.4 t,粗算约为中国的 4.8 倍;总产值达 97.52 亿美元,约为中国总产值的 6 倍。[2]虽然美国果业统计数字以收获面积为基础,并包括树本坚果在内,而中国以种植面积为统计基础,统计基数并不相同,但仍可看出不论在单产、果品质量、加工深度以及经济效益上都有很大差距。

正是由于过去生产水平的基数低,而社会主义市场经济的发展势必带来巨大的潜在果品市场,从而为中国果业自传统栽培管理技术向现代科学栽培管理技术的过渡,带来了前所未有的机遇。潜在市场的规模可从如下几个方面来预计。

---

* 本文出处:《果树调亏灌溉密植节水技术的研究与开发》,北京农业大学出版社,1994 年

(1)目前全国果品总产量低,因而人均年消费量很低,远不够人体健康营养的需求,尤其是婴儿、少年和老弱病残者的需要。为了人民的健康和民族体质的进步,中国果品产量需要有成几倍的增长。随着人们的健康营养意识和收入水平的日益提高,国内果品购买力亦将提高,从而为果业提供了巨大的国内市场。

根据1992年国家统计数据,中国人均每年果品供给量为10.25 kg,为全球平均水平30~35 kg的1/3,为美国人均鲜果(果汁及果制食品未计入)40.4 kg的1/4,人均全部耗果量(含果汁及加工用果在内)151.6 kg的1/14.8。由于水果和坚果是丰富的维生素C、胡萝卜素、纤维素来源,所以美国医药卫生健康研究机关[3]推荐每人每天至少应摄取2.5标准份的蔬菜和2.5标准份的水果(每标准份水果相当于1/2杯纯果汁),以保证正常代谢,有利于预防或减少器质性病变;中国的菜篮子工程亦明确提及要保证为居民提供一定量的水果。

(2)中国的农业政策和农业传统是以粮为纲,以便保证主食的供应;一般农户常只以果为副业;传统果园也很多是利用一些边坡荒滩等不宜于根区相对较浅的大田作物的土地资源。贫困地区一般有大量这类土地资源,因而发展果业是扶持贫困地区农民脱贫发家的极好新门路。

(3)中国地跨温带和亚热带地区,其落叶果地区地广人众,本身就具有很大的潜在市场,其周围地区和国家,亦都是潜在的国内和外贸市场;同样情况对柑果类和热带亚热带果树也是存在的。可见中国的潜在果品内外贸市场是很大的。

(4)鲜果只是果品销售的一种形式。根据澳美等果业发达国家的经验,果品的加工或深度加工产品的产值往往与鲜果销售总值相当,从而为果品加工工业带来巨大效益,亦为果农提供广大而稳定的市场。比如美国1991年苹果鲜售276.8万t,而加工制品用果为211.1万t;葡萄鲜售80.04万t,制汁41.36万t,制干果用158.25万t,制罐头4.4万t,酿酒271.78万t,加工用果为鲜售的6倍;柑果类鲜售122.1万t,加工及制汁用662.7万t,为鲜售的5.5倍;生产橙汁34.9亿L(当量单料浓度SSG),消费42.4亿L。根据美国农业部经济研究处的数据[5],美国1990年人均消费鲜果41.35 kg,酒类饮料用果67.6 kg,加工食品18.6 kg,果汁24 kg,共用果151.6 kg;果酒饮料149.5 L,其中低度酒10.98 L,高度酒8.33 L,啤酒103.2 L。以水果为原料的食品、果汁、饮料以及酒类在美国、澳大利亚和西欧已发展成巨大的食品工业的一个重要部分。美国果源加工业每年产值达40亿美元,为目前中国果业总产值的10倍。在中国,果源工业尚处在萌芽时期。

正是由于当前市场的刺激和潜在市场的吸引,自1990年以来,中国果业在面积上又有所发展,全国1992年底达581.83万hm^2,总产达2 440万t,北京亦发展达11.5万hm^2。政府管理部门提出在稳定种植面积的情况下提高单产、果质和利润,发展三高果业,在提倡优良名特稀品种的同时,计划到2000年时总产能翻一番,达5 000万t。

2 发展中国果业生产的技术途径

由于首先必须保证粮食的生产和供应,中国农业长期以来以粮为纲。分布在全国各地的580万hm^2果树的种植,大多是在气候比较适宜的地区,利用不宜于根区比木本果树浅得多的大田作物的贫瘠山坡、荒滩、边地。除了一些主要经济果区具有灌溉条件,采取传统的乔木稀植,大水漫灌,并有一套传统的技术和管理方法,从而产量相对较高,经济效益较好之外,大多数地区属于雨养果业,且往往十年九旱,病虫灾害繁多,靠天吃饭(1992年全国108万hm^2的柑果产区,56万hm^2受到冻害,减产达50%~73%),基本上处在广种薄收的经营阶段:缺少优良品种,单位面积产量低,采后处理粗放,产品上市质量较差,加工业未发展,经济效益低。中国果树种植面积估计约为美国的4倍,而总产量则相当,总产值只及1/3,其技术上的原因在此。

成倍发展中国果品生产的途径主要在于发挥科学技术的作用，根据地区自然经济条件采用适度的技术和适度的集约经营，而不在于扩大面积。自20世纪80年代中期果树种植面积大发展以后，国家即已提出稳定面积，提高单产、质量、利润，发展名优特稀品种，改良种质的方针。然而随着人们日益认识到发展果林类经济作物有利于土地资源的充分利用，能给农村带来额外的经济利益，这种自发的扩大果园面积，势所难免。事实上近年来，北京、河北、辽宁，南方、北方，果树面积实际上仍在不断增加，而这种趋势还会继续.经济成本分析和国内外经营经验都表明，利用科学技术，发展集约经营是提高产量、质量和利润的唯一的经营途径。为此，我们认为，当前要在较短时期内，为迅速发展中国果品生产，所需要研究解决和推广的技术问题，除了引进和选育优良种质，改进栽培品种，推广无毒苗木，研究推广病虫冻霜害的防治等之外，在果园栽培管理技术上，应着重研究开发推广以下三方面的技术。

(1)提高果树生产中水的有效利用，达到以同量的水灌溉较多的面积。这是因为水是果园增产最有效最明显的技术因素，而中国果园大部分缺水。

(2)利用调控植株生理水势和土壤水情作为控制植株营养长势的一个有效因素，与其他行之有效的矮化技术一起发展和推广果园矮树密植技术。这是因为密植果园较之稀植果园，早产、高产、高质、高利润显著，操作方便并较为安全，较易于机械化。

(3)开发适用的收获后处理和加工技术，发展果源饮料业和加工业，建立果品上市渠道和基础设施。这是因为稳定和扩大的市场是各地区果业存在和发展的依据，而加工业无疑是大大发展农村经济的明显而有效途径。

3　果树密植技术的研究和发展

中国历史上很早就已利用砧木发展嫁接技术，尤其是用于花木和盆栽。但是，作为果树生产，传统上则是采取乔木稀植。这是有根据的，因为树大根深，较为适应十年九旱的自然条件，有利于抗御冻害和病虫害，而且壮实而粗放，寿命长。欧洲、美国、澳大利亚的早期果园也是乔木稀植，30年代起才在德国出现用M9矮化砧，以锤形树型每公顷种达1000～1500株的个例。荷兰从50年代起引进德国技术，70年代全国种植密度达每公顷1 640株的占85%，90年代起密度超过2 400株/hm^{2}的占50%。1991在美国华盛顿州Wenatche召开的学术会议上，荷兰研究者提出矮化苹果种植密度应为3000～4000株/hm^2。近年来矮化密植果园得到迅速的发展:美国华盛顿州每公顷种1 250株以上的新苹果园1986年占20%，1992年超过55%；澳大利亚维多利亚州Tatura灌溉与盐碱研究所从50年代起就研究发展了核果类用小型Y形棚架的密植，近年来得到大面积的推广；美国纽约州的康奈尔大学自1960年起在Gordon Degolier果园发展葡萄密植，行距从2.74 m减半至1.37 m，产量从每公顷17.5 t增至27.5 t，增产50%～100%。中国的果树园艺工作者自1978年改革开放以来就十分重视矮化密植问题，一些果树研究所和规模经营的果园纷纷进行了苹果、桃、梨等的密植试验，引进了M和MM矮化砧系列，试用了多效唑(PP333)等生长调节素，试种了不用棚架的Y形桃园，小面积使用了微喷滴灌技术；但总的来看，正式推广果园密植尚未达到技术成熟和大面积推广的阶段，一方面是尚有些技术问题未能完满解决，另一方面是由于未能严格地实现科学密植，经济效益未能呈现出来。

矮化密植之所以被国际学术界确认为现代化果树科学管理的方向，正确地实施将能实现三高果业，是因为它具有如下的理论依据。

(1)小树密植能在较短时间内使果园树冠填满阳光照射的面积；在品种资源、水肥农药以及树形修剪、土地管理等正确实施的前提下接受阳光辐射的总量，是产量、质量的限制性因素。

(2)小树密植与大树稀植相比，不需培植粗大的主茎和下部把门侧枝，从而定植后第2年就可开始挂果。桃树第4年、苹果第5或第6年即可达到果树的盛产，较大树稀植早2或3年以上，也使果园提前2或3年有收益，而且大树往往树冠过厚，阳光透射不到下层和里层的果实，从而降低产量和质量。

(3)小树便于站在地上操作和管理，便于整形修剪、疏果摘果、施肥喷药、除草、灌溉、收获等操作；据报道少费药可达25%，少费工，便于机械化。

(4)小树密植所增加的每公顷投资额和生产成本(包括每公顷多用苗木，整形所需要的棚架或支杆，比大树稀植所增加的灌溉设备及必要的测示仪表等)，通过产量、质量的提高(特别是提前二三年产果，水肥农药的减少浪费，以及农业税和地租分摊额的减少)将比较快地得到偿还。总之，小树密植较之大树稀植，初次投资高，但产量高、质量高、利润高，投资偿还快、效益大。

矮化密植较之乔化稀植，需要较仔细的经营管理和较高的科学技术。如要成功地通过矮化密植实现果园三高，首先须在本地区发展基本上适用的矮化技术以及相匹配的一套科学栽培管理方法。在矮化技术上，中国果树园艺界目前比较着重研究的，根据文献报道，有如下几方面。

(1)适用的矮化砧的开发引进和选育。首先是苹果矮化砧的选择。矮化砧的性能表现——树的大小、成熟早晚、产量、品质、抗逆表现等，与当地气候和土壤密切相关，亦与矮化砧和接穗品种有关。中国各地区都有一些可用的苹果矮化砧，如中国揪子、烟台的沙果、山西的S-20系列、河南的海棠(半矮化)等，近年还自原苏联引进了B9，Bu9，B490，自加拿大引进了BC系列，自荷兰引进了M系列和MM系列，其中M4，M7(A)，M106在华北的表现较好，但只能用于短枝型品种；M9，M26矮化程度高，但抗寒抗逆性能较差。柑橘也有一些地区性的矮化砧。至于无矮化砧的桃、梨、杏、李、葡萄等，常用本地毛桃、山桃、杜梨、豆梨或籽苗砧、克隆砧作为砧木。籽苗砧嫁接短枝型品种的穗，往往亦可在一定程度上减小树型大小(10%～30%)，起到早产果、提高效率的作用。北京、辽宁、山西、山东、陕西等省市亦已建立了良种苗圃。总之，在良种、无毒、矮化种苗的成功培育和正规供应上比较受到重视；亦已有一些外资联合经营的苗圃出现。其他如早期促花措施的环剥、倒贴皮等也比较普遍地在试用。另外，还出现了“乔化密植”[7,8]。

(2)试用抑制生长的生长调节剂，如矮壮素、乙烯利、多效唑(PP333)等；利用生长调节剂结合短枝形品种和重修剪以实现中度密植。从田间长势看，PP333有效果；但是究竟有无副作用，对环境有无危害或影响尚需经较长时间的观察和检验。有些国家没有批准PP333的使用。

(3)通过修剪，尽量避免枝叶生长过茂，从而避免严重影响坐果量和质量；但如只靠修剪，很难做到及时和适量，产量难于保证，在乔化密植的情况下尤其如此。大的修剪量既费工，亦表示果树植株能量的浪费。至于国外早已开始研究，并已获得良好效果和有所推广的各种用限制灌水、剪修根系、限制根系来控制植株的旺长方面的技术，国内未见有开始研究的报道。

4 果树节水增产技术的研究和发展

水是农业的命脉。果园要高产和优质，需要在果树生长发育的各个阶段，根据植株水生理需求供应适量的水分，这是无疑义的。当前中国果业种植总面积大、总产少，大部分果园无水灌溉是最主要的原因；水显然是一项最主要的限制产量的因素。要成倍地在短期内将果品产量翻一番，途径之一是成倍地增加分配给果业用的灌溉水资源份额，在现有的基础上成倍地增加果园灌溉面积。途径之二是成倍地提高果业灌溉水的有效利用率，用同样的水资源分配份额在现有基础上成倍地增加果园灌溉面积。

水资源短缺和水资源的不断污染是个世界性问题，中国亦不例外。根据中国大百科全书水利卷[9]，中国的水资源以江河径流量加地下水贮量计，每年人均量约为全球人均量的1/4，已开发利用的4750亿m^3(1980年)中农业用水占88%[10]。由于水资源地区分布不均，年内分配集中，年际变化大，水土资源之间的相互组合不够合理，不少地区缺水严重。随着工业和乡镇企业的迅速发展，广大农村人民生活用水水平亟待提高，再要提高农业用水的分配份额是比较困难的。这种情况对位处半干旱地区的华北落叶果产区和北京市来说尤其如此。华北平原广大井灌区的地下水位，由于超采，许多地区在每年下降。北京全市近几年来地下水下降达 1 m；目前总用水量 40 亿 m^3，估计缺口 10 亿 m^3，至 2000 年预计缺水达 30 亿 m^3，为当前用水总量的 75%。可见，从总的水资源形势来说，中国果业增产所需水量的缺口，在很大程度上须依靠积极挖掘提高灌溉水利用效率这一技术途径的潜力。目前中国盛行的传统大水漫灌，水的利用效率低。尽管各地区农业和果树园艺的科研机构根据多年试验研究结果推荐了各种主要作物在各主要生长发育期，为夺取高产所需的灌水量，由于过去水价结构不合理（不收水费，提水机具由国家配给等）和配水管理采取大块切的做法，农民尤其是果农习惯于普遍采用地面大水漫灌的畦灌或沟灌。近几年推广了农渠、支渠的管道化，输水的渗漏损失一般减少 20%～30%。少量面积的经济作物采取了喷灌，不少地区果园试用微灌。随着社会主义市场经济的发展和逐渐完善以及水权、水价的逐步改革，势将引起农民对灌溉用水效率的重视。在灌溉设施的工程设计中，过去是按照农业技术要求从事，近年来农田水利工程界亦已开展了灌溉作物需水量的试验研究，采取水量平衡、能量平衡、蒸发量估算等途径；对于近年来在国际上出现的亏水灌溉、有限灌溉、非充分灌溉等[11,12]的研究，也已引起一些研究者的注意。由于水资源问题牵连整个国民经济，国家自然科学基金十分重视节水农业的基础研究：抗旱品种的培育，生长激素在植物水生理中的作用，土壤、植物、大气环水分运移等方面问题的研究，已在逐步展开和深入。

在国际上，自 70 年代以来，出现了以提高作物水利用效率，或以一个地区计算的总产的高产稳产而不是追求最高单产的灌水策略的研究，也出现了追求既节水又能获得高的收获产量（而不是总有机质产量，因为总有机质产量中有果实或籽粒，也有枝叶和根系）的灌水策略的研究。前者有亏水灌溉、有限灌溉、补偿部分散发量灌溉等各种名称，后者叫调控亏水度灌溉（Regulated Deficit Irrigation，即 RDI）。这些新灌溉策略在美、澳、印、非的一些地区已得到应用。

旨在既节水又能获得高单产的调亏灌法，其基本概念有别于传统灌法的概念，即对于一些作物，由于其生理生化通道受到遗传特性或生长激素的影响，在其生长发育的某些时期施加一定的水应力（有目的地使其有一定程度的缺水）即可影响其光合产品（含碳化合物）向不同组织器官分配的倾斜，从而获得提高产量（所需要收获的果实）而舍弃营养器官的生长量和有机合成物质的总量。例如，Rowson 和 Turner（1982）对向日葵的头 45 d 进行控水而使光合物质的分配发生迁移，与不受水应力的处理相比能多产籽粒。Turner（1990）对白羽扇豆的试验亦有类似结果。Proebsting 和 Peretz（1986）对 Delicious 品种苹果使叶水势较长时期干至－1.4 MPa，与充分给水的对照（叶水势－1.1 MPa）相比，可增产 30%，质量相当，而可溶固体稍高，营养生长较少。Chalmers，Mitchell 和 Jerie（1984，1986，1989）对桃和梨的试验，获得优质、增产 20%且至第二年尚有良好影响延续的结果。对不同的作物作相似的处理时，亦有获得相反结果的：如 Fischer（1973），O. Toole 等（1986），Namuco 和 O. Toole（1986）对结籽作物，在生殖生长早期施加水应力，则大大减低籽粒的产量，而干物质产量不减少。

5　华北落叶果节水增产技术的开发所需要研究解决的一些主要问题

从国内外有关果树密植和节水增产技术研究进展情况、果品市场发展潜势以及生产现状可以看出，当前最迫切需要直接解决的，就北方果业而言是针对落叶果产区的土壤、气候、水源等自然条件以及果树栽培管理技术传统，研究开发可供各地区发展果业生产、对基层生产单位有效而可行的一套一揽子节水增产栽培管理技术。除了充分采用在本地区试验成熟、可以推广的各种先进果树技术，如优良品种、无毒种苗、病虫害防治、科学施肥等之外，这套技术显然应以调控亏水度灌溉结合密植为主要特征：亏水灌溉本身既可节水，从而降低生产成本和能耗，又为一个果园或一个地区增加灌溉面积、提高产量提供条件；同时，又可作为控制长势、实现矮化密植的重要手段。而矮化密植是果园早产高产的一条技术途径。为了能开发出这样一套真正实用的、能尽快转化为生产力的技术，需要：①在一个地区建立实验基地，如北京，从一种落叶果树开始，如桃树；②在试验基地对代表性果树通过试验实现节水高产之后加以总结，并设计出便于应用、所需仪器设备尽可能简易的成套技术，然后逐步在其他地区设立生产试验示范点，进行进一步试验、示范和推广，并对不完善的环节及出现的新问题继续研究解决，不断提高。与此同时，并行地开展这套技术在其他果树上应用的试验和示范。

桃树是核果中长势最旺的果种。通过调控亏水度灌溉作为主要的控制长势手段在桃树上实现矮化密植，其技术和经验比较容易在其他核果和一些仁果如杏、李、樱桃、梨等的密植上实现。苹果、梨的密植可以利用矮化砧，但在北京及其以北较寒地区不易得到耐寒而性能好的矮化砧木材料。这样，不论用不用矮化砧，利用调控亏水度灌溉作为控制枝叶旺长的一个主要手段，都是有利的。至于非落叶果如柑果类，通过亏水灌溉来控制枝叶旺长，以实现一定的密植，从柑果类的生理学特征上看，也是有可能的。桃树节水密植的经验亦将有利于各种柑果类节水密植高产技术的开发。

在华北土层一般较厚的情况下，要实现通过调控亏水度灌溉来控制植株的长势，需要研究解决如下一些主要具体问题。

1)设计建造适用于测定果树植株耗水的新型蒸渗仪(lysimeter)，用以研究观察测定果树在不同生长发育阶段、在不同处理下其耗水与营养生长、生殖生长及有关的生理生化过程之间的基础关系。

2)设计安装简易的自动化气象站，为一个地区的潜在蒸散量(或参考蒸散量)的估算提供可靠的数据；这是按某一策略拟定灌溉制度、实现科学灌水在国际上目前所实际应用的先进做法。

3)设计、选型、安装便于调节灌水时间和灌水量的实验用微灌系统。

4)规划设计和建立果园试验区，对不同品种、不同种植密度(株行距)、不同树型、不同支架、不同灌溉系统等进行试验，按随机排列安排不同处理，提供足够重复和保护，并进行有关测定和记录。

5)设计、选型、安装一套监测植株营养生长和花果生长的定量方法和仪器设备，制取有关的植株生长曲线。

6)设计、选型、安装一套监测田间不同土层土壤水热变动状态以及植株水势、气孔阻力、冠层温度、相对湿度、光照强度等变动状态的土壤－植株－小气候(SPAC)参数测定方法和仪器设备。

7)设计和选用测定土层中氮的运移以及土壤、水源、地下水、叶片、果实等有关的化学分析方法和仪器。

8)试验和总结一套华北条件下的调控亏水度灌水密植桃园栽培管理技术，包括品种的选择、无毒苗木的定植、支架的设计和树型的整形与修剪、载果量设计与疏果、喷药、施肥、土地管理等。

此外，对本地区可能出现的一些问题加以重视和留意观察，譬如根区越冬期间干旱程度与冻害、花期霜害有无关系；土层深、根区大情况下如何建立起所要求的水应力程度以及只湿润部分根区效应如何；潜水位浅而又有盐碱为害的可能时盐碱的处理问题；限制根区容积的矮化效应问题；地下水污染问题，等等。

6 试验的组织和实施

中澳合作研究课题“华北水果生产中水的有效利用”就是根据上述概念和思路设计和实施的。这个研究主要部分在北京进行，包括北京林果研究所建立桃树调控亏水度灌溉密植实验方、调控亏水度灌溉稀植实验方，在四季青乡门头村果树五队桃园和北安河密植和稀植苹果园以及山西省原平县子干乡苹果园设立试验示范点。部分基础问题的研究，如植株吸水的测定(果树蒸渗仪)，限制根区对矮化的效应以及亏水灌溉下的盐碱问题则在澳大利亚持续灌溉农业研究所 Tatura 中心进行。

新植密植桃园实验方和利用已有成龄果园的传统稀植桃树实验方在北京林果研究所实验果园，位处西山山前冲积扇，地面平坦，土层深达 10 m，土壤上层属黏壤土（黏粒 21%，粉粒 46%），下层粉粒渐增；有机质 2.63%，pH 值 8.0，地下水位 15～25 m。灌溉用水含盐量小于 1.0 g/L，基本上无盐碱问题。从用压力膜装置所测得的该土壤 PF 曲线（持水特性曲线）得知，1 m 土层在田间最大持水量与 15×10^5 Pa水势（近于凋萎点）之间可资应用的水量为 260 mm，3 m 根层在田间最大持水量与 7×10^5 Pa 水势之间可资应用的水量为 300 mm。气候特征为冬春旱，雨季集中在 7～8 月，在桃树果实生长的第Ⅰ和Ⅱ期，蒸发量超过降雨量，常年各在 180 和 265 mm 之多，其后雨季期间降雨量超过蒸发量。华北这样的气候很有利于利用调控亏水度灌溉来控制果树植株的枝梢生长和果实生长。

新植密植桃树实验方共 1 hm^2，长 100 m，宽 100 m。分 2 种密度（5 m×1.5 m 和 4 m×1 m）、2 种树型（Y 形和主干形）、2 种灌溉方式（微喷和滴灌）、3 个灌溉水平（以自上次灌水以来美式 A 型皿积累蒸发量读数的 20%，40%，80%或中式蒸发皿读数的 14.6%，29.2%，58.4%作为灌水量，以 80%或 58.4%作为对照）[①]、3 个各为早中晚熟的品种（京红、京玉、京川）。另外，还用个别行作为不用微灌而用沟灌的调控亏水度灌溉观察和试验。成龄传统稀植桃树实验方共 1/3 hm^2，1976 年定植，全部为开心形树型，株行距为 5.5 m×5.5 m。用其中 7 行，每行 1 个品种，16 株；同样用微喷和滴灌 2 种方式、3 个灌水量水平（A 级皿蒸发量的 20%，40%，80%，以 80%作为对照）处理，数据采集放在 B 行（京艳）、C 行（京密）、D 行（八月脆）和 F 行（燕红）。同时另用 4 行其他品种进行传统漫灌而在果实生长Ⅱ期期间减少灌水量 1/2 作为处理，进行观察和实验。

由于 2 块试验方都田面平坦，土质、肥力均匀，前作和过去管理量一致，同时树行较长，每行株数较多，而整个试验所要进行的处理数目较多，因而每个处理都是在一行上（保护行除外）取 7～8 株，除去保护株和特殊株后，选 3 株作为采集数据对象。不同处理则在同一行上作随机排列。每处理有 4 个重复，不同重复亦随机排列在同一地块的不同行上。这样可简化灌溉系统、日后管理和数据采集工作。

灌溉系统利用北京林果研究所实验果园的原有机井水泵和供水管系，另设计安装微灌系统，供新植密植和成全稀植 2 个实验方应用。该微灌系统首部设有自动冲洗过滤器，定期清洗，以避免滴嘴、喷嘴和毛管堵塞；设有可调比例化肥注入器、止逆阀、压力调节阀等。各种不同灌溉处理的灌水量和时间，是通过安装在各分支管系进口处的诸多电磁阀，连接到放置在控制室内的多路（120 通道）巡回检测控制器进行控制操作的。平面布置见图 1 和图 2，滴灌与微喷湿润区形状见图 3。

为了将果树的管理和实验数据与气象参数、土壤水肥变化参数、果树植株生长发育过程参数等相关联，以便实现果树的科学管理以及确立实验结果与客观条件和措施之间的关系（只有这样才有可能确立实验结果的普遍性和有可能推广应用到其他地区），建立了自动化小气象站（风速及转数表、短波太阳辐射计、气温表、气压表、电容式大气相对湿度计、半导体土温计、雨量计、蒸发皿等及相应的传感器），田间数据采集器和数值处理软件，田间土壤水参数变化监测系统（各土层深度处的土水势、含水量、硝化氮含量、地下水位等），植株蒸腾参数监测系统（叶水势、气孔阻力、叶面温度、叶片养分分析，果实可溶固体分析等）以及植株生长参数监测系统（树干截面积、新梢生长量、果实生长曲线、叶面积指数、冠层尺寸、冠层不同部位的透光强度等）。

新植密植桃树实验方 1987 年春移植。遇到有关管理的第 1 个问题是在幼树树行之间在冠层郁闭之前要不要充分利用土地每年种植其他作物以“额外”增加果园收入。由于密植果园的要素之一就是要使幼树枝叶迅速生长，以便移植后第 2 年即可开始挂果，第 3 年达 2/5～1/2 产量，第 4 或第 5 年即可达盛果初期，而提前挂果的产值显然要比所种行间作物的产值要高。这样，1988 年春起将行间作物清除。遇到有关管理的第 2 个问题是树的整形剪枝要领问题。传统乔化稀植对幼树的整形剪枝，要求在夏季

① 美式 A 型蒸发皿直径为 100 cm，中式为 20 cm，以不同型式蒸发皿读数为基础来估算作物蒸散量时，作物系数取值不同。

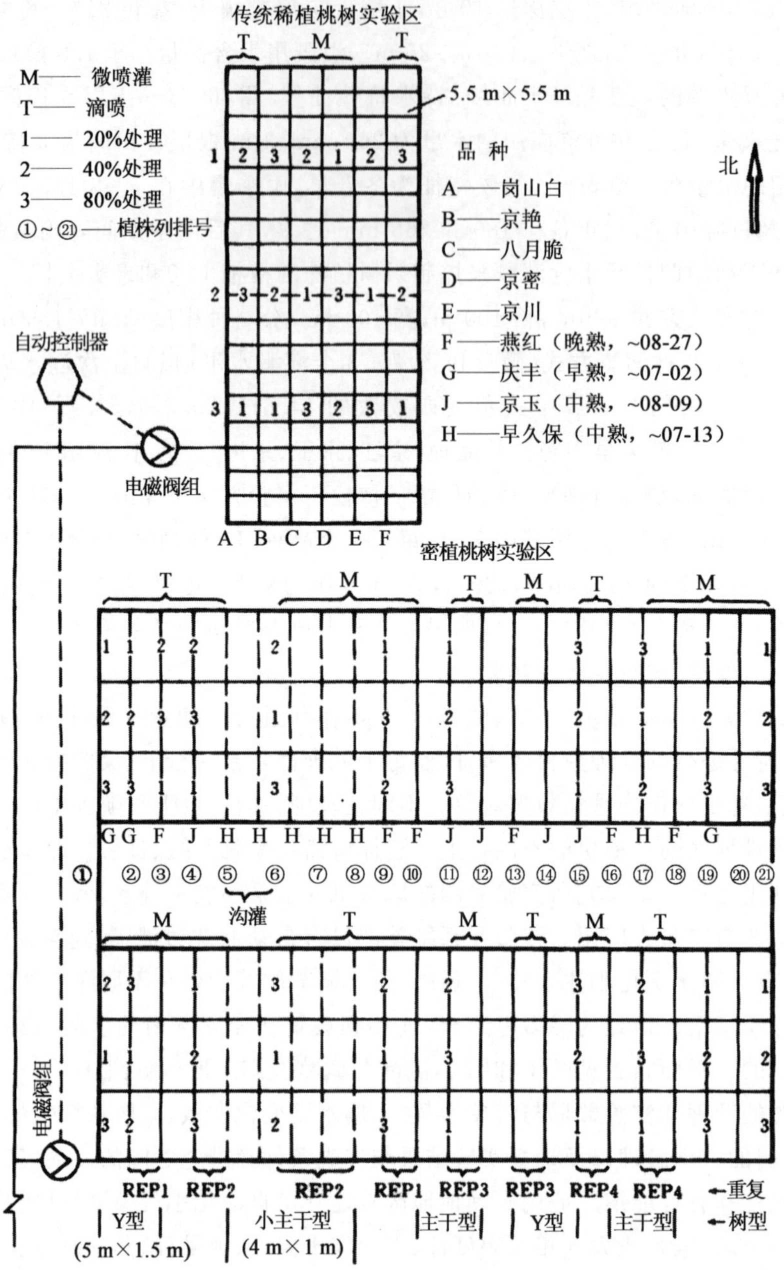

图 1 灌溉系统平面布置图

修剪中将主干和侧枝截短，以便培育粗壮而向外伸张的把门侧枝；矮化密植不要求伤动幼树的主干和侧枝，以便快速生长及挂果。于是 1989 年春起对新植密植实验方废弃了传统的整形剪修方法而按照矮化密植的要求进行整形修剪。遇到有关密植实验方管理的第 3 个问题是不论新植实验方或成龄传统稀植实验方，由于传统过冬水和开春花前水的灌溉都偏大，结果在果实生长Ⅱ期，尽管少施水（上次灌水以来蒸发量的 20％和 40％）或至全不灌水（0％），根区土壤水分仍然偏多。叶水势测定显不出有水应力存在，因而达不成土壤和植株亏水的状态。这种亏水状态通过减少冬春灌水量等的调整，1989 年才得以实现，而不同亏水度处理效应的对比实验，在 1990 年得以较正规地进行，遇至有关管理的第 4 个问题是施肥制度（施肥量和时间），传统果园施肥量可能偏大，淋洗损失亦较大，实验方的施肥制度对施肥量有

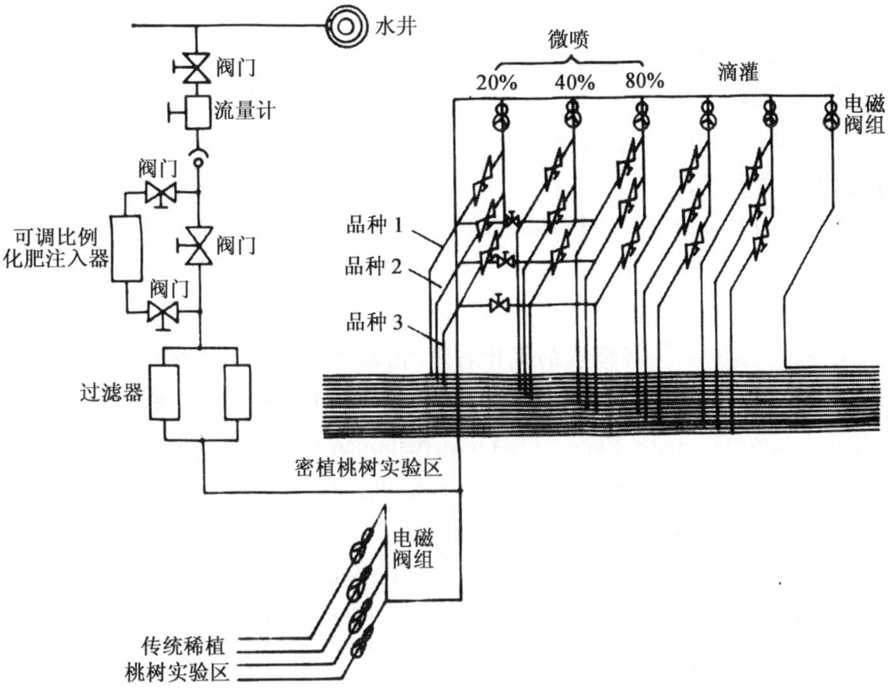

图 2　果树灌溉管道系统

较大减少，过冬肥施肥日期亦有所提前，以便结冻前能为植株吸收贮备为明春开花期应用。这样做的结果，尽管叶片营养成分分析表明含氮量已相当高，达 3.12%～3.26%，但与传统施肥量比，是否已不利地影响了实验方盛产峰值，有待探明。对新植密植桃树实验方的设计，原先以为华北土层较厚，植株营养生长较之薄土层会难控制些，因而株行距设计为 5 m×1.5 m，实属在密植与中等密植之间。经过 3 年的实践表明，土层厚亦能通过调控亏水度，对植株有效地控制其旺长，及于 1991 年春起，将 4 行 5 m×1.5 m 的新植中等密植实验方改植 5 行 4 m×1 m 的高密度实验方，仍然分 Y 和主干 2 种树型，灌溉水平仍旧为 20%，40%，80%A 级皿蒸发量。经 3 年的实验，该高密度实验方在定植后第 2 年(1992 年)产量即已达 1500 多 kg/hm^2，定植后第 3 年(1993)已达 15000 多 kg/hm^2。

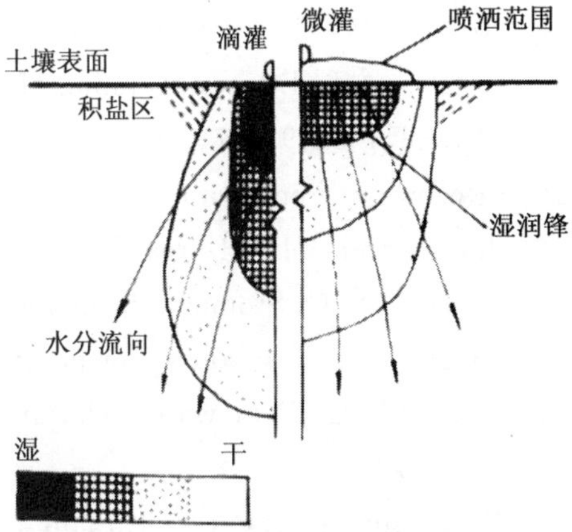

图 3　微灌与滴灌的湿润区形状

总之，经 6 年的试验研究，已获得一些明确的结果，表明节水而增产的概念，以调节水作为控制植株过旺长的手段以及所采取的研究方法和技术路线，在桃树上是基本上成功而有效的。

参考文献

[1] 何康.1991 年中国农业年鉴.北京：农业出版社.

[2] Fruit and tree nuts, situation and outlook report, USDA, ERS TFS-265, March 1993.

[3] 美国密歇根州 Kent 县卫生保健站翻印的普及资料，1993.

[4] Putnam J J, Allsohouse J E. USDA ERS Statistical Bulletin No 840.

[5] Foreign Agricultural Trade of USA ERS.

[6] 汪景彦.苹果密植园早期投资收益关系.中国果树,1992(2).

[7] 王毅.乔砧苹果密植园早期丰产优质栽培试验.中国果树,1992(4).

[8] 白金良.栽树6年获利6万红富士乔密园丰产经验调查.北方果树.1993(2).

[9] 中国大百科全书·水利卷.

[10] 任光照.缺水问题的对策.科学导报,1989(2).

[11] 罗远培.华北地区非充分供水条件下的冬小麦优化灌溉.//许越先,等.农业用水有效性的研究.北京:科学出版社,1992.

[12] 陈亚新.非充分灌溉原理——灌溉水的优化管理.内蒙古农牧学院讲义,1987.

[13] 康绍忠.作物需水量及产量模型的理论和试验.西北农业大学水利系资料,1985.

[14] FAO. Irrigation and Drainage Paper 33: Yield response to water. Rome, 1981.

[15] Chalmers D J. Mitchell D J. Jerie P H. The physiology of growth control of peach and pear trees using reduced irrigation. Actae Horticulture. 1984, 146: 143-149.

[16] Mitchell P D. Chalmers D J. Jerie H P. Burge G. The use of initial withholding of irrigation and tree spacing to enhance the effect of regulated deficit irrigation on pear trees. J Am Soc Hort Sci. 1986, 111: 858-861.

[17] Mitchell P D. Van den Ende B. Jerie P H. Chalmers D J. Responses of 'Barlett' pear to withholding irrigation, regulated deficit irrigation and tree spacing. J Am Soc Hort Sci, 1989, 114: 15-19.

[18] Rowson M H, Turner N C. Recovery from water stress in five sunflower(*Helianthus Annuus* L.) Cultivars. Ⅰ. Effects of timing of water application on leaf area and seed production. Aust J plant physiol, 1982, 9: 437-448..

[19] Recovery from water stress in five sunflower (*Helianthus annuus* L) Cultivars. Ⅱ. The development of leaf area. Aust J plant physiol, 1982, 9: 449-460.

[20] Turner N C. Stomatal behavior and water status of maize, sorgum and tobacco under field conditions at low soil water potential. Plant Physiol, 1973, 53: 360-365.

[21] Turner N C. Plant water relations and irrigation management. Agric Water Management, 1990, 17: 59-73.

[22] Proebsting E L, Peretz J. Plant response to methods of irrigation. In: Lakso A N, Lenz F eds. Regulation of Photosynthesis in Fruit Trees. NY: New York State Ag Exp Sta, 1986. 155-161.

[23] Krieg D R. Cotton growth & development in drip irrigation. Cotton symp. Texas Ag Ext Serv Midland Tx 1986.

[24] Musick J T, Porter K B. In irrigation of Ag crops. Madison, WI Am Soc Agron(In Press).

[25] Boland A M, et al. Effect of regulated deficit irrigation on tree water use and growth of peach. J of Hort Sci, 1993, 68: 261-274.

[26] Chalmers D J. The role of root growth in regulation of assimilate partitioning and productivity of annual and perennial crops. Proc 4th Int Congr Micro-irrigation, Australia, 1988.

[27] Kramer P J. Fifty years of progress in water relation research. Plant Physiol, 1974, 54: 463-471.

[28] 李正之.果树矮化密植.上海:上海科学出版社,1982.

The Current Status and Future Trends in Orchard Irrigation and High Density Planting

——Background and Implementation of the Joint Sino-Australian Research Project: Efficient Use of Water in Fruit Production on the North China Plain

Zeng Dechao P. H. Jerie

Abstract Based on the current status of fruit production and market potential in the North China Plain, key components of the technical approach to a "Three High" (in yield, quality and profit) fruit industry are proposed, namely, efficient water use, high density planting and appropriate post harvest handling. The climatic conditions and technological inputs required by dwarf tree high density planting as compared to high tree low density planting are elaborated, the highlights of modern scientific irrigation scheduling strategy and the concept of Regulation Deficit Irrigation (RDI) are expounded, the major technological components in the implementation of RDI HD planting under North China Conditions are identified and set as the objective and tasks of the joint Sino-Australian research project. Finally, the design of experiments and implementation of the project are briefed.

Key words high tree low density orchard, dwarf tree high density orchard, irrigation scheduling strategy, deficit irrigation, regulated deficit irrigation, "Three High" (in yield, quality and profit) fruit industry

北方果树调控亏水度灌溉密植节水增产技术*

——中澳合作研究课题

“华北平原水果生产中水的有效利用”

曾德超　彼得·杰里

摘要　为在华北土层深、冬春旱的条件下利用“水法”控制植株长势以达到密植的目的，6年来分别在北京和澳大利亚持续灌溉农业研究所(ISIA)Tatura中心进行了实验研究。证实了科学地调控植株各生长发育阶段水分亏缺度以及机械地限制根区容积，都可控制植株长势，实现桃树矮化密植。利用小型自动化气象站所采集的数据和有关软件估算参考蒸散量，连同现场土壤水情的监测数据建立实时信息与短期预报的灌溉制度拟定法，对促进灌水科学化具有普遍意义。提出了植株亏水度的显示和调控技术。建立了降低地下水污染和合理施肥与浇水之间的定量关系。建立了作物生长模型(主要在土壤、气象和水肥因素与作物生长和产量关系方面)。开发出一套调亏灌水密植栽培的管理技术，在桃树上实现了早产、增产、优质、增收，并可大幅度节水，投资回收快，对我国果业的发展，具有普遍性意义。根据研究的结果，为当前果园在现有基础上实现节水增产提出几种不同水平的技术方案，并对这些方案的投资额、利率和节水效益进行了经济分析。最后提出建议：多点示范试种，逐步在不同技术水平上推广，应用到各种核果、仁果、浆果和柑果的实验中，并继续对冻害、限制根区以及盐碱问题进行试验研究。

关键词　调亏灌法，实时信息与短期预报法，灌水策略，灌溉制度，作物生长模型

中国果树总种植面积大，但产量低，质量差。主要原因之一在于缺水和乔化稀植的技术传统。华北地区水资源缺乏，土层深厚，冬春干旱。参照国内外有关研究的进展和发展趋势，为了开发一套依靠水的调控为主要手段的矮化密植技术，达到节水早产增产增收，而同时减少地下水污染，中澳合作研究课题组6年来在北京建立了桃树密植实验场、桃树传统稀植实验场、四季青门头村(团城林工商公司果五队)传统稀植桃园示范点、海淀区北安河周家巷传统苹果园和新栽苹果园示范点、山西原平县子干村苹果园示范点；在澳大利亚持续灌溉农业Tatura中心建立了果树蒸渗仪和限制根区容积试验装置。课题组进行了大量有关试验，旨在建立自然条件、调控措施和植株生长之间的基础参数关系，从而开发出成套的可供通过生产现场试种后推广的栽培管理技术。各种专题试验在本书中已有专题的试验研究报告。现在对一些主要结果从整体的角度作进一步的分析归纳和论证。

1　通过试验研究所解决的几个有意义的技术关键

1.1　果树植株营养生长长势调控中“水法”的确立和实现

果树植株的枝叶、根系和果实3者之间生长的适度平衡，是植株个体和果园群体达到高产运行的一个重要判据。目前在国内，植株矮化主要借助于矮化砧、短枝形品种、环剥、重度修剪及生长调节剂如多效唑等。对于灌水，国内传统观念是足水才高产；国外亦有认为须最大限度地降低水应力才得以达高产

* 本文出处：《果树调亏密植节水增产技术的研究与开发》，北京农业大学出版社，1994年

(Assef 等,1982,1984,Daniell,1982)。但科学的事实是足水诚然能使总有机物(包括枝叶、根系和花果)光合合成量大,但需要的收获品量——果实量不一定大,这是其一。对某些果树,在一些特定生长发育阶段,减少植株水分供给必然限制营养生长,但不一定影响果实产量,因而通过限制灌水来实现密植达到高产,理论上是可能的,这是其二。譬如各种核果、仁果和柑果等,普遍的规律就是枝叶过茂,根系过大,果实相对减少(单位树干截面积计),而这些果树的营养生长迅速时期往往就是果实生长缓慢时期。与此同时,足量或为了足量而导致的过量灌水,不仅会因植株枝叶过旺降低产量,还造成肥料的淋洗损失和地下水的污染,增加了水费、肥费和修剪工费,使成本提高。

6 年来在北京对桃树的实验结果以及多年来在澳大利亚 Tatura 对梨、杏、苹果等的实践,都证实了调控水情是控制植株营养长势、实现密植的一种有力手段。在北京实验的一个代表性比较数据见表 1。

表 1　桃树调亏灌水与充分灌水的结果比较(1992)

果园种类	灌溉量/mm	施肥量(kg/株)	修剪量(kg/株)	产量(t/hm^2)	果质量(g)	水利用效率(WUE)*(kg/kg)	备注
传统果园	1173	尿素 2 鸡粪 25	14.0	38.9	164.9	422	北京果林所桃园, 土壤:黏壤土 品种:京燕(晚熟)
调亏灌水密植果园	26.4	尿素 0.25 鸡粪 15	4.675	45	156.3	110.3	土壤:黏壤土 品种:京玉(中熟)

* 利用水量为灌水量+有效降雨量(年降雨量×0.7 计),为每千克果的用水量

在澳大利亚 Tatura 的试验表明,用塑料薄膜围限着不同容积的土壤来进行种植试验时,根系容积对地上部分枝叶的长势有直接的影响。根区容积小的枝条少,侧枝、节距较短,叶较小,但花蕾量大;冠层体积、树干断面和叶面积指数小,修剪量少,但树冠中总的叶面积则无显著差别,对单位树干截面积的坐果量无影响,果实生长速度快(图 1)。产量结果见表 2。在试验中,尽管根区容积不同,每单位树干断面积在每毫米自由水面蒸发量下的植株用水量基本不变,说明在试验条件下的枝条多少,并非由灌水多少决定,而是由根区的大小决定。剩下的问题是要找出经济、有效且既能限制根又能通水、气的材料,用来限制根区。与此同时,美国俄亥俄州和密歇根州果树试验站等都进行了用机械深切、"修剪"根区的试验,却未获理想结果。由于限制根区容积对控制植株长势具有肯定结果,利用灌水时只湿润部分根区这种"水式"根修剪法理论上是可行的,因此将进一步提高利用调节"水法"的手段来调控植株营养生长的效果。

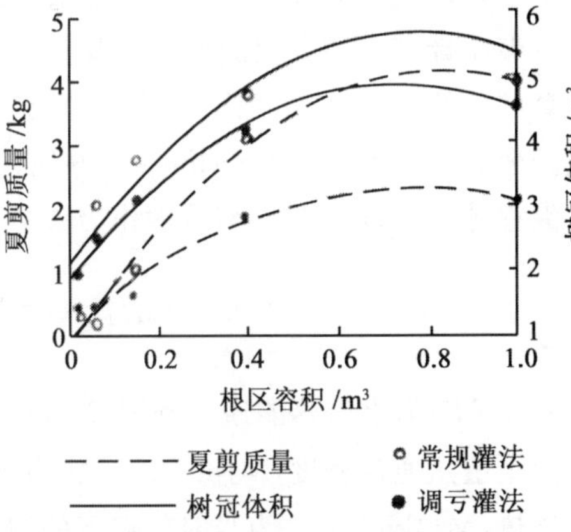

图 1　根区容积的限制与植株长势的关系

表 2　限制桃树根区容积对产量的影响*

根区容积/m^3	灌溉方法	结果数/株	产量 kg/株	单果质量/g	产量/树干截面积 kg/cm^2
0.025	常规灌法	42.0	5.50	131.9	0.668
0.025	调亏灌法	42.0	4.85	118.8	0.705
0.4	常规灌法	61.2	8.25	136.1	0.532
0.4	调亏灌法	83.5	10.13	125.7	0.665
1.0	常规灌法	89.0	11.94	134.1	0.697
1.0	调亏灌法	96.8	11.77	122.3	0.675

* 1992—1993 年品种:金皇后,黏性沙土

1.2 我国生产基层适用的定量化灌溉制度拟定方法的确立和实现

众所周知，灌溉制度的拟定，一种是根据农学家多年生产试验所得结果或农民根据长期生产经验来规定，是经验性的方法。这种方法不能定量地反映土壤、作物、气候条件和经营目标等的变化。一种是以作物用水为指标的“实时信息与短程预报”方法，是比较精确的定量化方法。本课题为了适应生产推广的需要，建立和实现了便于在农村实用的短程预报法。基于作物用水量(TWU)的短程预报法在中国广为科技工作者所知晓(许志方等，1980)，但由于一般生产和推广单位缺少具有基本设备、数据能自动传感记录和处理的气象站，缺乏最低限度的土壤和植株水情的监测仪器，因而数据采集工作繁锁而不可靠，计算手续复杂，在全国 0.467 亿多 hm^2 地的灌溉中很少应用。本课题组在华北条件下，出于研究和推广的需要，确立和实施了定量化灌溉制度的制定方法，效果良好，对全国各地区灌溉节水节肥、减少地下水污染和提高灌溉技术也具有普遍意义。这套技术包含如下几个技术元素。

1)小型自动记录气象站的建立

设有可获取估算参考作物蒸散强度所需参数的测定装置、传感器、数据读取器、数据记录存贮器、数据处理软件和图线绘制软件。还设有气温、气压、相对湿度、大气水汽压、风速及其流程累计量，太阳辐射强度、光合有效辐射(PAR)、土温(干土，湿润土)和土水势测量装置及雨量计、蒸发皿，等等。

2)估算参考蒸散强度的运算

参考蒸散强度的估算广为应用于灌溉系统的设计和灌溉制度的制定、作物产量的估计、土壤水平衡分析以及水文研究等。估算一般都采用彭曼(1948)的将地表水汽通量计算与地表能量计算相结合的方程。但是计算所用方程的形式以及一些参数的选择和算法有各种各样。Allen 等(1989)将用这些方程计算的估算值与 11 个国际上著名的测渗站实测数据核对，结果表明，空气阻力参数用植株高度线性对数函数表示的 Penman—Montieh 方程，标准估计误差最小。本课题根据 Allen 简化后的标准方程，通过编程计算。以 0.5 m 高苜蓿作为参考作物，所有气象测量都在离地面 2 m 处进行。标准方程为

$$\lambda ET_{\mathrm{r}} = \frac{\Delta(R_n - G) + 4680\rho C_{\mathrm{p}} k^2 u(e_{\mathrm{a}} - e_{\mathrm{d}})}{\Delta + \gamma(1 + 2.42k^2 u)}$$

其中：λET_{r} 为水汽热能通量密度，$\mathrm{MJm^{-2}t^{-1}}$；R_{n} 为到达作物冠层的净辐射通量密度，$\mathrm{MJm^{-2}t^{-1}}$；G 为地面土壤热通量密度，$\mathrm{MJm^{-2}t^{-1}}$；Δ 为饱和水气压曲线陡度，kPa/℃；ρ 为空气密度，$\mathrm{kg/m^3}$；C_{p} 为空气比热，MJ/kg℃；e_{a} 为当时气温下的饱和水汽压，kPa；e_{d} 为露点温度下的饱和水汽压，kPa；γ 为湿度计常数，kPa/℃；λ 为水汽化潜热，MJ/kg；u 为 2 m 高处平均风速，km/h；k 为 VonCarman 紊流扩散系数，$k=0.41$。

根据安装在北京林果所的小型自动化气象站所测的数据，计算了 1992-05-22～07-28 的参考(苜蓿)潜在蒸散量 ET_{r}(图 2)。

3)蒸散强度与日蒸发量关系式的确定

将估算所得这段时间内每日参考蒸散强度与在此期间用中式蒸发皿(直径 20 cm)所测的每日蒸发量相关联得出两者间的关系式：

$$ET_{\mathrm{r}} = 0.38E_{\mathrm{pc}} + 0.62 \quad (R^2 = 0.83)$$

式中：E_{pc}为中式蒸发皿读数。

4)作物用水系数 K_{c} 的确定

应用果树蒸渗仪对试验用果树植株或应用中子水分仪对田间随机选定果树植株，进行生长期间的

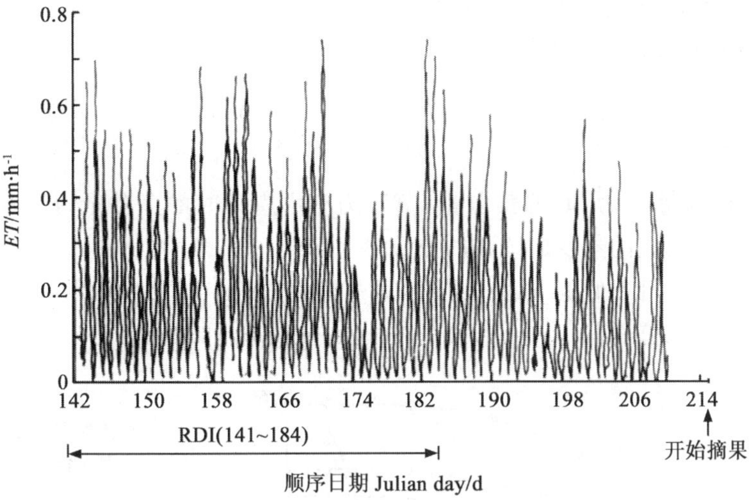

图 2　北京地区参考蒸散强度(估算值,参考作物:苜蓿)

土壤含水量测定。通过土壤水平衡计算可得出植株实际蒸散强度

$$ET_a = (W_2 - W_1) + I + R - D$$

式中:$W_2 - W_1$ 为计算期间根区土壤含水量变化值;I 为灌溉量;R 为降雨量;D 为淋洗至根区以下的排水量。

应用中子水分仪对田间植株直接进行测定,根据测定值计算出实际蒸散量,这样做忽略了排水项。在尽量避免或减少水分和肥料淋洗至根区以下的合理灌溉情况下,这是可行的。因为应用田间直接测定根区土层水分变化的办法,既可避免构造复杂的蒸渗仪的建造,又可得到田间的实际数据。

将实际蒸散量 ET_a 与估算的参考蒸散量 ET_r 相关联,得出植株用水系数 K_c。

$$ET_a = K_c ET_r = K_c(0.38E_{pc} + 0.62)$$

作物用水系数 K_c 在给定土壤、气候和作物品种情况下,其苗期、早期(至冠层长满)、中期(至生理老期开始)及晚期的数值是不尽相同的。

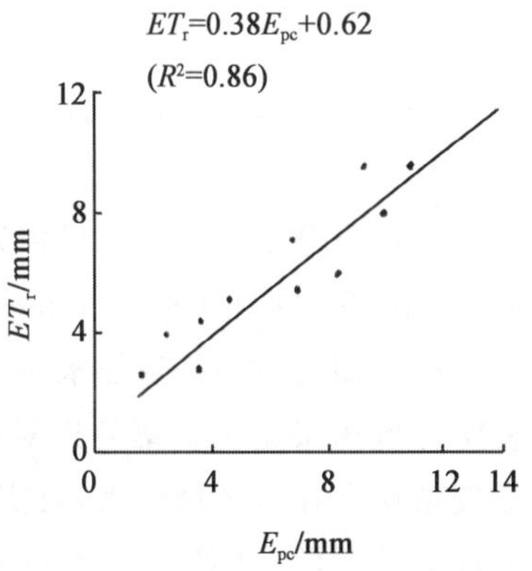

图 3　ET_r 和 E_{pc} 的关系

5)根据实时信息预报下期短期作物所需灌水量

本课题采用安装在果园的蒸发皿在上一周所积累的水面蒸发量读数作为实时信息,乘以作物用水系数即可预报下周植株所需灌水量。这种方法所需设备比较简单,计算由编好的计算机程序辅助,在地区技术员指导下可适应生产基层应用和推广。

1.3　植株水分亏缺度的显示及其调控技术的建立

制定具体果园的实际灌溉制度,还需要根据经营目标、水源条件和作物水生理特性采取不同的巧用水的策略:当灌溉面积而不是水源受到限制时,一般采取充分灌溉,争取高单产的策略;当水源而不是灌溉面积受到限制时,一般采取不充分灌溉,争取总面积高产的策略。摸清作物植株在不同生长发育时期对水分供给量的不同响应,利用光合产物的分配在不同的组织器官之间具有倾斜性的生理特点,采取调控水分亏缺度的灌水策略是近年来国际发展的方向。

植株水分亏缺度可用水应力指数 S 表示：

$$S = 1 - \frac{ET'}{ET_a} = 1 - \frac{ET'}{K_c ET_t} = 1 - \frac{K_c(0.38\alpha E_{pc} + 0.62)}{K_c(0.38E_{pc} + 0.62)}$$

式中：ET_a 为充分供水（无水应力）时的蒸散量；ET' 为有水应力时的蒸散量；E_{pc} 为燕发皿的蒸发量读数；α 为与有水应力时相对应的蒸发皿读数的分数量。

这样，植株水分亏缺度可近似地以 α—自由水面蒸发量的一个分数来表示，实际亏缺量则为 $(E_{pc} - \alpha E_{pc})A$，$A$ 为植株的有效种植面积。

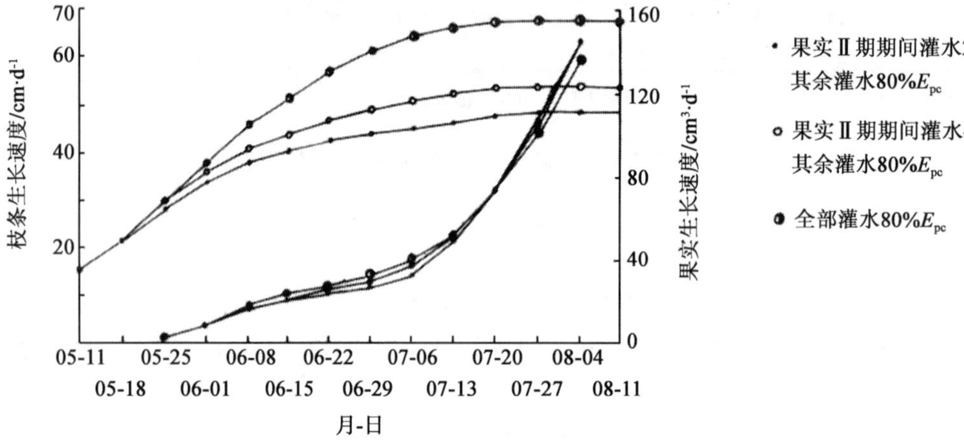

图 4　枝条与果实生长曲线

（桃品种：京玉；土壤：黏性壤土；时间：1993 年；地点：北京果林所 RDI 密植实验方）

通过充分给水情况下桃树果实的生长曲线和枝条的生长曲线（图 4）可以看出，在充分供水的情况下（图中 80% E_{pc} 曲线），05-25～06-29，果实生长缓慢（属果实生长第Ⅱ期即果核变硬期），而叶条生长迅速。在此期间对植株施加水应力对果实的生长影响较小，而对枝条生长影响较大。3 年来的试验结果表明在桃树果实生长第Ⅱ期对植株施加水应力，即施充分灌水量的 20%，当果实进入生长第Ⅲ期后恢复按植株潜在蒸散量供水，果实大小基本上无显著差别；或在果实第Ⅱ期受过水应力的，可能由于生理过程上的惯性，果实反而较大（有大达 20%的），亦即产量稍有增长。与此同时枝条伸长度大为减小：试样枝条在挂果季节中总长减少达 20 cm，少长 40%，即树冠直径在 5 年中小 2 m；生长最快时从每周长 5 cm 减至 1 cm；修剪量每树每年减少达 64%。实验证明，对营养生长在树种中最为旺盛的桃树，用调亏灌水的策略能很好地达到控制生长，达到密植的要求。

1.4　减少水肥淋洗流失和地下水污染的灌溉施肥技术的实施

大水灌溉时湿润锋深达根区以下，可溶性肥料及水分势将有一部分流失，同时污染地下水源，这是众所周知的事实。但是长期以来为了追求单产，华北灌溉果园一般都实行大水大肥。水肥流失的问题提不到日程上来，也无实用技术可以采用。本课题经 3 年的田间和实验室试验，证实了氨在施肥后 2～13 d 将陆续并完全转化为可溶性硝酸盐，转化速率自 3、4 天起加快；其间虽有吸附、反硝化等复杂过程，但总的是随水的运移而向下淋洗。在每次施水 250 mm 情况下，对于壤质沙土，设浇前土壤含水量为植株可利用水量的 25%，则湿润锋对于壤质沙土可达 2.8～5.6 m，对沙质壤土可达 2.2～3.3 m。虽然老桃树根最深可达 3 m，但作为主要的吸水根区，乔化稀植大树约在 2 m，则淋洗损失水肥达 28%～64%。

在沙质壤土里如同样灌水 250 cm，则损失水肥达 9%～39%。如每次施水量大于此，则淋洗损失更大。以门头村传统果园为例，每年 3 月里施尿素 2 kg/株，6 月里施鸭粪(1%～2%氨)250 kg/株，9 月里施鸡粪(1%～2%氨)125 kg/株，折合氮素达 10 kg，高出植株实际需要几倍。可见这样的大水大肥既浪费水又浪费肥。对北京林果所附近果园区浅机井水源的测定表明，大部分硝化氮含量超过国家要求的标准。

传统果园的大水大肥做法，除了有意采取这样的灌溉策略之外，缺乏便于调控灌量和时间的灌溉设备和手段亦是重要原因。本研究采取调控亏水度的策略不仅有利于实现密植，达到节水增产增收，而且为安装使用低流量灌溉设备创造了条件，从而亦为减少水肥流失和地下水污染提供了可行的技术途径。

1.5　桃树生长模型的建立

作物生长模型的建立是现代栽培管理中优化措施方案的基础。本课题组通过 6 年的试验研究，建立了包含气象和土、水、肥因素对桃树生长和产量影响的模型。虽然这还不是一种作物的完全的生长模型，但其方法、设备和经验可供建立其他作物灌溉栽培管理用生长模型时参考。由于目前在国内通过建立作物生长模型，确定优选措施，实现栽培和管理现代化的工作尚处在起步摸索阶段，该桃树生长模型的建立具有普遍性意义。

1.6　调亏灌水密植栽培管理技术的开发

应用调控植株不同生长发育阶段水应力水平，实现用“水法”控制营养生长，以求达到节水密植增产优质的结果时，涉及一系列栽培管理问题。首先是果园的种植规划，砧木、栽培品种、苗木、树型、株行距和支架、灌溉系统、喷药系统和行间地面处理等的选择；然后是按树龄和植株不同生长发育时期，随着气象和植株实际生长发育的变化，参照作物生长模型(模型本身又要通过试验来不断完善)和灌水、施肥及防治病虫害所要采取的策略来调整灌水的时间和数量，以及施肥、剪修、留果等。例如在试验中，曾发现原植 5 m×1.5 m 的 Y 形架式和中心主干形过稀，重栽改密成为 4 m×1 m；对定植第 1 年的桃树苗木，曾采用传统乔化稀植果园的修剪方法，为了强化把门侧枝，定干很低，影响了第 2、3 年果树的开花坐果；在新栽密植桃树第 3 年，植株近于郁闭而实行控制灌水、制造水应力状态时，发现土层厚 90 cm 处的土壤水分仍较高，减少灌水并未能造成植株缺水状态，起不到亏水效应，从而改变了秋灌大水的传统灌法。

经 6 年的试验摸索，基本上实现了调亏灌水密植，获得了定植三四年即达盛产，每亩达 2～3 t(30～45 t/hm^2)的产量(邻近丰产传统果园六七年达顶产，亩产 2～3 t)，节省灌溉水 80%，从而开发了一整套栽培管理技术。由于这套技术是建筑在气象、土壤资料与植株生长模型紧密相关联的基础之上，因而可按照规定程序应用于不同土壤、气象、品种和果种。

课题组同时进行了传统桃园畦灌的调控亏水度灌溉试验，每年节省灌溉水量 50%，对产量、质量均无影响。

课题组还进行了密植桃园利用沟灌的调亏灌法试验，获得初步结果。

2　几种不同技术水平桃园的经济成本分析

本课题在研究中所发展的技术元素可组合成不同技术水平的桃园，供果农根据所拥有条和经营目标来选择。这些不同技术水平的桃园，其基本投资额、生产成本、期望利润和投资回收年限分析见表 3 至表 6。

表 3　果园技术水平的分级

技术水平	种植方法	支架	灌水策略与方法①	灌溉设备			最低限度监测仪器			对地下水的污染程度
				井泵	管道引水	微喷滴灌②	水量计	石膏块式水分计	蒸发皿	
Ⅰ	乔化稀植	无	大水畦灌	有	无	无	无	无	无	大
			按根区持水量灌	有	有	无	有	有	无	小
Ⅱ	乔化稀植	无	调亏微灌（RDI）	有	有	无	有	有	有	小
Ⅲ	乔化稀植	无	按根区持水量微灌	有	有	有	有	有	无	微
Ⅳ	矮化密植中心主干形	中心支柱	调亏微灌（RDI）	有	有	无	有	有	有	微
Ⅴ	矮化密植Y形	Y形支架	调亏微灌（RDI）	有	有	有	有	有	有	微
Ⅵ	矮化密植中心主干形	中心支柱	调亏微灌（RDI）	有	有	有	有	有	有	微

①如有盐渍化问题灌溉制度中须加入大水排盐部分。

②根据水源矿化和含杂程度设过滤器或沉淀池。

表 4　每 10 hm^2 面积不同技术水平的基本投资

技术水平	种植方法	苗木	支架	井泵①	输水管	微喷滴灌	喷药设备	水量计	石膏块式水分仪	蒸发器	总额
Ⅰ	稀植穴灌	2850	无	36000	无	无	2500	无	无	无	41350
Ⅱ	稀植调亏沟灌	2850	无	36000	无	无	2500	50	5000	50	46450
Ⅲ	稀植微灌	2850	无	36000	无	67500	2500	500	5000	50	114400
Ⅳ	密植Y形调亏灌溉	13350	75000	36000	无	无	2500	无	5000	50	104600
Ⅴ	密植Y形调亏微灌	25030	75000	36000	无	90000	2500	500	5000	50	251650
Ⅵ	密植中心主干形调亏微灌	25030	75000	36000	无	90000	2500	500	5000	50	1950

①每 10 hm^2 配置一套灌溉系统，凿 80 t/h 浅层井，价 2.5 万元；水泵机组 250QJ80-100/s，扬程 100 m，Q＝80 m^3/h；配套电机 3.7 kW，价 1.2 万元，共 3.6 万元。

表 5　10 hm^2 面积平均每年的生产费用

技术水平	果园种法	农林特产税①	水费②	电费③	肥费④	药费	管理与用工费⑤	维修费	总额	备注
Ⅰ	稀植穴灌	26613	18000	16650	25350	2000	20000	470	109083	灌水 1000 m^3/亩 尿素 2 kg/株 鸡粪 250 kg/株

续表 5

技术水平	果园种法	农林特产税①	水费②	电费③	肥费④	药费	管理与用工费⑤	维修费	总额	备注
Ⅱ	稀植调亏沟灌	26613	9000	8325	23355	2000	20000	549	89842	灌水 500 m^3/亩 尿素 1 kg/株 粪 200 kg/株
Ⅲ	稀植微灌	32615	2160	2131	23355	2000	24000	1618	87879	灌水 120 m^3/亩 尿素 1 kg/株 粪 200 kg/株
Ⅳ	密植 Y 形调亏沟灌	32615	3600	4218	23355	2000	20000	1045	86833	灌水 120 m^3/亩
Ⅴ	密植 Y 形调亏微灌	47988	1800	2664	23355	2000	24000	2511	104318	灌水 100 m^3/亩
Ⅵ	密植中心主干形调亏微灌	43200	1800	2664	23355	2000	24000	2061	99080	灌水 100 m^3/亩

①农林特产税以产值 15%计；②水费 0.12 元/m^3；③电费 0.3 元/kWh；④尿素 700 元/t，粪 30 元/t；⑤工资 2000 元/人·年。
说明：农林贷款利息 2.4%，算到初始基建投资偿还为止。

表 6　产量与成本分析（10 hm^2，周期 20 年）

技术水平	果园种法	名义产量 (t/hm^2)	20 年平均年产量 (t/hm^2)	总果产量 (t)	总净效益 (元)①	达盛产年限	运行开始有赢年限第几年	初始基建亩投资(元)	初始总投资② (元)	20 年平均年运行费 (元/亩)	生产成本 (元/kg)	偿还投资所需年限	节约灌溉用水 (m^3/亩)
Ⅰ	稀植穴灌	25	20.9	4183	560466	6(7)	4	276	288311	556	0.41	9	0(100%)
Ⅱ	稀植调亏沟灌	25	20.9	4183	865339	6(7)	4	309	237082	453	0.34	7	500(50%)
Ⅲ	稀植微灌	30	25.1	5016	1320322	6(7)	4	726	277868	436	0.29	6	880(12%)
Ⅳ	(半密植)密植 Y 形调亏沟灌	30	26	5205	1451699	(4)5	3	697	219368	450	0.28	5	840(16%)
Ⅴ	密植 Y 形调亏微灌	40	34.6	6938	2113635	(4)5	3	1674	373693	518	0.27	6	900(10%)
Ⅵ	密植中主形调亏微灌	36	31.2	6246	1911997	(4)5	3	1374	327524	456	0.26	6	900(10%)

①售果批发价 0.8 元/kg；②初始总投资为初始基建投资＋赢利前的总运营费贷款(果园初期运营费以平均值的 1/2 计算)。说明：农林贷款利率 2.4%并按动态法计算。

从以上概略分析来看，包括建园初期赢利前运营费在内的初始总投资，高技术只为传统技术的 129.6%(Y 形调亏微灌密植)或 113.6%(中心主干形调亏微灌密植)，而高技术的总净效益却分别为传统技术的 3.8 倍及 3.4 倍。高技术在需水量最高时期所节省的灌溉用水可用于成倍地扩大灌溉果园面积，从而又为成倍地提高旱地果园产量提供水源条件。另外，高新技术比传统技术少造成水肥的淋洗流失，减少地下水的污染。

从分析中还可看到，支架简单的中心主干形密植桃园经济效益比支架较复杂的 Y 形果园初始总投资要低些，产量亦低些。

3 结论与建议

在北京试验的结果和澳美等国在生产中应用的结果都足以表明，应用调控亏水度灌法可以控制植株旺长，实现密植，获得节水增产、优质增收的结果。通过实验，开发了一套在华北条件下桃树调亏灌水密植的技术，比传统高产果园早产 2～4 a，20 a 平均单产提高 55％～65％，总净效益增加 2.8 倍，偿还初始投资提早 2～4 a，节约用水 80％～90％；同时减少肥料淋洗损失，减少地下水污染。使用这套技术，还需要根据不同的资金条件，采取不同水平的技术方案。若北京市 11.5 万 hm^2 的果园中 60％的面积采用各种不同水平的技术方案，所节省的水量，可达北京至 2000 年水源缺口每年 30 亿 m^3 的 1/10。因此，建议有关农林业和水利部门以及各地区基层生产单位考虑支持以下一些工作：

(1)在北方落叶果代表性地区设示范点进行生产试验。

(2)在已有研究的基础上，展开对其他各种落叶果和柑果的调亏灌水密植试验，开发成套的栽培管理技术。

(3)继续进行限制根区及限制灌水时只湿润一部分根区对控制长势效应的定量研究。

(4)对果树冬害进行专题研究。

本课题由于时间所限没有展开这方面的实验研究。根据我们的调查和文献的报道，果树冬害有 2 种情况：一是苗木或幼树在越冬期间由于根区冻结，吸水远低于蒸腾量而发生"抽条"(枝条从尖向树干干死)现象。中国果农的防止办法是灌冬水和树干基部覆土。湿土比之干土结冻深度较浅，覆上亦将减少结冻深度，从而使得部分树根在过冬期间位在非冻土，仍能满足通常为量不大的蒸腾量的需求。二是树在冬眠之前，或冬眠中和冬眠之后，在低温或突然从高温降至低温的情况下，形成层内已开始移动的水分和汁液受冻，组织受伤害，或死或伤(长势变弱)。中国果农多用覆土或复秸秆办法保温，国际上有用乳胶漆或石灰混以 Rhoplex 涂在树干基部的办法。在采用调亏灌水密植时，为了来春土层变干和使植株受足够水应力，冬灌须减少，但仍须保持冻层以下一部分根区能有－0.2～－0.4 MPa 的水分，以防"抽条"。鉴于 1992 年湖北、湖南的桔橘因受冻害至死或受伤减产，有的达 50.4％～73.6％，对节水密植成套技术中防冻措施定量化的研究看来亦属于必要。

(5)在干旱半干旱地区的果树节水灌溉中进行盐碱问题的研究和考察。

在灌溉水源矿化度不高，土壤中盐碱含量不显著的地区，调亏灌法或微喷滴灌不会带来盐碱化问题。但在灌溉水源矿化度含量高(国家标准为≤1.0 g/L)，或土壤有盐碱问题时，采用频灌少灌的微喷滴灌或按灌水以湿润根区为准的科学方法灌水时，将会带来盐分集中在局部地表的问题。这时需要进行研究和考察，在调亏灌水密植的成套栽培管理技术中，应包括有盐碱化防止技术这一内容。

参考文献

[1] 许志方，李思羊，茆智. 1980. 灌溉作物需水量试验研究(油印本). 武汉水利电力学院农田水利教研室.

[2] Allen R G, Jenson E, Wrigth J, Burman D. 1989. Operational estimates of reference evapotranspiration, A-gron J, 81:650-662.

[3] Dorenbos J, Pruitt W O. 1977. Guide lines for prediction of crop water requirement. FAO irrigation and Drainage Paper No. 24(2nd ed). FAO. Rome.

[4] World Meteorological Organization. 1971. Guide to meteorological instrument and observing practices. Switzerland, Geneva.

[5] Cowgill W Jr, et al. 1993. Commercial tree fruit production recommendations. Rutgers Cooperative Extension, N J Agric Exp Station.

Management Package for Regulated Deficit Irrigation of High Density Orchard on the North China Plain

——A Summary of Research Results from the Sino-Australian Joint Research Project: Efficient Use of Water in Fruit Production on the North China Plain (ACIAR Project No. 8578,9048)

Zeng Dechao P. H. Jerie

Abstract Major results and findings in the last 6 years from this project for the North China Plains are identified as: (1) Establishment of the concept of vigour control by means of physiological water stress with RDI and root volume restriction. (2) Development of irrigation scheduling by computerized estimation of reference evapotranspiration from an automatic meteorological station and measuring soil matric potential and soil water content. (3) Development of the RDI technique in deep soil with micro or furrow irrigation. (4) Establishment of the quantitative relationship between fertilizer and irrigation practice and ground water pollution. (5) Development of a crop growth model to relate vegetative growth and yield with soil, meteorological and irrigation data. (6) Demonstration and management of high density Tatura Trellis and Central Leader orchards with resultant high early yields. Based on experimental results, different technological alternatives with varying initial investment requirements and costs of production are developed for existing traditional low density orchards as well as new high density orchards. Recommendations on demonstration of the technology developed, extension of the experiments to other deciduous fruits and citrus and the continuation of research on winter injury and the effects of salinity are also advanced.

Key words regulated deficit irrigations (RDI), irrigation scheduling strategy, irrigation scheduling, crop growth model, real time information and short term prediction

果树调亏灌水密植的原理与技术要领*

曾德超　彼得·杰里

摘要　本文简要地回顾了中国果业生产的现状和国内外巨大的市场潜势，指出通过节水技术扩大灌溉面积和实行密植对成倍地发展生产具有特殊意义。文章介绍了调节植株亏水度、抑制植株长势、实现密植技术的概念和主要内容，介绍了几种不同水平技术方案的成本分析和财务分析估算结果。

一、中国果业生产现状和市场宏观潜势

中国实行开放改革以来，在一些气候条件许可地区，出现了利用不适于一年生浅根大田作物生长的边坡地种植根区相对较深的多年生果树或经济林木，为农民经济收入的提高、劳动力的出路打开了一条新路亦为贫穷山区提供了一条利用本地资源脱贫致富的途径。根据统计，北京地区 1989 年果树种植面积为 7.13 万公顷，1992 年达 11.5 万公顷；全国 1990 年为 517.87 万公顷．1992 年底统计达 581.83 万公顷，总产量达 2440 万吨；在面积上已约为美国果园面积的 4 倍（按收获面积计美国 1991 年为 141.84 万公顷）。当时政府管理部门就已提出了不要再扩大面积，而要发展良、名、优、特、稀品种，使总产量翻番的建议。然而 1992 年，山东、河北、辽宁，南方、北方果园面积仍继续有发展。

面对果业当前的形势，不论是政府管理部门，技术人员或是果园经理人员都需要对发展前景有个估计。根据国际上各国果业发展的规模和形势，不难看出中国果业作为现代企业的一个部门尚处在起步阶段，从宏观上看具有巨大发展前途。这可从以下几方面来看：

（1）中国人均水果年消费量很低：1992 年为全球平均水平的 1/4；人均供给量仅 10.25 公斤，距健康食品标准尚远，对人民健康、民族体质不利。随着社会主义市场经济的稳步发展，人民生活的改善，必将为果业的成倍发展提供国内市场。

（2）以果品为原料加工而成的食品、饮料、果酒，潜在规模宏大：以美国 1990 年统计数字为例，美国每人年消费鲜果 41.35 公斤，而果汁、果酒、果源加工食品共耗鲜果人均 151.6 公斤，加工业产值达 40 亿美元。中国在这方面目前尚处在起步阶段。

（3）不论是北方落叶果产区，还是南方柑果类、热带半热带果类地区，其周围都围绕有众多的国内、国外相邻地区和人口，从而提供了巨大的潜在内外贸市场。中国的果业为适应亚太地区经济起飞的形势，满足市场需求，在竞争中占领市场，需要成倍、成几倍地发展，需要提供优质、符合市场需要标准的果品。在这方面前景是远大的。

二、中国果树栽培管理技术现状及所采用的技术途径

中国果树园艺科学工作者在种质资源，品种改良，矮化砧木，无毒苗木以及病虫菌害防治，栽培管理方面做了大量工作；水利灌溉工程技术人员在微喷滴灌的设计制造和推广方面也做了大量工作。由于资金和可资应用的技术等各方面条件的制约，目前在果园采用的栽培管理技术，基本上属于传统技术范畴。其特点是大部分无灌溉条件，停留在广种薄收的粗放经营阶段，产量低而不稳，质量差，作为鲜果上市达不到外贸要求标准；作为加工原料，亦不符合优质加工成品的质量要求。在有灌溉条件的情况下基

---

* 本文出处：《果树调亏灌溉密植节水增产技术指南》，北京农业大学出版社，1994 年

本上也是采用乔化稀植，大水大肥，或是有多少灌多少的自流状态。国际经验表明，粗放的、立足在低技术水平上的经营，较之集约的、立足于高技术水平上的经营，经济效益差，难于保持稳定的市场，在市场竞争中难以立足。中国的果业栽培管理技术与国际先进果业国家的现代技术相比，实质上相差一个台阶。

中国果业要大步、健康地发展，须考虑以下的技术途径：

(1)开发适用于本地区的收获后处理、分级、贮运技术；发展果源食品加工、饮料、果酒工业；建立果园与市场销售点、加工点之间的有关基础设施与结构，为地区果业建立相对稳定的市场。

(2)坚决贯彻节水果业的技术路线。水资源短缺是个世界性问题，中国尤其如此。目前中国果树种植面积为美国约 4 倍(美国的统计资料以收获面积计)，而总产量则相当，但质量较差，总产值(果园门口售价)只为美国的 1/4。产量低、质量差的最主要原因之一是大部分果园无灌溉条件，靠天吃饭，广种薄收。可望立竿见影地成倍增产的途径是在这些边坡地区凿井或在山区小流域截水上提，用比地面灌溉节水 60%～70%的低流量灌溉系统(如微喷滴灌系统)，同时采用节水增产增收的灌水策略(在制定灌溉制度，即制定什么时候灌、灌多少的规程时，按植株水生理特点来确定，而不是盲目地采用充分灌溉或过度灌溉的办法)。应该指出，这是国际上研究的前沿之一，也是本课题所研究的中心内容和成果之一。

(3)采用矮化密植以代替乔化稀植的路线。矮化密植由于不需培植粗壮的把门侧枝，又能提前填满果园阳光照射的面积，可使一个新建果园提前产果，并达到较高的单位面积产量和质量，同时为在较短期间更换果园品种创造条件，这在国内外都已被证实。本研究对桃树京玉品种所获得的实验数据是早产 2～4 年，产量提高 0～20%。目前停留在乔化稀植(甚至有人主张乔化稀植一样能高产)的原因，主要在于成规模密植的条件不具备，特别是能根据作物不同时期的需要按时按量供水的水源和灌溉设备不具备，以及适合于本地区的矮化砧和整形、剪修、施肥、施药等一套管理技术未发展完备。而在无灌溉果园或灌溉水源无保证的场合下，大树根深还有利于抗衡干旱和严寒、早霜，寿命长，多结果(小果)。但是乔化稀植透光不好，不便于喷药，许多作业和管理只能用人工操作。为此，本课题的具体目的之一就在于开发适应于华北地区条件的密植技术。

三、节水密植增产新技术(调控亏水度、限制植株长势、实现矮化密植)的原理和要领

枝叶生长、根系生长和果实生长三者之间动态关系的调节，是通过果树栽培管理夺取高产的关键渠道之一。控制植株营养生长的长势、实现矮化密植的传统办法是利用矮化砧，短枝形品种，或采用生长调节素(如多效唑)，环剥，修剪技术等。但是，有些果树缺乏矮化砧或缺乏能耐寒、性能好的矮化砧；而用生长调节素存在有树形和枝叶歪曲不整等问题，而且有无残毒和副作用，往往需要一个较长的时期和十分麻烦的试验来确定。近年来国际上兴起了在上述一些方法的基础上控制植株供水的“水法”和限制根区发展的“限根法”等的研究和开发。中澳合作研究课题在北京地区和澳 Tatura 地区进行了这方面的实验研究，获得了良好的结果；同时，针对华北条件，以在果树中长势最不易控制的桃树为例，进行了利用水法来控制植株长势的试验和技术开发，获得了显著的节水、密植和增产效果这套通过调控植株亏水度的灌溉方法来实现密植的技术，所包括的技术要素，如调亏灌水灌溉制度的拟定、密植果园的规划栽培和管理、最低限度的仪器及数据测定方法等，将在本书所收入的专题文章中详细介绍。下面介绍一些有关的基本概念和这项技术的组成要素。

1. 植株和土壤水分亏缺度

当植株根系吸水量不能满足植株潜在蒸腾量和植株组织器官膨胀长大所需水分时，植株即处在一种亏水状态之中。通常认为植株蒸腾量的减少与光合干物质总产量的减少成正比，而组织器官在膨胀长大中的缺水将引起光合物质在不同组织器官之间分配额的重新调整。植株及各器官的缺水状态可通

过气孔阻力计、压力弹式叶水势仪等显示，但在实际工作中，常用由植株实在和潜在蒸散量 ET_a、ET_p 计算的应力指数 S 表示：$S=1-ET_a/ET_p$。

充分供水时的蒸散量 ET_p，亦称植株的潜在蒸散量。一种作物一天中潜在蒸散量主要由当天的气象参数（主要是气温、气压、相对湿度、风速、太阳辐射强度等有关）和作物群体和个体在不同发育阶段的水生理特性决定。对某一种指定的标准作物而言（或叫参考作物，国际上常用的参考作物是苜蓿或青草），它的潜在蒸散量就主要是气象参数了。通过研究机构对某种作物（譬如桃树）的蒸散量用蒸渗仪测定，与参考作物蒸散量比较，即得出这种作物的“作物（用水）系数”。在一个地区，一种作物一天中的潜在蒸散量等于参考作物的潜在蒸散量乘以这种作物的作物系数。

参考作物的潜在蒸散量既然主要是气象参数，而与蒸散量密切相关的气象参数就可近似地用当地蒸发皿中自由水面的蒸散量代表。这样，如要使一种作物承受某一量值的植株水分亏缺度，只需使得所施灌溉水 I 等于扣除了当天降雨量之后的蒸发皿读数 E_p 乘以一综合系数即可；此给定综合系数既反映了作物的亏水度，也包含了该作物的作物系数和参考作物蒸散量与蒸发皿读数之间的校正系数。

实际工作中，根系水分的吸收量，往往还受土壤水供应状态制约，如果土层中可为植株根系利用的水量小于潜在蒸散量和器官膨胀长大需水量，植株将处于亏水状态。因此，在灌溉技术中也有应用土壤的水分亏缺度来表示和计算根系水分吸收量的。土壤水分亏缺度常以田间持水量 W_f，与土壤实际含水量 W_a 之差 $(W_f-W_a)/W_f$ 来表示。土壤的田间持水量指充分给水时，小孔隙之中充满水，而大孔隙中的水分由于重力作用而下渗后的水分含量。对于给定土壤和作物（及其生长发育时期）存在着一许可土壤水分亏缺度，在此以下，根系吸水将不受到实质上的限制，此许可限度常取为 $(W_f-W_L)=(0.4\sim0.6)(W_f-W_w)$，式中 W_L、W_w 为许可最低含水量和永久凋萎点。

2. 调控植株亏水度（或土壤水分亏缺度）的灌溉制度的拟定

在灌溉技术中，“灌溉制度”是指什么时候灌、灌多少水量。

要在作物某一生长发育阶段对植株的水分进行调控，即决定是否应使其缺水、缺多少，行之有效而简单易行的方法，是根据自上次灌水以来，安装在果园现场的蒸发皿和雨量计读数之差，乘以一个系数，按此量灌水补给。这个系数多少，以及下次什么时候灌，决定了此阶段植株亏水程度所处的变动范围。植株亏水度的实际波动范围，在研究单位可通过植株叶水势测定仪（压力弹式）核定，或通过按气象数据对参考作物蒸散量估算以及对作物系数作蒸渗仪测定进行核定。但在生产单位简便易行的办法是通过安装在果园土层中的土壤水分计所显示的数据（石膏块电阻式水分计）进行核定。

这种按前一天自然蒸发量或土壤水分的数据确定下一步灌水量的方法，属于“实时信息短期预报”方法的一种，这是近代灌溉技术的新方向。

按土壤亏水度来拟定灌溉制度时，容许的土壤亏水度和容许最低含水量的选取与作物、品种、发育阶段、土壤持水能力，灌溉系统供水容量等有关。既要达到所要求的植株亏水度，避免关键时期的缺水，也要避免灌后遇雨的淋洗。为此，需确定果园的代表性土壤（持水量最小、面积占30%以上的），确定作物的有效根深及土层持水量，同时建立果园土壤水分监测系统（每周至少测2次）并作记录，并进行果园土壤水账收支计算等。

3. 作物生长曲线的测定

根据不同的目的，有各种不同的作物生长曲线。果树调亏灌水密植增产技术最感兴趣的是果实生长曲线（果实大小与日历关系）和枝叶生长曲线（枝条生长累积量与日历关系）。尚有其他内容和形式的作物生长曲线，如气象（温度，辐射强度）、水分供给、施肥及/或病虫等因素生长和产量的关系。这些作物生长曲线构成了作物的生长模型。根据作物定量模型优化栽培管理措施是近代科学灌溉和栽培的管理研究开发的前沿。

在制定果树某一品种的果实生长曲线或枝条生长曲线时，按日历进行测定：在关键阶段每日一测，变化速度不显著阶段可数日一测。在一天的固定时刻(如晨曦，这是因为植物器官的大小尺寸在一昼夜之中，由于水分的蒸腾和根系供给的时差而有长大或缩小，形成波浪形进展)用卡尺进行果实直径或枝条长度的测定、记录，并绘成曲线。可以发现，核果及其他一些果树的果实生长曲线都呈 S 形。核果从坐果开始的细胞分裂时期果实有较快的长大，为果实生长的Ⅰ期；随着果实中细胞分裂的结束，其后体积的长大主要表现在每个细胞体积的长大，这时细胞很小，长大很慢，但果核变硬，这是为果实生长的Ⅱ期。果实体积长大在Ⅱ期之后有个快速增长的Ⅲ期和近于成熟的一段体积增长变缓及停止的Ⅳ期。在此过程中，可以观察到各种果树在开花后期及坐果之前枝叶即已生长，在果实生长Ⅰ期和Ⅱ期枝叶生长迅速，在Ⅲ期开始变慢，这是由于作物的生理特性，即在生殖器官与营养器官之间，光合产品优先分配给前者的缘故。对早熟品种，在采果以后，营养生长还将恢复变旺。在果实生长Ⅱ期期间对植株限制供水，必将减少植株有机物质合成的总量，但光合产品的分配发生倾斜，首先满足生殖器官的需要而减少枝叶的营养生长，不能抑制枝叶长势，实现矮化，减少修剪量，减少植株能量和质量耗水，节水省肥。在北京地区的试验结果证实了这一点。根据研究报告，在许多场合下，光合产品分配向果实倾斜其趋势延续到第 2 年，这有利于减轻果树的大小年。在调亏灌水密植增产技术中，需要在生产果园现场对所种的栽培品种比较精确地核定果实生长Ⅱ期的起止日期，作为制定灌水制度的依据。

4.调亏灌水密植栽培管理成套技术

果树的栽培管理技术包括 2 大部分：一部分是场地选择及种植和灌溉系统的规划设计。涉及场地、砧木、栽培品种、无毒和健壮苗木的选择，树型、株行距、支架、灌溉系统的规划设计等。这部分在确定和实施以后不易再变动。另一部分是整型、修剪、疏果、采摘、灌水、施肥、喷药，田间管理及防冻、防盐碱等。这部分通常根据气象、树龄、生长发育成熟等情况的变化而有所调整。果树的栽培管理技术是一个与生产直接相关的果树园艺科学技术的重要领域，具有丰富的内容，各地果区积累了丰富的经验，国内外也都有大量的文献资料可资参考。这里只指出采用调亏灌水密植时在栽培管理中需要注意的一些事项。

(1)场地的选择与土壤和水质的分析

果园场地的选择主要考虑有无水源、地下水位变化和水质土质是否适宜。在无灌溉水源的情况下，一个雨养果园的建立，需考虑当地气候条件是否适宜，平常年情能否在早春晚夏有一定的墒情，保证花果的发育和果实的充实。真正能集约经营、有高产量高收入的将是有灌溉的果园。因此，最好选附近有地下水源的边坡地，或可小规模贮蓄径流的小流域坡地作为场地，且选用比地面灌溉大量节水的微喷滴灌系统。

果树一般适于生长在中等土质，排水好，土层深，有机质高的土壤中。桃树最适宜于壤土、沙壤土；苹果树最适宜于壤土、沙壤和粉沙壤土。土壤排水不良易得颈圈腐烂病。不论采用哪种土，甚至采用换土定植，都需要进行土壤的分析和土层的挖探：土壤质地和盐碱度以及灌溉水的分析结果将是制定灌溉制度的依据。因为有积盐危险时需要淋洗，而土质将决定持水量的多少，所以对土层的深浅以及下层状况，应做到心中有数。

对前茬是果树的旧果园，栽植前须根据病虫危害情况进行针对性土壤消毒；对新种果树的土地须对恶性杂草等进行清理，并按土壤分析及 pH 值来施肥，必要时施加石灰。

在有水源的情况下，要对水质进行分析：①如水中有有机无机固体物质，则须考虑用沉淀池或过滤器。②如水的盐碱度大(以总的矿化度或电导率 EC 表示)，则在灌溉制度的拟定中包含有洗盐内容。③如水的硬度大，则不宜在灌水中施肥或施农药。④如水中硝态氮含量高则不能食用等。水质分析中，含氮量的测定每 1 或 2 年须进行 1 次，其他可 10 年、8 年 1 次。

(2)灌溉系统种类的选择

在一般情况下，微喷滴灌系统较之地面灌溉可省水 60％～80％，较之引水管道化的地面灌溉亦可省水50%～60%；即原用地面灌溉灌1亩的水量，用微喷滴灌则可灌2、3亩，即不增加水源而成倍或双倍地增加灌溉果园的面积。对于水源缺乏、因无水灌溉而亩产低的华北及其他缺水地区的果园来说，这是值得投资的经营策略。另外，微喷滴灌能较精确地定时、定量、定点实现少量常灌，根区土壤水分不大起大落、干湿交替，并为改进水情、少费工、少长草和进一步提高产量、质量提供技术基础。

微喷滴灌在一些地区使用很成功，亦有不少地区因管理不善而发生堵塞等问题。对此，一些带沙水源需要设沉淀池；灌溉水中常有化学和生物杂质，在灌溉系统中须设有过滤器；过滤器孔目大小要与滴头相匹配，并每天排水冲洗。利用灌溉同时施化肥时，化肥注入器须安装在过滤器前方，以防未全溶化的物质堵塞滴嘴。在微喷滴灌的长期运行中，难免在滴头喷嘴和各级管系中，由于青苔、藻类的繁殖，有机物质（Fe、S含量助长细菌的繁殖）、化学沉淀物等的积累，引起堵塞；须要在运行中注意在压力下冲洗管系，并用含氯（10～50 mg/L）的水（通过加漂白粉制成）冲洗，用弱酸（PH约为6.5）浸洗滴头喷嘴等。

低流量灌溉系统，按地块大小、形状、坡度、株行距及成年果树需水量来设计，要求各滴头的压力尽可能均匀。为此，管道中水流速度不宜高于1.5 m/s，并适当设置止逆阀，避免地面坡度影响喷嘴压力；还可选用有压力补偿的滴嘴等等。

(3)种植的规划设计及树型和修剪原则

果园的种植规划设计，包括砧木、栽培品种和苗木的选择，树型、株行距、排列和支架的确定。设计的准则是在最短的期间内让苗木填满所分配给它们的生长空间，且以后能保持在此空间之内，冠层基本上覆满田地面积并接受最大的太阳辐射总量。植株的最大有机物质合成总量（含枝叶、根系和果实）在其他条件给定情况下，为植株接受太阳辐射总量所制约；而根据我们在北京夏天果树生长旺盛季节的测量，由于天空云雾烟尘影响，桃树冠层厚度超过0.5米则透的辐射强度对光合而言已嫌过低。

各种树型和排列的设计总原则，是使苗木获得最大的阳光辐射总量。至于支架的设计准则，在于铺开冠层接受阳光，在于支撑树干和果枝，免于挂果时受重量折断。

为使定植的苗木尽快充满所分配的空间尔后保持在此空间之内，达到早产高产和便于管理，采用了矮化密植。为此，在规划设计时须考虑究竟是采用矮化砧木，短枝型品种，生长调节素，或是调亏灌水技术或是限制根区容积技术。

作物的根与枝条之间存在有一种功能平衡；而有机合成总量高并不就是果实产量高。一个果园的产量在很大程度上取决于营养长势与果实生长之间的平衡。修剪的目的在于控制树冠的大小和形状，在于拉平枝条、减少长势、增加果枝、安排好果枝位置。

参考树干直径增长和枝条生长的测定数据以及修剪量、叶水势、果实生长及其昼长夜缩等数据，按树干截面积确定载果量；反之，留果量的多少对植株长势亦有很大的影响。

(4)行间地面管理和防冻防盐

行上采用人工除草或除莠剂除草，或用秸秆覆盖；行间采用免耕，可种草皮或不让长高的杂草，这样可减少水分蒸发，也可减少水土流失，并便于田间作业时的行走。

不同地区在不同年份引起果树冻害的主导因素，可能不尽相同，需要通过具体的因素监测和分析。根据初步调查和文献的报导，可能有几种不同的情况：a.幼树的抽条——自枝梢向内向下干死。只要不伤及树干主体或基部，抽条部分来春还可剪去，不至全死。为了避免严重抽条，堆土、覆盖、树干基部涂漆或喷涂特种石灰以及冬前提高根区水分等，都将有助于避免树干基部温度过低和减少冻层深度，保证冻期根区仍能保持一定的供水能力（譬如在冻层以下、90 cm深度处水势保持在－0.4 MPa左右）。b.成年树当温度过低，譬如－30～－25℃（因果类和栽培品种、树龄和旺势而不同），树干基部的新生层及树皮组织受到冻死。这种情况可能发生于低温来得过早，即果树冬眠自枝尖发展而未达到树干之前；或树已全部进入冬眠，但由于温度过低，或冬眠已过，新生层中水的活动已开始恢复，却又遭遇低温。对这种情况，堆土、覆雪，或在树干涂漆，喷特种石灰或挡北风都将有作用。c.早春霜冻，伤及花芽。在这种情况经常发生的地区可用喷灌洒水防霜或将果园设在通风较好的缓坡地带以防霜害。

在灌溉水源矿化度、土壤盐碱成分、pH 值都高的地区，当采用微喷滴灌时，由于少灌、常灌的湿润区小，将引起湿润区外缘的地表产生积盐的危险，须严密注意。在此情况下，须根据情况，采取包括定期地将积盐淋洗至根区以下等内容的灌溉制度。

四、几种栽培管理技术方案的经济分析结果

根据本课题研究所开发的技术要素，华北各地区果园可根据资金和自然条件，从目前盛行的畦灌乔化稀植基础出发，按不同程度的改进和发展，采用以下一些技术方案：

Ⅰ. 传统乔化稀植和大水畦灌

Ⅱ. 乔化稀植，但采用调亏畦灌

Ⅲ. 乔化稀植但用常规微灌

Ⅳ. 中心主干型矮化密植但调亏沟灌

Ⅴ. Y 型矮化密植调亏微灌

Ⅵ. 中心主干型矮化密植调亏微灌

根据本课题试验结果，以桃树为例，几种经济分析结果见下表：

表 1　桃园不同栽培技术方案经济分析汇总(10 公顷，20 年周期)

技术水平	果园种法	名义产量(t/hm^2)	20 年平均年产量(t/hm^2)	总果产量(t)	总净效益(元)	达顶产年限	运行开始有赢年限第几年	初始基建亩投资(元)	初始总投资①(元)	20 年平均年运行费(元/亩)②	生产成本(元/kg)	偿还投资所需年限	节约灌溉用水(m^3/亩)
Ⅰ	稀植穴灌	25	20.9	4183	560466	6(7)	4	276	288311	556	0.41	9	0(100%)
Ⅱ	稀植调亏沟灌	25	20.9	4183	865339	6(7)	4	309	237082	453	0.34	7	500(50%)
Ⅲ	稀植微灌	30	25.1	5016	1320322	6(7)	4	726	277868	436	0.29	6	880(12%)
Ⅳ	密植 Y 形调亏沟灌	30	26	5205	1451699	(4)5	3	697	219368	450	0.28	5	840(16%)
Ⅴ	密植 Y 形调亏微灌	40	34.6	6938	2113635	(4)5	3	1674	373693	518	0.27	6	900(10%)
Ⅵ	密植中主形调亏微灌	36	31.2	6246	1911997	(4)5	3	1374	327524	456	0.26	6	900(10%)

注：①按静态投资(一次总贷款)算；②初始总投资为初始基建投资＋赢利前的总运营费贷款(果园初期运营费以平均值的 1/2 计算)；③经济报酬率取为 7%，农业贷款利率为 2.4%；④各种上成本和基建价格按 1993 春市价估算。

从估算结果来看：高技术方案与传统方案比，初始基建投资为 5.6 倍，但包括建园初期、赢利前运营费在内的初始总投资只为 1.2 倍，20 年平均年运行费少，为 0.93 倍。但平均年产量可达 1.7 倍，总净效益 3.8 倍，运行开始有赢利年限提前一二年，投资回收早 3.4 年，10 公顷每年平均多生产果实 137 吨，20 年共多盈利 155.3 万元，每年节水 13.5 万吨，可用同样的水源，扩展灌水面积 1 倍，且减少肥料损失和地下水的污染。

五、对进一步工作的建议

1. 对桃树可在各地区生产果园或试验站积极组织进行多点小面积试种示范；对苹果、梨、杏、李等可积极进行多点小面积试验。

2. 对调亏沟灌密植进行进一步试验，完善技术。对果树冻害和盐碱问题，进行进一步的调查考察和试验研究。

在基层生产性果园建立试验示范点的指南*

曾德超　彼得·杰里

摘要　在生产基层现场进行试验示范是农业引进或推广先进技术的一种好做法。本文以传统果园小面积试行新式灌水密植为例，介绍了在生产现场建立试验示范区，或进行单项技术试验示范时，建立试验区的要领、方法、步骤和注意事项。

一、前言

在生产性农场或果园进行小面积现场试验或示范，具有两方面的目的：一是比较直接而有效地帮助该场(园)提高技术、改进方法、发展生产，提高效益，提高竞争能力。这是因为所要引进、示范或试验的先进技术，是在该场的条件下进行的，并由该场人员亲自参与执行，因而将对该场提供较为可靠的定量答案。由于试验示范的结果，将确定是否被该场大面积采用，与本场经济利益直接有关，农场、果园不至于自己欺骗自己，因而比较真实而不偏颇。同时，通过试种、试验及摸索，该场职工将能更好地掌握技术。由于这是费用最少的一种途径，因而被有眼光、重视技术进步的果园经营者广为重视。对一个地区引进新技术新方法而言，与先由地县推广站的专业机构、专业人员进行试验示范然后向生产基层推广相比，这是更有说服力，更为直接、迅速、经济有效的途径。

但是，不是所有各种先进技术都适宜于在生产基层现场直接进行试验或示范的。需要具备如下条件：

(1)所要引进的先进技术比较成熟而不须大量摸索，对农场而言相对容易掌握和实行；

(2)技术指导和技术培训必须落实；

(3)试验或示范经费的分摊和算法须事先落实；有关的责任、义务或权益，须事先谈妥。无疑这种生产基层现场示范或试验的技术引进途径，不论是对果园经理或是对地县推广部门来讲都是花费最少的一种做法。本课题所提供的各种不同水平的果园栽培管理技术，不论是传统果园的合理灌溉和施肥，或是利用微喷滴灌系统进行调亏灌水密植果园的试种示范，都是适于在生产现场进行试验示范的技术例子。

二、生产现场试验示范有关名词解析

1. 生产现场试验(On-Farm Testing)

指在生产性果园或农场，而不是在专业研究所、高校试验场或地县专业技术推广站进行的一般不过于复杂的科学试验。其特点是在该生产性果园或农场本身的条件下进行新旧措施之间或几种措施之间的对比试验。生产现场试验是科学实验的一种，不应理解为在生产中试试看。而是有明确的目的，按某种试验设计和经费预算，进行定量观察、记录，并加以总结的一种科学实验活动。生产现场试验为生产性果园或农场提供了一种引进新技术、改进生产方法，同时提高生产基层技术员工技术素质的一种有效手段。

* 本文出处：《果树调亏灌溉密植节水增产技术指南》，北京农业大学出版社，1994 年

2.生产现场示范(On-Farm Demonstration)

指生产性果园或农场，对一种或一套在别处开发成功的新技术，在该场或该地区大量推广之前所进行的小面积试种试验。目的是评价整个新技术是否可行，是否有效果，而不是在该场条件下比较2种或几种措施之间的优劣。生产现场示范也是一种科学实验活动，不能理解为试种起来看；而是要选择与本场传统生产技术可以相比较的土壤和管理条件，进行必要的测定、记录和分析总结。

3.对照与处理

在安排一个生产现场试验，或较为确切地说，在进行一生产现场试验的规划设计时，为比较2种或几种措施的优劣，需要确定一种措施作为比较的对象，这就是“对照”；其余的就是不同的“处理”。常用生产性果园或农场原来的措施作为对照。“对照”与“处理”之间，其他一切都相同，管理也完全一样，2者只有所要比较的措施项目上不同。对照与处理一般需要占用面积大小相同、具有适当长度、宽度的地条。

在生产现场示范中，理论上也需要有对照，这时所用的对照总是所在果园或农场的原来代表性实施。为了能确实说明所“示范”的技术是否可行或优越，示范区的选择在土壤、前作物等条件上应尽可能与用作对照的果园代表性地块相似，其他管理也应尽可能相同。

4.重复

不同处理与对照的对比试验，不应只进行一次，而应有重复。只有通过多次重复，得出试验的平均值，才可能避免偶然事件的影响。特别是农业试验，土壤、地块、气候等常常存在一些偶然变异。因而对平均值的比较总要比对单一试验值的比较要准确些。通常，重复次数不少于3。

重复有不同空间的重复和在不同时间上的重复。前者指在一个试验中，处理与对照所组成的试验小区应有3个以上。也可以在3块以上不同的试验地上，每块设有一个由处理与对照组成的小区。后者指同样的试验进行几年。在这种情况下，地块与地块之间、年份与年份之间，其气象、土壤及其他因素可能显著地改变。只有经过几年及/或几块地块的试验，才能做出结论。这是重要的。

5.随机排列

为了使得每种处理不受到人们主观的偏爱，对试验小区的地条作安排时，可用拈签的办法来决定不同处理的排列位置。如图1中所示TC-CTT的安排是随机排列的结果。也可以在土壤不相同的地块上安排有对照与处理对比的试验小区。

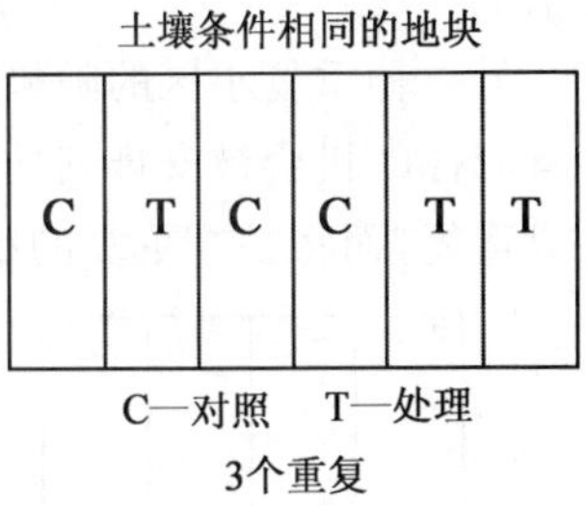

图1　处理地条的完全随机排列

6.保护行

在处理与对照之间，不同处理之间或处理与田边之间，边行的作物总要受到相邻处理的影响。为了避免得出不正确的结果，这些边行往往用作保护行，而不用作数据测定的对象。

三、生产现场试验的试验设计程序

1.确定试验的总目标和要达到的具体目的

试验的总目标往往就是研究主题的概述。按试验的总目标来指导试验所要达到的具体目的的制定；反之，试验的具体目的的总体将体现试验的总目标。

试验的具体目的是通过试验研究所想要解决和回答的一些具体问题，所要得出的一些具体结论，或是想要证实的一些想法。试验的具体目的往往是可测量的，是定量的。根据试验的具体目的，就可确定在试验中要有哪样的处理，要测定和采集什么数据。

2. 处理的确定

处理要尽可能简单扼要，数目不要多，否则处理的地条数目多，试验复杂化，包括对照在内最好不多于 3。

选最足以代表不同生产技术的特点作为处理来进行对比。除处理不同之外，其他措施保持不变。

3. 试验地块的选择

要避免由于试验地块选择和安排的不当，使得其他因素掩盖了处理的效果。为此，须注意选择土壤和条件均匀一致的地块：土质、土层厚度、坡度、排水、前茬，作物管理历史如病虫害，施药，施肥，耕作等等。还要注意地块周边的影响：比如附近有其他大树，有来往频繁的道路等。

对均匀性要求的程度依试验的特性来定，要特别注意将会影响处理效果的事物。比如有时土层厚度、土壤质地、有机质含量、pH 值变得重要；有时这些要求就不那么严格。

要避免将试验地块设在路边，围篱边，地头地角处，这些地方不易得到均匀的管理，容易受到邻近大树、人行道、人、犬入侵等的影响；还要注意有无排水或雨水冲刷流入试验地块等。

试验地块的选择和安排还要考虑到进行试验操作和生产管理是否方便，数值采集有无困难或相互影响，参观者是否进得来，等等。

4. 试验地块的平面规划设计

试验地块的平面规划安排，通常按 2 种方法：各种处理地条的完全随机排列和重复的小区的随机排列。当试验地块非常均匀，土壤和其他有关条件都无大的差异时，可用各处理的地条的完全随机排列，如图 1 所示。在这种排列中所有处理都有相同的机会被安排到任一地条上。若整个试验地块的土壤和有关条件不能均匀一致时，则将处理组成重复，而将各个重复的小区随机排列在不同地块上。如图 2 所示。

另一种重复小区的随机排列是将各小区排列成所遇到的条件变异相同。在这种排列中，所有处理都有同样的机会被安排到任一地条上。若不能使整个地块的土壤和有关条件都均匀一致时，则将处理组成重复，而将各个重复的小区随机排列在不同地块上，如图 3 所示。

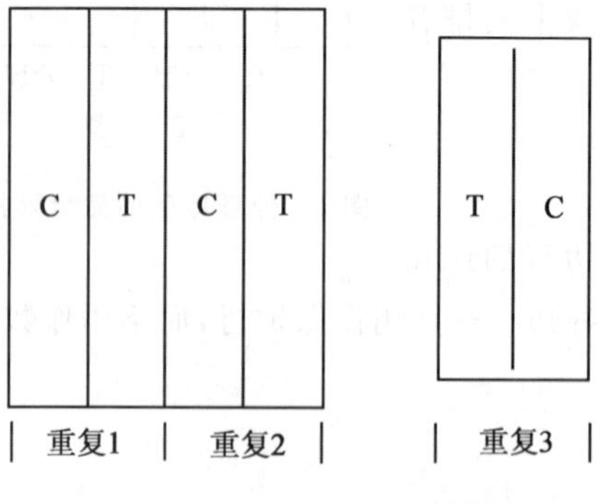

图 2　各重复实验小区的随机排列

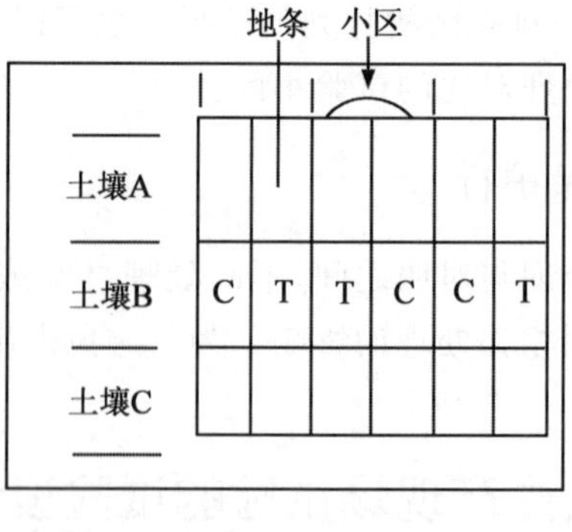

图 3　另一种实验小区的随机排列
各个重复小区所遇到的条件改变相同

5.地条的大小

每个处理所需要的地条大小由作物的特性和试验的目的，所需进行的管理作业和试验测定，以及仪器设备的大小来确定，亦受田块是否均匀.总地块的大小，株行距的宽度等的制约。调整地条的长度，使得各个处理处在等量的土壤或条件变异之下。地条宽度要考虑行数、行距、保护行、机械幅宽等。试验小区不宜过分大于试验的实际需要，以免加重试验量。

6.数据的采集和记录

将按一定步骤进行的试验加以书面记录是不容忽视的一个工作。这是因为：第1，将来整理数据时常要与过程联系起来。有时结果不清楚，而需要回顾当时情况才能弄清楚。第2，书面记录保存了试验的技术细节，既可存查又可与别人交流。

书面记录可根据果园的实际情况，参考或利用附录的5种表格：

Ⅰ：现场试验田块原始记录表

Ⅱ：现场试验田间作业及观察日记表

Ⅲ：降雨与灌水记录表

Ⅳ：现场试验流水支出记录表

Ⅴ：现场试验收入汇总表

每个生产现场试验都需要投入一定的资金和人力物力。作为这项投资的回收，除了试验示范果园有一定产量和收入以及有关人员可以从中获得很好的经验和技术的提高之外，最主要的是获得实事求是的、不偏颇的试验结论，以作为所在场及所在地区提高技术、发展生产的依据为此，需要从试验过程中获得一些最低限度的基础数据。基础数据从2个方面得到：一是在过程中有计划地进行一些测定，这时必须事先计划和准备好，包括测什么，什么时候测，如何测。要测什么主要从试验的具体目的来定。二是通过日常对试验过程的主要事物的记录。只要日常填写上述5种现场试验记录表格时注意如下有关方面的信息，就不难达到要求：

- 现场试验或示范的主题：总的目标，具体的目的，处理与试验的设计；
- 田块平面规划图及田块历史：土壤、土层的差别，前茬作物及病虫菌毒害，农药和肥料的施用等；
- 土壤、土层和水源、地下水的分析及基本数据；
- 栽培记录：砧木、栽培品种、苗木质量、定植日期和土地如何整理及土壤如何处理等；
- 田间管理作业和观察；
- 气象和土壤数据，特别是降雨、霜、寒、土温、土水、辐射强度等；
- 病、虫、草、菌、毒害发生情况及处理措施；
- 作物生长发育的主要情况，如开花、挂果、留果、枝叶及果实的生长与成熟等。

四、生产现场示范区的建立

上面一节所介绍有关进行现场试验的一些原则、程序和注意事项，基本上也适用于现场示范。示范区的面积往往比试验区的面积大，但开始时亦不宜过大，以便逐步掌握要领，在所在场条件下实现新技术的要求，发挥新技术的潜力，做出好的示范结果。建立调亏灌水密植果园的现场示范区时，需要注意如下事项：

(1)示范区地点的选择。须注意周围附近有自然条件相当的可作为对照区的原生产果园。有些地区初春有早霜，特别是中间洼低的地形，小树及初花易受霜害，须予以注意。整地时须破底层；用微喷滴灌时地面不需正规平整。如有恶性杂草须加整治；在老果园重新再种时还须根据实际情况对土壤进行消毒和病虫菌毒的治理。新种的果树宜用排水好、土层厚、有机质多的沙性壤土或粉性壤土土地；并进行土壤分析，按分析施肥，按酸碱度施石灰。

(2)灌溉系统的选择。微喷滴灌系统较之地表灌溉能实现少量常灌，使得根区土壤水分的干湿波动较小；不像沟灌那样大起大落，因而对作物生长有利，并能根据作物不同生长阶段的特性进行调控亏水度的灌法，实现增产，而且大量节水，省工，少长杂草等。

为发挥微喷滴灌的作用，需要做到2点：一是各个滴头的流量要保持足够均匀和控制及时；一是避免运行中堵塞。为此在灌溉系统的规划设计及其运行维护中需要妥善处理。

滴头堵塞的根源，可能由于矿物或动植物有机体的细粒，或是由于化合物如氧化铁、碳酸钙、硫酸镁的沉积，也可能由于藻、青苔、细菌的活动产物。灌溉水源的沉淀物、矿化度及pH与堵塞密切有关，并将影响系统中沉淀池、过滤器、用含氯溶液泡浸、冲刷等设计和维护规程的制定。

一个微喷滴灌系统中各个滴头、喷嘴喷水量的均匀度、湿润区形状尺寸以及可能积盐的位置和数量，与滴头喷嘴的特性有关，也与管道系统的整个设计以及水质、土质(含盐碱度)密切相关。并将影响灌溉制度的最终制定。因此，在规划示范区时，对土壤和灌溉水源的盐碱度、矿化度须先进行分析，并依之进行系统及其运行维护的规划设计。

(3)选择栽培品种，挑选良好苗木，确定种植密度、树型、支架、行向、处理的安排和设计。

(4)确定和选择最低限度的监测仪器与设备，如雨量计、蒸发皿、石膏块式土壤水分计等。

(5)设计数据测定的项目、方法、仪器、记录表格。生产现场示范的一个总目标，往往是单位面积产量、质量、成本、投资额、利润、节水、节能、节工等经济、社会和生态环境全面效益。要及时事先设计安排。

(6)示范的总结及参观的接待。

附录

Ⅰ　现场试验田块原始记录表

果园名称：＿＿＿＿＿＿＿＿

试验地点：＿＿＿＿＿＿＿＿

1. 现场试验总目标＿＿＿＿＿＿＿＿＿＿＿＿＿＿＿＿

   现场试验具体目的＿＿＿＿＿＿＿＿＿＿＿＿＿＿＿＿

2. 试验设计

   处理1＿＿＿＿＿　　处理2＿＿＿＿＿

   处理3＿＿＿＿＿　　处理4＿＿＿＿＿

   重复数＿＿＿＿＿　　处理地条尺寸＿＿＿＿＿

   随机排列＿＿＿＿＿

3. 试验地田块历史

   前作＿＿＿＿＿

   其他特点＿＿＿＿＿

4. 土壤

   根区土层深＿＿＿＿＿土质＿＿＿＿＿肥力＿＿＿＿＿酸碱度＿＿＿＿＿

   地下土层＿＿＿＿＿土质＿＿＿＿＿

5. 水源

   地下水深度＿＿＿＿＿

   水质＿＿＿＿＿矿化度＿＿＿＿＿

   灌溉水源水质＿＿＿＿＿矿化度＿＿＿＿＿

6.种植情况

品种________________

定植日期________________

株行距________________

施肥________________

灌溉________________

农药________________

其他特点________________

Ⅱ　田间作业及观察日记表

日期	处理号	作业	观察

Ⅲ　降雨与灌溉记录表

年份______地块______

	一月	二月	三月	四月	五月	六月	七月	八月	九月	十月	十一月	十二月	备注
1													
2													
3													
4													
5													
6													
7													
8													

	一月	二月	三月	四月	五月	六月	七月	八月	九月	十月	十一月	十二月	备注
9													
10													
11													
12													
13													
14													
15													
16													
17													
18													
19													
20													
21													
22													
23													
24													
25													
26													
27													
28													
29													
30													
31													

Ⅳ 现场试验流水支出记录表

记录员________

地块号________

支出项目	全地块		处理 1		处理 2		处理 3		处理 4	
	用量	金额	用量	金额	用量	金额	用量	金额	用量	金额
施用肥料										
1										
2										
3										
4										

支出项目	全地块		处理 1		处理 2		处理 3		处理 4	
	用量	金额	用量	金额	用量	金额	用量	金额	用量	金额
5										
施用农药										
1										
2										
3										
4										
5										
灌水										
1										
2										
3										
4										
5										
行间管理										
1										
2										
3										
4										
5										
修剪用工										
1										
2										
3										
4										
5										
整形工料										
1										
2										
3										
4										
5										
收获用工										
1										
2										
3										
4										
5										

V 现场试验收入汇总表

项目	全地块	处理 1	处理 2	处理 3	处理 4
单产					
平均果重					
单价					
收获量					
总收入					
运行总支出					

地埋点源非饱和土壤水运动的数值模拟*

李光永　郑耀泉　曾德超　雷廷武　刘潇

摘要　根据非饱和土壤水运动理论，建立了地埋滴灌条件下土壤水分运动的数学模型，用有限差分法对模型求解。求解结果得到了田间试验的验证，应用所建立的模型初步分析了地埋滴灌土壤水分运动的基本规律。

关键词　地埋滴灌，数值模拟，土壤水分运动

地表下滴灌具有地表蒸发小的优点，但也会因滴头埋深不合理造成根系吸水困难和产生深层渗漏。滴头流量、埋深、滴头间距是地表下滴灌的重要技术参数，而确定这些参数的重要依据是地表下滴灌滴头的湿润体形状和大小，国外学者对地表下滴灌的稳态流进行了许多的研究[1-2,7]，而接近于实际并且对滴灌系统设计有重要意义的瞬态流土壤水分运动至今还没有见到有关的报告和试验资料。

本文以非饱和土壤水分运动的现有理论为基础，针对地表下滴灌的特点，提出了土壤水分运动的数学模型，模拟结果得到了田间试验的验证，并对地表滴灌土壤水分运动的基本规律作了初步分析。

一、数学模型

根据达西定律和质量守恒定律，描述土壤水分运动的偏微分方程为：

$$\frac{\partial\theta}{\partial t}=\frac{\partial}{\partial x}\left[k_x(\theta)\frac{\partial\psi}{\partial x}\right]+\frac{\partial}{\partial y}\left[k_y(\theta)\frac{\partial\psi}{\partial y}\right]+\frac{\partial}{\partial z}\left[k_z(\theta)\frac{\partial\psi}{\partial z}\right] \quad (1)$$

式中 ψ 为土壤总水势；$k_x(\theta)$，$k_y(\theta)$，$k_z(\theta)$ 分别为 x、y、z 方向的土壤水力传导率。

地埋点源水分运动一般属三维问题，若假定土壤均质，各向同性，则可作为轴对称的二维问题处理。此时，以含水量为因变量的柱坐标下地埋点源土壤水分运动方程为：

$$\frac{\partial\theta}{\partial t}=\frac{1}{r}\frac{\partial}{\partial r}\left[D(\theta)\frac{\partial\theta}{\partial r}\right]+\frac{1}{r}D(\theta)\frac{\partial\theta}{\partial r}+\frac{\partial}{\partial z}\left[D(\theta)\frac{\partial\theta}{\partial z}\right]-\frac{\partial k(\theta)}{\partial z} \quad (2)$$

式中 $D(\theta)$ 为土壤扩散率。

在图 1 的情形中（Z 坐标向下为正），由于对称性，可以只考虑 oabco 阴影部分的土壤水分运动。图中 Z_0 为滴头埋深。

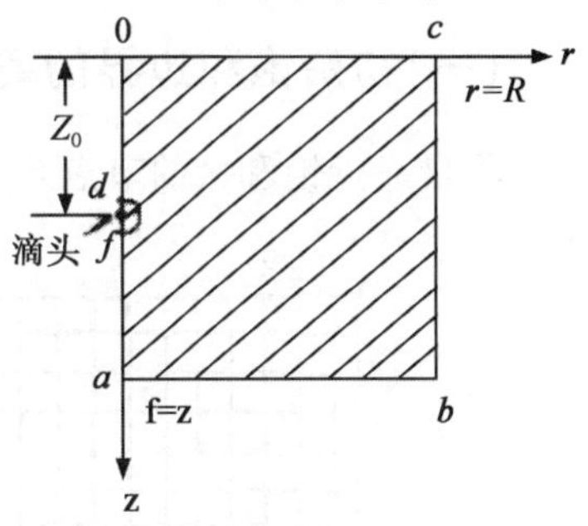

图 1　计算流域示意

(一)边界条件和初始条件的确定

$$\theta_0=f(z), t=0 \quad (3)$$

$$\theta=\theta_M, 沿\widehat{DF}, \mathrm{t}=0 \quad (4)$$

$$-D(\theta)\frac{\partial\theta}{\partial z}+K(\theta)+E=0, Z=0, 沿\ oc, t=0 \quad (5)$$

* 本文出处：水利学报，1996 年 11 月，第 11 期

$$\theta = \theta_0, r = R, 0 \leqslant z \leqslant Z, \text{沿 } cb, t = 0 \tag{6}$$

$$\theta = \theta_0, z = Z, 0 \leqslant r \leqslant R, \text{沿 } ab, t = 0 \tag{7}$$

$$\frac{\partial \theta}{\partial r} = 0, r = 0, \text{沿 } od \text{ 和 } fa, t = 0 \tag{8}$$

式中：θ_M 为一接近饱和含水率的值，一般取 $\theta_M=(0.9\sim0.95)\theta_s$，$\theta_s$ 为饱和含水量；E 为蒸发率。

(二)初始饱和区半径的确定[3]

在入渗的最初一段时间，忽略重力的影响，可以认为初始阶段饱和区是半径为 R_0 的球体，假定靠近饱和球体外各点的初始含水量相等，根据达西定律，球体表面通量之和为：

$$Q = -D(\theta)\frac{\Delta\theta}{\Delta r'} \times 4\pi R_0^2$$

式中 Q 为球体表面通量之和；$\Delta\theta=\theta_0-\theta_s$，$\theta_0$ 为紧靠球体表面网格结点的初始含水量；$\Delta r'$ 为初始饱和球体径向由 θ_s 变化到 θ_0 的路径长度，取一个网格结点的长度；θ 为 $(\theta_s+\theta_0)/2$。根据质量守恒定律，球体表面通量之和 Q 应与滴头流量 q 相等：

$$-D(\theta)\frac{\Delta\theta}{\Delta r'} \times 4\pi R_0^2 = q$$

即：

$$R_0 = \sqrt{-\frac{q}{4\pi D(\theta)\dfrac{\Delta\theta}{\Delta r'}}} \tag{9}$$

二、数值求解与模型检验

用 ADI 交替隐式差分建立非饱和水流的差分方程[5,6,9]，以 Δr，Δz 为距离步长把流域划分成矩形网格(如图 2)。

(一)初始饱和边界的离散

将最靠近饱和区的节点含水量以 θ_M 代替，如图 3。

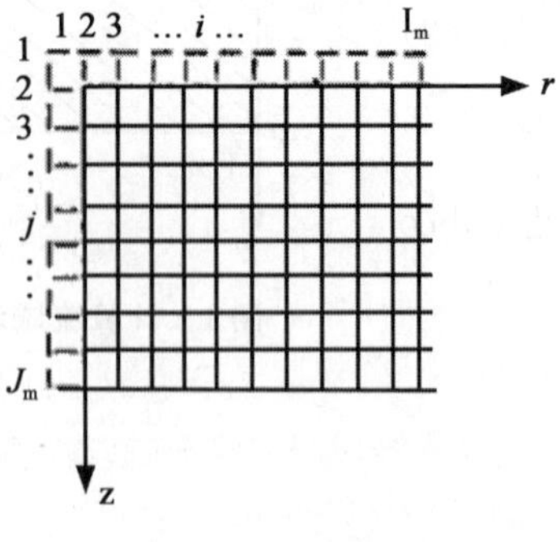

图 2　计算流域网格划分

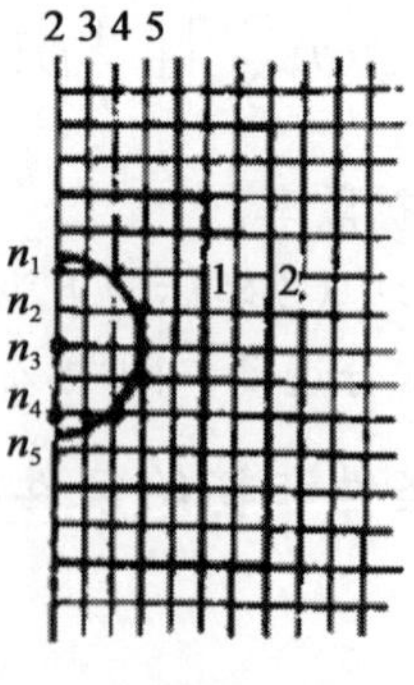

图 3　初始边界和动边界处理

$\theta_{2,n1}=\theta_{3,n1}=\theta_{4,n1}=\theta_M$，

$\theta_{5,n2}=\theta_{5,n3}=\theta_{5,n4}=\theta_M$，

$\theta_{2,n5}=\theta_{3,n5}=\theta_{4,n5}=\theta_M$

(二)外边界条件的处理

湿润体是随时间逐渐加大的，为节约机时，加快计算速度，流域边界条件作为动边界来处理。如 t_1 时刻的外边界取图 3 中的折线 1，t_2 时刻的外边界根据 t_1 时刻的湿润锋位置由计算机自动确定为图 3 中折线 2，余者类推。

田间试验时的土壤水物理参数为：

水力传导度　$k(\theta)=0.056(\theta/\theta_s)^{9.9094}$。

扩散率　$D(\theta)=0.00052\exp(10.111(\theta/\theta_s))$。

饱和含水率　$\theta_s=48\%$(体积比)。

模型计算时，最大含水量 θ_M 取 $0.95\theta_s$，距离步长 $\Delta r=\Delta z=1$ cm，时间用变步长，Δt 由最初的 0.05 min 到后期的 1 min。

图 4 至图 6 将模拟计算结果与田间试验的 3 种工况实测值作了比较。它表明计算值与实测值相当接近，可以认为模型具有较大的可靠性。

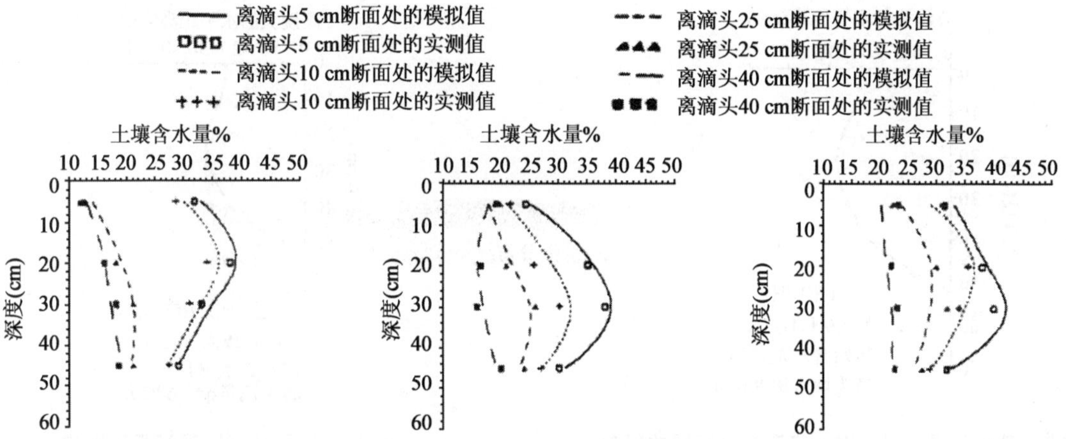

图 4　$q=1.68$(L/H)时的实测值与模拟值对比

图 5　$q=1.8$(L/H)时的实测值与模拟值对比

图 6　$q=3.6$(L/H)的实测值与模拟值对比

三、模型的应用

利用该模型对上述土壤参数条件下地埋滴灌土壤水分运动规律进行初步模拟分析。

(一)初始含水量对地埋滴灌土壤水分运动的影响

土壤初始含水量对湿润圈的大小有一定的影响，笔者模拟了 3 种不同土壤初始含水量在相同滴头流量和埋深情况下(灌水 9 h)的湿润圈大小(如图 7 所示)。表明湿润圈随初始土壤含水量的增加而增大。图中还给出了非均匀土壤含水量对湿润圈的影响(图中虚线)。从中可以看出，利用此模型进行实际预测时，可取田间土壤剖面初始含水量的平均值作为初始含水量。对结果影响不大。

(二)滴头流量和灌水总量对土壤水分运动的影响

图 8 表示具有相同埋深，相同初始土壤含水量和相同灌水时间，但滴头流量不同时的湿润圈的大小，湿润圈内土壤含水量分布如图 11 和图 12 所示，从中可以看出，湿润圈随滴头流量的增大而增大，并且，湿润圈内部相同位置的土壤含水量也随流量增大而增大。

灌水总量相同时不同的滴头流量对湿润圈的大小几乎没有影响(如图 9)，但对湿润圈内土壤水分分布有较大的影响。在相同位置处，流量大时，土壤含水量也高（如图 11 和图 13）。

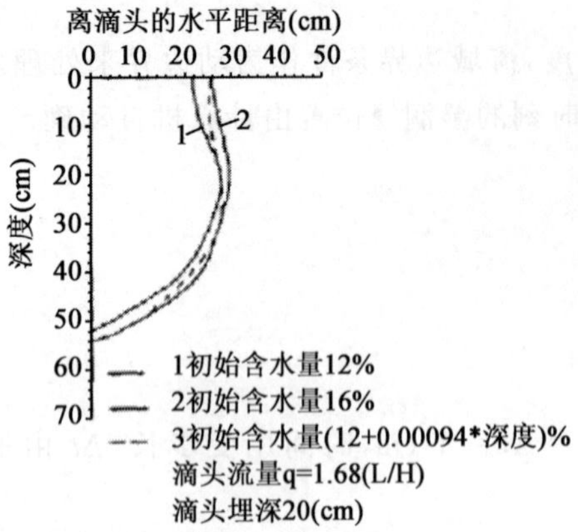

图 7　不同初始含量对湿润圈的影响

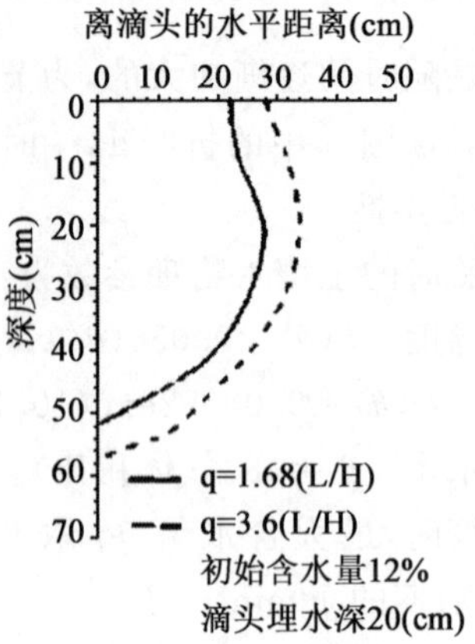

图 8　灌水时间相同时滴头流量对湿润圈的影响

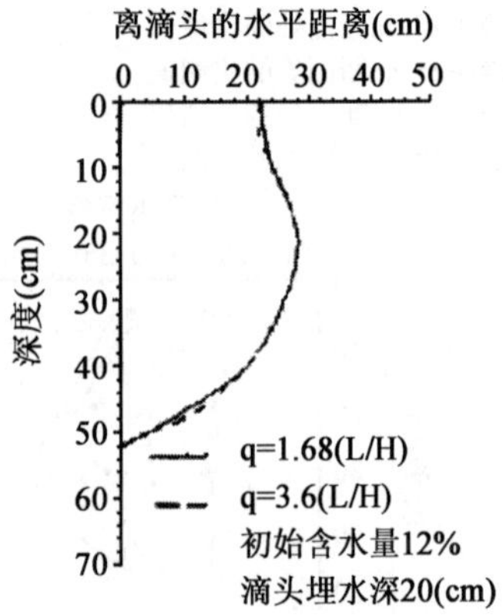

图 9　灌水总量相同时滴头流量对湿润圈的影响

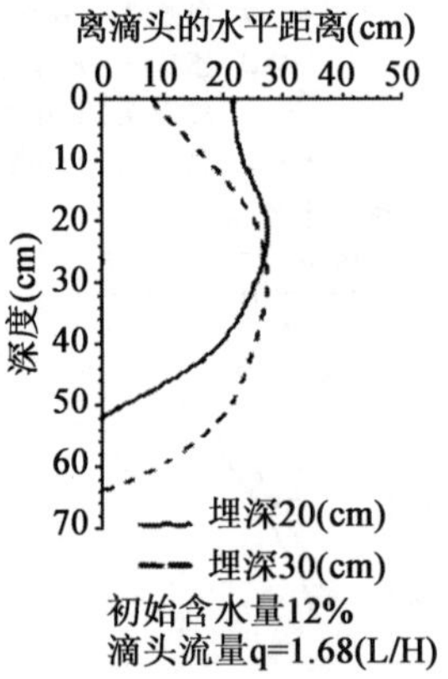

图 10　不同埋深对湿润圈的影响

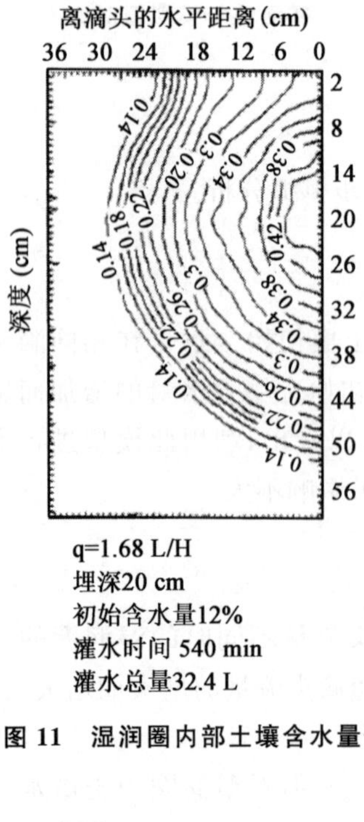

图 11　湿润圈内部土壤含水量分布

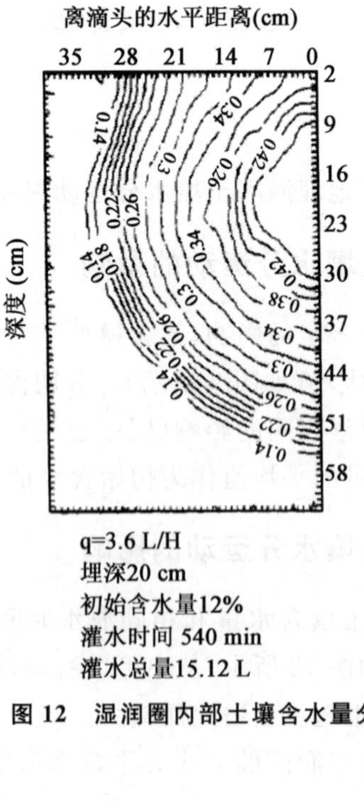

图 12　湿润圈内部土壤含水量分布

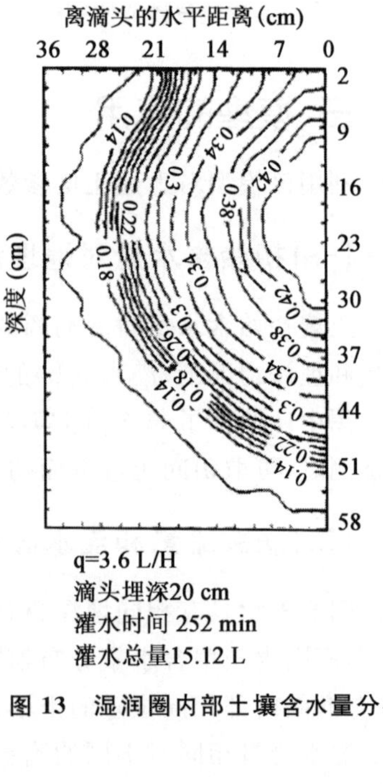

图 13　湿润圈内部土壤含水量分布

（三）滴头埋深对湿润圈形状的影响

从图 10 中可以看出在相同流量和初始土壤含水量以及相同灌水时间条件下，埋深浅时，湿润深度小，而地面湿润面积大，埋深大时湿润深度大，地面湿润面积小。因此，从减小地表蒸发的角度考虑，滴头不宜埋得太浅，而从防止深层渗漏的角度考虑，滴头不宜埋得太深。在实用上，滴头的埋深应根据土壤质地、滴头流量、灌水时间及作物根系分布来确定适宜的滴头埋深，以提高灌溉水的有效性。

对于成龄果树，通常其主要吸水根系在 30～100 cm，当土壤为中壤土，滴头流量为 1.68 L/h 时，就其土壤水分分布来讲，滴头埋深 30 cm 为宜。

四、结论和问题

（1）根据非饱和土壤水运动理论，建立了地埋滴灌条件下土壤水分运动的数学模型，模拟结果用田间实测资料作了检验，得到相当好的吻合，应用所建立的模型计算分析了地埋滴灌土壤水分运动的一些规律，可为滴灌系统的合理设计和运行提供理论依据。

（2）由于滴灌系统的供水时间一般比较长，根系吸水对土壤水的运动必然有一定的影响，增加吸收项的模型有待于进一步的研究。

参考文献

[1] Gilley, J. R. , Allred, E. R. Infiltration and root extraction from subsurface irrigation laterals. TEANSACTIONS of ASAE. , pp. 927-933, 1974.

[2] Philip, J. R. Steady infiltration from buried. Surface and perched point and line source in heterogeneous soils: 1. Analysis Soil Sci. Soc. Amer. Proc, Vol. 36, pp. 268-273, 1972.

[3] Taghari, S, A. Infiltration from trickle irrigation source. Journal of Irrigation and Drainage Engineering. Vol. 110, No. 4, pp. 331-341, 1984.

[4] 刘晓英，杨振刚，王天俊. 滴灌条件下土壤水分运动规律的研究．水利学报，1990 年第 1 期．

[5] 李恩羊. 渗灌条件下土壤水分运动的数学模拟．水利学报，1982 年第 4 期．

[6] 张思聪，惠士博，雷志栋，杨诗秀. 渗灌的非饱和土壤水二维流动的探讨．土壤学报，第 22 卷第 3 期，1985 年 8 月．

[7] Brandt, A. and Bresler, E. Infiltration from a trickle source: 1: Mathematical models. Soil Sci. Soc. Amer. Proc. , Vol. 35, pp. 675-694, 1971.

[8] 付琳. 滴灌时的土壤浸润状况．灌溉排水．第 2 卷第 3 期，1983 年 9 月．

[9] 雷志栋，杨诗秀，谢森传. 土壤水动力学．清华大学出版社，1988 年．

[10] Philip, J. R. Theory of infiltration. Adv. Hydrosci. No. 5: pp. 215-305. 1969.

The Mathematical Model and Experiment of Water Movement from a Buried Trickle Source

Li Guangyong　Zheng Yaoquan　Zeng Dechao　Lei Tingwu　Liu Xiao

Abstract　The mathematical model of water infiltration from a buried dripper was established based on the principle of non-saturation and was solved by a differential method. The calculated result was verified by field test. The basis patterns of infiltration were analysed by using this model.

Key words　trickle irrigation, mathematical model, water movement

谈谈节水灌溉技术普及和技术开发的一些机遇

曾德超

一、这些年来我国各地区的水利部门大力普及了输水渠道的砌衬，输水管道化，田间输水软管化（小白龙），小型喷灌机，半固定式喷灌系统，膜上灌溉技术，小水窖就地灌溉技术以及一些型号的微灌系统，大型喷灌机等，对实现节水起了很大作用，成绩很大。至于一些能明显减少渗漏损失、改进均匀度的田间灌水法，如畦灌的小畦化，沟灌的小沟化或隔沟灌等，我们认为可能在一些地区是会受到欢迎的。另外，如能开发一种中型的低压低能耗移动型管道式或软管式喷灌机以代替广大地面灌溉以及大型的喷灌机也是会符合需要的。

二、普及科学的灌溉制度是大量节水的机遇所在，这是大家知道的，障碍在于流行着一个没有多少根据的传统观念：水灌足、喝饱总比少灌要高产，要保险。其实一般的情况是，作物的活动根区深度在不同的生长期是不同的，而作物吸水量的70%来自活动根区的上半层，灌到深层活动根区以下的水利用率就很小了。这样灌足喝饱的策略往往既浪费水，还污染地下水；在井灌区的情况下，也会引起的地下水位的下降。

三、在常规灌溉制度的基础上有没有进一步节水反而单产有所提高的灌溉策略？答案是有的。植物水生理的研究表明，不同组织器官之间对水分养分光合作用产物的分配在不同生育阶段的分配份额比例与倾斜程度是不同的，利用这种现象可以在某些特定的生育阶段有意的使植株显著的缺水，然后恢复充分供水，这种灌溉策略在桃杏等核果上效果显著，在苹果葡萄等上也有肯定的效果，在各种大田作物上，除在特定的敏感生育期之外，可使植株水亏缺达一定程度，从而节水。这种调控植株亏水程度（水胁迫、水应力）的技术，其开发与示范推广我们认为具有意义。

四、作物不仅在不同的生育期（所谓的时域上）对水肥的需求存在差异，不同地块、不同地点的土质、地形、有机质含量、水分含量、压实程度等也会不尽相同，对水肥的需求也存在差异。利用这种客观存在的空域上的差异，对灌水、施肥、施药、播种等的定额，也分别制定，将给进一步节水、增产、优质高效带来前所未有的机遇。作为现代精密农业的一个关键技术元素，精密灌溉技术自90年代以来在发达国家兴起。我国水土资源缺乏，这项技术应不失为节水灌溉新技术开发上的又一个机遇。

土壤水热盐运动模型的建立与初步验证*

黄兴法　曾德超　练国平

摘要　以土壤物理基本定律为基础，建立了结冻、未结冻、饱和、非饱和土壤的水热盐耦合运动通用模型。该通用模型可简化为土壤水或热运动的单一模型。通过二维有限元数值解、一维模拟程序的编制和计算预测，与内蒙古河套长胜渠杨树壕试验点在1988年秋至1989年春期间耕层积盐过程实测值对照，模型得到初步验证及应用。

关键词　水热盐运动，有限元，模型与模拟

1　引言

我国淮河以北(北纬30°～33°)地区，耕地每年经历不同程度的冻融。冻融对早春或春耕时土壤水分、温度和盐碱状况有明显的影响；又我国位处季风气候带，夏秋雨水集中，冬春干寒，广大耕地的春旱春寒，盐碱地区的洗盐，水库、渠道乃至南水北调沿线周围次生盐碱化等问题的潜在威胁，使得研究冻融对土壤水热盐状况影响具有重大意义。人们对非冻期土壤水热运动的研究，已从主要依靠试验回归，进入同时结合建立模型模拟的定量研究阶段。至于冻期问题，虽进行了有关方面的研究[1～5]，但尚未见有关冻期水热盐运动模型与模拟、计算预测和田间应用方面的报道。本研究从土壤物理基本规律出发，建立冻融对水热盐定量效应的数学模型，对田间一维问题进行有限元数值解，编制程序，结合实际地块的土壤参数和气象数据进行冻期土壤水热盐状况计算预测，与实测对照，借以对模型模拟的验证，为抗旱、防寒、洗盐的灌排定额，排灌设计标准和有关的耕作措施的定量分析提供新的方法。

2　饱和、非饱和冻土水热盐运动数学模型的建立

本文在有关田间土壤冻期水热盐状况定量分析中，作如下基本假定：①不考虑土壤因结冻而隆起、变形或移动所起的影响；②土壤水分由液态变成冰时，盐分将从冰相吸出，即盐分只溶于液态水中；③不考虑各种滞后效应，不考虑孔隙流体的可压缩性和土骨架的变形；④土壤特性参数为各向同性。

取位于土壤半无限空间体内任一点(x,y,z)的无限小平行六面体，并以该点微元代表小六面体内的平均状态。在昼夜或季节冻融过程中，在土体不断与大气上边界和潜水下边界发生水、热、盐交换情况下，根据热量、水体质量、盐分质量等守恒原理，可得：

* 本文出处：农业工程学报，1997年9月

$$\left.\begin{aligned}&C_s\frac{\partial T}{\partial}-L_{li}\frac{\partial\theta}{\partial}=\frac{\partial}{\partial x}\left(KT\frac{\partial T}{\partial x}\right)+\frac{\partial T}{\partial y}\left(KT\frac{\partial T}{\partial y}\right)+\frac{\partial T}{\partial z}\left(KT\frac{\partial T}{\partial z}\right)-\\&\qquad\left[C_l\frac{\partial(qlx^T)}{\partial x}+C_l\frac{\partial(qly^T)}{\partial y}+C_l\frac{\partial(qlz^T}{\partial z}\right]\\&\frac{\partial\theta}{\partial}+\frac{\partial\theta_i}{\partial}=\frac{\partial}{\partial x}\left(D_{10}\frac{\partial\theta}{\partial x}+D_T\frac{\partial T}{\partial x}\right)+\frac{\partial}{\partial y}\left(D_w\frac{\partial\theta}{\partial y}+D_T\frac{\partial T}{\partial y}\right)+\\&\qquad\frac{\partial}{\partial z}\left(D_w\frac{\partial\theta_1}{\partial z}+D_T\frac{\partial T}{\partial z}\right)+\frac{\partial K_w}{\partial z}\\&\frac{\partial(\theta_ic)}{\partial}=-\frac{\partial(qlx^c)}{\partial x}-\frac{\partial(qly^c)}{\partial y}-\frac{\partial(qlz^c)}{\partial z}+\frac{\partial}{\partial x}\left(D_{sh}\frac{\partial c}{\partial x}+D_{sT}\frac{\partial T}{\partial x}\right)+\\&\qquad\frac{\partial}{\partial y}\left(D_{sh}\frac{\partial c}{\partial y}+D_{sT}\frac{\partial T}{\partial y}\right)+\frac{\partial}{\partial z}\left(D_{sh}\frac{\partial c}{\partial z}+D_{sT}\frac{\partial T}{\partial z}\right)\end{aligned}\right\}\quad(1)$$

式中：C_l 为液态水的比热容；C_s 为土壤比热容；T 为土壤温度；L_{li} 为冰的融化潜热；θ_i 为冰的含量；θ 为土壤液态水含量；K_T 为土壤热导率；ψ 为土水势；D_T 为温差下液态水扩散率；D_w、K_w 分别为水势梯度下水扩散率和导水率，$D_w=K_w/C_{10}$，C_{10} 为土壤的比水容重；qlx、qly、qlz 分别为沿 x，y，z 轴方向的液态水通量，$qlx=-K_w\frac{\partial\psi}{\partial x}$，$qly=-K_w\frac{\partial\psi}{\partial y}$，$qlz=-K_w\left(\frac{\partial\psi}{\partial z}+1\right)$；$C$ 为液态水中的盐分浓度；D_{sh}，D_{sT} 为液态水中盐分在浓度梯度及温度梯度下的扩散-弥散系数。

式(1)中所涉及的土壤参数 C_l，C_s，K_T，K_w，D_T，D_w，D_{sh} 及 D_{sT} 等可通过对给定土壤进行测定或按经验式计算确定。一种给定土壤的水分冻结特征曲线亦可在实验室条件下获取，从而获知在不同冷冻温度 T 下液态水 θ_l 和冰含量 θ_i 之间的关系；这种关系通常按下式回归：

$$\theta_l=\theta_0\mid T\mid^{-b},T<0℃\quad(2)$$

式中：θ_0，b 为回归系数。这样，式(1)中所涉及的四个独立未知变量温度 T，液态水含量 θ_l，冰含量 θ_i 及盐分浓度 C 即可通过式(1)的三个微分方程和式(2)联立求解。

当不考虑冻融状态时，式(1)蜕化为如下饱和、非饱和非冻土的水热盐运动模型：

$$\left.\begin{aligned}&C_s\frac{\partial T}{\partial}=\frac{\partial}{\partial x}\left(K_T\frac{\partial T}{\partial x}\right)+\frac{\partial}{\partial y}\left(K_T\frac{\partial T}{\partial y}\right)+\frac{\partial}{\partial z}\left(K_T\frac{\partial T}{\partial z}\right)-\\&\qquad\left[C_l\frac{\partial(qlx^T)}{\partial x}+C_l\frac{\partial(qly^T)}{\partial y}+C_l\frac{\partial(qlz^T}{\partial z}\right]\\&\frac{\partial\theta}{\partial t}=\frac{\partial}{\partial x}=\left(D_w\frac{\partial\theta}{\partial x}+D_T\frac{\partial T}{\partial x}\right)+\frac{\partial}{\partial y}\left(D_w\frac{\partial\theta}{\partial y}+D_T\frac{\partial T}{\partial y}\right)+\\&\qquad\frac{\partial}{\partial z}\left(D_w\frac{\partial\theta}{\partial z}+D_T\frac{\partial T}{\partial z}\right)+\frac{\partial K_w}{\partial z}\\&\frac{\partial(\theta_c)}{\partial t}=-\frac{\partial(qlx^c)}{\partial x}-\frac{\partial(qly^c)}{\partial y}-\frac{\partial(qlz^c)}{\partial z}+\frac{\partial}{\partial x}\left(D_{sh}\frac{\partial c}{\partial x}+D_{sT}\frac{\partial T}{\partial x}\right)+\\&\qquad\frac{\partial}{\partial y}\left(D_{sh}\frac{\partial c}{\partial y}+D_{sT}\frac{\partial T}{\partial y}\right)+\frac{\partial}{\partial z}\left(D_{sh}\frac{\partial c}{\partial z}+D_{sT}\frac{\partial T}{\partial z}\right)\end{aligned}\right\}\quad(3)$$

3 冻土水热盐分运动微分方程的有限元数值解

上述所建立有关结冻、非结冻、饱和、非饱和土壤水热盐运动微分方程组，只能通过数值方法，才能应用于实际问题的求解。本文采用有限元法。现以二维冻土水热盐运动问题为例，根据田间实际情况，忽略温差对水流及盐分浓度变化的影响，则式(1)可简化为

$$\left.\begin{aligned}
&C_s\frac{\partial T}{\partial}-L_{li}\frac{\partial\theta_i}{\partial}=\frac{\partial}{\partial x}\left(K_T\frac{\partial T}{\partial x}\right)+\frac{\partial}{\partial z}\left(K_T\frac{\partial T}{\partial z}\right)-C_l\frac{\partial(qlx^T)}{\partial x}+C_l\frac{\partial(qlz^T)}{\partial z}\\
&\frac{\partial\theta}{\partial t}+\frac{\partial\theta}{\partial t}=\frac{\partial}{\partial x}\left(D_w\frac{\partial\theta_l}{\partial x}\right)+\frac{\partial}{\partial z}\left(D_w\frac{\partial\theta_l}{\partial z}\right)+\frac{\partial K_w}{\partial z}\\
&\frac{\partial(\theta_lC)}{\partial t}=-\frac{\partial(qlx^c)}{\partial z}-\frac{\partial(qlz^c)}{\partial z}+\frac{\partial}{\partial x}\left(D_{sh}\frac{\partial C}{\partial x}\right)+\frac{\partial}{\partial z}\left(D_{sh}\frac{\partial C}{\partial z}\right)\\
&\theta_l=\theta_0\mid T\mid^{-b},T<0℃
\end{aligned}\right\}\tag{4}$$

而在田间实际情况下，冻融过程中水热盐运动是在结冻或未结冻土壤中复杂的边界条件下进行的。作为对问题在任一时刻的近似求解，对求解空间 Ω 进行离散，则应用 Galerkin 方法，可得出离散单元的近似解为

$$\begin{aligned}
&T=\sum_{j=1}^{m}N_j(x,z)T_{\frac{e}{j}}(t)=[N]\{T\}^e \qquad \theta_l=\sum_{j=1}^{m}N_j(x,z)\theta_{\frac{e}{j}}(t)=[N]\{\theta\}^e\\
&\theta_i=\sum_{j=1}^{m}N_j(x,z)\theta_{\frac{e}{ij}}(t)=[N]\{\theta_l\}^e \qquad C=\sum_{j=1}^{m}N_j(x,z)C_{\frac{e}{j}}(t)=[N]\{C\}^e
\end{aligned}\tag{5}$$

式中：N_j 为形函数；$T_{\frac{e}{j}}$，$\theta_{\frac{e}{j}}$，$\theta_{\frac{e}{ij}}$，$C_{\frac{e}{j}}$ 为单元节点处温度，液态水含量，冰含量及盐浓度的未知独立变量。将式(5)代入式(4)，按照 Galerkin 线性化步骤，可得出如下一阶微分方程组：

$$\left.\begin{aligned}
&[H_h]\frac{d\{T\}}{dt}-L_{1i}[H]\frac{d\{\theta_i\}}{dt}+P[h]\{T\}+\{F_h\}=0\\
&\frac{d\{\theta\}}{dt}+\frac{d\{\theta_i\}}{dt}+[P_w]\{\theta_l\}+\{F_w\}=0\\
&[H_c]\frac{d\{C\}}{dt}+[P_c]\{C\}+\{F_C\}=0\\
&\theta=\theta_0\mid T\mid,\qquad T<0℃
\end{aligned}\right\}\tag{6}$$

式(6)可统一写成如下形式：

$$[H]\frac{d\{Y\}}{dt}+[P]\{Y\}+\{F\}=0\tag{7}$$

应用加权乘余法，对上式进行时间离散后可统一写成：

$$[A]\{Y\}_{i+1}+[B]\{Y\}_i+[F]=0\tag{8}$$

式中，$[A]=\int_0^1 W_i\left[\frac{[H]}{\Delta t}+[P]\xi\right]d\xi$，$[B]=\int_0^1 W_i\left[\frac{-[H]}{\Delta t}+[P](1-\xi)\right]d\xi$，$[F]=\int_0^1 W_i[F]d\xi$，其中 Δt 为时间步长，$\Delta t=t_{i+1}-t_i$；W_i 为权函数；$\xi=t/\Delta t$，在[0,1]区间内。$\{Y\}_{i+1}$ 为 t_{i+1} 时的变量，相应的 $\{Y\}_i$ 为 t_i 时的变量。

4 程序编制及模型验证

根据式(4)～(8)，编制了冻土水热盐运动的有限元程序。通过输入有关的初始条件和对边界条件的不同处理，及配备必要的子程序后，该程序可用于模拟计算和预测与以下几个方面有关的田间问题：

(1)稳定流条件下的土壤溶质在水热耦合下的对流-扩散运动。比如不同灌溉定额或排水定额对耕层洗盐结果的预测，洗盐排水暗管埋深设计标准的优化，次生盐碱化程度预测等。

(2)经历冻期的饱和、非饱和土壤水热耦合运动，比如不同覆盖和耕作条件下早春耕层墒情和土温的预测等。

(3)非冻期饱和非饱和土壤水热汽耦合运动，比如不同覆盖或灌排下旱季土壤墒情和地温的预

测等。

为了验证所建立模型的模拟程序，选定内蒙古河套灌区长胜试验区排井 J33 所在地块，黏性壤土，初始含水量及盐分含量随深度的变化如图 1 所示(图中左方附有对半无限土体的有限元网格划分)。计算所需的土壤水盐热运动参数由室内试验获得，气象数据由当地气象站提供。应用一维模型计算。

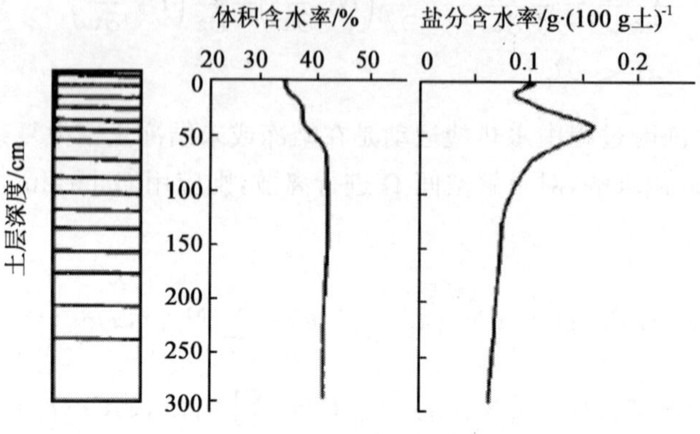

图 1　模拟计算点土壤含水量及盐分含量的初始值分布及有限元网格的划分

模拟计算结果同实测值的对照见图 2。可以看到模拟值与实测值符合较好。从表 1 可以看到，在土壤冻融及蒸发影响下，地表(0～20 cm 深度)平均盐分从初始值的 0.096 6％增加到 0.272 6％(次年 5 月 11 日)，增加了 2.8 倍强，由此可见，土壤冻融是造成地表早春盐分积累的重要因素。

表 1　各个时期地表土壤(0～20 cm 深度)平均水分及盐分含量计算值

日期(月．日)	10.30	12.29	2.28	3.27	5.11
含水量/％	35.73	52.74	51.87	43.82	32.09
含盐量/％	0.0966	0.1014	0.1543	0.1877	0.2726

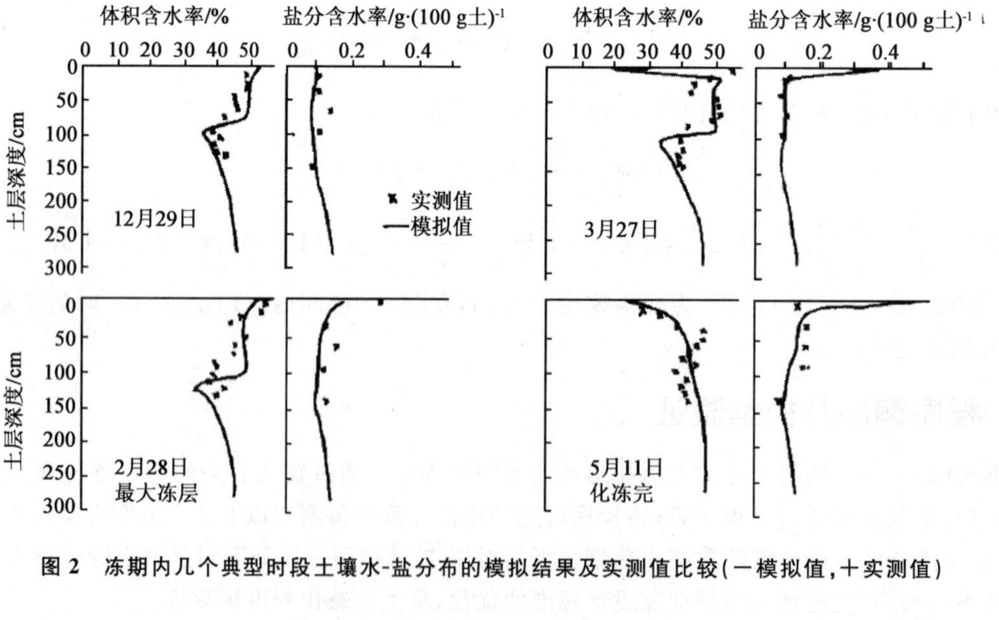

图 2　冻期内几个典型时段土壤水-盐分布的模拟结果及实测值比较(一模拟值，十实测值)

5　结论

本研究建立了一个至今最为通用的冻土非冻土、饱和非饱和水-盐-热运动数学模型及一维模拟程序，经进一步验证和完善后可望应用于分析和预测在不同耕作条件，灌排和覆盖措施下土壤的水、热、盐定量状况。由于在模型的基本假设中对冻期土壤水汽变化量忽略不计，因而当该模型蜕化为非结冻、非饱和土并只涉及水、热运动时，需要修改模型和模拟程序，以便计入土壤气体中水汽分量对土壤水分和温度定量状况的贡献。

参考文献

[1] Fuchs M, G S Campbell & R I Papendick. An analysis of sensible and latent heat flow in a partially frozen unsaturated soil. Soil Sci Soc Am J, 1978, 42:379-400.

[2] Cary J M, R I Papendick & G S Campbell. Water and salt movement in unsaturated frozen soil: principle and field observation. Soil Sci Soc Am J, 1979, 43:3-7.

[3] Taylor G S & J N Luthin. A model for coupled heat and moisture transfer during soil freezing. Can Geotech J, 1978, 15:548-555.

[4] Guymon G S & J N Luthin. A coupled heat and moisture transport model for artic. Soil Water Resour Res 1974, 10:995-1001.

[5] Cary J W & H F Mayland. Salt and water movement in unsaturated frozen soil. Soil Sci Soc Amer Proc 1972. 36.

[6] 黄兴法．冻期土壤水盐热运动模型模拟及其应用的研究[博士学位论文]．北京：北京农业工程大学，1993.

A Numerical Model for Coupling Movement of Water Heat and Salt in Soil under the Conditions of Frozen, Unfrozen, Saturated and Unsaturated

Huang Xingfa　Zeng Dechao　Lian Guoping

Abstract　A numerical model for water heat and salt movement in frozen or unfrozen, saturated or unsaturated soils was developed. A 2-dimension FEM algorithmic solution and a 1-dimension computer program were given. The model was validated with field data only in the case of silt accumulation in the early spring through the 1986—1987 on the J33 test plot at Hetao Irrigation Scheme, Innermongolia.

Key words　coupling movement of water-salt-heat, soil FEM, numerical model

Computerize Real-time Irrigation Scheduling under Limited Water Supply*

Vonlaya Viriyasenakul Huang Xingfa Wang Wei Zeng Dechao

Abstract The problem of real-time irrigation scheduling under limited water supply is considered. The goal is to develop an irrigation scheduling which maximizes crop yields and response to current season changes in weather and other variables. The irrigation decisions is solved by two-stage process. In the design stage, irrigation scheduling is planned for the entire season based on estimated real-time values of the inputs to the system. To obtain optimal allocations of water for each growth stage, the dated water production function is maximized by dynamic programming. In the operation stage, the water allocated to each growth stage is revised after updating the status of the system with real time data within the stage in a sequential order. Thus, an optimal irrigation water allocation is made. The procedure is illustrated by application to winter wheat under various levels of seasonal water supply initial soil moisture.

Key words real-time irrigation scheduling, dynamic programming, dated water production function

A number of irrigation scheduling techniques and programs have been developed which utilize real-time estimates of ET. Optimization of irrigation management strategies is often determined with simulation model using historical meteorological data sets for estimating daily ET. Advances in ET included a number of papers described the use of ET data for irrigation scheduling. Most of these procedures used a water budgeting technique for predicting irrigation time and amount for meeting crop water requirements. One of the major inputs to a water budget is the estimation of daily ET for an individual crop. Most programs require real-time input of climatic data for estimating the actual ET. They all require some techniques of forecasting ET requirements to predict the time and amount of the next irrigation. A common procedure is to first calculate a reference ET based on measured meteorological data. Actual crop ET is then determined by multiplying the reference ET and a crop coefficient, which is a function of the particular crop and its stage of growth and the availability of soil water. Many researchers have measured soil water content to determine crop water use and developed empirical equations to calculate crop ET as a function of climatic data.

1 Literature Review

T. A. Howell and E. A. Hiller[1] developed empirical yield relationships for grain sorghum based on ET in order to increase water use efficiency. They determined the response of grain sorghum to water deficits during growth stages. They found that the timing of the deficit is more critical to yield effects than the magnitude of the deficit. T. A. Howell, et al. [2] used the empirical yield relationships to optimize the yield of grain sorghum under limited high frequency irrigation. They used dynamic

* 本文出处:中国农业大学学报,1997 年,第 2 卷第 4 期

programing to maximize yield subject to irrigation water availability constraints. They found that the irrigation amount could be significantly reached without a large decrease in yield if the irrigation applications were timed optimally.

A number of models for scheduling irrigations under limited water supplies have been developed in recent years. Many models [3,4] determine the optimal irrigation strategies using stochastic or probabilistic models of weather variables. But in any season, the current weather variables are significantly different from their probabilistic or stochastic estimates. Use of real-time or current data to guide irrigation has been attempted mainly by adopting a "trigger level" concept of available soil water. The model assume that the best irrigation strategy is known and do not consider changes in crop response to water stress at different growth stages. There have also been some limited attempts to adapt crop growth simulation models to real time irrigation scheduling. But none of these studies considered the case of real-time irrigation scheduling under a deficient water supply. Deficit irrigation scheduling requires reliable predictions of the effects of irrigation on crop yield. Because of uncertainty of the weather and water supplies, one cannot satisfactorily predict these effects. This study shows a method to guide irrigation system operators in implementing irrigation strategy of a crop growth stage under a deficit water supply in real time. The model for optimal irrigation scheduling previously developed by N. H. Rao, et al. [5,6] is used to formulated and solve the real time irrigation scheduling problem.

2 Problem Formulation

A prerequisite to a flexible or adaptive irrigation operations policy is the definition of the present state of the system. This requires that periodically the actual values of the weather and water supply variables are available to derive the current state of the soil-plant-water supply system. The modus operand in such a case would be cyclic in nature and comprise two stages. The first stage establishes the current state of the system periodically based on actual information up to that period. The second stage determines the optimal course of action in future periods based on predicted future states of the system. Adaptive management of irrigation operations implies treating the problem as "feed-forward" control process. Thus, in the operation phase, the interest is mainly in the irrigation decision to be made in the current decision interval. When it is time to make the next decision, the situation may have changed, necessitating a revision of data and the solution of the problem all over again. However, to compute the decision in the current interval it is necessary to solve the optimization problem completely even though the decisions in the future may not be of specific interest. Thus, even when the operational decision is required only for the next period of interest, the entire planning. horizon must be considered to derive it. This is basic to the procedure of real-time adaptive irrigation management under limited water supply.

The problem of adaptive management of irrigation is formulated in two phases: the design or plan phase and the operation phase.

In the design phase, a feasible irrigation plan for the future season is developed based on the probable values of the inputs to the system, namely: rainfall, evaporation, water supplies, etc. for the entire season.

In the operation phase, the future operations to the end of the season are updated at the end of every decision growth stage based on: 1) the state of the system as determined by the actual values of input variables of weather and water supplies up to the current decision growth stage, and 2) the corresponding probable values of the input variables for the subsequent growth stages.

3 Mathematical Formulation

The mathematical formulation used in this study is derived from N. H. Rao, et al. [7] Optimization model is set up based on a time-related water production function. A weekly soil water balance model [8] and a heuristic assumption that water stress in the early weeks of a crop growth stage leads to suboptimal yields. The model used potential ET and rainfall at specific growth stages as the input data. The output from the model was a sequence of the irrigation decisions of each growth stage which maximized the crop yield.

The crop's growing season is divided into N periods which coincide with its physiological growth stages. Let Q_0/mm be the total depth of water available for irrigation at the beginning of the growing season and W_0/mm the initial available soil water.

To solve this problem, the dated water-production function model [7] used is

$$Y/Y_m = \Pi[1 - K_i(l - e_{ai}/e_{pi})] \tag{1}$$

where Y and Y_m is actual and maximum (when $e_a = e_p$) crop yield respectively; K_i is the yield sensitivity factor, e_{ai} and e_{pi}, are, respectively, the actual and potential evapotranspiration in the i growth stage.

The value of e_{ai}, is estimated from a soil-water balance model using the procedure given by [9]. The value of e_{pi} is estimated from Penman method described by [10]. The expected rainfall in this period r_i and irrigation applied U_i are assumed to be added to the soil reservoir at the beginning of the growth stage.

If X_i, is the water allocated to the i stage:

$$X_i = U_i, i = 1, 2, \cdots, N$$

To obtain optimal allocations of water to growth stages, equation (1) is maximized by dynamic programming using the backward recursion procedure and the recursive equation:

$$f_i(Q, W) = \max[1 - K_i(1 - e_{ai}/e_{pi})] f_{i+1}(Q - X_i, W_{i+1}) \tag{2}$$
$$0 \leqslant X_i \leqslant Q$$
$$0 \leqslant Q \leqslant Q_0$$

And

$$i = N-1, N-2, \cdots, 1$$
$$f_N(Q, W_N) = 1 - K_N(1 - e_{aN}/e_{pN}) \tag{3}$$
$$0 \leqslant X_N \leqslant Q$$
$$0 \leqslant Q \leqslant Q_0$$

In equations (2) and (3), e_{at} and e_{aN} are respectively a function of X_i, Q and W are the two state variables, namely: available water supply over the remaining season and the avaiable soil water, respectively, at the beginning of each stage.

4 Relevant Real-time Data

In view of the above, real time data of only the following variables are used in each growth stage in the model:

1) actual rainfall, R_{ai}, in the growth stages;

2) updated estimates of seasonal water supplies, Q_{ei}, at the end of the growth stages;

3) irrigation decisions, D_{ai}, actually implemented in the growth stages;

4) actualpotential evapotranspiration, e_{api}, in the growth stages, if this is significantly different from the design value e_{pi}.

5 Procedure for Adaptive Management in Real-time

The procedure for adaptive management of irrigation operations begins in the first growth stage of the crop season ($i=N_b$) and continues at the following to the end of the season ($i=N_e$).

1) At the beginning of the first growth stage of the season ($i=N_b$) the design stage irrigation decisions, (X_i, $i=N_b, N_b+1, \cdots, N_e$) are determined for the entire season based on the values of rainfall at probability of exceedance (R_i, $i=N_b, N_b+1, \cdots, N_e$) and average potential evapotranspiration (e_{pi}, $i=N_b, N_b+1, \cdots, N_e$) by using the optimization model of N. H. Rao, et al.[5] for specified seasonal water supply Q. X_i is the stipulated irrigation decision for the i growth stage.

2) At the end of the i growth stage, the values of actual rainfall R_{ai}, irrigation decision implemented D_{ai} and the updated estimate of seasonal supplies Q_{ei} are obtained.

3) If any one of the variables R_{ai}, e_{pi} or Q_{ei} is not significantly different from its corresponding value used in determining the design irrigation programme, this programme continues to remain effective and the operational phase decisions will be the same as those of the design phase for the ($i+1$) growth stage also.

4) If the value of any one of the variables R_{ai}, e_{pi} or Q_{ei} is significantly different from its corresponding value used in step 1), the design irrigation programmes for the subsequent growth stages need to be modified.

5) This is done by changing the values of the input variables of the growth stage i, namely: R_i, e_{pi} and Q to R_{ai}, e_{api} and Q_{ei}, respectively. The corresponding values of these variables for the following growth stages ($i+1, i+2, \cdots, N_e$) remain the same as those used earlier in the design phase. Further, the irrigation water allocation in this growth stage is set to the actual irrigation applied ($X_i=D_{ai}$). The irrigation decisions are obtained for all subsequent growth stages for these values for the i growth stage once again by running the irrigation scheduling model of N. H. Rao, et al. [5,7]. X_{i+1} obtained from the model is the stipulated irrigation decision for the ($i+1$) growth stage.

6) i is now set to ($i+1$) and the procedure (step 2)~5) above) is extended to all the growth stages until the end of the crop season.

7) According to the field condition of this study, there are some limitations of the operation phase for water allocated to i stage, X_i:

X_i can not be more than Q_0, that is $X_i \leqslant Q_0$;

X_i can not be less than 40 mm or more than 80 mm, that is $40 \leqslant X_i \leqslant 80$.

6 Application

The procedures described above were applied to winter wheat in this study. The crop was divided into 6 stages (Table 1). The values of K_c was taken directly from Gong Yuanshi, et al. [10]. The values of K_i taken directly from Chen Yaxin and Kang Shaozhong1 [11] are assumed to hold for the situation of this study. Values of rainfall, e_0 and e_p were calculated based on the real-time meteorological data during crop growth stages, which were estimated from Penman method. e_a was estimated from a soil-water balance model.

Tab.1 Growth Stages, K_c, K_i, R_i, e_0 and e_p of Winter Wheat

Stages	No. of Days	K_c	K_i	R_i/mm	e_0/mm	e_p/mm
Sowing—Tillering	27	0.76	0.1132	2.8	2.3	41.35
Tillering—Greening	122	0.33	0.0241	2.2	1.5	52.47
Greening—Jointing	40	0.86	0.0610	15.0	3.6	100.97
Jointing—Heading	19	1.09	0.2214	2.3	4.2	86.55
Heading—Filling	29	1.22	0.3944	3.6	4.2	170.19
Filling—Maturity	6	0.41	0.1150	0.0	5.1	12.55

For the above conditions, the optimal irrigation water allocations X_i, to the 6 growth stages of winter wheat, for different levels of seasonal supply Q_0 and initial soil moisture W_B were presented in Table 2.

Tab.2 Optimal Irrigation Water Allocation X_i, to Growth Stages i for Winter Wheat

mm

Q_0	W_0	X_1	X_2	X_3	X_4	X_5	X_6	Y/Y_m
	40	0	0	0	60	60	70	0.87
200	45	0	0	0	60	60	70	0.87
	50	0	0	0	60	60	70	0.87
	40	0	0	70	80	0	70	0.87
250	45	0	0	0	70	60	70	0.87
	50	0	0	0	70	60	70	0.87
	40	0	0	60	70	60	70	0.89
300	45	0	0	60	70	60	70	0.89
	50	0	0	60	70	60	70	0.89
	40	80	0	60	70	60	70	0.98
350	45	80	0	60	70	60	70	0.98
	50	80	0	60	70	60	70	0.98
	40	60	70	60	70	60	70	1.00
400	45	60	70	60	70	60	70	1.00
	50	60	70	60	70	60	70	1.00

7 Discussion

The expected relative yield and optimal irrigation decision were shown in Table 2. This table showed generally the importance of irrigation timing significantly associated with irrigation quantity. Winter wheat had a duration of about 8 months. The critical period for moisture was from jointing stage to maturity. The decisions were affected by the initial soil water states. When available supplies were highly deficient irrigation decisions were governed more by crop and irrigation system-related factors than by the soil water availability. However, when supplies approach adequate levels, irrigation frequencies rose and W0 influenced the timing of irrigations significantly.

8 Conclusion

Computerize real-time irrigations decision-making is visualized as a sequential two-stage process; the design and the operation stages. In the design stage, an irrigation plan for each growth stage of the entire season is developed and updating them for the remaining season, as real time information on the weather . water supply in the operation stage. The mathematical formulation presented above is applied to winter wheat under various levels of seasonal water supply and initial soil moisture. It is particularly suited for such adaptive management.

References

[1] Howell T A, Hiller E A. Optimization of water use efficiency under high frequency irrigation: I. ET and yield relationship. Trans of the ASAE, 1975, 18(5):873-878.

[2] Howell T A, Hiller E A, Reddell D L. Optimization of water use efficiency under high frequency irrigation: II. System simulation and dynamic programing. Trans of the ASAE, 1975, 18(5):879-887.

[3] Bras R L, Cordova J L. Intraseasonal water allocation in deficit irrigation. Water Resource Res, 1981, 17: 866-874.

[4] Day A D, Intalap S. Some effects of soil moisture stress on the growth of wheat. Agron J Jan-Feb, 1970, 62:27-29.

[5] Rao N H, Sarma P B S, Chander S. Irrigation scheduling under a limited water supply. Agri Water Manag, 1988, 15: 165-175.

[6] Rao N H, Sarma P B S, Chander S. Real-time adaptive irrigation scheduling under a limited water supply. Agri Water Manag, 1992, 20: 267-279.

[7] Rao N H, Sarma P B S, Chander S. A simple dated water production function for use in irrigation agriculture. Agri Water Manag, 1988, 13: 25-32.

[8] Rao N H. Field test of s simple soil-water balance mode for irrigated areas. J of Hydrology, 1987, 91: 179-186.

[9] Doorenbos J, Kassam A H. Yield response to water. FAO Irrig and Drain Pap, 1979, 33:193.

[10] Gong Yuanshi, Lu Jinwen, Huwe B, et al. Estimation of irrigation water requirements for main crop in North China Plain. Acta Agri Univ Pekinensis, 1993, 19(Sup): 82-91.

[11] Chen Yaxin, Kang Shaozhong. Theory of irrigation scheduling with limited water supply. Beijing: Hydro-Electric Power Pub, 1995. 171.

滴灌土壤湿润体特征值的数值算法*

李光永　曾德超

摘要　本文提出了一种新的计算地表点源滴灌土壤水分入渗湿润体特征值的通用数值方法。经过无量纲变换，将地表点源滴灌土壤水分入渗方程转换为无量纲方程。采用 Van Genuchter 函数表征有效含水量与压力水头间的关系和相对水力传导率与压力水头间的关系。无量纲数值解仅依赖于无量纲滴头流量和无量纲入渗时间。通用数值计算得到了数值解的验证，并将通用数值计算结果图形化，使用者仅根据本文提供的图形和易测的土壤参数，经过量纲转换和简单的计算，便可获得具体条件下湿润体特征值，而不需进行费时和对土壤参数有严格要求的数值计算，使得数值解具有了分析解的某些特征，计算简捷，更便于在实际中应用。

关键词　滴灌，水分入渗，土壤湿润体，数值算法

单个滴头下土壤水分入渗的湿润体大小、地表水分横向扩散距离和垂直入渗深度等 3 个表征地表点源滴灌水分入渗的特征值，是微灌系统设计中确定滴头间距和灌溉制度的重要基础依据。选取合理的特征值，将使得微灌系统既满足植物蒸腾需要，又不致产生深层渗漏。点源入渗的 3 个特征值是土壤质地、滴头流量和灌水总量的函数[2,3]。在能获得数值计算所需的土壤参数并且有计算机设备时，应用数值计算方法无疑是较精确的。但是，在实际应用中，由于缺乏计算机设备或缺乏数值计算知识，使得数值模拟技术受到了条件和技术等许多因素的限制。从实用角度考虑，需要提出更简便、更实用的确定微灌土壤水分入渗湿润体特征值的方法。在研究一维水分入渗时，Govey[1] 等提出了一种将 Richard 方程通过转换系数变为无量纲方程，然后求解无量纲 Richard 方程，再将其无量纲解通过变换转为实际解的方法。本文将一维水分入渗的无量纲数值计算方法拓展到三维轴对称点源水分入渗研究中。

一、三维轴对称点源入渗无量纲 Richard 方程的建立及数值解法

假定土壤各向同性，没有地表蒸发，均匀的土壤初始含水量，不考虑滞后现象。

三维轴对称点源水分入渗 Richard 方程为：

$$\frac{\partial\theta}{\partial t}=\frac{1}{r}\frac{\partial}{\partial r}\left(rK\frac{\partial H}{\partial r}\right)+\frac{\partial}{\partial z}\left(K\frac{\partial H}{\partial z}\right)+Q\delta(r,z) \tag{1}$$

式中：θ 为体积含水量（无量纲）；H 为总水头（L）；$H=h_p+h_z$；h_p 为压力水头（L）；h_z 为位置水头（L）；K 为非饱和水力传导率（LT^{-1}）；r 为径向坐标（L）；z 为纵向坐标或深度（L）；Q 为通量（L^3T^{-1}）（源函数或沉函数）；$\delta(r,z)$ 为 δ 函数，当 $r=R_0,z=Z_0$ 时，$\delta=1$；当 $r\neq R_0,z\neq Z_0$ 时，$\delta=0$；Z_0,R_0 为地表点源的位置，t 为时间（T）。

定义下列无量纲变量：

$$H^*=\alpha H=\alpha[h_p+h_z] \tag{2}$$

$$z^*=\alpha z \tag{3}$$

$$r^*=\alpha r \tag{4}$$

* 本文出处：水利学报，1997 年 7 月，第 7 期

$$K^* = \frac{K}{K_s} \tag{5}$$

$$t^* = \frac{\alpha K_s t}{\theta_s - \theta_r} \tag{6}$$

$$Q^* = \frac{\alpha^2 Q}{K_s} \tag{7}$$

$$\delta^* = \frac{\delta}{\alpha^3} \tag{8}$$

$$\omega = \frac{\theta - \theta_r}{\theta_s - \theta_r} \tag{9}$$

式中：θ_s 为饱和含水量（无量纲）；θ_r 为残余体积含水量（无量纲）；K_s 为饱和水力传导率（LT^{-1}）；α 为转换系数（L^{-1}）；ω 为有效含水量（无量纲）。

由上述无量纲变量可构成以下三维轴对称点源水分入渗的无量纲 Richard 方程：

$$\frac{\partial \omega}{\partial t^*} = \frac{1}{r^*}\frac{\partial}{\partial r^*}\left(r^* K^* \frac{\partial H^*}{\partial r^*}\right) + \frac{\partial}{\partial z^*}\left(K^* \frac{\partial H^*}{\partial z^*}\right) + Q^* \delta^* (r^*, z^*) \tag{10}$$

（一）土壤水力特征参数

经过大量的试验，Van Gennethten[4] 认为下面的土壤水分特征曲线形式更具有普遍性：

$$g^\theta = \theta_r + \frac{\theta_s - \theta_r}{[1 + |\alpha h_p|^n]^m} \tag{11}$$

或

$$\omega = \frac{1}{[1 + |\alpha h_p|^n]^m} \tag{12}$$

其中

$$\omega = \frac{\theta - \theta_r}{\theta_s - \theta_r}$$

式中：α 为土壤常数（LT^{-1}），m，n 为表征土壤特性的土壤参数，且有 $m = 1 - \frac{1}{n}$，其他符号同前。

令：$h^* = \alpha h_p$，则可得无量纲土壤水分特征曲线：

$$\omega = \frac{1}{[1 + |h^*|^n]^m} \tag{13}$$

Mualem 提出了预测土壤水力传导率的模型[4]为：

$$K(\omega) = K_s \omega^{\frac{1}{2}} [1 - (1 - \omega^{\frac{1}{m}})^m]^2 \tag{14}$$

则相对（无量纲）水力传导率为：

$$K^* = \frac{K}{K_s} = \omega^{\frac{1}{2}} [1 - (1 - \omega^{\frac{1}{m}})^m]^2 \tag{15a}$$

或

$$K^*(h^*) = \frac{\{1 - |\alpha h_p|^{n-1} [1 + |\alpha h_p|^n]^{-m}\}^2}{[1 + |\alpha h_p|^n]^{\frac{m}{2}}} \tag{15b}$$

或

$$K^*(h^*)=\frac{\{1-|h^*|^{n-1}[1+|h^*|^n]^{-m}\}^2}{[1+|h^*|^n]^{\frac{m}{2}}} \tag{16}$$

从无量纲土壤水分特征曲线式(13)和无量纲相对土壤水力传导率式(16)可以看出，当土壤参数 n(或 m)被假定为某一值时，便可根据初始条件和边界条件求解基本的无量纲 Richard 方程(10)，求得不同无量纲时刻 t^* 时的无量纲有效含水量分布。

(二)初始条件

土壤初始含水量对湿润体有明显的影响，每次灌水前初始土壤含水量不可能相同，一般以土壤水分较干时(如凋萎点含水量)水分入渗的温润体大小为依据设计滴头间距。系统运行过程中，每次灌水前的土壤含水量一般高于凋萎点含水量(如田间持水量的 60%)，此时温润体要大于设计滴头间距时所取的温润体，因此各湿润体之间互有搭接。以略高于凋萎点的含水量作为初始土壤含水量，即：

$$\omega(r^*,z^*)=\omega_i=0.01 \tag{17}$$

(三)边界条件

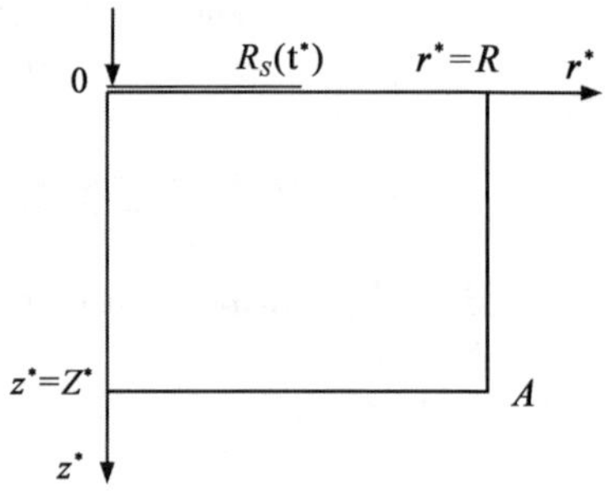

图 1　滴灌水流计算区域示意

如图 1 所示，在地表饱和区$[0,R_s(t^*)]$边界：

$$h_p^*(r^*,z^*)=0,0<t^*,z^*=0,0<r^*\leqslant R_s(t^*) \tag{18}$$

在地表非饱和区$[R_s(t^*),R]$边界：

$$-K^*\left.\frac{\partial H^*}{\partial z^*}\right|_{z^*=0}=0 \tag{19}$$

即不考虑地表蒸发。

$[0,Z^*]$边界为对称边界：

$$\frac{\partial H^*}{\partial r^*}=0 \tag{20}$$

$[0,R]$和$[Z^*,A]$边界，保持初始土壤含水量 ω_i：

$$\omega(r^*,z^*)=\omega_i,t^*>0,z^*=Z^* \text{ 或 } r^*=R^* \tag{21}$$

(四)数值计算

采用 ADI 隐式差分格式将基本方程离散，Gauess-Seidel 迭代法求解差分方程，地表饱和条件的处理详见参考文献[5]，这里不再赘述。

二、计算结果

(一)湿润锋的确定

与一维入渗比较，三维点源入渗中的湿润锋不易确定。一维入渗时，湿润锋后的土壤含水量比较均匀，而三维入渗中，湿润体内土壤含水量随离点源距离的增加而减少。这里我们假定湿润锋处含水量 $\omega(r^*,z^*)=1.1\omega_i$，以此来确定湿润锋和湿润体。

(二)土壤湿润体的表征

用 4 个无量纲变量特征值来表征无量纲土壤湿润体：

D_1 为沿着垂直线 $r^*=0$ 从滴头到湿润锋的无量纲距离(或无量纲入渗深度);D_2 为沿着 $r^*=z^*$ 从滴头到湿润锋的无量纲距离(对角线);D_3 为沿着水平线 $z^*=0$ 从滴头到湿润锋的距离(或无量纲水平扩散距离);V^* 为湿润体的无量纲体积(如图 2 所示)。

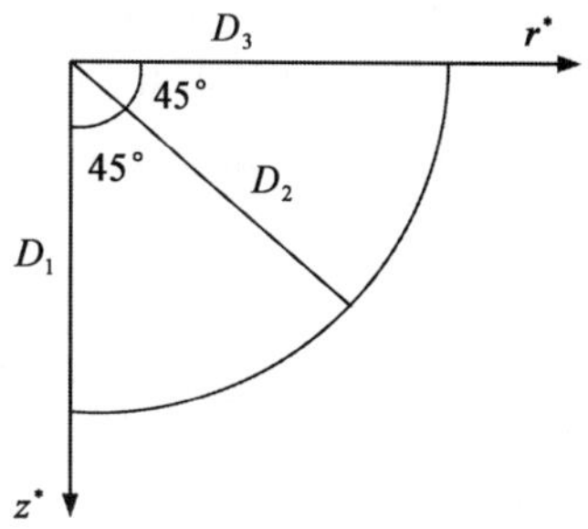

图 2　表征无量纲湿润体的无量纲特征值示意

(三)计算结果

根据计算结果可绘出 6 种 n 值(代表土壤质地,$n=1.5,1.75,2.0,2.5,3.5,5$),5 种 Q^*($Q^*=0.05,0.1,0.5,1.0,5.0$)值相互组合在不同时刻 t^* 时的 4 个无量纲土壤湿润体特征值图(共 30 个图),基本上覆盖了各种常见土壤和微灌中常用的滴头流量范围,图 3 和图 4 为其中的 2 个图($n=1.5,Q^*=0.1,0.5$)。

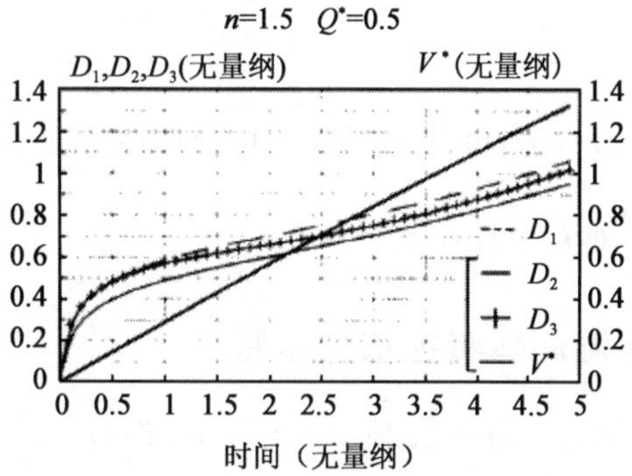

图 3　微灌土壤水分入渗无量纲湿润体特征值速查

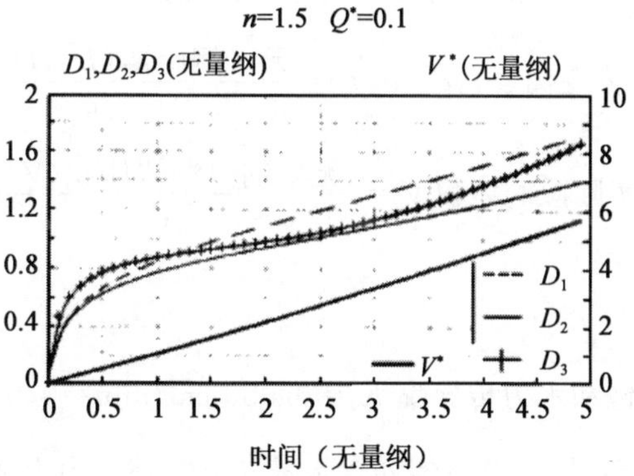

图 4　微灌土壤水分入渗无量纲湿润体特征值速查

三、应用与验证

(一)获取土壤水分特征曲线并计算土壤参数

土壤参数包括 K_s、θ_s、θ_r、α、n 等 5 个独立参数。饱和导水率 K_s 可通过实测或预测模型获得,饱和含水量 θ_s 可通过实测获得,θ_r、α、n 可通过实测或预测的土壤水分特征曲线获得,利用土壤水分特征曲线预测土壤参数的方法如下:

关于残余含水率 θ_r,对它的物理含义目前文献中尚无统一的看法,不同情况对 θ_r 有不同的处理方法。Van Genuchten[4]认为 $\theta(h)$ 曲线的高负压侧比水容量 $C(\theta)\to 0$ 时的含水率为 θ_r，或近似取水势 −15bar 的土壤含水量（凋萎点含水量）作为残余含水量。

土壤参数 n 和 α（Van Genuchten[4]）

$$\alpha=\frac{1}{m-1}=\begin{cases}1-\exp(-0.8S_p), & 0<S_p\leqslant 1\\ 1-\dfrac{0.5755}{S_p}+\dfrac{0.1}{S_p^2}+\dfrac{0.025}{S_p^3}, & S_p>1\end{cases} \tag{22}$$

$$n=\frac{(2^{1/m}-1)^{1-m}}{h_p} \tag{23}$$

式中

$$S_p=\frac{\left|2.303h_p\left[\dfrac{\mathrm{d}\theta}{\mathrm{d}h}\right]_{h=h_p}\right|}{\theta-\theta_r} \tag{24}$$

其中 h_p 为当 $\theta_p=\dfrac{\theta_s+\theta_r}{2}$ 时的压力水头，可从土壤水分特征曲线上查得，$\dfrac{\mathrm{d}\theta}{\mathrm{d}h}$ 可由土壤水分特征曲线的普通表达式 $h=\alpha\theta^b$ 或 $h=\alpha\left(\dfrac{\theta}{\theta_s}\right)^b$ 对 h 求导计算。

(二)确定土壤水分入渗湿润体特征值的步骤

(1)根据上述方法，选取适当的土壤参数 K_s、θ_r、θ_s、α、n 或 m。

(2)利用式(6)和式(7)计算 t^* 和 Q^*。

(3)根据土壤参数 n 和 Q^* 值查图得无量纲特征值 D_1、D_2、D_3 和 V^*。

(4)将无量纲特征值 D_1、D_2、D_3 和 V^* 转换为有量纲特征值，转换方法为：

$$\text{实际入渗距离}(d_1,d_2,d_3)=\frac{\text{无量纲距离}(D_1,D_2\text{ 或 }D_3)}{\alpha} \tag{25}$$

$$\text{实际湿润体积 }V=\frac{\text{无量纲湿润体体积}(V^*)}{\alpha^3} \tag{26}$$

(三)举例和验证

某一沙壤土水力参数为：饱和水力传导率 $K_s=0.056\ \mathrm{cm/min}=0.0336\ \mathrm{m/h}$；水分特征曲线 $h(\theta)=-19.3454\left(\dfrac{\theta}{\theta_s}\right)^{-8.8281}$ 或 $\theta=0.67|\mathrm{h}|^{-0.1133}$；饱和含水量 $\theta_s=0.48$。由上述参数可得：$\theta_r=0.225$，$n=1.33\approx1.5$，$\alpha=0.0258\ \mathrm{cm^{-1}}=2.58\ \mathrm{m^{-1}}$。设滴头流量 $Q=1\ \mathrm{L/h}=0.001\ \mathrm{m^3/h}$，要求解 $t=2$、4、6、8、10 h 的湿润体特征值。由式(7)得：$Q^*=\alpha^2Q/K_s=2.58^2\times0.001/0.0336=0.198\approx0.2$。由式(6)得：$t^*=0.68$、1.4、2.04、2.72、3.4。$n=1.5$，$Q^*=0.2$ 时的无量纲特征值，可由 $n=1.5$，$Q^*=0.1$ 图与 $n=1.5$，$Q^*=0.5$ 图插值计算而得。

由 $n=1.5$，$Q^*=0.1$ 图得到不同 t^* 时刻的特征值为：$D_1=0.52$，0.64，0.71，0.80，0.88，$D_2=0.43$，0.54，0.60，0.68，0.75，$D_3=0.51$，0.60，0.66，0.72，0.80，$V^*=0.20$，0.40，0.58，0.78，0.94，

由 $n=1.5$，$Q^*=0.5$ 图得到不同 $t*$ 时刻的特征值为：$D_1=0.75$，0.98，1.12，1.27，1.4，$D_2=0.70$，0.85，0.95，1.05，1.15，$D_3=0.80$，0.91，0.97，1.08，1.20，$V^*=0.80$，1.30，2.01，3.00，3.80，

经过线性插值得 $n=1.5$，$Q^*=0.2$，$t^*=0.68$，1.40，2.04，2.72，3.40 时的无量纲特征为：$D_1=0.58$，0.72，0.81，0.92，1.01，$D_2=0.50$，0.62，0.69，0.77，0.85，$D_3=0.58$，0.68，0.74，0.81，0.90，V^*

=0.35,0.63,0.94,1.34,1.65。

按照式(25)和式(26)将上述无量纲特征值转换为有量纲特征值,计算结果如表1。表1将通过计算结果与数值计算结果[5]进行了比较。从表1可以看出,二者虽非常接近但还存在一定的差异,产生这些差异的原因可能是由于:①查图误差,②插值误差,③用 $n=1.5$ 代替 $n=1.33$ 的误差,④光滑图中曲线产生的误差。但是最大误差≤10%,这对实际应用影响不大。

表1　通用算法与数值解对比表

项目	时间 t(h)	2	4	6	8	10
垂直入渗深度 d_1(cm)	通用算法解	22.5	28.0	31.3	36.0	40.0
	数值解	23.6	31.0	34.8	39.9	42.6
对角入渗距离 d_2(cm)	通用算法解	19.4	24.0	26.7	29.8	32.9
	数值解	20.6	26.0	29.8	33.0	36.5
水平扩散距离 d_3(cm)	通用算法解	22.5	26.0	28.7	31.4	34.9
	数值解	21.7	26.0	29.8	32.9	35.0
湿润体体积 V(m^3)	通用算法解	0.02	0.037	0.055	0.078	0.096
	数值解	0.022	0.039	0.06	0.082	0.106

四、结论

湿润体大小、水平扩散距离和垂直入渗深度是地表点源滴灌水分入渗的3个重要的特征值,也是微灌系统设计的重要依据之一。本文在回顾了前人研究成果的基础上提出了计算地表点源滴灌水分入渗湿润体特征值的无量纲数值计算方法,无量纲数值解仅依赖于土壤参数 n、无量纲滴头流量和无量纲时间,不依赖于其他的土壤参数和实际的滴头流量。并将数值计算结果图形化。使用者仅根据本文所提供的图形,经过量纲转换和简单的计算便可获得具体条件下湿润体的特征值,避免了进行费时的和对土壤参数有严格要求的数值计算,使得数值解具有了分析解的某些特征——计算简捷,计算结果更宜于在实际中应用,且没有分析解的某些非常严格的假定条件,如稳态流(Bresler[3])等,因而求解结果更接近于实际。本方法采用 Van Genuchter 函数表征有效含水量与压力水头间的关系和相对水力传导率与压力水头间的关系,在缺乏充分的田间土壤水力特性参数时更显示了本方法的适用性。

参考文献

[1] 雷志栋,杨诗秀,谢森传,土壤水动力学.清华大学出版社,1988.

[2] Brandt, A, Bresler, E, Diner, D. et al, Infiltration from a trickles source. I. Mathematical models. *Soil Sci, soc*. Am. Proc. ,No. 35,pp. 675-682,1971.

[3] Bresler,E,Analysis of trickle irrigation with application to design problems. *Irrig. Sci.* ,No. 1, pp. 13-17,1978.

[4] Van Genuchten M T,A closed-form equation for predicting the hydraulic conductivity of unsaturated soil. *Soil. Sci. Sco. Am. J.* ,No. 44,pp. 892-898,1980.

[5] 李光永,微灌土壤水分分布规律及旱地果园蓄雨微灌的研究.北京农业工程大学博士论文,1995.

The Mathematical Method for Calculating the Characteristic Value of Wetted Volume Under Surface Drip Irrigation

Li Guangyong　Zeng Dechao

Abstract　The mathematical method is presented for calculating the characteristic value of wetted volume. Richard equation for axial symmetric flow is changed to a dimensionless form with dimensionless variables. The dimensionless solution depends only on dimensionless flow rate of dripped and dimensionless irrigation time. Results are checked with the existing numerical solution and illustrated by diagrams. Readers can know the characteristic value at specified condition with the graph and some soil parameters which are easily measured.

Key words　drip irrigation, water infiltration, mathematical method

波涌灌间歇供水表面密实层特性的实验研究*

刘洪禄　吕露　杨培岭　曾德超　郑跃泉

摘要　根据田间试验、前人的研究成果及现代控制理论中"黑箱"理论的思想，作者提出波涌灌入渗的结构模型。进而提出定量描述波涌灌土壤性能变化的指标——表面密实层的饱和导水率 k_s 和糙率 n 值。利用成层土壤入渗理论推导出求解表面密实层饱和导水率 k_s 的公式，设计出定量测定有关参数的试验方法，并用入渗仪定量测出有关参数的量值。同时研究了表面密实层饱和导水率 k_s 与土壤机械组成、土壤容重、供水中断时间的定量关系。建立了表面密实层饱和导水率 k_s 的求解模型，并且用试验方法定量测出表面密实层的糙度 n 值，n 值约为 0.025。为波涌灌效果的描述及波涌灌系统模拟奠定了基础。

关键词　波涌灌溉，表面密实层，饱和导水率，糙度

1　引言

波涌灌溉(Surge Irrigation)是近十几年在美国兴起的一种新型地面灌溉方法。国外大量资料表明，它具有省水节能、灌水均匀、田间水利用率高等优点。间歇地向沟或畦中供水的波涌灌溉通常能降低土壤的入渗速度，延长行水距离，但入渗降低的程度是不同的。究其原因 Coolidge(1998)，Trout 和 Kemper(1983)以及 Sammani(1985)认为水流中断期土壤水分在剖面上的重新分布增加了土壤表面附近的土壤的张力，造成了土壤的固结(Consolidation)。Kemper et al.(1988)认为是波涌灌水流增加了土壤团粒的破碎程度，这些悬质在沟、畦底的沉积促使表面密实层(Surface Sealing)的形成。Sammani(1983)，Kemper 和 Trout(1988)则认为降低入渗速度的主要原因是二者综合作用的结果。另外减小入渗速度的原因还有供水中断期空气进入土壤并形成封闭气体(Cooldge，1982)，以及土壤表面附近水力梯度的降低(Levin，1979)。这些研究虽然说明了波涌灌减小水在土壤中的入渗速度的原因，但只是定性地解决了这个问题，缺乏对入渗过程的定量描述，当然也未将波涌灌灌水技术参数考虑进去。行水速度增加的另一个原因是供水中断期间土壤水入渗降低了沟、畦底的糙度，使其具有稳定的断面，但是到目前为止并没有定量地研究糙度值的这种变化。

2　波涌灌溉的表面密实层

波涌灌溉和传统地面灌的区别在于有无供水中断期间。在田间双环入渗试验中，可以明显地看到经过一段时间的供水中断后，土壤表面光滑，表层土壤下降、密实，其结果是表层土壤空隙减小，表面密实层形成。因此可以说波涌灌和传统地面灌的区别本质上在于有无表面密实层的形成，波涌灌的效果取决于表面密实层的性质及对表层、下层土壤水动力学特性的影响程度。

所谓表面密实层是指在波涌灌期间，由于获得灌溉水能量而导致其团粒的解体，从而使土壤的容重、孔隙度、孔隙形状等物理性质发生改变，并在土壤水张力的作用下使土壤表面密实。土壤表面密实层的主要特征是容量增大，孔隙度下降，从而使导水率下降。

Mclntyre(1958)将密实层的结构分成两个区域：由外力形成的密实表层和孔隙减小的水渗透区

* 本文出处：灌溉排水，1997年，第16卷第4期

(Washed-In Region)。Tachett 和 Pearson(1965)所进行的微观照相显示了在模拟降雨下形成的密实表层大约 0.1 mm 厚,这一表层是由定向排列非常好的黏土颗粒组成。在这层下面,由于大孔隙被水入渗带进物填充,土壤孔隙较未影响区明显减小。王千(1991)认为雨滴打击下形成的表面密实层的饱和导水率取决于表面密实层的孔隙特征,通过微观照相、理论分析及计算,他认为地表面 3 mm 以下土壤饱和导水率保持不变。表面密实层虽然很薄,但对入渗的影响是显著的。Mclntyre(1958)指出表面密实使细沙壤土表层的导水率减小到 1/2000,Hilhel(1960),Schmidt(1964),Mannering(1967),Edwards 和 Larson(1969),Falayi 和 Bouma(1975)以及 Sharma(1980)也证实表层渗透性的显著降低是由表面密实引起的,并且封闭气体对入渗的影响效果也可以用表面密实来解释[1]。因此本文将波涌灌条件下土壤入渗结构模型假定为:上层表面密实层与下层均质原状土壤相结合的结构,将供水中断期土壤固结、封闭气体形成等土壤结构变化对入渗的影响统统归结为表面密实层的形成对入渗的影响。

为了定量研究波涌灌,我们将间歇供水的土壤看成一个"黑箱"模型。尽管我们对于"黑箱"(间歇供水的土壤)的内部结构变化不十分清楚,但我们可以通过对"黑箱"输入、输出的观测来估算其行为(性质变化),并用某一结构的性能来模拟其行为。本文将波涌灌供水中断期形成的表面密实层假定为具有一定结构,稳定厚度、稳定饱和导水率的弱透水层。表面密实层的厚度为 3 mm。

表面密实层的形成及其性质受土壤质地(Manning,1967;王千,1991)、团粒的稳定性(Allison,1956;王千,1991)的影响,当然团粒的稳定性又直接受有机质含量的影响(Ahmad and Rablin,1971)。表面密实层的形成也会受到耕作措施(王千,1991)、作物栽培历史、种植方法、灌水技术参数的影响[1]。

3 表面密实层饱和导水系数的试验研究

3.1 研究方法

表面密实层的特性的研究方法也采用现代控制论中的"黑箱"理论的思想。在整个研究过程中不考虑表面密实层的具体内部结构而只考虑其输出特征,及 k_s 和糙度 n 值。

3.2 试验设计

3.2.1 试验因子的确定

影响表面密实层的因素是土壤质地状况和灌水技术参数。波涌灌技术参数主要是供水中断时间和供水中断次数。由文献[2]及双环入渗试验可知表面密实层的形成一次基本完成。因此本试验中不考虑中断次数对表面密实层的影响。这样影响表面密实层形成的因素为供水中断时间 T_{off},土壤机械组成(黏粒含量)和土壤容重。

本试验采用三因子、二次正交组合设计。试验指标为饱和导水率 k_s

X_1——土壤容重,X_2——土壤的机械组成(黏粒含量),X_3——供水中断时间。

3.2.2 试验安排

按三因子二次回归正交设计的结构矩阵 $X(m_0=1)$安排试验,见表 1。

表 1 三因子二次回归正交设计结构矩阵 $X(m_0=1)$

试验号	X_0	X_1	X_2	X_3	X_1X_2	X_1X_3	X_2X_3	X_1'	X_2'	X_3'	y(cm/min)
1	1	1	1	1	1	1	1	0.27	0.27	0.27	0.000560
2	1	1	1	−1	1	−1	−1	0.27	0.27	0.27	0.000582
3	1	1	−1	1	−1	1	−1	0.27	0.27	0.27	0.002280
4	1	1	−1	−1	−1	−1	1	0.27	0.27	0.27	0.002290
5	1	−1	1	1	−1	−1	1	0.27	0.27	0.27	0.001150

续表 1

试验号	X_0	X_1	X_2	X_3	X_1X_2	X_1X_3	X_2X_3	X_1'	X_2'	X_3'	y(cm/min)
6	1	−1	1	−1	−1	1	−1	0.27	0.27	0.27	0.001250
7	1	−1	−1	1	1	−1	−1	0.27	0.27	0.27	0.003440
8	1	−1	−1	−1	1	1	1	0.27	0.27	0.27	0.003490
9	1	1.215	0	0	0	0	0	0.746	−0.73	−0.73	0.000719
10	1	−1.215	0	0	0	0	0	0.746	−0.73	−0.73	0.001750
11	1	0	1.215	0	0	0	0	−0.73	0.746	−0.73	0.000518
12	1	0	−1.215	0	0	0	0	−0.73	0.746	−0.73	0.003450
13	1	0	0	1.215	0	0	0	−0.73	−0.73	0.746	0.001220
14	1	0	0	−1.215	0	0	0	−0.73	−0.73	0.746	0.001290
15	1	0	0	0	0	0	0	−0.73	−0.73	−0.73	0.001250

3.3 表面密实层饱和导水率的推求

3.3.1 均质土壤饱和导水率

饱和导水率的计算公式为[4]

$$k = \frac{Q}{At}\frac{L}{\Delta H} \tag{1}$$

式中：k 为饱和导水率(cm/min)；Q 为 t 时段内通过土粒的水的体积(cm^3)；A 为试验土柱的断面积(cm^2)；t 为测试时段(min)；L 为土柱的长度(cm)；ΔH 为水头差(cm)。

3.3.2 成层土壤的饱和导水率[4]

设通过图 1 各土层的流量分别为 q_s、q，两土层的饱和导水率分别为 k_s、k；通过整个土层的流量为 q_T，饱和导水率为 k_T，则根据连续性原理，有

$$q = q_s = q_T \tag{2}$$

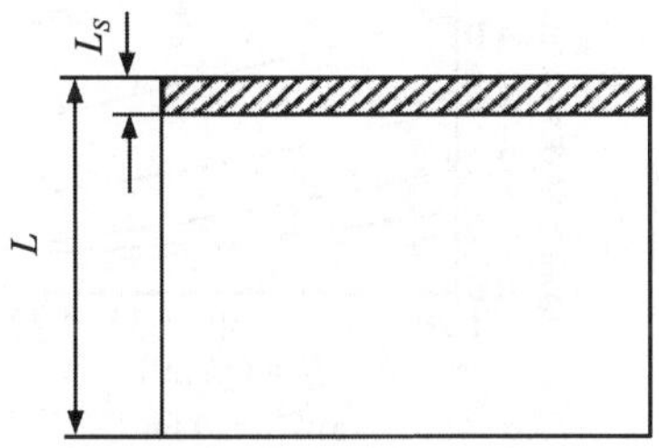

图 1　成层土壤入渗示意图

设通过各土壤层的水头损失分别为 ΔH_s、ΔH，总的水头损失为 ΔH_T，则：

$$\Delta H_T = \Delta H_s + \Delta H \tag{3}$$

根据 Darcy 定律有：

$$q = ki = k\frac{\Delta H}{L - L_s} \tag{4}$$

$$q_s = k_s i_s = k_s \frac{\Delta H_s}{L} \tag{5}$$

$$q_T = k_T i_T = k_T \frac{\Delta H_T}{L} \tag{6}$$

将式(4)～式(6)代入式(2)，并整理有

$$\Delta H = \frac{k_T}{k}\frac{L - L_s}{L}\Delta H_T \tag{7}$$

$$\Delta H_s = \frac{k_T}{k_s}\frac{L_s}{L}\Delta H_T \tag{8}$$

将式(7)、式(8)代入式(3),并整理有:

$$k_s = k_T L_s \frac{k}{kL - k_T(L - L_s)} \tag{9}$$

式中:k_s为表层土壤饱和导水率(cm/min);L_s为表层土壤厚度(cm);k为下层土壤饱和导水率(cm/min);L为整个土层(柱)厚度(cm);k_T为整个土层的饱和导水率(cm/min)。

3.3.3 表面密实层饱和导水率的求解方法

将表面密实层定义为表层土壤,具有稳定的饱和导水率k_s,将表面密实层下面的土壤定义为下层土壤,具有饱和导水率k,这样通过测定下层土壤的饱和导水率k及整个土层(柱)的饱和导水率k_T,利用式(9)即可求出表面密实层的饱和导水率。

3.4 试验测定

试验在北京农业工程大学土壤—机器—植物系统实验室内进行,土壤饱和导水率的测定采用渗透仪法。

3.5 表面密实层饱和导水率k_s求解模型的建立

将测得的数据代入式(1)计算出k和k_T,再将k和k_T代入式(9)得到k_s值,其结果见表1,并有:

$$k_s = b_0 + \sum_{j=1}^{p} b_j x_j + \sum^{i<j} b_{ij} x_i \cdot x_j + \sum_{j=1}^{p} b_{jj} x_j^2 \tag{10}$$

3.6 试验结果及分析

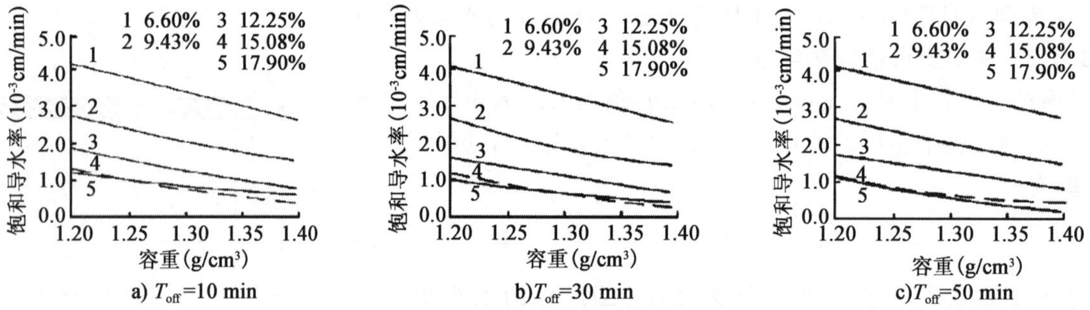

图2 表面密实层饱和导水率与土壤容重的关系

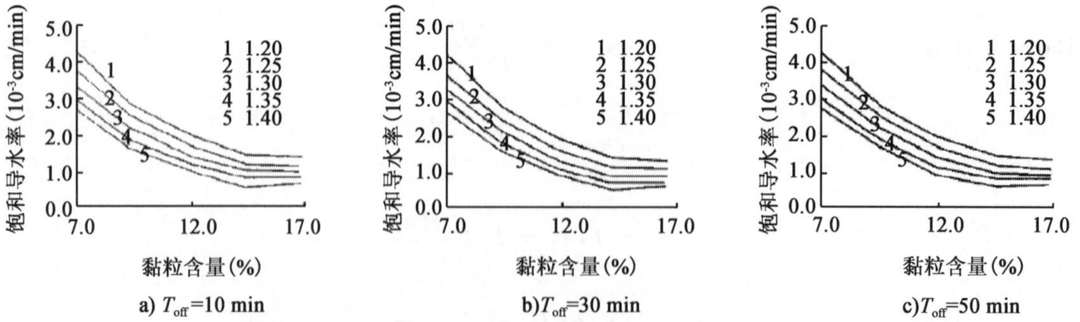

图3 表面密实层饱和导水率与机械组成的关系(黏粒含量)

随着容重的增加，导水系数逐渐减小，但随着黏粒含量的增加，导水系数变化率变小。不同供水中断时间形成的表面密实层的饱和导水系数随黏粒含量剧烈地变化。随着黏粒含量的增加，导水系数逐渐减小，变化率随黏粒含量的增加而减小。较高黏粒含量的土壤在较大容重时，表面密实层的导水率不再随黏粒含量的增加而减小，这可能是细颗粒过多，颗粒级配不理想，不利于形成稳定的密实层的缘故。在试验时间内表面密实层的饱和导水率 k_s 随着中断时间的变化不显著。

4　密实层表面糙率的试验测定

波涌灌溉的第二次供水较第一次供水的行水速度快，其原因是前一个停水期内土壤的性能发生了变化，这种变化的结果是导水率下降。土壤性能变化的另一结果是表面稳定光滑，这一点已由田间双环入渗试验证实，同时 Coolidge(1982)也发现了这一点。对波涌灌引起的表面糙率的变化的定量研究将使人们对波涌灌行水机理有一个更深的理解，同时为波涌灌田间行水流动的模拟提供符合实际的参数。

4.1　密实层表面状况的描述

稳定流状态下的摩阻系数可用下式(Manning 方程)表示：

$$n = \frac{A}{Q} R^{0.67} S_0^{0.5} \tag{11}$$

式中：R 为水力半径(m)；S_0 为明渠流坡度；n 为 Manning 摩阻系数；A 为过流面积(m^2)；Q 为流量(m^3/s)。

Manning 摩阻系数是描述流体在湿周上的阻力大小，因此本文将密实层的表面状况用 Manning 摩阻系数 n 来描述，即通常所说的表面糙率。糙率实质是一个阻力系数，当 n 值较大时则对水流的阻力大，反之则对水流的阻力小。糙率 n 值主要受表面因素的影响，比如表面的凹凸程度及其方向[3]。

在农田灌溉过程中，流速一般都很小，因此可以将沟、畦流动视为稳定流，这样式(11)成立。对于畦灌，R 可近似地取为水深，这样可通过测定某一选定畦段的水深和流量来计算出糙率 n 值。

4.2　测定结果

经过一段中断时间形成表面密实层后，其表面糙率 n 明显降低，表面密实层的糙率为 0.025，而原来地表的糙率约为 0.04。

5　结论

根据波涌灌的入渗特征考察了灌水技术参数——供水中断次数、中断时间，以及间歇供水条件下土壤结构、性能的变化。根据前人的研究成果及试验研究结果，建立了波涌灌入渗结构模型——表层表面密实层和下部原状土壤相结合的入渗结构。表面密实层具有稳定的厚度(3 mm)，较小的饱和导水率 k_s 和较小的表面糙率 n 值。提出了定量描述波涌灌土壤性能变化的指标。设计出测定表面密实层饱和导水率 k_s 值的方法，并用入渗仪定量测出 k_s 值。建立了饱和导水率 k_s 的求解模型。定量测定表面密实层糙率 n 值。

(1)供水中断使土壤表层结构发生变化，表面光滑、平整、密实，间歇供水使后续供水的入渗性能降低。

(2)波涌灌溉形成了表面密实层。表面密实层具有较小的饱和导水系数和较光滑的表面。

(3)表面密实层饱和导水率 k_s 值显著地受土壤机械组成(黏粒含量)、容重的影响，而受供水中断时间(10～50 min)影响较小，这样可以根据土壤黏粒含量和容重直接确定 k_s 值。

(4)波涌灌土壤性能的变化可以用表面密实层性质定量——k_s 值和 n 值(0.025)来描述。

参考文献

[1] I.D. Moor, 1980. Effect of surface sealing on infiltration, Transactions of The ASAE, Vol. 24, No-6, 1546-1552, 1561.

[2] Forrest T. Izuno, Terence H. Podmore, Haold R. Duke, 1985. Infiltration under surge irrigation, Transactions of The ASAE, Vol. 28, 517-521.

[3] J.E. Gilley, S.C. Finkner, 1991. Hydraulic roughness coefficient as affected by roughness, Transactions of The ASAE, 897-902.

[4] 钱家欢. 土力学. 华北水利学院出版社, 1984.

The Experiment Study on the Performance of Surface Sealing of Surge Irrigation

Liu Honglu   Lv Lu   Yang Peiling   Zeng Dechao   Zheng Yuequan

Abstract According to field experiments and results from literature, based on the "black box" concept of control theory, the change of soils in surge flow irrigation and the formation of surface sealing are summed up. The change of soil performance in surge irrigation is described by the saturated conductivity (k_s) and Manning's friction parameters (n) of surface sealing. The infiltration structure model of intermittent application is suggested. The k_s and n are measured experimentally. A method for the solution to k_s value is presented.

Key words surge irrigation, surface sealing, saturated conductivity, manning's friction parameters

地面灌田面行水流动的数值模拟及应用*

刘洪禄　杨培岭　曾德超

摘要　根据我国地面灌现状提出极限灌水状态和最佳灌水状态及其灌水技术参数的概念。用Newton-Raphson法和Preissman法对畦灌田面行水流动的零惯性模型进行求解，实现畦灌田面行水流动模拟。在此基础上探讨了畦灌的行水、入渗机理。用计算机模拟试验方法建立极限灌水定额q_0、L关系的数学模型，并研究灌水技术参数q_0、L对极限灌水定额的影响，进而探讨了q_0、L对灌溉系统性能的影响。给出了适宜的畦长L和单宽流量q_0的确定方法。结合通县宋庄地区实际，给出了该地区冬小麦适宜畦幅规格与灌水技术参数。利用上述畦幅规格与灌水技术参数对冬小麦灌水，收到节水增产的效果。

关键词　地面灌，模型，数值模拟，灌水技术，灌溉系统性能

1　引言

我国灌溉用水约占工农业用水的85％，其中90％以上的灌溉面积采用传统地面灌水方法，且不少地区仍沿袭千百年来的漫灌、串灌等落后的灌水方法，水量浪费很大。作为传统的灌水方法，地面灌在北京平原地区仍占相当大的比重，田间灌水的浪费仍然存在，改进现有地面灌水技术已是当务之急。因此研究地面灌条件下水分运移规律，及在此基础上提高地面灌水技术将具有重要的理论与应用价值。

2　研究方法

为寻求不同土壤、不同田面条件下地面灌的田间水分运移规律，需进行多种方案的田间灌水试验，但其工作量甚大，周期很长，且许多试验条件是人工难以实现的。利用计算机进行模拟对试验条件可灵活调整实现，完成一个方案的计算时间远比田间试验短得多。所以本项研究主要是采用计算机进行数学模拟，研究灌溉条件下田间水分运移规律，优化灌水技术参数。

3　地面灌田面行水流动数学模型

3.1　极限灌水状态与最佳灌水状态概念的提出

在田间灌水过程中，一般根据灌水定额、畦长L、土质、坡度S_0来确定入畦单宽流量q_0。当畦长L太大时由给定的灌水定额（30～40 m^3/0.067 hm^2）很难完成灌水，尤其新耕农田的第一次灌溉。如果将长畦改成短畦势必造成田间工程和输水渗漏量增加，有效耕地面积减小。因此，农田水利工作者面临的问题是：要么以较大的灌水定额完成灌水，造成水量的严重浪费；要么增加工程和输水渗漏损失，甚至减少有效种植面积来按灌水定额完成灌水。据此，本文提出了最佳灌水状态和最佳灌水技术参数的概念。地面畦灌的灌水技术参数为单宽流量q_0和相应的改口成数ω。以q_0（ω）完成某种土壤、田面条件（S_0,L）的灌水所需要的最小灌水定额（满足均匀度要求）称为极限灌水定额，此时称极限灌水状态。不同q_0（ω）的极限灌水定额各不相同。在这一系列极限灌水定额中与计划灌水定额最近的为这种土质、

* 本文出处：农业工程学报，1997年03期

田面条件下的最佳灌水状态，此时对应的 $q_0(\omega)$ 为最佳灌水技术参数。本文探讨极限灌水状态和最佳灌水状态及其灌水技术参数的求解。

3.2 田间地面畦灌系统零惯性模型的建立

描述田间地面畦灌系统零惯性模型的基本方程为[1-2]。

$$\begin{cases} \dfrac{\partial y}{\partial t} + \dfrac{\partial q}{\partial x} + i = 0 \\ \dfrac{\mathrm{d}y}{\mathrm{d}x} = S_0 - S_f \end{cases} \tag{1}$$

式中：y 为水深；q 为单位宽流量；i 为入渗速度；t 为时间；S_0 为坡度；S_f 为水阻系数，用 Manning 方程表示为：

$$S_f = \frac{Q^2 n^2}{A^2 R^{4/3}} \tag{2}$$

式中：Q 为入畦流量；n 为 Manning 系数；A 为过水断面面积；R 为水力半径。

上边界条件：$\begin{cases} 停止供水前：q_L = q_0 \\ 停止供水后：q_L = 0 \end{cases}$

下边界条件：（封口） $q_R = 0$

$$y_{01} \leq y_N \leq y_{02}$$

3.3 模型的求解

为方便，仍分四个阶段来建立积分方程[2]。行水阶段在计算区域内采用斜网格建立积分方程；积水阶段计算区域采用矩形网格；消水段网格的划分与积分方程的建立与积水段相同；退水段和积水段相同，所不同的是此时上边界单元随时间下移，下边界单元也有可能上移，计算单元逐渐减少。本文采用 Newton-Raphso 方法对方程进行线性化，用 Preissman 法对方程组进行求解，实现地面灌田面行水流动的数值模拟。

3.4 模型验证

本模型用房山大宁灌区 1989 年进行的四组灌水试验数据进行验证，该试验地土壤入渗性能为 $I=5.630\ t^{0.368}+0.12\ t$，$n=0.07$，$S_0=1/600$。计算值与实测值基本吻合（见图 1），验证了所建零惯性模型的可靠性，可用于进行畦灌水流运动过程的计算与分析。

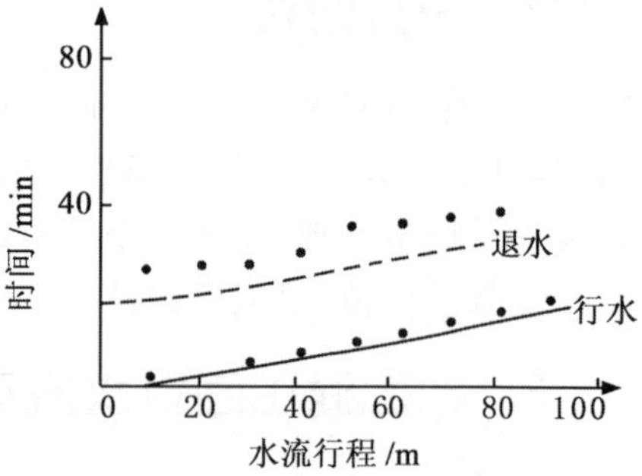

图 1 计算与实测行、退水曲线比较

4 地面灌溉田间行水、入渗机理的研究

4.1 田面状况对行水、入渗特征的影响

田面坡度 S_0 对行、退水曲线有较明显的影响，尤其是退水曲线。随着 S_0 的增大，行水速度增加，灌水时间缩短，完成灌溉的用水量减少。为避免冲刷，坡度较大的田面应用较小的流量灌溉。土质对灌溉过程及结果影响很大，透水性强的土壤，行水速度慢，灌溉用水量大；相反，则行水速度快，灌溉用水量少（见图 2）。这样，在灌水实践中可能存在沙性土灌溉用水量过大，水量浪费；黏性土灌溉用水量过小，不

能满足作物需水要求。

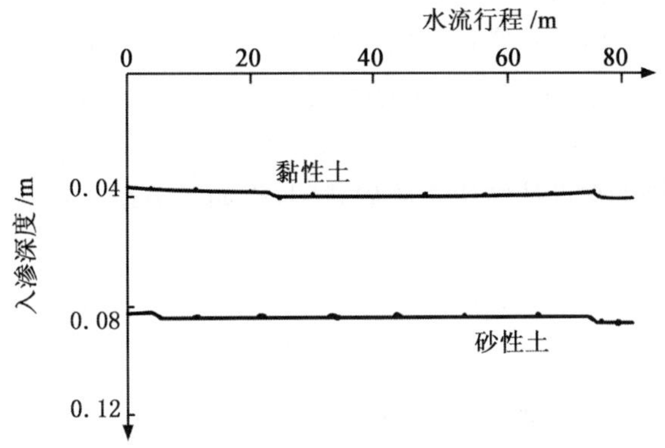

图 2 不同土质（$q_0=4$ L/(s·m)）入渗剖面图

4.2 灌水技术参数 q_0 对行水特征的影响

由图 3 可知 q_0 对行水、入渗特征的影响较大，随着 q_0 的增大，行水速度快，灌水时间缩短，完成灌溉的用水量减少。反之，则灌水时间长，灌溉用水量增加。

4.3 畦田长度 L 对行水、入渗特征的影响

畦长 L 对灌水质量影响很大，随着 L 的增大，灌水时间增加，灌溉用水量增大（见图 4）。随着 L 的进一步增大，在计划灌水定额情况下，甚至可能无法完成灌水——畦尾部无水。

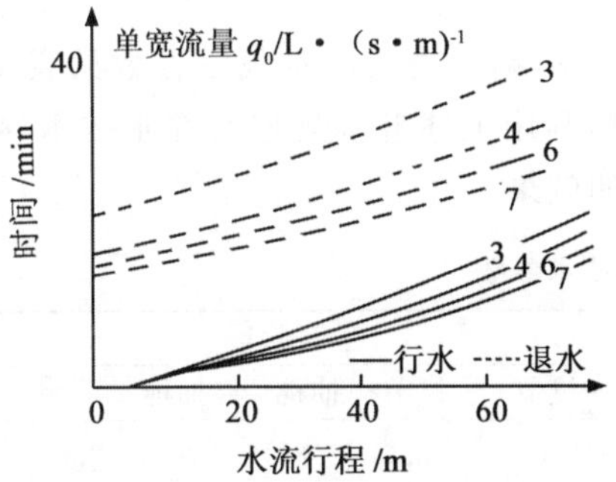

图 3 不同 q_0（$S_0=1‰$）行、退水曲线

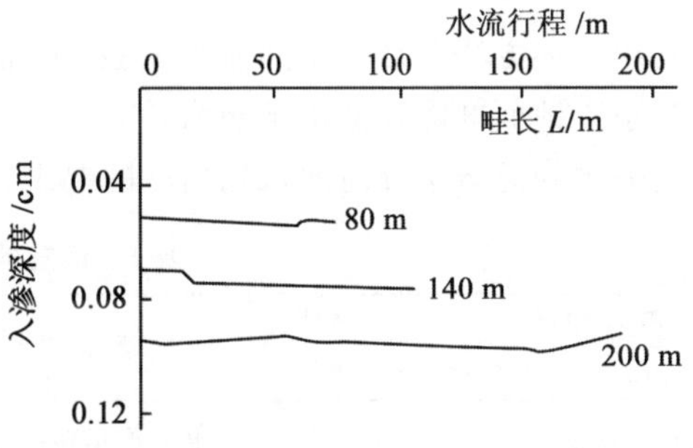

图 4 不同畦长（$q_0=3$ L/(s·m)）入渗剖面

5 灌溉系统性能分析

5.1 灌溉效率和灌水均匀度[1]

为说明灌溉系统的性能，引入了灌溉效率和灌水均匀度概念。用四个系数项和一个分布均匀度来描述灌溉系统的性能，即分布均匀度（DU）、灌水效率（E_a）、深层渗漏比（DPR）、尾水损失比（TWR）、水量储存效率（E_S）。考虑到我国地面灌现状，将极限灌水状态的概念引进灌溉系统性能分析中去。

5.2 灌水技术参数对灌溉系统性能影响的模拟试验研究

通过对地面灌入渗、行水机理分析，可看出影响灌溉系统性能的因素很多，其中有些条件不是人为

所能控制的，有的即使可以控制，但也是不经济的。为此，只考虑灌水技术参数和畦田规格的影响，这也正是研究灌水技术、寻求最优灌水技术的必要性。另外，供水时间也是重要因素，但供水流量和供水时间是相互制约的，确定其中一个，另一个也就定下来了。在此，我们选择畦田长度 L 和单宽流量 q_0 为试验因子。本文用计算机模拟试验的方法研究灌溉系统性能，其研究土壤为沙壤土和黏壤土，坡度为1‰。

试验按二因子二次回归正交设计结构矩阵安排[2]，得如下关系式：

$$Y = b_0 + \sum_{j=1}^{p} b_j x_j + \sum^{i<j} b_{ij} x_i \cdot x_j + \sum_{j=1}^{p} b_{jj} x_j^2 \tag{3}$$

Y 取极限灌水定额 M_L。

(1)单宽流量 q_0 畦长 L 对极限灌水定额 M_L 的影响

L 影响着 M_L，一般随着畦长 L 的增加 M_L 增加。q_0 的增加一般来说使 M_L 减少。在实际灌水中，计划灌水定额可能与 M_L 不同，但会影响灌溉系统性能。如果计划灌水定额小于 M_L，则 DU 差(没完成灌水)，如完成灌水，深层渗漏增加，Ea 降低；如果计划灌水定额大于 M_L，则易形成尾水损失，E_a 降低。因此需确定 q_0 、L，使 M_L 与通常的灌水定额相近，进而调整 q_0 使 M_L 与计划灌水定额相符。

(2)适宜畦长 L 与灌水技术参数 q_0（改成数 ω）的确定

根据数值分析，用计算机模拟试验的方法得到北京地区主要灌溉作物——冬小麦，灌水定额为40～60 m^{3}纵坡为1‰情况下，适宜黏壤土畦长 L 取120～150 m，沙壤土畦长 L 取60～80 m。考虑到田间实际情况，适宜畦长应适当缩短。单宽流量为3～3.5 L/(s·m)，改口成数 ω 为0.9～0.95。研究结果与文献[3]一致。

5.3 通县宋庄示范区适宜畦幅规格与灌水技术参数的确定

利用上述方法并结合田间灌水试验，宋庄地区冬小麦适宜畦幅规格与灌水技术参数见表1。宋庄地区冬小麦地面畦灌在灌水定额为30～50 m^3/0.067 hm^{2}时，利用上述畦幅规格与灌水技术参数满足冬小麦需水和灌溉系统对灌水均匀度的要求，收到节水增产的效果。

表1 适宜的畦幅规格与灌水技术参数

畦幅规格		纵坡	灌水技术参数	生育阶段			
宽/m	长/m	‰		冬灌—拔节	拔节—抽穗	抽穗—灌浆	蜡熟
4.0 m左右视农机具而定	60	1～2	单宽流量/$L\cdot(s\cdot m)^{-1}$	3.5～3.0	3.0～2.8	2.8～2.5	2.5
			改口成数(成)	9	9	9.2～9.5	9.5
备注	①坡度小于1/1000，畦长适当缩短，坡度大于2/1000，畦长适当增长。 ②机井出水量小于30 m^3/h，畦长适当缩短。						

6 结论

本文提出了极限灌水状态和最佳灌水状态及其灌水技术参数的概念。用 Newton-Raphson 法和 Preissman 法对畦灌田面行水流动的零惯性模型进行求解，实现了畦灌田面行水流动的模拟。在此基础上探讨了畦灌的行水、入渗机理，用计算机模拟试验的方法建立了极限灌水定额与 q_0、L 关系的数学模型，并研究了灌水技术参数 q_0、L 对极限灌水定额的影响，进而探讨了 q_0、L 对灌溉系统性能的影响。提出了适宜的畦长：黏壤土 L 为120～150 m，沙壤土 L 为60～80 m；并给出了单宽流量 q_0 的确定方法。结合通县宋庄地区实际，给出了该地区冬小麦适宜畦幅规格与灌水技术参数。利用上述畦幅规格与灌水技术参数对冬小麦灌水，收到节水增产的效果。

参考文献

[1] Wynn R Walker, Gaylord V Skogerboe. Surface irrigation-theory and practice. Prentice-Hall Inc, New Jersey, 1987. 385p.
[2] 刘洪禄. 波涌灌机理及其灌水技术的研究[学位论文]. 北京农业工程大学，1993.
[3] 赵卫. 畦灌水流的零惯性模型及其应用[学位论文]. 北京：清华大学，1989.

Study on the Model and Simulation of Border Irrigation and Its Application

Liu Honglu　Yang Peilin　Zeng Dechao

Abstract　The concept of optimal irrigation and the zero-inetia models for border irrigation are suggested. The models are solved with the method of Newton-Raphson and Preissmain. The surface-water flow in the field is simulated. The mechanisms of infiltration and advance are verified. The effect of the technique parameters on the performance of irrigation is studied. The fundamental rule and method of determining the technique parameters is put forward and a program determining parameters and irrigation performance are developed. The results of simulation are verified by field irrigation experiments.

Key words　Surface irrigation, Border irrigation, Mathematic simulation, Technique parameters, Performance of irrigation

一种土壤冻结特征曲线的测定方法*

黄兴法　曾德超

摘要　介绍一种土壤冻结特征曲线的测定方法，并用自制的恒温冻结室和量热装置测量了4种典型土壤的冻结特征曲线；通过曲线，讨论了土壤冻结过程的一些特性。

关键词　土壤，冻结，特征曲线

为了有效地开展我国北方地区土壤盐碱化的防治和抗春旱春寒等工作，必须研究冻期土壤水热盐状况的动态变化规律；而冻期土壤水热盐特性参数的试验测定和计算确定，不仅有助于研究冻期土壤水分、温度、盐分的状况，也是运用数值方法进行定量研究水、热、盐相互影响及变化规律所必需的前期工作之一。这里介绍其中一种测定土壤冻结特征曲线的方法，并用自制的恒温冻结室和量热装置测量几种典型土壤的冻结特征曲线，借助这些曲线讨论土壤冻结过程中的一些特性问题。

1　土壤冻结特征曲线测定方法及装置

当土壤温度降低到一定程度时，土壤发生冻结，土壤中的水分发生相变，但是并非所有的水分全部转换成冰，而其中仍有一部分保持为液态水，通常称这部分水为未冻水或液态水。这是冻土与非冻土的根本区别之所在。已有的研究表明，冻土中液态水含量与冰的含量都随土壤冻结温度的变化而变化[1,2]。人们通常把土壤冻结时液态水含量随土壤冻结温度变化的规律称为土壤冻结特征曲线，一般可通过实验方法测定。

根据测定原理的不同，测定方法有多种，如脉冲核磁共振法和物理解吸法[3]，以及热量平衡法等，但由于核磁共振装置和物理解吸设备价格十分昂贵，国内研究机构仅有几家拥有，推广该方法有一定的困难。这里只介绍热量平衡法。

现采用如图1所示的自制实验装置测量土壤冻结特征曲线。将土样温度恒定在不同的零下温度，改变盐水溶液的浓度，就可调节恒温冻结室的零下温度。将测量好含水量的土样经过初冻后放入恒温冻结室中，待一定时间冻结稳定后，再放入量热装置中，经过一定时间的热交换，土样温度与量热水温度达到平衡。根据土样吸收热量应与量热水和量热装置放出的热量相等的原理可以推得土样中的含冰量。

假设量热水质量 m_{cw}，量热水的初始温度为 θ_w，量热装置常数为 k，冻土的干质量为 m_s；总含水量为 m_w，其中冰的含量为 m_i，液态水含量则为 m_w-m_i；土壤冻结温度为 θ_f；当把土样放入量热装置后，土样和量热水的平衡温度为 θ_e。令干土、液态水和冰的比热容分别为 c_s，c_L 和 c_i，冰的溶化潜热为 Q_i，则放出的热量为

$$Q_1=(c_L m_{cw}+k)(\theta_w-\theta_e)$$

而土样吸收的热量为

$$\begin{aligned}Q_2&=[c_s m_s+c_L(m_w-m_i)](\theta_e-\theta_f)+m_iQ_i+c_im_i(0-\theta_f)+c_Lm_i(\theta_e-0)\\&=(c_sm_s+c_Lm_w)(\theta_e-\theta_f)+m_iQ_i+(c_L-c_i)m_i\theta_f\end{aligned}$$

---

* 本文出处：中国农业大学学报，1998年，第3卷第2期

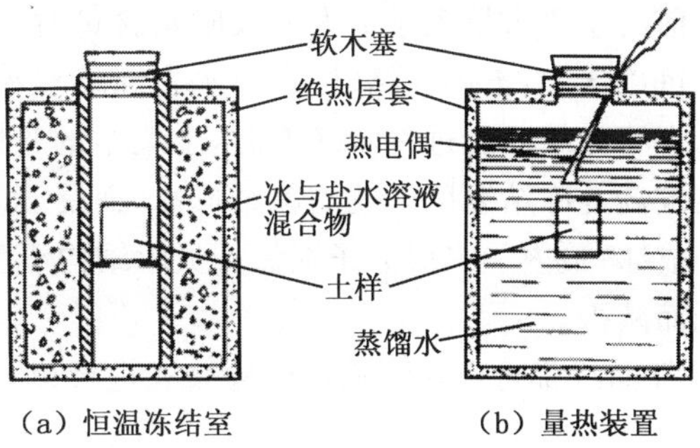

图 1　土壤冻结特征曲线测量装置简图

由 $Q_1=Q_2$ 得

$$m_i=\frac{(c_L m_{cw}+k)(\theta_w-\theta_e)-(c_s m_s+c_L m_w)(\theta_e-\theta_f)}{Q_i+(c_L-c_i)\theta_f}$$

量热装置常数 k 可采用冰溶法标定，即将一定量的冻结冰块放入量热装置中，测量热水的平衡温度，同理按热量平衡方法可得到 k 的计算公式

$$k=[m_i(Q_i+c_L\theta_e-c_i\theta_f)+c_L m_{cw}(\theta_w-\theta_e)](\theta_w-\theta_e)^{-1}$$

根据冰的质量，可按下式计算冻土中液态水含量：

$$\eta_L=\frac{m_w-m_i}{m_s}\times 100\%$$

2　典型土壤冻结特征曲线测定

用上述方法测定不同冻结温度下土壤的液态水含量，即可确定该土壤的冻结特征曲线。表 1 给出了实测所得的内蒙古河套灌区巴盟市 4 种典型土壤的冻结特征曲线数据。

表 1　河套灌区 4 种土壤的冻结特征曲线实测数据

黏土		沙壤土		沙土		壤土	
θ/C	w/%	θ/C	w/%	θ/C	w/%	θ/C	w/%
−0.2	20.89	−0.3	20.49	−0.2	17.55	−0.2	19.17
−0.3	19.07	−0.3	18.62	−0.3	15.16	−0.3	20.18
−0.8	16.69	−0.7	15.82	−0.7	15.57	−0.7	16.07
−1.1	14.04	−1.0	13.11	−1.1	9.39	−1.1	13.59
−1.8	13.01	−1.7	10.91	−1.7	6.18	−1.7	12.67
−4.1	9.91	−6.1	7.97	−6.0	5.28	−4.0	10.62
−10.0	6.34	−10.1	5.03	−10.0	4.45	−10.0	7.41

说明：表中 θ 为土壤的冻结温度，w 为液态水的质量分数。

3　结果分析

4 种典型土壤的冻结实验结果表明：

(1)4 种土壤开始发生冻结的临界冻结温度都低于 0℃(接近−0.2℃)，这是因为土壤水不同于纯水，它一般都含有可溶性盐分，所以，临界冻结温度较低。

(2)土壤一旦开始发生冻结，液态水的含量先是急剧减少，然后随着土壤冻结温度的进一步降低，减少趋势逐渐平缓。当土壤冻结前的总含水量大于最大的吸附水含量时，土壤冻结的这一变化规律不受土壤总含水量变化的影响。这可以认为：土壤冻结时，自由水先冻结成冰，结果表现为液态水含量在土壤冻结开始时急剧减少，然后，土壤冻结温度进一步降低时，土壤中的吸附水逐渐开始冻结，此时，受土壤颗粒吸附作用弱的吸附水在较高的冻结温度下就能冻结成冰，而受土壤颗粒吸附作用强的吸附水则在较低的冻结温度下才能冻结成冰，最内一二层分子则保持吸附结构不变；因此，土壤冻结时，液态水的含量总是随着冻结温度的降低而减少。

(3)4 种土壤的实测冻结特征曲线都可以用下面的经验公式进行拟合：

$$\eta_L = a \mid \theta \mid^{-b} \tag{1}$$

式中：a，b 为试验常数。

由式(1)所得的拟合曲线与实测的土壤冻结特征曲线的结果的对比示于图 2。可以看出，拟合曲线与实验结果比较吻合。表 2 给出了根据式(1)对实测的 4 种土壤冻结特征曲线进行拟合所得的计算结果。

表 2　河套灌区 4 种土壤冻结特征曲线的回归结果

实验常数	黏土	沙壤土	沙土	壤土
a	14.15741	12.82003	10.00961	14.12278
b	0.29090	0.33581	0.37283	0.24895

4　结束语

用自制的恒温冻结室和量热装置测量了 4 种典型土壤的冻结特征曲线。测得的冻结特征曲线均可用公式 $\eta_L = a|\theta|^{-b}$ 来拟合，因而推荐这一公式作为土壤冻结特征曲线的拟合公式。

参考文献

[1] Zeng Dechao, Liao Guoping. A computer simulation of water heat salt movement in frozen soils. Proc 11th Int Congress on Agri Engi, Dublin, U K, 1989. 4-8.

[2] Cary J W, Papendick R I, Campbell G S. Water and salt movement in unsaturated frozen soil: Principle and field observation. Soil Sci Soc of Am J, 1979, 43:3-7.

[3] 奥利奋特，泰斯，朱元林，等. 用脉冲核磁共振法及物理解吸法测定冻土中的冰和未冻水之间的关系. 冰川冻土，1983，5(2)：37-45.

Determination of Soil Water Freezing Characteristic Curve

Huang Xingfa　Zeng Dechao

Abstract　A determining method of the soil water freezing characteristic curve is put forward. The curves of four types of soil were obtained to discuss some characters during the soil water freezing by the tests at different freezing temperatures with a devised apparatus.

Key words　soil, freezing, characteristic curve

地表点源滴灌土壤水分运动的动力学模型与数值模拟*

李光永　曾德超　郑耀泉

摘要　本文提出了一种地表点源土壤水分入渗的数值模拟模型。采用 ADI 隐式差分格式将土壤水分入渗方程离散，用 Gauess-Seidel 迭代算法求解非线性差分方程。利用质量平衡原理对地表饱和区进行了动态处理。结果表明，数值计算结果较吻合于实测数据，所提出的数值模型既适用于均质土壤，也适用于成层土壤。

关键词　滴灌，数值模拟，土壤水分运动

为提高灌溉水的利用效率，获得高产稳产，在微灌系统规划设计中，对于不同的作物和不同的土壤条件，需要正确选定滴头流量、滴头间距、滴头数量和土壤的湿润比等，而这些设计要素的选定均与微灌条件下土壤水分的运动有关[1]。微灌条件下土壤水分运动与地面灌溉及喷灌不同，水流离开滴头进入土壤后，由于水势梯度的作用，水分向四周扩散，是典型的三维土壤水分入渗问题。

1　地表点源水分入渗的水流运动控制方程

1.1　水流运动基本方程

假定达西定律适用于成层土壤的饱和—非饱和水流，土壤不膨胀，忽略土壤的水力滞后现象，土壤水力传导率在水平方向各向同性，但允许在垂直方向各层异性。

在上述假定条件下，地表点源入渗可简化为轴对称入渗。柱坐标下水流运动方程为(z 轴向下为正)[2]：

$$C(\psi,z)\frac{\partial H}{\partial t}=\frac{\partial}{\partial r}\left[K_h(\psi,z)\frac{\partial H}{\partial r}\right]+\frac{\partial}{\partial z}\left[K_v(\psi,z)\frac{\partial H}{\partial z}\right]+\frac{1}{r}K_h(\psi,z)\frac{\partial H}{\partial r} \tag{1}$$

其中 $(r,z)_\epsilon=[0,R]\times[0,Z]$，$H$ 为总水头(L)；ψ 为压力水头，且 $H=\psi-z$；C 为比水容量(L^{-1})；K_h 和 K_v 分别为水平向和垂直向水力传导率(LT^{-1})。

1.2　初始条件和边界条件

初始条件：

$$H(r,z,t)\big|_{t=0}=\psi_0(z,t)-z \tag{2}$$

式中 $\psi_0(z,t)$ 为初始土壤压力水头。

边界条件(如图 1 所示)：

OZ 边界为对称边界，在 r 方向没有水流流动

* 本文出处：水利学报，1998 年 11 月，第 11 期

$$\left.\frac{\partial\psi}{\partial r}\right|_{r=0}=\left.\frac{\partial H}{\partial r}\right|_{r=0}=0 \tag{3}$$

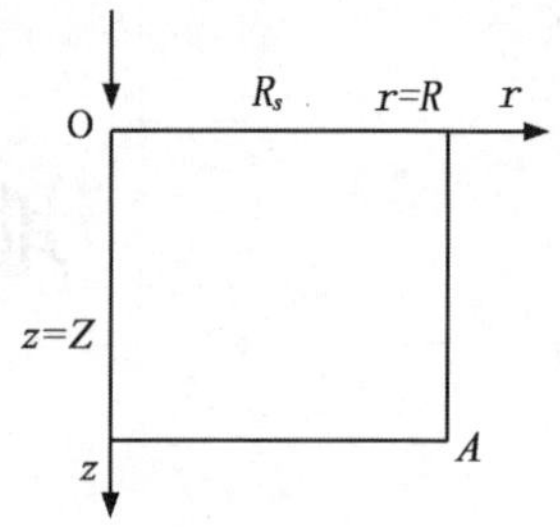

图 1　水流区域示意图

RA 边界在 r 方向同样没有水流流动

$$\left.\frac{\partial\psi}{\partial r}\right|_{r=R}=\left.\frac{\partial H}{\partial r}\right|_{r=R}=0 \tag{4}$$

ZA 边界有下列 3 种情况：

①如果地下水位在深度 Z 处

$$H(r,Z,t)=-Z \tag{5}$$

② 如果 ZA 为自由排水面

$$\left.\frac{\partial\Psi}{\partial z}\right|_{z=Z}=0 \text{ 或} \left.\frac{\partial H}{\partial z}\right|_{z=Z}=-1 \tag{6}$$

③ 如果 ZA 为不透水层

$$\left.\frac{\partial H}{\partial z}\right|_{z=Z}=0 \tag{7}$$

地表 OR 边界条件较为复杂：

① 当滴头下土壤表面没有饱和时

$$q=-K_v(\theta,r,z)\left.\frac{\partial H}{\partial z}\right|_{z=0} \tag{8}$$

式中：$q=\frac{q_0}{A_1}-E$；q_0 为滴头流量，E 为蒸发率，A_1 为 q 分布的面积。

② 当滴头流量超过土壤入渗率时，在滴头下土壤表面便会形成一个面积为 A_2 的圆形饱和区域。若假定在地表饱和区域不形成积水，或积水深度可忽略不计，则在饱和区有如下边界条件：

$$H(r,0,t)=0,r\in[0,R_s(t)] \tag{9}$$

式中：$R_s(t)$ 为地表饱和区域的半径。

地表非饱和区的边界条件为：

$$-K_v(\theta,r,z)\left.\frac{\partial H}{\partial z}\right|_{z=0}=-E \tag{10}$$

问题的困难所在即是如何确定地表饱和半径 $R_s(t)$，这个饱和区半径是随滴头流量、土壤特性和灌水时间而变化的，是一个运动边界条件。

以往，计算地表饱和区水势梯度时，通常采用两点或三点差分近似[4]：

$$\frac{\Delta H}{\Delta Z}=\frac{H_2-H_1}{\Delta Z} \text{ 或} \frac{\Delta H}{\Delta Z}=\frac{-3H_1+4H_2-H_3}{2\Delta Z} \tag{11}$$

通过数值试验发现当距离步长较大或土壤初始含水量较低时，式(11)计算的饱和区通量误差较大，从而导致较大的质量平衡误差（即在 Δt 时段内从点源进入土壤的水量与土体内增加的水量不平衡）[3-6]。本文采用水量平衡原理确定随时间变化的饱和区大小。

2　地表动态饱和区大小的确定

如图 2 所示，$R_s(t)$ 为地表饱和区半径，Z_n 为滴灌水流区域内 z 轴上的任一点，闭合曲面 $\Sigma=\Sigma_1+$

$\Sigma_2+\Sigma_3$ 所包围的区域 Ω_1 构成了湿润体的一部分，其中，Σ_1 是由连接 $R_s(t)$ 与 Z_n 的曲线环绕 z 轴$(0,\vec{K})$旋转产生的曲面，Σ_2 是$[0,R_s(t)]$平面，Σ_3 是$[0,Z_n]$平面。

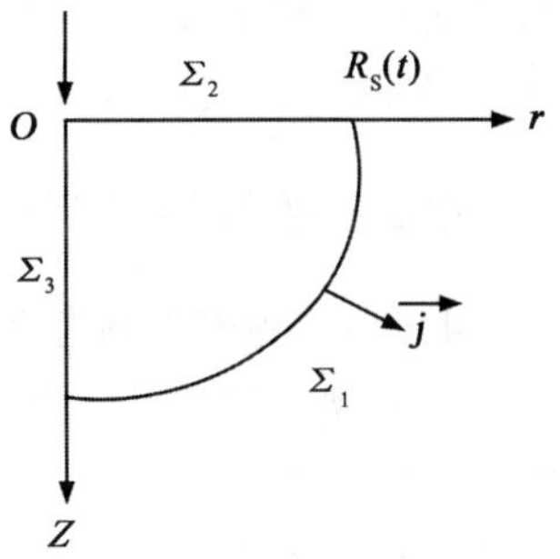

图 2　地表动态饱和区确定示意图

由散度理论（或质量守恒定理）有：

$$\iiint_{\Omega_1}\frac{d\theta}{dt}dv=-\iint_{\Sigma}\vec{V}\vec{n}\,ds=-\iint_{\Sigma_1}\vec{V}\vec{j}\,ds+\iint_{\Sigma_2}\vec{V}\vec{k}\,ds+\iint_{\Sigma_3}\vec{V}\vec{i}\,ds \tag{12}$$

式中：$\vec{V}$ 由达西定律定义，$\vec{V}=[K]\mathrm{grad}(H)$，$[K]$是水力传导率张量。$\vec{k}$、$\vec{i}$ 分别是 z 和 r 坐标方向的单位矢量，$\vec{j}$ 为 Σ_1 的单位法向量，$\vec{n}$ 是曲面 Σ 上任一点处的单位法向量。

由于在 OZ 边界上在 r 方向无水流流动，因此 $\iint_{\Sigma_3}\vec{V}\vec{i}\,ds=0$，重新安排式(12)：

$$\iint_{\Sigma_2}\vec{V}\vec{k}\,ds=0=\iiint_{\Omega_1}\frac{d\theta}{dt}dv+\iint_{\Sigma_1}\vec{V}\vec{j}\,ds \tag{13}$$

上式中，左端表示通过地表饱和区的水量。右端第一项为 Ω_1 中水量的变化，第二项为通过变界 Σ_1 的水量。

即通过饱和区的流量等于单位时间内 Ω_1 中含水量的变化与通过某个内部边界 Σ_1 水量的迭加。进而，可通过时段 Δt 内$[(\iiint_{\Omega_1}\frac{d\theta}{dt}dv+\iint_{\Sigma_1}\vec{V}\vec{j}\,ds)-q\Delta t]$的变化量来确定某时段的 $R_s(t)$，即当$\iiint_{\Omega_1}\frac{d\theta}{dt}dv+\iint_{\Sigma_1}\vec{V}\vec{j}\,ds$ 小于 q 时，增大 $R_s(t)$，反之，R_s 不变。

数值计算时，将 Σ_1 用折线 Σ_1 代替，编程时，由计算机自动生成折线 Σ_1。

3　数值解法

用 Δr，Δz 将水流区域分成矩形网格，沿 r 方向的结点号为 $i=0,1,2,\cdots,I$；步长为 Δr；沿 z 方向的结点号为 $j=0,1,2,\cdots,J$；步长为 Δz；时间结点号为 $n=0,1,2,\cdots,N$；步长为 Δt。

采用交替方向隐式差分法(ADI)将基本方程式(1)离散，边界条件和水流方程所构成的差分方程组为非线性方程组，采用 Gauess-Seidel 迭代算法求解[7]。

4　数值模型的检验

4.1　材料与方法

试验地土壤为沙壤土，其水力参数为：

$$K(\theta)=0.056\left(\frac{\theta}{\theta_s}\right)^{9.9094};h(\theta)=-19.3454\left(\frac{\theta}{\theta_s}\right)^{-8.8281};\theta_s=0.48(\text{进气值含水量 }\theta_M=0.45)$$

根据微灌中常用的滴头流量范围，设置以下 3 种处理并重复两次（滴头均放在地表）：

①小滴头流量处理：$q_0=1.50$ L/h；②中滴头流量处理：$q_0=3.00$ L/h；③大滴头流量处理：$q_0=4.5$ L/h。

为较精确地测定湿润体内各点土壤含水量，采用土钻取土烘干法测定土壤含水量。每次灌水前分层次测定土壤初始含水量，灌水期间和水分再分布期间均用塑料布覆盖地表，以测定无蒸发条件的土壤水分运动。测定灌水过程中不同时刻和再分布 24 h 离开滴头不同距离处各纵断面的土壤含水量。同时记录不同时刻地表湿润区的直径。

4.2 数值结果与试验结果对比

4.2.1 地表湿润直径

在滴灌系统设计中,单个滴头下地表湿润直径有着特殊重要的意义,微灌设计工作者常以此来确定滴头间距。表 1 中列出了不同时刻实测的与计算的地表湿润区直径。$q_0=1.50$ L/h 和 $q_0=3.00$ L/h 两种处理无地表径流产生,两种处理在不同时刻的地表湿润直径实测值(平均值)与计算值较为吻合(包括水分再分布 24 h 后)(表 1)。而 $q_0=4.5$ L/h 处理,地表有径流产生(滴头流量大于土壤入渗能力),因此,实测值与计算值差异较大,说明模型不适用于滴头流量大于土壤入渗能力的工况,但这种工况也恰恰是滴灌系统设计力求避免的。

表 1 地表湿润区直径实测值与计算值

时间	4		6		8		灌水结果		再分布 24 h	
	实测值	计算值	实测值	计算值	实测值	计算值	实测值	计算值	实测值	计算值
$q_0=1.50$ L/h	40	43	46	47	58	58	60	60	79	80
$q_0=3.00$ L/h	52	56	66	68	70	73	72	74	90	94

4.2.2 湿润体内土壤含水量分布

实测了无地表径流的 2 种处理在入渗 360 min,560 min(灌水结束)和水分再分布 24 h 离开滴头不同距离处纵断面的土壤含水量分布,表 2 为 $q_0=1.50$ L/h 和 $q_0=3.00$ L/h 两种处理离开滴头 20 cm 纵断面处土壤含水量的计算值与实测值对比(实测含水量是两个重复的平均值)。从表中可以看出,入渗阶段和水分再分布阶段,实测的土壤含水量与计算值均非常接近,误差小于 10%。

表 2 湿润体内土壤含水量实测值与计算值(体积比)

深度/cm	初始含水量%	$q_0=1.50$ L/h						$q_0=3.00$ L/h					
		$t=360$ min		$t=560$ min		24 h 再分布后		$t=360$ min		$t=560$ min		24 h 再分布后	
		实测值	计算值	实测值	计算值	实测值	计算值	实测值	计算值	实测值	计算值	实测值	计算值
5	20.8	32.0	32.9	32.9	33.5	23.8	24.2	36.7	37.0	37.0	37.3	24.0	25.1
10	19.6	31.8	33.0	32.4	33.9	23.8	24.4	37.1	37.1	36.1	37.6	24.2	25.4
20	17.4	26.2	28.8	30.6	32.0	25.7	24.4	34.0	35.4	36.2	36.4	25.8	25.9
30	15.6	15.8	16.5	25.8	26.8	24.0	23.9	29.4	30.5	33.7	34.5	25.3	25.9
45	18.1	18.1	18.1	18.1	18.1	22.3	21.9	18.1	18.1	20.8	22.3	24.0	25.4
60	20.4	—	—	—	—	20.5	20.5	—	—	—	—	22.4	24.6

4.2.3 质量平衡误差检验

定义某一时段的质量平衡误差为:

$$r=\frac{\Delta W_i}{W_i} \tag{14}$$

式中:W_i 为 Δt_i 时段内滴头流出的水量,$W_i=q_0\cdot\Delta t_i$;ΔW_i 为 Δt_i 时段土体内增加的水量,$\Delta W_i=\int_\Omega \mathrm{d}\theta(r,z)\mathrm{d}r\mathrm{d}z$。

图 3 示出了数值模拟在不同空间步长取值时质量平衡误差时间的变化情况,从图中可以看出,在入

渗 60 min 后数值模型的计算产生质量平衡误差小于 5%并趋于稳定。

4.2.4 地表饱和区随时间变化

图 4 示出了 q_0 =1.50 L/h 和 q_0=3.00 L/h,两种处理地表饱和区半径与时间的关系。可以看出,在最初入渗的 60 min 内,饱和区半径随时间增大的较快,以后,增大速度逐渐变慢,并趋于稳定。2 种工况均显示出地表饱和区增大的速度随时间增长而变慢,这是由于地表水分通量梯度随时间而减小,2 种工况下,由饱和导水率(稳定入渗率)计算的最大饱和区半径 $R_{sat}\left(R_{sat}=\left(\frac{q_0}{\pi K_{sat}}\right)^{\frac{1}{2}}\right)$ 分别为 11.92, 16.86 cm,即地表点源滴灌入渗所产生的地表饱和区半径小于由稳定入渗率计算的最大饱和区半径 R_{Sat}。由计算结果可知,以稳定入渗率计算的最大饱和区半径作为地表初始饱和区边界条件,将点源入渗简化为以最大饱和区直径为地表初始边界条件的圆盘形源入渗[6]预测的土壤断面含水量和湿润锋将会导致较大的误差。

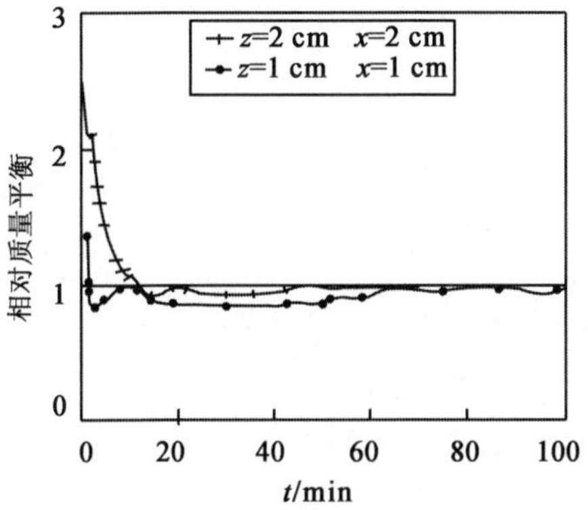

图 3 质量平衡误差随时间的变化(q_0=1.5 L/h)

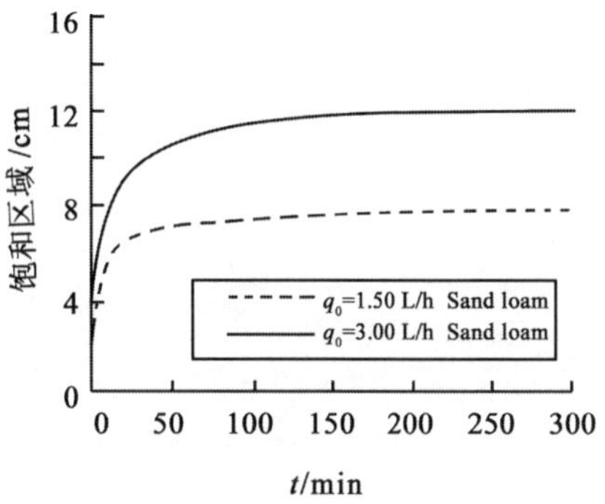

图 4 地表饱和区随时间的变化

参考文献

[1] 付琳. 滴灌时的土壤浸润状况. 灌溉排水,1983,2(3).

[2] 雷志栋,杨诗秀,谢森传. 土壤水动力学. 北京:清华大学出版社,1988.

[3] Andrea N A, Tariq N K, Scott H. Soil-water distribution under trickle source. J. of. Irri. Drain. Engin., 1993, 484-500.

[4] Brandt A, Bresler E, Diner D, Heller J, et al. Infiltration from a trickles source. I. Mathematical models. Soil Sci. Soc. Am. Proc., 1971, 35, 675-682.

[5] Bresler E, Heller J, Diner N, et al. Infiltration from a trickle source: Ⅱ. Experimental data and theoretical Predictions. Soil Sci. Soc. Am. Proc., 1971, 35, 683-689.

[6] Taghavi SA, Marino M A, Ralston D E. Infiltration from trickle irrigation source. J. Irrig. Drain. Eng. 1984, 331-341.

[7] 李光永,郑耀泉,曾德超,等. 地埋点源非饱和土壤水运动的数值模拟. 水利学报,1996,(11).

The Mathematical Model of Water Movement from a Surface Trickle Source

Li Guangyong Zeng Dechao Zheng Yaoquan

Abstract The mathematical model of water infiltration from a surface trickle source was established based on the principle of non-saturated soil moisture movement. Surface moving saturation area is treated according to the conservation law of mass. The calculated results were verified by laboratory test.

Key words trickle irrigation, mathematical model, water movement

波涌灌田面行水流动的数值模拟及其灌水技术*

刘洪禄　曾德超　杨培岭　马廷玺

摘要　根据连续方程、零惯性的动量方程以及最佳灌水状态概念，建立了描述波涌灌田面行水流动的零惯性模型。用 Newton-Raphaon 和 Preissman 法对模型求解实现了波涌灌田面行水流动的模拟，探讨了波涌灌田间入渗和行水机理。用计算机模拟试验的方法，研究了波涌灌灌水技术参数对灌溉系统性能的影响，提出了确定波涌灌灌水技术参数的原则和方法以及连续地面灌灌水技术的改进方案。模拟结果得到商丘田间试验的验证。

关键词　波涌灌溉；间歇供水；数值模拟；灌水技术参数

70 年代末 80 年代初，在美国进行了一项新的地面灌水技术即波涌灌溉(surge flow surface irrigation)的研究[1,2]，它具有灌水均匀、省水、节能的特点，目前在美国和日本发展很快，得到了广泛的应用。波涌灌溉在我国的应用和推广，必将提高我国的整体灌溉技术水平。

Walker 和 Lee，Walker 和 Humpherys 提出了描述波涌沟灌的运动波模型[2]。Izuno 和 Podmore 基于 Clemmens'描述渗入的 Branch 函数及干沟段、湿沟段和过渡过程，用运动波模型对波涌沟灌进行了模拟[1]。此模型受入渗和管理参数的影响较大，而受坡度、糙率和断面水力学参数的影响较小，但是坡度不能太小。用来描述波涌沟灌的还有体积平衡模型(Essnfi)、线性零惯性模型(Oweis)和水动力学模型(Haie)。但是，有的模型不能独立地给出水深和流量，并且模型的适用性也受到某些条件的限制。Wallender 和 Rayej 用非线性零惯性模型来描述波涌沟灌，此模型较体积平衡模型和运动波模型能更为准确地描述波涌灌和连续灌的行水及退水过程，模型的应用范围也较广[3]。笔者用非线性零惯性模型，采用分别描述各供水期入渗过程的方法来描述波涌畦灌的田间土壤水分的运动，获得了比较满意的结果。

1　田面行水流动模型与模拟

波涌灌灌水技术参数为供水时间 t_{on}、供水中断时间 t_{off}、供水周期 T、循环率 r 和入畦流量 q_0。对于波涌灌溉，笔者曾提出最佳灌水状态和最佳灌水技术参数的概念[1]，这里探讨最佳灌水状态及最佳灌水技术参数的求解。

1.1　田间土壤水分运动基本方程

由质量守恒(连续)方程和动量守恒方程得到描述畦灌田间行水流动的零惯性基本方程[1]

$$\begin{cases} \dfrac{\partial y}{\partial t} + \dfrac{\partial q}{\partial x} + I = 0 \\ \dfrac{\partial y}{\partial x} = S_0 - S_f \end{cases}$$

式中：y 为水深，m；q 为单宽流量，$m^2 \cdot s^{-1}$；I 为入渗速度，$m \cdot s^{-1}$；t 为灌水时间，s；S_0 为坡度；S_f 为水阻系数，用 Manning 方程表示 $S_f = Q^2 n^2 / A^2 R^{4/3}$，其中 Q 为入畦流量，$m^3 \cdot s^{-1}$，n 为 Manning 系数，A 为

* 本文出处：中国农业大学学报，1998 年，第 3 卷第 2 期

过水断面面积，m²，R 为水力半径，m。

上边界条件为 $\begin{cases} 停止供水前 q_L = q_0 \\ 停水供水后 q_L = 0 \end{cases}$

下边界条件为 封口 $\begin{cases} q_R = 0 \\ y_{01} \leqslant y_N \leqslant y_{02} \end{cases}$

为方便，仍分行水阶段、积水阶段、消水段和退水段来建立积分方程，用 Newton-Raphaon 和 Preissman 法对模型求解[1,4,5]。

1.2 参数的选择

由于波涌灌溉存在着不同的供水器，对于某一特定点的土壤，各个供水期具有不同的入渗特征和行水特征——糙率值；而对于不同点的土壤，同一供水期内各点的入渗特征和行水特征也可能不同。这就是说，与连续灌相比，波涌灌的田间入渗和行水具有某些特殊性和复杂性，因而应根据各点的过水次数确定各点的入渗特征参数和糙率的取值[1]。

1.3 模型的验证

由图 1 可以看出，在第 2 次供水段后期行水的计算值与实测值的误差较大，其原因是第 1 次行水后期湿润土壤的波涌灌效果较上游段小，行水速度比计算值小，从而导致后期计算行水速度快。造成二者行水曲线局部差异的另一原因是土地的平整度，局部坡度微小变化会影响到行水。总的来说，计算值与实测值大部分吻合较好，计算值基本上反映了实际灌水条件下的行水状况，该模型可以用来对行水进行预测。

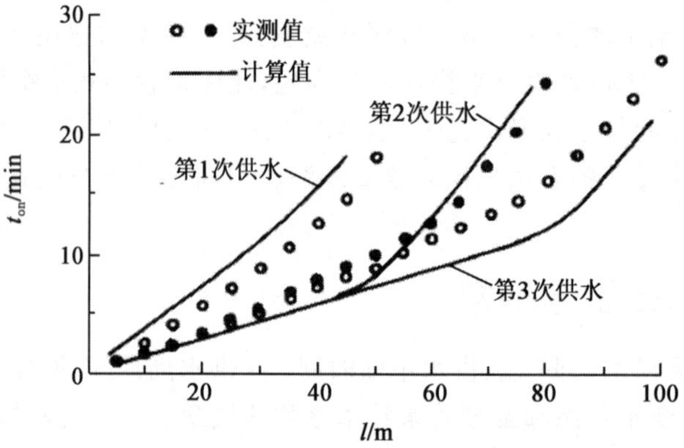

图 1　$q_0=4\ L(s\cdot m)^{-1}$ 时的行水曲线（l 为行水距离，下同）

2　波涌灌溉的田面行水和入渗机理

在波涌灌溉中，已湿润土壤的结构发生了变化[1]，形成了表面密实层。在后续供水时，这部分土壤的行水和入渗的水力学特征参数发生了变化，进而影响着灌溉水的行水和入渗特征，以及灌溉水在田间的分配。

研究结果表明：波涌灌溉第 1 供水期的行水和入渗性能与常规连续灌溉相同。在第 2 供水期，水流经过已湿润土壤时行水速度加快，入渗速度下降；当水流达到未湿润土壤时，其行水和入渗特征相当于连续供水（见图 2）。在第 3 及以后供水期，对于已湿润的土壤，水流的入渗速度较小，流速较大。当然，行水和入渗特征还受到湿润次数的影响。波涌灌溉各供水段的土壤水分是分段入渗的，如图 3 所示。其土壤水分入渗剖面与常规连续灌的比较见图 4，它示出流量相同时波涌灌 4 次完成灌水与连续灌的水分分布。可见波涌灌比连续灌灌水均匀，同时行水距离长。

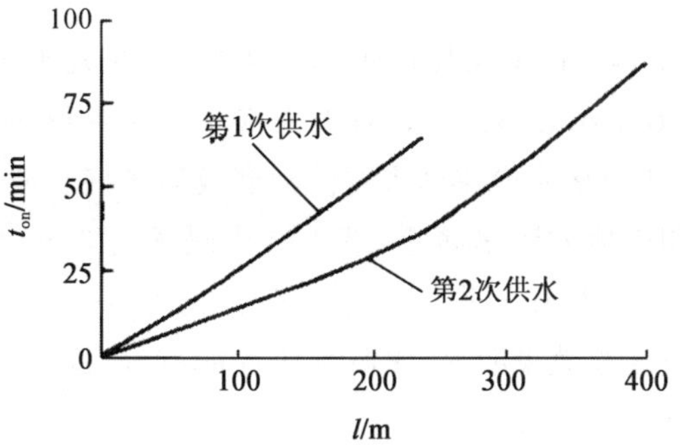

图 2　沙壤土波涌灌的行水曲线（$q_0=4\ L(m\cdot s)^{-1}$）

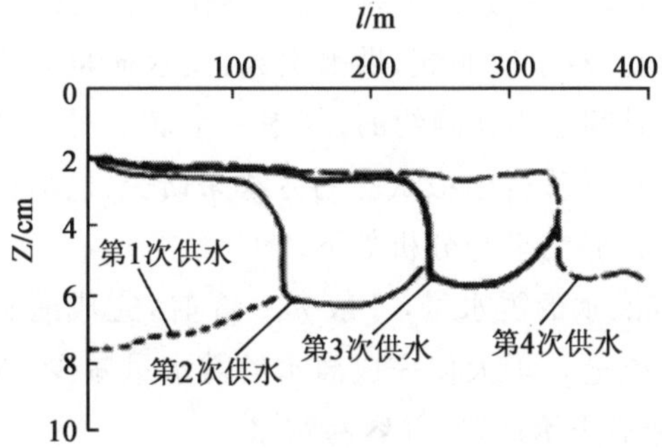

图 3　沙壤土 4 次供水的土壤水入渗纵剖面分布（Z 为入渗量，下同）

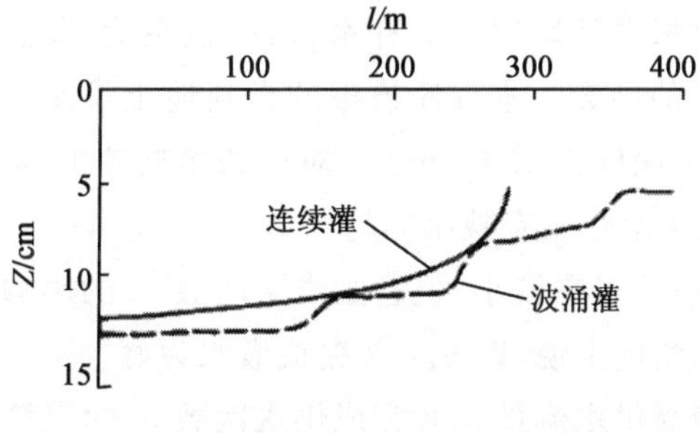

图 4　$q_0=4\ L(s\cdot m)^{-1}$时波涌灌（$n_{off}=4$）与连续灌的入渗纵剖面分布

波涌灌溉过程中表面密实层的形成除降低糙率、减少入渗速度外，还使表面贮水容量减少，从而增加了行水速度和行水距离。在田间灌水过程中，一定厚度的土层其水分达到饱和后才开始行水，即先达到表面贮水容量才行水。贮水容量一般为 11～33 mm[6]。对于耕作后的第 1 次灌水，通常是犁底层以上部分先饱和，然后行水，这时表面贮存容量很大，可以达到 50 mm 左右[1]。当水的深度小于这个值时，行水以水平入渗的形式进行，行水速度很小或者行水停止。对于波涌灌溉，由于表面形成了密实层，贮水容量很小，这样，波涌灌溉就具有以较大的行水速度、较长的行水距离行水的潜力。

3　波涌灌溉系统性能分析

能为土壤提供适合作物生长的水分，同时蒸发、跑水、深层渗漏损失最小的灌溉系统可视为优化的灌溉系统。这里提出用分布均匀度 u_d、灌水效率 η_a、深层渗漏比 r_{dp} 和尾水损失比 r_{tw} 作为性能指标来描述波涌灌溉系统的性能[1]。

3.1 波涌灌土壤性能变化指标、波涌灌效果指标与波涌灌灌溉系统性能指标的关系

k_s是波涌灌过程中形成的土壤表面密实层的饱和导水率，是描述波涌灌土壤性能变化的指标。从土壤性能变化角度上说波涌灌效果越好，k_s值越小；表面密实层对后续供水入渗的阻力越大，后续供水入渗速度 v 越小，即 v/v_0越小，从而从入渗速度来看波涌灌效果越好。波涌灌效果的增强(v/v_0值变小)使后续供水的入渗速度降低，相应地入渗量减小，灌水结束时最终入渗水分的纵向剖面分布将更加均匀，灌溉系统性能改善。这就是说，描述波涌灌溉土壤性能变化指标 k_s和描述波涌灌效果指标 v/v_0与灌溉系统性能指标是统一的：波涌灌效果明显，灌溉系统性能就好，灌水均匀；反之，灌溉系统性能改善小，灌水均匀度变差。

3.2 灌水技术参数对灌溉系统性能影响的模拟试验

影响灌溉系统性能的因素很多，有些条件不是所能控制的，有的即使可以控制，也是不经济的；因此这里只考虑灌水技术参数的影响。对于波涌灌，供水次数、供水流量和供水时间是重要参数，但是当供水次数一定时，供水流量与供水时间是相互制约的，其中一个确定另一个也就确定；所以选择供水次数 n_w和供水流量 q_0为试验因子，采用计算机模拟试验的方法来研究波涌灌溉系统的性能。被试土壤为沙壤土，畦长 400 m，坡度 0.1%。试验结果与分析如下。

(1)供水次数 n_w影响着完成灌水的需水量，一般 $n_w=3$ 时，完成灌水的用水最少，n_w太大或过小都使用水量增加。一般来说，供水流量 q_0增大使完成灌水的需水量减少，尤其是当 $n_w=2$ 时；但是在实际灌水中，q_0值不能太大，否则会造成土壤冲刷，并容易跑水。

(2)q_0对灌水均匀度 u_d有一定的影响，但影响不是很大。n_w对 u_d的影响较大，$n_w=2$ 或 4 比 $n_w=3$ 时 u_d值较优。

(3)灌水效率 η_a取决于作物根系活动层的贮存水量，而根系活动层的深度取决于作物种类和生长期；因此 η_a是作物种类和生长期的函数。本程序模拟的是裸地土壤水分运动(当然有作物时只需在糙率上修正即可)，假定计划湿润层深度为 500 mm。q_0对 η_a的影响较小，但 n_w对 η_a的影响较大，一般以 $n_w=2$ 完成灌水为好。随着 n_w值的增大，η_a有减小的趋势。

(4)深层渗漏比 r_{dp}受流量 q_0的影响较小，但它受供水次数 n_w的影响较大。随着 n_w值的增大，r_{dp}有增大的趋势，从减小深层渗漏的角度上说，以 $n_w=2$ 完成灌水为好。

总之，波涌灌溉系统的性能受供水流量 q_0和完成供水次数 n_w的直接影响。

4 波涌灌灌水技术参数的确定

4.1 原则

(1)循环率 r 与波涌灌设备有关，一般取 $r=1/2,1/3,1/4$。在保证能形成表面密实层的前提下，r 可尽量取较大值。在实际灌水中，只要水流充分消退即可，因此取 $r=1/2$ 或 1/3。

(2)供水次数 n_w影响着灌溉系统的用水量。一般来说，如果设计灌水定额较小，则可取 $n_w=3$；如果设计灌水量较大，灌水长度较小，则可取 $n_w=2$；如果灌水长度较大，则可取 $n_w=4$。

(3)入畦单宽流量 q_0的确定首先要考虑水源出水情况和水源控制灌溉面积，然后将灌溉面积分成若干组进行波涌灌溉。

(4)供水时间 t_{on}可根据 q_0和 n_w由计算程序求得。

(5)供水中断时间 t_{off}可根据供水时间 t_{on}和循环率 r 确定，但是必须保证地表形成密实层。

4.2　步骤

(1)根据土壤的机械组成和体积密度查表确定表面密实层的饱和导水率 k_s[1]。

(2)根据 k_s,土壤水分运动参数 $D(\eta_w)$,$K(\eta_w)$,$\tau(\eta_w)$以及土壤体积密度,利用各供水段土壤入渗特征参数求解程序,求取各供水期土壤入渗特征参数 $k(I)$,$a(I)$[1]。

(3)输入特征参数 $k(I)$和 $a(I)$,完成供水次数 n_w,田间条件 S_0和 L,灌水参数 $q_0(t_{on})$,表面糙率 $n(I)$,用波涌灌溉系统模拟及波涌灌灌水技术参数 $t_{on}(q_0)$的求解程序求得灌水技术参数 $t_{on}(q_0)$和灌溉系统性能指标用水量、均匀度和灌溉效率等。

5　传统连续灌水系统的改进

进行波涌灌溉,实际是对传统的灌水系统进行改进。对于已有管道输水系统的灌溉系统,在田间管道系统上增加一个间歇阀(surge valve)和自动控制器,即可使之成为一个自动化的波涌灌溉系统。这种系统投资不大,也便于使用。如果要构成一个简易的波涌灌溉系统,只需在田间管道系统上增加一个间歇阀,此时需人工进行控制。对于没有管道输水系统的灌溉系统,在经济条件较好的井灌区,可以建立一套波涌灌溉系统。其投资较大,但是自动化程度高,并可根据要求直接实现。对于经济条件相对较差,又有地面输水系统的灌区,可以直接利用输水系统,田间采用人工改口方式,实现波涌灌。这种波涌灌溉系统几乎不用投资,只需对灌水员进行培训。

6　结语

根据质量守恒方程和零惯性动量守恒方程及最佳灌水状态的概念建立了描述传统连续灌和波涌灌田面行水流动的零惯性模型。用 Newton-Raphson 法和 Preissman 法对模型进行求解,实现了波涌灌田面行水流动的模拟。用 FORTRAN77 语言编写了求解波涌灌灌水技术参数及灌溉系统性能的计算程序,实现了波涌灌灌水技术参数的直接确定。用计算机模拟波涌灌行水和入渗,探讨了波涌灌的节水机理,并用计算机模拟试验的方法研究了波涌灌技术参数对灌溉系统性能的影响,提出了波涌灌灌水技术参数的确定原则和方法,以及传统地面灌技术的改进方案。

参考文献

[1] 刘洪禄.波涌灌溉机理及其灌水技术的研究:[博士学位论文].北京:北京农业工程大学,1993.

[2] Walker W R, Skogerboe G V. Surface irrigation-theory and practice. Utah State University, PREN-TICE-HALL, INC, Englewood Cliffs, New Jersey 07632, 1987. 212-234.

[3] Wallender W W, Rayej M. Zero-inertia surge model with wet-dry advance. Trans of The ASAE, 1985, 28(5):1530-1534.

[4] Clemmens A J, Fangmeier D D. Border-irrigation hydraulics with zero inertia. J of The Irrig and Drain Division of The ASCE, 1978(IR3):337-341.

[5] Strelkoff T. Algebraic computation of flow in border irrigation. J of The Irrig and Drain Division, 1977(IR3):357-377.

[6] Gayle G A, Skaggs R W. Surface storage on bedded cultivated lands. Trans of The ASAE, 1978, 21:101-109.

Simulation and Technique Parameters of Surge Flow Irrigation

Liu Honglu　Zeng Dechao　Yang Peiling　Ma Tingxi

Abstract　According to the continuity equation, zero-inetia momentum equation and the concept of optimal irrigation, the zero-inetia models for surge irrigation are developed by the method of Newton-Raphson and Preissman. The surface water flow in the field is simulated. The mechanisms of infiltration and advance are verified. The determining rule and program of the technique parameters are put forward, also the effect of the technique parameters on the performance of irrigation. The improving method of the technique for the conventional surface irrigation is given. The simulation rusults are proved by field experiments.

Key words　surge irrigation, intermittent application, simulation, technique parameters

波涌灌间歇供水土壤水分入渗机理的数值模拟*

刘洪禄　戴洪文　杨培岭　曾德超

摘要　通过间歇供水土壤水分入渗过程的动态模拟，探讨了间歇供水的入渗机理，提出了描述波涌灌效果的指标——后续供水入渗速度的折减系数。利用计算机模拟试验的方法研究了灌水技术参数对土壤水分入渗特征参数的影响，给出了各供水段土壤水分入渗特征参数的求解方法，为田面行水流动模拟时入渗过程的描述提供了参数依据。

关键词　波涌灌溉，间歇供水，入渗模型，入渗模拟

入渗是地面灌溉的主要物理过程。进行地面灌溉的设计与管理必须准确地掌握入渗随时间的变化规律。人们通常用经验公式来描述入渗过程，Kostiakov 公式及其改进式可以较好地描述各种土壤的入渗问题[1]。Blair 和 Smerdon[2]提出的循环率和入渗时间模型，虽然涉及了波涌灌的技术参数，但是其假定"土壤湿润峰前进时水力梯度减少并在供水中断期将持续起作用"是不合适的。已有的研究成果[1]显示，随着湿润峰的前进，供水中断期水力梯度将增大。Strelkoff 考虑到湿周对入渗的影响，将循环率和入渗时间模型进行了修正，虽然考虑了波涌灌湿周的变化及其对入渗的影响，但也存在与前一个模型相同的问题。Izuno[3]提出步函数(step function)模型，它比较简单，但与实际相差较大，因为经过一个供水周期是无法达到稳定入渗速度的。Walker 和 Humphreys 提出过渡过程概念并将它引入到波涌灌入渗函数的确定中去。Izuno 将 Clemmens 的入渗 Branch 函数引入过渡过程，提出波涌灌入渗函数模型。Wallender 提出可以同时模拟干、湿段的入渗模型，具有明显的优越性，但是并未给出干、湿段函数的确定方法，同时也没有同波涌灌技术参数联系起来。因此，基于波涌灌入渗规律定量研究基础上的入渗过程的定量描述具有明显的优越性，各供水期入渗过程的分别定量描述将使人们有可能更加有效地利用波涌灌来提高入渗的潜力。

1　间歇供水土壤水分一维垂直流动的数值模拟

根据非饱和土壤水分运动的基本方程和波涌灌入渗的结构模型[1]，建立了如下的描述间歇供水土壤水分入渗模型[1,4~6]。

第 1 供水期

$$\begin{cases} \dfrac{\partial \eta_w}{\partial t} = \dfrac{\partial}{\partial z}\left[D(\eta_w)\dfrac{\partial \eta_w}{\partial z}\right] - \dfrac{\partial K(\eta_w)}{\partial z} \\ \eta_{w0} = f_1(z), \quad z \geq 0, t = 0 \\ \eta_w = \eta_{wb}, \quad z = 0, t > 0 \\ \eta_w = \eta_{wa}, \quad z = h, t > 0 \end{cases}$$

式中：η_w为含水率；$D(\eta_w)$为非饱和土壤水扩散系数，$cm^2 \cdot min^{-1}$；$K(\eta_w)$为非饱和土壤水导水系数，$cm \cdot min^{-1}$；z为纵向坐标，向下为正；$f_1(z)$为初始含水率分布函数；η_{wa}为下边界稳定含水率；η_{wb}为上边界稳定含水率，称为田间饱和含水率，其值接近饱和含水率η_{ws}。

* 本文出处：中国农业大学学报，1998 年，第 3 卷第 2 期

第 1 供水中断期

$$\begin{cases}\dfrac{\partial \eta_w}{\partial t}=\dfrac{\partial}{\partial z}\left[D(\eta_w)\dfrac{\partial \eta_w}{\partial z}\right]-\dfrac{\partial K(\eta_w)}{\partial z}\\ \eta_{w0}=f_2(z), & z\geq 0,t=0\\ -D(\eta_w)\dfrac{\partial \eta_w}{\partial z}+K(\eta_w)=0, & z=0,t>0\\ \eta_w=\eta_{wa}, & z=h,t>0\end{cases}$$

式中 $f_2(z)$是第 1 供水期结束时的土壤水分剖面分布函数。

第 2 供水期

$$\begin{cases}\dfrac{\partial \eta_w}{\partial t}=\dfrac{\partial}{\partial z}\left[D(\eta_w)\dfrac{\partial \eta_w}{\partial z}\right]-\dfrac{\partial K(\eta_w)}{\partial z}\\ \eta_{w0}=f_3(z), & z\geq 0,t=0\\ -D(\eta_w)\dfrac{\partial \eta_w}{\partial z}+K(\eta_w)=\dfrac{\tau(\eta_w)+\delta_c+h_c}{r}, & z=3\text{ mm},t>0,\eta_w<\eta_{wb}\\ \eta_w=\eta_{wb}, & z=3\text{ mm},t>0,\eta_w\geqslant\eta_{wb}\\ \eta_w=\eta_{wa}, & z=h,t>0\end{cases}$$

式中：$\eta_w=f_3(z)$是第 1 供水中断期结束时的土壤水分剖面分布函数；$\tau(\eta_w)$为土壤水吸力水头函数，cm；r 是厚度为δ_c及饱和导水率为 k_c的表面密实层的单位面积的水力阻力系数，min，$r=\delta_c/k_c$；h_c是水深，cm。

第 2 供水中断期

由于表面密实层很薄，厚度只有毫米级(3 mm)，且密度很大，故密实层的含水量很小；同时由于灌溉大部分在旱季，地表风干很快，因此表面密实层在供水中断期对下层土壤的影响可以忽略；这样可视密实层和下层土壤的交界面处的水分通量为零，即

$$\begin{cases}\dfrac{\partial \eta_w}{\partial t}=\dfrac{\partial}{\partial z}\left[D(\eta_w)\dfrac{\partial \eta_w}{\partial z}-K(\eta_w)\right]\\ \eta_w=f_4(z), & z\geq 0,t=0\\ -D(\eta_w)\dfrac{\partial \eta_w}{\partial z}+K(\eta_w)=0, & z=3\text{ mm},t\geq 0\\ \eta_w=\eta_{wa}, & z=h,t>0\end{cases}$$

式中$\eta_w=f_4(z)$是第 2 供水期结束时土壤水分剖面分布函数。

第 3 及以后供水期土壤水分运动的模型与第 2 供水期相同。第 3 及以后供水中断期土壤水分运动的模型与第 2 供水中断期相同。

图 1 是用模拟间歇供水土壤水分运动的程序计算出的累积入渗量与田间实测值的比较。

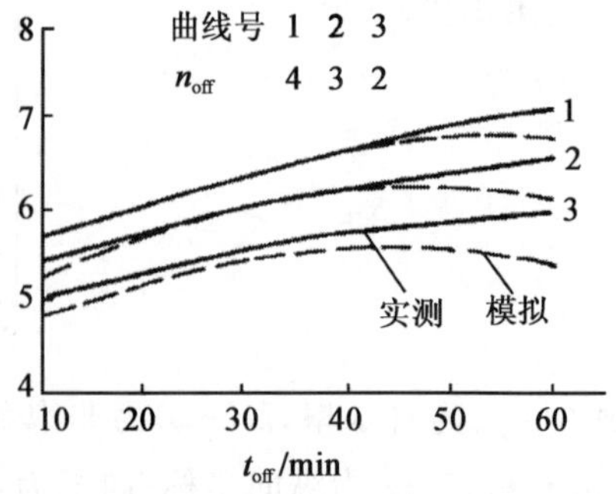

图 1　中断次数 n_{off}不同时累积入渗量 Z 与中断时间 t_{off}的关系

模拟值在较大的中断时间处较实测值小，其原因是模拟值未涉及此时裂缝的发育，而在实际田间灌水时中断时间这么长出现的机会较少，同时裂缝可以被下一次供水带的悬质填充。总的说来，模拟结果与实测值吻合较好，因此上述模型可以用来对间歇供水的入渗进行预测。

2　间歇供水土壤水分入渗机理及其影响因素

2.1　土壤水分的入渗速度

第 2 及以后供水期的入渗速度较第 1 供水期(连续供水)低,同时达到稳定入渗速度所需的时间也较第 1 供水期短。其原因是在供水中断期,表面密实层的形成及前一供水期内水的入渗使土壤初始含水率增大(图 2(a))。图 2(b)显示间歇供水第 2 及以后供水期土壤水的入渗速度在开始时有一个突变,但很快降低到接近稳定入渗速度。突变的原因是供水中断期土壤水的重分布使入渗水力梯度增大;速度快速下降的原因是表面密实层的形成减小了入渗速度。间歇供水中断期具有 2 个作用:一是表面密实层的形成降低了入渗速度;二是水分重分布,表面水力梯度的增大提高了入渗速度。波涌灌效果取决于二者综合的结果。

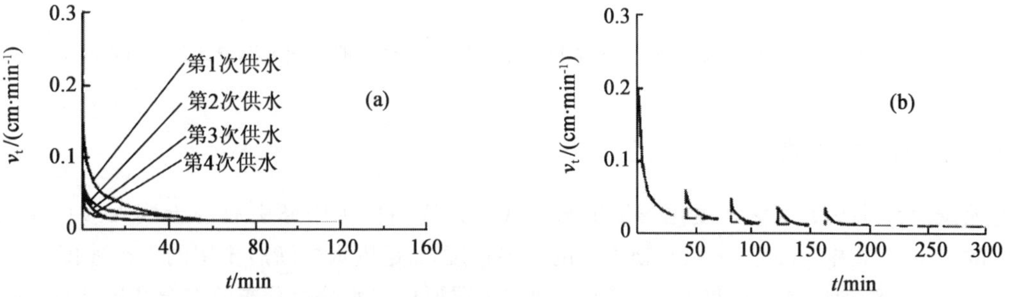

图 2　黏壤土中各供水段(a)和波涌灌(b)入渗速度 v_1 与入渗时间 t 的关系

($\rho_v=1.3$ g·cm^{-3},$t_{on}=30$ min,$t_{off}=10$ min)

2.2　间歇供水各供水期土壤水分累积入渗曲线

供水中断期的存在使各供水段土壤水分累积入渗曲线有很大差异(见图 3),后续供水的累积入渗量减小,累积入渗曲线的线性程度增大。这一方面是由于表面密实层的形成,另一方面是因为土壤初始含水率增加使得入渗速度降低。由图 3 可见,随着供水时间的加长,后续供水的入渗特征变化加大,其原因是后续供水的初始含水量增加使后续供水的入渗性能降低。从图 4 可以看出,随着供水中断时间的加长,后续供水土壤入渗特征变化变小,其原因是供水中断期土壤水分的再分布,表层含水率随着中断时间加长而变小,后续供水的水力梯度增大,而表面密实层形成后随时间的变化很小。

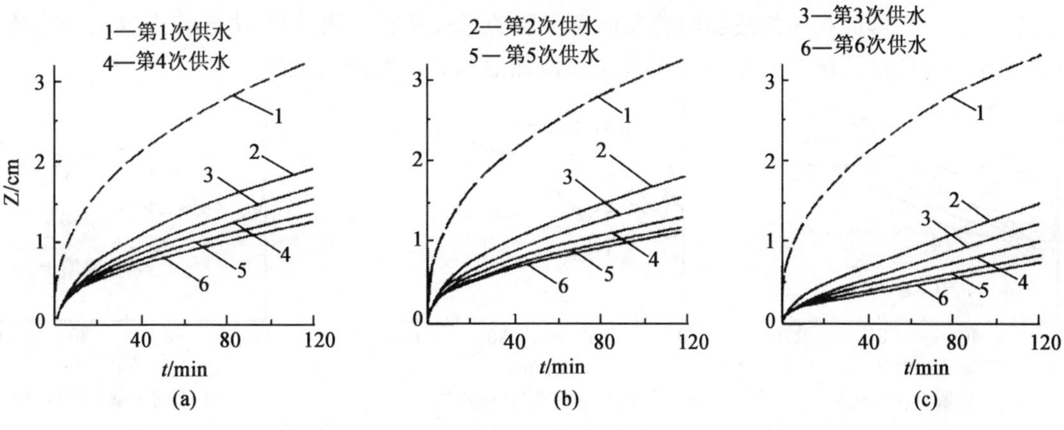

图 3　黏土壤($\rho_v=1.3$ g·cm^{-3})各供水期土壤水分累积入渗曲线(Z 为累积入渗量)

(a)$t_{on}=30$ min,$t_{off}=10$ min　(b)$t_{on}=60$ min,$t_{off}=10$ min　(c)$t_{on}=90$ min,$t_{off}=10$ min

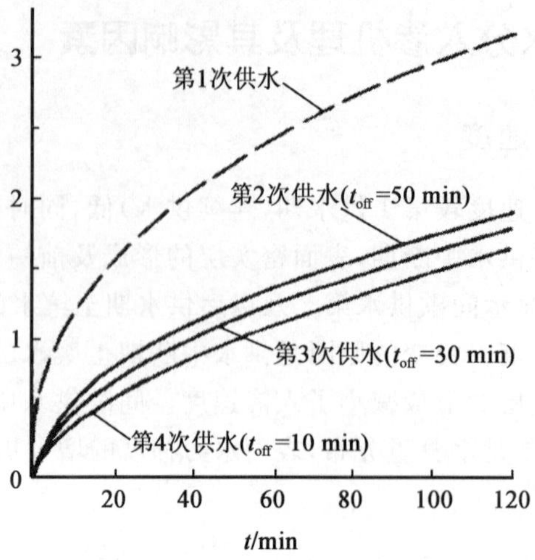

图 4　黏土壤($\rho_v=1.3\ g\cdot cm^{-3}$)第 2 供水期不同中断时间的累积入渗曲线($t_{on}=60\ min$)

2.3　波涌灌的效果

波涌灌溉后续供水的入渗速度比第 1 供水期低。为说明供水中断引起的土壤入渗性能的变化，引入量纲一的 v/v_0。式中 v_0为第 1 供水期土壤的入渗速度，v 是供水中断后土壤的入渗速度。v/v_0 比值的大小说明土壤水入渗速度减小的程度，代表了表面密实层形成与水分再分布的综合结果，即波涌灌效果。

从图 5(a)可知，各供水期的波涌灌效果随着供水段时间的加长虽然出现波动，但总的趋势是逐渐减小(v/v_0增加)，并达到某一稳定值；同时各供水段的这一稳定值是不同的；随着供水次数增加，此稳定值逐渐减小，即波涌灌效果逐渐增大。就实际灌溉条件而言，供水时间一般在 60 min 以内，在此时段内，各供水段的波涌灌效果非常显著。

经过一个供水中断期后，土壤的入渗速度降低很多，但是波涌灌过程并未完成，第 2 供水中断期还有很大作用(如图 5(a)所示)，以后的供水中断期作用逐渐减小；因此本研究采用分别定量描述各供水段的入渗过程，以便更准确地描述波涌灌的入渗过程。

土壤的疏松状况对入渗特征影响很大。新耕农田由于土壤体积密度较小，入渗速度很大，其灌水效果不好甚至无法完成灌水。波涌灌的效果当然也受耕层土壤疏松状况的影响。疏松状态的波涌灌效果比密实的好(见图 5(b))，这也可以说新耕农田的波涌灌节水效果显著。

土壤机械组成直接影响土壤的入渗特征。较高的黏粒含量具有较低的入渗速度，累积入渗特征曲线非线性程度高。土壤的机械组成影响着表面密实层的形成及其性能，同时决定着土壤水分特征曲线，影响间歇供水入渗特征。图 5(c)展示了不同土质波涌灌效果与时间的关系。

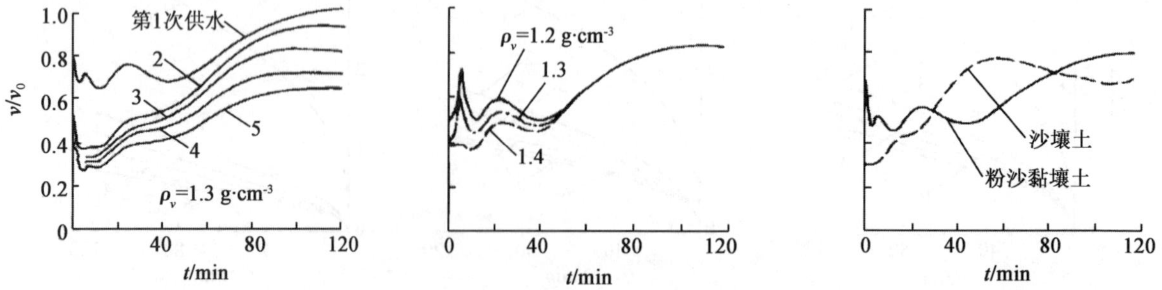

(a) 砂壤土各供水期　(b) 砂壤土第2供水期　(c) 不同土壤第2供水期

图 5　波涌灌效果随时间的变化

3　灌水技术参数对间歇供水入渗特征参数的影响

为更深刻理解并定量描述间歇供水的入渗过程，同时也为确定波涌灌田间行水模拟时的入渗参数提供依据，现采用计算机模拟试验的方法，探讨供水时间 t_{on}、供水中断时间 t_{off} 对入渗特征参数的影响规律。模拟试验为二因子二次回归试验[1]。

土壤水分入渗的累积入渗量用下式表述：$Z=kt^{\alpha}$。式中：Z 为累积入渗量，cm；t 为累积入渗时间，min；k，α 为拟合参数，称为土壤入渗特征参数。

在第 2 供水段。由图 6(a)可知，t_{on} 对 α 的影响较小，在此时段内 α 基本上为常数，而 t_{off} 对 α 值的影响较大(见图 6(b))，随着 t_{off} 的增加，α 值减小，累积入渗函数非线性程度增大。

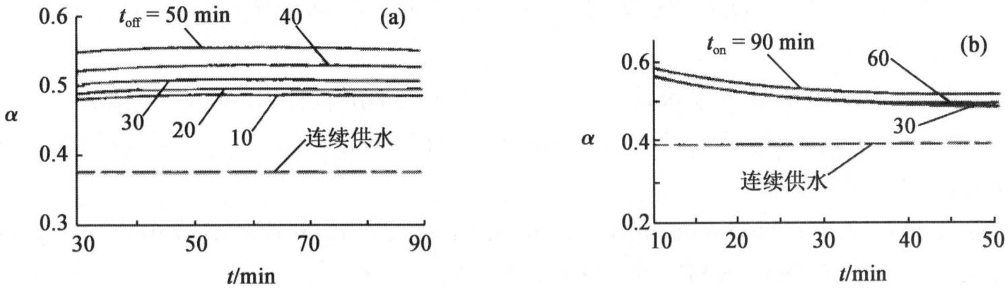

图 6　拟合参数 α 与供水时间 t_{on}(a)和供水中断时间 t_{off}(b)的关系

由图 7(a)可见，随着 t_{on} 的增加，k 值逐渐减小，并且减小幅度逐渐降低而接近某一常数；而随着 t_{off} 的增加，k 值增大，增大的幅度同样随着 t_{off} 的增加而减小(见图 7(b))。

在第 3 及以后供水段。此时土壤水分入渗特征参数 α，k 对 t_{on} 和 t_{off} 的依赖关系与第 2 供水段相类似。

从模拟试验结果可以看出，各供水段土壤的入渗特征参数 α 和 k 是随 t_{on} 及 t_{off} 而变化的。它们受 t_{on} 的影响较小，当 t_{off} 较小时受其影响较大。这样，在某一确定的 t_{off} 下求得的入渗特征参数不会因 t_{on} 值的微小变动而起太大的变化。由于田间的供水中断时间一般相差不大，因此可以对波涌灌田间行水过程先拟定一个 t_{on}，再据此进行一次修正即可。

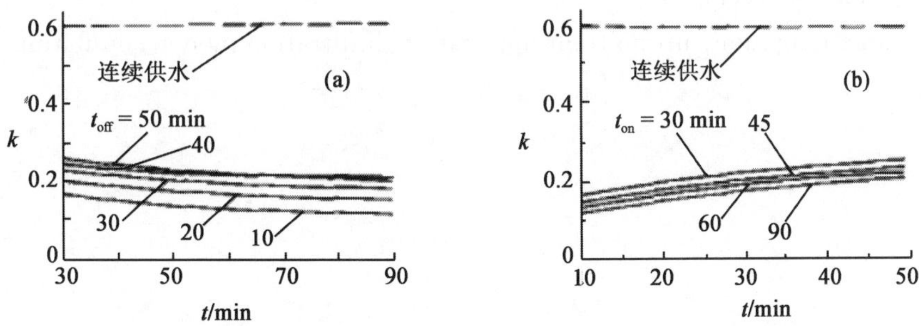

图 7　拟合参数 k 与供水时间 t_{on}(a)和供水中断时间 t_{off}(b)

4　结论

(1)波涌灌的入渗机理是：在供水中断期土壤表面形成了密实层，使入渗速度减小；水分的再分布增加了表面入渗的水力梯度，有使入渗速度增加的趋势。波涌灌效果取决于二者综合的结果。

(2)土壤水入渗速度的折减系数——波涌灌效果取决于土壤的质地及疏松状况，也取决于灌水技术参数。波涌灌效果需几次供水中断才能显示，并且对于较疏松的土壤，波涌灌效果明显，各供水段的水分入渗过程需要分别描述。

(3)波涌灌效果在入渗过程上表现为后续供水的入渗特征发生变化，拟合参数 k 值较小而 α 值较大，并且 k 和 α 受供水时间的影响较小，受供水中断时间的影响较大。

(4)供水时间对间歇供水入渗量的影响由改变后续供水时土壤的初始含水率来反映。

参考文献

[1] 刘洪禄.波涌灌溉机理及其灌水技术的研究:[博士学位论文].北京:北京农业工程大学,1993.

[2] Blair A W, Smerdon E T. Modeling surge irrigation infiltration. J of Irri and Drain Engi, 1987, 113(4):497-515.

[3] Izuno F T, Podmore T H, Duke H R. Infiltration under surge irrigation. Trans of The ASAE, 1985, 28:517-521.

[4] 雷志栋,杨诗秀,谢森传,等.土壤水动力学.北京:清华大学出版社,1988.264-299.

[5] Ahuja L R. A numerical and similarity analysis of infiltration into crusted soil. Water Resoures Researches, 1973, 9:987-994.

[6] Jame L G, Larson L C. Modeling infiltration and redistribution of soil water during intermittent application. Trans of The ASAE, 1976, 19:482-488.

Simulation of Infiltration of Intermittent Application of Surge Irrigation

Liu Honglu　Dai Hongwen　Yang Peiling　Zeng Dechao

Abstract　By simulating the infiltration of intermittent application dynamically, the infiltration mechanism of surge irrigation and the quantitative index describing the effect of surge irrigation are studied. The effects of irrigation technique parameters on the infiltration parameters of intermittent application are investigated by the experiments on computer. The program for the infiltration function of different applications is developed.

Key words　surge irrigation, intermittent application, infiltration model, simulating

在 Windows 环境下的小麦生长模拟软件设计与开发*

李晓娟　曾德超

摘要　本文结合当今信息化精密农业的发展趋势和要求，介绍了在 Windows 环境下，用 VB5.0 设计、开发小麦生长模拟软件的过程：并阐述了以系统观点，对小麦生长及其与田间土壤各层水、氮变化间的动态关系进行分层模拟的过程。

关键词　小麦作物生长模拟

1　模拟软件总体设计

1.1　软件需求分析

作物模型本质是描述土壤—植物—系统之间的基本关系，是涉及农业、环境等领域多学科基础性研究结果的评价，筛选和系统集成，它随着各学科发展而不断地发展着；另一方面，由于农业信息资源的综合开发利用的需要日益迫切，单项信息技术往往不能满足需要，随着数据库、系统模拟、人工智能、管理信息系统和决策支持系统、计算机网络及 3S 系统等各项技术在农业领域的应用日趋成熟，根据不同的使用目的和范围作物模型需要与其他各种信息技术组合成集成；因此，在设计开发软件时，使软件具有较高的透明性，以便使各学科研究工作者或使用者能方便将其领域内最新研究成果写入模型或对模型进行修改使其更能适应不同区域或作物。同时，模拟软件在技术上应具有广泛的适应性，包括与其他信息技术的集成，与土壤、气象、植物有关的各种数据采集器的数据通讯与各种应用程序的数据交换与共享等方面。但是目前国内外大多数作物模拟软件不具备这些特点，国外许多著名模拟软件由于当时计算机技术、测试手段发展水平的限制等原因，没有很好地实现这些功能，一些软件(例如美国 DSSAT)，在设计时为了提高软件适应性和面向用户性，允许用户以交互方式用“试错法”进行作物遗传参数的调试。据报道，国外一些研究者结合 GIS 正在研制 Windows 或 Unix 环境下的作物模拟软件。资料表明，在我国也有许多单位或研究者以不同的研究目的、角度和侧重点进行了作物模拟模型方面的研究，并开发出相应的软件，但得到广泛使用或检验验证的却很少。原因之一是许多研究者只从其专业角度建立、描述、实现模型，而对从模型到模拟软件(模型的实现)这一过程中软件设计等软件工程领域的问题重视不够，使得软件面向用户性差，难于推广使用，从而影响了模拟模型的使用、检验和进一步改进，导致许多重复研究。

因此，为了方便模拟软件的推广使用，在不影响其功能和准确性的条件下，应尽量做到易掌握，易操作，界面友好；同时要充分农业信息技术的发展趋势，使软件要易于与其他信息技术集成。而这些目标的实现及实现的难易程度与所选择的软件开发环境及工具有很大关系。在 Windows 环境下，可以通过多种方式进行应用程序间的数据交换，实现信息共享，例如通过建立应用程序之间的数据链路，使得应用程序之间可以进行自动的数据传送，而不需要用户干预，这种功能对于开发需要连接实时数据的应用程序(如过程控制，监测等)具有重要意义：Windows 能支持网络系统；在多媒体技术方面也具优势。

* 本文出处：模式识别与人工智能，1999 年 10 月，第 12 卷增刊

Visual Basic 5.0 是开发 Windows 应用程序用得最广泛的工具之一，属于面向对象的可视集成开发系统，设计过程可视，设计思想面向对象等等。同时又具有 Windows 环境下的 OLE，DDE，DLL，VBX 等高级功能，利用 DDE（动态数据交换）及 DLL（动态链接库）等高级功能，可以方便地使程序与其他 WINDOWS 程序交换数据和调用其他语言程序，因此 VB5.0 满足本软件的开发需求。

1.2 软件的输入输出及界面设计

本文设计软件主要目标是对小麦生长及田间水氮平衡进行系统的综合的动态数据分析模拟，所描述的主要对象是小麦生长及其与田间水氮平衡关系，被描述的各个过程本身比较复杂，加之相互耦合，并且与气象因素，管理措施有关；要正确描述这些对象的各个过程必然需要许多参数的输入，同样也需要许多模拟结果输出和对输出数据的分析和图形显示。因此本软件设计了几种不同的输入方式和输出形式，软件的输入可由用户直接输入，或软件直接读入缺省值，当然用户也可以修改缺省值，用户也可以以交互方式根据具体土壤的初始状况修改缺省值，以免每次模拟都要重复输入。由于 MICROSOFT EXCEL 是最常用的数据处理软件之一，许多研究者都用 EXCEL 进行实验数据处理，而且越来越多的数据采集仪也可实现与计算机通讯，传入计算机的数据也通常可以转换成 EXCEL 数据格式，例如本研究所用到的土壤水分测试仪 TDR（时域反射仪）、全自动气象数据采集仪等都可将所测的数据传入计算机并转换成 EXCEL 格式，因此，本文将所开发的模拟软件与 EXCEL 链接，使软件可以自动从 EXCEL 中读取数据，这样可实现模拟软件实时读入数据采集仪所采集到的数据。

模拟结果可以以数据形式或图形形式输出，也可以直接输出到 EXCEL 中，便于用户对模拟结果分析。如果用户对模拟结果不满意，可重新输入参数进行模拟。

2 模拟过程

2.1 水分动态变化

在模拟程序的设计中将土壤中水平衡作为一个过程，以一天时间为步长，根据每天的气象数据、作物的生长发育和土壤水分状况、管理措施等输入模拟计算田间潜在、实际蒸发蒸腾量；并根据达西定理分层对土壤各层间水分的饱和、不饱和运动分别进行计算，根据根系分布比例基于势流理论计算土壤各层根吸水量，再进行总量平衡计算；得出土壤各层水分的时空分布，作物的蒸发蒸腾量及水分胁迫随时间的变化等规律。

2.2 土壤氮素运移转化

根据物质（氮素）平衡法则，对土壤—作物系统中土壤氮素的转化和运移进行模拟，在每个模拟时间步长内，分层计算土壤中有机物矿化和矿物氮的固定；并分别计算硝态氮随土层间不饱和土壤水分运动和土壤水渗漏的运动、土壤的实际硝化速率及反硝化量；根据作物对氮的需求，分别对作物潜在新的生长所需氮量、籽粒生长所需氮量、茎叶部分氮的需求；对作物的氮需求和土壤氮的供应库之间进行平衡计算，并考虑了氮亏缺对作物生长及产量影响。

2.3 小麦生长发育模型

小麦的出苗到拔节阶段是整个生育期中与环境因子关系最为复杂且生育日数变化最大的一个阶段。在小麦进入光周期反应阶段，光长和温度是影响光照阶段长短的主要因子，模型中考虑了光照阶段温度效应因子。在小麦的其他发育阶段，温度起主导作用，在各阶段发育模型中，以日为时间步长对小麦发育进程进行模拟时，对基本模型进行积分或有限求和，获得小麦逐日发育的模拟模型。

根据门司佐伯公式并考虑大田群体的反射率计算群体光合强度，将其对叶面积和时间步长积分得到群体同化量；采用各生育时期固定系数的方法对光合产物进行分配，根据不同生育阶段干物质在各器官中分配比例和根、茎、叶、籽粒的初始值，确定作物不同器官的干物质量，得到整个生育期作物各器官干物质累积量。分别引入两个水分胁迫因子和氮素胁迫因子，分析了土壤水、氮对作物光合作用、生长及产量的影响。

小麦生长田间水氮平衡与土壤水分，氮素含量和转化速率，土壤性质，作物生长状况，气候条件等方面的因素有关，而作物生长需由根系吸收水分和氮素，完成一系列的生长发育功能，同时改变了土壤中水分和氮素含量，引起土壤中水、氮的再分布。反之，作物的生长状况必然影响根系的生长，从而制约着根系对土壤中水、氮的吸收利用及土壤中水、氮的重新分配。所以，尽管本文建立的田间土壤水氮平衡及作物生长模型，分别描述土壤—作物系统中的不同部分，但它们是动态耦合的。

因此，在程序设计时为了提高各模型模块数据的封装性，将各模块中与外部(除本模块外的其他模块)数据交换的数据在输出前都先赋给公共变量，由这些公共变量负责模块间的数据交换，这样，从程序结构上提高了模块的独立性，易于软件的维护、修改和进一步完善。图 1 表示出了小麦生长的模拟过程。

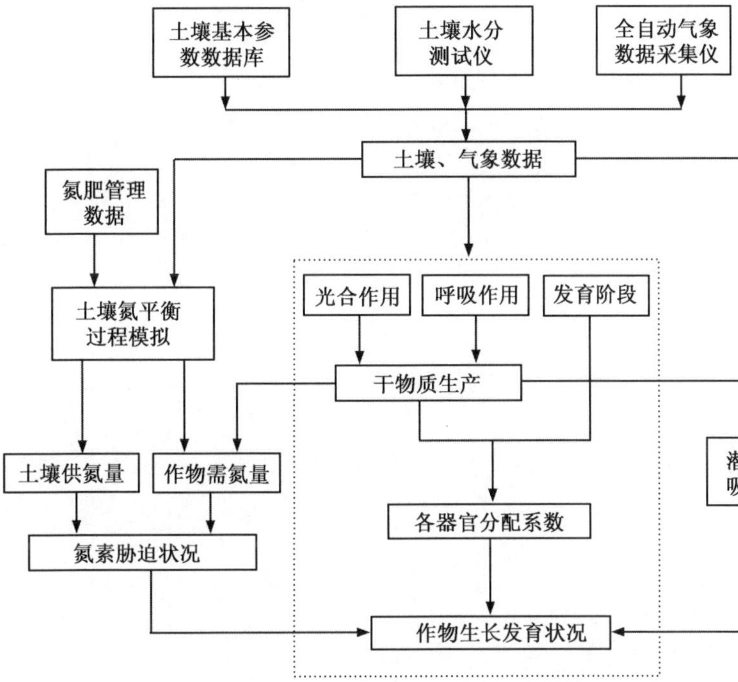

图 1　作物生长过程模拟示意图

参考文献

[1] Bekdash F. Shimo Hammadi A, Magetie W L, Smith O H, and Ifft T. H. BMP evaluation using GIS-CERES linkage. ASAE paper. 1991.

[2] Steven J, Thomson B. Blake Ross. Model—based irrigation management using a dynamic parameter adjustment method. Computer and Electron in Agriculture. 1996(14):269-290.

The Development of the Wheat Growth Simulation Software for Windows

Li Xiaojuan Zeng Dechao

Abstract As the requirement of Information & Precision farming development, the design and development of wheat simulation software by VB 5.0 for Windows was discussed. From the view of systematic way, the descriptions of wheat development and growth and its dynamic relationship with the variation of water and nitrogen in wheat field was provided layer by layer.

Key words wheat growth model

TDR 在监测土壤水分动态变化中的应用*

李晓娟　曾德超

土壤含水量的非扰动测量对于土壤中水的运动、土壤水与作物生长的关系及水的利用效率等问题的研究十分重要。先后出现了许多土壤含水量的测量方法:张力计法,测量范围较小;电阻块法,需要不断标定且有滞后效应;中子仪法,具有放射性且对表层土壤测定不准。时域反射仪(TDR)虽然价格较贵,但是具有测量准确、安全、测量范围大、使用灵活等特点,得到了迅速发展。许多国家相继研制了各种时域反射仪,6050X1 型 TDR 是美国 Soil Moistur 公司研制,其功能集成化程度较高,具有数据实时多点自动采集、存贮及人机交互功能,是适应于信息化精细农业发展的一种较先进的土壤水分监测仪。

1　6050X1 型 TDR 工作原理及特点

土壤是由空气、结构微粒(矿物质和有机颗粒)和水组成,这些元素的电介常数分别为空气 1,结构微粒 2-4,水 80。由于水和土壤中其他成分的电介常数之间存在着很大差别,故土壤中一条线路中的一个电子脉冲的传输速度在很大程度上取决于土壤中的水分含量。TDR 通过测量电磁波沿置于土壤介质中的波导线传播并在其末端反射的时间来确定土壤的介电常数,再换算出土壤的容积含水量。TDR 具有测量迅速准确、安全、对土壤扰动小、使用灵活等特点。它能实时反映灌溉条件下水分的入渗情况和作物根层土壤水分的变化。6050X1 型 TDR 为用户预留了土壤介电常数 k 与体积含水量换算表的存贮区域。如果我们要用它测量成分较特殊的土壤或其他多孔介质的体积含水量,先要做试验确定出被测介质体积含水量与介电常数之间的对应换算表。将该表按规定的格式(参照 TDR 内部常规换算表格式)在计算机上编辑后,传入 TDR 并存入系统预留的存贮区内。测量时,在 TDR 的 setup 中选中我们传入的换算表格式即可。

2　数据的实时采集及传输

(a)数据采集

首先根据需要在被监测区域内确定测点密度。将可埋探头分别埋设,并将各探头连接到多路转换器上。把多路转换器的数据线、信号线分别与 TDR 主机的多工口和 BNC 口相连。将 TDR 的显示屏切换到测量屏幕。输入埋设探头的类型、长度及测量数据存贮区;在 TDR 的 setup 中设置测量状态参数,并选择含水量-介电常数 k 换算表;再将显示屏切换到多工器屏幕,输入开始测量的通道号和结束测量的通道号;然后将显示屏切换到自动测量屏幕,输入要进行自动测量的开始日期、时间、读数的时间间隔、测量的周期数等。这样,就可对各探头所埋部位的土壤水分状况进行循环、定时、定点自动测量,并将测量数据或数据与图形存贮在设定的存贮区域中,根据需要传入计算机中进行处理或直接传入计算机中。

(b)数据的传输

测量所得数据和 TDR 波形图都以 ASCII 码格式传输到计算机中。传输时用一根直通 RS-232 线将 TDR 和计算机的 RS-232 的串口相连;将 TDR 显示屏切换到安装设置屏幕,设置波特率等项;再打开计算机中 Windows 附件的终端仿真程序设置菜单的通讯项,输入与 TDR 主机相连的计算机串口名,

* 本文出处:计算机与农业,1999 年第 4 期

选择与 TDR 一致的设置;然后就可选择"接受文件"项,将数据传入计算机。本文将传入的数据以Excel格式导入,并采用动态数据交换(DDE)技术将数据自动读入小麦田间水、氮平衡系统模拟软件(注)中;在进行动态数据交换时,将模拟软件的窗体控件用作服务器,导入的 EXCEL 格式的土壤水分数据作为客户进行数据传递。

首先设置链接标题(Link Topic),方法如下:

Form 8. Text1. Link Topic= "Excel|C:SoilFile\[SoilText. xsl]Sheet1"

这样赋给 VB Form8 窗体对象中 Text Box 控件 Link Topic(链接标题)属性:指出服务器软件时,EXCEL、文件路径和名称及 Sheet1 都需要给出。经这样设置的控件,可以从 EXCEL 中 SoilText. xls 文件中的 Sheet1 获得数据。

设置链接模式(Link Mode),方法如下:

Form 8. Text1. LinkMode=1

这样设置 LinkMode 为自动模式。

设置链接项目(Link Item),方法如下:

Form 8. Text1. LinkItem="R1C1"

指出 EXCEL 的一个单元作为链接项目单位。

这样就建立了 VB Form8 窗体对象中 Text Box 控件内容与 SoilText. xls 文件中的 Sheet1 表单元格间的动态数据交换。当 SoilText. xls 文件中的 Sheet1 表单元格的链接数据发生变化时,Form8 窗体对象中 Text1. Text 也自动更新。这样,模拟软件就可以显示、引用、处理 Form8. Text1. Text 的数据,实现了无人工干预的土壤水分的动态监测并读入模拟软件的功能,从而既提高了模拟的准确性,又便于反馈控制和管理。

总之,6050 X1 型 TDR 测量方便、准确,工作效率较高,可实现实时多点土壤水分动态变化的监测;使实际测定的动态数据与计算机通讯;而基于实测数据的实时模拟分析,适于反馈控制管理,对发展信息化精密农业有很好的应用前景。

参考文献

[1] Trase TDR 说明书. 美国土壤水公司.

[2] J. W. Hummel, L. D. Gaultney, K. A. Sudduth. Soil property seneing for site-specific crop management. Comput. and Electron. in Agric, 1996, (14): 121-136.

[3] Steven J. Thomson, B. Blake Ross. Model-based irrigation management using a dynamic parameter adjustment method. Comput. and Electron. in Agric, 1996, (14): 269-290.

(注)该软件是由作者用 VB5.0 开发的。

面向用户的果树微灌灌溉计划实时制定技术体系与实施方法*

李光永　黄兴法　曾德超

摘要　我国微滴灌面积已达 13.33 万 hm^2，并且发展势头迅猛，但对工程建设后的灌溉管理重视不够，灌溉系统使用管理研究相对滞后，尤其是灌溉计划的实时制定技术，本文建立了一种面向用户的果树微灌实时灌溉计划制定的技术体系，通过"看天、看地、看作物"三看技术来实时制定灌溉计划，并详细论述了实施步骤。该技术可为果树灌溉管理提供切实可行的技术途径。

关键词　果树，微灌，灌溉计划

我国是一个水资源十分短缺的国家。农业用水占全国总用水量的70%以上，发展节水灌溉在我国已是迫在眉睫的任务。目前，我国微灌面积已达 13.33 万公顷。现阶段，人们把更多的注意力放在了微灌工程的建设上，而对工程建设后的灌溉管理重视不够，微灌与其他灌水方法的区别在于根据作物耗水以小流量的方式频繁地灌溉，农民传统的灌溉意识认为灌水定额越多，作物产量越高，在利用微灌后仍然实行大定额、长灌水周期的灌水策略，这样产量不但不会提高，反而会造成减产，同时也造成了用户对微灌技术的错误认识。

本文着重探讨面向用户的果树微灌实时灌溉计划制定体系与方法，为微灌灌溉管理提供必要实践基础。

1　果树微灌灌溉计划实时制定技术体系构成

灌溉计划(Irrigation Scheduling)制定的主要内容有两个方面，一是何时灌溉(When)，二是每次灌多少水量(How much)。"何时灌溉"取决于作物的耗水量与土壤中的水分多少，"每次的灌溉水量"则取决于土壤的持水能力。有效地实施正确的灌溉必须了解有关土壤、作物和气象参数，本文将这些参数通过"三看"体系来表达，即：

"看天"——测定水面蒸发量与降雨量；

"看作物"——确定作物生长阶段与观测果树长势；

"看地"——监测土壤水分状态。

2　体系解释

2.1　"看天"

"看天"的目的是确定水面蒸发量和降雨量。

作物耗水量是决定灌溉计划的一个主要参数，较为准确的方法是利用彭曼公式计算出潜在腾发量，然后考虑一个与作物生长阶段有关的作物系数，进而折算出作物实际的耗水量。利用彭曼法计算作物耗水量，需要较为复杂的气象数据，在我国现阶段灌溉计划实时制定中使用还不现实。水面蒸发量是综合气象因素影响的结果，通过试验证明，阶段水面蒸发量与作物耗水量间存在着密切的关系，也就是说，水面蒸发量可以间接反映作物需水量，对于用户来讲，水面蒸发量的测试简单、方便。

---

* 本文出处：农业节水应用基础与新技术，2000 年

水面蒸发量通常用蒸发皿来测量。常用的蒸发皿有美国A级蒸发皿(蒸发面直径为120 cm)和中国20 cm蒸发皿(蒸发面直径为20 cm),每天在固定的时间(一般为每天上午8:00或下午4:00)内测定。蒸发皿放置在田间空旷的地方,通风条件、阳光照射情况良好,周围不应有障碍物阻挡,也不应有树木、建筑物遮荫。

作物耗水量与蒸发皿蒸发量之比称为蒸发皿系数。蒸发皿直径不同,蒸发皿系数也不同。因此,同一地点的同一作物,用美国A级蒸发皿和用中国20 cm蒸发皿的蒸发皿系数是不同的。蒸发皿系数可用下式表示:

$$\alpha = \frac{\text{作物耗水量(mm)}}{\text{蒸发皿蒸发量(mm)}}$$

蒸发皿系数一般通过田间试验获得,图1即为实测的北京地区桃树(品种为燕红)的蒸发皿系数。果树耗水量等于阶段蒸发皿蒸发量乘以相应的阶段蒸发皿系数。

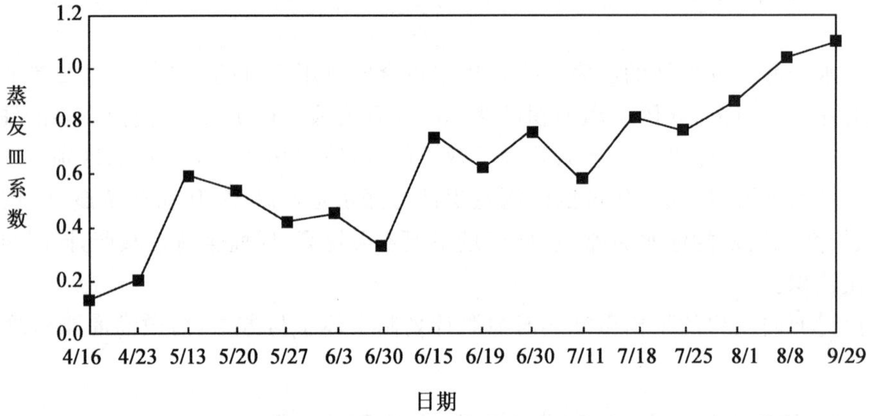

图1 北京地区桃树微灌蒸发皿系数

我国对微灌条件下果树的蒸发皿系数研究还处于起始阶段,随着人们对灌溉管理认识的提高和重视,将会得到日益完善。表1中列出了澳大利亚典型果树的蒸发皿系数,仅供参考。此外,应注意的是表中所列的蒸发皿系数是基于美国“A”级蒸发皿的。“A”级蒸发皿的蒸发量一般小于中式皿的蒸发量,经实测北京地区二者的经验关系为:

$$E_A = 0.58\,E_c$$

表1 澳大利亚维多利亚州典型果树的蒸发皿系数

	生育初期	生育中期	收获期	收获后
梨	0.6	1.0	1.2	0.4
苹果	0.6	0.7	0.9	0.4
干果	0.6	0.6	1.0～1.2	0.4
葡萄	0.2	0.4	0.6	0.4

降雨量值是确定阶段灌水量的一个重要参数,一般用雨量桶测定。

2.2 “看作物”

蒸发皿系数在作物不同的生长季节是不同的,即随作物生长发育阶段而变。北京地区桃树在出苗或开花阶段蒸发皿系数较小,随着作物生长,叶片数目及面积的增加,蒸发皿系数也随之变大。到作物接近成熟或收获的 8 月，蒸发皿系数达到最大，如图 1 所示。

另外，蒸发皿系数与作物种类也有关，不同的果树品种，蒸发皿系数也不同，如表 1 所示。

因此，“看作物”意味着确定作物种类和作物生长阶段，进而确定相应的蒸发皿系数。

2.3 “看地”

“看地”的目的有两个，一个是判断土壤质地，估计土壤的有效持水量；另一个是利用仪器来监测土壤水分状态。

土壤质地不同，其持水能力也不同。另外，并不是储存在土壤中的所有水量对果树生长都是有用的，田间持水量与永久凋萎点之间的水量对果树生长的功效也不同。我们可将田间持水量与永久凋萎点之间的水量分成三部分：第一部分为容易被作物吸收的水量或速效水（RAW），作物在吸收这部分水分时，不会承受水应力。第二部分为亏缺有效水（DAW），作物在吸收这部分水分时，将会承受一定的水应力，但不会对作物造成严重的伤害。RAW 与 DAW 的和称为总有效水量，各种土壤的有效水量可参考表 2。第三部分是为 DAW 极限点与永久凋萎点间的水量，这部分水量虽然对果树生长依然有用，但果树吸取这部分水分将变得十分困难，容易引起作物减产和死亡。土壤水分的有效性与土壤水分张力间的关系如图 2 所示。

表 2　三种典型土壤的有效水量

土壤质地	轻质土（沙土）	中质土（壤土）	重质土（黏土）
速效水（RAW）	6%	8%	6%
亏缺有效水（DAW）	3%	5%	7%
RAW＋DAW	9%	13%	13%

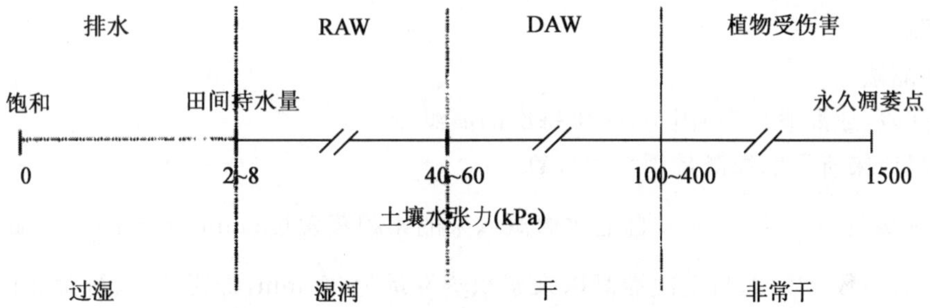

图 2　土壤有效水分与土壤水张力关系

监测土壤水分状态主要用于实时判断所制定的灌溉计划是否正确，随时对灌溉计划作出必要的调整。面向用户的田间灌溉计划制定中使用的土壤水分测定仪器必须廉价、使用方便、快捷，常用的仪器主要是张力计和石膏块传感器。

3　实施方法与步骤

第一步：灌溉计划的初步制定

根据根区大小、灌溉湿润体，土壤有效水含量、果树耗水量（蒸发皿系数）和历年蒸发量的平均值的估算值，初步估算出什么时候进行第一次灌溉（春天），每次灌溉多少及何时需要再灌溉。这一步制定的灌溉计划仅是初步的灌溉决策，在以后的实施过程中还需根据实际的日蒸发量、土壤水分和果树态势来随时进行调整。

(1)什么时候进行第一次灌溉

第一次灌溉取决于果树花芽萌发时的土壤水分,根据国内外经验,当土壤水张力达到表3中的数值时,一般就需要进行第一次灌溉。

(2)每次灌溉多少水

每次灌水量取决于土壤湿润体的大小和土壤有效水分含量:

每次灌溉量(L/棵)= 土壤湿润体体积(L)× 土壤速效水分百分数

土壤湿润体体积可采用近似方法估计。滴灌时,湿润体的形状可近似为一个圆柱体,其半径 r 取决于土壤质地。一般在壤土中,湿润体半径大约为0.5 m,而沙壤中半径仅为0.2 m。湿润体体积 $V(L)=\pi r^2\times d\times 1000$ (d 为湿润深度,m)。例如,轻质土中,当深度 $d=0.6$ m时,湿润体体积 $V=300$ L;沙土中,当 $d=0.6$ m时,湿润体体积 $V=75$ L。微喷灌时,湿润体也可以近似为一个圆柱体,其半径r等于地表水量分布区的半径。例如,当 $r=1$ m时,$d=0.6$ m时,湿润体体积 $V=1900$ L。

土壤速效水含量如表2。

(3)灌溉周期

灌溉周期取决于每次的灌溉量和多年日均耗水量,可用下式计算:

灌溉周期 = 每次的灌溉量(L/棵)÷ 日均耗水量(L,棵/天)

例如:每次的灌溉量为27 L,蒸发皿系数为0.5,多年日均蒸发量3 mm/d,株距2 m,行距3 m,日耗水量 = α × 日均蒸发量 × 株距 × 行距 = 0.5×3×2×3 = 9 L/棵/天,灌溉周期 = 每次灌溉量 ÷ 日均耗水量 = 27 ÷ 9 = 3 d

第二步:根据实际蒸发量实时确定灌溉计划。

上述第一步中的灌溉周期是基于多年日平均蒸发量初步确定的,实际的日蒸发量与多年日均值差异很大,那么,就需要利用当前的实际日蒸发量来调整灌溉计划。

根据蒸发量来确定灌溉计划的方法有两种,一种是以固定的时间间隔灌溉,一种是以恒定的累积蒸发量间隔来灌溉。

(1)时间间隔法

灌溉时间间隔(或灌溉周期)固定,变化每次的灌溉量。

自上次灌溉以来所需的灌溉量用下式计算:

灌溉量(L/棵)= α × 自上次灌溉以来的累积蒸发量(mm)× 株距 × 行距

例如,蒸发皿系数为0.2,自上次灌溉以来累积蒸发量为30 mm,株距2 m、行距3 m,那么,此次的灌溉量 = α × 累积蒸发量 × 株距 × 行距 = 0.2 × 30 mm × 2 × 3 = 36 L/棵。

如果有降雨,需要从上述计算值中减去有效降雨量,当有效降雨量超过所要求的灌溉量时,就不必再进行灌溉。

有效降雨量计算是一个比较复杂的问题,它随土壤类型、地表覆盖物的类型和数量,树冠大小和叶面积、降雨持续时间和强度等而变化。果园中,并不是所有的降雨都可存储在土壤中供作物消耗,有一部分被树冠、地表覆盖物截留,有些产生了地表径流,如果雨量较大还会有部分降雨产生渗漏流出根区,如果侧向根被拖拉机压实,分布在行间的水也不能被作物利用。因此估计有多少补充给了土壤中可供作物使用的水是较困难的,对于果园,一般认为,每次降雨的前10 mm降雨是无效的,10 mm降雨后有75%是有效的。但是有效降雨还必须小于土壤能够存储的有效降雨极限值,否则有效降雨需采用有效降雨极限值。有效降雨极限与根深和土壤总有效水含量有关,可采用下式计算:

有效降雨极限(mm)= 根深(m)× 土壤有效水含量百分数 × 1000

例如，根深为0.6 m，土壤有效水含量百分数为6%，有效降雨极限为36 mm。当降雨量为40 mm时，有效降雨量＝(降雨量－10 mm)×75%＝22.5 mm(小于有效降雨极限值)，当果树株行距为1 m×2 m时，每棵树得到的水量＝(株距×行距)×有效降雨量＝1 m×2 m×22.5 mm＝45 L/棵。

(2)蒸发量间隔法

灌溉量维持恒定，而灌溉间隔变化，其物理意义是自从上次灌溉以来，当作物耗尽了上次的灌溉量(和降雨)后，便进行灌溉。以蒸发量表示的灌溉间隔可用下式计算：

以蒸发量表示的灌溉间隔(mm)

＝灌溉量(L/棵)÷每蒸发1 mm时的果树耗水量(L/棵/mm)

例如，当蒸发皿器系数为0.3、株距2 m、行距3 m、灌溉量为27 L/棵时：

每蒸发1 mm时的果树耗水量＝α×株距×行距＝0.3×2×3＝1.8 L/棵/mm

灌溉间隔＝灌溉量÷每毫米蒸发时的果树耗水量＝27 L÷1.8 L/棵/mm＝15 mm蒸发量

灌溉间隔有时与计算的累积蒸发量相冲突，那么，灌溉就应提前进行。例如，上述例子中，3 d的蒸发量是13 mm，则应进行灌溉，不过此时的灌溉量需要使用前面的公式(时间间隔法中)重新计算。

如果降雨，在灌溉前，果树必须用完这些额外的水量，即需要“额外”的蒸发量来消耗这些降雨，就需要计算降雨补给土壤的水量。

第三步，根据土壤水分状态调整灌溉计划。

按上述方法制定的灌溉计划，在实施过程中，由于对土壤有效水含量百分数、降雨入渗和作物耗水估计误差的累积，土壤可能变得太湿，产生深层渗漏，也有可能使土壤水分变干，作物承受了一定的水应力，因此，必须根据土壤水分状态来实时调整灌溉计划。

适用于灌溉计划时制定的廉价实用的监测仪器为石膏块土壤水分传感器或张力计，下面仅以石膏块为例来说明其步骤。

(1)石膏块布置

1)平面布置

一般要求，每块灌溉田中至少安装两处，这两处要具有代表性，即可代表整个灌溉田中的土壤、果树类型。

2)点布置

a.计划湿润深度中部

计划湿润深度中部放置石膏块的目的是测定土壤水张力，决定何时灌溉，石膏块最好安装在距离灌水器10～20 cm处。

b.计划湿润深度底部

湿润深度底部的石膏块用来确定灌溉的深度，即确定灌溉是否过量或过少。

(2)测量

1)灌溉后

一般在灌溉后应立即对土壤水分进行测量，这主要用来判断灌溉是否合适。如果计划湿润深度的底部石膏块传感器显示土壤依然较干，这就告诉我们需要增加灌溉量或有其他的隔水层阻止了灌溉水的入渗。如果传感器显示根区底部土壤已变湿，说明灌溉量可能过太，需要减少灌溉量。

造成湿润深度不够的原因有两个，一个可能是由于在估计土壤有效水量含量百分数时的误差造成的。第二个原因可能是因为对湿润体形状、大小估计的误差造成的。

2)下次灌溉前

灌溉后，土壤含水量应当定期测试。我们可以根据土壤含水量的变化过程或状况来判断下次灌溉的日期，下次灌溉前的土壤含水量主要取决于果树对水应力的反映，一般在无试验资料时可采用表 3 的数据。

表 3　需要灌溉时的土壤水分张力值(kPa)

土壤质地	沙土	壤土	黏土
充分灌溉	40	50	60
调亏灌溉*	100	200	400

*果树调亏灌溉方法见参考文献。

3)雨后

雨后测量，可以帮助我们判断多少降雨补充给了土壤，这可对我们前面估计的有效降雨进行修正。

(3)根据土壤水分状态调整蒸发皿系数

当按累积蒸发量制定的灌溉计划灌溉时，如果土壤水张力水平与原先估计的不一样，这说明我们用于计算果树耗水量的阶段蒸发皿系数有误差，这就需要对蒸发皿系数进行调整，或根据上一次的灌溉量、果树的株行距和上一次灌溉以来累积的蒸发量重新计算蒸发皿系数：

$$蒸发皿系数=灌溉量(L/株)\div 行距(m)\div 株距(m)\div 累积蒸发量(mm)$$

那么，后面的灌溉就需采用新的蒸发皿系数，直到进入下一个生长发育阶段。

参 考 文 献

[1] 李光永，王小伟，黄兴法，等. 充分灌溉与调亏灌溉条件下桃树的耗水量研究. 水利学报，特刊.

[2] Peter D. Mitchell, Ian Goodwin. Micro irrigation of vines and fruit trees. CAN 006 598 198, 1996.

充分灌与调亏灌溉条件下桃树滴灌的耗水量研究*

李光永　王小伟　黄兴法　曾德超

摘要　田间试验设置有两个处理：整个生育期以蒸发量的80%灌溉的充分灌处理；果实缓慢生长时期以蒸发量的20%灌溉，而其他季节恢复以蒸发量的80%灌溉的调亏灌溉处理(RDI)，试验得出了桃树滴灌在上述两种灌溉条件下不同生育期的日均耗水量与蒸发皿系数。与充分灌比较，调亏灌溉处理产量没有受到影响，果实体积有所增大，而灌水量减少了32%，耗水量减少了20%，并有效地抑制了枝条生长。

关键词　滴灌，桃树，调亏灌溉，耗水量

滴灌是适合于果树的节水灌溉技术之一，具有节水、增产等优点。调亏灌溉(RDI)技术是一种在果树生长发育的某些时期施加一定的水分胁迫，影响其光合产品向不同组织器官分配的倾斜，从而获得提高或维持产量而舍弃某些营养器官生长量的一种节水灌溉策略。目前，我国在桃树滴灌充分灌与RDI条件下的耗水量和耗水过程，特别是在灌溉计划制定中极为有用的不同生育阶段的蒸发皿系数还没有进行较深入的研究[1,2]。

本研究的目的是研究和评估桃树滴灌在RDI和充分灌溉条件下各个不同生长阶段的耗水规律及两种灌水条件对桃树生长和产量的影响。

1　材料和方法

试验在北京林业果树研究所试验地进行(北纬39°56′，东经116°20′)。试验地土壤为均质黏壤土，果树为桃树，树龄10年，品种为燕红，株行距为1.5 m×5 m，经测定，90%以上的根系集中于1.5 m土层内。此品种的桃树在该地区一般为3月下旬、8月底收获。该地区多年降水量644.2 mm，雨量多集中在6～8月，约占全年降水量的75%。田间试验用气象站设在距试验地200 m处。

1.1　灌溉处理

设置有以下两个处理：

充分灌处理：整个桃树生育期按照80%的蒸发量灌溉，一般每周灌溉2～3次，实际的时段灌溉量和灌溉时间根据土壤含水量、蒸发量及降雨量确定。

RDI处理：RDI亏水期间(5月19日至7月4日)按照蒸发量的20%灌水，其他阶段恢复按80%的蒸发量灌溉。

1.2　处理布置

所有处理均布置在一行，分8个小区，依顺序排列，其中1、3、5、7小区为充分灌处理，2、4、6、8小区为RDI处理，每个小区内5棵树，其中外侧两棵树为隔离树。处理行的两侧各布置有1行隔离行，其灌溉方式与处理行相同。每行树沿树行各布置1条滴灌毛管，滴头间距70 cm，即每棵树的两边距树干37.5 cm处各布置有1个滴头，滴头流量4 L/h。所有的处理中施肥量和施肥方式均相同。

---

* 本文出处：农业节水应用基础与新技术，2001年

1.3 测量

土壤基质势:利用石膏块测量,每周 1 次,石膏块位于树行间距离树行 15 cm 和 80 cm 处,石膏块埋深 20 cm、40 cm、70 cm 和 100 cm。

土壤含水量:用中子仪测定,中子仪测管位于两树行中间距离树行 15 cm、80 cm、145 cm 和 210 cm 处,测定深度为 20 cm、40 cm、70 cm、100 cm、130 cm、160 cm、190 cm、220 cm 和 250 cm。

中子仪与石膏块测定位置如图 1 所示。

果实生长量:每棵树取 6 个果,每个处理共测定 72 个果,每周测量 1 次果实的直径。

枝条生长量:测定数目同果实生长量,每周测量 1 次。

产量:测定每棵树的果实个数、单果重和平均产量。

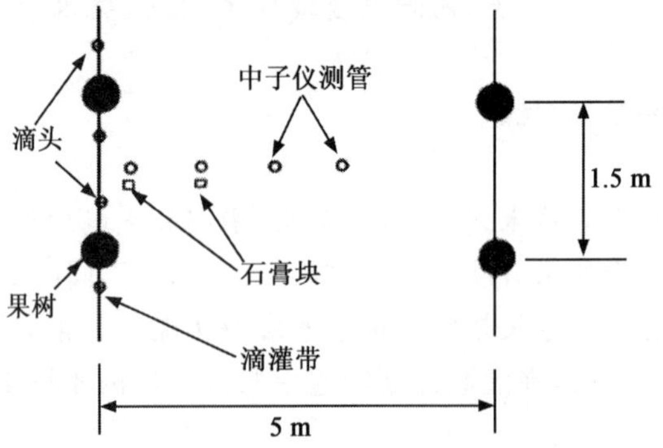

图 1 中子仪测管与石膏块的平面布置

2 结果与讨论

2.1 土壤水势的季节变化

1997 年和 1998 年两年中两个处理的土壤基质势的变化趋势基本相同,图 2 示出了 1997 年的测量值。

充分灌处理:离树行 15 cm 处,除个别日期外,各个深度的土壤水势均保持在－24 kPa 左右。

离树行 80 cm 处(离滴头较远),除表层 20 cm 深度的水势在 5 月 9 日至 5 月 26 日、6 月 9 日至 7 月 4 日之间土壤水势达到－200～－100 kPa 外,其他日期的各层土壤水势也均保持在－24 kPa。

这说明在整个生育期,充分灌处理各土层土壤水分均处于无亏缺状态。

RDI 处理:亏水期始于 5 月 19 日,终于 7 月 4 日。非亏水期间,土壤水势与充分灌基本相同。

而土壤水分亏缺期间,离树行 15 cm 各土层土壤水势平均最低点降到了－400 kPa 左右。离树行 80 cm 处 20 cm、40 cm 和 70 cm 深度的土壤水势降到了－700～－500 kPa,100 cm 深度的水势也降到了－150 kPa。

2.2 灌水量与耗水量

2.2.1 生育期灌水量

1997 年生育期降水量 230.4 mm,充分灌处理灌溉 394.7 mm,RDI 处理灌溉 268.3 mm,与充分灌比较,RDI 处理节约灌溉水 32%。1998 年生育期降水量达 636.1 mm,4～7 月各降水量均大于 1997 年,仅 7 月份就降水 434.9 mm,充分灌处理灌溉 106.5 mm,RDI 处理灌溉 70.3 mm,与充分灌比较,RDI 处理节约灌溉水 34%,如表 1 所示。

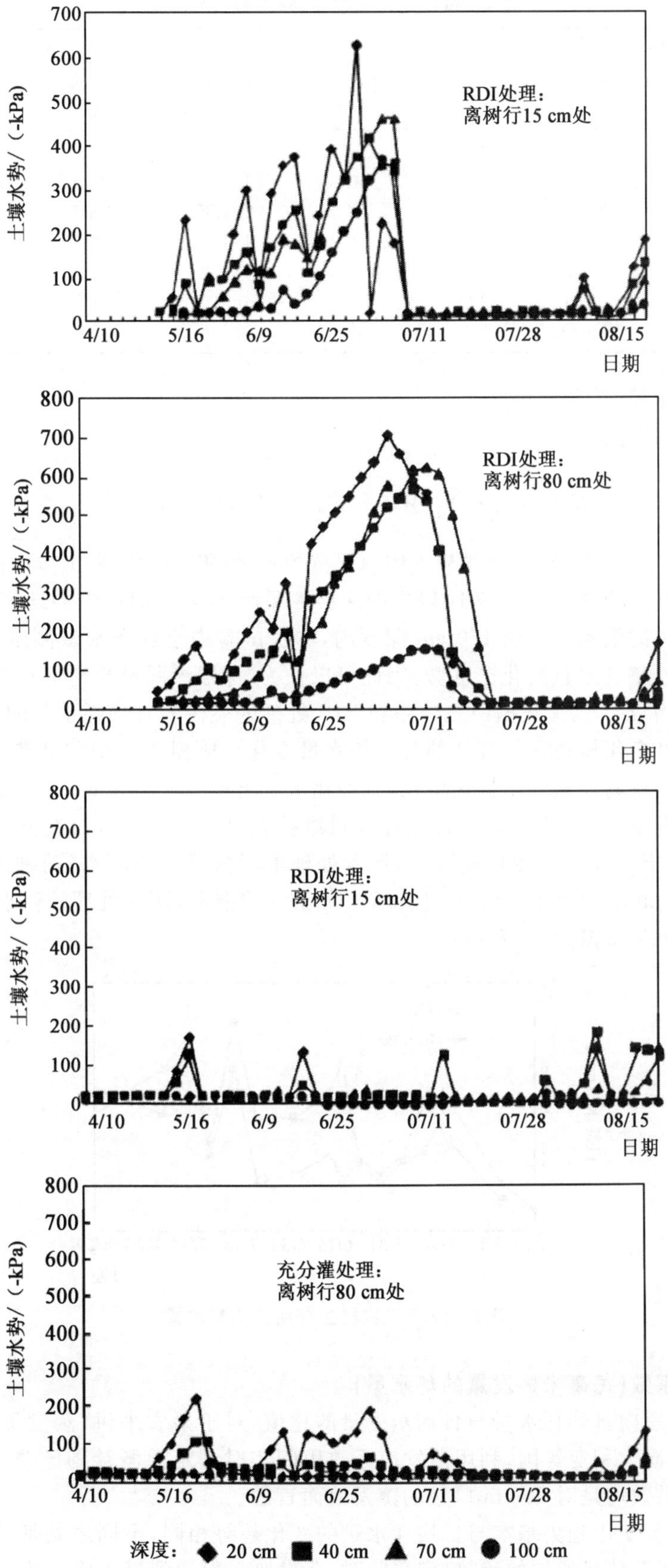

图 2　不同处理条件下土壤水势的季节变化

表 1　试验期间蒸发量、降雨量和灌溉量

月份	1997 年(3 月 18 日至 8 月 31 日)				1998 年(3 月 18 日至 9 月 1 日)			
	蒸发量(mm)	降雨量(mm)	灌水量(mm)		蒸发量(mm)	降雨量(mm)	灌水量(mm)	
			充分灌	RDI			充分灌	RDI
3	76.0	6.4	45.9	35.2	41.2	0.8	0	0
4	286.5	10.2	41.6	41.6	135.6	39.5	25.5	25.5
5	277.3	33.5	70.4	32.0	227.8	49.3	32	23.5
6	270.8	12.8	113.6	13.9	174.1	80.9	27.7	0
7	233	97.5	106.1	128.5	186.2	434.9	0	0
8	174.5	70.0	17.1	17.1	150.6	30.7	21.3	21.3
合计	1318.1	230.4	394.7	268.3	915.5	636.1	106.5	70.3

2.2.2　日均耗水量

耗水量采用下式计算：

$$ET_c = 4 \cdot \sum_{1}^{32}(W_{0i} - W_{ti}) + I + P - S + WT$$

式中：ET_c为时段内的耗水量；W_0为时段初土体内保持的水量；W_t为时段末土体内保持的水量；I 为时段内的灌水量；P 为时段内的降水量；S 为时段内的深层渗漏量；WT 为时段内的地下水补给量。

经田间实测，90%的根系在表层 150 cm 深度内，本次试验中土壤含水量测定深度达 250 cm，并且大于 150 cm 深度的土壤含水量变化已甚微，因此可以认为，深层渗漏量与地下水补给量为零。

1997 年和 1998 年 2 年试验数据中充分灌和 RDI 处理的桃树的日均耗水量的季节变化趋势基本相类似。图 3 示出了 1997 年桃树在生育期的日均耗水量变化。桃树 4 月中旬开花，耗水量逐渐增加。5 月 13 日至 5 月 20 日，桃树新梢开始快速生长，日均耗水量出现一个高峰期，达每日 6 mm。6 月 3 日至 7 月 11 日为果实缓慢生长期，调亏处理日均耗水量维持在 2.4～4 mm，而充分灌处理日均耗水量达 5.8～8 mm。7 月 11 日后果实开始快速膨大，调亏处理重新恢复充分灌水，两种灌水处理的日耗水量均急剧增大到 8～10 mm。8 月 1 日后，由于果实开始进入成熟期，两种处理的耗水量逐渐减小，到 8 月底收获这段时间，日均耗水量为 6～8 mm。

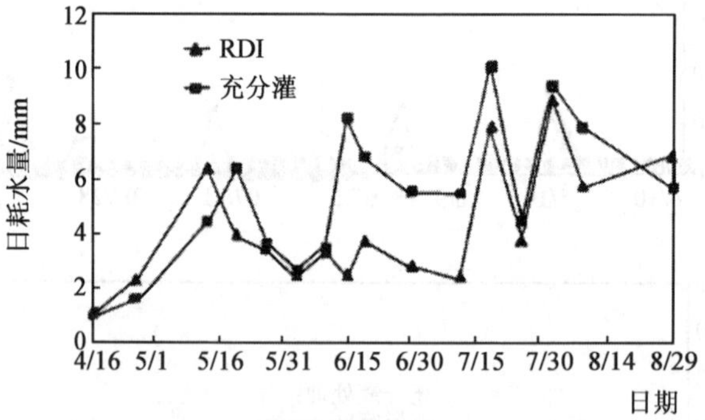

图 3　1997 年桃树生育期日均耗水量

2.2.3　蒸发皿系数(每毫米蒸发量的耗水量)

蒸发皿系数为时段内日均耗水量与日均蒸发量的比值，对于果农来讲，蒸发量测定操作简单，仪器也比较便宜，在美国、澳大利亚等国，利用蒸发皿系数田间实时制定灌溉计划已非常普遍。需要说明的是，本文中的蒸发皿系数均是对 20 cm 口径的蒸发皿而言的。

蒸发皿系数的季节变化趋势基本与日均耗水量的变化趋势相同，不同之处是，7 月 25 日后，由于日蒸发量的减少，蒸发皿系数呈增加的趋势，到采收时，蒸发皿系数达到最大值。从图 4 可以开出，充分灌处理，3 月上旬桃树萌芽到 4 月底花期结束，蒸发皿系数为 0.2 左右；4 月底到 5 月上旬春梢开始快速生

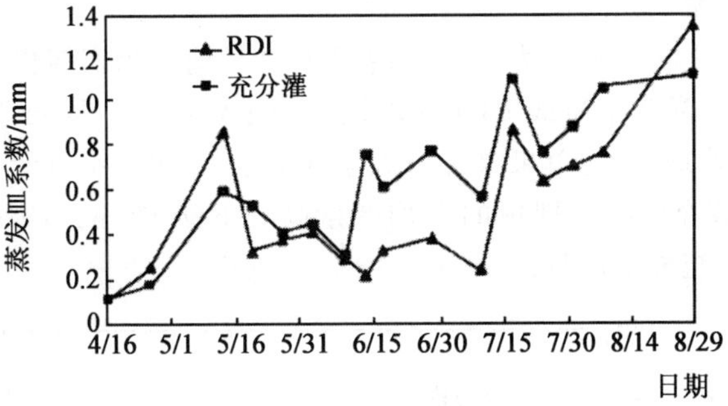

图 4　1997 年桃树蒸发皿系数

长期，蒸发皿系数为 0.6～0.8；5 月中旬到 6 月上旬，蒸发皿系数为 0.4，；6 月上旬到 7 月上旬果实缓慢生长期，调亏处理和充分灌处理蒸发皿系数分别为 0.3～0.4 和 0.6～0.8；7 月上旬果实快速增大到收获，蒸发皿系数范围在 0.7～1.2。

2.2.4　生育期累积耗水量与累积蒸发量

1997 年桃树生育期累积蒸发量为 1318.1 mm，充分灌处理累积耗水量 625.1 mm，年均蒸发皿系数 0.474。RDI 处理累积耗水量 498.7 mm，比充分灌少耗水 20%，年均蒸发皿系数 0.378，如图 5 所示。1998 年由于 7 月降水量达 434.9 mm，产生的地表径流没有能测量，累积耗水量无法做出统计。

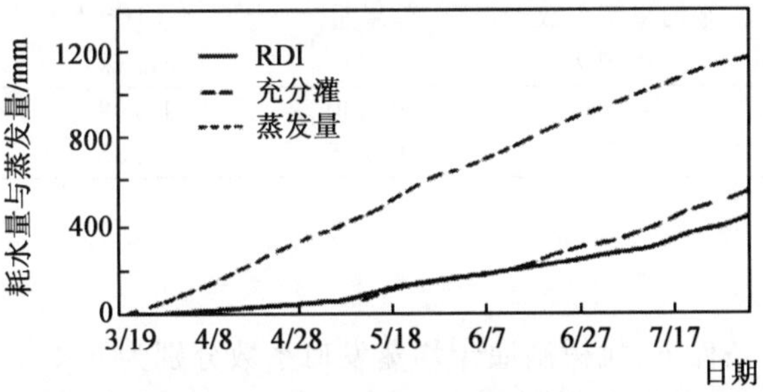

图 5　1997 年桃树生育期累积蒸发量与累积耗水量

2.3　枝条和果实生长与产量

2.3.1　枝条生长

灌水处理对枝条生长有较大的影响。如图 6 所示，6 月 9 日前，两种灌水处理的枝条生长速度基本相同。6 月 9 日后，RDI 处理有效地抑制了枝条生长速度，与充分灌比较，RDI 处理的枝条最终生长量降低了 7%。

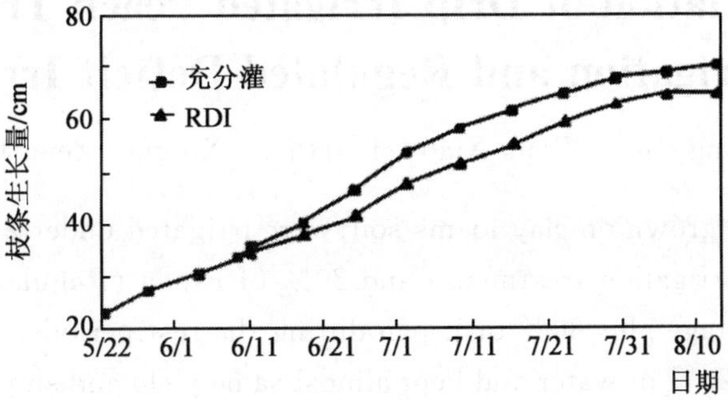

图 6　1997 年桃树枝条累积生长曲线

2.3.2 果实生长与产量

如图 7 所示，桃树果实生长明显分为两个时期，7 月 9 日前为果实缓慢生长期，7 月 9 日后为果实快速膨大期。这种模式是确定灌溉策略或 RDI 处理结束的重要标志。从表 2 可以看出，RDI 处理的最终果实体积明显大于充分灌处理，平均单果重量也大于充分灌。1997 年由于充分灌处理的单棵树果实平均个数高于 RDI 处理，导致充分灌每棵树的平均产量高于 RDI 处理。1998 年两个处理平均果实个数基本相同，RDI 的产量高于充分灌产量。

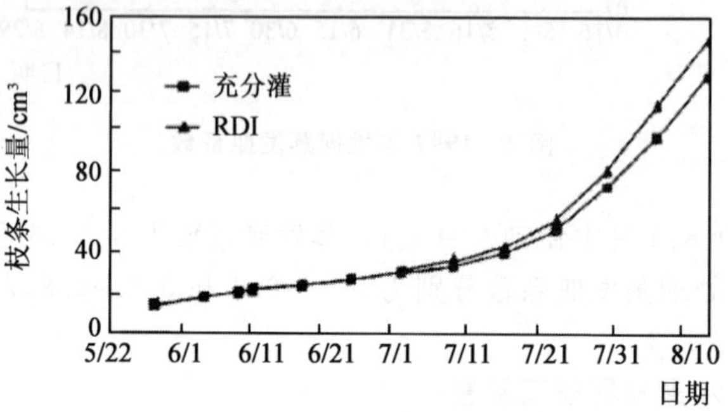

图 7 1997 年桃树果实生长曲线

表 2 桃树平均产量、平均果实个数和单果重

处理	1997 年			1998 年		
	平均产量 (kg/棵)	平均果实个数 (个/棵)	单果重 (kg)	平均产量 (kg/棵)	平均果实个数 (个/棵)	单果重 (kg)
充分灌	20.05	86.92	0.230	13.08	55.92	0.237
RDI	17.41	70.33	0.245	13.35	54.65	0.242

3 结论

(1)充分灌与调亏灌溉条件下，桃树滴灌年均蒸发皿系数分别为 0.474 和 0.378。

(2)与充分灌比较，桃树调亏滴灌灌水量减少 32%，生育期耗水量减少 20%。

(3)在维持产量基本相同的情况下，桃树调亏滴灌的果实体积大于充分灌，并可抑制枝条生长。

参 考 文 献

[1] 曾德超，彼得·杰里. 果树调亏灌溉密植节水增产技术的研究与开发. 北京：北京农业大学出版社，1994.

[2] Peter D., Mitchell and Ian Goodwin. Irrigation of vines and fruit trees. Press: AGMEDIA, 1996.

Water Relation of Drip Irrigated Peach Trees under Full Irrigation and Regulated Deficit Irrigation

Li Guangyong Wang Xiaowei Huang Xingfa Zeng Dechao

Abstract Peach trees grown on clay loams soil, were irrigated under 2 different treatments: 80% of E-pan all seasons (full irrigation treatment) and 20% of E-pan (Regulated Deficit Irrigation-RDI) during slow fruit growth stage plus 80% of E-pan during the rest periods. Compared with full irrigation, RDI treatment saved 20% of water and kept almost same yield and shoot growth reduced. Similar results were obtained for all years of the study. The annually averaged crop factors were 0.474 and 0.378 for full irrigation and RDI treatment, respectively.

Key words water use, peach trees, RDI, drip irrigation

果树调亏灌溉技术的机理与实践*

黄兴法　李光永　曾德超

摘要　农业节水是中国农业可持续发展过程中的一项重大课题，节水灌溉技术是其中的一条有效途径。该文在节水灌溉技术基础上，根据果树生长的生理特点，提出了在特定时段控制灌溉次数和灌溉水量，让植株主动承受一定的水分应力，之后充分供水，使果实迅速膨大，达到提高果树产量和果品品质，又节约大量灌溉水量目的的果园灌溉管理新技术——调控亏水度灌溉(RDI)。田间试验结果验证了 RDI 的功效。并论述了实现果园 RDI 技术的过程，展望了中国发展 RDI 技术的前景。

关键词　调亏灌溉(RDI)技术，节水农业，土水势

调控亏水度灌溉(简称调亏灌溉，Regulated Deficit Irrigation 简称 RDI)是一种主动利用植物生理特性，在节水灌溉的基础上，进一步节省水分的灌溉管理技术。自 1988 年起到现在，在澳大利亚国际农业研究中心(ACIAR)资助下，由中国农业大学与澳大利亚维多利亚州持续农业灌溉研究所合作，在"华北平原果树生产中水的有效利用研究"中首次把 RDI 技术引入中国的果树生产中，提出了适合中国国情的果树调亏节水灌溉管理技术，结合果园密植技术，使果树生产达到优质、高产、节水的理想效果，得到果农的普遍欢迎。

1　RDI 的基本概念

RDI 是澳大利亚维多利亚州持续农业灌溉研究所(Institute of Sustainable Irrigated Agriculture) Tatura 中心的科学家们在 70 年代中期研究提高密植果园(桃树)生产率的过程中首次提出并得到实际验证的一种节水灌溉管理技术。当时的目的是利用 RDI 技术减少桃树枝条的过量生长，使桃树夏剪量减少，避免养分过分向枝条倾斜，从而有更多的养分输向果实，有利于坐果以及果实的生长，最后使结果数量更多，果实尺寸更大，达到提高果树生产率。

RDI 的基本原理是：大多数果树在生长季节的不同阶段，其营养性(枝条)生长与果实生长的速度存在差异。果实的生长曲线一般呈"S"形或双"S"形，而枝条生长曲线则为抛物线形(如图 1 所示)。按果实生长曲线可把生长季节划分为 3 个阶段：第 1 和第 3 阶段果实生长很快，而第 2 阶段果实生长相对缓慢。尤其是第 3 阶段，由于果实细胞迅速膨大，此阶段的果实生长量可占收获时果实重量的 75%以上；相对应地，枝条在第 1 和第 2 阶段生长很快，绝大部分枝条生长在此两阶段完成，而到第 3 阶段已经基本停止生长。这些植物生长的生理特点为实现果树 RDI 技术提供切实可行的基础条件，即在果树果实生长的第 1 阶段后期(约开花后 4 周)和第 2 阶段(称为调亏时段，或 RDI 时段)严格控制灌溉次数及灌溉水量，使植株承受一定的水分应力，控制植株营养性生长，而对果实生长基本上没有影响；到第 3 阶段，对植株恢复充分灌溉，使果实迅速膨大。达到控制植株生长、提高果实品质和产量，同时节省灌溉用水量的目的。植株生长的有效控制，减少了大量的果树夏剪工作量和劳动成本，又为果园密植技术的推广提供了有力的保证，从而可以比传统果园大大提高水果产量，增加农民的经济效益[2]。

对于桃树和梨树，RDI 时段一般选在开花后 4～6 周到收获前 4～6 周这一段时间。在这段时间内，其枝条生长很快，而果实生长相对较缓慢。此时如果进行充分灌溉，则由于枝条的迅速生长使得树冠过

* 本文出处：农业工程学报，2001 年 7 月，第 17 卷第 4 期

分茂盛，在夏季必须进行大量的枝条修剪工作，才能使果实有良好的生长环境。树冠的过分茂盛会造成与果实竞争营养，及遮荫花蕾（第 2 年的）而致使减产。在此时如果进行调亏灌溉，则可减少枝条的生长，却基本不影响果实的生长，达到节水和减少夏剪工作量的目的。当在果实收获前 4～6 周时，枝条生长已基本停止，而果实正处于迅速膨大期，此时应恢复充分灌溉，使果实能吸收足够的水分和养分，迅速膨大。试验表明，经过调亏灌溉处理的桃果实尺寸普遍比未调亏灌溉处理的大许多，这不仅反映了果树产量的提高，更主要的是提高了水果的品质，使其经济效益大大增加。

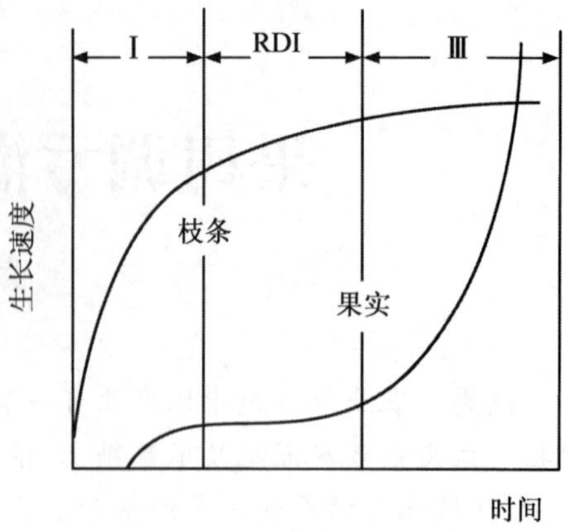

图 1　果树枝条和果实生长曲线示意图

Fig. 1 Shoot and fruit growth curves of fruit trees

另外经试验研究表明，调亏灌溉处理还具有后效性，若一桃树果园经过第 1 年的调亏灌溉处理后，即使第 2 年不进行调亏灌溉而恢复传统的灌溉管理措施，仍然有使果树增产及提高果品品质的效果。

苹果树的枝条生长与桃树等的基本一致。但苹果生长曲线呈抛物线形。因此对它进行调亏灌溉处理会影响其产量，只能作轻度调亏处理[3]。在干旱缺水、没有条件进行灌溉或充分灌溉的地方也可以考虑对它应用调亏灌溉处理技术。澳大利亚科学家也对葡萄园进行了调亏灌溉试验，结果表明，调亏灌溉处理会造成葡萄产量的降低，但同时却能显著增加葡萄的甜度（糖分含量）和芳香度，使葡萄品质大大提高，经济效益显著[4]。

2　试验结果分析

中澳合作项目 ACIAR 8785、9048 及 9447“华北平原果树生产中水的有效利用研究”、“利用现代灌溉和果树管理技术提高中国北方果树生产率和水的有效利用率的示范研究”从 1988 年至今已经进行多年，试验研究主要在北京市林业果树研究所进行，示范研究在北京市昌平富士苹果基地、山西省长治市郊区、河北省大名县、山东省平阴县及陕西省礼泉县等果园进行。现以在北京市林业果树研究所进行的试验为例对结果进行如下分析。对传统稀植（7.5 m×7.5 m）晚熟桃树果园进行了微灌系统下的调亏处理和对照处理（即充分灌溉处理）（灌水量分别取美国 A 级蒸发皿蒸发量的 40％和 80％）的对比试验，分别取 3 棵桃树为一组，5 月 20 日～7 月 2 日为调亏时段，之后直到果实收获前停止调亏灌溉而恢复充分灌溉，结果表明[5]：

（1）调亏处理的累计夏季果树枝条修剪量为 5646.8 g，而对照处理的为 7433.3 g，充分灌溉处理的夏剪量比调亏灌溉的多 32％。这表明调亏时段如进行充分灌溉，则桃树枝条（营养）生长量显著增加；而此时减少灌溉水量，可抑制枝条生长，减少夏剪工作量。

（2）在调亏结束前，充分灌溉处理的果实生长速度略快于调亏灌溉处理；而调亏结束后，调亏处理的果实生长反而比充分灌溉处理的快得多。调亏灌溉和充分灌溉两个处理果树收获时的单株产量、果实数量及平均单果重分别为 129.0 kg/棵和 104.6 kg/棵、722 个/棵和 685 个/棵、178.6 g 和 153.3 g。可以看出，调亏处理的各项产量指标均比充分灌溉处理的要高出许多。

（3）微灌调亏灌溉和充分灌溉两个处理整个生长季节的总灌溉水量分别为 37.1 mm 和 150.7 mm，调亏灌溉处理的灌水量只占充分灌溉处理的 24.6％。而此年地面灌溉的总水量达到 1173 mm，微灌调亏灌溉处理的灌水量只占地面灌的 2.7％，微灌充分灌溉处理的灌水量占地面灌的 12.9％。从用水效率可以看出，RDI 处理比充分微灌处理节水 70％左右，比传统的大水漫灌节水 95％以上。

上述田间试验结果也证实了 RDI 技术应用于现有的桃树果园，可大幅度提高果树产量及果品品质，减少田间工人劳动强度，大大节省果园的灌溉用水量，为农业节水领域开辟了一条有效的新途径。

3　果园 RDI 技术的实现

RDI 技术就是在作物生长的特定时段停止或减少灌溉水量，使它承受一定的水分应力，以减少植株的营养性生长，从而达到节水等目的。到底选择在何时进行、何时结束，调亏程度如何等是实现 RDI 技术的关键[6]。下面论述实现 RDI 技术的过程。

(1)第 1 年选择 5～6 棵果树，每棵果树选定 5～10 个枝条和果实，分别用标签编上号码，每周测量 1～2 次枝条长度，并在果实的同一部位测量果实直径，一直到果实收获为止。然后计算出果实体积，绘出枝条生长曲线和果实生长曲线。根据果实生长曲线把生长季节划分为 3 个阶段。此曲线为第 2 年实施 RDI 技术提供依据，即由它来确定何时进行调亏灌溉及调亏时间的长短。图 2 为桃树在充分灌溉、2 种不同调亏程度(40%和 20%皿蒸发量的灌溉水量)调亏灌溉下的枝条、果实生长曲线(北京市林业果树研究所，1993)。

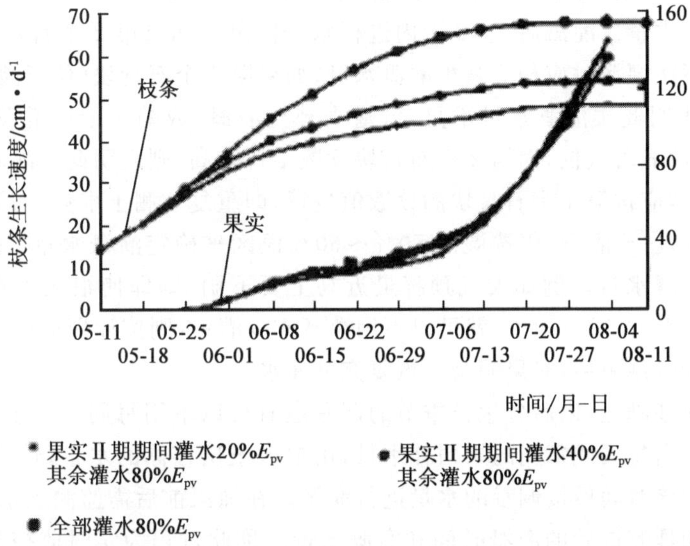

图 2　充分灌溉和调亏灌溉下桃树的枝条生长曲线和果实生长曲线

Fig. 2　Shoot and fruit growth curves of peach tree under full irrigation and RDI

(2)在田间装设一简易的气象站，记录整个生长季节每天的蒸发皿蒸发量及降雨量。

(3)在所测果树土壤中监测不同深度的土壤含水率(每周 1～2 次)，灌溉前后及降雨后加测。结合灌溉水量和降雨量，利用土壤水量平衡法计算出果园每天或每周的蒸散量。

(4)根据皿蒸发量和计算的蒸散量，计算出果园每天或每周的蒸发皿系数(即计算的蒸散量与皿蒸发量之比)。利用蒸发皿系数就可估计出果园每天或每周的耗水量。

(5)第 2 年，在果园典型位置安装土壤水势传感器，监测果园土壤湿度。常用张力计(负压计)和石膏块。一般在一个点至少安装 3 个石膏块或张力计，一个安装在果树灌溉深度的中部，以确定根区土壤是否缺水；一个安装在灌溉深度底部，以判断灌溉是否过量；第 3 个安装在果树根系底部，以判断雨季水量入渗到深层土壤中的程度，如图 3 所示。

由于张力计和石膏块测量范围不同，张力计只能测量 0～100 kPa 范围，而石膏块测量范围为 30～1500 kPa，因此，一个点最好张力计和石膏块一起使用，这样 0～1500 kPa 范围内均可监测到。

(6)充分灌溉时，当根区土水势达到 50～60 kPa 时就应该进行灌溉。而调亏灌溉时，主根区的土水势达到 200～400 kPa 时才进行灌溉，而且灌溉水量通常不足以湿润整个根区，一般超过根区的一半

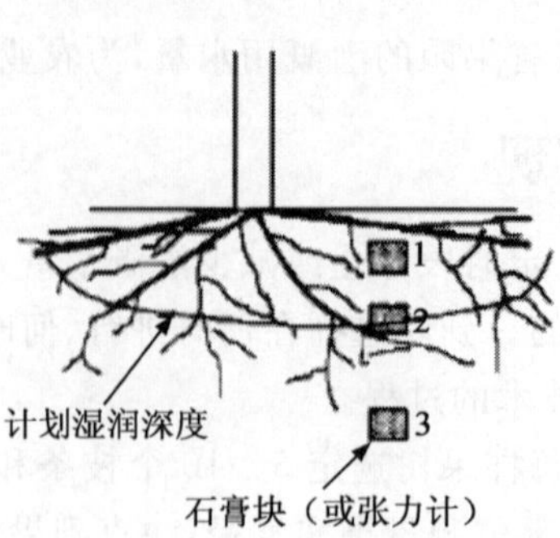

图 3　石膏块(或张力计)的安装位置

Fig. 3　Installation positions of gypsum blocks(or tensiometers)in soil profile in fruit tree orchard

即可。

(7)在 RDI 时段，第 1 次灌溉第 2 个石膏块(位于灌深底部)读数达到 200～400 kPa 时进行。根据计划湿润深度，确定灌溉水量。灌溉后 1～2 天内进行水分监测。如果第 2 个石膏块读数显著减低，表明此次灌溉水过量，在下次灌溉时应相应减少灌溉水量；如果第 1 个石膏块(位于灌深中部)读数仍很高(超过 50～60 kPa)，则表明此次灌溉水量不足，可适当补充灌溉，或缩短下次灌溉周期并增加灌溉水量。当第 1 个石膏块读数显著减低，而第 2 个石膏块读数维持较高，则表明此次灌溉水量合适。

(8)之后的调亏灌溉，应按第 1 个石膏块的读数值进行，即重复监测土水势，当第 1 个石膏块的读数值达到 200～400 kPa 时，进行灌溉，仍按湿润 50%～60%根区来确定灌溉水量。此外，还应结合天气趋势，确定灌溉时间及灌溉水量。例如天气预报最近马上要下雨，则即使根区土水势已经接近 200～400 kPa，也可再等 1～2 天，此时下雨了，就可以不用灌溉或少灌；否则按计划进行灌溉。

(9)果实生长第 2 阶段结束后，对果园马上恢复充分灌水。

在第 1～2 年的工作基础上，以后各生长季节的调亏灌溉可以不用每周监测土水势，而可根据皿蒸发量和蒸发皿系数，估算出每天或每周的果树耗水量，由根区土层存储的水量，估计出果树消耗完这些水量所需的时间，在达到该时间后按调亏的水量进行灌溉。在灌溉前后需监测土水势，并结合天气的变化趋势，以便及时调整和预测以后的灌溉时间和灌溉水量。称此过程为实时监控预测。可见有了前 2 年的工作基础，以后的 RDI 技术的实施可节省大量的田间测试工作，使它变得更加简单。

注意：调亏灌溉的土水势值为 200～400 kPa，这只是一个大致范围，具体果树的最佳值应根据实际的地区、果树品种及种类、水资源条件等来确定，也可作适当调整。

4　RDI 技术在中国的发展

本中澳合作项目对微喷、滴灌和沟灌条件下桃树、梨树和苹果树等进行了调亏灌溉试验和研究，均取得了良好的效果，现在已经在华北地区建立了 5 个示范点，推广此项研究成果。

RDI 技术在中国的应用只有短短的十几年时间，发展已是十分迅速，成绩喜人。中国农业大学对大田作物应用调亏灌溉技术进行了基础的研究，取得了一定的成效；西北农业大学的科技人员对小麦和玉米等大田作物的调亏灌溉进行了实验研究，取得了初步成果；新疆农业科学院对棉花也进行了调亏灌溉实验研究。此外，还有许多科研单位和农业院校也进行了作物调亏灌溉的研究工作。当然这方面还有很多的研究工作还没有涉及，有些还可以继续深入地进行。如国内对常见的葡萄、杏树、核桃、枣树、李子、柑橘等果树的调亏灌溉还少有人研究；大田作物的调亏灌溉机理和技术还没有完全成熟，除对小麦、玉米和棉花进行初步试验研究外，中国常见的水稻、土豆、高粱、大豆、花生等作物及各种蔬菜的调亏灌溉还未见有报道。

中国北方干旱半干旱地区的水资源短缺现状严重制约了当地农业生产水平的提高。全面推广应用调亏灌溉管理新技术可在一定程度上缓解这一矛盾，为农业节水开辟一条新的有效途径。因此，在我国"九五"科技攻关中，把调亏灌溉技术在农业生产中的应用作为重大项目进行研究和推广，RDI技术在中国的应用推广前景十分广阔。

参考文献

[1] 曾德超，彼得·杰里.果树调亏灌溉密植节水增产技术的研究与开发[M].北京：北京农业大学出版社，1994：169p.

[2] Chalmers D J, Mitchell P D, Jerie P H. The physiology of growth control of peach and pear trees using regulated irrigation[J]. Acta Hort. 1984, 146: 143-149.

[3] Ebel R C, Proebsting E L, Evans R G. Deficit irrigation to control regetative growth in apple and monitoring fruit growth schedule irrigation[J]. Hortscience. 1995, 30(6): 1229-1232.

[4] Mitchell P D, Jerie P H, Chalmers D J. Effects of regulated water deficit on pear tree growth, flowing, fruit growth and yield[J]. J Amer Soc Hort Sci. 1984, 109: 604-606.

[5] 雷廷武，曾德超.桃树叶水势的调控及其对生长量的影响.//许越先，刘昌明，沙和伟(以色列).高效节水农业研究[M].北京：科学出版社，1993，81-86.

[6] Ian Goodwin, Peter Jerie. Regulated deficit irrigation: from concept to practice[J]. Wine Industry J. 1992: 258-262.

Mechanism and Practice of Regulated Deficit Irrigation (RDI) for Fruit Trees in China

Huang Xingfa　Li Guangyong　Zeng Dechao

Abstract　Water-saving in agriculture is a very important task for developing sustainable agriculture in China, with one way being the application of water saving irrigation technique. This paper presents a new management technique of water-saving irrigation in orchards—— the regulated deficit irrigation(RDI). i. e. in specific period of growing season, irrigation time and supplying water quantity are limited in order to let plant endure a certain content of water stress, which can reduce excessive vigour. After this specific period, enough water is supplied to the trees that can be more fruitful and fruit size can increase afterwards. Besides, a large quantity of irrigation water can be saved. The field experiment results proved these. The details that how to apply RDI technique to the orchard irrigation management were presented. And developments of RDI in China was discussed.

Key words　RDI technique, water-saving agriculture, soil water potential

充分灌与调亏灌溉条件下苹果树微喷灌的耗水量研究*

黄兴法　李光永　王小伟　曾德超　孙乃建

摘要　田间试验设置有两个处理：整个生育期以蒸发量的80%灌溉的充分灌处理；6月中旬到7月中旬以蒸发量的40%灌溉，而其他季节恢复以蒸发量的80%灌溉的调亏灌溉处理(RDI)。试验得出了苹果树微喷灌在上述两种灌溉条件下不同生育期的日均耗水量与蒸发皿系数。与充分灌比较，调亏灌溉处理的产量基本上没有受到影响，而灌水量减少了17%～20%，耗水量减少了10.2%～11.2%，并有效地抑制了枝条生长。

关键词　微喷灌，苹果树，调亏灌溉，耗水量

微喷灌技术是一种比较适合于果树的节水灌溉技术之一，具有节水、增产等优点。调亏灌溉(RDI)技术是一种在果树生长发育的某些时期施加一定的水胁迫、影响其光合产品向不同组织器官分配的倾向，从而获得提高或维持果实产量而舍弃某些营养器官生长量的一种节水灌溉管理策略[1,2]。目前，我国对苹果树微喷灌充分灌与RDI条件下的耗水量和耗水过程，特别是在灌溉计划制定中极为有用的不同生育阶段的蒸发皿系数还没有进行较深入的研究[1,2]。

本研究的目的是研究和评估苹果树微喷灌在RDI和充分灌溉条件下各个不同生长阶段的耗水规律及两种灌水条件对苹果树生长和产量的影响。

1　材料和方式

试验是在北京市昌平区南部邵乡何营村果园——北京昌平富士基地进行的。试验地土壤为均质壤土，果树为苹果树，树龄10年，主品种为富士，每隔3行为1行授粉树，授粉树品种为陆奥。本试验主要以富士苹果树作为研究对象。果树的株行距为3 m×5 m，经测定，90%以上的根系集中于0.8 m土层内。富士苹果树在该地区一般为4月上旬开花、10月底收获。该地区多年平均降水量644.2 mm，雨量多集中在6～8月，约占全年降雨量的75%。田间试验用气象站距试验地500 m处。

1.1　灌溉处理

本试验的灌溉处理设置有以下两个：

充分灌溉处理：整个苹果树生育期按照80%的蒸发量灌溉，一般每周灌溉1次，实际的时段灌溉量和灌溉时间根据土壤含水量、蒸发量及降雨量确定。

RDI处理：根据苹果树的果实生长规律，在RDI亏水期间(6月10日～7月10日)按照蒸发量的40%作为灌水量进行灌溉，其他阶段恢复按80%的蒸发量灌溉。

1.2　处理布置

所有处理均布置在3行，分6个小区，依顺序排列，其中1,3,5小区为充分灌处理，2,4,6小区为RDI处理，每个小区内有5棵树，其中外侧两棵树为隔离树。处理行的两侧各布置有一行隔离行，其灌

* 本文出处：农业工程学报，2001年9月，第17卷第5期

溉方式与处理行相同。每行树沿树行各布置一条微喷灌毛管，微喷头间距 300 cm，即行内每两棵树的中央布置有一个微喷头（微喷头类型为澳大利亚 Hardie 公司生产的 SNAP 3808），微喷头流量 40 L/h（工作压力为 170 kPa）。所有的处理中施肥量和施肥方式均相同。

1.3　测量

土壤基质势：利用石膏块和负压计测量，每周 1 次，石膏块和负压计位于树行间微喷头侧面一定距离处，石膏块和负压计埋深为 20、40、80 和 120 cm。

土壤含水量：用时域反射仪（TDR）测定，时域反射仪传感器埋于两树行中间距离喷头 60、140 和 250 cm 处，测定深度为 20、40、80、120 cm。时域反射仪、石膏块和负压计测定位置如图 1 所示。

果实生长量：每棵树取 10 个果，两个处理共测定 180 个果，每周测量 1 次果实的直径。根据果实直径，计算出果实体积。由整个生长季节的果实体积可以绘制出果实生长曲线。枝条生长量：测定数目同果实生长量，每周测量 1 次。由整个生长季节的枝条生长量可以绘制出枝条生长曲线。

产量：测定每棵树的果实个数、单果重和平均产量。

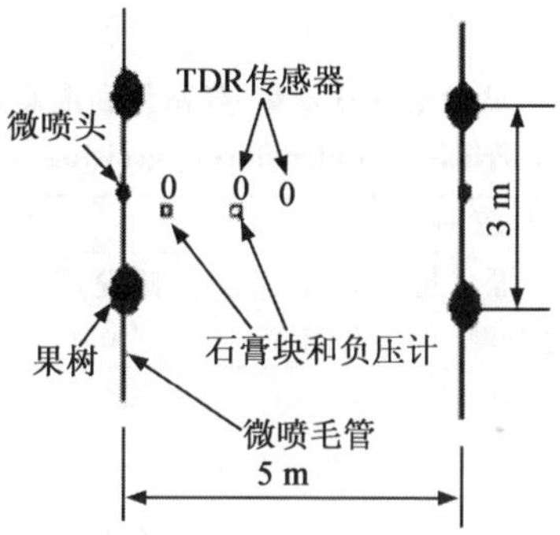

图 1　TDR 传感器与石膏块、负压计的平面布置

Fig. 1　Layout of gypsum blocks, tensiometers and TDR sensors

2　结果与讨论

2.1　土壤水势的季节变化

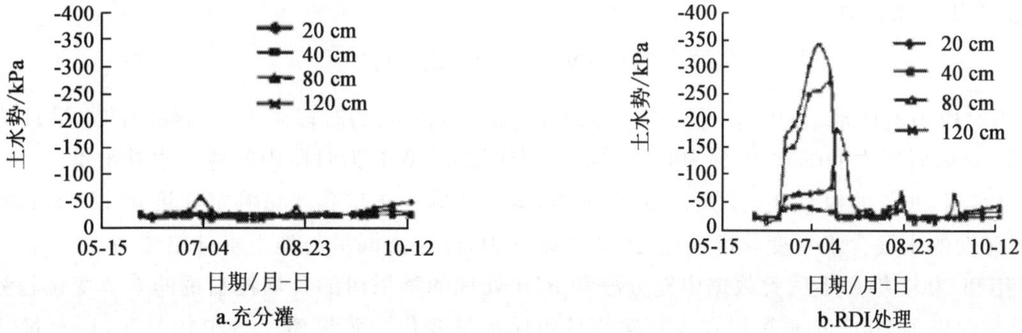

图 2　苹果树在充分灌溉和 RDI 下土水势的变化情况（2000 年，北京昌平）

Fig. 2　Soil water potential changes in apple orchard at Changping, Beijing under full irrigation and RDI

1999 年和 2000 年二年中 2 个处理的土壤基质势的变化趋势基本相同，图 2 示出了 2000 年的测量值。

充分灌处理:除个别日期外,各个深度的土壤水势均保持在−24 kPa左右。除表层20 cm深度的水势在7月4日至8月20日、9月底至10月上旬之间土壤水势达到−70～−50 kPa外,其他日期的各层土壤水势也均保持在−24 kPa。这说明在整个生育期,充分灌处理各土层土壤水分均处于无亏缺状态。

RDI处理:亏水期始于6月10日,终于7月10日。非亏水期间,土壤水势与充分灌基本相同。而土壤水分亏缺期间,20 cm和40 cm土层土壤水势平均最低点降到了−300 kPa左右。80 cm深度的土壤水势降到了−100～−70 kPa,120 cm深度的水势也降到了−50 kPa。

2.2 灌水量与耗水量

2.2.1 生育期灌水量

1999年生育期降水量405.8 mm,降水量主要集中于7、8、9月份,降水达到290.4 mm,占75%以上。充分灌处理灌溉331.1 mm,RDI处理灌溉277.5 mm,与充分灌比较,RDI处理节约灌溉水17%。2000年生育期降水量达500.8 mm,比1999年大约多了100 mm,降水量主要集中于7月和8月份,降水达到364.5 mm,占70%以上。充分灌处理灌溉297.0 mm,RDI处理灌溉238.0 mm,与充分灌比较,RDI处理节约灌溉水20%,如表1所示。

表1 试验期间蒸发量、降雨量和灌溉量

Table 1 Evaporation, precipitation and irrigation water during growing seasons of apple tree in 1999 and 2000

月份	1999年(4月17～10月12日)				2000年(4月18日～10月21日)			
	蒸发量/mm	降雨量/mm	灌水量/mm		蒸发量/mm	降雨量/mm	灌水量/mm	
			充分灌	RDI			充分灌	RDI
4	64.7	6.7	120	120	52.0	6.0	120	120
5	188.7	47.7	70.4	70.4	182.0	65.3	32	32
6	202.4	41.1	73.6	20	201.3	10.3	105	46
7	163.8	149.5	0	0	182.5	215.4	0	0
8	134.9	85.2	17.1	17.1	130.9	149.1	0	0
9	106.4	55.7	0	0	118.4	40.5	10	10
10	31.3	19.9	50	50	96.4	14.2	30	30
合计	992.2	405.8	331.1	277.5	963.5	500.8	297.0	238.0

2.2.2 日均耗水量

耗水量采用下式计算

$$ET_c = W_0 - W_t + I + P - S + WT$$

式中:ET_c为时段内的耗水量;W_0为时段初土体内保持的水量;W_t为时段末土体内保持的水量;I为时段内的灌水量;P为时段内的降水量;S为时段内的深层渗漏量;WT为时段内的地下水补给量。

经田间实测,90%的根系在表层80 cm深度内,本次实验中土壤含水量测定深度达120 cm,并且大于120 cm深度的土壤含水量变化已甚微,因此可以认为,深层渗漏量与地下水补给量为零。

1999年和2000年2年试验数据中充分灌和RDI处理的苹果树的日均耗水量的季节变化趋势基本相类似,图3示出了2000年苹果树在生育期的日均耗水量变化。苹果树4月中旬开花,耗水量逐渐增加。5月13日～5月20日,苹果树新梢开始快速生长,日均耗水量出现一个高峰期,每日达6 mm。6月10日至7月10日为作为调亏灌溉期,调亏处理日均耗水量维持在2.4～4.0 mm,而充分灌处理日均耗水量达5.8～8.0 mm。7月11日后果实开始快速膨大,调亏处理重新恢复充分灌水,两种灌水处理的日耗水量均急剧增大到8～10 mm。9月1日后,由于果实开始进入成熟期,两种处理的耗水量逐渐减少,到10月中旬收获这段时间,日均耗水量为4～5 mm。

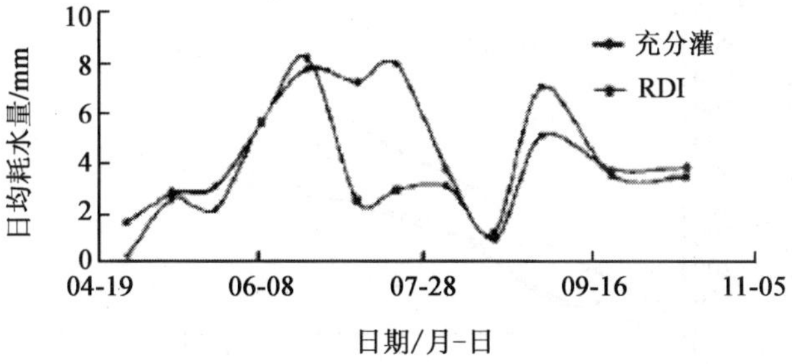

图 3 2000 年苹果树生长期日均耗水量(北京昌平)

Fig. 3 Daily water use of apple trees(Beijing, 2000)

2.2.3 蒸发皿系数(每毫米蒸发量的耗水量)

蒸发皿系数为时段内日均耗水量与日均蒸发皿蒸发量的比值,对于果农来讲,蒸发皿蒸发量测定操作简单,仪器也比较便宜,在美国、澳大利亚、以色列等国,利用蒸发皿系数田间实时制定灌溉计划已非常普遍。需要说明的是,本文中的蒸发皿系数均是对 20 cm 口径的中式蒸发皿而言的。

蒸发皿系数的季节变化趋势基本与日均耗水量的变化趋势相同,从图 4 可以看出,充分灌处理,4 月上旬苹果树萌芽到 4 月底花期结束,蒸发皿系数为 0.3 左右;4 月底到 5 月春梢开始快速生长器,蒸发皿系数为 0.5～0.6;到 6 月份,蒸发皿系数变化较大,从 0.6～1.2;6 月上旬到 7 月下旬,调亏处理和充分灌处理蒸发皿系数分别为(0.6～0.8)和(1.3～ 1.4);8 月份蒸发皿系数从大变小,范围在 0.6～1.0,从 9 月一直到收获,蒸发皿系数基本保持在 0.3～0.4。

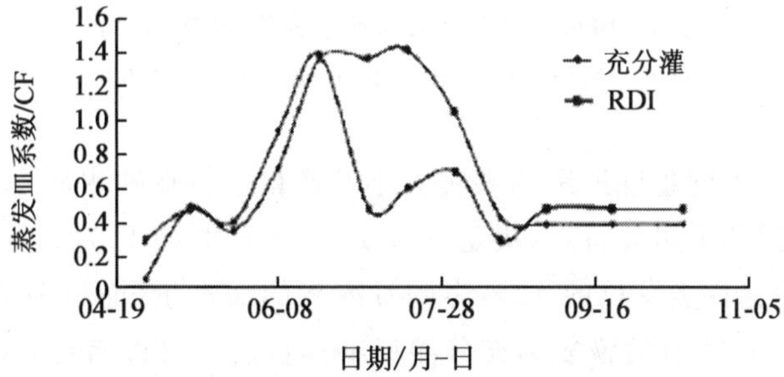

图 4 2000 年苹果树生长期蒸发皿系数(北京昌平)

Fig. 4 Crop factor of apple trees(Beijing, 2000)

2.2.4 生育期累积耗水量与累积蒸发量

1999 年苹果树生育期累积蒸发量为 992.2 mm,充分灌处理累积耗水量 610.3 mm,年均蒸发皿系数 0.6151。RDI 处理累积耗水量 541.8 mm,比充分灌少耗水 11.2%,年均蒸发皿系数 0.5461。2000 年苹果树生育期累积蒸发量为 963.5 mm,充分灌处理累积耗水量 591.2 mm,年均蒸发皿系数 0.6136。RDI 处理累积耗水量 530.7 mm,比充分灌少耗水 10.2%,年均蒸发皿系数 0.5508,如图 5 所示。

2.3 枝条和果实生长与产量

2.3.1 枝条生长

灌水处理对枝条生长有较大的影响。如图 6 所示,6 月 10 日前,两种灌水处理的枝条生长速度基本相同。6 月 10 日后,RDI 处理有效地抑制了枝条生长速度,与充分灌比较,RDI 处理的枝条最终生长量降低了 16%左右。

2.3.2 果实生长与产量

如图 7 所示,苹果树果实生长与桃树果实相比有较大的差异,它不呈双 S 形,而呈抛物线型。因此

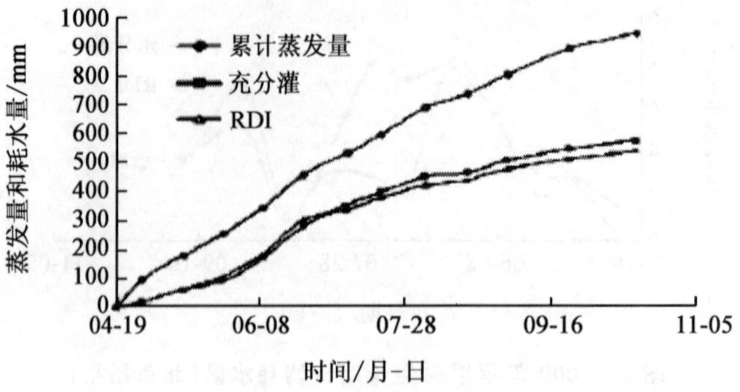

图 5　2000 年果园累计蒸发量和累计耗水量（北京昌平）

Fig. 5　Accumulated pan evaporation and apple orchard water use(Beijing, 2000)

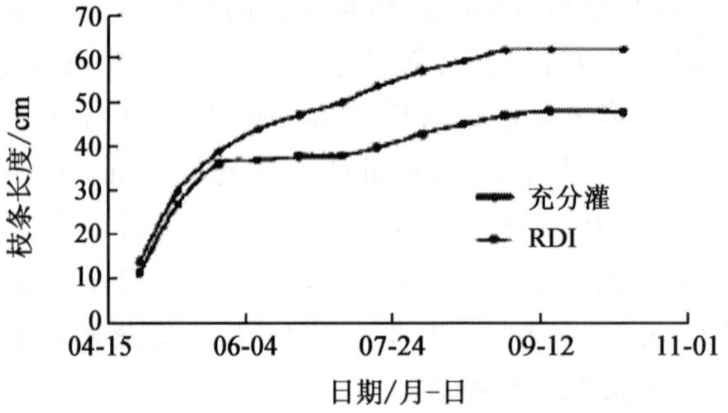

图 6　2000 年苹果树枝条生长曲线（北京昌平）

Fig. 6　Apple shoot growth curves(Beijing, 2000)

任何时期进行调亏灌溉均会不同程度地影响果实大小及产量。但在缺水状况下，也可以在适当的时期进行适当的调亏灌溉。根据苹果树此特点，决定 6 月 10 日～7 月 10 日为调亏灌溉期，而且调亏的程度不能太大，在本试验中我们选择蒸发量的 40％为调亏灌溉的灌水量（而桃树等果树的调亏程度可以达到蒸发量的 20％[1～3]）。7 月 11 日后恢复为充分灌溉期。从表 2 可以看出，1999 年和 2000 年，RDI 处理和充分灌溉处理的单棵果树的平均产量基本保持不变。1999 年 RDI 处理的最终果实体积稍稍小于充分灌处理，平均单果重量也稍小于充分灌。而 2000 年 RDI 处理的最终果实体积稍稍大于充分灌处理，平均单果重量也稍大于充分灌，这可能与本年度 RDI 处理的果树上的平均果实数量比充分灌溉处理的稍稍少一点有关。

表 2　苹果树平均产量、平均果实个数和单果重

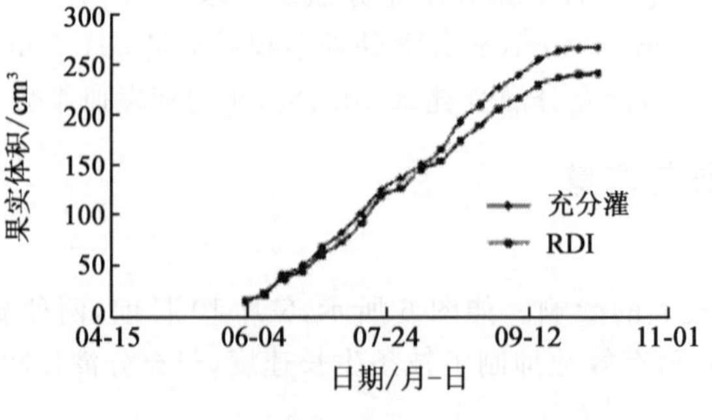

图 7　2000 年苹果树果实生长曲线（北京昌平）

Fig. 7　Apple fruit growth curves(Beijing, 2000)

Table 2　Average yield, fruit numbers and single apple size of apple tree

	年度	单棵平均产量 /kg	单棵平均果实个数 /个	单果重 /kg
充分灌处理	1999 年	66.18	315.3	0.210
	2000 年	75.08	331.7	0.226
RDI 处理	1999 年	65.92	341.7	0.193
	2000 年	72.65	314.7	0.231

3　结论

(1)充分灌与调亏灌溉条件下，苹果树微喷灌年均蒸发皿系数分别约为 0.61 和 0.55。

(2)与充分灌比较，苹果树调亏微喷灌灌水量可减少 17%～20%，生育期耗水量可减少 10.2%～11.2%。

(3)苹果树的果实生长曲线与桃树果实等生长曲线不同，它没有一个果实生长相对缓慢时期，全生育期都在不断生长。因此对它进行调亏灌溉，其调亏程度不能太大。同时本研究表明，只要采用合适的调亏程度，也可以维持产量基本不变，并可抑制枝条生长，达到节水和减少枝条夏剪工作量的目的。

参考文献

[1] 曾德超，彼得·杰里. 果树调亏灌溉密植节水增产技术的研究与开发[M]. 北京：北京农业大学出版社，1994.4，169.

[2] Peter D. Mitchell, Ian Goodwin. Micro-irrigation of vines and fruit trees[M]. AGMEDIA Press, Victoria, Australia. 1996, P198.

[3] Mitchell P D, Chalmers D J. The effect of reduced water supply on peach tree growth and yields [J]. J Am Soc Hort Sci, 1982, 107: 853-856.

[4] Chalmers D J, Mitchell P D, Jerie P H. The relation between irrigation, growth and productivity of peach trees[J]. Acta Horticulture. 1985, 173: 283-288.

[5] 李光永，黄兴法，王小伟. Water use of drip irrigated peach trees under full irrigation and regulated deficit irrigation[A]. 第 6 届国际微灌会议论文集(光盘版)[C]. 南非开普顿市：2000.10.

Water Use of Micro-Sprinkler Irrigated Apple Trees Under Full Irrigation and Regulated Deficit Irrigation

Huang Xingfa　Li Guangyong　Wang Xiaowei　Zeng Dechao　Sun Naijian

Abstract　Apple trees grown in a loam soil, were irrigated under two different treatments: 80% of E-pan all seasons (full irrigation treatment) and 40% of E-pan (Regulated Deficit Irrigation-RDI) during slow fruit growth stage plus 80% of E-pan during the rest periods. Compared with full irrigation, RDI treatment saved 17%～20% of water and kept almost the same yield and shoot growth reduced. Similar results were obtained for both years of the study. The annually averaged crop factors were 0.61 and 0.55 for full irrigation and RDI treatment, respectively.

Key words　micro-sprinkler irrigation, apple trees, RDI, water use

中国实用型现代高科技田间节水高效环保灌溉技术系列的开发与示范研究

曾德超

一、研究目标与过程简述

进入21世纪，我国由于人口增长、工业城乡建设的发展、人民消费的提高、社会的进步等等，势将出现水资源短缺与食物安全等问题，作为对策，中国工程院可持续发展水资源战略项目组提出的解决方案是：我国当前19.5亿亩耕地，必须保留在18亿亩的水平。灌溉面积从1996的7.65亿亩，发展到9亿亩，灌溉效率从0.45提高到0.65，粮食作物水的利用效率从现在的1.1 kg/m^{3}提高到1.5～1.6 kg/m^3，全国灌溉用水保持在当今(1996)的4 000亿方的水平不再增加等等。

作为农业灌溉节水高效科技途径的探索，根据美、以、澳等灌溉农业科技先进国家在作物不同生育阶段通过调控植株水亏缺程度以及非充分灌溉制度，以达到节水的先进经验，中国农业大学东区农业工程工作者和北京林果所的果树园艺工作者与澳大利亚Tatura持续灌溉农业研究所的果树园艺与灌溉专家，在1988年11月～1994年6月进行了两期共6年的国际间与学科间的合作实验研究，主攻调控植株水亏缺程度对核果果实生长与枝叶生长之间的养分分配问题，建立规律与准则开发节水增产途径。发表了《果树调亏灌溉密植节水增产技术的研究与开发》、《果树调亏灌溉密植节水增产技术指南》两本专著及在国内外刊物上发表了多篇有关论文。在此基础上，经中澳双方课题鉴定组的建议，并经两国农业部的批准，进行了第3期以技术开发与示范为主要内容，题为《利用现代灌溉技术提高华北果园生产与水利用效率示范研究》的合作研究；从1996年6月至2001年12月，通过各省市的水利厅局推荐与批准，在北京昌平何营、山西长治鸡坡村、陕西礼泉刀东村、河北大名马牧地村等果园，各设250～420亩的微喷滴灌、软管畦灌、地面畦灌等示范区，无偿配给国产、澳产灌溉设备和监测仪器，培训基层技术人员，进行示范，并获得了不同程度的收益；出版了为推广所开发的技术而编写的培训教材和录像(VCD)。

在此期间，为了更好地结合我国的实际需要，开拓与深化此项国际合作研究的成果，并根据两国农业部对合作研究成果须各自继续深化与扩大推广应用的精神，实验室通过博士点基金及研究生培养，针对我国农业节水的大头在于大田地面灌的实际，同时进行了有关大田作物节水高效灌溉技术的有关研究：诸如《按实时信息与短期预报法制定作物田间实用灌溉制度的实验研究》，《用简易(田间)蒸渗仪研究旱田作物对灌溉制度的响应》，《小麦生长田间水氮平衡系统模拟及Windows环境下模拟软件开发》，《波涌灌机理及其灌水技术的研究》，《低水头滴灌系统的试验研究》，《土壤-水-植物系统中氮素运移转化及吸收模拟研究》，《根系发育的形态学特征及其分形模拟》，《温室黄瓜节水灌溉自动控制》等硕士、博士及博士后研究；并与美堪萨斯等州立大学进行合作(ET-表试用试验)与交流。

田间(大田、果树)节水高效灌溉技术是节水高效作物管理技术和灌区、地区水管理的一个末尾环节，由于涉及的人多地广，却是严峻挑战与重大机遇并存。为此，首先在学习熟悉我国一些重要的农业节水高效栽培模式与理论以及传统经验的同时，对美、以、澳可为我国利用的有关理论、技术与经验，进行了收集探讨与归纳：开发了我国实用型高科技田间灌溉制度制定技术以及能起节水、高效、环保的田间灌溉技术体系作为本项目研究的结果。

二、国内外有关技术的发展形势

首先是国内：我国具有悠久的发展农田水利的历史。50年代中后期全国已拥有灌溉试验站400多个；对水稻、小麦、玉米、棉花等主要作物的需水量、需水规律进行了长期的系统的研究，就已经提出了适合各地区主要作物的灌溉制度：水稻的需水量、各生育期的需水比例、南方水稻的浅栽技术；小麦、玉米、棉花不同地区，各生育期的需水量，土壤适宜含水量，灌溉制度等；得出一些基本结论，指导生产。同时，经过多年来的实验研究，农学家还总结出了不同地区各种主要作物的节水高效栽培模式，如商丘模式、吴桥模式等。作物需水量是农田水利工程规划设计、水资源管理、灌溉管理的重要参数，是流域水量分配计划、水权谈判等的依据。我国1993年研制了全国主要作物需水量等直线图，1994年完成了全国主要作物需水量，需水时期的研究，得出了一些基本结论，为各地区合理灌溉提供了一定的科学依据。

同时，在此基础上，近年来，在水利部门的领导下，推广了特定的节水灌溉技术：在1996—1999年间，共建设了渠道防渗1.5亿亩，低压管道输水7848万亩，推广了喷灌2392万亩，微灌400万亩。共投资350亿元，平均亩投资490元，在不增加原来灌溉用水量的情况下，净增加了5800万亩的灌溉面积。并计划在十五期间，全国再用总投资420亿元发展这类节水灌溉1亿亩。

此外，我国还发展了一定数量已有几年历史的集雨水窖补灌技术，以及薄膜覆盖与防渗技术等。

与此同时，在国际上，特别是美、以、澳等灌溉科技先进国家，发展节水、高效灌溉技术所走的道路又是另一种景象：

1. 在20世纪的50年代，由Van Bavel & Wilson(1952)提出的测土壤墒情以定何时灌溉；Jensen(1969,1975)提出的利用计算机协助跟踪每块田的耗水量，以改进墒情管理。同时，基本从那时代起，在这些国家，科技工作者就进行了大量的根区土壤含水量测量探针的研究开发，从原始的采土样烘干测定法到负压计、中子仪、石膏电阻块、TDR(时域反射仪)、各种电容式探针(Gopher)等。目前，只要仔细选择与使用，基本上已可从市场上获得可供使用的探针，在同一点实时监测两次根区土层水分测量值之差，即可给出在此期间的作物耗水量。

2. 其次是，自1948年Penman首先提出著名的Penman公式，根据辐射能量等计算参考作物的潜在蒸发量，以及1964年J. phillip提出土壤-植物-大气-水连续体概念以来，经过几十年不少科学工作者的锲而不舍的努力，现已开发成功了具有一定精度的经奥伦(1986)修正的Penman-Montieh计算参考作物耗水量的模型，以及利用作物系数估算不同生育期作物耗水量的方法；用标准蒸发皿日蒸发量读数或用日最高气温等气象参数来短期预测作物耗水量的技术。

3. 开发了旨在便利农民应用的“支票本法”田间灌溉制度制定技术；从80年代末起，Stagman等就是在发展作物水肥最优(BMP)的概念下，推进此法的。进入90年代，美农业区一些州立大学，差不多每州都开发了本州的田间灌溉制度制定的“支票本法”，大力在本州宣传及推广。

4. 四五十年代开始是发展半移动式喷灌，其后是平移式、中心支轴式喷灌，现在是低能耗精量施水的LEPA系统，间歇灌溉技术以及微灌系统。90年代以来，加大对地下微灌系统结合耕作系统的示范，大田块高精地面灌溉的示范等。

5. 发展量水技术，普及定量水管理意识等。

三、本研究所采取的技术路线与所开发示范的技术要点

经过对国内外有关技术与经验进行学习与分析，我们得出的结论是：国内外所开发与推广应用的，以“支票本”法为代表的灌溉制度的制定技术，是通过对作物根区土壤水分进行实时监测，在蒸散过程中，以质能守恒为依据，对作物耗水量进行短期预报；在根区土层水分收支平衡的基础上，制定作物需要什么时候补给水，补给多少水。此样的技术是体现现代科学实质与方向的技术。同时，所发展并大量推广使用的微灌、低能耗精量灌溉等灌溉设备系统，体现了现代的高科技技术。现代田间灌溉技术与先进的农业技术、栽培管理和水管理技术一起，是他们达到比我国高得多的灌溉效率和水利用率，并能避免地下水污染等的主要原因。

因此，国外的这些技术应是我国提高灌溉的节水高效与环保效能的最好的借鉴；但是，也要看到我

国经过长期的研究开发试验和实践的有关技术与经验，譬如全国灌溉实验站所开发制定的我国各地区主要作物的需水量、需水规律、不同生育期的需水比例和灌溉制度；灌溉农业科技工作者所研究总结的各种节水栽培模式、节水高效理论、规律与技术；尤其是我国水利部门近年来结合我国节水示范县所开发推广的渠道衬砌、输水管道化、喷灌、微灌等节水灌溉技术已经发挥了显著的节水效果。另外，我国本国的经验往往能强烈地顽强地反映我国综合条件下所需解决的问题和意向；需要慎重对待。

因此，进一步发展我国的节水高效灌溉技术，需要国内外经验的有机结合，取长补短。为此，本研究采取了如下的切入点。

Ⅰ.改造"支票本"型灌溉日程制定技术(Irrigation Scheduling-Check Book Method)结合我国节水栽培理论与模式成为节水高效环保型田间灌溉制度制定技术，包括如下环节：

(1)作为根区土壤墒情在作物生长过程各个生育期间的实时监测的仪器设备，经过示范点的对比试用，从当前市场上所能获得的土壤水分实时监测仪器中(包括传统取土烘干法、中子仪、负压计、国外用得最多的石膏电阻块、时域发射仪-TDR、电容式 Gopher 地鼠型探针和中国农大东区开发成功的介电系数型 TSCH 探针等)选出了 Gopher(地鼠)型探针以代替国外比较广泛使用的石膏电阻块型，作为进一步改进对象：做法是在同一作物的田块或田区，选择代表性土壤和地点作为测点；传感器探头可在0～1.5 m 的随意深度上测定根区土壤体积含水量；一个探针可在较大的面积上(譬如 2 000 亩)移动测定，从而，减少每亩投资(8～15 元/亩)；读数表可直接给出体积含水量读数，直接给出灌溉日期与灌溉量，还可进一步将数据输入数据采集器和计算机，省去"支票本"表格，大大便利此项技术的大面积推广普及。

(2)发展了采用简单便宜的中式 φ20 cm 型蒸发皿的每日蒸发量读数，短期预测在土水势探针每一次测定之后几天之内的作物耗水量的方法与技术步骤(亦可采用美国各州普遍使用的以每天最高气温代替蒸发皿读数作为参量)。

(3)扩展"优选灌溉策略"这个环节，使能按所追求的经营目标(譬如最高单产、最高经济效益、限量灌溉水量的最高总产、对适当作物在适当生育期控制土壤水的亏缺程度、特意灌水到非充分(不足田间持水量)程度、符合某一节水栽培模式的要求等等)，选择根区土壤有效水的消耗程度(补给点)和灌水的不充分程度(灌水不到田间持水量)等等。

Ⅱ.开发我国实用型田间节水高效环保灌溉技术体系

具体内涵是，可以用各种地面灌，也可以用喷灌、微灌等高技术灌溉系统，但都必须按上节(Ⅰ)中所列内容制定节水高效环保的田间灌溉制度实施灌溉。为此必须配置有量水设备；有时亦需改进原灌溉系统的技术细节，譬如大田畦灌，就需要测量与限定畦田长宽尺寸，适度平整田面，根据土壤入渗速率设计单宽流量、流速等。

根据本项目在示范点的初步测试，不论是地面灌或微灌，按科学制定的田间灌溉制度灌水，比按经验灌，都在不同程度上节水、高效并能避免过量灌溉而污染地下水。科学灌溉制度的制定所需设备每亩投资远低于微灌、喷灌、管道输水，而我国灌溉面积的 97%是地面灌。通过将地面灌在内的各种灌溉系统与按科学制定的田间灌溉制度实现灌水结合在一起，构成我国先进实用型田间节水灌溉技术体系。

Ⅲ.初步结果与意义

经过研究开发的上述科学的田间灌溉制度制定技术和先进实用型田间灌溉技术体系，在 4 个果园示范点进行实施、培训与示范。根据昌平何营果园示范点的一些初步测定数据表明：同是用微喷灌，制定田间科学灌溉制度并按其灌水，比农民凭经验灌水(当都采用充分灌溉策略时)节水 36.8%，产量质量无明显差别。同样是用软管地面畦灌，按田间科学的灌溉制度灌水，比农民凭经验灌水，亦节水

43.8%。微灌不制定田间科学灌溉制度而随农民经验灌比软管地面畦灌(无灌溉制度)灌只节水11%。总之,无论用哪种灌水方法,只要按科学的灌溉制度灌水,都有显著的节水(本例是36.8%～43.8%)、高效、环保功能。而田间科学灌溉制度制定技术所需的仪器设备亩投资只约12元/亩,每亩每年使用成本在1.44～1.95元。而渠道衬砌与输水管道化节水30%～40%,投资约200元/亩;半移动式喷灌节水30%～40%,投资约300元/亩;平移式喷灌机节水30%～50%,投资约400元/亩;微喷滴灌节水5%～800%,投资约800元/亩。

尽管通过制定田间科学灌溉制度并按此实施灌溉,所最终节水的程度与农民按经验灌溉的随意性有关,但它提供了灌水数量化并结合先进的节水高效栽培模式和能实现环保的平台。从而成为我国节水高效环保的田间节水技术体系不可缺少的一环,是有根据的。

根据水利部门的资料,我国1996—1999年间,节水灌溉面积共增加7 100万亩(包括渠道防渗与管道输水、喷灌、微灌),平均每亩投资490元,共350亿元,做到不增加灌溉用水量而净增加灌溉面积5 800万亩。到1999年底,全国已有2.6亿亩合规范的节水灌溉面积(其中渠道防渗面积占54%,管道输水面积占33%,喷灌微灌面积占13%)。

按我国在2030年前灌溉总面积发展到9亿亩,而总灌溉用水保持在现在4 000亿方的水平方法计算,用相同的措施,将之全部建成节水灌溉面积,则尚需投资4 417亿元。若能在我国3.9亿亩(1996年)旱地灌溉中,其中97%为地面灌溉,经过示范培训推广科学的田间灌溉制度技术制定技术与节水灌溉技术体系,则建设节水灌溉面积的总投资,将大幅度减少(比如20%),同时为水管理、栽培管理、环境管理的综合优化,提高作物水利用效率提供平台。因而,可望成为我国解决灌溉节水任务的一条可供选择的技术解决方案。

Ⅳ.需要的进一步工作

本项目所研究开发与示范的技术,以华北平原为背景,从果园入手,兼顾大田作物。不论开发示范和生产试用,都只走了第一步。在技术方面需要进一步做的工作有:

(1)对所选用电容式传感器在固定套管中移动测定不同深度体积含水量的地鼠(Gopher)型探针,需要进一步改进其套管的安装工艺,以提高测试精度。对读数计存储处理数据的软件加于开发,提高智能化程度,方便基层使用,并进一步与地区农业信息网络结合,逐步实现信息化。

(2)进一步开发灌溉策略这个环节,将灌溉水管理与作物栽培管理、生态环境管理结合起来,发挥最高的用水综合效益。

(3)选用并改进各种灌溉方法——尤其是大田地面灌溉的量水技术;改进地面灌溉的技术细节,以提高灌溉效率。

(4)引进并改进低能耗精量"注水"灌溉系统(LEPA)。

(5)本项目所开发示范的技术,以华北井灌区为对象。对地下水位高、田块之间灌排洗盐之间相互干扰,次生水源难于规范的地区,如河套灌区,科学田间节水高效环保灌溉制度制定技术及灌溉技术体系的实施,则需与灌区全局上的水管理结合。

(6)新技术的推广普及必须通过生产试验、示范、培训以及服务系统的建立与健全。

以提高农作物水利用效率为中心的现代田间节水高效灌溉技术体系与我国果业栽培管理技术路线的调整*

曾德超

1　中国水资源形势与节水灌溉技术现状

我国位于东南海洋季风与西北大陆季风环流地带，夏秋雨季集中，冬春干旱。另外，地形多山，植被广被破坏，水土流失严重。生态脆弱，耕地保肥保水性能差。在广大疆域上，作物的地区性、季节性干旱缺水，普遍而频繁地发生；保产、丰产有赖于灌溉这种格局随着全球变暖，还可能加剧。

一个国家或地区淡水资源的补给主要是大气降水：不是来自高山或高纬地区冰雪融化径流，就是来自降雨的地表及河川径流、坑塘、湖泊、水库，以及渗流层地下水和不可更新的地质源地下水。人们不断开发利用这些有限量的水源以供人畜生活、工交城市用水，以及农业灌溉用水、生态用水等。一个地区可经济地开发水资源毕竟是有限度的：我国 1949 年所开发利用的用水总量为 1000 多亿 m^3；灌溉面积 0.167 亿 hm^2（2.4 亿亩），1997 年为 5566 亿 m^3，灌溉面积达 0.51 亿 hm^2（7.65 亿亩），灌溉用水近 4000 亿 m^3。预计到 2030 年将开发达到极限的 7000～8000 亿 $m^3$①。那时由于人口增长，工交城乡建设的蓬勃发展，以及人民生活水平的普遍提高，这方面的用水量将急剧增加。而为保证食物供应，全国耕地面积需要保持在 1.2 亿 hm^2（18 亿亩），灌溉面积发展到 0.6 亿 hm^2（9 亿亩），即此时灌溉面积将达耕地面积的 50%。为了解决我国的节水和食物供应问题，中国节水高效农业的发展任务不能不既包括灌溉农业部分，亦包括旱地农业及集雨节水农业部分在内。但灌溉用水则必须保持在 4000 亿 m^3，即不再增加。**

这就要求我国的灌溉效率从现在的 0.45 提高到 0.65 的水平，水利用效率从现在的粮产 1.1 kg/m^3 提高到 1.5～1.8 kg/m^3（以色列、澳大利亚、美国等分别达到 0.7～0.8 及 2.32 kg/m^3 以上，这相当于在全国范围内将所有灌溉到每块田间的水量减少 44%，而粮产量则平均提高 36%～63%）。可见在此期间，如何在技术上实现和在全国范围内普及提高我国灌溉效率和水的利用效率，对我国而言，是个带有战略意义的关键任务。

由于水资源在一个国家中的战略地位，中国政府在力行科教兴国与可持续发展的国策中，十分重视节水经济的发展：以水资源的可持续利用支持经济的可持续发展。建国以来十分重视水利建设，大力进行大江大河治理；抗洪防灾工程的建设；大量建设大中小型水库；重视节水高效灌溉技术的发展等等。从 20 世纪 70 年代起引进现代微滴灌技术和大型喷灌技术；1996 年起通过建设 300 个节水增产重点县和一批节水型灌溉区，加强灌区水资源合理调配和优化管理；加强渠道衬砌和管道输水，提高输水效率，田间灌溉效率等，以推动节水灌溉的工作进程。在雨水集贮节灌方面，我国民间已有了几百年的历史，近年来在数量上和地域上有了很大的发展；但在结构、建造工艺及经济成本上有待提高科技含量。

---

* 本文出处：《果园现代高科技节水高效灌溉技术指南》，中国农业出版社，2001 年。

** 中国工程院 21 世纪中国可持续发展水资源战略研究项目组：《中国可持续发展水资源战略研究综合报告》。中国工程科学 2000 年 2 卷 8 期。

在节水高效农业技术方面，我国农业自来拥有精耕细作的优良传统；我国农学科技界亦拥有深入生产第一线，通过科学实验，结合实际综合应用各分支技术解决实际问题的优良学风，在抗逆品种选育，抗旱保墒耕作和节水轮作制度、栽培制度，利用土壤水库、减少地面蒸发，覆盖保墒培肥等方面有了许多丰硕成果和贡献；亦在一些典型地区通过生产实践创立了例如可将小麦灌水次数从5～7次降到2～3次，小麦每亩可节水50～100 m^3，水稻薄浅湿晒栽培法的实验成功，渠灌区渠井结合的灌溉方式等等。但是，要在21世纪的第一、第二个十年年代里赶在人口与耗水量增长的前面，或至少是同步，在面上大量推广普及以提高作物水利用效率为中心的节水高效灌溉技术，则需要更多地依靠现代高科技。

2　田间节水高效灌溉技术的现代高科技体系

正当我国灌溉科技工作者和节水农业科技工作者摸索解决我国农业节水科技问题的同时，美、澳、以色列和西欧科技工作者，沿着他们的道路——现代西欧科学技术发展的传统道路摸索前进。具体到田间灌溉技术方面，新中国成立以后最早与西方的接触是在20世纪70年代，通过墨西哥赠送给大寨的微滴灌系统和通过商务引进在大曹庄进行引进消化试用的大型喷灌机等。开放改革以后，经过多次的有关现代灌溉设备的国际博览会及学术会议和访问等的交流，表明这些现代技术在发达国家已获得一定规模的大面积推广应用，并在较大面积上达到很高的灌溉水利用系数指标和作物产量上水利用效率指标。但是，由于我国农户生产规模、运行条件等与之不同，农业经济发展水平差距大，农业灌溉的热点问题各异等等，这些先进设备一般只被作为单项技术对待；通过国产化和消化吸收，改进设计，各种简易型号在我国有了一定发展：如微灌、喷灌等。但是由于亩投资高，推广数量有限，节水增产和经济效益并未能充分发挥。当对这些现代技术的发展时代背景进行考察时，不难得出如下结论：自20世纪60年代，关于土壤植物大气（水运移的）连续体（SPAC）概念的提出，土壤及植物导管组织中水能态概念的建立，基于太阳辐射能量等的潜在和参考作物蒸散量计算模型的建立，作物系数的引入，蒸渗仪长期实验数据的利用，在作物不同生长发育期灌溉水分补给的差量对待，以及开发能按时按量按部位精量灌水于作物根区的灌溉设备系统等所构成的整个技术体系，是节水高效的依据。

整个科技体系的构成，可归纳如下：

（1）对田块根区土壤的水分变化进行实时监测；

（2）对田块作物耗水量的短期（逐日）预报；（通过太阳辐射能等气象数据对作物参考蒸散量作估算，根据作物不同发育期及生长情况确定作物系数，以之估算作物蒸散量；或通过蒸发皿逐日读取蒸发量用以估算作物蒸散量）。

（3）选用某一灌溉策略，或是当作物受水分胁迫到一定的程度时才开始灌水补给（也即调控土壤或植物水分亏缺度）；或是确定补给点之后（一般作物补给点通常是在速效水用完之时），灌补给水时却少灌，不恢复到田间持水量，尤其是灌后有可能下大雨的情况下更是如此（此时称为非充分灌溉），以便减少灌水用量，起到节水的作用。有时处于需要对有限水资源优化运用，而采用少灌或提高胁迫程度的策略（此时称经营上允许的亏缺灌溉MAD）。

（4）按照根区土层水平衡情况制定田块灌水日程表（何时灌，灌多少，灌根区哪个部位；或称灌溉制度）。

（5）开发低能耗、能精量施水、准确地将水灌至所需的根区部位的灌溉设备系统。

（6）按所制定田块的灌水日程表，选择适当的灌溉系统，利用适用的量水设备，按时按量按部位进行灌溉并检查。

按照这个技术体系进行灌溉是唯一能避免过多灌水造成地下水污染和水资源浪费的技术，这套体现现代化科技内涵的灌溉技术体系的实施，将在本指南中详细讲解。

3 现代高科技田间节水高效灌溉技术体系的先进实用型——中国的途径

20 世纪 70 年代以来，联合国工业发展组织(UNIDO)、粮农组织(FAO)等一些机构，提出“适用技术”(或意译“先进实用技术”——Appropriate Technology)的概念或技术路线(英国较多用“中间技术”——Intermediate Technology 一词)以代表有一派学者的主张，即发展中国家在努力实现现代化过程中，对一些昂贵的高新技术既要积极采用，但宜采取既保留其先进原理核心，又须根据本国国情与经济实力和条件，加以改型成为对本国适用的技术，才好大量推广，才能最有利于社会的顺利发展。

就我国要在今后二三十年间，为了适应人口增长和建设与社会发展对农业节水的需求，即必须在广大农田灌溉面积上基本实施上节中所述的属于唯一的一套现代先进节水高效灌溉技术体系，然而直接全部引进昂贵的微喷滴灌或中心轴型、桁架型低耗能、精量施水(LEPA)等机组是不现实的。因此，在本研究项目中及在本技术指南中，采取了开发和推广“先进实用型”技术的路线。即在约占大田灌溉面积和果园灌溉面积 97%的地面灌溉田园的绝大部分上，对田间节水高效灌溉技术现代高科技体系的构成环节，作如下的适用型改进与选择：

(1)对根区土壤水分状况变化的“实时监测”，选用国际市场上已经出现，国内研究也已经有端倪的介电常数型、可移动测定多点多土层深度的土壤水分探针与读数表，可供较大面积监测使用，从而降低单位面积成本。从两次测定之间根区土壤水分的变迁，在没有降雨、灌水或根区水分渗漏的情况下，可得出在这个期间内作物的耗水量数值。

(2)通过蒸发皿读数或每天最高温度读数，“短期预报”作物当天的蒸散量(美国各州对此具有利用每天最高气温读数短期预报作物蒸散量的传统)；同时通过根区土层水分监测，累计作物耗水量；通过两者的长期数据积累，建立起本地区各种作物各个不同生长期间的蒸发皿读数(或最高气温读数)与作物耗水量之间转换关系的蒸发皿系数表。

(3)根据作物水生理特点，结合我国农业科技工作者经长期试验研究总结的各种节水栽培模式和措施，采用现代高科技型田间节水高效灌溉技术体系中各种非充分灌溉、调亏灌溉、经营上允许的亏缺灌溉等概念，选定灌溉策略。

(4)根据根区土壤水分的实时监测，作物耗水量的短期预报，采取非充分灌溉、调亏灌溉等灌溉策略，从根区土壤水分平衡，制定田块灌溉制度(田块灌水日程计划)——何时灌，灌多少，灌根区哪个部位。

(5)研究开发、经试验、示范，然后大面积推广(以占我国灌溉面积 97%的地面灌溉为主)，能实施所制定科学节水高效的田块灌溉制度，并配有量水设备的精量施水灌溉技术与设备系统：在果园地面灌溉情况下，浇灌每棵树的水，可通过位置与尺寸经设计的畦灌或穴灌的灌水深度来实现，或用配有量水设备的管灌来实现。在大田畦灌情况下，畦长、畦宽、入畦单宽流量和改口成数，地面坡度，平整度等须经设计，并设有量水设备；在大田沟灌情况下，可开发波涌灌和隔沟灌系统；在大田格田情况下，可开发中小型低能耗精量施水的(LEPA)灌溉系统等等。

4 现代节水高效果园的经营与栽培管理

灌溉果园是单位面积耗水大户，发展以提高水利用效率为核心的现代节水高效果园必须与果园的经营和栽培管理相结合。发展果林类经济作物有利于土地资源的充分利用，有利于生态环境的保育，又能给农民、农村带来额外的经济效益。中国的水果生产，1949 年产 120 万 t，人均 3 kg，1978 年种植面积 165.7 万 hm^2，产量 656.97 万 t，人均 6.8 kg。经 20 世纪 80 年代中期的大发展，1997 年，总产量 5089.3 万 t，跃居世界第一位。果树的种类也有了长足发展。良种比例明显提高，品种结构有所改善，反季节生产、规模化生产、设施栽培亦已开始。果业的发展给农民、农村带来了很大的经济效益。陕西礼泉县 1999 年果业占农民收入的 80%，交纳的特产税占县财政收入的 65%，经济效益十分可观。可是近年来，全国水果出现滞销、积压，价格下跌，有些地区连年出现忍痛砍树。

果品是人类健康食谱中不可缺少的成分。发达国家卫生机构提出每人每天宜食用相当于一个苹果、一个柑橘和一个香蕉的水果。我国虽然已成为世界第一水果生产大国，但人均拥有量为 44.8 kg，为全球人均 70 kg 的 2/3，为美国的 3/10。可见，即使是国内市场，潜在需求也很大。另外，果树的种植需要具有一定的较为明显的水土和气候条件，具有一定的适种区，因而往往拥有广大的潜在区外销售市场：华北的落叶果可向国内东北、南方、西南，国外东南亚、中东、近东等广大地区销售。此外，果业及其加工业还是劳力密集的产业。我国劳力资源丰富，近来欧共体东欧、北美、中东、中亚、东北亚、东南亚等市场，表现出对我国果品有很大兴趣。我国果业，不论在国内市场或是国际市场，都具有巨大的潜在机遇。

我国进入 WTO 以后，在新的市场条件和新的贸易规则下，我国果业势将面临更为严峻的挑战。如何尽快走出当前的内销不旺，外销不畅，采后处理和上市过程工艺原始，加工业薄弱，产品品质低等一系列相互牵连的问题，把我国果业进一步建设成为可持续发展的朝阳产业，关键在于：改变观念，大力研究开拓营销业务，改进生产组织与规模，引进现代化经营管理方法与技术，积极采用先进实用的生产技术，尽快全面地构建起我国现代化果业产业的结构框架及充实其先进实用技术的实质内容。在果树栽培管理方面，关键的有如下几点：

(1)加强市场意识和有关的机构建设，组建市场调查、研究，开发利用中介组织，发展推销业务，发展现代化果品产业。

(2)建立专业性苗圃公司，创立名牌品种，加强品种资源的开发、利用和培育，引种和驯化优良树种品种，重视特种风味，保健功能，反季节和合时令等。

(3)在栽培上采用适度密植，提前盛果期，缩短果园运行周期。推广高树接头技术，缩短一个果园的品种更换周期，以适应市场的时尚。

(4)推广无公害绿色果品的栽培管理技术与规范。

(5)建立产后生理研究和处理工艺的开发，发展鲜果分级、包装、保鲜、储藏运输、上市工艺等技术和业务。

(6)发展果源加工制品，特别是饮料的研究开发。提高和保持产品质量，降低成本。

(7)建立现代先进实用高科技节水高效果园，既避免浪费水资源，同时处理好水与土壤、化肥、农药等之间的关系。避免污染地下水和环境，实现可持续发展。

Real Time Determination of Irrigation Scheduling for Micro-Irrigated Orchards*

Huang Xingfa Li Guangyong Zeng Dechao Wang Wei Sun Naijian

Abstract Up to now the acreage under micro-irrigation in China is about 133000 hm^2, and will be enlarged quickly in the near future. Upon the installation of a micro-irrigation system, people usually do not care much about its management. The present research on operational management is far from practical needs, especially in irrigation scheduling. In this paper, a technique system of real time determination of irrigation scheduling for micro-irrigated orchards, adaptable for the farmers is presented. The irrigation scheduling is based on measurements on the following key factors: weather, soil and crop. The detailed procedures of the technique system are given in this paper. This system provides a technically practical way of orchard irrigation management, and the foundation in extension of micro-irrigation technology in China.

Key words micro-irrigated orchard, irrigation scheduling, real time determination, irrigation management

1 Introduction

China is one of the countries in serious shortage of water resources in the world, with more than 70% of the total available water resources being used in agriculture. It is an urgent task for China to develop high efficient irrigation (or water saving irrigation) system and technology. The area under micro-irrigation reached 133000 hm^2 up to now, and will be much bigger in the near future[1]. But at the present, after the installation of irrigation system, people usually do not care much about its management. In fact, the main difference between a micro-irrigation system and other traditional irrigation methods is that micro-irrigation applies water more frequently with much smaller amount of water at each application. But farmers believe that the more water they apply, the higher yield they get. So even with the micro-irrigation system, farmers still use high irrigation quota and long irrigation circle. As a result, farmers get but lower yield. And this outcome is misleading farmers' view towards micro-irrigation technology.

In this paper, a technique system of real time determination of irrigation scheduling for micro-irrigated orchards, manageable by farmers, is proposed. Irrigation scheduling is determined through weather, soil and crop measurement results. The detailed procedures involved in this technique system are outlined in the paper. This technique supplies a practical management tool of orchard irrigation.

2 System Description

Irrigation scheduling includes 2 aspects: when to irrigate, and how much to irrigate each time. It

* 本文出处:农业工程学报,2002 年 9 月,第 18 卷第 5 期

will be determined by crop water use and how much water soil can hold for the first aspect——when to irrigate; while by soil water holding capacity for the second aspect——how much to irrigate each time. The irrigation system manager can correctly operate it efficiently by some known parameters or those measured in field.

Based on above principles, the technique system of real time determination of irrigation scheduling for micro-irrigated orchards consists of following aspects:

Observations of climatic conditions——Measuring evaporation on free water surface, and precipitation;

Observations of crop responses——Determining the fruit tree growth stages and measuring the growth of fruit trees;

Observations of soils——Monitoring soil water status.

3 The Technique System

3.1 Observations of Climatic Conditions

Weather observations are to determine the evaporation on free water surface, and precipitation.

Crop water use is one of the key parameters to determine the irrigation scheduling. The common way is as follows: calculating the crop potential evapotranspiration by using the Pennman—Monteith equation; then using the crop coefficients in different growth stages of crop to determine the real crop water use. But this method needs a lot of information of local weather condition such as highest, lowest and average air temperatures, relative humidity, radiation intensity, windy speed, etc., which is a much more complicated task for orchard farmers to understand and to fulfill. It is not a very practical approach for farmers to determine the irrigation scheduling. The evaporation on free water surface is the results of comprehensive effects of climate factors. Experiment results showed that evaporation on free water surface is strongly related to crop water use, i. e., the evaporation on free water surface can be used for determining crop water use indirectly. Measuring evaporation on free water surface is much easier and more convenient for farmers.

Evaporation on free water surface is usually measured by evaporation pan. There are mainly 2 types, i. e., US Class A Evaporation Pan (with diameter of 120 cm, depth of 25.4 cm) and Chinese Evaporation Pan (with diameters of 20, 60 and 80 cm. The one with diameter of 20 cm is most commonly used) that used in this purpose in China. In developed countries such as the USA, European countries, Israel, Australia etc., US Class A Pan is most frequently used, while the Chinese Evaporation Pan (with diameter of 20 cm) is recommended for Chinese orchard measurements.

The evaporation pan should be placed in open area in orchard field, which has good ventilating condition and sun radiation. There should be neither obstacles, nor trees and buildings around the evaporation pan. The daily measurement should be taken at fixed time (usually at 8:00 or 16:00).

The ratio of crop water use to pan evaporation is called crop factor. Its value will be determined by climate information, crop type and growth stages, soil condition, irrigation scheduling, etc. The different crops will get different crop factors; the different growth stages for the same crop will also get different crop factors. The crop factor with US Class A Pan is different from that with Chinese 20 cm Evaporation Pan even at the same site and with the same crop. The definition equation of crop factor (*CF*) is as follows:

$$CF = E_{TC}/E_{pan}$$

Where E_{TC} is crop water use, mm; E_{pan} is pan evaporation (based on Chinese pan or US Class A pan), mm.

Usually, the crop factors can be obtained by field experiments, Fig. 1 is the curve of crop factors of peach tree (with 7 years older) in Beijing area[1] (Based on US Class A Pan). The water use of fruit tree orchard can be obtained by the product of pan evaporation and crop factor from above equation.

The experiment results show that the relationship between pan evaporation from the US Class A Pan and that from Chinese 20 cm Pan is as follows[3]:

$$E_A = 0.143 + 0.527E_C$$

Where E_A is the pan evaporation from the US Class A Pan, mm; E_C is the pan evaporation from Chinese 20 cm Pan, mm.

3.2 Observations of Crop Responses

Crop factors are different at different crop growth stages. In Beijing area, at the stage of emergency or flowering, as the evaporation is very large, while crop water use is relatively small, the crop factor is small. As the crop grows, the leaves and their area increase, so the crop factor becomes larger. It will be largest at the stage of ripen (or harvest) or close to ripen (or harvest). Fig. 1 shows its changes during the whole growth stages for peach trees in Beijing area[1].

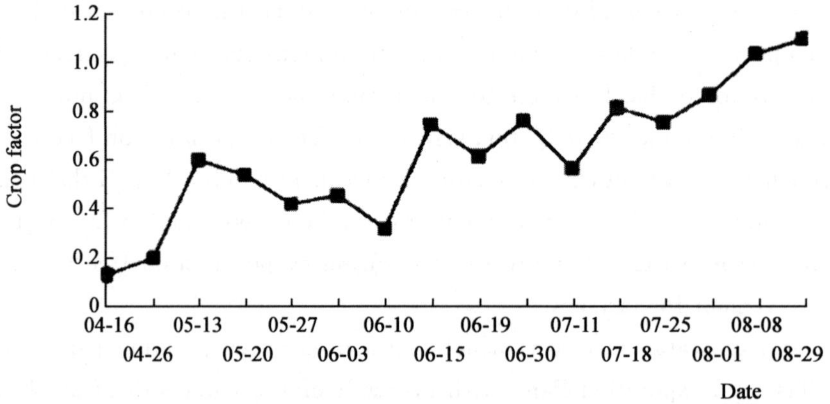

Fig. 1 Crop factor (based on Class A Pan) of peach trees with 7 years older in Beijing Area

In addition, crop factor is related to the crop type and variety, i. e., with the different varieties of fruit trees, their crop factors are different.

3.3 Observations of Soils

There are 2 purposes for "observations of soils": to identify the soil structure and texture in order to estimate available water in the soil; and to monitor soil water status with soil moisture measuring devices.

The water holding capacities of different soil structures are different, as shown in Fig. 2. Not all the water stored in soil is available to fruit trees. The soil available water to plant is the difference between field capacity (FC) and permanent wilting point (PWP), and it can be further divided into 3 parts: 1) ready available water (RAW) that can be absorbed by plant easily, and plant will not be under water stress; 2) deficit available water (DAW) that can be absorbed by plant, but plant will be under certain water stress, it does effect its growth but will not severely hurt to plant; and 3) the water between the limit of DAW and PWP that will be useful to plant growth, but plant use this part will be very difficult, which cause yield decline or even death of the plant. The sum of RAW and DAW is called the total available water, which means that this water can be used by plant without causing servere damage to plant growth.

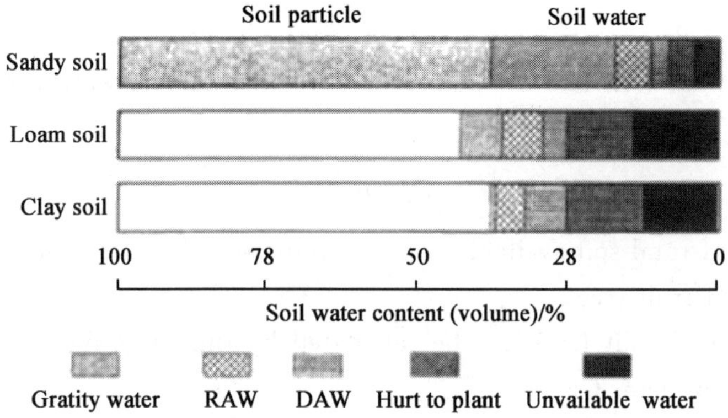

Fig. 2 Water holding capacity of 3 typical soil types

The relationship between soil available water and soil water potential is shown in Fig. 3.

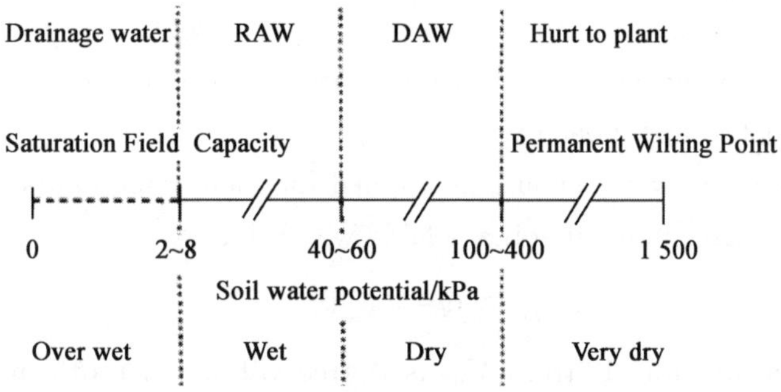

Fig. 3 Soil available water and soil water potential

The most commonly used devices to measure and monitor soil water status are tensiometers and gypsum blocks.

4 Practical Procedures of Technique System

4.1 Step 1: Preliminary Determination of Irrigation Scheduling

The preliminary estimation of first irrigation in spring, when to re-irrigate and how much water to irrigate each time will be determined by the size of root zone, soil wetted pattern, soil available water, water use of fruit trees, crop factor values and multiple-years averaged pan evaporation etc. This step is just the preliminary irrigation decision for the irrigation scheduling, which will be modified and adjusted based on the real daily pan evaporation, soil water content and fruit tree growth situation.

4.1.1 The first irrigation time

In ordinary years, the soil in fruit tree roots zone is still wet at the stage of emergence of flower buds. So when to start irrigation will be determined by water quantity stored in soil and the daily water use of orchard. The following equation can be used.

$$T_{fi}=V_a/E_{TD}$$

where T_{fi} is days from the emergence of flower buds to first irrigation; V_a is available water to crop (or tree) that stored in soil, L; E_{TD} is daily water use of fruit trees, L/ d.

1) Soil water holding capacity

As the fruit tree growing season starts, the soil available water to fruit trees V_a can be calculated according to the size of root zone and the percentage of soil available water, and can be use following equation to calculate:

$$V_a=P_a V_r$$

where P_a is percentage of total soil available water in root zone, %; V_r is volume of root zone, L.

2) Daily water use of fruit trees

The daily water use of fruit trees can be calculated by the daily averaged pan evaporation each month and estimated crop factor CF

$$E_{TD}(\text{mm/d})=CF\,E_{apan}$$

or

$$E_{TD}(\text{L/(tree/d)})=CF\,E_{apan}\,S_r\,S_l$$

where E_{apan} is daily averaged pan evaporation, mm/d; S_r is row space of fruit trees, m; S_l is line space of fruit trees, m.

The daily averaged pan evaporation can use the latest 10 years average values.

4.1.2 Water amount to apply each time

The answer of how much water should be applied for each irrigation is determined by the wetted size of root zone and the percentage of soil available water, i.e.,

$$Q=V_{WS}\,P_a$$

where Q is applied water amount , L/trees; V_{WS} is wetted volume of root zone, L.

The wetted volume of root zone per tree can be approximately estimated by following methods: the wetted pattern under drip irrigation can be regard as a cylinder shape in light and middle texture soil, where its radius is depended on soil texture. The wetted volume of root zone $V_{WS}=\pi r^2 D\times 1000$ (L), where D is the depth of wetted pattern.

The wetted pattern under micro sprinkler irrigation can also be regard as a cylinder shape in light and middle texture soil, where its radius is equal to the radius of soil surface of water distribution area.

4.1.3 Irrigation cycle (interval)

Irrigation cycle T (d) will be determined by water applied each time Q (L/tree) and crop daily water use E_{TC}(L/(tree·d)), i.e.,

$$T=Q/E_{TC}$$

4.2 Step 2: Real Time Determination of Irrigation Scheduling Based on Real Pan Evaporation

The irrigation cycle at Step 1 is preliminary determined based on long term averaged pan evaporation, this evaporation will be big difference from the actual value in the fruit growing time. So adjustment of the irrigation scheduling should be carried out based on actual evaporation time.

There are two methods of determining the irrigation scheduling based on pan evaporation: Equal time interval method, which irrigation is applied at the set time interval; and Equal evaporation interval method, which irrigation is applied when the accumulative evaporation reaches the set value since the last irrigation.

4.2.1 Equal time interval method

The irrigation cycle (or interval) is fixed, while the applied water is changing with different irrigations for this method. The applied water needed can be calculated by following equation.

$$Q = CF\ E_{cpan}\ S_r\ S_1$$

where E_{cpan} is accumulative evaporation from last irrigation, mm.

If there is precipitation during this period, then the effective precipitation should be abstracted from the calculated value. If the effective precipitation exceeds applied water, then no irrigation should be applied.

4.2.2 Equal evaporation interval method

The applied water keeps unchanged, while the irrigation intervals are changing in this method. It means that whenever the applied water from last irrigation or precipitation is used up, then irrigation should be applied. The irrigation intervals with this method can be calculated by following equation.

$$T_e = Q/E_{TC1}$$

where T_e is irrigation intervals in evaporation term, mm; E_{TC1} is water use for 1mm pan evaporation, L/(tree·mm).

When the irrigation interval is in conflict to the accumulative evaporation, irrigation should be applied in advance. If there is precipitation before irrigation, the orchard should use up this water, then next irrigation would apply. So this need to calculate the supplement water to soil from the precipitation.

4.3 Step 3: Adjusting the Irrigation Scheduling Based on Soil Water Status

When applying the irrigation scheduling determined by above methods, there are some cumulative errors caused by inaccurate percentage of soil available water, infiltration of precipitation and crop water use, which leads to soil too wet that deep seepage occurs, or too dry that crop be under water stress. So the irrigation scheduling should also adjusted according to the soil water status.

As mentioned above, gypsum blocks and tensiometers are the suitable and cheap monitoring devices to determine irrigation scheduling. Following is the procedure of using those devices, taken gypsum blocks as example.

4.3.1 Layout of gypsum blocks or tensiometers[3]

1) Layout of gypsum blocks

The gypsum blocks usually are installed at least 2 typical sites in each irrigation field, which should be representative to the soil type and fruit tree type.

2) Allocation

In the middle of root zone

The aim of this gypsum block is to measure the soil water potential, then to determine when to start irrigation. It should be 10～20 cm away from the irrigation emitters horizontally.

At the bottom of wetted pattern

The irrigation depth can be determined by this gypsum block, i. e., it can determine whether the irrigation water is over applied or under applied.

4.3.2 Measuring

1) After irrigation or rainfall

Usually soil moisture should be measured soon after irrigation in order to judge if the irrigation is reasonable. If the gypsum block at the bottom of wetted pattern shows its soil is still dry, then more irrigation water should be applied. Otherwise, if this gypsum block shows its soil is very wet, then it is over irrigated.

The reasons of inadequate wetted depth are the error of percentage of soil available water; and the error of estimating wetted shape and size.

It is helpful to identify how much precipitation added to soil when measures soil moisture after rainfall. Then its modification can be carried out.

2) Before next irrigation

After irrigation, regular measurements should be carried out. The soil water content before the next irrigation will be determined by fruit tree water stress. If there is no any information in this aspect, then the data at Table 1 can be used as reference[4].

Table 1 Soil water potential when irrigation is needed to apply in different soil types

kPa

	Sandy soil	Loam soil	Clay soil
Full irrigation	40	50	60

4.3.3 Adjusting the values of crop factor based on soil water status

When the irrigation scheduling is determined by accumulative evaporation, if the soil water potential is not in accordance with the estimated value, then there is some error of crop factors. So that the crop factors should be adjusted, or recalculated based on applied water of previous irrigation Q (L/tree), tree spacing S_r S_1 (m^2) and cumulative pan evaporation E_{cpan} (mm):

$$CF = Q \div (S_r\ S_1) \div E_{cpan}$$

Then the new crop factors should be used till to next growth stage.

5 Conclusions

Efficient irrigation systems are increasingly getting popular now in China. Governments and local farmers are paying more attentions to them. But up to now, they mainly concern about the engineering aspects of irrigation systems, less about their management, or irrigation scheduling. In fact, irrigation scheduling is a very important aspect for the system to operate successfully. This paper presents some work done in this regard, that is helpful for the local farmers in managing their irrigation systems.

References

[1] Li Guangyong, Huang Xingfa, Wang Xiaowei. Water use of drip irrigated peach trees under full irrigation and regulated deficit irrigation [A]. Proceedings of 6th International Micro-irrigation Congress[C]. Capetown, South Africa: 2000.10.

[2] Peter D M, Ian Goodwin. Micro irrigation of vines and fruit trees [M]. Melbourne: Agriculture of

Victoria, Australia, CAN006598, 1996, 198p.
[3] Huang Xingfa, Li Guangyong, Zeng Dechao. Mechanism and Practice of RDI technique in orchards [J]. Transactions of the CSAE, 2001, 17(4): 30-33(in Chinese).
[4] Huang Xingfa, Li Guangyong, Wang Xiaowei, et al. Apple tree water use under full micro sprinkler irrigation and RDI[J]. Transactions of the CSAE, 2001, 17(5): 43-47(in Chinese).
[5] Liu Honglu, Yang Peiling, Pan Weiguo. Review of farming irrigation in Beijing [J]. Transactions of the CSAE, 1998, 14(1): 70-75(in Chinese).
[6] Wu Jingshe, Li Yingneng. Agricultural water crisis in the 21st Century and agriculture of water-saving irrigation in China[J]. Transactions of the CSAE, 1998, 14(3): 95-101(in Chinese).
[7] Li Jiusheng, Mei Xurong. Water-saving irrigation and sustainable development of agriculture[J]. Transactions of the CSAE, 1998, 14(appl): 239-244(in Chinese).
[8] Kang Yuehu. Contributions of microirrigation to the development of sustainable agriculture[J]. Transactions of the CSAE, 1998, 14(appl): 251-256(in Chinese).
[9] Huang Xiuqiao, Li Yingneng, Gu Yuping, et al. Study on technical system and development measures of water-saving irrigation [J]. Transactions of the CSAE, 1999, 15 (1): 118-123 (in Chinese).
[10] Sun Jingsheng, Kang Shaozhong, Zhang Jiyang, et al. Schedule of irrigation for the high-yield and water-saving cultivation of winter & summer maize in Huoquan Irrigation District of Shanxi Province[J]. Transactions of the CSAE, 2000, 16(4): 50-53(in Chinese).

微灌果园灌溉制度实时制度

黄兴法 李光永 曾德超 王伟 孙乃建

摘要 我国微滴灌面积已达 13.3 万 hm^2，并且目前的发展势头非常迅猛，而对工程建设后的灌溉管理重视不够，灌溉系统运行管理研究相对滞后，尤其是灌溉制度的实时制定技术。该文研究了一种面向用户的果树微灌实时灌溉制度的技术体系，通过“看天、看地、看作物”三要素来实时制定灌溉制度，并详细论述了实施步骤。该技术可为果树灌溉管理提供切实可行的技术途径。

关键词 微灌果园，灌溉制度，实时制度技术，灌溉管理

数字农业中作物生长模拟软件的应用*

李晓娟　陈存社　曾德超

摘要　论文总结了国、内外计算机模拟作物生长模型的研究，分析了作物生长模拟软件在作物栽培管理中的应用，探讨了数字农业的研究方向。论述了作物生长过程数字化描述对农业生产管理、土地生产力评价、资源环境合理利用、经济性评价、可持续农业发展及信息化精确农业技术等方面的重要意义，是当今信息化数字农业发展的要求。

关键词　作物模型，计算机模拟，数字农业

1　前言

农业生产是一个很复杂的过程，受自然条件、作物本身各种因素的影响。应用计算机技术，对农业生产所涉及的对象和过程进行数字化和可视化的表达、设计、控制、管理，使现代信息技术与农业实现有效的融合，可以在较短的时间内，用较少的人力、物力和财力，得到较为可靠而优化的结果，从而为农业的科研及生产管理提供依据。把模糊知识获取算法、神经网络和遗传算法，Microsoft. net 的软件技术，地理信息系统、GIS 技术、数字图像处理技术、数据挖掘技术应用于现代农业技术中，采用先进适用的计算机技术进行集成，把农业的基本数据（土地类型、栽培品种、气象条件、灌溉方式等）全部输入计算机作为基础资料，进行施肥、灌溉、病虫害防治、田间作业等技术的智能化管理，是现代农业信息技术的发展方向。

2　国内外作物生长计算机模拟的应用

作物模拟是数字农业系统研究的重要内容。早在 20 世纪 60 年代瓦赫宁根学派开创了作物生长动力学，用数学方法描述作物生长及其环境的相互关系。1971 年开发了闻名世界的作物生长模拟程序（Simulatour ELCROS），它可以模拟农田小气候、光合作用、呼吸消耗、生长等。作物模拟程序的复杂程度各异，如美国的模拟程序（SIMCOT II）除了模拟土壤水分变化、作物生长外，还可以模拟发芽日期等发育过程。苏联的西罗坚科等人研究了（天气-产量）模型，可以按作物的个别器官计算春-夏生育期内作物生物质量动态变化和一米内每十厘米土层的土壤温度、日蒸发量和一些其他的水分特性。70 年代，新西兰的 J. Danis 与 G. F. Thieke 对一个典型的澳洲梨果园进行了动态模型研究，提出了梨园生产的模拟模型，模型考虑了冰雹与干旱的概率、果品价格、产量、成本等因素。1984 年，美国的 J. R. Williams 等研制出一个模拟表土流失的模型。其中系统元素包括水文、气候、水土流失、土壤养分、植物生长、耕作及有关经济方面的因素。他们模拟了包括排水、灌溉、施肥、施杀虫剂这样的控制因素的影响。模型应用包括对全国水土保持政策的研究和有关项目的规划和设计。1988 年，J. T. Ritchie（美国密西根州大学）、C. A. Jones（德克萨斯农工大学）及 D. C. Godwin（国际肥料发展中心）等历经 12 年的努力之后向全世界推出谷物（小麦、玉米、水稻、高粱等）模型 CERES (Crop Environment Resource Engineering System)[3,7]。CERES 系统主要用于模拟品种、密度、气候、土壤水、氮素对作物生长发育的定量影响，栽培管理技术对产量形成过程及最终产量的影响，并用来对农场一年的作物生产和多年的

* 本文出处：计算机工程与应用，2004 年第 31 期

风险决策分析，对产量进行预测[1]。

美国曾成功地将计算机模拟栽培与施肥技术推广到全国的棉花生产管理中去。COMAX 是在棉花植物生长模拟模型 GOSSYM 的基础上发展起来的，COMAX 能在农场内为棉花管理提供咨询，用于确定灌溉、施肥、棉桃开裂的最佳方案[10]。COMAX 考虑的因素较多，就植株方面有根、茎、叶、花、蕾和棉桃；从土壤方面包括土壤水文特征、土壤肥力、土壤养分的传输、土壤阻抗〔阻止根的生长〕、土壤容重；从气象方面考虑了以每日为基础的最高气温、最低气温，太阳辐射、雨量等。这些气象要素数据是通过棉田中的传感器和数据传输系统自动提供给 COMAX-GOSSYM 的。COMAX 可以预测灌溉日期，施肥量，施肥日期和成熟期。COMAX 在确定灌溉日期时，首先调用 GOSSYM 确定作物进入水分胁迫的日期，再减去等待灌溉日期，最后确定实施灌溉日期，这一灌溉日期要逐步得到实际气象资料(可能是正常气候、高温干旱或冷湿天气)的修正。COMAX 可确定一个合理的收获期是非常重要的，因为棉花收获时遇雨后会给收获带来困难，同时棉花质量受到影响，但收获过早又给棉花产量带来很大损失。COMAX 用逐日真实的气象条件代替历史数据进行模拟，以求比较准确、合理的收获期。

目前，国外已研制出名为 AEGIS (Agricultural and Environmental Geographic Information)系统软件。其中两个最新的系列软件为 AEGIS＋和 AEGIS/WIN。这两个软件的共同点在于都使用了 DSSATV 的作物生长模型[12]。AEGIS/WIN 可使作物的模拟结果可视化，允许用户制定作物管理措施进行模拟，并使用户通过其友好的界面获知其模拟结果。

总之，自 20 世纪 60 年代中期以来，世界各国研究人员在作物生长计算机模拟领域进行了大量工作，开发了许多作物模拟软件，所建的各类模型得到了广泛的应用。作物生长模拟涉及众多领域，包括计算机应用、植物生理学，作物栽培学、农业气象学和微气象学、土壤学等学科。现代农业对农业信息资源的综合利用的需求日益迫切，单项信息技术往往不能满足需要，随着数据库，系统模拟，人工智能，管理信息系统、决策支持系统，计算机网络以及 3S(遥感系统 RS、地理信息系统 GIS 和全球定位系统 GPS)等技术在农业领域的应用日趋成熟，各种信息技术的组合与集成越来越受到人们的关注。遥感测试技术、GIS 和作物模型技术的集成，更有效地用于研究气候变化对农业影响和土壤利用评价。几位美国 Florida 大学研究者近几年来一直致力于将作物生长模拟模型与地理信息系统(GIS)的联结，其目的在于扩大作物模型的使用范围，使之适用于土壤气候及管理各异的区域，获取并管理大量的与作物产量及资源环境有关的数据信息。使作物模拟结果输出可视化，便于用户理解。

由于有国外同类研究的参考、借鉴，作物模拟在我国起步虽较晚，但发展较快。已实现了小麦-玉米连作环境系统模拟，作物模型系统的远程调用，Internet 环境下的小麦、玉米模拟和可视化输出，作物生产系统的模拟及智能决策管理系统。在有关作物模拟模型、知识模型、专家系统、病虫害自动识别、虚拟现实技术研究与应用等方面取得许多研究成果。小麦作物群体图像识别，计算机模拟实现了对小麦群体主要特征亩基本苗数、总茎数、麦苗均匀整齐度、叶面积指数、生物量和亩穗数的计算与信息数据快速获取。应用图像处理技术实现昆虫自动识别，应用 GIS 技术实现信息分析，开发了蔬菜栽培专家系统，研制了水稻专家系统开发工具，开发了软件与硬件相结合的智能化技术产品，如“温室智能控制系统”、“农务通”“NDVI 仪”等[2,3,8]。

近几年来，在国家“863”等重点科研项目资助下，我国一些科研院所和高等院校相继展开作物模拟、数字农业等项目的研究[2,9]。北京市农林科学院赵春江等研制了小麦栽培管理计算机专家系统(ESWCM)，ESWCM 把模型技术和专家系统技术有机结合起来，是一个基于模型的专家人系统；是由包括气象、土壤、植保和社会经济条件累计几千多万数据组成的数据库系统 (DBS)和几千条知识规则组成的知识库系统。中国农科院计算中心研制了“小麦管理实验系统”，其内核是小麦模型。该系统在作物模型 CERES-Wheat 的基础上，按照产量目标选择适宜品种和管理措施，并实现了模拟结果的可视化。河北廊坊市农林科学院开发了冬小麦施肥与栽培管理、咨询系统，长春农科院利用 KA3、KA4 专家系统生成工具，获取领域专家知识和成熟的科研成果，研制开发了“多媒体玉米高产栽培技术专家系统”。合肥智能机械研究所、中科院自动化所、中国农业大学等单位，在作物模拟和作物生长可视化研究领域进行了多年研究，建立了作物生长三维可视化模型，实现了不同生育期作物形态三维重建。目前，我国在水稻、玉米、小麦作物模型研究方面有了显著的进展。但其他作物方面，我国同发达国家相比还有较大差距。当前的状况是作物模型一方面已进入实用阶段，一方面还有许多工作要做，作为其中关键技术的作物模型需要继续深入研究。现今影响较大的作物生长模拟模型大多是70年代或80年代建立的，这些模型的设计必然受建模时期各学科的研究状况、计算机硬、软件发展水平和数据采集能力的限制，为了适应各应用领域要求，作物模拟研究及应用领域也正孕育着极大的机遇与挑战。

3 作物生长计算机模拟软件的研发

植物的生长发育是一个十分复杂的过程，受诸多环境条件和随机因素的影响，因而作物生长随时间和空间的改变呈现很复杂的变化，在过去由于理论方法与研究手段的制约，对环境条件与作物生长关系的研究只能是定性或半定量化的，作物模型的机理性受到限制，随着高效的数据采集系统和全球定位卫星技术的应用，微机和工作站计算能力和图形显示处理能力的提高，科学计算可视化等概念的引入，网络技术的发展，使得研究人员可以采集更多的数据，并应用更客观、更直观的手段分析事物之间的关系，构造机理性强的模拟模型。

只有明确环境条件对作物生长影响的定量化关系，才有可能精确模拟不同农业环境条件下作物的生长发育，这就需要研究人员快速、准确、动态地监测各农业环境因素变化和作物生长发育状况，以确定环境因素影响作物生长发育的定量关系。近年来，出现了许多基于机械学、光学、声学等原理，动态监测环境因素及作物生长发育状况的测试监测系统，这些系统可以和计算机进行数据、图像的传输，便于数据的实时采集处理和利用。一些系统可动态监测不同生育阶段作物群体三维结构变化，还可观测由向光性、叶水势变化造成的作物形态结构的日变化等。在以色列推出了植物检测系统，将测量农作物的主要特性参数的仪表与将测量参数转换成各种植物生长的参数。随着遥感(RS)、全球定位系统(GPS)、地理信息系统(GIS)等数据采集和数据管理技术的发展，使得有可能以较高的精度对地球上某一地区的环境条件变化进行监测和预报。如果能明确不同环境条件下的作物形态结构特征，就能精确地计算作物群体的光合产量、分析农田微气象特征。随着计算机硬、软件的飞速发展，科学计算可视化在军事、医学、数学、地学空间科学等众多领域得到广泛的应用，在农业研究领域，分形几何法、计算机图形图像处理、计算机三维重建、迭代函数系统(IFS)等方法的提出，使作物生长模拟可视化研究工作得到进一步的发展。

研究新的作物生长信息采集技术，建立植物器官形态描述模型库与参数库，开发实现植物设计的三维可视化系统，精确模拟主要农作物生长的虚拟模型，实现数字植物设计的可视化系统，实现作物的三维重建是目前研究热点。此外，研究不同种植制度下基于生理生态过程的作物产量与品质形成模拟模型，实现作物系统的周年动态数字化模拟，建立基于土壤水分、养分运移过程，及其与作物关系的土壤-作物系统养分和水分平衡的模拟模型，实现农田水肥动态的数字化模拟；整合作物生长模拟模型、土壤-作物系统水分、养分平衡模型、作物管理模型、基于GIS的生产要素空间变异模型、作物生产力与效益分析模型，建立数字化的土壤-作物系统模型及农作管理决策系统和数字化种植设计系统，实现主要农作系统预测、分析、调控、设计的数字化和科学化，这些均是作物生长计算机模拟技术的研究发展方向。

农业生产是一个开放、复杂的巨型系统，而农业知识、经验、技术也是一个开放、复杂的巨型系统，其中各个子系统彼此关联、影响，具有较为复杂的关系；而且随着时间、空间、外界环境的变化，整个系统也在变化，不断地同外界有复杂的物质、能量、信息的交换，这就需要数据信息的采集、转换、传输、数据处理、数据输出及反馈控制等各项技术的集成，并采用先进的技术监测农业环境因素变化，监测作物生长发育动态，研究各种因素的定量化的作用规律，把先进的计算机技术应用于农业生产中，推动农业技术进一步发展。(收稿日期：2004年6月)

参考文献

[1] 李晓娟,曾德超.小麦生长田间水氮平衡系统模拟软件开发[D].学位论文.中国农业大学,1999.
[2] 熊范纶.农业专家系统及开发工具[M].北京:清华大学出版社,1999.
[3] 林而达,章厚暄,王京华.全球气候变化对中国农业影响的模拟[M].中国农业科技出版社,1997.
[4] 赵春江.种植制度专家系统[D].学位论文.北京农业大学,1993.
[5] 曹永华.CERES小麦模拟模型在北京地区的应用[C].见:全国农业计算机应用技术学术交流会(第二届)论文集1992,1992:12-17.
[6] 严力蛟.作物模拟模型概括和发展[J].农业系统科学与综合研究,1999;(2).
[7] 国家科技部863计划"数字农业技术研究与示范"重大专项第一批课题申请指南.2003.
[8] Childs S W, J R Giley, W E Splinter. A Simplified model of corn growth under moisture stress [J]. Transactions of the ASAE, 1997; 20(5): 858-865.
[9] R l Bingner. Runoff simulation from coowln creek watershed using SWAT[J]. Transactions of the ASAE, 1996; 39(1): 85-90.
[10] Bryant K J. An intraseasonal dynamic optimization model to allocate irrigation water between crops [J]. Am J Agric Econ, 1993; 75(4): 1021-1029.
[11] Hook J E. Using crop models to plan water withdraws for irrigation in drought years [J]. Agric System, 1994; 45(3): 271-289.
[12] N Singh, W Wcasady. Machine-vision-based nitrogen management models for rice transactions of the ASAE, 1996; 39(5):1899-1904.
[13] Parnar R S. A computer simulation models for peanut machinery management [J]. Applied Engineering in Agriculture, 1994; 10(4): 455-461.
[14] H Shimizu. Computer-vision-based system for plant growth analysis[J]. Transactions of the ASAE, 1995; 38(3): 959-964.

The Application of Computer Simulation of Crop Growth in Digital Agriculture

Li Xiaojuan　Chen Cunshe　Zeng Dechao

Abstract The models of computer simulation of crop growth have been summarized in the paper, and the digital presentation of crop growth in management of plant has been analyzed and digital agriculture development has been discussed as well. The digital presentation of crop growth is significant in irrigation and fertilizer scheduling, evaluation of soil productivity, rational use of resources and environment, economic evaluation of management practice, sustenance agriculture and information & precision farming, and it is critical to the information digital agriculture.

Key words model of crop growth, computer simulation, digital agriculture

水质与灌溉频率对棉花苗期根系分布的影响*

王伟　李光永　傅臣家　曾德超

摘要　本文试验研究了高含盐土壤滴灌条件下。水质与灌溉频率对棉花苗期根系分布的影响。试验土壤为沙质壤土(沙粒 68%、粉粒 24%、黏粒 8%),土壤初始含盐量为 0.8%。灌溉水质有 3 个水平,分别为 CK(自来水)、S10(SAR=10/EC=3)与 S5(SAR=5/EC=3);灌溉频率有 3 个水平,分别为每 4 d、每 8 d、每 16 d 灌溉一次。试验结果表明:棉花苗期,80%以上的根系总干重分布于距地表 0～20 cm 的根层内;与优质水比较,采用微咸水滴灌有助于提高棉花苗期的根系总干物质量。低频灌溉有助于促进棉花苗期根系的发育;灌溉频率降低时,各层根系增大的百分比随着深度增加而增大;根系总干重的增大主要是靠 10 cm 以下各层根重密度的增大来实现的;棉花苗期,低频灌溉有利于深层根系下物质的积累。

关键词　滴灌,水质,棉花,灌溉频率,根系分布

1　引言

在全球淡水资源供需矛盾日益尖锐的情况下,利用低矿化度水(微咸水、咸水、碱性淡水等劣质水)灌溉,发展粮食生产已势在必行[1]。滴灌是一种高效节水的现代灌溉技术,近年来发展迅速。采用滴灌本身的技术优势,利用微咸水和盐(碱)土地资源越来越受到重视,并已有一定成功的尝试[2]。

棉花是一种比较耐盐碱的非盐生植物,也是我国盐渍土地区栽培的主要经济作物。对于棉花的耐盐性,国内进行了大量的研究[4]。Maas 等认为棉花产量降低的起始盐度(即盐分阈值)为 7.7 ds/m(饱和土壤的浸提液电导率),超过此值,盐分每增加 1 ds/m,产量降低 5.2%[3];但该耐盐数值是针对棉花的成熟阶段与常规(地面灌溉)灌溉方法。一般认为,棉花萌发出苗、幼苗及开花结铃时期对盐分较为敏感[4]。李俊义等(1999)研究了新疆棉区棉花苗期、蕾期、开花期根系在土体中的分布状况,结果表明:苗期根系已布满耕层,主根入土垂直深度达 35 cm,开花期主根入土深度达 123 cm,大量根系分布在 0～60 cm 土层内[8]。危常州等(2002)的研究结果表明:滴灌棉花浅层根系分布量增多[7]。李永山等(2000)的研究表明:耐旱型较非耐旱型棉花品种根系发达,棉花根系重量与生物学产量、子棉产量、皮棉产量呈极显著正相关[10]。华国雄等(1993)研究了棉花苗期的根系发育规律与耐旱性的关系,结果表明:耐旱品种明显较非耐旱品种根系发达,表现为一级侧根数多,侧根总长度长,根系干重大[9]。棉花苗期是根系发育较活跃的时期。也是为后期的根冠生长打基础的时期。目前,国内外对滴灌条件下,棉花苗期根系发育规律的定量研究还较少。本文通过小区试验的方法,研究在滴灌条件下,水质与灌溉频率对棉花苗期根系发育的影响,为盐(碱)土棉花滴灌系统的设计及运行提供技术依据。

2　试验材料与方法

试验在防雨大棚内进行。试验土壤为沙质壤土(按国际标准分类),其中沙粒(2～0.02 mm)占 68%,粉粒(0.02～0.002 mm)占 24%,黏粒(<0.002 nm)占 8%。土壤的初始含盐量为 0.8%。土壤中的盐分由 NaCl 和无水 $CaCl_2$ 人工配制[5],NaCl 和 $CaCl_2$ 的重量比为 1∶4。试验小区的土壤过 2 mm

* 本文出处:山东农业大学学报(自然科学版),2006 年,第 37 卷第 4 期

的筛子，盐分与土壤充分搅拌混合后，均匀地添装至容重为 1.4 g/cm^3。每个试验处理面积为 1 m×1.45 m，深 1 m；各处理的四壁用塑料膜与周围的土壤隔离，防止水分和盐分侧向运动。

灌溉采用重力滴灌系统，灌水器流量为 1.5 L/h，灌水器间距为 30 cm。棉花品种为新陆早 12 号，种子经过硫酸脱绒。棉花株距为 10 cm，行距为 40 cm，一条滴灌管灌溉 2 行棉花，种植规格及滴灌毛管的布置见图 1。

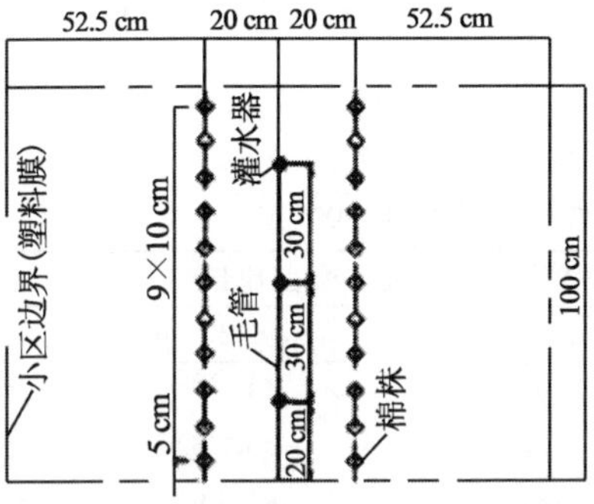

图 1　棉花种植及滴灌系统布置图

Fig. 1　Layout of drip irrigation laterals and cotton planting

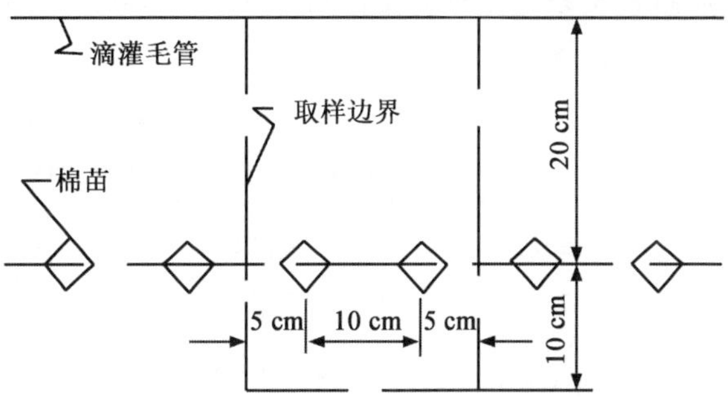

图 2　棉苗根系取样位置图

Fig. 2　Schematic diagram of root sampling

试验包括水质、灌溉频率二个因素。其中，灌溉水质 3 个水平，分别为 CK（自来水）、S10（SAR＝10，EC＝3）、与 S5（SAR＝5，SEC＝3）；SAR（钠吸附比）的单位为(mmol/L)$^{1/2}$、EC（电导率）的单位为 ds/m。灌溉频率 3 个水平，分别为高频（每 4 d 灌溉一次）、中频（每 8 d 灌溉一次）、低频（每 16 d 灌溉一次）。采用完全随机试验设计。共 9 个处理，每个处理重复 3 次。

各处理在试验小区内随机布置。播种后各小区第一次灌水量均为 100 L。试验期间各处理的总灌水量均为 148 L，历次灌水日期与灌水量见表 1。

表 1　灌溉频率各水平对应的灌水量

Table 1　Irrigation amount of different irrigation frequency levels

灌溉频率	日期（日/月）									合计
	18/9	22/9	26/9	30/9	4/10	8/10	16/10	23/10	30/10	
每 4 d	100 L	6 L	6 L	6 L	6 L	6 L	6 L	6 L	6 L	148 L
每 8 d	100 L		12 L		12 L		12 L		12 L	148 L
每 16 d	100 L				24 L				24 L	148 L

试验观测项目为大棚内的温度、地温、相对湿度、蒸发量，棉苗的根重。温度和湿度采用干湿球温度计测量。每天观测 2 次，观测时间分别为每天 11 时与 16 时。地温采用地温计测量。埋设的深度分别为地表、20 cm 与 30 cm，观测时间分别为每天 11 时与 16 时。蒸发量采用 20 cm 蒸发皿测量，观测时间为每天 20 时。根系的取样深度为 50 cm（分 4 层，最下面一层 20 cm 厚，上面各层均为 10cm 厚），根系的取样位置见图 2。一次取两棵棉苗的根系，用湿筛法筛出每层的根样[1]，根样在 70℃的烘箱内烘干 24 h，测得根系的干物质重。

3　结果分析与讨论

试验期间，除了阴雨天气（棚内的相对湿度较高，温度与蒸发量较低）外，11 时至 16 时，棚内的气温为 25～35℃，相对湿度为 50%～80%。地温在 20～35℃；蒸发量为 1～4 mm/d。

表 2 为各处理棉花根系干物质重的分布。从中可以看出：对于所有的试验处理，在 0～10 cm 根层

内，根系的干物质重占根系总干重的比例为46.3%～56.9%；在0～20 cm根层内，根系的干物质重占根系总干重的比例为80.94%～85.22%；在0～30 cm根层内，根系的干物质重占根系总干重的比例为94.03%～96.42%。其中，灌溉频率为每4 d、每8 d与每16 d一次的各处理，0～20 cm根层内的根系干物质重占根系总干重的比例分别为84.62%～85.22%、83.78%～84.35%与80.94%～81.99%。滴灌棉花苗期根系的干物质主要集中在0～10 cm与10～20 cm两层内。在0～20 cm根层内，根系的干物质重占根系总干重的比例均在80.94%以上。本文将主要讨论0～10 cm与10～20 cm两层的根重密度分布情况。

表2　棉苗总根重及各层根重所占比例

Table 2　Total dry root weight and percentage of different lays

灌溉水质	灌溉频率	根重及各层根重所占比例			
		总根重 g	0～10 cm	0～20 cm	0～30 cm
CK（自来水）	每4 d	0.1116	56.90%	85.22%	96.42%
	每8 d	0.1202	53.00%	83.78%	95.01%
	每16 d	0.1277	48.00%	81.99%	95.30%
S10（SAR=10 EC=3）	每4 d	0.1300	53.85%	84.62%	95.23%
	每8 d	0.1380	52.90%	84.35%	94.93%
	每16 d	0.1490	46.31%	80.94%	94.03%
S5（SAR=5 EC=3）	每4 d	0.1200	53.33%	85.00%	95.83%
	每8 d	0.1290	53.51%	84.14%	94.96%
	每16 d	0.1339	46.30%	81.33%	94.40%

注：表中钠吸附比（SAR)的单位为$(\mathrm{mmol/L})^{1/2}$灌溉水的电导率(EC)的单位为ds/m。

3.1　灌溉水质对棉花根系分布的影响

表3为灌溉水质对棉苗根干重影响的方差分析。从中可以看出：对灌溉频率的所有水平，水质的3个水平之间对根总干重影响的差异均显著。图3为试验因素对根总干重的影响。从中可以看出：对于灌溉频率的所有水平，水质为自来水的处理，根总干重均为最小；在水质为微咸水的2个水平中，水质为S10的处理，根总干重均大于水质为S5的处理。高频灌溉时，根总干重的最大与最小值分别为0.13 g与0.1116 g中频灌溉时，根总干重的最大与最小值分别为0.138 g与0.1202 g低频灌溉时，根总干重的最大与最小值分别为0.149 g与0.1277 g。

上述试验结果表明：在高含盐土壤中，采用微咸水滴灌有助于提高棉花苗期的根系干物质量。这可能是由于采用微咸水滴灌时，土壤的水分入渗性能提高，使得棉苗根区的洗盐效果优于优质水（自来水）灌溉。在2个微咸水水平中，采用水质为S10的微咸水灌溉，由于其土壤水分的水平入渗大于S5的水质（提高了水平洗盐效果）[12]。其对应的根系干物质重也有所增大。

由表3中可以看出：当灌溉频率为4 d、8 d与16 d一次时，水质对0～10 cm、10～20 cm、20～30 cm与30～50 cm各根层内的根干重均有显著的影响。高频灌溉时，仅在0～10 cm根层内，水质为CK与水质S5的两个水平之间的差异不显著。中频灌溉时，仅在20～30 cm根层内，水质为CK与水质S5的两个水平之间的差异不显著。低频灌溉时，仅在0～10 cm根层内，水质为CK与水质S5的两个水平之间的差异不显著。

表 3 水质对根重分布影响的方差分析

Table 3 Effect of water quality on distribution of cotton root

水质	每 4 d					每 8 d					每 16 d				
	0～10 cm	10～20 cm	20～30 cm	30～50 cm	总重	0～10 cm	10～20 cm	20～30 cm	30～50 cm	总重	0～10 cm	10～20 cm	20～30 cm	30～50 cm	总重
CK	0.0635a	0.0316a	0.0125a	0.0040a	0.1116a	0.0637a	0.0370a	0.0135a	0.0060a	0.1202a	0.0613a	0.0434a	0.0170a	0.0060a	0.1277a
S10	0.0700b	0.0400b	0.0138b	0.0062b	0.1300b	0.0730b	0.0434b	0.0146b	0.0070b	0.1380b	0.0690b	0.0516b	0.0195b	0.0089b	0.1490b
S5	0.0640a	0.0380c	0.0130c	0.0050c	0.1200c	0.0690c	0.0395c	0.0140a	0.0065c	0.1290c	0.0620a	0.0469c	0.0175c	0.0075c	0.1339c

注：表中同一列内不同字符 a～c 表示同一试验因素各水平的差异性为 5%，N 表示差异不显著。

表 4 灌溉频率对根重影响的方差分析

Table 4 Effect of irrigation frequency on distribution of cotton root

水质	CK					S10					S5				
	0～10 cm	10～20 cm	20～30 cm	30～50 cm	总重	0～10 cm	10～20 cm	20～30 cm	30～50 cm	总重	0～10 cm	10～20 cm	20～30 cm	30～50 cm	总重
4 d	0.0635N	0.0316a	0.0125a	0.0040a	0.1116a	0.0700a	0.0400a	0.0138a	0.0062a	0.1300a	0.0640a	0.0380a	0.0130a	0.0050a	0.1200a
8 d	0.0637N	0.0370b	0.0135b	0.0060b	0.1202b	0.0730b	0.0434b	0.0146b	0.0070b	0.1380b	0.0690b	0.0395b	0.0140b	0.0065b	0.1290b
16 d	0.0613N	0.0434c	0.0170c	0.0060c	0.1277c	0.0690a	0.0516c	0.0195a	0.0089c	0.1490c	0.0620a	0.0469c	0.0175c	0.0075c	0.1339b

注：表中同一列内不同字符 a～c 表示同一试验因素的各水平的差异性为 5%. N 表示差异不显著。

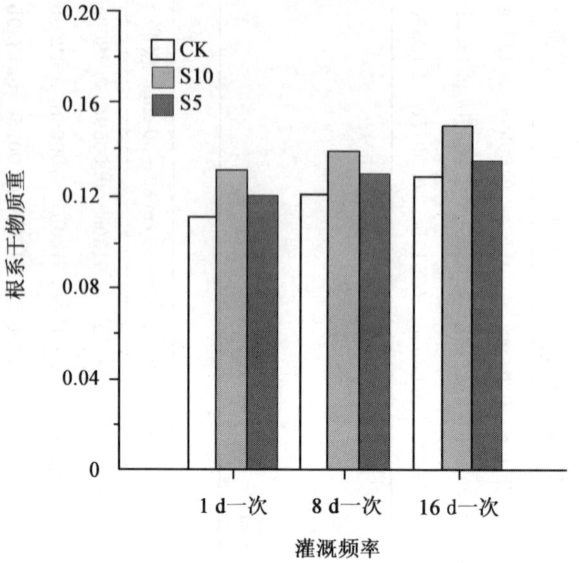

图 3 试验因素对根总干重的影响

Fig. 3 Total dry root weight of different treatments

图 4 分别为灌溉频率为每 4 d 每 8 d 与每 16 d 一次时，水质对各层根干重密度的影响。从中可以看出：对于灌溉频率的 3 个水平，水质为自来水(CK)的处理，其在 0～10 cm 与 10～20 cm 内的根重密度均小于水质为微咸水的处理。在 2 个微咸水水平中，在 0～10 cm 与 10～20 cm 两层内，水质为 S10 的根重密度均大于水质为 S5 的根重密度。灌溉频率为每 4、8 与 16 d 一次时，在 0～10 cm 根层内，水质为 S10 对应的根重密度均为最大，分别为 2.33×10^{-5} g/cm^3、2.43×10^{-5} g/cm^3 与 2.3×10^{-5} g/cm^3，自来水对应的根重密度均为最小，分别为 2.12×10^{-5} g/cm^3、2.12×10^{-5} g/cm^3 与 2.04×10^{-5} g/cm^3；在10～20 cm 根层内，水质为 S10 的处理根重密度均为最大，分别为 1.33×10^{-5} g/cm^3、1.45×10^{-5} g/cm^3 与 1.72×10^{-5} g/cm^3，自来水对应的根重密度均为最小，分别为 4.17×10^{-6} g/cm^3、4.5×10^{-6} g/cm^3 与 5.67×10^{-6} g/cm^3。

在 0～10 cm 与 10～20 cm 根层内，高频灌溉时，水质为 S10 比水质为 CK 的处理根重密度分别增大了 10.24%与 26.58%；中频灌溉时，水质为 S10 比水质为 CK 的处理根重密度分别增大了 14.6%与 17.3%；低频灌溉时，水质为 S10 比水质为 CK 的处理根重密度分别增大了 12.56%与 18.89%。

上述结果表明：在高含盐土壤中，与优质水(自来水)相比较，采用微咸水灌溉可以提高各层的根重密度。在两个微咸水水平中，虽然盐分相等(均为 EC=3 ds/m)，但由于它们的 SAR 值不同，其对根重分布的影响规律也不同，SAR 值较大的水质对应的各层根重密度更大。

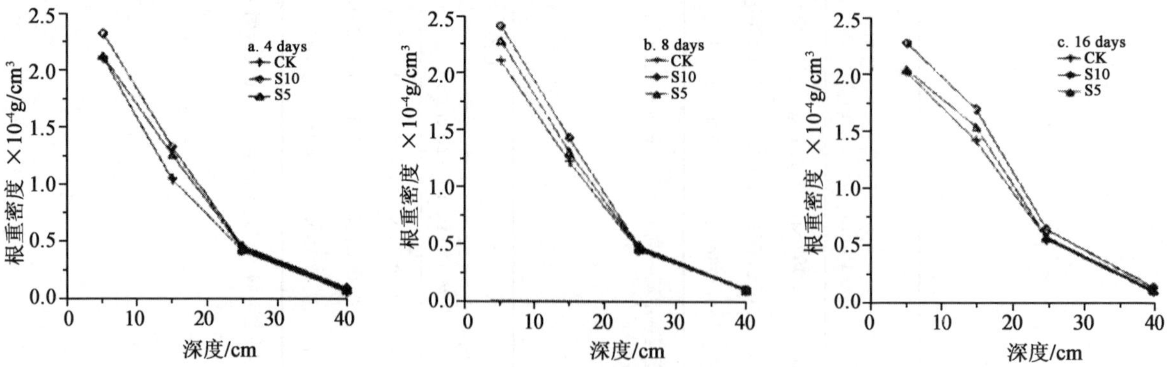

图 4 0～50 cm 内的根重密度分布

Fig. 4 Distribution of root density abng depth of 0～50 cm

3.2 灌溉频率对根重分布的影响

表 4 为灌溉频率对棉苗根干重影响的方差分析。从中可以看出：对于水质的所有水平，灌溉频率对根总干重均有显著影响。仅水质为 S5 的处理。灌溉频率为每 8 d 与每 16 d 一次之间的差异不显著。对于水质的所有水平，根总干重均随灌溉频率的降低而增大。灌溉频率由每 4 d 一次降低到每 16 d 一次，水质为 CK、S10 与 S5 的 3 个水平。根总干重分别增大了 14.43%、14.62%与 11.6%。

上述试验结果表明：在灌水总量相同的情况下，降低灌溉频率，每次灌溉的灌水量增大，滴灌湿润体内盐分的淡化区增大，有利于棉花根系的发育。另一方面，灌溉频率的降低也使灌水周期加大，棉苗受水分胁迫的时间增加，在一定程度上也可以促进根系的发育。

从表 4 中可以看出：水质为 CK 时，灌溉频率对 0～10 cm 内的根重影响不显著。对 10～20 cm、20～30 cm 与 30～50 cm 根层内的根重均有显著影响。水质为 2 个微咸水水平时，灌溉频率对 0～10 cm、10～20 cm、20～30 cm 与 30～50 cm 各层的根干重均有显著的影响；并且仅当水质为 S10 时，在 0～10 cm 根层内，每 4 d 与每 8 d 之间的差异不显著。由表 2 可以看出：对于水质的 3 水平，随着灌溉频率的降低，0～10 cm、0～20 cm 与 0～30 cm 根层内根干重占根系总干重的比例均有所减小。这说明低灌溉频率有利于棉花苗期深层根系干物质的积累。

图 5 为灌溉频率对各层根重密度的影响。从中可以看出：对于水质的 3 个水平，灌溉频率由每 4 d 降至每 8 d 一次时。各层的根重密度均有所增大：在 0～10 cm、10～20 cm、20～30 cm 与 30～50 cm 各层内，分别增大了 0.32%～7.81%、3.95%～17.09%、5.8%～8%与 12.9%～50%。当灌溉频率由每 8 d 降至每 16 d 一次时，在 0～10 cm 根层内，根重密度降低至比每 4 d 灌溉一次时还小；其中，水质为 S5 的处理根重密度降低的最大（比每 8 d 一次降低了 10.15%），水质为自来水的处理降低的最小（比每 8 d 一次降低了 3.77%）；在 10～20 cm、20～30 cm 与 30～50 cm 根层内根重密度均有所增大；分别比每 8 d 一次增大了 17.3%～18.9%，25.45%～33.56%与 0%～27.14%。

上述结果表明：对于水质的所有水平，在 0～10 cm 层内，灌溉频率由每 4 d 降到每 8 d 一次时，根重密度有所增大；而灌溉频率降到每 16 d 一次时，根重密度均减小到小于每 4 d 灌溉一次。在 10～20 cm 与 20～30 cm 两层内，根重密度均随灌溉频率的降低而增大，并且增大的百分比随着深度增大而增大。对于水质的所有水平，根系的总干重均随灌溉频率的降低而增大。上述规律表明灌溉频率降低时，根系总干重的增大主要是靠 10 cm 以下各层根重密度的增大来实现的。

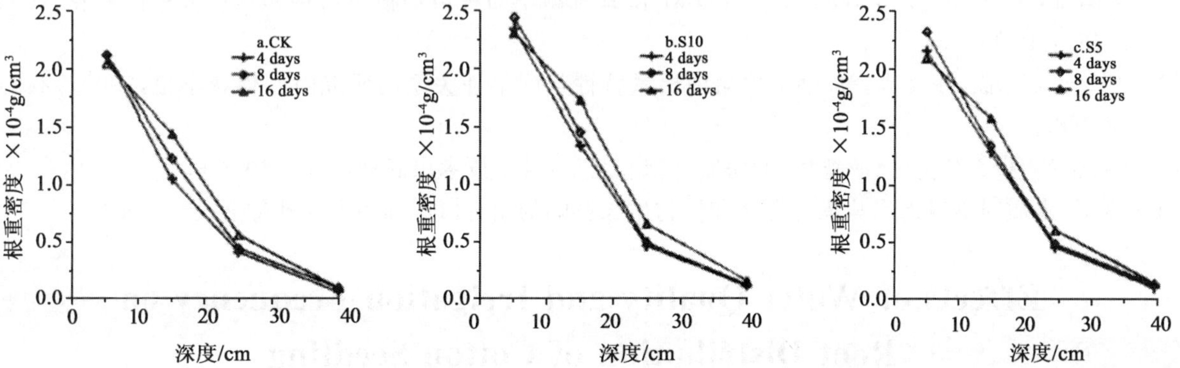

图 5　0～50 cm 内的根重密度分布　a 水质为 CK　b 水质为 S10　c 水质为 S5

Fig. 5　Distribution of root density abng depth of 0～50 cm　a CK　b S10　c S5

4 结论

本文试验研究了高含盐土壤滴灌条件下，水质与灌溉频率对棉花苗期根系总干重、根系沿深度方向分布的影响。结果表明：

棉花苗期根系主要集中在0～10 cm与10～20 cm两层内。在0～20 cm根层内，根系的干物质重占根总干重的比例均在80%以上。

灌溉水质与灌溉频率对根总干重均有显著影响。在高含盐土壤中，与优质水相比较，采用微咸水滴灌有助于提高棉花苗期的根系干物质量。低频灌溉有助于促进棉花苗期根系的发育。

10 cm以下各根层内的根重密度均随灌溉频率的降低而增大，并且增大的百分比随着深度增加而增大。灌溉频率降低时，根系总干重的增大主要是靠10 cm以下各层根重密度的增大来实现的。棉花苗期，低频灌溉有利于深层根系干物质的积累。

参考文献

[1] 王晶，曾路生. 田间低矿化水灌溉的土壤盐碱化过程的探讨[J]. 土壤通报，2001，32：60-63.

[2] 张建新，石荣媛，王雅琴，等. 膜下滴灌改造盐(化)土荒地大田试验总结[J]. 石河子科技，2001，(1)：4-6.

[3] Rhoadles D, Kandiah A Mashali A M. The use of saline waters for crop production-FAO irrigation and drainage paper 48 [M]. Rone. The Food and Agriculture Organization of the United Nations, 1992: 14-38.

[4] 孙小芳，刘友良，陈沁，等棉花耐盐性研究进展[J]. 棉花学报，1998，10(3)：118-124.

[5] Ranoliya P J. Pandey A N. Effect of increasing salt concentration on emergence growth and survival of seedling of Salvadora oleoides (Salvadora-ceae) [J]. Journal of Arid Environments 2002, 51: 121-132.

[6] 周桃华. NaCl胁迫对棉子萌发及幼苗生长的影响[J]. 中国棉花，1995，22(4)：11-12.

[7] 危常州，马富裕，雷咏雯，等. 棉花膜下滴灌根系发育规律的研究[J]. 中国棉花，2002，14(4)：209-214.

[8] 李俊义，刘荣荣，王润珍，等. 北疆棉花根系分布规律研究[J]. 中国棉花，1999. 26(6)：18-26.

[9] 华国雄，Bourlanol F M，Oosteehuis D M. 陆地棉耐旱品种苗期根系特性初探[J]. 中国棉花，1993，20(3)：10-11.

[10] 李永山，张凯，王晓璐，等. 陆地棉品种根系特性与耐旱性关系的研究[J]. 棉花学报，2000，12(2)：85-86.

[11] W. 伯姆. 根系研究法(薛德榕，谭协麟)[M]. 北京：科学技术出版社，1985，50-200.

[12] 肖娟. 水质对盐碱地水盐耦合运移和作物生长影响的研究[D]. 北京：中国农业大学，2004.

Effects of Water Quality and Irrigation Frequency on Root Distribution of Cotton Seedling

Wang Wei Li Guangyong Fu Chenjia Zeng Dechao

Abstract Base on the result of experiment, the effects of irrigation water quality and drip irrigation frequency on root distribution of cotton seedling is analyzed Sandy loan (sand 68%, silt 24% and clay 8%) with initial salt content of 0. 8% is used for the experiment. The irrigation water quality has 3 levels which is CK (tap water), S10 (SAR=10, EC=3) and S5 (SAR=5, EC=3) respectively. The irrigation frequency has 3 levels, which is high frequency (per 4 days), moderate frequency (per 8 days) and low frequency (per 16 days) respectively. The results indicated that more than 80% of total dry root weight of the cotton seeding locates in 0-20 cm root layer. Compared with tap water, irrigated with saline water can improve development of root system of cotton seedling. Low irrigation frequency can enhance the development of root system and root dry weight density increase with decreasing irrigation frequency and increasing root depth. The increase of total dry root weight mainly comes from the increase of root dry weight in layer beneath depth of 10 cm. Low irrigation frequency makes for accumulation of dry root weight of deeper cotton root layer.

Key words Drip irrigation, Irrigation water quality, Cotton, Irrigation frequency, Root distribution

滴灌水质与灌溉频率对高含盐土壤棉花苗期生长的影响*

王伟　李光永　曾德超

摘要　研究了滴灌水质与灌溉频率对棉花苗期生长的影响。试验土壤为沙壤土(沙粒68%、粉粒24%、黏粒8%),土壤初始含盐量为0.8%。灌溉水质有3个水平,分别为CK(自来水)、S10($SAR=10,EC=3$)与S5($SAR=5,EC=3$);灌溉频率有3个水平,分别为高频(每4 d)、中频(每8 d)与低频(每16 d)。一条滴灌管灌溉2行棉花,棉花的行距为40 cm,株距为10 cm。试验结果表明,在高含盐土壤中,高频灌溉时,水质对棉苗生长的影响更大;微咸水灌溉有利于棉花苗期生长。灌溉频率对地上、地下各生长指标与总干重均有显著影响。微咸水灌溉时,地上部分生长指标与总干重在中频灌溉时均为最大,而根干重与根总长却均随灌溉频率的降低而增加,这表明棉苗在中频灌溉时所受的水分与盐分综合胁迫最小。灌溉水质与频率对根冠比均有显著影响,降低灌溉频率有利于棉花苗期根系发育。

关键词　滴灌,水质,棉花,灌溉频率

1　引言

棉花是一种比较耐盐碱的非盐生植物,也是我国盐渍土地区栽培的主要经济作物。对于棉花的耐盐性,国内进行了大量的研究[5-6]。实践表明,棉花萌发出苗、幼苗及开花结铃时期对盐分较为敏感[5]。另外,土壤和灌溉水中的盐分对棉花生长的影响,还与盐分本身的组成、灌溉方式与灌溉频率等因素有关。国内对棉花各生育期的生长指标进行了较多的研究[8],但对苗期的生长指标研究较少。通过小区试验的方法,研究在滴灌条件下,高含盐土壤中,水质与灌溉频率对棉花苗期生长的影响,为盐(碱)土棉花滴灌系统的设计及运行提供技术依据。

2　材料与方法

试验在防雨大棚内进行。试验土壤为沙质壤土(国际分类标准)。其中,沙粒(1～0.02 mm)占68%,粉粒(0.02～0.002 mm)占24%,黏粒(<0.002 mm)占8%。土壤的初始含盐量为0.8%。土壤盐分由NaCl和无水$CaCl_2$人工配制,NaCl和$CaCl_2$的重量比为1∶4。试验土壤过2 mm的筛子,盐分与土壤充分搅拌混合后,均匀地添装至容重为1.4 g/cm^3。每个试验处理面积为1 m×1.45 m,深1 m;处理小区四壁用塑料膜与周围土壤隔离,防止水分与盐分侧向运动。

采用重力滴灌系统灌溉,灌水器流量为1.5 L/h,滴头间距为30 cm。棉花品种为新陆早12号,种子经硫酸脱绒。棉花株距为10 cm,行距为40 cm,一条滴灌毛管灌溉2行棉花。

试验因素包括灌溉水质与灌溉频率。其中,灌溉水质3个水平,分别为CK(自来水)、S10($SAR=10,EC=3$)与S5($SAR=5,EC=3$)。SAR(钠吸附比)的单位为(mmol/L)$^{1/2}$、EC(电导率)的单位为ds/m。灌溉频率3个水平,分别为高频(每4 d灌溉1次)、中频(每8 d灌溉1次)、低频(每16 d灌溉1次)。采用完全随机试验设计,共9个处理,每个处理重复3次。处理小区在试验区内随机布置。

播种后,各试验处理均首次灌溉100 L洗盐。试验期间各处理的总灌水量均为148 L,历次灌水日

* 本文出处:灌溉排水学报,2008年12月,第27卷第6期

期与灌水量见表1。

表 1　灌溉日期与灌水量　　L

灌溉日期/(月日)	0918	0922	0926	0930	1004	1008	1016	1023	1030	合计
高频	100	6	6	6	6	6	6	6	6	148
中频	100		12		12		12		12	148
低频	100				24				24	148

试验观测项目有棉苗的地上部分干物质重、苗高、叶面积、棉苗根重与根总长。播种后第42天，每个处理各取3棵棉苗，用直尺测量苗高和叶子的长、宽，由测得的叶子长宽拟合得到叶面积。棉苗在70°C的烘箱内烘干24 h，测得地上部分的干物质重。根系取样深度为50 cm，一次取2棵棉苗的根系，用湿筛法筛出根样，采用根系扫描仪与WinRHIZO 5.0a软件分析大于1 mm与小于1 mm的根长度。根样品在70°C的烘箱内烘干24 h，测得干物质重。

3　结果分析与讨论

3.1　试验因素对棉苗地上部分生长指标的影响

表2为试验因素对棉苗地上部分生长指标影响的方差分析。从中可以看出，高频灌溉时，水质的3个水平对地上部分生长指标影响的差异均显著。中低频灌溉时，水质对苗高与地上部分干重的影响均不显著；在对叶面积的影响中，只有S10与S5之间的差异显著。高频灌溉时，棉苗地上部分各生长指标对水质的变化更敏感。在总灌水量相等的条件下，高频灌溉每次的灌水量相对较小，湿润锋水平运动距离较小(高频灌溉时，试验观测的地表湿润锋距滴灌毛管仅为15～20 cm)；在这种情况下，棉苗对由水质引起的土壤水分运动的变化更敏感。

表 2　试验因素对棉苗地上部分生长指标的影响

水质	苗高/cm			叶面积/cm^2			地上部分干重/g		
	高频	中频	低频	高频	中频	低频	高频	中频	低频
CK	21aA	18.5nB	16.6nB	92.4aA	76.9abB	70.1abC	0.816aA	0.750nA	0.594nB
S10	17.8bA	20.1nB	16.5nC	72.4bA	80aB	71aA	0.686bA	0.760nB	0.647nA
S5	15.2cA	19.1nB	15.8nA	64.8cA	73.8bB	66.9bA	0.581cA	0.720nB	0.600nA

注：表中同一列内不同字符a～c表示同一试验因素各水平的差异性为5%，n表示影响不显著；表中同一行内不同字符A～C表示同一试验因素各水平的差异性为5%。下同。

自来水处理只有在高频灌溉时，地上部分的生长指标优于2个微咸水水平；中、低频灌溉时，地上部分生长指标的最优值均为微咸水灌溉的处理。S10处理地上部分生长指标优于S5处理，在每4、8与16 d的灌溉频率下，S10对应的苗高比S5分别增大了87%、5.24%与4.43%，叶面积分别增大了11.73%、8.4%与6.13%，地上部分干重增大了18.02%、5.56%与7.83%。这表明，虽然2种微咸水含盐量相同(约为2 g/L)，但由于盐分组成不同，对棉苗生长的影响不同；S10由于其SAR值较大，滴灌湿润体内水分水平运动增强，对盐分的水平淋洗效果优于S5处理。这种差异在高频灌溉时更显著。

灌溉频率对棉苗地上部分各生长指标均有显著影响。水质为微咸水时，中频与高频、中频与低频地上部分各生长指标之间的差异均显著。中频灌溉处理，苗高、叶面积与地上部分干重均为最大；S10与S5苗高分别比最小值增大了21.82%与25.66%，叶面积分别比最小值增大了12.68%与13.89%，地上部分干重分别比最小值增大了17.47%与23.92%。高频灌溉(每次灌水量减小)不利于根区土壤盐分的水平淋洗；而降低灌溉频率又使棉苗受水分与盐分胁迫的时间增加；中频灌溉处理，棉花根区水分和盐分的组合效果优于高频与低频处理。

自来水灌溉时，苗高、叶面积与地上干重均随灌溉频率的降低而减小。灌溉频率由每 4 d 灌 1 次降低至每 16 d 灌 1 次时，苗高、叶面积与地上干重分别减小了 20.95%、24.13%与 27.21%。这可能是由于采用自来水灌溉时，随着灌溉频率的降低，土壤水分胁迫成为影响棉苗地上部分生长的主要因素。

3.2 试验因素对棉苗地下部分生长指标的影响

表 3 为试验因素对棉苗根长与根干重影响的方差分析。从中可以看出，水质对棉苗根干重与根总长均有显著的影响，仅有 S5 与自来水对根总长影响的差异在高频灌溉时不显著。与地上部分各生长指标相比，棉苗地下部分生长指标对水质的变化更敏感。

表 3 试验因素对棉苗地下部分生长指标的影响

水质	根长/cm			根干重/g		
	高频	中频	低频	高频	中频	低频
CK	625.8aA	640.0aA	745.2aB	0.1116aA	0.1202aB	0.1277aC
S10	706.0bA	812.0bB	936.5bC	0.1300bA	0.1380bB	0.1490bC
S5	626.0aA	741.0cB	850.0cC	0.1200cA	0.1290cB	0.1339cB

灌溉频率对根干重与根长均有显著影响。在对根长的影响中，仅水质为自来水的处理，高频与中频灌溉之间的差异不显著。在对根干重的影响中，仅水质为 S5 的处理，中频与低频灌溉之间的差异不显著。根干重与根长均随灌溉频率的降低而增大。灌溉频率由高频降低至低频，水质为 CK、S10 与 S5 的 3 个水平，根干重分别增大了 14.43%、14.62%与 11.6%，根长分别增大了 19.09%、32.65%与 35.78%。在灌水总量相同的情况下，降低灌溉频率，每次灌水量增大，滴灌的湿润体增大（即盐分的淡化区增大），有利于棉花根系的发育。另一方面，灌水周期增大，棉苗受水分胁迫的时间增加，在一定程度长也促进根系的发育。

灌溉频率由每 8 d 降低至每 16 d 一次时，棉苗地上与地下部分的反应是不同的。棉苗高度、叶面积与地上部分干重均有所降低，根干重与根长却随灌溉频率的降低而增大。这说明低频灌溉产生的水分胁迫在抑制棉苗地上部分的生长的同时也促进了根系的发育，以协调棉苗生长发育对水分的需求。

3.3 试验因素对棉苗总干重与根冠比的影响

表 4 为试验因素对棉苗总干重与根冠比影响的方差分析。从中可以看出，中频灌溉时，水质对总干重的影响不显著。这说明灌水总量相同时，适当的灌溉频率可以减小水质对棉苗生长的影响。中、低频灌溉时，S10 处理总干重均大于对照处理。这表明在高含盐土壤中，中、低频灌溉时，微咸水灌溉比优质水（自来水）更有利于棉苗总干物质的积累。S10 处理的总干重大于 S5 处理，灌溉频率为每 4、8 与 16 d 一次时，S10 的总干重分别比 S5 的增大了 16.36%、5.77%与 8.46%。

表 4 试验因素对棉苗根冠比与总干重的影响

水质	根冠比			总干重/g		
	高频	中频	低频	高频	中频	低频
CK	0.1368aA	0.1604aB	0.2152nC	0.9276aA	0.8702nA	0.7217aB
S10	0.1897bA	0.1817bA	0.2304nB	0.8157bA	0.8980nB	0.7960bA
S5	0.2065cA	0.1793bB	0.2236nC	0.7010cA	0.8490nB	0.7339aA

水质对根冠比的影响在中、高频灌溉时显著，低频灌溉时不显著。微咸水处理的根冠比大于对照处理；中、低频灌溉时，S10 的处理根冠比均为最大，分别为 18.77%与 23.04%。

综上所述，高含盐土壤，采用微咸水灌溉，棉苗的综合生长指标（总干重、根系与根冠比等的综合）优于对照处理。在2个微咸水处理中，虽盐分相同，但SAR值较大时，对应的各项生长指标较优。这表明，应用滴灌技术时，评价灌溉水质对作物生长的影响，除了灌溉水的总盐分，还应综合考虑其盐分组成等的影响。

灌溉频率对总干重的影响显著。微咸水灌溉时，中频灌溉的处理总干重最大。上述规律与频率对棉苗地上部分干重影响规律一致，这是可能由于棉花苗期地下部分干物质量相对地上部分较小（仅为地上部分的20%左右）造成的。

灌溉频率对根冠比影响显著。频率由4 d降低至16 d一次时，水质为CK、S10与S5的处理根冠比分别增大了57.33%、21.42%与8.26%。这表明可以通过灌溉频率来调节棉花苗期地上部分与地下部分的生长比例，低频灌溉在一定范围内有利于苗期根系发育。

综合灌溉频率对棉苗地上、地下各生长指标与总干重的影响规律可以看出，采用微咸水灌溉时，中频灌溉的处理地上部分生长指标最优，但其对应的根干重与根总长却均小于低频灌溉处理。这说明在高含盐（0.8%）土壤中，采用微咸水灌溉，灌溉频率为每8 d一次时，棉苗所受水分与盐分的综合胁迫最小。

参考文献

[1] 张建新，王丽玲，王爱云．滴灌技术在重盐碱上种植棉花的试验[J]. 干旱区研究，2001，18(1)：43-45.

[2] 文辉，李凤琳，李明思，等．新疆荒漠盐碱地膜下滴灌植棉研究[J]. 中国棉花，2000，27(10)：28-29.

[3] 李毅，王文焰，王全九．论膜下滴灌技术在干旱半干旱地区节水抑盐灌溉中的应用[J]. 灌溉排水，2001，20(2)：42-46.

[4] 王新平，李新荣，康而泗，等．干旱沙区滴灌条件下水盐运移过程试验研究[J]. 干旱地区农业研究，2002，20(3)：44-48.

[5] 孙小芳，刘友良，陈沁，等．棉花耐盐性研究进展[J]. 棉花学报，1998，10(3)：118-124.

[6] 周桃华．NaCl胁迫对棉子萌发及幼苗生长的影响[J]. 中国棉花，1995，22(4)：11-12.

[7] Rhoadles D, Kandiah A, Mashali A M. The use of saline waters for crop production-FAO irrigation and drainage paper 48[M] . Rome: The Food and Agriculture Organization of the United Nations, 1992:14-38.

[8] 危常州，马富裕，雷咏雯，等．棉花膜下滴灌根系发育规律的研究[J]. 中国棉花，2002，14(4)：209-214.

[9] 肖娟．水质对盐碱地水盐耦合运移和作物生长影响的研究[D]. 北京：中国农业大学，2004.

Effects of Water Quality and Drip Irrigation Frequency on Growth Parameters of Cotton Seedling Under High Initial Soil Salt Content

Wang Wei　Li Guangyong　Zeng Dechao

Abstract　Effects of irrigation water quality and irrigation frequency was investigated on growth parameters of cotton seedling in an unheated rain preventing greenhouse. Sandy loam (and 68%, silt 24% and clay 8%) with initial salt content of 0.8% is used for the experiment. The irrigation water quality has 3 levels, which are CK (ap water), S10 (SAR = 10, EC= 3) and S5 (SAR = 5, EC= 3) respectively. The irrigation frequency has 3 levels, which are high frequency (4 days), moderate frequency (8 days) and low frequency (16 days) respectively. Row spacing of cotton is 40 cm, and plant spacing is 10 cm. The drip line is located in the middle of 2 rows. The result indicates that impact of water quality on growth parameters of cotton seedling irrigated with high frequency is more significant than moderate and low frequency. Irrigated with saline water can improve growth of cotton seedlings. Irrigation frequency affects overground and underground growth parameters and total dry weight significantly. The overground growth parameters and total dry weight of treatment irrigated with moderate frequency is biggest among 3 irrigation frequency levels, whereas the roots dry weight and total length increase with decreasing irrigation frequency. It indicates that cotton irrigated with moderate frequency receive less integrated stress of water and salinity than high and low frequency. Both water quality and irrigation frequency affect ratio of root and canopy significantly. Low irrigation frequency makes for development of cotton root system.

Key words drip irrigation, irrigation water quality, cotton, irrigation frequency

第四部分

车辆与内燃机技术

手扶拖拉机-半挂车机组典型技术事故的调查与分析*

朱勇华　曾德超

摘要　我国手扶拖拉机保有量大，在运输作业时事故多，每年造成的直接损失达二亿多元。经过调查，机组典型技术事故可归纳为十种情况。分析表明，现有手拖的结构形态并不适合于运输作业。考虑到农村的实际需要，本文对机组的转向、制动等问题提出改进意见，以期改善手扶拖机组的安全性能并保持手拖良好的耕作性能。

一、引言

我国自六十年代开始生产手扶拖拉机以来，手拖保有量已达300多万台，居世界首位。手拖保有量大已成为目前中国农业机械化的特征之一。但是，由于各种原因，手拖却主要用于农村运输，运输作业占其年工作时间或工作量的60％～80％。

然而，从手扶拖拉机的结构形态看，它仅适用于田间低速作业，它的操纵性能不适于高速运输，容易引起技术事故。为了减少事故，从工程技术上考虑，或者应禁止手拖进行道路运输，或者应对手拖的结构形态加以改进。鉴于目前的条件，宜采取后一种途径。这样不仅可使手拖在发展农村经济中继续发挥作用，而且还能够为发展我国新一代小型拖拉机的结构形态提供经验。除田间作业外，手拖从事运输作业平均每台还可获利1000元，300万台手拖每年创利润即达30亿元之多。因此，调查手扶拖拉机半挂车机组的典型事故并作技术分析，对于减少和消除事故，探讨现有手拖结构形态的改进方案，是有重要意义的。

二、手拖运输机组事故概述

近几年来，国内拖拉机事故大量发生，事故次数与死亡人数每年均以万计。对全国事故统计数据的分析表明：①拖拉机事故多数发生在公路运输时。浙江省1980年有77％的拖拉机事故发生在公路上；江苏省近几年发生的拖拉机事故约70％是公路运输事故。②手扶拖拉机-半挂车机组是主要肇事来源。据四川省连续几年统计，80％的拖拉机事故由手扶拖拉机造成，每年死伤千余人。③丘陵、山区事故发生率较高。统计数字表明，四川、贵州、浙江和湖南等多山的省份事故发生率特别高[1]。④拖拉机事故是农机事故的主要组成部分。

国外拖拉机事故量虽然也大，但是手扶拖拉机事故不多，因为国外手拖基本上不用于运输作业。

拖拉机事故的原因有多个方面。从工程技术方面分析，机器结构形态不合理是原因之一。对于手扶拖拉机运输机组，这方面的问题更为突出。

手拖运输机组不安全的结构形态主要反映在操纵系统、制动系统不合理和舒适性差上。

机组操纵机构设计不合理：操纵杆件固定在拖拉机上，而驾驶员座位固定在挂车上，使操纵杆件与人体位置不能相对固定。机组向右转向时，驾驶员难以操纵左侧的转向手柄、变速杆以及离合制动手柄；而机组往左转向时，则很难操纵右侧的转向手柄、油门以及变速杆，遇到紧急情况，难以及时采取应

* 本文出处：北京农业工程大学学报，1986年，第6卷第4期

急措施。操纵系统的另一问题是机组转向的不定性，有时需要反方向分离牙嵌进行转向。因为在下陡坡等工况下，两侧驱动轮受力可能反向，驾驶员只得凭经验操作，判断失误就会造成事故。操纵系统另一个问题是转向后牙嵌回位滞后，当牙嵌不能及时回位，需要相对转动才能啮合时，机组一侧车轮会继续向前滚动一段距离，容易酿成事故。还有，手油门也不利于及时使发动机熄火。

机组制动系统不完善：拖拉机由手柄制动，挂车由踏板制动。若先制动拖拉机后制动挂车，则引起质量大的挂车撞击质量小的拖拉机，使机组失控。许多驾驶员采用只制动挂车的办法来避免失控，但这会影响制动效果。

机组舒适性极差：驾驶员既要承受座位上的垂直振动，又要承受扶手上的强烈振动。手拖机组挂车轮胎气压较高，座位与拖车刚性连接，无减振悬架；多数发动机噪声超过标准，驾驶员极易疲劳。驾驶座位置较低，且处于机组中部，农业物料大多是轻质物料，体积较大，因此，驾驶员的前后视野都不良。机组未设驾驶棚或驾驶室，也没有其他任何安全防护装置，驾驶员的人身安全经常受到威胁。

尽管手拖半挂车机组有许多不安全因素，但目前 90% 的机组还在增速行驶。国内对此有不同观点：赞成者认为增速可行，有的不仅提出可以增速，而且还认为能够加载[2]；反对者认为手拖机组在 15 km/h 时安全性已很差，增速后会导致更多的事故，因而不能提高车速[3]。

三、手拖运输机组典型事故分析

全面调查的结果表明手拖运输机组事故量很大，但事故发生率的地区分布差别也很大。例如，地处云贵高原的楚雄彝族自治州 1984 年手拖机组事故发生率达 215 次/万台，浙江省杭州市郊各县 1983 年事故率为 193/次万台。全国手拖事故发生率最高的四川省阆中县，事故率高达 600 次/万台。上述地区均为山区或丘陵。平原地区事故发生率一般不超过 100 次/万台。

通过两轮全国范围综合普查和个别事故的实地考察，可把手扶拖拉机一半挂车机组的技术事故(不包括违章驾驶)归纳成十种类型。

1. 机组下坡时反方向转向

这类事故较多，全国各地都有案例。

1984 年 7 月 28 日上午，广东省连南县寨岗区一手拖机组行至下坡加拐弯的崩梁桥附近，机组反向行驶，撞断三根桥栏杆，机组翻落至 11 m 深的桥底。当场六人死亡，两人重伤，三人轻伤，损失惨重。

1981 年 6 月 13 日，山西省万荣县贾村乡杜村一手拖机组也遇到上述路况，同时公路一侧是峭壁，另一侧是深谷。因驾驶员判断失误，机组反向行驶，翻入 30 m 深的山谷，造成三人死亡，一人重伤，数人轻伤，机组完全报废。

由上述案例不难看出反向操纵问题的严重性。这种与正常转向相反的操纵既难判断，又难操作。手扶拖拉机下坡时受力简图如图 1 所示。机组下坡时，在拖拉机重力分量 G_{A1} 和挂车推力 P 的作用下，驱动轮上的驱动力往往会出现负值，而且不容易判断。这时手拖的牵引平衡方程式为：

$$P+G\sin\alpha-P_{fA1}-P_{fA2}\pm P_{q1}\pm P_{q2}=0 \tag{1}$$

式中符号意义见图 1。

上式各力的大小是机组速度和加速度、载重量、路况、坡度变化等条件的函数，通常很难确定。而且，一旦机组反向运动，则挂车推力 P 的横向分力形成的反向力矩会加剧机组反向转动，其平衡方程为：

$$J\bar{\beta}+(F_1+F_2)L-(P_{fA1}-P_{fA2})\frac{B}{2}-Pl\sin\beta-\frac{B}{2}P_{q1}=0 \tag{2}$$

式中：β 为手拖转动角度，J 为转动惯量。

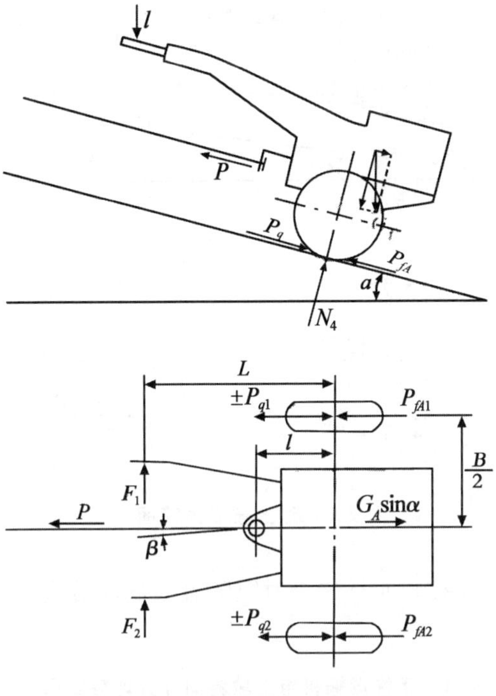

图 1　手扶拖拉机下坡受力简图

挂车推力产生的回转力矩随 β 角的增加而迅速变大，手把力 F_1 与 F_2 很难平衡它，因此经常引起事故。

2. 机组上坡时转向突然加剧

以往人们对机组下坡反向操纵问题引起的事故比较重视，而没有认识到上坡转向突变的问题。从大量事故案例中可以发现，该问题十分严重，特别是在机组重载上坡时更为突出。

1983 年 8 月 8 日 15 时 30 分，浙江省建德县凤凰乡唐家村一工农-12 型手拖机组载六人以及电冰箱等物，行驶中突然冲出公路，翻入右侧 20 m 深处的水稻田，造成死亡、重伤、轻伤各一人的事故。据调查，出事地点路宽 4 m，地面附着条件良好，而且当时附近并无来往车辆或行人，只是由于上坡时驾驶员没有注意转向力突然增大问题，才出现了这次事故。

手拖运输机组上坡时的受力如图 2 所示。事故发生之前，可以认为机组稳定行驶，各力对称于机组纵对称平面；当驾驶员分离右侧转向牙嵌时，右侧驱动力 P_{q2} 被突然切断，而左侧驱动力 P_{q1} 倍增，拖拉机则急向右转。通常，由扶手架产生一个驾驶员控制力矩 M_d，以保证正常转向。但在上坡时，主要是重载上坡时，重力分量 $G\sin\alpha$ 数值较大，与 P_{q1} 一起形成一个很大的转向力矩，如果驾驶员的控制力矩不能与之平衡，即出现转向突然加剧事故。

转向力矩 M_d 可以由通用公式[4]计算：

$$M_d = f[G, \alpha, V, \beta, H, B] \tag{3}$$

式中：G 为机组总重量；α 为上坡角；V 为机组前进速度；β 为转向角；H 为机组重心高度；B 为拖拉机轮距。

以 12 马力(8.83 kW)手拖运输机组在额定载重量为 1 t 时的工况为例，经 IBM-PC/XT 微机计算的部分结果列于表 1。计算结果表明，尽管转向力矩 M_d 与许多因素有关，但是主要的还是上坡角。从表 1 可知，机组上坡时坡度从 0°变化到 8°，M_d 增加了约 1000 Nm。这意味着驾驶员必须通过扶手架施

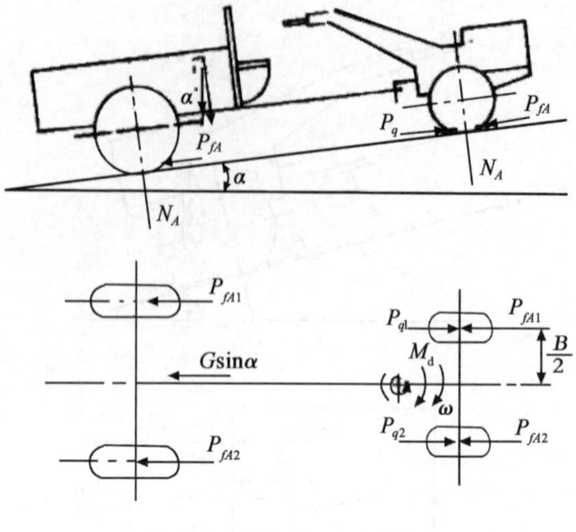

图 2　机组上坡受力简图

加相应的控制力矩机组才不至于失控。而且这个力矩随着牙嵌的分离突然出现，往往使驾驶员措手不及，引起恶性事故。

表 1　手拖运输机组上坡转向部分计算结果

上坡角 $\alpha(°)$	转向角 $\beta(°)$	载重量 G_3(kg)	转向力矩 M_d(Nm)	上坡角 $\alpha(°)$	转向角 $\beta(°)$	载重量 G_3(kg)	转向力矩 M_d(Nm)
0	10	0	−131.46	1	20	1000	−430.12
0	1	1000	−150.90	5	10	0	−320.02
0	10	1000	−192.22	5	10	1000	−652.60
1	1	0	−147.68	8	1	1000	−1041.98
1	10	1000	−340.12	8	35	1000	−1136.09

另外，从图 3 可知，控制力矩不仅随坡度增加而急增，而且受载重量影响也很大。相对而言，空载上坡时要求驾驶员施加的反向控制力矩要比满载时小得多。因此，机组满载上坡时更容易发生转向突然加剧现象。

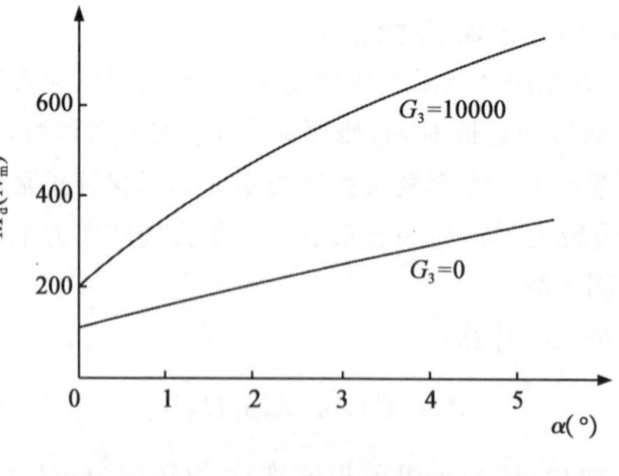

图 3　机组上坡角与控制力矩的关系曲线

3. 牙嵌啮合滞后

1983 年 4 月 15 日 16 时 35 分，浙江省桐庐县芦茨乡石湾村一东风-12 型手拖运输机组以 15 km/h

的速度从县城回村，驾驶员非常熟悉途中路况，但是机组在路宽 4 m，坡度 2%的平直路面上冲出路肩，翻入右侧 15 m 深处的溪中。

据调查，这次事故主要是牙嵌啮合滞后引起的。机组行至出事地点附近时，驾驶员打算稍微向左调整一下拖拉机前进方向，于是分离了左侧牙嵌；随后，驾驶员迅速松开左侧分离手柄，欲使左侧牙嵌重新啮合，然而牙嵌未能及时啮合，机组继续向左转向。驾驶员只得分离右侧牙嵌使拖拉机回正。这时左侧牙嵌滞后现象结束，啮合后的左侧牙嵌使机组突然右转，驾驶员措手不及，事故发生。

每个牙嵌离合器仅有三个凸齿，两个牙嵌之间一般要相对滑动一个转角才能啮合。在极限情况下，由于牙嵌不能及时啮合，机组将产生 10°左右的过度转向。此例就是这一极限滞后引起的事故。

另外，转向时内侧驱动轴在牙嵌啮合后将承受高频冲击载荷，约 0.3s 后才完全衰减，扭矩出现较低的振荡[5]。图 4 曲线说明，外侧驱动扭矩在内侧牙嵌分离后有所上升，在内侧牙嵌啮合时又急剧下降；而内侧驱动扭矩正好相反，在牙嵌啮合瞬间迅速达到最大值，并保持一段时间。这段时间依路面附着力的大小而定，这时驱动轮可能出现严重滑转，这种滑转加剧了转向滞后问题的严重性。在机组高速行驶时，再加上较大的惯性力矩，问题就更为严重了。

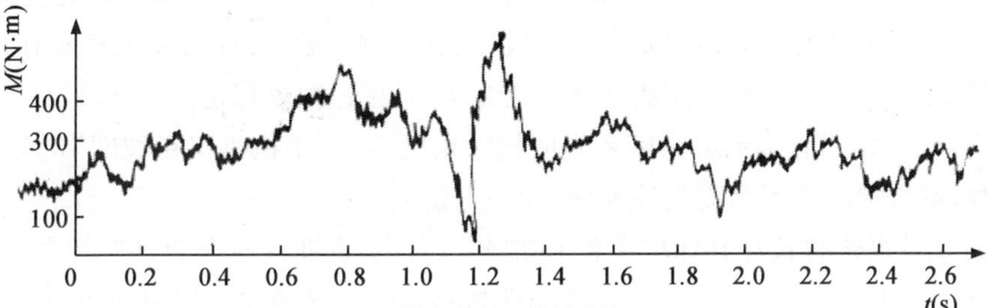

(a) 转向外侧驱动轴力矩

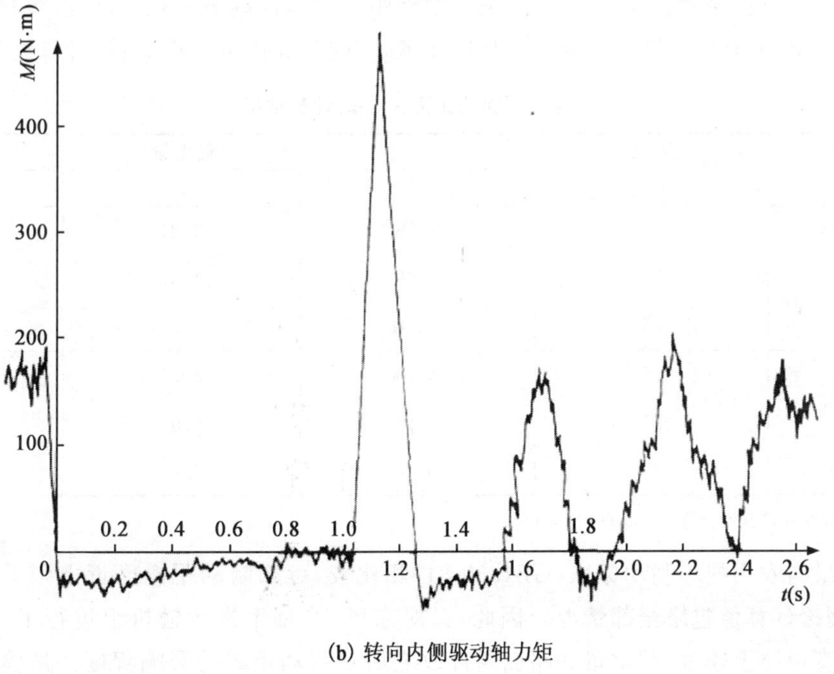

(b) 转向内侧驱动轴力矩

图 4　工农-12 型手拖运输机组转向时驱动轮力矩变化试验实测曲线[5]

4. 转向齿轮不回位

1985 年 6 月 15 日上午，湖南省平江县献冲乡一湖南-12 型手拖机组行至公路某个右转弯处，驾驶员分离了右侧转向齿轮。由于右转向齿转分离后不能回位，拖拉机持续右转。驾驶员急忙站起来分离主离合器、踩刹车，但为时过迟，机组翻入 9 m 深沟，造成四人死亡，二人重伤的大事故。

福建省长汀县四都乡荣坑村也发生过类似事故。

转向齿转不回位主要是机械结构和制造质量上的原因。根据对江苏省用户的调查，转向齿轮不回位的情况可分三种：①转向弹簧突然折断；②转向弹簧长期使用后刚度变差；③转向齿轮凸台前缘磨损过量。这三种情况都与制造质量和结构形式有关；另外，也和机器保养情况有关。这应引起制造厂和用户的注意。

5. 机组制动力不足

在手拖事故中，这类事故量最大，约占 60%。这类事故不仅危害机上人员，而且常常殃及行人。

1983 年 7 月 29 日 6 时 30 分，浙江省浦江县平湖乡李前村一工农-12 型手拖机组载 24 箱汽水行至桐浦线某弯道处时，驾驶员看到弯道内侧有一石块，就靠外侧行驶，转向后发现对面有车驶来，于是紧急制动。因制动距离过长，两车对撞。实测制动印痕为 7 m，超过国家规定。

1982 年 3 月 3 日，江西省瑞昌县洪岭乡光明村一东风-12 型手拖机组在坡度 13%，坡长 300 m 的沙石公路上下坡时，机组制动力不足而失控翻倾，死一人伤五人。

1980 年 7 月 3 日福建省长汀县深坊乡和 1983 年 1 月 27 日浙江省桐庐县东辉乡发生过几乎相同的事故。1982 年 1 月 1 日，广东省新会县三江乡洋美村还发生了坡道停车时机组下滑引起的事故。

制动力不足可以由制动距离 S 反映出来。制动距离与地面附着系数 φ，机组重量 G，机组速度 V，制动毂半径 R 以及制动力 F 等因素有关。利用文献[6]的公式便可计算 S 值，计算结果见表 2。

表 2　制动距离 S* (m)计算结果

制动毂直径 (mm)	速度 (km/h)	载重量(t)		
		0	1.0	1.5
220	15	3.16	2.24	2.80
	21	6.19	4.39	5.49
	28	11.01	7.80	9.76
250	15	3.16	20.0	2.51
	21	6.19	3.92	4.91
	28	11.01	6.87	8.73

* S 为制动踏板踩到底开始计算的距离(表 4 同)。

把计算结果与农用挂车制动标准(GB4330-84)相比较，可知制动距离已近上限。而实际工况千变万化，很难用理论计算值包络全部情况。因此，又对东风-12 型手拖运输机组进行了实测，目的是检验手拖机组在平直道路上速度、载重量和路面条件改变后对制动距离的影响程度。试验时机组技术状态正常，测试仪器为 CSY-1 型汽车综合测试仪。试验设计见表 3，选用 $L_9(3^4)$ 作正交试验，每个工况做三个重复。

表 3　制动试验因素水平

水平	因素		
	载重量（t）	速度(km/h)	路面
1	1.5	15	沥青路
2	1.0	21	泥土路
3	0	28	湿沥青路

试验结果列入表 4。结果说明现用手扶拖拉机的制动距离过长。

表 4　试验结果

试验号	列号				
	载重	速度	空行	路面	制动距离(y_i)
1	1	1	1	1	5.3
2	1	2	2	2	8.1
3	1	3	3	3	14.2
4	2	1	2	3	4.4
5	2	2	3	1	7.9
6	2	3	1	2	11.5
7	3	1	3	2	3.4
8	3	2	1	3	7.2
9	3	3	2	1	10.8
$\bar{y}_{j1}$	9.20	4.37	8.00	7.87	
$\bar{y}_{j2}$	7.93	7.73	7.63	7.67	$\sum_{i=1}^{9} y_i = 72.8$
$\bar{y}_{j3}$	7.13	12.17	8.43	8.53	
R_j	2.13	7.60	0.80	0.86	

方差分析后的结果说明速度对制动距离影响最显著(表 5)。在另一次试验中,测得机组在沥青平直路面、额定载荷、速度 15 km/h 的情况下制动,制动距离为 4.37 m(国标规定不大于 3.3 m);速度增至 21 km/h,其他条件保持不变,则制动距离为 7.73 m(国标规定不大于 5.9 m)。制动距离几乎增加一倍。

表 5　制动距离方差分析

因素	项目				
	偏差平方和	自由度	均方	F	显著性
载重	$S_1=6.86$	2	3.43	7.15	
速度	$S_2=87.02$	2	43.53	90.64	
道路	$S_3=1.24$	2	0.62	1.29	*
误差	$S_4=0.96$	2	0.48		
总和	96.08	8	48.04		

因此,为避免手拖机组制动力不足造成事故,或者须对目前的机组制动系统加以改进,或者应严格限制机组的运输速度,没有第三种选择。

6. 挂车侧滑

1983 年 3 月 23 日福建省长汀县河田乡一台手拖运送化肥回乡。当时路面附着条件不良。途中,驾驶员看到对面来车，便立即制动，结果挂车侧滑，使机组横于公路，两车相撞，二人受伤。

引起挂车侧滑的根本原因是挂车轮胎附着性能不良或者两侧轮胎附着力不等，即附着系数 φ 值较小或两侧附着条件不一。可分三种情况分析：

(1)手拖机组动态不平衡。例如机组转向时离心力会生产较大的侧向力，将破坏左、右侧轮胎的附着条件。另外，机组在有横坡的路面上行驶时，特别是在附着力不足的情况下，重力分量产生的侧向力都极易使挂车侧滑。

(2)挂车左、右侧制动力矩不等。由于多种原因，左右轮制动力矩不可能完全相等。制动力矩不等往往使车轮滑转率(即滑移)不同，滑转率不同使附着系数改变，引起两侧附着力不等，挂车将产生回转力矩而侧滑。

(3)手拖机组两侧附着条件不同。公路路面通常是中间高两边低的拱形表面，同时，路面中间部分附着条件一般优于两边，这在沙石路面上尤其明显(国家还规定山区公路必须采用沙石路面)，而手拖机组常常靠最右侧行驶，机组两侧轮胎附着条件明显不同，在紧急制动工况下，机组或挂车容易侧滑，导致恶性事故。

7.挂车顶翻拖拉机

挂车不仅在满载时至少比手拖重两倍，而且空载时自重也大于手拖。由于质量相差悬殊，一旦挂车由被动变主动，会对手拖产生很大的推力，使机组失控。这类事故数量也不少。

1984 年 3 月 17 日，广东省电白县沙乡区鱼花乡一台东风-12 型手扶拖拉机在一公路转弯处，驾驶员要减速转向时，挂车顶翻拖拉机，机组翻入 22 m 的深沟，造成两死两伤。1984 年 7 月 29 日，浙江省宁波市江北区妙山村也出现过类似事故。

简单的力学分析就能说明，凡是挂车瞬时速度大于拖拉机的时刻，挂车产生的动量就有可能顶翻质量比它小得多的拖拉机。通常有两种工况会引起挂车顶翻拖拉机事故：

(1)机组下陡坡。这时挂车重力的水平分力大于机组的滚动阻力和惯性力，使挂车推动手拖向前，引起机组失控。

(2)拖拉机先于挂车制动。此时挂车以惯性力推动拖拉机。这种情况经常在紧急制动时发生，驾驶员在紧张状态下手脚一起动作很容易搞错操作顺序。12 马力(8.83 kW)的手拖机组在额定载荷与速度下出现这种情况时，挂车将施加给拖拉机 3.92 kN 的推力。另外，牵引杆与牵引板之间轴向窜动引起的撞击力，也很容易使组机失控。

8.拖拉机扶手将驾驶员甩离机组

1984 年 7 月 31 日，广东省南海县和顺区学丰乡一台手拖在运砖途中遇另一手拖超车，在向右避让时，驾驶员被扶手甩出，机组失控，随车者被夹死在公路边的树和挂车之间。

手拖的操纵杆件大部分布置在扶手上，所以要求驾驶员在任何工况下手不离把。但是扶手架上强烈的振动和发动机噪声极易使驾驶员疲劳。据测定，运输作业时扶手不仅是机组振动最严重的部位，而且振动频率与人体手腕固有频率接近，引起共振。驾驶员的耳旁噪声高达 91～97 dB，也超过了国家规定的标准[7]。

机组转向时，扶手不仅与驾驶座位有较大的相对位移，而且操作方向与转向方向相反，不符合人们习惯。在此情况下，驾驶员容易惊慌失措，若紧握扶手，则会被拖离座位；若撒开扶手，则机组将失控。

要解决这个问题，应改进机组结构形态，运输作业时把扶手架换成转向器；田间作业时再恢复扶手架。

9.机组铰接处结构不合理引起事故

手拖与挂车之间的相对转角和间隙过大有时也会造成事故。

1983 年 8 月 31 日，广东省三水县大塘乡一手拖机组起步时遇路障，驾驶就站在左侧操作，拖拉机突然向右急转，由于它的自由转角太大，把驾驶员推向左侧砖垛，致使驾驶员内脏出血而死亡。另据黑龙江省合江地区反映，该区多次发生机组铰接处自由度过大引起的事故。通常发生的现象是机组起步时扶手架猛往下压，制动时猛往上抬。有几次事故是拖拉机和挂车折叠，把驾驶员夹住。这些现象主要是由于铰接处结构不合理引起的。

(1)四个铰接点的配合间隙累积值过大。据测定，新机组铰接处的间隙能使拖拉机与挂车垂直摆动 5°左右。5°的自由摆动角反映到扶手架端部的自由行程值就很大。同时，铰接点的高度与驱动轴线离地距离(即驱动半径)不同，机组起步和制动时产生的力矩足以使扶手架上下晃动。

铰接点处于工作环境最恶劣的位置，全部零件既无密封又无润滑，在尘土中承受交变应力和冲击力。铰接处一方面容易磨损，另一方面间隙又无法调整，由此形成恶性循环，使问题更加严重。所以应设计一种间隙可调的铰接机构。

(2)铰接处自由运动角度过大。挂车可以绕手扶拖拉机铰接处垂直轴相对摆动 152.6°，绕水平轴作 360°无约束旋转，几乎类似于球铰。这就增加了事故的严重程度。

采取限位约束可以减缓或消除事故隐患。横向摆动的限位有助于减小转向突变带来的危险；纵向旋转的限位有利于制止侧向翻倾事故。

(3)铰接处对挂车牵引杆的轴向限位不合理。挂车与拖拉机仅靠一个螺栓传递牵引力，而且至少有几毫米的轴向间隙。频繁的冲击容易使螺栓疲劳损坏；强烈的振动会引起螺母脱落，螺栓滑落，这都会造成恶性事故。

10. 机组越障性能差引起事故

1984 年 9 月 19 日，湖南省一工农-10 型手拖机组在窄路上行驶时遇到一大堆碎石。右侧车轮驶上碎石堆后，拖拉机便自行向右转，由于道路狭窄，机组驶出路面，翻入 11.5 m 深的沟底。

手拖驱动轮无差速机构，两轮在牙嵌不分离时总是滚过相同的距离，机组可保持良好的直线行驶性。由于障碍物或凹坑表面长度总是大于一般地表长度，当一侧驱动轮驶过障碍物或凹坑时，手拖会有不同程度的偏转。

不考虑违反操作规程等非工程技术原因，除了发动机熄火或飞车，齿轮折断或脱档等极个别情况，以上十类事故基本上概括了手拖运输机组技术事故的全部情况。

四、结论

通过对手扶拖拉机-半挂车机组结构形态的理论与实际问题所进行的调查、研究和试验，可以得出以下结论：

在生产建设和经济发展中，我国农村需要大量运输工具，充分利用现有 300 多万台手拖，一年产值可达 200 亿元，利润可达 30 亿元。但是，现有手扶拖拉机的结构形态极不合理。它的转向操纵性能、制动性能和平衡稳定性能都不适用于运输作业。

全国手拖事故每年死亡 8000～10000 人，受伤约 40000 人，直接经济损失达 2.5 亿元左右，严重危害了人民的生命和财产安全。

对全国调查和分析的结果表明，手拖运输机组主要技术事故可归纳为十类。如要继续利用现有手拖承担农村运输工作，就必须对手拖结构加以改进，特别是要改进它的转向、制动性能，提高安全可靠性。而这种改进既要保证手拖能方便地用于耕作，又要考虑降低改装费用，否则就失去了改装的意义。

由于我国的农业生产，特别是山区、丘陵和水田地区需要手扶拖拉机这一级的小型动力机械，因而对手拖结构形态的改进可以为我国发展新一代小型拖拉机形态提供经验。

参考文献

[1] 叶元瑜. 手扶拖拉机运输作业时的安全分析及改进. 拖拉机，1983 年第 2 期.
[2] 浙江省联合课题组. 12 马力手扶拖拉机运输机组合理运输速度与装载量试验研究材料. 12 马力手扶拖拉机运输机组合理运速载量学术讨论会，1985 年 4 月.
[3] 李相斌. 不要擅自提高手扶拖拉机运输机组的车速. 拖拉机，1983 年第 4 期.
[4] 刘军. 手扶拖拉机运输机组转向系改装设计. 北京农业机械化学院 85 届毕业论文，1985 年 7 月.
[5] 金先龙，等. 手扶拖拉机运输机组转向过程的计算机仿真. 计算机应用及农机强度学术会议论文，1984 年 11 月.
[6] 杨志东. 现有手扶拖拉机运输机组制动性能的研究. 北京农业机械化学院 85 届毕业论文，1985 年 7 月.
[7] 范永法，等. 手扶拖拉机拖车机组行驶振动分析与行驶平顺性的初步评价. 农业机械学报，第 14 卷第 3 期，1983 年.

Survey and Analysis on Typical Accidents of Walking Tractor and Trailer Combinations

Zhu Yonghua　Zeng Dechao

Abstract　There are more than 3 million units of walking tractors in rural uses in China currently, and the annual accidents and total casualties are unfortunately very high when they are used for rural road transport. Survey throughout the country showed that all technical accidents could be grouped into 10 categories. Analysis also showed that the constructional morphology of the walking tractor and trailer combinations was entirely unsuitable for road transport. Suggestion was made to modify the steering system, to install a ROPS and to increase the braking capacity of the walking tractor and trailer combinations for safety while keeping the tillage performance of the walking tractor to meet crop production requirements.

拖拉机-挂车机组动态翻倾特性的研究*

朱勇华　周一鸣　曾德超

摘要　本文建立了拖拉机-挂车机组动态翻倾运动的通用数学模型，编制了相应的在微型计算机上运行的数字计算机仿真软件，并采用根据相似理论研制成的、装有动力的遥控机组实验模型对理论计算结果做了实验验证。

关键词　拖拉机，挂车-动态特性-计算机辅助设

一、引言

随着计算机技术的发展，对车辆翻倾特性的研究工作近二十年来有了较深入的发展。

本文从我国实际情况出发，研究了应用于十二种不同类型拖拉机和挂车机组动态翻倾特性的数学模型及计算机仿真软件。下面以最复杂的四轮驱动拖拉机和双轴挂车机组为例加以说明。其他形态的机组可视为这一典型机组的特例。

二、四轮驱动拖拉机-双轴挂车机组动态翻倾特性的数学模型

1.假定条件

(1)拖拉机和挂车各有一个纵向对称面。

(2)离合器储备系数足够大。

(3)地面不变形，轮胎弹性变形。

2.符号定义

数学模型中的符号以组合方式存在，每个字符以及排放位置所代表的意义不同。具体定义如表1所示。

采用这种方式定义的符号便于辨识，有利于编制计算机源程序。例如：v_{Bl_1} 表示拖拉机机体前进方向的绝对速度，ω_3 表示发动机转速。

3.设置坐标系和确定自由度

根据机组翻倾运动的特点，取惯性坐标系 $\bar{e}_I$，固结于地面；动坐标系 $\bar{e}_T$ 及惯性主轴坐标系 $\bar{e}_p$ 固结于拖拉机机体质心；动坐标系 $\bar{e}_i$ 固结于挂车车厢质心；坐标系 $\bar{e}_F$ 固结于前桥质心；坐标系 $\bar{e}_f$ 固结于牵引架质心，坐标系 $\bar{e}_j$ 固结于转向架质心；坐标系 $\bar{e}_s$ 固结于挂车车轴质心；坐标系 $\bar{e}_w$ 分别固结于各车轮质心。各坐标系的设置如图1所示。

* 本文出处：农业机械学报，1988年12月，第4期

表1 符号定义

Table 1 Variable definition

变量符号	符 号 定 义 (单位)
$A_{\alpha\gamma}$	用于坐标转换的方向余弦矩阵,把γ坐标系转换到α坐标系
$\bar{e}_{\alpha}$	在α坐标系下的单位矢量
$\bar{F}_{\alpha\beta}$	以β坐标系表达的,作用于物体α上的力(N)
$\bar{F}_{\alpha\gamma\beta}$	以β坐标系表达的、作用于物体α某一点γ上的力(N)
$I_{\alpha\beta}$	物体α绕β坐标轴的转动惯量($kg \cdot m^2$)
m_{α}	物体α的质量(kg)
$\bar{M}_{\alpha\beta}$	在β坐标系中,物体α受到的扭矩(N·m)
$\bar{M}_{\alpha\gamma\beta}$	在β坐标系中,物体α上某一点γ所受的扭矩(N·m)
$\bar{R}_{\alpha\gamma\beta}$	以β坐标系表示,点α相对于点γ的距离(m)
$\bar{V}_{\alpha\beta}$	以β坐标系表示,点α的速度(m/s)
$\bar{X}_{\alpha\beta}$	以β坐标系表示,点α的位置(m)
$W_{\alpha\beta}$	以β坐标系表示,物体α的重力(N)
$\bar{\omega}_{\alpha\beta}$	以β坐标系表示,物体α的旋转角速度(rad/s)
$\theta_{\alpha\beta}$	以β坐标系表示,物体α的转动角(rad)

α或γ定义			β定义	
A:轴	f:牵引架	R:右侧轮胎	I:惯性坐标	t:车厢坐标
B:机体	G:地面	S:挂车车轴	T:动坐标	j:转向架坐标
C:离合器	J:转向架	t:挂车车厢	P:机体主轴坐标	W:车轮坐标
d:差速器	K:板簧	W:车轮	F:前桥轴坐标	
e:发动机	L:左侧轮胎	Z:制动器	f:牵引架坐标	
F:前桥	P:前销		S:挂车轴坐标	

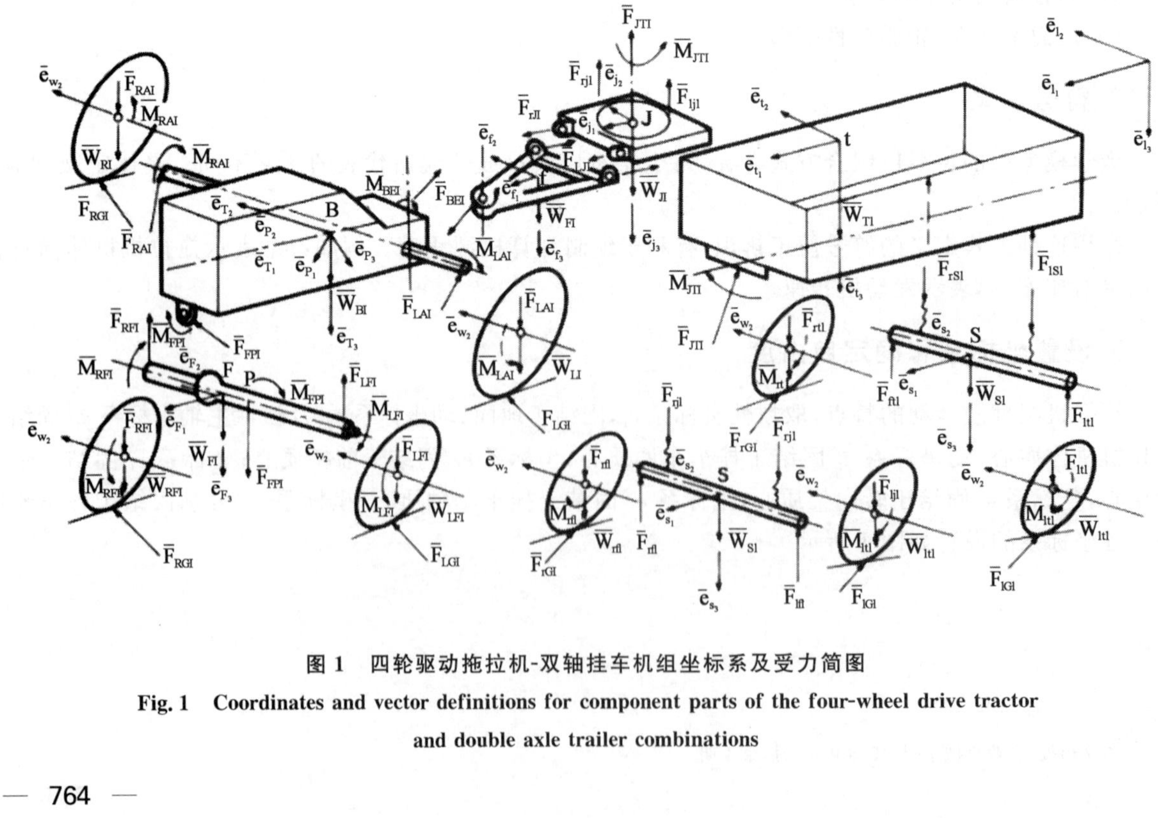

图1 四轮驱动拖拉机-双轴挂车机组坐标系及受力简图

Fig. 1 Coordinates and vector definitions for component parts of the four-wheel drive tractor and double axle trailer combinations

取 Euler 角 ϕ、θ、Ψ 表示坐标系之间的转动关系，则各坐标系之间的关系可由方向余弦矩阵$[A_{ij}]$和坐标系的平移$[\bar{e}_0]$来表示。例如：

$$[\bar{e}_I] = [A_{IT}]^T[\bar{e}_T] + [\bar{e}_0] \text{ 或}$$

$$\begin{bmatrix}\bar{e}_{I1}\\ \bar{e}_{I2}\\ \bar{e}_{I3}\end{bmatrix} = \begin{bmatrix}\cos\phi\cos\Psi - \sin\phi\cos\theta\sin\Psi & \cos\phi\sin\Psi + \sin\phi\cos\theta\cos\Psi & \sin\phi\sin\theta\\ -\sin\phi\cos\Psi - \cos\phi\cos\theta\sin\Psi & -\sin\phi\sin\Psi + \cos\phi\cos\theta\cos\Psi & \cos\phi\cdot\sin\theta\\ \sin\theta\cdot\sin\Psi & -\sin\theta\cdot\cos\Psi & \cos\theta\end{bmatrix}\begin{bmatrix}\bar{e}_{T1}\\ \bar{e}_{T2}\\ \bar{e}_{T3}\end{bmatrix} + \begin{bmatrix}\bar{e}_{01}\\ \bar{e}_{02}\\ \bar{e}_{03}\end{bmatrix} \tag{1}$$

四轮驱动拖拉机-双轴挂车机组可以分为 16 个组件，它们各自的自由度数如表 2 所示，共计25 个。

表 2　四轮驱动拖拉机-双轴挂车机组的自由度

Table 2　Degree of freedom of the four-wheel drive tractor and double axle trailer combinations

项目＼数量	名称									
	发动机	机体	前桥	驱动轮	牵引架	转向架	挂车车厢	挂车悬架	挂车轮	合计
组件	1	1	1	4	1	1	1	2	4	16
平移	0	3	0	0	0	0	0	2	0	5
转动	1	3	1	4	3	1	1	2	4	20

4. 建立数学模型的方法

系统分解法和对称能量法是建立数学模型的基本方法。

系统分解法通式为：

$$m(\dot{V}_{ai} + V_{ak}\omega_j - V_{aj}\omega_k) = F_i \tag{2}$$

$$I_i\dot{\omega}_i + (I_k - I_j)\omega_j\omega_k - I_{ij}(\dot{\omega}_j - \omega_i\omega_k) - I_{ki}(\dot{\omega}_k + \omega_i\omega_j) - I_{jk}(\omega_j^2 - \omega_k^2) = M_{ai} \tag{3}$$

式中：$i=x,y,z$；$j=y,z,x$；$k=z,x,y$。

最后的研究针对整个系统进行。这种方法的优点是先把复杂系统离散化，便于精确地定量分析问题，同时有利于仿真计算编制源程序。再把各组件依次连接后，能够较好地反映整个系统的动态特性。但是在研究翻倾过程的问题中，由于在翻倾角等于$\frac{\pi}{2}$时，数学模型中会出现无定义的奇点，因此，本文用“对称能量法”解决这个问题。

对称能量法以能量原理为基础，首先建立广义坐标下的能量空间，能量空间包络被研究物体或系统的运动空间，然后按照物体或系统的几何形状选取对称面，部分能量单元，接着计算各对称单元的能量，同时进行叠加，每个能量单元的总能量为：

$$\Delta E_{ij} = \Delta T_{ij} + \Delta \Pi_{ij} \tag{4}$$

式中：$i=R,L$（R 表示右侧，L 表示左侧）；$j=1,2,\cdots,n$；ΔT_{ij} 为单元动能，$\Delta\Pi_{ij}$ 为单元势能。

再把单元能量不对称度 d_i 装配成 t_i 时刻物体或系统的能量不对称度$[D]_{1i}$

$$[D]_{1i} = \sum_{i=1}^{n} d_i = \sum_{i=}^{n}(E_{Li} - E_{Ri}) \tag{5}$$

其中

$$d_i = \Delta E_{Li} - \Delta E_{Ri}$$

式中：$i=1,2,\cdots,n$。

最后求解对称能量的变化规律。

在机组翻倾过程中，当拖拉机机体或挂车车厢的侧翻角 θ_B 或 θ_i 接近不稳定角 θ_v 时，机组的数学模型从系统分解法转入对称能量法。当 θ_B 或 θ_i 超过 θ_v 一定角度时，数学模型转回到系统分解法。

5. 轮胎模型与地面条件

轮胎的径向和横向变形量对机组的翻倾过程影响较大。尽管机组上各类充气橡胶轮胎的尺寸、气压、花纹不尽相同，但是它们的力学特性有相似之处，本文将充气轮胎简化、抽象成由径向弹簧和横向刚杆组成的力学模型。图 2 是轮胎变形简图。三排径向弹簧每组间隔 1°，并且与二根横向刚杆铰接，与轮毂刚性连接。

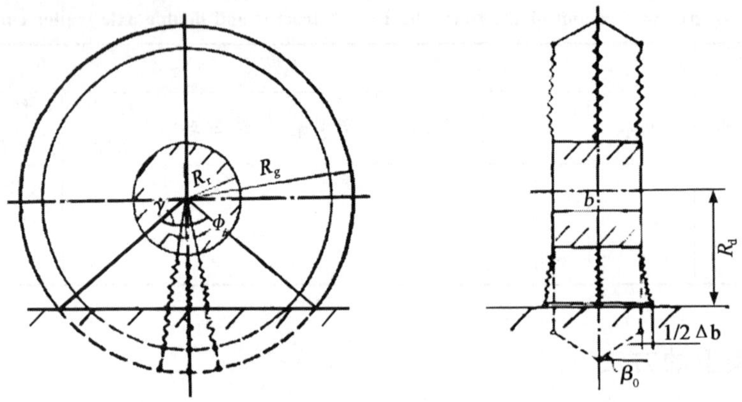

图 2　轮胎变形简图

Fig. 2　Scheme of tire deformation

经过实验证明，这种轮胎模型可以应用于翻倾问题的研究。在额定载荷范围内，轮胎径向变形量与载荷大小呈线性关系，而轮胎横向伸缩量很小，可以忽略不计，轮胎接地后的横向变形量 Δb 为：

$$\Delta b = b_l(\cos\beta - \cos\beta_0) \tag{6}$$

式中：b_l 为横杆长度，β 为横杆与水平面夹角，β_0 为横杆与水平面初始位置夹角两侧径向弹簧的变形量 δ_i 为：

$$\delta_i \mid = R_g - R_r - \frac{1}{2}b \cdot \tan\beta_i - \sqrt{\left(\frac{R_d}{\cos\phi_i} - R_r\right)^2 + \left(\frac{1}{2}\Delta b\right)^2} \tag{7}$$

式中：R_g 为轮胎几何半径，R_r 为轮毂半径；b 为轮胎宽度；R_d 为轮胎动力半径；ϕ_i 为轮胎第 i 根径向弹簧与垂直平面的夹角；$i=1,2,\cdots,n$ 中排弹簧的径向变形量 $\Delta\delta_i$ 为

$$\Delta\delta_i = R_g\left[1 - \left|\frac{\cos\dfrac{\gamma}{2}}{\cos\phi_i}\right|\right] \tag{8}$$

式中：γ 为所有接地径向弹簧形成的圆心角，也称轮胎接地角，

$$\gamma = 2\arccos\left(\frac{R_d}{R_g}\right) \tag{9}$$

所有弹簧刚度相同时，整个轮胎的受力为：

$$F_A = K_0\sum_{i=1}^{n}\left[(\Delta\delta_i + 2\delta_i) + \Delta Z_g(x_i)\right] \tag{10}$$

式中：K_0为弹簧刚度，$\Delta Z_g(x_i)$为地面不平度函数，由地表形状确定。

这样，确立了一个三维轮胎-地面模型。

综合上述内容，便可完成四轮驱动拖拉机-双轴挂车机组动态翻倾特性的数学模型。因数学模型中公式较多，不便在文中一一列举，故仅以几例加以说明。

系统分解法把机组分为 16 个组件，25 个自由度，其中拖拉机机体含三个方向的位移和三个方向的转动，共六个自由度。它的基本表达式为：

$$\dot{\bar{X}}_{BIi} = \bar{V}_{BIi} \tag{11}$$

$$\dot{\bar{V}}_{BIi} = \frac{1}{m_B}(\bar{W}_{BIi} + \bar{F}_{FPIi} + \bar{F}_{LAIi} + \bar{F}_{RAIi} + \bar{F}_{BEIi}) \tag{12}$$

$$\dot{\bar{\theta}}_{BPi} = \bar{\omega}_{BPi} \tag{13}$$

上述公式中 $i=1,2,3$，分别代表向前、向右、向下三个坐标轴。

$$\begin{aligned}\dot{\bar{\omega}}_{BPi} = -\frac{1}{I_{BPii}}[&\bar{M}_{FPPi} + \bar{M}_{LAPi} + \bar{M}_{RAPi} + (\bar{R}_{PBP} \times \bar{F}_{PPP})_i + (\bar{R}_{LBP} \times \bar{F}_{LAP})_i + \\ &(\bar{R}_{RBP} \times \bar{F}_{RAP})_i + \bar{M}_{BEPi} + (\bar{R}_{EBP} \times \bar{F}_{BEP})_i + (I_{BP_{jj}} - I_{BPkk})\bar{\omega}_{BPj}\bar{\omega}_{BP_k}]\end{aligned} \tag{14}$$

式中：$i=1,2,3$；$j=3,1,2$；$k=2,3,1$；I_{BPii}表示机体绕 P_{ii} 坐标的转动惯量。

再如挂车车厢，只有一个绕$\bar{e}_{J3}$轴转动的自由度，它的基本表达式有：

$$\dot{\bar{\theta}}_{tt3} = \bar{\omega}_{tt3} + \bar{\omega}_{Jt3} \tag{15}$$

$$\begin{aligned}\dot{\bar{\omega}}_{tt3} = \frac{1}{I_{tt33}}[&\bar{M}_{Jtt3} + (\bar{F}_{Jtt} \times \bar{R}_{Jt})_3 + (\bar{F}_{RSt} \times \bar{R}_{Rt})_3 + (\bar{F}_{LSt} \times \bar{R}_{Lt})_3 + \\ &I_{tt13}(\dot{\bar{\omega}}_{tt1} + \bar{\omega}_{tt3} \times \bar{\omega}_{tt2})_3 + (I_{tt11} - I_{tt22})(\bar{\omega}_{tt1} \times \bar{\omega}_{tt2})_3]\end{aligned} \tag{16}$$

约束条件：

$$\dot{\bar{\theta}}_{tt_i} = \bar{\omega}_{tt_i} = \bar{\omega}_{Jji} \tag{17}$$

$$\dot{\bar{\omega}}_{tti} = \dot{\bar{\omega}}_{Jji} \tag{18}$$

式中：$i=1,2$。

$$\dot{\bar{X}}_{I_i} = \bar{V}_{tI_i} = \bar{V}_{JIi} \tag{19}$$

$$\dot{\bar{V}}_{tI_i} = \dot{\bar{V}}_{JIi} \tag{20}$$

式中：$i=1,2,3$。

$$\bar{F}_{tJI_i} = m_t\dot{\bar{V}}_{tI_i} + \bar{W}_{tI_i} + \bar{F}_{RSI_i} + \bar{F}_{LSI_i} \tag{21}$$

式中：$i= 1,2,3$。

$$\begin{aligned}\bar{M}_{tJIi} = I_{ttii}\dot{\bar{\omega}}_{tti} + [&(I_{ttj} - I_{ttk})\bar{\omega}_{ttj} \cdot \bar{\omega}_{ttk} + I_{ttkj}(\bar{\omega}_{ttk}^2 - \bar{\omega}_{ttj}^2)] + (\bar{W}_{tI} \times \bar{R}_{Jt})_i + \\ &(\bar{F}_{RSt} \times \bar{R}_{RS})_i + (\bar{F}_{LS_t} \times \bar{R}_{LS})_i\end{aligned} \tag{22}$$

式中：$i=1,2$；$j=2,3$；$k=3,1$。

机组进入翻倾工况后，在不稳定角 θ_v附近采用对称能量法，每个单元的动能为：

$$T_{in} = \frac{1}{2}m_{in}(V_{BI1}^2 + V_{BI2}^2 + V_{BI3}^2) + \frac{1}{2}(I_{in11}\omega_{inI1}^2 + I_{in22}\omega_{inI2}^2 + I_{in33}\omega_{inI3}^2 - 2I_{in12}\omega_{inI1}\omega_{inI2} - 2I_{in23}\omega_{inI2}\omega_{inI3} - 2I_{in31}\omega_{inI3}\omega_{inI1}) + m_{in}[V_{BI1}(\omega_{inI2}x_{I3} - \omega_{inI3}x_{I2}) + V_{BI2}(\omega_{inI3}x_{I1} - \omega_{inI1}x_{I3}) + V_{BI3}(\omega_{inI1}x_{I2} - \omega_{inI2}x_{I1})] \tag{23}$$

式中：$i=R,L;n=1,2,\cdots,12$。

每个能量单元的势能由单元所在位置的坐标确定：

$$\Pi_{in} = m_{in}g[f(X_{I1},X_{I2},X_{I3};\theta_{I1},\theta_{I2},\theta_{I3};t)] \tag{24}$$

单元总能量：

$$E_{in} = T_{in} + \Pi_{in} \tag{25}$$

上述公式 $i=R,L;n=1,2,\cdots,12$。

装配单元能量，求能量不对称度：

$$D = \sum_{n=1}^{12} D_n = \sum_{n=1}^{12}(E_{Ln} - E_{Rn}) \tag{26}$$

三、拖拉机-挂车机组动态翻倾特性的数字仿真计算

本文的仿真软件取名 BNGT-1(北京农业工程大学拖拉机-挂车机组动态翻倾特性分析软件 1 号版本)。源程序用 FORTRAN77 计算机语言编制，在 IBM-PC/XT 微型计算机上通过。这是目前国内、国外同类软件中唯一可在微机上运行的程序。

BNGT-1 软件采用分块运算的方法，运行时占用内存较少，中间计算结果可以显示在屏幕上或者打印输出。模型分块的原则是保证软件能够在微型计算机上运行，同时也必然需要对数组的选择、符号的确定、循环语句的使用、计算误差的选定等问题进行适当的处理。

BNGT-1 源程序采用结构化设计，程序易读、易修改。主程序基本上由说明语句、条件判别语句和子程序调用语句构成。程序的主要计算工作放在拖拉机和挂车子程序中。这里包括原始数据的读入、仿真过程的控制和各种组件子程序的调用等等。各种组件的子程序又可以分别调用公用的基本子程序，如矢量运算、矩阵求解等等。这样构成的整个源程序层次分明，给程序的编写、编译和调试带来很大方便。

数学模型的求解是连续系统数字仿真问题的核心。本文采取了单步法启动，多步法计算的求解办法。这样既综合了单步法能够自启动、多步法计算精度高的优点，又避免了各自的缺点。本文选用 Hamming 方法计算积分，用四阶 Runge-Kutta 法启动。后者计算量大，故只用于启动，而前者不仅精度较高，同时迭代计算量较少。这种结合可以适当弥补微机存量小，运算速度慢的弱点。图 3 为仿真数值计算的结构框图。

BNGT-1 软件采用人机对话方式输入用户要求、初始条件和机组形态参数，计算结果分若干次(由用户指定)自动打印输出。各类数据有序排列并且附有注释。计算结果包括机组上任一参考点的轨迹、速度、加速度等运动学数据，也包含各组件受力、能量变化等动力学参数。通过计算可以得到拖拉机-挂车机组动态翻倾过程的详细材料。这个软件功能较全，可以计算 12 种不同类型拖拉机-挂车机组形态的动态翻倾特性。图 4 是 BNGT-1 程序的功能框图。该软件可用于确定拖拉机-挂车机组安全使用的限制约束条件和总体设计参数，可用于改进现有机组结构形态和使用性能以及研究机组的一般运动规律。如果与模拟器相结合，它能用于培训驾驶员和形象地研究危险工况下“人-机-地”之间的相互关系，还能够用于研究与开发各种机组安全作业的预警和保障装置。

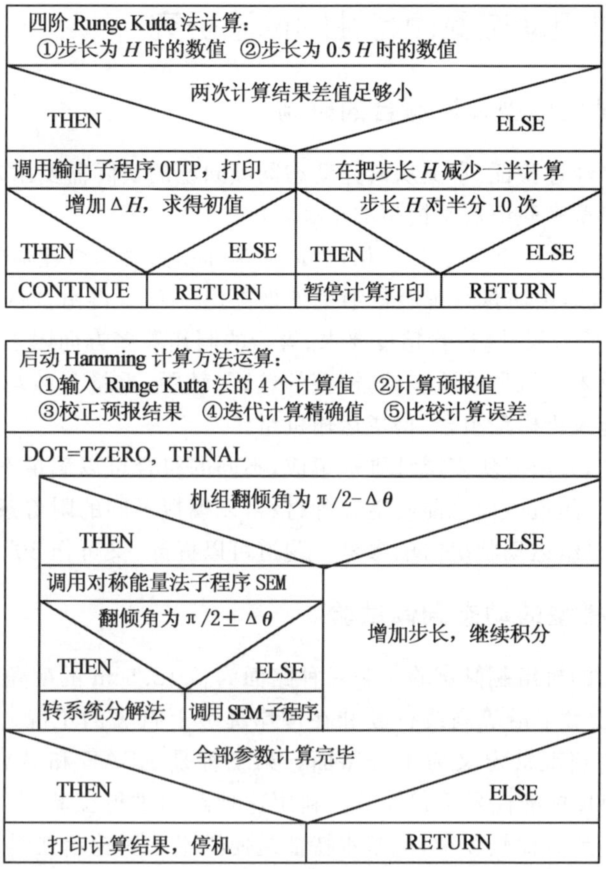

图 3　仿真数值计算结构框图

Fig. 3　Flow chart for simulation in the numerical calculation

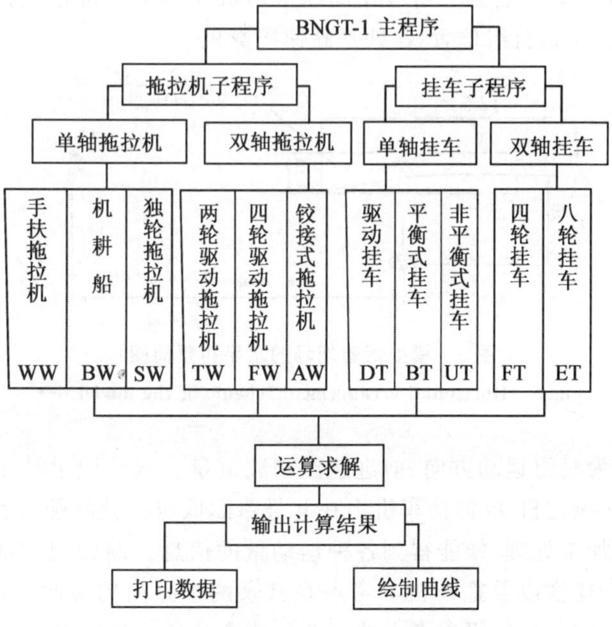

图 4　BNGT-1 程序的功能框图

Fig. 4　The flow diagram of the BNGT-I program

四、拖拉机-挂车机组动态翻倾特性的试验研究

1. 遥控拖拉机翻倾试验模型及试验台的研制

数学模型的正确性必须经过验证，本文从研究动态翻倾问题的实际需要出发，采用遥控和自备动力的拖拉机及挂车机组试验模型来验证数学模型的正确程度。

试验模型根据相似理论设计。在考虑几何相似、运动学和动力学参数相似的前提下，选取了十二个参量[3]。然后，运用量纲分析法，由质量系统经量纲矩阵推导出 π 项。再由公认的较优车辆模型长度缩尺比 1/4～1/5，综合考虑试验台尺寸、试验精度要求、模型的制作等多方面因素，取缩尺比为 1/4.5。

为了扩大模型对现有及未来机型的适应性，模型的轮距、轴距、重量参数均可调整。挂车模型可以直接与轮式拖拉机或手扶拖拉机模型组合，构成运输机组。

试验台的跑道为组合式，共由五块多层纤维板组成，不同的组合可以满足不同的试验要求。跑道上能安插多种形状的木制地形，跑道表面也能覆盖几种材料，以模拟不同的附着条件。跑道侧面备有黑白相间的活动标尺，用于记录机组运动状况时的参考。跑道可以拆卸，又可作 30°以内任意方向的调整。

2. 拖拉机-挂车机组模型的动态翻倾试验

本文主要做了两种路面的机组翻倾试验。第一种路面为长 12.5 m 的变角度斜坡，倾斜角从 20°至 40°。这种路况模拟机组在山坡上沿等高线行驶和在沟岸堤坡上行驶的工况。据统计，约 50％的机组最终在这种工况下翻倾。该路况被定义为Ⅰ号路面。第二种是 ASAE 和 SAE 翻车试验的标准路面（ASAE 标准代号 S 383，SAE 标准代号 J 1194）[4]。利用这种路面进行试验，其结果便于与国外研究结果进行对比和交流。该路面形状比较复杂，但基本特征是使机组一侧轮胎在斜面上行驶，而另一侧轮胎则行驶在一个凸台上。这种路面被定义为Ⅱ号路面。

保证试验结果可靠，每个试验采取多次重复，分两个阶段完成。试验第一阶段用动态轨迹法作记录，即通过同一拍摄条件下照相机拍摄的重复试验照片，对同一工况各次试验的机组运动轨迹进行分析对比，确认试验的重复可靠性。然后第二阶段用高速摄影机在两个方位拍摄机组翻倾过程。图 5 是模型试验现场的俯视图，图中 A 是机组位置，C 处是高速摄影机。

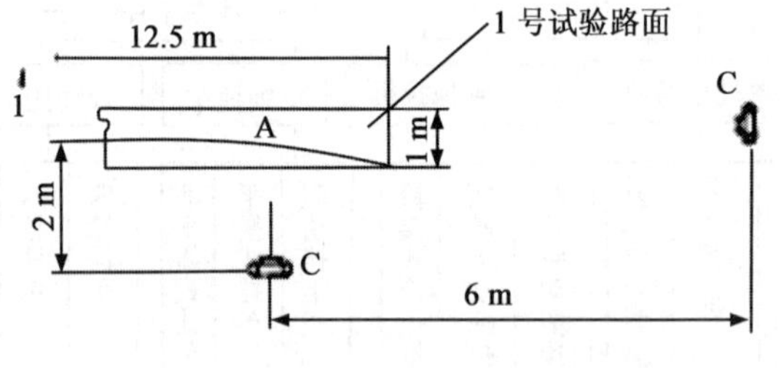

图 5　模型试验现场的水平布置简图

Fig. 5　Horizontal arrangement scheme of the model test

试验的主要控制变量为机组运动方向、前进速度和载重量。试验记录结果要放到胶片运动分析仪上测取定量值，表 3 是手扶拖拉机-单轴挂车机组在Ⅱ号路面低速行驶侧翻过程的重心坐标值。然后把所得原始数据进行不同的加工处理，便能得到各种运动量的信息。例如把运动轨迹数值除以高速摄影片速，便得到机组实际前进速度以及拖拉机参考点在其余两个方向的翻倾速度 $\bar{V}_{B2}$、$\bar{V}_{B3}$。再把两个瞬时速度之差除以间隔时间，就获得机组参考点的三个加速度分量。当机组有转向角时，还能求得向心加速度、哥氏加速度。此外，根据机组各组件参考点的坐标值与速度值，可得机组能量的大小及分布。利用第二类动力学普遍方程，经过差分计算便能求出机组的受力情况。

表3　Ⅰ号路面机组侧翻过程的重心坐标

Table 3　Readings of　the coordinates of center of gravity of the model combinations on road surface No. 2

底片序号	1	10	20	30	40	50	60	70	80	90	100
X_{B1}	0	15.31	36.11	101.99	157.46	238.93	322.13	363.45	504.15	601.22	765.03
X_{B2}	0	36.68	43.91	60.08	71.92	90.41	126.37	159.88	177.21	174.32	153.96
X_{B3}	0	0.87	21.23	53.44	120.74	208.69	217.94	200.32	197.43	223.28	253.03

* 1)片速 160 幅/秒　　2)单位:mm

3.试验研究结果与理论计算的对比

经过一系列动态的机组翻倾试验,把试验结果与仿真计算值作对比,可以知道两者之间取得了较好的一致。以"东风-12"型手扶拖拉机和"7CB-I-I"型单轴挂车机组为例,各种翻倾工况下两者间的数值均比较接近。图6为挂车车厢右上角参考点在翻倾过程中的轨迹对比曲线。图中圆点是试验实测值,实线是仿真计算结果。试验与仿真计算条件相同。

从对比曲线上可见,两者数值初始相同,一直维持到翻倾过程接近结束时才出现偏差。经分析证明,这种差别主要受随机因素影响,基本上不大于10%。关于机组其他运动学、动力学参数的对比,也能得到类似的结论。图7为上述机组翻倾过程中能量变化的对比曲线。试验结果经计算后用圆点表示,仿真计算在同等条件下完成,以曲线表示。显然两者的变化趋势十分接近,数值比较一致。

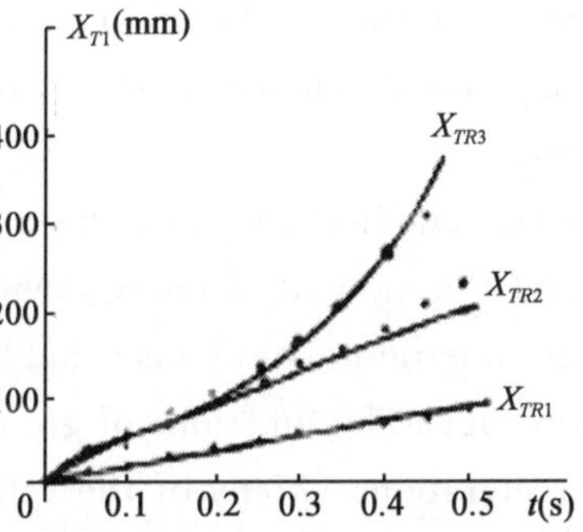

图6　挂车参考点轨迹的试验与计算结果比较

Fig. 6　The focus of reference point on the trailer during overturning(computed results as compared to tested results)

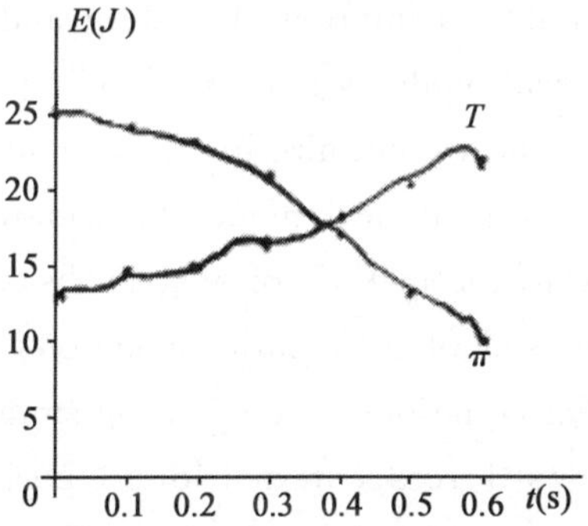

图7　翻倾过程中机组能量变化的试验与计算结果比较

*图中π应为Π

Fig. 7　The energy of the combinations during overturning (computed results as compared to tested results)

试验与仿真结果都证明在本文所给的条件下不会出现拖拉机和挂车同时翻倾的现象。通常机组满载高速行驶时,在Ⅰ号路面上挂车先于拖拉机侧翻,在Ⅱ号路面上拖拉机先于挂车侧翻。机组翻倾时,拖拉机与挂车之间相互制约,谁起主导作用则由具体工况而定,一般挂车的制约作用更大一些。

五、结论

本文提出的拖拉机-挂车机组数学模型经多工况重复试验验证,理论计算值与试验结果,取得较好的一致。

拖拉机-挂车机组动态翻倾特性的计算机仿真分析是一种快速、安全的研究方法。利用微机进行运算可以加快计算机软件的推广和应用。

本文编制的BNGT-1拖拉机-挂车机组动态翻倾特性的数字仿真软件可用于确定机组安全使用条

件和拖拉机总体设计参数，改进机组结构形态和使用性能，研究机组的一般运动规律，以及开发研究危险预警和安全保障系统。

参考文献

[1] 朱勇华，曾德超. 手扶拖拉机-半挂车机组典型技术事故的调查与分析. 北京农业工程大学学报，1986(4).

[2] Davis D. C. Rehkugler G.E. Agricultural wheel-tractor ovrerturns. Trans ASAE, 1974, 17(3).

[3] 朱勇华，侯建勋，周一鸣. 研究拖拉机动态翻倾特性的模型试验法——遥控拖拉机翻倾试验模型的研制. 农业机械学报，1986，17 (3).

[4] ASAE 1983-1984 Agri. Eng. yearbook of standards. Published by the Society of Agricultural Engineers, 1985.

Investigation on the Dynamic Performance of Tractor and Trailer Combinations in Overturning

Zhu Yonghua Zhou Yiming Zeng Dechao

Abstract The kinematics and dynamics of tractor and trailer combinations have been theoretically investigated. To improve its safety and establish a new concept of the combination morphology, a mathematical model with corresponding digital computer program was developed to predict its dynamic behaviour and to optimize its design and operational parameters.

The mathematical model for sideway-overturning of these combinations have been developed according to the method of system disassembly combination and the method of energy symmetry. It was composed of differential equations. After all the motion constraints have been applied to the differential equations. the resulting simultaneous equations come out to be functions of ground forces, gravitational forces, external forces, positions, velocities and accelerations. Many of the velocities and accelerations which were the derivatives of the state variables were non-linear functions of some other expressions. They were used to define the various motions of the tractor and trailer combinations, especially the fatal sideway-overturning accident.

A coordinate system fixed on the ground was used to define the position of the tractor and trailer combinations at all times, and all other coordinate systems are followed with the motion of the combinations.

A set of microcomputer program was developed for the solution of the state variables in these differential equations. It was a FORTRAN computer program providing detailed information for prediction on the responses to a series of the combination of the terrain and operator inputs.

Theoretical conclusions were verified with tests on a 1/4.5 scale remote-controlled test model of tractor and trailer combinations. All parameters of its remote-control test model were chosen in accordance with the principle of similitude. The theoretical values are consistent with the experimental measuring values on overturning, therefore, it means that the mathematical model is applicable for describing the dynamic characteristics of tractor and trailer combinations.

A Mathematical Model for Sideways Overturning Performance of Tractor and Trailer Combinations*

Zeng Dechao Zhu Yonghua Zhou Yiming

Abstract Summary—A mathematical model for sideways overturns of wheel-tractor and trailer combinations, by the conventional method of disassembly and assembly of system components supplemented with a method of energy symmetry, devised for the present purpose to take care of the singularity range of the roll angle, was developed with a corresponding digital computer program and verified with tests on a 1/4.5 scaled, self-powered remote-controlled test model with agreeable results.

Introduction

There were 5.35 million tractors in rural use in China in 1987, and more than 80% of them, especially the small, light units, were used for hauling with trailers throughout the year, furnishing indispensable transportation on country roads for rural economy development. However, the total annual number of accidents and casualties, especially overturns, was unfortunately high. Prediction of overturn dynamic performance of the tractor and trailer combinations for optimization of design and operational parameters would be helpful in the improvement of the situation. Sideways overturn dynamics of the tractor itself has been studied to a good extent [1-4], while studies on overturn dynamics of tractor-trailer or tractor-implement combinations have been comparatively limited.

In China, six types of wheel tractor and two types of trailer have been in common use while the most common combinations are the 2-wheel drive tractor with a 2-axle trailer as well as the walking tractor with a semitrailer. However, the potential combinations are as follows

2-Wheel drive tractor 4-Wheel drive tractor Articulated tractor	→ 2-Axle trailer
↘	
Walking tractor Boat type tractor Single wheel tractor	→ 1-Axle trailer

In this study, the most complicated configuration—a 4-wheel drive tractor with a 2-axle trailer—was taken as the basis in the model development with the intention that an appropriate modification of the basic program with substitution of corresponding subroutines can accommodate any less complicated configurations of combinations.

* 本文出处:Journal of Terramechanics, Vol. 26, No. 3/4, 1989

Main Features of the Mathematical Model

Assumptions

(1) The tractor and the trailer each has its own longitudinal plane of symmetry; the hitch is such that the trailer can rotate about the longitudinal axis relative to the tractor up to a set angle in both directions of rotation.

(2) The engine runs at its rated speed from the very beginning, and the clutch has sufficient capacity all the time.

(3) The front end of the tractor as well as that of the 2-axle trailer can rotate about their front-axle pivots in the vertical plane within a set angle in both directions; the moment of inertia of the tractor as well as that of the 2-axle trailer are not changed at various positions of the front wheels.

(4) The ground surface is non-deformable, the tires are under elastic deformation.

(5) The differentials transmits torque equally to both the rear and the front wheels.

The 4WD tractor-2 axle trailer combination

The 4WD tractor-2 axle trailer combination model under study consists of the following 16 component parts, with its respective degree of freedom, 25 in total, and is shown in Fig. 1 with its coordinate and force systems.

The dynamics of the combination can be described by the dynamics of these 16 components and the constraints among them. With ground condition and operational parameters as inputs, the motion of the combination relative to the ground can be described by taking either the rolling locus of a specific componentspart or the trajectory of a specific point in a component.

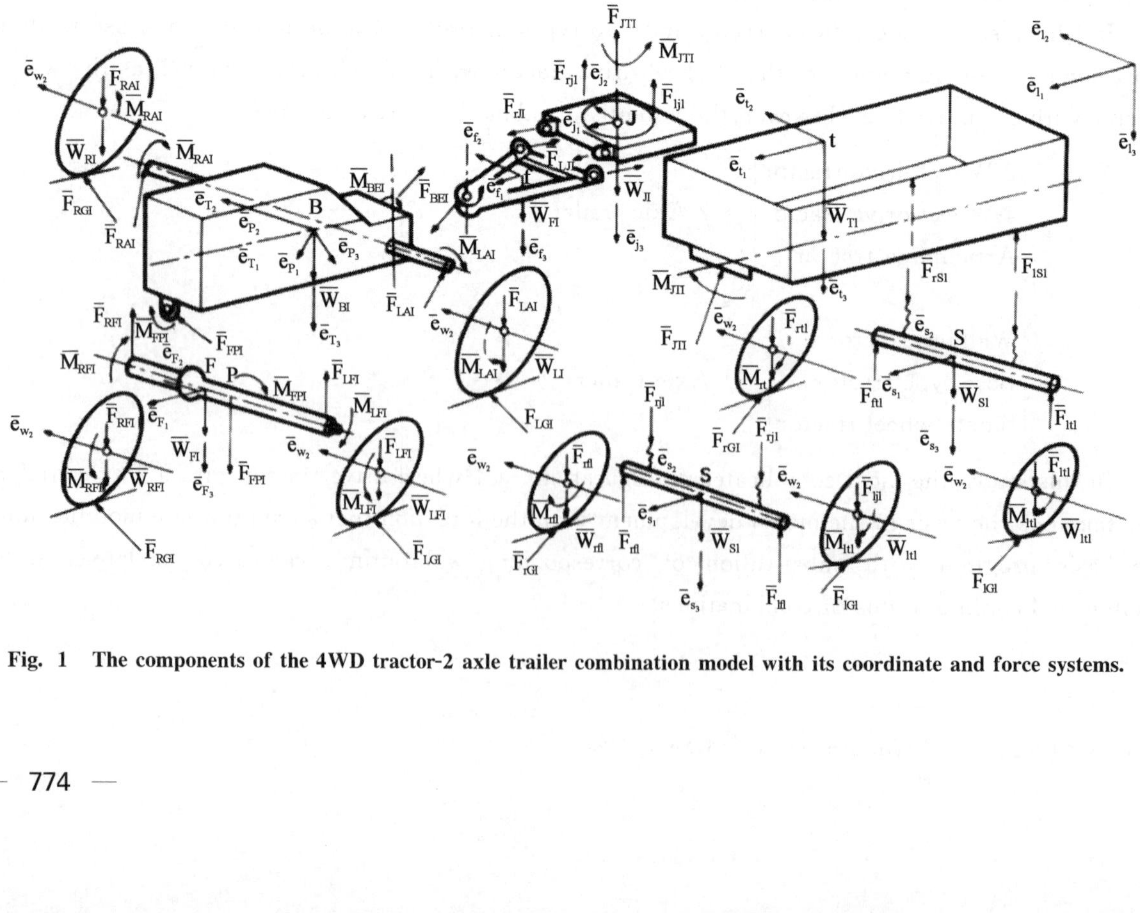

Fig. 1 The components of the 4WD tractor-2 axle trailer combination model with its coordinate and force systems.

Sideways Overturning Performance

Component	Degree of freedom
The engine	1 rotational
The tractor body	3 translational
	3 rotational
The tractor front axle	1 rotational
The drive wheels(4PCS)	4 rotational
The drawbar frame	3 rotational
The trailer steering frame	1 rotational
The trailer body	1 rotational
The trailer suspensions(2PCS)	2 translational
	2 rotational
The trailer wheels(4PCS)	4 rotational

The dynamics of the combination can be described by the dynamics of these 16 components and the constraints among them. With ground condition and operational parameters as inputs, the motion of the combination relative to the ground can be described by taking either the rolling locus of a specific component part or the trajectory of a specific point in a component.

The overturned position of the combination is defined as when the transverse rolling angle of either the tractor body (θ_b) or the trailer body (θ_t) or both is greater than a threshold angle θ_v, i. e.

Position	Stable	Unstable	Overturned
θ_b	0	$>0 \mid <\theta_v$	$>\theta_v \mid <\theta_v \mid >\theta_v$
θ_t	0	$<\theta_v \mid 0$	$<\theta_v \mid >\theta_v \mid >\theta_v$

$$\theta_v = \pi/2 - \tan^{-1}(2H/B) \tag{1}$$

Where B-wheel spacing and H-height of centre of gravity (C. G.) of either the tractor or the trailer.

Within the stable and the unstable position ranges, the motion of the combination can be described with values of dynamic parameters (position, velocity, acceleration, force, energy, etc.) of any components parts at different time intervals after the initial position given by solving corresponding differential equations, which are generally coupled successively. To facilitate the computation, a generalized coordinate system and a pattern of variable notation are adopted and the differential equations of motion of each component parts established.

The generalized coordinate systems are as follows:

$\bar{e}_I$-the Descartes inertial coordinate system with axis fixed to the ground

$\bar{e}_T$-the mobile coordinate system with axis fixed at the tractor C. G.

$\bar{e}_P$-the mobile coordinate system with principal inertial axis fixed at the tractor C. G.

$\bar{e}_t$-the mobile coordinate system with axis fixed at the tractor C. G.

$\bar{e}_f$-an auxiliary coordinate system with axis fixed at the drawbar frame to faciliate the transformation, and thus simplify calculation of the motion of component parts in the trailer coordinate system into that in the tractor coordinate system.

The rotation of the combination is defined with the Euler angles Φ, θ, ψ.

The transformational relation between these coordinate systems is:

$$(\bar{e}_I)=(A_{IT})^T(\bar{e}_T)+(\bar{e}_0) \tag{2}$$

where (A_{IT}) is the directional cosine matrix, $(\bar{e}_0)$ is the translation of the coordinate system from the origin.

$$(A_{IT})=\begin{bmatrix} \cos\Phi\cos\psi-\sin\Phi\cos\theta\sin\psi & \cos\Phi\sin\psi-\sin\Phi\cos\theta\cos\psi & \sin\Phi\sin\theta \\ -\sin\Phi\cos\psi-\cos\Phi\cos\theta\sin\psi & -\sin\Phi\sin\psi-\cos\Phi\cos\theta\cos\psi & \cos\Phi\sin\theta \\ \sin\theta\sin\psi & -\sin\theta\cos\psi & \cos\theta \end{bmatrix} \tag{3}$$

$$(\bar{e}_T)^T=[\bar{e}_{T1}, \bar{e}_{T2}, \bar{e}_{T3}] \tag{4}$$

The variables used in developing the mathematical model had a basic pattern in their notation.

The variable type was shown as follows:

A_{ac}: the matrix of direction cosines transforming a vector from the 'c' coordinate system to the 'a' coordinate system;

$\bar{e}_a$: unit vectors of the 'a' coordinate system;

$\bar{F}_{acb}$: force on body 'a' at point 'c' expressed in 'b' coordinates;

I_{ab}: mass moments of inertia and products of inertia for body 'a' measured about the center of mass and expressed in terms of 'b' axis directions;

m_a: mass of body 'a';

$\bar{M}_{acb}$: moment on body 'a' at point 'c' expressed in 'b' coordinates;

$\bar{R}_{acb}$: position of point 'a' relative to point 'c' expressed in 'b' coordinates;

$\bar{V}_{ab}$: absolute velocity of point 'a' expressed in 'b' coordinate system;

$\bar{X}_{ab}$: absolute position of point 'a' expressed in 'b' coordinate system;

$\bar{W}_{ab}$: Weight force of the 'a' body expressed in 'b' coordinate system;

$\bar{\omega}_{ab}$: absolute angular velocity of body 'a' expressed in 'b' coordinate system;

$\bar{\theta}_{ab}$: angle of rotation of body 'a' expressed in 'b' coordinate system;

The bodies and points (a or c) are denoted by the following: A: axle; B: tractor body or its center of mass; C: clutch; D: differential; E: engine; F: tractor front axle or its center of mass; f: drawbar frame; G: ground; J: steering frame; K: spring; L: left side; P: tractor front-axle pivot; R: right side; S: trailer axle; T: trailer body; W: wheel; Z: brake.

Coordinate systems (b) are defined by the following: F: tractor front axle axes; f: drawbar frame axes; J: steering frame axes; I: inertial reference frame; P: inertial principal axes of the tractor body; S: wheel axis of the trailer; t: trailer body axes; W: wheel axes;

Expressions of motion of components parts in equations in inertial coordinate system

The total combination model is constructed from the differential equations of motion of the components.

Motion relative to the inertial coordinate system for various components was expressed in its general form by Euler's equations of motion rather than the Lagrange's equations as follows:

$$m(\dot{V}_{ai}+V_{ak}\omega_j-V_{aj}\omega_k)=F_i \tag{5}$$

$$I_i\dot{\omega}_j+(I_k-I_j)\omega_j\omega_k-I_{ij}(\dot{\omega}_j-\omega_i\omega_k)-I_{ki}(\dot{\omega}_k+\omega_i\omega_j)-I_{jk}(\omega_j^2-\omega_k^2)=M_{ai} \tag{6}$$

Equations defining the angular orientation of the tractor body or the trailer body were expressed in terms of the three Euler angles. A method of "energy symmetry" was then developed to take care of the situation that the mathematical model would become undefined whenever angles of rotation increased to approach $\pi/2$.

The "energy symmetry method" with its basis on the energy theory has the following features:

Firstly, the energy space is set up; a symmetrical plane is chosen according to the geometrical shape of the object or system, and the body or system is dissected with the plane (Fig. 2, A-A plane).

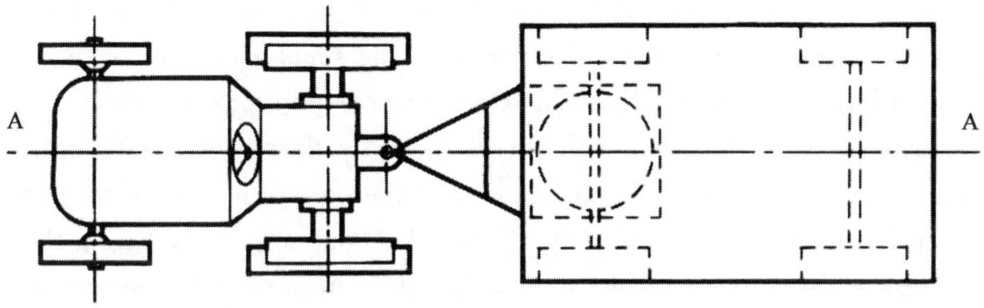

Fig. 2 The plane of geometrical symmetry for 4WD tractor-2-axle trailer combination.

Then the total energy of each component is computed by:

$$T_{in}=m_{in}/2\times(V_{BI1}^2+V_{BI2}^2+V_{BI3}^2)+1/2(I_{in11}\omega_{inI1}^2+I_{in22}\omega_{inI2}^2+I_{in33}\omega_{inI3}^2-2I_{in12}\omega_{inI1}\omega_{inI2}-2I_{in23}\omega_{inI2}\omega_{inI3}-2I_{in31}\omega_{inI3}\omega_{inI1})+m_{in}(V_{BI1}(\omega_{inI2}X_{I3}-\omega_{inI3}X_{I2})+V_{BI2}(\omega_{inI3}X_{I1}-\omega_{inI1}X_{I3})+V_{BI3}(\omega_{inI1}X_{I2}-\omega_{inI2}X_{I1}) \quad (7)$$

$$\Pi_{in}=m_{in}\cdot g[f(X_{I1},X_{I2},X_{I3},\Phi,\theta,\psi,t)] \quad (8)$$

Where T_{in}-kinetic energy, Π_{in}-potential energy.

During a process like the overturn of a tractor or a combination, the variation of the energy of the system can be considered as continuous before any collision or impact of the tractor or the trailer by some external sources or between themselves and the increment in total energy of the portion of a component part on either side of the plane of symmetry of the body during the overturn process must be:

$$\Delta E_{ij}=\Delta T_{ij}+\Delta\Pi_{ij} \quad (9)$$

Where $i=R, L; j=1,2,\cdots,n$.

Then, the amount of unbalance in energy for the object or system at any time can be represented as:

$$[D]_{ti}=\sum_{i=1}^{n}d_i=\sum_{i=1}^{n}(E_{Li}-E_{Ri}) \quad (10)$$

and finally, the change rate of the unbalanced energy of the body or system can be evaluated by:

$$\frac{\mathrm{d}}{\mathrm{d}t}\{[D]\}=\frac{[D]_{ti+1}-[D]_{ti}}{\Delta t} \quad (11)$$

During an overturning process of the combination, when the transverse rolling angle of either the tractor body or the trailer body or both approaches the unstable angle (i. e. near to 90°), then the method of energy symmetry is applied. For the remaining portion of the overturning motion, the method of system disassembly and assembly is applied. The final mathematical model is composed of differential equations in accordance with the number of degrees of freedom of the combination.

The tire-ground interaction was determined from the position and velocity of a radially deformable wheel relative to a rigid ground surface. Because the ground surface beneath the wheel may be irregular (i.e. cannot identified by a single plane), a spring tire model of linear deformation redefined the ground surface to conform to the locally planar assumption mentioned above. A ground scanning technique was used to define the state of the local terrain and thus select the appropriate tire model for a given tire location.

After all the motion constraints had been substituted into the differential equations, (with frictional and damping effects neglected), the results in the simultaneous equations came out to be functions of ground forces, gravitational forces, external forces, positions, velocities and accelerations. Many of the velocities and accelerations which were the derivatives of the state variables were non-linear functions of some forms. They were used to define the various motions of the components of the tractor and trailer combinations. The dynamics of the whole unit, especially during the fatal sideways overturning accident, could be described by considering the dynamics of its various components with the constraints among these parts.

Mathematical Model Computation and Verification

A microcomputer program, BNGT-1, had been compiled according to the mathematical model for the solution of the state variables in these differential equations. It was a FORTRAN computer program providing detailed information to predict the responses to the terrain and operation inputs for a series of tractor and trailer combinations, including six types of tractor and two types of trailer as well as their various combinations.

Theoretical results were verified with tests on a 1/4.5 scale self-propelled test model of the tractor and trailer combinations, equipped with a radio remote-controlled system. All parameters of the remote-controlled test model were chosen in accordance with the principle of similitude and the test model was capable of moving under steering until overturning [4] (Fig. 3). The high repeatability of experiments in overturn provided evidence that the position data for the model combinations, derived from films taken in the test, were sufficiently accurate to be applied in verifying the mathematical model for tractor-trailer combinations.

The mathematical model and computer program thus developed were applied in the analysis of the constructional and operational parameters of the currently popular walking tractor and semitrailer combinations for transport. The positions of a reference point in the tractor body determined by simulation and by experiments are shown in Fig. 4. The theoretical values came out to be acceptably was taken as applicable in the description of the dynamic characteristics of tractor and trailer combinations.

Summary

For the investigation of the overturn phenomenon of tractor and trailer combinations, a mathematical model was developed for quantifying the kinematics and dynamics of various combinations. A new experimental procedure with a remote-controlled scale model of the tractor and trailer combinations was developed for verification of the mathematical model. This remote-controlled scale model can also be used for other experimental studies on overturn phenomena. A microcomputer program was compiled for the mathematical model to simulate the dynamic behaviour of tractor and trailer combinations.

Fig.3　1/4.5 scale remote-controlled test model of the tractor and trailer combinations

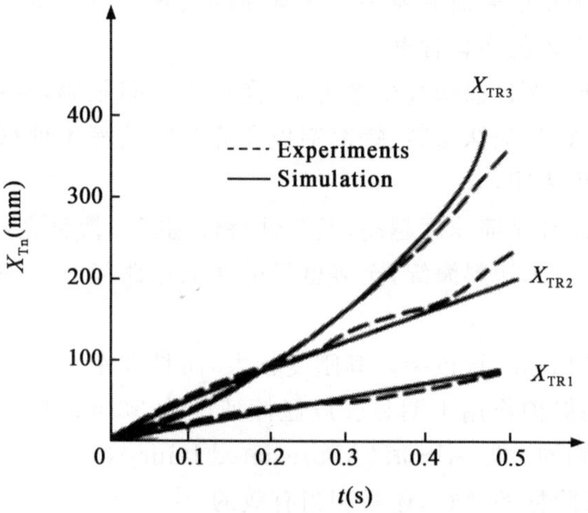

Fig. 4　Theoretical and measured positions of a reference point in the tractor body

References

[1] D. C. DAVIS and G. E. REHKUGLER, Agricultural wheel tractor overturns—part Ⅰ: mathematical model; part Ⅱ: mathematical model verification by scale-model study, Trans. ASAE 17(3), 477-488, 492(1974).

[2] D. A. CROLLA and F. D. HALES, The lateral stability of tractor and trailer combinations, J. Terramechanics 16(1), 1-22(1979).

[3] Y. FENG and G. E. REHKUGLER, A mathematical model for simulation of tractor sideways overturns on slopes, ASAE Paper, No. 86-1063(1986).

[4] ZHU YONGHUA, ZHOU YIMING and HOU JIANXUEN, A model test method in dynamic performance of tractor overturning, Trans. China Society of Agricultural Machinery 17(3), 17-23 (1986).

用于汽车碰撞时人体保护的吸能材料的特性研究*

朱勇华　信世强　周一鸣　曾德超

摘要　为减轻汽车二次碰撞对乘员的损伤，对选择的4种材料的力学性能以及人体的生物力学特性进行了初步研究。结果表明，蜂窝纸垫的材料特性能满足汽车碰撞时人体保护的要求。

关键词　汽车碰撞，人体保护，吸能材料

汽车事故中碰撞事故的频率最高。由于碰撞时的减速度一般高达几十个重力加速度 g，而最大制动减速度则不会超过1个 g（$0.92g$），因此，乘员必然有相对于汽车的运动。在窄小的车内空间，人体与汽车发生碰撞（这被定义为二次碰撞），是人体损伤的主要原因。近几年来，国外对这个问题日趋重视，并投入越来越多的力量从各个角度来研究减小二次碰撞的问题。在本研究中，笔者试图寻找某一种普通材料用来缓减二次碰撞对人体的伤害程度。

这种材料必须能够大变形，而且以塑性变形为主；受汽车空间限制，这种材料又不能太厚。笔者从现有的工业产品中选择塑料海绵、泡沫塑料、蜂窝铝板和蜂窝纸板等4种材料作比较，同时用某一型号的材料进行了初步试验。结果表明：

(1)塑料海绵刚度不够，而且碰撞速度越高，其弹性特性越好。换言之，塑料海绵在这种工况下不能吸收很多能量，即使是刚度较大的塑料海绵，至多也只能在低速碰撞时应用，而低速碰撞时人体保护的意义不大。

(2)泡沫塑料目前常用于物品减振包装。其刚度较大，而且基本上不发生弹性变形，可惜它的塑性变形量不够大，因此对人体的保护作用不明显。以碰撞速度为32 km/h的未冻尸体试验为例，加与不加泡沫塑料的尸体受伤程度相同。即AIS值（Abbreviated Injury Scale）相等[1]。但是若把它用于吸收车辆的碰撞能量，例如作为保险杠的填料，还是相当有效的。

(3) 蜂窝铝板一直受到重视，AMF公司已把它用于试验车（EVS）上。它确实有良好的吸能特性，基本上不发生弹性变形，制造和使用都很方便[2]。然而根据我们的试验，它并不适于用来吸收人体的碰撞能量。其根本原因是铝的材料特性无法与人体的材料特性相匹配。因此，即使想方设法改进蜂窝铝板的形状和尺寸，也不能满足保护人体的吸能要求。

(4) 蜂窝纸板从未被考虑用于吸收人体碰撞的能量。根据初步试验分析，它有可能作为保护人体的吸能材料。它的材料特性及其与人体碰撞特性的匹配问题，乃是本文讨论的重点。

除了上述4种材料外，玻璃纤维、橡胶制品、充有各种气体的气垫等多种材料都被考虑过用来吸收人体碰撞的能量。在汽车碰撞的特定条件下，它们由于各种原因均被淘汰，但人们所做的大量工作还是有益的。在本文研究范围内，O. Orringer，M. Monk，J. Cavanaugh等做了大量的研究工作。

1　吸收人体碰撞能量的理想材料特性

针对乘员二次碰撞的特点（车内空间有限，人体总会受到一些轻微损伤），一般把AIS值小于3.5作为约束条件[3]；同时，鉴于人体形状复杂，各个部位的材料力学性质也各有差异，通常以容易受伤的胸部作为考察的具体对象。假定汽车碰撞速度为24 km/h，乘员质量为45 kg，车内允许理想材料的厚度

* 本文出处：北京农业工程大学学报，1991年，第11卷第1期

3　蜂窝纸板的材料力学特性试验

蜂窝纸板由等六边形蜂窝状夹层和上下两平面纸板构成。目前它可以批量生产，常用于建筑物内饰、货物包装等。其规格可由蜂窝的尺寸来定，也可由蜂窝承载力大小确定。本文选用与人体材料力学特性相近的 3 种不同规格，其蜂窝尺寸分别为边长 2.5，1.8 和 1.5 cm。根据实际应用要求，汽车内饰厚度不宜超过 12.5 cm，同时有关研究人员[2]做过的大量试验证明，蜂窝纸板的厚度对其本身的材料力学性质影响极小，因此本文选用厚度为 10 cm 的蜂窝纸板作为试件。

试验仍在与人体材料力学特性试验时相同的 Instron Model 1321 机上进行。与人体试验不同之处是，这里不需要附设一个可调工作台，蜂窝纸板可以直接放在试验机工作平台上，但是 PC 计算机和绘图仪是需要的，这样可以把数据存盘，以便于后处理。同时，即刻绘出的曲线图可以直观发现试验有无异常。每个工况都作重复试验，以保证试验的可靠性。

试验的后处理全部由计算机完成。原始数据只有力和变形 2 个通道，经计算后加上应力、应变和时间 3 个通道。另用 10Hz 频率过滤原始数据，去掉噪声。这样画出的力－时间、变形－时间、力－变形和应力－应变图如图 5。

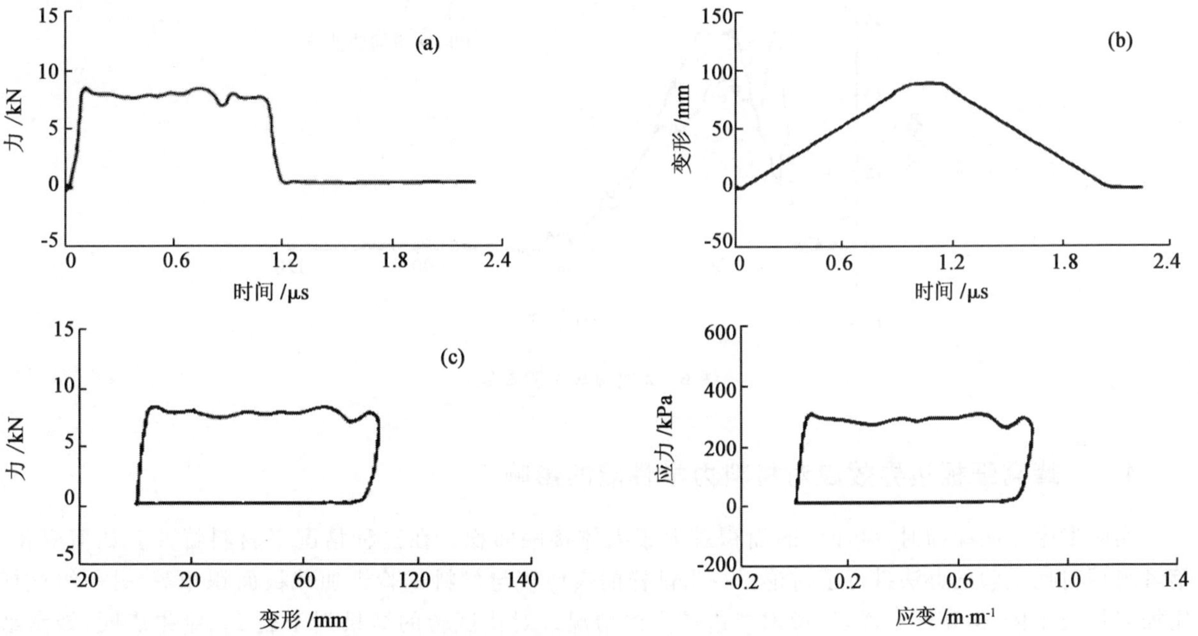

图 5　蜂窝纸板的材料力学特性曲线

所有试验结果的曲线图形类似，只是数值大小不同。总结蜂窝纸板试验结果，有一些现象值得讨论。

4　问题与讨论

4.1　蜂窝纸板与人体刚度的匹配问题

许多材料不能用于人体保护的根本原因，是材料刚度与人体刚度相差太大。本文所选的蜂窝纸板 3 种规格的刚度均接近于人体刚度，其中以 1.8 cm 规格最接近；2.5 cm 和 1.5 cm 其次，一个略大，一个略小。用方程拟合曲线，可得 1.8 cm 蜂窝纸板力与变形的数学表达式

$$y=4.65x+0.15x^2 \tag{2}$$

式中：y 的单位是 N，x 的单位是 mm。

与人体胸部力一变形方程(1)相比较可见，纸板刚度略低于人体，但比较接近。另外，人体和纸板的刚度系数都不是常数，而是变量，不过变化的趋势表明人体刚度系数变化量小，纸板变化量大。这就形成了纸板可以大变形、吸收能量的特点。

4.2 蜂窝纸板与人体吸收能量的特点

从图 5(a)中可见，纸板在达到屈服极限后，基本上维持原有承载力。而随着变形量的增加，纸板本身基本上无弹性变形，属于不可恢复的大变形，所以能够吸收较多能量，形成图 5(c)和(d)的图形。该图形近似于平行四边形，即与图 1 所示的假定理想材料特性曲线形状相似。换言之，蜂窝纸板就是理想的保护人体的吸能材料之一。对于人体本身的吸能问题，图 4 中已形象地作了说明。人体可以吸收一部分能量，但人体更多地具有弹性特点，所以人体的动能主要还应靠蜂窝纸板来吸收。以 Bioengineering Center of WSU 碰撞试验为例，图 6 是 2 次试验的曲线，碰撞前车速 32 km/h，人体胸部力峰值 3.96 kN，AIS 值为 5。但在基本相同的试验条件下，加上规格为 1.8 cm 厚 10 cm 的蜂窝纸板作缓冲垫，则人体胸部受力峰值降至 2.86 kN，AIS 值降为 2，小于标准值 3.5，也就是人体胸部不会受重伤[1]。

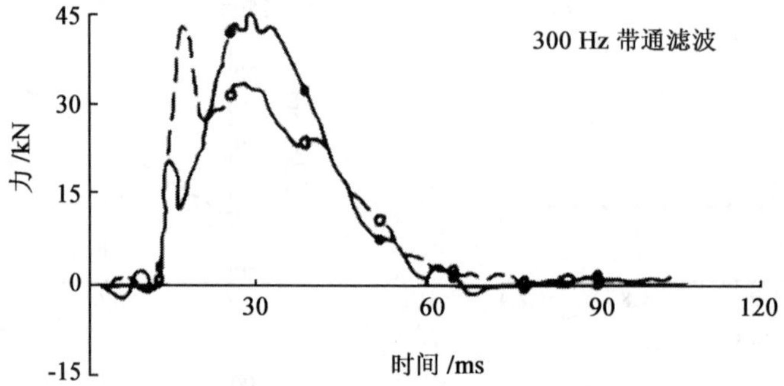

图 6　2 次撞车试验曲线

4.3 蜂窝纸板边界效应对材料力学性能的影响

实际发生二次碰撞时，缓冲层的面积总大于人体接触面积。在这种情况下材料特性会如何变化？笔者采用对比试验的办法进行了讨论。一组试样的表面积与材料试验机加载板面积相等，另一组试样比加载板长 1 倍，但宽度一样，先考虑二边扩大的情况。对比试验的结果列于表 2。结果表明，蜂窝纸板的边界效应十分明显。以 CB063 和 CB123 为例，纸板的平均承载力提高了 1.467 kN，多吸收"能量" 188 J，而且这种变化与纸板强度成正比。这种现象对蜂窝纸板用于人体吸能是有益的。

表 2　2 组蜂窝纸板对比试验值

试验序号	力平均值/kN	蜂窝尺寸/cm	纸板尺寸/mm	吸收能量/J
CB061	1.332	2.5		112.386
CB063	3.065	1.8	150×150×100	250.852
CB065	4.821	1.5		373.561
CB121	1.966	2.5		161.662
CB123	5.532	1.8	300×150×100	439.235
CB125	7.794	1.5		626.110

4.4 蜂窝纸板的动态响应问题

以上讨论主要限于静态或准静态分析，对于动载情况，本文未做深入研究，加载速度只控制在86～100 mm/s。对于更高的加载速度，已采用锤击试验和高速摄影分析，试验结果另文分析。对于更多方面的动力学问题有待进一步研究。

4.5 对蜂窝纸板的评价

蜂窝纸板的材料力学特性基本上能满足汽车事故二次碰撞中人体保护的要求，同时，它又是可以大批生产的、廉价的材料，有实用前景。然而蜂窝纸板目前尚不能直接用于人体保护，必须在解决材料的防火、隔潮等问题后才能达到实用要求。

5 结论

蜂窝纸板能够在人体与汽车的二次碰撞过程中吸收人体动能，并可以较多地降低AIS值，从而避免人体严重损伤。蜂窝纸板是一种有实用前景的工程吸能材料。

本研究得到美国 Bioengineering Center of WSU 的帮助，特向 Albert I. King，John M. Cavanaugh，Timothy J. Walilko 和 Warren N. Hardy 表示感谢。

参考文献

[1] Cavanaugh J M, et al. Quasi-static frontal loading to the thorax of cadavers and hybrid dummy. Sixteenth Annual International Workshop on Human Subjects for Biomechanical Research, 1988.

[2] International Honeycomb Corporation. Honeycomb compressive properties. Technical Services Bulletin, 1989(221).

[3] Fung Y C. Biomechanics: Mechanical properties of living tissues. Springer- Verlay New York Inc, 1984.

[4] Orringer, Oscar, et al. Crash padding mechanical properties and impact response analysis. SAE International Congress and Exposition, 1984.

[5] Tsitlik J E, et al. Elastic properties of the human chest during cardiopulmonary resuscitation. Critical Care Medicine, 1983, 11: 685-692.

Properties of Energy-Absorbing Material for Occupant Protection

Zhu Yonghua Xin Shiqiang Zhou Yiming Zeng Dechao

Abstract In process of automobile impact, secondary impact is a major factor to injure occupant. To alleviate this kind of injury, it is necessary to research and develop the materials for energy-absorbing. Four kinds of material-plastic sponge, foam plastics, honeycomb aluminium plate and cardboard were studied about their mechanical properties. The biomechanical property of human body was also studied. The results show that cardboard's material can absorb enough energy to reduce Abbreviated Injury Scale and to be the ideal material for occupant protection.

Key words automobile impact, occupant protection, energy-absorbing material

液化气在涡流室柴油机上作双燃料运行的试验研究*

黄敬党　曾德超

摘要　探讨了低甲烷值气体作双燃料运行的可行性。在涡流室式柴油机上用液化石油气作双燃料运行，其根本问题在于控制发动机的敲缸现象。不采取任何措施时，输出功率受到敲缸的严格限制。实验证明，采取适当的措施后，在热效率损失量极小的情况下，使双燃料样机能发出原机的标定功率并正常运行。文中对样机不同工况的一些基本性能及放热效率进行了分析、对比。

关键词　气体燃料，双燃料发动机，煤气机

本文以压缩上止点为0°曲轴转角。样机由S195型柴油机改装，试验用气体燃料为普通民用液化气(LPG)，其成分由石油科学研究院化验，据此结果知其甲烷值很低，仅为20左右。试验仪器、设备及其安装由文献[1]提供。

1　发动机试验参数的调整

当原机的参数不作任何调整并用液化气进行双燃料运行时，在接近压缩终点时产生不可控制的自燃现象。经反复调试，最后选定的方案为：压缩比15.3：1，供油定时-13.5°CA，弹性腔长管增压，如图1所示。为确定引燃油量的大小，针对不同的引燃油量，连续记录了1000个工作循环缸内压力及其发生的角度，并整理成图2所示的形式。从中看出，引燃油量愈少，压力循环变动率就愈大，试验时亦能明显地感觉到爆发声音极不正常。经与缸内最大爆发压力、喷油器寿命等综合平衡后，该机在双燃料运行时，引燃油量定为25%。实测表明，改装后的发动机纯烧柴油时，其经济性没有明显下降，在标定工程下热消耗率仅增加1.5%。

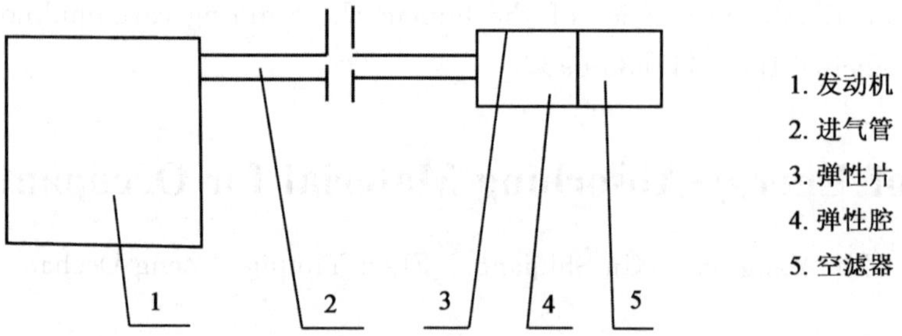

图1　弹性腔长管增压装置

2　混合气浓度对经济性的影响

低负荷时，过稀的混合气使火焰前锋有时不能扩展到缸内各区，燃烧不完全，因此，低负荷时双燃料运行的热消耗率较大。中大负荷时则因燃烧完全、迅速，热效率高，其热消耗率低于纯柴油运行工况，图3示。

* 本文出处：国际农机学术会议，1991年

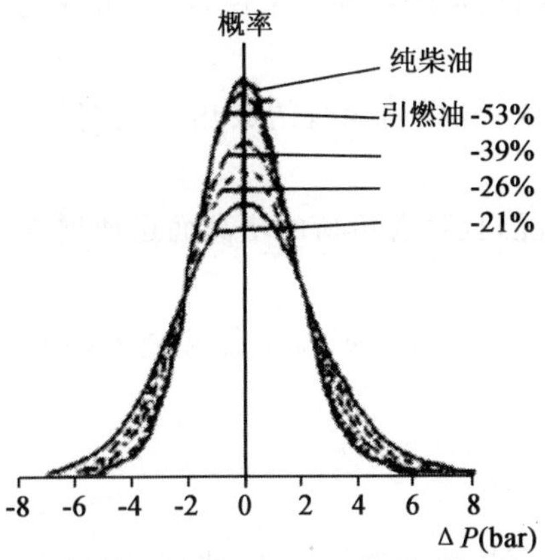

图 2　不同引燃油量的缸内最大压力的概率分布

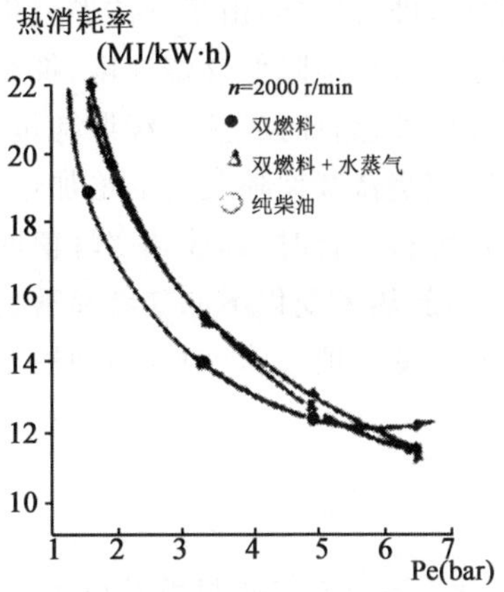

图 3　不同运行方式的负荷特性

3　放热率分析

对所测的各个工况，按文献[4]提供的计算程序，根据实测的主、副燃烧室的压力计算放热率，并对结果进行整理、从结果[4]可看出，负荷加大时，纯柴油运行的燃烧持续期增大。负荷越大，增长越迅速，与此相反，双燃料运行时因高负荷时混合气浓度高，加快了火焰的传播速度，燃烧迅速，燃烧持续期缩短。由此知，双燃料运行高负荷时经济性好。

图 4 示，各种负荷下，双燃料运行的放热率峰值均高于纯柴油运行的相应工况，负荷越大，前者与后者之比较大。不同的负荷，纯柴油运行放热率峰值的变化不大，而双燃料运行则变化显著，双燃料运行的放热率峰值所在相位落后于纯柴油运行。

图 5 为加入 10％蒸汽后双燃料运行的不同负荷下的总放热率曲线对比。加入蒸汽后，滞燃期延长，燃烧速度降低，使主要的放热部分后移 1～3°CA，从而能在一定程度上抑制压力的升高[1]，起防止异常燃烧之作用。

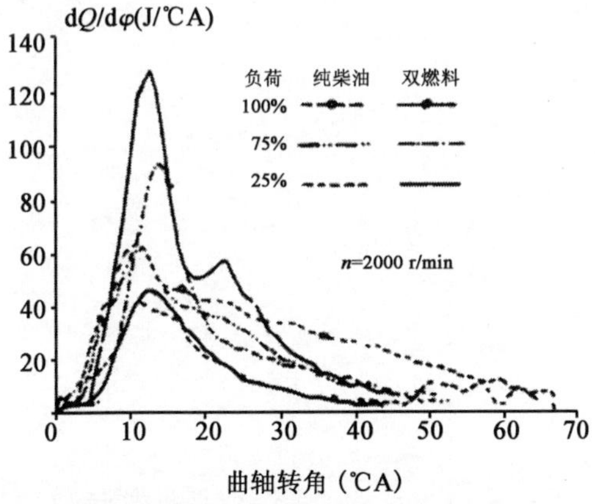

图 4　双燃料与纯柴油运行的总放热率

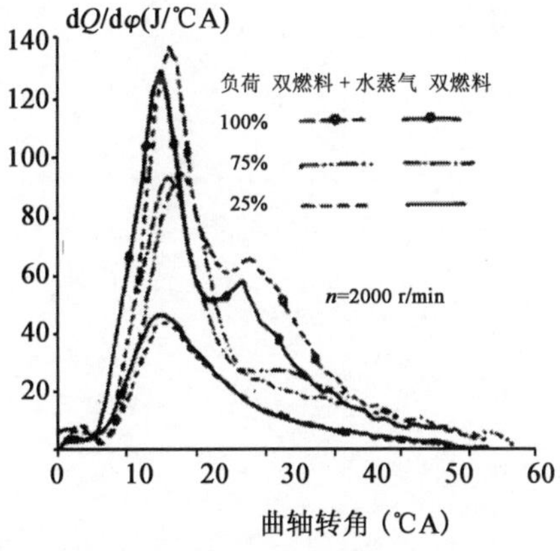

图 5　加入水蒸气后总放热率对比

4　小结

(1)采取一定的措施后，甲烷值为 20 的气体燃料在涡流室柴油机上作双燃料运行是可行的。经过仔细地调整有关参数，可望燃烧甲烷值更低的气体燃料。

(2)双燃料中大负荷运行时，热消耗率较纯柴油运行低，标定工况下可降低 5％左右。低负荷时则较高。然而，即使这样，由于气体燃料价格低廉，又可节省液体燃料，从经济性上来说，还是可取的。

(3)通入蒸汽能降低燃烧速度，抑制异常燃烧。

(4)纯柴油运行时放热持续期随负荷的增大而延长，变化较大；双燃料运行的放热持续期随负荷变化不大，其燃烧持续期随负荷的增加还有所缩短。

(5)双燃料运行时，其放热率峰值明显地高于纯柴油运行工况，且随着负荷的增高而迅速增大，而纯柴油运行的放热率变化不如前者显著。

(6)燃用低热值气体燃料时，使用本文的弹性腔长管增压装置可望在一定程度上减少发动机的功率损失。

参考文献

[1] 黄敬党. 涡流室双燃料发动机工作过程研究. 北京农业工程大学博士学位论文，北京：1990，5.

固液两相流物理及流变特性对泵性能的影响*

苏宏科　曾德超　刘善焜

摘要　本文对两台清水泵和两台两相流泵输送清水、不同浓度的煤浆、灰浆、细沙浆体、粗沙浆体和泥浆时的性能进行了试验研究，同时测试了上述两相流的物理、流变特性并分析了它们对泵性能的影响，探讨了泵性能变化的机理，建立了考虑两相流流变特性的泵性能预测模型，为杂质泵的设计及选型提供了重要依据。

关键词　两相流，物理特性，流变特性，泵性能

符号表：

C_W——重量浓度(%)

D——叶轮直径(cm)

E——效率(%)

H——扬程(m)

n——泵转速(r/min)

N_s——比转速($m^{8/4}/s^{8/4}$)

n_s——比转速(无量刚)

P——轴功率(kW)

Q——流量(L/S)

R_e——雷诺数

W——沉降末速(cm/s)

z——叶片数

μ_r——黏度系数($\mu_r=\mu_p/\mu_0$,，μ_p是两相流塑性黏度；μ_0是水的塑性黏度)

β——叶片出口角(弧度、度)

下标：

L——液体(一般指清水)

m——混合液

R——比值

n——最佳工况

一、前言

随着泵行业的发展，人们对泵输送固液两相流时的性能越来越感兴趣，因为掌握泵输送固液两相流时的性能对泵的应用、选型和设计以及节约能源有着非常重要的意义。然而，目前对两相流的物理、流变特性，尤其是流变特性缺少理论和试验方面的系统研究，试验的泵一般是按清水输送理论设计的，比较单一，得到的泵性能预测模型无法解释输送两相流时泵的扬程、效率高于输送清水时的扬程和效率这种特殊现象，其预测结果和试验结果有较大的误差，难以实用。

二、试验研究

针对上述问题，作者在目前国内最先进的杂质泵试验台——石家庄杂质泵研究所 SPR-A 型杂质泵试验台上，对两台清水泵(A、B)和两台两相流泵(C、D)进行了大量的试验，泵的试验参数见表 1(4 台泵皆为 4 英寸泵)。

* 本文出处：农业机械学报，1991 年 3 月，第 1 期

表 1　试验泵参数

Table 1　Parameters of pumps tested

泵	Q_n (L/s)	H_n (m)	P_n (kW)	E_n (%)	n (r/min)	N_s ($m^{3/4}/s^{3/4}$)	D (cm)	Z (片)	β (度)	n_s	试验物料
A	50.74	39.48	29.48	69.25	1470	76.74	34.0	4	25	0.3975	煤,灰 细沙,粗沙
B	47.97	31.31	19.53	76.52	1450	87.58	32.8	6	25	0.4536	细沙,泥
C	61.86	36.37	32.09	69.14	1450	88.88	34.5	4	25	0.4604	细沙,泥
D	67.71	43.96	49.30	59.50	1450	80.67	36.5	5	28	0.4178	细沙,泥

试验的物料有 5 种:泥、粗沙、细沙、灰和煤,其物理参数见表 2,物料的流变特性是在中国水电科学研究院测定的。由试验数据用数学统计方法得出了不同物料在不同浓度下的本构方程及相应于剪切速率为 1500(s^{-1})下的塑性黏度值和塑性黏度系数[1]。

表 2　试验物料参数

Table 2　Parameters of material tested

物料	真比重 S(kg/L)	特征粒径 d_{50}(mm)	统计平均粒径 d(mm)	试验浓度 C_W(mm)	物料来源
泥	2.174	0.071	0.0758	0,10,20,30,40	黄壁庄鱼塘泥
粉煤灰	1.84	0.075	0.0850	0,10,20,30,40	石家庄市电厂
煤粉	1.49	0.194	0.2618	0,10,20,30,40	望云
细沙	2.6	0.158	0.2729	0,10,20,26,30,40	内蒙古伊胡塔
粗沙	2.6	0.7	0.6865	0,10,20,30,40,58	内蒙古伊胡塔

作者采用 SPR-A 试验台对 5 种物料在不同浓度下的泵性能进行了测试,其结果见文献 1。

三、预测模型及结果分析

目前人们研究最多、最为关心的问题是,相应于泵输送清水时的最佳效率点流量下,泵输送两相流时的性能变化。作者通过大量的试验,利用数理统计方法,计算出了在此工况下的 H_R、P_R、E_R和 Q_R值($H_R=H_m/H_L$, $P_R=P_m/P_L$, $E_R=E_m/E_L$, $Q_R=Q_{mn}/Q_{Ln}$),结果如表 3。

表 3　不同浓度在额定流量下的泵性能

Table 3　Pump performance at different concentration under rated flow

A 型泵　Pump model A

物料	C_W (%)	S_m (g/cm^3)	Q_{mn} (L/s)	Q_{mn}/Q_{Ln}	H_m (m)	H_m/H_L	P_m (kW)	P_m/P_L	E_m (%)	E_m/E_L
清水	0	1	50.74	1	39.48	1	29.48	1	69.25	1
粗沙	10	1.0656	50.78	1.001	37.21	0.943	31.46	1.067	63.81	0.921
	20	1.14	49.01	0.966	33.58	0.851	34.09	1.1567	56.948	0.822
	30	1.2264	44.26	0.872	30.83	0.781	38.05	1.29	49.45	0.714
	40	1.3265	48.41	0.954	27.82	0.705	41.15	1.400	44.61	0.644
	58	1.555	41.53	0.818	24.15	0.612	48.16	1.647	38.82	0.561

物料	C_W (%)	S_m (g/cm^3)	Q_{mn} (L/s)	Q_{mn}/Q_{Ln}	H_m (m)	H_m/H_L	P_m (kW)	P_m/P_L	E_m (%)	E_m/E_L
煤	10	1.034	51.63	1.018	39.35	0.997	30.37	1.030	67.84	0.980
	20	1.07	52.39	1.032	39.15	0.992	31.47	1.068	67.63	0.977
	30	1.11	52.01	1.025	38.58	0.977	31.83	1.080	66.37	0.958
	40	1.151	51.86	1.022	37.97	0.962	33.86	1.149	65.38	0.944
灰	10	1.0478	52.56	1.036	39.35	0.997	29.75	1.009	68.90	0.995
	20	1.10	50.36	0.993	38.53	0.976	31.73	1.076	67.60	0.976
	30	1.1587	51.076	1.0064	38.23	0.968	33.07	1.122	67.31	0.971
	40	1.2234	49.60	0.978	37.84	0.959	35.15	1.192	65.25	0.942
细沙	10	1.0656	52.87	1.042	38.53	0.976	31.78	1.078	64.20	0.927
	20	1.14	54.77	1.079	36.81	0.932	34.59	1.173	60.04	0.876
	30	1.2264	52.86	1.042	35.93	0.910	37.12	1.259	58.84	0.850
	40	1.3265	51.74	1.020	34.37	0.871	39.72	1.347	56.95	0.822

B 型泵　Pump model　B

物料	C_W (%)	S_m (g/cm^3)	Q_{mn} (L/s)	Q_{mn}/Q_{Ln}	H_m (m)	H_m/H_L	P_m (kW)	P_m/P_L	E_m (%)	E_m/E_L
清水	0	1	47.97	1	31.31	1	19.53	1	76.52	1
细沙	10	1.0656	48.29	1.007	30.70	0.980	20.77	1.063	75.70	0.989
	20	1.1400	48.57	1.012	30.67	0.979	22.86	1.170	72.98	0.954
	30	1.264	48.54	1.012	29.76	0.950	24.04	1.231	70.94	0.940
	40	1.326	48.85	0.997	29.17	0.932	26.47	1.355	70.35	0.919
泥	10	1.0571	46.27	0.965	30.97	0.989	21.66	1.1086	71.84	0.939
	20	1.1211	46.33	0.966	29.04	0.927	22.25	1.139	69.76	0.912
	30	1.1933	46.55	0.970	29.56	0.944	23.01	1.178	71.86	0.939
	40	1.2755	45.94	0.958	29.88	0.954	24.03	1.230	74.59	0.974

C 型泵　Pump model C

物料	C_W (%)	S_m (g/cm^3)	Q_{mn} (L/s)	Q_{mn}/Q_{Ln}	H_m (m)	H_m/H_L	P_m (kW)	P_m/P_L	E_m (%)	E_m/E_L
清水	0	1	61.86	1	36.37	1	32.09	1	69.14	1
细沙	10	1.0656	71.51	1.156	38.59	1.061	34.04	1.061	74.23	1.074
	20	1.140	71.29	1.152	37.68	1.030	35.76	1.114	72.84	1.055
	30	1.2264	69.37	1.121	36.72	1.010	38.75	1.190	72.42	1.048
	40	1.3265	67.78	2.095	35.71	0.982	41.65	1.300	69.79	1.009
泥	10	1.0571	66.80	1.080	36.82	1.012	34.24	1.067	70.06	1.009
	20	1.1211	61.33	0.992	33.57	0.923	35.01	1.091	66.06	0.955
	30	1.1933	59.92	0.968	33.09	0.910	36.36	1.133	65.86	0.952
	40	1.2755	62.87	1.016	35.03	0.963	38.30	1.194	70.75	1.023

D型泵　Pump model　D

物料	C_W (%)	S_m (g/cm³)	Q_{mn} (L/s)	Q_{mn}/Q_{Ln}	H_m (m)	H_m/H_L	P_m (kW)	P_m/P_L	E_m (%)	E_m/E_L
清水	0	1	67.71	1	43.96	1	49.40	1	59.50	1
细沙	10	1.0656	79.58	1.175	46.47	1.057	50.40	1.020	66.11	1.111
	20	1.140	77.20	1.140	44.54	1.013	52.19	1.057	65.41	1.099
	26	1.1905	71.99	1.063	42.91	0.976	53.83	1.083	64.52	1.084
泥	10	1.0571	69.85	1.032	44.34	1.009	50.405	1.020	61.59	1.035
	20	1.1211	71.49	1.056	45.58	1.035	53.69	1.087	64.44	1.083
	30	1.1933	70.72	1.044	46.20	1.051	57.21	1.158	64.57	1.058
	40	1.2755	68.21	1.007	47.05	1.074	58.24	1.179	68.40	1.15

由两相流物理、流变特性及泵性能测试结果即可研究两相流的物理、流变特性与泵性能之间的关系。前人在这方面做了大量的工作，Burgess得到了如下关系式：

$$H_R=\Phi(C_W, d_{50}/D, S) \tag{1}$$

$$E_R=\Phi(C_W, d_{50}/D, S) \tag{2}$$

A. Sellgren通过理论分析与试验得到了如下表达式：

$$H_R=\Phi(R_e, Z, Q, S, b/D, C_W) \tag{3}$$

$$E_R=\Phi(R_e, Z, Q, S, b/D, C_W) \tag{4}$$

许多学者认为泵性能的变化与其输送浆体的黏性有关。Vocadlo由能量损失理论导出了的计算式，可表示为：

$$\frac{H_m}{H_L}=a_1+a_2\mu_r^{2-i}S_m^{i-1}+a_3\frac{C_W(S-1)W}{\beta N_s^{0.5}nD[C_W+S(1-C_W)]} \tag{5}$$

其中a_1，a_2，a_3为系数，$0<t<3$，通过试算t值用方差检验方法可确定出$t=2.1$。

(5)式的导出得到了许多有关专家的认可，但Vocadlo未测试两相流的流变特性，在他据(5)式由其试验数据计算出的泵性能经验预测模型中忽略了μ_r的影响，故得出的预测模型是不够精确的。本文作者考虑了μ_r的影响，测出了μ_r值，并根据(5)式，应用多元线性回归方法，确定出系数a_1，a_2，a_3的值，从而得到更为完善的泵扬程经验预测模型：

$$H_R=5.92\times10^{-4}+1.067\mu_r^{-1}S_m^{1.1}-4.91\frac{C_W(S-1)W}{\beta N_s^{0.5}nD[C_W+S(1-C_W)]} \tag{6}$$

计算结果表明，预测结果与试验结果的相对误差在±8.5%以内，说明(6)式具有较好的实用性(其他作者得到的泵性能最大相对误差在±15%左右)。

根据本文试验结果应用一元线性回归方法得到了功率预测模型：

对于清水泵(结果与前人一样)　　$P_R=S_m/S_L$　　(7)

对于两相流泵　　$P_R=0.96S_m/S_L$　　(8)

功率预测值与实测值之间的相对误差在±5%以内。

最佳流量工况下的效率预测模型为：

$$E_R=H_RS_m/(P_R/S_L) \tag{9}$$

四、泵性能变化的机理探讨

由于泵输送两相流技术受到现代科学技术的限制而发展较慢，人们还没有全面掌握泵性能变化规律和机理，对许多现象还难以解释或解释不清，有不少理论和学说多由假设得出，有很大的局限性，未能得到公认。如 Fairbank 的泵内两相流相对速度理论，Stepnoff 的两相流能量传递理论，A. N. Zarya 的粒子与液体在叶轮内的运动轨迹对泵性能的影响学说，Vocadlo、Roco 等的泵内流体损失理论等，都曾对其自己的或他人的试验结果从机理上做出过不同程度的解释，但由他们的理论所导出的结论都是泵的扬程与效率随两相流浓度、固体颗粒粒径、固体物真比重、颗粒沉降末速的增大而减小，这可对本文试验的部分现象进行解释，但很难解释杂质泵试验中出现的现象。

作者根据试验和理论分析认为，泵的性能是两相流全部的物理、流变特性及泵的设计参数所决定的，即对液体来讲，决定水流速度场和压力场分布规律的主要因素是两相流的特性和外界条件。具体来讲，影响泵性能的因素有四个方面：(1)泵的流道、叶型和运行工况与两相流运动的符合程度，即固体颗粒的运动轨迹与速度和液体质点的运动轨迹与速度的接近程度。(2)流体对泵的润滑作用效果。(3)流体对泵内结构之间配合间隙的填充作用效果，即流体产生环流的大小。(4)悬浮固体颗粒所消耗能量的多少。

对于按一相流原理设计的泵，泵输送两相流时，泵的扬程和效率的降低主要是由于泵的流道、叶型和运行工况不符合两相流的运动规律，即固体颗粒的运动轨迹与速度和清水质点的运动轨迹与速度相差较大。

对于按两相流理论设计的泵，输送两相流时，泵的扬程和效率的增大主要是由于泵的流道、叶型和运行工况符合两相流的运动规律，即固体颗粒和清水质点的运动轨迹与速度较接近，两相流的黏性对泵的过流部件有润滑作用。而当其输送清水时，在泵的结构之间有较大环流产生，从而降低了泵的水力效率。

作者的上述观点可以较好地解释杂质泵输送两相流时泵的性能较输送清水时泵的性能好以及清水泵输送两相流时泵的性能变差的原因。并得出，当颗粒运动的迹线、速度和液体质点运动的迹线、速度趋于一致时，泵的流道、叶型和运行工况则适合输送此两相流，若二者不一致，可据测试与计算的数据，依据泵的有关理论与流体力学原理改变泵的设计参数，使之适合输送给定的两相流。

五、结论

(1)物料的物理特性与流变特性有一定的关系，但不能互相代替；不同物料的物理、流变特性不同，对泵性能的影响也不同。

(2)泵性能是物料和泵结构参数等综合影响的结果。

(3)因为清水泵和两相流泵设计出发点不同，故在输送两相流时所表现出的泵性能变化也不同，前者适用于输送清水和固体物颗粒较小、浓度较低的两相流；而后者适合于输送两相流，不适合于输送清水。

(4)在本文试验范围内，只要已知两相流的物理、流变特性，则可用本文中给出的性能预测公式估算低比转速泵输送两相流的性能。

参考文献

[1] 苏宏科. 固液两相流物理、流变特性对泵性能影响的研究. 北京农业工程大学硕士学位论文，1988.

[2] Burgess K. E. The effect of sizing, specific gravity and concentration on the performance of centrifugal slurry pumps. Proc. Instn. Mech, Engrs. Vol. 190, 36/76.

[3] Sellgrea A. Slurry transportation of ores and industrial minerals in a vertical pipe by centrifugal

pumps dissertation Chalmers University of Technology. Goteborg 1979.
[4] Vocadlo J. J. Performance of centrifugal pumps in slurry service. Vol. Hydrotransport, B. H. R. A. Crenfield, 1970.
[5] 苏宏科，刘善焜，封俊. 固液两相流流变特性对泵性能影响的研究. 第二届全国流变学会议论文，1987.

Investigation of the Effect of the Physical and Rheological Characteristics of Solid-Liquid Two Phase Flow on Pump Performance

Su Hongke　Zeng Dechao　Liu Shankun

Abstract In this study, the performances of two kinds of centrifugal pumps, one originally designed for liquid phase flow and the other originally designed for a mixed solid liquid two phase flow, were tested for transporting water, coal slurry, coal ash, fine sand, coarse sand and mud in different concentration, the physical and rheological characteristics of several two phase flow were also measured. The effects of physical, rheological characteristics on the pump performance and the design parameters of the pumps correlated, and the underlying mechanism in the variation of pump performance with two phase flow were explored. As conclusion, a design procedure and point of view for the design and study of pumps transporting two phase flow, were stipulated and an empirical formula for estimating performance of two phase flow with higher accuracy was advanced. The work of this paper has important guiding significance for the two phase flow pump's design and selection.

气体燃料及其应用于发动机的研究与发展*

黄敬党　曾德超

摘要　本文介绍了几种常用气体燃料以及它们用作内燃机燃料时的有关性质，综述了国际上气体燃料发动机的研究进展和最新发展动向，介绍了我国开发和研制气体燃料发动机的现状。针对我国的实际情况，提出了应寻求新途径来提高煤气热值、研制高效的控制系统、优化发动机的参数等今后亟需解决的一些问题。

关键词　气体燃料，煤气机，双燃料发动机，煤气

一、概 述

近年来，气体燃料因具有下述优点已越来越受到许多国家的重视[1]：

(1)气体燃料与空气混合较液体燃料充分，且燃烧完全、柔和，排气污染低。

(2)由固体燃料制造的气体燃料或天然气、化工副产品可燃气等价格便宜，运输费用低。

(3)气体燃料对润滑油的稀释作用小，不需经常更换润滑油或滤清器，降低了维护费用，延长了发动机使用寿命。

(4)气体燃料在发动机超载时不会大量冒黑烟。

(5)对于沼气、煤气发生炉，在我国广大地区可以就地取材，利用各种废弃物产气，气源丰富。

二、气体燃料的种类和性质

按主要的可燃成分，气体燃料可分为甲烷、一氧化碳、氢气以及以丙烷丁烷为主的四类。

1. 甲烷类

此类包括天然气、沼气、石油伴生气等。

天然气用于发动机时排放的主要成分是未燃 CH_4，而 CH_4 无毒，也不生成化学烟雾，其输送与使用均很方便，开采成本低，因而是一种优质燃料。据估计[2]，我国天然气资源量 35 万亿立方米，由于有关部门不够重视，因而产量低，1987 年仅 135.4 亿立方米，天然气被主要用作化工原料，天然气发动机仅限制在油田附近使用。然而天然气发动机在美国、加拿大等国得到广泛的应用。这些国家天然气已经商品化，且价格低廉。

石油伴生气适宜在油井附近使用，我国四川、新疆、江苏等油气田中都有这类发动机在工作。

人工沼气的抗爆性高，适用于增压发动机。南非、美国等农场都备有以沼气为燃料的发电设备。我国一些存在有机排放物的企业，也用之制取沼气发电，这样既利用了废物又保护了环境。

2. 一氧化碳类

此类含发生炉煤气、高炉煤气等。

大多数固体燃料如煤、木材、农业下脚料等都可用来生产发生炉煤气，因而成本低。我国 57 %的县

* 本文出处：农业机械学报，1991 年 3 月，第 1 期

有小煤窑,在缺电、无电地区可利用部分自产煤作动力。中国农业机械化科学研究院研制的秸秆、玉米芯等气化炉,已有部分产品投入运行。高炉煤气是炼铁时得到的副产物,一般用作鼓风炉、鼓风机发动机的气体燃料。

3.氢类

纯氢气的制取和贮存技术无明显进展。小化肥厂工艺施放气、炼焦煤气和照明煤气(灯用煤气)的氢含量高,均可作为发动机的燃料。后两种气体热值较高,可用管道作长距离输送,扩大了煤气使用范围。但因含有大量的灰尘、焦油蒸气和硫化氢等杂质,需经特殊处理后才可用作发动机的燃料。

4.丙烷丁烷类

以液化石油气(LPG)为代表,此类通常是丙烷、丁烷为主的多种碳氢化合物的混合气体。作为发动机的燃料,LPG有如下特点:①在常温常压下呈气态,压力达0.8 MPa、温度为15℃时就液化。与压缩天然气(P=20 MPa)相比,LPG的工作压力低,能用轻型气瓶,而且减压装置简单。②LPG以重量计的低热值一般比汽油高3%～5%,但理论混合气的热值相近或稍低。然而其辛烷值高于汽油,在点火式发动机中可用提高压缩比来补偿热值的不足。③LPG的热值高于其余气体燃料,便于携带,对于运输用发动机来说,具有独特的优越性。

5.气体燃料的性质

气体燃料的主要评价参数有热值、辛烷值、着火性等。燃料的性质决定了发动机的性能。

(1)热值　发动机的功率不直接取决于燃气本身的热值,而决定于混合气的热值。不同的气体燃料完全燃烧时所需的理论空气量也不同,它们的热值与混合气热值不呈同样比例。表1列出了几种气体燃料在不同过量空气系数(α)时的自身热值和混合气热值。由此知,虽然不同气体燃料的热值相差悬殊,但其混合气热值差别不大。

(2)抗爆性　发动机功率除同混合气热值有关外,还取决于压缩比,而压缩比则依赖于气体燃料的抗爆震能力。过去常用辛烷值(ON)来衡量所有燃料的抗爆性,现则用甲烷值(MN)来评定。从表2知,含有CO_2的污水煤气的抗爆性最佳,适用于增压发动机。大多数天然气的MN值在70～100。MN值低于55的气体燃料用于低压缩比的发动机。

表1　气体燃料自身及混合气低热值

Table 1　Low heating values of mixture and gas

序号	可燃组分(%)			气体燃料自身热值(MJ/Nm³)	理论空气需要量(m^3/m^3)	混合气热值(MJ/Nm³)		
	H_2	CO	CH_4			α=1.00	α=1.25	α=1.80
1	2	31	0	3.83	0.784	2.15	1.93	1.59
2	18	12	4	4.50	1.095	2.15	1.90	1.51
3	15	9	8	5.16	1.333	2.21	1.93	1.52
4	0	0	100	34.58	9.500	3.43	2.80	1.99
5	55	7	32	19.26	4.650	3.41	2.83	2.05
6	LPG			96.30	24.590	3.76	3.03	2.13

表 2　气体燃料得分抗爆性[2][3]

Table 2　Antiknock properties of gaseous fuels

气体燃料	MN	O 修改的 ASTM 法		N 标准的 ASTM 法		气体燃料	MN	O 修改的 ASTM 法		N 标准的 ASTM 法	
		RON	MON	RON	MON			RON	MON	RON	MON
CH_4	100	133	130	112	105	C_2H_6	43.7				
C_3H_8	34	110	99.6	103	96	C_2H_4	15.0				
C_3H_6	18.6	99.8	81		85	n-C_4H_{19}	10	93.4	91.6	96.1	89.6
β-C_4H_8	20										
γ-C_4H_8	26					50%C_3H_6 50%C_4H_{10}	22			104.5	93.5
H_2	0				66						
CO	73				100						
C_5H_{12}	2				70	25%C_3H_8 75%C_4H_{10}	16			100.1	91.3
						75%C_3H_8 25%C_4H_{10}	28			112.1	96.8
						污水煤气	100～130				

(3)着火性　气体燃料发动机的工作效率在很大程度上取决于混合气的着火性。混合气的着火范围随温度和压力的增高而扩大。表 3 列出了一些气体燃料在空气中的着火温度、着火范围和燃烧速度[3]。

表 3　气体燃料的燃烧特性

Table 3　Some combustion properties of gaseous fuels

气体燃料	着火界限 (%)	最大燃烧速度 (m/s)	着火温度 (K)	气体燃料	着火界限 (%)	最大燃烧速度 (m/s)	着火温度 (K)
氢气	4.1～80.0	282	833	一氧化碳	12.5～80.0	43.2	878
甲烷	5.3～15.4	39.2	923	乙烷	3.2～12.5		
丙烷	2.1～9.5	45.5	743	丁烷	1.5～8.5	37.5	638
水煤气	6.9～70.0			天然气	4.8～13.5		
炼焦煤气	5.3～31.0			高炉煤气	～75.0		
照明煤气	8.0～45.0			发生炉煤气	19.0～71.0		

三、气体燃料发动机的研究进展

美国、加拿大等国因开发得较早，气体燃料发动机得到广泛的应用。许多发动机厂同时生产气体燃料发动机，功率从不足 5 kW 到 47 200 kW[4]。以下按点燃式和压燃式（亦称双燃料发动机）两类分述二者的研究概况。

1.点燃式

Karim[1] 等用甲烷、丙烷等稀混合气在一台 CFR 发动机上试验，其典型结果见下图。同时，还比较了甲烷和丙烷不同混合比例对发动机性能的影响。

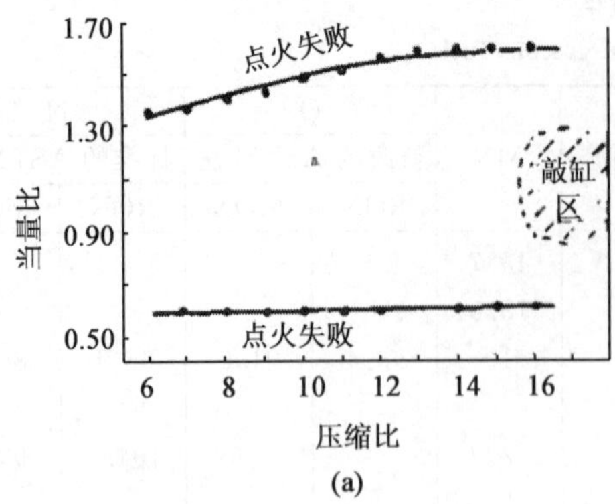

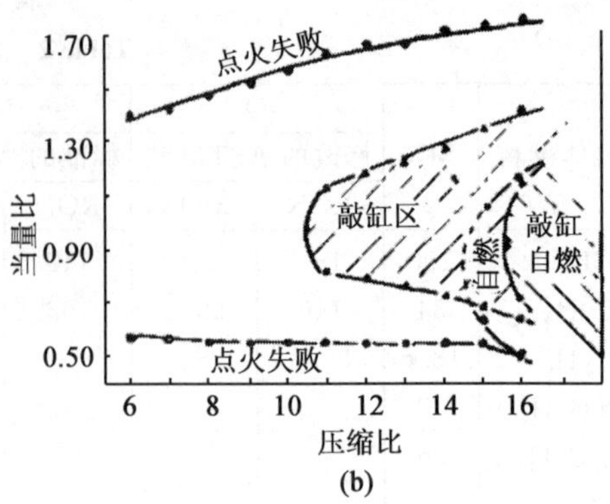

进气温度 311 K　　　　进气温度 429 K

甲烷在不同进气温度下的点火、敲缸、自燃极限与压缩比的关系

Ignition, knock, autoignition limits for methane-air mixtures versus compression ratio for various mixture intake temperature

针对点燃式发动机在稀混合气时燃烧室压力高、循环变动率大，且容易失火等现象，Anderson[5]采用预燃室结构，点燃预燃室中的浓混合气，高温火焰经通道喷出，引燃并促进主燃烧室稀混合气的燃烧。结果证明经济性及 NO_x 排放均得到改善。

Coste Yves[6]在汽车上采取分别供给液化气和汽油的复合供给系统，改善了冷起动性能和排放指标。Fleming 对天然气发动机和汽油机的一系列性能参数作了对比。

2. 压燃式

Burn 和 Elliot 的研究表明：混合气过稀时，火焰前锋不能扩展至缸内各区域，致使部分未燃气体随废气排出，排出量与引燃油量、空燃比有关。Azzoz 认为：预热进气、提前喷油、进气节流、增大引燃油量等能显著改善燃料消耗量。

Flet[8]等指出，敲缸极限与气体燃料的抗爆性有极大的关系，加入烷基铅抗爆化合物能有效地提高天然气的抗爆性。Karim 等还全面地研究了空燃比、进气温度、引燃油量、压缩比对敲缸极限的影响，发现引燃油的十六烷值对敲缸影响甚微。Burn[1]的研究结果表明，引燃油的滞燃期起初随引入气体燃料的增多明显地增大，后期则缩短。过大的滞燃期导致 HC、CO 等未燃燃气的排出量增多，丙烷的情况则更为严重。

Song 和 Ding[7]等在预燃室柴油机中用天然气作双燃料运行的试验表明，部分负荷时经济性较差，接近全负荷时可达到纯烧柴油的水平。最大功率受气缸压力的限制，减小喷油提前角能降低最大气缸压力。同时指出空燃比、引燃油量、喷油定时对经济性以及 HC、CO、NO_x 的排放有重要影响。

3. 我国气体燃料发动机研制现状

20 世纪 70 年代开始，上海、四川、江苏等地重新恢复对煤气机进行研究。许多单位研制了 S195 气柴油双燃料发动机，分析了影响沼气消耗量和热效率的各种因素，探讨了沼气用于拖拉机发动机的一些基本问题。成都科技大学就 1105 型柴油机改装成沼气柴油双燃料发动机的调速与供气系统进行研究，提出了提高代油率和热效率的方向。长期以来，江、浙等地一些碾米厂利用稻壳生产煤气发电，解决了企业用电问题。四川研制的 MQL-250 型煤气发生炉以及与之相匹配的 S195M 型双燃料发动机，可用劣质煤为燃料。现在，山东、上海、江苏等地一些工厂均生产煤气机，其中 20/27 型双燃料发动机能用天然气、石油伴生气、沼气、发生炉煤气等多种气体燃料。上海内燃机研究所还对 S195DZ 型点燃式沼气发动机的运转性能进行试验研究，取得一些试验数据。浙江大学则把一台汽油机改燃 LPG 进行试验，得出一些初步的研究结果。

4. 双燃料发动机研制新动向

日本、瑞士、西德、丹麦等国已取得很大的进展。其中较引人注目的是采用高压喷射技术，其目的是消除异常燃烧现象，从而提高功率和热效率。为此，开展了一系列基础研究工作，以判断高压喷射气体燃烧的可能性及喷射装置的可靠性。

Miyaka[9] 等进行了气体燃料喷射模型试验，证实液体燃料的雾化理论完全可用于气体燃料发动机上，并将结果在一台单缸试验机上进行验证，表明可以达到与燃用柴油相同的热效率和平均有效压力。

Einang[10] 等从节能观点出发，研究了高压气体喷射发动机中气体燃料的有效利用、微处理机和数控快速执行机构的应用，对大型 LNG 运载船的动力装置如何经济地利用储气罐中部分 LNG 气化气体等问题进行了多方案比较，表明高压气体喷射最为经济。比重大于空气的气体燃料试验表明，高压气体喷射不受气体组分、压缩极限的限制。

Sulzer 公司研究燃气和柴油分别喷射的喷射系统，通过液压油泵来控制比例。而 MAN-B&W 公司则采用气、油合为一体的喷射方案，由电子元件来调节[4]。

四、有待开发研究的问题

目前，尽管对气体燃料发动机作了大量的试验研究，但燃烧模型方面的报道却不多见，许多实际技术问题亦需进一步研究，主要有如下几个方面：

(1)重视气体燃料资源的勘探开发工作，尤其应注意天然气的开发及生物质气化装置的研究。寻求新途径，提高产气热值，消除杂质。

(2)进一步提高发动机燃用低热值煤气时的功率，采取必要的增压措施。

(3)研制适应性广而高效的控制系统。当燃用多种气体燃料或燃料质量波动时，运行性能相对稳定，在各种工况下达到最优值。在汽车运输等交通领域中尤应如此。

(4)进一步研究双燃料发动机的敲缸问题，应特别着重低甲烷值气体缸内过程的研究。

(5)在不降低性能、寿命和增加造价的前提下，进一步优化发动机的参数、改善其排放特性，尤其应降低小负荷时 HC、CO 以及大负荷时 NO_x的排放。

参 考 文 献

[1] Karim G A et al. SAE831196. 1983, 3: 676-688.

[2] 糜振虎. 气体燃料及其发动机的应用前景. 第二届煤气机学术交流会论文. 1988.

[3] M. 赖克尔著 蒋飞日译. 煤气机. 卫生出版社，1959.

[4] 曾庆义. 国内外双燃料发动机的应用与发展. 第二届全国煤气机学术会论文. 1988.

[5] Anderson A D. The development and application of design criteria for precombustion chambers on natural gas fuelled engines. ASME 84-DPG-1, 1984.

[6] Coste Yves. Gas aujourdhui. 1985, 109(2): 488-489.

[7] Ding Xianhua. SAE860069. 1986.

[8] Flet A E. SAE Trans. 1962, 70: 644-653.

[9] Miyake M et al. The development of high output, highly efficient gas burning diesel engines. Paper of 15th CLMAC, 1983.

[10] Einang P M et al. High pressure digitally controlled injection of gaseous in a diesel engine, with special reference to boiloff from LNG tankers. Papers of 15th CIMAC, 1983.

The Present Status and Trend of Gaseous Fuels and Their Application to I.C.Engines

Huang Jingdang　Zeng Dechao

Abstract Properties and characteristics of various gaseous fuels for internal combustion engines and development work in gas engines both abroad and domestically were reviewed in this paper. To meet demands in the Chinese rural areas, some problems of high priority were identified: (1)Looking for new methods to elevate heating values of gaseous fuels for I. C. Engines; (2) Developing more flexible and effective controls that will allow optimum performance over a wide range of fuels; (3)Further research being still needed to contribute towards reducing the tendency of engines to knock particularly with some low MN value gaseous fuels.

S195型柴油机燃用双燃料的改装研究*

黄敬党　曾德超

摘要　把一台S195型柴油机改装成燃用双燃料的发动机。对原机的供油系统作某些改造，增加了引燃油控制装置和气体燃料调节阀。为增加进气量以燃烧稀混合气以及防止气体燃料的泄漏，采用了弹性腔长管增压装置。同时，利用曲轴箱强制通风来提高发动机运行的安全性。本样机的特点是改装部分少而简单，改装费用低。

关键词　高速柴油机，改造，混合燃料燃烧，气体燃料，S195型柴油机

动力能源的短缺严重地制约着我国农村经济的发展，由此促使对多种新能源开发项目的研究。其中寻求内燃机代用燃料的研究具有重要意义。笔者在分析[1,2]等文献的基础上，选择国内广大农村普遍使用的S195型柴油机为研究对象，将它改装成一台双燃料发动机。试验研究结果可见文献[3,4]。本文着重介绍样机的改装方案及其实施效果。

1　改装方案及其实施

1.1　引燃油量控制系统的改装

本部分的改装应能做到：在发动机进行双燃料变工况运行时，引燃油量应基本保持预先给定的数值；一旦气体燃料供应不足，油泵能增加供油量，维持发动机正常工作；没有气体燃料时，能纯烧柴油。

原柴油机的油泵与调速器的配合关系如图1(a)所示，调速器拨叉直接控制柱塞，从而控制了供油量。图1(b)与此的不同点在于调速器拨叉开口增加了间隙ε：正常双燃料运行时，油泵球头不受拨叉干涉，它将通过弹簧1平衡在预先给定的位置，这个位置可由引燃油调整螺栓2调节，以对应不同的引燃油量，调整范围为0～100%；外部负荷变化时，转速随之改变，飞锤作用力发生变化，引起拨叉转动，而

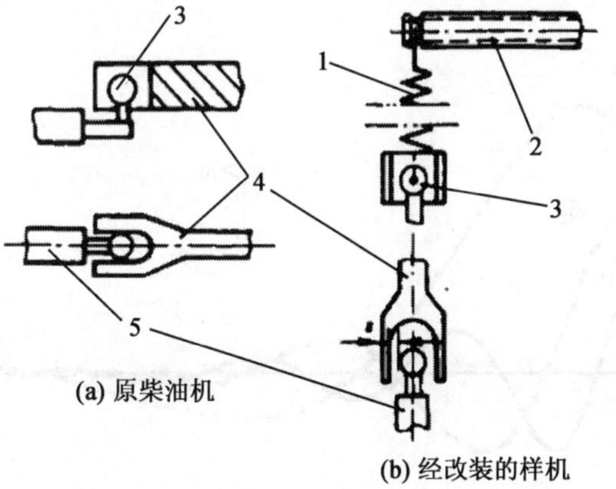

图1　高压油泵与调速器拨叉的配合

1.弹簧；2.引燃油调整螺栓；3.油泵球头；4.调速器拨叉；5.油泵柱塞

* 本文出处：北京农业工程大学学报，1992年，第12卷第3期

拨叉直接与气体燃料控制阀相连，从而实现对气体燃料的调节，以适应负荷的变化。一旦气体燃料调节阀开度最大而燃料仍供应不足时，由于此前拨叉已移动了一个 ε 的位置，因此拨叉将直接带动油泵球头向增加供油量方向移动，以弥补气体燃料的供应不足，直至纯烧柴油，从而实现了双燃料运行。

1.1.1 引燃油控制系统的动态响应

当发动机以双燃料运转时，若油泵球头位置保持在平衡位置不变，则引燃油量不变；若油泵球头在平衡位置振动，则引燃油量也随之波动(引燃油量的波动还可能由针阀升程的波动引起)。引燃油量的这种波动可用油泵球头转角 θ 的变化来表征。假设图 1(b)所示的系统中弹簧的预拉长度为 l，弹簧的刚度为 K，油泵球头和柱塞组件的转动惯量为 J，系统阻尼系数为 C，作用于系统的力矩为 M，回转半径为 r，则以下关系式成立：

$$R(t)=\frac{\mathrm{d}^2\theta}{\mathrm{d}t}+2C\frac{\mathrm{d}\theta}{\mathrm{d}t}+\omega_A^2\theta \tag{1}$$

式中 $R(t)=M(t)/J$，$\omega_A^2=Klr/J$ 。对式(1)作拉氏变换，得 $R(S)=(S^2+2lS+\omega_A^2)\theta(S)$ ，从而得到系统的传递函数

$$G(S)=\frac{\theta(S)}{R(S)}=\frac{1}{S^2+2CS+\omega_A^2}$$

在发动机以双燃料运转时，由于外干扰的作用，使得油泵球头发生偏离平衡位置的转动，导致引燃油量产生波动。这一外干扰可用强度为 I 的脉冲函数 Iδ(t)表示。则

$$R(S)=L[I\delta(t)]=I$$

因而

$$\theta(S)=\frac{I}{S^2+2CS+\omega_A^2}$$

考虑到初始条件 $t=0,\theta=0;t=0,\theta'=0$；记 $\lambda=(\omega_B^2-C^2)^{1/2}$ ，得到燃油量控制系统的脉冲响应为

$$\theta(t)=L^{-1}[\theta(S)]=\frac{I}{\lambda}\exp(-Ct)\cdot\sin\lambda t \tag{2}$$

对式(2)在计算机上求得数值解，对应不同的 ω_A 值，绘制出如图 2 所示的曲线。可知，在受到外干扰的作用后，油泵球头的响应为非线性衰减摆动，系统的脉冲响应振幅收敛，为稳定系统。

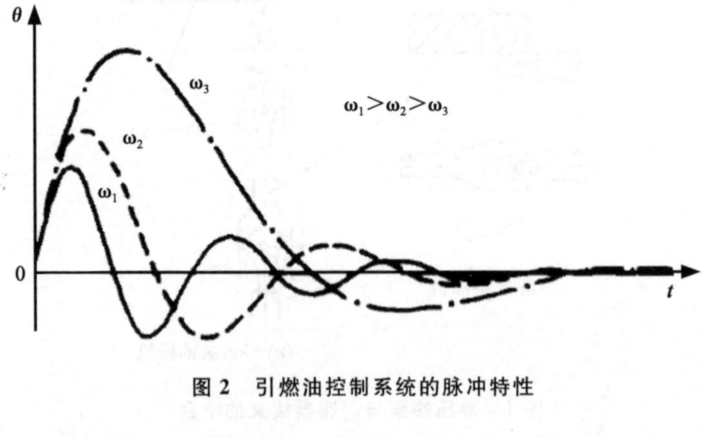

图 2 引燃油控制系统的脉冲特性

当气体燃料供应不足或完全缺乏从而需要增加供油量时，由于加装了引燃油控制装置，油泵球头的转动除受原调速系统的制约外，还受到该装置的约束，欲使油泵球头转动而增加供油量，还需附加一作

用以抵消该装置的影响。用幅值为B的阶跃函数 γ 来表示这一作用，对其进行拉氏变换后得

$$\gamma(S)=B/S$$

若系统阶跃响应前偏离正常引燃油供给位置的转角为 θ_0（图3），类似式(1)，并记 $\omega_B^2=K[(1-\cos\theta_0)r+l]r\cos\theta_0/J$ 和 $\theta(t)=\theta_B(t)+\tan\theta_0$，得传递函数

$$G_B(S)=\frac{\theta(S)}{\gamma(S)}=\frac{1}{S^2+2CS+\omega_B^2}$$

所以

$$\theta(S)=\gamma(S)G_B(S)=\frac{B}{S(S^2+2CS+\omega_B^2)}$$

对式(3)作拉氏逆变换，并记 $\lambda=(\omega_B^2-C^2)^{1/2}$，得其阶跃响应

$$\theta_B(t)=\frac{B}{\omega_B^2}+\frac{B\exp(-Ct)}{\omega\lambda}\sin(\lambda t+\varphi)-\tan\theta_0 \qquad (4)$$

式中 $\varphi=\tan^{-1}(\lambda/C)$。由式(4)知，产生 δ 转角所需的阶跃幅值为

$$B=(\delta+\tan\theta_0)\omega_B^2 \qquad (5)$$

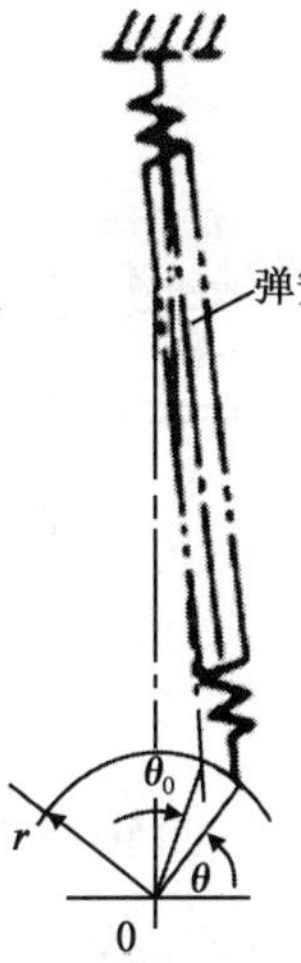

图3　阶跃响应计算图

根据式(4)由计算机绘制的曲线如图4所示。

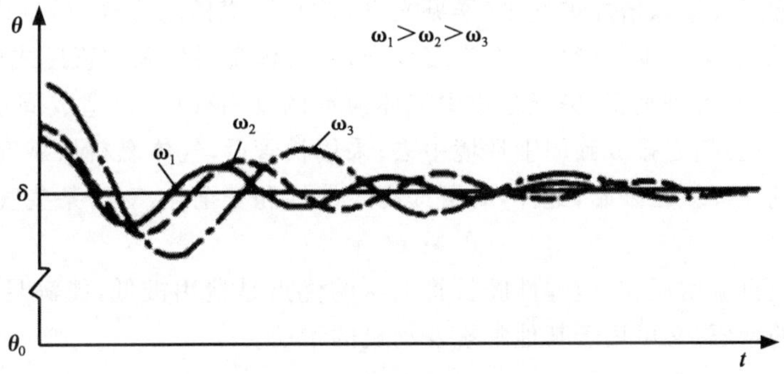

图4　引燃油控制系统的阶跃特性

1.1.2　引燃油控制系统设计参数的选择

该系统可调参数有 K 和 l，二者的增减均引起 ω_A 和 ω_B（以下均用 ω 示之）的增减。从图2和图4可看出，ω 的增加，使脉冲响应的幅值下降，但由式(5)知 ω 增加后使系统产生同样转角的阶跃输入幅值增加。因此，ω 不能无限制增大。实际选择参数时应把二者综合起来考虑。

1.2　气体燃料的调节与混合

图5示出气体燃料控制阀、引燃油控制装置、连接杠杆和调速器的相互关系。

气体燃料控制阀采用锥形阀结构，作双燃料运行时，调速器通过连接杠杆操纵锥形阀，改变气体燃料进气量以适应负荷的变化。采用缸外混合的方式，使气体燃料在进气管中通过若干个小孔逆向喷出以促进混合(图6)。

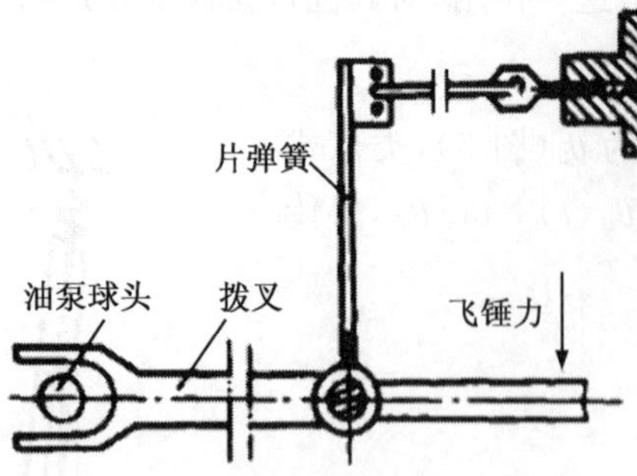

图 5　气体燃料控制阀、引燃油控制装置、连接杠杆和调速器的相互关系

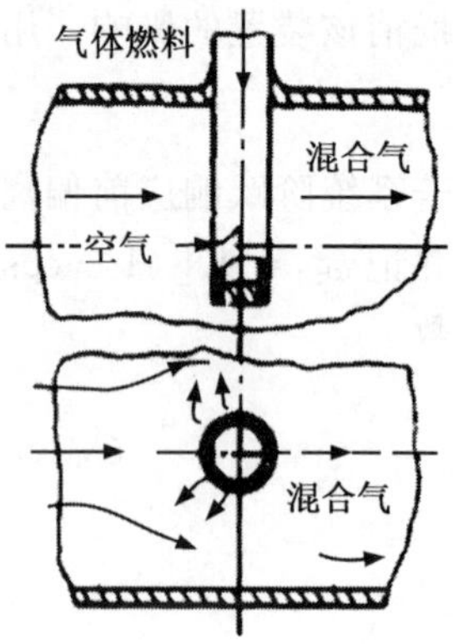

图 6　气体燃料与空气的混合

1.3　曲轴箱强制通风

文献[5]的测试结果表明，按标定工况工作 100 h 后，双燃料沼气发动机由于工质的泄漏，曲轴箱内 CH_4 的含量达 4.4%。为了防止可能发生的爆炸事故，在呼吸器上装一接口，把曲轴箱内的气体经进气管引入气缸中。

1.4　弹性腔长管进气增压

采用弹性腔长管增压方案以增加进气量(详见文[6,7])，燃烧稀混合气，尽量避开液化气的自燃极限，并能防止气体燃料倒流至周围环境中。在许多场合，对气体燃料均采用正压式供给方式。在进气门关闭期间，气体燃料继续流入进气管，进气管道中气体流动的动力效应，可造成周期性的反向流动。若采用普通结构，气体燃料会随之排放到周围环境中去；采用长管后，气体燃料从靠近缸盖处引入，在流出进气管之前下一个进气冲程就已开始，这样，既可提高经济性和安全性，对于某些气体燃料，又可避免污染大气。

与废气涡轮增压或机械增压相比，弹性腔长管增压的优点是费用极低，能满足一定的增压需要，既可用于双燃料发动机的增压，又可用于其他常规发动机的增压。

2　改装前后样机性能的对比分析

按上述方案把样机改装成双燃料发动机，并用液化气作为气体燃料进行试验。经反复调试，选定压缩比为15.3∶1，供油定时为上止点前 13.5°(曲轴转角)，引燃油量定为 25%。

实测结果表明，改装后的样机纯烧柴油运行时，经济性损失极小，在标定工况下油耗仅增加 1.5%(参见图 7)。

以双燃料中、大负荷运行时，热消耗率 K_Q 较燃用纯柴油低，标定工况下降低 5%左右；低负荷时 K_Q 则较高，见图 8。然而，由于气体燃料价格低廉，又可节省液体燃料，从经济性上看，改装方案是可行的。

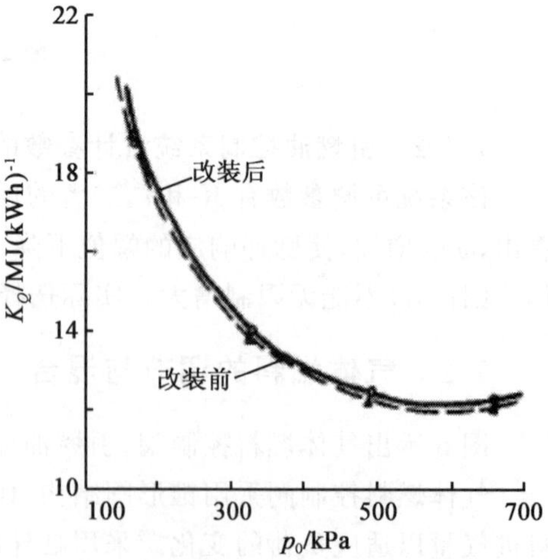

图 7　改装前后纯烧柴油时的负荷特性

小负荷下纯烧柴油时的最大气缸压力 p_{max} 比双燃料运行时大，而中、大负荷时则相反，见图 9。其原因是燃用双燃料时，小负荷下混合气浓度过稀，火焰传播速度较慢，从而压力上升率较低，见图 10；纯烧柴油时，对于

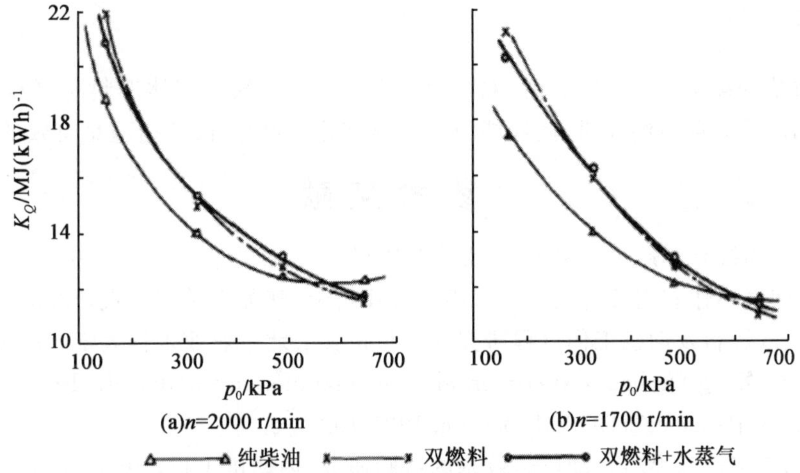

图 8　运行方式不同时的负荷特性

高速柴油机，小负荷工况下主要是预混燃烧，滞燃期较长，因而压力升高率大，最大气缸压力高。随着负荷的逐渐增大，混合气变浓，火焰传播速度也随之增大，双燃料运行时，气缸最大压力升高率增大较快，造成最大压力的急剧升高。双燃料运行且新鲜充量中通入10%的水蒸气时，因水蒸气为惰性气体，能减缓火焰的传播速度，故可在一定程度上降低高负荷时的气缸压力。

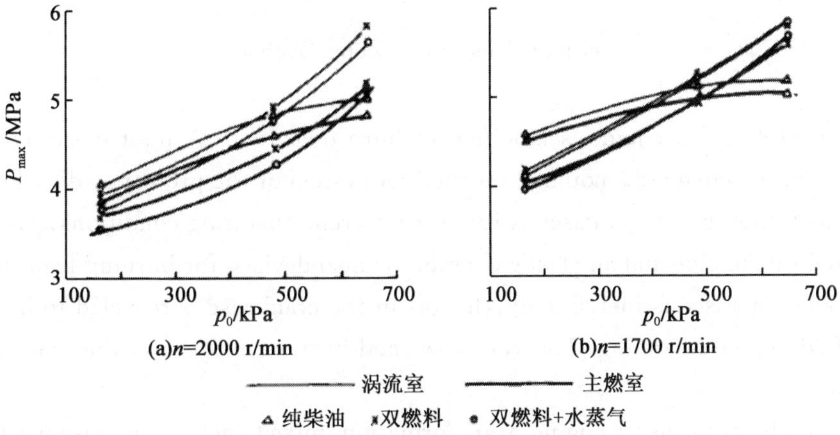

图 9　最大气缸压力随负荷的变化

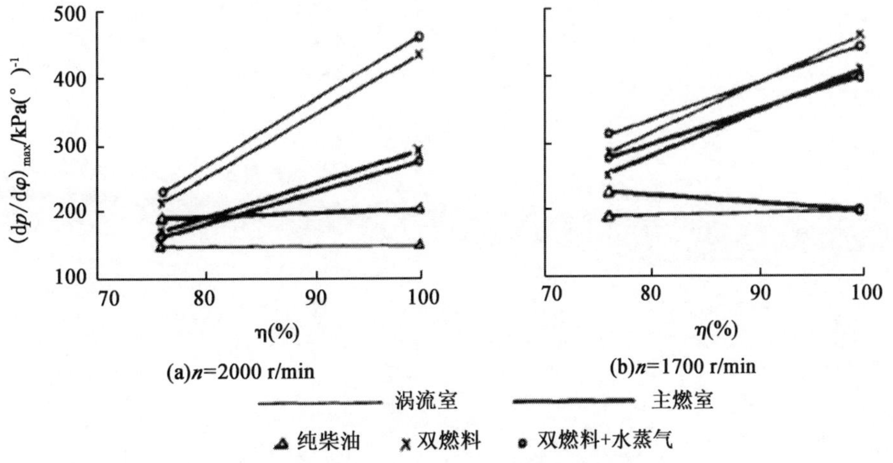

图 10　最大气缸压力升高率随负荷的变化

3 结束语

按本文方案改装的样机，可正常地进行双燃料工况运行。当缺乏气体燃料时可自动切换成燃用纯柴油。燃用纯柴油时改装前后的样机，其性能没有明显变化。可见，改装措施是有效的。

参考文献

[1] 黄至刚，杨仁发，周维新，等. 小功率沼气-柴油双燃料发动机. 内燃机工程，1981，2(2)：64-70.

[2] 汪跃，韦文虎. 沼气用作农用移动式动力机组的代用燃料. 江苏工学院学报，1985，6(4)：61-67.

[3] 黄敬党. 涡流式双燃料发动机工作过程研究：[学位论文]. 北京农业工程大学，1990. 35-48.

[4] Huang Jingdang, Zeng Dechao. Experimental investigations on the dual-fueling of a swirl chamber engine with LPG. Paper of '91ICAM, Beijing. 1991-10.

[5] 钟鹏飞. 提高沼气柴油双燃料发动机热效率的试验研究. 内燃机工程，1986，7(3)：7-12.

[6] 黄敬党，张伟. 内燃机进气系统中弹性腔的数学模型及其应用. 北京农业工程大学学报，1990，10(1)：8-15.

[7] 林继淦，黄敬党，张伟. 单缸柴油机进气系统参数的优化. 北京农业工程大学学报，1989，9(1)：19-26.

The Modification of S195 Diesel Engine to Burn Dual Fuels

Huang Jingdang　Zeng Dechao

Abstract　A S195 diesel engine is modified to burn dual fuels. A pilot diesel control unit and a gaseous fuel regulating valve are amounted on the fuel system of the prototype diesel engine to supply suitable quantity of pilot diesel and gaseous fuel for different operating conditions. And a supercharger with an elongated intake pipe and an elastic chamber is also devised for burning lean fuel mixtures and to avoid the leakage of gaseous fuel. Finally, the gas in the crankcase is recycled to improve the safety when the modified engine operating. The very low modification expense is the main characteristic of the modified engine.

Key words　high-speed diesel engine, transformation, mixed fuel firing, gaseous fuel, S195 diesel engine

农用三轮运输车的动态特性*

李波　曾德超　焦群英　尹龙超　郭泰

摘要　用试验模态分析方法对农用三轮运输车的前10阶模态进行分析，获得了系统的固有频率、阻尼比和振型等动态特性参数；测取了在发动机不同转速下方向把处的加速度响应。结果表明，由路面不平引起的低频振动主要影响驾驶员乘坐舒适性，发动机的运转是方向把产生振动的主要振源。这可供设计人员改进设计时参考。

关键词　农用三轮运输车，模态分析，方向把振动

1980—1985年全国农用三轮运输车总量约3万台，但到1991年全年产量已达60万台，全国有100多个厂家在生产。这是由于其结构紧凑、质量小且操作灵活，适应我国目前农村的购买力和道路特点。但用户和技术鉴定部门反映，这种产品存在着振动和噪声大的严重问题。过大的振动不仅容易损坏机件，而且影响驾驶员的健康。为了找出振源与结构动态特性的关系，以便采取措施有效地减小振动，笔者对整车系统进行了试验模态分析，测定了农用三轮运输车的动态特性。分析结果可供设计人员改进设计时参考，对同类产品的设计也有参考价值。

1　试验方案及其实施

试验所用机型是装载质量为0.5 t的农用三轮运输车，配套动力为R175型柴油机（额定转速2 600 r/min，最大功率4.41 kW），前后轴距2070 mm，后轮距1 100 mm。

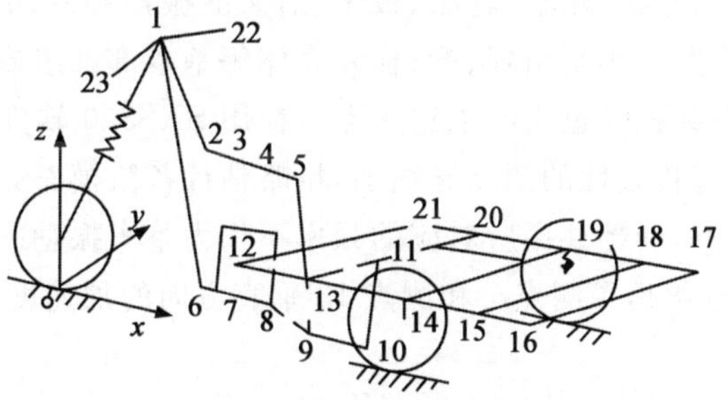

图1　坐标系和测点的位置及编号

试验时将3个轮子置于水平地面上，以模拟实际行驶时车轮的支撑情况。考虑到后车厢是薄板结构，刚度较小，不是主要受力部件，对整个系统动态特性的影响不大，也为便于安装激振器，试验前将后车厢卸下。

频率响应函数的测取采用单点激振多点拾振技术。由于农用三轮运输车在道路上行驶时，振动主要发生在垂直方向，而垂直方向的振动对驾驶员的影响也最大，因此选择在垂直方向施加激振，激振点选在车体左侧的车架纵梁上（见图1中的11点），将JZ-10D型电磁激振器吊挂在车架上方激振，它在激振点产生一随机激振力，不仅可以激出系统垂直方向的振动模态和前后弯曲模态，而且还能激出左右扭转模态。

---

*　本文出处：北京农业工程大学学报，1993年，第13卷第1期

试验模态分析时，依次测取车体上 23 个测点垂直方向的加速度响应。测点的位置、编号如图 1 所示；图 2 为试验模态分析测试系统框图。

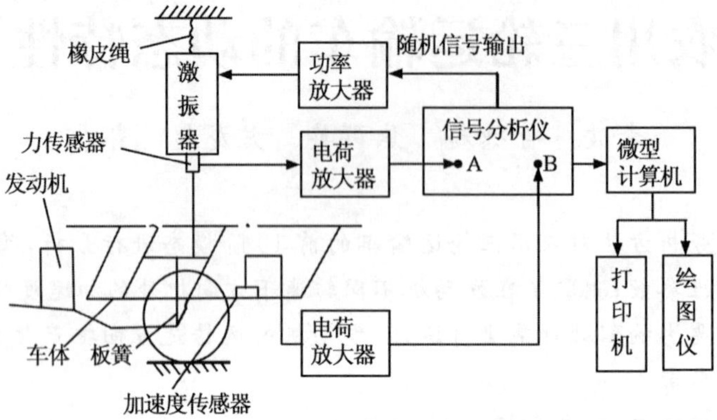

图 2 试验模态分析测试系统框图

试验中所测的力和响应信号经电荷放大器适调放大后送到 B&K2034 双通道信号分析仪中进行实时处理，再将所有测点的频率响应函数贮存到 HP9816S 计算机软盘上。模态参数的识别采用美国 SMS 公司的 SAS3.0 软件。为了减少随机误差，每次取 50 个样本进行平均，并用相干系数判别测量的可靠性。

考虑到实际车速范围及发动机的 1 阶、2 阶倍频惯性力，分析频率范围选定为 0～100 Hz。

2 模态测试结果

由对农用三轮运输车的试验模态分析可以获得整车系统的固有频率、阻尼比和主振型等主要动态参数，其主振型还可动画显示。

由于农用三轮运输车是由车架、轮轴、轮胎、板簧、前叉减振器和发动机等多种部件组装而成的，存在着刚性连接和柔性连接，因此整车是由杆、梁、板和壳体等基本部件组成的复杂结构，测量出的加速度导纳的实、虚频图上包含许多共振峰也说明了这一点。在用 SAS3.0 软件进行模态参数识别之前，选择系统中某一些不同部位的具有代表性的测点导纳图，粗略估计各阶模态频率的大小，先将共有的某个峰值频率作为某阶模态分析频率，局部共振所对应的频率不作为整车振动的模态频率，然后再作进一步的精细分析。图 3(a)和(b)分别给出了测点 1 和测点 13 垂直方向的加速度导纳，H_R 和 H_I 分别为速度导纳的实部和虚部。

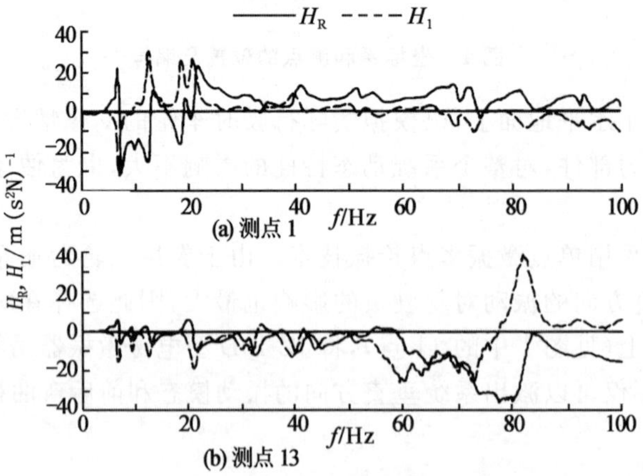

图 3 测点 1 和 13 加速度导纳的实、虚频图

试验中测得的加速度导纳曲线，其模态耦合不严重，可用单自由度曲线拟合法识别模态参数。表 1 列出了识别出的前 10 阶固有频率和阻尼比，图 4 为前 10 阶固有频率下的主振型。

表 1　农用三轮运输车前 10 阶固有频率和阻尼比　　Hz

阶数	模态频率	阻尼比(%)	半功率带宽	阶数	模态频率	阻尼比(%)	半功率带宽
1	7.01	3.892	0.27	6	32.30	2.767	0.89
2	9.84	1.978	0.19	7	41.70	1.649	0.69
3	12.85	4.118	0.53	8	44.94	2.248	1.01
4	19.01	2.024	0.38	9	82.81	2.288	1.89
5	21.29	3.525	0.76	10	93.00	1.118	1.04

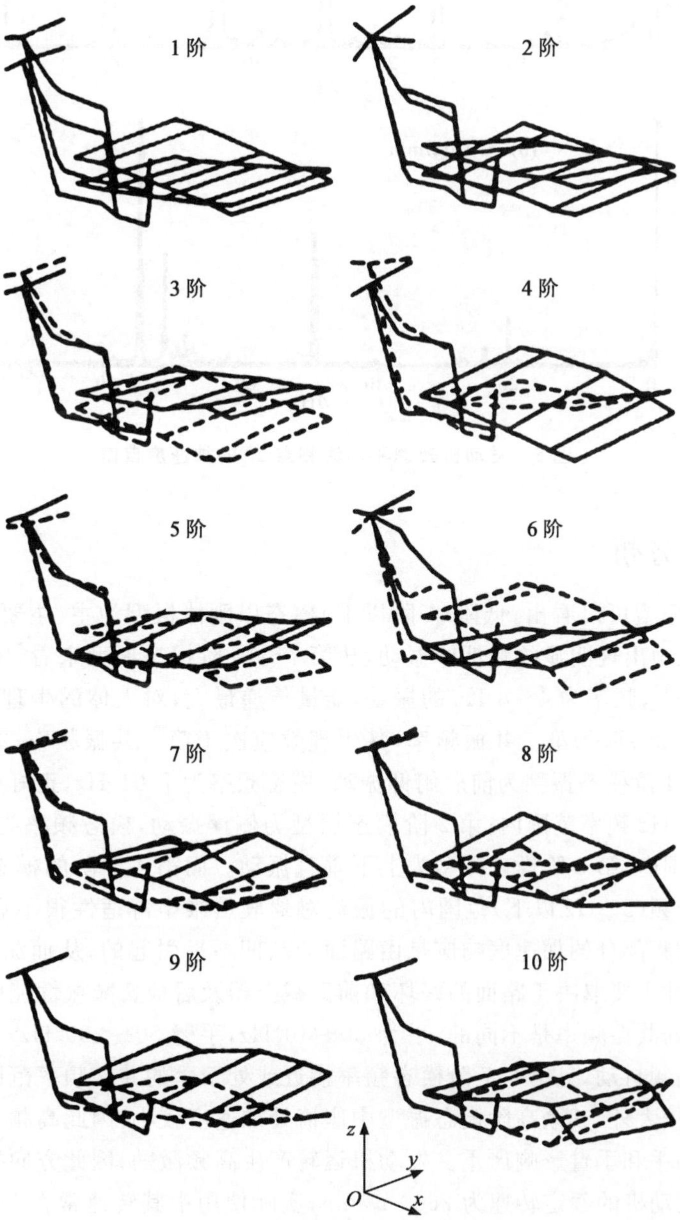

图 4　农用三轮运输车前 10 阶主振型

3 方向把处振动响应的测试

为考察发动机对方向把处振动的影响，置农用三轮运输车于水泥地面上原地不动，卸下发动机与变速箱之间的传动皮带，使发动机处于空转状态，利用油门大小来控制转速，在2种转速下测量方向把左侧测点23垂直方向的加速度均方根自谱，结果如图5所示；表2示出测得的各次谐波及其对应的频率。

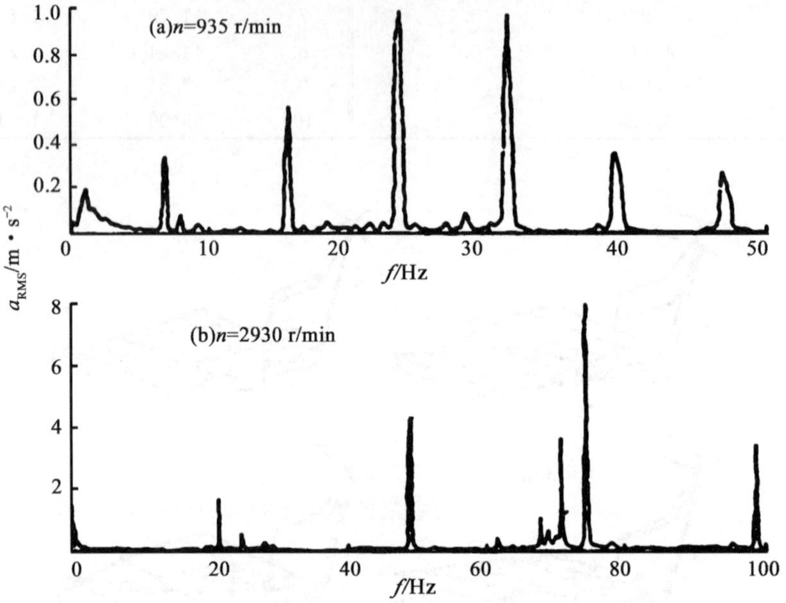

图5 发动机转速不同时测点23的加速度自谱

4 试验结果分析

从整体系统的主振型可以看出，低阶（4阶以下）模态以刚体振型为主，主要是轮胎、板簧及前叉减振器的作用；高阶模态中出现明显的弹性体振动，从第7～10阶模态振型来看，整车系统中车架前部刚性较好。根据ISO263[1]，频率为4～8 Hz的振动，能量传递最大，对人体的生理影响也最大，称作人体的第一共振频率；10～20 Hz为第二共振频率，其生理效应次于第一共振频率；20～25 Hz为第三共振频率①。本试验中，第1阶模态振型为前后俯仰振动，模态频率为7.01 Hz，正好处于人体对全身垂直方向振动最敏感的4～8 Hz频率范围内；第2阶模态振型为侧摆振动，模态频率为9.84 Hz，几乎处于人体的第二共振频率范围内；第3阶模态振型为上下垂直振动。而第4,5阶的模态频率处于人体第三共振频率范围内，这一低频（25 Hz以下）范围内的振动对驾驶员乘坐舒适性很不利。由于农用三轮运输车在路面上行驶时，低频部分的加速度响应是由路面的凸凹不平引起的，从而激出整车的低阶模态，因此驾驶员的乘坐舒适性主要取决于路面的好坏和前叉减振器及后板簧减振性能的优劣。

人体器官各部分的共振频率是不同的，手为30～40 Hz，手臂50～200 Hz①②。从第6～10阶模态振型看，手把处出现高频抖动，且第6,7阶模态频率接近或处于手的共振频率范围内。除第6阶模态振型中座椅4处加速度较大外，其余高阶模态振型中座椅处加速度较小，因此高频对驾驶员乘坐舒适性影响不大，但对驾驶员的手和手臂影响严重。发动机运转产生高频激励，因此方向把的振动主要是由发动机引起的。R175型发动机的额定转速为2600 r/min，实际使用中其转速常在2000～3000 r/min，因此频率处于30～50 Hz范围内的6,7和8阶模态易被激出，从而引起整车共振。

①② 王文隆.车辆形态学（中册）.武汉工学院拖拉机教研室，1981：50～56.

从图 5 可以看出，发动机转速越高，方向把上加速度响应自谱的各次谐波值越大。根据 ISO/DIS5349[2]，在转速为 2930 r/min 时，为保证手在振动下舒适性不降低，8 h 工作中连续受振时间应在 2～4 h 范围内。

表 2　转速不同时测点 23 的加速度谐波幅值及其对应的频率

R/r·min^{-1}	a_{RMS}/m·s^{-2}	f/Hz
935	0.355	6.75
	0.568	15.56
	1.020	23.37
	0.990	31.16
	0.364	38.95
	0.265	46.74
2930	1.56	20.88
	6.62	48.87
	8.08	73.25
	3.45	96.70

5　结论与建议

(1)第 1 阶模态频率为 7.01 Hz，正好处于人体对振动较敏感的频率范围内，对驾驶员乘坐舒适性不利；第 6～9 阶模态中，方向把处抖动严重，均应设法避免。

(2)发动机运转对方向把处的振动影响较大，转速在 2900 r/min 左右时，手臂受振应限制在 4 h 内。

(3)发动机运转产生的高次谐波是引起方向把振动的主要振源。为减小发动机振动对方向把的影响，建议发动机与车架之间的连接采用合理的弹性悬置结构。笔者设计出一种新型悬置结构，既不降低发动机的动力输出，又能起到隔振作用，对此将另文报道。

参考文献

[1] ISO 2631-1978. Guide for the evaluation of human exposure to whole-body vibration.
[2] ISO/D1S 5349-1984. Principles for the measurement and the evaluation of human exposure to vibration transmitted to the hand.
[3] 焦群英，戴诗亮，姬春亮．手扶拖拉机动态特性的试验研究．农业机械学报，1989，20(4)：3-7.
[4] 傅志芳．振动模态分析与参数辨识．北京：机械工业出版社，1990：464.

Experimental Studies on the Dynamic Characteristics of a Three-wheel Vehicle

Li Bo　Zeng Dechao　Jiao Qunying　Yin Longchao　Guo Tai

Abstract　The first 10 modals of the agricultural three-wheel vehicle are identified by means of experimental modal analysis techniques, and the dynamic characteristic parameters, such as natural frequencies, damping rate and vibration shapes, are acquired. Acceleration responses of directional handle bar are treated under different engine speeds of diesel engine. The results indicate that ride comfort of driver is mainly affected by low frequency due to road surface irregularities, the engine is the main vibration resource leading to vibration, of directional handle bar.

Key words　three-wheel vehicle, modal analysis, vibration of directional handle bar

双燃料涡流室式发动机的燃烧模拟计算*

黄敬党　翁红林　曾德超

摘要　针对涡流室双燃料发动机的特点，按下述方法来模拟其燃烧过程：副室的燃烧主要由引燃油的燃烧速率控制，其放热率等于引燃油放热率与气体燃料放热率之和；主室的燃料主要取决于紊流火焰的扩展以及从副室喷来的未燃燃料的燃烧速率。各区之间用质量和能量的平衡方程相互联系。根据所建立的模型编写了计算程序并对计算结果作了验证。文中用该程序对一台样机进行了性能预测，指出了进一步研究的方向。

关键词　燃烧过程，数值模拟，双燃料发动机

Mathur[1]和Karim[2]曾分别提出了直喷式双燃料发动机燃烧模型，而分开式双燃料发动机的燃烧模拟，因其工作过程复杂，目前尚少有人研究。由于液体燃料的供给日趋紧张以及双燃料发动机的独特优点，越来越多的发动机将改装成双燃料发动机运行。而在国内小型高速柴油机中，分开式燃烧室柴油机占优势，为此，研究适用于这类发动机的模型与计算方法，是一项具有实际意义的工作。本文以零维和准维模型相结合的思想来建立双燃料涡流室式发动机的燃烧模型。

1　模型的假设条件

1.1　副室

引燃油按喷射规律分成若干个小单元依时间顺序逐次喷入副室，如图1示。喷射规律按实测喷射期及循环喷油量计算，每一单元的引燃油按各自的滞燃期开始燃烧，各单元引燃油放热率之和即为引燃油放热率。副室中工质在各个计算时刻均布，引燃油燃烧时卷入的混合气（空气＋气体燃料）中的气体燃料与引燃油同时燃烧。副室的总放热率为引燃油放热率与气体燃料放热率之和。

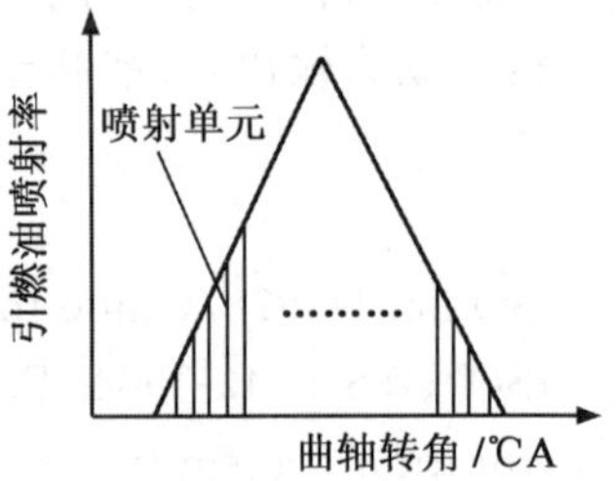

图1　副室引燃油喷射单元划分

1.2　主室

从文献3知，由于压缩涡流及本身结构的影响，涡流室柴油机的循环供油量全部喷在副室内，燃烧始于副室。随后因压力升高致使高温工质（含未燃燃料）喷入主室。在主燃烧室中，喷射引起的紊流及二次涡流加强了未燃燃料与空气的混合，促进了燃烧。鉴于此，双燃料发动机中主室的混合气燃烧可看成是由副室喷射来的高温气体引燃后，由强烈的紊流及二次涡流的作用，逐步向未燃区扩展的。由于点火能量大，在计算中以射流开始喷入时刻为主室燃烧始点。主室分为燃烧区和未燃区两部分。两区压力相等，但温度、工质成分不同。燃烧按下述两部分计算：①火焰扩展面。火焰扩展面将主室分为燃烧区和未燃区，从未燃区卷吸来的气体燃料经过该界面即被燃烧；②燃烧区。从副室喷射来的未燃燃料在该区进一步燃烧。

* 本文出处：农业机械学报，1994年12月，第25卷第4期

2　副室的燃烧模型

2.1　副室的燃烧准备

对于给定的燃料，影响着火延迟期的主要因素是温度和压力。目前，着火延迟的经验公式尽管形式不同，但大致采用 $\tau=\tau(P,T)$ 的形式。以多种，模型代入文本建立的燃烧模型后的计算结果表明，双燃料分开式发动机引燃油的滞燃期采用 Wolfer 公式[4]计算较为合适。即

$$\tau=0.43(P\times10^{-5})^{-1.19}\exp(4650/T) \tag{1}$$

式中，τ 为滞燃期(ms)，P 为压力(Pa)，T 为稳定(K)。

2.2　副室放热模型

内燃机单区放热模型主要分两类：(a)经验放热率；(b)准备率和燃烧率相结合的模型。本文借用较具有物理意义的后者，即

$$\tau_T\ \frac{\mathrm{d}m_{\mathrm{Db}}}{\mathrm{d}t}+m_{\mathrm{Db}}=m_{\mathrm{aD}} \tag{2}$$

式中：τ_T 为燃料特征燃烧时间(s)，m 为燃料质量(kg)，t 为时间(s)；下标 D，b 和 a 分别代表柴油、纯燃烧产物和空气。

由于引燃油量少，喷射期短，喷射结束时尚未开始着火。因此，可假定各单元引燃油在燃烧之前均已完全混合。对于特定的工况，喷油规律已知，因而各单元喷油量及其在燃烧之前混合好的引燃油量 $m_{\mathrm{SD}i}$ 随之可知。按 Whitehouse 放热模型[5]得各单元引燃油燃烧率

$$\frac{\mathrm{d}m'_{\mathrm{SD}i}}{\mathrm{d}\varphi}=\frac{-C_{PS02i}}{n\ \sqrt{T_{\mathrm{S}i}}}\mathrm{m}_{\mathrm{SD}i}\exp(-4650/T_{\mathrm{S}i}) \tag{3}$$

引燃油总燃烧率

$$\frac{\mathrm{d}m'_{\mathrm{SD}}}{\mathrm{d}\varphi}=\sum\frac{\mathrm{d}m'_{\mathrm{SD}i}}{\mathrm{d}\varphi} \tag{4}$$

由前述假设易得副室中气体燃料的燃烧率

$$\frac{\mathrm{d}M'_{\mathrm{SL}}}{\mathrm{d}\varphi}=\frac{\mathrm{d}m'_{\mathrm{SD}}}{\mathrm{d}\varphi}\cdot\frac{M_{\mathrm{SL}}}{m_{\mathrm{SD}}} \tag{5}$$

副室总放热率

$$\frac{\mathrm{d}Q_{\mathrm{S}}}{\mathrm{d}\varphi}=-\frac{\mathrm{d}m'_{\mathrm{SD}}}{\mathrm{d}\varphi}Q_{\mathrm{LD}}-\frac{\mathrm{d}M'_{\mathrm{SL}}}{\mathrm{d}\varphi}Q_{\mathrm{LL}} \tag{6}$$

式(3)～式(6)中，i 为引燃油单元号，C_{p} 为定压摩尔比热(kJ/kmol·K)，φ 曲轴转角(CA)，n 为摩尔数，M 为工质质量(mol)，Q 为放热量(J)，Q_{LL} 和 Q_{LD} 分别为柴油低热值(J/kg)和气体燃料低热值(J/mol)，下标 L 表示气体燃料。

3　主室放热模型

3.1　火焰扩展几何参数的计算

从副室喷射出的气体为高速非定常射流，由于受到主室容积的限制以及活塞顶凹坑的影响，其几何形状非常复杂，即使用多维模型也难以计算。为了计算上的方便，以球面作为火焰扩展面的等效面。计算模型简图如图 2 所示。

假定火焰从缸盖通道口处开始扩展，则火焰扩展半径

$$R_{\mathrm{F}}=\int_{\varphi_{\mathrm{tg}}}^{\varphi}\frac{S_{\mathrm{F}}}{6n}\mathrm{d}\varphi+R_{\mathrm{F0}}\tag{7}$$

式中：φ_{tg} 为主室着火起始角；R_{F0} 为初始半径，取通道的当量半径；S_{F} 为火焰扩展速度(m/s)；n 为转速(r/min)。

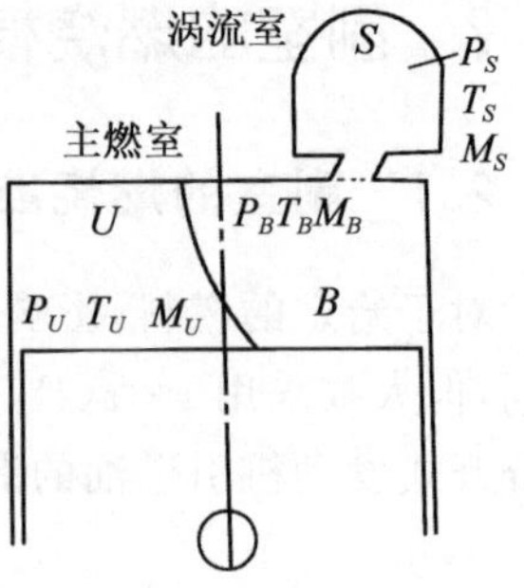

图 2 燃烧模型与计算简图

3.2 火焰扩展面的燃烧率

按 1.2 节所述，假设主室的紊流火焰燃烧速度取决于主副室通道喷射紊流强度。因此，可得

$$S_{\mathrm{T}}=S_{\mathrm{L}}+C_{\mathrm{T}}\cdot u/V_{\mathrm{M}}\tag{8}$$

火焰扩展速度为火焰燃烧速度与火焰膨胀速度之和，即

$$S_{\mathrm{F}}=S_{\mathrm{T}}+S_{\mathrm{E}}\tag{9}$$

式(8)和(9)中，S_{T}，S_{L} 和 S_{E} 为紊流、层流火焰燃烧速度和火焰膨胀速度(m/s)；C_{T} 为常数；u 为通道气体喷射速度(m/s)；V 为容积，下标 M 表示主室。其中火焰膨胀速度按文献 6 计算；层流火焰燃烧速度按 Van Tiggelen 提供的公式[7]计算。因此，火焰扩展面的燃烧速率

$$\frac{\mathrm{d}M_{\mathrm{FL}}}{\mathrm{d}\varphi}=S_{\mathrm{T}}\frac{A_{\mathrm{F}}}{6n}\cdot\frac{P_{\mathrm{M}}}{RT_{\mathrm{U}}}r_{\mathrm{UL}}\tag{10}$$

式中：r 为容积成分，A 为面积(m^2)，R 为通用气体常数(kJ/kmol·K)；下标 F 表示火焰扩展面，U 表示主室未燃区，式(11)～式(14)中下标 B 表示燃烧区。

类似式(3)～式(6)可计算由副室喷射来的未燃燃料的燃烧率

$$\frac{\mathrm{d}m_{\mathrm{BD}i}}{\mathrm{d}\varphi}=\frac{-C_{\mathrm{PB02}i}}{n\sqrt{T_{\mathrm{B}i}}}m_{\mathrm{BD}i}\exp(-4650/T_{\mathrm{B}i})\tag{11}$$

$$\frac{\mathrm{d}m'_{\mathrm{BD}}}{\mathrm{d}\varphi}=\sum_i\frac{\mathrm{d}m_{\mathrm{BD}i}}{\mathrm{d}\varphi}\tag{12}$$

$$\frac{\mathrm{d}M'_{\mathrm{BL}}}{\mathrm{d}\varphi}=\frac{\mathrm{d}m'_{\mathrm{BD}}}{\mathrm{d}\varphi}\cdot\frac{M_{\mathrm{BL}}}{m_{\mathrm{BD}}}\tag{13}$$

$$\frac{\mathrm{d}Q_{\mathrm{M}}}{\mathrm{d}\varphi}=\frac{\mathrm{d}M_{\mathrm{FL}}}{\mathrm{d}\varphi}Q_{\mathrm{LL}}-\frac{\mathrm{d}m'_{\mathrm{BD}}}{\mathrm{d}\varphi}Q_{\mathrm{LD}}-\frac{\mathrm{d}M'_{\mathrm{BL}}}{\mathrm{d}\varphi}Q_{\mathrm{LL}}\tag{14}$$

4 守恒方程

如图 2 所示，按能量守恒原理，注意到 $\partial C_{\mathrm{v}}/\partial r_i=C_{\mathrm{v}i}$ 得

$$\begin{cases}\dfrac{\mathrm{d}T_{\mathrm{S}}}{\mathrm{d}\varphi}=\dfrac{\dfrac{\mathrm{d}Q_{\mathrm{S}}}{\mathrm{d}\varphi}-\dfrac{\mathrm{d}Q_{\mathrm{WS}}}{\mathrm{d}\varphi}-C_{\mathrm{Pj}}T_{\mathrm{j}}\dfrac{\mathrm{d}M_{\mathrm{C}}}{\mathrm{d}\varphi}-T_{\mathrm{S}}\sum C_{\mathrm{VS}i}\dfrac{\mathrm{d}M_{\mathrm{S}i}}{\mathrm{d}\varphi}}{M_{\mathrm{S}}(C_{\mathrm{VS}}+T_{\mathrm{S}}\partial C_{\mathrm{VS}}/\partial T_{\mathrm{S}})}\\ \dfrac{\mathrm{d}T_{\mathrm{B}}}{\mathrm{d}\varphi}=\dfrac{\dfrac{\mathrm{d}Q_{\mathrm{BS}}}{\mathrm{d}\varphi}+\dfrac{\mathrm{d}Q_{\mathrm{BU}}}{\mathrm{d}\varphi}-\dfrac{\mathrm{d}Q_{\mathrm{WB}}}{\mathrm{d}\varphi}+C_{\mathrm{Pj}}T_{\mathrm{j}}\dfrac{\mathrm{d}M_{\mathrm{C}}}{\mathrm{d}\varphi}+C_{\mathrm{PU}}T_{\mathrm{U}}\dfrac{\mathrm{d}M_{\mathrm{BU}}}{\mathrm{d}\varphi}-P_{\mathrm{M}}\dfrac{\mathrm{d}V_{\mathrm{B}}}{\mathrm{d}\varphi}-T_{\mathrm{B}}\sum C_{\mathrm{CB}i}\dfrac{\mathrm{d}M_{\mathrm{B}i}}{\mathrm{d}\varphi}}{M_{\mathrm{B}}(C_{\mathrm{VB}}+T_{\mathrm{B}}\partial C_{\mathrm{VB}}/\partial T_{\mathrm{B}})}\\ \dfrac{\mathrm{d}T_{\mathrm{U}}}{\mathrm{d}\varphi}=\dfrac{-\dfrac{\mathrm{d}Q_{\mathrm{WU}}}{\mathrm{d}\varphi}-C_{\mathrm{PU}}T_{\mathrm{U}}\dfrac{\mathrm{d}M_{\mathrm{BU}}}{\mathrm{d}\varphi}-T_{\mathrm{U}}\sum C_{\mathrm{VU}i}\dfrac{\mathrm{d}M_{\mathrm{U}i}}{\mathrm{d}\varphi}-P_{\mathrm{M}}\dfrac{\mathrm{d}V_{\mathrm{U}}}{\mathrm{d}\varphi}}{M_{\mathrm{U}}(C_{\mathrm{VU}}+T_{\mathrm{U}}\partial C_{\mathrm{VU}}/\partial T_{\mathrm{U}})}\end{cases}\tag{15}$$

式中：C_{V} 为定容比热(kJ/kmol·K)，下标 W 表示燃烧室壁，下标 i 表示某一工质成分，下标 C 代表通

道。其中 $\sum$ 表示对所有工质成分求和。当 $P_S > P_M$ 时 $j=S$；否则，主室着火前 $j=U$，着火后 $j=B$。工质的热物性参数以及 $dM_C/d\varphi$ 按文献 8 计算。式(15)中

$$\frac{dQ_{BS}}{d\varphi}+\frac{dQ_{BU}}{d\varphi}=\frac{dQ_M}{d\varphi} \tag{16}$$

此外，主室未燃区、燃烧区的质量守恒方程按文献 8 计算。传热项按 Sitkei 公式[9]计算。

5　模型的求解及其应用

用 R-K 法求解，上机计算了 S195 型双燃料涡流室发动机的燃烧过程。结果表明，在 75%～100% 负荷范围内，缸内压力峰值误差小于 3.5%，总放热率峰值误差(与根据实测压力计算的放热率相比，下同)小于 5%，主副室放热率计算值与实测值基本吻合(见图 3)，放热率峰值曲轴转角误差小于 1℃A，燃烧终点位置相差较大，约 5℃A，但此时处于燃烧末期，气缸容积较大，对缸内压力等整机性能影响不大。从图 3 知，低负荷工况后期的放热率计算值与实测值偏差较大，主要是由于该工况下火焰扩展速度较慢，扩展面严重扭曲变形，与球面假设相差较大所致。此问题有待于进一步研究。

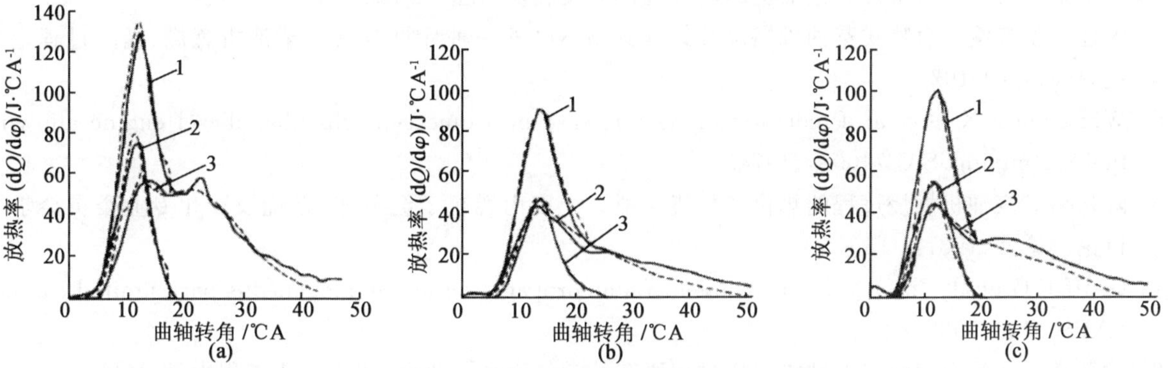

图 3　放热率预测值与根据实测压力的计算值对比

(a)$n=2000$ r/min，100%负荷　(b)$n=2000$ r/min，75%负荷　(c)$n=1800$ r/min，75%负荷

1. 总放热率　2. 副室放热率　3. 主室放热率

——模型预测值　——根据实测压力的计算值

以该燃烧模型的计算程序为子程序，纳入涡流室双燃料发动机循环模拟软件中，按循环供油量相等作为计算基准，预测了引燃油量分别为 28%、24%、20%、16%、12%、8%、4%时一台样机的功率、热消耗率等性能参数，见图 4 和图 5，这与前人的试验结果一致[10]。从图知，减少引燃油量，虽然热消耗率有少量升高(0～10%)，但可节约液体燃料，使发动机运转柔和。因此，有必要对现有喷油器进行适当改造，改善冷却条件，使之能在低供油量工况下正常工作。

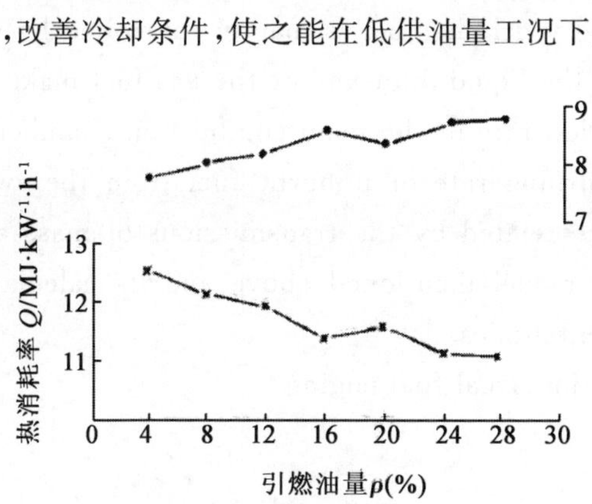

图 4　引燃油量与功率、热消耗率的关系

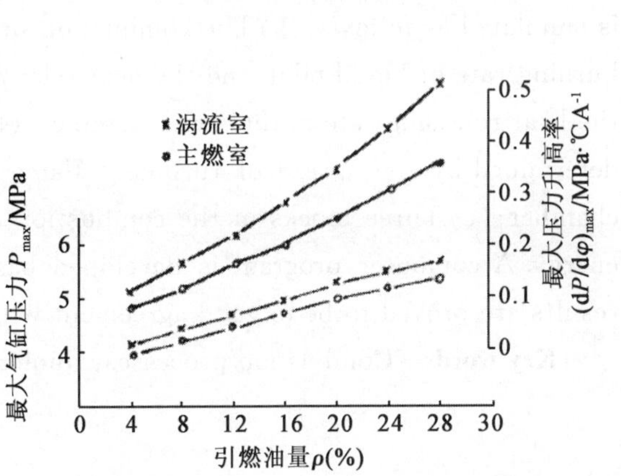

图 5　引燃油量与最大气缸压力、压力升高率的关系

6 结论

针对双燃料涡流室式发动机的特点，在前人对柴油机、汽油机燃烧过程的研究基础上，建立了燃烧模型。该模型既有零维模型计算量少的优点，又具有准维模型的性质，在一定程度上考虑了发动机结构及运转参数对燃烧过程的影响。用样机的实测分析数据进行验证，结果可行。以该模型为基础的循环模拟软件，可对样机性能进行预测，由此可提出进一步的改进方向。

参考文献

[1] Mathur H B et al. A thermodynamics combustion model of a dual fuel engine. SAE861275(P-182), 1986:2-10.

[2] Karim G A et al. Modeling of the combustion process in a duel fuel direct injection engine. Proceedings of 18th International Congress on Combustion Engines, 1989:D1:1-14.

[3] 洛阳拖拉机研究所编译．柴油机的混合气形成及燃烧问题．1972:50-90.

[4] 大连工学院编．直喷式柴油机燃烧及其排放物 NO 的一种计算方法．柴油机燃烧、循环过程论文集，1987:101-102.

[5] Whitehouse N D et al. Prediction of heat release in a quiescent chamber diesel engine allowing fuel/air mixing. SAE740084, 1974.

[6] 陈长佑．汽油机燃烧过程的热化学数值模拟．中国内燃机学会节能、燃烧及净化专业委员会学术讨论会论文，1981:1-15.

[7] Groff E G et al. The nature of turbulent flame propagation in a homogeneous park-ignited engine. SAE800133, 1980:2-8.

[8] 黄敬党．涡流室双燃料发动机工作过程研究:[学位论文]，北京:北京农业工程大学，1990.

[9] Sitkei G et al. A rational approach for calculation of heat transfer in diesel engine. SAE720027, 1972:1-9.

[10] 钱程，等. 涡流室式柴油机燃烧天然气的研究. 第二届煤气机学术交流会论文，洛阳:1988:4-9.

Combustion Simulation of a Swirl Chamber Dual Fuel Engine

Huang Jingdang　Weng Honglin　Zeng Dechao

Abstract On the special characteristic of swirl chamber dual fuel engines, the combustion process is simulated as follows: (a) The combustion process in the swirl chamber is mainly controlled by the burning rate of liquid pilot, and the heat releasing rate of the liquid pilot and of the gas fuel make up the heat releasing rate in the swirl chamber; (b) Combustion rate in the main combustion chamber is determined by the spread of turbulent flame and the burning rate of unburnt fuel from the swirl chamber; (c) Three blocks in the combustion chamber are related by the transmissions of mass and energy. A computer program is developed based on the model mentioned above and its calculated results are proved to be in good agreement with experimental ones.

Key words Combustion processes, Numerical simulation, Dual fuel engine

气体燃料发动机放热率计算模型及其应用*

黄敬党　翁红林　曾德超

摘要　针对气体燃料发动机燃气成分多变等特点，从双燃料分开式燃料室这一情况出发，以各室工质的瞬时成分、温度来计算其比热、内能、焓等热力参数，建立了以实测燃烧室压力为输入参数的放热率分析模型，适用于纯液体燃料、气体燃料以及双燃料工况下直喷式、分开式燃烧室发动机放热率的分析计算。文中给出了计算及应用实例。

关键词　煤气机，双燃料发动机，计算，应用

1　研究背景

目前，工业发达国家正积极开展气体燃料发动机的研究工作[1~3]，其中许多方面离不开放热率的分析计算。由于缺乏合适的模型，多用Song[4]提供的直喷式模型来计算分开式燃烧室气体燃料发动机的总放热率，其结果不能用来分析主、副室的放热过程。本文考虑了分开式燃烧室发动机的燃烧特点[5,6]以及各室的瞬时工质成分、状态参数对放热率的影响，提出了以实测主、副室压力为输入参数的通用放热率分析模型。

2　工质成分及其在燃烧过程中的变化

双燃料发动机工质的主要成分有CO_2、O_2、H_2O、气体燃料及少量的惰性气体。设气体燃料由n种可燃气组成，r_i为第i种燃气的容积成分，若实际气体含有其他成分，r_i须经归一化处理，且把其他成分按惰性气体看待（即使其中含有O_2，因过量空气系数总是大于1，计算时可认为这部分O_2不参与燃烧）。记1 mol第i种成分的纯燃烧产物CO_2、H_2O、N_2的摩尔数为(n_{iC}, n_{iH}, n_{iN})，则1 mol气体燃料的纯燃烧产物可表示为

$$(n_C, n_H, n_N) = (r_1, r_2, \cdots, r_n)\begin{bmatrix} n_{1C} & n_{1H} & n_{1N} \\ n_{2C} & n_{2H} & n_{2N} \\ \cdots & \cdots & \cdots \\ n_{nC} & n_{nH} & n_{nN} \end{bmatrix} \tag{1}$$

其分子变更系数

$$\beta_L = (n_C + n_H + n_N)/(1 + X) \tag{2}$$

式中：$X = \sum_{i=1}^{n} r_i n_{ai}$，$n_{ai}$为燃烧1 mol第$i$种燃气所需的空气。

由上述即可求得燃烧产物的容积成分及缸内其他工质的容积成分、比热等参数。

* 本文出处：农业机械学报，1996年6月，第27卷第2期

2.1 基本假设

①主、副室中工质在各个计算时刻均为平衡状态；②工质为理想气体；③燃烧开始之前，引燃油全部喷在副室；④引燃油与气体燃料同时着火。

2.2 由燃烧引起的副室工质成分的变化

为推导方便，引入一个假想的燃烧体积增量 dV_{Sb}，在 $d\varphi$（曲轴转角，℃A）的时间内，dV_{Sb} 所包含的气体燃料以及引燃油完全燃烧。因此，可得二者的燃烧放热量分别为

$$dQ_{SL} = M_{SL}Q_{LL}dV_{Sb}/V_S \tag{3}$$

$$dQ_{SD} = m_{SD}Q_{LD}dV_{Sb}/V_S \tag{4}$$

总放热量
$$dQ_S = dQ_{SL} + dQ_{SD} \tag{5}$$

把式(3)、式(4)、代入式(5)，整理并记 $F_S = 1/(M_{SL}Q_{LL} + m_{SD}Q_{LD})$

得
$$dV_{Sb} = dQ_S V_S F_S \tag{6}$$

因而得到

气体燃料燃烧量
$$dM'_{SL} = -dV_{Sb}M_{SL}/V_S \tag{7}$$

其消耗的空气量
$$dM'_{SLa} = dM'_{SL} \cdot X \tag{8}$$

生成纯燃烧产物
$$dM'_{SLb} = -\beta_L(1+X)dM'_{SL} \tag{9}$$

引燃油燃烧量
$$dm'_{SD} = -dV_{Sb}m_{SD}/V_S \tag{10}$$

其消耗的空气量
$$dM'_{SDa} = L_D dm'_{SD} \tag{11}$$

生成纯燃烧产物
$$dM'_{SDb} = -\beta_D dM'_{SDa} \tag{12}$$

式中：Q 为放热量，J；V 为容积，m^3；Q_{LL} 为气体燃料低热值，J/kg；m 为柴油质量，kg；L_D 为每千克柴油空气消耗量，mol/kg；Q_{LD} 为柴油低热值，J/kg；M 为工质摩尔数，mol；β_D 为柴油燃烧后气体工质的分子变更系数。

上式中下标意义为：a 为空气，D 为柴油，S 为副室，b 为纯燃烧产物，L 为气体燃料。上标"$'$"为未计通道流量时燃烧室中工质的量。

同理，把式(3)～式(12)中下标 S 改为 M，即得由燃料引起的主燃烧室工质成分的变化量。

2.3 通道的流量

主、副室通道的流量按下式计算

$$\begin{cases} dM_{Ca} = M_{ia}dM_C/M_i \\ dM_{CL} = M_{iL}dM_C/M_i \\ dM_{CDb} = M_{iDb}dM_C/M_i \\ dM_{CLb} = M_{iLb}dM_C/M_i \\ dM_{Cg} = M_{ig}dM_C/M_i \end{cases} \tag{13}$$

其中通道总流量 dM_C 根据实测的流量系数、通道几何尺寸、主副室热力状态计算[5,6]。下标 $i = S(p_S >$

p_M)，$i=M(p_S \leqslant p_M)$，下同。

记 $dV_C = dM_C RT_i / p_i$，则柴油交换量

$$d\, m_{CD} = d\, V_C m_{iD} / V_i \tag{14}$$

2.4　工质成分的总变化

工质成分的变化由燃烧引起的化学变化以及通道间的质量交换引起。

2.4.1　副室成分的变化

气体燃料变化量　$dM_{SL} = dM'_{SL} - dM_{CL}$　(15)

空气变化量　$dM_{Sa} = dM'_{Sa} - dM_{Ca}$　(16)

气体燃料纯燃烧产物变化量　$dM_{SLb} = dM'_{SLb} - dM_{CLb}$　(17)

柴油变化量　$dm_{SD} = dm'_{SD} - dm_{CD}$　(18)

柴油纯燃烧产物变化量　$dM_{SDb} = dM'_{SDb} - dM_{CDb}$　(19)

惰性气体变化量　$dM_{Sg} = -dM_{Cg}$　(20)

工质总变化量　$dM_S = dM_{Sa} + dM_{SL} + dM_{SLb} + dM_{SDb} + dM_{Sg}$　(21)

2.4.2　主燃烧室成分的变化

同上，可得主燃料室中对应各项变化量

$$\begin{cases} dM_{ML} = dM'_{ML} + dM_{CL} \\ dM_{Ma} = dM'_{Ma} + dM_{Ca} \\ dM_{MLb} = dM'_{MLb} + dM_{CLb} \\ dm_{MD} = dm'_{MD} + dm_{CD} \\ dM_{MDb} = dM'_{MDb} + dM_{CDb} \\ dM_{Mg} = dM_{Cg} \\ dM_M = dM_{Ma} + dM_{ML} + dM_{MLb} + dM_{MDb} + dM_{Mg} \end{cases} \tag{22}$$

2.5　放热率模型

通过流经主、副室通道的焓建立能量平衡方程

$$\begin{cases} dQ_S = dU_S + dQ_{WS} + dH_C \\ dQ_M = dU_M + dQ_{WM} - dH_C + p\,d\,V_M \end{cases} \tag{23}$$

式中：U 为工质内能，J；H_C 为焓，J；Q_W 为传热损失，J。

传热系数可根据不同机型选择有关公式，本文的计算实例按 Sitkei 公式计算。

3　模型的应用

本文用差分法建立迭代格式进行求解。编写计算程序时从最一般情况出发，使之适用于纯柴油工况、纯气体燃料工况、双燃料工况的直喷式或分开式燃烧室发动机的放热率计算。各种因素如上止点标

定、气缸压力、压缩比等误差对计算结果的影响，许多文献[5,6]已进行过详尽分析，本文不再赘述。图 1 为本程序算例之一，试验用的气体燃料为液化石油气，其成分如下表所示，试验用样机为一台用 S195 柴油机改装的双燃料发动机，引燃油量为 25%。

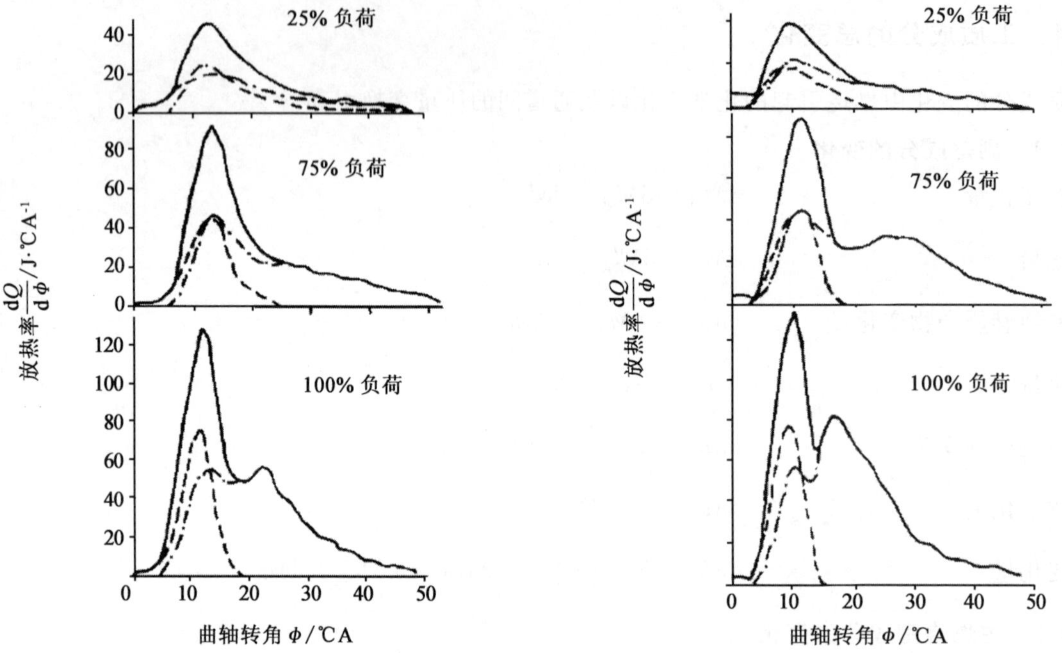

图 1　6 种双燃料运行工况的放热率

(a)n=2 000 r/min　(b)n=1 700 r/min

——总放热率　— — —主室　—·—·—副室

表　试验用液化气的容积成分　　%

名称	丙烷	丙烯	异丁烷	正丁烷	丁烯-1	异丁烯	反丁烯-2	顺丁烯-2	其他
含量	1.19	1.83	2.69	2.85	56.27	15.23	12.93	6.97	0.05

利用该程序，计算了样机若干个双燃料工况和纯柴油工况的放热率。图 2 为同图 1 相同负荷下纯柴油工况的放热率。对比图 1、图 2 可看出，双燃料工况时，涡流室的放热率与纯柴油相似，只有一个峰值，但高负荷时，因液化气的焰前反应速度加剧，放热率增长速度快，峰值高，燃烧持续期短。低负荷时，液化气浓度低，燃烧速度慢，燃烧持续期增长，负荷越低，放热持续期越长，如图 3a 示。负荷加大时，纯柴油工况的燃烧持续期增长，负荷越大，增长越迅速。与此相反，双燃料工况时因高负荷下混合气浓度大，加快了火焰的传播速度，燃烧迅速，燃烧持续期缩短，如图 3b 示。由此亦知，双燃料高负荷工况经济性较好。实测结果也表面，在标定工况下，双燃料工况的热消耗率比纯柴油工况低 5%。

为考察转速对放热规律的影响，计算了 75%标定工况负荷下不同转速的放热率，如图 4 示。从图中知，随着转速的提高，放热始点向后推移，由此使得峰值降低。

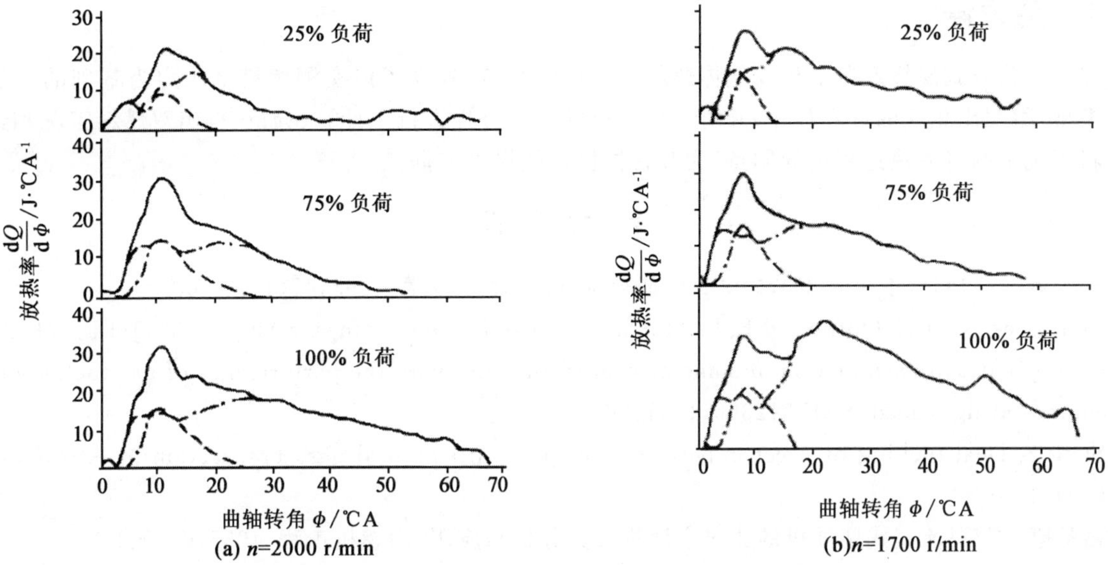

图 2　6 种纯柴油运行工况的放热率

——总放热率　— — —主室　—·—·— 副室

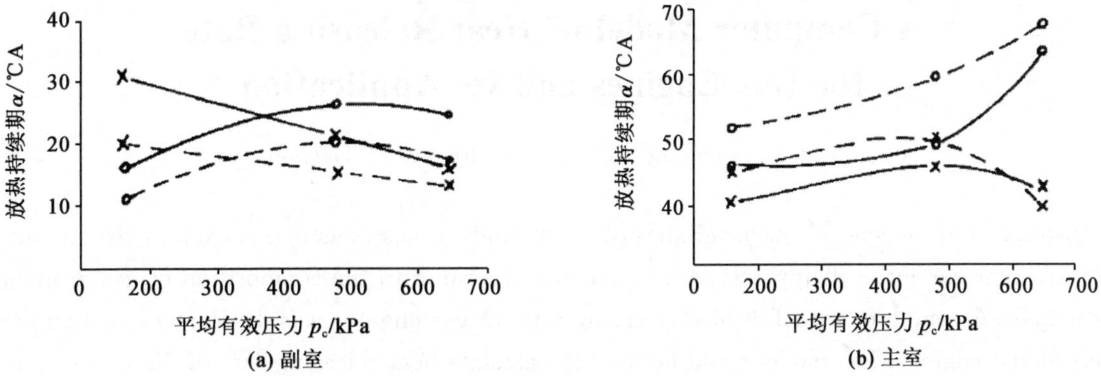

图 3　各种负荷下主、副室的放热持续期

——n=2000 r/min　— — —n=1700 r/min　°纯柴油　×双燃料

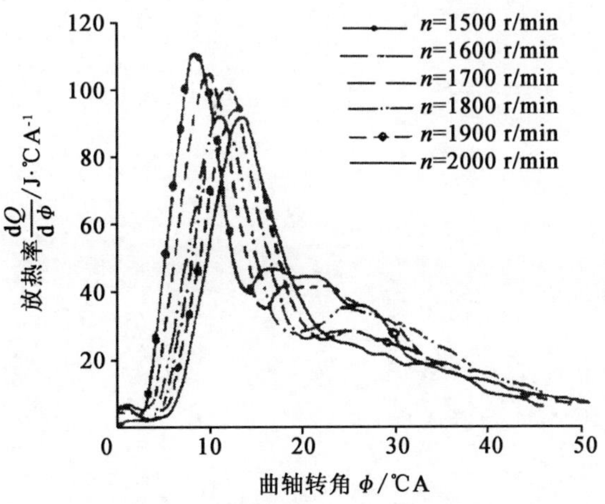

图 4　各种转速下总放热率对比

4 结束语

综合了分开式燃烧室柴油机及气体燃料发动机的特点，建立了以实测燃烧室压力为基础的放热率计算模型，编写出相应的计算程序，并对一台样机的放热过程进行了计算、分析，得出双燃料工况和纯液体燃料工况下两者放热过程的异同点，为改善样机性能提供依据。

参考文献

[1] 俊藤新一. LPGデイーゼルエンヅンの研究动向. 自动车技术，1993，47(1)：63-68.

[2] John Beck N，et al. Optimized E. F. I for natural gas fuelled engines. SAE 911650，1991：471-498.

[3] Karim G A. An examination of some measures for improving the performance of gas fuelled diesel engines at light load. SAE 912366，1991：966-974.

[4] Song S. Dual-fuelling of prechamber diesel engine with natural gas. Transaction of ASME，1985 (10)：1-10.

[5] 葛贤康，等. 涡流室式柴油机的放热率计算及其分析与应用. 内燃机工程，1985，6(4)：1-11.

[6] 李德桃，等. 涡流室式柴油机放热率的计算方法和计算程序的精确化研究. 内燃机学报，1986，4(4)：313-325.

A Computer Model of Heat Releasing Rate for Gas Engines and Its Application

Huang Jingdang　Weng Honglin　Zeng Dechao

Abstract　On the special characteristics of many kinds of gas fuels in gas engines, data about specific heat, inner energy, enthalpy, etc. were calculated according to the composition of gas in main and sub-chamber. A computer model of heat releasing rate for gas engines was developed based on present models of IDI engines. The model could be used to calculate heat releasing rate of diesel fuel, gas fuel and dual fuel DI/IDI engines with different input data. Some calculation results were also given in this paper.

Key words　Gas engine, Dual fuel engine, Calculation, Application

小型农用柴油机进气系的惯性增压研究*

张大成　曾德超

摘要　在作者20世纪80年代对农用195单缸柴油机惯性增压研究的基础上，对双缸柴油机进气系工作过程进行了暂态分析，指出了原设计在工作中导致进气效率损失的参数缺陷，提出了基于惯性增压的新进气系参数设计准则，并在2100B_1柴油机对比试验中获得额定转速下增加输出功率13%的效果。

关键词　双缸柴油机，惯性增压

小型农用柴油机的惯性增压，在80年代初取得了不少研究成果[1]。在不增加转动部件的情况下，仅通过变动进气系的参数，即可实现柴油机输出功率的较大幅度增加，在农村的应用前景非常诱人。但研究基本停留在进气管长与管内压力波传播的关系上，对增压的原理未作更深入的研究，成果进入实用的不多，更未涉足目前农村愈来愈多的双缸机。

本文在作者1985年论文[2]研究的基础上，着重于小型农用柴油机自然进气中的暂态过程，检视了进气系各部件对进气波的影响，特别分析了非对称进气过程双缸机的交互影响机理，提出了新的增压原理和进气系参数设计准则，并经对2100B_1柴油机的改进及对比试验证明了其有效性，展示了用简单方法提高小型农用柴油机功率的新途径。

1　小型农用柴油机进气系惯性增压原理

农用小型柴油机进气系由进气门、进气管和空滤器组成。工程设计进气门只在汽缸充气行程时打开，空滤器改善空气质量，进气管则是两者的连接件。在单缸或非对称双缸机工作时，由于进气过程的间断性，它在进气系各部引起了很大的空气流和压力波动，对汽缸的最终充气效率产生很大影响，并进而影响了燃油的完全燃烧率。

试验证明，在一定的气门开启截面下，作为进气原因的进气口内外压力差与通过空气质量的平方成正比[2,3]。影响进气门外压力变化的原因有三：①进气(产生空气密度降的初始波)；②空气波的往返传播与迭加；③进气流的惯性(减速产生密度压力增量)。进气时，气门外的气波以音速沿进气管外传，在管口空滤器处产生反射并内传至气门处与原波迭加。经研究，空气波在空滤器端的反射系数[2]：

$$Q=\Delta\rho_{反}/\Delta\rho_{初}=(R_k-Z_q)/(R_k+Z_q) \quad (1)$$

式中：Q为进气管空滤器端反射系数；$\Delta\rho_{反}$为反射波密度差；$\Delta\rho_{初}$为初始波密度差；Z_q为进气管特性阻抗。

$$Z_q=1/(C\cdot S_{管}) \quad (2)$$

R_k为空滤器瞬时阻抗。

$$R_k=(\Delta p\cdot\rho/p_0)/G \quad (3)$$

且C为音速；$S_{管}$为进气管截面积；Δp为空滤器内外压差(瞬变)；ρ为空气密度；p_0为静态气压。

* 本文出处：农业工程学报，1999年12月，第15卷第4期

试验证明，油浴式空滤器的空气阻力特性[2]

$$\Delta p=3.8\cdot G^{2.14} \tag{4}$$

进气流被完全滞停时可产生的压差

$$\Delta p=\rho\cdot v^2/2 \tag{5}$$

式中：ρ 为空气密度；v 为空气流线速度。

在进气后期，汽缸内压力渐增、气门开口渐小、进气流速趋小，其惯性引起气门外压力增加，对提高汽缸充气效率十分有利，这就是惯性增压的基本原理。当然，空气波的传播及其在空滤器端的反射特性也对进气过程产生重大影响，同样成为本研究的重大关注点。

为了验证上述原理，针对 $2100B_1$ 小型双缸柴油机进行了研究与改进。

2 $2100B_1$ 型柴油机进气系参数及评价

2.1 $2100B_1$ 柴油机进气系参数简介

原 $2100B_1$ 柴油机主要技术参数如下：型式：立式，水冷，四行程，直接喷射燃烧室；气缸数：2；气缸直径：100 mm；活塞行程：120 mm；活塞总排量：1.88 L；压缩比：16；标定转速：1500 r/min；双缸发火间隔：180°曲轴转角；12 h 功率：16.4 kW(22 hp)。

$2100B_1$ 柴油机进气系主要技术参数：两进气口间距离：210 mm(图 1 中 L_1)；进气管长：190 mm(图 1 中 L_2)；进气管径：53 mm。

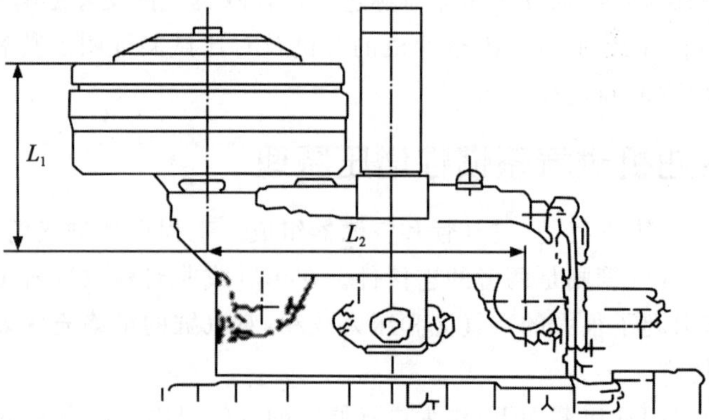

图 1 $2100B_1$ 柴油机进气系参数

Fig. 1 The parameters of air-charging system of $2100B_1$

2.2 $2100B_1$ 柴油机进气过程评述

在 1500 r/min 的稳定转速工况下，单缸进气门开启期共 250°曲轴转角，其中有效气门开启工作期约 190°，计 21 ms。在此期间内的进气暂态过程大体如下：

进气过程开始后，由进气引起气门口压降(空气密度降)，压降波以音速(约 310 m/s)向进 气管口传送。

压降波到达进气管口时，与空气滤清系统发生交互作用，产生反射波，再以音速向气门口传递。以远端进气口计，原进气通道共长 $L=L_1+L_2=0.4$ m，压力波传递 1 个往返需时约 0.0026 s。即从进气开始 2.6 ms 时，原生压降波就开始在进气门处与反射波叠加，共同影响进气过程。从以上时间估算可以看出，2 波叠加后影响进气时间约占整个进气期的 87%。对于近端进气口，进气通道更短，反射波到达更早，波叠加影响时间更长。设进气初始期的质量流约等于总进气期间平均值的一半，即

$$G_{初}=V_{缸}\cdot\rho/t_{进}/2=0.94\cdot1.3/0.021/2=29(g/s)$$

式中：$G_{初}$为初始进气流；$V_{缸}$为单缸缸容；$t_{进}$为1次进气时间。

由式(2)，53 mm管径进气管特性阻抗

$$Z_q=1/C_0\cdot S_{管})=4/310\cdot3.14\cdot0.053^2=1.46(s/m^3)$$

由式(3)流量为$G=29$ g/s时的空滤器端特性阻抗

$$R_k=(\Delta p\cdot\rho/p_0)/G=(3.86\cdot G^{2.14}\cdot\rho/p_0)/G=2.33(s/m^3)>Z_q$$

代入式(1)可见，$\Delta\rho_{反}$与$\Delta\rho_{初}$同号，即$\Delta\rho_{反}$与$\Delta\rho_{初}$一样也是负的，两波叠加，更降低了气门口的压力和进气效率。随着进气主过程到来，活塞下行加速，进气质量流愈大，气门口负压愈大，负的反射波亦愈强，对进气的不利影响更甚。

到进气后期，活塞下行渐缓，进气质量流减小，空气流速降低时因惯性引起气门口气压升高，正压波向入口处传递并反射。此时因G小，R_k亦小，并有$R_k<Z_q$，反射变号，高压波经反射又成了负波，并在之2.6 ms(23°曲轴转角)内到达，降低了最后阶段的进气效率。由以上评述可以得出结论

(1)空滤器阻抗特性对进气过程产生了极大的副作用，必须加以克服或改进；

(2)进气流的惯性在进气后期产生的压升，对进气增压作用不小，应予增强和利用；

(3)进气流惯性引起的压增，可能受到随后反射回来的负波的叠加而被抵消，需要改进以防止之。

3　2100B_1柴油机进气系的增压改进设计

3.1　空气滤清器对进气过程的影响分析及改造

实验证明[2]，空滤器所引起的压降大体与所通过质量流的平方成正比。如通过空滤器的是稳定流，则现有空滤器对柴油机进气过程的负影响并不很大(流量30 g/s时压降约为大气压的5%)。但双缸柴油机的进气过程只占全部过程的1/2，要求全部流量在1/2时间内完成，则其产生的压降就将为原有的4倍。实际上总流量在1/2时间内仍不是平均分布的，则其在进气关键时刻(流量最大时刻)产生的压降，更成为一个重大的不利影响因素。由上考虑，设法平抑通过空滤器流量的波动，减小其产生的压降，尤其在进气流量最大时刻产生的压降，成为改造进气系的第一考虑。

平抑气流波动的最有效方案是增设气容，在空滤器内侧设计一个一定容量的空腔，使进气在气流需求量较大的时刻，可从此腔中先“预支”部分空气量；在其余时刻再由外部空气通过空滤器补充，其机理与电容过滤电压波相似。

从压降波在空滤器端的反射计算中[2]也可以看出，空滤器内侧空腔改变了此端部的特性阻抗R_k。R_k绝对值的减小，使负压波反射后的波压值向高处偏移；同时反射波相位后移，也延缓了不利波的到达时间，减小了它的不利影响。实验证明，设置空滤器内空腔确可有效减小空滤器压降的不利影响[1]。

在实验中，我们增设此空腔容积3.8 L，超过双缸活塞总排量的2倍。

3.2　进气管对进气过程的影响分析及改造

进气管在原设计中是连接进气门室和空滤器的连接件和固定件，但在进气系波动分析中，它还成为形成气流“惯性”的载体、延长波动传出和返回时间的时滞手段。

(1)管径影响分析。进气管是空气“惯性”的载体。由于

$$G=\rho\cdot S\cdot v=\rho\cdot(\pi d^2/4)\cdot v$$

式中：S为进气管面积；d为进气管直径。

比较式(5)可知,若忽略空气密度的变化,在一定的空气流量下,作为升压原因的速度与管截面或管路直径的平方成反比;而空气速度被滞停时的气压升,又与速度的平方成正比。即可能的压力升与管路直径的4次方成反比。设计管路直径每减小1/5,即可望在进气后期获得将近$(5/4)^4=2.44$倍的压升。

由式(2),管截面积还是决定进气管特性阻抗$Z_q=1/(C_0\cdot S)$的重要影响因素,直接关系波在管外端发生的反射波特性。适当减小管径可在进气过程的前期和中期,明显提高进气门处的气压。但减小管径同时也会增加气流在管路中的压降损耗,该损耗与管长成正比、与管截面积成反比。如管径过细,更可能在进气高峰时产生音障,反使进气量减少。

(2)管长影响分析。进气门处的压力波通过管路向外部传播,并在管口处反射折回,传向进气门。因此加长进气管可以直接延迟压力波传出再传入的时间。

由前分析,在进气全过程中,气流由小而大又由大而小。当气流量由小而大时,发出低压波,并在空滤器端发生反射,返回高压波或仍是低压波,从而增加或降低进气量。对此通过参数设计改善空滤器端的波反射特性系数Q来解决。当气流由大而小(后期)时,因空气惯性产生高压波,并在空滤器端反射为低压波返回,则会降低充气效率。为此有必要适当延长进气管长。

在实验中,我们将原有管径由53 mm减小至41 mm,管长由400 mm增至850 mm。

3.3 2100B_1柴油机进气系中双缸的相互影响分析

2100B_1型柴油机双缸共用一个进气系,两缸的工作行程相差180°曲轴转角,由此对进气过程产生了复杂的影响。

为简化分析过程,首先我们假设第1缸进气开始时,进气系各部的压力波在上次进气过程完成后,经反复地反射和衰减,已趋于平静。这个假设对单缸机是完全合理的[1],对双缸机可能不尽合理,但这个影响必定是微弱的且极复杂的,并随发动机转速的些许改变而大变。为此我们只能先作此假设。

远端先发火且曲轴转角相差180°的双缸柴油机进气过程可大体描述如下:第1缸进气的前、中期过程与单缸机无异;后期气流减小时因空气惯性产生高压;此高压波未及达到峰值即因第2缸进气过程的开始而中断,它减少了第1缸的进气量,却对第2缸的前期进气产生良好影响。

如把从第2缸气门开到第1缸气门闭之间的时间称作交叉期,则交叉期愈短,对第1缸进气愈有利,对第2缸的有利影响亦愈小(即对气流惯性的利用更倾向于保护其制造者第1缸);交叉期的存在同时减少了管内空气流速频繁大幅变化所造成的能量损失。

双缸进气还将柴油机的实际进气时间从总过程的1/4变成1/2,从而可大大缓解按总流量选取的空滤器的不利工况。而按总流量设计的空滤器空腔则对第1缸进气更有利。这样,对于双缸机进气系改进设计的问题焦点就成为:保护第1缸后期进气(使形成惯性高压);防止交叉期高压波向进气管外端的传送,以保护第2缸的中期进气。

经过计算,对原有参数基本未作改动,只是明确将先发火缸置于进气系的远端,并对结构形状提出一些要求。针对2100B_1型双缸柴油机进气门处的设计技术参数要求如图2。

4 试验结果

对进气系改进设计的效果判定试验分别对同一台2100B_1型双缸柴油机进行,令其分别加装原有的和新设计的进气系,在1 500 r/min稳定转速下带动同一发电机组。试验通过对发电机组最高负荷功率的测定判定结果。试验过程示意如图3所示。

试验维持输出电压和频率(60 Hz)不变,同时因三相的负载同步、等量增加,实测三相电压和电流值均几乎相等。故由2100B_1双缸柴油机带动的二相发电机组输出功率N为

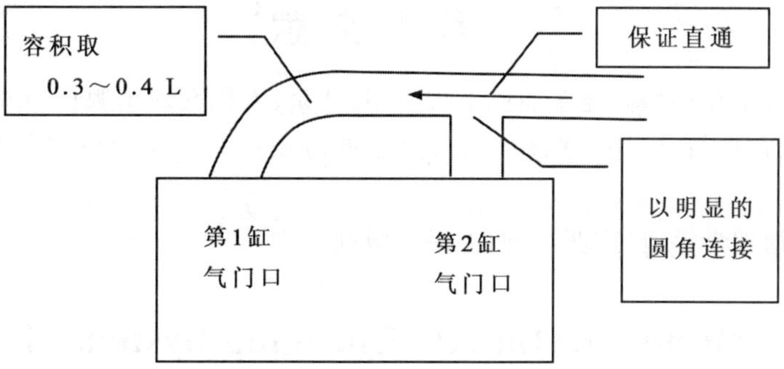

图 2　$2100B_1$ 进气口处的改进设计

Fig. 2　The improved design near air-charging gates of $2100B_1$

$$N = \overline{3} \cdot (V \cdot I)$$

式中：V 为相电压；I 为通过负载的相电流。

试验表明，该 $2100B_1$ 型双缸柴油机使用改进设计的进气系之后，带动发电机组的最大负载能力较使用原进气系的情况，其带动发电机组的最高输出功率增加了。

$$(N_{改}/N_{原}-1)\times 100\%=(29.1\ \text{kW}/25.6\ \text{kW}-1)\times 100\%=13.6\%$$

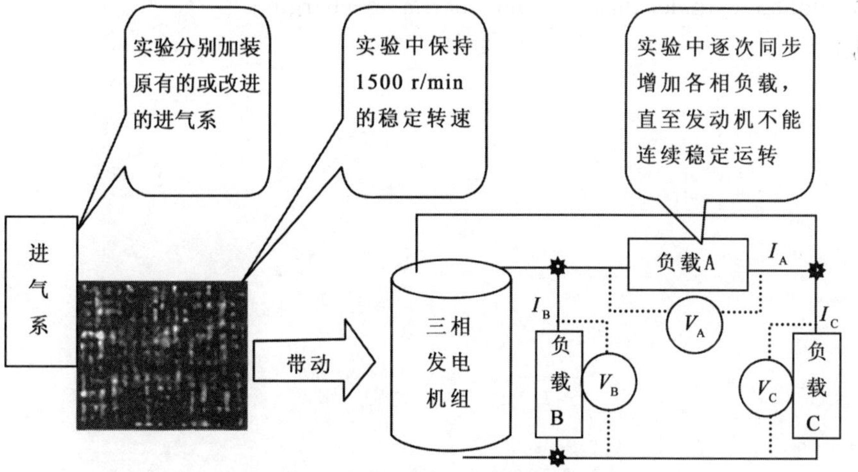

图 3　进气系改进效果试验示意图

Fig. 3　The sketch of test for the effect in air-charging system improving

5　结论

(1)小型农用柴油机在不加装转动部件的情况下，采用进气系的惯性增压，能使额定功率提高 10% 以上，在我国农村地区展示了较广阔的应用发展前景；

(2)本试验改进设计的参数均为计算及经验数据，未经优化。如果通过进一步试验优化获得优化参数，效果会更好；

(3)柴油机功率增加后，其内外各部件的机械强度负荷亦会增加，其中个别零部件强度可能需要重新核算，才能保证柴油机的长期安全使用；

(4)使用这项技术的柴油机要进入市场，还需要进行一定的商品化设计。

参考文献

[1] 刘元诚,等.惯性增压在小型高速柴油机上的应用.北京:人民交通出版社,1980.

[2] 张大成.电学模拟在单缸柴油机惯性增压研究上的应用:[硕士学位论文].北京:中国农业工程大学,1985.

[3] 钟兆娴,等.基础物理学手册.广西:广西人民出版社,1983.

Research on Inertia Air-Charging System of Small Diesel Engine Used in Agriculture

Zhang Dacheng　Zeng Dechao

Abstract　Based on the research on inertia air-charging of 195 single-cylinder diesel engine used in agriculture in 80's by author, the thesis analyzed the transience of air-charging system of double-cylinder diesel engine during working. The defects in original design that leads to loss of efficiency in air-charging were pointed out, and a new design criterion of air-charging system data based on the principle of inertia air-charging was put forward. In the contrast test, an extra power was obtained by 13% under specified rotational speed.

Key words　double-cylinder diesel-engine, inertia air-charging

第五部分

生物质能源工程及其他

生物能源利用技术的研究和发展*

方真　曾德超

在可再生能源中，生物能的资源是非常丰富的。美国康奈尔大学的学者估计，全世界陆地和海洋所有生态系统中，每年干有机物的净产量为1640亿吨，其中陆地上的占70%，这个数字相当于目前世界全年总能耗量的5倍多。我国生物质的生产量为50亿吨干物质，其中农业生产量7亿多吨。但如何有效地合理地利用如此丰富的生物质资源，特别是如何转化成优质的气体和液体燃料，对于解决农村地区能源短缺具有重大意义。

由许多不同的物质组成的混合物：有些是含高热量的物质，如脂肪和油；另一些是中热值的，如糖、多糖和蛋白质；还有一些不能燃烧的无机盐（灰）。通常把除蛋白质、粗脂肪和灰分以外的有机物统称为碳水化合物。除粗纤维（包括纤维素、半纤维素和木质素）外的碳水化合物常称为可溶性无氮物。木质素很难降解，它的高热值为2.334×10^{4} kJ/kg；纤维素是作物秸秆的主要成分，纤维素和半纤维素的高热值为1.61×10^{4} kJ/kg；可溶性无氮物的高热值为$3.4\times10^{4}\sim3.77\times10^{4}$ kJ/kg。

生物质作为燃料利用有三种方式：一是直接燃烧；二是通过生物化学技术转化成优质的流态物质，然后应用；三是通过热化学技术转化成优质的流态燃料，以供使用。

一、直接燃烧

生物质作为燃料直接使用，体积庞大、含水量高，即使干燥后，热值也不高。就可燃物而言，生物质远远不及煤炭。当生物质的含水量多于2/3时，不能直接燃烧，必须使其含水量少于30%。

二、生物化学转化

生物化学转化即气化和液化。

1. 厌氧发酵

沼气发酵的原料具有多样性，但就其化学成分而言，主要是碳水化合物、蛋白质和脂肪。在厌氧条件下，经过多种厌氧的和兼性厌氧的微生物的协同作用，分解成简单而稳定的物质。产生的气体最终产物主要是甲烷（占55%～65%）和二氧化碳（占30%～40%），还有微量的氢、硫化氢和氨等；发酵液中还有一类环状化合物的聚合物——腐殖酸和未消化的残渣。各类有机化合物厌氧降解最终产生甲烷和二氧化碳。

尽管沼气热值可高达2.09×10^{4} J，但是由于生物质厌氧发酵转化成沼气的效率只有30%左右（户用池），而且转化过程较长。因此，单纯从能源方面考虑，沼气是不经济的。同时，树木和含木质素较高的植物难以被微生物发酵产生沼气。这样，与其他方法相比较，其发酵原料相对减少。况且，沼气池的可靠性、寿命以及过冬（尤其是在北方）等都存在一定问题。以上种种原因使沼气的发展受到一定程度的限制。

* 本文出处：中国能源，1991年第11期

2. 发酵制酒精

酒精的生产根据原料的不同分为两种。一种是具有丰富资源的木质纤维植物，在这种情况下，纤维素必须先经过几种酸的水解才能转化成糖，然后再经过发酵生产酒精。另一种是含淀粉和糖的植物，不必经过水解，就可直接转化成酒精。

酒精的热值为 2.68×10^4 kJ/kg。由于它的物理及化学特性，可用它来替代汽油或与汽油混烧。在这种情况下，不必改动汽油机的燃料贮存和分配系统。但是由于酒精的生产存在技术问题，进行大量的生产是不可能的。

三、热化学转化

热化学转化分为三种，即气化，液化和热解。

1. 气化

根据煤气热值的不同分为低热值煤气气化(热值在 7524 kJ/Nm^3 以下)、中热值煤气气化(7524～1.5×10^4 kJ/Nm^3)和高热值煤气气化(3.72×10^4 kJ/Nm^3 左右)。

无论是低热值或中热值类型，所有形式的气化炉的总冷煤气热效率大致为70%～75%。从炉中出来的煤气可直接作为燃料，也可进一步加工为更高质量的燃料。例如，水煤气中的二氧化碳和硫污染物等可通过酸性气净化，这样就可得到只含一氧化碳和氢气的化工合成原料气。合成原料气可通过甲烷化反应合成甲烷和水，通过脱水，可以得到主要成分为甲烷，热值在 3.55×10^4 kJ/N · m^3 左右的高热值煤气。高热值煤气也可以在生物质中直接加氢合成甲烷获得，但要增加制氢设备；合成原料气在250～280℃，在适当的压力和催化剂共同作引下，可以合成甲醇；甲醇是优质的液体燃料，可直接与汽油掺烧，也可在催化剂的作用下，用 Mobil 过程转化成辛烷值很高的汽油；原料气也可用费舍儿—托罗卜史(Fischer—Tropsch)法合成液态烃。美国亚利桑那州立大学已成功地将氢气、二氧化碳和烯烃(从生物质气化蒸气中分离)通过催化在适当的条件下合成柴油、航空汽油和煤油等。对煤气的进一步加工和合成，由于工艺复杂，成本过高和技术不成熟，因此不适合中国农村的实际情况。

2. 液化

液化分直接液化和间接液化。直接液化不需经过气化而直接转化为液态燃料。但是这种产品含大量的氧化物，将导致质量和稳定性问题。其处理过程是比较困难的。直接液化可在高温、高压和催化剂的共同作用下，在生物质中加入氢气或一氧化碳或氢气和一氧化碳混合气生成液态燃料。直接液化也可采用热解的方法。间接液化就是将生物质先转化成化工合成原料气(氢气和一氧化碳)，然后再转化成不含氧的碳氢燃料产品。另一种新方法是把在厌氧发酵条件下产生的高分子酸，采取 Kolbe 电解法转化成碳气液态燃料。由此可见液化过程也是很复杂的。

3. 热解

热解就是在隔绝空气的条件下，对生物质加热分解为气体，液体和炭的过程。生物质的热解是目前能源转化过程中效率最高的一种。根据加热方式的不同，热解分为三种：间接加热、直接加热和热载体加热；根据加热速率的不同，热解又可分为四类：①慢速加热，小于 5 K/s；②中速加热，5～100 K/s；③快速加热，100～10^6 K/s；④闪激加热，大于 10^8 K/s。加热速率越高，热解获得的气态和液态产品产率越高。因此，液态产品可以采取快速加热、短的滞留时间、适当温度(540℃)和立即冷却所产生的气体和可凝结蒸汽的方法获得。这也是目前欧美等国液化生物质的一种方法。如果要提高气态产品的产量，除了采取快速加热外，还要提高滞留时间和温度以利于焦油的裂解。一般而言，生物质的热解取决于生物质的种类、热解温度、压力、加热速率、气体环境和生物质的大小等。这些条件的变化必然引起产物的变化。大多数的热解是在惰性气体环境下进行的。如果热解是在氢气环境下进行的称之为氢化热解。氢化热解可以增加挥发物的产量，同时改进液态产品的质量。热解也可以在真空（低于 10^5Pa）环境下进行，以提高挥发分产量，防止其二次裂解。

一般而言，生物质中的半纤维素是最不稳定的，因此在较低的温度下就可热解；可溶性无氮物也可在较低的温度下分解；纤维素在 300～370℃范围内热解，其热解的主要产品为挥发分和气体；而木质素直到 450℃还不能完全降解，它可以得到较多的炭。从热解炉中可以得到三种产品：炭、热解油和热解气。炭产品的重量可占生物质重量的 20%（木材）～30%（秸秆）。其挥发分含量 5%～25%；低热值 2.30×10^4～2.72×10^4 kJ；灰分 2%（木材）～17%（麦秆）；密度 150～300 kg/m^3。热解油的产量变化较大，可从百分之几到百分之六十几之间变化。它是由许多有机化合物组成的。它对热很敏感、呈酸性、可溶于有机极性溶剂之中，在空气中易变质。热解油（去除水后）的低热值为 2.09×10^4（林材）～2.8×10^4 kJ/kg（橄榄壳）；密度 930～1 050 kg/m^3，而燃料油的密度为 830 kg/m^3。热解油可直接燃烧提供热能也可利用其中的有机化合物作化工原料，但由于其含氧量高，不适合直接作为内燃机燃料。热解气，由于生物质挥发分含量很高（可达 80%左右），故其产气量可高达 50%以上。热解气主要由 H_2、CO_2、CO、CH_4、H_2O（蒸汽）和少量的低分子碳氢化合物以及有机化合物蒸气组成。由于生物质含氧量很高，与煤制热解气比较，其二氧化碳、一氧化碳和水蒸气含量很高，热值较低。其热值在 1.05×10^4～1.46×10^4 kJ/Nm^3。

生物转化与热转化比较具有以下优点：低的活化能、在一个容器中可进行多步反应、高产率、适用多种原料、反应器结构专一、可用稀原料、复杂的分子转化以及其技术也可用于食物、饲料和医药等方面；不利的方面：反应速度过慢，要求从稀释的液态中回收产品、复杂的反应条件、严格的消毒要求，进料操作困难和催化剂再生引起的高价格等。生物转化的原料和运行成本是热化学的 3 倍。因而，它更适宜生产高价值的化学产品或人类消费必需的食物，还有利于生态农业的发展。生物转化具有良好的综合效益。从热化学转化方面而言，液化技术不太成熟而且工艺复杂、成本过高；气化技术比较成熟的有：空气、煤气和混合发生炉煤气生产，但它们的热值较低。水煤气发生炉可生产热值为 1.05×10^4 kJ 的中热值煤气，但其工艺复杂且较难控制，同时由于煤气中氢气较多，用于内燃机时易爆震。另一种是国内目前还没有的生物质热解气化，该方法生产的煤气热值可超过水煤气，达 1.25×10^4 kJ/Nm^3 左右，且抗爆性好，比较适合作为内燃机燃料。

目前，北京农业工程大学土壤—机器—植物系统试验室正在从事生物质热解气化方面的研究并取得初步成果。该试验室利用自制的热解气化装置对玉米芯进行了试验。生产的煤热值达 1.25×10^4 kJ/Nm^3 以上，组成为：10%N_2、26.56%H_2、16.84%CO、29.4%CO_2、12.27%CH_4、4.72%CnHm。希望有关部门从长远的眼光考虑加强对生物能源的研究。

一种带有产气热裂解装置的新型热解气化炉的实验研究

易维明　曾德超

摘要　在实验室建造了一种带有产气热裂解装置的新型热解燃气发生炉作为实验模型，用玉米芯为燃料进行了对运行参数优化的试验分析。结果表明，只要根据入料的水分含量适当地搭配热解温度和热裂解温度，就可以得到较为满意的气化结果，对自然风干的玉米芯用600℃热解温度和800℃产气热裂解温度可使产气中焦油含量为9%以下、产气率达74%，产气性能远比普通煤气发生炉高得多。

关键词　生物质能，气化，热解，热裂解

1　引言

传统煤气发生炉所产生的燃气，由于含有大量的氮和二氧化碳而热值较低。在探索利用生物质作为农业动力能源的研究中，我们提出了利用热解燃气发生炉生物质的热解气体具有较高的热值，这有利于其高效的利用。但是产气量较少、气体中焦油含量高。对此，我们采用了对产气中的焦油进行高温热裂解的技术。本研究包括产气中焦油含量与入料水分含量和热解温度的关系，总产气率与水分含量和热解温度的关系，在不同的气体热裂解温度下产气中焦油含量以及产气量的变化规律等。这些研究的结果，可以给实际装置的设计计算和运行提供依据[1]。

为了试验这种新型装置的可行性以及对其设计和运行参数进行优化，首先在实验室内建立了一套模型实验装置。它由热解器、热裂解器、焦油收集器等组成。其中，热解器和热裂解器采用电加热，由TDW控温器控制温度。工艺流程见图1。

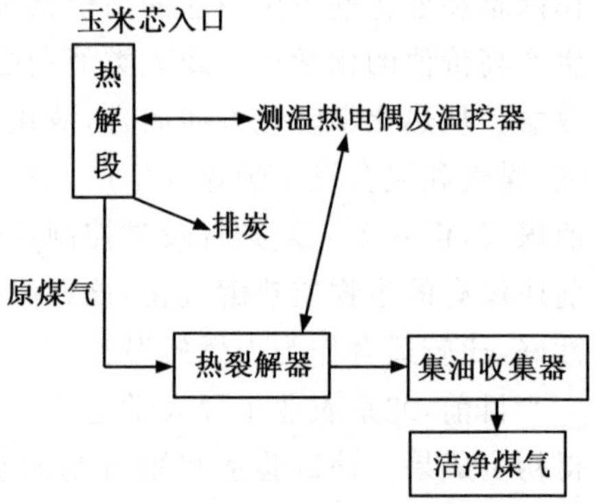

图1　实现装置示意图

在没有安装气体热裂解器的条件下，首先研究了产气率、焦油含量与玉米芯水分含量和热解温度的关系。在安上热裂解器以后，采用三参数两水平正交试验研究了各参数之间的相互关系。研究过程中，把焦油含量、系统产气率作为优化目标。

各实验参数的取值为：

热解温度：400℃、600℃和700℃；热裂解温度：700℃和800℃。

2　焦油含量、产气率与玉米芯水分含量、热解温度的关系

对产气中焦油的收集一直是研究者所遇到的难题。在本研究中，采用了水洗式焦油收集器。就是把气体通入烧杯的水中，利用水的冷却作用分离气体中的焦油。收集前后的重量差就可认为是焦油产量。测定热解器中残余物的重量就可得到该实验条件下的产气率。

实验条件和结果见表1。

表 1　实验条件和结果

实验号	热解温度(℃)	玉米芯水分含量(%)	平均干基焦油含量(%)	残余物(%)	产气率(%)
1	400	0	30.9	30.0	29.1
2	400	10	38.9	30.0	27.8
3	600	0	21.0	21.5	57.5
4	600	10	31.9	23.6	55.6
5	700	0	15. 0	20.0	65.0
6	700	10	26.7	20.0	62.2

由表 1 可知，随着热解温度由 400℃升高到 700℃，产气中焦油含量下降了 14.1%；相应的产气率则上升了 35.2%。因此，可以认为，在没有气体热裂解的条件下，提高系统性能的一种方法是升高热解温度。另一方面，玉米芯水分含量由 0 上升到 10%时，产气中焦油含量上升了 10.4%；产气率下降了 2.0%。可见，玉米芯水分含量对产气中焦油含量的影响大于对产气率的影响。

3　具有焦油热裂解条件下产气中焦油含量、产气率与热解温度、热裂解温度及水分含量的关系

初步试验结果表明，如果热裂解温度小于热解温度，则对产气中焦油的裂解作用不明显。所以，实验应选热裂解温度大于热解温度。这同时还表明，热解温度与热裂解温度存在交互作用。

设热解温度为 T_P，热裂解温度 T_C，玉米芯水分含量 M_C。采用三参数两水平正交实验，其参数选择和实验设计见表 2、表 3。

表 2　实验参数水平表

参数水平	T_P/℃	T_C/℃	M_C/%
1	400	700	0
2	600	800	10

表 3　实验参数设计表

序号	T_P	T_C	$T_P \times T_C$	M_C
1	1	1	1	1
2	1	1	1	2
3	1	2	2	1
4	1	2	2	2
5	2	1	2	1
6	2	1	2	2
7	2	2	1	1
8	2	2	1	2

根据所列的实验条件进行玉米芯热解实验，结果见表 4。

表 4　热裂解条件下玉米芯热解的焦油含量和产气率

实验序号	1	2	3	4	5	6	7	8
干基焦油含量(%)	3.0	5.6	2.5	4.5	5.0	22.2	3.5	8.9
干基产气率(%)	62.0	76.7	62.5	73.8	72.5	66.7	71.5	74.4

由实验结果可以看出，与没有热裂解措施相比，热解煤气经过高温裂解后，不仅焦油含量下降，而且热解产气率有明显提高。其中焦油含量平均下降了20.5%、相应的产气率平均上升了20.5%。

热解气化装置中，是否采用了焦油热裂解设备，对气化过程和产气质量的影响是非常明显的。设备中不加焦油热裂解装置时，要降低焦油含量和提高产气率，则要求入料的水分含量尽量地小，热解温度尽量地高。

设备中加入焦油热裂解装置后，热裂解温度与热解温度的交互作用是不容忽视的。当热裂解温度固定时，产气中焦油含量不一定随热解温度的提高而减少。这将在下一节中进行讨论。有一点可以肯定的是：只要适当地设置这些参数，气化结果将明显好于没有焦油热裂解装置的情况。

4 实验结果的优化分析

优化都是有条件的优化，不同的优化目标会得到不同的参数优化结果。而优化目标的确定是根据用途的不同而选择的[2]。本研究的优化目标是：①焦油含量；②产气率。

4.1 以干基焦油含量为目标的优化

表5中，k_1 该参数在1水平下目标参数干基焦油含量的平均值；k_2 是该参数在2水平下目标参数干基焦油含量的平均值；R 该参数所对应的目标参数平均值的极差，它可显示各输入参数对目标参数的影响强度。

表5 以干基焦油含量为目标的优化分析表

序号	T_P	T_C	$T_P \times T_C$	M_C	焦油含量(%)
1	1	1	1	1	3.0
2	1	1	1	2	5.6
3	1	2	2	1	2.5
4	1	2	2	2	4.5
5	2	1	2	1	5.0
6	2	1	2	2	22.2
7	2	2	1	1	3.5
8	2	2	1	2	8.9
k_1	3.9	9.03	5.25	3.5	平均值
k_2	9.9	4.85	8.55	10.3	6.89
R	6.0	4.18	3.3	6.8	

由极差 R 的值来看，对焦油含量影响大小的排列顺序是：玉米芯水分含量＞热解温度 T_P＞热裂解温度 T_C＞T_P 与 T_C 的交互作用。

以焦油含量为目标参数时，以焦油含量最低为目标；这时由表5可以得出最佳运行参数为：$T_{P1}\_T_{C2}\_M_{C1}$。

在此最佳运行参数下的实验结果为：干基焦油含量为：2.5%，干基产气率为：62.5%。

4.2 以产气率为目标的优化分析

由表6中极差 R 的数值可以得出，对干基产气率影响大小的排列顺序是：玉米芯水分含量 M_C＞热解温度 T_P＞$T_P \times T_C$ 的交互作用＞热裂解温度 T_C。

以产气率为目标参数时，产气率最高为目标，这时由表6的 k 值可以得出最佳运行参数为：$T_{P2}\_T_{C2}\_M_{C2}$。

在此最佳运行参数下的实验结果为：干基焦油含量为：8.9%，干基产气率为：74.4%。

表 6 以干基产气率为目标的优化分析表

序号	T_P	T_C	$T_P \times T_C$	M_C	产气率(%)
1	1	1	1	1	62.0
2	1	1	1	2	76.7
3	1	2	2	1	62.5
4	1	2	2	2	73.3
5	2	1	2	1	72.5
6	2	1	2	2	66.7
7	2	2	1	1	71.5
8	2	2	1	2	74.4
k_1	68.6	69. 5	71.1	67.1	平均值
k_2	71.3	70.4	68.7	72.8	70.0
R	2.7	0.9	2.4	5.7	

5 结论

(1)由试验和数据分析得出,只要适当地搭配热解温度和热裂解温度并且控制好入料湿度,即使采用较低的热解温度也可得到满意的气化结果。当设定热解温度为 400℃时,只要热裂解温度为 800℃、完全干燥的玉米芯入料。可得气化结果为:干基焦油含量:2.5%,干基产气率:62.5%。

(2)若玉米芯的水分含量保持在自然风干状态,即水分含量为 10%,选择热解温度为 600℃,设定热裂解温度为 800℃。此时运行结果为:干基焦油含量:8.9%,干基产气率:74.4%。

(3)实验表明,具有产气焦油热裂解装置的热解气化器的性能明显好于一般气化装置。只要运行参数合理,即可得到好的气化结果。

参 考 文 献

[1] 易维明.玉米芯热解—裂解气化机理的研究及在设计热解装置中的应用[博士学位论文].北京农业工程大学,1994:6.

[2] 高允彦.正交及回归试验设计方法.北京:冶金工业出版社,1985.

An Experimental Analysis of a New Kind of Pyrolysis Gas Producer with a Raw Gas Thermal Cracking Device

Yi Weiming Zeng Dechao

Abstract A new model of gas producer working under the principle of pyrolysis with a raw gas thermal cracking section was built and tested for the purpose of optimization of design and operational parameters with open air dried corncobs as fuel.

The experimental results showed that the raw gas thermal cracking technology could improve substantially the gasification process of corncobs. The tar content in the gas producer was less than 9%, and gas production rate was more than 74% with a much higher heating value than that of conventional gas producer in rural uses.

Key words biomass energy, gasification, pyrolysis, thermal cracking

玉米芯挥发特性的实验研究*

易维明　曾德超

摘要　为了更好地控制玉米芯气化器的产气质量，有必要研究玉米芯的挥发特性。通过实验，研究了玉米芯的挥发分析出过程和特性，提出了在高温下的玉米芯的挥发过程满足 Arrhenius 定律的假定，并由实验证实是可行的，并且得出了相应的热化学动力学参数。

关键词　生物质能，气化，热特性

1　前言

在上行燃烧式移动床汽化器中，生物质汽化大致经过如下几个过程：

(1)水分干燥过程。蒸发出所有水分。

(2)热解过程(也称挥发析出过程)。这是一个吸热反应过程，挥发成分是轻质的碳氢化合物(CH_4，C_2H_m)和焦油。

(3)还原反应过程。较热的炭与二氧化碳反应生成一氧化碳，该过程是一个吸热反应。

(4)燃烧反应过程。炽热的炭与热空气反应生成二氧化碳(有时也产生一氧化碳)，这是放热反应，它为上述几个过程提供热量。

(5)灰分冷却过程。热灰与空气接触，使空气升温。

汽化器产气质量的好坏与汽化器中温度场有很大关系。为更好地控制玉米芯汽化过程的温度，有必要研究它的挥发份析出规律。这一规律使我们能够了解玉米芯的挥发速率与温度的关系，为控制汽化过程提供理论依据。

在较低温度下，马和拜雷(Maa and Bailie)认为[1]，纤维质的热解是层状反应，热解速率可以用收缩壳模型描述

$$\frac{\mathrm{d}r_0}{\mathrm{d}\tau}=k_{D0}\cdot\exp\left(\frac{-E}{R'T_c}\right) \tag{1}$$

式中：$\mathrm{d}r_0/\mathrm{d}\tau$ 为未挥发的壳半径随时间 τ 的变化率，k_{D0} 为表观频率因子，E 为表观活化能，R' 为气体常数，T_c 为壳温度(K)。文献 1 根据实验结果给出了一些物质的 k_{D0} 和 E 的数值。

Payne，F. A. 和 Ross，I. I. 等对玉米芯曾进行过工业分析和化学成分分析[2]。其研究表明，不同地块玉米芯的成分差别很小而体积明显不同。这一结果解决了挥发特性参数的通用性问题，也就是我们只要得到一种玉米芯的挥发特性参数就可以不加修正地用到别的玉米芯上去。根据化学成分分析，他们还给出了玉米芯的组成表现“分子式”：$C_6H_{9.14}O_{4.18}$。

付维标、张燕屏等认为[3~6]，不同煤种在挥发份析出过程中遵循同一种规律，即 Arrhenius 定律形式的规律

$$\frac{\mathrm{d}W}{\mathrm{d}\tau}=(W_\infty-W)k_{D0}\cdot\exp\left(\frac{-E}{RT}\right) \tag{2}$$

---

* 本文出处：农业机械学报，1995 年 6 月，第 26 卷第 2 期

式中：W 为挥发分析出量，τ 为挥发时间，W_{∞} 是在 T_{∞} 环境温度下该煤种总的挥发量，k_{D0} 和 E 是仅与环境温度 T_{∞} 有关的表观频率因子和表观活化能。由此，得到了不同煤种的通用挥发分析出规律的数学模型，并由他们的一系列实验所证实。

与煤相比，玉米芯的内部多孔结构更明显，在热解挥发时用容积描述更为合理。因此假定在高温热解条件，玉米芯的挥发分析出规律满足 Arrhenius 定律的形式

$$\frac{\mathrm{d}W}{\mathrm{d}\tau}=k\cdot(W_{\infty}-W)\cdot\exp\left(\frac{-E}{RT}\right) \tag{3}$$

式中：W 是玉米芯已挥发的挥发含量，τ 是挥发时间，k 和 E 分别是表观频率因子和表观活化能，T 是玉米芯温度。

可以通过实验验证这一假设并可得出该实验条件下的 k 和 E/R 的值。

2 实验及其结果

对于含水率小于 1%；直径 14 mm 的玉米芯颗粒在热挥发实验装置上做挥发实验得出实验数据，见表 1、表 2。

表 1 当加热环境温度为 400℃时玉米芯失重与时间的关系

加热时间(s)	挥发含量(%)	加热时间(s)	挥发含量(%)	加热时间(s)	挥发含量(%)
5.38	2.94	30.10	27.50	45.00	59.46
10.41	5.56	35.31	26.19	50.38	61.90
15.41	7.89	40.34	37.14	55.34	77.14
29.29	11.43	43.22	68.75	59.91	76.92

表 2 当加热环境温度为 600℃时玉米芯失重与时间的关系

加热时间(s)	挥发含量(%)	加热时间(s)	挥发含量(%)	加热时间(s)	挥发含量(%)
3.35	5.4	15.37	60.00	20.20	73.53
5.25	9.0	17.25	76.92	25.01	80.77
10.03	40.74	19.13	79.17	30.29	79.07

3 理论计算结果及与实验数据的对比

3.1 基本假设

(1)玉米芯是集总热容系统，内部温度均匀分布；

(2)玉米芯的热物性为常数。

3.2 能量方程

$$\frac{\mathrm{d}(WCT)}{\mathrm{d}\tau}=Q_1+Q_2+Q_3 \tag{4}$$

式中：W 为玉米芯质量，C 为玉米芯的热容量，T 是玉米芯温度，τ 是挥发时间，Q_1 为热辐射换热量，Q_2 为挥发潜热，Q_3 是环境的传热。并且

$$Q_1=\sigma F(T_{\infty}^4-T^4) \tag{5}$$

式中：σ 是 Stephen-Boltzman 常数，F 代表玉米芯受辐射的面积。

$$Q_2 = q_l \frac{\mathrm{d}W}{\mathrm{d}\tau} \tag{6}$$

式中：q_l 是挥发潜热比率。

$$Q_3 = 4\pi\alpha R_0 (T_\infty - T) \tag{7}$$

式中：α 是空气的导热系数，R_0 是玉米芯的半径。

3.3 挥发方程

$$\frac{\mathrm{d}W}{\mathrm{d}\tau} = k(W_\infty - W)\exp\left(\frac{-E}{RT}\right) \tag{8}$$

利用 Runger-Kutta 方法，由参考文献 7 中选取各物性参数，求解方程组(4)～(8)。当取表观活化能为 $E/R = 8500$ K，表观频率因子为 $k = 1.1\times10^5(l/\mathrm{s})$ 时，计算结果和实验结果的对比见图 1 和图 2。由图可以看出，理论计算与实验结果吻合得很好，说明理论分析和计算是可靠的，可以用来对玉米芯的热挥发进行预测。

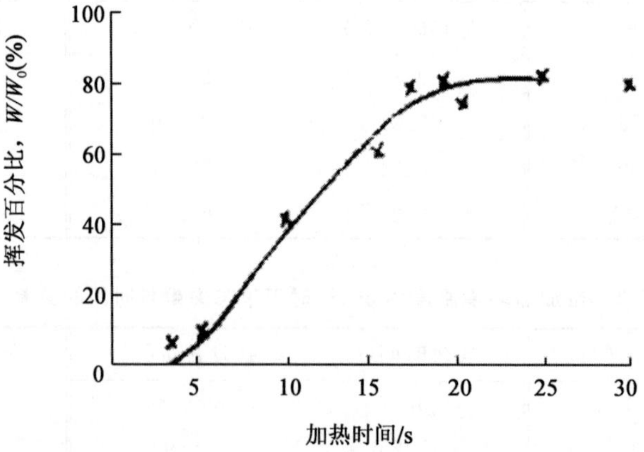

图 1　加热温度 600℃ 时实验结果与理论分析的对比

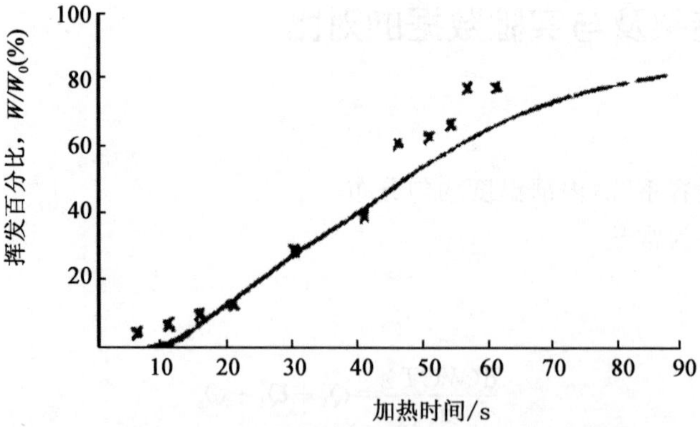

图 2　加热温度 400℃ 时实验结果与理论分析的对比

4 总结

(1)玉米芯的热挥发过程可以用 Arrhenius 定律来描述

$$\frac{dW}{d\tau}=k(W_\infty-W)\exp\left(-\frac{E}{RT}\right)$$

(2)对玉米芯而言,最终挥发量 W_∞ 与加热环境温度无关,它是初始质量的 80%。

(3)玉米芯的挥发特性参数是常量,其值为

$$k=1.1\times10^5(l/s)$$
$$E/R=8500\ \mathrm{K}$$

参考文献

[1] Shuler Micheal L. Ultilization and recycle of agricultural wastes and residues, Ph. D. CRC Press. Inc. 1980:214.

[2] Payne F A, Ross I I et al. Gasification-combustion of corncobs for drying grain. Selected Papers and Abstracts From the ASAE National Energy Symposium, Agri. Energy, 1980(2):342.

[3] 付维标,张燕屏,等. 煤粉挥发份析出规律的研究. 工程热物理学报,1988(2).

[4] Weibiao Fu, Yanping Zhang, et al. A study on devolatilization of large coal particles, Combustion and Flame, 1987, 70(3).

[5] 付维标,张燕屏,等. 煤粒热解的通用模型(Fu-Zhang 模型). 中国科学,1988.

[6] Weibiao Fu, et al. A study of the evaporation and ignition of a single coal-water-slurry (CWS) droplet. Combustion Sci. and Tech, 1985, 43:67.

[7] 易维明. 玉米芯热解-裂解汽化机理的研究及在设计热解装置中的应用:[学位论文]. 北京:北京农业工程大学,1994.

An Experimental Study on the Devolatilization Characteristics of Corncobs

Yi Weiming Zeng Dechao

Abstract In order to control the gas quality of a corncob gasifier more effectively, the devolatilization process and its characteristics of corncobs were studied. A hypothesis of corncobs devolatilization at high temperature in Arrhenius form was developed, and the relevant parameters were obtained through tests.

The Arrhenius form volumetric model was shown as follow:

$$\frac{dW}{d\tau}=k(W_\infty-W)\exp\left(\frac{-E}{RT}\right)$$

Where, W_∞, total volatile content of corncobs; W, the volatile having pyrolyzed from corncobs; τ, heating time; k, apparent frequency factor; E, apparent activation energy; R, gas constant; T, temperature of corncobs

The experimental data showed that at a heating temperature 400～600℃, W_∞, k and E were constant. The values of these parameters were: $W_\infty = 80\%$ total weight of corncobs

$k = 1.1\times10^5$ l/s

$E/R = 8500$ K

Key words biomass energy, gasification, heat property

加热管内玉米芯热解过程的计算机模拟*

易维明　曾德超

摘要　在对玉米芯的挥发特性的研究和热解气化模型装置优化分析的基础上，对玉米芯在加热管内部热解过程进行了有限元分析计算。计算分析了多种因素对气化结果的影响，并比较了温度变化的计算值和实测值，对计算机模拟结果进行了检验。

关键词　计算机模拟，生物质能，气化，有限元法

1　玉米芯热解数学模型

已经在实验室内建立了玉米芯热解气化装置的模型实验设备，并进行了以产气率和产气中焦油含量为目标的正交实验和优化分析[2]。该热解实验装置由受均匀加热的圆管热解器、产气焦油高温热裂解装置、冷却器和残余焦油收集器组成。详细结构请参照文献[2]和[4]。在该装置上可以测出不同热解温度和产气热裂解条件下的产气量、焦油含量、热解装置中心温升与时间的关系等数据。

实验结果表明，热解装置产气率的大小与热解温度和热裂解温度有关。但起决定作用的还是热解温度。如果单从分析产气量的情况着手，对于热解器应当进行深入的研究。

很明显，玉米芯在受均匀加热的圆管状热解器中热解时所发生的变化过程是很复杂的。但是，这些变化是与热解温度和停留时间有关的。

在我们的实验装置上，热解区的温度条件是一定的，而且玉米芯在热解区的运动可看作是匀速下移运动。这样在热解装置内的玉米芯变化过程可看作是准稳态过程。热解器内玉米芯状态的分布与轴线的坐标关系可以等效成在这一热解条件下固定不动的玉米芯在非稳态受加热过程的状态与时间的关系。

设热解器中玉米芯的移动速度是 v(m/s)，则玉米芯轴向坐标与时间的关系为

$$x = v \cdot t$$

式中：t 为加热时间（停留时间）

不考察挥发份的具体成分，只引入文献[2]中玉米芯的热挥发方程对该问题进行分析。在热解温度不很高（小于700℃）的情况下，可以认为挥发过程受化学动力学控制，不计挥发份后期反应。这样在热解器内玉米芯的热解过程是一维轴对称圆柱体内有内热源的非稳态过程。其控制方程为

$$\frac{\partial}{\partial r}\left(k\frac{\partial T}{\partial r}\right)+\frac{k}{r}\frac{\partial T}{\partial r}+q=\rho C\frac{\partial T}{\partial \tau} \tag{1}$$

式中：k 为玉米芯导热系数；C 为玉米芯比热；ρ 为玉米芯密度；T 为玉米芯温度；r 为管径方向的坐标；q 为单位体积玉米芯挥发时的吸热量；τ 为停留时间。

---

* 本文出处：农业机械学报，1996年3月，第37卷第1期

引入玉米芯挥发特性方程[2]有

$$q = -q_w A_k (\rho_\infty - \rho_1) \exp(-E/RT) \tag{2}$$

式中：$A_k = 1.1 \times 10^5\ l/s$；$E/R = 8500$ K；ρ_τ为玉米芯的初始密度；$\rho_\infty = 0.80\rho_\tau$；$\rho_1$为玉米芯受热挥发后密度的减少量，即该时刻单位体积已挥发的挥发分量。

在一定的定解条件下，可以由方程(1)求出玉米芯的温度变化与停留时间和管径坐标的关系、玉米芯的密度变化与停留时间及管径的关系。而且，由玉米芯密度的变化就可以计算出产气量与停留时间的关系。

在我们的实验条件下，定解条件可以描述为：

$\tau > 0$ 时，

$$r = r_0 \quad T = T_w \quad \text{壁面加热温度} \tag{3}$$

$$r = 0 \quad \frac{\partial T}{\partial r} = 0 \tag{4}$$

$\tau = 0$ 时

$$r = r_0 \quad T = T_w \tag{5}$$

$$r \neq r_0 \quad T = T_0 \quad \text{初始温度} \tag{6}$$

上述的一维轴对称有内热源的非稳态导热过程可以采用有限元方法进行求解。对空间进行有限元分析、对时间采取差分格式进行求解。

2 有限元方程组的推导

改写控制方程(1)

$$k\left(r\frac{\partial^2 T}{\partial r^2} + \frac{\partial T}{\partial r}\right) + q \cdot r - \rho \cdot C \cdot r\frac{\partial T}{\partial \tau} = 0 \tag{7}$$

在求解区域内用 Galerkin 加权函数法推导有限元方程式。在这个轴对称非稳态情况下，可以设定求解区域 Ω 是由半径 0 到 r_n的圆形区[1]。

$$\int_\Omega W_l \left\{ k\left(r\frac{\partial^2 T}{\partial r^2} + \frac{\partial T}{\partial r}\right) + q \cdot r - \rho \cdot C \cdot r\frac{\partial T}{\partial \tau} \right\} \mathrm{d}r = 0 \tag{8}$$

其中 W_l是 Galerkin 加权函数

$$W_l = \frac{\partial T}{\partial T_l} \tag{9}$$

T_l是结点温度，l 是结点号。($l = 0, 1, 2, \cdots, n$)

可以通过推导而得出对应上述问题的有限元方程式

$$\int_0^{r_n} \left(kr \frac{\partial W_l}{\partial r}\frac{\partial T}{\partial r} + q \cdot r \cdot W_l + \rho \cdot C \cdot r \cdot W_l \frac{\partial T}{\partial \tau} \right) \mathrm{d}r - \left(k \cdot W_l \cdot r \frac{\partial T}{\partial r} \right)_{r = r_n} = 0 \tag{10}$$

对一维轴对称非稳态问题，其单元剖分可取半径为 $r_1, r_2, \cdots, r_n$ 的同心圆。其单元号为：1，2，3，…，n；单元结点号为：0，1，2，3，…，n。进一步推导方程(10) 并进行刚度矩阵的合成，可以得出有限元方程组为

$$\begin{bmatrix} k_{n,n} & k_{n,n-1} & 0 & \cdots & \cdots & \cdots & 0 \\ k_{n-1,n} & k_{n-1,n-1} & k_{n-1,n-2} & 0 & \cdots & \cdots & 0 \\ 0 & k_{n-2,n-1} & k_{n-2,n-2} & k_{n-2,n-3} & 0 & \cdots & 0 \\ \cdots & \cdots & \cdots & \cdots & \cdots & \cdots & \cdots \\ 0 & \cdots & 0 & k_{2,3} & k_{2,2} & k_{2,1} & 0 \\ 0 & \cdots & \cdots & 0 & k_{1,2} & k_{1,1} & k_{1,0} \\ 0 & \cdots & \cdots & \cdots & 0 & k_{0,1} & k_{0,0} \end{bmatrix} \begin{bmatrix} T_n \\ T_{n-1} \\ \cdots \\ \cdots \\ T_2 \\ T_1 \\ T_0 \end{bmatrix} = \begin{bmatrix} x_n \\ x_{n-1} \\ \cdots \\ \cdots \\ x_2 \\ x_1 \\ x_0 \end{bmatrix} \tag{11}$$

其中，$k_{i,j}$、x_i 是与几何参数、物性参数、挥发特性参数、时间差分有关的系数。

对于边界条件的处理当是第一类边界结点，记该结点所对应的刚度矩阵的对角线元素 $k_{i,i}$ 为 1，其他该对角线元素所对应的行列的元素记为 0；相应的方程右端元素记为边界值 T_i；对其他在刚度矩阵的第 i 列上不为 0 的元素 $k_{j,i}$ 所对应的右端元素 x_j 进行修正

$$x'_j = x_j - k_{j,i} \times T_i \tag{12}$$

至此建立了求解圆管状均匀受热的热解器内部过程的有限元方程组。

3　有限元方程的计算机解法和程序

上述所建立的有限元方程(11)是三对角线方程组。经引入式(12)的边界条件处理以后依然是三对角线方程组，可以用追赶法求解。引入第一类边界条件后方程为

$$\begin{bmatrix} 1 & 0 & 0 & \cdots & \cdots & \cdots & 0 \\ 0 & k_{n-1,n-1} & k_{n-1,n-2} & 0 & \cdots & \cdots & 0 \\ 0 & k_{n-2,n-1} & k_{n-2,n-2} & k_{n-2,n-3} & 0 & \cdots & 0 \\ \cdots & \cdots & \cdots & \cdots & \cdots & \cdots & \cdots \\ 0 & \cdots & 0 & k_{2,3} & k_{2,2} & k_{2,1} & 0 \\ 0 & \cdots & \cdots & 0 & k_{1,2} & k_{1,1} & k_{1,0} \\ 0 & \cdots & \cdots & \cdots & 0 & k_{0,1} & k_{0,0} \end{bmatrix} \begin{bmatrix} T_n \\ T_{n-1} \\ \cdots \\ \cdots \\ T_2 \\ T_1 \\ T_0 \end{bmatrix} = \begin{bmatrix} T_w \\ x'_{n-1} \\ \cdots \\ \cdots \\ x_2 \\ x_1 \\ x_0 \end{bmatrix} \tag{13}$$

式中：$x'_{n-1} = x_{n-1} - k_{n-1,n} \times T_w$

计算时可以用一维数组存放刚度矩阵的数据。计算框图及程序略。

4　对直径 80 mm 的圆管式均匀加热热解装置内部过程的计算

将圆管内部分成 10 个等半径差的计算单元，如图 1 所示。计算过程中其他参数的选取如下：

玉米芯比热 C＝800 J/kg

玉米芯导热系数 H_k＝0.2 W/m・C

玉米芯热解挥发潜热 Q_v＝1.0×10^6 J/kg

玉米芯堆积密度 ρ＝132.7 kg/m^3

玉米芯热解反应频率因子 A_k＝1.1×10^5 1/s

玉米芯热解反应活化能 E/R＝8500 K

单元半径差 Δr＝0.004 m

分别对加热温度为 700 K、900 K、1000 K 和 1100 K 进行了计算，对不同的加热温度，能使计算收敛的时间差也有不同，到 1100 K 时已小到 0.5 s，使计算时间加长。

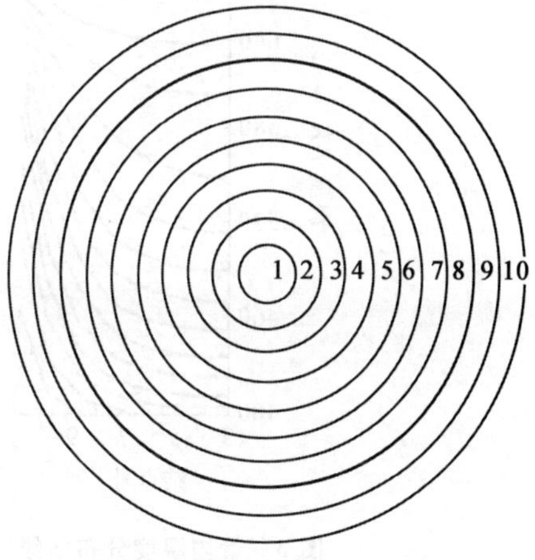

图 1　求解区域的单元划分

一般计算取入口温度为 400 K，而对不同入口温度的影响也进行了计算。

计算的输出结果是某一时间序列上的各单元结点上的玉米芯温度值、各单元上挥发份的析出量、各单元上挥发份的析出速率和总体达到一定挥发总量所需的停留时间。

另外，任一时刻各单元热解挥发速率的和就是单位长度上玉米芯的热解挥发速率。这样根据设计热解段的长度和热解管的管径可以预算出热解产气率。反之，如果对热解产气率提出要求，就可以根据不同的管径或管长求出它们符合要求的配合。

当热解加热温度为 700 K、入口温度(玉米芯初始温度)为 400 K 时的一些计算结果如下：

图 2 是各单元挥发量与加热时间的关系。从下至上依次是 1，2，…，8，9，10 单元的曲线。由图中可看出，1 至 5 单元几乎是同时挥发完全。

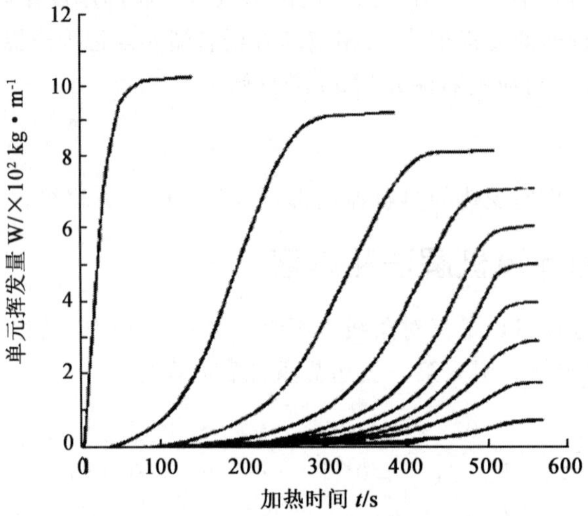

图 2　各单元的挥发曲线

图 3 是热解管内的温度分布与时间的关系，横坐标是结点号。其中最下面一条是第 45 s 时的情况，由于以上各条都是相隔 45 s 的曲线，最上面一条是挥发完全即第 585 s 时的情况。这些曲线表明，由第 0 至第 5 结点，温度变化不明显。到挥发终了时中心与外壁温差只有几十度。

图 4 是该热解装置的气化强度与停留时间的关系曲线。由曲线可以看出，当停留时间在 200～400 s 时，该装置的气化强度几乎不变。该热解装置的这一特性为稳定供气的可操作性提供了保证。

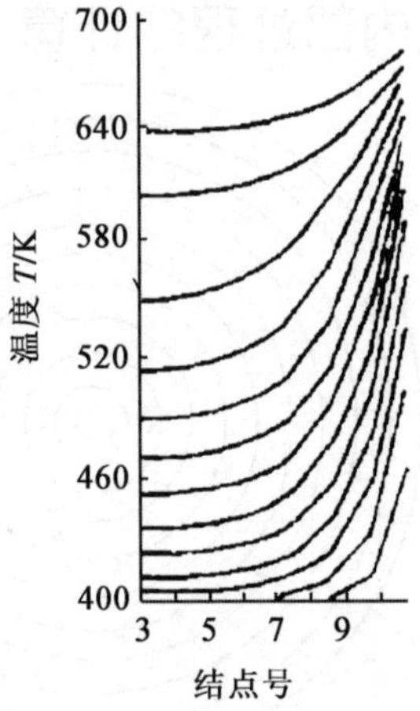

图 3　管内温度分布曲线

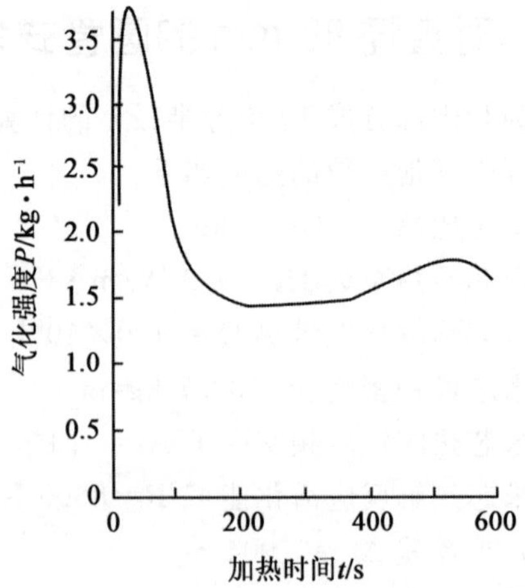

图 4　热解气化强度

图 5 是气化强度经由该停留时间时对玉米芯挥发的程度(挥发量与总挥发量的比)进行加权后的曲线。该曲线表明了气化强度和玉米芯利用率(气化率)这两个指标的综合结果与停留时间的关系,称为热解装置的效益图。该曲线的变化描述了气化装置的性能变化,为实际选取运行参数提供了更全面的指导。

图 6 是热解装置中心温度变化与时间关系的实测值与计算结果的对比。该图表明了计算值与实测值非常吻合,证明我们所进行的有限元分析是正确的,可以用来对热解装置的内部过程进行模拟。

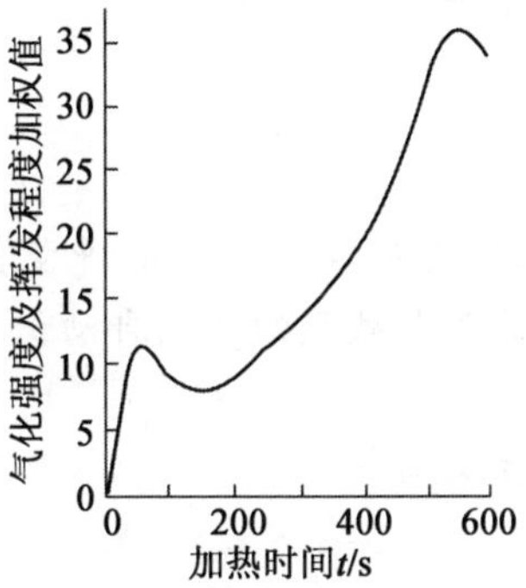

图 5　热解装置的效益图

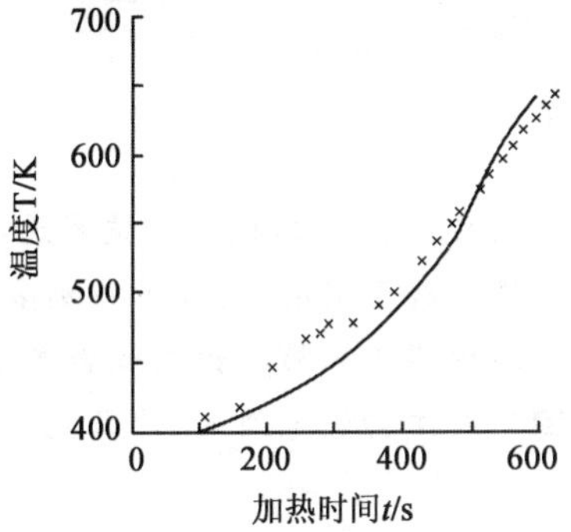

图 6　管内中心温升实测值与计算值的对比

5　总结

利用有限元方法求解玉米芯热解装置内部热过程是可行的。通过计算得出的温度值与实测值十分相近,说明有限元方法模拟热解装置内部过程精度高、可信性好。

计算模拟得出了温度分布,挥发量、挥发速率的变化,热解温度、入口温度的影响,为实际设备的设计提供了依据。

参考文献

[1] 孔祥谦.有限单元法在传热学中的应用(第二版).北京:科学出版社,1986.

[2] 易维明.玉米芯热解-裂解气化机理的研究及在设计热解装置中的应用:[学位论文].北京:北京农业工程大学,1994.

[3] 付维标,张燕屏,等.煤粉挥发份析出规律的研究.工程热物理学报,1988,9(2):41-46.

[4] Yi Weiming, Zeng Dechao. An experimental study on a new kind of two sections corncobs pyrolysis equipment. Proceedings of international agricultural mechanization conference. Beijing, April 10-13, 1995.

A Computer Simulation of Corncobs in a Heated Tube

Yi Weiming　Zeng Dechao

Abstract　Based on the studies on the devolatilization characteristics of corncobs and optimum analysis of a prototype pyrolysis equipment for corncobs, the FEM was used to simulate the process of corncobs pyrolysis in a homogeneous heated tube. The simulations were to search for the effect of the tube diameter, residence time, the temperature at inlet and the pyrolysis temperature for a good gasification results. In comparing the calculation results with the measurement of tube center temperature, the FEM calculation was proved being effective and accurate.

Key words　computer simulation, biomass energy, gasification, finite element method

基于人工神经网络的玉米籽粒形态识别方法的研究*

宋韬　曾德超

摘要　该文应用计算机视觉技术选择并获得了11个玉米粒形态参数，采用BP冲量算法，建立了一个三层前馈神经元网络，实现了一幅多颗粒任意放置玉米粒的完整与破损的在线自动识别，对175粒完整及175粒破损玉米粒的识别试验显示，正确率为93%。

关键词　人工神经元网络，计算机视觉，作物籽粒形态识别，玉米粒

1　引言

作物籽粒的表面缺损状况是评价其品质的一个重要指标。从收获、加工到运输、储藏，作物颗粒不断经受各种力的作用，致使部分颗粒产生物理损伤，这种损伤对后续的加工、储藏以及作为种子的活力都有消极的影响。分级系统是依赖对样本的人工外观检查和比较。这一主观的过程既易疲劳，又不准确。计算机及电子产品成本的迅速下降和性能的迅速提高使计算机视觉技术应用于籽粒缺损检测成为可能，它具有传统方法所没有的优越性能。用它提取用于识别分类的籽粒形态参数准确，方便。

传统的模式识别方法需要知道籽粒轮廓形态特征参数以及这些参数与分类的统计关系；即需要通过大量的统计数据确定一个判别函数，以获得对样本空间的划分。但形状、形态特征和类别之间的关系往往是很复杂的，以至于在很多情况下用传统的统计方法或用基于规则的辨识方法难以得到。人工神经网络基于一定的学习方法来得到形态特征和形状类别的关系。这种关系不是以函数形式表达的，而是通过网络连接权得到的网络输入、输出之间的非线性映射。神经网络可以学习包含噪声、不确定性和随机因素的概念和线性不可分的概念。

误差逆传播学习算法神经元网络（BP网络）是诸多神经元网络中最成熟，也是应用最多的网络之一；它是一种有教师示教的网络。Das et al.[1]用它检测受精后3天、4天的鸡蛋的受精情况，正确率分别为93.9%和93.5%；Brandon et al.[2]用它将胡萝卜头形状分为五类，平均正确率为88.5%。

本研究的目标在于建立一个人工神经网络识别系统，选择一组与方向无关的形态特征参数作为网络的输入，实现对每帧图像任意位置和方向的多个籽粒的完整与破损的在线分类。

2　系统描述

本系统是以BP网络分类器为核心的系统，如图1所示。BP网络分类器由一个BP网络训练子系统生成得到。图像由CCD摄像机获取后，由图像卡数字化输入计算机，该图像经过处理和特征提取获得特征参数，这些参数输入BP网络即可得到分类结果。

2.1　硬件系统

这套系统包括一个RAC—386DX微型计算机，带VGA监视器，640 KB基本内存和3328 KB扩展内存，60 MHz主频，102 MB硬盘，一个大恒公司的256×256像素，带查找表的V256E型黑白图像卡，

* 本文出处：农业工程学报，1996年3月，第12卷第1期

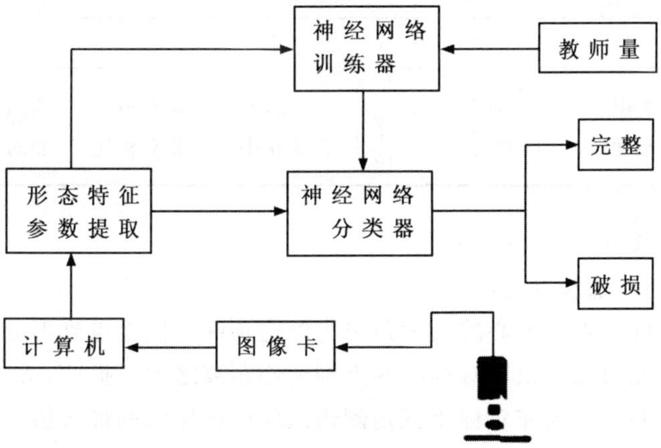

图 1 BP 颗粒识别系统

韩国国标公司的 IVC—84P1,430 线黑白 CCD 摄像机,配以 C 式安装 GDS—25,fl. 7.25 mm 镜头,以及一个 DA—14B、800 线 14″视频黑白监视器。另外,系统还配以若干相应的滤光片;为得到均匀稳定的光照,还特制一个长方形光照箱。

2.2 软件系统

2.2.1 图像处理及特征参数提取

这一部分如图 2 所示。

图 2 图像处理及参数提取

2.2.2 网络训练子系统

这一部分如图 3 所示。

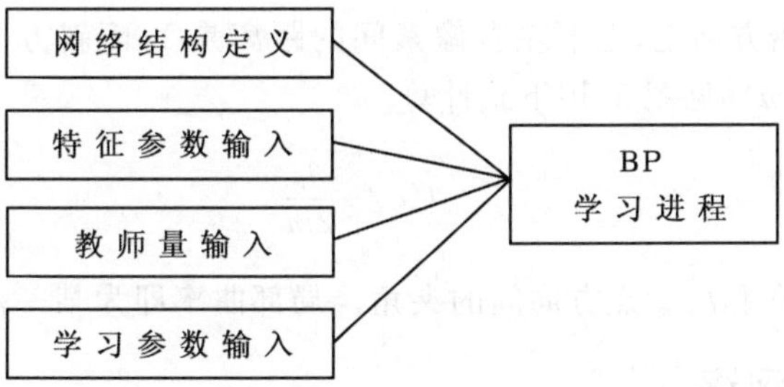

图 3 网络训练系统

3 玉米粒轮廓特征参数

所选参数如表 1 所示。

将玉米粒轮廓分为三个区段:大端、顶端和侧边,划分如图 4 所示。长轴是指从形心到轮廓上点的连线中最长的那条,短轴与长轴垂直。第 1,2,4,5 个参数已很明了,其他参数定义如下:

表 1　玉米粒轮廓特征参数

1	2	3	4	5	6	7	8	9	10	11
面积	周长	长度	面积/长度^2	4π面积/周长^2	长宽比	顶端变化率	大端最大非对称比	侧边最大非对称比	大端局部曲率	侧边局部曲率

长度：长轴方向轮廓长度。

长宽比：长、短轴方向轮廓长度之比。

顶端变化率：顶端轮廓上点到形心的最大距离与侧边顶端一侧上点到形心最大距离之比。

非对称比：长轴两侧相对长轴角度对称的两点到形心距离之比。据此，大端最大非对称比就是大端区段中该比值的最大值；侧边最大非对称比就是侧边区段中该比值的最大值。

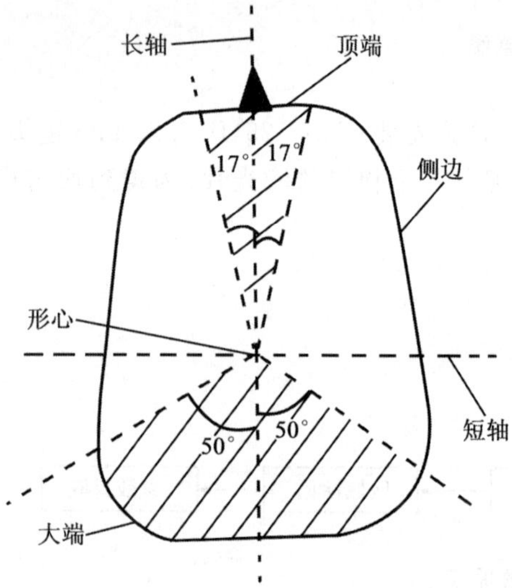

图 4　玉米轮廓区段

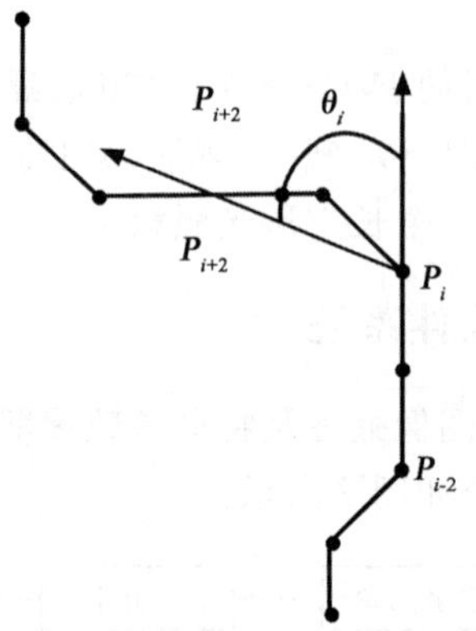

图 5　曲率的近似($m=2$)

局部曲率：在数字图像中曲率难以决定，因为只在限定的方向上存在像素。对于正方形像素，邻接像素只存在于 45 度整数倍方向上，上下左右像素间的距离是 1，而斜方向像素间的距离为$\sqrt{2}$。在实际中，像素 P_1点的曲率 $C_1(m)$(见图 5)用下式计算

$$C_1 \triangleq \frac{\theta_1}{2m}$$

式中：θ_t 是p_{t+m} 点方向和p_{t-m} 点方向间的夹角。局部曲率即为某一范围内 $C_i(m)$ 的最大值。

4　人工神经元网络

4.1　神经元结构模型

神经元是神经网络的基本处理单元，它是多输入/单输出的非线性器件。神经元输入信号来自外部或别的神经元的输出，数学上表示为向量 X

$$X = (x_1, x_2, \cdots, x_N)$$

其中 x_t 为第 i 个输入的激励电平，N 表示输入数目，连接到 j 结点的加权表示为加权向量 W_j

$$W_j = (W_{1j}, W_{2j}, \cdots, W_{Nj})$$

其中 W_{1j} 表示从结点 i 到结点 j 的加权或 i 与 j 之间的连接强度。内部门限 θ_j ，用 $x_0=-1$ 的固定偏置输入点表示，其连接强度 $w_{oj}=\theta_j$ ，于是神经元 j 的输入加权和为

$$s_j=\sum_{i=0}^{n}x_i w_{ij}=\sum_{i=1}^{n}x_i w_{ij}-\theta_j$$

s_j 通过一转移函数 $F(^*)$ 而得到神经元的最后输出 y_j

$$y_j=F(s_j)=F\left(\sum_{i=0}^{n}x_i w_{ij}\right)$$

转移函数取为 Sigmoid 函数，即

$$y=F(s)=\frac{1}{(1+e^{-s/c})}$$

其中 s 为输入，y 为输出，c 为常数；c 越小，$y=F(s)$ 越接近于阶跃函数。

本研究采用双极性 Sigmoid 转移函数，即

$$y=F(s)=-\frac{1}{2}+\frac{1}{(1+e^{-s/c})}$$

以减少学习收敛时间。

4.2　神经网络

本文选用一个隐含层的三层网络，相应 11 个特征参数，有 11 个输入结点，11 个隐含层，一个输出结点。采用 BP 冲量算法，反复迭代学习获得网络连接权，最后将连接权存入权文件中。

为避免输入过大使转移函数饱和，在参数输入网络前将之规整，规整方法为：用样本空间中某一参数的最大值除这一参数，并将这一最大值作为网络参数存入权文件中，识别时与权一起从文件读入。转移函数中常数 c 的选择以不产生饱和或麻痹为原则，本文 $c=8$。将 c 也同样存入权文件中。

5　网络训练与识别实验

5.1　训练样本

本研究选取三个品种的 120 个玉米粒作为训练样本，其中 60 个为破损的，60 个为完整的，选取样本的原则为：

(1)样本要足以代表所有可能的类型。

(2)一个样本只代表一个类型。

样本分布如表 2。

表 2　样本分布

完整 60 个					破损 60 个		
大圆	小圆	长扁	短扁	中扁	大端破裂	径向破裂	顶端破裂
15	15	10	10	10	30	20	10

5.2　识别实验

随机从完整和破损玉米粒中各取 175 个，使之混合。将它们随机放置于视场中，即放置的方向、位

置、上下皆为随机的，一帧放6至8个。

识别结果为：将完整玉米错误地识别为破损的有14个，而将破损玉米识别为完整的有11个，总的正确识别率为93%。

5.3 结果讨论

本研究对破损的识别完全依赖于对轮廓的识别，非轮廓性破损不能被正确地识别。图像分辨率不够高，一个玉米占据的像素较少，使轮廓边界不够准确，从而产生错误识别。某些玉米突出的棱角，亦可能产生错误识别。训练样本是笔者人为选定的，还不足以代表所有可能的类型。图像像素不是正方形而是长方形的，也就是说轮廓边界在 x，y 两个方向上的精度是不等的，在这种情况下，随机放置较之固定方向及位置的放置精度将有所下降。这些皆是产生错误识别的原因。

6 结论

本文选用了11个玉米形态特征参数，用BP网络实现了一帧多个任意位置玉米粒的完整与破损的识别，正确率为93%。计算机视觉技术及神经元网络在作物籽粒形态识别方面有较好的应用前景，其中的关键是特征参数的选择。

轮廓参数结合表面灰度纹理分析将会更全面、更准确地实现对破损的识别。这一系统的进一步完善需要一个与之配套的自动籽粒进给装置，一次向视场中放置2个以上的籽粒。提高识别精度需要更高分辨率的图像卡。图像的二值化是这一系统中图像处理的关键，动态地选择合适的阈值是这一系统首先需要解决的问题。

参考文献

[1] Das K, M D Evans. Detecting fertility of hatching eggs usingvision Ⅱ: Neural network classifiers. Trans of the ASAE, 1992, 35(6): 2035-2041.

[2] Brandon J R, M S Howarth, S W Searcy and N Kehtarnavaz. A neural network for carrot tip classification. ASAE Paper NO. 90-7549. 1990, St. Joseph, MI: ASAE.

An Investigation on Morphological Discrimination of Corn Kernels Based on Neural Network

Song Tao　Zeng Dechao

Abstract With 11 selected morphological parameters and BP moment learning algorithm, a three layers feed forward neural network is formed, which can identify more than one whole or broken corn kernels positioned at random in one frame. The classification accuracy of 175 whole and 175 broken corn kernels is 93%.

Key words neural network, computer vision, morphological discrimination of crop kernel, corn kernel

作物籽粒图像识别的光照条件研究*

宋韬　曾德超

摘要　在模式识别理论分析基础上，依据光源光谱、CCD 摄像元件光谱响应以及作物籽粒表面反射率光谱特性，得出籽粒黑白图像识别系统最佳光源为单色光，其波长为使两待识籽粒反射率光谱差值与 CCD 光谱响应二者的串联响应最大的波长。根据测得的正常和带紫斑病大豆的反射率光谱，计算出了用于识别这两类大豆的光源波长。

关键词　图像识别，光照，作物籽粒

1　引言

图像识别系统是以计算机为核心的模式识别系统，它的输入是物体的二维扫描光信号，即扫描图像。输入图像被数字化为像素，这些像素以阵列方式排列，像素的强度用灰度表示，典型的有 256 个灰度级。这一数字化的图像需经过诸如滤波、增强、二值化等处理方可进行计算机识别。显然输入信号的质量在很大程度上影响图像的处理和识别。

计算机视觉技术在农业中已有大量应用[1]，并且近几年发展十分迅速。农产品的品质在很多方面是与它们表面的颜色、灰度、纹理等相关联的。依据农产品的表面状况可以对它们进行某些方面的分级。Paulsen et al[2] 对农产品图像分析的光照条件做了比较系统的实验研究，他们对光照条件的设计准则是使系统接近人的视觉，而不考虑摄像元件的光谱响应特性。

2　理论分析

在图像分析中创造一个人工光照条件实际上就是一个从自然光照条件下的灰度空间 V_N 到人工光照条件下的灰度空间 V_A 的映射。关照条件的选择就是选择 V_N 到 V_A 的一个映射关系，以便在 V_A 中对目标的识别更容易。作物籽粒外观品质的检测涉及 4 个样本集：背景、籽粒表面、籽粒表面缺陷和杂质，光照设计的目标是使对这 4 个样本集的分类错误概率最小。

对于一般的情况，现在仍无法给出错误概率的解析表达式，不妨考虑下面的二类别多维正态问题。设 $P(X,w_j)\sim N(\mu_j,\sum)$，j=1,2，并设先验概率相等。这时 Bayes 判别的错误概率是

$$P(e)=\frac{1}{\sqrt{2\pi}}\int_{\frac{J_M}{2}}^{\infty}\exp\left(-\frac{1}{2}u^2\right)\mathrm{d}u \tag{1}$$

其中 $J_M^2=(\mu_1-\mu_2)^T\sum^{-1}(\mu_1-\mu_2)$（$\sum$ 为协方差矩阵），它是 Mahalanobis 距离的平方，所以错误概率将随 J_M 的增加而减小，当 $J_M\to\infty$ 时，错误概率将趋于零，而 J_M 取决于 $(\mu_1-\mu_2)$ 和 $\sum$；两总体均值差 $(\mu_1-\mu_2)$ 越大，则 J_M 越大，总体分布越集中（$\sum$ 越小），则 J_M 越大，如图 1。

图中两种情况 $J_{M1}<J_{M2}$，即分布越“瘦”，均值相距越远，分类错误概率就越小。对于更为一般的情况，两类都是正态分布，但协方差阵和先验概率不等，有 Bhattacharya 距离

* 本文出处：农业机械学报，1996 年 6 月，第 27 卷第 2 期

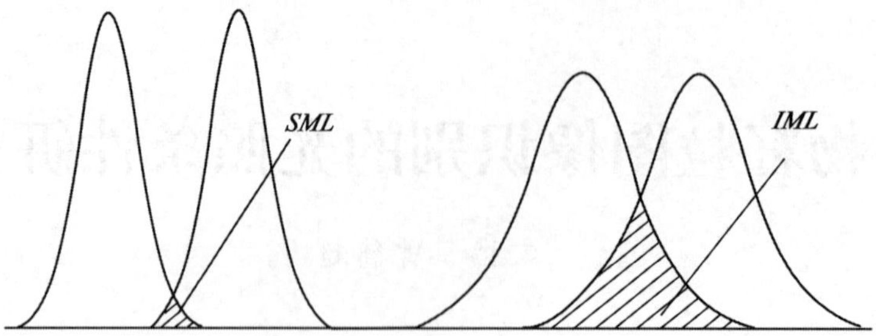

图 1　分类错误概率($J_{M1}<J_{M2}$)

$$J_B = \frac{1}{8}(\mu_i-\mu_j)^T\left[\frac{\sum_i+\sum_j}{2}\right]^{-1}(\mu_i-\mu_j)+\frac{1}{2}\ln\frac{\left|\frac{1}{2}(\sum_i+\sum_j)\right|}{\left[\sum_i\sum_j\right]^{3/2}} \tag{2}$$

当 $\sum_i=\sum_j$ 时，J_B就是 Mahalanobis 距离。

现在还没有得到 J_B与错误概念之间的解析关系，但 J_B与错误概率的上界 P_C有直接关系

$$P_C \leqslant [p(w_i)p(w_j)]^{1/2}\exp(-J_B) \tag{3}$$

式中 $p(w_i)$ 和 $p(w_j)$ 是两类的先验概率。

由此看出，为了减小错误概率，增加 J_B仍是必要的，J_B与总体均值之间的距离正相关，并与总体离散程度 $(\sum_i,\sum_j)$ 负相关。

对于我们所研究的问题，背景和光照是两个可选参数，这两个参数的选择应使 J_B增大，即实现如图 1 的变换。

在对灰度图像的实际实验操作中，总是假设人眼对两目标物体对比度的感觉与物体间实际灰度差是一致的，这个假设在灰度差比较大时是合理的。因此，如果对于所有样本观测值，原始图像中两个分类区域有明显差异，就认为对光照和背景的选择实现了使 J_B增大从而使分类错误概率减小的目标。

3　光谱及光谱响应特性

3.1　光源光谱特性

白炽灯产生的光大部分在可见光区以外，而进入了红外区，如图 2 所示。图中曲线 $C(\lambda)$ 是 3000 k 色温白炽灯泡的辐射强度波长分布，近似遵循 Wien 定律

$$C(\lambda)=\frac{C_1}{\lambda^5\exp(C_2/\lambda T)} \tag{4}$$

3.2　CCD 光谱响应与人眼明视觉响应

目前多数 CCD 的象元都是采用 P-N 结光电二极管结构，它的光谱响应范围从 200 nm 到 1100 nm，响应峰值在 750 nm，因此对蓝光的响应较高。CCD 响应曲线如图 3a。

人眼对不同波长光的响应与光电二极管不同，图 3b 为 CIE 的明视觉光谱效率曲线 $V(\lambda)$，范围为 350～700 nm，峰值在 555 nm。所谓光谱效率函数，就是以达到同等亮度时，不同波长所需能量的倒数，即 $V(\lambda)=\frac{1}{E\lambda}$，其中 $E\lambda$ 为波长单色光能量。

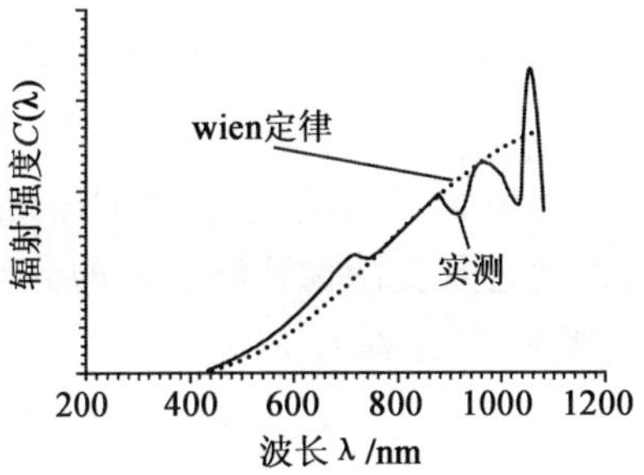

图 2　白炽灯光谱特性

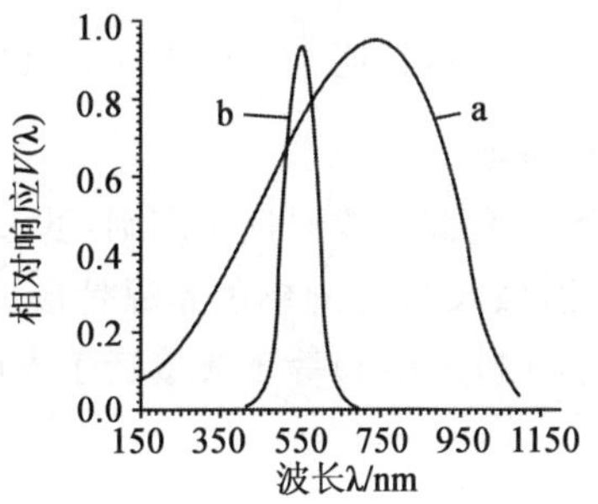

图 3　CCD 光谱响应与人眼明视觉响应曲线

a——CCD 光谱响应　b——人眼明视觉响应

3.3　作物籽粒表面反射特性

作物籽粒表面反射特性随作物的不同以及籽粒表面缺陷的不同而有很大差异，这里只举一例来说明问题。图 4 是笔者测得的正常大豆和紫斑病感染的大豆的表面反射率光谱曲线：两类大豆在 675 nm 处的反射率差异最大，而在近红外区差异就很小了，分别用 $R_1(\lambda)$ 与 $R_2(\lambda)$ 代表正常和带病大豆的反射率曲线。

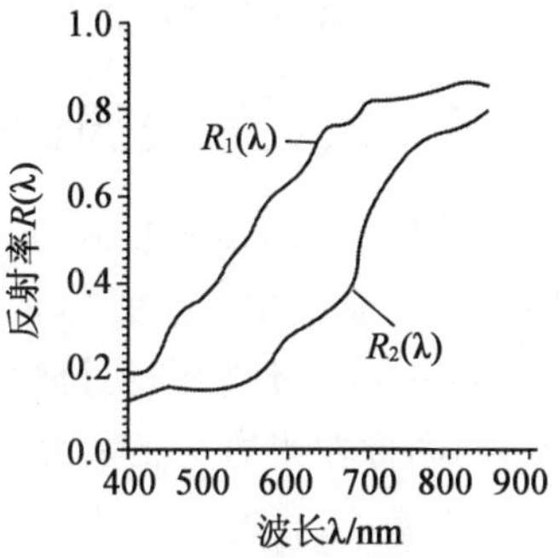

图 4　大豆反射率光谱

$R_1(\lambda)$——正常大豆

$R_2(\lambda)$——紫斑病大豆

3.4　光学变换准则

用辐射强度函数为 $C(\lambda)$ 的白炽灯照射反射率光谱函数为 $R(\lambda)$ 的物体，则响应函数为 $E(\lambda)$ 的 CCD 将产生一个输出函数 $P(\lambda)$

$$P(\lambda)=R(\lambda)\cdot C(\lambda)\cdot E(\lambda) \tag{5}$$

对于两个待识别物体 $R_1(\lambda)$、$R_2(\lambda)$，有

$$P_1(\lambda)=R_1(\lambda)\cdot C(\lambda)\cdot E(\lambda)$$

$$P_2(\lambda)=R_2(\lambda)\cdot C(\lambda)\cdot E(\lambda)$$

$$D(\lambda)=|P_1(\lambda)-P_2(\lambda)|=|R_1(\lambda)-R_2(\lambda)|\cdot C(\lambda)\cdot E(\lambda)$$

令

$$D(\lambda)=|R_1(\lambda)-R_2(\lambda)|\cdot E(\lambda) \tag{6}$$

则

$$\Delta(\lambda)=D(\lambda)\cdot C(\lambda) \tag{7}$$

这里，$R_1(\lambda)$、$R_2(\lambda)$、$E(\lambda)$都是确定的，即 $D(\lambda)$不能改变，而 $C(\lambda)$可通过光学变换（如滤波）来改变，于是就可将 $C(\lambda)$看作由白炽灯和变换光路得到的光源的辐射强度函数。$D(\lambda)$实际上是由待识别物体和 CCD 串联所得的响应特性，$\Delta(\lambda)$是待识物体反射光谱的差在 CCD 上的输出，$\Delta(\lambda)$越大，对比度越大。现在的问题就是选择一个 $C(\lambda)$使 $\int_{-\infty}^{+\infty}\Delta(\lambda)d\lambda$ 的值最大。对于实际的问题 $\int_{-\infty}^{+\infty}C(\lambda)d\lambda$ 是有限的，过大则 CCD 就进入饱和区，故这一问题的数学模型就是

已知函数 $D(\lambda)\geqslant 0(\lambda\in R)$，选择 $C(\lambda)\geqslant 0(\lambda\in R)$ 满足

$$\int_{-\infty}^{+\infty}C(\lambda)\mathrm{d}\lambda=K \qquad K>0\text{ 为常数} \tag{8}$$

求

$$\max\int_{-\infty}^{+\infty}D(\lambda)\cdot C(\lambda)\mathrm{d}\lambda \tag{9}$$

只要 $D(\lambda)$有极大值，这一命题的解就存在。设 $D(\lambda)$在 $\lambda=\lambda_0$ 处最大，则当 $C(\lambda)$为 K 倍 Dirac 函数，则

$K\delta(\lambda-\lambda_0)$时，可以证明$\int_{-\infty}^{+\infty} D(\lambda)\cdot C(\lambda)\mathrm{d}\lambda$最大，最大值为$K\cdot D(\lambda_0)$。在文献[3]中笔者给出了这一命题的严格证明。

由此可得光源滤波器选用准则：滤波器所通过波段为尽可能窄的λ_0邻近波段，λ_0为$D(\lambda)$最大时的波长。显然，波长为λ_0的单色光源是最理想的。对于用人眼可以通过灰度图像清晰识别的分类判别问题，只要使$C(\lambda)\cdot E(\lambda)$等于或接近于人眼明视觉函数就能满足要求，即选择$C(\lambda)$使

$$C(\lambda)\cdot E(\lambda)\approx V(\lambda) \tag{10}$$

实际上，可见光摄像机的设计原则就是使$E(\lambda)\approx V(\lambda)$，但不是所有摄像元件都能满足或接近满足这一要求；如图3，光电二极管型CCD的$E(\lambda)$与人眼的$V(\lambda)$的峰值就是有偏差的，这一偏差可通过选择$C(\lambda)$来部分得到校正。

4 大豆紫斑病识别的关照条件试验分析

使用LI-1800便携式分光辐射仪分布测得带紫斑病大豆和健康大豆的光谱反射率曲线，见图5。将图4中两曲线相减得图5，依据式(6)将图5与图3b相乘得图6中曲线。由图6可得$D(\lambda)$最大时$\lambda=\lambda_0=656$ nm，据此选用透过波长为$\lambda_0=650$ nm的滤光片。图7和图8分别是无滤光片和有滤光片大豆图像，两图像左半边为正常大豆，右半边为带紫斑病大豆，图7较图8要清楚。

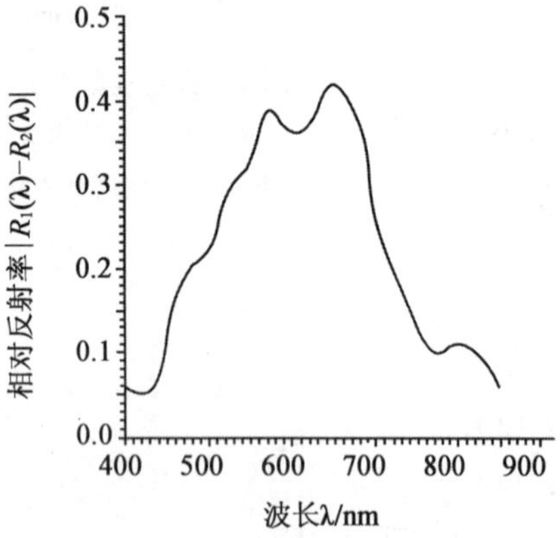

图5 相对反射率曲线

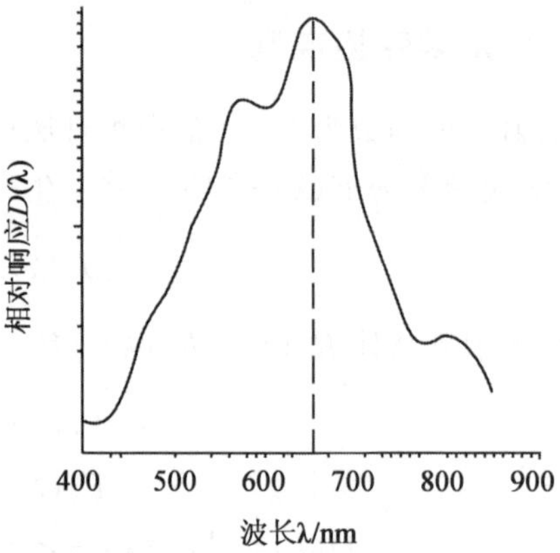

图6 相对响应曲线

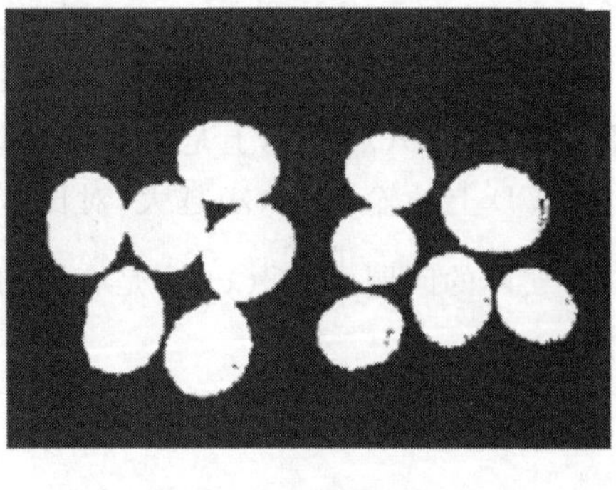

图7 无滤光片

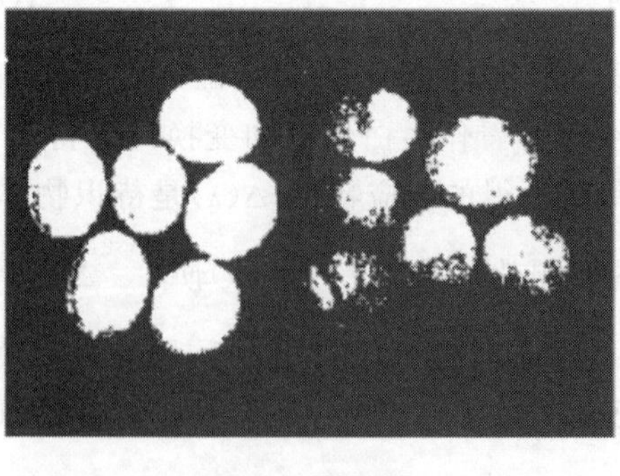

图8 有滤光片

5 结论

要获得对作物籽粒准确可靠的识别，设计合适的光照条件是必要的。对于黑白图像系统，选用使式

(6)中 D(λ)最大的波长 λ_0 的单色光源最理想。作物品种不同,表面状况不同,λ_0 是不同的,因此测定各种表面状况籽粒的反射率光谱是必要的。

参考文献

[1] Tillet R D, Image analysis for agricultural processes: a review of potential opportunities. J. Agric. Engng. Res.,1991,50:247-258.

[2] Panlsen M R, McClure W F. Illumination for computer vision systems. TRANSACTIONS of the ASAE,1986,29(5):1398-1404.

[3] 宋韬. 应用计算机视觉进行作物籽粒形态识别的研究[学位论文]. 北京:北京农业工程大学,1995.

[4] 边肇祺 等编著. 模式识别. 北京:清华大学出版社,1988.

Illumination for Image Recognition System of Crop Kernels

Song Tao　Zeng Dechao

Abstract　On the basis of pattern recognition analysis and in the light of the spectrum of light source, the spectral response of CCD sensor as well as the spectral reflectance of kernels, it is found that for the black and white image recognition system the optimum light source is a monochromatic light, the wave length of which is that rendering the series response of the difference between the spectral reflectances of two objects and the CCD sensor spectral response maximum. The wave length of light source for the discrimination of the infected from the normal soybeans is calculated from the measurement data of their spectral reflectance.

Key words　image recognition, illumination, crop kernel

附:著作清单

1. 曾德超.农业机械学.北京农业机械化学院讲义,1953.
2. 曾德超.农业机械使用学.北京农业机械化学院讲义,1953.
3. 曾德超,曹崇文译.列托士聂夫著.农业机械.北京:高教出版社,1959.
4. 曾德超.机械土壤动力学.北京农业机械化学院讲义,1960.
5. 曾德超.土壤耕作工艺原理.北京农业机械化学院讲义,1980.
6. 曾德超副主编.中国农业百科全书·农业机械化卷.北京:农业出版社,1992.
7. 曾德超副主编.中国大百科全书·农业卷·农业机械分支.北京:中国大百科全书出版社,1992.
8. 曾德超,彼得·杰里.果树调亏灌溉密植技术的研究与开发.北京:北京农业大学出版社,1994.
9. 曾德超,彼得·杰里.果树调亏灌溉密植节水增产技术指南.北京:北京农业大学出版社,1994.
10. 曾德超.机械土壤动力学.北京:北京科学技术出版社,1995.
11. 曾德超等.果园现代高科技节水高效灌溉技术指南.北京:中国农业出版社,2001.